UG NX 10.0 数控加工从入门到精通

何耿煌　张守全　李东进◎编著

中国铁道出版社有限公司
CHINA RAILWAY PUBLISHING HOUSE CO., LTD.

内 容 简 介

本书从实用角度出发，通过大量实例，详细、深入地讲解了UG在数控加工领域的热门应用。具体内容包括UG数控加工的基础知识，点位加工，面铣削，平面铣，型腔铣削加工，固定轴曲面铣削，多轴铣削加工，后处理等相关知识，最后通过咖啡勺加工、餐盘加工、叶轮加工、鞋跟凸模加工、塑料凳后模加工等实例讲解UG在数控加工领域的综合应用。

配套资源中提供了书中实例的.prt 文件，以及演示实例设计过程的语音教学视频文件，可帮助读者有效地提高学习效率并拓展知识。

本书适合在校学生及从事机械、机电、自动化等相关行业的工程技术人员阅读学习，也可作为大中专院校和培训机构数控及其相关专业的教材。

图书在版编目（CIP）数据

UG NX 10.0数控加工从入门到精通/何耿煌，张守全，李东进编著.
—北京：中国铁道出版社有限公司, 2023.1

ISBN 978-7-113-29837-1

Ⅰ.①U… Ⅱ.①何…②张…③李… Ⅲ.①计算机辅助设计-应用软件
Ⅳ.①TP391.72

中国版本图书馆CIP数据核字（2022）第213940号

书 名：UG NX 10.0数控加工从入门到精通
UG NX 10.0 SHUKONG JIAGONG CONG RUMEN DAO JINGTONG

作 者：何耿煌 张守全 李东进

责任编辑：于先军 **编辑部电话**：（010）51873026 **邮箱**：46768089@qq.com

封面设计：宿 萌

责任校对：苗 丹

责任印制：赵星辰

出版发行：中国铁道出版社有限公司（100054，北京市西城区右安门西街8号）

网 址：http://www.tdpress.com

印 刷：三河市宏盛印务有限公司

版 次：2023年1月第1版 2023年1月第1次印刷

开 本：787 mm×1 092 mm 1/16 **印张**：34.75 **字数**：902千

书 号：ISBN 978-7-113-29837-1

定 价：99.80元

配套资源下载网址：
http://www.m.crphdm.com/2022/1121/14528.shtml

前　言

UG 是一套集 CAD、CAM、CAE 功能于一体的三维参数化软件，是当今最先进的计算机辅助设计、分析和制造的高端软件之一，广泛用于航空、航天、汽车、轮船、通用机械和电子等工业领域。

UG 软件诞生于美国麦道飞机公司，是飞机零件数控加工首选编程工具。它可以提供可靠、精确的刀具路径，能直接在曲面及实体上加工。完整的刀具库和加工参数库管理功能包含二轴到五轴铣削、车床铣削、线切割等。UG 具有大型刀具库管理、实体模拟切削、泛用型后处理器、高速铣，以及 CAM 客户化模板等功能。这些优势使得它在 CAM 领域处于领先的地位。

UG CAM 加工模块提供链接 UG 所有铣削加工类型的基础框架，它为所有的加工类型提供一个相同的、界面友好的图形化窗口。用户可以在图形方式下观测刀具沿轨迹运动的情况，并可对其进行图形化修改，如对刀具进行延伸、缩短或修改等。CAM 同时提供通用的点位加工编程功能，该功能用于钻孔、攻丝和镗孔等加工编程。CAM 模块交互式界面可按用户需求进行用户化修改和裁剪，并可定义标准化刀具库、加工工艺参数样板库，使粗加工、半精加工和精加工等操作常用参数标准化。

本书内容

本书结构严谨、内容翔实、思路清晰、实用性和专业性强，内容安排由浅入深、从易到难。书中以 UG NX 10.0 为平台，详细介绍了数控加工各个方面的具体应用和设计流程。书中首先带领读者认识 UG 软件、了解数控技术的基础知识和 UG NX 10.0 CAM 加工的相关内容。接着从点位加工、面铣削、平面铣、型腔铣削、固定轴曲面铣削、多轴铣削、后处理等几个方面全面讲解各种常见的数控加工类型。最后通过咖啡勺加工、叶轮五轮加工、鞋跟凸模加工、塑料凳后模加工等几个大型实例，让读者把书中所学的知识综合运用到实际设计当中。

本书特点

书中以“加工方法分析+重点参数介绍+典型实例应用”的方式安排内容，引领读者从理论知识到软件操作，再到实际应用，逐步深入学习。

书中对每种加工类型都是先介绍概念及讲解类型，然后介绍各种加工方法，让读者真正从理论上完全掌握其特点和方法。为了方便读者学习并彻底掌握，书中针对每种方法结合软件给出了具体的操作步骤。

针对每种类型所涉及的软件命令和工具，有重点地精解常用的部分，让读者把精力放在最重要、最关键的技术和内容方面，提高学习效率。

在讲解实例时先针对每一个实例进行概述，分析加工工艺，说明实例的特点、设计构思、操作技巧、重点掌握内容和要用到的操作命令，使读者对其有一个整体概念，学习也更有针对性；

接下来通过翔实、透彻的操作步骤，图文并茂地引领读者一步一步地完成实例。这种讲解方法能够使读者更快、更深入地理解 UG 在数控加工编程中一些抽象的概念和复杂的命令及功能。

关于配套资源

为了方便读者学习，本书配套资源提供了如下内容：

- 书中实例的源文件；
- 讲解书中实例设计过程的语音视频教学文件。

读者对象

本书内容全面、条理清晰、实例丰富、讲解详细、图文并茂，适合在校学生及从事机械、机电、自动化等相关行业的从业人员阅读学习，也可作为大、中专院校和培训机构数控及其相关专业的教材。

编　者

2022 年 11 月

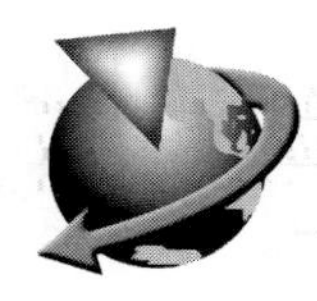

目　录

第 1 章　数控技术基础知识 1

1.1　数控加工概述 1

1.2　数控机床 4

1.2.1　数控机床的特点、组成及工作原理 4

1.2.2　数控机床的轨迹控制与辅助功能 7

1.2.3　数控机床的分类 8

1.2.4　数控机床的选择 11

1.3　数控刀具 12

1.3.1　数控刀具的特点 12

1.3.2　数控刀具的分类 12

1.3.3　数控刀具的材料 12

1.3.4　数控刀具的选择 13

1.4　数控编程基础 13

1.4.1　数控编程概述 13

1.4.2　数控程序的结构和格式 15

1.4.3　常用的数控编程指令 16

1.5　数控加工工艺概述 20

1.5.1　数控加工工艺的特点 20

1.5.2　数控加工工艺的主要内容 21

1.6　基于 CAD/CAM 软件的交互式图形编程 22

1.6.1　交互式图形编程技术的特点 22

1.6.2　交互式图形编程的基本步骤 23

1.6.3　常用 CAD/CAM 软件简介 24

第 2 章　UG NX 10.0 应用基础 29

2.1　UG NX 10.0 概述 29

2.1.1　UG NX 10.0 新增功能 30

2.1.2　UG NX 10.0 的硬件要求 30

2.2　常用辅助工具 31

2.2.1　基准平面 31

2.2.2　基准轴 31

2.2.3　基准 CSYS 31

2.2.4　基准点 31

2.2.5　矢量构造器 32

2.2.6　测量工具 32

2.3　UG NX 10.0 的环境配置 34

2.4　UG NX 10.0 的帮助功能 35

2.5　UG NX 10.0 的首选项设置 36

第 3 章　UG NX 10.0 数控加工入门...... 39

3.1　UG NX 10.0 CAM 技术应用 39

3.1.1　UG CAM 概述.............................39

3.1.2　UG CAM 中相关工具及加工类型 40

3.1.3　UG CAM 的数控加工流程.........42

3.2　UG NX 10.0 CAM 环境介绍 44

3.2.1　UG NX 10.0 CAM 初始化设置 ..44

3.2.2　UG NX 10.0 CAM 加工界面 45

3.3　UG NX 10.0 CAM 基本功能 45

3.3.1　操作导航器及操作管理.............45

3.3.2　UG NX 10.0 的编程步骤 47

3.3.3　创建父节点组.............................48

3.3.4　创建工序 49

3.3.5　刀具路径仿真及检验.................50

3.4　边界的特性与创建........................ 51

3.4.1　加工区域 51

3.4.2　临时边界和永久边界.................52

3.4.3　边界的分类 52

3.4.4　边界的创建 53

3.5　典型应用 56

3.5.1　加工环境配置.............................56

3.5.2　创建父组对象.............................57

3.5.3 创建铣削操作 58

第 4 章 点位加工 62

4.1 点位加工概述 62
4.2 点位加工类型 64
4.3 点位加工几何体设置 67
4.3.1 指定孔 67
4.3.2 指定顶面 72
4.3.3 指定底面 73
4.4 循环类型 74
4.4.1 循环类型选择方法 74
4.4.2 无循环和啄钻 74
4.4.3 断屑、标准文本、标准钻 75
4.4.4 标准钻：埋头孔、深孔、断屑、标准攻丝 76
4.4.5 标准镗、快退、横向偏置后快退、标准背镗、手工退刀 77
4.4.6 循环类型参数设置 79
4.4.7 实例——简单孔的加工 82
4.5 点位加工的循环参数 87
4.5.1 最小安全距离 87
4.5.2 深度偏置 87
4.6 孔的附加、省略、反向、显示点、圆弧轴控制 88
4.7 典型应用 88
4.7.1 Z 型折板孔位加工 88
4.7.2 法兰类零件加工 104
4.7.3 模具加工 118
本章小结 137

第 5 章 面铣削 138

5.1 面铣削概述 138
5.1.1 面铣削的特点 138
5.1.2 面铣削的操作步骤 138
5.2 公用选项参数设置 140
5.2.1 几何体的选择 140
5.2.2 刀具和刀轴的设置 141
5.2.3 刀轨的设置 142
5.2.4 机床控制 149
5.2.5 刀路的产生和模拟 150
5.3 典型应用 152
5.3.1 底面和壁面铣削加工 152
5.3.2 使用 IPW 底面和壁铣削 158
5.3.3 表面手工铣 165
本章小结 169

第 6 章 平面铣 170

6.1 平面铣概述 170
6.1.1 平面铣的特点 170
6.1.2 平面铣的操作步骤 171
6.1.3 平面铣的子类型 172
6.2 平面铣的组设置 175
6.2.1 定义程序组及加工方法 176
6.2.2 坐标系的设置 176
6.2.3 刀具和刀轴 178
6.2.4 编辑组设置 182
6.2.5 实例——平面铣组设置 182
6.3 平面铣加工几何体的选择 184
6.3.1 底壁加工几何体 185
6.3.2 平面铣削几何体 187
6.3.3 几何体边界编辑 191
6.4 平面铣参数设置 193
6.4.1 切削模式和切削步进 193
6.4.2 切削层和切削参数 199
6.4.3 其他参数设置 207
6.5 刀路的产生与模拟 217
6.6 平面文本加工 220
6.6.1 雕刻加工基础知识 220
6.6.2 创建制图文字 221
6.6.3 平面文本几何体 221
6.6.4 实例——UG NX 10.0 文本加工 222
6.7 典型应用 225
6.7.1 平面铣加工 225
6.7.2 平面轮廓铣加工 235
6.7.3 螺纹铣加工 242
本章小结 247

第 7 章 型腔铣削加工 248

7.1 型腔铣概述 248
7.1.1 型腔铣的特点 248
7.1.2 型腔铣与平面铣的异同点 248
7.1.3 型腔铣的子类型 251
7.2 型腔铣操作 253
7.2.1 型腔铣操作的创建步骤 253
7.2.2 几何体的选择 255

7.2.3 公共选项参数设置 258
7.3 插铣 270
7.3.1 插铣的优缺点 270
7.3.2 参数设置 270
7.3.3 实例——简单凹槽加工 273
7.4 深度加工轮廓铣 276
7.4.1 概述 276
7.4.2 创建工序方法 276
7.4.3 操作参数 277
7.4.4 切削参数 278
7.4.5 实例——深度加工轮廓铣 280
7.5 典型应用 283
7.5.1 凹模加工 283
7.5.2 凸模加工 291
7.5.3 3D 轮廓铣 297
本章小结 301

第 8 章 固定轴曲面铣削 302

8.1 固定轴曲面铣概述 302
8.1.1 固定轴曲面铣基础知识 302
8.1.2 固定轴曲面铣的特点 303
8.1.3 固定轴曲面铣的类型 304
8.2 固定轴曲面铣加工几何体 306
8.3 常用驱动方法 307
8.3.1 曲线/点驱动方式 308
8.3.2 螺旋式驱动方式 310
8.3.3 边界驱动方式 310
8.3.4 区域铣削驱动方式 313
8.3.5 曲面驱动方式 314
8.3.6 流线驱动方法 316
8.3.7 刀轨驱动方式 318
8.3.8 径向切削驱动方式 318
8.3.9 清根驱动方式 319
8.3.10 文本驱动方式 321
8.4 投影矢量 321
8.4.1 投影矢量概述 321
8.4.2 指定参数设置 321
8.5 刀轨参数设置 324
8.6 固定轴曲面铣工序 331
8.7 清根加工 331
8.7.1 清根加工类型 331
8.7.2 创建清根操作 331
8.7.3 清根驱动几何体 331
8.7.4 陡峭 332
8.7.5 驱动设置 332
8.7.6 实例——驱动铣削加工 332
8.8 典型应用 333
8.8.1 模具凸模加工 333
8.8.2 流线驱动铣削加工 338
8.8.3 旋钮加工 341
本章小结 354

第 9 章 多轴铣削加工 355

9.1 多轴铣削概述 355
9.1.1 多轴加工的基础知识 355
9.1.2 创建多轴曲面铣削操作 357
9.1.3 多轴曲面铣削子类型 358
9.2 刀轴控制 359
9.2.1 远离点与朝向点 359
9.2.2 远离直线、朝向直线、相对于矢量 360
9.2.3 垂直于部件、相对于部件 361
9.2.4 4 轴-垂直于部件、相对于部件、双 4 轴-相对于部件 362
9.2.5 优化后驱动、插补矢量 363
9.2.6 垂直于驱动体、相对于驱动体、侧刃驱动体等 364
9.3 可变轴曲面轮廓铣 366
9.3.1 可变轴曲面轮廓铣简介 366
9.3.2 可变轴曲面轮廓铣创建步骤 367
9.3.3 刀轴控制方法 370
9.3.4 边界驱动可变轴曲面轮廓铣 370
9.3.5 曲面驱动可变轴曲面轮廓铣 373
9.3.6 实例——可变流线铣与可变轴曲面轮廓铣加工 379
9.4 顺序铣 384
9.4.1 顺序铣概述 384
9.4.2 顺序铣刀具的选择 386
9.4.3 创建顺序铣操作 386
9.4.4 进刀运动 390
9.4.5 点到点的运动 394
9.4.6 连续刀轨运动 395
9.4.7 退刀运动 395
9.4.8 顺序铣的循环 396

9.4.9 实例——带有倾斜角度的侧面加工 396
9.5 典型应用 403
9.5.1 可变轮廓铣加工 403
9.5.2 顺序铣加工 408
9.5.3 可变轮廓铣加工 414
本章小结 418
第 10 章 后处理 419
10.1 后处理概述 419
10.1.1 后处理简介 419
10.1.2 后处理术语 420
10.1.3 后处理步骤 420
10.2 后处理构造器 420
10.2.1 创建后处理 420
10.2.2 公共参数设置 424
10.3 车间文档 432
10.3.1 简介 432
10.3.2 实例——生成车间文档 433
10.4 典型应用 434
10.4.1 相关参数要求 434
10.4.2 新建后处理器 434
10.4.3 后处理 440
第 11 章 咖啡勺加工 442
11.1 案例工艺分析 442
11.2 设定父节点组 442
11.3 型腔粗加工 445
11.4 固定轴曲面轮廓铣精加工 449
11.5 清根加工 451
第 12 章 餐盘加工 454
12.1 工艺路线分析 454
12.2 设定父节点组 454
12.3 型腔粗铣加工 457
12.4 平面轮廓铣精加工 459
12.5 深度加工轮廓铣精加工 462
12.6 底面壁铣（一） 465
12.7 底面壁铣（二） 467
第 13 章 叶轮五轴加工 470
13.1 整体叶轮数控加工工艺流程规划 470
13.2 设定父节点组 472
13.3 流道开粗加工 476
13.4 叶轮精加工 478
13.5 叶片刀轨确认、后处理、车间文档 485
第 14 章 鞋跟凸模加工 488
14.1 加工工艺规划 488
14.2 设定父节点组 488
14.3 型腔粗加工 492
14.4 固定轴轮廓铣半精加工 493
14.5 底壁精加工 495
14.6 轮廓区域铣精加工 497
14.7 流线驱动铣精加工 500
14.8 清根铣精加工 502
14.9 深度加工轮廓铣精加工 504
第 15 章 凸模加工 507
15.1 编程刀具的选用 507
15.2 编程思维技巧 508
15.3 案例——凸模加工 508
15.4 设定父节点组 509
15.5 型腔铣粗加工 512
15.6 剩余铣二次粗加工 513
15.7 深度轮廓加工半精加工 515
15.8 固定轴轮廓域铣精加工 517
15.9 清角加工 518
15.10 模拟仿真 519
第 16 章 塑料凳后模加工 521
16.1 加工工艺规划 521
16.2 设定父节点组 522
16.3 型腔粗加工 525
16.4 深度加工轮廓铣（一）半精加工 526
16.5 非陡峭区域轮廓铣半精加工 527
16.6 底面壁铣（一） 528
16.7 底面壁铣（二） 530
16.8 深度加工轮廓（二）精加工 531
16.9 轮廓区域铣精加工 533
16.10 钻孔 534
16.11 平面铣（一） 537
16.12 平面铣（二） 540
16.13 平面铣（三） 544

第 1 章 数控技术基础知识

现代数控技术集机械制造技术、计算机技术、成组技术与现代控制技术、传感检测技术、信息处理技术、网络通信技术、液压气动技术、光机电技术于一体，是现代制造技术的基础，它的发展和应用开创了制造业的新时代，使世界制造业的格局发生了巨大的变化。

数控技术是提高产品质量、提高劳动生产率必不可少的物质手段，它的广泛使用给机械制造业的生产方式、产业结构、管理方式带来深刻的变化，它的关联效益和辐射能力更是难以估计；数控技术是制造业实现自动化、柔性化、集成化生产的基础，现代的 CAD/CAM、FMS、CIMS 等，都是建立在数控技术之上。数控技术是国际商业贸易的重要构成，发达国家把数控机床视为具有高技术附加值、高利润的重要出口产品，世界贸易额逐年增加。大力发展以数控技术为核心的先进制造技术已成为世界各发达国家加速经济发展、提高综合国力和国家地位的重要途径。

因此，数控技术是衡量一个国家制造业现代化程度的核心标志，实现加工机床及生产过程数控化是当今制造业的发展方向，机械制造的竞争，其实质是数控的竞争。

1.1 数控加工概述

1. 数控加工的定义及特点

数控技术（Numerical Control，NC）是指用数字、文字和符号组成的数字指令来实现一台或多台机械设备动作控制的技术。国标 GB 8129—87 对其标准定义是：用数字化信号对机床运动及其加工过程进行控制的一种方法。数控技术一般采用通用或专用计算机实现数字程序控制，也被称为计算机数控（Computerized Numerical Control，CNC）。数控技术所控制的量通常是位置、角度、速度等机械量和与机械能量流向有关的开关量。

传统的机械加工都是用手工操作普通机床进行作业，加工时用手摇动机械刀具切削金属，靠眼睛及卡尺等工具测量产品的精度，而现代工业将数字化控制技术应用于传统加工技术之中。随着数控技术的逐渐发展，数控加工覆盖了几乎所有的加工领域，包括车、铣、刨、镗、钻、拉、电加工、板材成型、管料成型、模具加工等方面。与传统的加工手段相比，数控加工的优点主要表现在以下几个方面：

（1）自动化程度高。操作者只需进行工件的装夹、刀具定位和更换等操作，在机器旁观察、监督机床的运行情况，并根据加工状态进行一些必要的调整即可。

（2）加工质量稳定，加工精度高，重复精度高。由于数控加工自动化程度高，人工干预少，因此基本消除了操作人员的技术水平、情绪、体力等因素的波动对加工结果的影响，可以获得稳定的加工质量和较高的加工精度及重复精度。

（3）工装数量减少，新产品加工效率高。由于数控加工的装夹和准备较简单，同时加工是由程序控制的，因此对不同形状和尺寸的产品往往只需要编制新的零件加工程序即可，不需要设计新的工装，对形状复杂零件的加工也不再需要复杂的工装，大大缩短了新产品研制和改型的周期。

（4）多品种、小批量生产情况下生产效率较高。在这种生产要求下能减少生产准备、机床调整和工序检验的时间，并且通过使用最佳切削量也能减少切削的时间。

（5）复杂产品加工能力强。数控加工的刀位计算是由 CAD/CAM 软件完成的，不需要人工计算，因此能够高效率、高质量地处理加工常规方法难以加工的复杂型面，甚至能加工一些无法观测的加工部位。

综上所述，生产对象的形状越复杂、加工精度越高、设计更改越频繁、生产批量越小，数控加工与传统加工相比所发挥的优越性就越明显。

数控技术的主要任务是计算加工走刀中的刀位点（CL Point），包含数控加工与编程、金属加工工艺、CAD/CAM 软件等多方面的知识与操作经验。根据数控加工的类型可分为数控铣加工、数控车加工、数控电加工等。

2. 数控加工的发展趋势

数控技术起源于航空工业的需要，依赖于数据载体和二进制形式数据运算的出现。20 世纪 40 年代后期，美国一家直升机公司提出了数控机床的初始设想，1952 年，美国麻省理工学院研制出三坐标数控铣床，20 世纪 50 年代中期这种数控铣床已用于加工飞机零件。20 世纪 60 年代，数控系统和程序编制工作日益成熟和完善，数控机床已被用于各个工业部门，但航空航天工业始终是数控机床的最大用户，一些大的航空工厂配有数百台数控机床，其中以切削机床为主。数控技术的应用不但给传统制造业带来了革命性的变化，使制造业成为工业化的象征，而且随着数控技术的不断发展和应用领域的扩大，对国计民生的一些重要行业，如国防、汽车等的发展起着越来越重要的作用，这些行业装备数字化已是现代发展的大趋势。现代数控技术正沿着以下 7 个方向迅速发展起来。

（1）高速化

效率是先进制造技术的主体之一，随着数控系统核心处理器性能和与之配套的功能部件，如电主轴、直线电动机的发展，高速、高精加工技术的发展，极大地提高了生产的效率和产品的质量与档次，缩短了生产周期，使产品更具备市场竞争力。目前，高速加工中心的进给速度可达 80m/min，甚至更高，空运行速度可达 100m/min。

（2）高精确度

质量是先进制造技术的另一主体，随着数控系统中的伺服控制技术和传感器技术的进步，机床可以执行亚微米级的精确运动。近 10 年来，普通级数控机床的加工精度已由 10μm 提高到 5μm，精密级加工中心则从 3～5μm 提高到 1～1.5μm，并且超精密加工精度已经开始进入纳米级（0.01μm）。

（3）智能化

21 世纪的数控装备将是具有一定智能化的系统，智能化的内容包括在数控系统中的各个方面：为追求加工效率和加工质量方面的智能化，如加工过程的自适应控制，工艺参数自动生成；为提高驱动性能及使用连接方便的智能化，如前馈控制、电动机参数的自适应运算、自动识别负载、自动选定模型、自整定等；简化编程、简化操作方面的智能化，如智能化的自动编程、智能化的人机界面等；还有智能诊断、智能监控方面的内容，方便系统的诊断及维修等。

（4）复合化

随着产品外观曲线的复杂化，模具加工技术也需要不断升级，由此对数控系统提出了新的需求。机床的五轴联动加工、六轴联动加工已日益普及，机床加工的复合化已是不可避免的发展趋

势。德国 DMG 公司展出的 DMU Voution 系列加工中心，可在一次装夹中进行五面加工和五轴联动加工，可由 CNC 系统控制或由 CAD/CAM 直接或间接控制。

（5）实时化

数控技术控制软件中的任务调度、存储器管理、中断处理等操作包含着实时操作系统的思想，它是与数控应用程序如插补、伺服、译码等混合在一起的。嵌入式实时操作系统技术的迅猛发展对数控控制软件的开发产生了革命性影响。选择一个合适的商用嵌入式实时操作系统，将插补等数控应用软件嵌入其中，最终移植到一个硬件环境中，形成最终用户满意的数控系统。

（6）开放化

由于计算机硬件的标准化和模块化，以及软件的模块化、开放化技术的日益成熟，数控技术开始进入开放化的阶段。开放式数控系统有更好的通用性、柔性、适应性、扩展性。美国、欧共体和日本等国纷纷实施战略发展计划，并进行开放式体系结构数控系统规范（OMAC、OSACA、OSEC）的研究和制定，世界三个大的经济体在短期内进行了几乎相同的科学计划和技术规范的制定，预示了数控技术一个新的变革时期的来临。我国在 2000 年也开始进行中国的 ONC 数控系统的规范框架的研究和制定。

（7）网络化

网络化数控装备是近几年国际著名机床博览会的一个新亮点。数控装备的网络化将极大地满足生产线、制造系统、制造企业对信息集成的要求，也是实现新的制造模式，如敏捷制造、虚拟企业、全球制造的基础单元。国内外一些著名数控机床和数控系统制造公司都在近几年推出了相关的新概念和样机，反映了数控机床加工向网络化方向发展的趋势。

采用数控机床加工，首先必须把被加工零件的几何信息和工艺信息数字化，按照规定的代码与格式编制数控加工程序，编制完成后的程序要输入数控系统，在数控系统中要根据输入的程序进行运算与处理，计算出理想的轨迹与运行速度后，把运算处理的结果输出到相应的执行部件，由执行部件控制机床的运动部件按预定的轨迹和速度运动。

3．数控加工的工作过程及其主要内容

数控机床在工作过程中，主要包括以下几项工作：

（1）信息的输入，就是对数控系统输入零件的加工程序、控制参数与补偿数据等信息。

（2）译码，就是把输入的零件加工信息转换成计算机能够识别的代码。

（3）数据处理，主要包括零件加工信息、刀具半径与刀位的补偿信息、运行速度与辅助功能等各方面的信息。而数据处理也就是对这些内容进行运算与处理。

（4）插补，即在数控系统内部也就是对零件的加工轨迹进行计算并发出控制指令的过程，它根据给定的曲线类型（如直线、圆弧或高次曲线等）、曲线的起点、终点、速度以及走向，对曲线的起点与终点间的空间点进行密化。当前广泛应用的插补主要有两种：一是基准脉冲插补法，它是在每次插补运算的结束产生一个进给脉冲；二是数字采样插补法，它是在每个插补周期进行一次插补运算，并根据指令进给的速度计算出一个微小的直线数据段。

（5）伺服控制，是将计算机输出的位置进给脉冲或进给的速度指令变换放大后，转换成伺服电动机的转动，从而带动工作台按给定的轨迹与速度移动。

（6）管理程序，几乎贯穿于数控机床工作的全过程，其功能如图 1-1 所示。

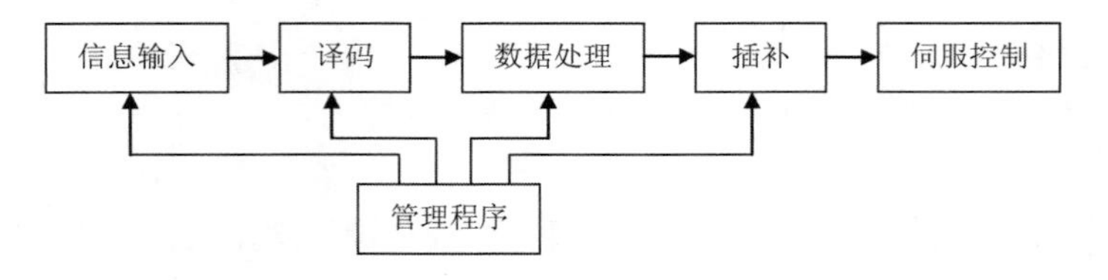

图 1-1　管理程序功能图

1.2　数控机床

随着科学技术和社会生产的不断发展，人们对机械产品的质量和生产效率提出了越来越高的要求。在机械制造业中，单件、小批量生产约占机械加工总量的 80%，尤其是造船、航天、机床、重型机械及军工行业，其生产特点是品种多，加工批量小，改型频繁，零件的形状复杂且精度要求高，普通机床自动化程度低，生产效率和加工精度都难以提高，尤其是一些复杂曲面，甚至无法加工，而采用专用自动化加工设备，则投资大、时间长、转型难，显然不能满足竞争日益激烈的市场需要。数控机床就是为了解决多品种、单件、小批量、高精度、高效率的自动化生产而诞生出来的一种灵活、通用、自动化的机床。

1.2.1　数控机床的特点、组成及工作原理

1．数控机床的特点

数控机床比起传统的普通机床具有以下几个特点：

在切削速度与进给行程范围内，可以提高零件的加工精度，稳定产品的质量，一致性好。

可以完成普通机床难以完成或根本不可能加工的复杂曲面的零件加工，具有高度的柔性。

比普通机床可提高 2～3 倍的生产率，提高产品的生产率。

机床易于调整，与其他制造方法（如自动线中的自动机床）相比，调整所需时间少，并能实现一机多用，可将几种普通机床的功能合而为一。

有利于向计算机控制与管理生产方向发展，实现生产管理现代化。

2．数控机床的组成

数控机床主要由程序载体、人机交互装置、数控装置、伺服系统与机床本体 5 部分组成，如图 1-2 所示。

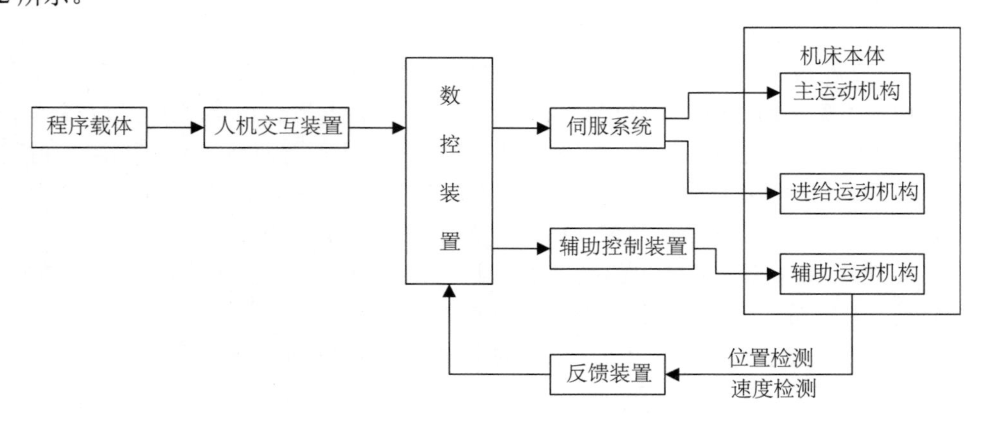

图 1-2　数控机床的组成框图

信息载体又称为控制介质，它记录着数控基础上加工零件的各种信息，如加工的位置、数据、工艺参数等，用以控制机床的动作，实现对零件的加工。早期常用的信息载体有穿孔纸带、磁带等，而现代多采用磁盘、半导体存储器、光盘等。现代的数控机床，其零件加工的信息不一定非得由上述的载体输入，也可以采用操作面板上的按钮与键盘输入，还可以通过串行口将在计算机上编制的加工程序输入。更高级的数控系统还有自动编程机和 CAD/CAM 系统，由这些设备实现程序的编制、数据的输入及显示、存储、打印等功能。

数控装置是数控机床的核心，它的功能是：接收载体送来的加工信息，经计算和处理后，去控制机床的动作。数控装置由硬件与软件共同构成。其中，主要的硬件有计算机、光电阅读机、CRT 显示器、键盘、操作面板与机床接口等。这些硬件（除计算机外）的主要功能如下。

（1）光电阅读机：接收信息载体输入的系统程序与零件加工程序。

（2）CRT 显示器：供显示与监视用。

（3）键盘：输入操作命令、编制程序、修改程序、输入零件加工程序。

（4）操作面板：改变操作方式，输入数据，启动、停止加工等。

（5）机床接口：是机床与计算机之间的桥梁，主要包括伺服驱动接口与机床的输入/输出接口。

伺服系统是数控系统的执行部分，它由速度控制单元、位置控制单元、测量反馈单元、伺服电机及机械传动装置所组成。它接收数控系统发来的数字信号，控制机床上的移动部件按所要求的定位精度和速度进行运动。伺服系统的性能直接影响数控机床的加工精度和生产效率。

机床本体是用于完成各种切削加工的机械部分，通常一次装夹中自动完成整个切削过程，粗、精加工均在同一台机床上进行。因此要求数控机床本体具有较高的动态刚度、阻尼精度及耐磨性，较小的热变形及高精度。

3．数控机床的工作原理

随着数控加工技术的发展，数控加工设备的种类增多，零件的几何形状更加复杂。数控机床与普通机床相比，其工作原理的不同之处在于，数控机床是按数字形式给出的指令进行加工的。通常需要以下 6 个步骤：

① 根据零件图上的图样和技术条件，编写出工件的加工程序，并记录在控制介质即载体上。

② 把程序载体上的程序通过输入装置输入计算机数控装置中。

③ 计算机数控装置将输入的程序经过运算处理后，由输出装置向各个坐标的伺服系统、辅助控制装置发出指令信号。

④ 伺服系统把接收的指令信号放大，驱动机床的移动部件运动，辅助控制装置根据指令信号控制主轴电动机等运转。

⑤ 通过机床的机械部件带动刀具及工件作相对运动，加工出符合图样要求的工件。

⑥ 位置检测反馈系统检测机床的运动，并将信号反馈给数控装置，以减少加工误差。当然，对于开环机床来说，没有检测、反馈系统。

数控机床的工作原理如图 1-3 所示。

（1）程序编制及程序载体

数控程序是数控机床自动加工零件的工作指令。在对加工零件进行工艺分析的基础上，确定零件坐标系在机床坐标系上的相对位置，即零件在机床上的安装位置；刀具与零件相对运动的尺寸参数；零件加工的工艺路线、切削加工的工艺参数及辅助装置的动作等。得到零件的所有运动、尺寸、工艺参数等加工信息后，用由文字、数字和符号组成的标准数控代码，按照规定的方法和格式，编制零件加工的数控程序单。编制程序的工作可由人工进行；对于形状复杂的零件，则要在专用的编程机或通用计算机上进行自动编程（APT）或 CAD/CAM 设计。

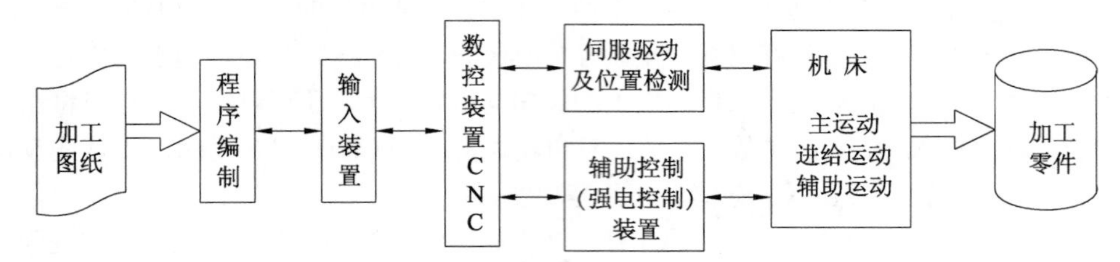

图 1-3　数控机床工作原理图

编好的数控程序，存放在便于输入数控装置的一种存储载体上，它可以是穿孔纸带、磁带和磁盘等，采用哪一种存储载体，取决于数控装置的设计类型。

（2）输入装置

输入装置的作用是将程序载体（信息载体）上的数控代码传递并存入数控系统。根据控制存储介质的不同，输入装置可以是光电阅读机、磁带机或软盘驱动器等。数控机床加工程序也可通过键盘用手工方式直接输入数控系统；数控加工程序还可由编程计算机用 RS-232C 或采用网络通信方式传送到数控系统中。

零件加工程序输入过程有两种不同的方式：一种是一边读入一边加工（数控系统内存较小时）；另一种是一次将零件加工程序全部读入数控装置内部的存储器，加工时再从内部存储器中逐段逐段调出进行加工。

（3）数控装置

数控装置是数控机床的核心。数控装置从内部存储器中取出或接收输入装置送来的一段或几段数控加工程序，经过数控装置的逻辑电路或系统软件进行编译、运算和逻辑处理后，输出各种控制信息和指令，控制机床各部分的工作，使其进行规定的有序运动和动作。

零件的轮廓图形往往由直线、圆弧或其他非圆弧曲线组成，刀具在加工过程中必须按照零件形状和尺寸的要求进行运动，即按图形轨迹移动。但输入的零件加工程序只能是各线段轨迹的起点和终点坐标值等数据，不能满足要求，因此要进行轨迹插补，也就是在线段的起点和终点坐标值之间进行“数据点的密化”，求出一系列中间点的坐标值，并向相应坐标输出脉冲信号，控制各坐标轴（进给运动的各执行元件）的进给速度、进给方向和进给位移量等。

（4）驱动装置和位置检测装置

驱动装置接收来自数控装置的指令信息，经功率放大后，严格按照指令信息的要求驱动机床移动部件，以加工出符合图样要求的零件。因此，它的伺服精度和动态响应性能是影响数控机床加工精度、表面质量和生产率的重要因素之一。驱动装置包括控制器（含功率放大器）和执行机构两大部分。目前大都采用直流或交流伺服电动机作为执行机构。

位置检测装置将数控机床各坐标轴的实际位移量值检测出来，经反馈系统输入机床的数控装置之后，数控装置将反馈回来的实际位移量值与设定值进行比较，控制驱动装置按照指令设定值运动。

（5）辅助控制装置

辅助控制装置的主要作用是接收数控装置输出的开关量指令信号，经过编译、逻辑判别和运动，再经功率放大后驱动相应的电器，带动机床的机械、液压、气动等辅助装置完成指令规定的开关量动作。这些控制包括主轴运动部件的变速、换向和启停指令，刀具的选择和交换指令，冷却、润滑装置的启动、停止，工件和机床部件的松开、夹紧，分度工作台转位分度等开关辅助动作。

由于可编程逻辑控制器（PLC）具有响应快，性能可靠，易于使用、编程和修改程序并可直接启动机床开关等特点，现已广泛用作数控机床的辅助控制装置。

（6）机床本体

数控机床的机床本体与传统机床相似，由主轴传动装置、进给传动装置、床身、工作台及辅助运动装置、液压气动系统、润滑系统、冷却装置等组成。但数控机床在整体布局、外观造型、传动系统、刀具系统的结构及操作机构等方面都已发生了很大的变化。这种变化的目的是满足数控机床的要求和充分发挥数控机床的特点。

1.2.2　数控机床的轨迹控制与辅助功能

1. 轨迹控制的基本原理

数控系统的主要任务是对零件加工轨迹的控制，在通常情况下，由机床的用户给出运动轨迹的类型（如直线、圆弧等）、起点、终点、走向（如正、负，顺时针、逆时针等）。数控系统计算出轨迹中的各个中间点后，即发出指令，“插入补上”这些中间点，且确保这些中间点的坐标与理想轨迹的误差不超过机床的分辨率。伺服系统接收到数控系统发出的这些指令后，即根据这些中间点的坐标值，控制各坐标轴协调运动，走出预定的轨迹。

由上可见，在数控系统中，轨迹控制的核心工作就是计算并输出加工轨迹中各个中间点的坐标值，也就是通常所说的“插补”。

2. 实施插补的方式

实施插补的方式主要有以下 3 种。

（1）硬件插补方式

所谓硬件插补方式，是指采用电压脉冲作为插补点的坐标增量的输出。每输出一个脉冲，在相应的坐标轴上产生一个基本长度单位的运动，可表示为

$$P=BLU$$

式中，P 为脉冲当量，即每发出一个脉冲，工作台相对刀具移动一个基本长度单位，即为一个脉冲当量。

脉冲当量的大小，决定机床加工的精度，发送给每一个轴的脉冲数，则决定该轴的运动距离。而脉冲频率代表坐标轴移动的速度。

硬件插补方式只是应用于早期以硬件为基础的数控（NC）系统中。

（2）软件插补方式

所谓软件插补方式，其插补的功能主要由计算机来实现，其方式是：在计算机数控系统（CNC）中，其信息是以二进制数码编制、处理与存储。二进制的每一位（bit）代表一个基本长度单位（BLU），即

$$Bit=BLU$$

例如，有 65 536 个坐标位置，若以系统的分辨率为其基本长度单位，并等于 0.01mm，那么，这 16 位数字所表示的最大距离即为 655.36 mm。

沿用 NC 系统中脉冲当量的概念，一个脉冲当量与二进制的一位数字等价，即

$$P=Bit=BLU$$

（3）软硬件相结合的插补方式

软硬件相结合的插补方式即在 CNC 系统中用软件进行粗插补，而用硬件实施精细的插补，

也可以用软件进行“大段”的插补，而在这“大段”中，再由硬件进行细插补，这样可进一步地将数据点密集化。

该方式对于计算机的运算速度要求不高，并可余出更多的存储空间来存储零件程序，且响应速度与分辨率都比较高。

3．软件插补方式的类别及其原理与特点

当前采用的软件插补方式主要有以下两种。

（1）基准脉冲插补法

基本原理：它是模拟硬件插补的原理，把每次插补运算产生的指令脉冲输出到伺服系统，用以驱动工作台的运动，每插补一次，输出一个脉冲，工作台移动一个基本长度单位，即一个脉冲当量。

常用的方法：在基准脉冲插补法中常用的是逐点比较法与数字积分法两种。

特点：基准脉冲插补法的插补程序简单，但速度受到一定的限制，故常常应用在进给速度不是很高的数控系统或开环数控系统中。

（2）数据采样插补法

基本原理：这种插补法的位置伺服通过计算机与测量装置构成闭环，插补结果输出的不是脉冲，而是数据，计算机定时对反馈回路进行采样，得到的采样数据与插补程序所产生的指令数据比较后，输出误差信号去驱动伺服电动机。

常用的方法：在数据采样插补法中常用的是时间分割插补法。

特点：在数据采样插补法中，由于各系统的采样周期并不完全相同，而通常采用的是取一个适当的固定值（通常取 10ms 左右）。若周期太短，则来不及处理；若周期太长，则会损失信息，从而影响伺服的精度。

4．辅助功能

在数控机床中，除了轨迹的控制外，还有一些诸如主轴的启动、停止、正转、反转、转速，切削液的开、关，还有换刀控制等，这些功能在数控系统中称为辅助功能。

辅助功能的工作时间及其过程有的是在一个程序段的插补前，有的是在一个程序段的插补后，也有的是与插补同时进行。

辅助功能的实现主要是分为两部分：一是主轴部分；二是其他辅助部分。

主轴主要是启动、停止与转速的控制，而该部分的控制一般是由专门的主轴系统来控制，数控系统只是输出一个转速的给定量，这个给定量可以是数字量，也可以是模拟量。

其他辅助功能主要是开关量的控制，在简单的系统中，由数控系统通过继电器的逻辑电路来执行，在较复杂的数控系统中，通常是由 PLC（可编程序控制器）来执行。

1.2.3 数控机床的分类

数控机床的品种很多，根据其加工、控制原理、功能和组成，可以从以下几个不同的角度进行分类。

1．按加工工艺方法分类

（1）金属切削类数控机床

与传统的车、铣、钻、磨、齿轮加工相对应的数控机床有数控车床、数控铣床、数控钻床、数控磨床、数控齿轮加工机床等。尽管这些数控机床在加工工艺方法上存在很大的差别，

具体的控制方式也各不相同，但机床的动作和运动都是数字化控制的，具有较高的生产率和自动化程度。

在普通数控机床上加装一个刀具库和换刀装置就成为数控加工中心机床。加工中心机床进一步提高了普通数控机床的自动化程度和生产效率。例如铣、镗、钻的加工中心，它是在数控铣床的基础上增加了一个容量较大的刀具库和自动换刀装置形成的，工件一次装夹中，可以对箱体零件的四面甚至五面大部分加工工序进行铣、镗、钻、扩、铰孔及攻丝等多工序加工，特别适合箱体类零件的加工。加工中心机床可以有效地避免由于工件多次安装造成的定位误差，减少了机床的台数和占地面积，缩短了辅助时间，大大提高了生产效率和加工质量。

（2）特种加工类数控机床

除了切削加工数控机床以外，数控技术也大量用于数控电火花线切割机床、数控电火花成型机床、数控等离子弧切割机床、数控火焰切割机床及数控激光加工机床等。

（3）板材加工类数控机床

常见的应用于金属板材加工的数控机床有数控压力机、数控剪板机和数控折弯机等。近年来，其他机械设备中也大量采用了数控技术，如数控多坐标测量机、自动绘图机及工业机器人等。

2．按控制运动轨迹分类

（1）点位控制数控机床

点位控制数控机床的特点是机床移动部件只能实现由一个位置到另一个位置的精确定位，在移动和定位过程中不进行任何加工。机床数控系统只控制行程终点的坐标值，不控制点与点之间的运动轨迹，因此几个坐标轴之间的运动无任何联系。可以几个坐标同时向目标点运动，也可以各个坐标单独依次运动。

这类数控机床主要有数控坐标镗床、数控钻床、数控冲床、数控点焊机等。点位控制数控机床的数控装置称为点位数控装置。

（2）直线控制数控机床

直线控制数控机床可控制刀具或工作台以适当的进给速度，沿着平行于坐标轴的方向进行直线移动和切削加工，进给的速度根据切削条件可在一定范围内变化。

直线控制的简易数控车床只有两个坐标轴，可加工阶梯轴。直线控制的数控铣床有三个坐标轴，可用于平面的铣削加工。现代组合机床采用数控进给伺服系统，驱动动力头带有多轴箱的轴向进给进行钻镗加工，它也算是一种直线控制数控机床。

数控镗铣床、加工中心等机床，它的各个坐标方向进给运动速度能在一定范围内进行调整，兼有点位和直线控制加工的功能，这类机床应该称为点位/直线控制的数控机床。

（3）轮廓控制数控机床

轮廓控制数控机床能够对两个或两个以上运动的位移及速度进行连续相关的控制，使合成的平面或空间的运动轨迹能满足零件轮廓的要求。它不仅能控制机床移动部件的起点与终点坐标，而且能控制整个加工轮廓每一点的速度和位移，将工件加工成要求的轮廓形状。

常用的数控车床、数控铣床、数控磨床就是典型的轮廓控制数控机床。数控火焰切割机、电火花加工机床及数控绘图机等也采用了轮廓控制系统。轮廓控制系统的结构要比点位/直线控制系统更为复杂，在加工过程中需要不断进行插补运算，然后进行相应的速度与位移控制。

现在计算机数控装置的控制功能均由软件实现，增加轮廓控制功能不会带来成本的增加。因此，除少数专用控制系统外，现代计算机数控装置都具有轮廓控制功能。

3．按驱动装置的特点分类

（1）开环控制数控机床

图 1-4 所示为开环控制数控机床的系统框图。

这类控制的数控机床是其控制系统没有位置检测元件，伺服驱动部件通常为反应式步进电动机或混合式伺服步进电动机。数控系统每发出一个进给指令，经驱动电路功率放大后，驱动步进电动机旋转一个角度，再经过齿轮减速装置带动丝杠旋转，通过丝杠螺母机构转换为移动部件的直线位移。移动部件的移动速度与位移量是由输入脉冲的频率与脉冲数所决定的。此类数控机床的信息流是单向的，即进给脉冲发出去后，实际的移动不再被反馈回来，所以称为开环控制数控机床。

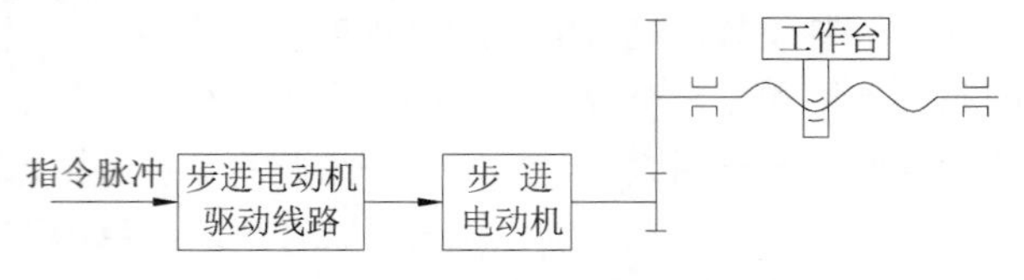

图 1-4　开环控制数控机床的系统框图

开环控制系统的数控机床结构简单，成本较低。但是，系统对移动部件的实际位移量不进行监测，也不能进行误差校正。因此，步进电动机的失步、步距角误差、齿轮与丝杠等传动误差都将影响被加工零件的精度。开环控制系统仅适用于加工精度要求不是很高的中小型数控机床，特别是简易经济型数控机床。

（2）闭环控制数控机床

闭环控制数控机床是在机床移动部件上直接安装直线位移检测装置，直接对工作台的实际位移进行检测，将测量的实际位移值反馈到数控装置中，与输入的指令位移值进行比较，用差值对机床进行控制，使移动部件按照实际需要的位移量运动，最终实现移动部件的精确运动和定位。从理论上讲，闭环系统的运动精度主要取决于检测装置的检测精度，也与传动链的误差无关，因此其控制精度高。图 1-5 所示为闭环控制数控机床的系统框图。图中 A 为速度传感器，C 为直线位移传感器。当位移指令值发送到位置比较电路时，若工作台没有移动，则没有反馈量，指令值使得伺服电动机转动，通过 A 将速度反馈信号送到速度控制电路，通过 C 将工作台实际位移量反馈回去，在位置比较电路中与位移指令值相比较，用比较后得到的差值进行位置控制，直至差值为零时为止。这类控制的数控机床，因把机床工作台纳入了控制环节，故称为闭环控制数控机床。

闭环控制数控机床的定位精度高，但调试和维修都较困难，系统复杂，成本高。

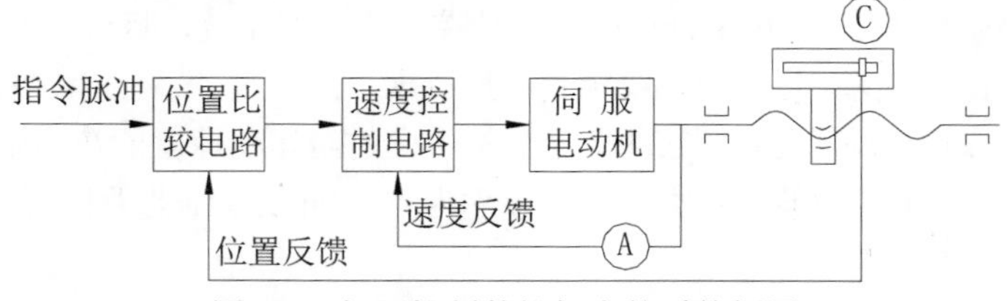

图 1-5　闭环控制数控机床的系统框图

（3）半闭环控制数控机床

半闭环控制数控机床是在伺服电动机的轴或数控机床的传动丝杠上装有角位移电流检测装置（如光电编码器等），通过检测丝杠的转角间接地检测移动部件的实际位移量，然后反馈到数控装置中去，并对误差进行修正。图 1-6 所示为半闭环控制数控机床的系统框图。图中 A 为速度传感器，B 为角度传感器。通过测速元件 A 和光电

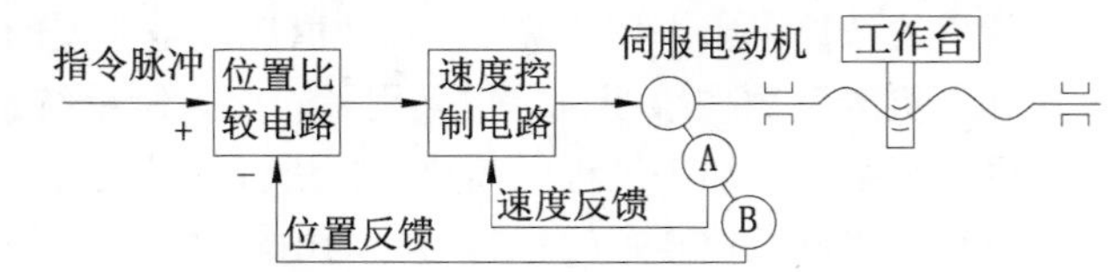

图 1-6　半闭环控制数控机床的系统框图

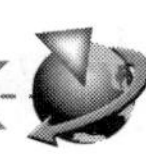

编码盘B可间接检测出伺服电动机的转速，从而推算出工作台的实际位移量，将此值与指令值进行比较，用差值来实现控制。由于工作台没有包括在控制回路中，因而称为半闭环控制数控机床。

半闭环控制数控系统的调试比较方便，并且具有很好的稳定性。目前大多将角度检测装置和伺服电动机设计成一体，这样使结构更加紧凑。

（4）混合控制数控机床

将以上三类数控机床的特点结合起来，就形成混合控制数控机床。混合控制数控机床特别适用于大型或重型数控机床，因为大型或重型数控机床需要较高的进给速度与相当高的精度，其传动链惯量与力矩大，如果只采用全闭环控制，机床传动链和工作台全部置于控制闭环中，闭环调试比较复杂。混合控制系统又分为开环补偿型和半闭环补偿型两种形式。

图1-7所示为开环补偿型控制方式。它的基本控制选用步进电动机的开环伺服机构，另外附加一个校正电路。用装在工作台的直线位移测量元件的反馈信号校正机械系统的误差。

图1-8所示为半闭环补偿型控制方式。它是用半闭环控制方式取得高精度控制，再用装在工作台上的直线位移测量元件实现全闭环修正，以获得高速度与高精度的统一。其中A是速度测量元件（如测速发电机），B是角度测量元件，C是直线位移测量元件。

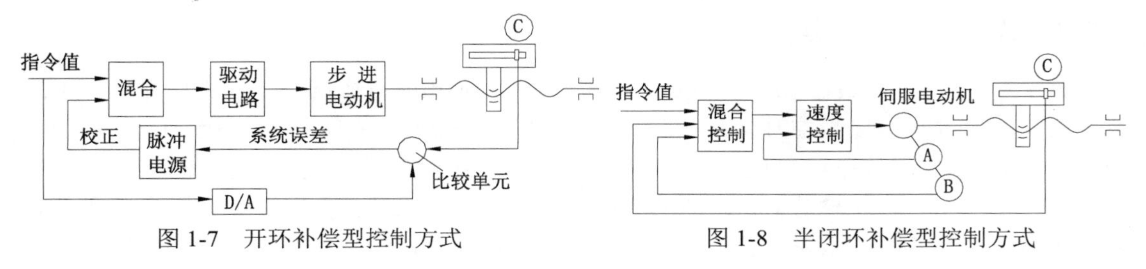

图1-7　开环补偿型控制方式　　图1-8　半闭环补偿型控制方式

1.2.4　数控机床的选择

对数控机床的选择需考虑以下因素：

（1）功能需求。即产品加工工艺是否要求在一次装夹中完成多个工序、多种类型的加工，以决定采用数控铣床还是加工中心。

（2）加工范围。根据被加工产品毛坯的大小确定，并注意留有一定的用来装夹和避让空间余量。

（3）精度。根据产品的加工精度要求确定。需要说明的是，一般数控机床技术参数说明中标出的是位置精度和重复定位精度，这是机床在无负载下的技术参数。在实际加工状态下的精度还与机床的其他因素有关。

（4）刚性。刚性是机床质量的一个重要特征，但目前还没有一个可供借鉴的评价标准。应用于难切削材料加工的机床，应对机床的刚性予以特别关注，必要时选择相对零件尺寸大1～2个挡次规格的机床。

（5）可靠性。包括两方面含义，一是要求用户选用的机床在使用寿命期内故障尽可能少，二是要求机床连续运转稳定可靠。

（6）加工效率。指机床能够达到主轴转速和进给速度。

（7）寿命。指机床能够达到其技术指标最长的使用时间，与机床实际使用情况密切相关。

（8）其他因素。包括价格、品牌、外观与噪声等。

在对数控机床不了解的情况下，最好对生产厂家已有用户的使用情况进行考察，这是确定机床使用性能最简单有效的办法。

1.3 数控刀具

数控机床必须有与其相适应的切削刀具配合，才能充分发挥作用。刀具尤其是刀片的选择是保证加工质量，提高加工效率的重要环节。

1.3.1 数控刀具的特点

目前，数控车床用得最普遍的是硬质合金刀具和高速钢刀具两种。数控刀具具有以下特点：

（1）数控车床能兼做粗精车削，因为粗车时，要选用强度高、耐用度好的刀具，以便满足粗车时大背吃刀量、大进给量的要求。

（2）精车时，要选精度高、耐用度好的刀具，以保证加工精度要求。

（3）为减少换刀时间和方便对刀，应尽可能采用机夹刀和机夹刀片。

（4）夹紧刀片的方式要选择得比较合理，刀片最好选择涂层硬质合金刀片。

1.3.2 数控刀具的分类

数控刀具主要是指数控车床、数控铣床及加工中心上使用的刀具。数控刀具在国外发展很快，品种很多，已形成系列。数控刀具的分类方法有多种，根据切削工艺可分为：车削刀具（分外圆、内孔、螺纹和切割刀具等）、钻削刀具（包括钻头、铰刀和丝锥等）、镗削刀具、铣削刀具等。根据刀具可分为：整体式、镶嵌式、焊接式和机夹式连接，机夹式又可分为不转位式和可转位式两种。根据制造刀具所用的材料可分为：高速钢刀具、硬质合金刀具、金刚石刀具及其他材料刀具，如陶瓷刀具、立方氮化硼刀具等。为了适用数控机床对刀具耐用、稳定、易调、可换等的要求，近几年机夹式可转位刀具得到广泛的应用，在数量上达到全部数控刀具的30%～40%，金属的切除量占总数的80%～90%。

数控机床与普通机床上所用的刀具相比，有许多不同要求，主要有以下特点：

（1）刚性好，精度高，抗震及热变形小。

（2）互换性好，便于快速换刀。

（3）寿命长，切削性能稳定、可靠。

（4）刀具的尺寸便于调整，以减少换刀调整时间。

（5）刀具应能可靠地断屑或卷屑，以利于切屑的排除。

（6）系列化、标准化，以利于编程和刀具管理。

1.3.3 数控刀具的材料

刀具的材料是指切削部分的材料。刀具材料的性能必须满足硬度、强度和韧性、耐磨度、耐热性等条件，同时要考虑经济性。

数控刀具的选择：根据零件材料种类、硬度，以及加工表面粗糙度要求和加工余量的已知条件，来决定刀片的几何结构（如刀尖圆角）、进给量、切削速度和刀片牌号。

图1-9所示为数控刀具的常用材料框架图。

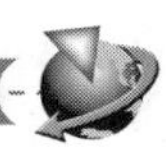

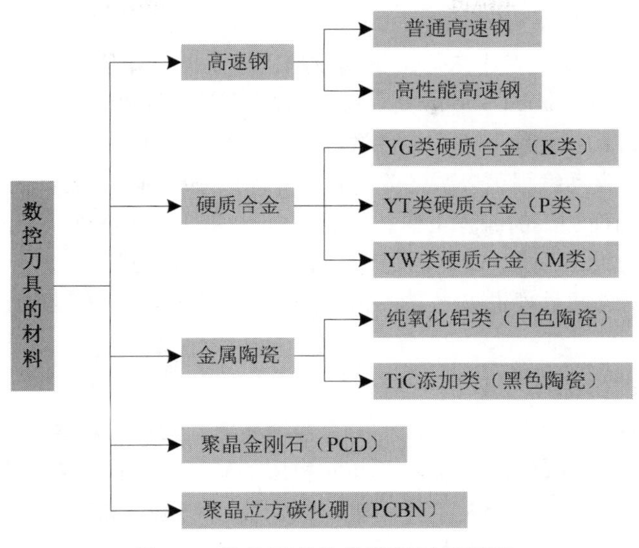

图 1-9　数控刀具的常用材料框架图

1.3.4　数控刀具的选择

选择刀具应根据机床的加工能力、工件材料的性能、加工工序、切削用量，以及其他相关因素正确选用刀具及刀柄。刀具选择总的原则是适用、安全和经济。

1. 适用

所选择的刀具能达到加工的目的，完成材料的去除，并达到预定的加工精度。如粗加工时选择大直径并有足够切削能力的刀具能快速去除材料。而在精加工时，为了能把结构形状全部加工出来，要使用较小的刀具，加工到每一个角度。

2. 安全

在有效去除材料的同时，不会产生刀具的碰撞、折断等。要保证刀具及刀柄不会与工件相碰撞或者刮擦，造成刀具或工件的损坏。如加长直径很小的刀具切削硬质的材料时，很容易折断，选用时一定要慎重。

3. 经济

以最小的成本完成加工。在同样可以完成加工的情况下，选择相对综合成本较低的方案，而不是选择最便宜的刀具。刀具的耐用度和精度与刀具价格关系极大。大多数情况下，选择好的刀具虽然增加了刀具成本，但由此带来的加工质量和加工效率的提高，则可以使总体成本可能比使用普通刀具更低，产生更好的效益。如进行钢材切削时，选用高速钢刀具，其进给只能达到 100mm/min 以上，可以大幅度缩短加工时间，虽然刀具价格较高，但总体成本反而更低。

1.4　数控编程基础

1.4.1　数控编程概述

数控编程技术经历了 3 个发展阶段，即手工编程、APT 语言编程和目前使用的交互式图形编程。手工编程时，整个程序的编制由人工完成，要求编程人员不仅要熟悉数控代码及编程规则，还必须具备机械加工工艺知识和一定的数值计算能力。手工编程明显难以承担复杂曲面的编程工作，所以自第一台数控机床问世不久，美国麻省理工学院即开始研究自动编程的语言系统，即APT（Automatically Programmed Tools）语言。自动编程时编程人员只需根据零件图样的要求，按照某个自动编程系统的规定编写一个零件源程序，输入编程计算机，再由计算机自动进行程序编制。经过不断发展，自动编程可以减轻劳动强度并缩短编程时间，还降低了错误率，在相当长一段时间承担了复杂曲面加工的编程工作。然而，由于 APT 语言开发得比较早，当时计算机的图形处理能力不强，因此必须在 APT 源程序中用语言的形式去描述本来十分直观的几何图形信息及加工过程，再由计算机处理生成加工程序，因此其直观性差，编程过程比较复杂。后来就出现了交互式图形编程。

1．数控加工中的坐标系

数控机床的各个移动件在切削加工过程中有各种移动，为表示各移动件的移动方位和方向，在 ISO 标准中规定采用右手直角笛卡儿坐标系对机床的坐标系进行命名。通常在命名或编程时，不论机床在加工中是刀具移动，还是工件移动，一律假定工件相对静止不动，而刀具在移动，并同时规定刀具远离工件的方向作为坐标的正方向。

机床坐标系是机床固有的坐标系，机床坐标系的原点也称为机床原点，在机床经过设计制造和调整后这个原点被确定下来，它是固定的点。机床坐标轴的命名方法是：右手的拇指、食指和中指互相垂直，这 3 个手指所指的方向分别为 X 轴、Y 轴和 Z 轴的正方向。此外，当以 X、Y、Z 的坐标轴线或与 X、Y、Z 的轴线相平行的直线为轴旋转时，则分别用字母 A、B、C 表示绕 X、Y、Z 轴的转动，其转动的正方向用右手螺旋法则确定，如图 1-10 所示。

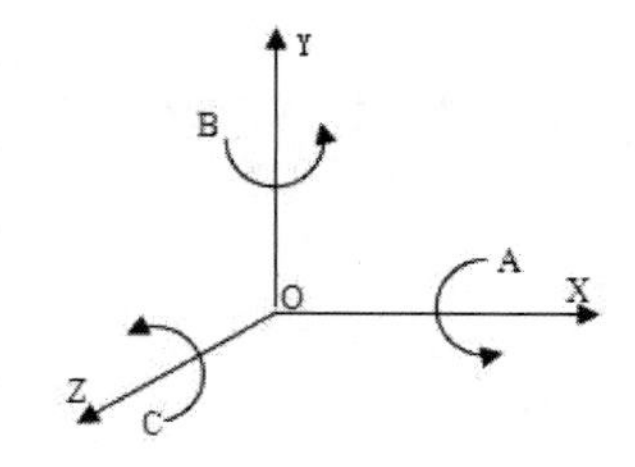

图 1-10　坐标系示意图

机床在加工过程中，当工件相对是“静止”的，而刀具相对“静止”的工件是运动的，则其正负方向分别用+X、+Y、+Z 与−X、−Y、−Z 表示；当刀具相对是“静止”的，而工件相对“静止”的刀具是运动的，则其正负方向分别用+X'、+Y'、+Z 与−X'、−Y'、−Z'表示。规定坐标的正方向为：使刀具与工件距离增大的方向为坐标的正方向。各坐标轴的确定方法如下。

（1）Z 轴：将产生切削力的主轴轴线或与主轴平行的轴定为 Z 轴，刀具远离工件的方向为坐标的正方向；当机床上有多个主轴时，选取一个垂直于工件装夹平面的方向为 Z 轴；当机床无主轴时（如刨床），选取与工件装夹平面垂直的方向为 Z 轴；当机床主轴能够摆动时，选取垂直于工件装夹平面的方向为 Z 轴。

（2）X 轴：平行于工件的装夹平面，一般在水平面内。如果工件做旋转运动，则选取刀具离开工件的方向为 X 轴的正方向。如果刀具做旋转运动，则分为两种情况：Z 坐标水平时，观察者沿刀具主轴看向工件时，+X 运动方向指向右方；Z 坐标垂直时，观察者面对刀具主轴向立柱看时，+X 运动方向指向右方。

（3）Y 轴：Z 轴与 X 轴确定后，按右手笛卡儿坐标系即可确定 Y 轴的坐标及其正方向。

附加坐标系：如果机床上除了 X、Y、Z 主要直线运动之外，还有平行于它们的坐标运动，则应分别命名为 U、V、W（相对坐标系）。如果还有第三组运动，则应分别命名为 P、Q、R。如果在第一组回转运动 A、B、C 的同时，还有平行或不平行 A、B、C 的第二组回转运动，则命名为 D、E、F。若再有其他运动，则依此顺序类推。

工件坐标系是编程人员在编程时使用的，编程人员选择工件上的某一已知点为原点称为编程

原点或工件原点，工件坐标系一旦确立，便一直有效指导被新的工件坐标系所取代。工件坐标系的选择要遵循以下原则：

尽量满足编程艰难、尺寸换算少、引起的加工误差小等条件，一般情况下以坐标式尺寸标注的零件，编程原点应选在尺寸标注的基准点；对称零件或以同心圆为主的零件，编程原点应选在对称中心线或圆心上；Z 轴的程序原点通常选在工件的上表面，编程原点是为了方便编程而在零件的图纸上选择一个适当的位置作为编程的原点，也称为程序的原点或程序的零点；对于图形简单的零件，工件的原点即为编程的原点，两个坐标系是相同的；而对于图形复杂的零件，需要编制几个程序或子程序，就需要编制几个编程坐标系，也就有几个编程的原点。但对于工件来讲，不论设置了几个编程的坐标系，而该工件的坐标系只能是一个。

对刀点是刀具相对工件运动的起点，零件的加工程序就是从这一点开始的，也就是程序的起点或称为起刀点，通常也是零件的零点。一般情况下，对刀点不仅是程序的起点，往往也是程序的终点。

2. 数控编程的概述及步骤

数控编程一般分为手工编程和自动编程。手工编程指从零件图样分析、工艺处理、数值计算、编写程序单到程序校核等各步骤的数控编程工作均由人工完成。该方法适合用于零件形状不太复杂、加工程序较短的情况，而复杂形状的零件，如具有非圆曲线、列表曲面和组合曲面的零件，或形状虽不复杂但是程序很长的零件，则比较适合于自动编程。

自动数控编程是从零件的设计模型（参考模型）直接获得数控加工程序，其主要任务是计算加工进给过程中的刀位点，从而生成刀位点数据文件。采用自动编程技术可以帮助人们解决复杂零件的数控加工编程问题，其大部分工作由计算机来完成，使编程效率大大提高，还能解决手工编程无法解决的许多复杂形状零件的加工编程问题。

数控编程的基本步骤如图 1-11 所示。

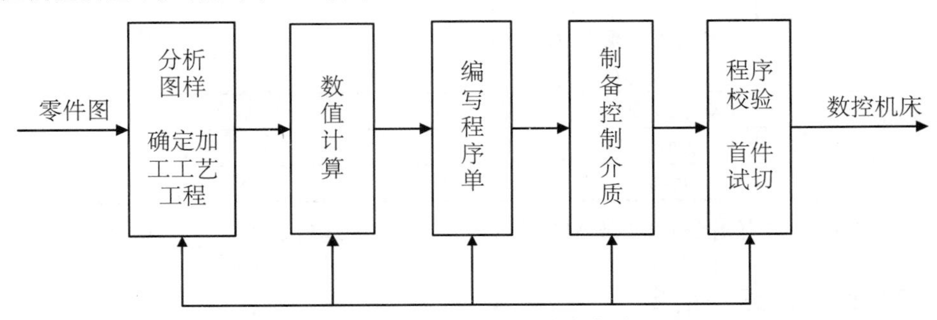

图 1-11　数控编程的基本步骤

3. 数控编程的方法

数控编程方法是数控技术的重要组成部分，数控编程方法有手工编程和自动编程。数控自动编程代表编程方法的先进水平，而手工编程是学习自动编程的基础。目前手工编程还有广泛的应用。

1.4.2　数控程序的结构和格式

一般情况下，一个基本而完整的数控程序由程序头、程序体和程序尾三部分组成，应根据数控机床的操作说明使用。图 1-12 所示为一个数控程序的结构示意图。

程序头是一个程序必须的标识符，是为了区分程序而对程序所进行的编号。程序头是由程序头地址和程序编号组成的，程序头必须放在程序的开头。地址符常见的有“%”“O”“P”等，视具体数控系统而定。上述程序中“%”是程序头地址，“1122”是程序编号。

```
%1122
N1  G90  G92  X0  Y0  Z0;
N2  G42  G01  X-60.0  Y10.0  D01  F200;
N3  G02  X40.0  R50.0;
N4  G00  G40  X0  Y0;
N5  M02;
```

图 1-12 数控程序结构示意图

程序体是由许多程序段组成的，每个程序段由一个或多个指令构成。上述程序中的 N1～N5 的 5 行程序即为 5 个程序段，编号 N1～N5 为程序段号，程序执行时是按排列次序执行，而与程序段号的大小次序无关。程序段号后面的部分为程序字，程序字中的英文字母为地址符，数字即表示相应功能的数据。程序段格式的书写规则有 3 种：地址程序段格式、使用分隔符的程序段格式和固定程序段格式。其中地址程序段格式最为常用，它的书写格式为：N**** G** X_Y_Z_I_J_K_F_S_T_ M**。

表示尺寸的地址符共有 18 个：X、Y、Z、A、B、C、U、V、W、P、Q、R、I、J、K、D、H、E；表示非尺寸的地址符共有 8 个：N、G、F、S、T、M、L、O。各地址符的功能如表 1-1 所示。

表 1-1 地址符功能表

地址符	功　　能
N	程序段号，后跟 2～4 位数字
G	准备功能代码，后跟 2 位数字
M	辅助指令代码，后跟 2 位数字
X	±****.***坐标值，“±”号代表方向
Y	
Z	
I	±****.*** ，圆弧的圆心坐标
J	
K	
F	进给速度功能
S	主轴功能
T	刀具功能

程序尾是以程序结束指令 M02 或 M30 结束整个程序的运行。

1.4.3 常用的数控编程指令

1. 准备功能字（G 功能）

G 功能指令是使机床做某种操作的指令，主要用于刀具和工件的运动轨迹、机床坐标系、坐标平面、刀具补偿等功能。用地址符 G 和两位数字表示，从 G00～G99 共 100 种，分为模态和非模态两大类。模态 G 功能是续效的，是一组可相互注销的 G 功能，一旦被执行则一直有效直到被同一组的 G 功能注销为止。而非模态的 G 功能是非续效的，只在所规定的程序段中有效，程序段结束时被注销。二者区别举例如下。

例 1：

```
N15  G91  G01  X-10  F200 ;          // G91 和 G01 均为模态 G 功能
N16  Y10.0 ;                         // 此时 G91、G01 仍然有效
N17  G03  X20  Y20   R20 ;           // 此时 G03 有效，G01 无效
```

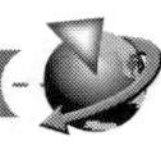

例 2：

```
N10  G04  P10.0 ;                          //  G04 是非模态 G 功能，延时 10 秒
N11  G91  G00  X-10  F200 ;                //  G04 在此程序段中影响失效
```

例 3：

```
N001  G91  G01  X10  Y10  Z-2  F150  M03  S1500 ;
                                          //  G91、G01、M03 均为模态并不同组，
                                              因而续效
N002  X15 ;
N003  G02  X20  Y20  I20  J0 ;            //  G02 与 G01 同组，G01 失效，G02 有效
N004  G90  G00  X0   Y0  Z100  M02 ;      //  G90 与 G91 同组，G91 失效，G90 有效
                                              M02 与 M03 同组，M03 失效，M02 生效
```

在同一程序段中，可以指定几个不同组的 G 代码，而若在同一程序段内指定了同一组的 G 代码，则最后一个 G 代码有效。在固定循环程序段中，若指定了 a 组的 G 代码，则固定循环自动被注销，而 a 组的 G 代码不受固定循环的 G 代码影响。

标准 JB 3208—83 中给出的常用 G 功能指令的功能与分组如表 1-2 所示，应用于不同机床时会略有变动。

（1）G00：快读点定位功能。即刀具快速移动到指定的坐标位置，用于刀具在非切削状态下的快速移动，其移动的速度取决于机床的技术参数，如刀具快速移动到点(50,50,50)，其指令格式为 G00 X50.00 Y50.00 Z50.00。

（2）G01：直线插补。即刀具以指定的速度直线移动到指定的坐标位置，是刀具进行切削运动的主要方式之一，如刀具以 500mm/min 的速度直线运动到点(50,50,50)的指令格式为 G01 X50.00 Y50.00 Z50.00 F500。

（3）G02、G03：顺时针、逆时针圆弧插补。即刀具以指定的速度以圆弧运动到指定的位置。G02、G03 有两种表达方式。一种为半径表达格式，使用参数 R，如 G02 X100.00 Y1000.00 Z100.00 R50 F1000 表示刀具以 1 000mm/min 的速度沿半径为 50 的顺时针圆弧运动到终点(100,100,100)，其中 R 值的正负影响切削圆弧的角度，R 值为正时刀位起点与刀位终点之间的角度小于或等于 180°，R 值为负时刀位起点与刀位终点之间的角度大于或等于 180°。另一种为矢量表达格式，使用参数 I、J、K 给出圆心坐标，并采用相对于起始点的坐标增量，如 G02 X100.00 Y100.00 Z100.00 I50 J50 K50 F1000 表示刀具以 1 000mm/min 的速度沿一顺时针圆弧运动到点(100,100,100)，该圆弧的圆心相对于起点的坐标增量为(50,50,50)。

（4）G90、G91：绝对指令、增量指令。其中 G90 指定 NC 程序中的刀位坐标是以加工坐标系原点为基准来计算和表达的；而 G91 则指定 NC 程序中每一个刀位点的坐标是以其相对于前一刀位点的坐标增量来表示的。

（5）G40、G41、G42：刀具半径补偿取消、刀具半径左补偿、刀具半径右补偿。用半径为 R 的刀具切削工件时，刀轨必须与切削轮廓有一个距离为 R 的偏置，在手工编程中进行这种偏置计算是十分麻烦的。如果采用 G41、G42 指令，刀具路径会被自动偏移一个 R 距离，而编程只要按照工件轮廓去计算就可以了。在 G41、G42 指令中，刀具半径值是用 D 指令来指定的。所谓左补偿是指刀具前进的方向，刀具在工件的左侧，刀轨向左侧偏置一个刀具半径的距离。G40 是取消刀具半径补偿指令。在交互式图形编程中，由于刀轨是在工件表面的偏置面上计算得到的，因此不需要再进行半径补偿，即一般不使用 G40～G42 指令。

（6）G54～G59：加工坐标系设置指令。该指令是数控系统上设定的寄存器地址，其中存放了加工坐标系（一般为对刀点）相对于机床坐标系的偏移量。当数控程序中出现该指令时，数控系统即根据其中存放的偏移量来确定加工坐标系。

（7）G92：加工坐标系设置指令。该指令是根据刀具起始点与加工坐标系的相对关系确定加工坐标系，其格式 G92 X20 Y30 Z50 表示刀具当前位置（一般为程序起点位置）处于加工坐标系的(20,30,50)处，这样就等于通过刀具当前位置确定了加工坐标系的原点位置。

表 1-2 G 功能指令

G 代码	组	功能	G 代码	组	功能
*G00	a	点定位	G50	#（d）	刀具偏置 0/-
G01		直线插补	G51		刀具偏置+/0
G02		圆弧插补（CW，顺时针）	G52		刀具偏置-/0
G03		圆弧插补（CCW，逆时针）	G53	f	直线偏移注销
G04	—	暂停	G54		直线偏移 X
G05	#	不指定	G55		直线偏移 Y
G06	a	抛物线插补	G56		直线偏移 Z
G07	#	不指定	G57		直线偏移 XY
G08	—	加速	G58		直线偏移 ZX
G09		减速	G59		直线偏移 YZ
G10～G16	#	不指定	G60	h	准确定位 1（精）
G17	c	XY 平面	G61		准确定位 2（中）
G18		ZX 平面	G62		快速定位（粗）
G19		YZ 平面	G63	—	攻丝
G20～G32	#	不指定	G64～G67	#	不指定
G33	a	螺纹切削，等螺距	G68	#（d）	刀具偏置，内角
G34		螺纹切削，增螺距	G69		刀具偏置，外角
G35		螺纹切削，减螺距	G70～G79	#	不指定
G36～G39	#	永不指定	G80	e	固定循环注销
*G40	d	取消刀尖半径补偿	G81～G89		固定循环
G41		刀尖半径左补偿	G90	j	绝对尺寸
G42		刀尖半径右补偿	G91		增量尺寸
G43	#（d）	刀具偏置，正	G92	—	预置寄存
G44		刀具偏置，负	G93	k	进给率，时间倒数
G45		刀具偏置+/+	G94		每分钟进给
G46		刀具偏置+/-	G95		主轴每转进给
G47		刀具偏置-/-	G96	i	恒线速度
G48		刀具偏置-/+	G97		每分钟转数（主轴）
G49		刀具偏置 0/+	G98～G99	#	不指定

注： 1．#号：如选作特殊用途，必须在程序格式说明中说明。

2．*号：表示该代码为数控系统通电后的状态。

3．—号：表示是非模态代码，其余均为模态代码；相同组别的可进行替换。

4．如果在直线切削控制中无刀具补偿，则 G43～G52 可指定其他作用。

5．表中第二栏的（d）表示：可以被同栏中无括号的字母 d 注销或替代，也可被有括号的字母 d 注销或替代。

2．辅助功能字（M 功能）

M 功能指令是用来控制机床及其辅助装置的通/断的指令，如开、关冷却泵，主轴正反转、停转，程序结束等。辅助功能字由 M 及随后的 2 位数字组成。

标准 JB 3208—83 中给出的常用 M 功能指令的功能与分组如表 1-3 所示，应用于不同机床时

会略有变动。

表 1-3　M 功能指令

M 代码	组	功能	M 代码	组	功能
M00	*	程序停止	M36	*	进给范围 1
M01	*	计划结束	M37	*	进给范围 2
M02	*	程序结束	M38	*	主轴速度范围 1
M03		主轴顺时针转动	M39	*	主轴速度范围 2
M04		主轴逆时针转动	M40～M45	*	齿轮换挡
M05		主轴停止	M46～M47	*	不指定
M06	*	换刀	M48	*	注销 M49
M07		2 号冷却液开	M49	*	进给率修正旁路
M08		1 号冷却液开	M50	*	3 号冷却液开
M09		冷却液关	M51	*	4 号冷却液开
M10		夹紧	M52～M54	*	不指定
M11		松开	M55	*	刀具直线位移，位置 1
M12	*	不指定	M56	*	刀具直线位移，位置 2
M13		主轴顺时针，冷却液开	M57～M59	*	不指定
M14		主轴你是正，冷却液开	M60		更换工作
M15	*	正运动	M61		工件直线位移，位置 1
M16	*	负运动	M62	*	工件直线位移，位置 2
M17～M18	*	不指定	M63～M70	*	不指定
M19		主轴定向停止	M71	*	工件角度位移，位置 1
M20～M29	*	永不指定	M72	*	工件角度位移，位置 2
M30	*	纸带结束	M73～M89	*	不指定
M31	*	互锁旁路	M90～M99	*	永不指定
M32～M35	*	不指定			

注：1．*号：如选作特殊用途，必须在程序格式说明中说明。

2．M02、M03：程序结束。M02 表示程序自然运行到最后一句结束；M30 表示程序结束，并自动返回初始状态，也就是程序的开始状态。

3．M03、M04、M05：主轴顺时针转、主轴逆时针转、主轴停止转动。

4．M07、M08、M09：打开冷却液、关闭冷却液。

3．其他功能字（F 功能、S 功能、T 功能）

F 是进给功能字，表示工件被加工时刀具相对于工件的合成进给速度。F 的单位取决于 G94（每分钟进给量，mm/min）或 G95（每转进给量，mm/r）。

S 是主轴转速功能字，控制主轴转速，是由地址码 S 和其后面的若干数字组成的，单位为 m/min 或 r/min，决定于 G96（恒线速度控制）和 G97（主轴转速控制）。S 是模态指令，只有在主轴速度可调节时有效。

T 是刀具功能字，字符 T 后的数字代表刀具号码，T 代码与刀具的关系是由机床制造厂规定的，在加工中心上使用 T 指令，则刀具库转动，选择所需的刀具后等待 M06 指定作用时完成换刀。T 指令同时调入寄存器中的刀具补偿值（刀具补偿长度和刀具补偿半径）。T 为非模态指令，但被调用的刀具补偿值一直有效直到再次换刀调入新的刀补。

以上介绍了最基本的数控指令，使用它们可以完成普通的数控编程任务。如欲了解更详尽的数控指令，请参阅相关参考资料。

1.5 数控加工工艺概述

数控机床的加工工艺与通用机床的加工工艺有许多相同之处，但在数控机床上的加工零件比通用机床加工零件的工艺规程要复杂得多。在数控加工前，要将机床的运动过程、零件多的工艺过程、刀具的形状、切削用量和走刀路径等都编入程序，这就要求程序设计人员具有多方面的知识基础。合格的程序员首先是一个合格的工艺人员，否则就无法做到全面周到地考虑零件加工的全过程，以及正确、合理地编制零件的加工程序。

1.5.1 数控加工工艺的特点

数控加工工艺与普通加工工艺基本相同，在设计零件的数控加工工艺时，首先要遵循普通加工工艺的基本原则与方法，同时还需要考虑数控加工本身的特点和零件编程的要求。数控机床本身自动化程度较高，控制方式不同，设备费用也高，因此数控加工工艺具有以下 6 个特点。

1. 工艺内容具体且详细

数控加工工艺与普通加工工艺相比，在工艺文件的内容和格式上都有较大区别，如加工顺序、刀具的配置及使用顺序、刀具轨迹和切削参数等方面，都要比普通机床加工工艺中的工序内容更详细。在用通用机床加工时，许多具体的工艺问题，如工艺中各工步的划分与顺序安排、刀具的几何形状、走刀路线及切削用量等，在很大程度上都是由操作工人根据自己的实践经验和习惯自行考虑而确定的，一般无须工艺人员在设计工艺流程时进行过多的规定。而在数控加工时，上述这些具体的工艺问题，必须由编程人员在编程时给予预先确定。也就是说，在普通机床加工时，本来由操作工人在加工中灵活掌握并可通过适时调整来处理的许多具体工艺问题和细节，在数控加工时就转变为必须由编程人员事先设计和安排的内容。

2. 工艺要求准确且严密

数控机床虽然自动化程度较高，但自适性差。它不能像通用机床那样在加工时根据加工过程中出现的问题，自由地进行人为调整。例如，在数控机床上进行深孔加工时，不可能知道孔中是否已挤满切屑，何时需要退刀，更不能待清除切屑后再进行加工，必须等到加工结束才能进行调整。因此数控加工的工艺设计中，必须注意加工过程中的每一个细节，尤其是对图形进行数学处理、计算和编程时，一定要力求准确无误，以使数控加工顺利进行。在实际加工中，由于一个小数点或一个逗号的误差，就可能酿成重大机床事故和质量事故。

3. 应注意加工的适应性

数控加工自动化程度高、可多坐标联动、质量稳定、工序集中，但价格昂贵、操作技术要求高，因此在选择加工方法和对象时更要特别慎重，甚至有时还要在基本不改变工件原有性能的前提下，对其形状、尺寸和结构等作出适应数控加工的修改，这样才能既充分发挥数控加工的优点，又取得较好的经济效益。

4. 可自动控制加工复杂表面

在进行简单表面的加工时，数控加工与普通加工没有太大的差别。但是对于一些复杂曲面或有特殊要求表面，数控加工就表现出与普通加工完全不同的加工方法。例如，对一些曲线或曲面的加工，普通加工是通过画线、靠模、钳工和成形加工等方法进行加工，这些方法不仅生产效率低，而且还很难保证加工精度；而数控加工则采用多轴联动进行自动控制加工，用这种方法所得到的加工质量是普通加工方法所无法比拟的。

5. 工序集中

现代数控机床具有精度高、切削参数范围广、刀具数量多、多坐标及多工位等特点，因此，在工件的一次装夹中可以完成多道工序的加工，甚至可以在工作台上装夹几个相同的工件同时进行加工，这样就大大缩短了加工工艺路线和生产周期，减少了加工设备和工件的运输量。

6. 采用先进的工艺设备

数控加工中广泛采用先进的数控刀具和组合夹具等工艺设备，以满足数控加工中高质量、高效率和高柔性的要求。

1.5.2　数控加工工艺的主要内容

工艺安排是进行数控加工的前期准备工作，它必须在编制程序之前完成，因为只有在确定工艺设计方案以后，编程才有依据；否则，加工工艺设计考虑不周全往往会成倍增加工作量，有时甚至出现加工事故。可以说，数控加工工艺分析决定了数控加工程序的质量。因此，编程人员在编程之前，一定要把工艺设计做好。

1. 数控加工工艺的主要内容

概括起来，数控加工工艺主要包括以下内容：

（1）选择适合在数控机床上加工的零件，并确定零件的数控加工内容。

（2）分析零件图样，明确加工内容和技术要求。

（3）确定零件的加工方案，制定数控加工工艺路线，如工序划分和安排等。

（4）数控加工工序的设计，如零件定位基准的选取、夹具方案的确定、工步的划分、刀具的选取及切削用量的确定等。

（5）数控加工程序的调整，对刀点和换刀点的选取，确定刀具补偿，确定刀路轨迹。

（6）分配数控加工中的容差。

（7）处理数控机床上的部分工艺指令。

（8）数控加工专用技术文件的编写。

数控加工专用技术文件不仅是进行数控加工和产品验收的依据，同时也是操作者遵守和执行的规程，还为产品零件重复生产积累了必要的工艺资料，储备了技术。这些由工艺人员做出的工艺文件，是编程人员在编制加工程序单时依据的相关技术文件。

2. 数控机床工艺文件的内容

不同的数控机床，其工艺文件的内容也有所不同。一般来讲，数控铣床的工艺文件应包括以下几项：

（1）编程任务书。

（2）数控加工工序卡片。

（3）数控机床调整单。

（4）数控加工刀具卡片。

（5）数控加工进给路线图。

（6）数控加工程序单。

其中，最重要的是数控加工工序卡片和数控加工刀具卡片。前者说明了数控加工的顺序和加工要素，后者是刀具的使用依据。

1.6 基于 CAD/CAM 软件的交互式图形编程

所谓图形交互式自动编程系统，就是应用计算机图形交互技术开发出来的数控加工程序自动编程系统，使用者利用计算机键盘、鼠标等输入设备以及屏幕显示设备通过交互操作，建立、编辑零件轮廓的几何模型，选择加工工艺策略，生成刀具运动轨迹，利用屏幕动态模拟显示数控加工过程，最后生成数控加工程序。现代图形交互式自动编程是建立在 CAD 和 CAM 系统的基础上的，典型的图形交互式自动编程系统都采用 CAD/CAM 集成数控编程系统模式。图形交互式自动编程系统通常有两种类型的结构，一种是 CAM 系统中内嵌的三维造型功能；另一种是独立的 CAD 系统与独立的 CAM 系统集成方式构成数控编程系统。

计算机辅助数控编程技术主要体现在两个方面，即用 APT（Automatically Programmed Tool）语言自动编程和用 CAD/CAM 一体化数控编程语言进行图形交互式自动编程。APT 语言使用专用语句书写源程序，将其输入计算机，由 APT 处理程序经过编译和运算，输出刀具轨迹，然后再经过后置处理，把通用的刀位数据转换成数控机床所要求的数控指令格式。采用 APT 语言自动编程可将数学处理及编写加工程序的工作交给计算机完成，从而提高编程的速度和精度，解决了某些手工编程无法解决的复杂零件的编程问题。然而这种方法也有不足之处。由于 APT 语言是开发得比较早的计算机数控编程语言，而当时计算机的图形处理功能不强，所以必须在 APT 源程序中用语言的形式去描述本来十分直观的几何图形信息及加工过程，再由计算机处理生成加工程序，致使这种编程方法直观性差，编程过程比较复杂且不易掌握，编程过程中不便于进行阶段性检查。

CAD/CAM 集成数控编程普遍采用图形交互自动编程方法，通过专用的计算机软件来实现。这种软件通常以机械计算机辅助设计（CAD）软件为基础，利用 CAD 软件的图形编辑功能将零件的几何图形绘制到计算机上，形成零件的图形文件，然后调用数控编程模块，采用人一机对话的方式在计算机屏幕上指定被加工的部位，再输入相应的加工参数，计算机就可自动进行必要的数学处理并编制出数控加工程序，同时在计算机屏幕上动态地显示出刀具的加工轨迹。很显然，这种编程方法与手工编程和用 APT 语言编程相比，具有速度快、精度高、直观性好、使用简单、便于检查等优点。

1.6.1 交互式图形编程技术的特点

图形交互式数控自动编程是通过专用的计算机软件来实现的，是目前所普遍采用的数控编程

方法。

这种编程方法既不像手工编程那样需要用复杂的数学手工计算算出各节点的坐标数据，也不需要像 APT 语言编程那样用数控编程语言去编写描绘零件几何形状加工走刀过程及后置处理的源程序，而是在计算机上直接面向零件的几何图形以光标指点、菜单选择及交互对话的方式进行编程，其编程结果也以图形的方式显示在计算机上。所以该方法具有简便、直观、准确、便于检查的优点。

图形交互式自动编程软件和相应的 CAD 软件是有机地联系在一起的一体化软件系统，既可用来进行计算机辅助设计，又可以直接调用设计好的零件图进行交互编程，对实现 CAD/CAM 一体化极为有利。

这种编程方法的整个编程过程是交互进行的，简单易学，在编程过程中可以随时发现问题并进行修改。

编程过程中，图形数据的提取、节点数据的计算、程序的编制及输出都是由计算机自动进行的。因此，编程的速度快、效率高、准确性好。

此类软件都是在通用计算机上运行的，不需要专用的编程机，所以非常便于普及推广。

1.6.2　交互式图形编程的基本步骤

从总体上讲，交互式图形编程的基本原理及基本步骤大体上是一致的，归纳起来可分为五大步骤。

1．几何造型

几何造型就是利用三维造型 CAD 软件或 CAM 软件的三维造型、编辑修改、曲线曲面造型功能把要加工的工件的三维几何模型构造出来，并将零件被加工部位的几何图形准确地绘制在计算机屏幕上。与此同时，在计算机内自动形成零件三维几何模型数据库。它相当于 APT 语言编程中，用几何定义语句定义零件的几何图形的过程，其不同点就在于它不是用语言，而是用计算机造型的方法将零件的图形数据输送到计算机中。这些三维几何模型数据是下一步刀具轨迹计算的依据。自动编程过程中，交互式图形编程软件将根据加工要求提取这些数据，进行分析判断和必要的数学处理，形成加工的刀位数据。

2．加工工艺决策

选择合理的加工方案以及工艺参数是准确、高效加工工件的前提条件。加工工艺决策内容包括定义毛坯尺寸、边界、刀具尺寸、刀具基准点、进给率、快进路径及切削加工方式。首先按照模型形状及尺寸大小设置毛坯的尺寸形状，然后定义边界和加工区域，选择合适的刀具类型及其参数，并设置刀具基准点。

CAM 系统中有不同的切削加工方式供编程中选择，可为粗加工、半精加工、精加工各个阶段选择相应的切削加工方式。

3．刀位轨迹的计算及生成

图形交互式自动编程的刀位轨迹的生成是面向屏幕上的零件模型交互进行的。首先在刀位轨迹生成菜单中选择所需的菜单项；然后根据屏幕提示，用光标选择相应的图形目标，指定相应的坐标点，输入所需的各种参数；交互式图形编程软件将自动从图形文件中提取编程所需的信息，进行分析判断，计算出节点数据，并将其转换成刀位数据，存入指定的刀位文件中或直接进行后置处理生成数控加工程序，同时在屏幕上显示出刀位轨迹图形。

4．后置处理

由于各种机床使用的控制系统不同，所用的数控指令文件的代码及格式也有所不同。为解决这个问题，交互式图形编程软件通常设置一个后置处理文件。在进行后置处理前，编程人员需对该文件进行编辑，按照文件规定的格式定义数控指令文件所使用的代码、程序格式、圆整化方式等内容，在执行后置处理命令时将自行按照设计文件定义的内容，生成所需要的数控指令文件。另外，由于某些软件采用固定的模块化结构，其功能模块和控制系统是一一对应的，后置处理过程已固化在模块中，所以在生成刀位轨迹的同时便自动进行后置处理生成数控指令文件，而无须再进行单独后置处理。

5．程序输出

图形交互式自动编程软件在计算机内自动生成刀位轨迹图形文件和数控程序文件，可采用打印机打印数控加工程序单，也可在绘图机上绘制出刀位轨迹图，使机床操作者更加直观地了解加工的走刀过程，还可使用计算机直接驱动的纸带穿孔机制作穿孔纸带，提供给有读带装置的机床控制系统使用，对于有标准通信接口的机床控制系统可以和计算机直接联机，由计算机将加工程序直接送给机床控制系统。

1.6.3 常用 CAD/CAM 软件简介

目前 CAD/CAM 软件的种类很多，都能很好地完成交互式图形编程任务。这里对最常用的几款软件进行简单介绍。

1．Unigraphics NX（UG NX）软件

UG NX 软件属于 UGS 公司，是世界上处于领导地位的、著名的几种大型 CAD/CAM 软件之一，具有强大的数控编程能力，功能繁多。UG NX 将智能模型（Master Model）的概念在 UG/CAM 模块中发挥得淋漓尽致，不仅包含 3D CAD 模型与 NC 路径的完整关联性，且更易于刀具路径的管理及缩小文件大小。UG CAM 由 5 个模块组成，即交互工艺参数输入模块、刀具轨迹生成模块、刀具轨迹编辑模块、三维加工动态仿真模块和后置处理模块，如图 1-13 所示。

（1）交互工艺参数输入模块

通过人—机交互的方式，用对话框和过程向导的形式输入刀具、夹具、编程原点、毛坯、零件等工艺参数。

（2）刀具轨迹生成模块（UG/Toolpath Generator）

UG CAM 最具特点的是其功能强大的刀具轨迹生成方法，包括车削、铣削、线切割等完善的加工方法。其中，铣削主要有以下功能。

① 平面铣（Planar Milling）：平面铣削模块可以提供多次走刀轮廓铣、仿形内腔铣、“Z”字形走刀铣削，规定了避开夹具和进行内部移动的安全余量，提供型腔分层切削功能、凹腔底面岛屿加工功能，对边界和毛料几何形状的定义，显示未切削区域的边界，提供一些操作机床辅助运动的指令，如冷却、刀具补偿和夹紧等。

② 型芯、型腔铣（Core & Cavity Milling）：型芯、型腔铣可以进行材料的粗加工，快速地去除余量，对于加工汽车及消费性产品的模具有很显著的效益。可加工单一及多重模穴，并可允许自定义毛坯形状，避免多余空刀及设定范围进行局部开放等高清角。在复杂曲面结构下可设定多段最佳化并防撞。下刀动作可侦测凸模由外向内，凹模则由内向外采用螺旋方式自动下刀，也可以自定义下刀点和下刀方式进行加工。

③ 固定轴曲面轮廓铣（Fixed-Axis Milling）：提供完整而且广泛的各种刀具（成型刀）来使用 3 轴投影产生刀具路径。它涵盖了多种加工方法，如沿边界切削、放射性切削、螺旋切削及用户自定义方式切削。在沿边界驱动方式中又可以选择同心圆和放射性走刀等多种走刀方式，提供逆铣、顺铣控制以及螺旋进刀方式，自动识别前道工序未能切除的未加工区域和陡峭区域，以便用户进一步清理这些地方。UG 固定轴铣削可以仿真刀具路径，产生刀位文件，用户可接收并存储刀位文件，也可删除并按需要修改某些参数后重新计算。

④ 变轴铣（Variable-Axis Milling）：该模块在任何 UG 的曲面上支持固定轴（3 轴）及多轴（4～5 轴）的切削功能，能够提供完整的 3～5 轴刀具的方位、循迹动作，以及曲面最终品质。刀具路径可依曲面的 U、V 参数以任意的曲线或点来投影，自由控制刀具每一个动作的进行方向及刀具轴向。

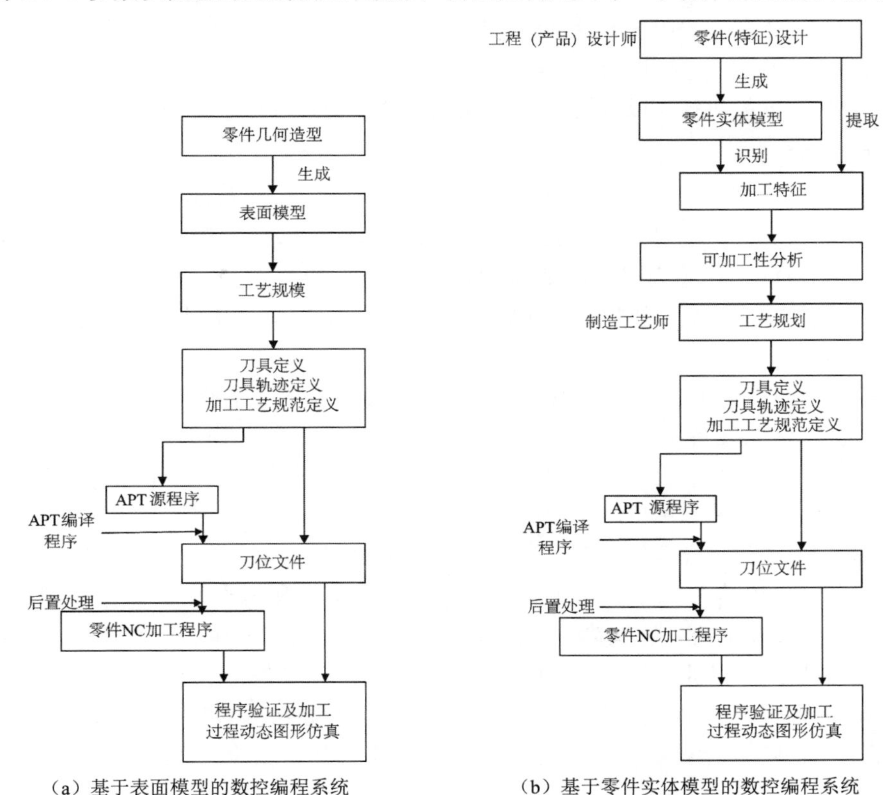

（a）基于表面模型的数控编程系统　　（b）基于零件实体模型的数控编程系统

图 1-13　CAD/CAM 集成数控编程系统的原理和过程

（3）刀具轨迹编辑模块（UG/Graphical Tool Path Editor）

刀具轨迹编辑器可用于观察刀具的运动轨迹，并提供在延伸、缩短或修改刀具轨迹功能的同时，能够通过控制图形和文本的信息来编辑刀轨。因此，当要求对生成的刀具轨迹进行修改，或当要求显示刀具轨迹和使用动画功能显示时，都需要刀具轨迹编辑器。动画功能可选择显示刀具轨迹的特定段或整个刀具轨迹，附加的特征能够用图形方式修剪局部刀具轨迹，以避免刀具与定位件、压板等的干涉，并检查过切情况。

刀具轨迹编辑器的主要特点：显示对生成刀具轨迹的修改或修正；可进行对整个刀具轨迹或部分刀具轨迹的动画；可控制刀具轨迹动画速度和方向；允许选择的刀具轨迹在线性或圆形方向延伸；能够通过已定义的边界来修剪刀具轨迹；提供运动范围，并执行在曲面轮廓铣削加工中的过切检查。

（4）三维加工动态仿真模块（UG/Verify）

UG/Verify 交互地仿真检验和显示 NC 刀具轨迹，它是一个无须利用机床、成本低、效率高的测试 NC 加工应用的方法。UG/Verify 使用 UG/CAM 定义的 BLANK 作为初始的毛坯形状，显示 NC 刀轨的材料移除过程，检验包括错误如刀具和零件碰撞曲面切削或过切和过多材料。最后在显示屏幕上建立一个完整零件的着色模型，用户可以把仿真切削后的零件与 CAD 的零件模型进行比较，因而可以方便地看到，什么地方出现了不正确的加工情况。

（5）后置处理模块（UG/Postprocessing）

UG/Postprocessing 包括一个通用的后置处理器（GPM），使用户能够方便地建立用户定制的后置处理。通过使用加工数据文件生成器（MDFG），一系列交互选项提示用户选择定义特定的机床和控制器特性参数，包括控制器和机床特征、多轴铣床、车床、电火花线切割机床生成后置处理器。后置处理器的执行可以直接通过 Unigraphics 或通过操作系统来完成。

2. Cimatron 软件

Cimatron 软件出自著名软件公司以色列 Cimatron 公司。自从 Cimatron 公司 1982 年创建以来，它的创新技术和战略方向使得 Cimatron 有限公司在 CAD/CAM 领域内处于公认领导地位。作为面向制造业的 CAD/CAM 集成解决方案的领导者，承诺为模具、工具和其他制造商提供全面的、性价比最优的软件解决方案，使制造循环流程化，加强制造商与外部销售商的协作，以极大地缩短产品交付时间。

多年来，在世界范围内，从小的模具制造工厂到大公司的制造部门，Cimatron 的 CAD/CAM 解决方案已成为企业装备中不可或缺的工具。今天在世界范围内的 4 000 多位客户在使用 Cimatron 的 CAD/CAM 解决方案为各种行业制造产品。这些行业包括汽车、航空航天、计算机、电子、消费类商品、医药、军事、光学仪器、通信和玩具等。

Cimatron 的模块化软件套件可以使生产的每个阶段实现自动化，提高了产品生产的效率。不管是为制造而设计，还是为 2.5～5 轴铣销加工生成安全、高效和高质量的 NC 刀具轨迹，Cimatron 面向制造的 CAD/CAM 解决方案为客户提供了处理复杂零件和复杂制造循环的能力。Cimatron 保证了每次制造出的产品即是您所设计的产品。

Cimatron 软件包括产品设计模块、工模具设计模块、Cimatron NC 模块、轴钻孔和铣削模块、轴粗加工模块、轴精加工模块、轴加工模块、轴残留毛坯加工模块、插铣模块、高速铣削模块、智能 NC 模块。

3. Mastercam 软件

Mastercam 软件是美国 CNC Software INC 所研制开发的 CAD/CAM 系统，是最经济、有效的全方位的软件系统。包括美国在内的各工业大国皆采用本系统，作为设计、加工制造的标准。Mastercam 为全球 PC 级 CAM，全球销售量第一名，是工业界及学校广泛采用的 CAD/CAM 系统。

Mastercam 的优点有如下两个。

（1）方便直观的几何造型。Mastercam 提供了设计零件外形所需的理想环境，其强大稳定的造型功能可设计出复杂的曲线、曲面零件。Mastercam 具有强劲的曲面粗加工及灵活的曲面精加工功能。Mastercam 提供了多种先进的粗加工技术，以提高零件加工的效率和质量。Mastercam 还具有丰富的曲面精加工功能，可以从中选择最好的方法，加工最复杂的零件。Mastercam 的多轴加工功能，为零件的加工提供了更多的灵活性。

（2）可靠的刀具路径校验功能。Mastercam 可模拟零件加工的整个过程，模拟中不但能显示刀具和夹具，还能检查刀具和夹具与被加工零件的干涉、碰撞情况。

Mastercam 具有很强的曲线、曲面造型功能，曲面造型的主要方法有 Loft（举升面）、Ruled（直纹面）、Coons（孔斯面）、Revolved（回转面）、Swept（扫描面）、Fillet（倒角面）、Trim\Extend（修剪、延伸面）、Blend（熔接面）等。

除了以上介绍的几种，法国 Dassaul 公司的 CATIA、英国 DELCAM 公司的 Powermill、美国 PTC 公司的 Creo、日本 HZS 公司的 SPACE-E、我国北京数码大方科技股份有限公司开发的 CAXA ME 等，这些 CAM 软件基本上都能很好地完成交互式图形编程任务。

4. SolidWorks 软件

SolidWorks 为达索系统（Dassault Systemes S.A）下的子公司，专门负责研发与销售机械设计软件的视窗产品。达索公司是负责系统性的软件供应，并为制造厂商提供具有 Internet 整合能力的支援服务。该集团提供涵盖整个产品生命周期的系统，包括设计、工程、制造和产品数据管理等各个领域中的最佳软件系统，著名的 CATIA V5 就出自该公司之手，目前达索的 CAD 产品市场占有率居世界前列。

SolidWorks 公司成立于 1993 年，由 PTC 公司的技术副总裁与 CV 公司的副总裁发起，总部位于马萨诸塞州的康克尔郡（Concord,Massachusetts）内，当初的目标是希望在每一个工程师的桌面上提供一套具有生产力的实体模型设计系统。从 1995 年推出第一套 SolidWorks 三维机械设计软件，至 2010 年已经拥有位于全球的办事处，并经由 300 家经销商在全球 140 个国家和地区销售与分销该产品。1997 年，SolidWorks 被法国达索（Dassault Systemes）公司收购，作为达索中端主流市场的主打品牌。

SolidWorks 软件功能强大，组件繁多。SolidWorks 有功能强大、易学易用和技术创新三大特点，这使得 SolidWorks 成为领先的、主流的三维 CAD 解决方案。SolidWorks 能够提供不同的设计方案，减少设计过程中的错误，以及提高产品质量。SolidWorks 不仅提供如此强大的功能，而且对每个工程师和设计者来说，操作简单方便、易学易用。

对于熟悉微软的 Windows 系统的用户，基本上就可以用 SolidWorks 来进行设计。SolidWorks 独有的拖曳功能使用户能够在较短的时间内完成大型装配设计。SolidWorks 资源管理器是同 Windows 资源管理器一样的 CAD 文件管理器，使用它可以方便地管理 CAD 文件。使用 SolidWorks，用户能在较短的时间内完成更多的工作，能够更快地将高质量的产品投放市场。

5. SolidEdge 软件

SolidEdge 是 Siemens PLM Software 公司旗下的三维 CAD 软件，采用 Siemens PLM Software 公司自己拥有专利的 Parasolid 作为软件核心，将普及型 CAD 系统与世界上最具领先地位的实体造型引擎结合在一起，是基于 Windows 平台、功能强大且易用的三维 CAD 软件。

它支持至顶向下和至底向上的设计思想，其建模核心、钣金设计、大装配设计、产品制造信息管理、生产出图、价值链协同、内嵌的有限元分析和产品数据管理等功能遥遥领先于同类软件，是企业核心设计人员的最佳选择，已经成功应用于机械、电子、航空、汽车、仪器仪表、模具、造船、消费品等行业的大量客户。同时系统还提供了从二维视图到三维实体的转换工具，用户无须摒弃多年来二维制图的成果，借助 SolidEdge 就能迅速跃升到三维设计，这种质的飞跃让用户体验到三维设计的巨大优越性。

SolidEdge 采用了 STREAM/XP 技术，将逻辑推理、设计几何特征捕捉和决策分析融入产品设计的各个过程中。基于工作流程的工具栏独具匠心，不管工作在哪个阶段，它都能为用户提供动态信息反馈，引导用户达到目的。各种命令的设计简洁清晰，使得操作过程自然流畅。用户无须牢记命令的细节，就能在动态工具栏的引导下轻松设计而不会迷失方向。同样是机械设计，STREAM/XP 技术能减少鼠标和键盘操作达 45%～57%，提高效率 36%。

第 2 章 UG NX 10.0 应用基础

Unigraphics NX（简称 UG）是美国西门子公司推出的一个集成的 CAD/CAE/CAM 系统软件，是当今世界上先进的计算机辅助设计、分析和制造软件之一。该软件不仅仅是一套集成的 CAX 程序，它已远远超越了个人和部门生产力的范畴，完全能够改善整体流程及该流程中每个步骤的效率，因而广泛应用于航空、航天、汽车、通用机械和造船等工业领域。

UG NX 是 Siemens PLM Software 新一代数字化产品开发系统，它可以通过过程变更来驱动产品革新，独特之处是其知识管理基础，它使得工程专业人员能够推动革新，以创造出更大的利润。

2.1 UG NX 10.0 概述

Siemens PLM Software 发布的最新产品设计方案 UG NX 10.0，不仅能支持中文名和路径，而且还添加和增强了工具箱功能，工程图支持中国 GB 标准，同时，提供了更为强大的实体建模技术和高效能的曲面建构能力，从而使设计者能够快速、准确地完成各种设计任务，大大提高了技术人员的工作效率，并且它重新定义了 CAD/CAM/CAE 效率和产品开发决策。

UG 软件不仅具有强大的实体建模、曲面建模、特征建模、虚拟装配和产生工程图等设计功能，而且在设计过程中可进行有限元分析、机构运动分析、动力学分析和仿真模拟，提高了设计的可靠性。另外，可用建立的三维模型直接生成数控代码用于产品的加工，其后处理支持多种类型的数控机床。

（1）工业设计和造型（CAID）：NX 利用领先的造型和工业设计工具来推动创新，其产品开发解决方案与产品工程全面集成。

（2）设计（CAD）：NX 不仅为产品提供了功能强大、广泛的应用软件，而且还提供了制造商需要的性能和柔性。

（3）仿真（CAE）：数字仿真需要处于每个 PLM 业务过程的核心。有了数字仿真，管理层就能以更快的速度作出更好的决策。

（4）加工（CAM）：NX CAM 为机床编程提供一整套经过证明的解决方案，允许公司使最先进机床的产出能力最大化。

（5）工程过程管理：利用一个受控的开发环境，NX 里面的设计、工程和制造工具组成了一个完整的产品开发解决方案，比这几个部分加起来的功能更强大。

（6）工装和模具：NX Tooling 应用软件把设计生产力和效率扩展到制造。解决方案动态地连接到模型，以准确、及时地生产刀具、铸模、冲模和工件夹具。

（7）编程和自定义：NX 提供了编程和自定义工具，帮助公司根据自身需要对 NX 解决方案的功能进行扩展和自定义。

2.1.1 UG NX 10.0 新增功能

UG NX 10.0 新功能体验如下：

（1）UG NX 10.0 完美支持中文，并不是要加环境变量才能使用中文，可以直接打开和新建中文文件名和中文文件夹，而且使用中文名和中文目录都是可以正常导出部件、STP、DWG\DXF 工程图文件。

（2）UG NX 10.0 在捕捉点的时候，新增了一项“极点”捕捉，在用一些命令的时候可以对曲面和曲面的极点进行捕捉。

（3）UG NX 10.0 新增航空设计选项，钣金功能增强，分为航空设计弯边、航空设计筋板、航空设计阶梯和航空设计支架。

（4）创意塑型是从 UG NX 9.0 开始才有的功能，UG NX 10.0 增加了好多功能，且比 UG NX 9.0 更强大，UG NX 10.0 新增功能：放样框架、扫掠框架、管道框架、复制框架、框架多段线、抽取框架多段线。

（5）UG NX 10.0 资源条管理更加方便，在侧边栏的工具栏上，多了个“资源条选项”按钮，可直接对资源条进行管理。

（6）UG NX 10.0 鼠标操作视图放大、缩小时，和以前的版本刚好相反，现在是鼠标左键+中键，方向往下是缩小，鼠标左键+中键，方向往上是放大。

（7）UG NX 10.0 定制内新增小键盘。

（8）UG NX 10.0 制图中多了一个 2D 组件。

（9）UG NX 10.0 删除面功能新增“圆角”命令。

（10）插入—曲线中新增优化 2D 曲线和 Geodesic Sketch 两种功能。

（11）UG NX 10.0 注塑模工具中的【创建方块】（创建箱体）功能新增支持柱体功能和长方体功能。

（12）UG NX 10.0 草图中新增功能，在草图模式下，编辑→曲线→新增“调整倒斜角曲线大小”命令。

（13）在运动仿真模块中，UG NX 10.0 的求解器中新增：LMS Motion 解算器。

2.1.2 UG NX 10.0 的硬件要求

由于 UG 软件属于大型工程软件，因而对计算机配置也有一定的要求，特别是 UG NX 10.0 对计算机的软硬件性能要求更高，同时安装过程也较复杂。建议安装 UG 的最低配置如表 2-1 和表 2-2 所示。在安装之前把安全软件退出，并关闭控制面板中的防火墙，便于安装。

表 2-1 硬件要求

硬件种类	硬件最低配置	推荐配置
CPU	Pentium 4 2.4 GHz 以上	酷睿 i5 以上
内存	2 GB 以上	8 GB 以上
硬盘	5 GB 剩余空间	10 GB 以上剩余空间
显示/卡	达到 1 024×768 以上的分辨率 真彩色，512 MB 以上的显存	达到 1 280×1 024 的分辨率，2 GB 以上的显存（最好有专业图形加速卡）
显示器	支持 1 024×768 以上的分辨率 屏幕大小为 15 英寸	支持 1 280×1 024 以上的分辨率 屏幕大小为 17～21 英寸
网卡	以太网 10～100 MB 网卡	以太网 100 MB 网卡

表 2-2 软件要求

软件种类	推荐配置
操作系统	64 位 Windows 7 以上版本操作系统
硬盘格式	采用 NTFS 格式
网络协议	安装 TCP/IP 协议
显卡驱动程序	配置分辨率为 1 024×768 以上的 32 位真彩色，刷新频率 75 Hz 以上

2.2 常用辅助工具

学习 UG NX 10.0 的基础过程中，应该了解和掌握常用的辅助设计工具。这些辅助工具包括基准平面、基准轴、基准 CSYS、基准点、矢量构造器，以及测量距离和测量角度等。

2.2.1 基准平面

基准平面是构造其他造型特征的参照平面。在【特征】工具栏中单击【基准平面】按钮，弹出【基准平面】对话框，如图 2-1 所示。

2.2.2 基准轴

基准轴用作旋转体的旋转轴，它是一个抽象的特征，但需要具体形象来表达。在菜单栏中执行【插入】|【基准/点】|【基准轴】命令，或者在【特征】工具栏中单击【基准轴】按钮，弹出【基准轴】对话框，如图 2-2 所示。

图 2-1 【基准平面】对话框

图 2-2 【基准轴】对话框

2.2.3 基准 CSYS

在建模过程中，时常需要新建基准坐标系。在【特征】工具栏上单击【基准 CSYS】按钮，弹出【基准 CSYS】对话框，如图 2-3 所示。

2.2.4 基准点

在建模过程中，时常需要创建基准点，如矢量起点、直线起点或终点、特征参考点等特征。在【特征】工具栏上单击【点】按钮+，弹出【点】对话框，如图 2-4 所示。

图 2-3 【基准 CSYS】对话框

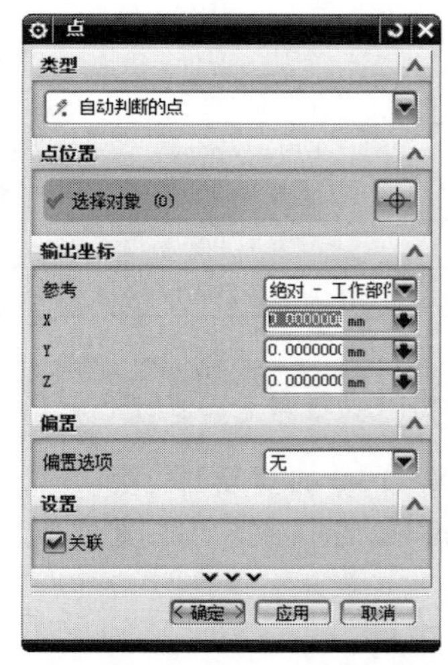

图 2-4 【点】对话框

2.2.5 矢量构造器

在 UG 建模过程中，还经常用到矢量构造器来创建矢量，比如实体构建时的生成方向、投影方向、特征生成方向等。矢量构造器存在于特征创建的对话框中，例如在【特征】工具栏上单击【旋转】按钮，弹出【旋转】对话框。再单击该对话框中的【矢量构造器】按钮，将弹出【矢量】对话框，如图 2-5 所示。

（a）【旋转】对话框

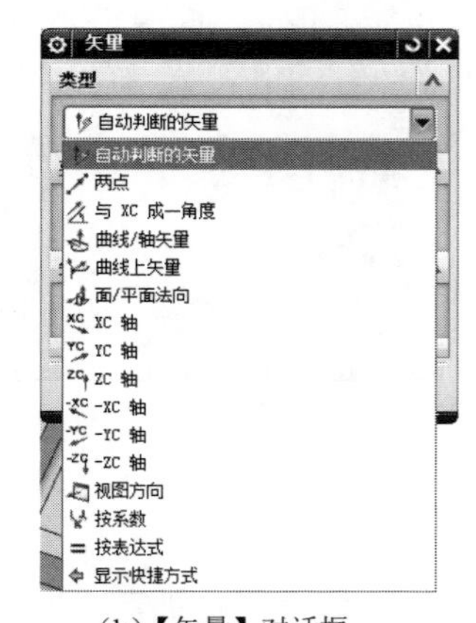

（b）【矢量】对话框

图 2-5 矢量构造器

2.2.6 测量工具

用户在产品建模过程中，通常需要对参照模型进行距离、角度等测量，这便于辅助设计，并保证设计工作能顺利完成。

1．测量距离

【测量距离】工具可以测量几何特征间的长度、半径、圆周边、组间距等实际距离，同时还可以测量屏幕距离。在【实用工具】工具栏上单击【测量距离】按钮，弹出【测量距离】对话框，如图 2-6 所示。

【测量距离】工具可以测量任意两点间的实际距离、投影距离、屏幕距离、曲线长度、圆弧半径、在曲线上两点间的曲线长度等，如图 2-7 所示。

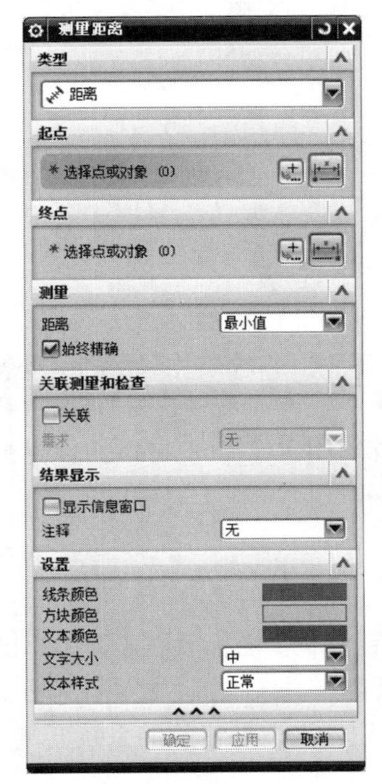

图 2-6　【测量距离】对话框

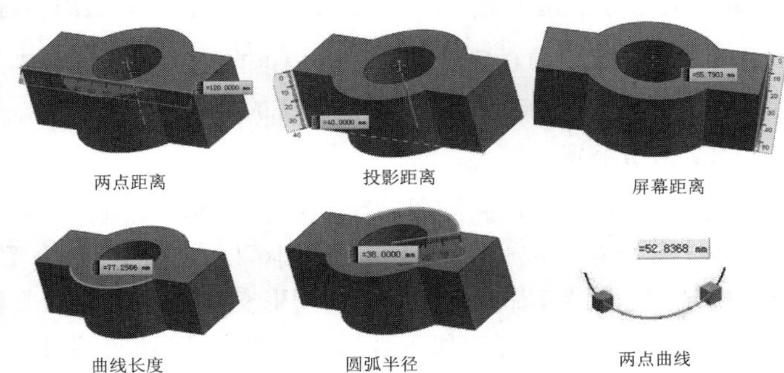

图 2-7　各种距离测量类型

2．测量角度

【测量角度】工具主要计算两个对象之间或由三点定义的两条直线之间的夹角。【测量角度】工具也可进行屏幕角度的测量。在【实用工具】工具栏上单击【测量角度】按钮，弹出【测量角度】对话框，如图 2-8 所示。

【测量角度】对话框中包括 3 种测量类型：按对象、按 3 点和按屏幕点，如图 2-9 所示。

（1）按对象测量角度：【按对象】就是按指定的对象进行角度测量，这个对象可以是点、线或平面。由于角度是由两个对象所构成的，因此在选择第一个对象时，包括对象、特征（主要指装配部件）和矢量 3 种可供选择的参考类型。在选择第二个对象时，也包括了相同的参考类型，这 6 个类型按排列方法可排出 10 种测量方法。通常应用较多的测量方法是对象与对象、对象与特征、对象与矢量。

（2）按 3 点测量角度：【按 3 点】就是以 3 个点定义交于一点的两基线（抽象的直线），并计算出相交直线的夹角。

（3）按屏幕点测量角度：【按屏幕点】就是在屏幕视图中选取两点来测量两个对象之间的角度。平面角度不能表达出两个对象之间的实际角度。【按屏幕点】测量角度的方法与【按 3 点】测量角度的方法相同。

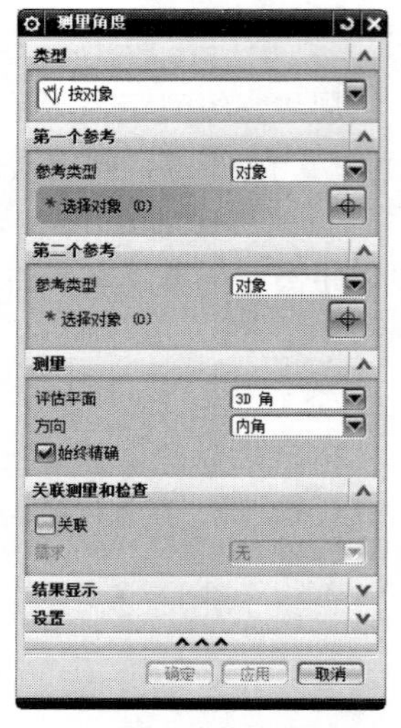

图 2-8 【测量角度】对话框

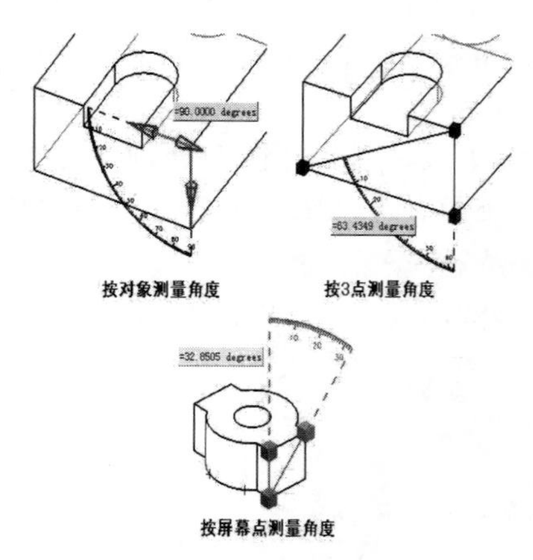

图 2-9 各种角度测量类型

2.3 UG NX 10.0 的环境配置

安装完成 UG NX 10.0 后，用户可以根据自己的需求来修改其程序变量，也可以通过修改默认参数来达到自定义工作界面或对话框的目的。

1. UG 环境配置

在安装 UG NX 10.0 以后，会自动建立系统环境变量。

如果用户需要添加或修改环境变量，则可以在桌面上选中【计算机】图标后右击，在弹出的快捷菜单中选择【属性】命令，在弹出的图形交互式界面中单击【高级系统设置】按钮，弹出【系统属性】对话框，切换至【高级】选项卡，单击【环境变量】按钮，选取要修改的系统变量后，单击【编辑】按钮即可进行修改，如图 2-10 所示。

(a)【系统属性】对话框

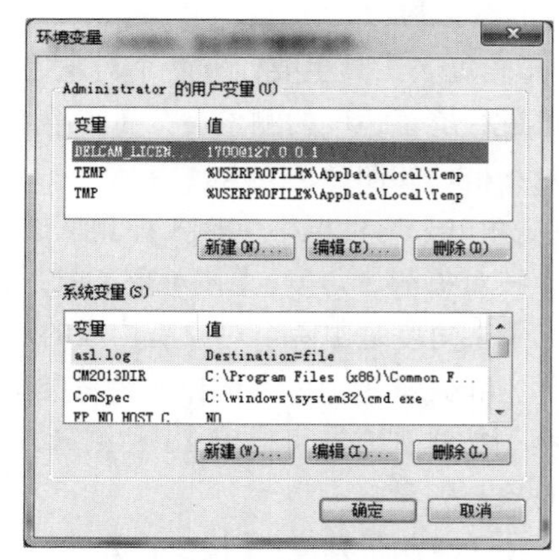

(b)【环境变量】对话框

图 2-10 修改环境变量值

2. UG NX 10.0 的环境设置文件

UG 软件本身带有环境设置文件 ugii_env.dat，该文件在 UG 安装目录的 UGII 文件夹中，它

用来设置 UG 运行的相关参数，如定义文件的路径、机床数据文件存放路径和默认参数设置文件等。设置时用记事本打开该文件，找到所要修改参数的位置，进行修改即可。

3．UG NX 10.0 的默认参数

在 UG NX 10.0 的环境中，操作参数一般可以进行修改，大多数操作参数都有默认值，如尺寸的单位、字体的大小和对象的颜色等，当启动 UG 后，会自动调用默认参数设置文件中的参数。在软件运用过程中，用户可以根据自身需要和习惯来修改这些默认参数。

2.4　UG NX 10.0 的帮助功能

UG NX 10.0 提供了丰富多样的帮助用户方式，用户既可以通过用户手册得到帮助，也可以直接通过网络得到及时的在线帮助。

1．通过菜单栏获得帮助

在 UG 程序中，如果用户需要得到程序提供的帮助和指导，则可以通过单击菜单栏的【帮助】命令或工具栏的【帮助】按钮，获得相应的帮助信息，如图 2-11 所示。在打开的【帮助】菜单中，UG 提供了许多种类的帮助方式，用户可以选取自己所需要的方式。

2．在线帮助功能

UG 软件采用 HTML 格式的在线帮助，这是视窗平台上的标准帮助系统，使用方便、简洁，如图 2-12 所示，通过它用户可以快速获得帮助。在 UG 公司的网站中，用户可以查阅最新的行业信息、技术咨询和产品介绍等，在了解 UG 产品的动态信息后，根据自己的需要下载学习资料和外挂模块等资源。

3．用户手册

用户在使用某项功能遇到疑问时，可以按【F1】键，程序会自动查找 UG 的用户手册，并定位在当前功能的使用说明部分。UG 的用户手册通常在软件中，可通过按【F1】键或在菜单栏中选择【帮助】|【文档】命令后打开，它是以浏览器的方式提供帮助的。

如果要了解相关的功能或查找设计方法及步骤等，则都可以通过单击该对话框左侧的目录来获得。用户也可输入关键字，程序会自动查找相关的内容，并显示在窗口中。

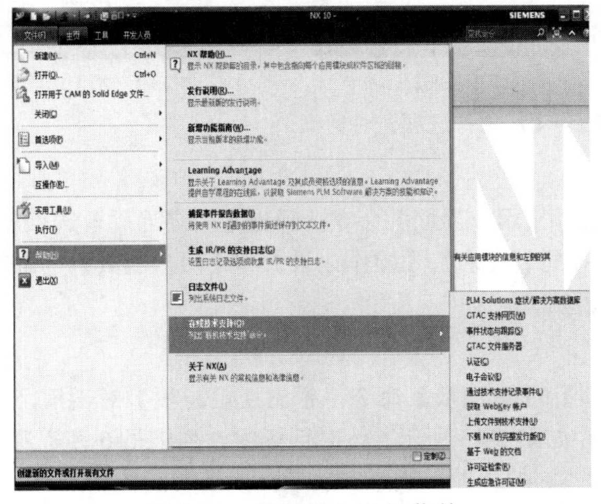

图 2-11　【帮助】下拉菜单

图 2-12　在线帮助

2.5 UG NX 10.0 的首选项设置

首选项设置主要用于设置一些 UG NX 10.0 程序的默认控制参数，通过这些设置可以调整模型的生成方式或某些显示方式。

在菜单栏中选择【菜单】|【首选项】命令，在其下拉菜单中为用户提供了全部参数设置的功能，如图 2-13（a）所示。在开始设计前根据需要设置这些项目，以便于今后的设计工作。如果在设计过程中要改变参数设置，则也可以再进行设置。

1. 对象设置

在菜单栏中选择【菜单】|【首选项】|【对象】命令，弹出【对象首选项】对话框，如图 2-13（b）和（c）所示。【常规】选项卡包括【类型】设置、【颜色】设置、【线型】设置和【宽度】设置。【分析】选项卡包括许多颜色设置按钮和线型下拉菜单，其中的复选框用于控制对象在绘图工作区中是否着色显示。

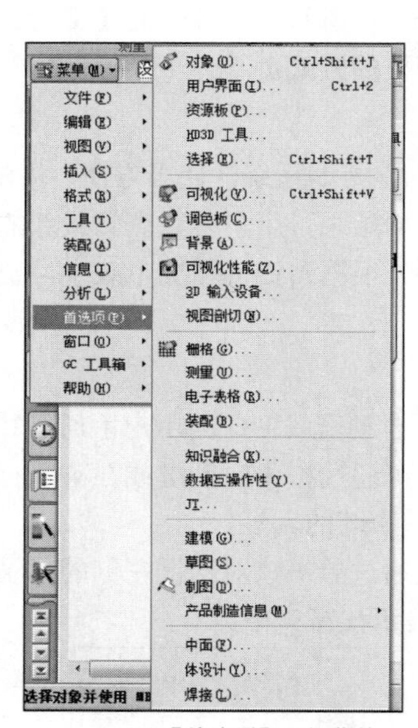

（a）【首选项】下拉菜单

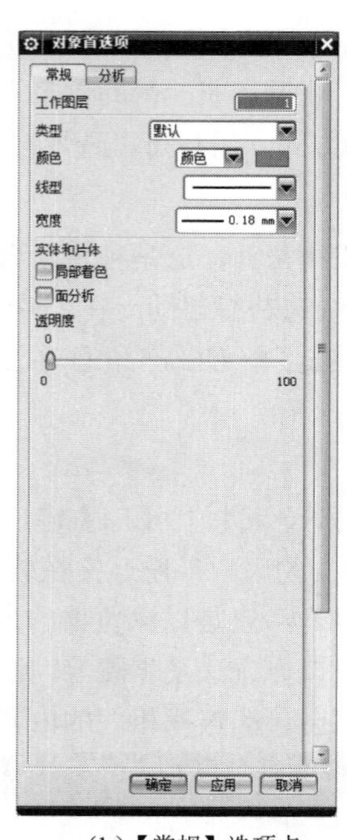

（b）【常规】选项卡

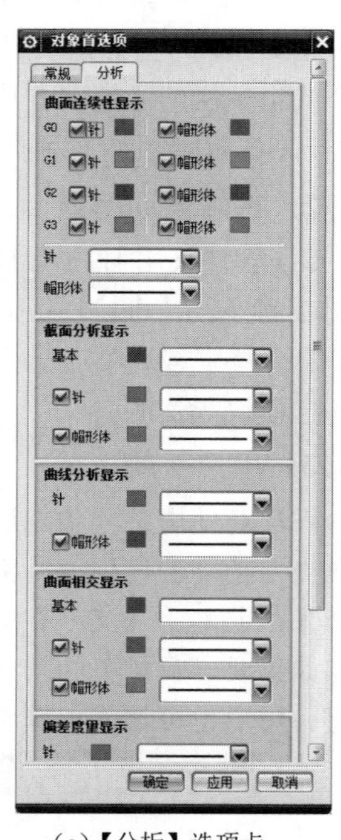

（c）【分析】选项卡

图 2-13 【对象首选项】对话框

2. 用户界面设置

在菜单栏中选择【菜单】|【首选项】|【用户界面】命令，弹出【用户界面首选项】对话框，该对话框包括 5 个选项卡：【常规】、【布局】、【宏】、【操作记录】和【用户工具】，如图 2-14 所示。用户可按照个人的操作习惯更改设置。

3. 资源板设置

在菜单栏中选择【菜单】|【首选项】|【资源板】命令，弹出【资源板】对话框，该对话框用于控制 UG NX 10.0 资源的存放位置，如图 2-15 所示。该对话框中共列出了 6 种资源，当用户选中一个资源后，通过操作按钮可以修改它的位置，查看其属性，以及关闭该资源等。

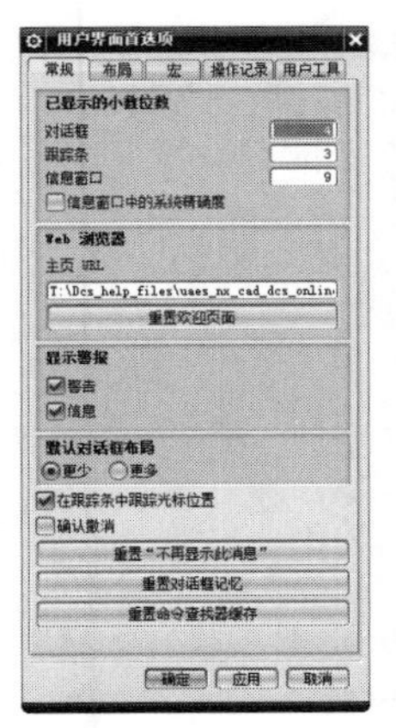
(a)【常规】选项卡

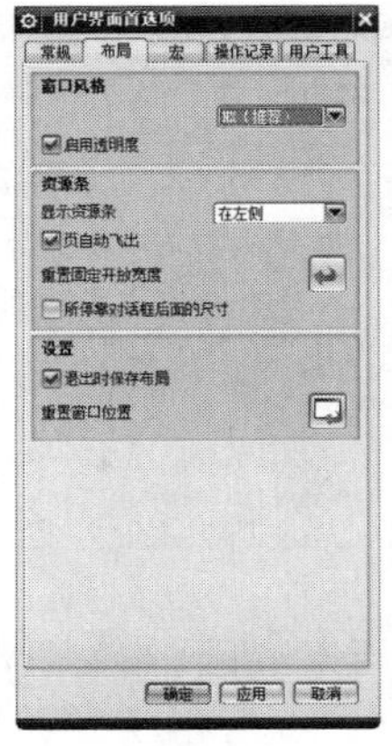
(b)【布局】选项卡

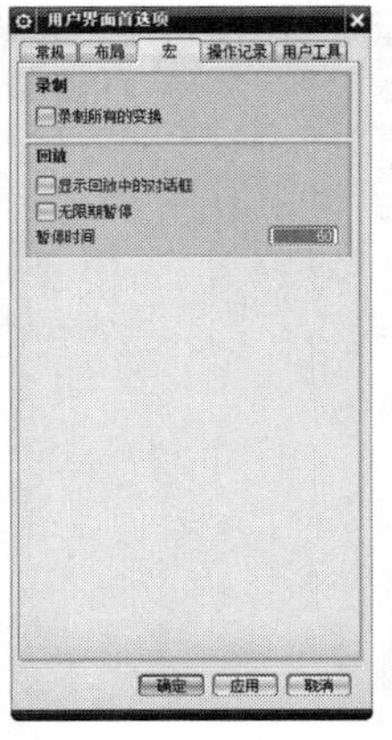
(c)【宏】选项卡

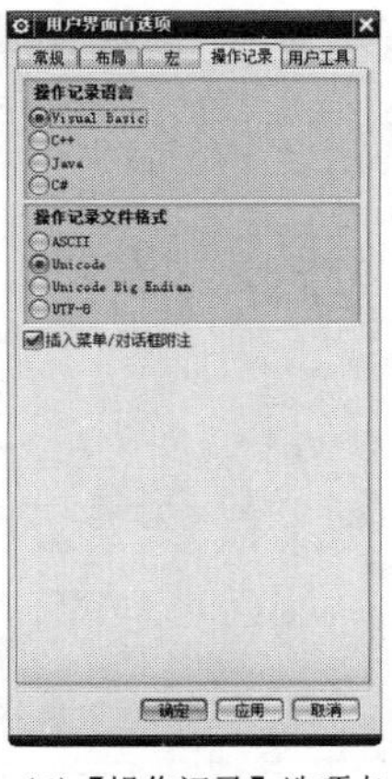
(d)【操作记录】选项卡

(e)【用户工具】选项卡

图 2-14　【用户界面首选项】对话框

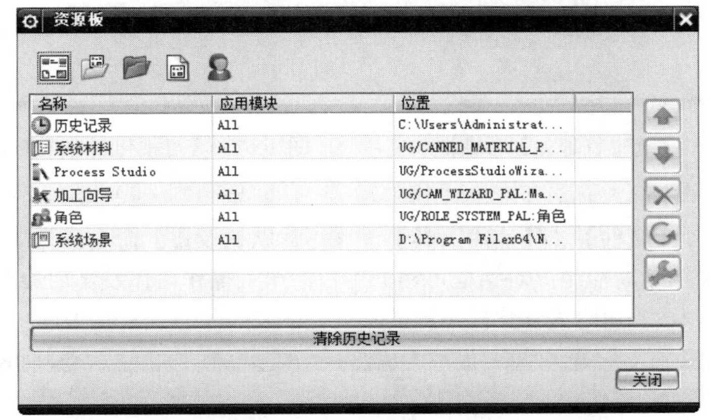

图 2-15　【资源板】对话框

4．选择设置

在菜单栏中选择【菜单】|【首选项】|【选择】命令，弹出【选择首选项】对话框，如图 2-16 所示。该对话框用于控制光标在绘图工作区中的显示情况与选取方式，以及边与面在特殊情况下的显示方式。

5．可视化设置

在菜单栏中选择【菜单】|【首选项】|【可视化】命令，弹出【可视化首选项】对话框。该对话框中共有 9 个选项卡，如图 2-17 所示，它们主要用于控制 UG NX 10.0 中的模型和背景的显示情况。

【可视】选项卡主要用于视图的显示设置；【颜色/字体】选项卡主要用于设置绘图工作区中部件在操作时的颜色显示和会话的颜色设置；【手柄】选项卡主要用于设定背景颜色等；【小平面化】选项卡主要用于部件在小平面化显示的情况下，调整显示的精度和对象；【视图/屏幕】选项卡主要用于控制模型在绘图工作区中显示的变形量；【特殊效果】选项卡主要用于设置部件在工作视图中的可见深浅度；【名称/边界】选项卡主要用于设置是否显示对象名称，以及是否显示模型的名称及边界。【直线】选项卡主要用于设置部件在绘图中的曲线公差，线宽等；【着重】选项卡主要用于设置部件线框对象的着重颜色、几何体的透明度和着重顺序的优先选择等。

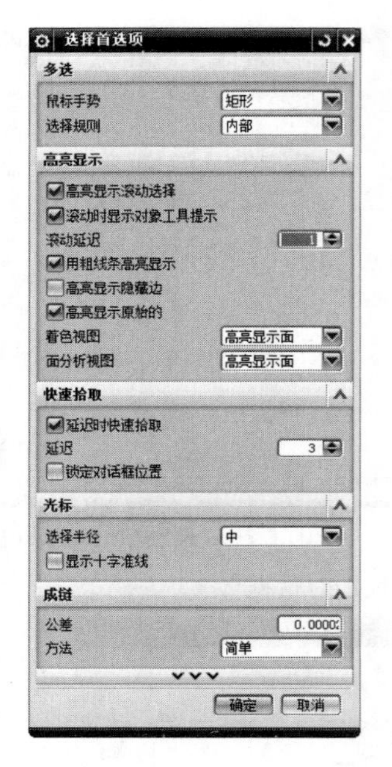

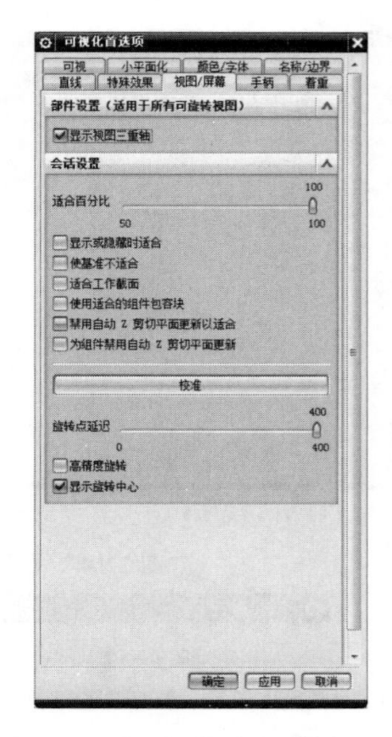

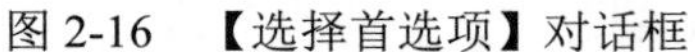
图 2-16 【选择首选项】对话框　　　　图 2-17 【可视化首选项】对话框

6．用户默认设置

在菜单栏中选择【文件】|【实用工具】|【用户默认设置】命令，弹出【用户默认设置】对话框，如图 2-18 所示。应用该对话框可根据用户的个人操作习惯及常用命令对 UG 的所有默认参数进行设置，以达到更为人性化的用户交互。

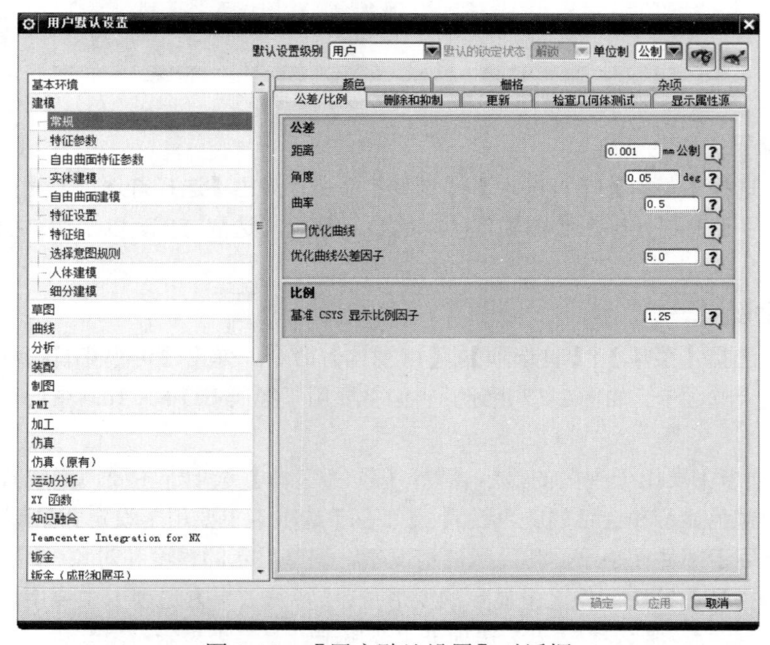

图 2-18 【用户默认设置】对话框

第 3 章 UG NX 10.0 数控加工入门

计算机辅助设计和计算机辅助制造（CAD/CAM）技术是设计人员和组织产品制造的工艺技术人员在计算机系统的辅助之下，根据产品的设计和制造程序进行设计和制造的一项新技术，是传统技术与计算机技术的结合。

3.1 UG NX 10.0 CAM 技术应用

3.1.1 UG CAM 概述

设计人员通过人—机交互操作方式进行产品设计构思和论证，产品总体设计、技术设计、零部件设计，有关零件的强度、刚度、热、电、磁的分析计算和零件加工信息（工程图纸或数控加工信息等）的输出，以及技术文档和有关技术报告的编制。

而工艺设计人员则可以根据 CAD 过程提供的信息和 CAM 系统的功能，进行零部件加工工艺路线的控制和加工状况的预显，以及生成控制零件加工过程的信息。

1. 狭义 CAM

侠义 CMA 的主要内容如下。

（1）计算机辅助数控编程（CANCP）

计算机辅助数控加工编程（Computer Aided Numerical Control Programming，CANCP）主要指数控机床加工程序的编制，也包括自动测量机和工业机器人作业程序的编制。数控加工技术是现代制造业的基础。目前市场流行的 CAD/CAM 系统，实际上是设计+数控加工编程。

（2）计算机辅助工艺规程设计（CAPP）

计算机辅助工艺规程设计（Computer Aided Process Planning，CAPP）是指借助于计算机软硬件技术和支撑环境，利用计算机进行数值计算、逻辑判断和推理等功能来制定零件机械加工工艺过程。在产品生产过程中，那些与将原材料变为成品直接有关的过程称为工艺过程。把工艺过程的有关内容用表格或文件的形式固定下来，称为机械加工工艺规程设计。工艺规程的文件类型很多，主要是机械加工工艺过程卡（用于单件小批生产）、机械加工工艺卡（用于成批生产）、机械加工工序卡（用于大批、大量生产）。

（3）工装 CAD

工装 CAD 主要是计算机辅助下的专用夹具、模具、刀具、量检具的设计。

2. 广义 CAM

广义 CAM 的主要内容如下。

（1）狭义 CAM 的各项任务。

（2）计算机辅助生产管理。计算机辅助生产管理（Computer Aided Production Management，CAPM），就是针对生产管理的任务和目标的要求，及时、准确地采集、存储、更新和有效地管理与生产有关的产品信息、制造资源信息、生产活动信息等，并进行及时的信息分析、统计处理和反馈，为生产系统的管理决策提供快捷、准确的信息资料、数据和参考方案。内容包括工厂生产计划、车间作业计划和物料供应计划的制订与管理，以及库存管理、销售管理、财务管理、人事管理和技术管理等。

3.1.2 UG CAM 中相关工具及加工类型

1．余量参数

“余量”选项决定了完成当前操作后部件上剩余的材料量。可以为底面和内部/外部部件壁面指定“余量”，分别为“底面余量”和“部件余量”。还可以指定完成最终的轮廓刀路后应剩余的材料量（“精加工余量”，将去除任何指定余量的一些或全部），并为刀具指定一个安全距离（最小距离），刀具在移向或移出刀轨的切削部分时将保持此距离。可通过使用“定制边界数据”在边界级别、边界成员级别和组级别上定义“余量要求”。还可以为余下参数输入相应的值。

2．最终底面余量（平面铣）

最终底面余量允许用户指定在完成由当前操作生成的切削刀轨后，腔体底面（底平面和岛的顶部）应剩余的材料量。

3．部件余量（平面铣）

部件余量是指完成“平面铣”粗加工操作后，留在部件壁面上的材料量。通常这些材料将在后续的精加工操作中被切除。

在边界或面上应用“部件余量”将导致刀具无法触及某些要切除的材料（除非过切）。图 3-1 说明了由于存在“部件余量”，刀具将无法进入某一区域。

如果将“刀具位置”设置为“开”后定义加工边界，系统将忽略“部件余量”并沿边界进行加工。当指定负的“部件余量”时，所使用的刀具的圆角半径（R1 和/或 R2）必须大于或等于负的余量值。

如果使用“自动进刀方式”并将“部件余量”值设置得过厚，那么在某种意义上会导致一个腔体被封闭，此时系统将不得不使刀具倾斜切入部件。

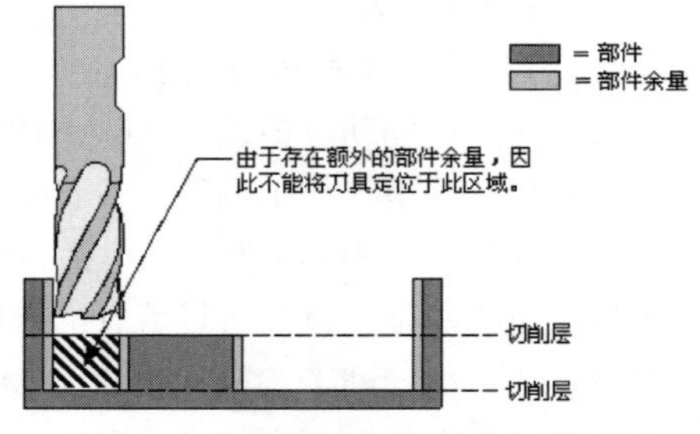

图 3-1 存在部件余量时的切削区域

4．部件底面余量和部件侧面余量

部件底面余量是指底面剩余的部件材料数量，该余量是沿刀具轴（竖直）测量的。该选项所应用的部件表面必须满足以下条件：用于定义切削层、表面为平面、表面垂直于刀具轴（曲面法向矢量平行于刀具轴）。

部件侧面余量是指壁面剩余的部件材料数量，该余量是在每个切削层上沿垂直于刀具轴的方向（水平）测量的。它可以应用在所有能够进行水平测量的部件表面上（平面、非平面、垂直、倾斜等）。这两个参数取代了“部件余量”参数，“部件余量”参数只允许用户为所有部件表面指定单一的余量值，如图 3-2 所示。

对于“部件底面余量”，曲面法向矢量必须与刀具轴矢量指向同一方向，这可以防止“部件底面余量”应用到底切曲面上，如图 3-3 所示。

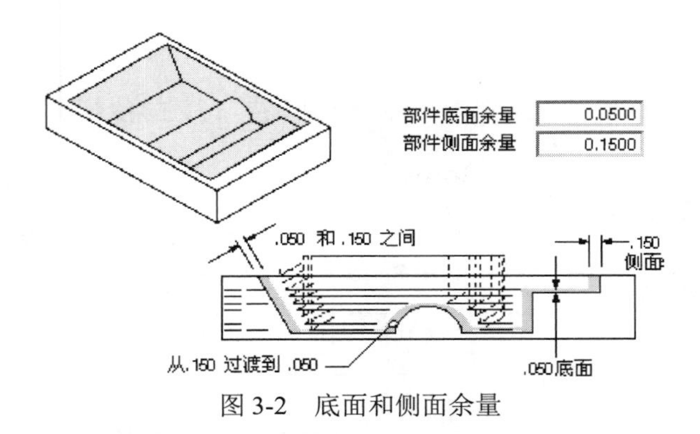

图 3-2 底面和侧面余量

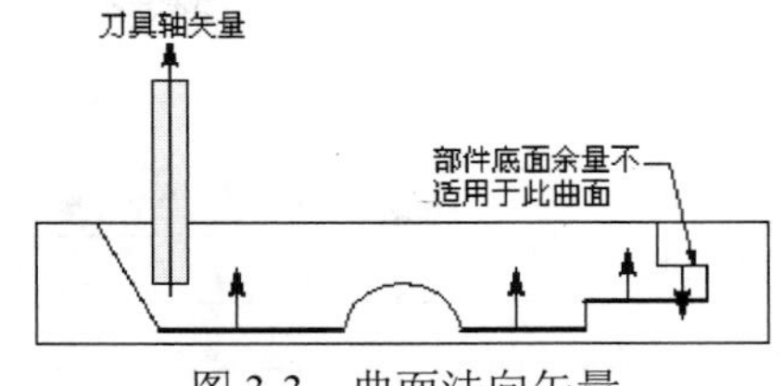

图 3-3 曲面法向矢量

由于弯角曲面和轮廓曲面的实际侧面余量通常难以预测，因此“部件侧面余量”一般应用在主要由竖直壁面构成的部件中。

5. 精加工余量（平面铣）

“精加工余量”是指完成“轮廓刀路”切削后剩余的材料量。当用户在“平面铣切削参数”菜单中激活“精加工刀路”选项后，系统将使用“精加工余量”。

6. 毛坯余量

切削参数“毛坯余量”是指“平面铣”和“型腔铣”中都具有的参数。

“毛坯余量”是指刀具定位点与所定义的毛坯几何体之间的距离，它将应用于具有相切于条件的毛坯边界或毛坯几何体。

7. 毛坯距离

“毛坯距离”是指应用于部件边界或部件几何体的偏置距离，用于生成毛坯几何体。对于“平面铣”，默认的“毛坯距离”应用于闭合“部件”边界。对于“型腔铣”，“毛坯距离”应用于所有“部件”几何体。

8. 检查余量

切削参数“检查余量”是指“平面铣”“型腔铣”“Z 级切削”“面切削”和“轮廓”操作中都具有的参数。

“检查余量”是指刀具定位点与所定义的“检查”边界之间的距离。

9. 裁剪余量

“裁剪余量”是指刀具定位点与所定义的“裁剪”边界之间的距离。

10. 精加工刀路

“精加工刀路”是指刀具完成主要切削刀路后所作的最后一次切削的刀路。

11. 公差

“内公差”允许用户指定刀具可以从选定的刀轨偏向工件的最大距离。

“外公差”允许用户指定刀具可以从选定的刀轨偏离工件的最大距离。

“部件内公差”和“部件外公差”定义了刀具偏离实际“部件表面”的可允许范围。值越小，切削就越准确。

“边界内公差”和“边界外公差”指定边界的内部和外部公差值。

“边界余量”通过指定偏置值控制边界上剩余的材料量。

12. 切削参数

“切削”显示切削参数对话框。使用此对话框可以指定影响各个“驱动方式”的参数，如表 3-1 所示。

表 3-1 影响驱动方式的参数

参 数	含 义
部件余量偏置	添加到“部件余量”中的附加余量
多重深度切削	通过每次加工一层切削层，逐渐切除部件几何体上一定体积的材料
安全间距	在部件表面的“部件余量偏置”和检查表面的“检查余量”上指定附加间距
切削步长	控制“部件几何体”上沿切削方向的刀具位置点间的线性距离
最大刀轴改变	控制“部件表面”上刀轴的剧烈变化，这种变化常由较小距离内曲面法向的突然改变而引起
在凸角上延伸	对刀轨进行额外控制，即当刀具切削过内部凸边缘时，通过稍稍抬起刀具防止刀具驻留
在凸角处提升	对刀轨进行额外控制，即当刀具切削过内部凸边缘时，执行“重定位退刀/转移/进刀”序列
斜向上角度、斜向下角度	指定刀具的上下角度运动限制
应用于步距	与【斜向上角度】和【斜向下角度】选项结合起来使用，对“步距”应用指定的斜角
优化轨迹	在将【单向】或【往复】选项与【斜向上角度】和【斜向下角度】选项结合使用时优化刀轨
延伸至边界	当创建“仅向上”或“仅向下”切削操作时，将切削刀路终点延伸到“部件边界”
删除边界跟踪	控制是否跟踪边界
清理几何体	创建可标识低谷和陡面的点、边界和曲线，其中未切削的材料在加工后仍被保留

13. 容错加工

“容错加工”是特定于“型腔铣”的一个切削参数。对于大多数铣削操作，都应将“容错加工（用于型腔铣）”方式打开。它是一种可靠的算法，能够找到正确的可加工区域而不过切部件。“材料侧”仅基于“刀具轴”。面的“刀具位置”属性将作为“相切于”来处理，而不考虑用户的输入。由于此方式不使用面的“材料侧”属性，因此当选择曲线时刀具将被定位在曲线的两侧，当没有选择顶面时刀具将被定位在竖直壁面的两侧。

3.1.3 UG CAM 的数控加工流程

1. 获得 CAD 模型

CAD 模型是 NC 编程的前提和基础，任何 CAM 的程序编制必须由 CAD 模型为加工对象进行编程。获得 CAD 模型的方法通常有以下 3 种。

（1）打开 CAD 文件。如果某一文件是已经使用 Mastercam 进行造型完毕的，或者已经做过编程的文件，重新打开该文件，即可获得所需的 CAD 模型。

（2）直接造型。Mastercam 软件本身就是一个功能非常强大的 CAD/CAM 一体化软件，具有很好的造型，可以进行曲面和实体的造型。对于一些不是很复杂的工件，可以在编程前直接造型。

（3）数据转换。当模型文件使用其他的 CAD 软件进行造型时，首先要将其转换成 Mastercam 专用的文件格式（.mc10.0）。通过 Mastercam 的文件转换功能，可以读取其他 CAD 软件所做的造型文件。Mastercam 提供了常用 CAD 软件的数据接口，并且有标准转换接口，可以转换的文件格式有 IGES、STEP 等。

2. 加工工艺分析和规划

加工工艺分析和规划的主要内容包括：

（1）加工对象的确定。通过对模型的分析，确定这一工件的哪些部位需要在数控铣床或者数

控加工中心上加工。数控铣的工艺适应性也是有一定限制的，对于尖角部位、细小的筋条等部位是不适合加工的，应使用线切割或者电加工来加工；而另外一些加工内容，可能使用普通机床有更好的经济性，如孔的加工、回转体加工，可以使用钻床或车床进行加工。

（2）加工区域规划。即对加工对象进行分析，按其形状特征、功能特征及精度、粗糙度要求将加工对象分成数个加工区域。对加工区域进行合理规划可以达到提高加工效率和加工质量的目的。在进行加工对象确定和加工区域规划或分配时，参考实物可以更直观地进行分析和规划。

（3）加工工艺路线规划。即从粗加工到精加工再到清根加工的流程及加工余量分配。

（4）加工工艺和加工方式确定。如刀具选择、加工工艺参数和切削方式（刀轨形式）选择等。

在完成工艺分析后，应填写一张 CAM 数控加工工序表，表中的项目应包括加工区域、加工性质、走刀方式、使用刀具、主轴转速、切削进给等选项。完成了工艺分析及规划可以说是完成了 CAM 编程 80%的工作量。同时，工艺分析的水平原则上决定了 NC 程序的质量。

3．CAD 模型完善

对 CAD 模型作适用于 CAM 程序编制的处理。由于 CAD 造型人员更多的是考虑零件设计的方便性和完整性，并不顾及对 CAM 加工的影响，所以要根据加工对象的确定及加工区域规划对模型做一些完善。通常包括以下内容：

（1）坐标系的确定。坐标系是加工的基准，将坐标系定位于适合机床操作人员确定的位置，同时保持坐标系的统一。

（2）隐藏部分对加工不产生影响的曲面，按曲面的性质进行分色或分层。这样一方面看上去更为直观清楚；另一方面在选择加工对象时，可以通过过滤方式快速地选择所需对象。

（3）修补部分曲面。对于有不加工部位存在造成的曲面空缺部位，应该补充完整。如钻孔的曲面、存在狭小的凹槽的部位，应该将这些曲面重新做完整，这样获得的刀具路径规范而且安全。

（4）增加安全曲面，如对边缘曲面进行适当的延长。

（5）对轮廓曲线进行修整。对于数据转换获取的数据模型，可能存在看似光滑的曲线其实也存在着断点，看似一体的曲面在连接处不能相交。通过修整或者创建轮廓线构造出最佳的加工边界曲线。

（6）构建刀具路径限制边界。对于规划的加工区域，需要使用边界来限制加工范围的，先构建出边界曲线。

4．加工参数设置

参数设置可视为对工艺分析和规划的具体实施，它构成了利用 CAD/CAM 软件进行 NC 编程的主要操作内容，直接影响 NC 程序的生成质量。参数设置的内容较多，其中包括：

（1）切削方式设置用于指定刀轨的类型及相关参数。

（2）加工对象设置是指用户通过交互手段选择被加工的几何体或其中的加工分区、毛坯、避让区域等。

（3）刀具及机械参数设置是针对每一个加工工序选择适合的加工刀具并在 CAD/CAM 软件中设置相应的机械参数，包括主轴转速、切削进给、切削液控制等。

（4）加工程序参数设置包括设置进退刀位置及方式、切削用量、行间距、加工余量、安全高度等。这是 CAM 软件参数设置中最主要的一部分内容。

5．生成刀具路径

在完成参数设置后，即可将设置结果提交给 CAD/CAM 系统进行刀轨的计算。这一过程是由 CAD/CAM 软件自动完成的。

6. 刀具路径检验

为确保程序的安全性，必须对生成的刀轨进行检查校验，检查有无明显刀具路径、有无过切或者加工不到位，同时检查是否会发生与工件及夹具的干涉。校验的方式如下：

（1）直接查看。通过对视角的转换、旋转、放大、平移直接查看生成的刀具路径，适于观察其切削范围有无越界及有无明显异常的刀具轨迹。

（2）手工检查。对刀具轨迹进行逐步观察。

（3）实体模拟切削，进行仿真加工。直接在计算机屏幕上观察加工效果，这个加工过程与实际的机床加工十分类似。

对检查中发现问题的程序，应调整参数设置重新进行计算，再做检验。

7. 后处理

后处理实际上是一个文本编辑处理过程，其作用是将计算出的刀轨（刀位运动轨迹）以规定的标准格式转化为NC代码并输出保存。在后处理生成数控程序之后，还需要检查这个程序文件，特别要对程序头及程序尾部分的语句进行检查，如有必要可以修改。这个文件可以通过传输软件传输到数控机床的控制器上，由控制器按程序语句驱动机床加工。

3.2 UG NX 10.0 CAM 环境介绍

每款加工编程软件的CAM环境都不相同，也就是说编程软件的操作界面不尽相同，操作顺序也差异很大，下面将简要地介绍一下UG NX 10.0 的CAM环境。

3.2.1 UG NX 10.0 CAM 初始化设置

启动UG NX 10.0 软件，新建模型文档，在打开界面中的菜单栏右击，在弹出的快捷菜单中勾选【启动】复选框，单击【应用模块】，在【应用模块】菜单下单击【加工】按钮，单击【确定】按钮即可进入加工环境。方法如图3-4所示。

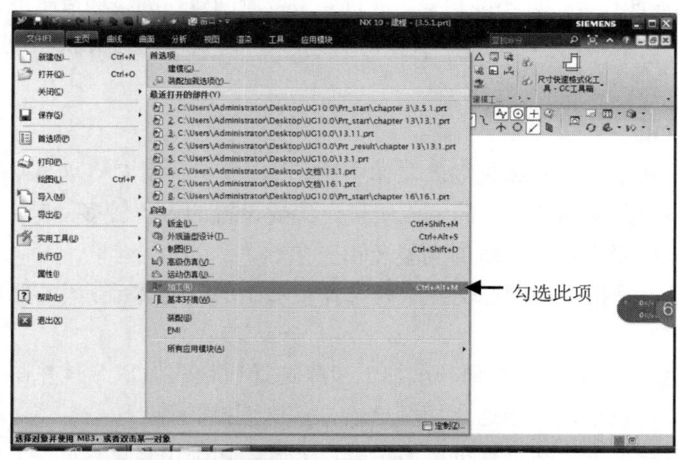

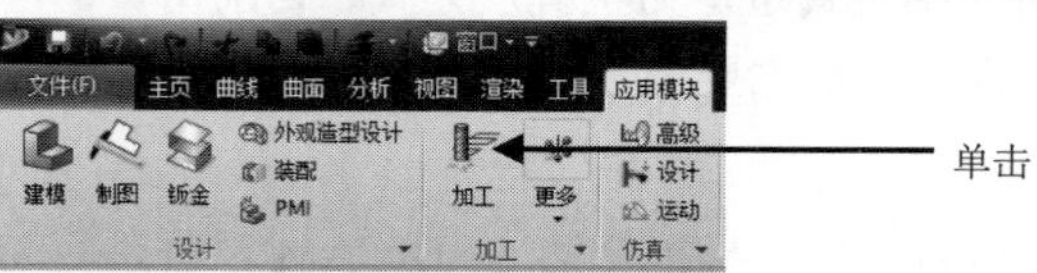

图3-4 加工环境操作

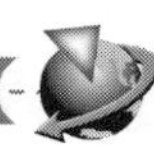

3.2.2　UG NX 10.0 CAM 加工界面

UG XN 10.0 CAM 加工环境界面如图 3-5 所示。

1 区：导航器区，用于切换创建刀具，创建几何体，创建工序，创建方法，创建程序视图的显示。

2 区：工序导航器区，用于显示模型的操作内容。

3 区：操作区，待模型创建操作完成后，生成刀具轨迹以及刀具轨迹的确认。

4 区：操作区，用于模型的操作和显示。

5 区：操作视图切换区。

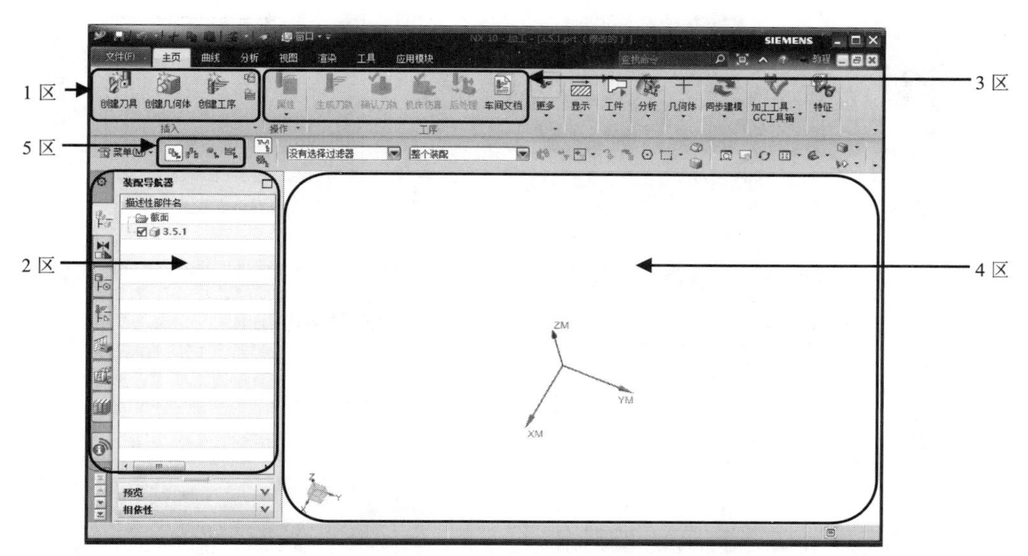

图 3-5　加工环境界面

3.3　UG NX 10.0 CAM 基本功能

工序导航器是一个图形化的用户界面，用户可以利用工序导航器工具管理部件中的操作及刀具、加工几何、加工方法等参数的操作。

3.3.1　操作导航器及操作管理

1．工序导航器

工序导航器是一个图形化的用户界面，用户可以利用工序导航器工具管理部件中的操作及刀具、加工几何、加工方法等参数的操作。

使用工序导航器工具，可使用户管理数据十分方便、一目了然。通过工序导航器工具不需要为每一个操作单独定义刀具、加工几何、加工方法等参数，而是可以在尚未创建之前就定义好这些参数，然后为需要它们的所有操作共享，如图 3-6 所示。

2．操作管理

在整个操作过程中，可以随时切换程序顺序视图、机床视图、几何视图、加工方法视图。

程序顺序视图用于显示创建的程序顺序；机床视图用于显示刀具及加工程序；几何视图用于定义坐标系及工作部件；加工方法视图用于操作粗加工、半精加工及精加工刀路，如图 3-7 所示。

在工序导航器中，在操作过程中双击刀路及程序，即可对其进行修改，如图 3-8 所示。

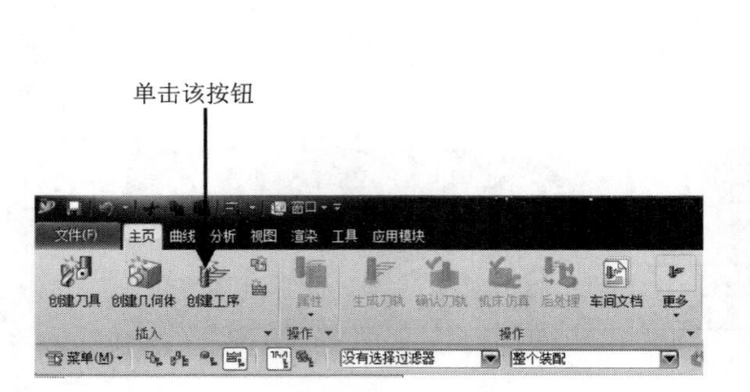

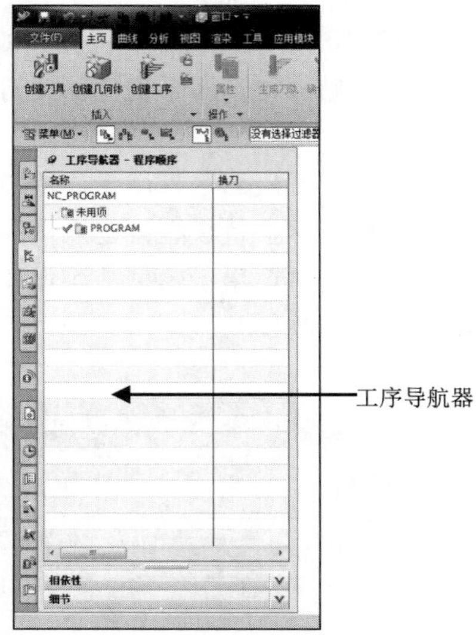

图 3-6　工序导航器

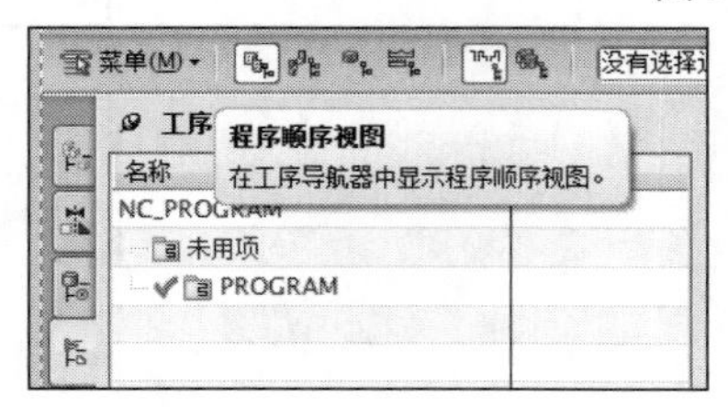

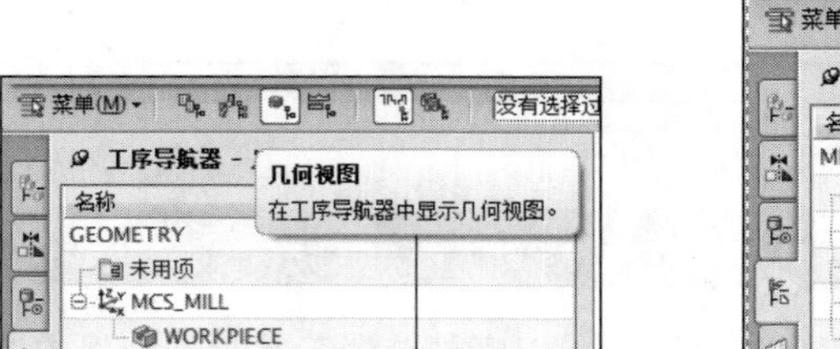

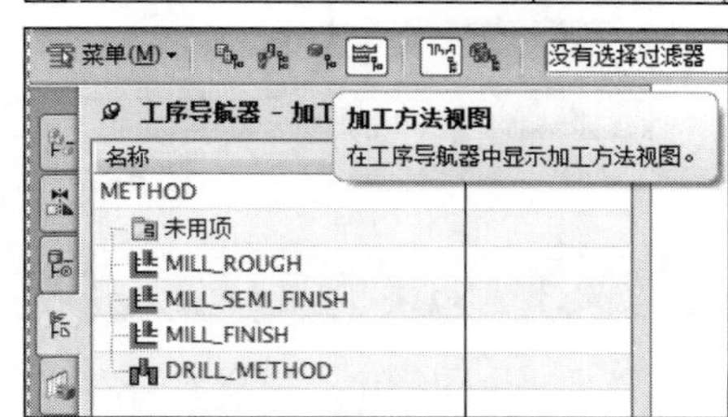

图 3-7　操作管理

图 3-8　工序导航器管理

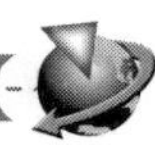

3.3.2　UG NX 10.0 的编程步骤

数控编程首先要有零件模型，模型可以通过 UG 自身的建模模块来建立，也可以从外部用三维通用格式（如.igs、.stp 来导入）。方法如下：新建一个部件，输入部件名称（注意，部件名称不能使用中文，选择单位为毫米），单击【OK】按钮，进入 UG 基本环境中。选择【文件】|【输入】| IGES/STEP203/STEP214 命令，一般情况下使用 STEP203，导入的模型会比较好。弹出【输入 STEP203】对话框，单击【选择 PART 21】文件，选择保存后的.stp 文件，单击【OK】按钮，单击【确定】按钮，弹出【输入转换作业已发送】对话框，单击【确定】按钮，模型被导入 UG 中。此时的模型为绿色线框，单击【加工】进入已经设置好的加工界面，在【视图】工具栏中单击【着色】命令，模型显示为实体，在【编辑】中选择【对象显示】，弹出【分类选择】对话框，直接选取实体模型，单击【确定】按钮，出现【编辑对象显示】对话框，可在这里修改实体颜色，一般将加工的零件设置为金属灰的颜色。

拿到零件模型后不要急于编程，首先对照图纸观察模型，注意图纸中的尺寸公差、各种对称度、位置度、平面度等形状位置要求，以及图纸技术要求中的一些特殊要求，然后根据这些条件思考需要在什么样的机床上加工、需要用到什么样的刀具、是否需要分粗/精加工等。这些思考都是工艺的准备过程，只有在工艺设计方案确定后，编程才有依据。

1．分析零件图样和工艺要求

分析零件图样和工艺要求的目的是确定加工方法、制订加工计划，以及确认与生产组织有关的问题，此步骤的内容包括：

（1）确定该零件应安排在哪类或哪台机床上进行加工。

（2）采用何种装夹具或何种装卡位方法。

（3）确定采用何种刀具或采用多少把刀进行加工。

（4）确定加工路线，即选择对刀点、程序起点（又称为加工起点，加工起点常与对刀点重合）、走刀路线、程序终点（程序终点常与程序起点重合）。

（5）确定切削深度和宽度、进给速度、主轴转速等切削参数。

（6）确定加工过程中是否需要提供冷却液、是否需要换刀、何时换刀等。

2．数值计算

根据零件图样几何尺寸，计算零件轮廓数据，或根据零件图样和走刀路线，计算刀具中心（或刀尖）运行轨迹数据。数值计算的最终目的是获得编程所需要的所有相关位置坐标数据。

3．编写加工程序单

在完成上述两个步骤之后，即可根据已确定的加工方案或计划及数值计算获得的数据，按照数控系统要求的程序格式和代码格式编写加工程序等。

编程者除应了解所用数控机床及系统的功能、熟悉程序指令外，还应具备与机械加工有关的工艺知识，才能编制出正确、实用的加工程序。

4．制作控制介质，输入程序信息

程序单完成后，编程者或机床操作者可以通过 CNC 机床的操作面板，在 EDIT 方式下直接将程序信息输入 CNC 系统程序存储器中；也可以根据 CNC 系统输入、输出装置的不同，先将程序单的程序制作成或转移至某种控制介质上。控制介质大多采用穿孔带，也可以是磁带、磁盘等信息载体，利用穿孔带阅读机或磁带机、磁盘驱动器等输入（输出）装置，可将控制介质上的程序信息输入 CNC 系统程序存储器中。

5. 程序检验

编制好的程序，在正式用于生产加工之前，必须进行程序运行检查。在某些情况下，还需做零件试加工检查。根据检查结果，对程序进行修改和调整，检查修改再检查再修改，这往往要经过多次反复，直到获得完全满足加工要求的程序为止。

3.3.3 创建父节点组

父节点组的创建是 UG 编程比较简单却非常重要的一步，父节点也就是所谓的附属关系、先后顺序。在 UG 中父节点组包括 4 个方面：创建程序对象、创建刀具对象、创建几何体对象及创建方法对象。

1. 创建程序对象

单击【主页】菜单，在工序导航器下单击【创建程序】按钮，弹出【创建程序】对话框，单击【确定】按钮创建加工程序，如图 3-9 所示。

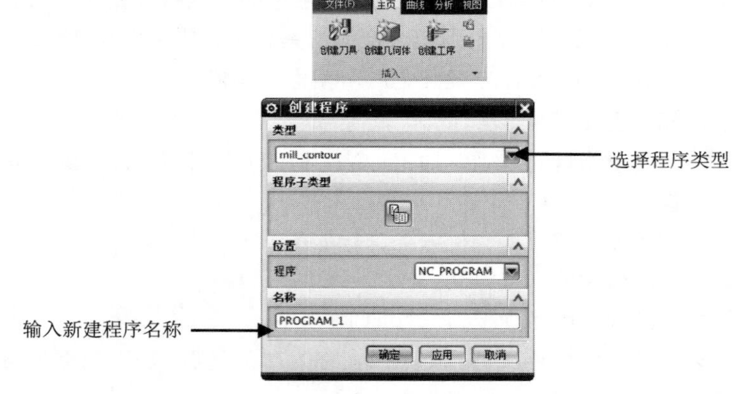

图 3-9　创建程序

2. 创建刀具对象

单击工序导航器下的【创建刀具】按钮，弹出【创建刀具】对话框，创建所需的刀具，如图 3-10 所示。

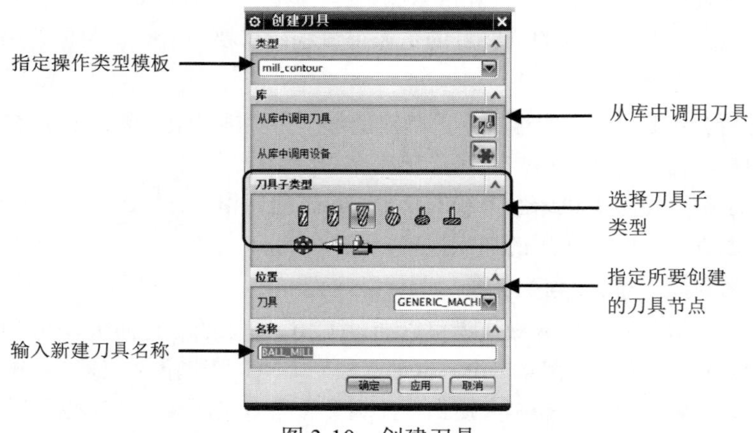

图 3-10　创建刀具

3. 创建几何体对象

单击工序导航器下的【创建几何体】按钮，弹出【创建几何体】对话框，定义加工几何体，如图 3-11 所示。

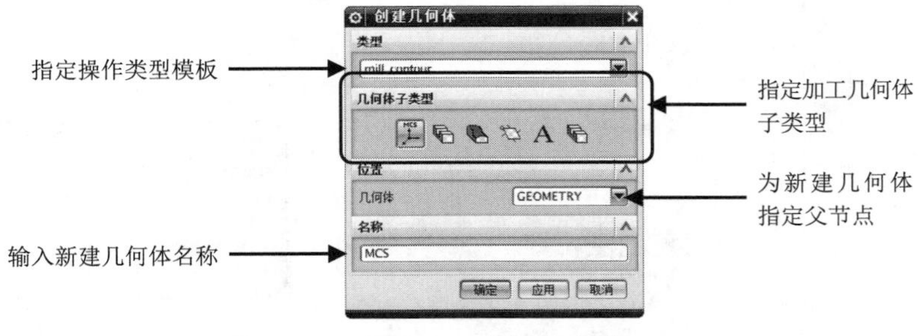

图 3-11 创建几何体

4. 方法对象

单击工序导航器下的【创建方法】按钮，弹出【创建方法】对话框，创建加工方法，如图 3-12 所示。

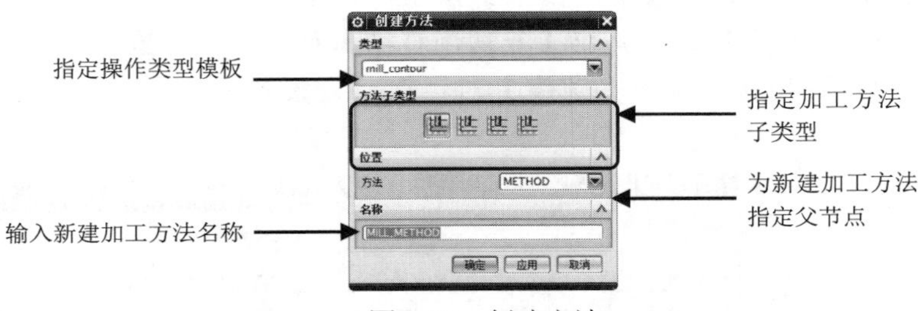

图 3-12 创建方法

3.3.4 创建工序

UG NX 10.0 中的【创建工序】命令与 UG NX 10.0 之前版本中的【创建操作】命令相同，都是为被加工工件创建加工方法。

1. 指定操作类型

单击工序导航器下的【创建工序】按钮，弹出【创建工序】对话框，如图 3-13 所示。

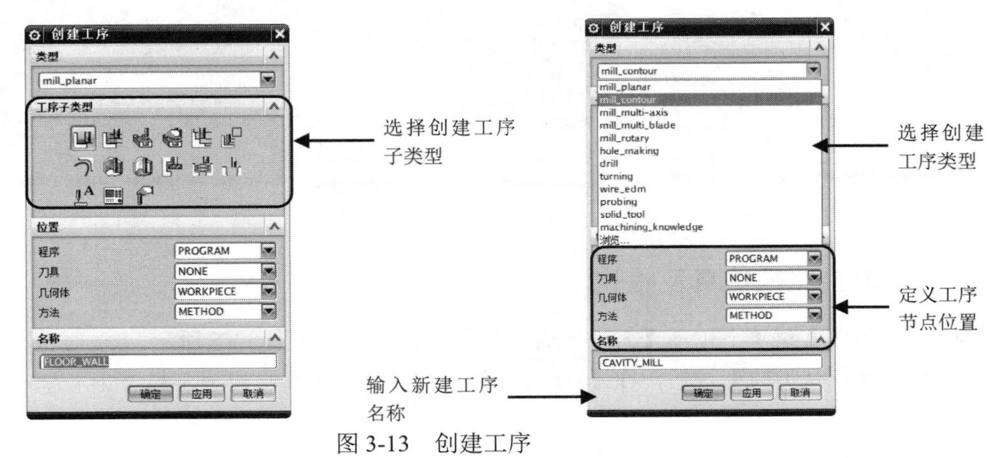

图 3-13 创建工序

2．设置操作参数

单击【确定】按钮，打开几何体设置对话框，如图 3-14 所示。

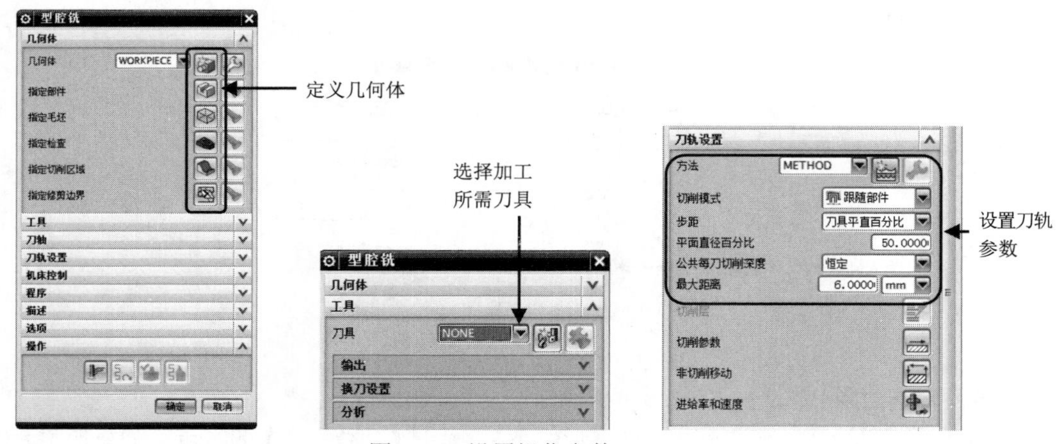

图 3-14　设置操作参数

在【刀轨设置】菜单下单击【切削参数】按钮，弹出【切削参数】对话框，设置各项参数。单击【非切削移动】按钮，弹出【非切削移动】对话框，设置各项参数。单击【进给率和速度】按钮，弹出【进给率和速度】对话框，设置各项参数。具体过程如图 3-15 所示。

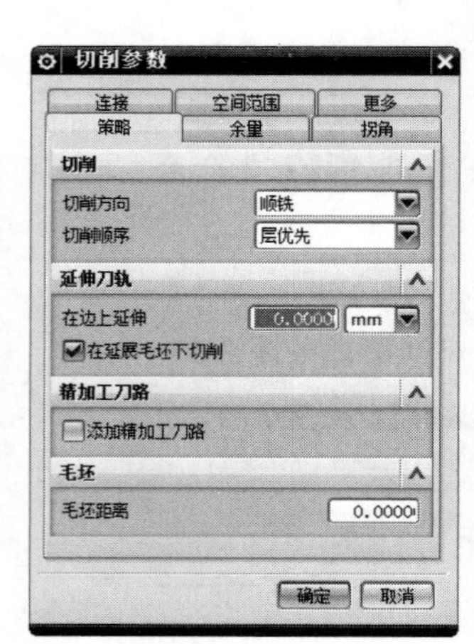

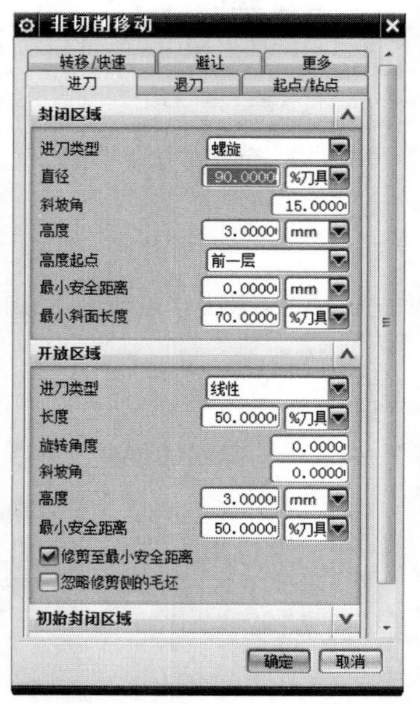

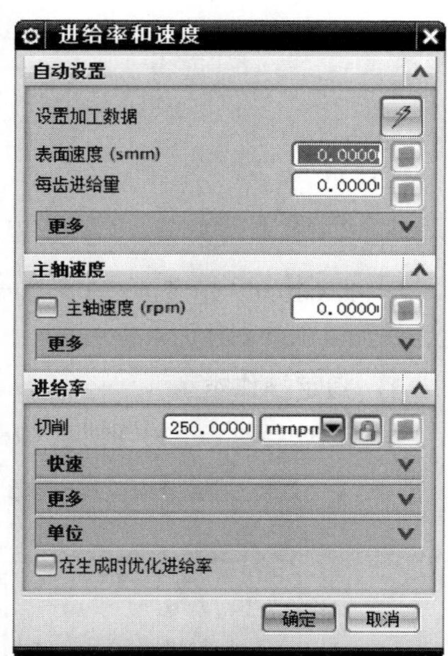

图 3-15　加工参数设置

3.3.5　刀具路径仿真及检验

在【操作】菜单下单击【刀轨生成】按钮生成刀轨，如图 3-16 所示。

单击【确认刀轨】按钮，在【2D 动态】下查看加工仿真，如图 3-17 所示。

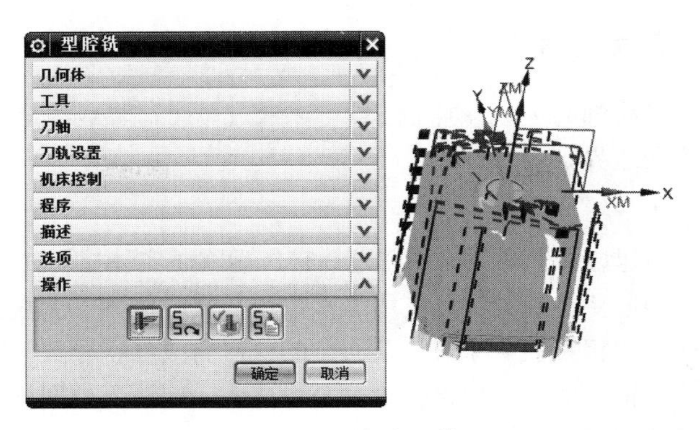

图 3-16　生成刀轨

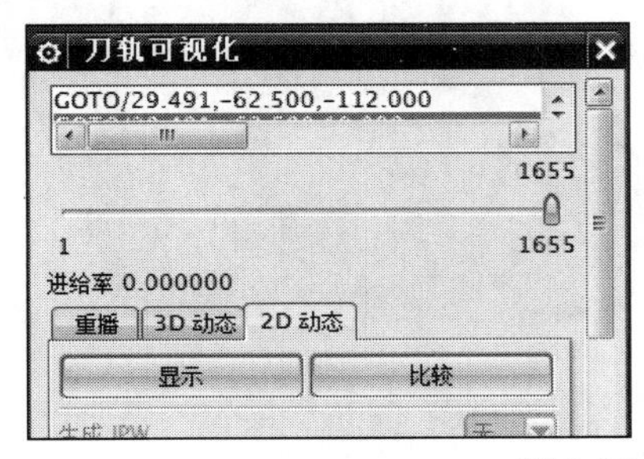

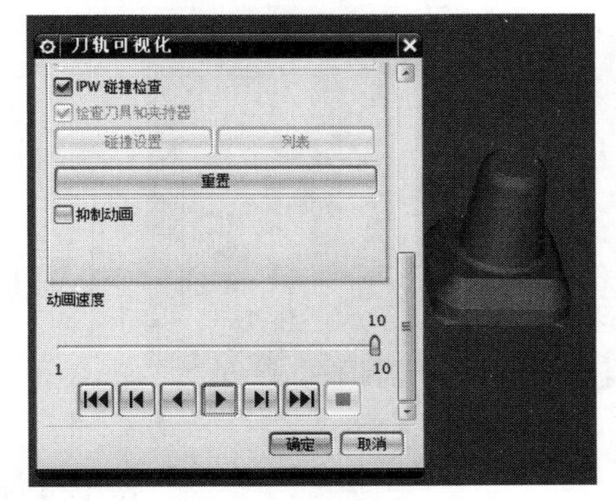

图 3-17　刀轨加工仿真

3.4　边界的特性与创建

在加工编程时常常遇到仅在指定区域加工编程的情况，也就是说需要指定一个区域，只在该指定区域生成刀路，而在其余区域不产生刀路。

要实现该功能有两种方法，一种是指定切削区域，通过面或边界来确定要切削加工的区域，该方式比较直观易行，易上手；另一种就是做区域的边界，通过边界的制作，在指定区域内或者区域外不生成刀路即可实现上述的要求。

边界最常应用于平面铣与表面铣中，在其他的加工策略中也较常应用到，为此，我们将该部分内容单独提出来作为一章讲解。

3.4.1　加工区域

在各种操作类型中，刀具能切削零件而不能有过切的切削区域称为加工区域。刀具能进入加工区域内切削零件的余料。

当切削区域里的岛屿与零件壁的距离小于刀具直径时，为了防止过切，将阻止刀具通过。软件将这些区域分割成为小的区域，分别进行切削。若刀具大于区域，则不能进入这些区域加工，如图 3-18 所示。

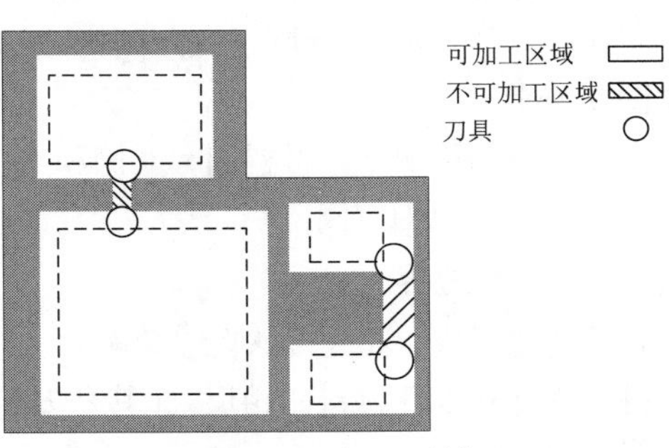

图 3-18　加工区域

3.4.2 临时边界和永久边界

边界被用于定义刀具切削的区域，加工区域可以通过单个边界或组合边界来定义完成，其中边界分为临时边界和永久边界。

1. 临时边界

临时边界通过在【创建边界】对话框中创建。它作为临时实体显示在屏幕上，当屏幕刷新以后临时边界随即消失。当需要显示时，可使用显示按钮，临时边界又会重新显示出来。

临时边界与父几何体的相关性意味着父几何体的任何更改都将导致临时边界的更新，例如，增加了一个实体面，边界也会增加；如果删除一个边界面，则边界也同样被删除。图 3-19 所示为临对边界因父几何体而更新。

（a）更新前边界

（b）更新后边界

图 3-19 加工区域

临时边界的优点在于选择方便，与父几何体有关联性，编辑方便。

2. 永久边界

永久边界只能通过曲线和边缘来创建。虽然与创建它的父几何体有一定的关系，但是一旦创建就不能编辑，只能随父几何体的变化而变化。

永久边界的优点是边界使用速度快，可重复使用。

3.4.3 边界的分类

在平面铣中，几何体的边界包括部件边界、毛坯边界、检查边界和修剪边界 4 种类型。

1. 部件边界

部件边界用来指定刀具运动的轨迹，它可以通过面、边、曲线和点来定义，在 4 种边界中它是必须要定义的边界。部件边界有封闭和打开两种类型。

在封闭的情况下，材料侧有内部和外部，比如挖槽的材料侧是外部，加工岛的材料侧是内部，如图 3-20 所示。

在打开的情况下，材料侧有左侧和右侧之分。比如要保留的左侧选择材料应为左侧，保留的右侧选择材料应为右侧。

2. 毛坯边界

毛坯边界用来指定要去除多余材料，定义的方法和部件边界一样，其中毛坯边界一定要封闭，材料侧刚好和部件材料侧相反。尤其是刀具和边界的位置只能为对中，其会延伸出一个刀具半径，如图 3-21 所示。

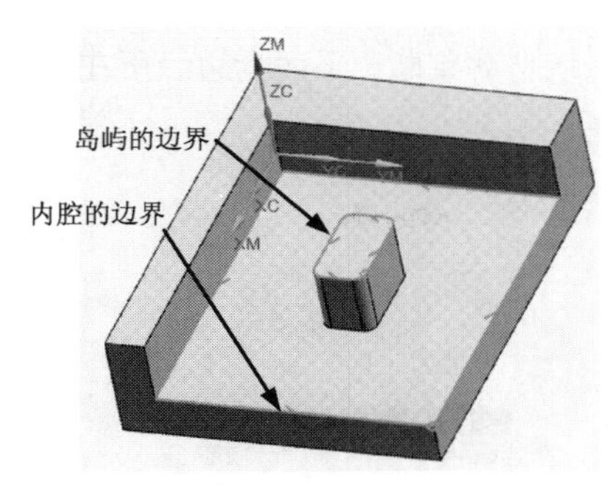

图 3-20　部件边界

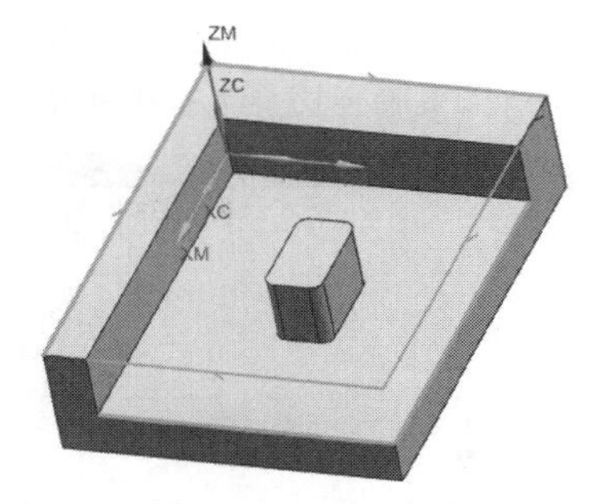

图 3-21　毛坯边界

3. 检查边界

检查边界是指定刀具不能进入的区域，比如夹具。检查边界定义的方法和部件边界一样，其中检查边界一定要封闭，如图 3-22 所示。

4. 修剪边界

修剪边界指定对部件边界进行修剪。修剪的材料可以是内部、外部或是左侧、右侧，定义的方法和定义部件边界一样。同样，刀具和边界的位置只能为对中，其会延伸出一个刀具半径，如图 3-23 所示。

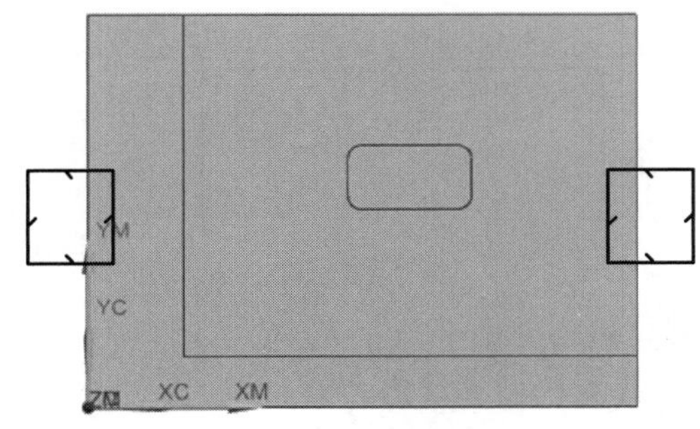

图 3-22　检查边界

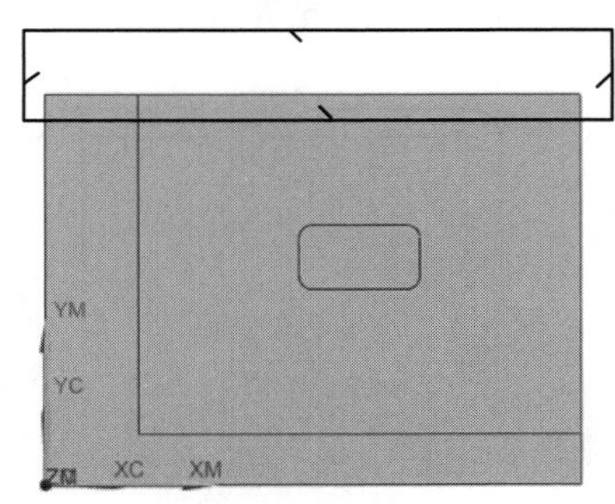

图 3-23　修剪边界

3.4.4 边界的创建

封闭边界和开放边界的创建方法是一样的，在实际操作过程中，临时边界的使用最方便、快捷。本节以临时边界来讲解边界的创建。

临时边界是在原有几何体上的曲线/边和平面上创建的。在平面铣操作中，共有 4 种模式来定义几何体的边界：曲线/边、边界（永久边界）、面和点。在这 4 种模式中，只有边界模式不是临时边界。

1. 曲线/边

曲线/边模式是通过存在的曲线/边来定义几何体边界的，即通常所说的临时边界。

步骤 01 进入【边界几何体】对话框，如图 3-24 所示。

步骤 02 单击【模式】按钮，弹出下拉列表框，切换为【曲线/边】模式，将弹出【创建边界】对话框，如图 3-25 所示。

【创建边界】对话框中各个按钮的含义如下。

- 类型：创建的边界为打开模式或封闭模式。

● 平面：定义边界位于的平面，一般可以通过系统自动判断，平面为边缘所在平面，也可以由用户定义来确定边界所在的平面。

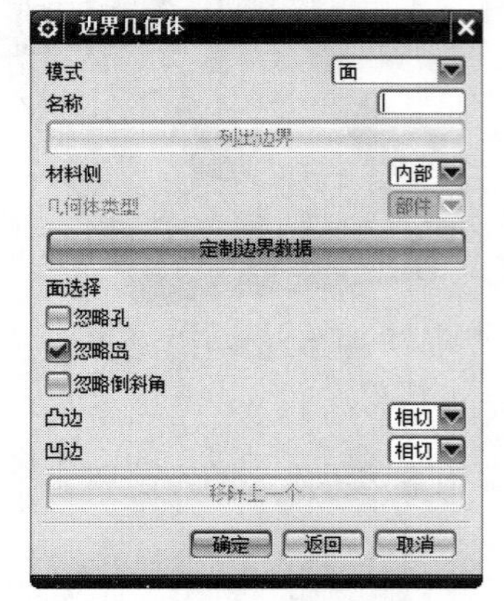

图 3-24 【边界几何体】对话框

图 3-25 【创建边界】对话框

● 材料侧：加工时零件要保留的侧面。
● 刀具位置：刀具和边界的相对关系，包括“上”（刀具在边界上）和“相切于”（刀具与边界相切），如图 3-26 所示。

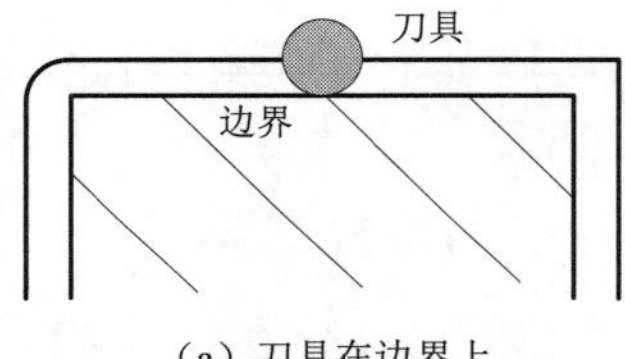

（a）刀具在边界上

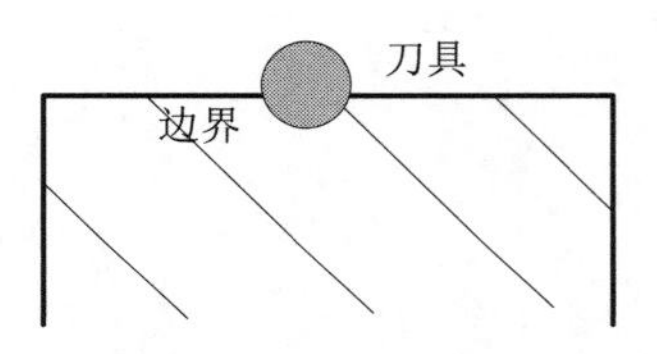

（b）刀具与边界相切

图 3-26 刀具位置

● 定制成员数据：可以对边界进行修改，给定公差和残留余量等。
● 成链：快速选择封闭或打开首尾相连的曲线边缘。

2. 边界

边界是指前面的永久边界，输入边界名称或直接在画面上选择即可。

3. 面

面模式是通过选择面来确定几何体边界的。选取面能快速提取面的边缘，并能除去无用的边缘。

① 忽略孔：在选样边界时，可以忽略边面上的所有孔。图 3-27 和图 3-28 所示为选择上表面时，不忽略孔和忽略孔的对比效果图。

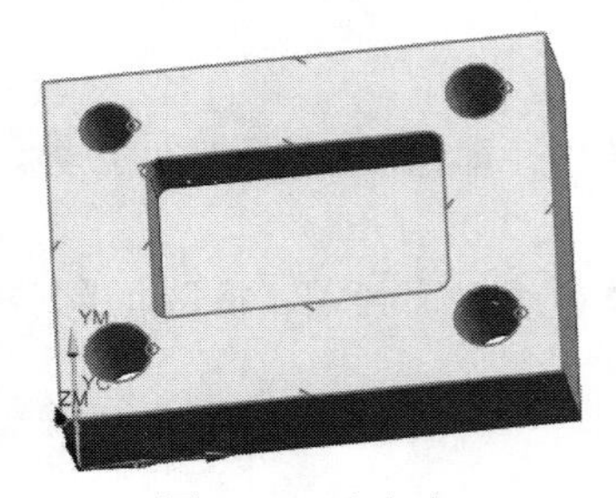

图 3-27 孔存在

图 3-28 忽略孔

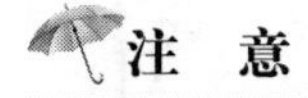

注　意

这里的孔不仅是指圆形孔，只要是内部封闭的区域都是孔的范畴。

② 忽略岛：在选择边界时，可以忽略边面上的所有岛。图 3-29 和图 3-30 所示为选择表面时，不忽略岛和忽略岛时的效果图对比。

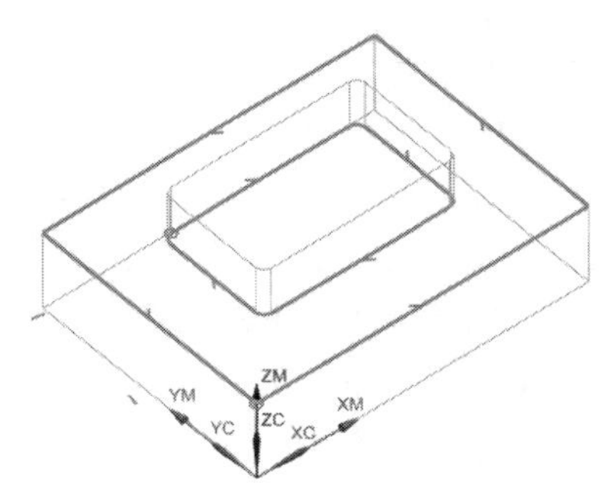

图 3-29　考虑岛存在

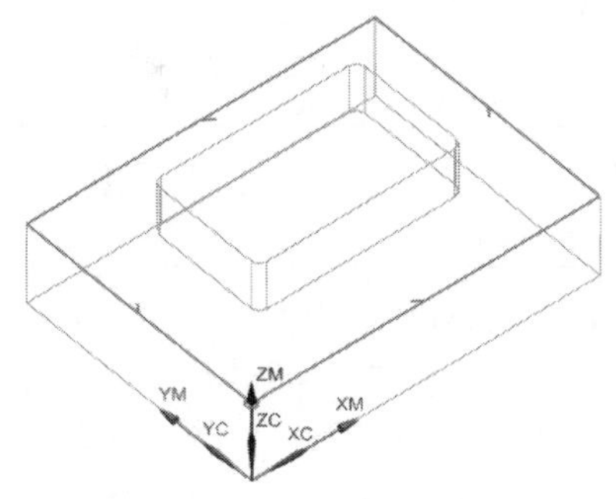

图 3-30　忽略岛存在

③ 忽略倒斜角：在选择边界时，可以忽略边面上的所有倒斜角。图 3-31 和图 3-32 所示为选择表面时，不忽略倒斜角和忽略倒斜角的效果图对比。其中，忽略倒斜角要注意的事项如下：

- 当倒斜角面只经过处理时，如挖槽，系统将不认为是倒角。
- 当倒斜角与选择面不垂直时，系统将不认为是倒角。
- 忽略倒斜角命令同样对倒圆角有效。

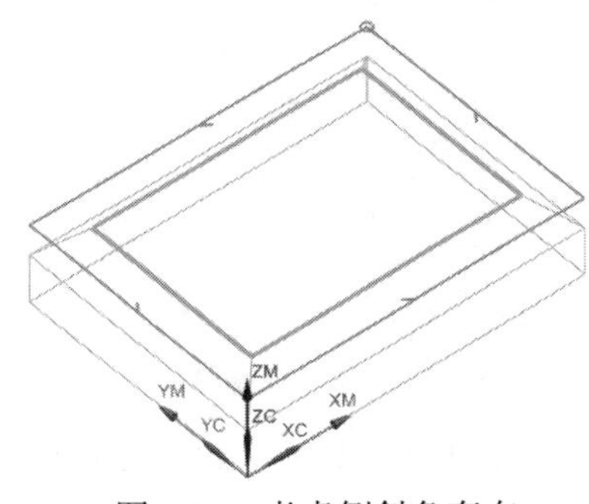

图 3-31　考虑倒斜角存在

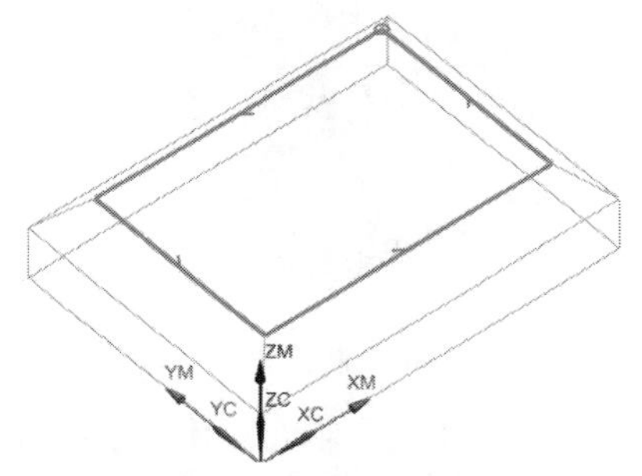

图 3-32　忽略倒斜角存在

4. 点

在点模式下创建边界时，可以在工作区域直接选取点，选择的第一个点将有一个小圆圈，表示它是边界的起点，如图 3-33 所示。

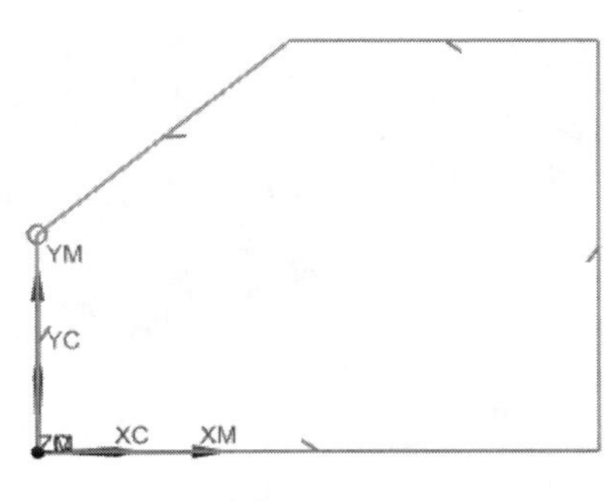

图 3-33　点模式

3.5 典型应用

下面以一个零件加工模型，进行 CAM 基本功能应用的动手练习。练习的内容包括加工环境初始化、创建父组对象、创建操作和指定加工边界。

3.5.1 加工环境配置

	开始素材	Prt_start\chapter 3\3.5.1.prt
	结果素材	Prt _result\chapter 3\3.5.1.prt
	视频位置	Movie\chapter 3\3.5.1.avi

要创建 UG CAM 的各种加工操作，首先要进行的工作就是导入加工模型和加工环境。本例中要进行动手操作的加工模型如图 3-34 所示。进行加工环境配置的操作步骤如下。

步骤 01 启动 UG NX 10.0 软件，单击【打开文件】按钮，在打开的对话框中选择本书配套资源文件 3\3.5.1.prt，单击【确定】按钮打开该文件。

步骤 02 然后依次选择【文件】|【应用模块】|【加工】选项，如图 3-35 所示，进入加工环境，或者通过快捷键【Ctrl+Alt+M】快速进入加工环境。

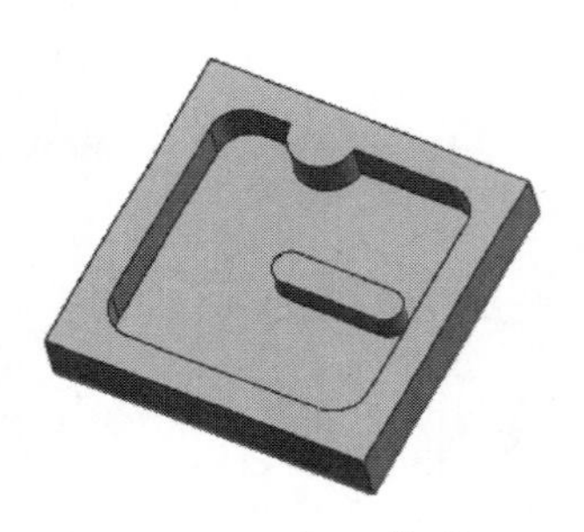

图 3-34 加工模型

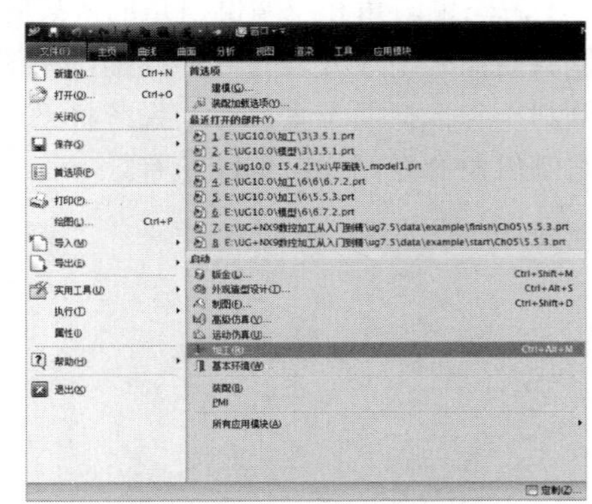

图 3-35 启动【加工】模块

步骤 03 在弹出的【加工环境】对话框中选择铣削加工，单击【确定】按钮进入铣削加工环境，如图 3-36 所示。

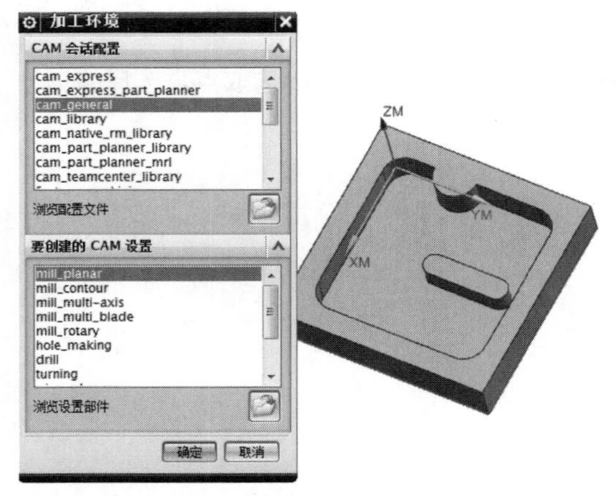

图 3-36 【加工环境】对话框

注　意

模型中显示两个坐标系：加工坐标系和参考坐标系。参考坐标系是 UG 程序建模环境中向用户提供的创建模型的工作坐标系，可以将其隐藏起来。

3.5.2　创建父组对象

CAM 向用户提供了默认的 3 种父组对象：方法组对象、几何体组对象和程序组对象。由于 CAM 并不清楚用户需要什么样的刀具，因而没有提供刀具组对象，这需要用户根据实际情况来重新创建。当加工模型的加工面较多时，可以创建新的父组对象，方便用户管理。下面介绍几何体组对象的编辑，以及刀具父组对象的创建操作过程。

步骤 01 在操作导航器将视图调至【几何视图】，双击工序导航器中的坐标系设置按钮，打开图 3-37 所示的坐标系设置对话框。输入安全距离 10mm，并单击【指定 MCS】按钮，接着在打开的【CSYS】对话框中选择坐标系参考方式为 WCS，如图 3-38 所示。

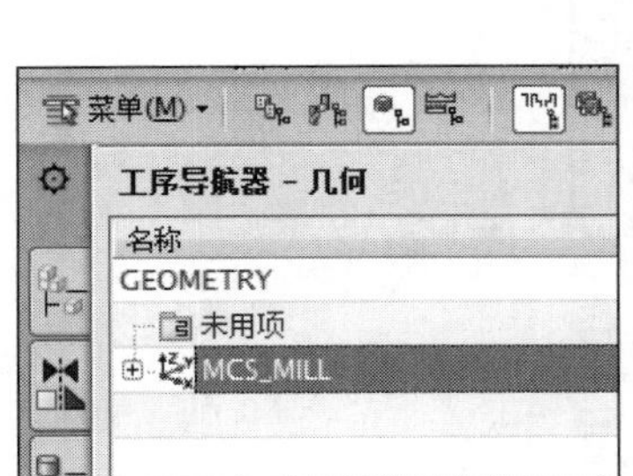

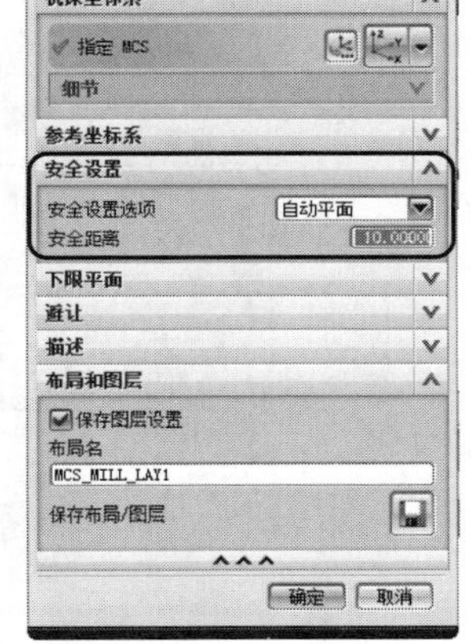

图 3-37　坐标系设置

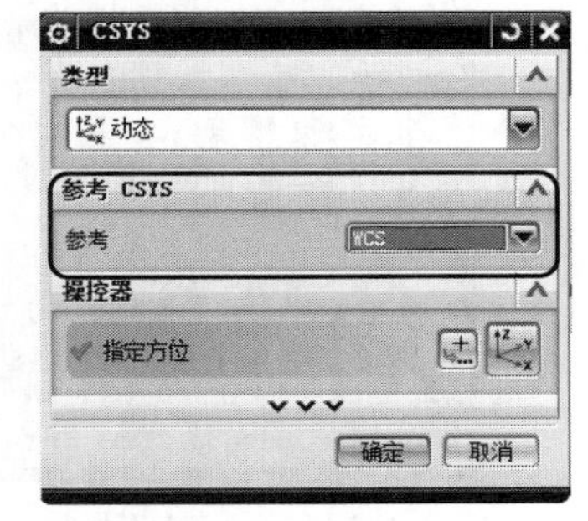

图 3-38　参数选择

步骤 02 双击工序导航器下的【WORKPIECE】图标，然后在图 3-39 所示的对话框中单击【指定部件】按钮，并在新打开的对话框中选取图 3-40 所示的模型为几何体。

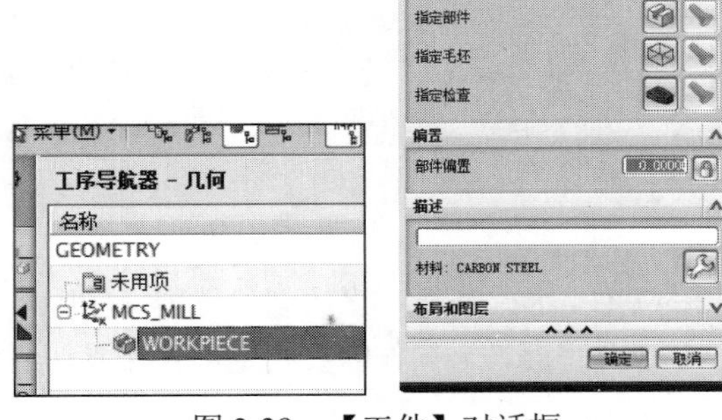

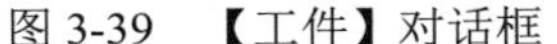

图 3-39　【工件】对话框

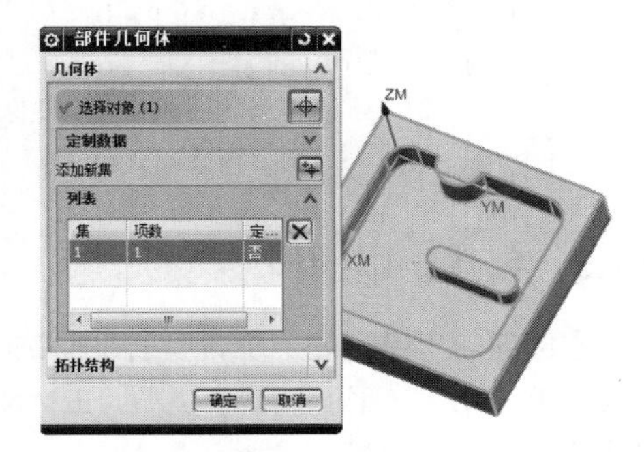

图 3-40　指定部件几何体

步骤 03 选取部件几何体后返回【工件】对话框。此时单击【指定毛坯】按钮，在打开的对话框中选取【包容块】选项并单击【确定】按钮，右侧将显示自动块毛坯模型，如图 3-41 所示，可根据实际需求调节包容块的尺寸。此处使用默认的设置即可。

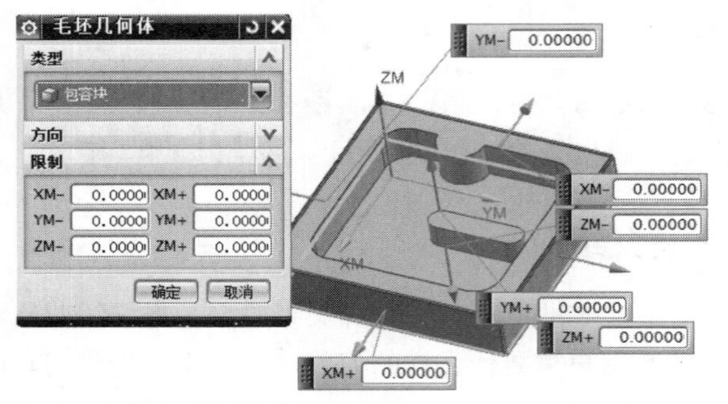

图 3-41　指定毛坯几何体

步骤 04 在【导航器】工具栏中单击【机床视图】按钮，切换导航器中的视图模式。然后在【创建】工具栏中单击【创建刀具】按钮，打开【创建刀具】对话框。按照图 3-42 所示的步骤新建名称为 T1_D6 的端铣刀，并按实际设置刀具参数。

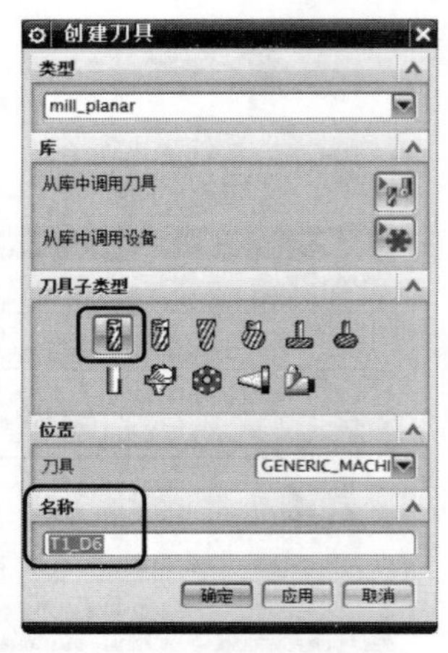

(a)【创建刀具】对话框

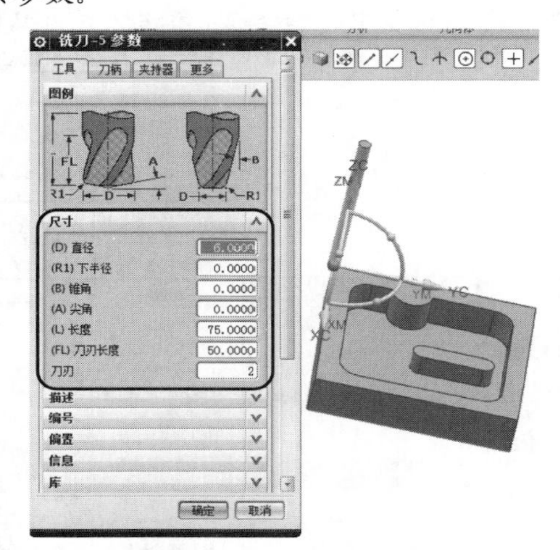

(b)【铣刀-5 参数】对话框

图 3-42　创建名为 T1_D6 的端铣刀

注　意

- 在数控加工中，通常将机床坐标系设置在工件顶部中心点上，这是为了缩短进刀和退刀的移动距离。
- 在【铣刀-5 参数】对话框的夹持器标签中，可以定义刀具的夹持器，以方便机床仿真操作。

3.5.3　创建铣削操作

本例的加工模型是一个典型的平面铣削加工的零件，因此在接下来的创建铣削操作中将选择 PLANAR_MILL（平面铣）子类型。PLANAR_MILL（平面铣）操作需要指定部件边界、毛坯几何体边界和底面边界。

步骤 01 单击【主页】下的【创建工序】按钮，打开【创建工序】对话框，然后按照图 3-43 所示的步骤设置加工参数。

步骤 02 设置完成后，在该对话框的【几何体】面板中单击【指定部件边界】按钮，打开【边界几何体】对话框，然后选取图 3-44 所示的面为实体边界，单击【确定】按钮。

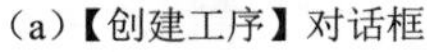

（a）【创建工序】对话框

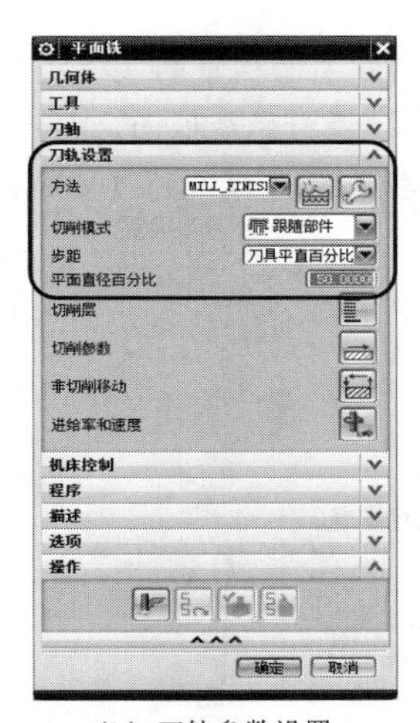

（b）刀轨参数设置

图 3-43　设置加工参数

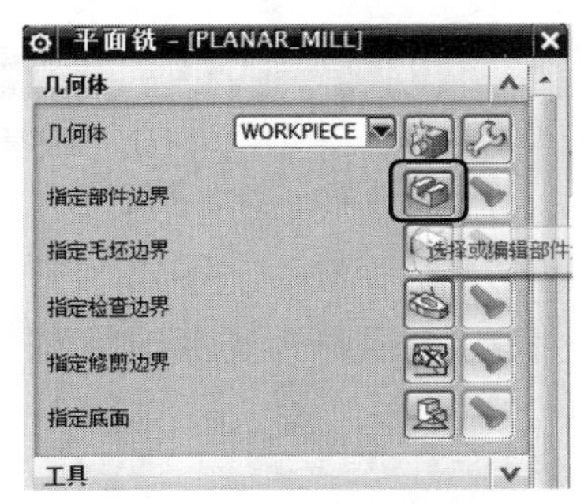

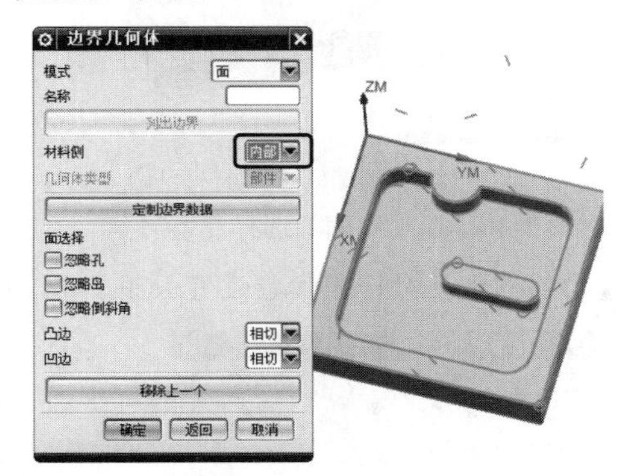

图 3-44　指定部件边界

步骤 03 单击【几何体】面板中的【指定毛坯边界】按钮，打开【边界几何体】对话框。选择其中的【曲线/边】模式，此时将弹出图 3-45（c）所示的【创建边界】对话框，按顺序选择毛坯的边界，系统会自动形成封闭的毛坯边界。详细流程如图 3-45 所示。

（a）【平面铣】对话框

（b）【边界几何体】对话框

（c）【创建边界】对话框

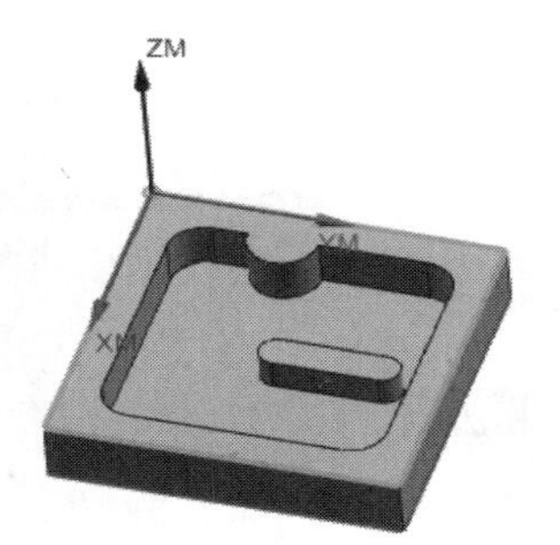

（d）已选的毛坯边界

图 3-45　创建毛坯边界

步骤 04 单击【几何体】面板中的【指定底面】按钮，将打开【刨】对话框。选择【自动判断】类型，然后单击选择模型的最低面，如图 3-46 所示。

步骤 05 对【平面铣】对话框下的【刀轨设置】面板按图 3-47 所示的参数进行设置。

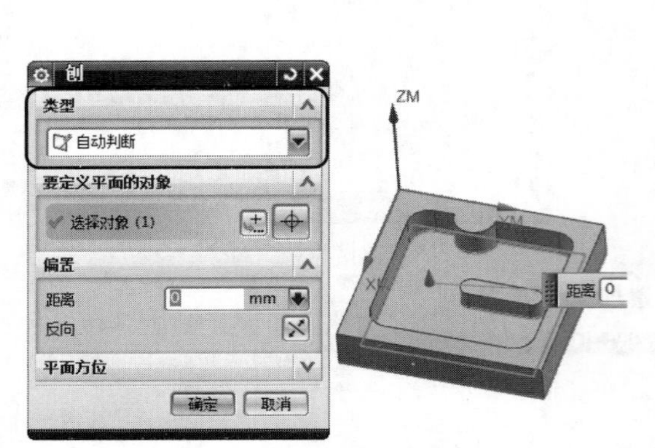

图 3-46　指定底面的选择

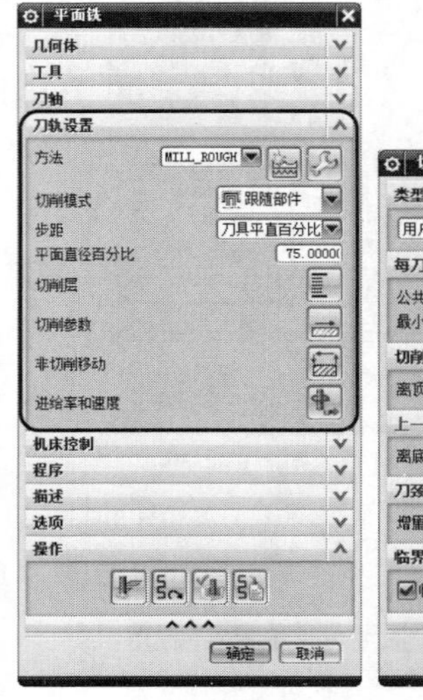

（a）组设置

（b）切削层设置

图 3-47　参数设置

步骤 06 【切削参数】对话框参数设置如图 3-48 所示。

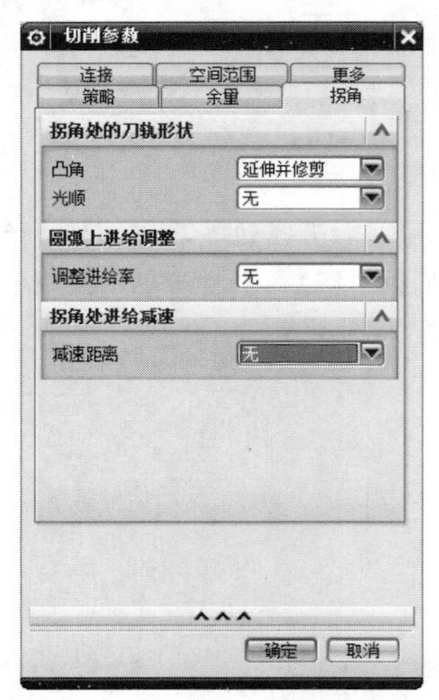

（a）【拐角】设置

（b）【更多】设置

图 3-48　【切削参数】设置

步骤 07 【非切削移动】对话框参数设置如图 3-49 所示。

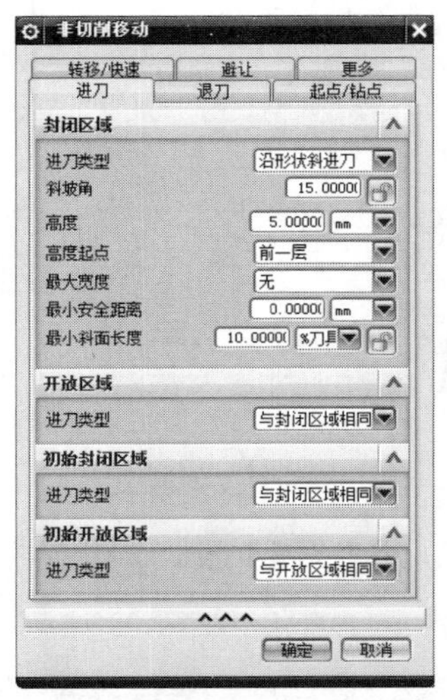

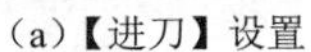

（a）【进刀】设置

（b）【起点/钻点】设置

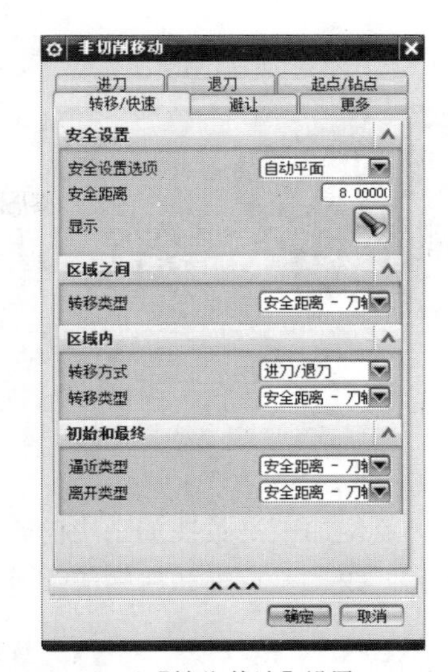

（c）【转移/快速】设置

图 3-49 【非切削移动】参数设置

步骤 08 在【操作】面板中单击【生成】按钮，系统将自动生成加工刀具路径，效果如图 3-50 所示。

步骤 09 单击该面板中的【确认刀轨】按钮，在打开的【刀轨可视化】对话框中展开【2D 动态】选项卡，接着单击【播放】按钮，系统将以实体的方式进行切削仿真，效果如图 3-51 所示。

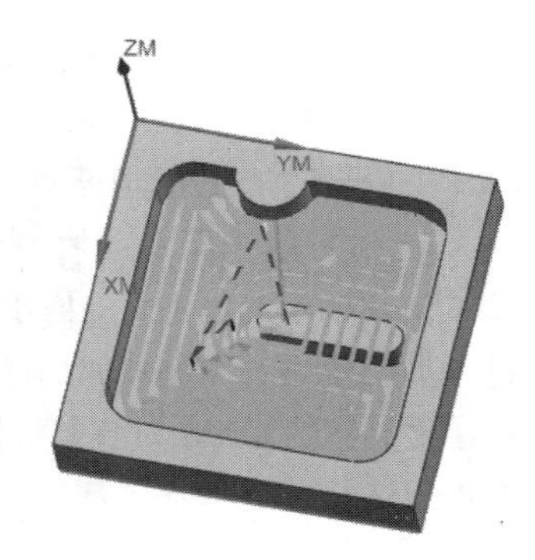

图 3-50 生成刀轨

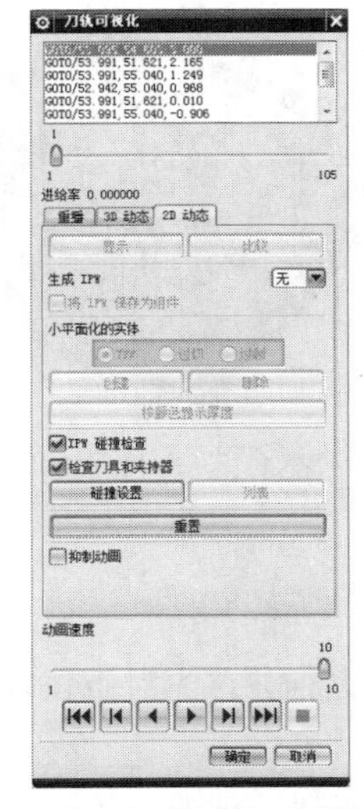

（a）【刀轨可视化】对话框

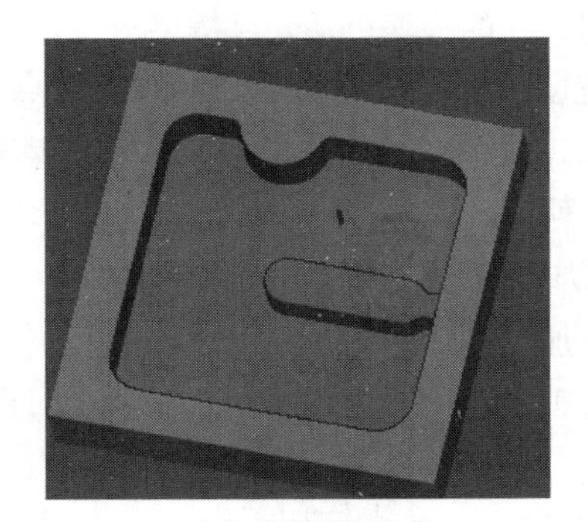

（b）实体切削仿真

图 3-51 刀轨可视化仿真

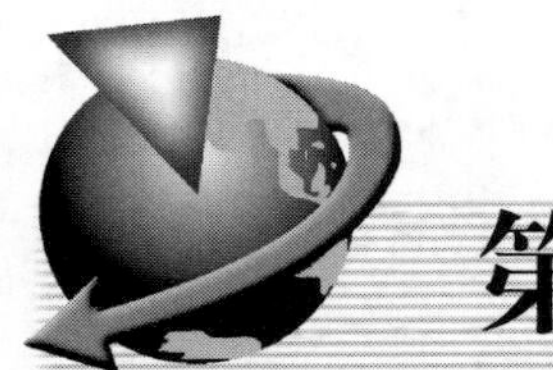

第 4 章 点位加工

点位加工是数控加工中的一种，在大部分情况下是指钻孔加工，用来创建钻孔、镗孔、扩孔、沉孔、铰孔、点焊和铆接等刀具路径。

4.1　点位加工概述

创建一个点位加工操作，其刀具路径的运动由三部分组成：首先刀具以快速进给率到达加工孔上方的最小安全距离处，然后以切削进给率进入零件加工表面开始加工，完成切削后再退回安全点。

1．点位加工运动原理

用 UG NX 10.0 软件打开要进行加工的零件数据文件，然后单击菜单栏中的【文件】按钮，在其下拉菜单中选择【应用模块】下的【加工】选项，将当前环境切换至加工环境。当一个零件首次进入加工模块时，会自动打开【加工环境】对话框，在【CAM 会话设置】列表框中选择“cam_general”，在【要创建的 CAM 设置】下拉列表框中选择【mill_planar】（平面铣削）选项，即可进入平面铣削的加工环境。进入加工环境，使用该环境就可以创建平面铣操作了。这个加工类型中，包括所有 2.5～3 轴加工方式。

在点位加工中，刀具首先以快进速度或进刀速度运动到操作安全点，再以切削进给速度从操作安全点运动到位于零件加工表面上的加工位置点，然后以切削进给速度切削到孔的最深处。如果使用加工循环，系统则用循环参数组中定义的进给速度代替切削进给速度。

刀具钻削到孔的最深处后，可按要求停驻一定时间，接着以退刀速度或以快进速度退回操作安全点。如果指定了多个加工位置，刀具再用相同的运动方式加工其他位置上的孔，如图 4-1 所示。

图 4-1　点位加工的刀具路径

2．点位加工相关知识

（1）点位加工专业术语

在点位加工中有一些专业术语，在学习创建点位加工操作之前，首先对点位加工中的一些概念进行说明。

① 操作安全点。在点位加工中，操作安全点标明了每个切削运动的起始位置和终止位置，这个点还是一些辅助运动（如进刀和退刀、快速移动和避让等）的起始位置和终止位置。

操作安全点一般位于加工位置点的正上方，如果刀轴不垂直于零件表面，则该点位于刀轴上，

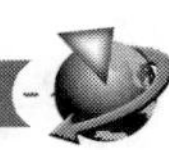

操作点与加工位置点之间的距离就是零件表面上的“最小安全距离”。如果没有指定“最小安全距离”，则操作安全点将位于零件表面上。

② 加工循环。在点位加工中，为满足不同类型孔的加工要求，需采用不同的加工方式。UG NX 在点位加工中提供了多种适用于不同类型孔的循环加工方式，主要是控制刀具的运动过程来实现不同类型孔的加工。

③ 循环参数组。对于复杂零件上的多种孔，可以将相同直径的孔作为一类，属于同类的孔使用相同的加工方式。在 UG NX 中可以将同类型的孔指定为一个循环数组，在该循环参数组中，指定不同的深度和进给速度即可加工属于该组的所有孔。

使用不同的循环参数钻不同位置的孔。每个循环式钻孔可指定 1～5 个循环参数组，必须至少指定一个循环参数组。例如，在同一个刀具路径中，可以钻不同深度的孔，钻削各个孔的进给速率、停留时间和步进量。

（2）加工程序

钻孔加工的程序比较简单，通常可以在机床上直接输入程序语句进行加工。对于使用 UG NX 软件进行编程的工件来说，使用点位加工进行钻孔程序的编制，可以节省大量输入语句占用机床的时间，提高了工件效率，同时也降低了操作人员输入语句的错误率，这一点在孔的数量较多时特别明显。对于较复杂的工件，其孔的位置分布较复杂，而且孔大小也不相同，使用 UG NX 可以一次性完成多种类型的孔加工，而使用手工方式则很难实现。

为了简化编程工作，数控系统对典型加工中的几个固定连续的动作，本来需要多个程序段指令完成的加工动作，使用一个指令来执行，这个指令就是孔加工固定循环指令。

点位加工通常由 6 个动作构成，首先是钻头在工件上方进行 X、Y 轴定位，并快速运动到参考点（R 点）。然后按照参数设置进行孔加工，并加工至有效位置。加工后退回至原参考点，可分别加工其他孔特征，加工完成后快速返回到初始点，如图 4-2 所示。

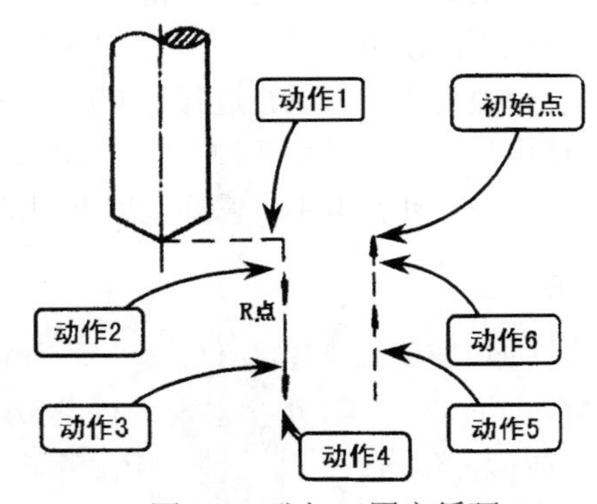

图 4-2　孔加工固定循环

——表示切削进给；----表示快速进给

孔加工固定循环指令有 G73、G74、G76、G80～G89 等，各指令对应固定循环指令代码的含义如表 4-1 所示。

表 4-1　孔加工固定循环指令代码含义

G 代码	加工运动（Z 轴负向）	孔底动作	返回运动（Z 轴正向）	应用于
G73	分次，切削进给	—	快速定位进给	高速深孔钻削
G74	切削进给	暂停-主轴正转	切削进给	左螺纹攻丝
G76	切削进给	主轴定向，让刀	快速定位进给	精镗循环
G80	—	—	—	取消固定循环
G81	切削进给	—	快速定位进给	普通钻削循环
G82	切削进给	暂停	快速定位进给	钻削或粗镗削
G83	分次，切削进给	—	快速定位进给	深孔钻削循环
G84	切削进给	暂停-主轴反转	切削进给	右螺纹攻丝
G85	切削进给	—	切削进给	镗削循环

续表

G代码	加工运动（Z轴负向）	孔底动作	返回运动（Z轴正向）	应用于
G86	切削进给	主轴停	快速定位进给	镗削循环
G87	切削进给	主轴正转	快速定位进给	反镗削循环
G88	切削进给	暂停-主轴停	手动	镗削循环
G89	切削进给	暂停	切削进给	镗削循环

（3）点位加工的一般步骤

点位加工与上述章节介绍的各种铣削加工方法有所不同，但在 UG NX 软件中创建刀具轨迹的方法却有很多相似之处。以下简要介绍一般点位加工步骤。

与其他铣削加工一样，在设置刀具参数之前，首先建立或打开加工所需的模型文件，并在加工环境中建立父节点组，其中包括几何体、刀具、程序、加工方法。

然后指定点位加工类型和循环类型，并为该循环类型设置循环参数。接着设置切削参数，并进行后处理设置。如有必要，还需要在后处理之前设置机床参数。

（4）点位加工注意事项

钻刀具的创建，注意钻头与铣刀的不同，并且点位加工几何体创建主要是选择点位控制的位置。在指定点位加工方案时要注意以下事项：

在创建钻孔时，由于钻头顶部是不平的，所以需要增加一定的深度值。

选择的加工形式决定了能使用的参数。如果指定了不正确的钻孔循环方式，则操作中的部分参数可能无法使用。

使用数控机床不适合进行深度加工，一般用于点孔或较浅的孔加工。

使用数控机床进行孔加工时，一般都要先用中心钻钻出引导孔，以方便精确定位。

在同一循环类型中，需要采用不同参数加工各组深度不同或者进给量不同的孔。

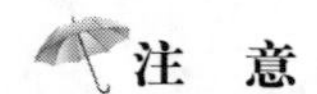

注　意

孔加工模块高度自动化，可以识别特征，加工各种类型的孔。该模块支持特征识别和属性识别，特征识别可使用户自定义特征和标准特征来确定孔和生成工步，属性识别用于识别非特征几何体，包括点、边、圆弧和圆柱面，这些非特征几何体被赋予了与 CAM 相关的信息，使用标记功能可以为这些非特征几何体添加属性。

4.2　点位加工类型

在 UG NX 环境中进行点位加工，首要条件是建立或打开需要进行点位加工的零件模型，然后进入加工环境指定点位加工方案，这一点与上述章节介绍的铣削方式完全相同。

进入点位加工模板同样有两种方法：一种是在进入加工环境时，选择【加工环境】对话框中的 drill（钻孔模板）选项；另一种是选择其他模板选项进入加工环境，只需在【创建工序】对话框中选择 drill（钻孔）类型，同样可进行点位加工方案的制订。

在【主页】工具栏中单击【创建工序】按钮，打开【创建工序】对话框，然后在该对话框的【类型】下拉列表框中选择 drill 选项，将显示如图 4-3 所示的对话框效果。

在该对话框的【工序子类型】面板中提供了所有点位加工子操作的类型，共有 14 个创建几何体的类型，如表 4-2 所示。

图 4-3　【创建工序】对话框

表 4-2　点位加工的子类型

图标	子类型	子类型说明	应用要求	应用示例
	孔加工	铣削别的轮廓曲面上圆形、平整面的点到点钻孔工序。 建议用于创建面以安置螺栓头或垫圈，或者对配对部件进行平齐安装	选择曲线、边或点以定义孔顶面。选择面、平面，或指定 ZC 值来定义顶部曲面。选择“用圆弧的轴”沿不平行的中心线切削	
	定心钻	准备钻孔工序时切削到指定刀尖或刀肩深度的点到点钻孔工序。 这是原有工序，其大部分功能现在可在手工钻孔中找到，请尽可能使用“钻孔”中的“定心钻” 工序	选择曲线、边或点以定义孔顶面。选择面、平面，或指定 ZC 值来定义顶部曲面。选择“用圆弧的轴”沿不平行的中心线切削	
	钻孔	执行送入至深度并在盲孔和通孔上快速退刀的基础点到点钻孔。 这是原有工序，其大部分功能现在可在手工钻孔中找到，请尽可能使用“钻孔”中的“钻孔” 工序	选择曲线、边或点以定义孔顶面。选择面、平面，或指定 ZC 值来定义顶部曲面。选择“用圆弧的轴”沿不平行的中心线切削	
	啄钻	送入增量深度以进行断屑后从孔完全退刀的点到点钻孔工序。建议用于钻深孔	几何需求和刀轴规范与基础钻孔的相同	
	断屑钻	送入增量深度以进行断屑后轻微退刀的点到点钻孔工序。 建议用于钻深孔	几何需求和刀轴规范与基础钻孔的相同	

续表

图标	子类型	子类型说明	应用要求	应用示例
	镗钻	执行镗孔循环的点到点钻孔工序，镗孔循环根据编程进刀设置送入至深度，然后从空退刀。 建议用于扩大已预钻的孔	几何需求和刀轴规范与基础钻孔的相同	
	铰	使用铰刀持续对部件进行进刀退刀的点到点钻孔工序	增加预钻孔大小和精加工的准确度	
	沉头孔加工	切削平整面以扩大现有孔顶部的点到点钻孔工序。 建议创建面以安置螺栓头或垫圈，或者对配对部件进行平齐安装	几何需求和刀轴规范与基础钻孔的相同	
	钻埋头空	切削圆锥面以扩大现有孔顶部的点到点钻孔工序。 这是原有工序，其大部分功能现在可在手工钻孔中找到，请尽可能使用“钻孔”中的“埋头钻孔” 工序	几何需求和刀轴规范与基础钻孔的相同	
	攻丝	执行攻丝循环的点到点钻孔工序，攻丝循环会在盲孔和通孔上送入，反转主轴，然后送出。 这是原有工序，其大部分功能现在可在手工钻孔中找到，请尽可能使用“钻孔”中的“攻丝” 工序	几何需求和刀轴规范与基础钻孔的相同	
	铣削控制	仅包含机床控制用户定义事件。 建议用于加工功能，如开关冷却液以及显示操作员信息	生成后处理命令并直接将信息提供给后处理器	
	用户定义的铣削	需要定制NX OPEN程序以生成刀路的特殊工序		
	螺纹铣	加工孔或凸台的螺纹。 建议在对太大而无法攻丝或冲模的螺纹进行切削时使用	螺纹参数和几何体信息可以从几何体、螺纹特征或刀具派生，也可以明确指定。刀具的成形和螺距必须派匹配工序中指定的成形和螺纹。选择孔几何体或使用已识别的孔特征	

续表

图标	子类型	子类型说明	应用要求	应用示例
	铣削孔	使用螺旋式或螺旋切削模式来加工盲孔和通孔或凸台。 建议在对太大而无法钻孔的凸台或孔进行加工时使用	选择孔几何体或使用已识别的孔特征。处理中特征的体积确定了解要移除的材料	

4.3　点位加工几何体设置

在创建点位加工操作之前，应先创建加工操作所需的程序、刀具、几何体和加工方法父节点组。其中程序、刀具和加工方法与第 1 章对应的设置方法完全相同，而孔几何体的指定则与以上章节铣削加工方式不同，因此本节仅介绍孔几何体的指定方法。

孔加工和平面铣相比，几何体的设置比较简单，主要是选择要加工的孔和底面。在【创建工序】对话框中选择点位加工模板类型，并在【位置】面板中指定对应的位置参数后，将打开对应的定位加工对话框，在该对话框中即可指定对应的几何体。

选择不同的点位加工类型，对应指定的几何体类型也不尽相同。以指定【啄钻】点位加工类型为例，在【创建工序】对话框的【操作子类型】面板中单击【啄钻】按钮，然后在打开的【啄钻】对话框的【几何体】面板中指定各几何体，如图 4-4 所示。

在该面板中一共有 4 项，即几何体、指定孔、指定顶面和指定底面。可单击对应的按钮，进行该几何体的选择和编辑操作，具体设置方法将在后续章节中详细讲解，这里不再赘述。

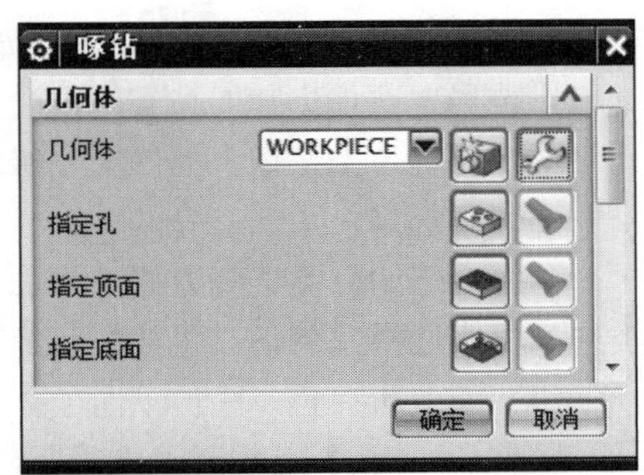

图 4-4　【啄钻】对话框之【几何体】

4.3.1　指定孔

指定孔的作用是选择孔、移除孔以及优化加工路径等。指定孔几何体主要通过单击对应对话框中的【选择或编辑孔几何体】按钮，为孔操作个别定义。单击该按钮，将打开【点到点几何体】对话框，如图 4-5 所示。

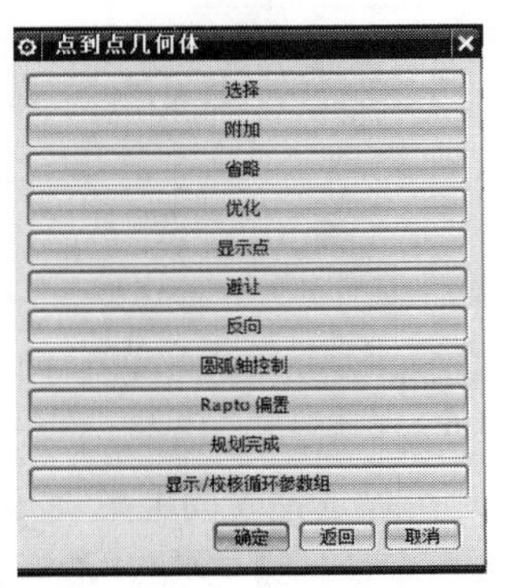

图 4-5　【点到点几何体】对话框

在该对话框中一共有 11 项指定孔的类型，包含了关于每个点位加工子模块中几何体选项的说明，可以使用这些选项来选择和操作点并创建刀轨。常用选项的具体定义方法如下：

1. 选择

【选择】选项用于选择图形区中的圆柱孔、圆弧中心和点作为加工位置（几何体对象可以是一般点、圆弧、圆、椭圆、孔）。在【点到点几何体】对话框中选择【选择】选项，将打开如图 4-6 所示的对话框。

可以通过该对话框来选择加工位置。选择加工位置有多种方法，既可以在图形区中直接用鼠标选择，也可以在图 4-6 所示的【名称】文本框中输入对象名称选择已命名的对象。下面介绍一些常用的选择方法。

（1）Cycle 参数组-1

在进行加工位置选择时，先根据需要改变循环参数组，再定义加工位置。完成点的位置指定时，也可以根据需要改变循环参数组，再继续定义加工位置。完成加工位置的定义后，单击【确定】按钮返回上一对话框。在图形区中显示已定义的加工位置，并且在各加工位置的旁边显示选择序号，该序号为加工顺序号。

（2）一般点

【一般点】选项是用点构造器指定加工位置。选择【一般点】选项，将打开【点构造器】对话框，可指定点作为加工位置。产生一个点后，在图形区中显示“*”标记，表示该点的位置。此时单击【确定】按钮，返回上一级对话框。

（3）类选择

利用合适的分类选择方式选择加工点位。选择【类选择】选项，即可在打开的对话框中使用类选择器来选择几何体，主要在已经有存在点时使用。

（4）面上所有孔

【面上所有孔】选项通过选择零件表面上的孔指定加工位置。选择【面上所有孔】选项，并在打开对话框后选取平面，则在该平面上所有的孔将被选取，并对所选的孔按照大小进行指定排序，如图 4-7 所示。

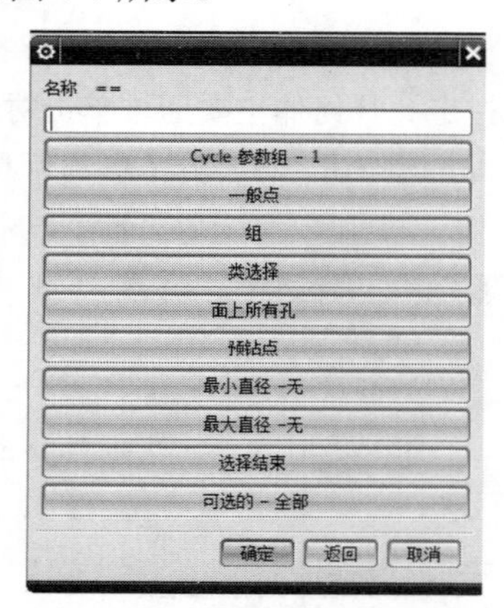

图 4-6 【选择】对话框

图 4-7 选择面上所有孔

如有必要还可以选择表面上某直径范围内的孔，可先单击图 4-8 所示对话框中的【最小直径-无】或【最大直径-无】按钮，然后在打开的对话框的【直径】文本框中输入限制值，则所选表面上直径在指定范围内的孔被指定为加工位置。

注　意

在使用【面上所有孔】方式定义孔时，【最大直径】和【最小直径】值仅用于建立选择标准，并不是改变循环参数。

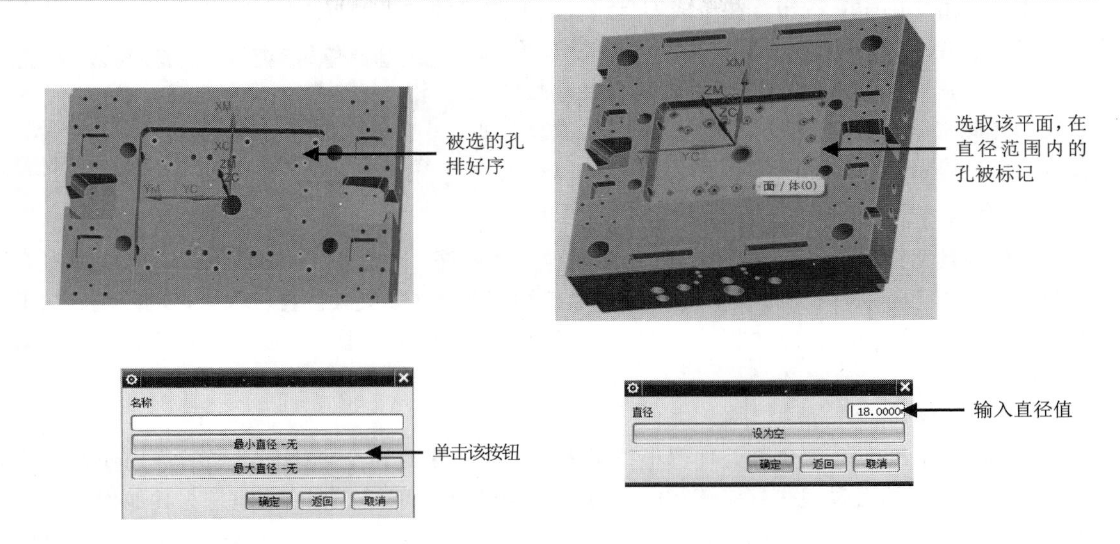

图 4-8　选择面上在直径范围内的孔

（5）预钻点

【预钻点】选项指定在平面铣或型腔铣操作中产生的预钻进刀点作为加工位置点。这些进刀点保存在一个文件中。在预钻进刀点位于钻孔后，在随后的铣削加工中，刀具可沿刀轴方向运动到预钻进刀点，而不会切除材料。

当选择预钻点并单击【确定】按钮接收这些点后，系统将调用保存在临时文件中的预钻点并显示在零件上。生成刀具路径后，系统将删除临时文件中的预钻进刀点，以便后续铣削加工保存新的一组点。如果不存在预钻进刀，选择该选项后，系统将提示“该进程中无点”信息。

（6）选择结束

【选择结束】选项用于结束加工位置的选择，返回上一级对话框，也就是说该选项与单击【确定】按钮效果一样。

（7）可选的-全部

当用组、类选择选项选择对象，可用鼠标选择单个对象时，该选项用于控制所选对象的类型。选择该选项，打开图 4-9 所示的对话框，可用其中的选项控制选择对象的类型。当指定某一类型后，只能选择该类型图素作为加工位置。

图 4-9　【可选的-全部】对话框

2．附加

【附加】选项可以将新的点附加到先前选定的一组点中。可继续选择加工位置，所选择的加工位置将添加到先前选择的组中。其操作过程与选择加工位置的操作过程完全相同。

如果选择【附加】选项，但不存在先前选定的点，则系统将显示“没有选择添加的点，选新点”提示信息，如图 4-10 所示。

3．省略

【省略】选项可以忽略先前选定的点。生成刀轨时，系统将不考虑在省略选项中选定的点。此时鼠标变为“-¦-”形状。用鼠标选择加工位置，在选择的加工位置上添加圆圈进行标识，选择完成后单击【确定】按钮。在生成刀具路径时，忽略的加工位置不生成刀具路径。

忽略点并不是删除点，指定忽略点后接着选择【显示点】选项，可以在图形区中显示忽略的点。此外，如果选择此选项时没有指定点，系统将显示“没有要省略的点”提示信息，如图 4-11 所示。

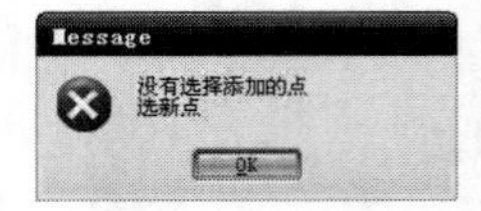

图 4-10　提示信息

图 4-11　提示信息

4．优化

优化刀具路径，也就是重新编排所有加工位置的顺序。通过优化可得到最短的刀具路径，这对变轴点位加工特别有利。但是，由于其他加工约束条件（如夹具位置、机床移动限制、加工台大小等），还可将刀具路径限制在水平或垂直区域内。选择该选项共有以下 4 种优化点到点刀轨的方法。

（1）Shortest Path（最短刀轨）

【Shortest Path】选项允许处理器根据最短加工时间来对转至点排序。通常被用作首选的方法，尤其是当点的数量很大（多于 30 个点）且需要使用可变刀轴时。但是与其他优化方法相比，最短刀轨方法需要更多的处理时间。选择此选项，然后在打开的对话框中可以选择优化的级别，包括标准和高级。处理器将决定是否需要用到可变刀轴，如果需要，用户则可以选择基于先刀轴后距离方法或仅距离方法进行优化。

设置好所有参数，单击【优化】按钮即可进行优化。优化完毕后，刀路总长度和刀具轴的总的角度变化将显示在屏幕上，可以“接受”或“拒绝”优化结果。在确定最短刀轨时，高级方式所需的处理时间要比标准方法长得多，但这种方法可以提高加工的效率，对比如图 4-12 所示。

图 4-12　比较刀轨长度

（2）Horizontal Bands（水平带）

【Horizontal Bands】选项可以定义一系列水平带，以包含和引导刀具沿平行于工作坐标 XC 轴的方向往复运动。每个条带由一对水平直线定义，系统按照定义顺序来对这些条带进行排序。有两种定义水平带的方法，无论哪一种方法都首先需要指定多个水平带。

① 升序。选择此选项，系统将按照从最小 XC 值到最大 XC 值的顺序对第一个条带中和随后的所有奇数编号的条带中的点进行排序，在第二和所有后续偶数带中的点按照从最大 XC 值到最小 XC 值的顺序排序。

② 降序。如果选择此选项，系统对奇数带中的点按照从最大 XC 值到最小 XC 值的顺序排序，对偶数带中的点按从最小 XC 值到最大 XC 值的顺序排序。

（3）Vertical Bands（垂直带）

垂直路径优化与通过水平路径优化类似，区别只是条带与工作坐标 YC 轴平行，且每个条带中的点根据 YC 坐标进行排序。

（4）Repaint Points –是（重新绘制点）

【Repaint Points –是】选项允许用户控制每次优化后所有选定点的重新控制。重新绘制点在

“是”和“否”之间切换。重新绘制点设置为“是”时，系统将重新显示各点的序号。

注　意

使用优化功能后，先前指定的避让几何将失效。因此，应在使用优化功能后使用避让选项来指定避让几何。

5. 显示点

【显示点】选项允许用户在使用包含、省略、避让或优化选项后校核刀轨点的选择情况。选择此选项将使系统显示这些点的新顺序，不显示省略的点。

6. 避让

【避让】选项用于指定可越过零件中夹具或阻碍的刀具间隙。必须定义起点、终点和避让距离。距离表示零件表面和刀尖之间的距离，该距离必须足够大，以便刀具足以越过起点和终点之间的阻碍。

此选项包括 3 个要素需要定义：“起点”“终点”和“退刀安全距离”。当孔与孔之间没有明显的阻碍特征，可以不设置避让；当孔与孔之间有阻碍特征时，就必须设置避让，否则将断刀，如图 4-13 所示。

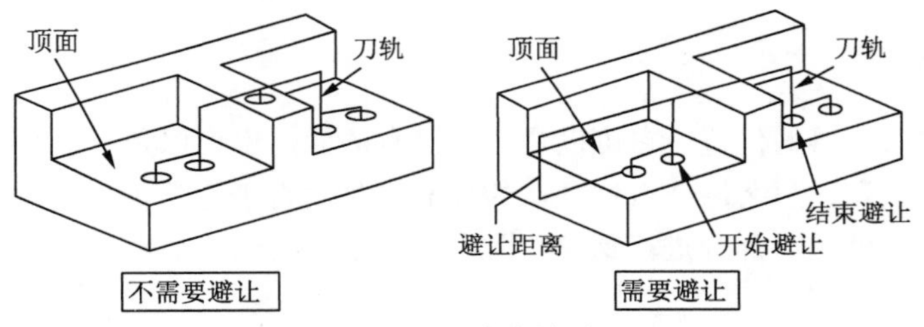

图 4-13　避让效果

注　意

在点位加工中，刀具路径是进行直线跨越，很容易产生过切。如果两个加工位置中间有高于加工位置的零件或家具，则必须要指定避让几何。

7. 反向

【反向】选项将颠倒先前选定的加工位置点的顺序。可以使用此功能在相同的组点上执行具有连续性的操作（如钻孔和攻螺纹），该过程可以在第一个操作结束的位置处启动第二个操作。选择【反向】选项，并在返回的对话框中单击【确定】按钮确认操作，系统将对先前排列的孔序号进行反方向排列。

注　意

在点位加工中已经执行【选择】和【避让】操作，再执行【反向】操作，自动形成避让关系，因此不需要重新定义避让几何。

8. 圆弧轴控制

【圆弧轴控制】选项用于显示或反向之前选定的圆弧和片体孔的轴。使用此选项可确保圆弧轴和孔轴的方向正确，这些轴将作为刀具轴来使用。选择【圆弧轴控制】选项，在随后打开的对话框中选择【显示】选项，可在打开的对话框中选择【单个】选项，使用光标选择单个圆弧或孔来显示轴的矢量方向；也可以选择【全体】选项，全部显示圆弧或孔的轴的矢量方向；此外，如果选择【反向】选项，可以反向选取单个圆弧、孔或全体圆弧，以及孔的轴矢量方向。

9. Rapto 偏置

【Rapto 偏置】选项用于刀具快速运动时的偏置距离。

10. 规划完成

完成所有参数设置后选择【规划完成】选项，返回到点位加工操作对话框。此选项的功能与单击【确定】按钮效果完全一样。

11. 显示/校核循环参数组

如果存在激活的循环，则可使用此功能来显示和检验循环中参数的正确性。选择该选项，选择【显示】选项，可在打开的对话框中选择其中一组循环，在图形区中显示该循环组中的加工位置点。该选项可以显示与每个参数集相关的点，以及校核（列出值）任何可用“参数集”的循环参数，如图 4-14 所示。

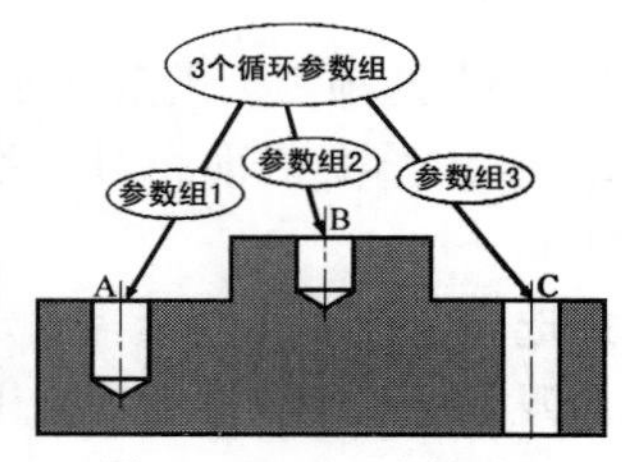

图 4-14 显示循环组

4.3.2 指定顶面

顶面是刀具进入材料的位置。它可以是一个已有的面，也可以是一般平面。如果没有定义部件表面或已将其取消，那么每个点处默认的顶面将是垂直于刀具轴且通过该点的平面。顶面将作为点位加工几何体的一部分进行保存，操作管理器中的重新初始化功能不能对其部件表面进行修改。

在【几何体】选项区中单击【指定顶面】按钮，打开图 4-15 所示的【顶部曲面】对话框，通过该对话框来指定点位加工的起始位置。

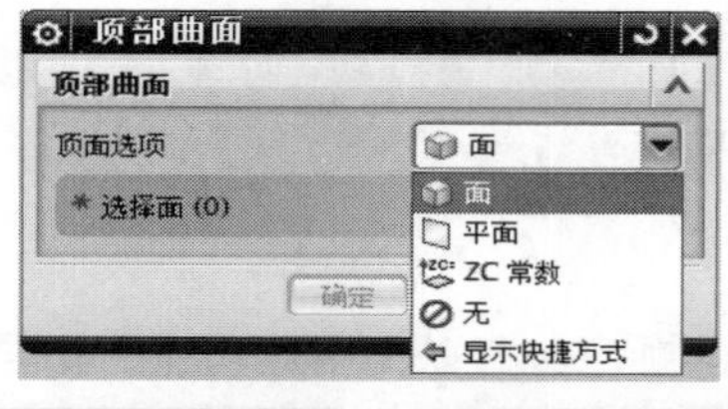

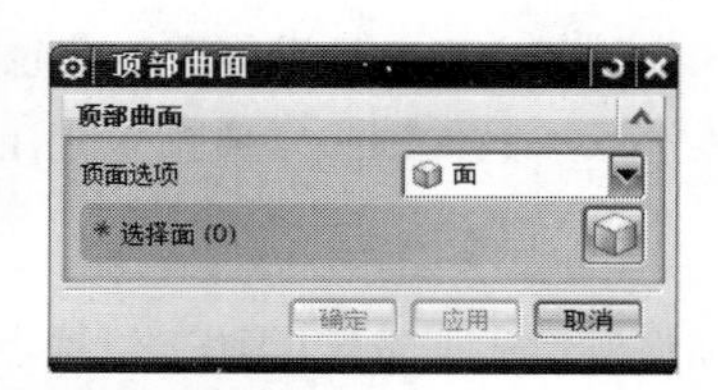

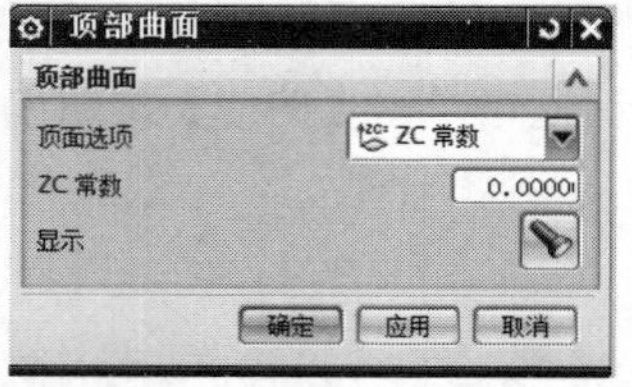

图 4-15 【顶部曲面】对话框

顶面有 4 种定义方法。

1. 面

选择【面】选项后，可以直接在图形区域中选择实体面来指定为加工起始位置，如图 4-16 所示。

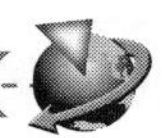

注　意

当使用一个平面来定义顶面时，操作将保持与该平面的关联性。如果该面被删除，则顶面将变为未定义状态。如果尝试编辑该操作，则系统将显示“零件表面已删除”提示信息。在重新生成刀轨前必须重新指定顶面。

2．平面

使用平面构造器来指定平面作为点位加工的起始位置顶面。选择该选项，打开图 4-17 所示的【平面】对话框，通过平面构造器构造一个平面。具体设置方法与建模环境中指定平面的方法完全相同，这里不再赘述。

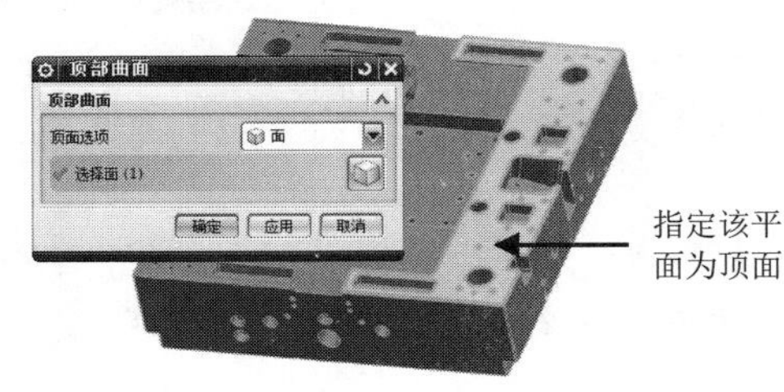

图 4-16　面方法选取顶面

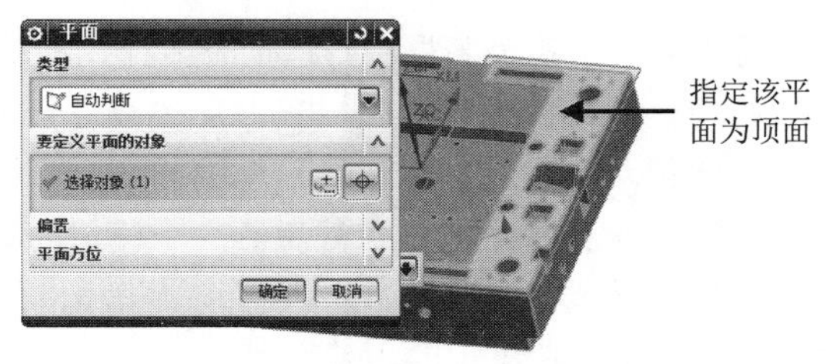

图 4-17　平面方法选取顶面

3．ZC 常数

使用主平面（工件坐标系平面）方式定义零件表面。选择该选项，下方的【ZC 平面】文本框变为可用状态，可在其中输入参数值，指定平行于主平面，且距离主平面指定距离的平面作为顶面。

4．无

不使用顶面，也就是选择点时不指定其高度位置，而是选择点所在高度位置作为加工起始位置，也可以使用此选项来删除前面指定的顶面。

4.3.3　指定底面

底面允许用户定义刀轨的切削下限，底面可以是一个已有的面，也可以是一个一般平面。指定部件底面和表面的方法完全相同，即单击【指定底面】按钮，将打开【底面】对话框，在该对话框中可按照指定顶面的方法指定底面，如图 4-18 所示。

可以使用【深度偏置】选项来指定相对于“底面”的“通孔”间隙距离。在加工通孔时，可以使用【深度偏置】选项来指定相对于底面的通孔间隙距离。此外，如果指定的点没有投影到底面上，则点无效，如图 4-19 所示。

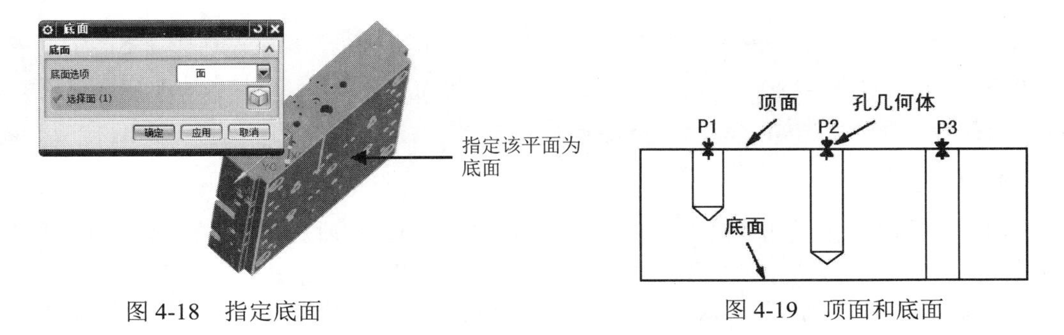

图 4-18　指定底面

图 4-19　顶面和底面

4.4 循环类型

在点位加工中，为满足不同类型孔的加工需要，可采用不同的加工方式，如普通钻孔、啄钻、深孔加工等。这些加工方式有的属于连续加工，有的属于断续加工。为了满足这些要求，UG NX 在点位加工中提供了多种循环类型来控制刀具切削运动的过程，以切削不同类型的孔。

4.4.1 循环类型选择方法

循环选择以标准钻为例，打开【啄钻】对话框后，在【循环类型】面板中展开【循环】下拉列表框，将显示 14 种循环类型，如图 4-20 所示。在该下拉列表框中允许激活或取消点位循环操作中的任何一个操作。

图 4-20 循环类型

在【循环】下拉列表框中，包括有多种孔加工循环类型，主要为钻、文本、镗等，不同的循环类型，其循环参数也会不同。其含义如下。

（1）无循环：取消任何已经活动的循环。

（2）啄钻：在每个选定点处激活一个模拟的啄钻。

（3）标准文本：根据指定的 APT 命令语句副词和参数激活一个带有定位运动的 CYCLE 语句。

（4）标准钻：在每个选定点处激活一个标准钻循环。

（5）标准镗，快退：在每个选定点处激活一个带有非旋转主轴退刀的标准镗循环。

4.4.2 无循环和啄钻

1．无循环

无循环将取消任何已经活动的循环。在【孔加工】对话框的【循环】下拉列表框中选择【无循环】选项卡，以便系统立即返回【点到点几何体】对话框。在点位加工过程中，如果没有活动的循环时，则指令系统生成一个刀轨，系统将生成以下序列的运动。

（1）以进刀进给率将刀具移动到第一个操作安全点处。

（2）以切削进给率沿刀轴将刀具移动至允许刀肩越过“底面”（如果有一个处于活动状态）的点处。

（3）以退刀进给率将刀具退至操作安全点处。

（4）以快速进给率将刀具移至每一个后续操作安全点处。如果底面不处于活动状态，则刀具将以切削进给率送到每一个后续操作安全点处。

注 意

当使用无循环时，通孔安全距离和盲孔余量字段不可用，因为使用无循环选项不能定义通孔/盲孔的状态。但是可以使用啄钻或断屑循环选项，将深度设置为穿过底面、至底面或模型深度，将增量参数设置为无，这样也可获得所需的结果。

2．啄钻

啄钻不是一种新的刀具或者钻头，而是一种钻孔加工方式。一般是加工深的、难加工孔的时候常采用的方法。钻头每钻一定深度就退后一点或者完全退出孔，以强制断屑或者方便排屑。一般来说，如果孔的材料属于很难断屑的材料，孔又比较深，如果钻头有内冷，采用数控机床加工

的时候，则程序编制上可以采取每钻深比如 1～5mm 就退 0.2mm 的步进进给方式，这样强制断屑并由内冷将铁屑冲出，这样的加工方式由于退刀很少，只有 0.2mm，在实际加工中几乎感觉不到退刀动作，加工出的孔的精度和光度都能得到保证。在 UG NX 10.0 点位加工循环设置时，啄钻是在每个选定的 CL 点处创建一个模拟的啄钻循环。啄钻循环包含一系列以递增的中间增量钻入并退出孔的钻孔运动。系统使用 GO TO/命令语句来描述和生成所需的刀具运动。

在【钻】对话框的【循环】下拉列表框中选择【啄钻】选项，此时将打开如图 4-21 所示的【距离】对话框，在该对话框中必须输入一个非零的值，来定义连续啄钻增量间的安全距离。在对话框中输入步进安全距离后，单击【确定】按钮，并在打开的对话框中指定循环参数组的个数，单击【确定】按钮打开如图 4-22 所示的对话框，要求设置循环参数组的参数。各参数设置将在 4.4.6 节集中讲解，这里不再赘述。

图 4-21 【距离】对话框

图 4-22 【Cycle 参数】对话框

注 意

在【距离】对话框中，系统允许接收负的距离值。但是负距离值将导致系统创建一个 GO TO/刀具运动，使刀具以进刀进给率钻至深度之下的一点处，这样可能会损坏刀具或部件。

4.4.3 断屑、标准文本、标准钻

1. 断屑

【断屑】选项可在每个选定的点处生成一个模拟的断屑钻孔循环。断屑钻孔循环与啄钻循环基本相同，但有以下区别：完成每次的增量钻孔深度后，系统并不使刀具从钻孔中完全退出，然后返回至距上一深度一定距离的位置处，而是生成一个退刀运动，使刀具退到距当前深度之上一定距离的点处。

在【循环】下拉列表框中选择【断屑】选项，将打开【距离】对话框，此时必须输入一个非零的值，才能定义连续钻孔增量间的安全距离，即使不需要中间增量也必须输入该距离值。在设置安全距离后，即可设置循环参数，其参数项与啄钻循环方式相同，可按照相同的方法设置循环参数。

注 意

在断屑循环设置过程中，系统同样接收负的距离值，但是负距离值可能会损坏刀具或部件。

2. 标准文本

标准文本（处于活动状态时）将根据用户输入的 APT 命令语句副词和参数创建一个带有定位运动的 CYCLE/语句。CYCLE/语句只在斜线之后输入那些确定要输出的副词或参数。谨慎使用此选项，并且只有当没有应用任何其他标准循环选项时才可使用。

对于循环文本，可以输入一个由 1～20 个数字或字母字符组成的字符串 CYCLE/string，parameters（不含空格）。其中，string 表示标准 APT 专用词汇与数字的组合，而 parameters

（参数）表示相应的支持加工参数。字符串中必须包含一系列由逗号分隔有效的标准，APT专用词汇和数字，并且该字符串必须对目标后处理器有效。如果有任意一个条件不满足，那么在生成CL文件或进行后处理时将发生错误。对于所包含字符少于20个的字符串，系统将在遇到最左侧的空格字符时终止该字符串。如果第一个字符为空格，则系统将显示消息“第一个字符不能为空格”。

在对话框中输入标准文本后，单击【确定】按钮，并在打开的对话框中指定循环参数组的个数，单击【确定】按钮，打开【Cycle 参数】对话框，设置循环参数组的参数。在该对话框中各选项的含义将在4.4.6节集中讲解。

3．标准钻

标准钻是在每个选定点处激活一个【标准钻】循环。该循环过程是：刀具首先以快进速度移动刀到点位上方，然后以循环进给速度钻削到要求的孔深，最后以快速退回安全点。接着刀具快速移动到新的点位上，进入一个新的循环。

在【循环】下拉列表框中选择【标准钻】选项，并在打开的【指定参数组】对话框中指定循环参数组的个数，单击【确定】按钮，打开【Cycle 参数】对话框，设置循环参数组的参数。

在定义循环参数后，还可单击【编辑参数】按钮，对之前设置的循环参数进行必要的编辑和修改。

注　意

【标准】循环是钻孔最常用的循环，但不适用于加工深孔及有一定深度的韧性材料的孔，在FANUC系统中对应的G代码是G81。

4.4.4　标准钻：埋头孔、深孔、断屑、标准攻丝

1．标准钻，埋头孔

沉孔是指为安装沉头螺栓而加工的沉头孔，螺柱上紧后与面板是平的；也可以解释为一个通孔加上一个盲孔，两孔中心在一条直线上，盲孔直径比通孔大。标准沉孔钻是在每个选定的CL点处激活一个标准埋头孔循环。该循环基本动作与“标准钻”循环相同，唯一的不同在于钻削深度由埋头孔径控制，即在循环参数设定时与“标准钻”循环不同，其第一个设定参数是“入口直径”。

在【循环】下拉列表框中选择【标准钻，埋头孔】选项，并在打开的【指定参数组】对话框中输入循环参数组个数，打开【Cycle 参数】对话框，在该对话框中增加了【入口直径】选项，该选项是“埋头孔”循环类型所特有的，如图4-23所示，具体设置方法在4.4.6节中详细说明。

2．标准钻，深孔

使用【标准钻，深孔】循环类型可在每个选定点处激活一个标准深钻孔循环。该循环与“标准钻”循环的不同之处在于：钻削时刀具采用间隙进给，即刀具钻削到指定的深度增量后退出孔外排屑，接着再向下钻削指定深度增量，再退刀排屑，如此反复，直至孔底。

在【循环】下拉列表框中选择【标准钻，深孔】选项，并在打开的【指定参数组】对话框中输入循环参数组个数，打开【Cycle 参数】对话框，该对话框中的选项比“标准钻”循环参数多出了【Step 值】选项，如图4-24所示。

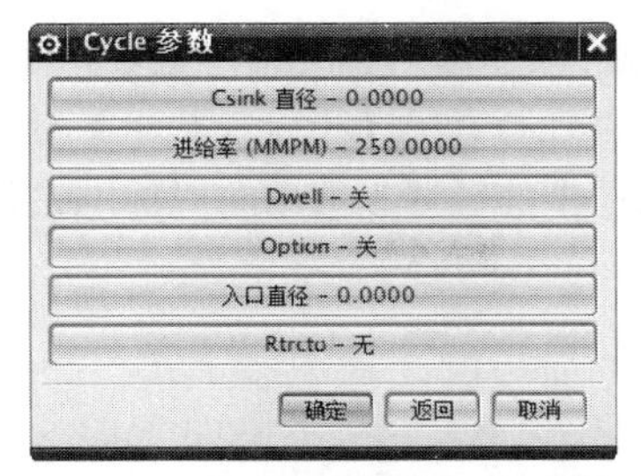

图 4-23　【Cycle 参数】对话框 1

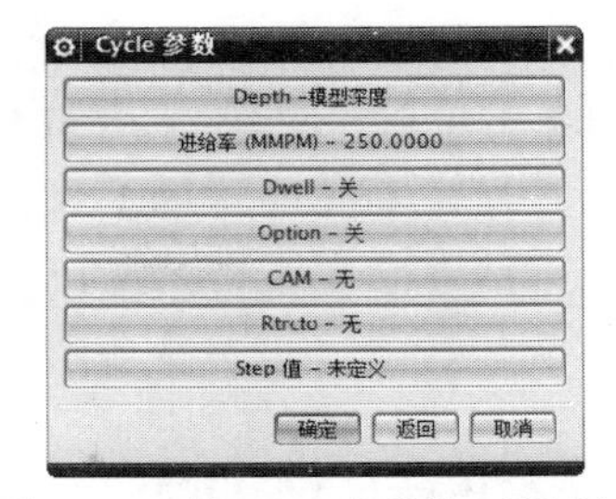

图 4-24　【Cycle 参数】对话框 2

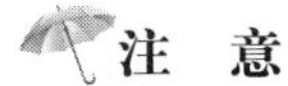
注　意

【标准钻，深孔】循环用于深孔钻削，这就是数控编程中的排屑钻，在 FANUC 系统中对应的 G 代码是 G83。产生的刀轨移动过程与【啄钻】循环类型的刀轨相似，所不同的是【标准钻，深孔】循环类型使用 CYCLE 命令而不是 GO TO 命令来描述刀轨。

3. 标准钻，断屑

在每个选定点处激活一个标准“断屑”钻孔循环。该循环与“标准钻，深孔”循环的不同之处在于：刀具钻削到指定的深度增量后，并不是退出孔外排屑，而是退出至一个较小的距离，起到断屑作用。

在【循环】下拉列表框中选择【标准钻，断屑】选项，并在打开的【指定参数组】对话框中输入循环参数组个数，打开【Cycle 参数】对话框，设置循环类型参数项。

注　意

【标准钻，断屑】循环用于韧性材料的钻孔加工，这就是数控编程中的断屑钻，在 FANUG 系统中对应的 G 代码是 G73。

4. 标准攻丝

标准攻丝就是使用丝锥对现有孔加工螺纹，从而获得螺纹孔。其中丝锥有一组螺旋形的切削边，这些边可以在刀具进入孔时切削出螺纹。要想从孔中取出，此刀具必须反向。攻丝主要用于形成特定的螺纹尺寸和形状；螺旋滚压攻丝在刀轴周围有一道连续的旋脊，当刀具进入孔时，它会将螺纹印入孔的内侧。螺纹滚压并不切削金属，它只是将金属变成螺纹形状。螺纹滚压攻丝不生成断屑。

使用【标准攻丝】循环类型可在每一个选定点处激活一个标准刻螺旋循环。该循环与“标准钻”循环不同在于：在孔底主轴停，退刀时主轴旋转。以切削速度退回。

在【循环】下拉列表框中选择【标准攻丝】选项，并在打开的【指定参数组】对话框中输入参数组名称，打开【Cycle 参数】对话框，如图 4-24 所示。该对话框中的循环参数项与“标准钻”循环完全相同。可参照标准钻进行该循环参数的设置。

4.4.5　标准镗、快退、横向偏置后快退、标准背镗、手工退刀

镗孔是对锻出、铸出或钻出孔的进一步加工，镗孔可扩大孔径，提高精度，减小表面粗糙度，还可以较好地纠正原来孔轴线的偏斜。镗孔可以分为粗镗、半精镗和精镗。精镗孔的尺寸精度可达 IT8～IT7，表面粗糙度 Ra 值可达 1.6～0.8μm。

使用【标准镗】循环类型可在每个选定点处激活一个标准镗孔循环。该循环与“标准钻”循

环不同在于：退刀时是以切削进给速度退回。其他循环动作与“标准钻”循环相同。

在【循环】下拉列表框中选择【标准镗】选项，并在打开的【指定参数组】对话框中输入循环参数组个数，打开【Cycle 参数】对话框，该对话框中的循环参数项与“标准钻”循环完全相同，可参照标准钻进行该循环参数的设置。

注　意

【标准镗】循环用于孔的粗镗加工，常用双刃镗刀加工。在 FANUC 系统中对应的 G 代码是 G85。

1．标准镗，快退

使用【标准镗，快退】循环类型，可在每个选定点处激活一个带有非旋转主轴退刀的标准镗孔循环。该循环与“标准镗”循环相比，区别在于：在孔底主轴停止，刀具以快速进给速度退回。其他循环动作与“标准镗”循环相同。

在【循环】下拉列表框中选择【标准镗，快退】选项，并在打开的【指定参数组】对话框中输入循环参数组名称，打开【Cycle 参数】对话框，该对话框中的循环参数项与“标准钻”循环完全相同，可参照标准钻进行该循环参数设置。

注　意

【标准镗，快退】该循环同样用于孔的粗镗加工，常用双刃镗刀加工。所不同的是，其在 FUNUC 系统中对应的 G 代码是 G86。

2．横向偏置后快退

使用【横向偏置后快退】循环类型，可在每个选定点处激活一个带有主轴停止和定向的标准镗孔循环。该循环与“标准镗”循环相比，区别在于：在孔底主轴准停后刀具有一横向让刀动作，退刀时主轴不转，返回安全点后刀具横向退回让刀值，主轴再次启动。其他循环动作与“标准镗”循环相同。

在【循环】下拉列表框中选择【标准镗，横向偏置后快退】选项，在对话框中可选择【指定】选项，在打开的对话框中输入横向偏置距离，系统将根据该距离设置横向偏置后快速退刀，以避免发生撞刀现象。

如果选择【无】选项，将与【标准镗，快退】循环类型参数设置完全相同，这里不再赘述。

注　意

由于有让刀动作，退刀时不会损伤已加工面，因此【标准镗，横向偏置后快退】循环用于孔的精镗加工，而且必须采用单刃镗刀加工。在 FANUC 系统中对应的 G 代码是 G76。

3．标准背镗

【标准背镗】循环类型也称为【标准镗，返回】循环类型，可在每个选定点处激活一个标准的返回镗孔循环。该循环与“标准镗”循环相比，区别在于：刀具到达指定点位后，主轴暂停、横向让刀，刀具快速进给到孔底，横向退回让刀值。然后主轴启动，向上切削加工指定 Z 轴坐标，接着主轴再次暂停，让刀返回安全平面，刀具退回让刀值。其他循环动作与“标准镗”相同。

在【循环】下拉列表框中选择【标准背镗】选项，同样打开图 4-25 所示的对话框，在该对

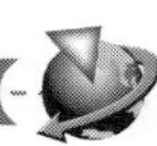

话框中可选择【指定】或【无】选项卡，其设置方法与【标准镗，横向偏置后快退】循环参数设置完全相同，这里不再赘述。

图 4-25　指定横向偏置距离

注　意

【标准背镗】循环在数控系统中称为“背镗”，也用于孔的精镗加工，但只能用于通孔的镗削加工，而且必须激活安全平面。在 FANUC 系统中对应的 G 代码为 G87。

4．手工退刀

使用【标准镗，手工退刀】循环方式，可在每个选定点处激活一个带有手工主轴退刀的标准镗。该循环与“标准镗”循环相比，区别在于：刀具加工到孔底，主轴停转，由操作者手动退刀。其他循环动作与“标准镗”循环相同。

在【循环】下拉列表框中选择【标准镗，手工退刀】选项，并在打开的【指定参数组】对话框中输入参数组名称，打开【Cycle 参数】对话框，该对话框中的循环参数项与“标准钻”循环基本相同，不必设置退刀距离参数（Rtrcto）。该循环类型在 FANUC 系统中对应的 G 代码是 G88。

4.4.6　循环类型参数设置

在【循环】下拉列表框中选择【标准钻】选项，弹出【指定参数组】对话框，如图 4-26 所示。该对话框可以创建新参数组，也可选择已有的参数组。单击【确定】按钮后，弹出【Cycle 参数】对话框，如图 4-27 所示。

1．模型深度

【模型深度】是指钻孔切削的深度，即部件表面到刀尖的距离。单击此选项按钮，弹出【Cycle 深度】对话框，如图 4-28 所示。

图 4-26　【指定参数组】对话框

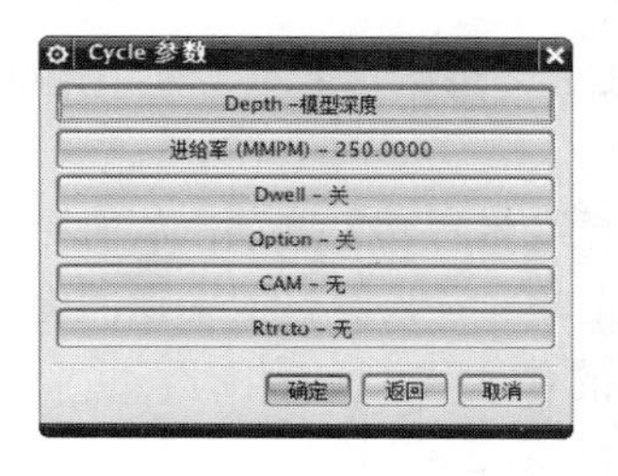

图 4-27　【Cycle 参数】对话框

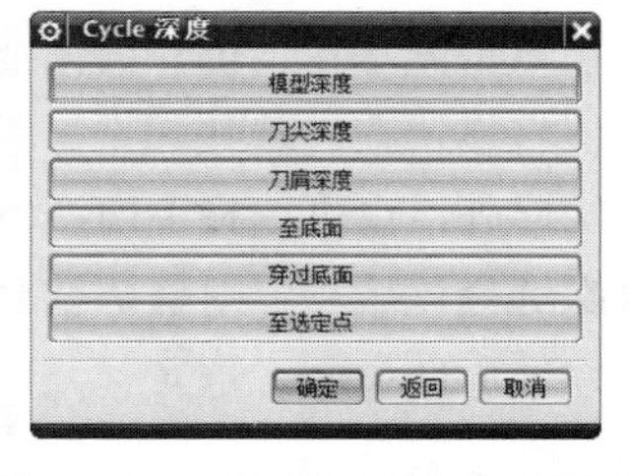

图 4-28　【Cycle 深度】对话框

（1）模型深度：如果孔轴与刀具轴相同，且刀具直径小于或等于孔直径，“模型深度”将自动计算实体中每个孔的深度。选择【模型深度】选项，将激活允许超大型刀具选项。该选项可以为实体建模孔指定一个超大型的刀具。它可以帮助用户完成某些特殊操作，如攻螺纹等。对于非实体孔（点、弧和片体上的孔等），模型深度将被计算为零。

（2）刀尖深度：“刀尖深度”指定了一个正值，该值为从部件表面沿刀具轴到刀尖的深度。单击此深度确定方法，打开【深度设置】对话框，可在该对话框的文本框中输入一个正数作为钻削深度。

（3）刀肩深度：“刀肩深度”指定了一个正值，该值为从部件表面沿刀具轴到刀具圆柱部分的底部（刀肩）的深度。单击此深度确定方法，打开【深度设置】对话框，可在该对话框的文本框中输入一个正值作为钻削深度。

（4）至底面：“至底面”是系统沿刀具轴计算的刀尖接触到底面所需的深度，该指定孔深度的方法主要用于加工通孔。

（5）穿过底面："穿过底面"是系统沿刀具轴计算的刀肩接触到底面所需的深度。如果希望刀肩通过底面，可以在定义底面时指定一个最小安全距离。

（6）至选定点："至选定点"是系统沿刀具轴计算从部件表面到钻孔点的 ZC 坐标间的深度，通常为保证孔更精确的加工精度，多设置该指定深度方式。

如果希望刀肩越过底面，可以在定义"底面"时指定一个"安全距离"。各刀具深度类型的示意图如图 4-29 所示。

注　意

> 在定义 Cycle 深度时，如果选择【至底面】或【穿过底面】选项确定钻削深度，则必须指定孔底面位置。

2．进给率

进给率是指设置刀具钻削时的进给速度，所有循环类型均需设置进给率。图 4-30 所示为设置进给率的原理图，在该图中虚线表示快速运动，而实线则代表按进给运动。

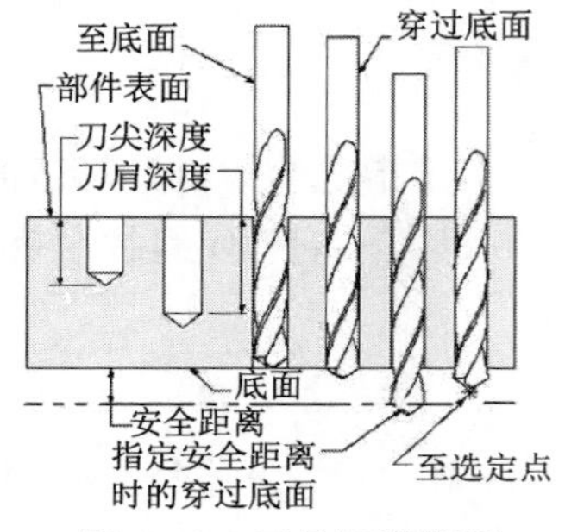

图 4-29　刀具深度类型

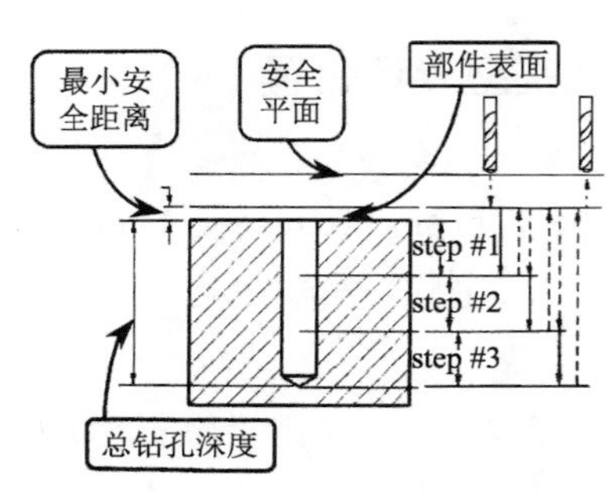

图 4-30　设置进给率原理图

单击此按钮，可在弹出的【Cycle 进给率】对话框中更改值，如图 4-31 所示。编辑后的进给率值将显示在功能按钮上。

此外，也可选择【切换单位至毫米每转】选项，从而更改进给率的单位为毫米每分钟；如果再次选择该选项，则将切换至之前单位。设置进给率返回上一级对话框，并在对话框的第二栏的进给率后面显示之前定义进给率的单位和大小。

注　意

> 从工艺考虑，深孔钻时必须至少设置第一个步进量；最多仅能设置 7 个步进量，超过 7 步后，其步进量的值均等于第 7 步的步进量；若第 *N* 个步进量为 0 时，则实际步进量为第 *N*−1 步的步进量，并且第 *N*+1 步以后的步进量均等于第 *N*−1 步的步进量。

3．停留时间（Dwell）

"Dwell（停留时间）"是在切削深度处刀具的延迟。单击此按钮，将弹出【Cycle Dwell】对话框，如图 4-32 所示。

（1）关：表示刀具送到指定深度后不发生停留，直接进行退刀。

（2）开：表示刀具送到指定深度后停留指定的时间，然后进行退刀运动，它仅用于各类标准循环。

（3）秒：输入以秒表示的停留时间。

（4）转：输入所需的停留时间值，以主轴转数为单位。

图 4-31　【Cycle 进给率】对话框

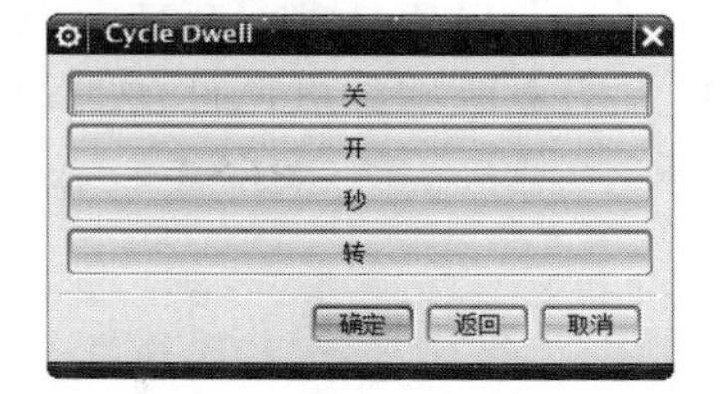

图 4-32　【Cycle Dwell】对话框

4. Option

选择 Option 选项将激活特定于使用机床的加工特征。该选项除了【啄钻】、【断屑】和【标准镗，手工退刀】3 种循环类型以外，适用于其他所有标准循环，其功能取决于后置处理。若单击此功能选项按钮，将激活一个指定循环的备用选项。如果“选项”为“开”，则程序将在 CYCLE 语句中包含单词 OPTION。

5. CAM

针对没有可编程 Z 轴的机床刀具深度，指定预设置的 CAM 停止位置时使用的一个数字。选择该选项，可在打开相应对话框的文本框中输入一个正数或零。如果输入一个正数，则产生一条包含该正数的 CYCLE 语句，在后处理时会生成相应的 NC 代码；如果输入零，则在 CYCLE 语句中没有 CAM 参数。除【啄钻】、【断屑】两种循环类型不设置该参数外，其他各标准循环类型都进行 CAM 设置。

6. Rtrcto

Rtrcto 表示从部件表面，沿刀轴测量到刀具送到指定深度后的退刀目标点之间的距离。单击【Rtrcto-无】功能按钮，则弹出退刀类型设置对话框，如图 4-33 所示。除【啄钻】、【断屑】和【标准镗，手工退刀】3 种循环类型不设置该参数，其他各标准循环类型都要设置退刀距离。

- 距离：以输入值来确定退刀位置。
- 自动：选择此类型，刀具将沿刀轴退至上一个位置，如图 4-34 所示。
- 设置为空：不设置退刀位置。

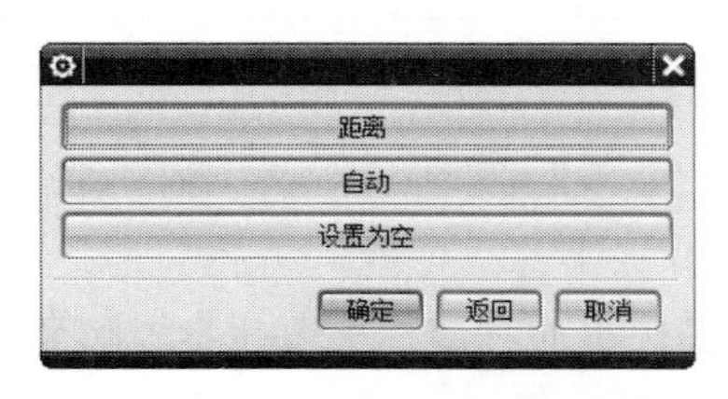

图 4-33　退刀类型设置对话框

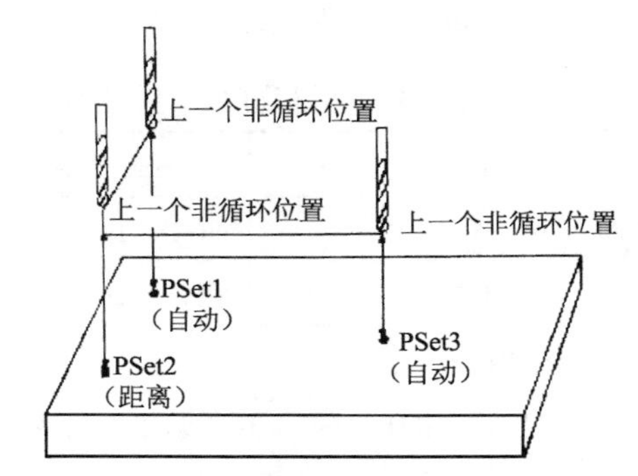

图 4-34　“自动”方法将刀具退至上一个非循环位置

7. Increments

对于每个没有达到最终深度的增量，系统将以退刀进给率将刀具从孔中完全退出，然后以进刀进给率将刀具移动至距上一深度之上指定距离的一点处。在该点处，刀具以切削进给率移动至下一增量深度处。即使不需要中间增量，也必须输入该距离。

选择该选项，将打开【增量】对话框。在该对话框中选择【空】选项将不设置增量值；选择【恒定】选项，即可在打开的对话框中设置增量值，这样系统将按照增量值进行退刀断屑；如果选择【可变的】选项，可在打开的对话框中输入多个增量值并对各增量值设置重复次数，如图 4-35 所示。

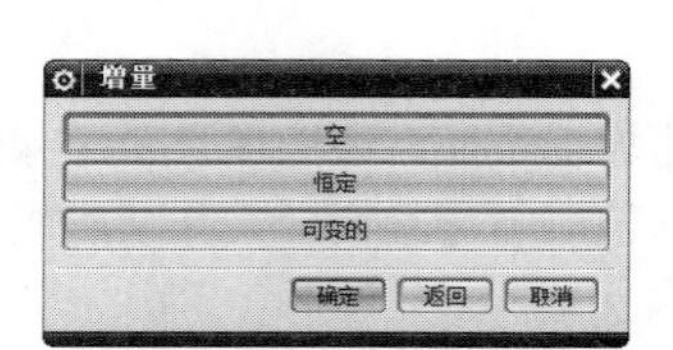

图 4-35 【增量】对话框

8．入口直径

在设置【标准钻，埋头孔】循环类型时，根据沉头孔结构特征，为一个通孔加上一个盲孔，两孔中心在一条直线上，盲孔直径比通孔大。这样需要在定义其他循环参数时同时设置入口直径，可通过埋头操作对其进行扩大。在【Cycle 参数】对话框中选择【入口直径】选项，即可在打开的对话框中输入直径参数值，然后设置其他参数值，系统将按照循环参数设置创建点位加工刀具轨迹。

9．Step 值

【Step 值】参数项位于【标准钻，深度】和【标准钻，断屑】两种循环类型中，该参数项用来设置步长参数。这是因为这两种循环类型加工较深的孔特征，需要按照一定的节奏进行深入加工，同时有利于断屑。选择【Step 值】选项，即可在打开的对话框中指定单个或多个 Step 值，如图 4-36 所示。系统将按照该参数值创建刀具轨迹。

图 4-36 定义 Step 值

4.4.7 实例——简单孔的加工

本实例主要是应用【钻孔】的加工类型对前面所讲解的内容进行练习。

	开始素材	Prt_start\chapter 4\4.4.7.prt
	结果素材	Prt _result\chapter 4\4.4.7.prt
	视频位置	Movie\chapter 4\4.4.7.avi

公共项目设置

步骤 01 启动 UG NX 10.0 软件，单击【打开文件】按钮，在弹出的对话框中选择本书配套资源文件 4.4.7.prt，单击【确定】按钮，打开该文件。

步骤 02 依次选择【文件】|【应用模块】|【加工】命令，进入加工环境，或者通过快捷键【Ctrl+Alt+M】快速进入加工环境。

步骤 03 在弹出的【加工环境】对话框中选择钻孔加工，单击【确定】按钮进入钻孔加工环境，如图 4-37 所示。

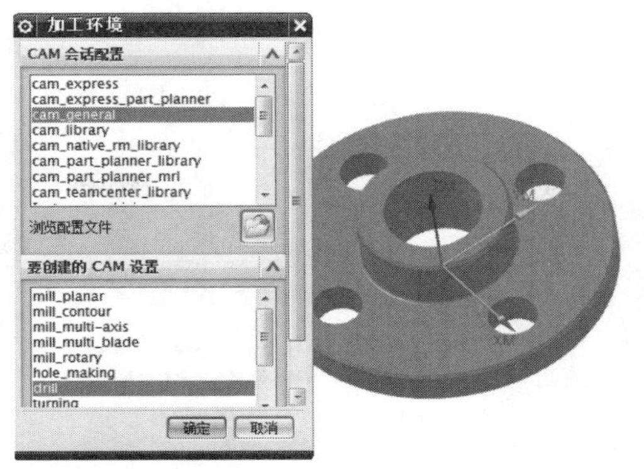

图 4-37　进入【加工环境】

步骤 04 将视图调至【几何视图】，双击工序导航器中的坐标系设置按钮，打开坐标系设置对话框。输入安全距离 10mm，并单击【指定】按钮。在打开的对话框中单击“操控器—指定方位”按钮，将输出坐标的 Z 值改为“13”，如图 4-38 所示，然后依次单击【确定】按钮。

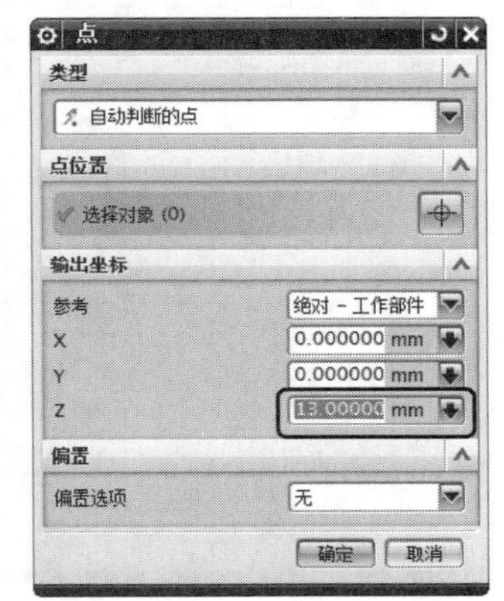

图 4-38　坐标系参数的设置

步骤 05 双击工序导航器下的 WORKPIECE 图标，然后在图 4-39 所示的对话框中单击【指定部件】按钮，并在新打开的对话框中选取图 4-40 所示的模型为几何体。

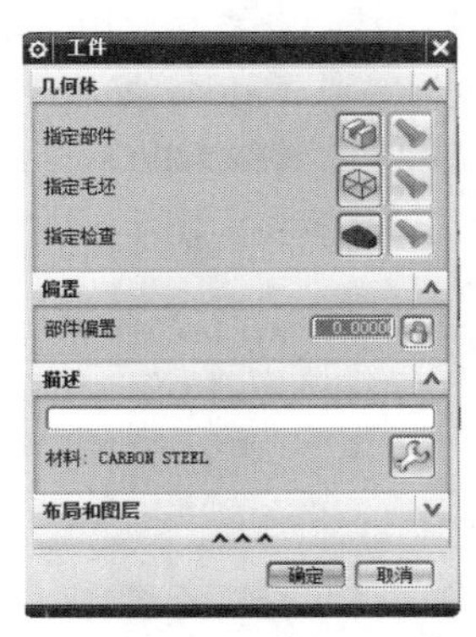

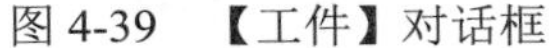

图 4-39　【工件】对话框

图 4-40　指定部件几何体

步骤 06 选取部件几何体后返回【工件】对话框。调到部件导航器，将“体（13）”显示出来，单击【指定毛坯】按钮，选择“体（13）”为毛坯几何体，单击【确定】按钮，如图 4-41 所示，随后将“体（13）”隐藏。

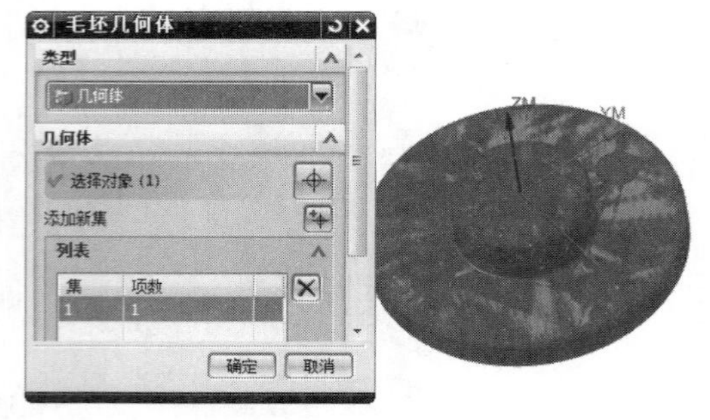

图 4-41　指定毛坯几何体

步骤 07 在【导航器】工具栏中单击【机床视图】按钮，切换导航器中的视图模式。然后在【创建】工具栏中单击【创建刀具】按钮，弹出【创建刀具】对话框。按照图 4-42 所示的步骤新建名称为 T1_Z7 的钻头，并按照实际设置刀具参数。

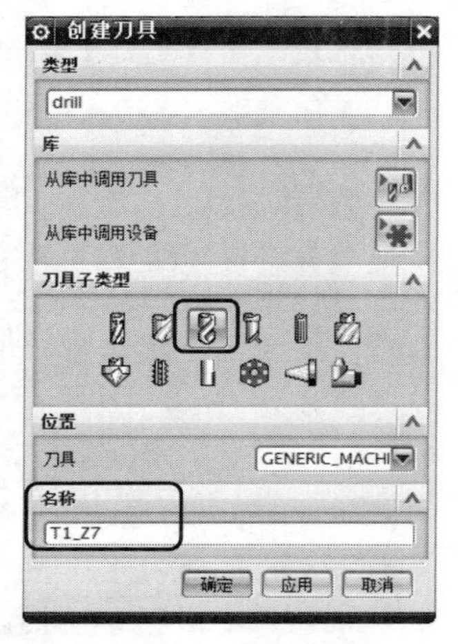

（a）【创建刀具】对话框

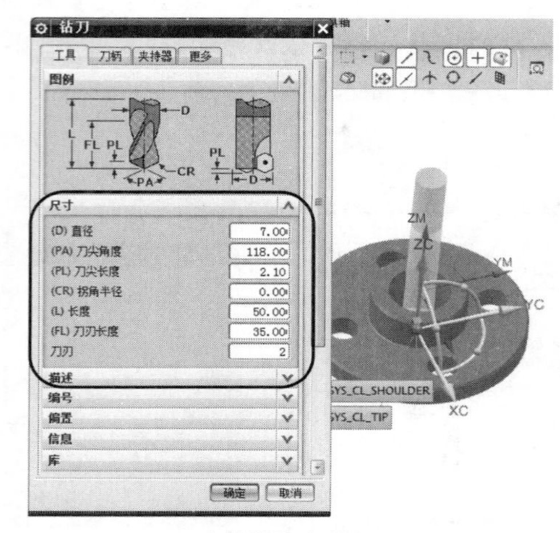

（b）参数设置对话框

图 4-42　创建名为 T1_Z7 的钻头

步骤 08 单击【主页】下的【创建工序】按钮，打开【创建工序】对话框，在【类型】下拉列表框中选择【drill】选项，在【工序子类型】下选择【钻孔】选项，然后按照图 4-43 所示的参数设置位置参数，单击【确定】按钮，弹出【钻孔】的对话框，如图 4-44 所示。

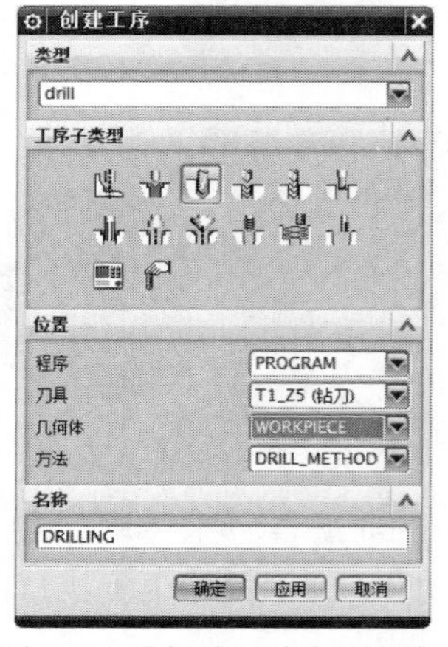

图 4-43　【创建工序】对话框

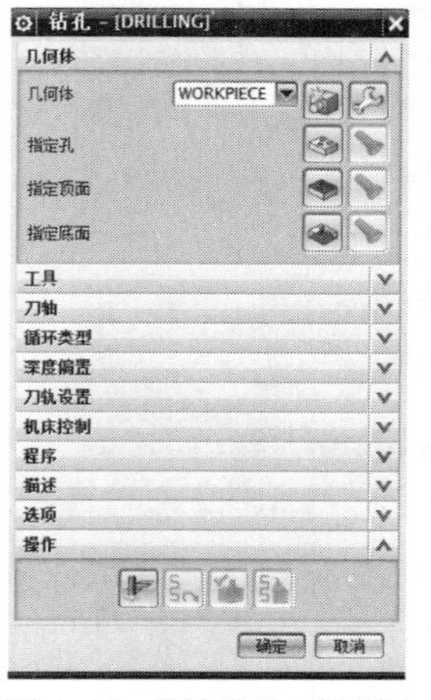

图 4-44　【钻孔】对话框

步骤 09 单击【确定】按钮，打开【钻孔】对话框，单击【指定孔】按钮，弹出【点到点几何体】对话框，选择【选择】选项，再选择【面上所有孔】选项，选择孔，如图 4-45 所示。

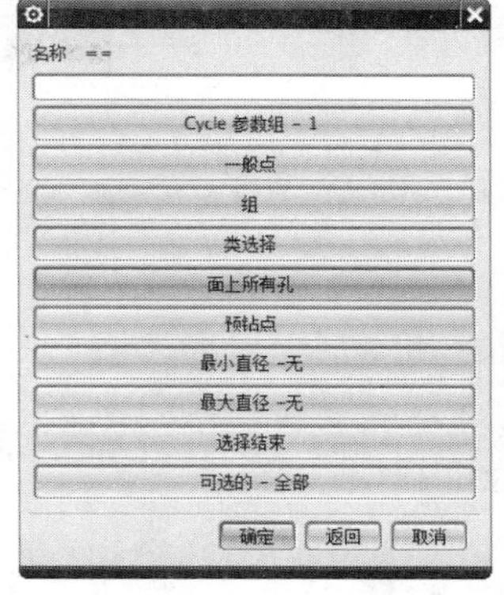

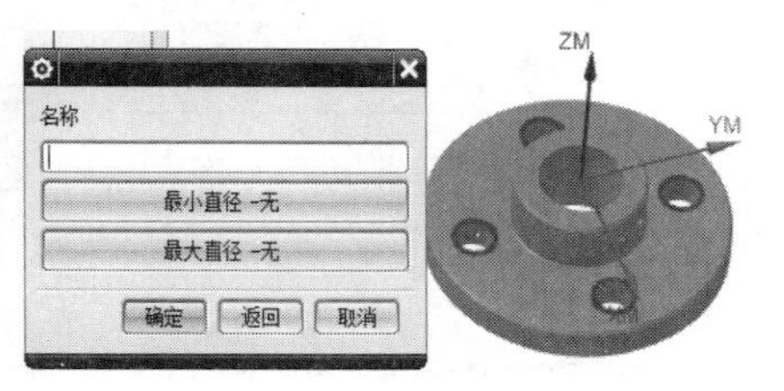

图 4-45　选择孔

步骤 10 单击【确定】按钮，返回【钻孔】对话框，单击【指定顶面】按钮，弹出【顶面】对话框，选择如图 4-46 所示的面。

步骤 11 单击【确定】按钮，返回【钻孔】对话框，单击【指定底面】按钮，弹出【底面】对话框，选择如图 4-47 所示的面。

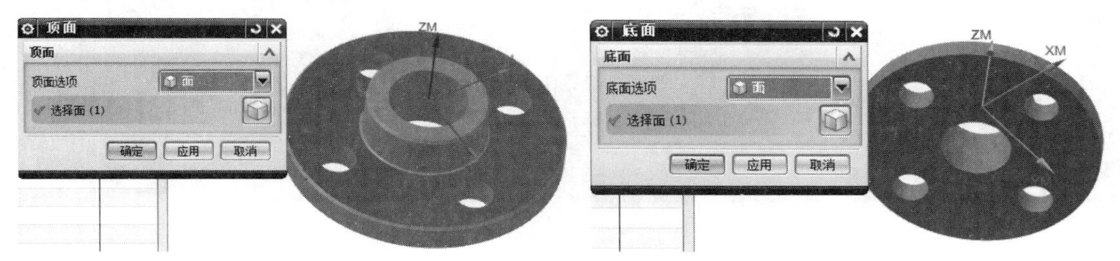

图 4-46　定义顶面　　图 4-47　定义底面

步骤 12 单击【确定】按钮，返回【钻孔】对话框，刀轴选为"+ZM"，然后单击【循环类型】下的按钮，弹出【指定参数组】对话框，按照图 4-48 所示的步骤设置参数，最小安全距离为"3"，通孔安全距离为"1.5"。

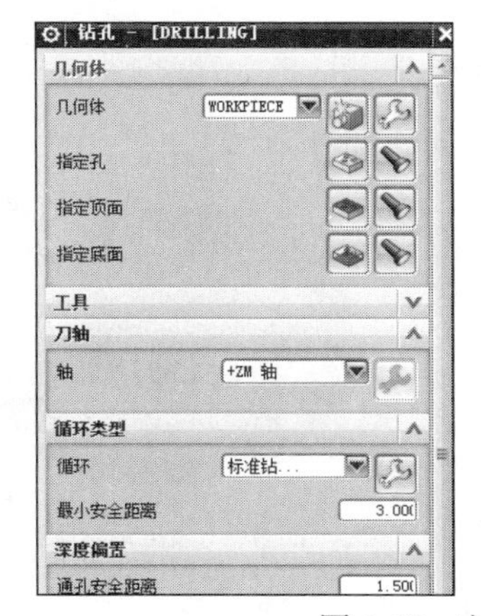

图 4-48　定义循环参数

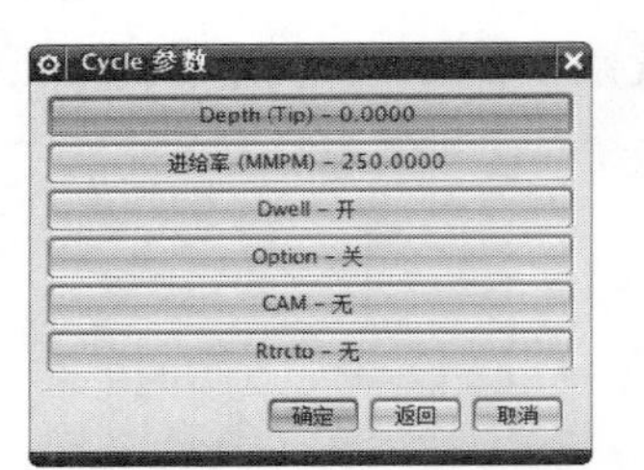

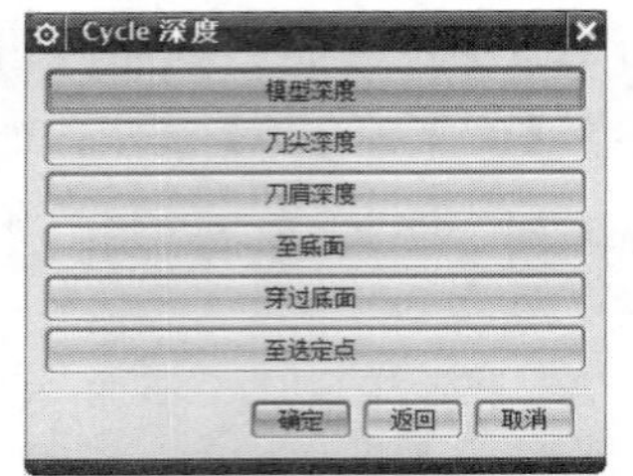

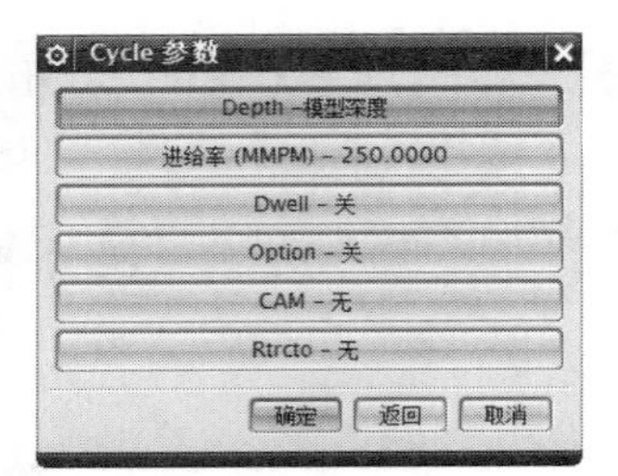

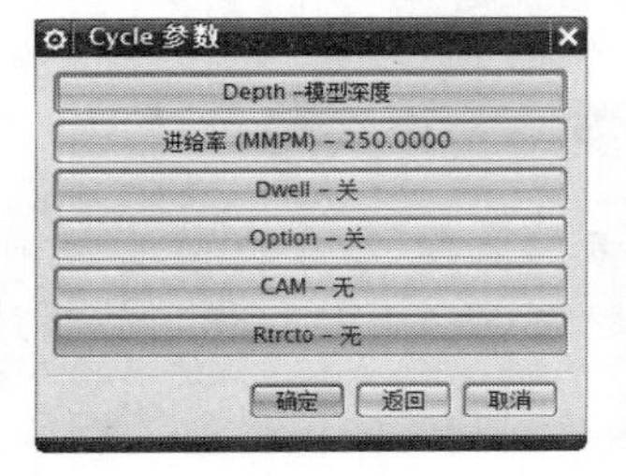

图 4-48　定义循环参数（续）

步骤 13 依次单击【确定】按钮，返回【钻孔】对话框，然后单击【避让】按钮，在弹出的对话框中选择【Clearance Plane-无】选项，之后按照图 4-49 所示的步骤设置参数，最后单击【确定】按钮。

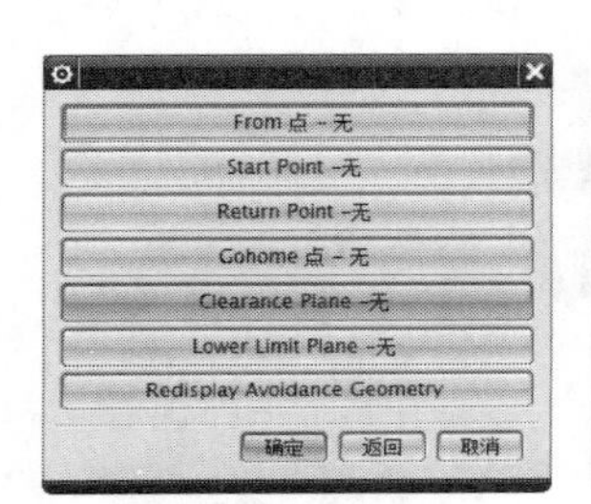

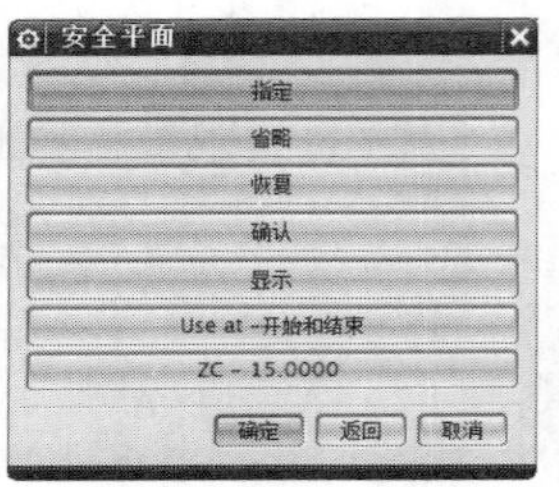

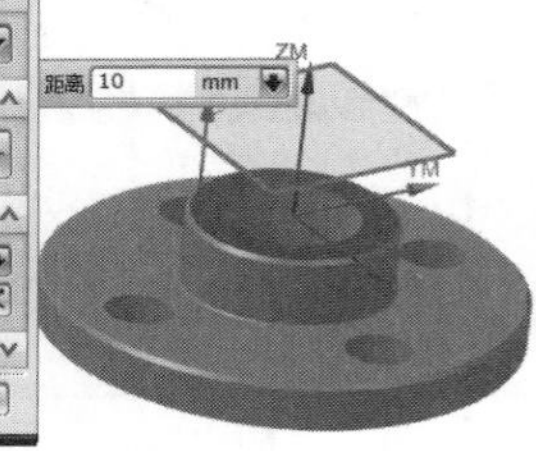

图 4-49　定义安全平面

步骤 14 单击【刀轨设置】下的【进给率和速度】按钮，弹出【进给率和速度】对话框，设置图 4-50 所示的参数。

步骤 15 在【操作】面板中单击【生成】按钮，系统将自动生成加工刀具路径，效果如图 4-51 所示。

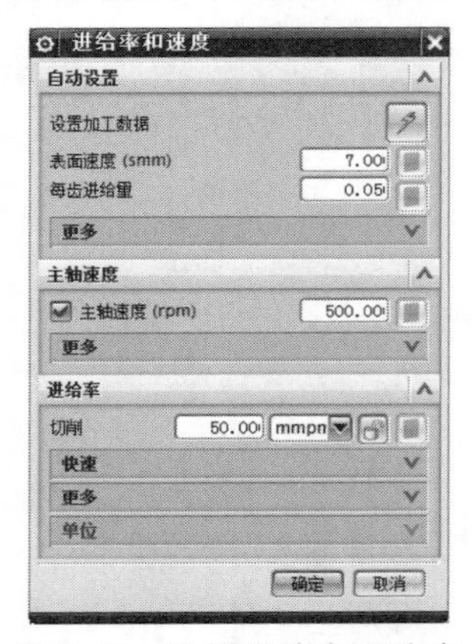

图 4-50　设置进给率和速度

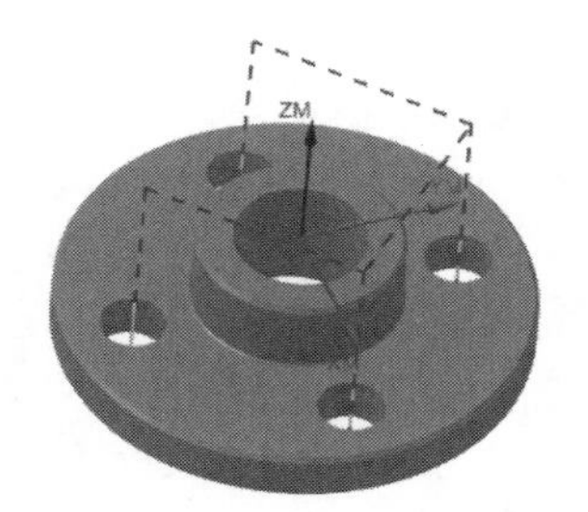

图 4-51　生成刀轨

步骤 16 单击该面板中的【确认刀轨】按钮，在弹出的【刀轨可视化】对话框中展开【2D 动态】选项卡。再单击【播放】按钮，系统将以实体的方式进行切削仿真，效果如图 4-52 所示。

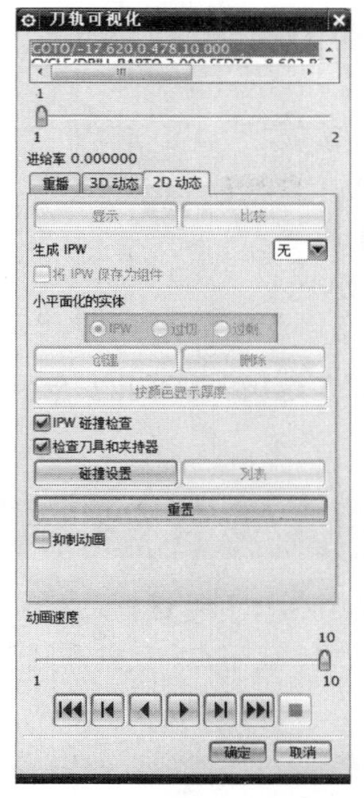

（a）【刀轨可视化】对话框

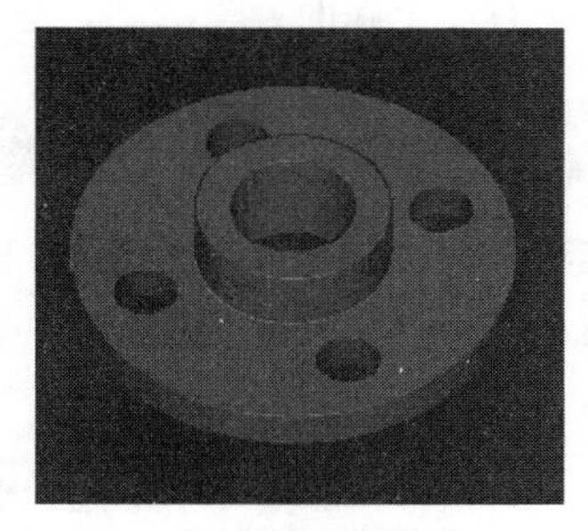
（b）实体切削仿真

图 4-52　刀轨可视化仿真

4.5　点位加工的循环参数

4.5.1　最小安全距离

孔加工的最小安全距离等同于平面铣的安全平面，指的是工件表面偏置一定的距离作为移刀的安全平面，也可以说是刀具沿刀轴方向离开零件加工表面的高度。

可在【操作】对话框的【最小安全距离】文本框中输入参数值。系统根据输入的参数值确定每个加工位置上的操作安全点距离。用户可输入应用于每个 CL 点和它的操作安全点（RAPTO）之间的距离值。它还表示两次切削操作之间刀具与部件表面之间的最近距离（除非“安全平面”处于活动状态或定义了“避让”运动）。通常有关操作安全点的刀具运动如下所述：

（1）如果一个标准循环处于活动状态（如钻孔），则系统将在“CYCLE/DRILL，RAPTO，d”命令语句中包含最小安全距离（参数“d”）；

（2）如果没有活动的循环或者两个模拟循环中的一个，啄钻或断屑将处于活动状态，则系统将在任何切削运动前对每个操作安全点生成转至运动；

（3）如果底面或循环深度处于活动状态，则系统将刀具送到指定深度后将使其返回至操作安全点处。

4.5.2　深度偏置

深度偏置允许用户指定盲孔底部以上的剩余材料量（例如，用于精加工操作），或指定多于通孔应切除材料量（例如，确保打通该孔）。深度偏置包含两个值：盲孔余量，应用于盲孔；通孔安全距离，应用于通孔，如图 4-53 所示。

在点位加工过程中，深度偏置与循环次数及底面中的【深度】选项共同使用，方法如下。

如果将循环参数中的【深度】方式设置为【模型深度】选项，则深度偏置将只适用于实体孔，不适用于点、弧或片体中的孔。

如果将循环参数中的【深度】方式设置为【至底面】选项，则盲孔余量将应用于所有选定的对象，必须有一个底面处于活动状态。

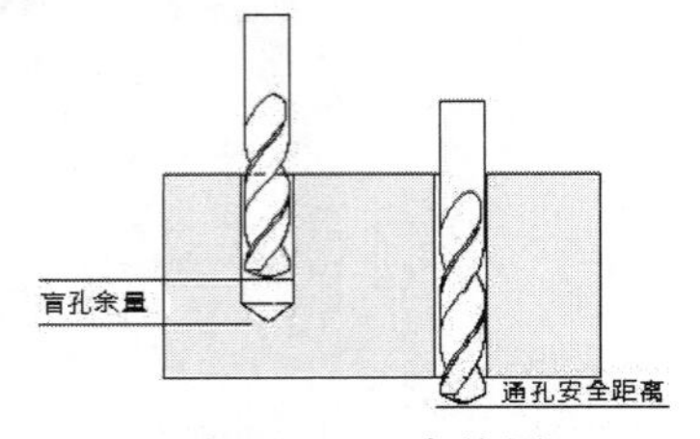

图 4-53　深度偏置

如果将循环参数中的【深度】方式设置为【穿过底面】选项，则通孔安全距离将应用于所有选定的对象，必须有一个底面处于活动状态。

4.6　孔的附加、省略、反向、显示点、圆弧轴控制

在几何体选项面板中单击【指定孔】，弹出【点到点几何体】对话框，在对话框中可根据加工要求和加工条件选择孔的方式，这里简单介绍附加、省略、显示点、反向和圆弧轴控制的作用，如图 4-54 所示。

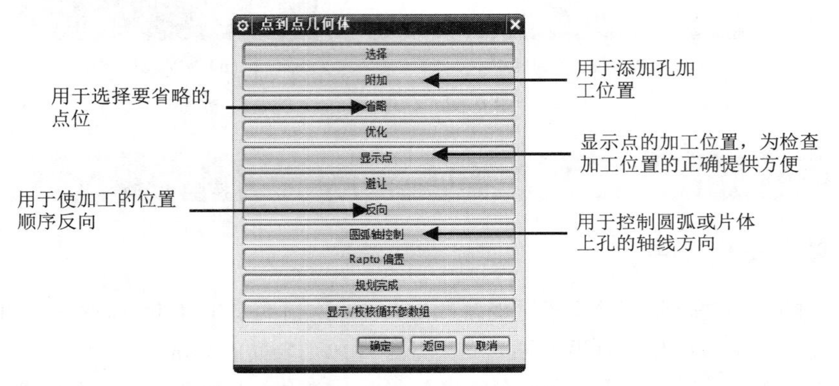

图 4-54　【点到点几何体】对话框

4.7　典型应用

4.7.1　Z 型折板孔位加工

打开 UG NX 10.0 软件，按照下面的“开始素材”路径找到本例名为 4.7.1.prt 的文件，按照下面的讲解进行该例加工程序的编制。也可根据与该例对应的视频进行学习。

	开始素材	Prt_start\chapter 4\4.7.1.prt
	结果素材	Prt _result\chapter 4\4.7.1.prt
	视频位置	Movie\chapter 4\4.7.1.avi

1. 加工工艺分析

本实例创建的蝶板孔铣削加工效果如图 4-55 所示。该模型上的孔分为 3 类：8 个直径为 $\phi 8$ 的通孔；2 个沉头孔；4 个直径为 $\phi 6$ 的螺纹孔。加工该模型上的孔，首先使用点钻钻出所有孔的引导孔，以便准确定位；然后使用啄钻铣削所有直径为 $\phi 8$ 的通孔，并使用沉孔铣削将其中两个直径为 $\phi 8$ 的孔锪平；接着使用啄钻铣削 4 个直径为 $\phi 6$ 的通孔，并攻螺纹。

2. 公共项目设置

步骤 01 启动 UG NX 10.0 软件，单击【打开文件】按钮，在打开的对话框中选择本书配套资源文件 4.7.2.prt，单击【确定】按钮，打开该文件。

步骤 02 依次选择【文件】|【应用模块】|【加工】命令，进入加工环境，或者通过快捷键【Ctrl+Alt+M】快速进入加工环境。

步骤 03 从弹出的图 4-56 所示的【加工环境】对话框中选择钻孔加工，单击【确定】按钮进入钻孔加工环境。

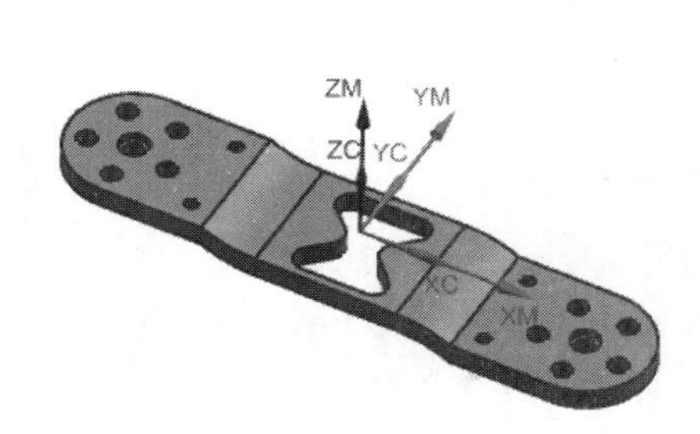

图 4-55　模型

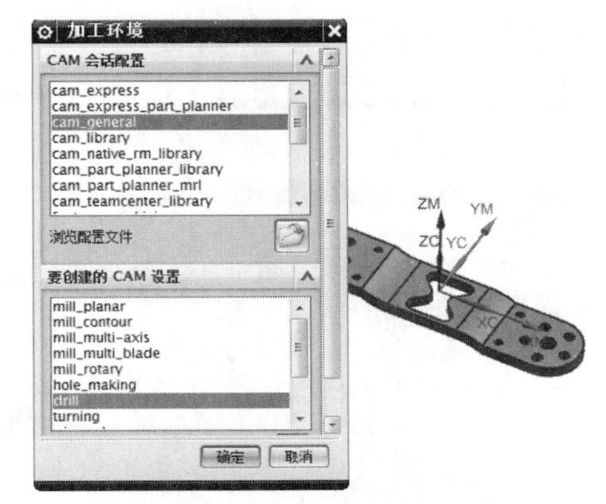

图 4-56　【加工环境】对话框

步骤 04 将视图调至【几何视图】，双击工序导航器中的坐标系设置按钮，打开图 4-57 所示的坐标系设置对话框。输入安全距离 10mm，并单击【指定】按钮。在弹出的对话框中选择坐标系参考方式为 WCS，如图 4-58 所示。

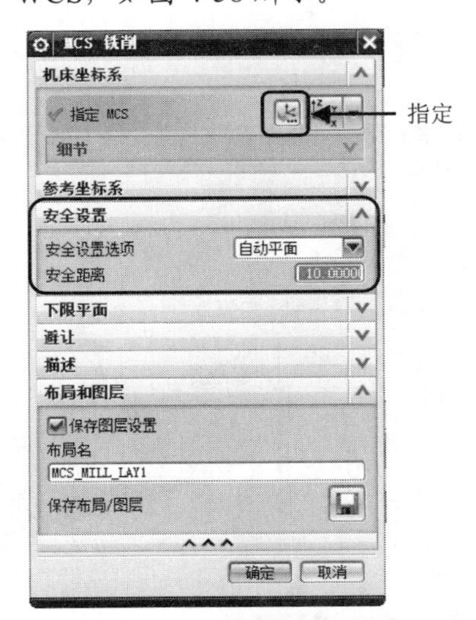

图 4-57　坐标系设置

图 4-58　参数选择

步骤 05 双击工序导航器下的 WORKPIECE 图标，然后在图 4-59 所示的对话框中单击【指定部件】按钮，并在新打开的对话框中选取图 4-60 所示的模型为几何体。

步骤 06 选取部件几何体后返回【工件】对话框。此时单击【指定毛坯】按钮，在弹出的对话框的【类型】下拉列表框中选择【包容块】选项卡并单击【确定】按钮，右侧将显示自动块毛坯模型，如图 4-61 所示，可根据实际需求调节包容块的尺寸。此处使用默认的设置即可。

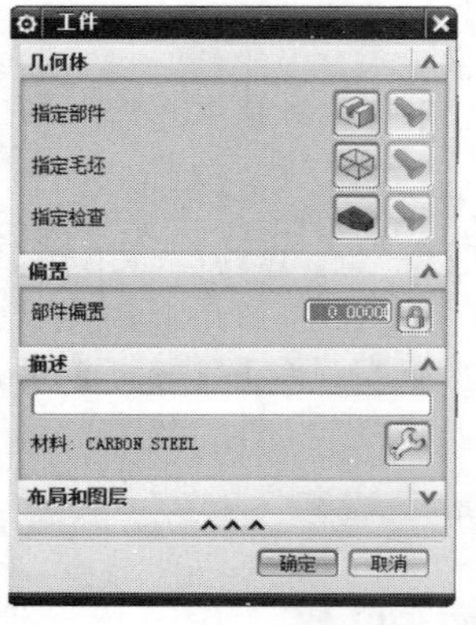

图 4-59 【工件】对话框

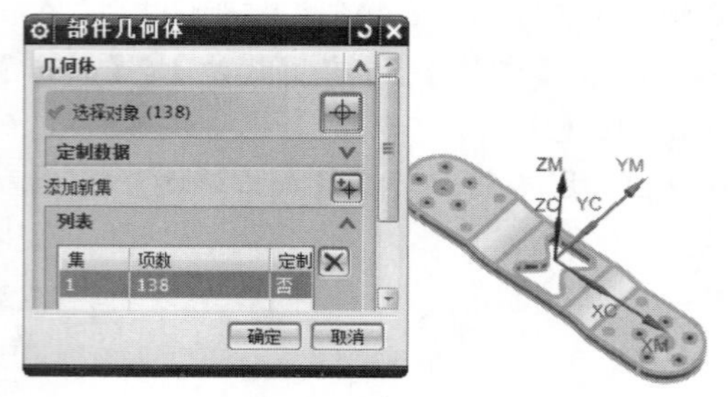

图 4-60 指定部件几何体

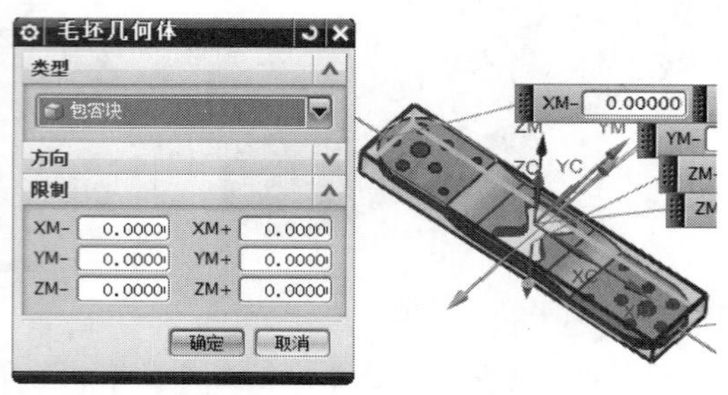

图 4-61 指定毛坯几何体

步骤 07 在【导航器】工具栏中单击【机床视图】按钮，切换导航器中的视图模式。然后在【创建】工具栏中单击【创建刀具】按钮，弹出【创建刀具】对话框。按照图 4-62 所示的步骤新建名称为 T1_Z6 的中心钻，并按照实际设置刀具参数。

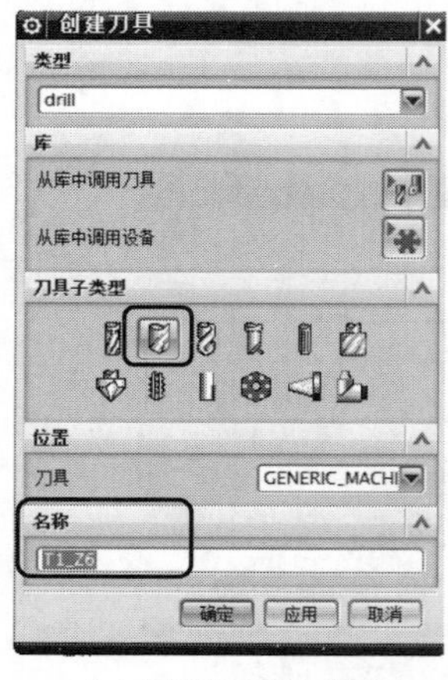

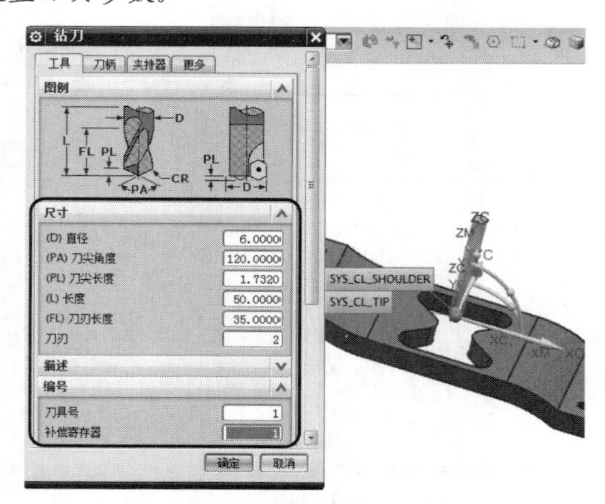

（a）【创建刀具】对话框　　（b）参数设置对话框

图 4-62 创建名为 T1_Z6 的中心钻

步骤 08 在【导航器】工具栏中单击【机床视图】按钮，切换导航器中的视图模式。然后在【创建】工具栏中单击【创建刀具】按钮，弹出【创建刀具】对话框。按照图 4-63 所示的步骤新建名称为 T2_Z8 的浅孔钻，并按照实际设置刀具参数。

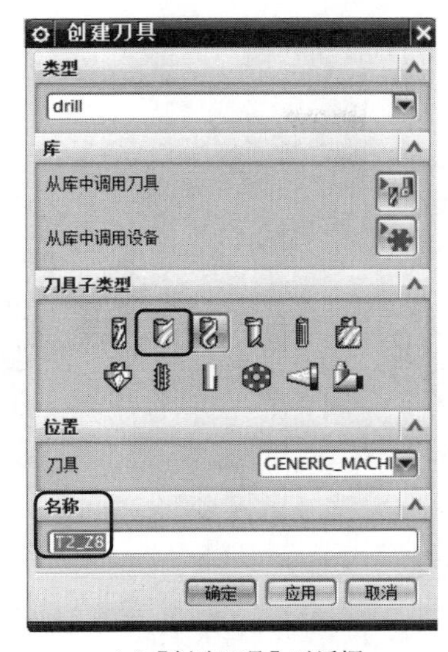

（a）【创建刀具】对话框

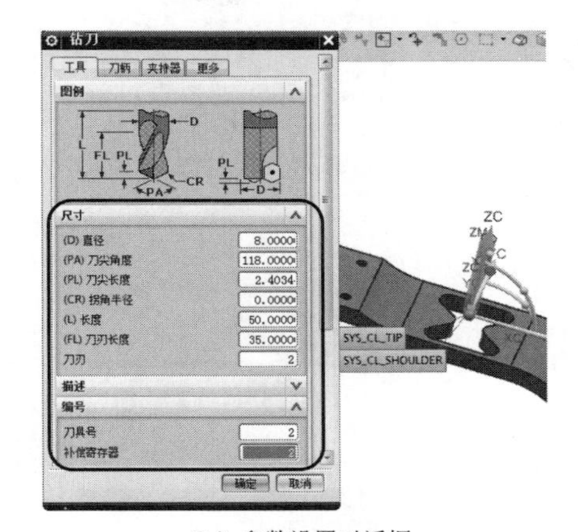

（b）参数设置对话框

图 4-63　创建名为 T2_Z8 的浅孔钻

步骤 09 在【导航器】工具栏中单击【机床视图】按钮，切换导航器中的视图模式。然后在【创建】工具栏中单击【创建刀具】按钮，弹出【创建刀具】对话框。按照图 4-64 所示的步骤新建名称为 T3_Z5 的中心钻，并按照实际设置刀具参数。

（a）【创建刀具】对话框

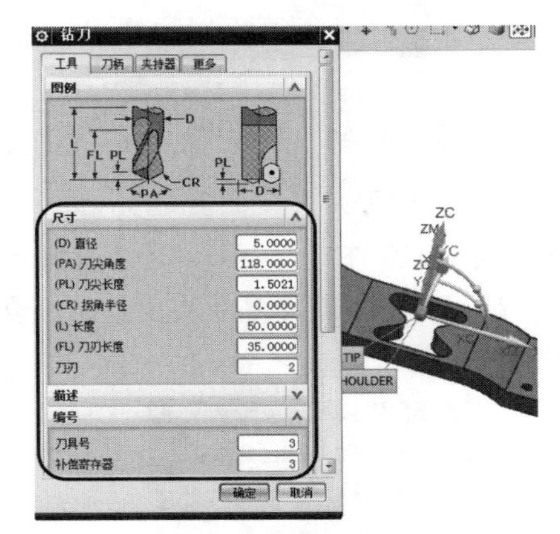

（b）参数设置对话框

图 4-64　创建名为 T3_Z5 的中心钻

步骤 10 在【导航器】工具栏中单击【机床视图】按钮，切换导航器中的视图模式。然后在【创建】工具栏中单击【创建刀具】按钮，弹出【创建刀具】对话框。按照图 4-65 所示的步骤新建名称为 T4_Z12 的回铣刀，并按照实际设置刀具参数。

步骤 11 在【导航器】工具栏中单击【机床视图】按钮，切换导航器中的视图模式。然后在【创建】工具栏中单击【创建刀具】按钮，弹出【创建刀具】对话框。按照图 4-66 所示的步骤新建名称为 T5_Z6 的钻刀，并按照实际设置刀具参数。

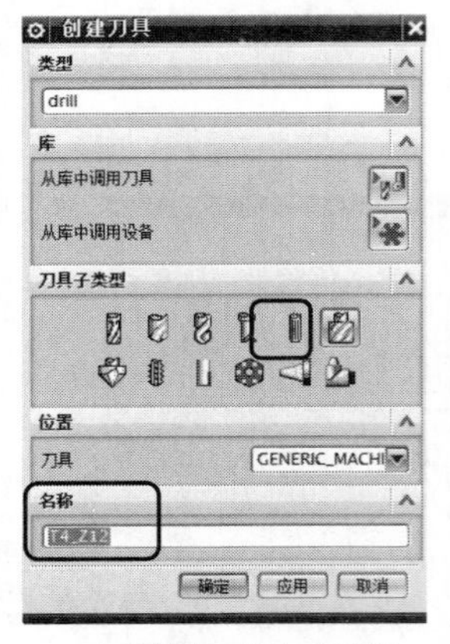

（a）【创建刀具】对话框

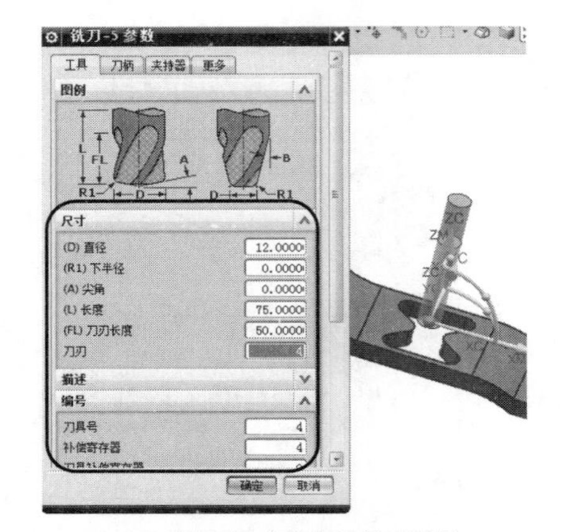

（b）【铣刀-5 参数】设置对话框

图 4-65　创建名为 T4_Z12 的回铣刀

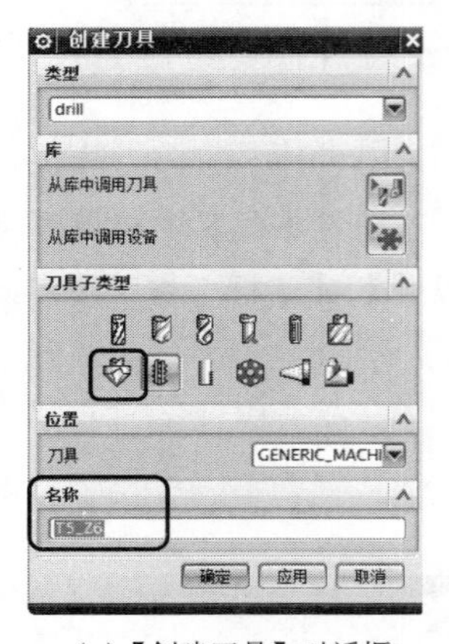

（a）【创建刀具】对话框

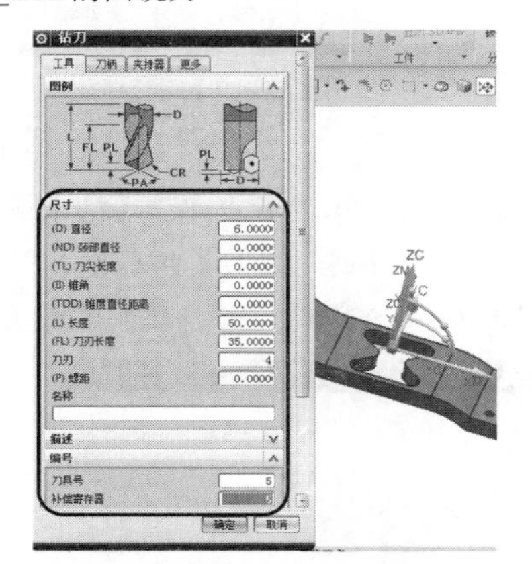

（b）【钻刀】参数设置对话框

图 4-66　创建名为 T5_Z6 的钻刀

3. 定心孔的加工

步骤 01 单击【主页】下的【创建工序】按钮，打开【创建工序】对话框，在【类型】下拉列表框中选择【drill】，在【工序子类型】下选择【定心钻】，如图 4-67 所示，弹出【定心钻】对话框，如图 4-68 所示。

图 4-67　【创建工序】选择【定心钻】

图 4-68　【定心钻】对话框

步骤 02 单击【指定孔】，弹出【点到点几何体】对话框，单击【选择】按钮，再单击【一般点】按钮然后依次选择 12 个孔和 4 个螺纹孔的中心点，如图 4-69 所示，单击【确定】按钮。

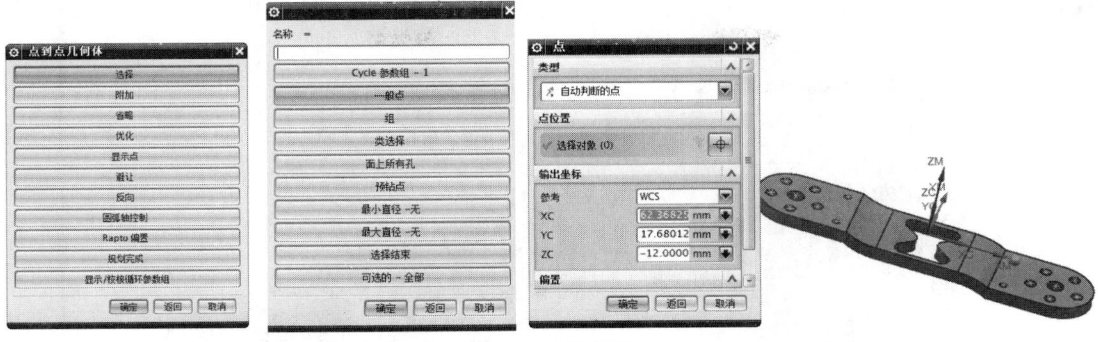

图 4-69　选择孔

步骤 03 单击【确定】按钮，返回【定心钻】对话框，单击【指定顶面】按钮，弹出【顶面】对话框，选择图 4-70 所示的面。

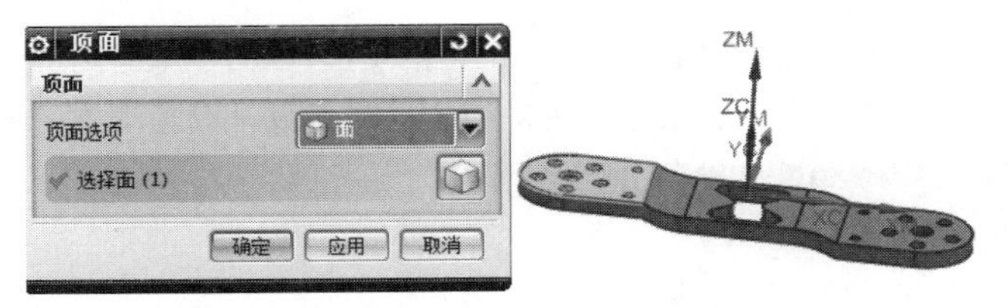

图 4-70　定义顶面

步骤 04 单击【确定】按钮，返回【定心钻】对话框，刀轴选择“+ZM 轴”，然后单击【循环类型】下的按钮，弹出【指定参数组】对话框，按照图 4-71 所示的步骤设置参数，最小安全距离为“15”。

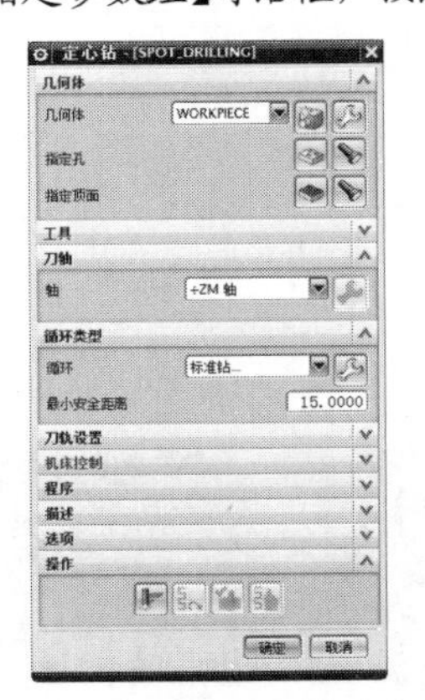

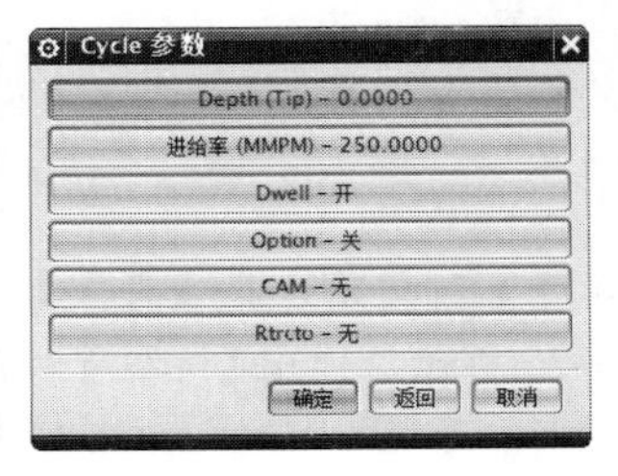

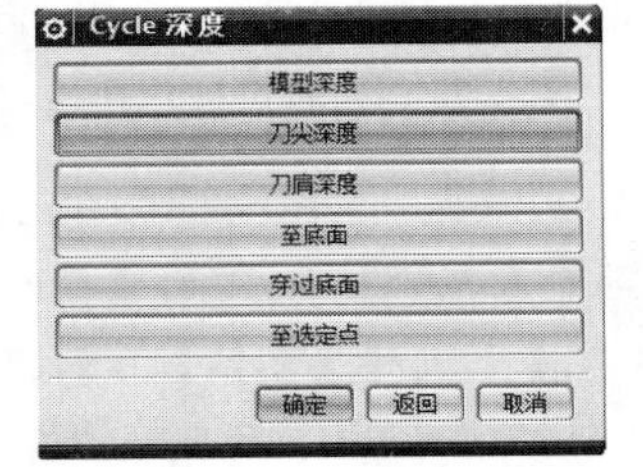

图 4-71　定义循环参数

步骤 05 单击【刀轨设置】下的【进给率和速度】按钮，弹出【进给率和速度】设置对话框，设置图 4-72 所示的参数。

步骤 06 在【操作】面板中单击【生成】按钮，系统将自动生成加工刀具路径，效果如图 4-73 所示。

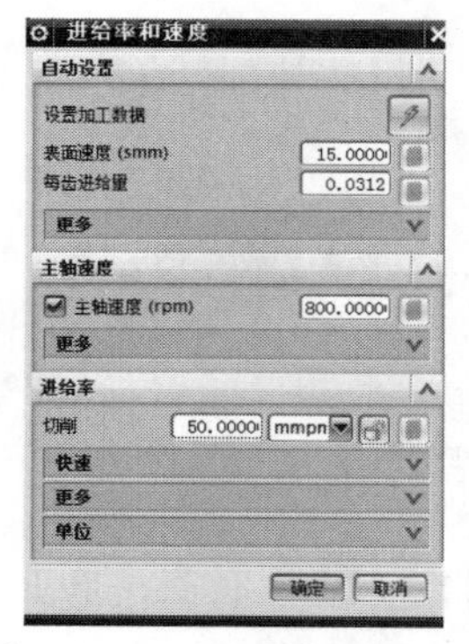

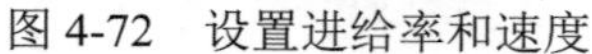

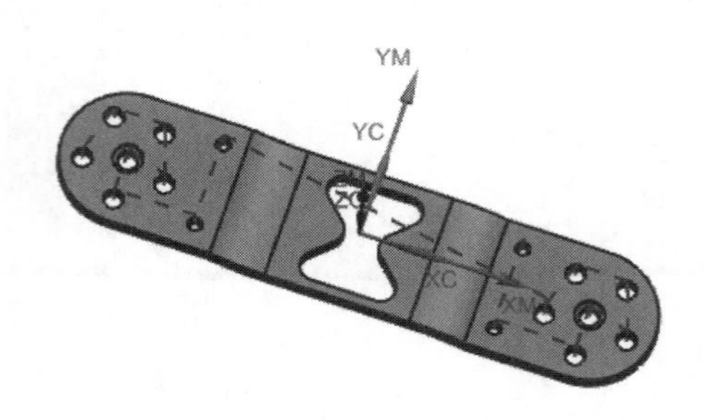

图 4-72　设置进给率和速度　　图 4-73　生成刀轨

步骤 07 单击该面板中的【确认刀轨】按钮，在弹出的【刀轨可视化】对话框中展开【2D 动态】选项卡。再单击【播放】按钮，系统将以实体的方式进行切削仿真，效果如图 4-74 所示。

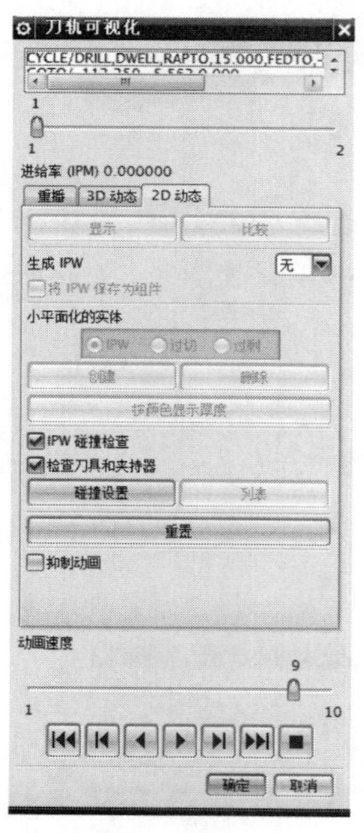

(a)【刀轨可视化】对话框

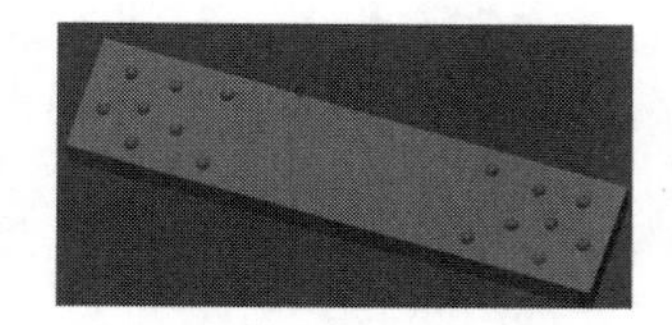

(b) 实体切削仿真

图 4-74　刀轨可视化仿真

4．通孔加工

步骤 01 单击【主页】下的【创建工序】按钮，弹出【创建工序】对话框，在【类型】下拉列表框中选择【drill】，在【工序子类型】下选择【啄钻】，如图 4-75 所示，弹出【啄钻】对话框，如图 4-76 所示。

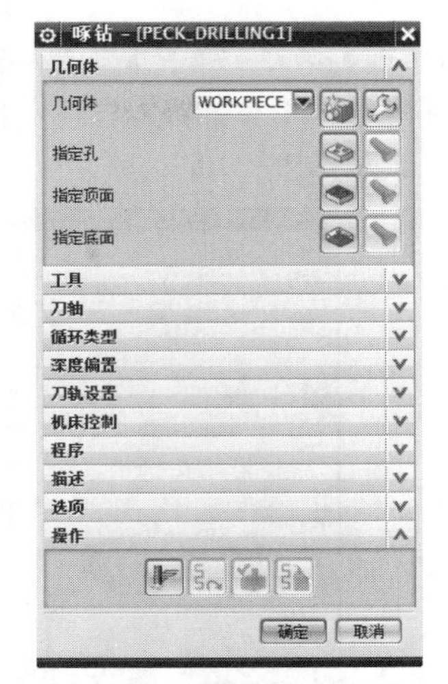

图 4-75 【创建工序】选择【啄钻】　　　图 4-76 【啄钻】对话框

步骤 02 单击【指定孔】按钮，弹出【点到点几何体】对话框，单击【选择】按钮，然后依次选择图 4-77 所示面上的孔，再依次选择被加工的 12 个通孔，单击【确定】按钮。

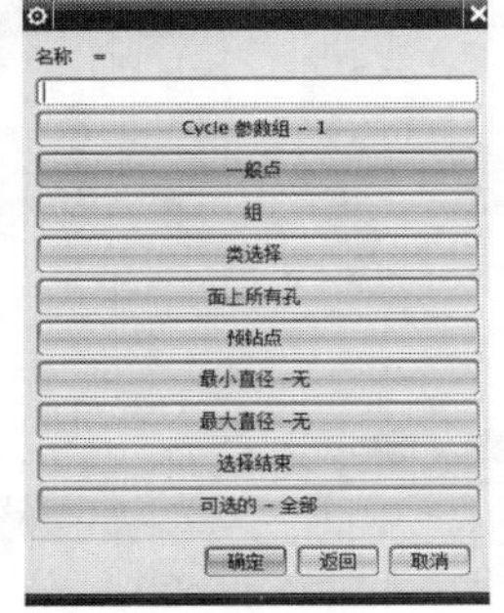

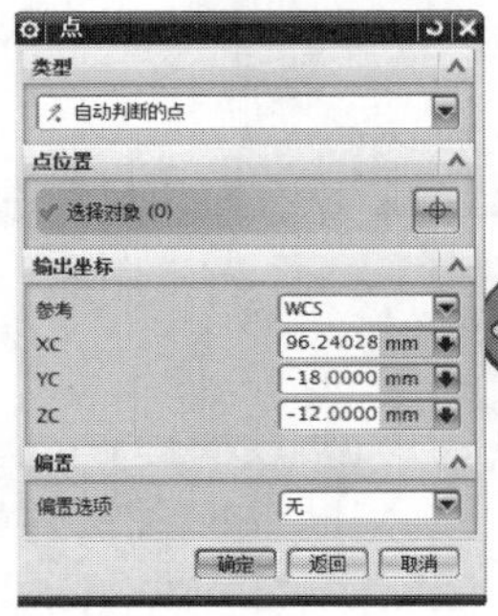

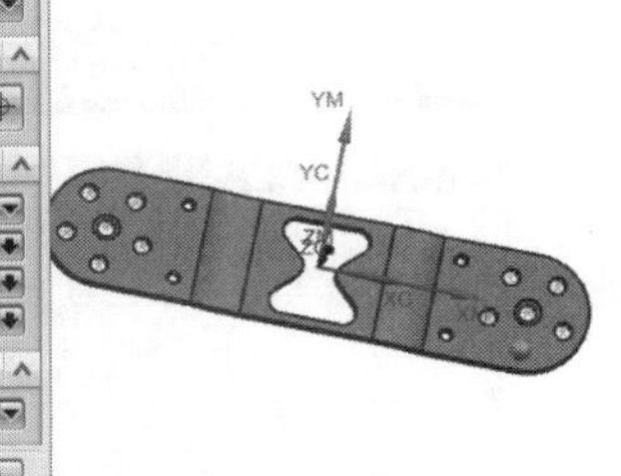

图 4-77 选择孔

步骤 03 单击【确定】按钮，返回【啄钻】对话框，单击【指定顶面】按钮，弹出【顶面】对话框，选择图 4-78 所示的面。

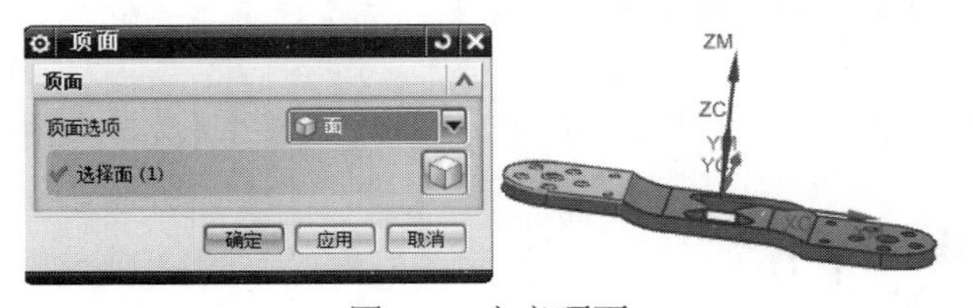

图 4-78 定义顶面

步骤 04 单击【确定】按钮，返回【啄钻】对话框，单击【指定底面】按钮，弹出【底面】对话框，选择图 4-79 所示的面。

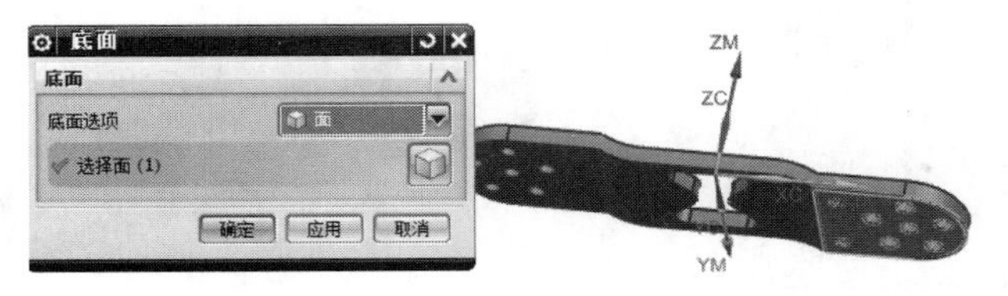

图 4-79 定义底面

步骤 05 单击【确定】按钮，返回【啄钻】对话框，刀轴选择“+ZM 轴”，然后单击【循环类型】下的按钮，弹出【指定参数组】对话框，按照图 4-80 所示的步骤设置参数，最小安全距离为“15”，通孔安全距离为“1.5”。

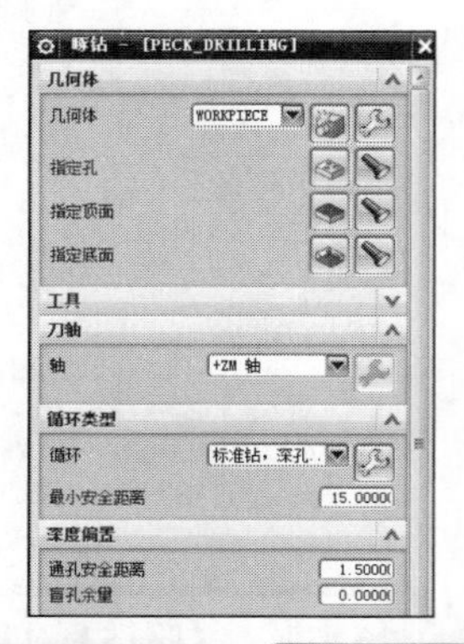

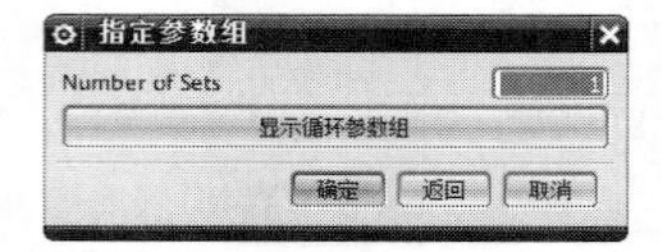

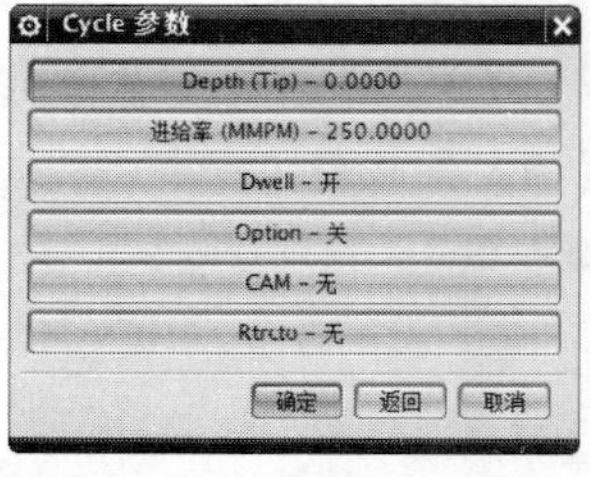

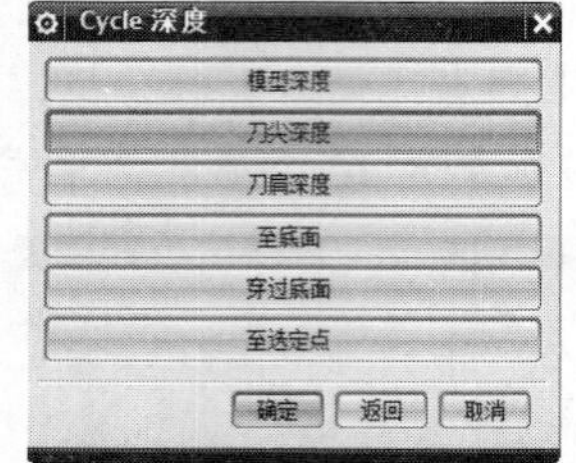

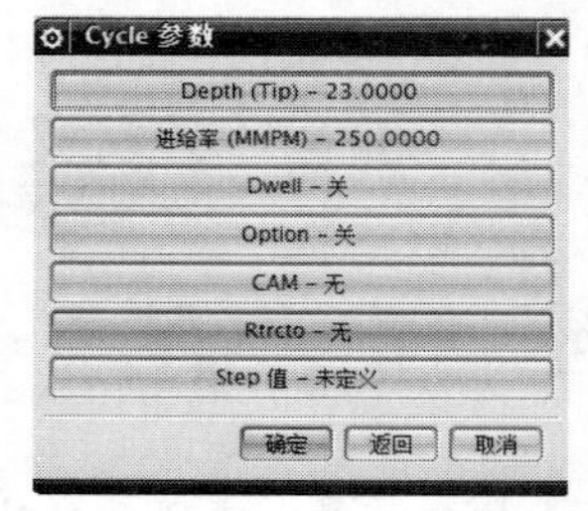

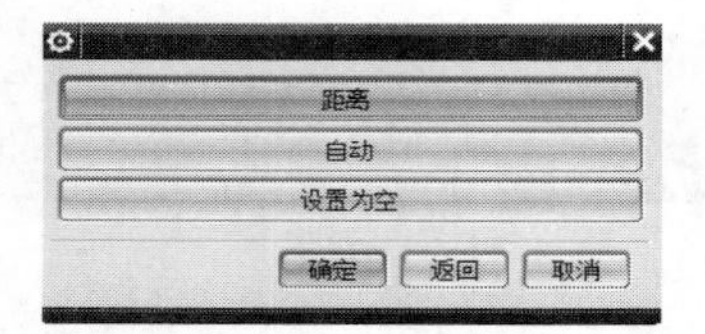

图 4-80　定义循环参数

步骤 06 单击【刀轨设置】下的【进给率和速度】按钮，弹出【进给率和速度】对话框，设置图 4-81 所示的参数。

步骤 07 在【操作】面板中单击【生成】按钮，系统将自动生成加工刀具路径，效果如图 4-82 所示。

图 4-81　设置进给率和速度

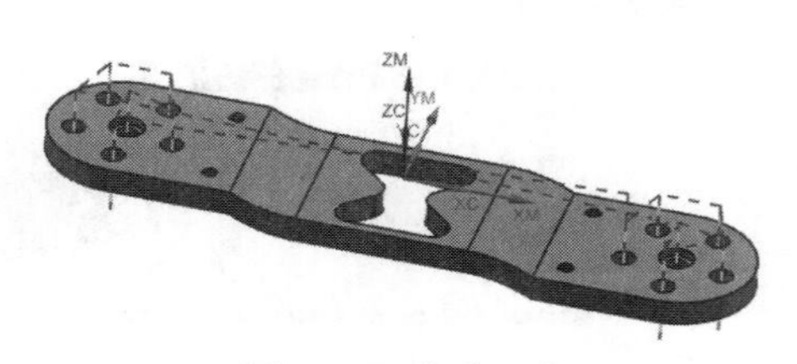

图 4-82　生成刀轨

步骤 08 单击该面板中的【确认刀轨】按钮，在弹出的【刀轨可视化】对话框中展开【2D 动态】选项卡。再单击【播放】按钮，系统将以实体的方式进行切削仿真，效果如图 4-83 所示。

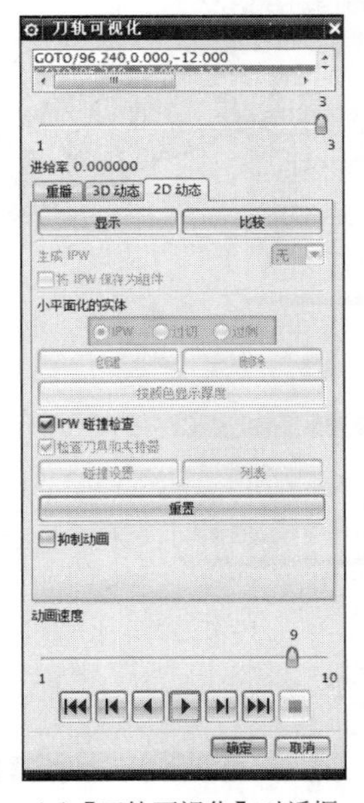

（a）【刀轨可视化】对话框

（b）实体切削仿真

图 4-83　刀轨可视化仿真

5．沉头孔的加工

步骤 01 单击【主页】下的【创建工序】按钮，弹出【创建工序】对话框，在【类型】下拉列表框中选择【drill】选项，在【工序子类型】下选择【沉头孔加工】，如图 4-84 所示，弹出【沉头孔加工】对话框，如图 4-85 所示。

图 4-84　【创建工序】对话框

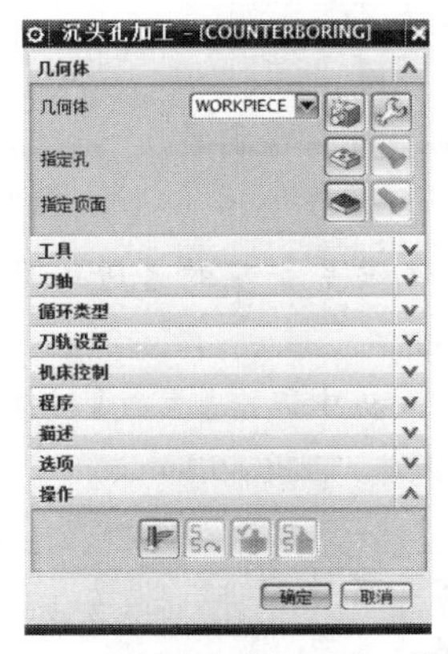

图 4-85　【沉头孔加工】对话框

步骤 02 单击【指定孔】按钮，弹出【点到点几何体】对话框，单击【选择】按钮，然后依次选择图 4-86 所示面上的孔，再依次选择被加工的 2 个通孔，单击【确定】按钮。

步骤 03 单击【确定】按钮，返回【沉头孔加工】对话框，刀轴选择“+ZM 轴”，然后单击【循环类型】下的按钮，弹出【指定参数组】对话框，按照图 4-87 所示的步骤设置参数，最小安全距离为“15”。

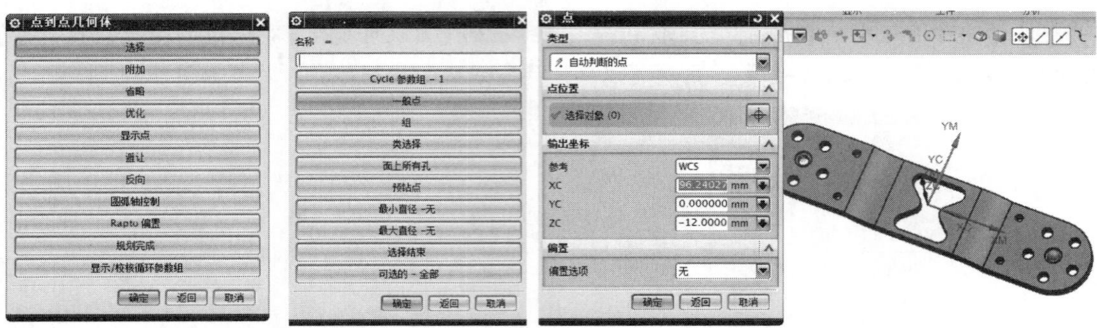

图 4-86　选择孔

图 4-87　定义循环参数

步骤 04 单击【刀轨设置】下的【进给率和速度】按钮，弹出【进给率和速度】对话框，设置图 4-88 所示的参数。

步骤 05 在【操作】面板中单击【生成】按钮，系统将自动生成加工刀具路径，效果如图 4-89 所示。

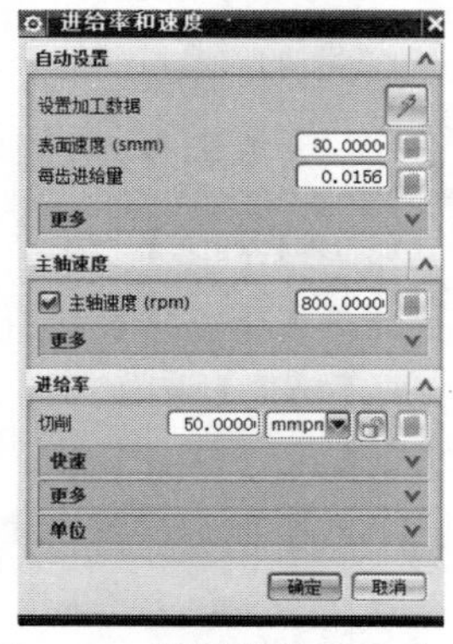

图 4-88　设置进给率和速度

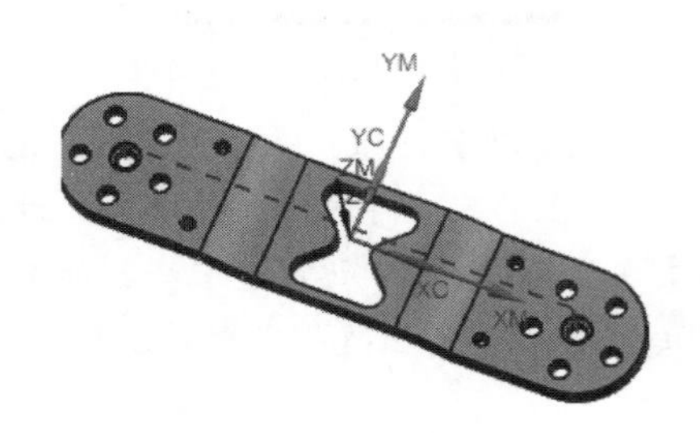

图 4-89　生成刀轨

步骤 06 单击该面板中的【确认刀轨】按钮，在弹出的【刀轨可视化】对话框中展开【2D 动态】选项卡。再单击【播放】按钮，系统将以实体的方式进行切削仿真，效果如图 4-90 所示。

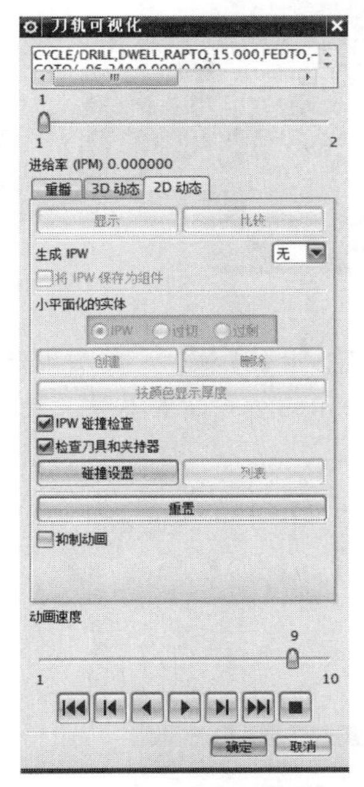

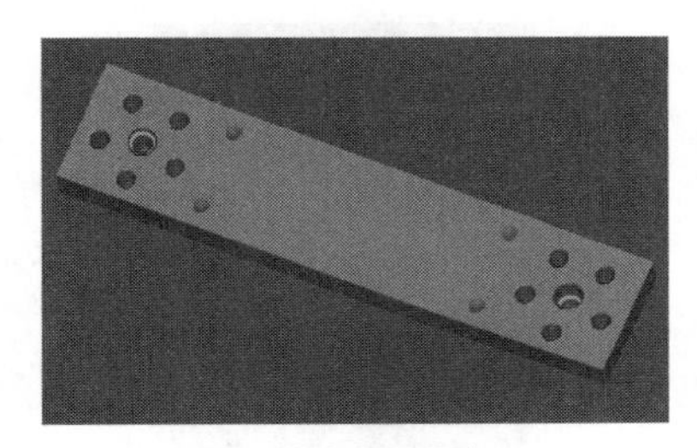

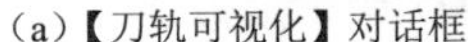

（a）【刀轨可视化】对话框　　（b）实体切削仿真

图 4-90　刀轨可视化仿真

6. 螺纹孔的加工

步骤 01 单击【主页】下的【创建工序】按钮，弹出【创建工序】对话框，在【类型】下拉列表框中选择【drill】，在【工序子类型】下选择【啄钻】，如图 4-91 所示，弹出【啄钻】对话框，如图 4-92 所示。

图 4-91　【创建工序】选择【啄钻】　　图 4-92　【啄钻】对话框

步骤 02 单击【指定孔】按钮，弹出【点到点几何体】对话框，单击【选择】按钮，然后依次选择图 4-93 所示面上的孔，再依次选择被加工的 4 个通孔，单击【确定】按钮。

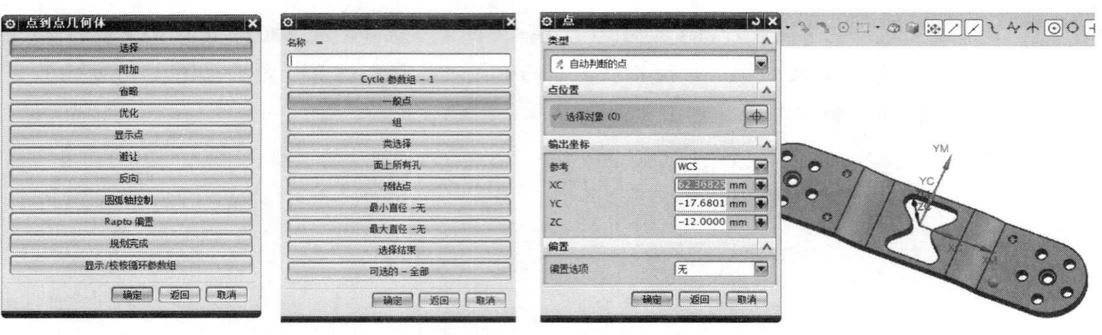

图 4-93　选择孔

步骤 03 单击【确定】按钮，返回【啄钻】对话框，刀轴选择“+ZM 轴”，然后单击【循环类型】下的按钮，弹出【指定参数组】对话框，按照图 4-94 所示的步骤设置参数，最小安全距离为“15”，通孔安全距离为“1.5”。

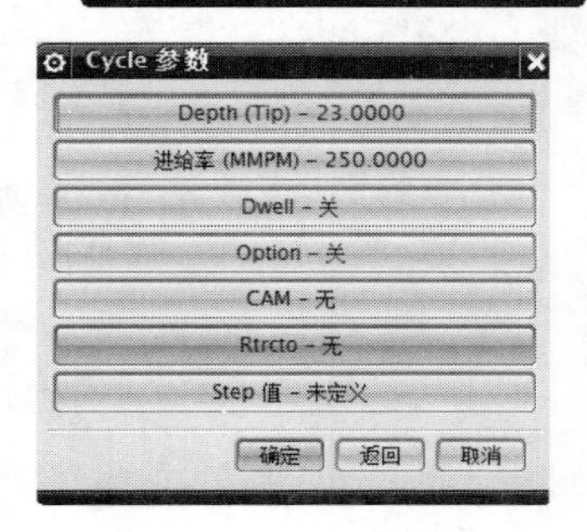

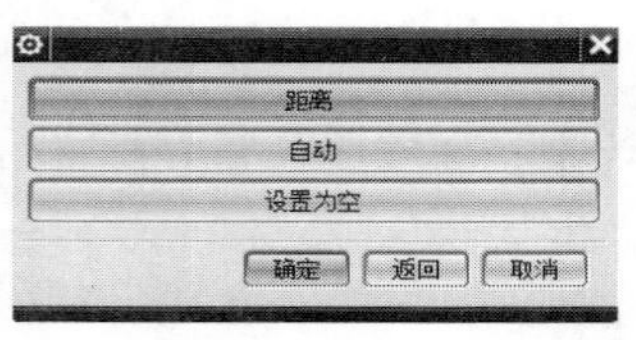

图 4-94　定义循环参数

步骤 04 单击【刀轨设置】下的【进给率和速度】按钮，弹出【进给率和速度】对话框，设置图 4-95 所示的参数。

步骤 05 在【操作】面板中单击【生成】按钮，系统将自动生成加工刀具路径，效果如图 4-96 所示。

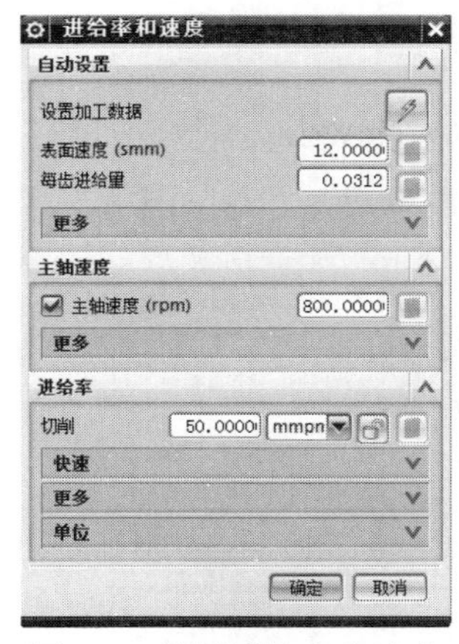

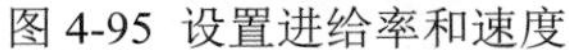

图 4-95 设置进给率和速度

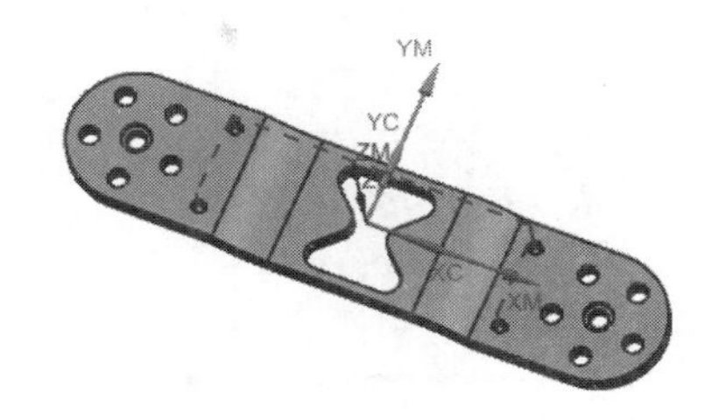

图 4-96　生成刀轨

步骤 06 单击该面板中的【确认刀轨】按钮，在弹出的【刀轨可视化】对话框中展开【2D 动态】选项卡。再单击【播放】按钮，系统将以实体的方式进行切削仿真，效果如图 4-97 所示。

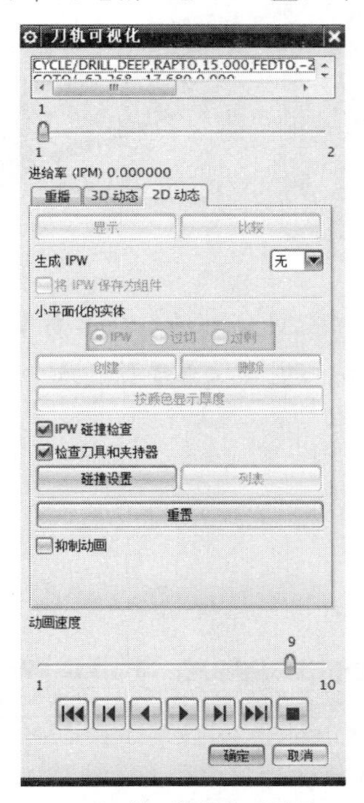

（a）【刀轨可视化】对话框

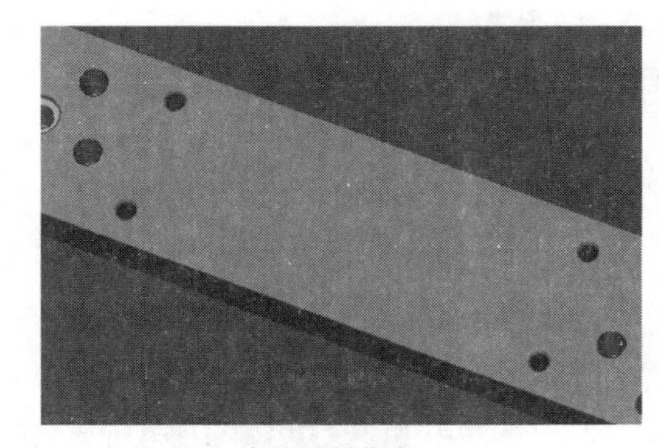

（b）实体切削仿真

图 4-97　刀轨可视化仿真

7．攻丝

步骤 01 单击【主页】下的【创建工序】按钮，弹出【创建工序】对话框，在【类型】下拉列表框中选择【drill】，在【工序子类型】下选择【攻丝】，如图 4-98 所示，弹出【攻丝】对话框，如图 4-99 所示。

步骤 02 单击【指定孔】按钮，弹出【点到点几何体】对话框，单击【选择】按钮，然后依次选择图 4-100 所示面上的孔，再依次选择被加工的 4 个通孔，单击【确定】按钮。

图 4-98 【创建工序】选择【攻丝】

图 4-99 【攻丝】对话框

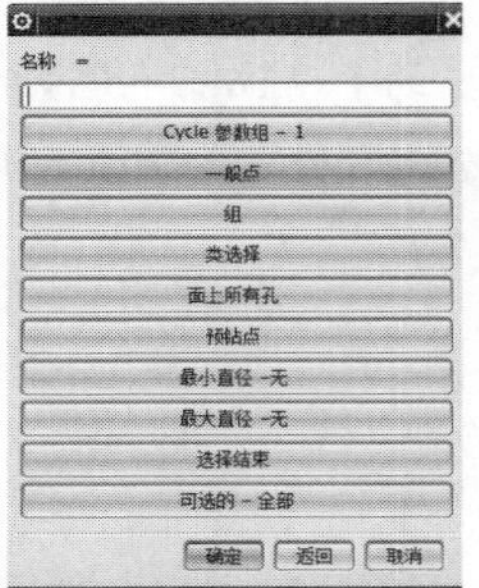

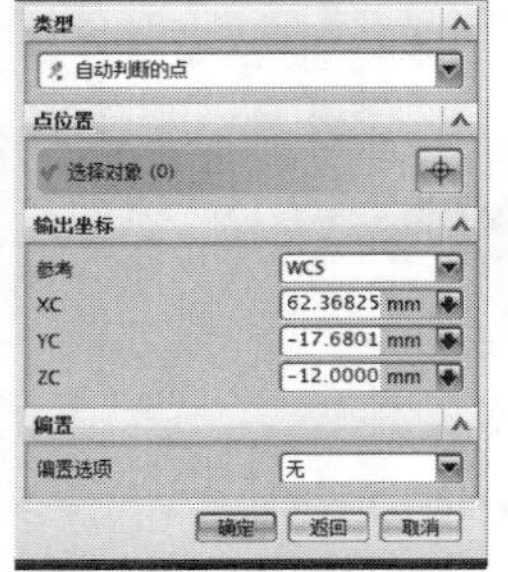

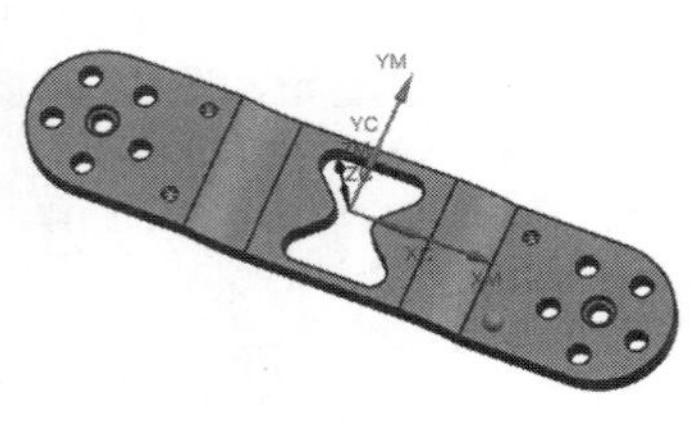

图 4-100 选择孔

步骤 03 单击【确定】按钮返回【攻丝】对话框，刀轴选为“+ZM 轴”，然后单击【循环类型】下的按钮，弹出【指定参数组】对话框，按照图 4-101 所示的步骤设置参数，最小安全距离为“15”，通孔安全距离为“2”。

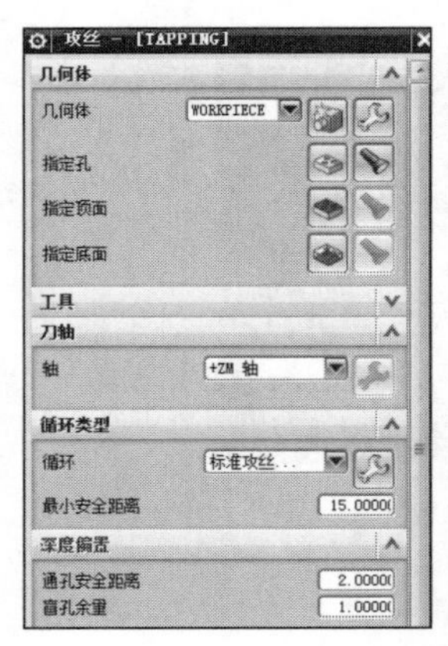

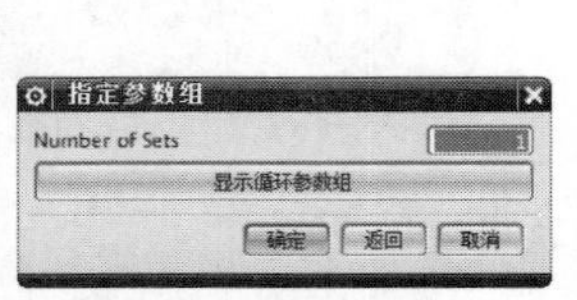

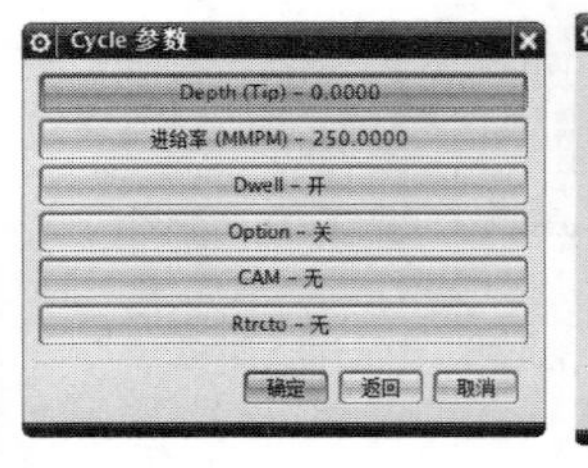

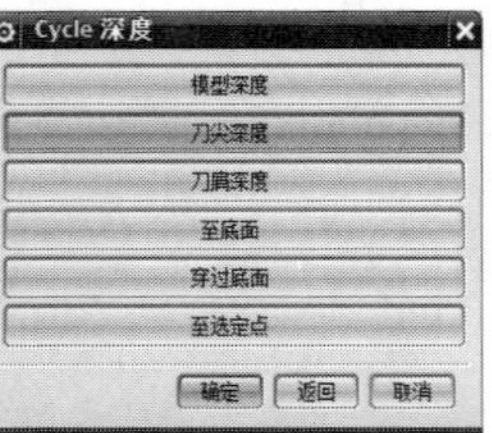

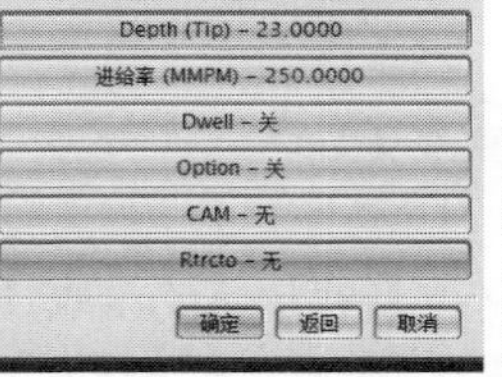

图 4-101 定义循环参数

步骤 04 单击【刀轨设置】下的【进给率和速度】按钮，弹出【进给率和速度】对话框，设置图 4-102 所示的参数。

步骤 05 在【操作】面板中单击【生成】按钮，系统将自动生成加工刀具路径，效果如图 4-103 所示。

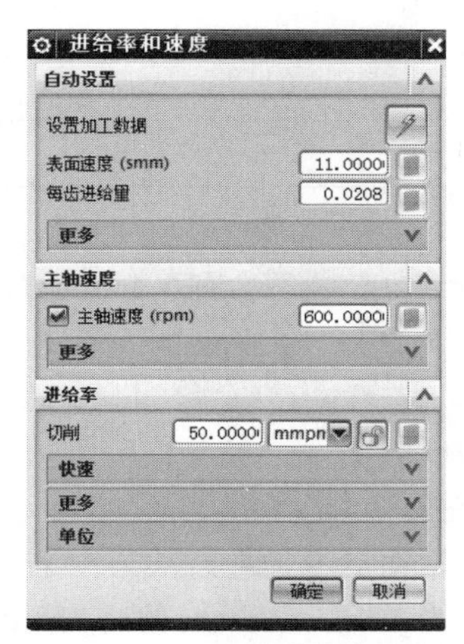

图 4-102　设置进给率和速度

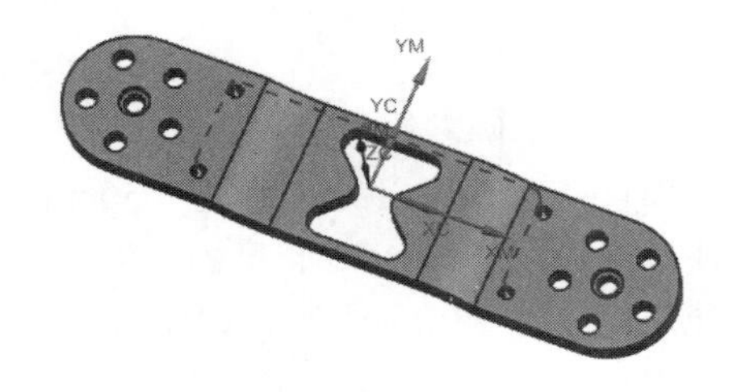

图 4-103　生成刀轨

步骤 06 单击该面板中的【确认刀轨】按钮，在弹出的【刀轨可视化】对话框中展开【2D 动态】选项卡。再单击【播放】按钮，系统将以实体的方式进行切削仿真，效果如图 4-104 所示。

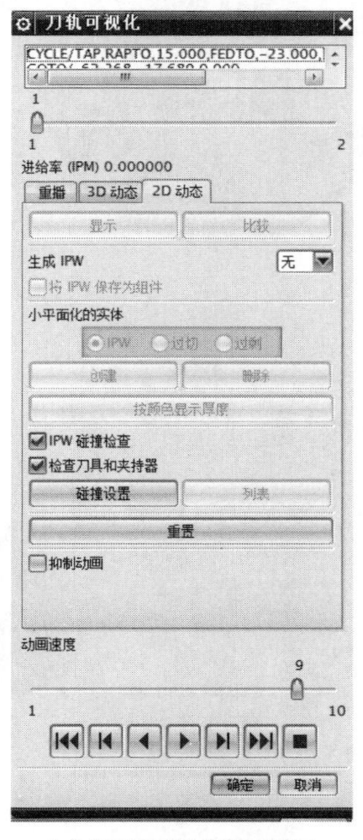

(a)【刀轨可视化】对话框

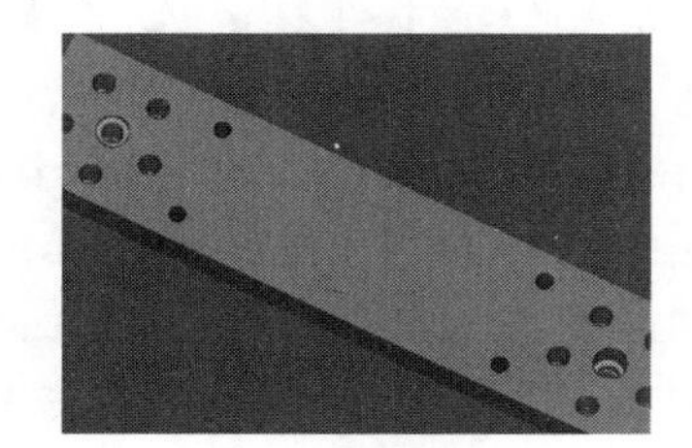

(b) 实体切削仿真

图 4-104　刀轨可视化仿真

4.7.2 法兰类零件加工

打开 UG NX 10.0 软件，按照下面的“开始素材”路径找到本例名为 4.7.2.prt 的文件，按照下面的讲解进行该例加工程序的编制。也可根据与该例对应的视频进行学习。

	开始素材	Prt_start\chapter4\4.7.2.prt
	结果素材	Prt _result\chapter4\4.7.2.prt
	视频位置	Movie\chapter4\4.7.2.avi

1．加工工艺分析

本实例加工模型是一个机械法兰模型，如图 4-105 所示。该模型上有 6 个直径为 ϕ14、孔深为 5mm 的沉头孔；还有 4 个直径为 8mm 的小通孔，中间为直径为 25mm 的大通孔。加工该模型上的孔。钻削加工本例零件的工艺分析如下：

（1）使用直径为“8mm”、长度为“50mm”的中心钻打定位孔；

（2）使用直径为“8mm”、长度为“50mm”的浅孔钻钻 ϕ8 的通孔；

（3）使用直径为“10mm”、长度为“50mm”的浅孔钻钻 ϕ10 通孔；

（4）使用直径为“14mm”、长度为“90mm”的锪孔锪 ϕ14、深 5mm 的沉头孔；

（5）使用直径为“25mm”、长度为“90mm”的镗刀精镗零件中间的 ϕ25 通孔。

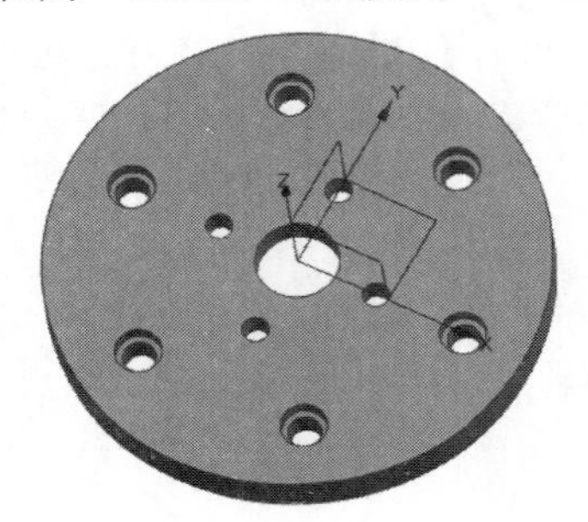

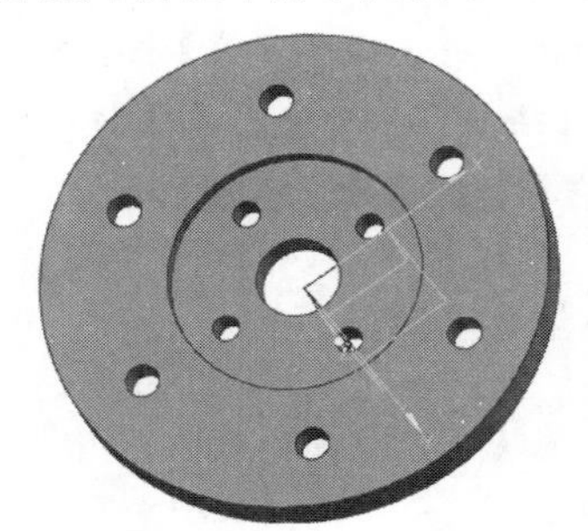

图 4-105　模型

2．公共项目设置

步骤 01 启动 UG NX 10.0 软件，单击【打开文件】按钮，在弹出的对话框中选择本书配套资源文件 4.7.2.prt，单击【确定】按钮，打开该文件。

步骤 02 依次选择【文件】|【应用模块】|【加工】命令，进入加工环境，或者通过快捷键【Ctrl+Alt+M】快速进入加工环境。

步骤 03 在弹出的【加工环境】对话框中选择钻孔加工，单击【确定】按钮，进入钻孔加工环境，如图 4-106 所示。

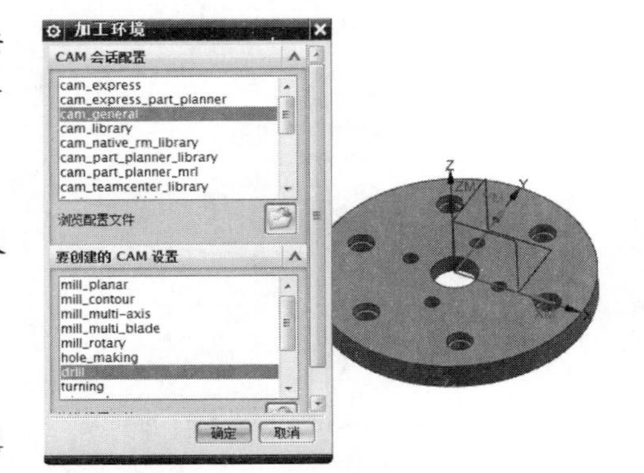

图 4-106　壳体模型

步骤 04 将视图调至【几何视图】，双击工序导航器中的坐标系设置按钮，打开图 4-107 所示的坐标系设置对话框。输入安全距离 10mm，并单击【指定】按钮。然后在弹出的对话框中选择坐标系参考方式为 WCS，如图 4-108 所示。

步骤 05 双击工序导航器下的 WORKPIECE 图标，然后在图 4-109 所示的对话框中单击【指定部件】按钮，并在新打开的对话框中选取图 4-110 所示的模型为几何体。

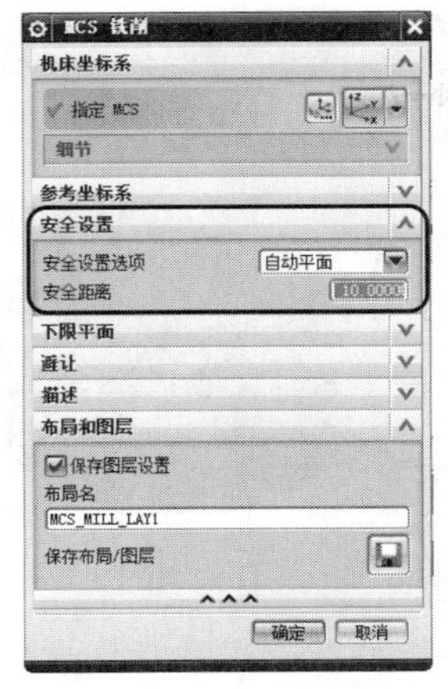

图 4-107　坐标系设置

图 4-108　参数选择

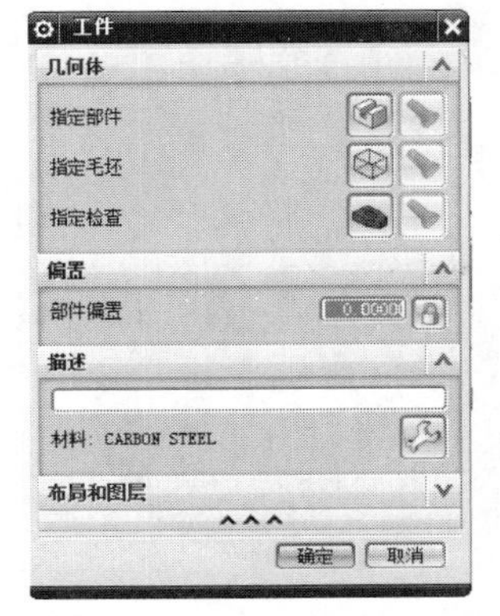

图 4-109　【工件】对话框

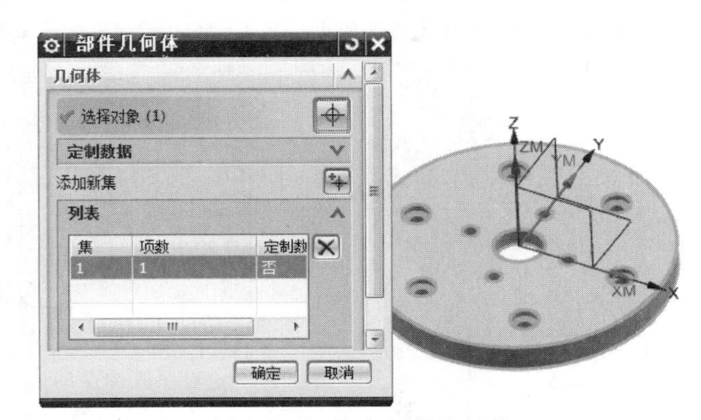

图 4-110　指定部件几何体

步骤 06 选择部件几何体后返回【工件】对话框。此时单击【指定毛坯】按钮，在弹出的对话框的【类型】下拉列表框中选择【包容块】并单击【确定】按钮，右侧将显示自动块毛坯模型，如图 4-111 所示，可根据实际需求调节包容块的尺寸。此处使用默认的设置即可。

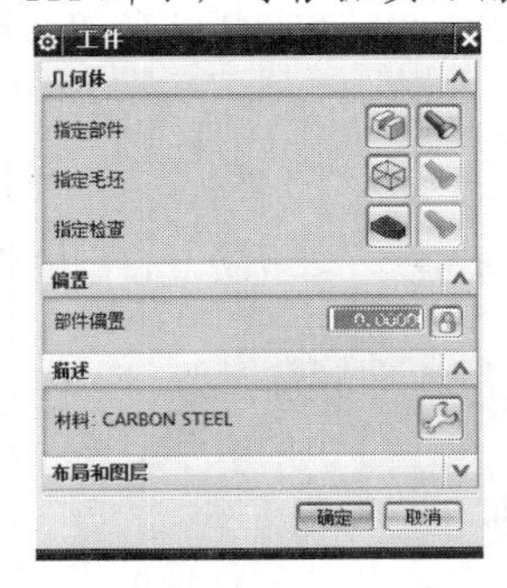

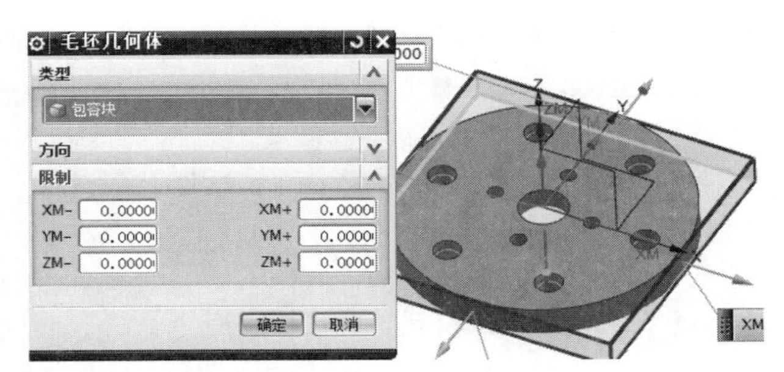

图 4-111　指定毛坯几何体

步骤 07 在【导航器】工具栏中单击【机床视图】按钮，切换导航器中的视图模式。然后在【创建】工具栏中单击【创建刀具】按钮，弹出【创建刀具】对话框。按照图 4-112 所示的步骤新建名称为 T1_Z8 的中心钻，并按照实际设置刀具参数。

步骤 08 在【导航器】工具栏中单击【机床视图】按钮，切换导航器中的视图模式。然后在【创建】工具栏中单击【创建刀具】按钮，弹出【创建刀具】对话框。按照图 4-113 所示的步骤新建名称为 T2_Z10 的浅孔钻，并按照实际设置刀具参数。

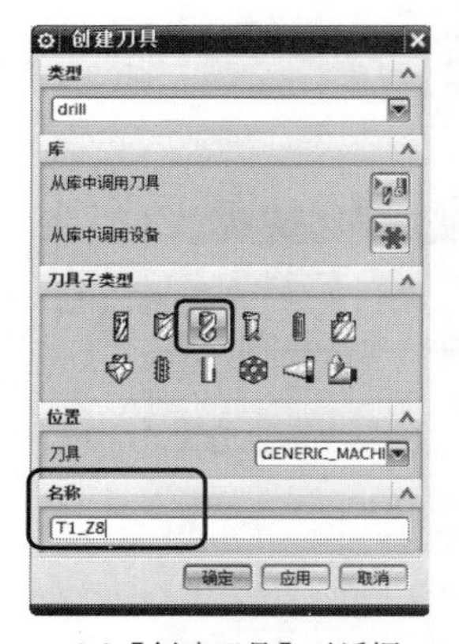
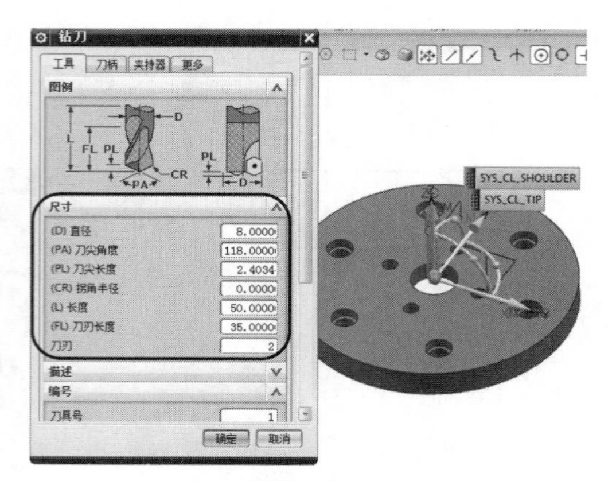

（a）【创建刀具】对话框　　（b）参数设置对话框

图 4-112　创建名为 T1_Z8 的中心钻

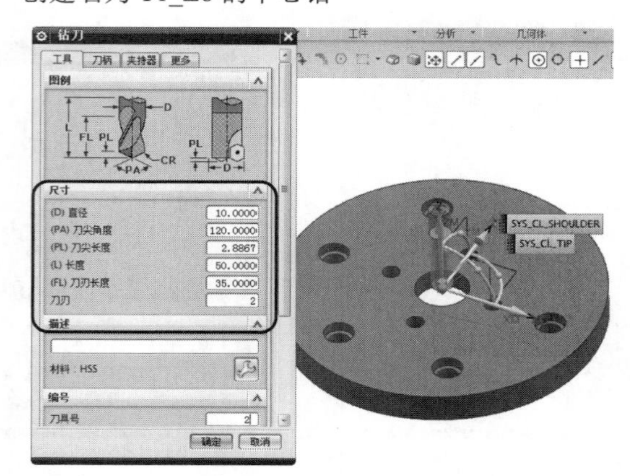

（a）【创建刀具】对话框　　（b）【钻刀】参数设置对话框

图 4-113　创建名为 T2_Z10 的浅孔钻

步骤 09 在【导航器】工具栏中单击【机床视图】按钮，切换导航器中的视图模式。然后在【创建】工具栏中单击【创建刀具】按钮，弹出【创建刀具】对话框。按照图 4-114 所示的步骤新建名称为 T3_Z14 的回铣刀，并按照实际设置刀具参数。

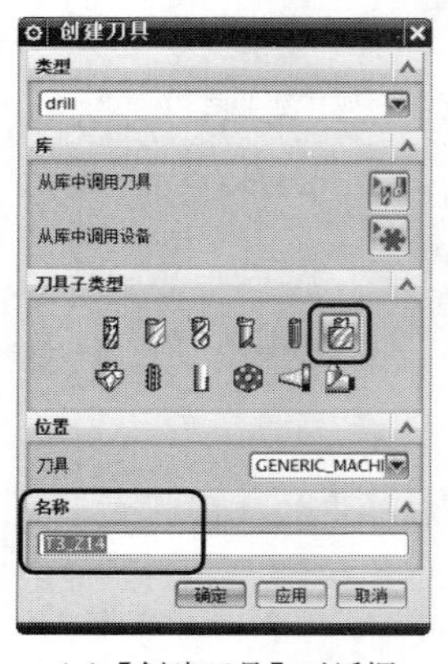
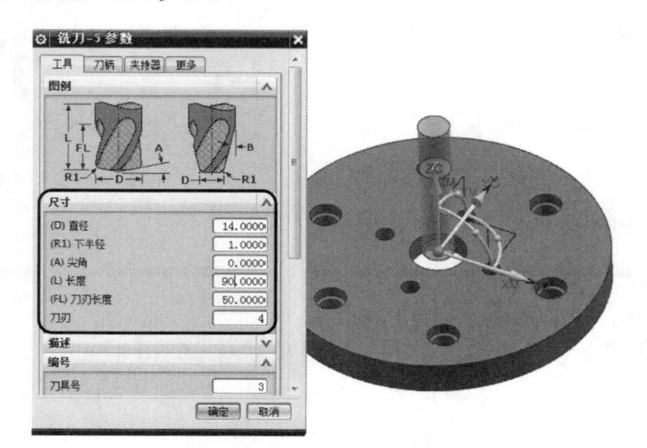

（a）【创建刀具】对话框　　（b）【铣刀-5 参数】对话框

图 4-114　创建名为 T3_Z14 的回铣刀

步骤 10 在【导航器】工具栏中单击【机床视图】按钮，切换导航器中的视图模式。然后在【创

建】工具栏中单击【创建刀具】按钮，弹出【创建刀具】对话框。按照图 4-115 所示的步骤新建名称为 T4_Z25 的镗刀，并按照实际设置刀具参数。

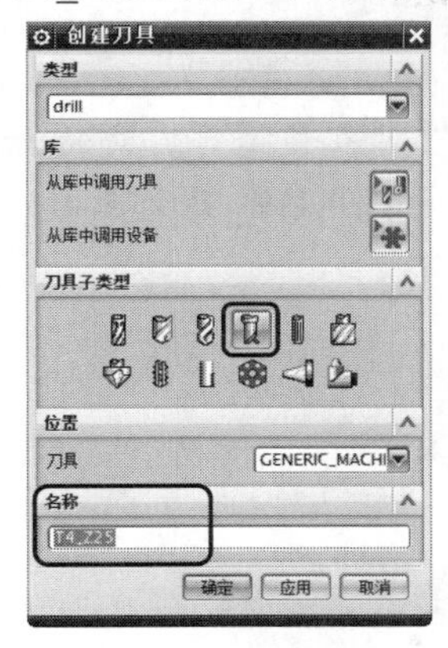

（a）【创建刀具】对话框

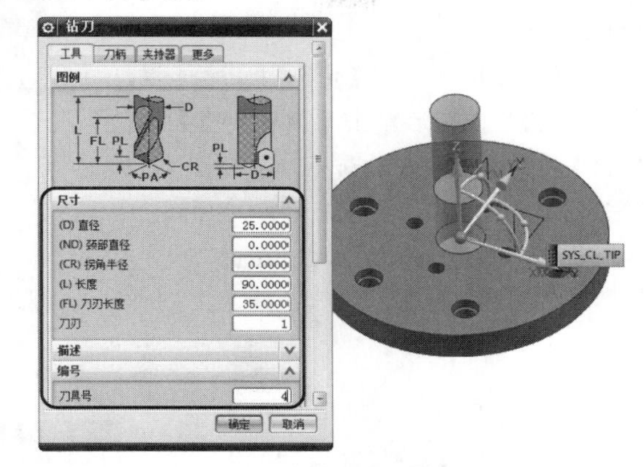

（b）参数设置对话框

图 4-115　创建名为 T4_Z25 的镗刀

3．定心孔的加工

步骤 01 单击【主页】下的【创建工序】按钮，打开【创建工序】对话框，在【类型】下拉列表框中选择【drill】，在【工序子类型】下选择【定心钻】，如图 4-116 所示，弹出【定心钻】对话框，如图 4-117 所示。

图 4-116　【创建工序】选择【定心钻】

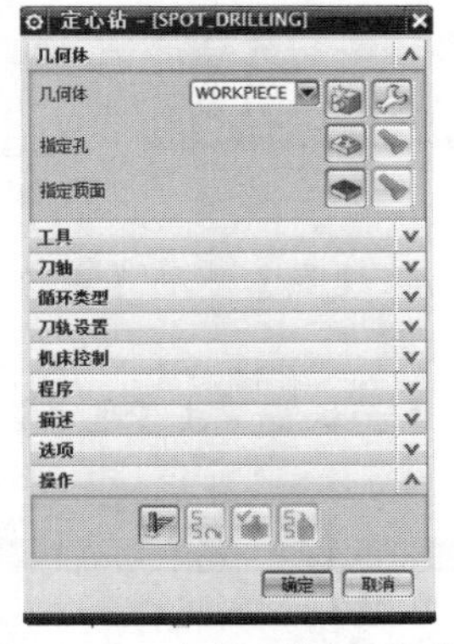

图 4-117　【定心钻】对话框

步骤 02 单击【指定孔】按钮，弹出【点到点几何体】对话框，单击【选择】按钮，再单击【面上所有孔】，然后选择图 4-118 所示的顶面，系统会给面上的孔自动编号，依次单击【确定】按钮。

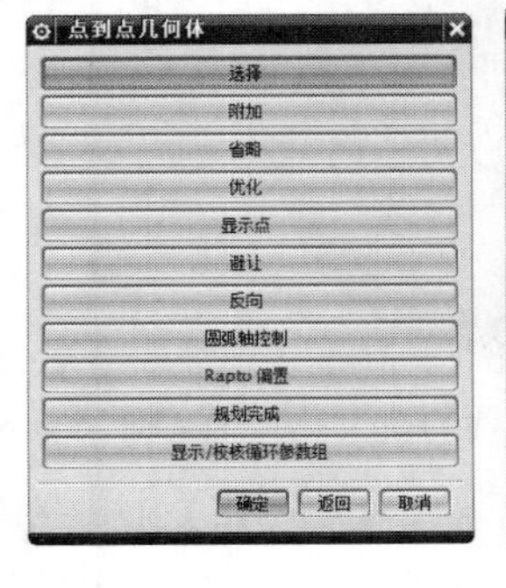

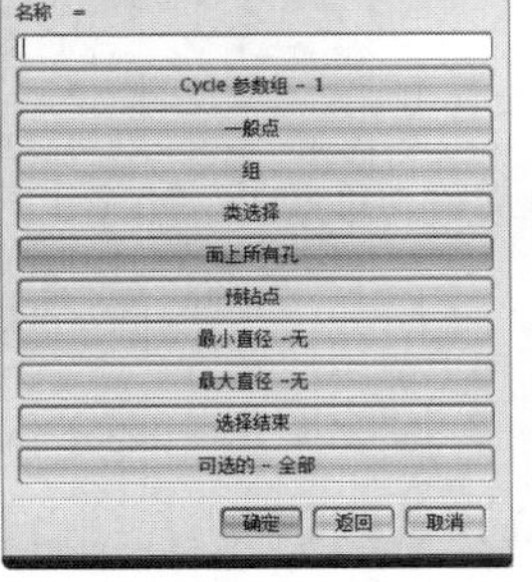

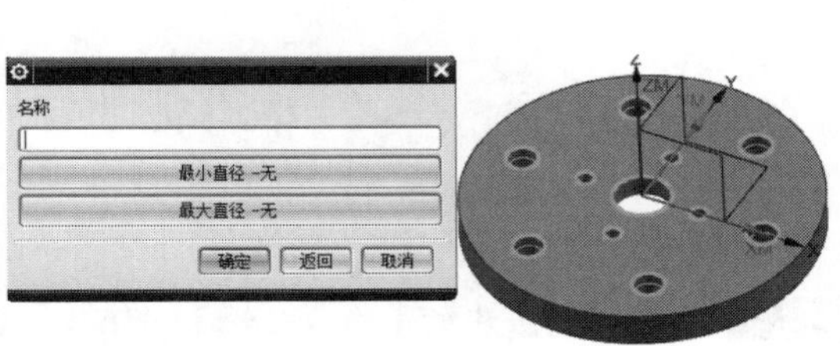

图 4-118　选择孔

步骤 03 单击【确定】按钮，返回【定心钻】对话框，单击【指定顶面】按钮，弹出【顶面】对话框，选择如图 4-119 所示的面。

步骤 04 单击【确定】按钮返回【定心钻】对话框，刀轴选为“+ZM 轴”，然后单击【循环类型】下的按钮，弹出【指定参数组】对话框，按照图 4-120 所示的步骤设置参数，最小安全距离为“20”。

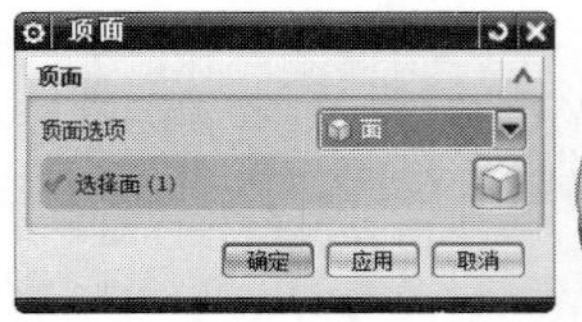

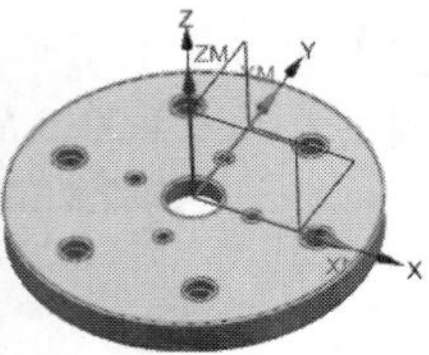

图 4-119　定义顶面

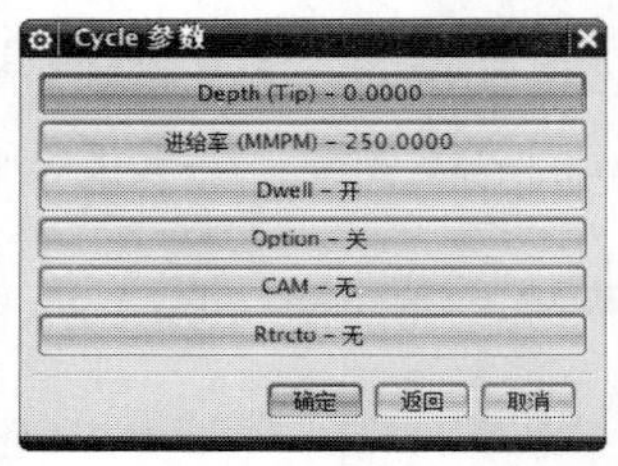

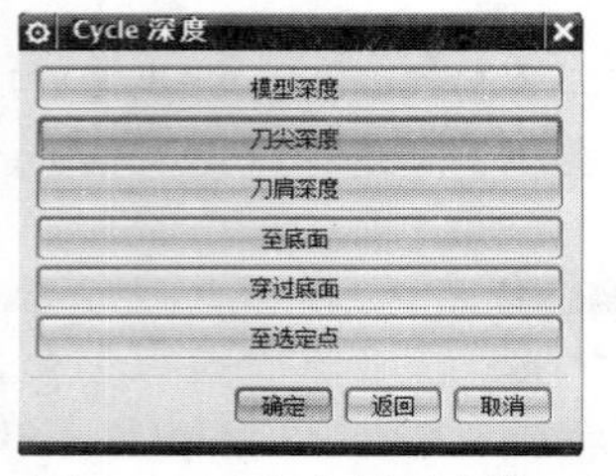

图 4-120　定义循环参数

步骤 05 单击【刀轨设置】下的【进给率和速度】按钮，弹出【进给率和速度】对话框，设置图 4-121 所示的参数。

步骤 06 在【操作】面板中单击【生成】按钮，系统将自动生成加工刀具路径，效果如图 4-122 所示。

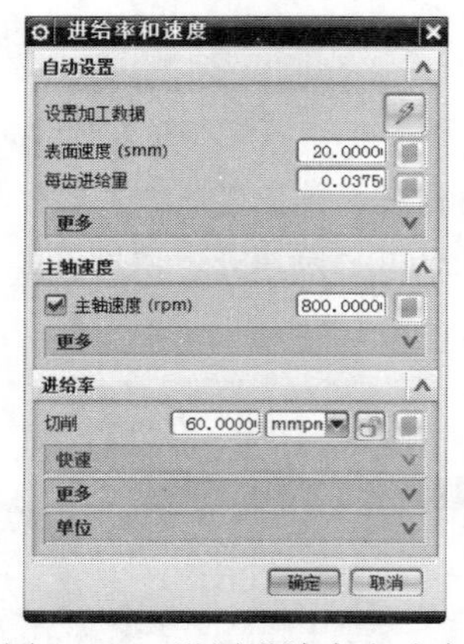

图 4-121　设置进给率和速度

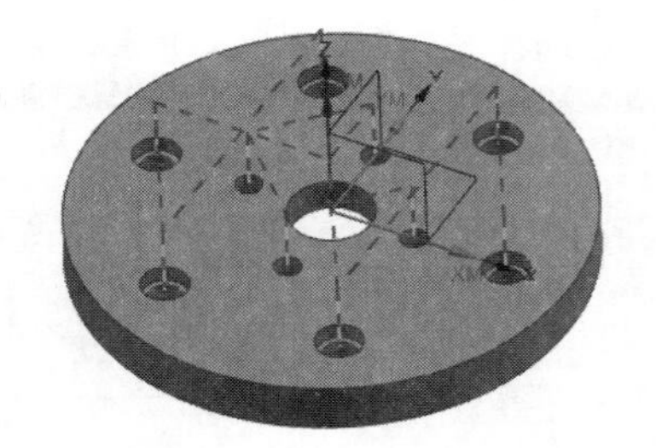

图 4-122　生成刀轨

步骤 07 单击该面板中的【确认刀轨】按钮，在弹出的【刀轨可视化】对话框中展开【2D 动态】选项卡。再单击【播放】按钮，系统将以实体的方式进行切削仿真，效果如图 4-123 所示。

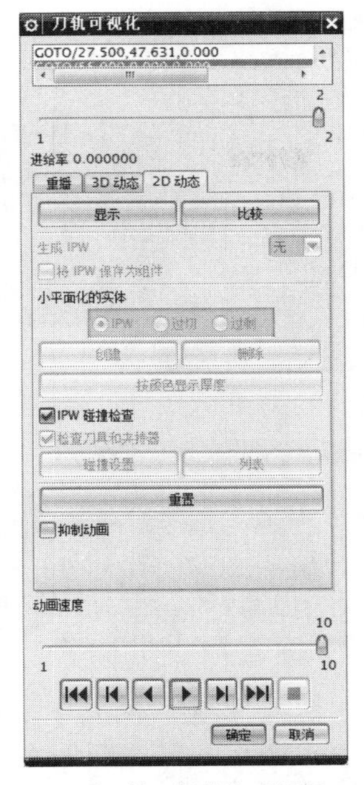

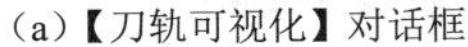
（a）【刀轨可视化】对话框

（b）实体切削仿真

图 4-123　刀轨可视化仿真

4．通孔加工

步骤 01 单击【主页】下的【创建工序】按钮，弹出【创建工序】对话框，在【类型】下拉列表框中选择【drill】，在【工序子类型】下选择【钻孔】，如图 4-124 所示，弹出【钻孔】对话框，如图 4-125 所示。

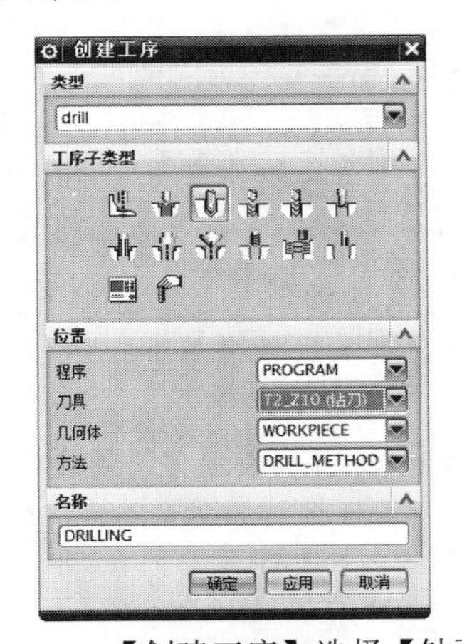

图 4-124　【创建工序】选择【钻孔】

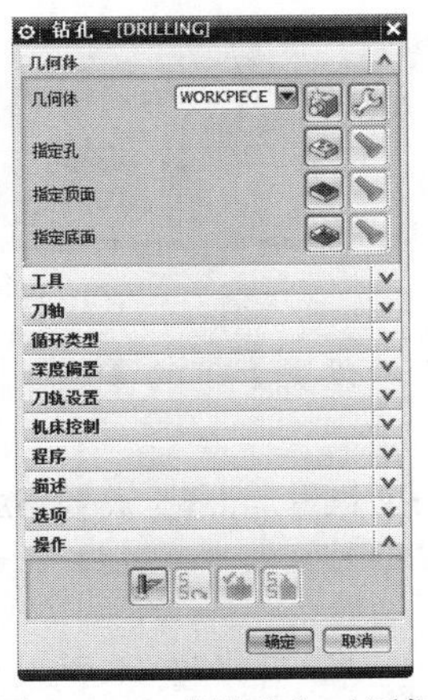

图 4-125　【钻孔】对话框

步骤 02 单击【指定孔】按钮，弹出【点到点几何体】对话框，单击【选择】按钮，然后依次选择图 4-126 所示面上的孔，单击【确定】按钮。

步骤 03 单击【确定】按钮，返回【钻孔】对话框，单击【指定顶面】按钮，弹出【顶面】对话框，选择图 4-127 所示的面。

步骤 04 单击【确定】按钮，返回【钻孔】对话框，单击【指定底面】按钮，弹出【底面】对话框，选择图 4-128 所示的面。

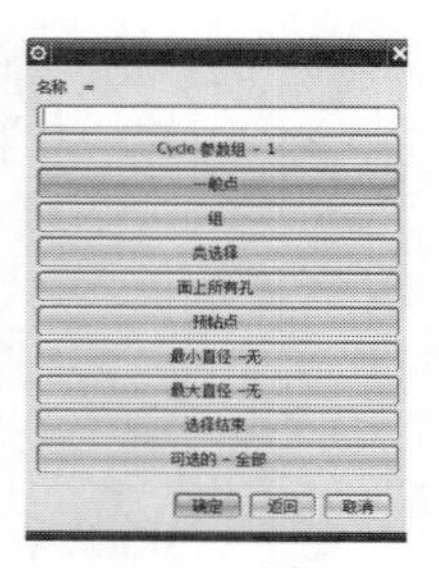
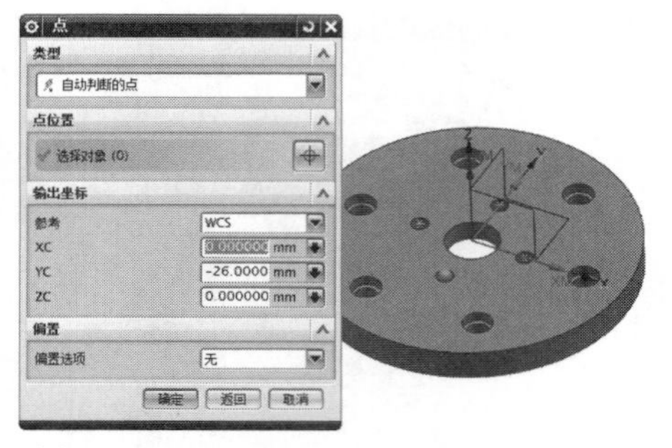

图 4-126 选择孔

图 4-127 定义顶面

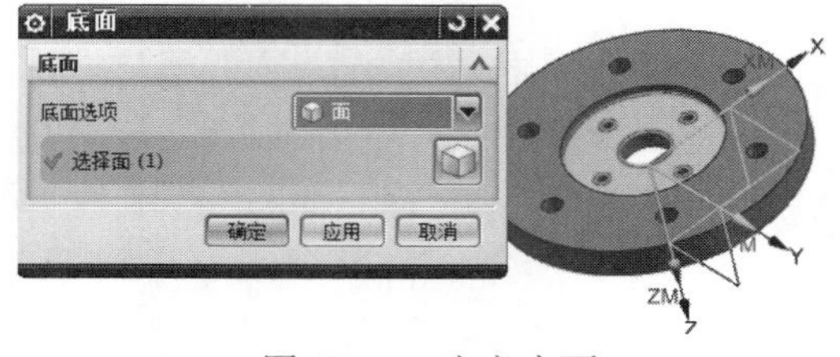

图 4-128 定义底面

步骤 05 单击【确定】按钮返回【钻孔】对话框，刀轴选择“+ZM 轴”，然后单击【循环类型】下的按钮，弹出【指定参数组】对话框，按照图 4-129 所示的步骤设置参数，最小安全距离为“20”，通孔安全距离为“3”。

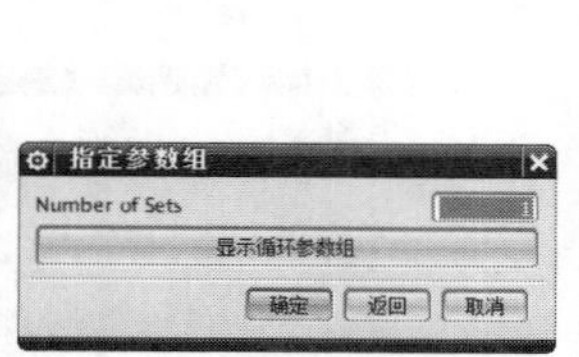
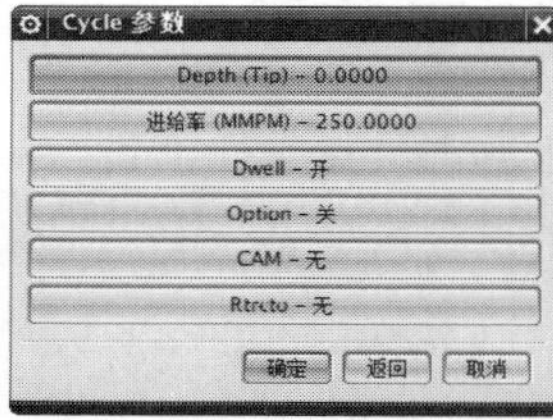
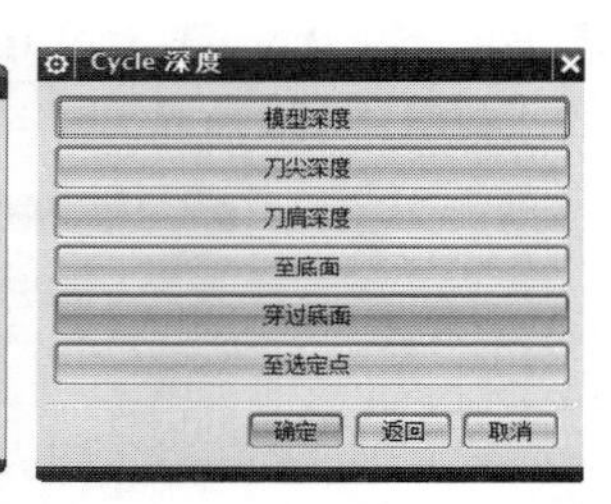

图 4-129 定义循环参数

步骤 06 单击【刀轨设置】下的【进给率和速度】按钮，弹出【进给率和速度】对话框，设置图 4-130 所示的参数。

步骤 07 在【操作】面板中单击【生成】按钮，系统将自动生成加工刀具路径，效果如图 4-131 所示。

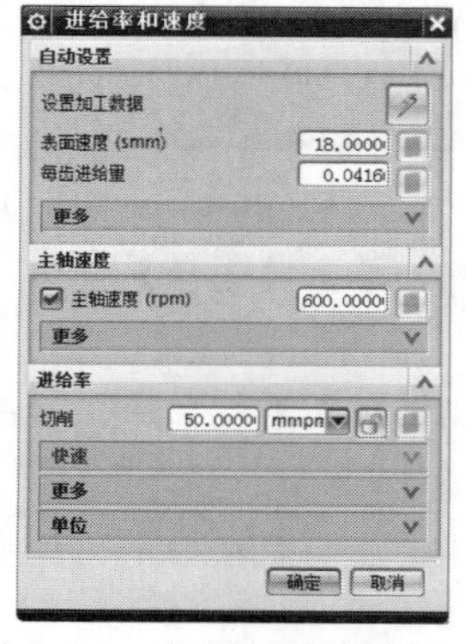

图 4-130 设置进给率和速度

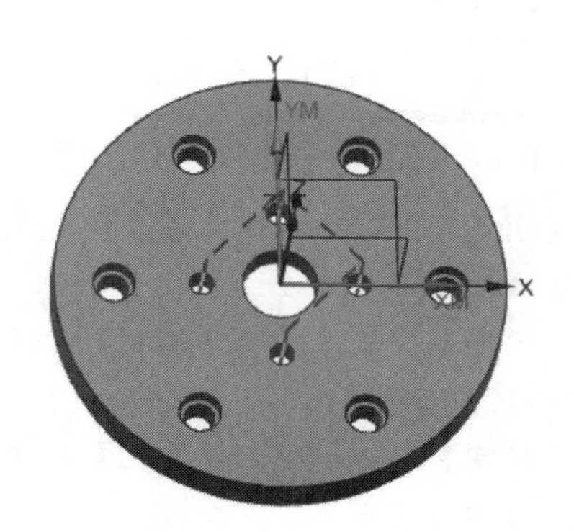

图 4-131 生成刀轨

步骤 08 单击该面板中的【确认刀轨】按钮，在弹出的【刀轨可视化】对话框中展开【2D 动态】选项卡。再单击【播放】按钮，系统将以实体的方式进行切削仿真，效果如图 4-132 所示。

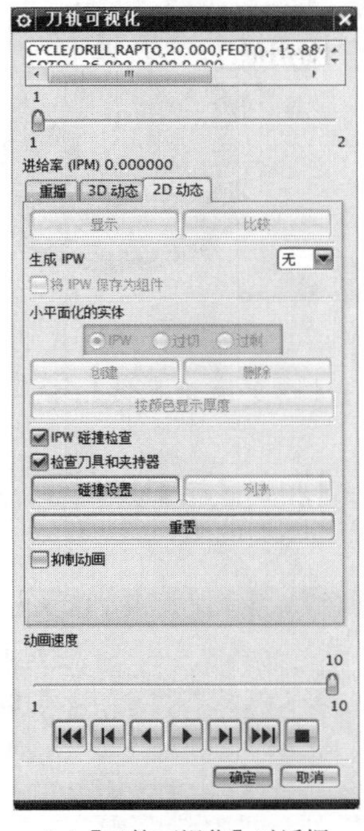

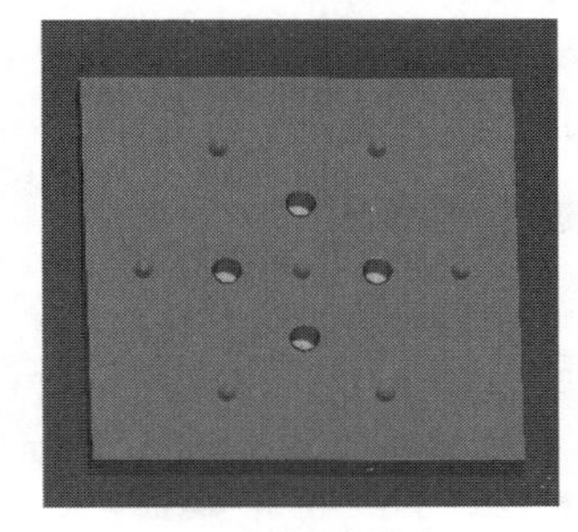

（a）【刀轨可视化】对话框　　（b）实体切削仿真

图 4-132　刀轨可视化仿真

5. 中心孔精镗加工

步骤 01 单击【主页】下的【创建工序】按钮，弹出【创建工序】对话框，在【类型】下拉列表框中选择【drill】选项，在【工序子类型】下选择【镗孔】，如图 4-133 所示，弹出【镗孔】对话框，如图 4-134 所示。

图 4-133　【创建工序】选择【镗孔】

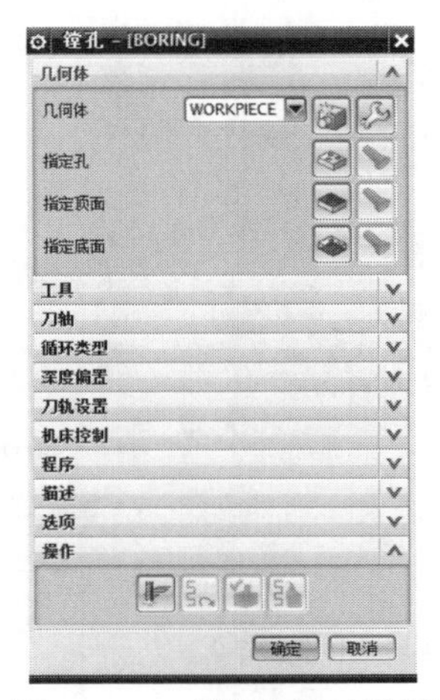

图 4-134　【镗孔】对话框

步骤 02 单击【指定孔】按钮，弹出【点到点几何体】对话框，单击【选择】按钮，再单击【中心通孔】按钮，单击【确定】按钮，如图 4-135 所示。

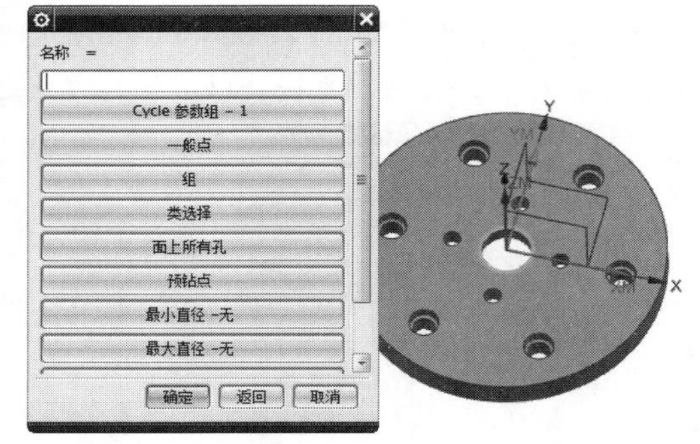

图 4-135　选择孔

步骤 03 单击【确定】按钮，返回【镗孔】对话框，单击【指定顶面】按钮，弹出【顶面】对话框，选择图 4-136 所示的面。

步骤 04 单击【确定】按钮，返回【镗孔】对话框，单击【指定底面】按钮，弹出【底面】对话框，选择图 4-137 所示的面。

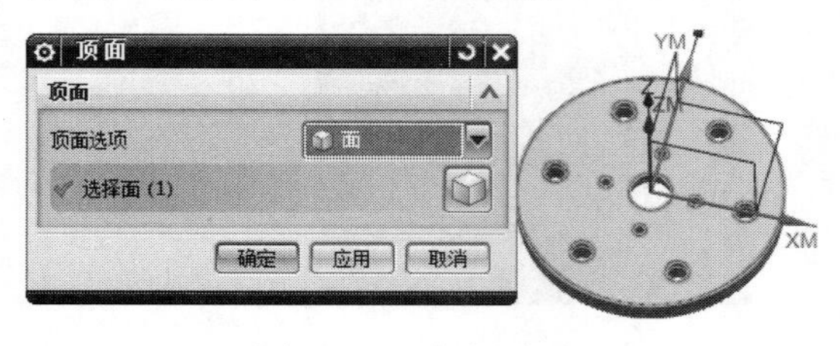

图 4-136　定义顶面

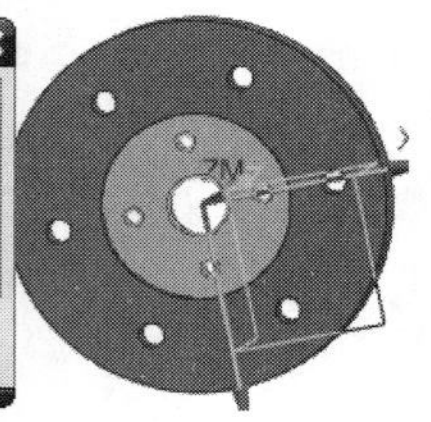

图 4-137　定义底面

步骤 05 单击【确定】按钮，返回【镗孔】对话框，刀轴选择“+ZM 轴”，然后单击【循环类型】下的按钮，弹出【指定参数组】对话框，按照图 4-138 所示的步骤设置参数，最小安全距离为“20”，通孔安全距离为“3”。

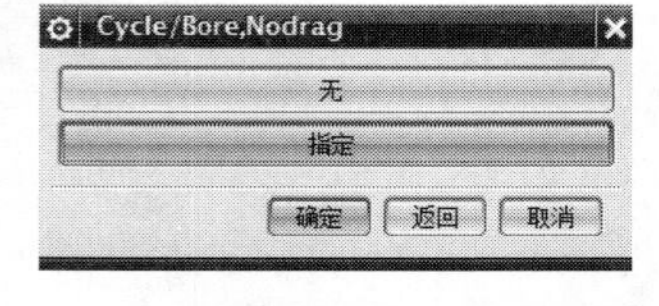

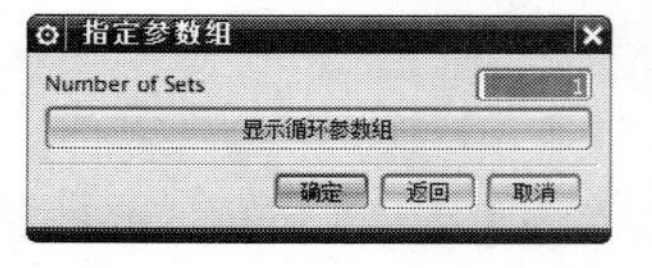

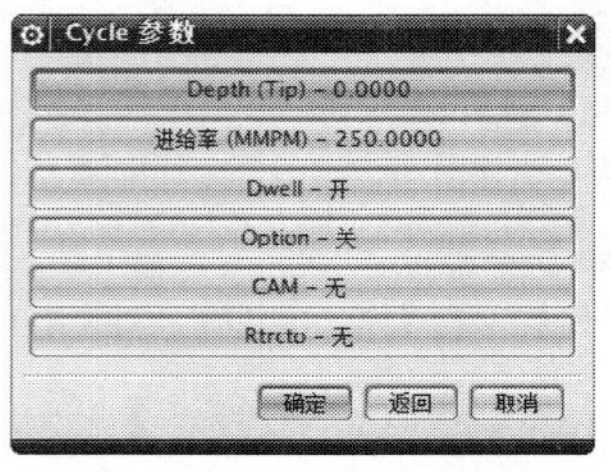

Cycle 深度：模型深度、刀尖深度、刀肩深度、至底面、穿过底面、至选定点；确定、返回、取消

图 4-138　定义循环参数

步骤 06 单击【刀轨设置】下的【进给率和速度】按钮，弹出【进给率和速度】对话框，设置图 4-139 所示的参数。

步骤 07 在【操作】面板中单击【生成】按钮，系统将自动生成加工刀具路径，效果如图 4-140 所示。

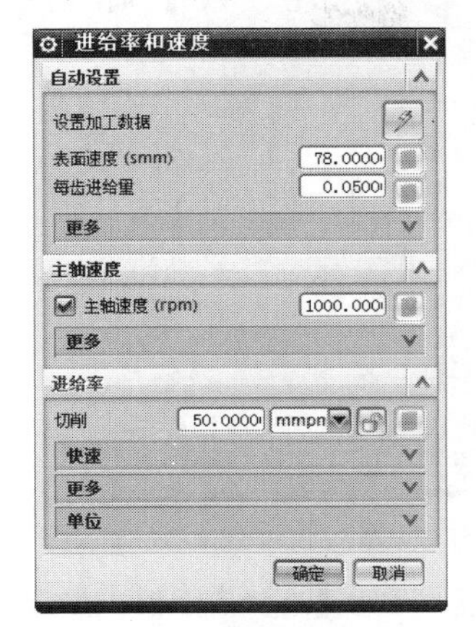

图 4-139　设置进给率和速度

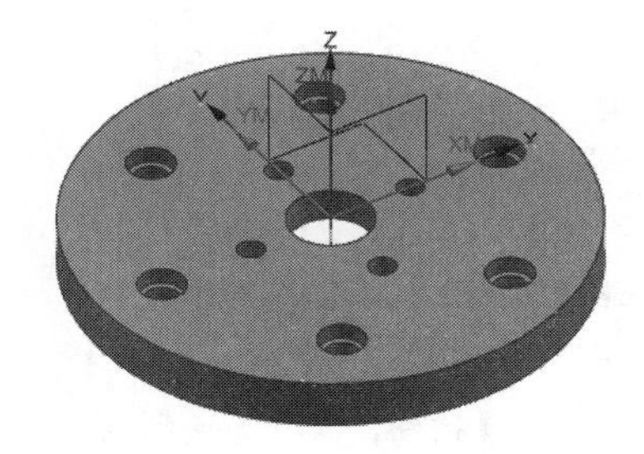

图 4-140　生成刀轨

步骤 08 单击该面板中的【确认刀轨】按钮，在弹出的【刀轨可视化】对话框中展开【2D 动态】选项卡。再单击【播放】按钮，系统将以实体的方式进行切削仿真，效果如图 4-141 所示。

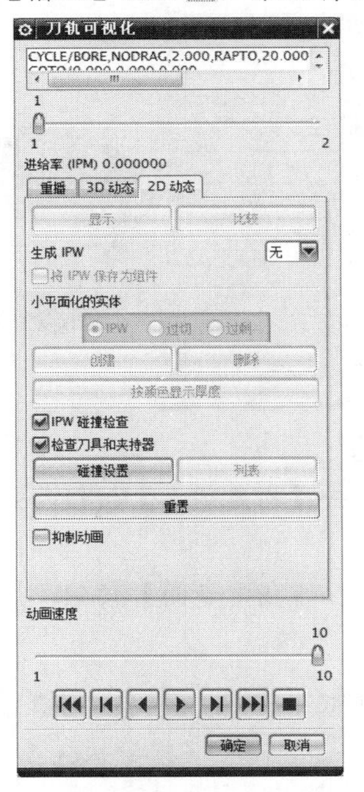

（a）【刀轨可视化】对话框

（b）实体切削仿真

图 4-141　刀轨可视化仿真

6．导出孔精镗加工

步骤 01 单击【主页】下的【创建工序】按钮，弹出【创建工序】对话框，在【类型】下拉列表框中选择【drill】选项，在【工序子类型】下选择【镗孔】，如图 4-142 所示，弹出【镗孔】对话框，如图 4-143 所示。

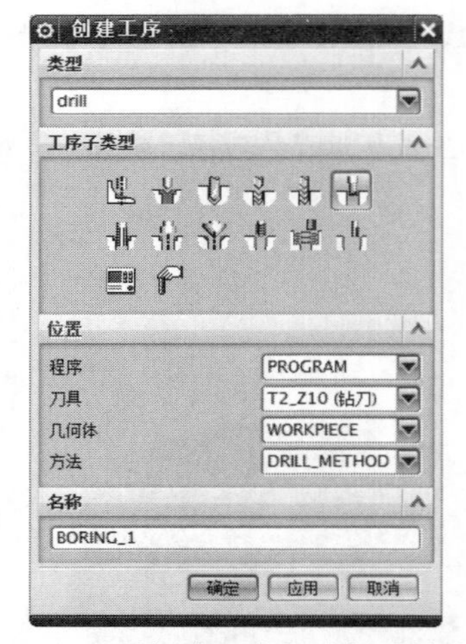

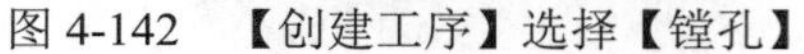
图 4-142 【创建工序】选择【镗孔】

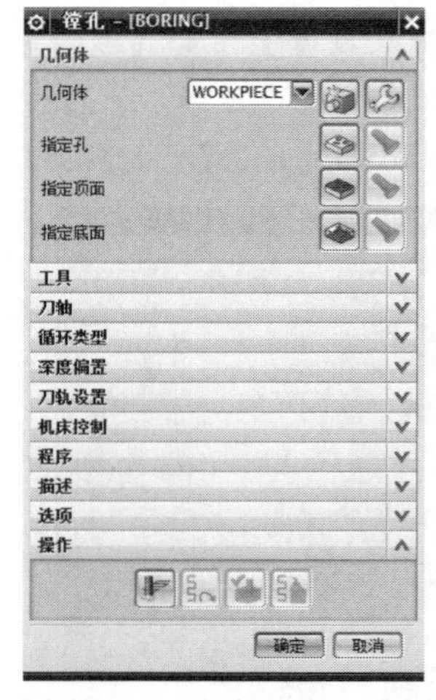

图 4-143 【镗孔】对话框

步骤 02 单击【指定孔】按钮，弹出【点到点几何体】对话框，单击【选择】按钮，然后选择图 4-144 所示面上的 6 个通孔，单击【确定】按钮。

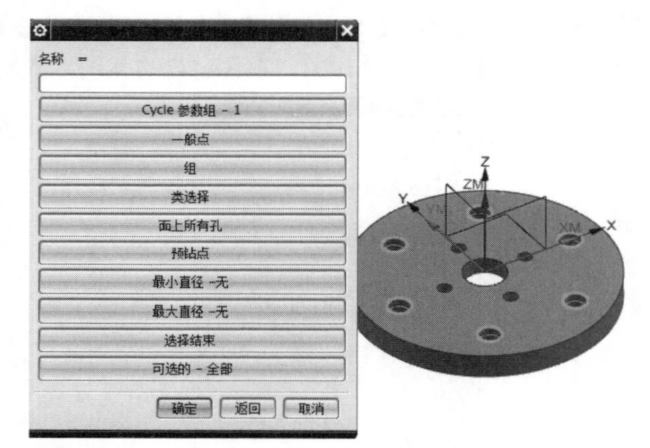

图 4-144 选择孔

步骤 03 单击【确定】按钮，返回【镗孔】对话框，单击【指定顶面】按钮，弹出【顶面】对话框，选择图 4-145 所示的面。

步骤 04 单击【确定】按钮，返回【镗孔】对话框，单击【指定底面】按钮，弹出【底面】对话框，选择图 4-146 所示的面。

图 4-145 定义顶面

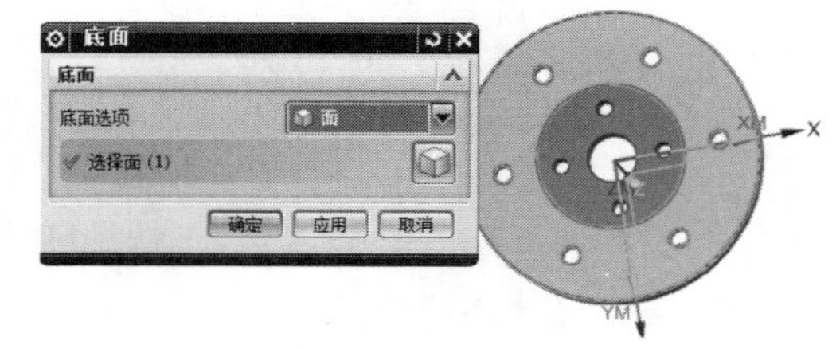

图 4-146 定义底面

步骤 05 单击【确定】按钮，返回【镗孔】对话框，刀轴选择“+ZM 轴”，然后单击【循环类型】下的按钮，弹出【指定参数组】对话框，按照图 4-147 所示的步骤设置参数，最小安全距离为“20”，通孔安全距离为“3”。

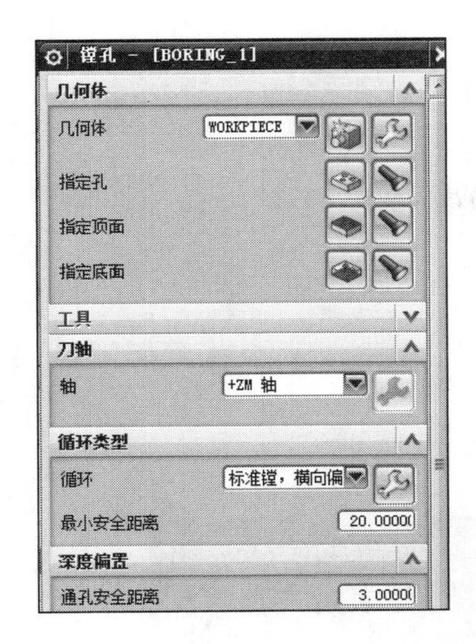

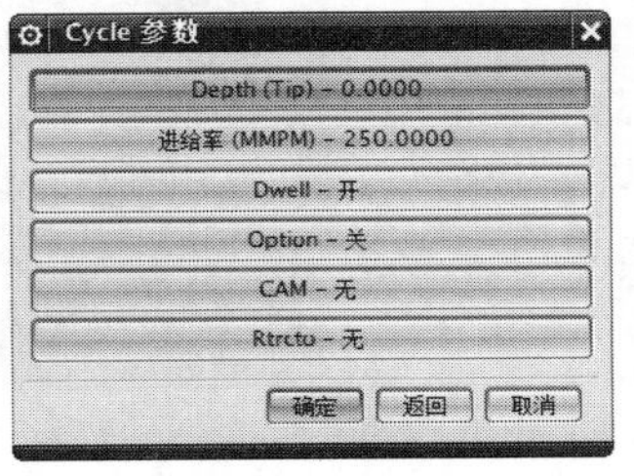

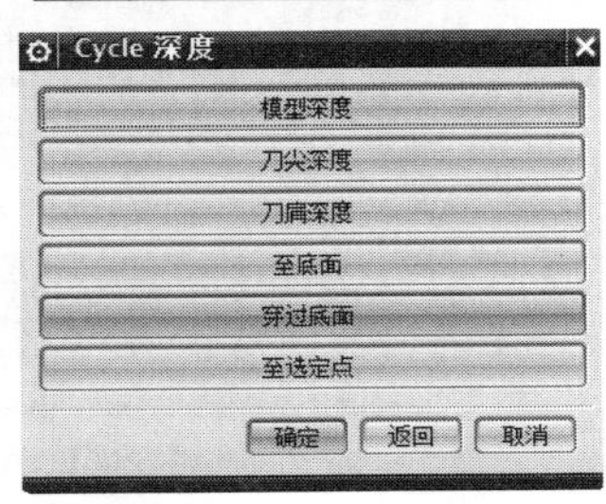

图 4-147 定义循环参数

步骤 06 单击【刀轨设置】下的【进给率和速度】按钮，弹出【进给率和速度】对话框，设置图 4-148 所示的参数。

步骤 07 在【操作】面板中单击【生成】按钮，系统将自动生成加工刀具路径，效果如图 4-149 所示。

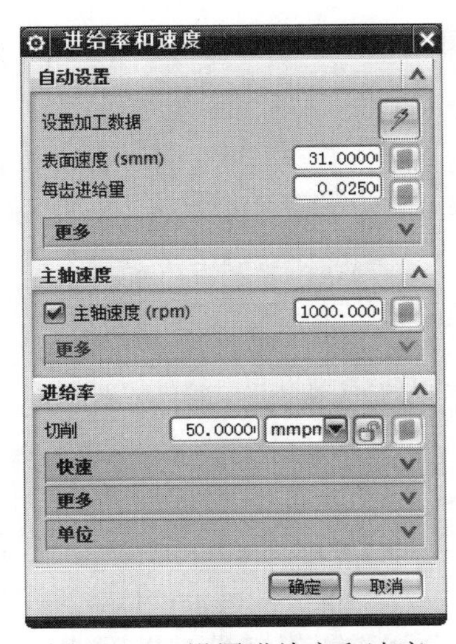

图 4-148 设置进给率和速度

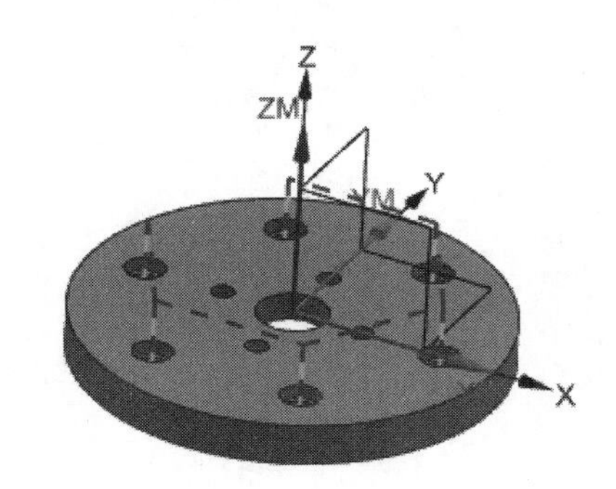

图 4-149 生成刀轨

步骤 08 单击该面板中的【确认刀轨】按钮，在弹出的【刀轨可视化】对话框中展开【2D 动态】选项卡。再单击【播放】按钮，系统将以实体的方式进行切削仿真，效果如图 4-150 所示。

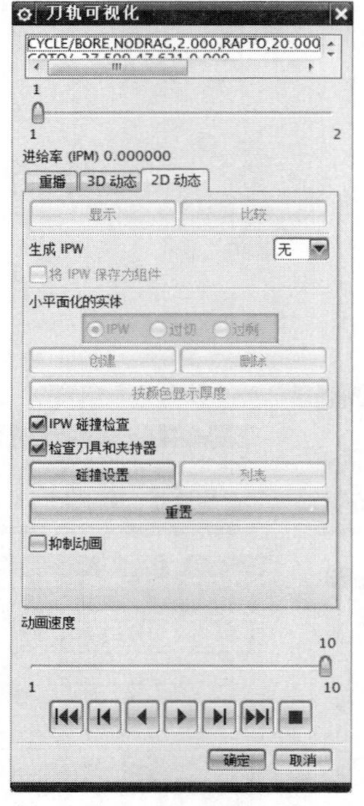
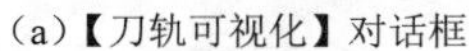

（a）【刀轨可视化】对话框

（b）实体切削仿真

图 4-150　刀轨可视化仿真

7. 沉头孔加工

步骤 01 单击【主页】下的【创建工序】按钮，弹出【创建工序】对话框，在【类型】下拉列表框中选择【drill】选项，在【工序子类型】下选择【沉头孔加工】，如图 4-151 所示，弹出【沉头孔加工】对话框，如图 4-152 所示。

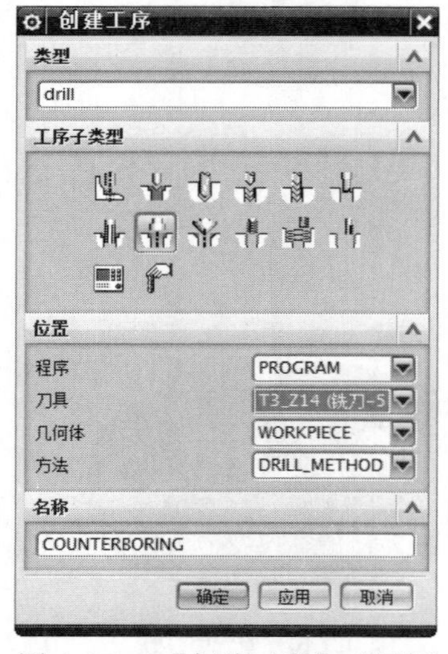

图 4-151　【创建工序】对话框

图 4-152　【沉头孔加工】对话框

步骤 02 单击【指定孔】按钮，弹出【点到点几何体】对话框，单击【选择】按钮，然后依次选择图 4-153 所示面上的 6 个通孔，单击【确定】按钮。

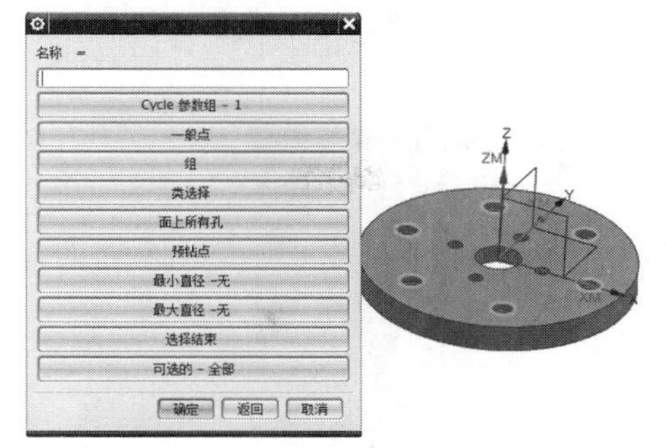

图 4-153　选择孔

步骤 03 单击【确定】按钮，返回【沉头孔加工】对话框，单击【指定顶面】按钮，弹出【顶面】对话框，选择图 4-154 所示的面。

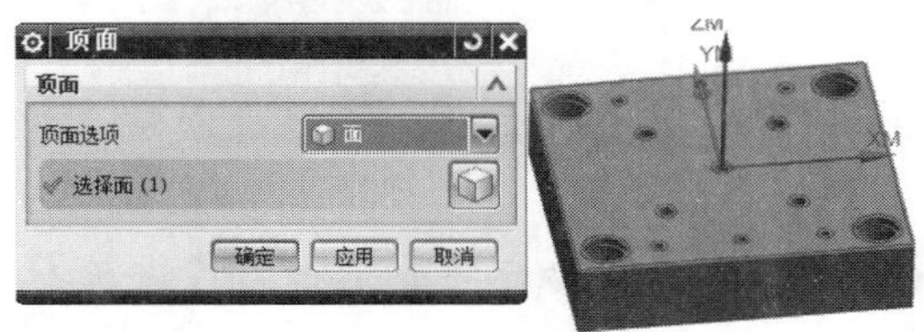

图 4-154　定义顶面

步骤 04 单击【确定】按钮，返回【沉头孔加工】对话框，刀轴选择“+ZM 轴”，然后单击【循环类型】下的按钮，弹出【指定参数组】对话框，按照图 4-155 所示的步骤设置参数，最小安全距离为“20”。

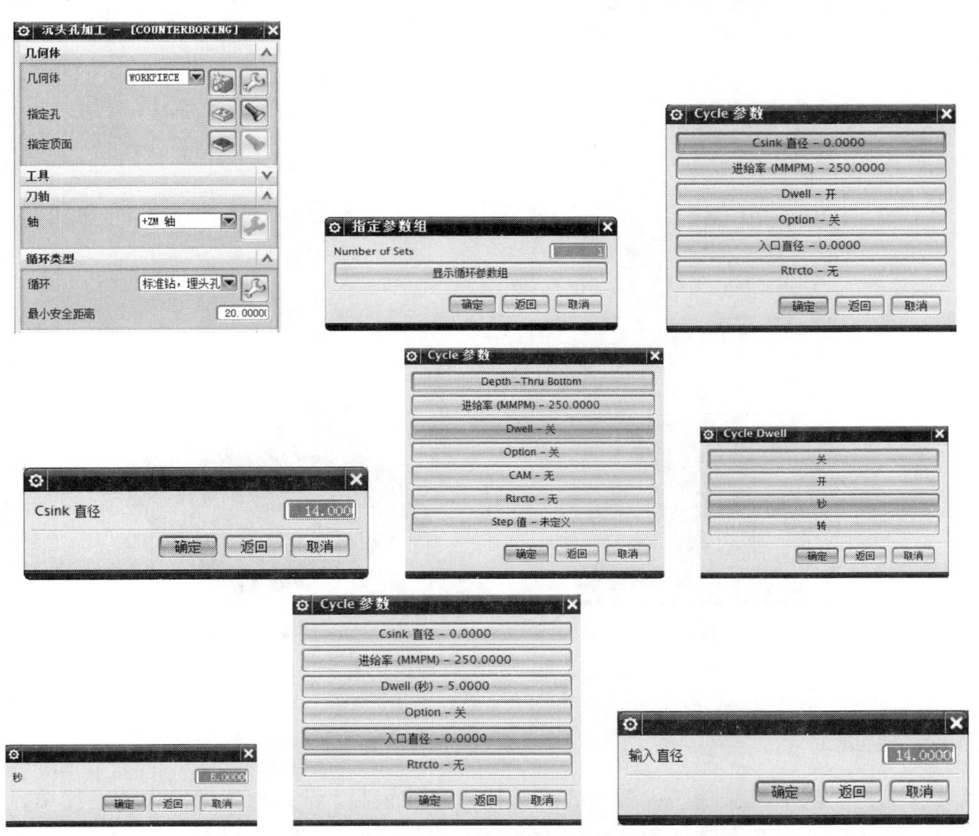

图 4-155　定义循环参数

步骤 05 单击【刀轨设置】下的【进给率和速度】按钮，弹出【进给率和速度】对话框，设置图 4-156 所示的参数。

步骤 06 在【操作】面板中单击【生成】按钮，系统将自动生成加工刀具路径，效果如图 4-157 所示。

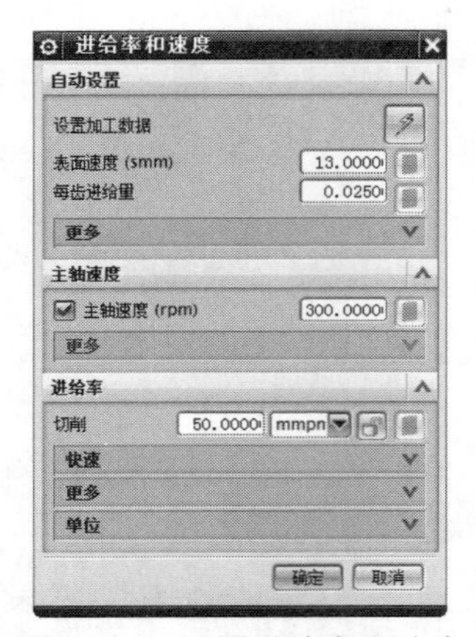

图 4-156 设置进给率和速度

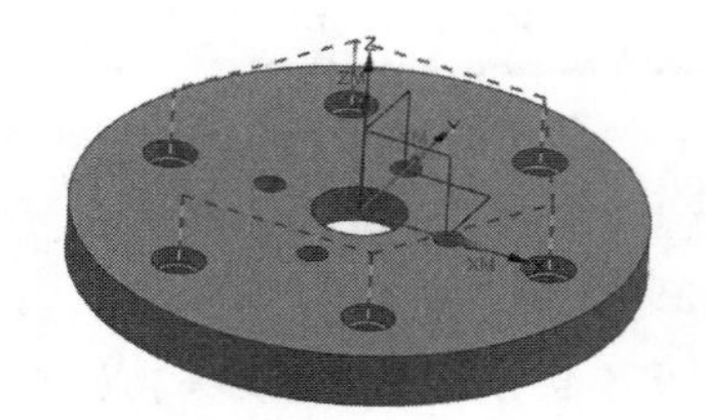

图 4-157 生成刀轨

步骤 07 单击该面板中的【确认刀轨】按钮，在弹出的【刀轨可视化】对话框中展开【2D 动态】选项卡。再单击【播放】按钮，系统将以实体的方式进行切削仿真，效果如图 4-158 所示。

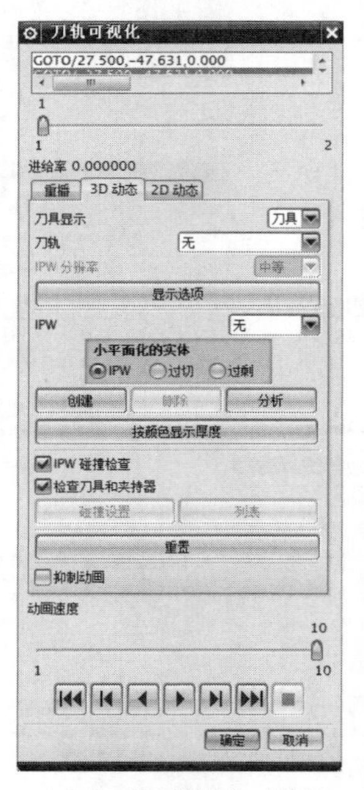

(a)【刀轨可视化】对话框

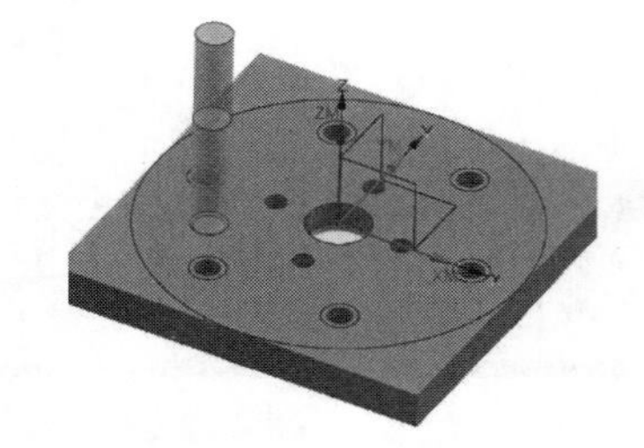

(b) 实体切削仿真

图 4-158 刀轨可视化仿真

4.7.3 模具加工

模具加工主要用于机械制造中各种孔的数控程序的编制。钻削加工的操作比较简单，下面以两个典型的模具零件和金属铸件的孔加工实例来说明其操作过程。在模具零件部件中，动、定模板上通常有用于定出制品或凝料的顶针孔和导柱孔，有些孔可以（比较大的孔），但对于较小的孔类型只能进行孔加工操作。本例的模具零模板的结构图如图 4-159 所示。

打开 UG NX 10.0 软件，按照下面的“开始素材”路径找到本例名为 4.7.3.prt 的文件，按照下面的讲解进行该例加工程序的编制。也可根据与该例对应的视频进行学习。

	开始素材	Prt_start\chapter 4\4.7.3.prt
	结果素材	Prt _result\chapter 4\4.7.3.prt
	视频位置	Movie\chapter 4\4.7.3avi

1．加工工艺分析

钻削加工本例零件的工艺分析如下：

（1）使用直径为“10mm”、长度为“90mm”的中心钻打定位孔；

（2）使用直径为“12mm”、长度为“90mm”的浅孔钻钻 ϕ12 的盲孔；

（3）使用直径为“16mm”、长度为“150mm”的深孔钻钻 ϕ16 通孔；

（4）使用直径为“28mm”、长度为“150mm”的深孔钻钻导柱孔；

图 4-159　动模板结构图

（5）使用直径为“30mm”、长度为“150mm”的镗刀精镗导柱孔；

（6）使用直径为“36mm”、长度为“150mm”的锪孔锪 ϕ36、深 8mm 的沉头孔。

2．公共项目设置

步骤 01 启动 UG NX 10.0 软件，单击【打开文件】按钮，在弹出的对话框中选择本书配套资源文件 4.7.3.prt，单击【确定】按钮，打开该文件。

步骤 02 依次选择【文件】|【应用模块】|【加工】命令，进入加工环境，或者通过快捷键【Ctrl+Alt+M】快速进入加工环境。

步骤 03 从弹出的图 4-160 所示的【加工环境】对话框中选择钻削加工，单击【确定】按钮进入钻削加工环境。

步骤 04 将视图调至【几何视图】，双击工序导航器中的坐标系设置按钮，打开图 4-161 所示的坐标系设置对话框。输入安全距离 10，并单击【指定】按钮。

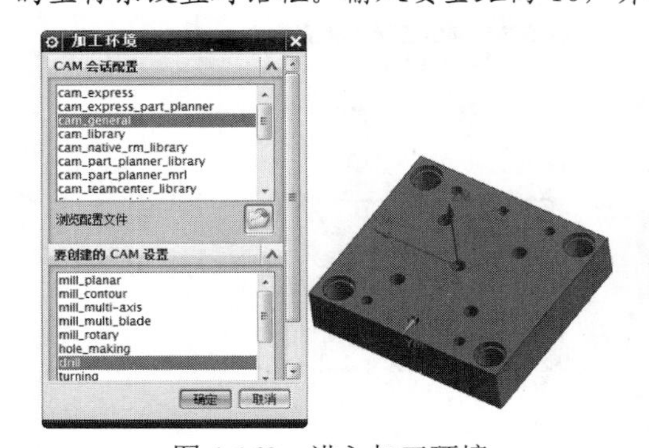

图 4-160　进入加工环境

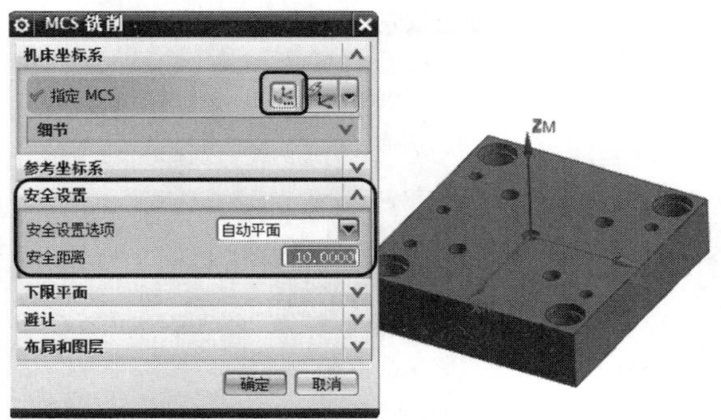

图 4-161　坐标系参数的设置

步骤 05 双击工序导航器下的 WORKPIECE 图标，然后在图 4-162 所示的对话框中单击【指定部件】按钮，并在新打开的对话框中选取图 4-163 所示的模型为几何体。

图 4-162 【工件】对话框

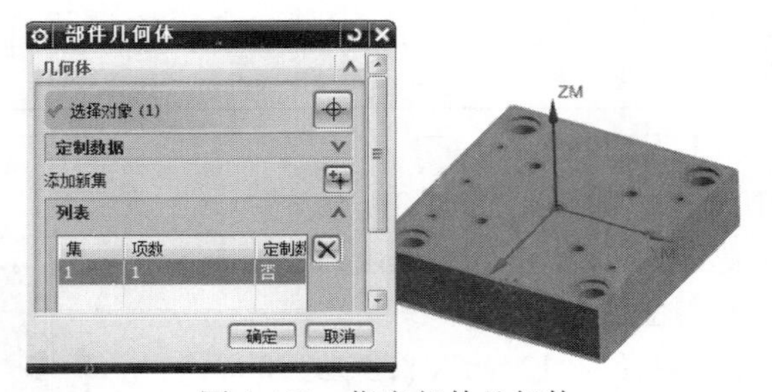

图 4-163 指定部件几何体

步骤 06 选取部件几何体后，返回【工件】对话框。此时先调至部件导航器，将“体（13）”显示出来，单击【指定毛坯】按钮，选择【类型】下拉列表框中的【包容块】选项为毛坯几何体，单击【确定】按钮，如图 4-164 所示。

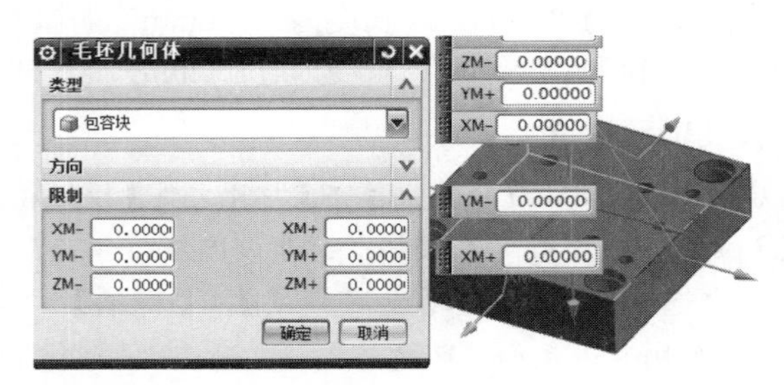

图 4-164 指定毛坯几何体

步骤 07 在【导航器】工具栏中单击【机床视图】按钮，切换到导航器中的视图模式。然后在【创建】工具栏中单击【创建刀具】按钮，弹出【创建刀具】对话框。按照图 4-165 所示的步骤新建名称为 T1_Z10 的中心钻，并按照实际设置刀具参数。

(a)【创建刀具】对话框

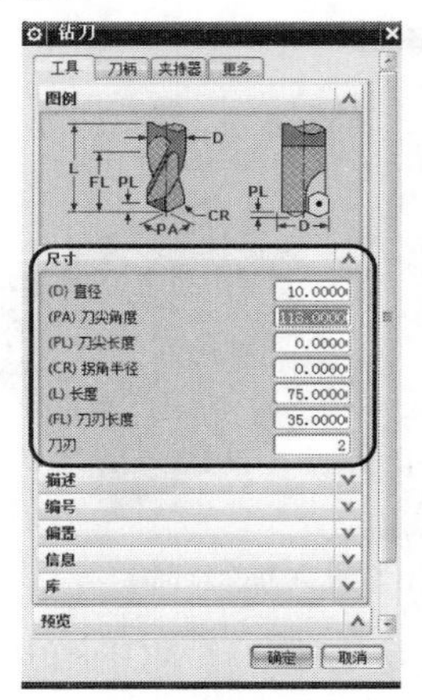

(b) 参数设置对话框

图 4-165 创建名为 T1_Z10 的中心钻

步骤 08 在【导航器】工具栏中单击【机床视图】按钮，切换到导航器中的视图模式。然后在【创建】工具栏中单击【创建刀具】按钮，弹出【创建刀具】对话框。按照图 4-166 所示的步骤新建名称为 T2_Z16 的深孔钻，并按实际设置刀具参数。

步骤 09 在【导航器】工具栏中单击【机床视图】按钮，切换到导航器中的视图模式。然后在【创建】工具栏中单击【创建刀具】按钮，弹出【创建刀具】对话框。按照图 4-167 所示的步骤新建名称为 T3_Z12 的浅孔钻，并按实际设置刀具参数。

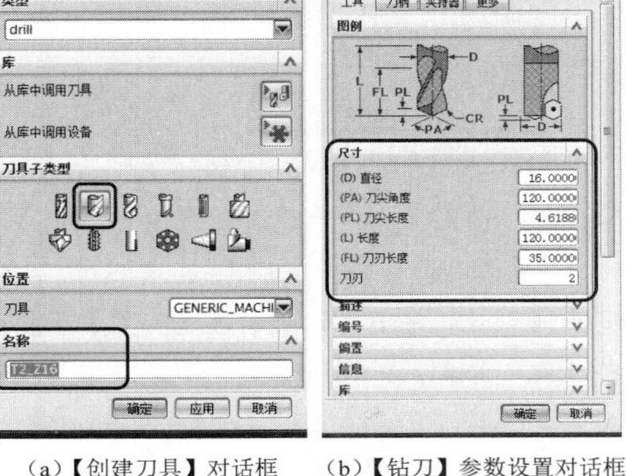

（a）【创建刀具】对话框　（b）【钻刀】参数设置对话框

图 4-166　创建名为 T2_Z16 的深孔钻

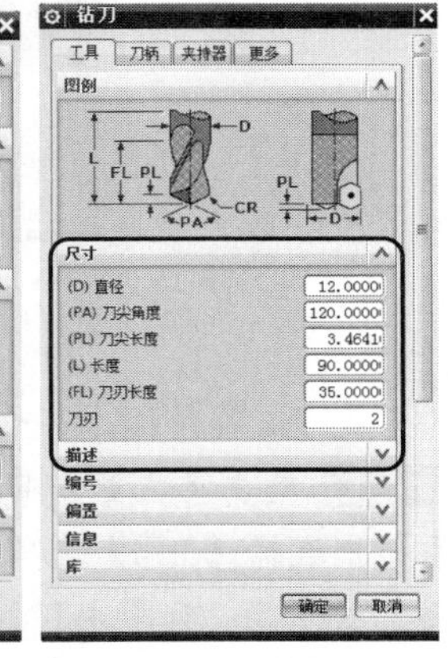

（a）【创建刀具】对话框　（b）【钻刀】参数设置对话框

图 4-167　创建名为 T3_Z12 的浅孔钻

步骤 10 在【导航器】工具栏中单击【机床视图】按钮，切换到导航器中的视图模式。然后在【创建】工具栏中单击【创建刀具】按钮，弹出【创建刀具】对话框。按照图 4-168 所示的步骤新建名称为 T4_Z28 的深孔钻，并按照实际设置刀具参数。

步骤 11 在【导航器】工具栏中单击【机床视图】按钮，切换到导航器中的视图模式。然后在【创建】工具栏中单击【创建刀具】按钮，弹出【创建刀具】对话框。按照图 4-169 所示的步骤新建名称为 T5_T30 的镗刀，并按照实际设置刀具参数。

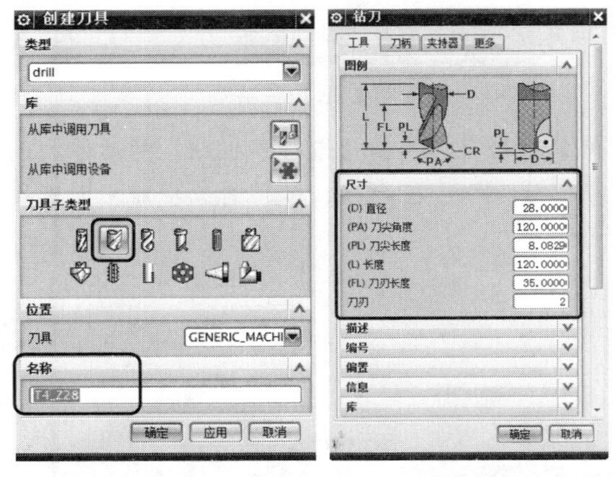

（a）【创建刀具】对话框　（b）【钻刀】参数设置对话框

图 4-168　创建名为 T4_Z28 的深孔钻

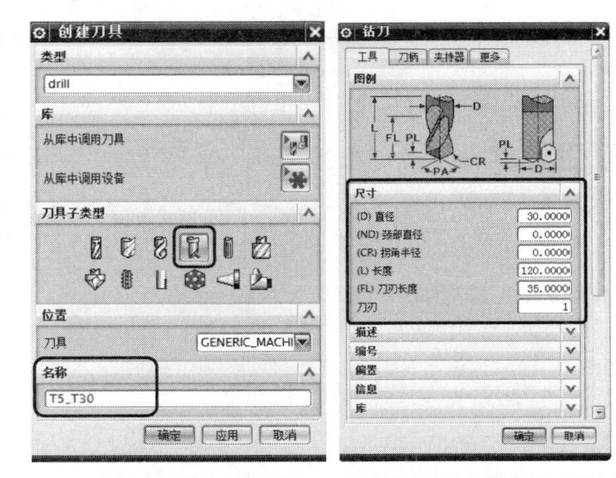

（a）【创建刀具】对话框　（b）【钻刀】参数设置对话框

图 4-169　创建名为 T5_T30 的镗刀

步骤 12 在【导航器】工具栏中单击【机床视图】按钮，切换到导航器中的视图模式。然后在【创建】工具栏中单击【创建刀具】按钮，弹出【创建刀具】对话框。按照图 4-170 所示的步骤新建名称为 T6_H36 的回铣刀，并按照实际设置刀具参数。

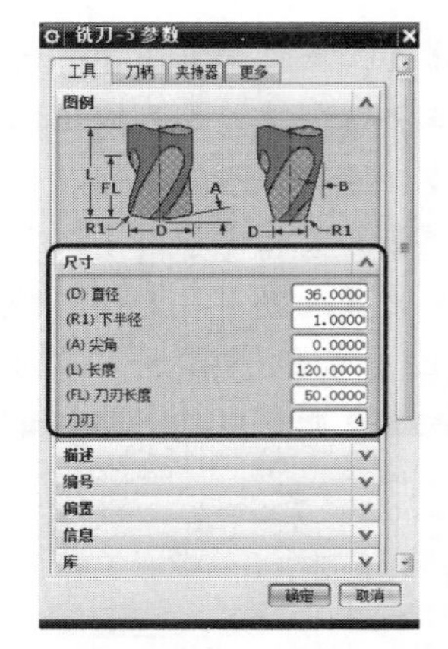

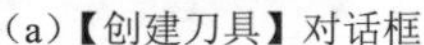

（a）【创建刀具】对话框　　　　（b）【铣刀-5 参数】参数设置对话框

图 4-170　创建名为 T6_H36 的回铣刀

3. 定位孔加工

步骤 01 单击【主页】下的【创建工序】按钮，弹出【创建工序】对话框，在【类型】下拉列表框中选择【drill】选项，在【工序子类型】下选择【定心钻】，如图 4-171 所示，弹出【定心钻】对话框，如图 4-172 所示。

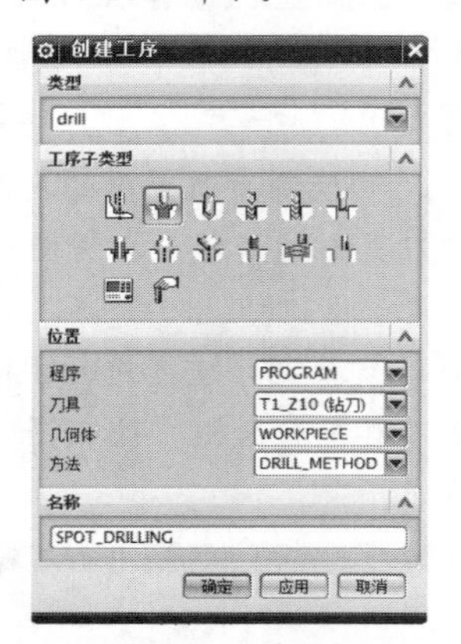

图 4-171　【创建工序】选择【定心钻】

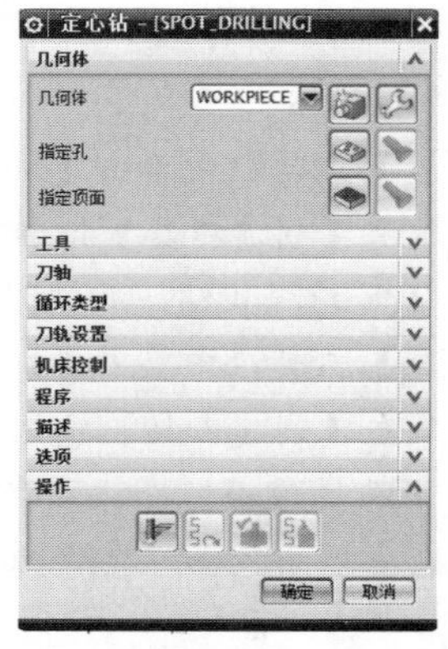

图 4-172　【定心钻】对话框

步骤 02 单击【指定孔】按钮，弹出【点到点几何体】对话框，单击【选择】按钮，然后依次选择图 4-173 所示面上的孔，再依次单击【确定】按钮，如图 4-173 所示，软件自动提取出所选择孔的中心点并进行标号。

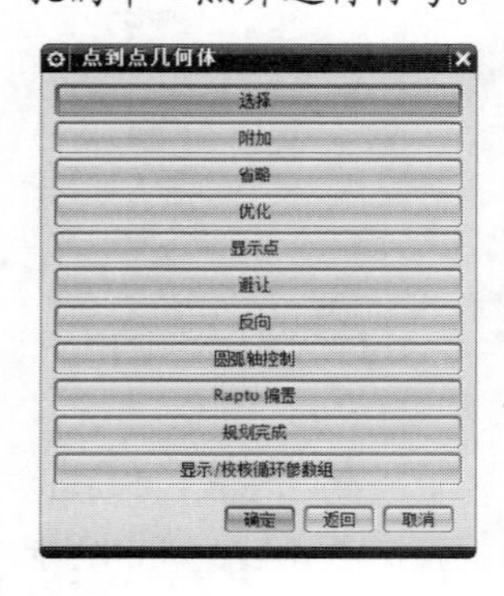

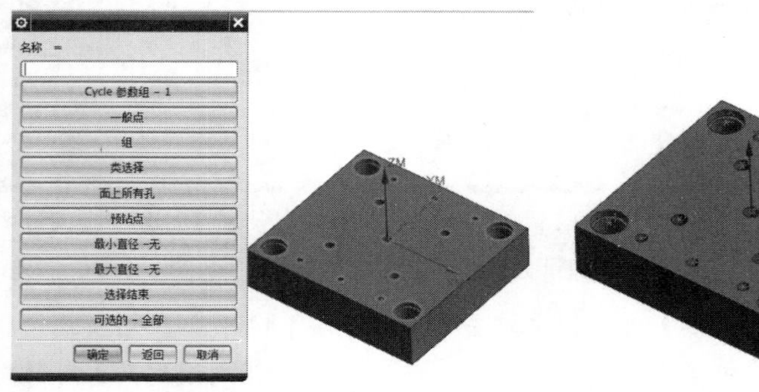

图 4-173　选择孔

步骤 03 单击【确定】按钮，返回【定心钻】对话框，单击【指定顶面】按钮，弹出【顶面】对话框，选择图 4-174 所示的面。

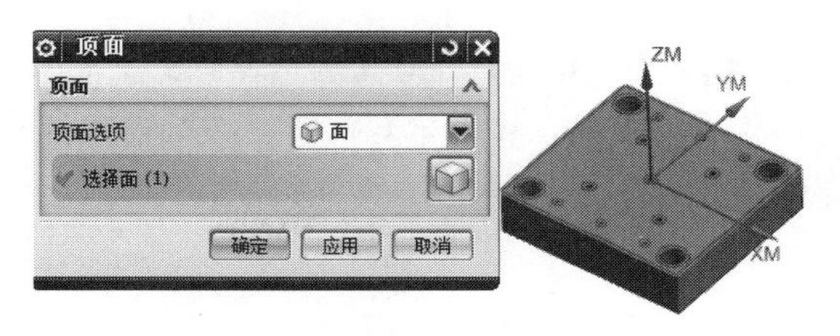

图 4-174　定义顶面

步骤 04 单击【确定】按钮，返回【定心钻】对话框，刀轴选为“+ZM 轴”，然后单击【循环类型】下的按钮，弹出【指定参数组】对话框，按照图 4-175 所示的步骤设置参数，最小安全距离为“25”。

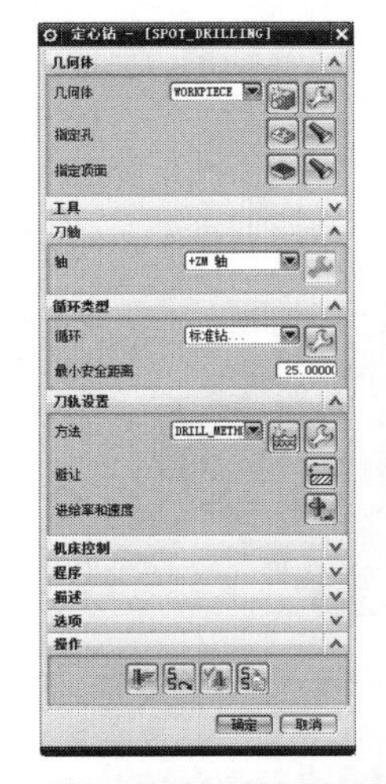

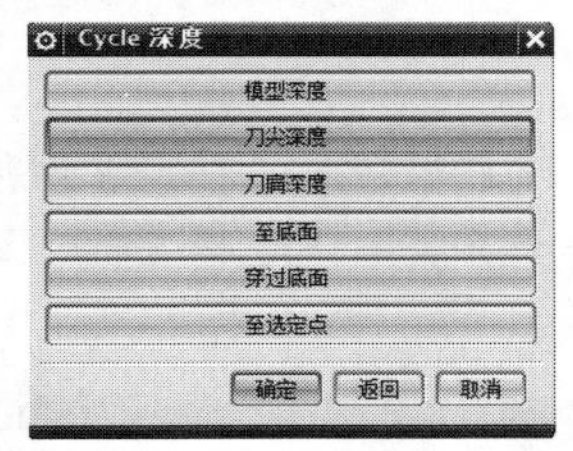

图 4-175　定义循环参数

步骤 05 单击【刀轨设置】下的【进给率和速度】按钮，弹出【进给率和速度】对话框，设置图 4-176 所示的参数。

步骤 06 在【操作】面板中单击【生成】按钮，系统将自动生成加工刀具路径，效果如图 4-177 所示。

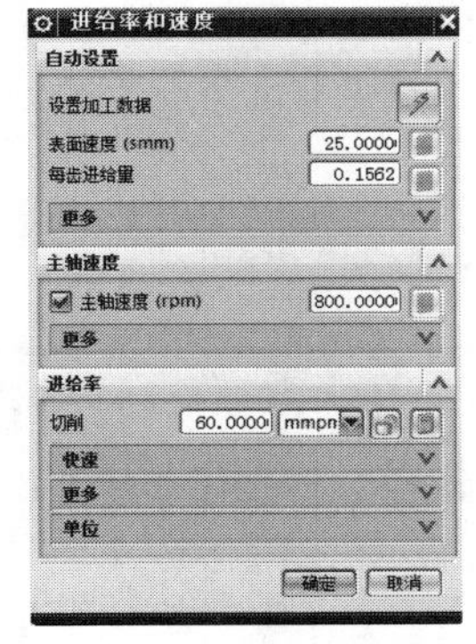

图 4-176　设置进给率和速度

图 4-177　生成刀轨

步骤 07 单击该面板中的【确认刀轨】按钮，在弹出的【刀轨可视化】对话框中展开【3D 动态】选项卡。再单击【播放】按钮，系统将以实体的方式进行切削仿真，效果如图 4-178 所示。

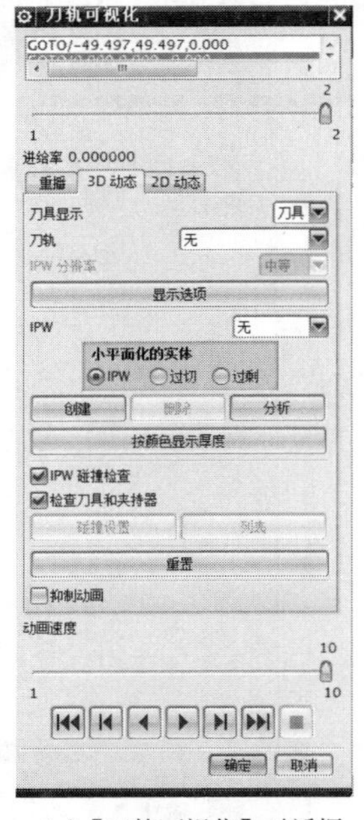

（a）【刀轨可视化】对话框

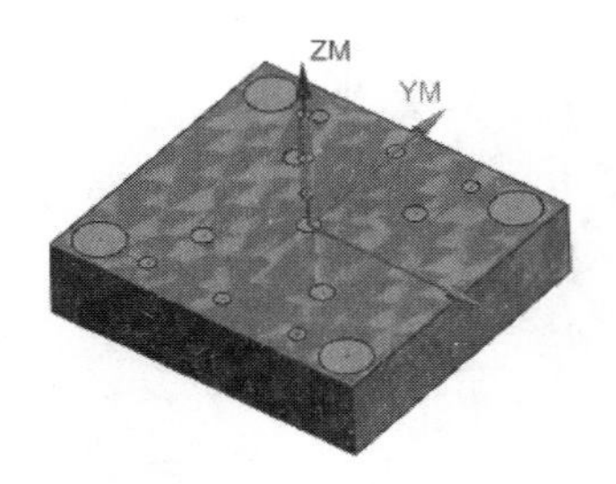

（b）实体切削仿真

图 4-178　刀轨可视化仿真

4. 盲孔加工

步骤 01 单击【主页】下的【创建工序】按钮，弹出【创建工序】对话框，在【类型】下拉列表框中选择【drill】选项，在【工序子类型】下选择【钻孔】，如图 4-179 所示，弹出【钻孔】对话框，如图 4-180 所示。

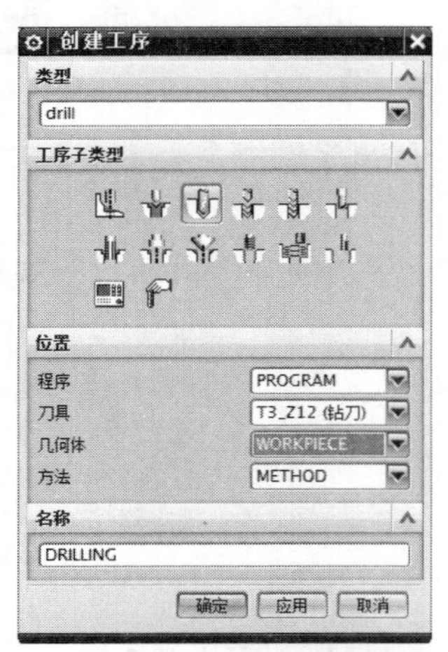

图 4-179　【创建工序】选择【钻孔】

图 4-180　【钻孔】对话框

步骤 02 单击【指定孔】按钮，弹出【点到点几何体】对话框，单击【选择】按钮，然后依次选择图 4-181 所示面上的 6 个盲孔，单击【确定】按钮。

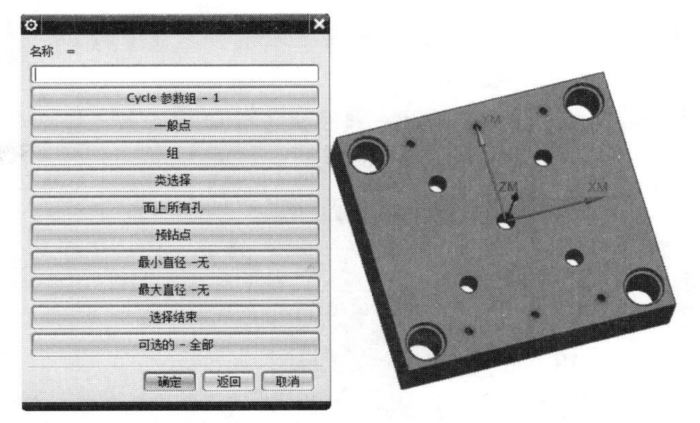

图 4-181 选择孔

步骤 03 单击【确定】按钮，返回【钻孔】对话框，单击【指定顶面】按钮，弹出【顶面】对话框，选择图 4-182 所示的面。

步骤 04 单击【确定】按钮，返回【钻孔】对话框，单击【指定底面】按钮，弹出【底面】对话框，选择图 4-183 所示的面。

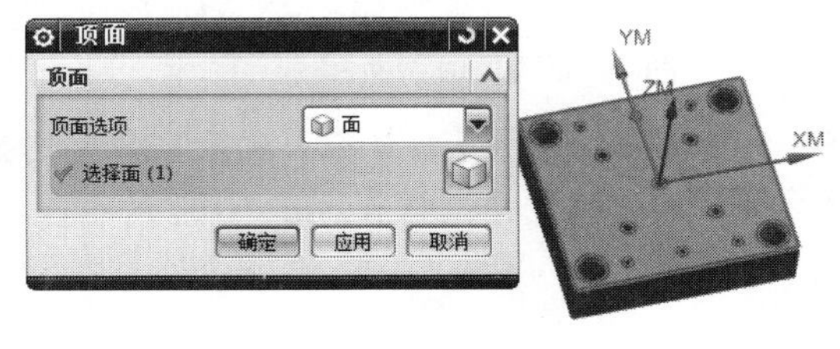

图 4-182 定义顶面

图 4-183 定义底面

步骤 05 单击【确定】按钮，返回【钻孔】对话框，刀轴选择“+ZM 轴”，然后单击【循环类型】下的按钮，弹出【指定参数组】对话框，按照图 4-184 所示的步骤设置参数，最小安全距离为“15”，通孔安全距离为“3”。

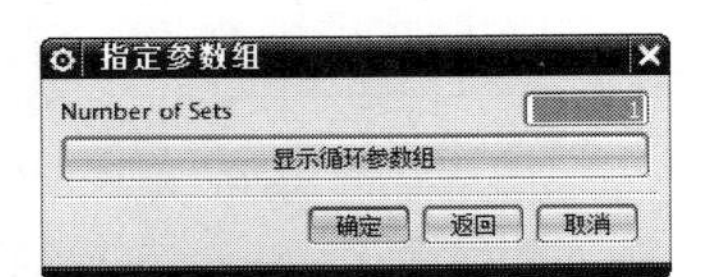

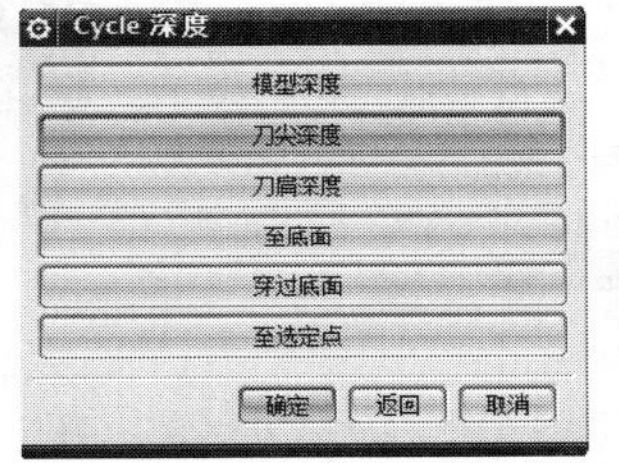

图 4-184 定义循环参数

步骤 06 单击【刀轨设置】下的【进给率和速度】按钮，弹出【进给率和速度】对话框，设置图 4-185 所示的参数。

步骤 07 在【操作】面板中单击【生成】按钮，系统将自动生成加工刀具路径，效果如图 4-186 所示。

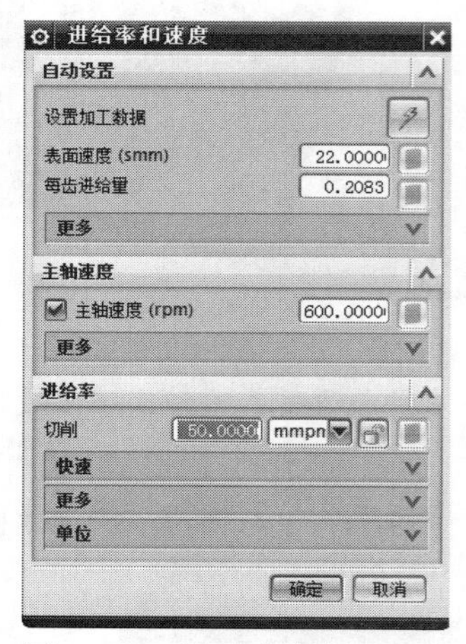

图 4-185 设置进给率和速度

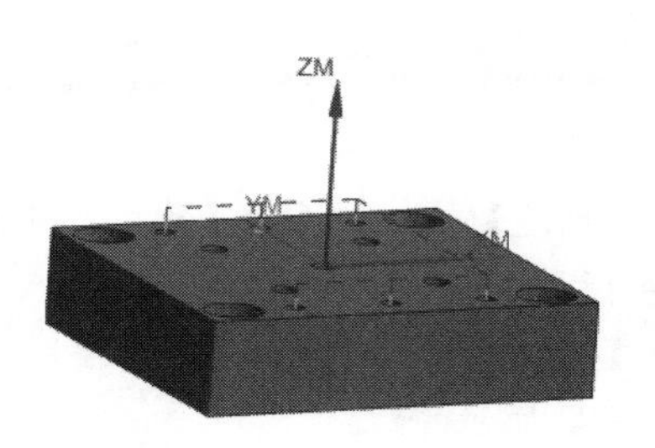

图 4-186 生成刀轨

步骤 08 单击该面板中的【确认刀轨】按钮，在弹出的【刀轨可视化】对话框中展开【3D 动态】选项卡。再单击【播放】按钮，系统将以实体的方式进行切削仿真，效果如图 4-187 所示。

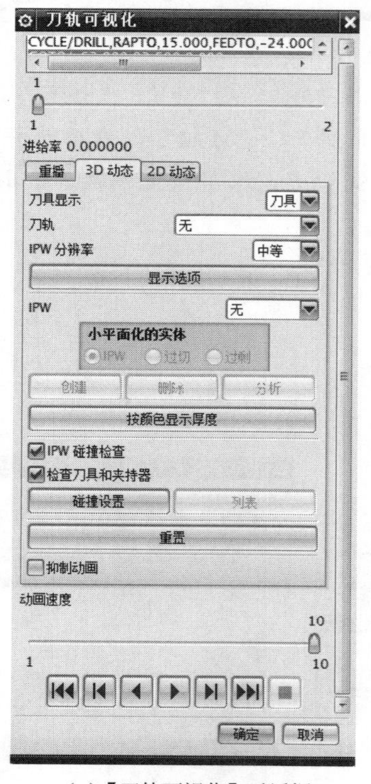

（a）【刀轨可视化】对话框

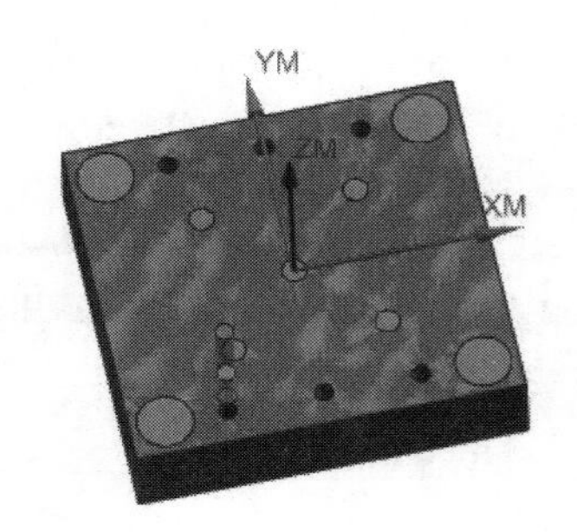

（b）实体切削仿真

图 4-187 刀轨可视化仿真

5. 通孔加工

步骤 01 单击【主页】下的【创建工序】按钮，弹出【创建工序】对话框，在【类型】下拉列表框中选择【drill】选项，在【工序子类型】下选择【钻孔】，如图 4-188 所示，弹出【钻孔】的对话框，如图 4-189 所示（由于通孔加工与盲孔加工方式一样，此处也可复制上一步的程序，参数重新设计即可）。

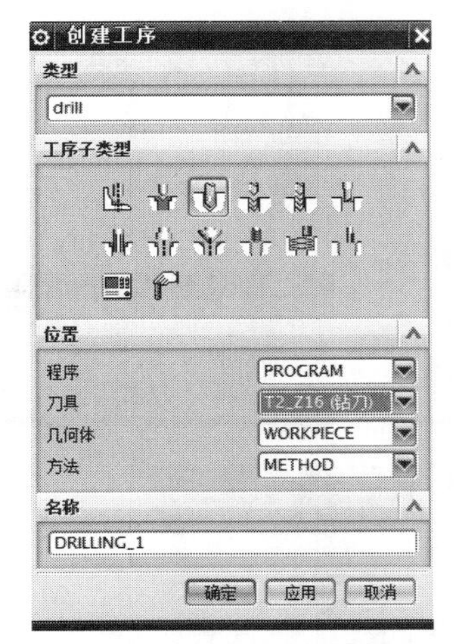

图 4-188　【创建工序】选择【钻孔】

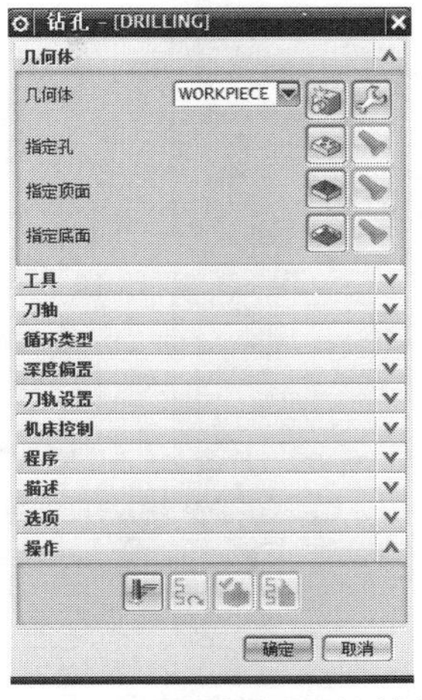

图 4-189　【钻孔】对话框

步骤 02 单击【指定孔】按钮，弹出【点到点几何体】对话框，单击【选择】按钮，然后依次选择图 4-190 所示面上的孔，再依次选择被加工的 5 个通孔，单击【确定】按钮。

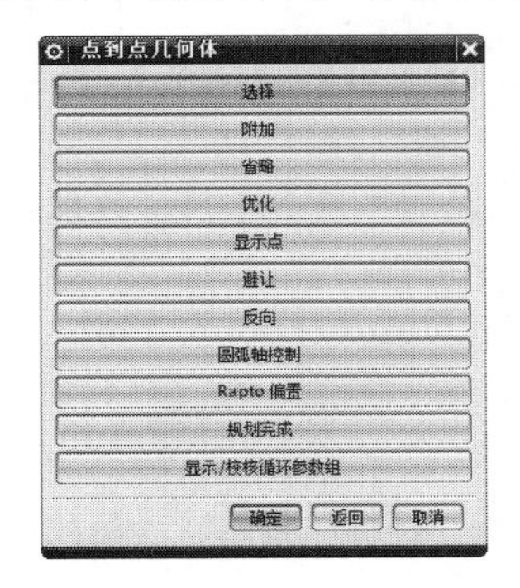

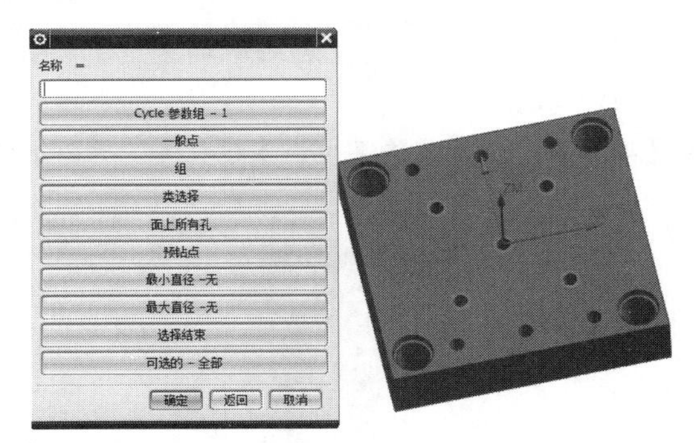

图 4-190　选择孔

步骤 03 单击【确定】按钮，返回【钻孔】对话框，单击【指定顶面】按钮，弹出【顶面】对话框，选择图 4-191 所示的面。

步骤 04 单击【确定】按钮，返回【钻孔】对话框，单击【指定底面】按钮，弹出【底面】对话框，选择图 4-192 所示的面。

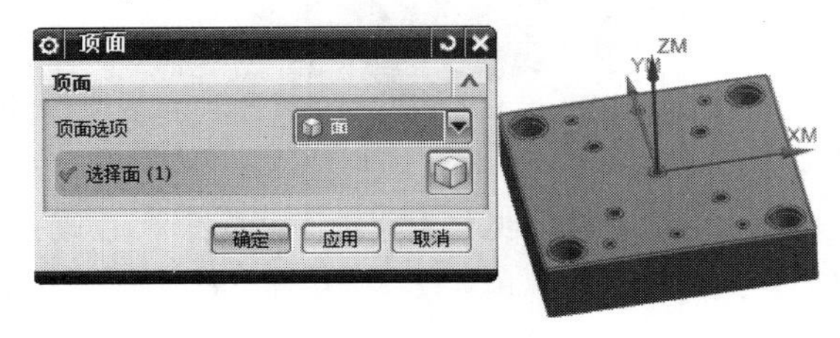

图 4-191　定义顶面

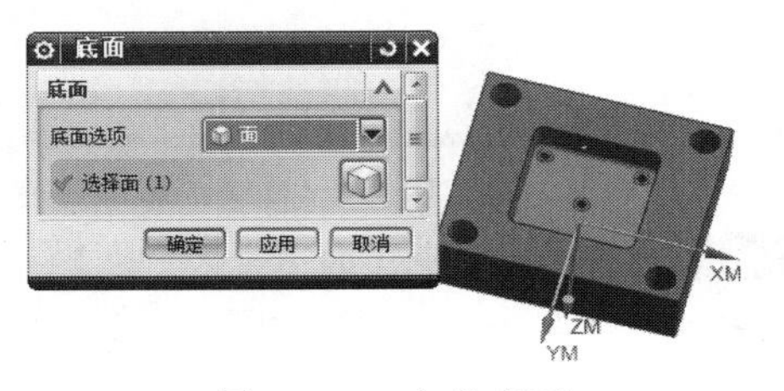

图 4-192　定义底面

步骤 05 单击【确定】按钮，返回【钻孔】对话框，刀轴选择“+ZM 轴”，然后单击【循环类型】下的按钮，弹出【指定参数组】对话框，按照图 4-193 所示的步骤设置参数，最小安全距离为“15”，通孔安全距离为“3”。

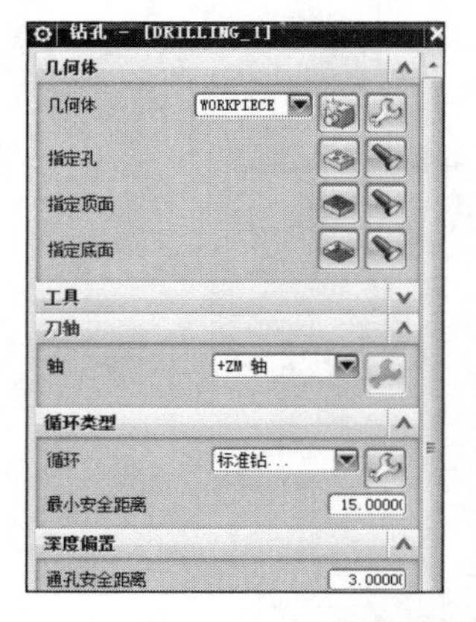

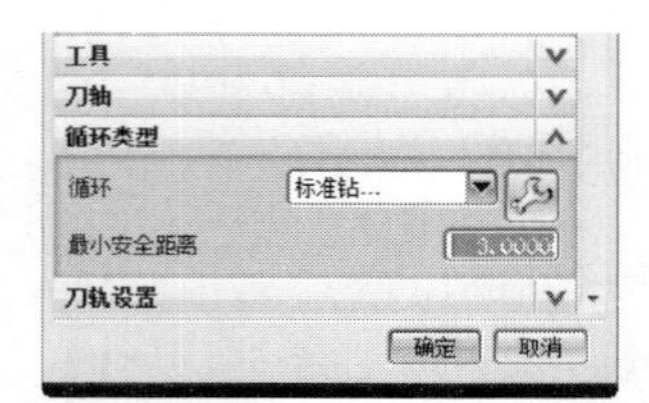

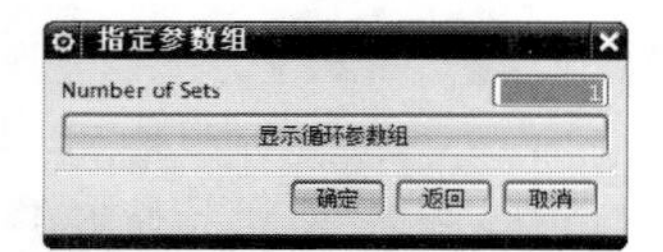

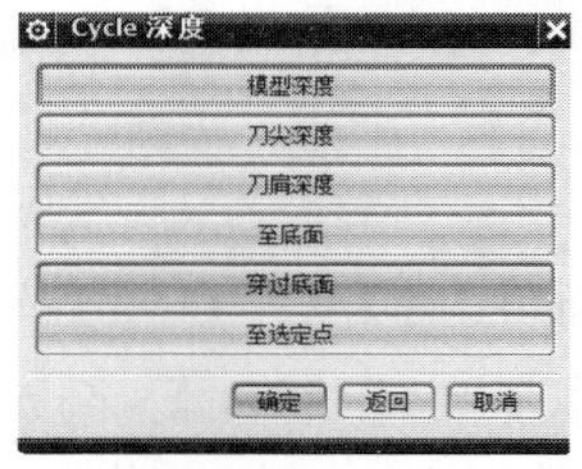

图 4-193 定义循环参数

步骤 06 单击【刀轨设置】下的【进给率和速度】按钮，弹出【进给率和速度】对话框，设置图 4-194 所示的参数。

步骤 07 在【操作】面板中单击【生成】按钮，系统将自动生成加工刀具路径，效果如图 4-195 所示。

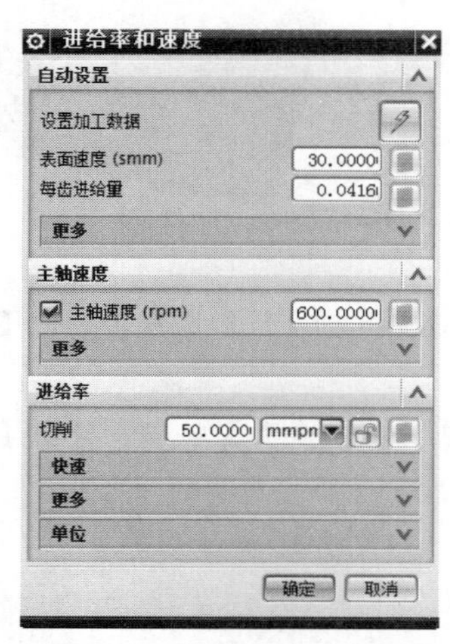

图 4-194 设置进给率和速度

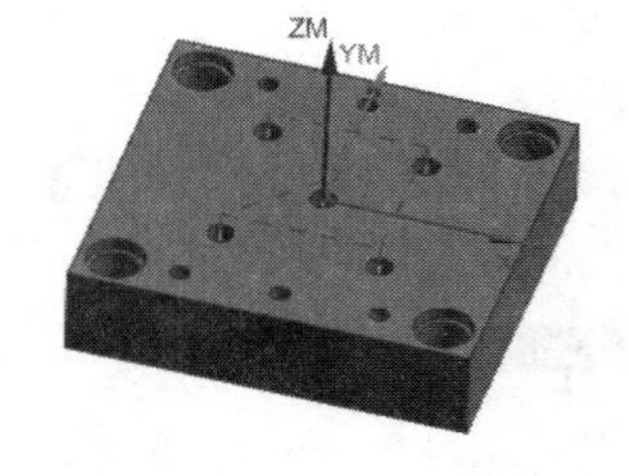

图 4-195 生成刀轨

步骤 08 单击该面板中的【确认刀轨】按钮，在弹出的【刀轨可视化】对话框中展开【3D 动态】选项卡。再单击【播放】按钮，系统将以实体的方式进行切削仿真，效果如图 4-196 所示。

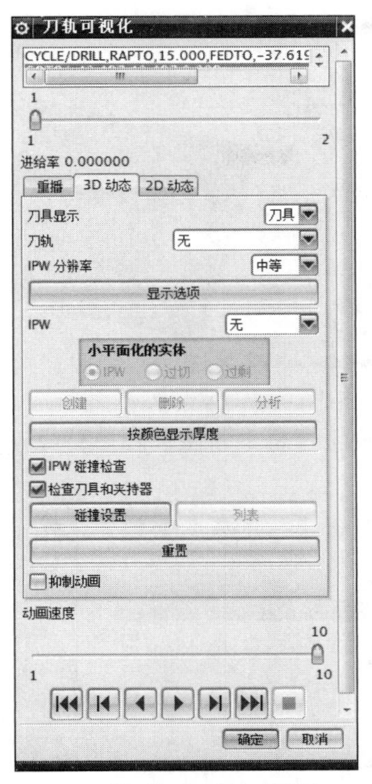

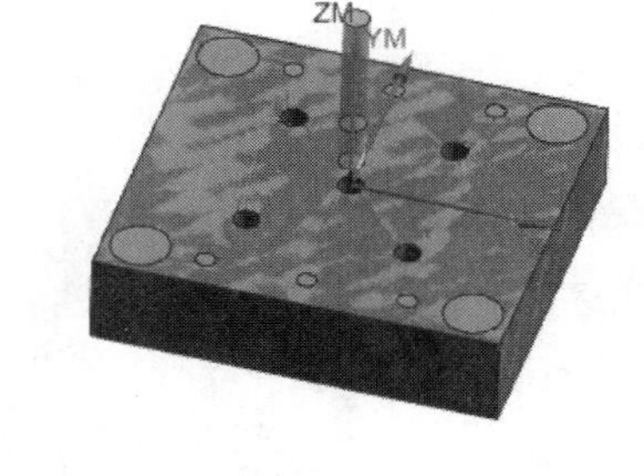

(a)【刀轨可视化】对话框　　(b) 实体切削仿真

图 4-196　刀轨可视化仿真

6. 导出孔加工

步骤 01 单击【主页】下的【创建工序】按钮，弹出【创建工序】对话框，在【类型】下拉列表框中选择【drill】选项，在【工序子类型】下选择【啄钻】，如图 4-197 所示，弹出【啄钻】对话框，如图 4-198 所示。

图 4-197　【创建工序】选择【啄钻】

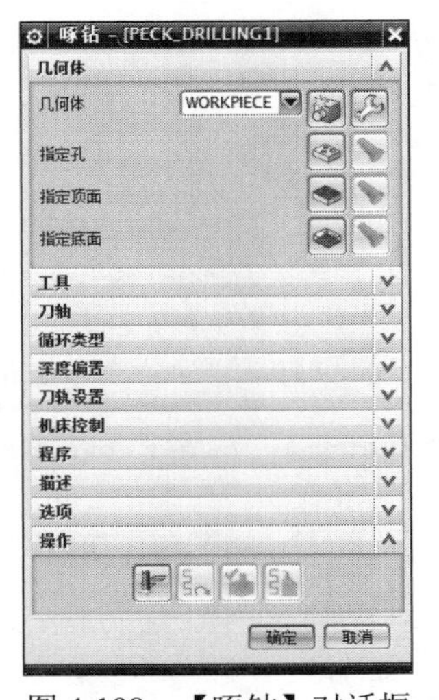

图 4-198　【啄钻】对话框

步骤 02 单击【指定孔】按钮，弹出【点到点几何体】对话框，单击【选择】按钮，然后依次选择图 4-199 所示面上的 4 个通孔，单击【确定】按钮。

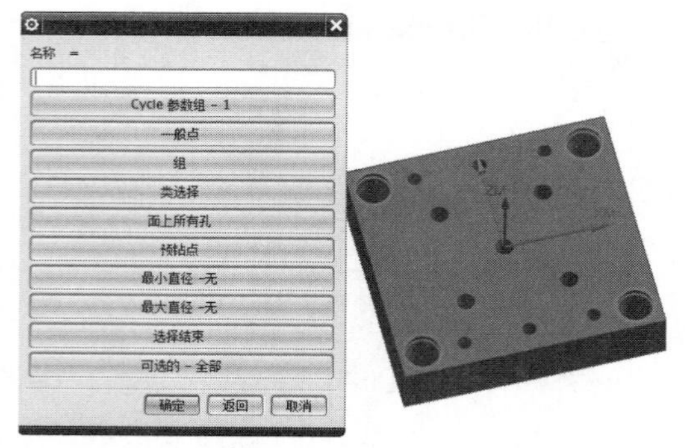

图 4-199　选择孔

步骤 03 单击【确定】按钮，返回【啄钻】对话框，单击【指定顶面】按钮，弹出【顶面】对话框，选择图 4-200 所示的面。

步骤 04 单击【确定】按钮，返回【啄钻】对话框，单击【指定底面】按钮，弹出【底面】对话框，选择图 4-201 所示的面。

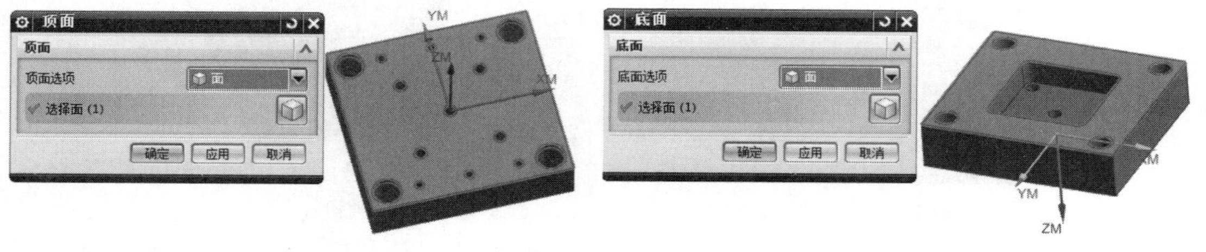

图 4-200　定义顶面

图 4-201　定义底面

步骤 05 单击【确定】按钮，返回【啄钻】对话框，刀轴选择“+ZM 轴”，然后单击【循环类型】下的按钮，弹出【指定参数组】对话框，按照图 4-202 所示的步骤设置参数，最小安全距离为“25”，通孔安全距离为“3”。

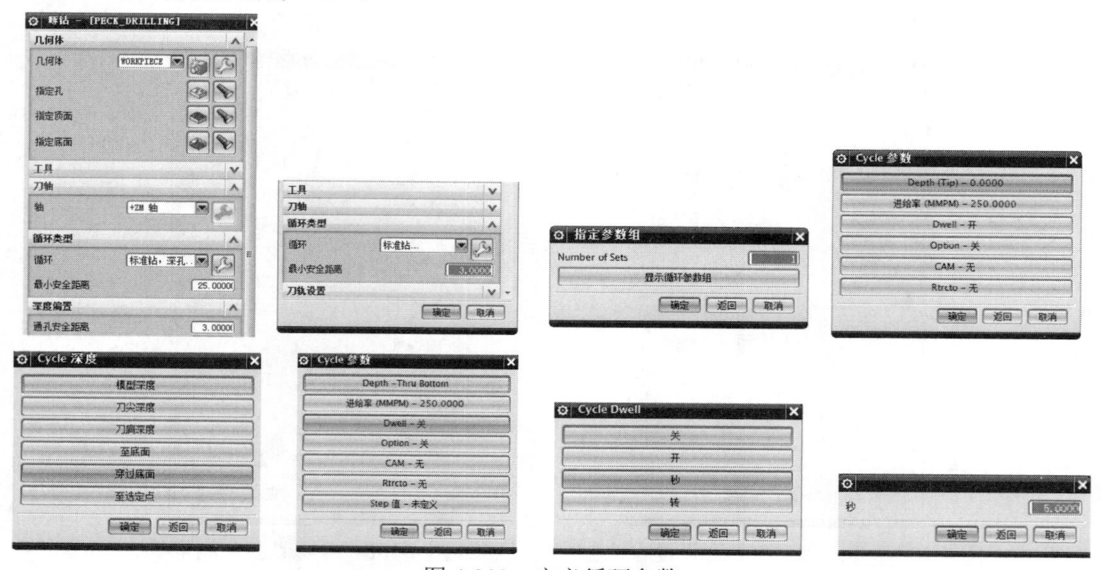

图 4-202　定义循环参数

步骤 06 单击【刀轨设置】下的【进给率和速度】按钮，弹出【进给率和速度】对话框，设置图 4-203 所示的参数。

步骤 07 在【操作】面板中单击【生成】按钮，系统将自动生成加工刀具路径，效果如图 4-204 所示。

图 4-203　设置进给率和速度

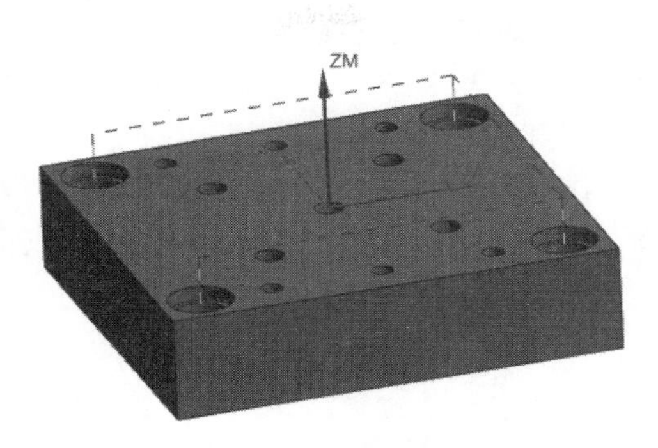

图 4-204　生成刀轨

步骤 08 单击该面板中的【确认刀轨】按钮，在弹出的【刀轨可视化】对话框中展开【3D 动态】选项卡。再单击【播放】按钮，系统将以实体的方式进行切削仿真，效果如图 4-205 所示。

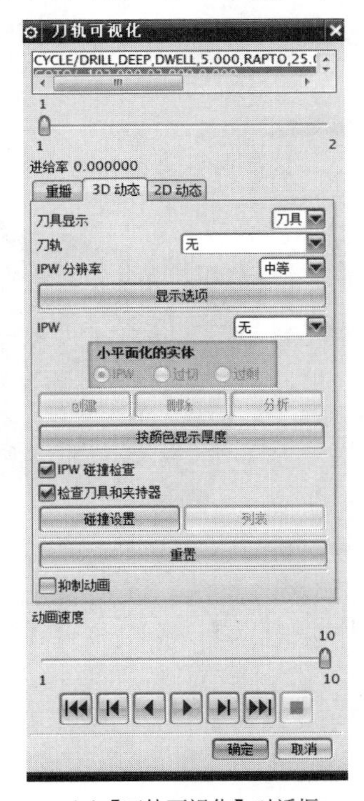

（a）【刀轨可视化】对话框

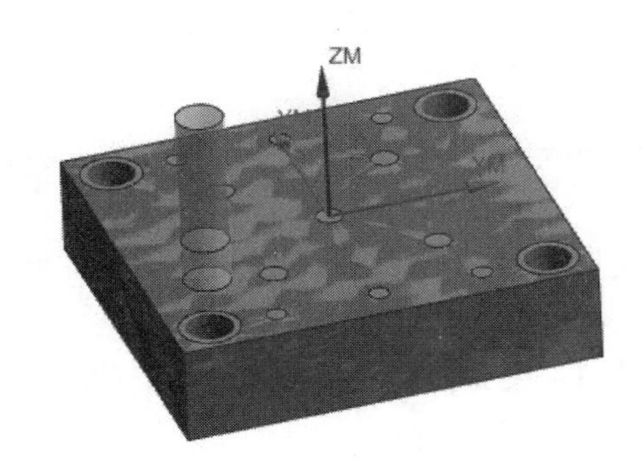

（b）实体切削仿真

图 4-205　刀轨可视化仿真

7．导出孔精镗加工

步骤 01 单击【主页】下的【创建工序】按钮，弹出【创建工序】对话框，在【类型】下拉列表框中选择【drill】选项，在【工序子类型】下选择【镗孔】，如图 4-206 所示，弹出【镗孔】对话框，如图 4-207 所示。

图 4-206 【创建工序】选择【镗孔】　　图 4-207 【镗孔】对话框

步骤 02 单击【指定孔】按钮，弹出【点到点几何体】对话框，单击【选择】按钮，然后依次选择图 4-208 所示面上的 4 个通孔，单击【确定】按钮。

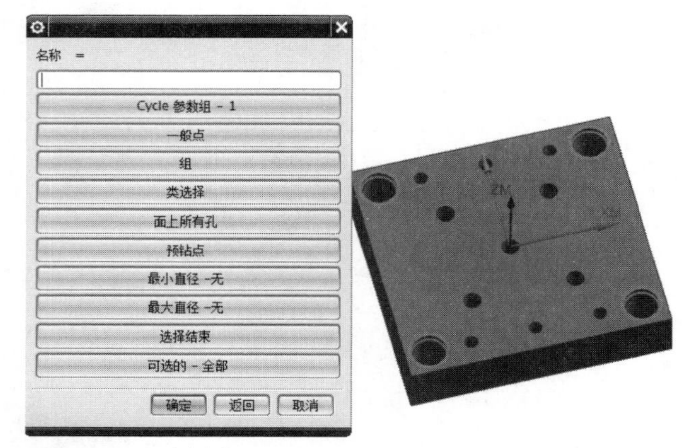

图 4-208 选择孔

步骤 03 单击【确定】按钮，返回【镗孔】对话框，单击【指定顶面】按钮，弹出【顶面】对话框，选择图 4-209 所示的面。

步骤 04 单击【确定】按钮，返回【镗孔】对话框，单击【指定底面】按钮，弹出【底面】对话框，选择图 4-210 所示的面。

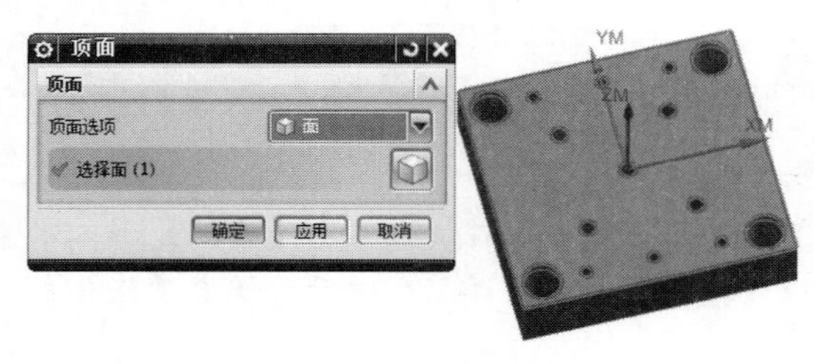

图 4-209 定义顶面

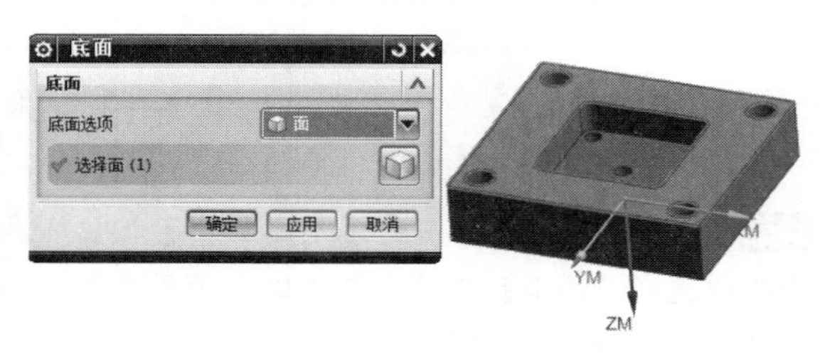

图 4-210 定义底面

步骤 05 单击【确定】按钮，返回【镗孔】对话框，刀轴选为“+ZM 轴”，然后单击【循环类型】下的按钮，弹出【指定参数组】对话框，按照图 4-211 所示的步骤设置参数，最小安全距离为“25”，通孔安全距离为“3”。

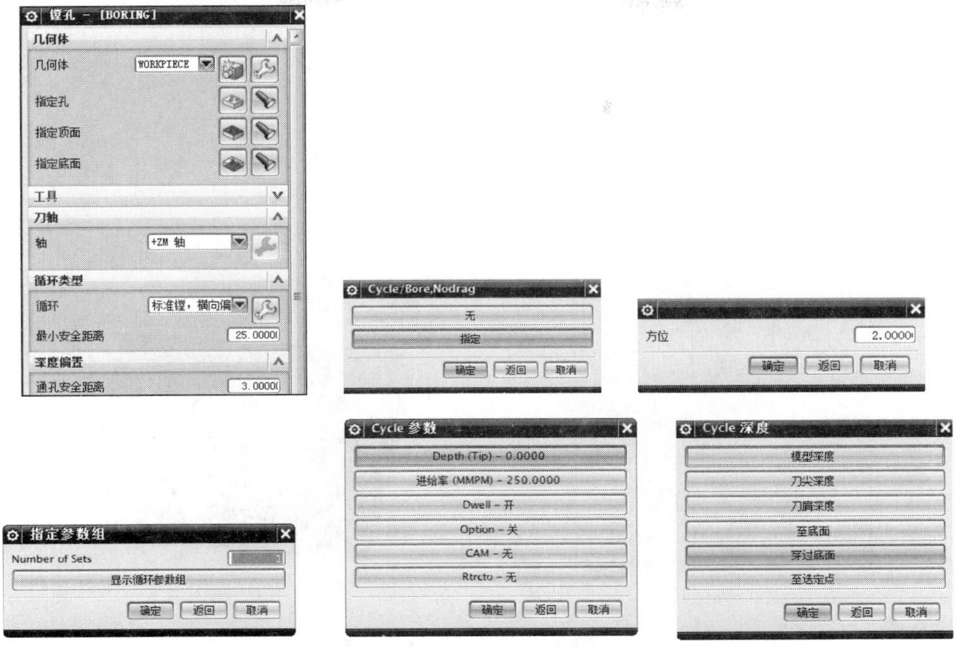

图 4-211　定义循环参数

步骤 06 单击【刀轨设置】下的【进给率和速度】按钮，弹出【进给率和速度】对话框，设置图 4-212 所示的参数。

步骤 07 在【操作】面板中单击【生成】按钮，系统将自动生成加工刀具路径，效果如图 4-213 所示。

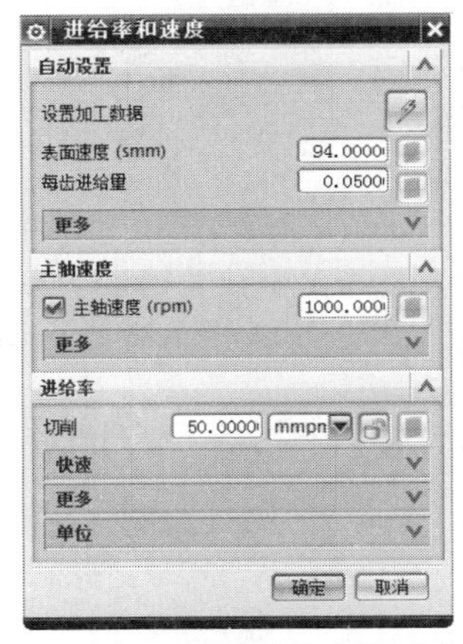

图 4-212　设置进给率和速度

图 4-213　生成刀轨

步骤 08 单击该面板中的【确认刀轨】按钮，在弹出的【刀轨可视化】对话框中展开【3D 动态】选项卡。再单击【播放】按钮，系统将以实体的方式进行切削仿真，效果如图 4-214 所示。

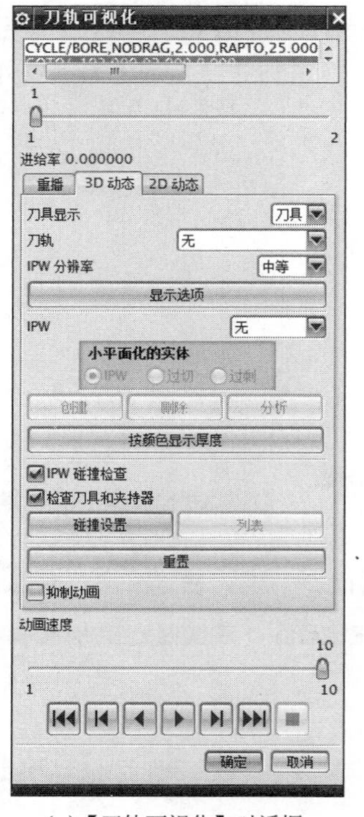

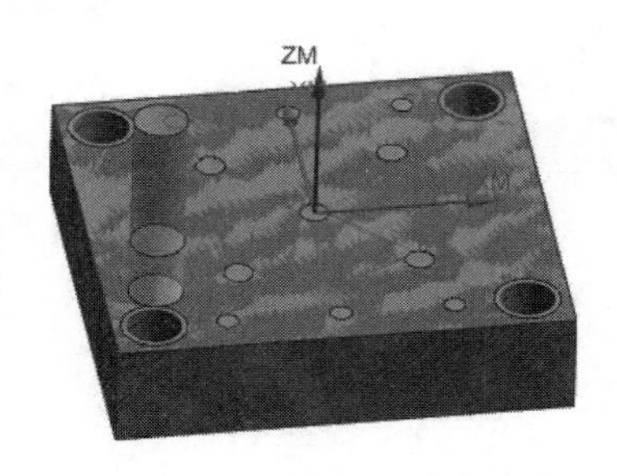

（a）【刀轨可视化】对话框　　（b）实体切削仿真

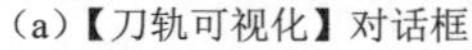

图 4-214　刀轨可视化仿真

8. 沉头孔加工

步骤 01 单击【主页】下的【创建工序】按钮，弹出【创建工序】对话框，在【类型】下拉列表框中选择【drill】选项，在【工序子类型】下选择【沉头孔加工】，如图 4-215 所示，弹出【沉头孔加工】对话框，如图 4-216 所示。

图 4-215　【创建工序】对话框

图 4-216　【沉头孔加工】对话框

步骤 02 单击【指定孔】按钮，弹出【点到点几何体】对话框，单击【选择】按钮，然后依次选择图 4-217 所示面上的 4 个通孔，单击【确定】按钮。

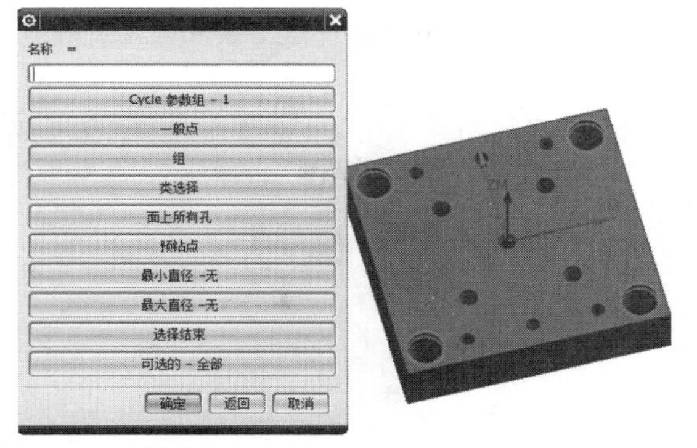

图 4-217　选择孔

步骤 03 单击【确定】按钮，返回【沉头孔加工】对话框，单击【指定顶面】按钮，弹出【顶面】对话框，选择图 4-218 所示的面。

步骤 04 单击【确定】按钮，返回【沉头孔加工】对话框，刀轴选为“+ZM 轴”，然后单击【循环类型】下的按钮，弹出【指定参数组】对话框，按照图 4-219 所示的步骤设置参数，最小安全距离为“25”。

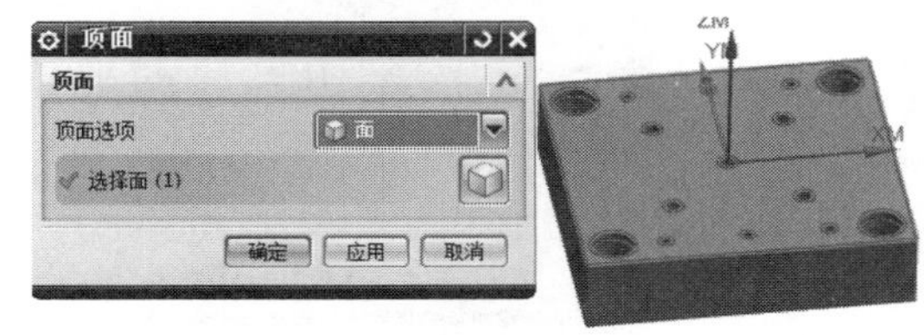

图 4-218　定义顶面

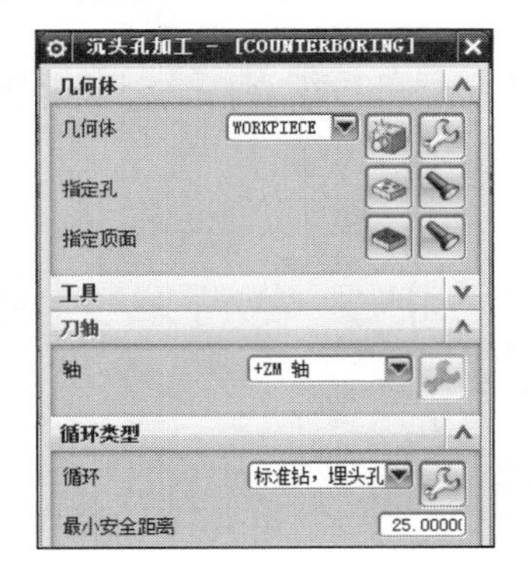

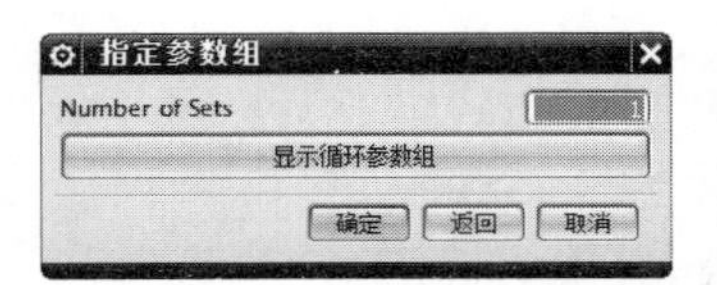

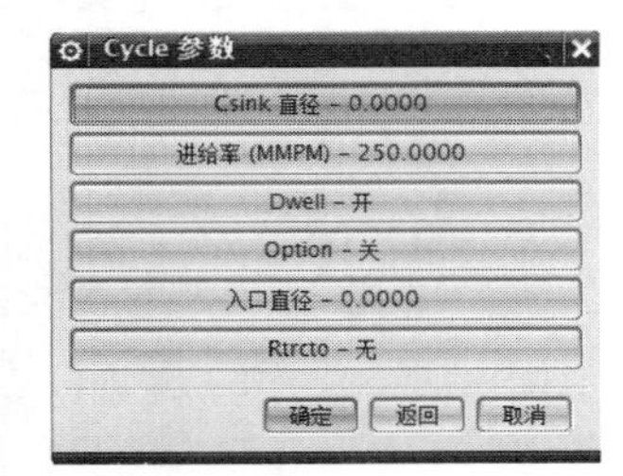

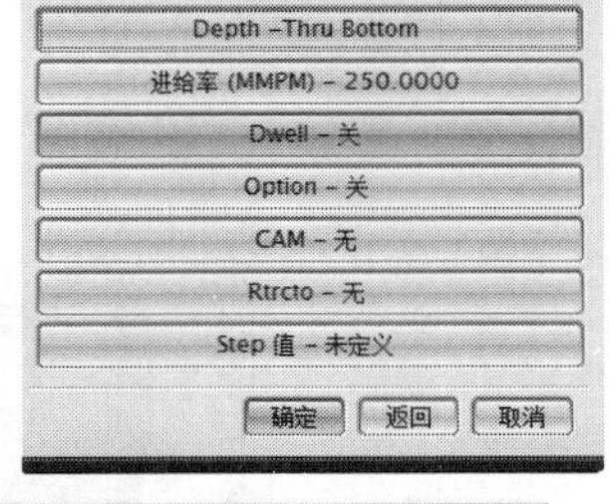

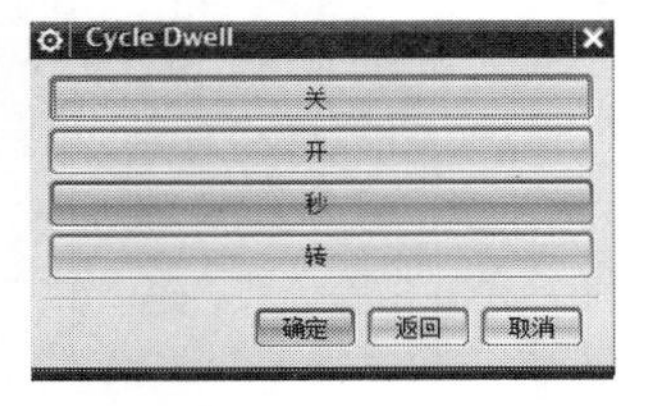

图 4-219　定义循环参数

步骤 05 单击【刀轨设置】下的【进给率和速度】按钮，弹出【进给率和速度】设置对话框，设置图 4-220 所示的参数。

步骤 06 在【操作】面板中单击【生成】按钮，系统将自动生成加工刀具路径，效果如图 4-221 所示。

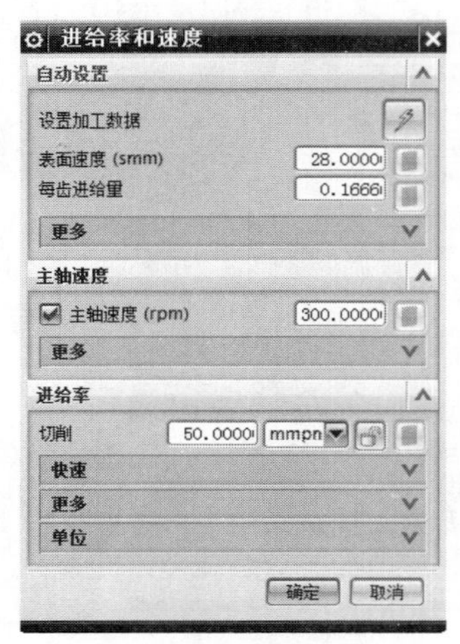

图 4-220　设置进给率和速度

图 4-221　生成刀轨

步骤 07 单击该面板中的【确认刀轨】按钮，在弹出的【刀轨可视化】对话框中展开【3D 动态】选项卡。再单击【播放】按钮，系统将以实体的方式进行切削仿真，效果如图 4-222 所示。

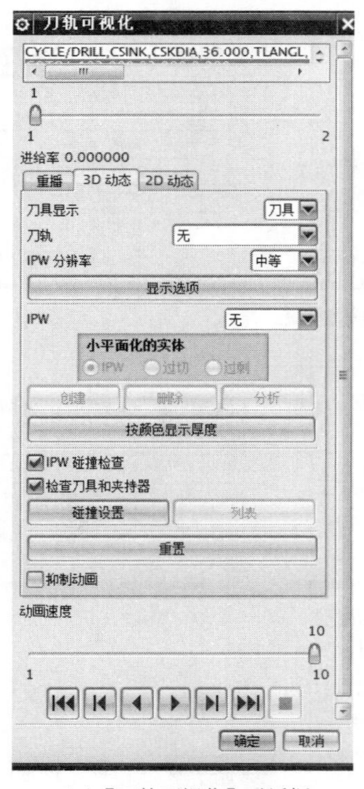

（a）【刀轨可视化】对话框

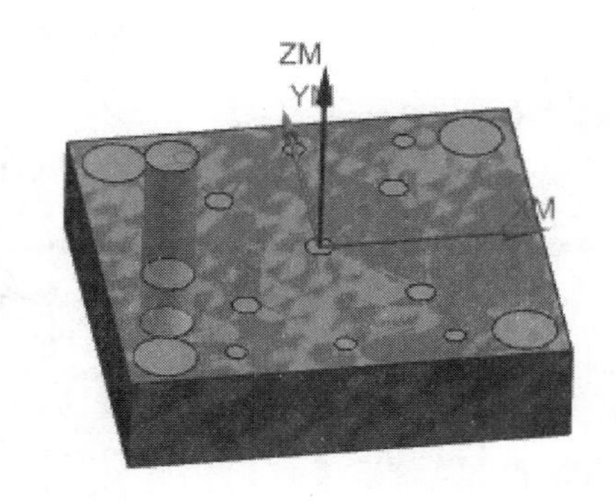

（b）实体切削仿真

图 4-222　刀轨可视化仿真

本章小结

本章主要介绍了 UG 钻削加工的基本知识，其内容包括钻削加工基础、UG 孔加工、孔加工公共选项设置，并以孔加工的两个编程实例来说明螺纹孔和沉头孔的加工方法与操作步骤，以及平面铣的操作过程。

孔加工是一种刀具先快速移动到指定的加工位置上，再以切削进给速度加工到指定的深度，最后以退刀速度退回的钻削加工类型，铰削、镗削加工类型皆在此基础之上。

第 5 章 面铣削

5.1 面铣削概述

面铣削是通过选择面区域来指定加工范围的一种操作，主要用于加工区域为面且表面余量一致的零件。面铣削是平面铣削模板里的一种操作类型。它不需要指定底面，加工深度由设置的余量决定。因为设置深度余量是沿刀轴方向计算，所以加工面必须和刀轴垂直，否则无法生成刀路。

面铣削操作是从模板中创建的，并且需要几何体、刀具和参数来生成刀轨。为了生成刀轨，UG 程序需要将面几何体作为输入信息。对于每个所选面，处理器会跟踪几何体。确定要加工的区域，并在不过切部件的情况下切削这些区域。

5.1.1 面铣削的特点

面铣削的特点如下：

- 交互非常简单，原因是用户只需要所有要加工的面并指定要从各个面的顶部去除的余量。
- 当区域相互靠近且高度相同时，它们就可以一起进行加工，这样就因消除了某些进刀和退刀运动而节省了时间。合并区域还能生成最有效的刀轨，原因是刀具在切削区域之间移动不太大。
- “面铣”提供了一种从所选面的顶部去除的余量的快速简单方法，余量是自面向顶而非自顶向下的方式进行建模的。
- 使用“面铣”可以轻松地加工实体上的平面，例如通常在铸铁件上发现的凸垫。
- 创建区域时，系统将面所在的实体识别为部件几何体。如果将实体选为部件，则可以使用干涉检查来避免干涉此部件。
- 对于要加工的各个面，可以使用不同的切削模式，包括在其中使用“教导模式”来驱动刀具的手动切削模式。
- 刀具将完全切过固定凸垫，并在抬刀前完全清除此部件。

5.1.2 面铣削的操作步骤

使用“面铣削”可以指定要去除的材料量，以及要避免干涉的周围部件和检查几何体。所选面定义要铣平的底面。通过将实体选为部件几何体，系统可以避免干涉部件。

面铣削操作的一般流程如图 5-1 所示。

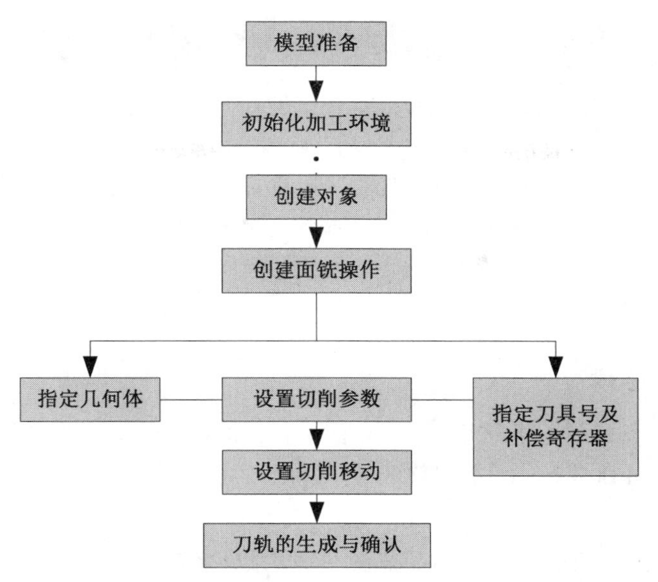

图 5-1　面铣削操作的一般流程

“面铣削”是用于面轮廓、面区域或面孤岛的一种铣削方式。它通过逐层切削工件来创建刀具路径，这种操作常用于粗加工材料，为精加工操作作准备。

在【创建工序】对话框中，NX CAM 提供了 4 种用于创建面铣削操作的模板，如图 5-2 所示，前 4 种加工类型为面铣削加工，各类型的含义如下。

- 底壁加工：相当于老版本中的表面区域铣，用于加工底部和侧壁，指定加工面和余量定义表面铣区域。
- 带 IPW 的底壁加工：使用带 IPW 的底部和侧壁加工。
- 使用边界面铣削：使用边界线框来定义加工区域铣削。
- 手工面铣削：采用手动的方式对不同区域指派不同的切削模式。

图 5-2　4 种面铣削操作模板

面铣参数的设置基本上相同，下面将以使用边界面铣削为例来讲解面铣加工参数设置的操作。其他的面铣参数设置方式类似，这里不再赘述。

5.2 公用选项参数设置

使用“面铣削”，只需选择部件几何体、切削区域几何体、壁几何体和检查几何体就可以创建操作。在【创建工序】对话框中选择加工类型为“mill_planar”，工序的子类型选择使用边界面铣削（FACE_MILLING）子类型，然后单击【确定】按钮，弹出使用边界【面铣】对话框，如图 5-3 所示。在对话框的【几何体】选项区中包括用于指定面铣操作的几何体选项。

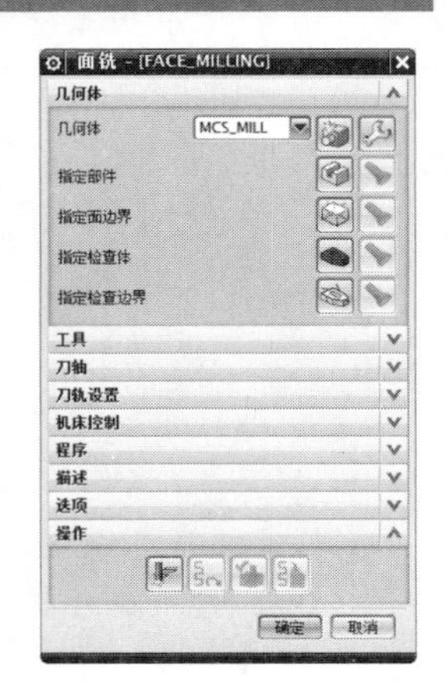

图 5-3 使用边界【面铣】对话框

5.2.1 几何体的选择

面铣几何体包括几何体、指定部件、指定面边界、指定检查体、指定检查边界 5 部分。下面将分别进行讲解。

1. 几何体

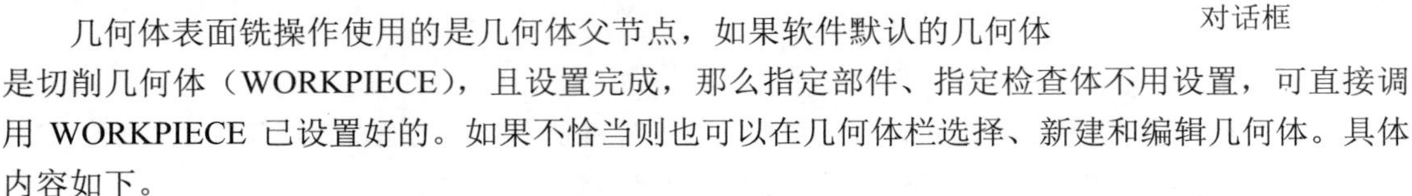

几何体表面铣操作使用的是几何体父节点，如果软件默认的几何体是切削几何体（WORKPIECE），且设置完成，那么指定部件、指定检查体不用设置，可直接调用 WORKPIECE 已设置好的。如果不恰当则也可以在几何体栏选择、新建和编辑几何体。具体内容如下。

- 选择：单击几何体栏 MCS_MILL 右侧的下拉按钮，弹出下拉列表框，切换为合适的方法类型。有 MCS_MILL、NONE、WORKPIECE 三种。
- 新建：单击新建按钮，弹出【新建几何体】对话框，如图 5-4 所示。该对话框用来设置新建几何体参数。
- 编辑：单击编辑按钮，进入编辑方法的【工件】对话框，如图 5-5 所示。该对话框可以修改部件和毛坯几何体参数。

图 5-4 【新建几何体 】对话框

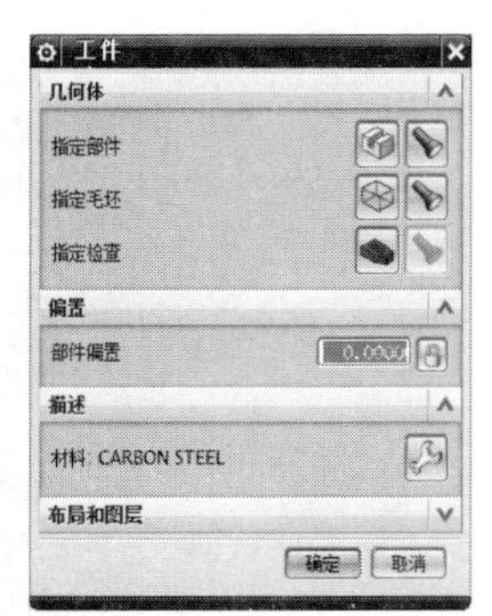

图 5-5 编辑几何体

2. 指定部件

指定部件就是选择待加工零件。在【面铣】对话框中单击【指定部件】按钮，弹出【部件几何体】对话框，如图 5-6 所示。将鼠标移动到工作区选择零件。如果需要显示已设置好的部件，则单击按钮，工作区将会显示部件的高亮线框。

3. 指定面边界

在【面铣】对话框中单击【指定面边界】按钮，将弹出【毛坯边界】对话框，如图 5-7 所示。该对话框用来定义刀具侧、加工平面和指定加工余量。

图 5-6　【部件几何体】对话框

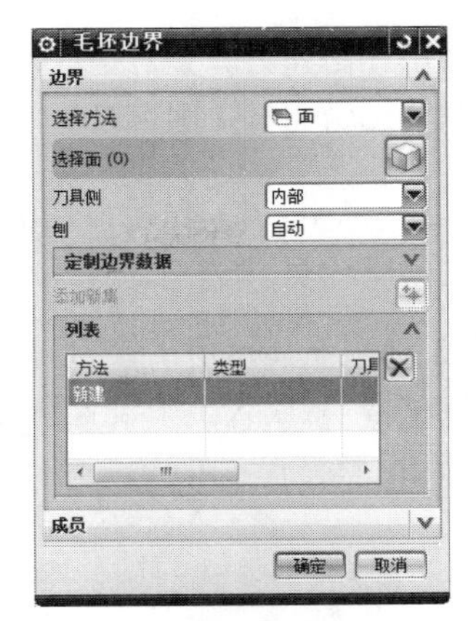

图 5-7　【毛坯边界】对话框

该对话框中各选项含义如下。

- 刀具侧：指定刀具在毛坯边界的哪一侧。有内部和外部选项。
  - 内部：刀具在毛坯边界内部走刀，以选择的面的边界作为加工区域。
  - 外部：刀具在毛坯边界外部走刀，以选取的边界外部到毛坯最大外形之间的区域作为加工区域。
- 刨：指定面铣的底面。有自动和指定两种选项。
  - 自动：系统根据选取的面自动定加工底面。
  - 指定：指定某一个特殊的面来生成加工底面。
- 定制边界数据：可以指定边界的加工预留量。

4．指定检查体

指定检查体就是选择设计好的机床夹具。在【底壁加工】对话框中单击【指定检查体】按钮，系统将弹出【检查几何体】对话框，如图 5-8 所示。将鼠标移动到工作区单击选择对象。如果需要显示已设置好的检查体，则单击按钮工作区将会显示检查体的高亮线框。

图 5-8　【检查几何体】对话框

5．指定检查边界

指定检查边界是指设置机床夹具的边界。机床加工如果没有绘制出实体，则也可以采用选取边界的方式来定义检查几何体。

5.2.2　刀具和刀轴的设置

面铣削操作的【面铣削区域】对话框中，【刀具】选项区和【刀轴】选项区用于设置切削加工的刀具和刀具相对于机床坐标系的方位。

1．刀具

【刀具】选项区主要设置刀具类型、尺寸，以及手工换刀、刀具补偿等设置。在【刀具】下拉列表框中选择先前已定义的刀具，以进行编辑。【刀具】选项区的选项如图 5-9 所示。

（1）新建

单击【新建】按钮，可以创建新的刀具定义，并将其放在操作导航器的机床视图中，以用于其他操作，弹出【新建刀具】对话框，如图 5-10 所示。

如果用户需要编辑刀具，则可以单击【编辑/显示】按钮，重新定义刀具参数。

（2）输出

【输出】选项组设置并显示刀具号、补偿、刀具补偿、Z 偏置以及其他相继承状态的当前参数。

（3）换刀设置

【换刀设置】选项组显示手工换刀和文本状态的当前设置，还显示夹持器和继承状态。勾选【手工换刀】复选框，将由人工来设置换刀。勾选“文本状态”复选框，可在下方的文本框内输入换刀的文字描述。

图 5-9　【刀具】选项区的选项

图 5-10　【新建刀具】对话框

2. 刀轴

刀轴即定义机床的主要方向（刀具的轴心方向）。一般数控机床的主轴是固定的，默认为+ZM 轴。在五轴数控机床里面，机床的主轴可以摆动。根据实际加工的需要来调整轴方向。

在【面铣】对话框中单击刀轴选项框右侧三角符号，弹出下拉列表框，如图 5-11 所示。有“+ZM”轴、“指定矢量”“垂直于第一个面”和“动态”4 种方式。各选项含义如下：

（1）+ZM 轴：加工坐标系的正 Z 轴；

（2）指定矢量：用户指定某一矢量作为刀轴方向；

（3）垂直于第一个面：当选取多个面时垂直于第一个面。这也是面铣默认的方式；

（4）动态：采用动态的方式指定刀轴。

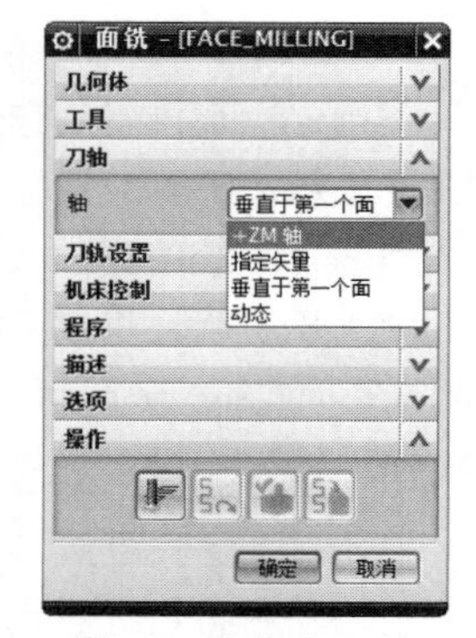

图 5-11　指定刀轴

5.2.3　刀轨的设置

刀轨设置的主要作用是设置刀具的运动轨迹和进给，有进退刀的形式、切削参数、加工后的余量等。它是面铣操作中参数最重要的一栏。打开【刀轨设置】选项卡，如图 5-12 所示。下面将对主要选项含义进行讲解。

1. 方法

方法的作用是设置操作轮廓的余量和公差。在方法栏中主要是选择方法，也可以新建、编辑加工方法。

- 选择：单击 METHOD（方法）右侧的下拉按钮，弹出下拉列表框，切换合适的方法类型。
- 新建：单击（新建）按钮，弹出“新建”方法对话框，该对话框用于新建加工方法。
- 编辑：单击（编辑）按钮，可以进入编辑加工方法对话框进行相关参数的编辑。

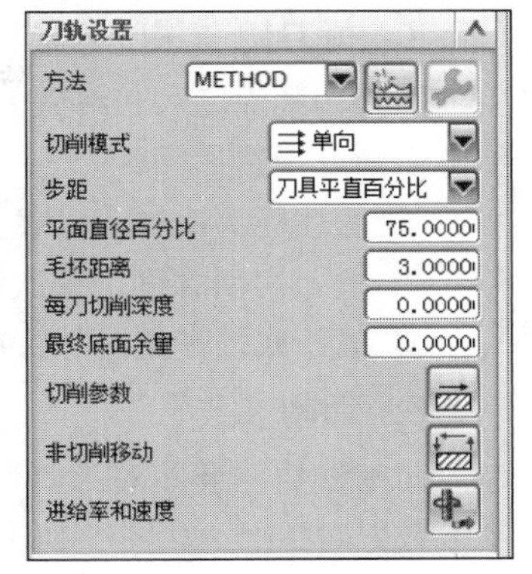

图 5-12　【刀轨设置】选项区

2. 切削模式

切削模式用于决定刀轨的样式。无论表面区域铣削或平面铣模式，其下拉列表框中均有 9 个选项，前 8 项代表 8 种切削模式，第 9 项是快捷键的显示和隐藏功能键。如图 5-13 所示每一种模式都有自己的特点和附带功能，各模式含义如下。

- 跟随部件：通过从整个指定的部分几何体中形成相等数量的偏置（如果可能）来创建切削模式，而不管该部件几何体定义的是边缘环、岛或型腔，还是沿工件轮廓向内加工。
- 跟随周边：是一种封闭且同心的环形刀路，刀路与工件外轮廓相似，刀路直径按照走刀步距进行偏置，当内部的加工区域过小产生刀路交叠时，这些刀路将压缩成为一条。
- 混合：每个加工区域路线可采用不同模式。
- 轮廓：可以对开放或闭合的工件轮廓进行加工。
- 摆线：此模式采用回圈控制嵌入刀具。当需要限制过大的步距以防止刀具在完全嵌入切口时折断，且需要避免过量切削材料时，需使用此功能。
- 往复：刀具沿直线走刀到达尽头时步进并返回。
- 单向：切削产生的刀轨为一系列平行且同方向的直线刀路，刀具由切削起点进刀。切削至刀路终点，然后退刀，横越走刀至下一刀路起点，沿着同样的方向切削。
- 单向轮廓：该切削方法的产生与切削区域轮廓仿形“Z”字形刀轨，其刀路的方向取决于顺铣与逆铣，加工中同样保持顺铣或逆铣不变。

3. 步距

步距是刀具切削时两轴心之间的距离。在【面铣】对话框中单击步距栏右侧下拉按钮。弹出【步距】下拉列表框。一共有 4 项，如图 5-14 所示。各选项含义如下。

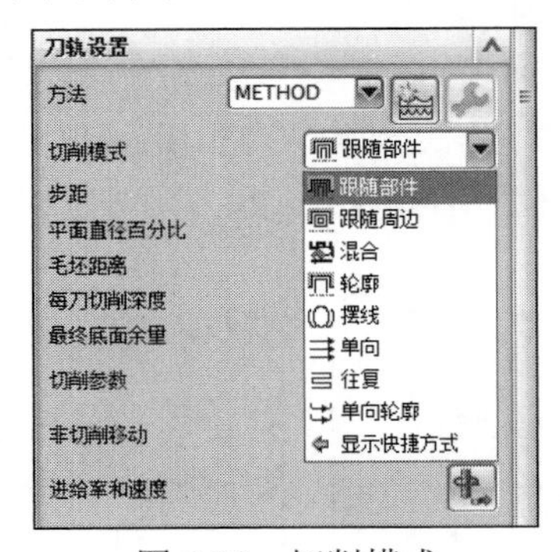

图 5-13　切削模式

图 5-14　【步距】下拉列表框

- 恒定：设置切削路径为固定距离。用于平刀、圆鼻刀和球刀等。
- 残余高度：设置两路径之间残留材料的最大高度。用于球刀。
- 刀具平直百分比：设置刀具直径的百分比值，建立固定的距离。用于平刀，圆鼻刀等。

- 变量平均值：该步距能够调整，以保证刀具始终沿着壁面进行切削，而不会剩下多余的材料。

4．每刀切削深度和最终底面余量

每刀切削深度和最终底面余量主要是设置切削层数，也可快速设置余量。每刀切削深度和最终底面余量设置如图 5-15 所示，各选项含义如下。

① 毛坯距离：加工时表面的余量。

② 每刀切削深度：每次切削时下刀深度。

③ 最终底面余量：加工后底部的余量。

5．切削参数

切削参数主要是对刀具切削路线进行更精确的设置。单击【切削参数】按钮，弹出【切削参数】对话框，如图 5-16 所示。切削参数中包含【策略】、【余量】、【拐角】、【连接】、【空间范围】和【更多】选项卡。一般软件会自动设置好参数，编程人员可以选择默认以节省时间和精力。另外，切削参数中部分选项是相关联的，当前一选项设置为指定某一选项时，将出现相关选项。

毛坯距离	3.0000
每刀切削深度	0.0000
最终底面余量	0.0000

图 5-15　切削深度和余量

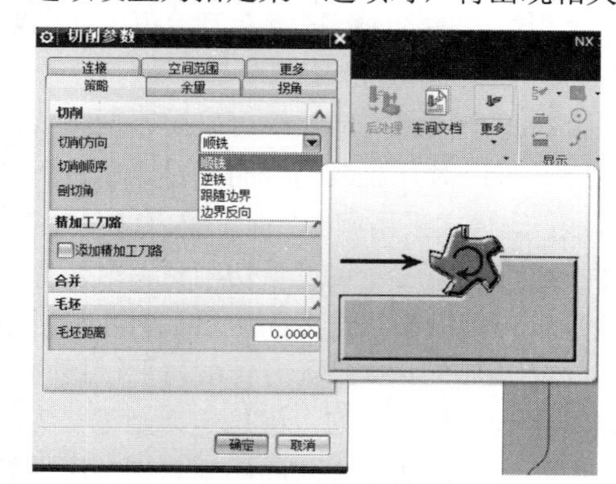

图 5-16　进入【切削参数】对话框

（1）【策略】选项卡

策略指加工路线的大致设置，对加工结果的效果起主导作用。主要是切削角、壁清理和毛坯经常需要设置，其他一般可以默认不变。

① 切削方向：切削方向是平面铣、型腔铣、Z 级切削、面切削操作中都存在的参数，包括顺铣切削和逆铣切削等选项。其中，【顺铣切削】是沿刀轴方向向下看，刀轴的旋转方向与相对进给运动的方向一致；【逆铣切削】刀轴的旋转方向与相对进给运动的方向相反；【跟随边界】是刀具按照选择边界的方向进行切削；【边界反向】是刀具按照选择边界的反方向进行切削。这 4 种切削方向对比如图 5-17 所示。

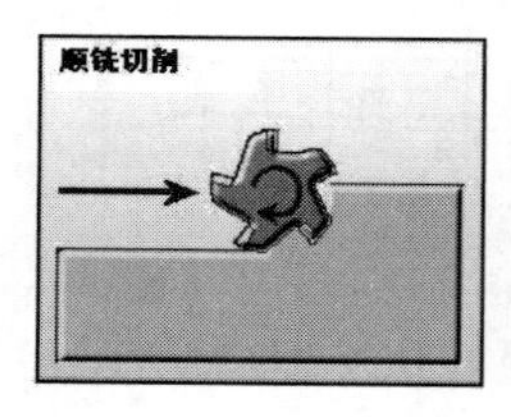

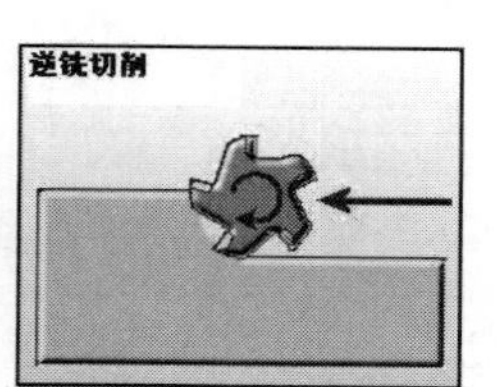

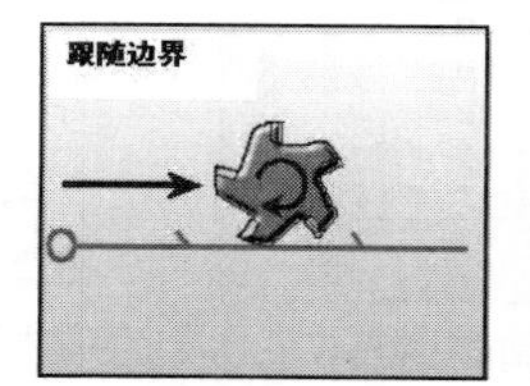

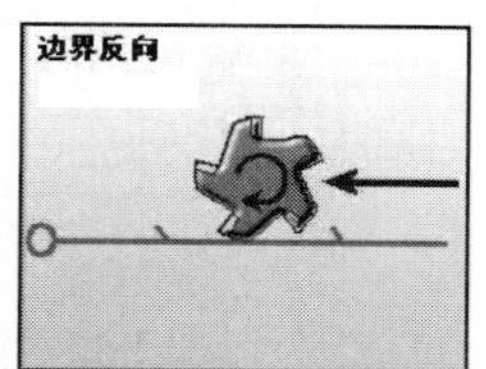

图 5-17　定义切削方向

② 切削顺序：切削顺序可以用来优化刀轨，在其下拉列表框中包括【层优先】和【深度优先】两个选项。其中【层优先】表示每次切削完工件上的同一高度的切削层之后再进入下一层。

而【深度优先】是指每次切削完一个区域后再加工另一个区域，可以减少抬刀现象。因此，在加工区域高度不同的零件时最好采用深度优先。这两种顺序定义方式对比如图 5-18 所示。

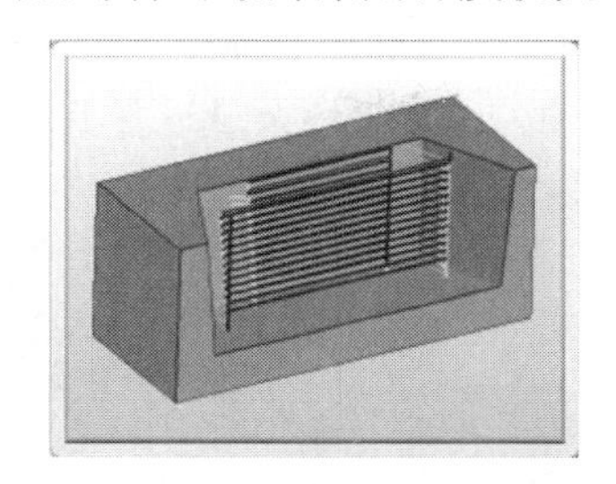
（a）层优选

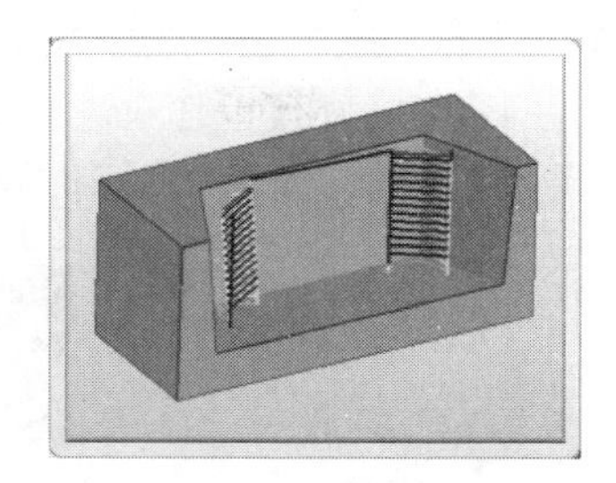
（b）深度优先

图 5-18　切削顺序

③ 精加工刀路：精加工刀路指定在零件轮廓周边的精加工刀轨，勾选【添加精加工刀路】复选框，可以设置精加工刀路数和步进，如图 5-19 所示。

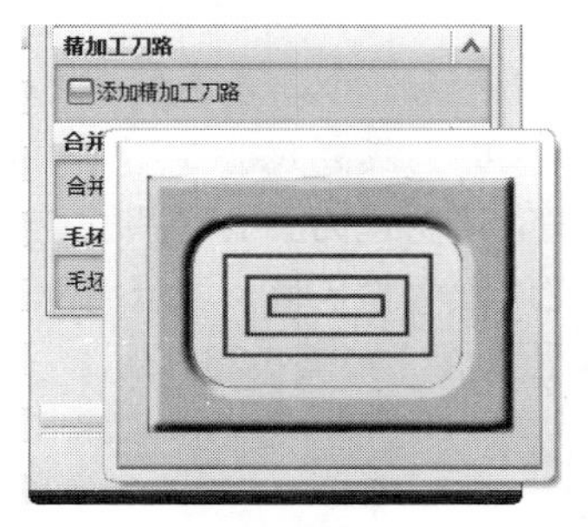

（a）未勾选复选框

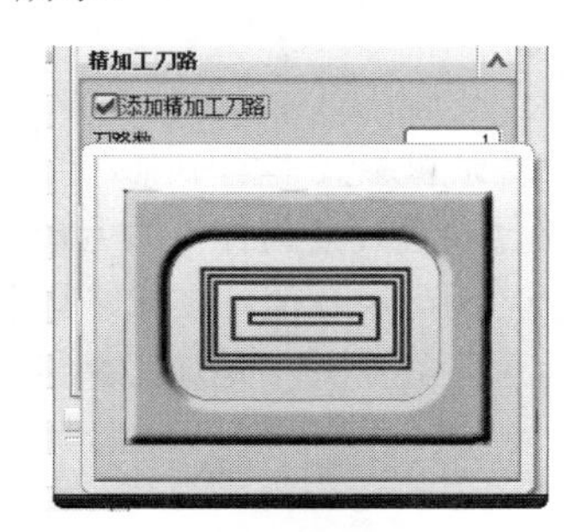

（b）勾选复选框

图 5-19　【添加精加工刀路】复选框

④ 毛坯：毛坯距离设置轮廓边界的偏置距离产生毛坯几何体，即定义了要去除的材料总厚度，设置了毛坯距离，则只生成毛坯距离范围内的刀轨，而不是整个轮廓所设定的区域，如图 5-20 所示。

（2）【余量】选项卡

余量主要用在公差配合中或是为达到某一精度时，要求在操作时留下的加工余量。【余量】选项卡主要包括【余量】和【公差】两个面板，如图 5-21 所示。

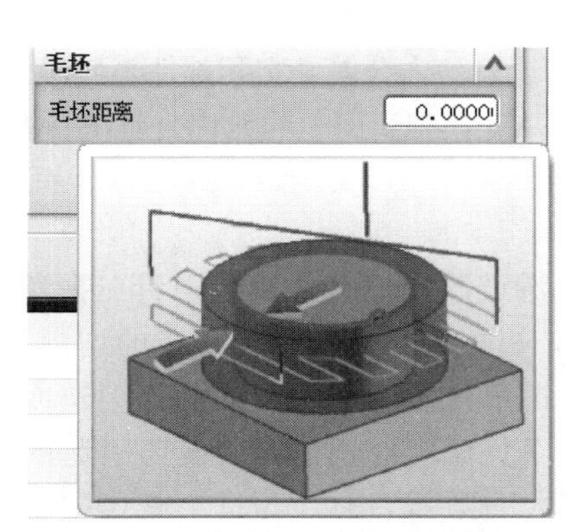

图 5-20　【毛坯距离】设置效果

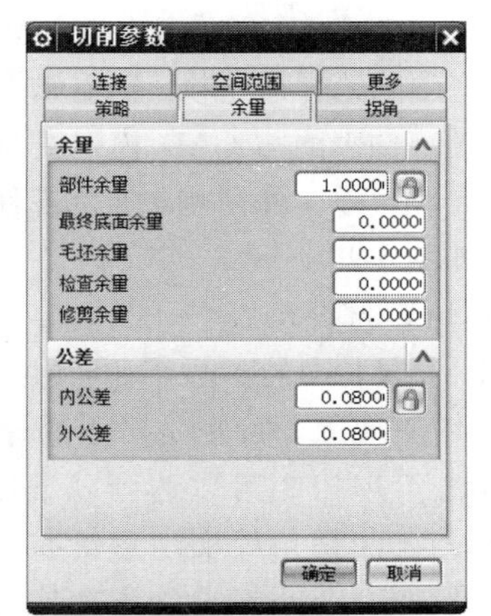

图 5-21　【余量】选项卡

① 余量：在该面板中可定义各种余量参数。其中，在【部件余量】文本框中输入值，表示在工件侧面为后续加工保留的加工余量，即水平方向余量，一般不能大于刀具的底圆角半径；在【最终底面余量】文本框中输入值，表示在工件最底面和所有岛屿的顶面上为后续加工保留的加工余量，即垂直方向余量；在【毛坯余量】文本框中输入值，毛坯余量设置毛坯几何体的余量，表示毛坯余量其实并不是加工余量，如图 5-22 所示。

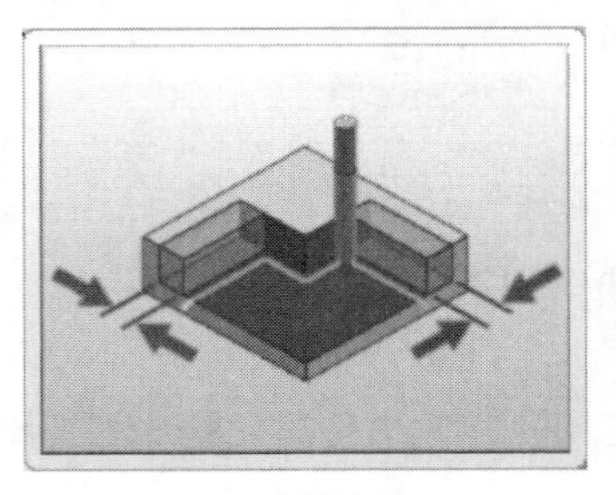
（a）部件余量

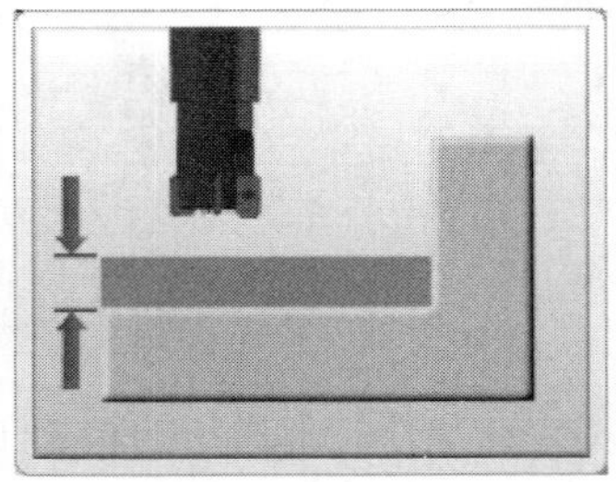
（b）最终底面余量

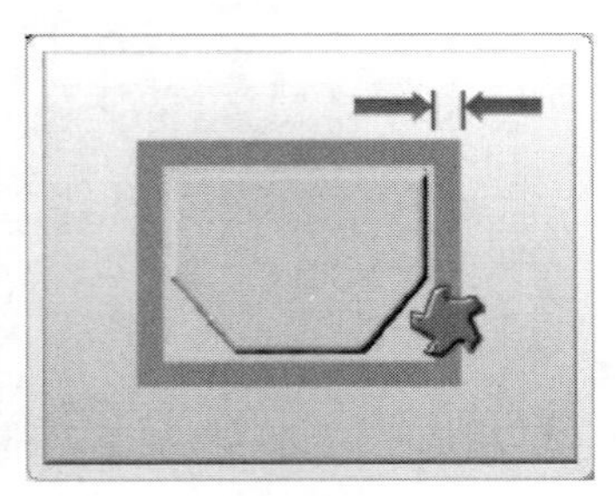
（c）毛坯余量

图 5-22　定义余量

此外，在【检查余量】文本框中输入值，表示切削时刀具离开检查几何体的距离，把一些重要的加工面或者夹具设置为几何体，加上余量的设置，可防止刀具与这些几何体接触，可保证重要面或夹具的安全，不可用负值。在【修剪余量】文本框中输入值，表示切削时刀具离开修剪几何体的距离，修剪余量其实并不是加工余量，不可用负值，如图 5-23 所示。

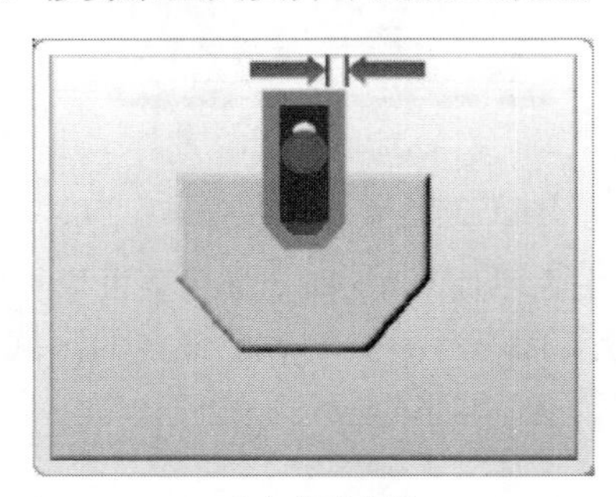
（a）检查余量

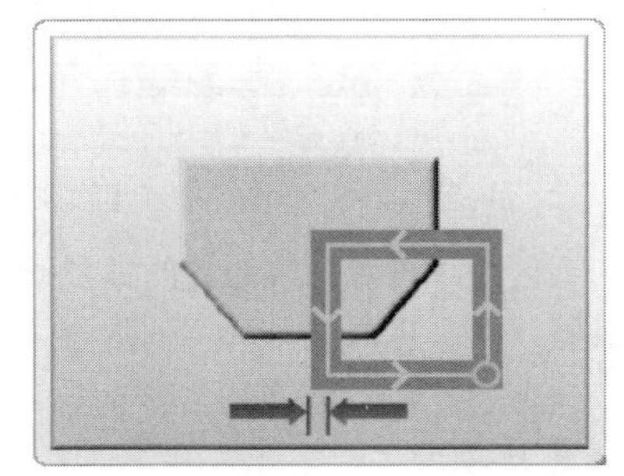
（b）修剪余量

图 5-23　定义检查余量和修剪余量

② 公差：【内公差】和【外公差】参数决定刀具偏离部件表面的允许距离，公差值越小，切削越准确，产生的轮廓越光顺，但生成刀具路径的时间越长。在忽略表面粗糙度的条件下，也就是实际加工的部件表面与 CAD 模型表面之间允许的误差。内公差是实际部件表面偏向 CAD 模型表面下的允许误差，外公差是实际部件表面偏向 CAD 模型表面上的允许公差，二者不可同时为零，对比如图 5-24 所示。

（3）【拐角】选项卡

【拐角】选项卡中的参数用于产生在拐角处平滑过渡的刀轨，避免刀具在拐角处产生偏离或过切零件的现象。特别是对于高速铣削加工，拐角控制可以保证加工的切削负荷均匀。利用拐角和进给率控制可以达到以下目的：在凸拐角处实现绕拐角的圆弧刀轨或延伸交相的尖锐刀轨；在凹拐角处实现进给减速，可以消除负荷增加、消除因扎刀引起的过切及消除表面的不光滑；在凹拐角处添加比刀具半径稍大的圆弧刀轨，与进给减速配合获得光滑

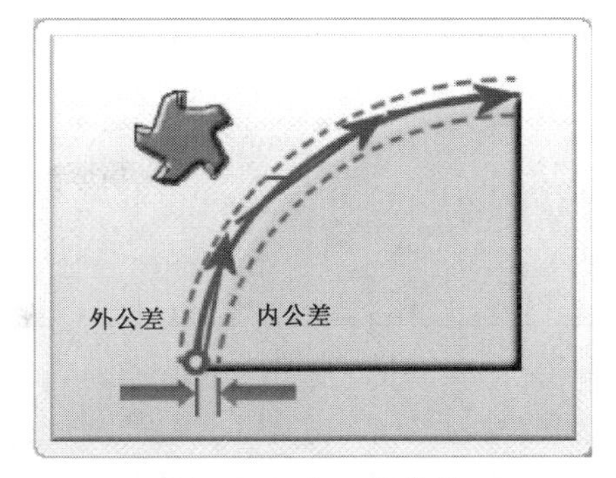

图 5-24 内、外公差

的圆角表面质量；为实现高速加工，在步进处形成圆弧轨迹。【拐角】选项卡包括【拐角处的刀轨形状】、【圆弧上进给调整】和【拐角处进给减速】3 个面板，如图 5-25 所示。【拐角】选项卡主要控制与以下操作有关的切削运动的光顺过渡。跟随部件、跟随周边和摆线模式中的拐角倒圆。跟随部件、跟随周边和摆线模式中的步进运动。单向、往复模式（步进运动光顺）。

(4)【连接】选项卡

平面铣削操作的【连接】选项卡下仅有【切削顺序】面板，如图 5-26 所示，该面板中定义参数的类型如下。

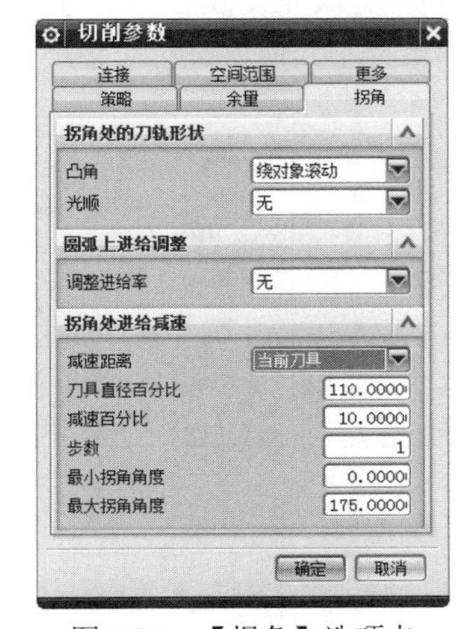

图 5-25 【拐角】选项卡

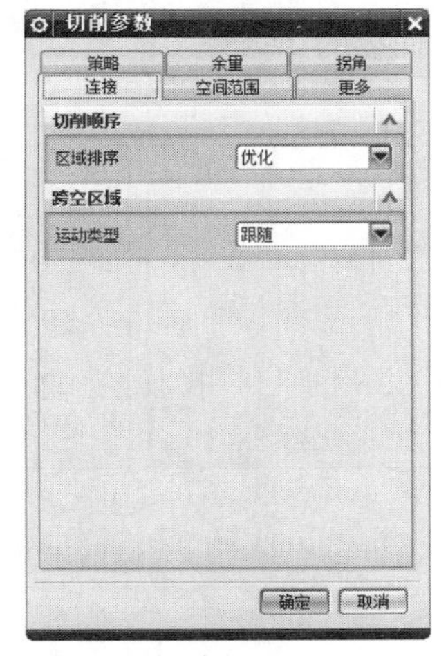

图 5-26 【连接】选项卡

在【区域排序】下拉列表框中提供了多种用于自动或手动指定切削区域的加工顺序：选择【标准】选项，按照切削区边界的创建顺序决定切削区的切削顺序；选择【优化】选项，按照横越运动的长度最短的原则决定加工顺序：效率最高，是系统的默认；选择【跟随起点】选项，根据切削区指定的起始点顺序来决定切削顺序；选择【跟随预钻点】选项，将根据切削区域指定的起始点或预钻进刀点的指定顺序来决定切削顺序。4 种区域切削顺序对比如图 5-27 所示。

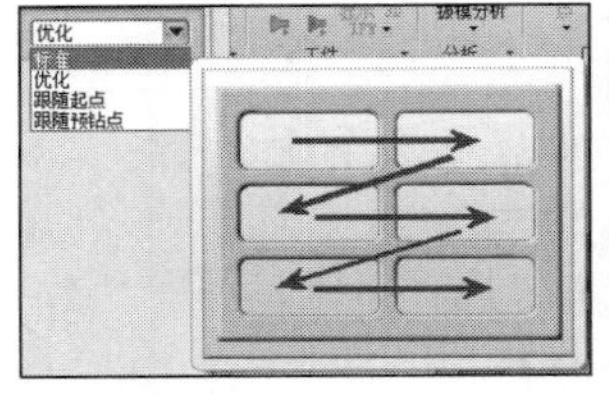

(a) 标准

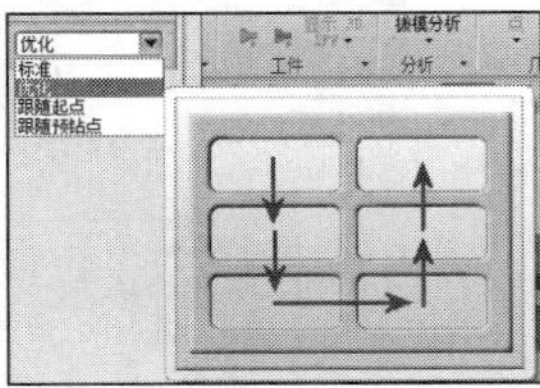

(b) 优化

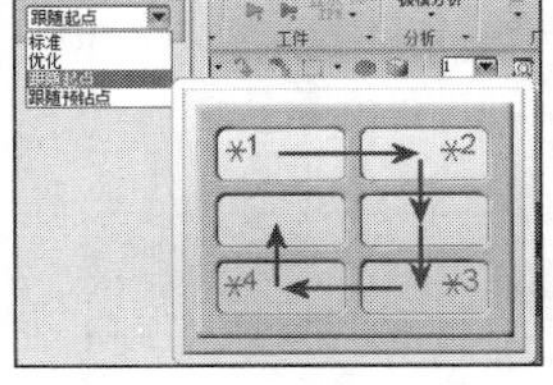

(c) 跟随起点

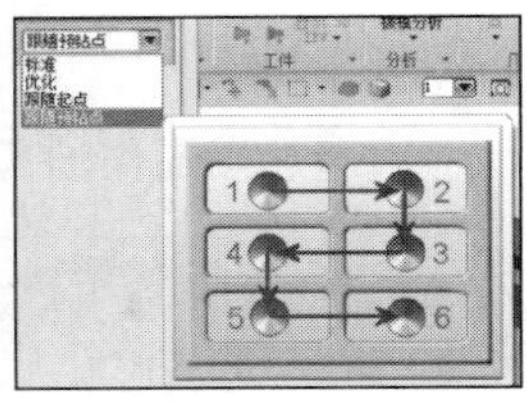

(d) 跟随预钻点

图 5-27 区域排序

表面区域铣操作的【连接】选项卡也有两个可选区域：【切削顺序】和【跨空区域】，其中【切削顺序】的选项功能与平面铣操作中的相同。【跨空区域】有 3 个选项，其对比示意如图 5-28 所示。

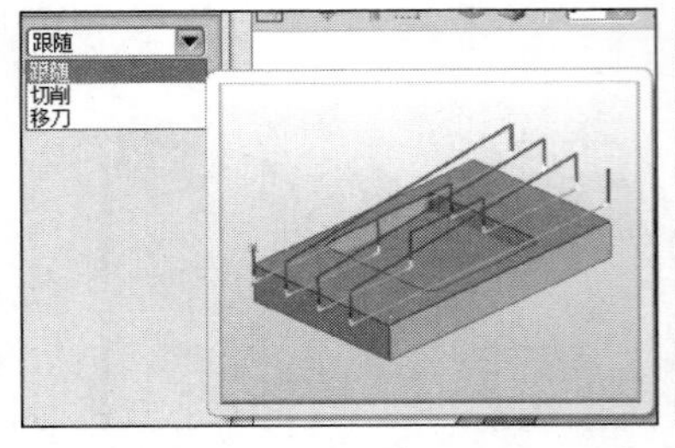

（a）跟随

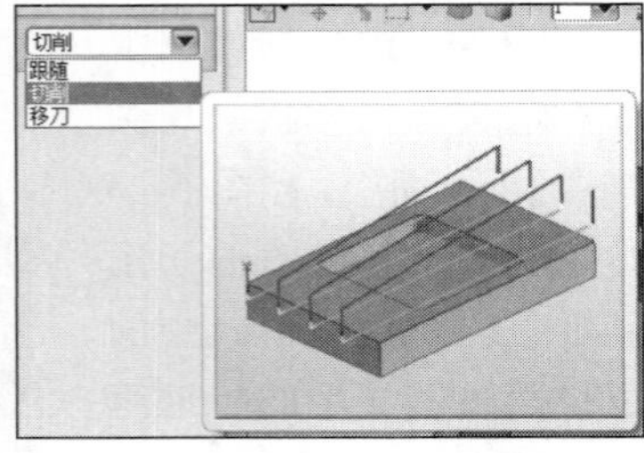

（b）切削

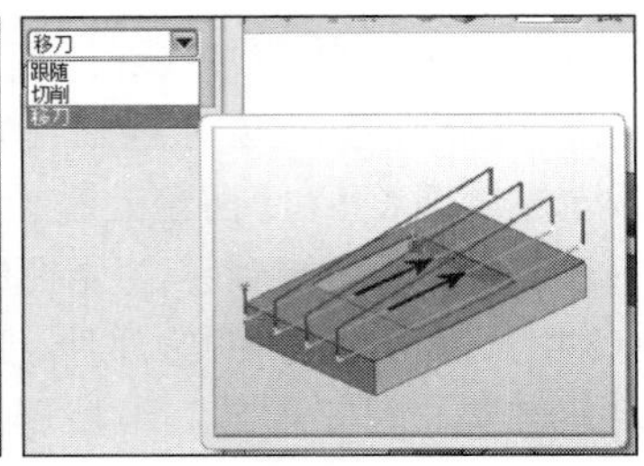

（c）移刀

图 5-28　【跨空区域】选项

（5）【空间范围】选项卡

【空间范围】选项卡主要用来定义重叠距离参数，以及定义是否设置自动保存边界等操作。当在【毛坯】面板的【处理中的工件】下拉列表框中选择不同内容时，对话框差别较大，如图 5-29 所示。

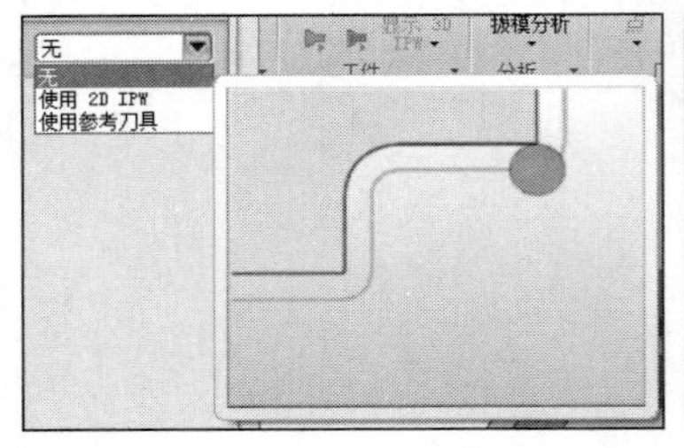

（a）无

（b）使用 2D IPW

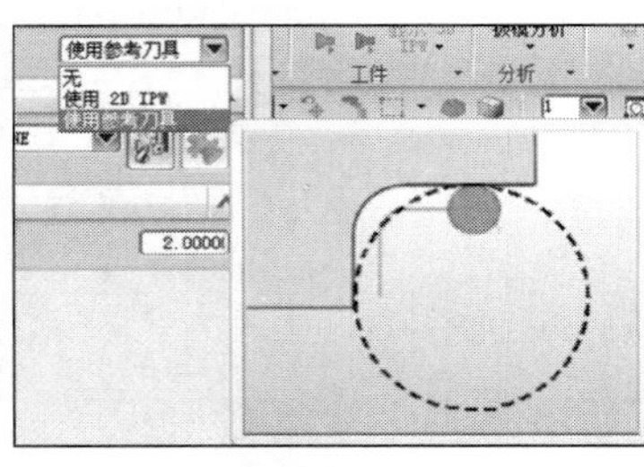

（c）使用参考刀具

图 5-29　【空间范围】选项卡

具体定义方法如下：

重叠距离是指切削工件侧面的进刀和退刀之间发生重复切削的区间长度，可通过设置该参数以提高切入部位的表面质量，如图 5-30 所示。

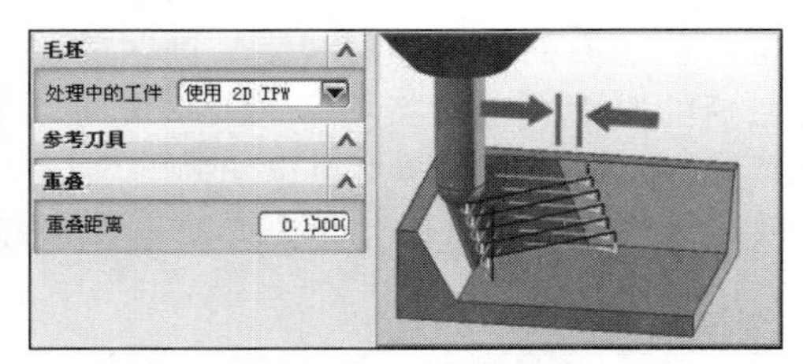

图 5-30　定义重叠距离

底壁加工操作的【空间范围】选项卡是关于是否启用碰撞检测的，如图 5-31 所示。

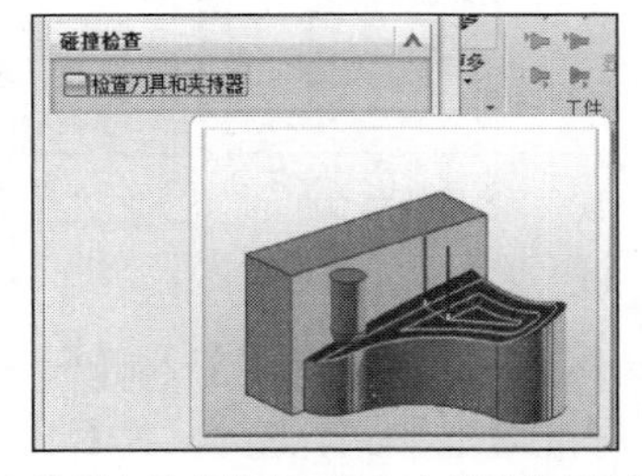

（a）取消勾选【检查刀具和夹持器】复选框

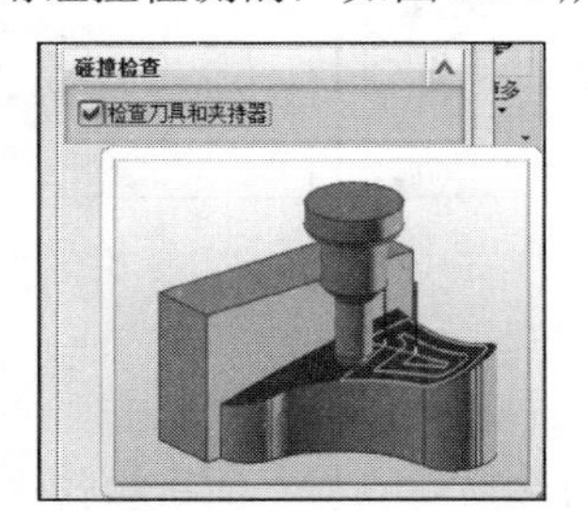

（b）勾选【检查刀具和夹持器】复选框

图 5-31　碰撞检查

（6）【更多】选项卡

【更多】选项卡主要包括【安全距离】、【下限平面】和【底切】3 个面板，如图 5-32 所示。是否勾选【允许底切】复选框的效果如图 5-33 所示。

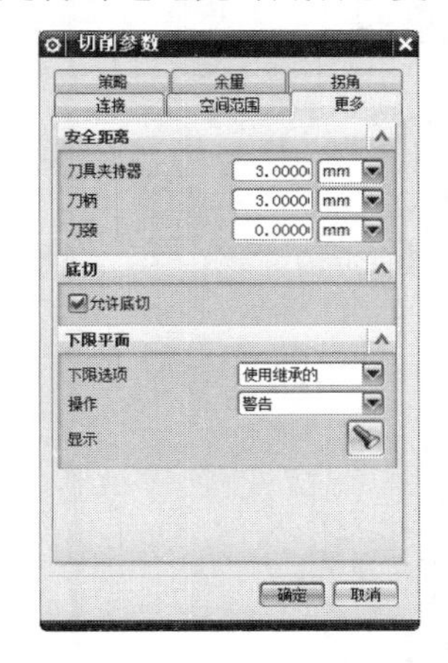

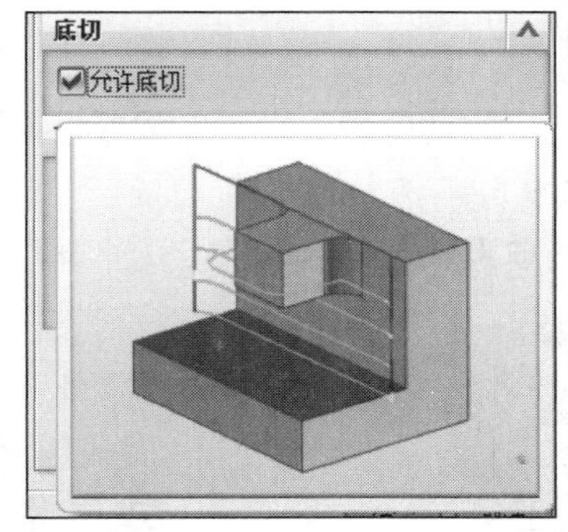

（a）勾选【允许底切】复选框

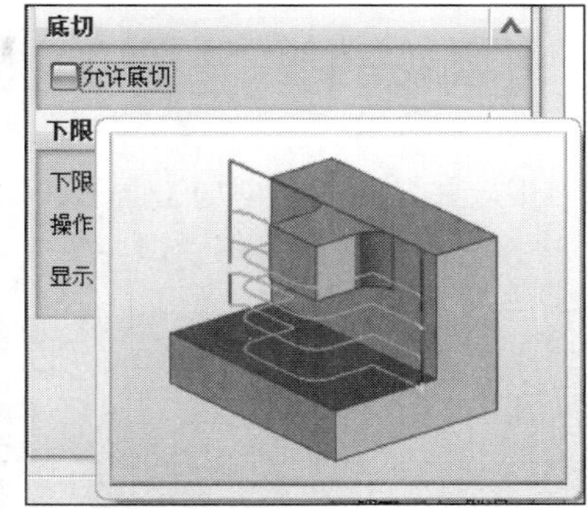

（b）取消勾选【允许底切】复选框

图 5-32　【更多】选项卡

图 5-33　【允许底切】复选框

5.2.4　机床控制

【机床控制】面板用于指定机床事件，例如刀具更改、开始和结束事件（为用户定义的），或者特殊的后处理命令，如图 5-34 所示。

- 开始刀轨事件：【开始刀轨事件】选项可指定机床事件，此选项控制运动输出的类型。单击【复制自…】按钮，弹出【后处理命令重新初始化】对话框，如图 5-35 所示。通过该对话框可以重新选择加工类型、子类型及操作方法等，也就是重新设置加工环境。
- 结束刀轨事件：【结束刀轨事件】选项使用定制边界数据，还可以在边界层、边界成员层以及组层定义【机床控制】选项。
- 运动输出类型：【运动输出类型】选项控制机床的输出状态，其下拉列表框中包括仅线性、圆弧-垂直于刀轴、圆弧-垂直/平行与刀轴、Nurbs 和 Sinumerik 样条。

图 5-34　【机床控制】面板

图 5-35　【后处理命令重新初始化】对话框

5.2.5 刀路的产生和模拟

在面铣削各项参数设置完成后，即可进行刀路的生成和仿真模拟了。【平面铣】对话框的【操作】面板中包含了【生成】、【重播】、【确认】、【列表】操作的命令，如图 5-36 所示。

图 5-36 【操作】面板

1. 生成与重播

“生成”执行刀路创建的命令。所有的切削参数设置完成后，单击【生成】按钮，自动生成刀路，并显示在模型加工面上，如图 5-37 所示。

“重播”是刷新图形窗口并重新播放刀轨。

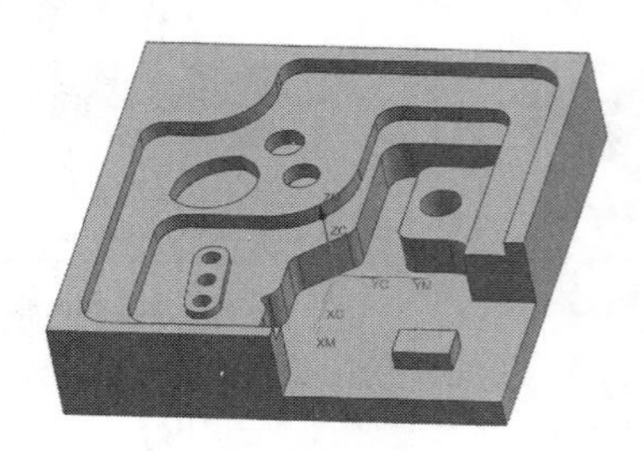

（a）模型文件

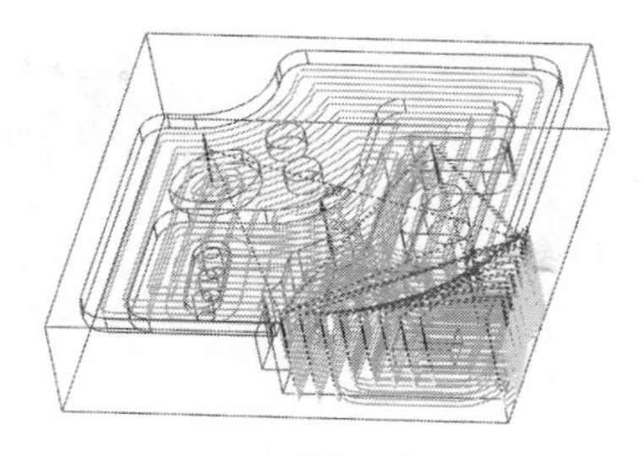

（b）生成的刀路

图 5-37 刀路的生成

2. 确认

正确生成加工刀路后，使用【确认】功能可以动画模拟刀路及加工过程。单击【确认】按钮，程序弹出【刀轨可视化】对话框，该对话框中有 3 个功能选项卡：重播、3D 动态和 2D 动态。各功能选项卡如图 5-38 所示。

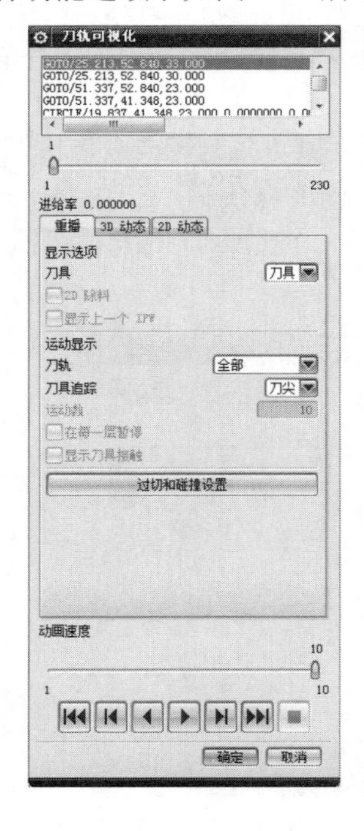

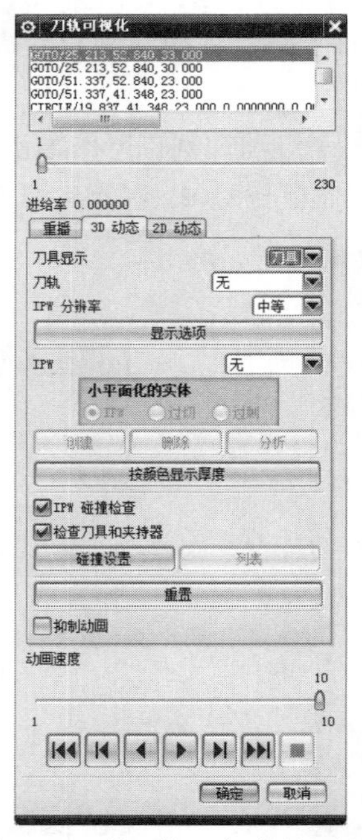

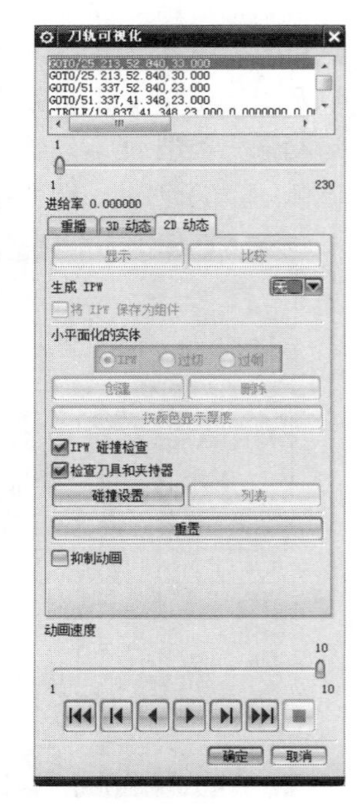

图 5-38 【刀轨可视化】对话框

对话框上方的列表框中显示的是加工程序列。对话框下方的动画播放速度滑动条和播放操作按钮是调节动画播放速度即动画播放操作的。

（1）【重播】选项卡

重播刀具路径是沿着刀轨显示刀具的运动过程。在重播时，用户可以完全控制刀具路径的显示，既可查看程序对应的加工位置，也可查看刀位点对应的程序。

当在【程序】列表框中选定某段程序时，图形区的刀具则在该加工节点处显示；或者在图形区中选择某一节点路径，则在【刀轨可视化】对话框的【程序】列表框中亮显对应程序，如图 5-39 所示。

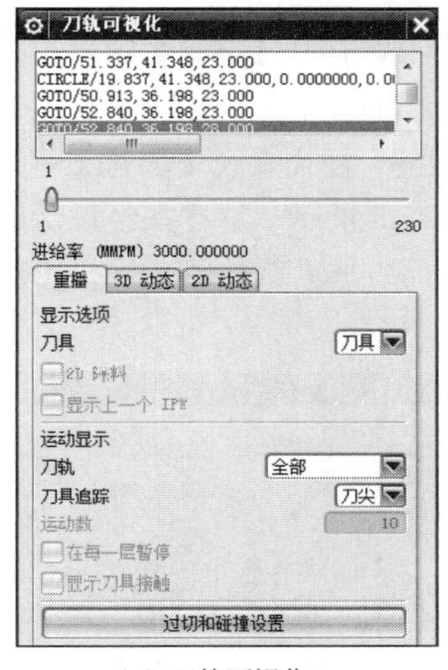

（a）刀轨可视化

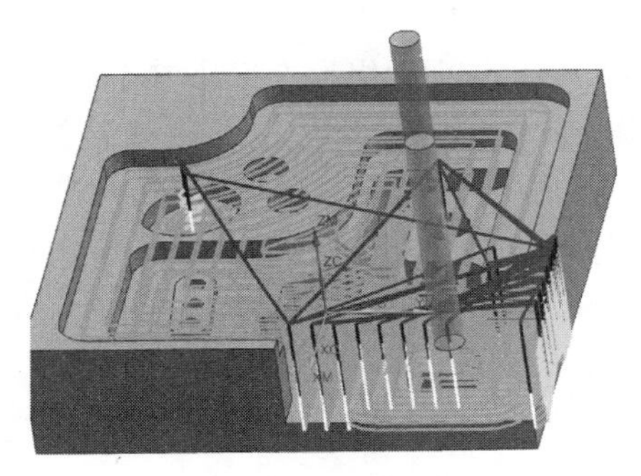

（b）与程序段对应的刀轨

图 5-39　加工路径与程序的对应

（2）【3D 状态】选项卡

3D 状态是指三维实体以 IPW（处理中的工件）的形式来显示刀具切削过程，其模拟过程非常逼真。3D 状态模拟的过程及结果如图 5-40 所示。

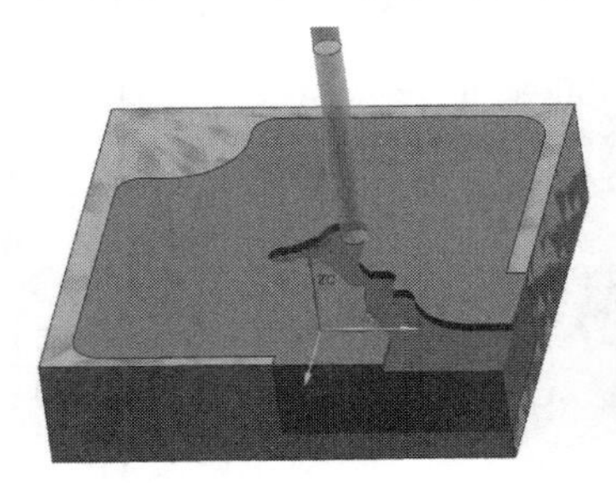

（a）3D 状态 I

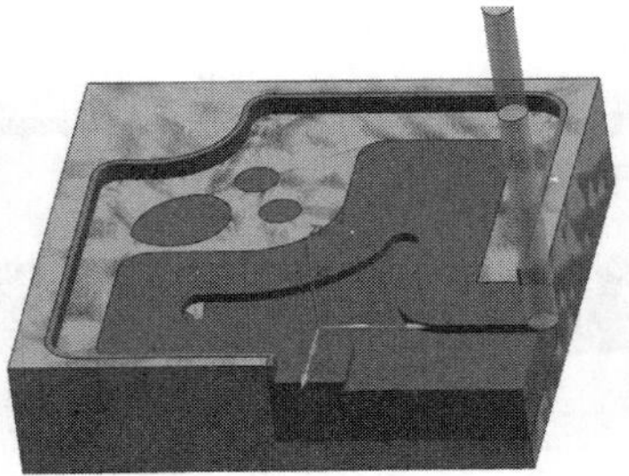

（b）3D 状态 II

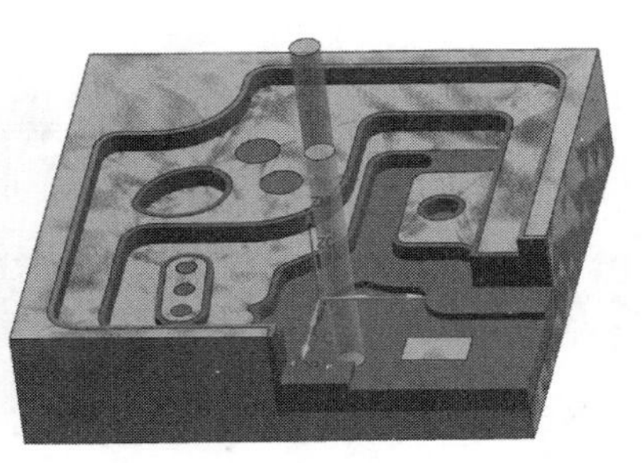

（c）3D 状态III

图 5-40　3D 状态模拟

（3）【2D 状态】选项卡

2D 状态模拟仿真是以三维静态的形式来显示整个过程。3D 状态模拟时，模式可以用鼠标操作，但 2D 状态模拟时，鼠标不能操作，是静态的。

进行 2D 状态的刀路模拟仿真，必须定义毛坯，若先前没有定义，在模拟时会提示定义一个临时毛坯，以供模拟仿真。2D 状态模拟的过程及效果如图 5-41 所示。

（a）2D 状态 I

（b）2D 状态 II

（c）2D 状态III

图 5-41　2D 状态模拟

3. 列表

生成完整刀具路径并模拟完成后，单击【列表】按钮，可打开【信息】窗口。在该窗口中以 ART 程序语言列出加工程序单，如图 5-42 所示。

通常在创建面铣削操作时，除了选择加工类型为面铣削外，还需要在【创建工序】对话框的【位置】面板中分别指定程序、刀具、几何体和方法，如图 5-43 所示。这样在经过后续操作设置后，系统也将依据该面板组设置和操作设置生成刀具轨迹，而生成刀具轨迹后同样可对组设置进行编辑操作。

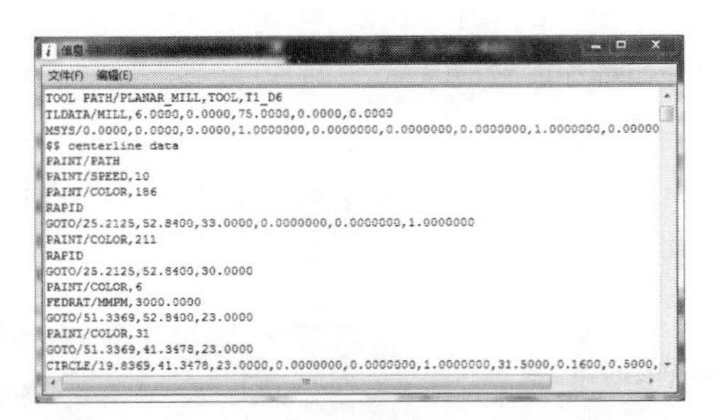

图 5-42　ART 语言的加工程序单

图 5-43　【位置】面板

5.3　典型应用

5.3.1　底面和壁面铣削加工

打开 UG NX 10.0 软件，按照下面的“开始素材”路径找到本例名为 5.3.1.prt 的文件，按照下面的讲解进行该例加工程序的编制。也可根据与该例对应的视频进行学习。

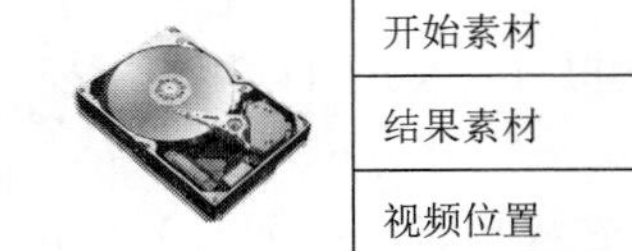	开始素材	Prt_start\chapter 5\5.3.1.prt
	结果素材	Prt _result\chapter 5\5.3.1.prt
	视频位置	Movie\chapter 5\5.3.1.avi

1．加工工艺分析

本实例运用底面和壁铣削方法分别对部件的底面和壁进行切削加工。下面用一个实例来详细讲解如何运用底面和壁铣削方法对零件进行粗、精加工，本例的加工模型如图 5-44 所示。

因零件中间型腔倒圆角特征的半径为 15mm，所以可先使用 D25R0.8 的牛鼻铣刀进行粗加工，然后使用直径为 10mm 的平铣刀进行精加工。

2．公共项目设置

步骤 01 启动 UG NX 10.0 软件，单击【打开文件】按钮，在弹出的对话框中选择本书配套资源文件 5.3.1.prt，单击【确定】按钮打开该文件。

步骤 02 依次选择【文件】|【应用模块】|【加工】命令，进入加工环境，或者通过快捷键【Ctrl+Alt+M】快速进入加工环境。

步骤 03 在弹出的【加工环境】对话框中选择铣削加工，单击【确定】按钮，进入铣削加工环境，如图 5-45 所示。

图 5-44　加工模型

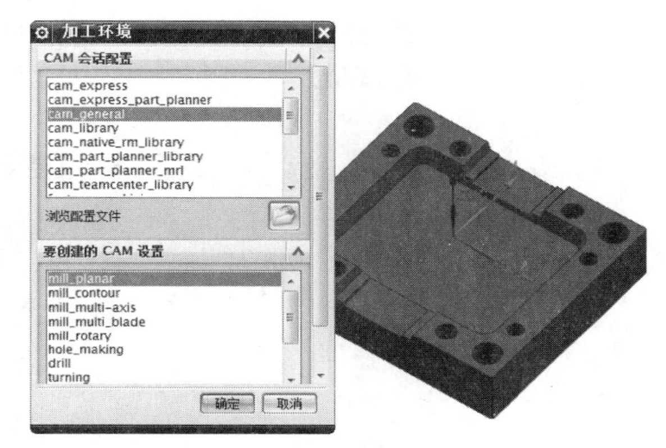

图 5-45　壳体模型

步骤 04 将视图调至【几何视图】，双击工序导航器中的坐标系设置按钮，弹出图 5-46 所示的坐标系设置对话框。输入安全距离 20，并单击【指定 MCS】按钮。接着在弹出的对话框中选择坐标系参考方式为 WCS，如图 5-47 所示。

图 5-46　坐标系设置

图 5-47　参数选择

步骤 05 双击工序导航器下的 WORKPIECE 图标，然后在图 5-48 所示的对话框中单击【指定部件】按钮，并在新弹出的对话框中选择图 5-49 所示的模型为几何体。

图 5-48 【工件】对话框

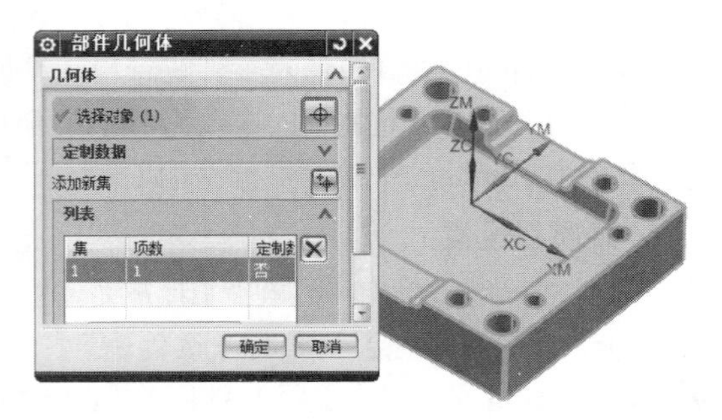

图 5-49 指定部件几何体

步骤 06 选择部件几何体后返回【工件】对话框。此时单击【指定毛坯】按钮，在弹出的对话框中选择【包容块】选项并单击【确定】按钮，右侧将显示自动块毛坯模型，如图 5-50 所示，可根据实际需求调节包容块的尺寸。此处使用默认的设置即可。

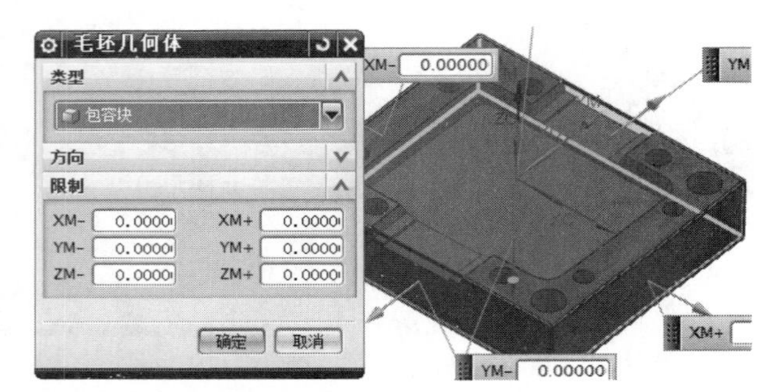

图 5-50 指定毛坯几何体

步骤 07 在【导航器】工具栏中单击【机床视图】按钮，切换导航器中的视图模式。然后在【创建】工具栏中单击【创建刀具】按钮，弹出【创建刀具】对话框。按照图 5-51 所示的步骤新建名称为 T1_D25R0.8 的牛鼻铣刀，并按照实际设置刀具参数。

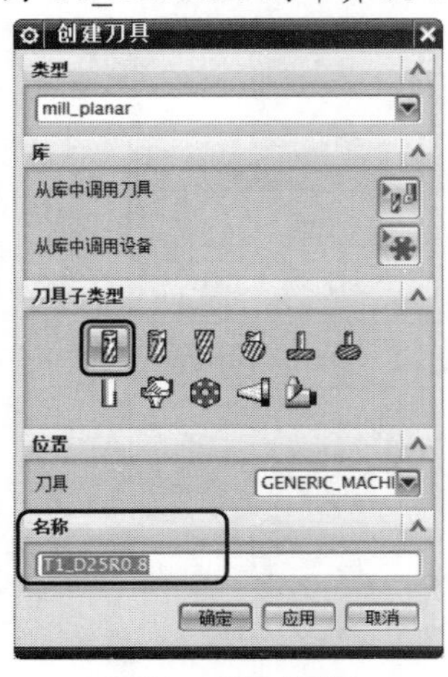

（a）【创建刀具】对话框

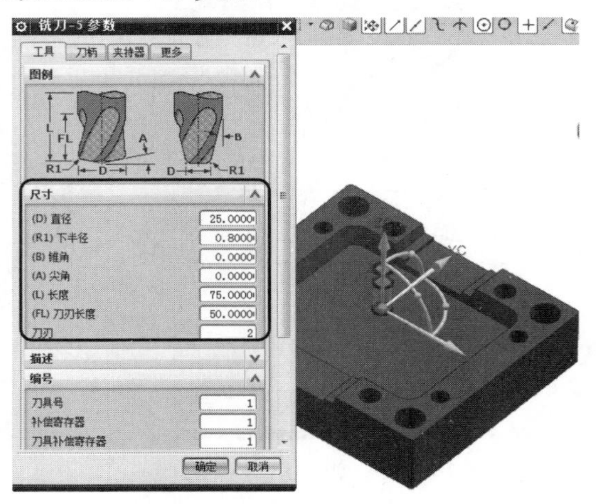

（b）参数设置对话框

图 5-51 创建名为 T1_D25R0.8 的牛鼻铣刀

步骤 08 同上步，打开【创建刀具】对话框。按照图 5-52 所示的步骤新建名称为 T2_D10 的端铣刀，并按照实际设置刀具参数。

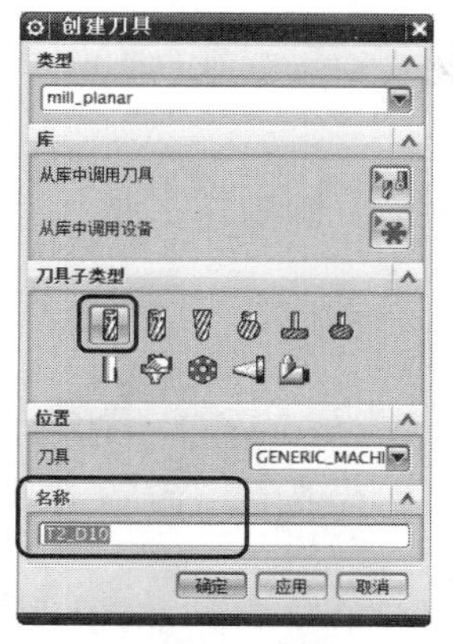

（a）【创建刀具】对话框

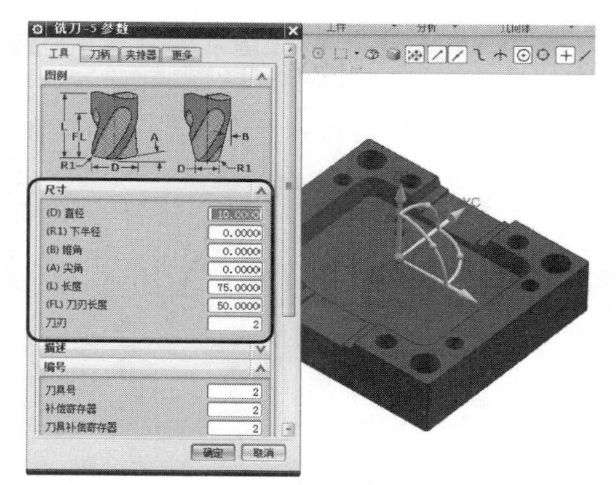

（b）参数设置对话框

图 5-52　创建名为 T2_D10 的端铣刀

3. 表面粗加工

步骤 01 单击【主页】下的【创建工序】按钮，弹出【创建工序】对话框，然后按照图 5-53 所示的步骤设置加工参数。

步骤 02 在该对话框的【几何体】面板中单击【指定切削区域】按钮，弹出【切削区域】对话框，然后选择图 5-54 所示的面为切削底面，单击【确定】按钮。

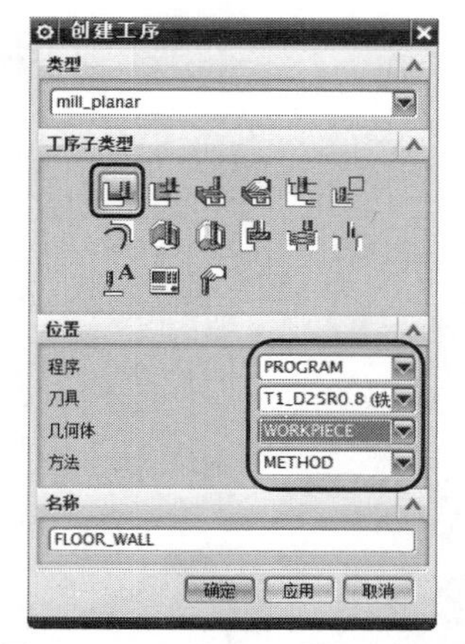

图 5-53　【创建工序】对话框

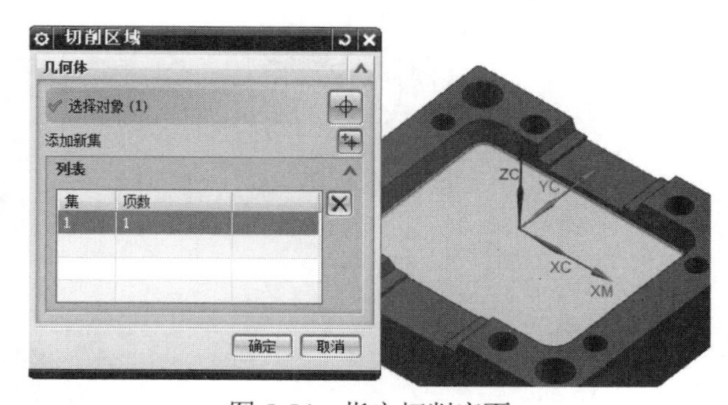

图 5-54　指定切削底面

步骤 03【几何体】面板中的【刀轴】选择为“+ZM 轴”，【刀轨】的参数设置具体如图 5-55 所示。

步骤 04 【切削参数】对话框参数设置如图 5-56 所示。

步骤 05 【进给率和速度】对话框参数设置如图 5-57 所示，生成优化后单击【确定】按钮。

步骤 06 在【操作】面板中单击【生成】按钮，系统将自动生成加工刀具路径，效果如图 5-58 所示。

步骤 07 单击该面板中的【确认刀轨】按钮，在弹出的【刀轨可视化】对话框中展开【3D 动态】选项卡，在 IPW 下拉

图 5-55　【刀轴】和【刀轨】的设置

列表框中选择“保存”选项，再单击【播放】按钮▶，系统将以实体的方式进行切削仿真，效果如图 5-59 所示。

图 5-56 【切削参数】设置

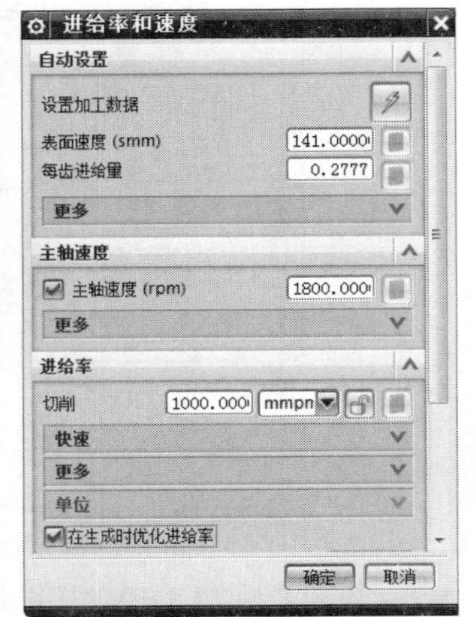

图 5-57 【进给率和速度】参数设置

图 5-58 生成刀轨

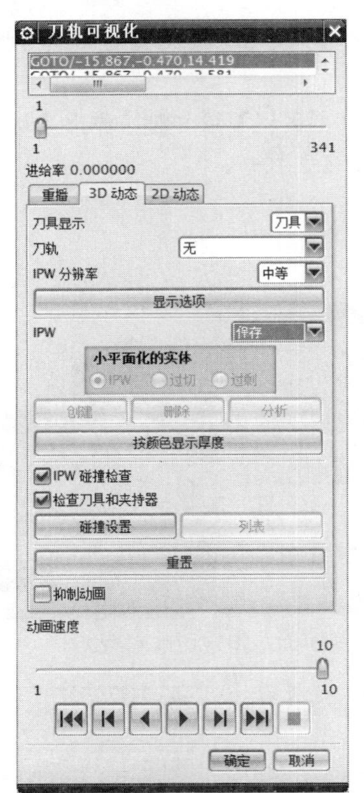

(a)【刀轨可视化】对话框

(b) 实体切削仿真

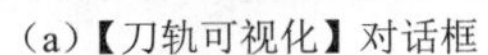

图 5-59 刀轨可视化仿真

4. 表面精加工

此处仍然使用底面和壁铣削加工方法对该模具进行精加工，所以可复制上一步粗加工的操作，更改相关参数，具体步骤如下。

步骤 01 在工序导航器中复制 FLOOR_WALL 粗加工工序，如图 5-60 所示，然后右键粘贴到这个节点下，结果如图 5-61 所示。

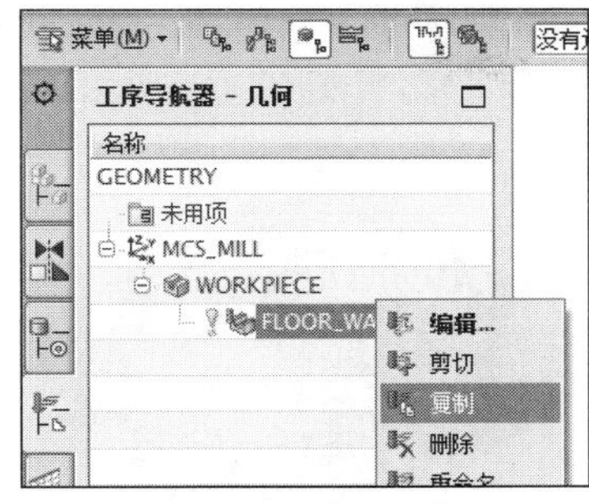

图 5-60 复制工序

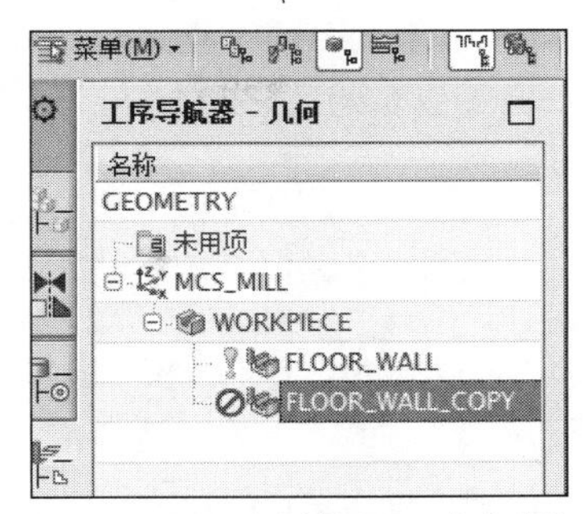

图 5-61 工序导航器-几何视图

步骤 02 双击“FLOOR_WALL_COPY”工序，弹出【底面加工】对话框，将刀具改为“T2_D10”铣刀，在【刀轨设置】中，平面直径百分比改为“75”，底面毛坯厚度为“26.5”，每刀切削深度为“0”，具体参数设置如图 5-62 所示。

步骤 03 【进给率和速度】对话框参数设置如图 5-63 所示，生成优化后单击【确定】按钮。

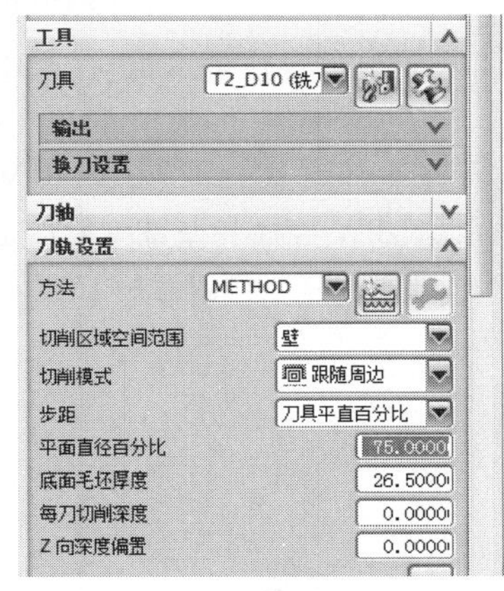

图 5-62 【刀具】和【刀轨】的设置

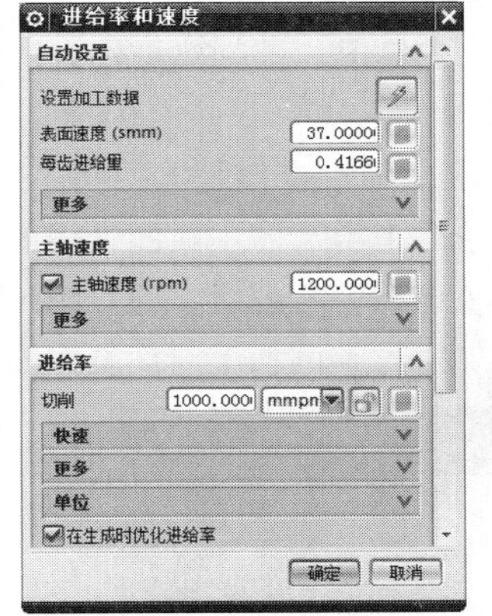

图 5-63 【进给率和速度】参数设置

图 5-64 生成刀轨

步骤 04 单击【生成】按钮，生成加工刀轨，并单击【确认刀轨】按钮，以实体的方式进行切削仿真，刀轨及仿真效果如图 5-64 所示。

步骤 05 型腔壁精加工是在工序导航器中复制 FLOOR_WALL_COPY 精加工工序，如图 5-65 所示，然后右键粘贴到这个节点下，结果如图 5-66 所示。

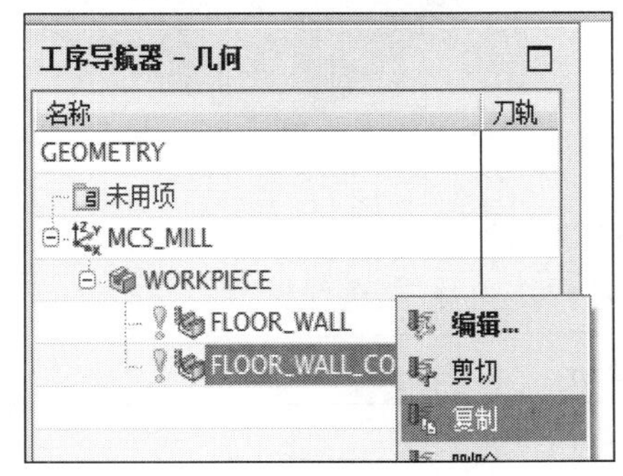

图 5-65 复制工序

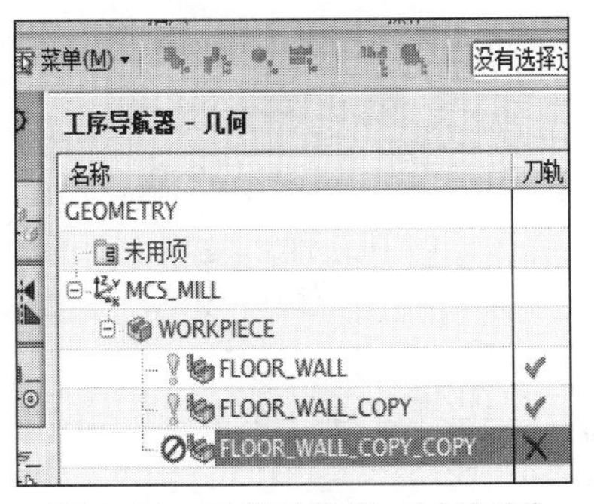

图 5-66 工序导航器-几何视图

步骤 06 双击“FLOOR_WALL_COPY”工序，弹出底面加工对话框，在【刀轨设置】中，将切削模式改为“轮廓”，每刀切削深度为“0.1”，具体参数设置如图 5-67 所示，然后单击【确定】按钮。

步骤 07 单击【生成】按钮，生成加工刀轨，并单击【确认刀轨】按钮，以实体的方式进行切削仿真，刀轨及仿真效果如图 5-68 所示。

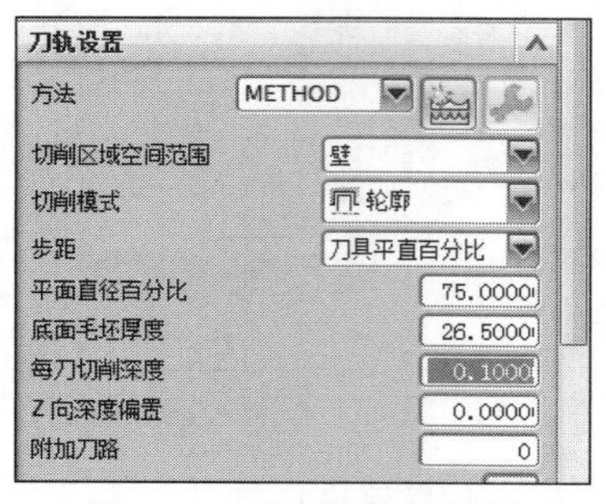

图 5-67 【刀轨】的设置

图 5-68 生成型腔壁精加工的刀轨

5.3.2 使用 IPW 底面和壁铣削

使用 IPW 底面和壁铣削方法用于在几何体组中预先定义了毛坯几何体的情况，“3D IPW”用于在前一个操作中继承了 IPW 的情况。其创建操作方法与底面和壁铣削的操作基本相同，“3D IPW”默认设置如图 5-69 所示。

IPW 底面和壁铣削与底面和壁铣削操作基本相同，只是所加工的毛坯对象不同。由于 IPW 底面和壁铣削所加工的毛坯对象是上道工序生成的半成品毛坯，因此，IPW 底面和壁铣削所加工的半成品毛坯对象就是粗加工生成的 IPW 图形。下面用一个实例来详细讲解，如何运用 IPW 底面和壁铣削方法对零件进行精加工，本例加工的模型如图 5-70 所示。

图 5-69 “3D IPW”默认设置

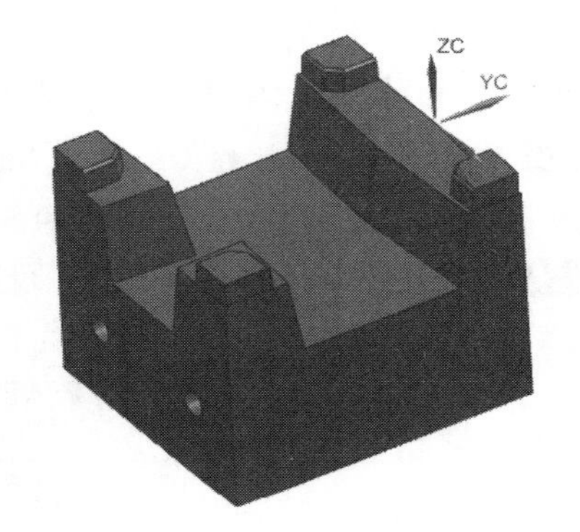

图 5-70 模型

打开 UG NX 10.0 软件，按照下面的“开始素材”路径找到本例名为 5.3.2.prt 的文件，按照下面的讲解进行该例加工程序的编制。也可根据与该例对应的视频进行学习。

	开始素材	Prt_start\chapter 5\5.3.2.prt
	结果素材	Prt _result\chapter 5\5.3.2.prt
	视频位置	Movie\chapter 5\5.3.2.avi

1．加工工艺分析

首先运用 IPW 底面和壁铣削方式对工件进行粗加工，以获得“3D IPW”毛坯形状，然后使用直径为“10mm”的平底立铣刀对零件底面进行精加工。

2．公共项目设置

步骤 01 启动 UG NX 10.0 软件，单击【打开文件】按钮，在弹出的对话框中选择与本书配套资源文件 5.3.2.prt，单击【确定】按钮打开该文件。

步骤 02 依次选择【文件】|【应用模块】|【加工】命令，进入加工环境，或者通过快捷键【Ctrl+Alt+M】快速进入加工环境。

步骤 03 在弹出的【加工环境】对话框中选择铣削加工，单击【确定】按钮，进入铣削加工环境，如图 5-71 所示。

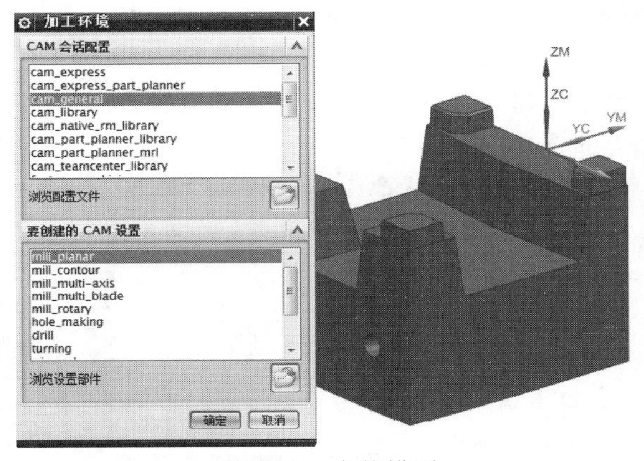

图 5-71　壳体模型

步骤 04 将视图调至【几何视图】，双击工序导航器中的坐标系设置按钮，弹出图 5-72 所示的坐标系设置对话框。输入安全距离 10mm，并单击【指定】按钮。接着在弹出的对话框中选择坐标系参考方式为 WCS，如图 5-73 所示。

图 5-72　坐标系设置

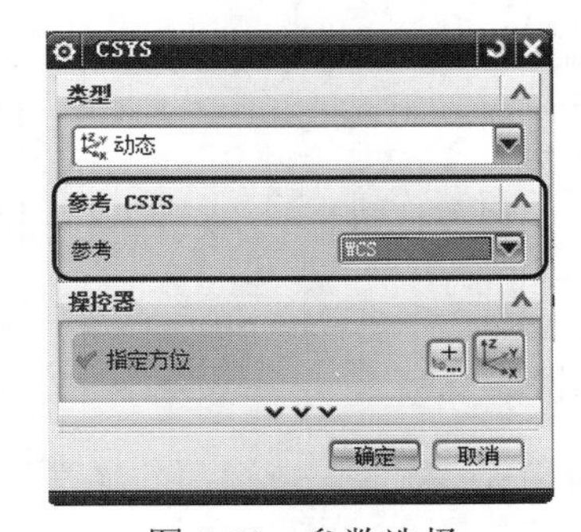

图 5-73　参数选择

步骤 05 双击工序导航器下的 WORKPIECE 图标，然后在图 5-74 所示的对话框中单击【指定部件】按钮，并在新弹出的对话框中选择图 5-75 所示的模型为几何体。

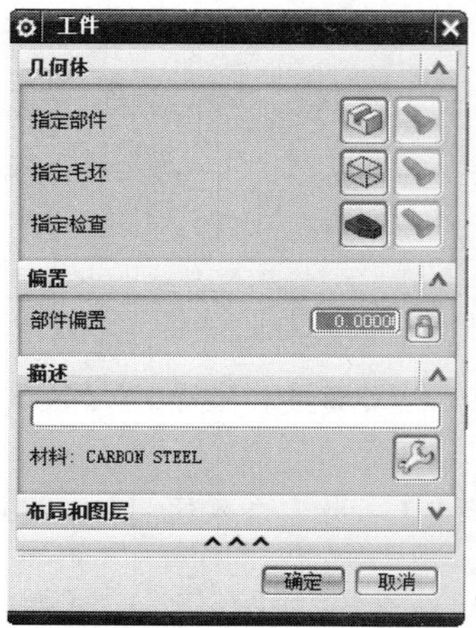

图 5-74 【工件】对话框

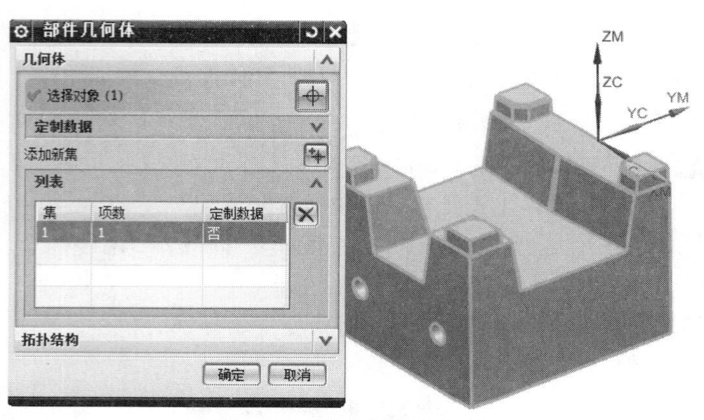

图 5-75 指定部件几何体

步骤 06 选择部件几何体后返回【工件】对话框。此时单击【指定毛坯】按钮，在弹出的对话框中选择【包容块】选项并单击【确定】按钮，右侧将显示自动块毛坯模型，如图 5-76 所示，可根据实际需求调节包容块的尺寸。此处使用默认的设置即可。

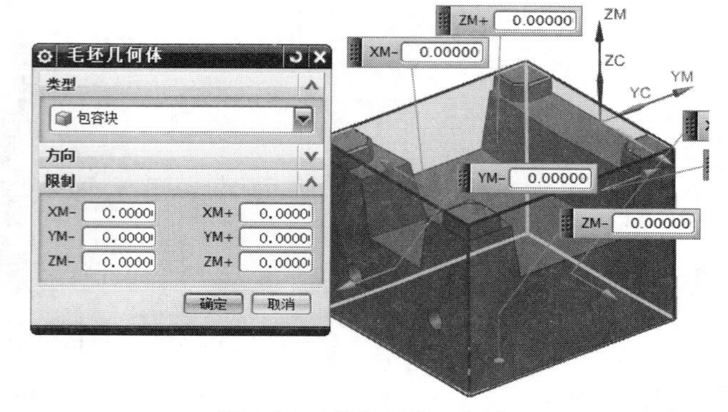

图 5-76 指定毛坯几何体

步骤 07 在【导航器】工具栏中单击【机床视图】按钮，切换导航器中的视图模式。然后在【创建】工具栏中单击【创建刀具】按钮，弹出【创建刀具】对话框。按照图 5-77 所示的步骤新建名称为 T1_D25R0.8 的端铣刀，并按照实际设置刀具参数。

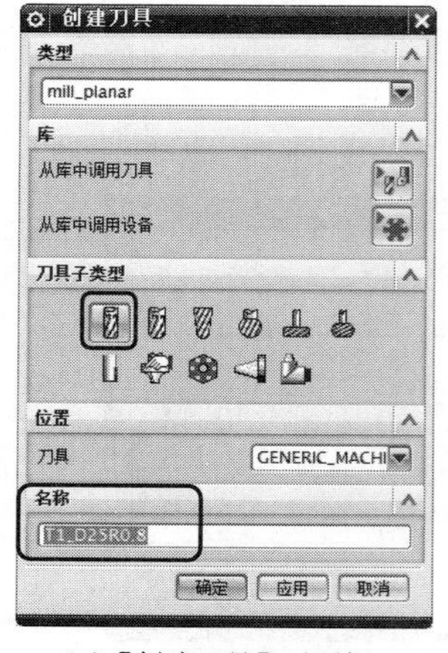

（a）【创建刀具】对话框

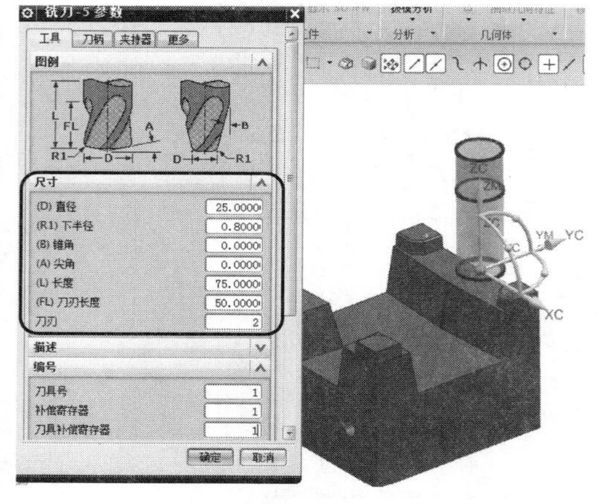

（b）参数设置对话框

图 5-77 创建名为 T1_D25R0.8 的端铣刀

步骤 08 同上步，打开【创建刀具】对话框。按照图 5-78 所示的步骤新建名称为 T2_D10 的平铣刀，并按照实际设置刀具参数。

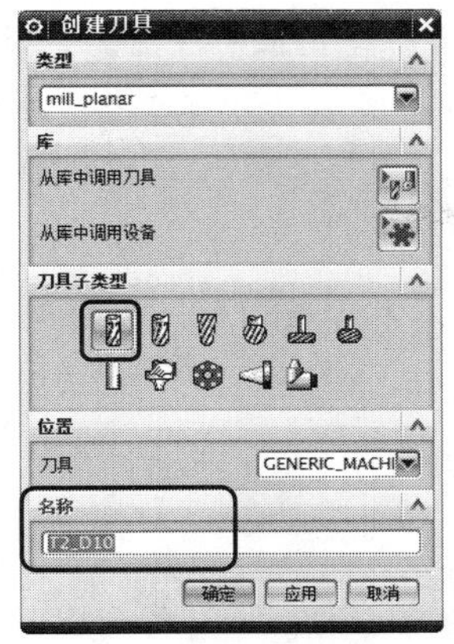
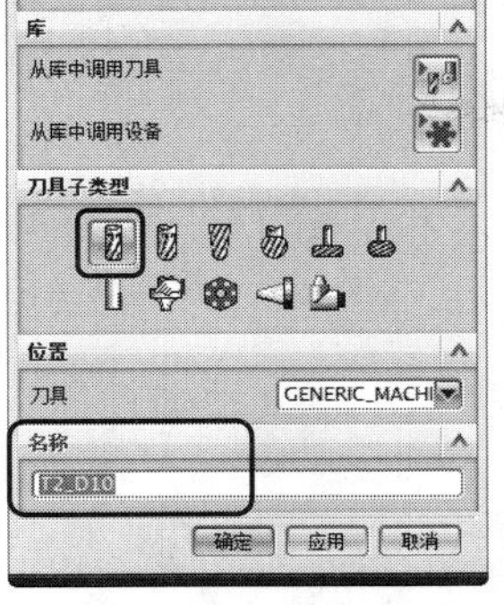

（a）【创建刀具】对话框　　（b）参数设置对话框

图 5-78　创建名为 T2_D10 的平铣刀

3．粗加工

步骤 01 单击【主页】下的【创建工序】按钮，弹出【创建工序】对话框，然后按照图 5-79 示的步骤设置加工参数。

步骤 02 在该对话框的【几何体】面板中单击【指定切削区域】按钮，弹出【切削区域】对话框，然后选择图 5-80 所示的面为切削底面，单击【确定】按钮。

图 5-79　【创建工序】对话框

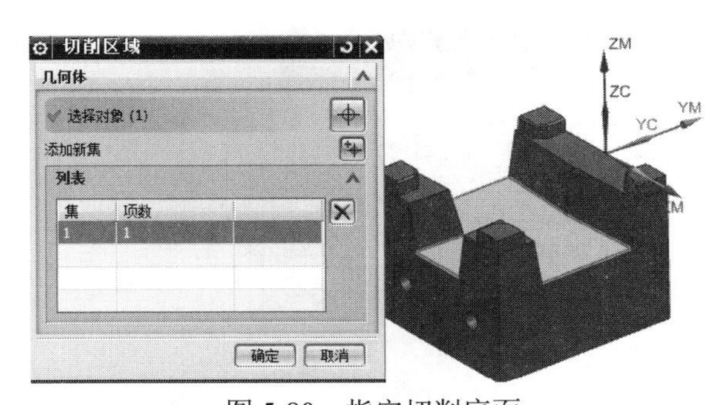

图 5-80　指定切削底面

步骤 03 【几何体】面板中的【刀轴】和【刀轨设置】各参数按照图 5-81 所示进行设置。

步骤 04 【切削参数】对话框参数设置如图 5-82 所示。

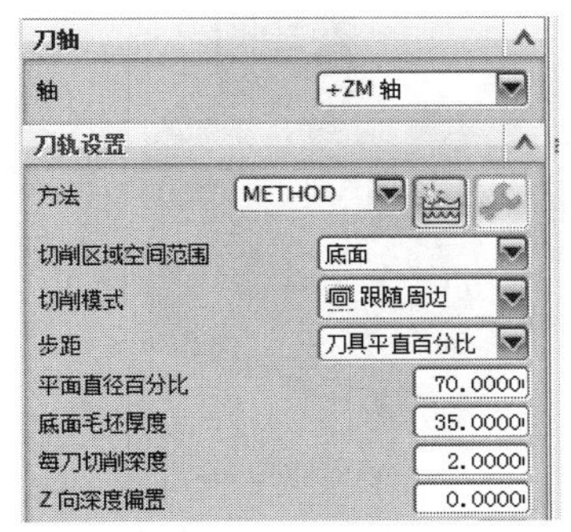

图 5-81　【刀轴】与【刀轨设置】的参数设置

图 5-82　【切削参数】设置

步骤 05 【进给率和速度】对话框参数设置图 5-83 所示，生成优化后单击【确定】按钮。

步骤 06 在【操作】面板中单击【生成】按钮，系统将自动生成加工刀具路径，效果如图 5-84 所示。

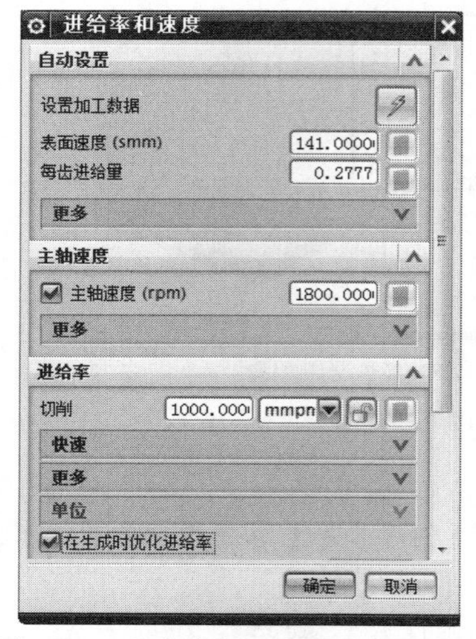

图 5-83 【进给率和速度】参数设置

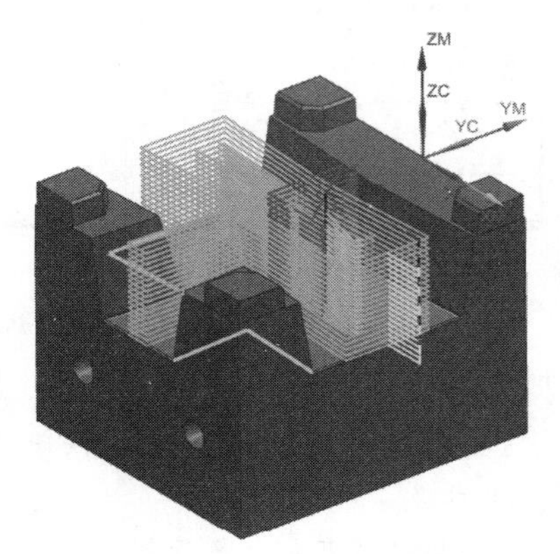

图 5-84 生成刀轨

步骤 07 单击该面板中的【确认刀轨】按钮，在弹出的【刀轨可视化】对话框中展开【3D 动态】选项卡，在 IPW 下拉列表框中选择【保存】选项，再单击【播放】按钮，系统将以实体的方式进行切削仿真，效果如图 5-85 所示。

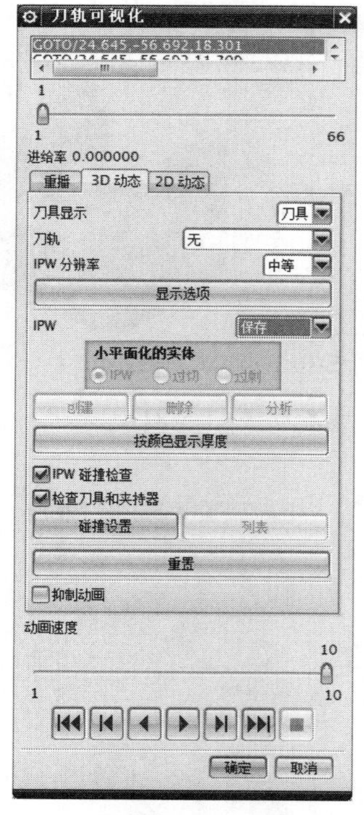

（a）【刀轨可视化】对话框

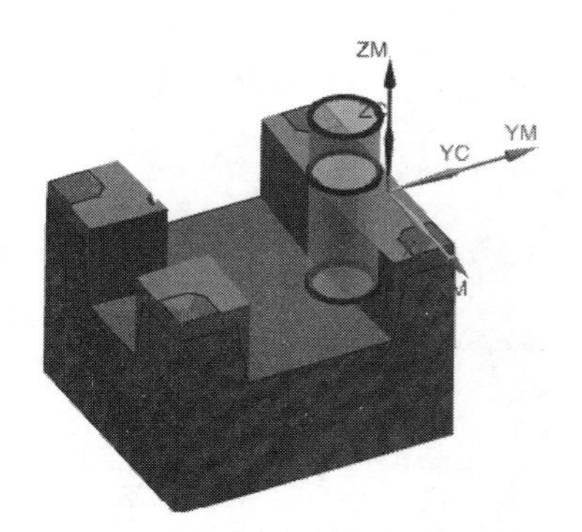

（b）实体切削仿真

图 5-85 刀轨可视化仿真

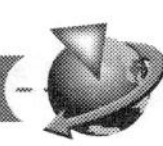

步骤 08 将【工序导航器】的【几何视图】中“WORKPIECE”的毛坯几何体类型改为“IPW—处理中的工件”，单击【确定】按钮，再右击“FLOOR_WALL”，选择“编辑”命令，如图 5-86 所示，重新单击【生成】按钮，系统将自动生成加工刀具路径，效果如图 5-87 所示。

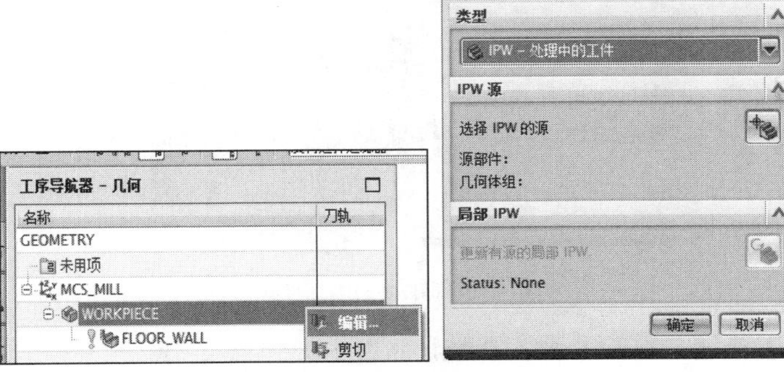

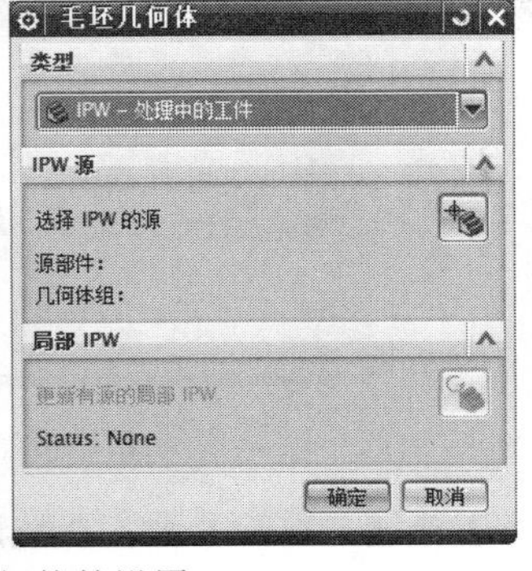

图 5-86　毛坯几何体的设置

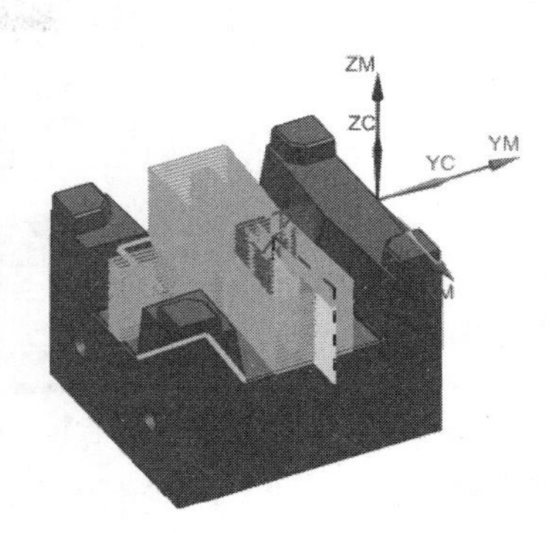

图 5-87　生成刀轨

步骤 09 单击该面板中的【确认刀轨】按钮，再展开【3D 动态】选项卡，在 IPW 下拉列表框中选择【保存】选项，再单击【播放】按钮，效果如图 5-88 所示。

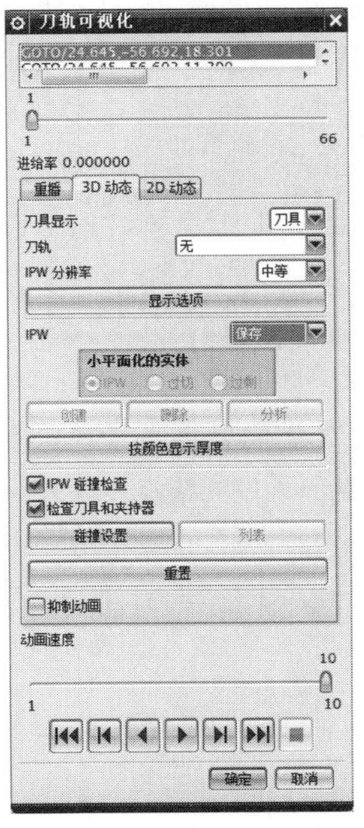

（a）【刀轨可视化】对话框

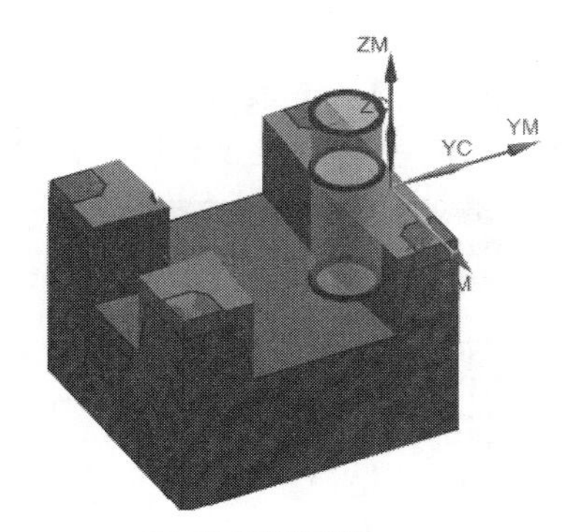

（b）实体切削仿真

图 5-88　刀轨可视化仿真

4. 表面精加工

此处仍然使用 IPW 底面和壁铣削加工方法对该模具进行精加工，所以可复制上一步粗加工的操作，更改相关参数，具体步骤如下。

步骤 01 单击【主页】下的【创建工序】按钮，弹出【创建工序】对话框，然后按照图 5-89 所示的步骤设置加工参数。

步骤 02 在该对话框的【几何体】面板中单击【指定切削区域】按钮，弹出【切削区域】对话框，然后选择图 5-90 所示的面为切削底面，选择后单击【确定】按钮。

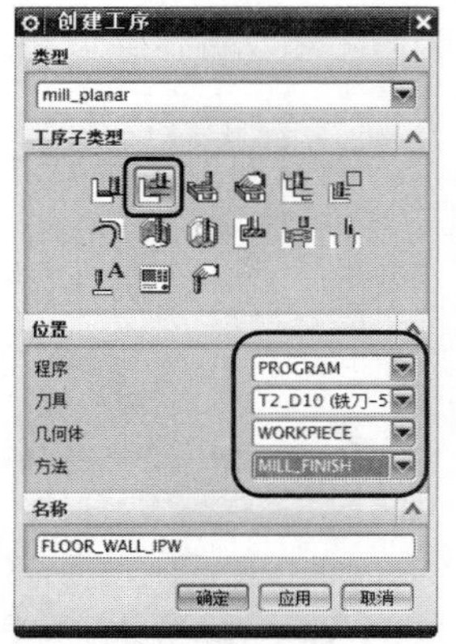

图 5-89 【创建工序】对话框

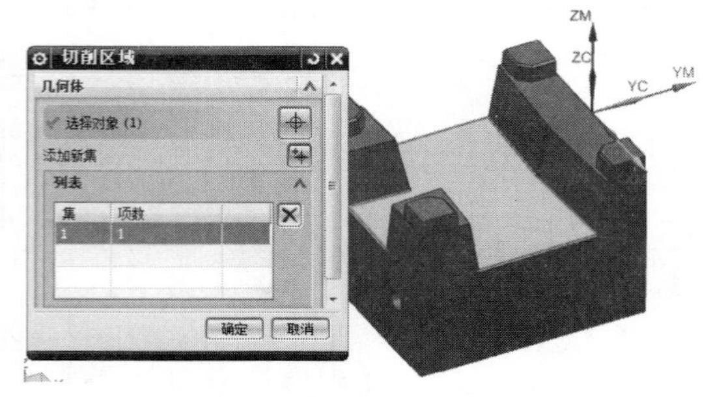

图 5-90 指定切削底面

步骤 03 【几何体】面板中的【刀轴】和【刀轨设置】各参数按照图 5-91 所示进行设置。

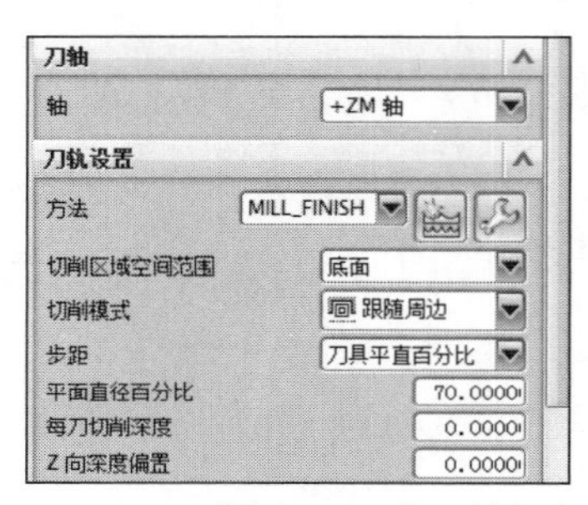

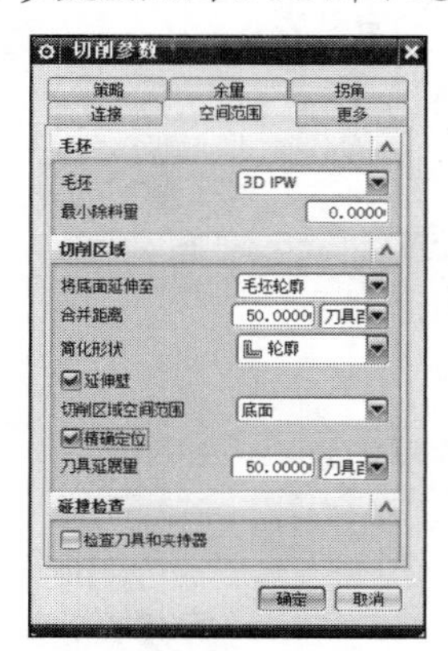

图 5-91 【刀轴】与【刀轨设置】的参数设置

步骤 04 【进给率和速度】对话框参数设置图 5-92 所示，生成优化后单击【确定】按钮。

步骤 05 在【操作】面板中单击【生成】按钮，系统将自动生成加工刀具路径，效果如图 5-93 所示。

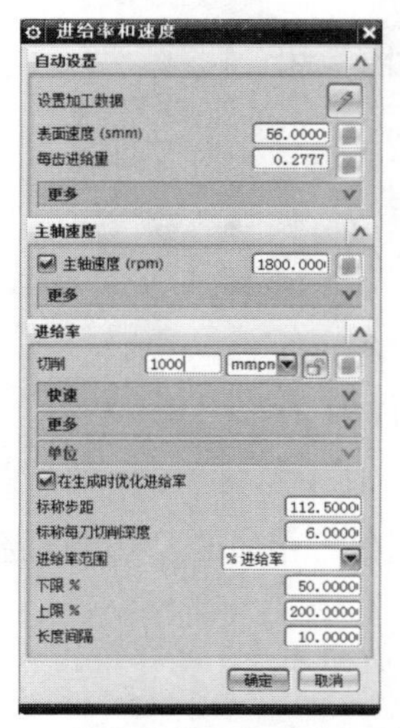

图 5-92 【进给率和速度】参数设置

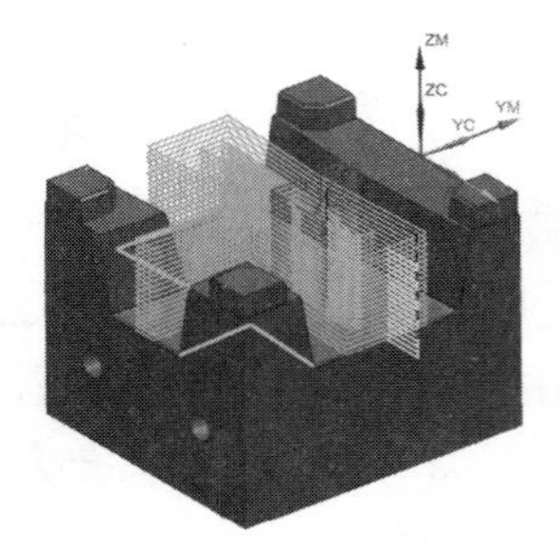

图 5-93 生成刀轨

步骤 06 单击该面板中的【确认刀轨】按钮，在弹出的【刀轨可视化】对话框中展开【3D 动态】

选项卡，在 IPW 下拉列表框中选择【保存】选项，再单击【播放】按钮▶，系统将以实体的方式进行切削仿真，效果如图 5-94 所示。

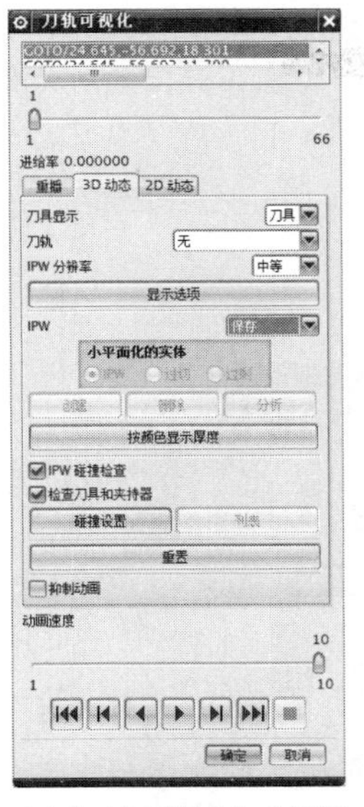

（a）【刀轨可视化】对话框

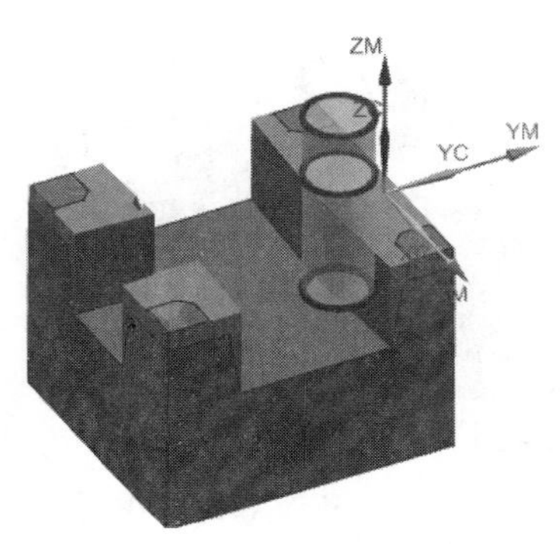

（b）实体切削仿真

图 5-94　刀轨可视化仿真

5.3.3　表面手工铣

“表面手工铣”也是面铣削的一种。综合切削形式，其切削模式为“混合”。加工操作包含所有几何体类型。表面手工铣可以根据零件表面的形状来分别选择合适的切削模式，进行零件加工。

下面以一个零件的精加工实例来说明表面手工铣的操作方法。表面手工铣加工模型如图 5-95 所示。

打开 UG NX 10.0 软件，按照下面的“开始素材”路径找到本例名为 5.3.3.prt 的文件，按照下面的讲解进行该例加工程序的编制。也可根据与该例对应的视频进行学习。

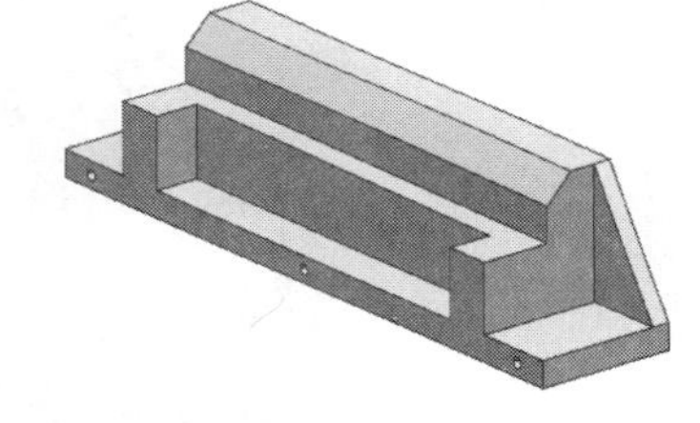

图 5-95　壳体模型

	开始素材	Prt_start\chapter 5\5.3.3.prt
	结果素材	Prt _result\chapter 5\5.3.3.prt
	视频位置	Movie\chapter 5\5.3.3avi

1. 加工工艺分析

该模型已经经过粗加工。选择表面手工铣进行精加工，毛坯距离为“0.1”，最终底面余量为“0”。

2. 公共项目设置

步骤 01 启动 UG NX 10.0 软件，单击【打开文件】按钮，在弹出的对话框中选择本书配套资源文件 5.3.3.prt，单击【确定】按钮打开该文件。

步骤 02 依次选择【文件】|【应用模块】|【加工】命令，进入加工环境，或者通过快捷键【Ctrl+Alt+M】快速进入加工环境。

步骤 03 从弹出的图 5-96 所示的【加工环境】对话框中选择铣削加工，单击【确定】按钮进入铣削加工环境。

步骤 04 将视图调至【几何视图】，双击工序导航器中的坐标系设置按钮，打开图 5-97 所示的坐标系设置对话框。输入安全距离 20，并单击【指定】按钮，接着在弹出的对话框中选择坐标系参考方式为 WCS，如图 5-98 所示。

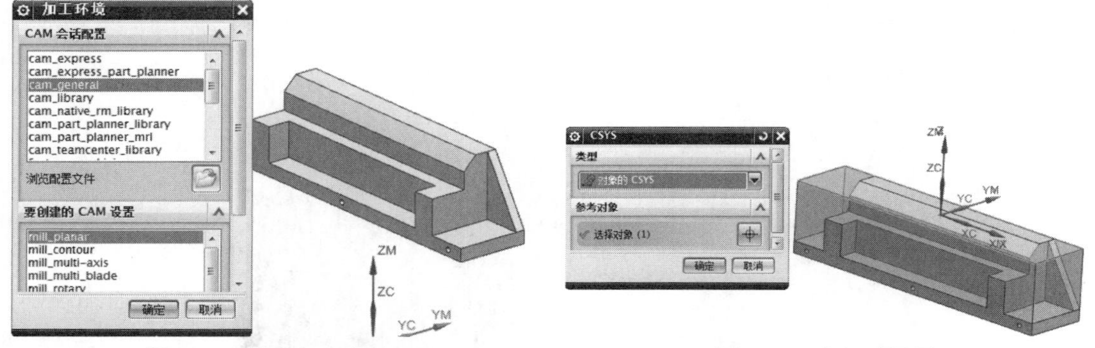

图 5-96　进入加工环境　　　　图 5-97　坐标系设置

步骤 05 双击工序导航器下的 WORKPIECE 图标，在图 5-99 所示的对话框中单击【指定部件】按钮 ，并在新打开的对话框中选择图 5-100 所示的模型为几何体。

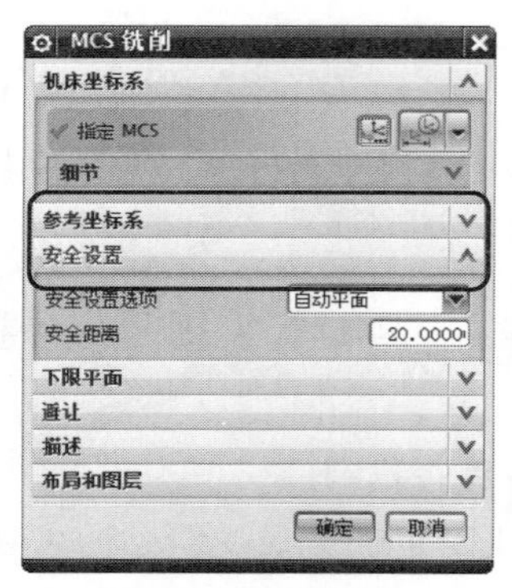

图 5-98　参数选择

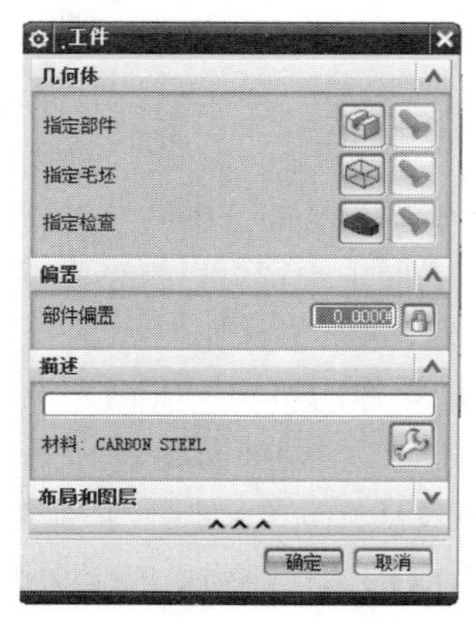

图 5-99　【工件】对话框

步骤 06 选择部件几何体后返回【工件】对话框。此时单击【指定毛坯】按钮，在弹出的对话框的【类型】下拉列表框中选择【包容块】选项并单击【确定】按钮，右侧将显示自动块毛坯模型，图 5-101 所示，可根据实际需求调节包容块的尺寸。此处使用默认的设置即可。

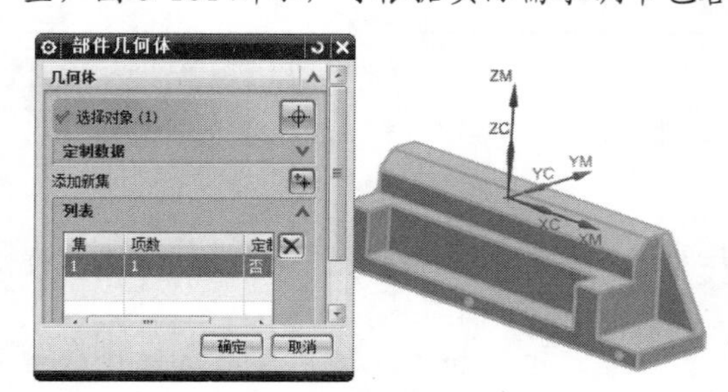

图 5-100　指定部件几何体

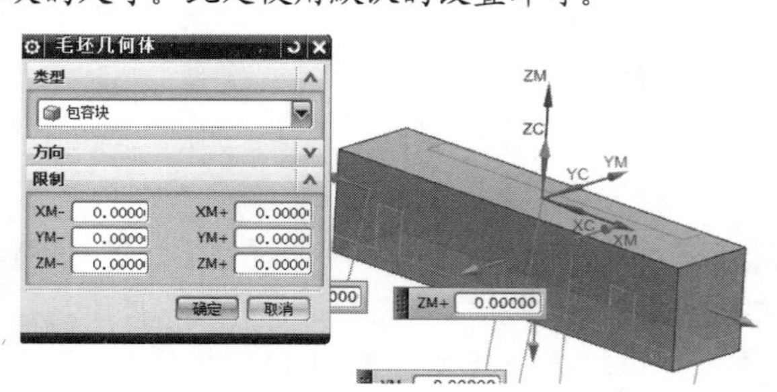

图 5-101　指定毛坯几何体

步骤 07 在【导航器】工具栏中单击【机床视图】按钮，切换导航器中的视图模式。在【创建】工具栏中单击【创建刀具】按钮，弹出【创建刀具】对话框，按照图 5-102 所示的步骤新建名称为 T1_D10 的端铣刀，并按照实际设置刀具参数。

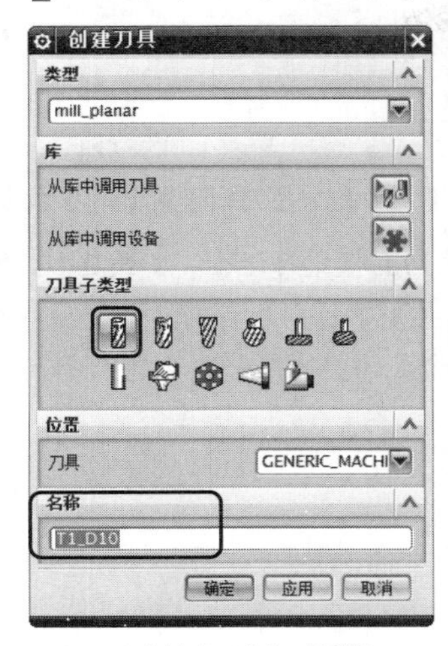

(a)【创建刀具】对话框

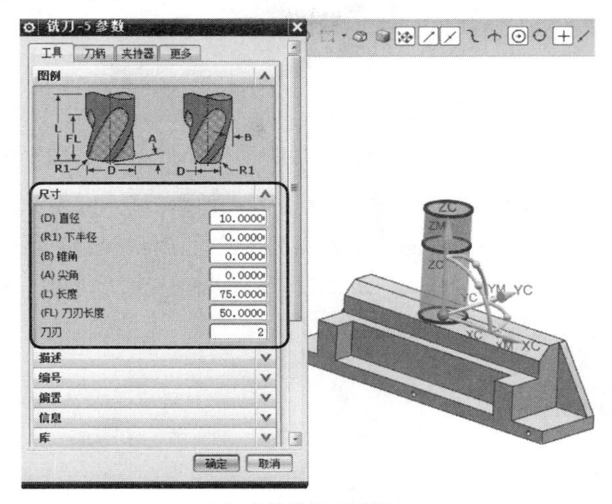

(b) 参数设置对话框

图 5-102　创建名为 T1_D10 的端铣刀

3. 手工面铣削

步骤 01 单击【主页】下的【创建工序】按钮，弹出【创建工序】对话框，在该对话框中创建手工面铣削操作，如图 5-103 所示。创建操作后，弹出【手工面铣削】对话框，如图 5-104 所示。

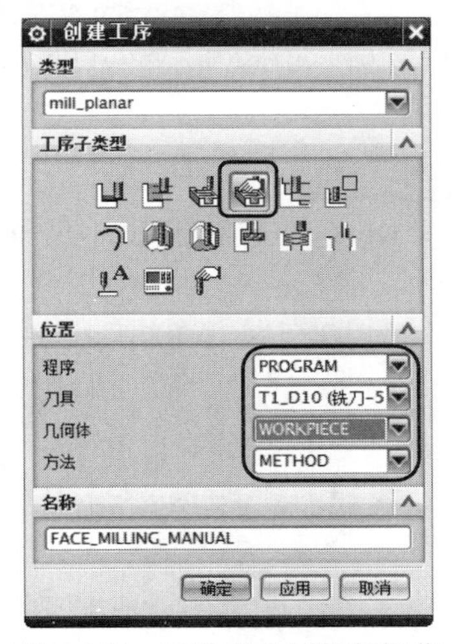

图 5-103　创建手工面铣削操作

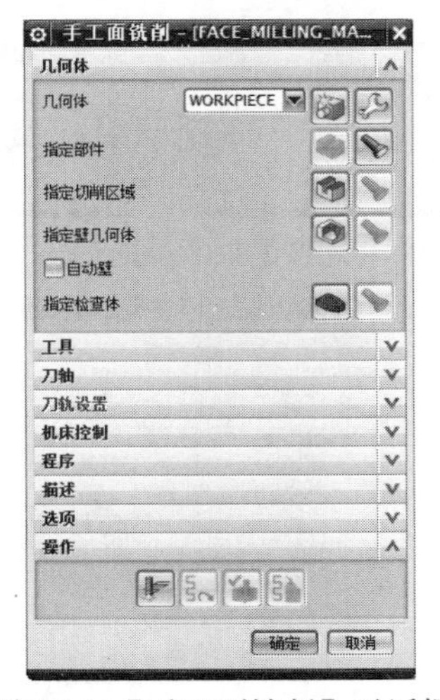

图 5-104【手工面铣削】对话框

步骤 02 在该对话框的【几何体】面板中单击【指定切削区域】按钮，弹出【切削区域】对话框，然后选择图 5-105 所示的 5 个面为切削区域，选择后单击【确定】按钮。

步骤 03 【几何体】面板中的【刀轴】和【刀轨设置】各参数按照图 5-106 所示进行设置。

步骤 04 【进给率和速度】对话框参数设置如图 5-107 所示，生成优化后单击【确定】按钮。

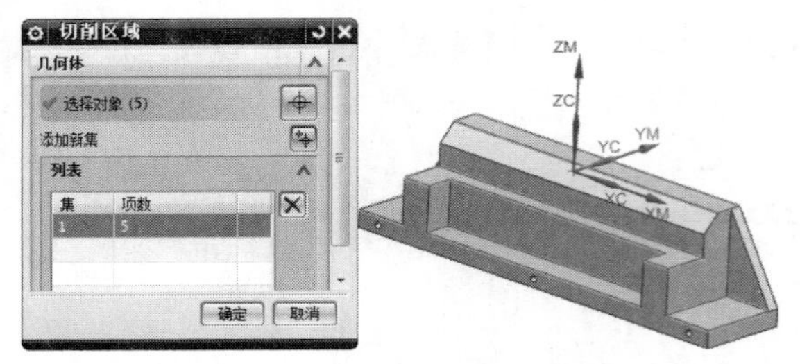

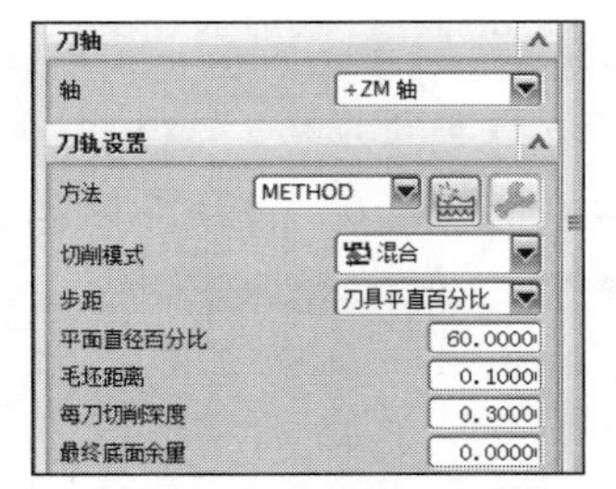

图 5-105　指定切削底面　　　　图 5-106　【刀轴】与【刀轨设置】的参数设置

步骤 05 在【操作】面板中单击【生成】按钮，将弹出各个区域的切削模式对话框，如图 5-108 所示。在【区域】列表中选择第一个切削区域，对话框下面的【切削模式】下拉列表框的其余选项被激活，选择【轮廓铣】切削模式，加工模型中自动显示“轮廓铣”切削模式的刀轨，如图 5-109 所示。

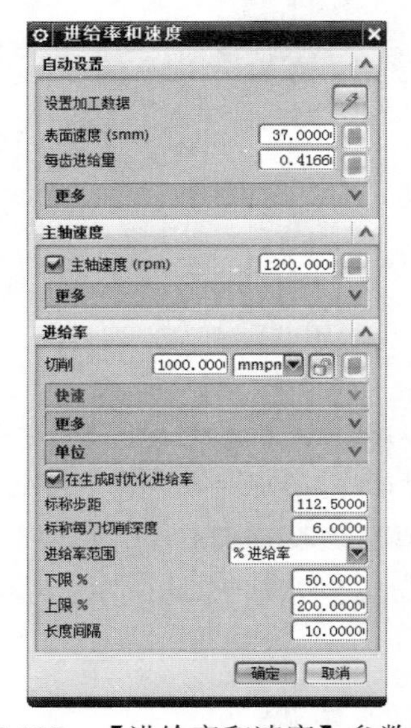

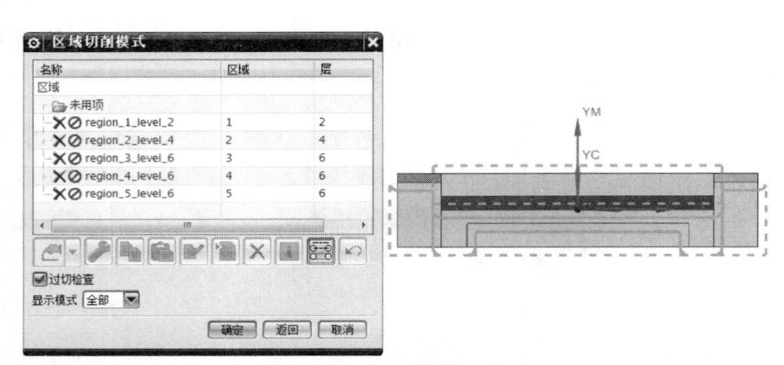

图 5-107　【进给率和速度】参数设置　　　　图 5-108　区域切削模式

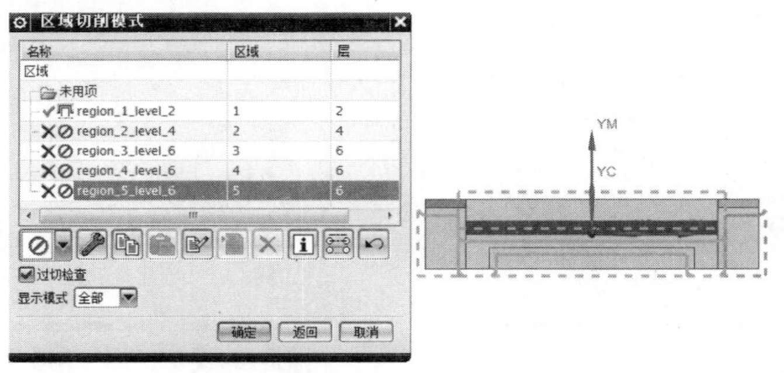

图 5-109　第一个刀轨的指定切削模型

步骤 06 同理，按此方法为第二个刀轨选择【跟随部件】切削模式；为第三个刀轨选择【跟随部件】切削模式；为第四个刀轨选择【轮廓铣】切削模式；为第五个刀轨选择【轮廓铣】切削模式，单击【确定】按钮，随后会在加工模型中显示混合切削刀路，如图 5-110 所示。

步骤 07 单击该面板中的【确认刀轨】按钮，在弹出的【刀轨可视化】对话框中展开【3D 动态】选项卡，在 IPW 下拉列表框中选择【保存】选项，再单击【播放】按钮，系统将以实体的方式进行切削仿真，效果如图 5-111 所示。

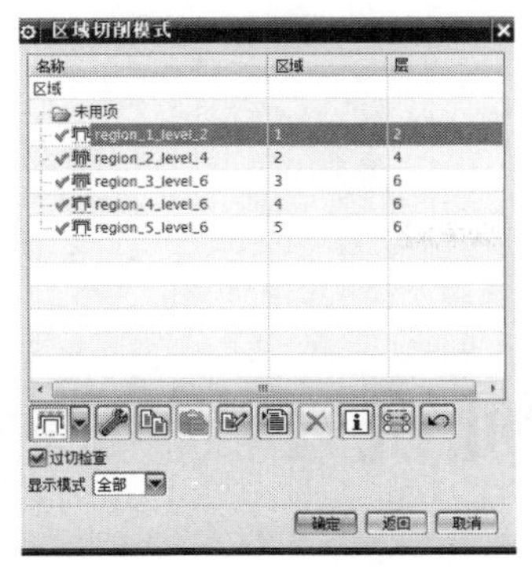

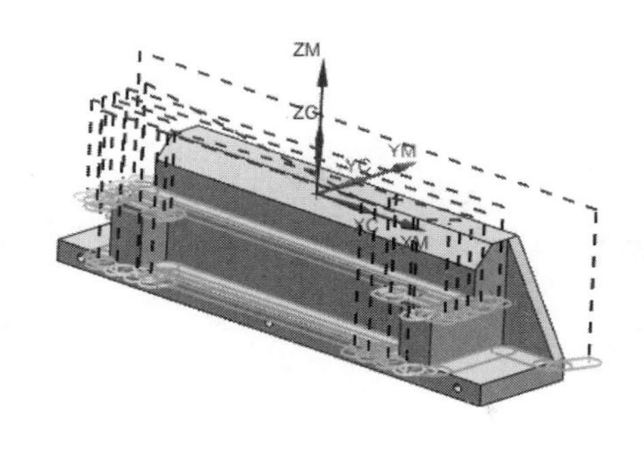

图 5-110　混合切削模式的刀路

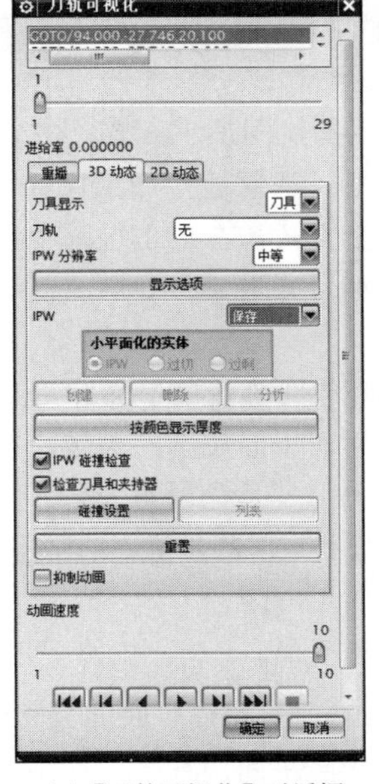

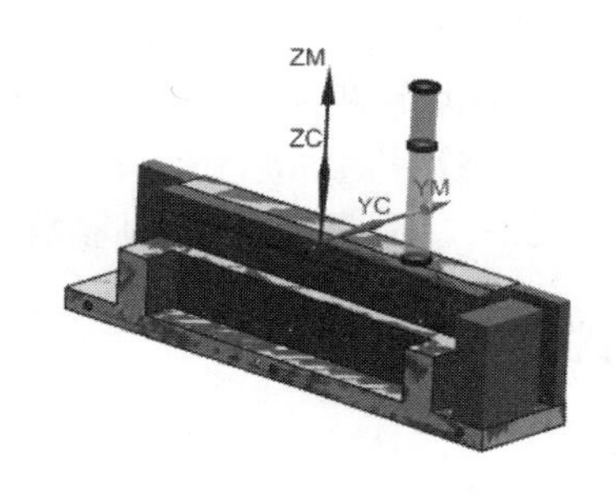

（a）【刀轨可视化】对话框　　（b）实体切削仿真

图 5-111　刀轨可视化仿真

本章小结

本章主要介绍了 UG 铣削加工中最基本的类型——面铣削。其内容包括面铣削的概念、加工几何体的选择、刀具和刀轴、刀轨设置、机床控制、刀路的产生与模拟仿真等。最后以 3 个典型实例来说明面铣削的操作过程及其方法，使读者熟悉并掌握面铣的加工方法。

面铣是指通过选择平面区域来指定加工范围的一种操作，主要用于加工区域为平面，且各面余量一致的零件。学习本章，用户需要掌握以下基本点：

（1）面铣削的几何体；

（2）面铣削的主要参数；

（3）面铣削的分层切削。

本章介绍了许多 UG 铣削加工类型的公共选项，由于这些公共选项也将应用于本书后面章节的切削方法中，因此本章内容非常重要。在后面的学习过程中，将不再重复介绍本章中已经介绍过的知识点，希望读者牢记并消化掌握。

第 6 章 平面铣

6.1 平面铣概述

“平面铣”加工即移除零件平面层中的材料，是最常用的铣削加工方式，主要用于加工零件的基准面、内腔底面、内腔的垂直侧壁及敞开的外形轮廓等，非常适合加工直壁平底（岛顶）的零件、槽腔底面的零件等。平面铣是一种 2.5～3 轴的加工方式，在加工过程中水平方向的 XY 两轴联动，在 Z 轴方向只是在完成一层加工后进入下一层时才单独运动。当设置不同的切削方法时，平面铣也能加工槽和轮廓外形。

平面铣削包括多种加工类型，其中最常用的刀路为沿开放轮廓铣削平面和沿封闭轮廓铣削平面，即平面铣和表面区域铣两种方式，掌握这两种方式是学习平面铣削的关键所在。要创建这些类型的平面铣削刀轨路径并生成后处理文件有两个前提条件：一是创建组节点，包括定义平面铣削特有的几何体参数；二是设置公用选项参数，包括切削模式、切削步进、切削层、切削参数等。

6.1.1 平面铣的特点

平面铣削属于固定刀具轴铣削加工方式，用于直壁、岛屿顶面和槽腔底面为平面的零件加工，即创建去除平面层中的材料量的刀具路径，它平行于指定的底平面进行多层切削来去除材料。这样底面和每个切削层都垂直于刀轴矢量，零件侧面则平行于刀具轴矢量，图 6-1 所示为对工件表面的槽和岛进行平面铣削加工。

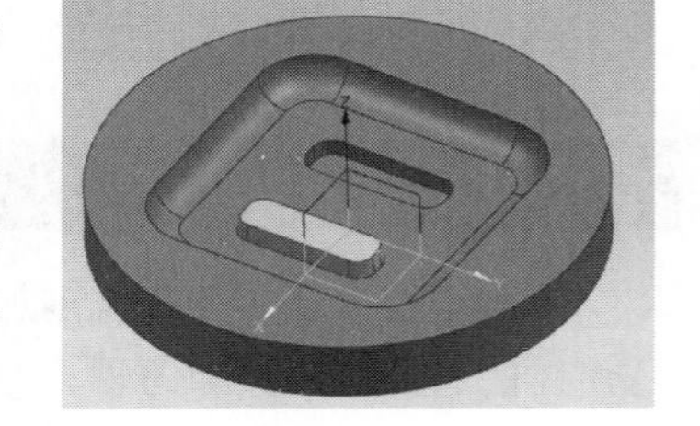

图 6-1　平面铣削

在 UG NX 10.0 中，平面铣削“mill_planar”是在水平切削层上创建刀具路径轨迹的一种加工类型。加工零件的对象可以是实体、曲面或线条等数据，其加工区域为平面的零件均可以利用平面铣削来编程加工。该铣削操作有以下特点：

（1）平面铣削只依据二维图形来定义切削区域，所以不必做出完整的零件形状；它可以通过边界指定不同的材料侧方向，定义任意区域作为加工对象，而且可以方便地控制刀具与边界的位置关系。

（2）平面铣削操作是指在与 XY 平面平行的切削层上创建刀具轨迹，这样刀具轴垂直于 XY 平面，即在切削过程中机床两轴联动，整个形状由平面和与平面垂直的面构成。

（3）采用边界定义刀具切削运动的区域。

（4）一般采用大刀具进行加工，刀位轨迹生成速度快，效率较高。

（5）由于零件底面是平面并垂直于刀轴矢量，零件侧面平行于刀轴矢量，这样能很好地控制刀具在边界上的位置，调整方便。

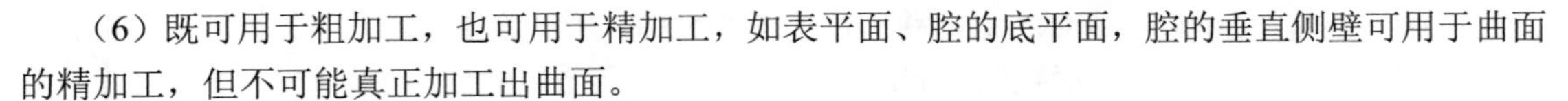

（6）既可用于粗加工，也可用于精加工，如表平面、腔的底平面，腔的垂直侧壁可用于曲面的精加工，但不可能真正加工出曲面。

基于以上特点，在加工过程中平面铣削首先完成在水平方向的 X、Y 两轴联动，然后进行 Z 轴下切以完成零件加工。通过设置不同的切削方法，平面铣削可以完成挖槽和轮廓形状的加工。

**提　示**

在 UG NX 10.0 的加工环境中，如果零件数据类型为实体，则软件会自动计算避让、干涉、减少刀具与零件之间碰撞和过切等现象；如果是非实体数据，则最好转为实体数据后再编程加工。

6.1.2　平面铣的操作步骤

1．设置加工环境

用 UG NX 10.0 软件打开要进行加工的零件数据文件，单击菜单栏中的【文件】按钮 ，在其菜单中选择【应用模块】下的【加工】命令，将当前环境切换至加工环境，如图 6-2 所示。当一个零件首次进入加工模块时，会自动弹出【加工环境】对话框，在【CAM 会话设置】列表框中选择“cam_general”，在【要创建的 CAM 设置】列表框中选择“mill_planar”（平面铣削）选项，即可进入平面铣削的加工环境，如图 6-3 所示。进入加工环境，使用该环境即可创建平面铣操作。这个加工类型中，包括所有 2.5～3 轴加工方式。

2．创建平面铣操作

在创建的平面铣操作对话框中选择平面铣加工子类型为底壁加工，指定操作所有程序组、刀具、父节点组的几何体、方法，指定一个操作名称，单击【确定】按钮开始平面铣操作的建立，系统打开平面铣操作对话框。

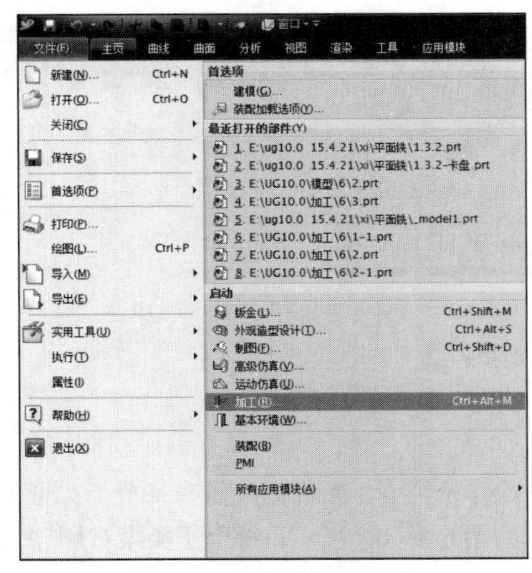

图 6-2　切换至加工环境

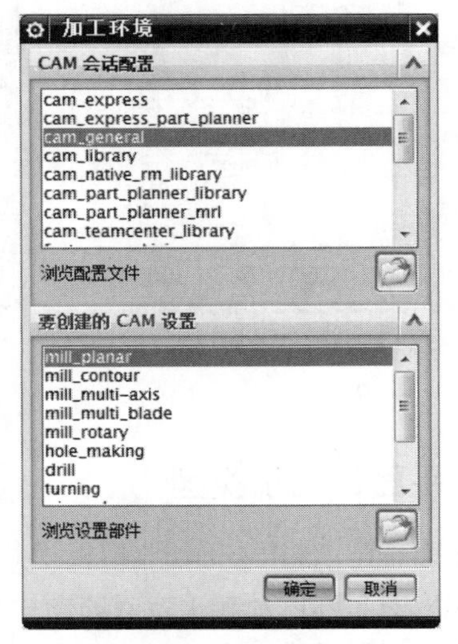

图 6-3　进入平面铣削加工环境

3．设置平面铣操作对话框

根据需要创建程序、刀具、几何与加工方法父节点组（具体操作可参考第 3 章的内容），然后选择菜单栏的【主页】|【创建工序】命令，或单击【插入】工具栏中的【工序】按钮，进行

加工工序的创建，如图 6-4 所示。这时将弹出如图 6-5（a）所示的【创建工序】对话框。接着在【类型】下拉列表框中选择平面铣削“mill_planar”模板，可选择适当的子类型。

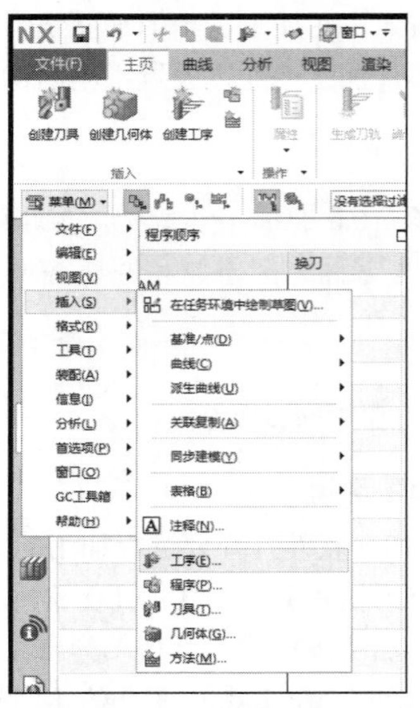

（a）快捷进入加工环境　　（b）通过插入菜单进入加工环境

图 6-4　进入加工环境

（a）【创建工序】对话框　　（b）子类型的显示

图 6-5　创建工序

6.1.3　平面铣的子类型

在平面铣削“mill_planar”模板里共有 15 个操作子类型，当鼠标停留在某个子类型上时，就会出现相应的名称以及加工方式的图片和简介，如图 6-5（b）所示，每个子类型按顺序排列，对应的英文按钮翻译成中文如表 6-1 所示。

表 6-1　平面铣削加工子类型模板的含义

子类型按钮	名称	含义
	底壁加工	切削底面和壁。 选择底面和/或壁几何体。要移除的材料由切削区域底面和毛坯厚度确定。 建议用于对棱柱部件上的平面进行基础面铣。该工序替换之前发行版中的 FACE_MILLING_AREA 工序
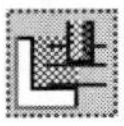	带 IPW 的底壁加工	使用 IPW 切削底面和壁。 选择底面和/或壁几何体。要移除的材料由所选几何体和 IPW 确定。 建议用于通过 IPW 跟踪未切削材料时铣削 2.5D 棱柱部件
	使用边界面铣削	垂直于平面边界定义区域内的固定刀轴进行切削。 选择面、曲线或点来定义与要切削层的刀轴垂直的平面边界。 建议用于线框模型
	手工面铣削	切削垂直于固定刀轴的平面的同时允许向每个包含手工切削模式的切削区域指派不同的切削模式。 选择部件上的面以定义切削区域。还可能要定义壁几何体。 建议用于具有各种形状和大小区域的部件，这些部件需要对模式或者每个区域中不同切削模式进行完整的手工控制
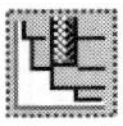	平面铣	移除垂直于固定刀轴的平面切削层中的材料。 定义平行于底面的部件边界。部件边界确定关键切削层。选择毛坯边界。选择底面来定义底部切削层。 建议通常用于粗加工带竖直壁的棱柱部件上的大量材料
	平面轮廓铣	使用“轮廓”切削模式来生成单刀路和沿部件边界描绘轮廓的多层平面刀路。 定义平行于底面的部件边界。选择底面以定义底部切削层。可以使用带跟踪点的用户定义铣刀。 建议用于以下平面壁或边界的部件轮廓加工
	清理拐角	使用 2D 处理中的工件来移除完成之前工序后所遗留的材料。 部件和毛坯边界定义于 MILL_BND 父级。2D IPW 定义切削区域。请选择底面来定义底部切削层。 建议用于移除在之前工序中使用较大直径刀具后遗留在拐角的材料
	精加工壁	使用“轮廓”切削模式来精加工壁，同时留出底面上的余量。 定义平行于底面的部件边界。选择底面来定义底部切削层。根据需要定义毛坯边界。根据需要定义边界最终底面余量。 建议用于精加工竖直壁，同时留出余量以防止刀具与底面接触
	精加工底面	使用“跟随部件”切削模式来精加工底面，同时留出壁上的余量。 定义平行于底面的部件边界。选择底面来定义底部切削层。定义毛坯边界。根据需要编辑部件余量。 建议用于精加工底面，同时留出余量以防止刀具与壁接触
	槽铣削	使用 T 型刀切削单个线性槽。 指定部件和毛坯几何体。通过选择单个平面来指定槽几何体。切削区域可由处理中的工件确定。 建议在需要使用 T 型刀对线性槽进行粗加工和精加工时使用
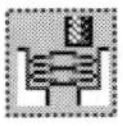	铣削孔	使用螺旋式和/或螺旋切削模式来加工盲孔和通孔或凸台。 选择孔几何体或使用识别的孔特征。处理中特征的体积确定了要移除的材料。 建议在对太大而无法钻孔的凸台或孔进行加工时使用
	螺纹铣	加工孔或凸台的螺纹。 螺纹参数和几何体信息可以从几何体、螺纹特征或刀具派生，也可以明确指定。刀具的成形和螺距必须匹配工序中指定的成形和螺纹。选择几何体或使用已识别的孔特征。 建议在对太大而无法攻丝或冲模的螺纹进行切削时使用

续表

子类型按钮	名称	含义
	平面文本	平面上的机床文本。 将制图文本选作几何体来定义刀路。选择底面来定义要加工的面。编辑文本深度来定义切削深度。文本将投影到沿着固定刀轴的面上。 建议用于加工简单文本，如标识
	铣削控制	仅包含机床控制用户定义事件。 生成后处理命令并直接将信息提供给后处理器。 建议用于加工功能，如开关冷却液以及显示操作员消息
	用户定义的铣削	需要定制 NX Open 程序以生成刀路的特殊工序

使用边界面铣削和平面铣是最常用的平面铣削方式，这两种铣削方式加工过程类似，而加工范围却不相同，边界面铣削用于开放区域铣削，而平面铣用于封闭区域铣削。因此，在定义几何体时，需要指定的几何体对象各不相同。

1. 使用边界面铣削

使用边界面铣削简称为面铣（Face Milling），是通过选择平面区域来指定加工范围的一种操作，属于一种较为特殊的平面铣。边界面铣创建的刀位轨迹在与 XY 平面平行的切削层上，通过平面来定义加工几何体，此平面可通过平面（选择的平面必须与 XY 平面垂直）、曲线、边缘来定义；同时，此平面也可作为面铣的底平面。因此，边界面铣不需要再定义底平面，操作相对于平面铣削而言较为简便，当选取实体平面为加工几何体时，系统会自动避免过切。边界面铣削具有以下优点：

（1）交互非常简单，只需选择所有要加工的面并指定要从各个面的顶部去除的余量。

（2）当区域互相靠近且高度相同时，它们就可以一起进行加工，这样就因消除了某些进刀和退刀运动而节省了时间。合并区域还能生成最有效的刀轨，原因是刀具在切削区域之间移动不太远。

（3）边界面铣削提供了一种描述需要从所选面的顶部去除余量的快速简单方法。余量是采用自面向顶而非自顶向下的方式进行建模的。

（4）使用边界面铣削可以轻松地加工实体上的平面，例如通常在铸件上发现的固定凸垫。

（5）创建区域时，系统将面所在的实体识别为部件几何体。如果将实体选为部件，则可以使用过切检查来避免过切此部件。

（6）刀具将完全切过固定凸垫，并在抬刀前完全清除此部件。

（7）当切削跨过空间时，可以使刀具保持切削状态，而无须执行任何抬刀操作。

（8）在边界面铣削操作中，UG NX 10.0 系统提供了一种较为特殊的刀轨控制方法，即手工控制调整生成刀轨。当其他自动切削方法生成的刀轨无法满足用户需求时，提供手动方式来生成刀轨，其对话框如图 6-6 所示。

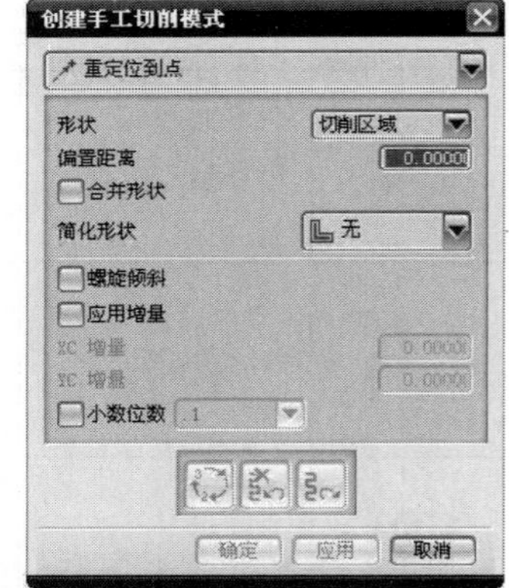

图 6-6 【创建手工切削模式】对话框

提　示

边界面铣削操作最适合切削实体上的平面，通过选择面，系统会自动计算不过切部件的剩余部分，而铣削操作是从模板中创建的，并且需要几何体、刀具和参数来生成刀轨。为了生成刀轨，系统需要将面几何体作为输入。对于每个所选面，该软件将跟踪几何体，识别要加工的区域，并在不过切部件的情况下切削这些区域，面铣削也大大简化了平面铣削的操作过程。

2．平面铣

平面铣（Planar Milling）是用于平面轮廓、平面区域或平面孤岛的一种铣削方式。它通过逐层切削工件来创建刀具路径，可用于零件的粗、精加工，尤其适用于需大量切除材料的场合，如图 6-7 所示。

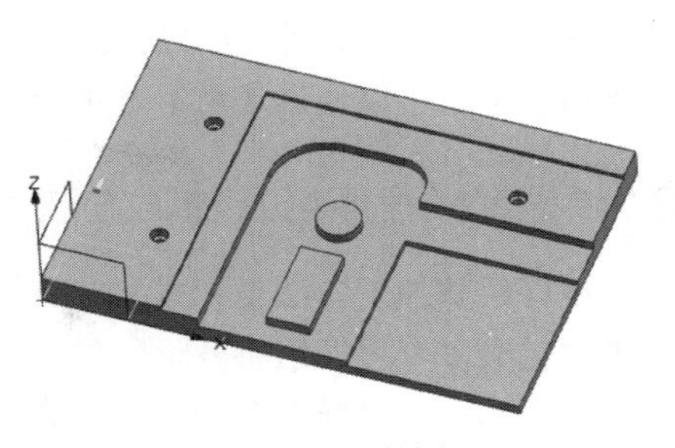

图 6-7　平面铣削

平面铣系列在平面铣削模板“mill_planar”内，它是基于水平切削层上创建刀路轨迹的一种加工类型。按照加工的对象分类有精铣底面、精铣壁、铣削轮廓、挖槽等。按照切削模式分类有往复、单向、轮廓等。

提　示

平面铣是平面铣削系列最典型的子类型，一般情况下，平面铣指的就是 Planar Milling 子类型。其他的子类型是由它演变而来的，通过设置一些参数，完全可以达到其他子类型的效果。

3．两种铣削方式对比

平面铣“PLANAR_MILL”与表面铣“FACE_MILLING”是 UG NX 提供的基于 2.5～3 轴加工的操作，二者的创建过程类似，即首先创建几何体、刀具、方法，然后进行操作设置并设置操作参数，最后由这些参数设置生成刀具轨迹。平面铣与表面铣也有不同之处，平面铣需要创建的几何体比表面铣复杂，如图 6-8 所示。

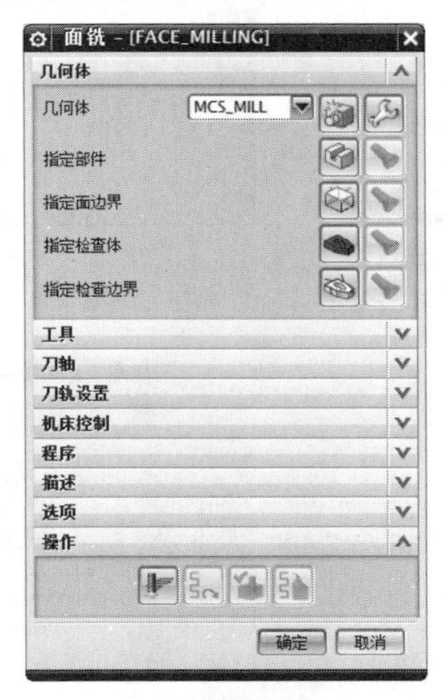

（a）边界面铣

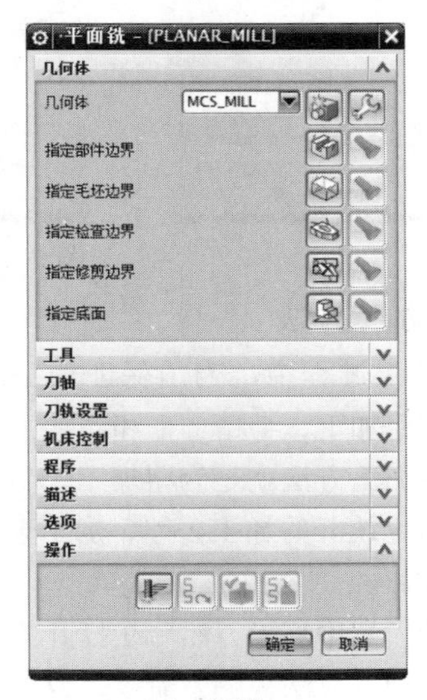

（b）平面铣

图 6-8　两种铣削方式【几何体】面板对比

平面铣与边界面铣对比，平面铣通过边界和底面的高度差来定义切削深度，其毛坯和检查梯只能是边界，而边界面铣可以选择实体、片体或边界。平面铣在指定几何体时，需要分别指定部件边界（零件要加工的轮廓）、指定底面（加工的深度）、指定毛坯边界（加工时区域的毛坯）等操作。

6.2　平面铣的组设置

在进行平面铣加工之前首先需要创建程序组，以便于后续操作和修改，它显示当前操作所使用的方法、几何体和刀具。如果在创建工序时指定了合适的方法、几何体和刀具父节点组对象，在这里不需要进行设置；如果在创建工序时没有指定合适的父节点组，或没有指定父节点组，在这种情况下就可以通过【组】选项卡来选择父节点组，或重新指定当前操作的父节点组。

6.2.1 定义程序组及加工方法

程序组和加工方法是构成父节点组的重要组成部分。为方便修改和管理加工刀轨，可根据加工需要定义多个程序组将各阶段加工方式区分出来。而定义加工方法，则使加工区分粗、半精、精、光整加工，这样整个加工过程非常清晰，便于后续真正加工时提前安排刀具和机床。

1. 定义程序组

程序组主要用来管理各加工操作和排列操作的次序，在操作很多的情况下，用程序组来管理程序比较方便。

创建程序组的方法与第 1 章中创建程序组的方法基本相同，首先单击【程序顺序视图】按钮，将当前视图切换为程序视图。然后单击【创建程序】按钮，弹出【创建程序】对话框。此时按照如图 6-9 所示的步骤创建程序父节点，新创建的节点将位于导航器中。使用相同的方法可定义多个程序组。

图 6-9 创建程序父节点组

2. 定义加工方法

在零件加工过程中，为了保证加工的精度，需要经过粗加工、半精加工和精加工等几个步骤，创建加工方法就是为粗加工、半精加工和精加工指定统一的加工公差、加工余量、进给量等参数。

在工序导航器中右击，然后在打开的快捷菜单中选择【加工方法视图】命令，或单击工具栏的【加工方法视图】按钮，接着在工序导航器中双击【公差】按钮，将弹出【铣削粗加工】对话框，此时可分别设置部件余量、内公差和外公差，如图 6-10 所示。

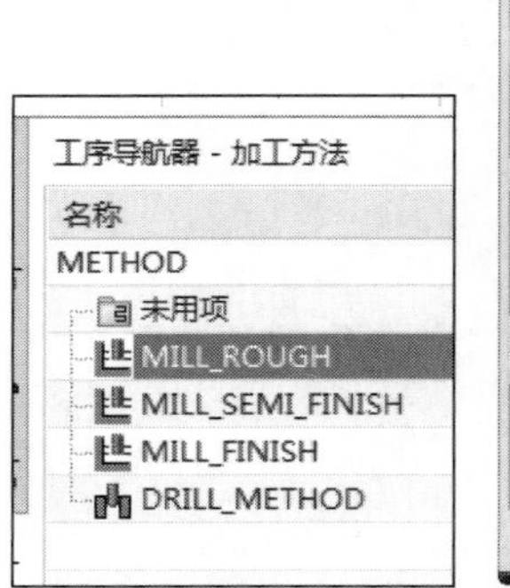

图 6-10 定义各铣削方法的公差

6.2.2 坐标系的设置

本小节将详细介绍指定坐标系和设定安全间隙的方法与技巧。

单击【几何视图】按钮，或右击工序导航器中的空白区域，在弹出的快捷菜单中选择【几何视图】命令，将当前视图切换为几何视图。然后双击坐标系按钮，将弹出【MCS 铣削】对话框，如图 6-11 所示。在该对话框中可分别定义坐标系位置和安全距离。

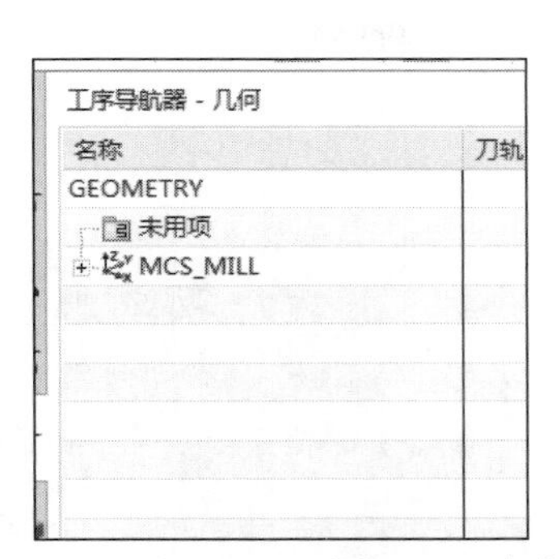

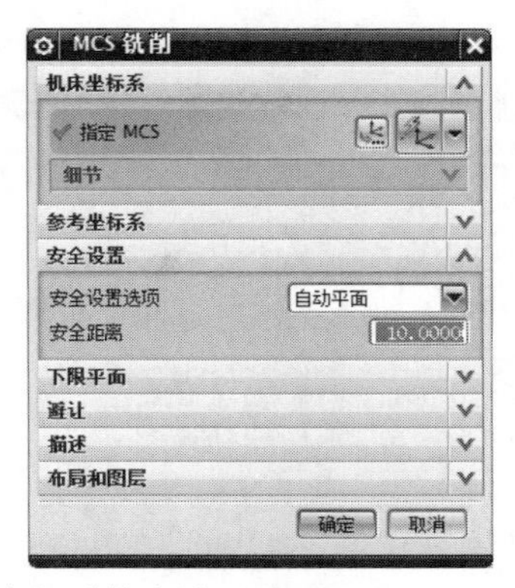

图 6-11　定义加工坐标系的方法

1．定义坐标系位置

可单击【CSYS】按钮，并在打开【CSYS】对话框后通过拖动坐标系的控制点进行定义，或选择【类型】下的任意一种坐标系构造方法来建立新的加工坐标系，如图 6-12 所示。

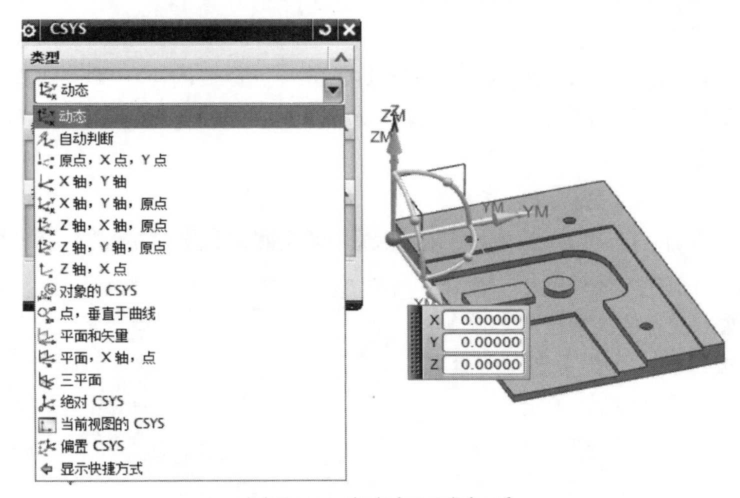

图 6-12　定义加工坐标系

2．定义安全高度

一个完整的刀轨除了对工件实现切削的部分切削刀轨外，还有在切削刀轨前后的非切削运动的刀轨。通常情况下，需要定义的非切削运动参数为安全高度。也就是说，当加工完一层或部分区域后，在加工另一层或另一区域时需要将刀具提高到安全高度，这个过程就是横越运动。安全高度是在加工坐标系中定义的，在该对话框的【安全设置选项】下拉列表框中包含 9 个选项，以下是对 4 种常用定义方式的解释。

（1）使用继承的

选择【使用继承的】类型，系统将继承工件坐标原点，而无须定义坐标系安全距离。

（2）无

选择【无】类型不作安全设置。如果选择该类型，则在铣削加工过程中容易发生撞刀现象，这通常是不允许的。

（3）自动平面

选择【自动平面】类型，可通过指定安全距离来进行安全设置，该指定方法是最常用的安全平面指定方法。选择该选项，即可在下面的【安全距离】文本框中输入参数值。

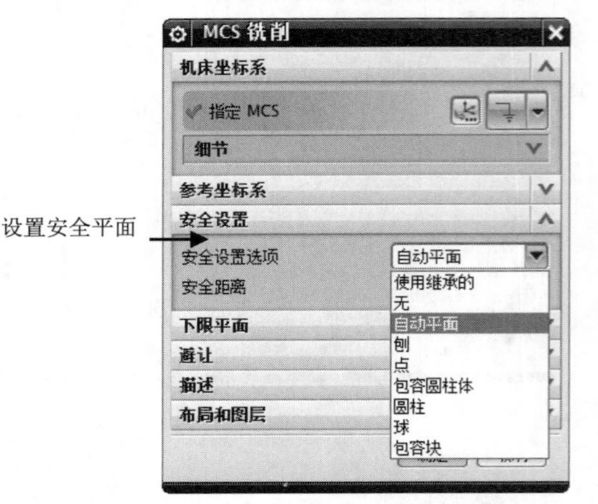

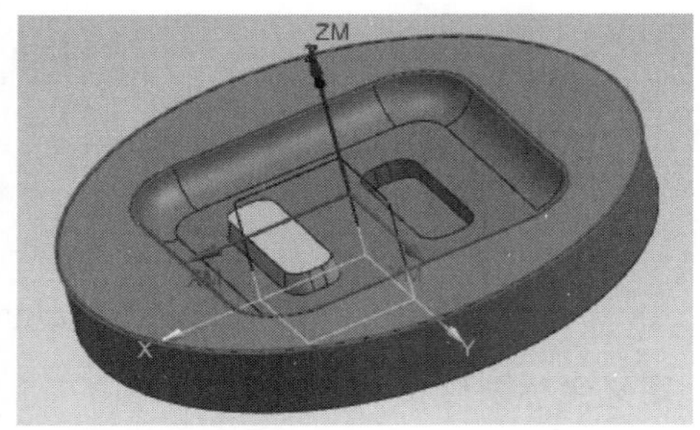

图 6-13　定义安全高度

6.2.3　刀具和刀轴

任何 UG 加工操作都必须要创建父节点，而创建父节点首要的工作就是创建加工过程所需的全部刀具，否则将无法进行后续的编程加工操作。在实际操作中，一把刀可以被一个操作使用，也可以被多个操作使用。

1．定义刀具

可以按照常规添加刀具的方法创建刀具，即在【主页】下面的快捷菜单栏中单击【创建刀具】按钮，或者依次单击【菜单】|【插入】|【刀具】按钮，弹出【创建刀具】对话框。选择刀具类型及刀具子类型后在【名称】文本框中输入刀具名称。接着单击【确定】按钮，弹出【铣刀-5 参数】对话框，分别设置刀具直径、底圆角半径以及其他参数，如图 6-14 所示。

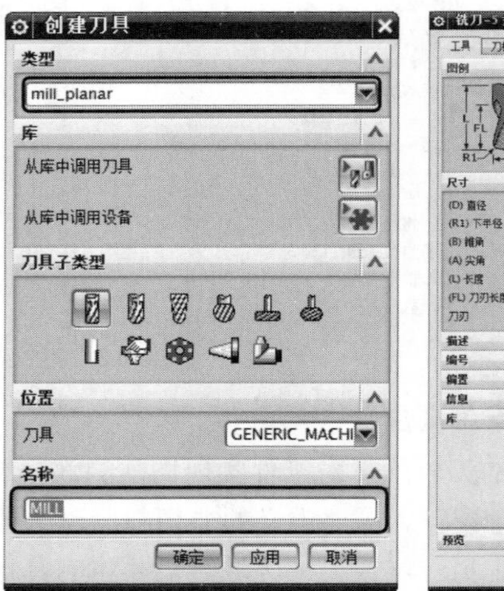

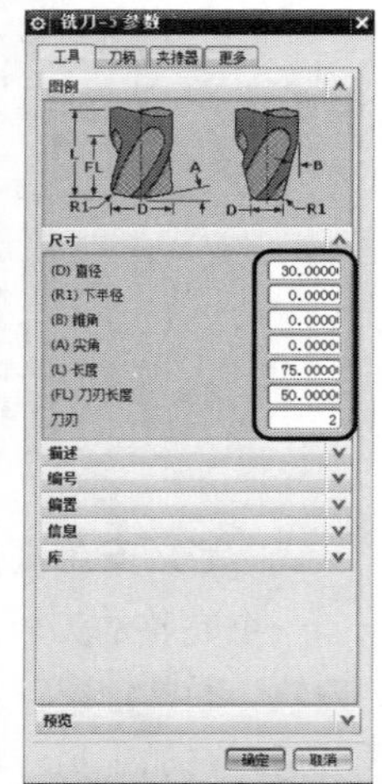

图 6-14　定义刀具

在【工具】选项卡中可设置刀具各个参数，其中包括刀具直径、下半径、尖角、刀刃长度等参数。在图 6-15 所示的【夹持器】选项卡中，定义刀柄的目的是在刀具运动过程中检查刀柄是否与零件或夹具碰撞。可创建一个刀柄，设置刀柄圆柱体或圆锥体，并且可在屏幕上以图形的方式显示出来。

2．刀轴

刀轴即定义机床的主轴方向（刀具的轴心方向）。一般数控机床的主轴是固定的，默认为+ZM 轴。定义刀轴是在创建工序过程中进行的，即单击【创建工序】按钮，并在弹出的对话框中选

择平面铣削类型和参数后，接着在弹出的【平面铣】对话框中展开【刀轴】面板，将显示【轴】下拉列表框，如图 6-16 所示。

其中【轴】下拉列表框中 4 个选项的含义如下。

（1）+ZM 轴：将机床坐标系的轴方向指派给刀具。

（2）指定矢量：允许通过定义矢量指定刀轴。激活此命令后，将在【轴】选项下显示【指定矢量】选项，如图 6-17（a）所示。用户可以在下拉列表框中选择矢量，也可以在图形区中指定矢量，还可以单击【矢量】按钮，在弹出的【矢量】对话框中确定矢量，如图 6-17（b）所示。

（3）垂直于底面：将刀轴定向为垂直于底面，主要用于底壁加工操作。

（4）动态：通过用鼠标调整坐标系来调整手工动态地调整刀轴方向，其中 Z 轴为刀轴的方向。

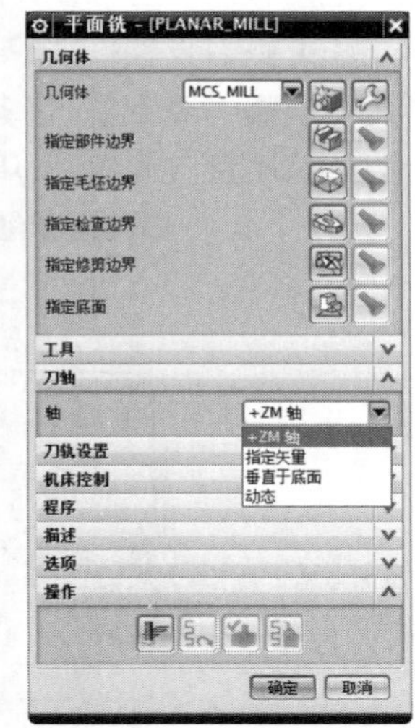

图 6-15　【夹持器】选项卡　图 6-16　【刀轴】面板

3．平面铣操作中刀具的设置

新建平面铣操作后，在如图 6-18 所示的【平面铣】对话框的【工具】和【刀轴】面板中可以设置切削加工的刀具和刀具相对于机床坐标系的方位。

【工具】面板主要设置刀具类型、尺寸，以及手工换刀、刀具补偿等参数。在【刀具】下拉列表框中选择利用前两步骤已定义的刀具，以进行编辑。

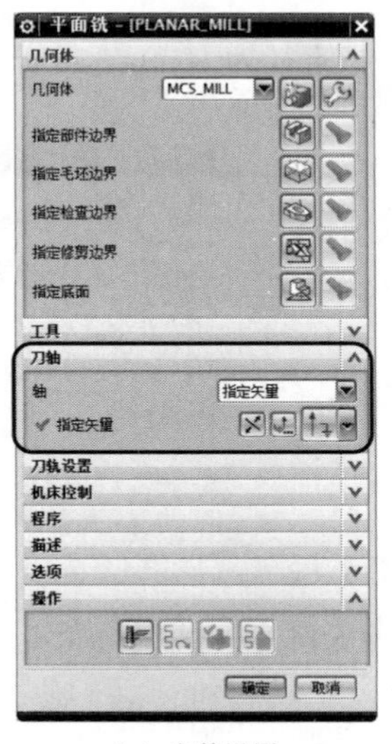

（a）参数设置

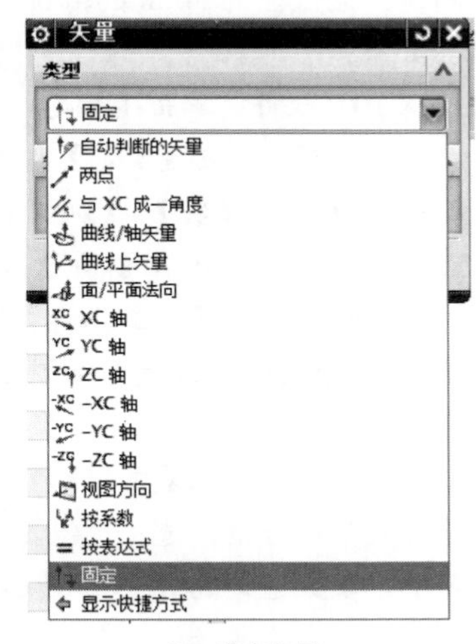

（b）定义矢量

图 6-17　指定矢量

（1）新建：单击【新建】按钮，可以创建新的刀具定义，并将其放在工序导航器的机床视图中，以用于其他操作。弹出的【新建刀具】对话框如图 6-19 所示。

（2）输出：【输出】选项组设置并显示刀具号、补偿寄存器、刀具补偿寄存器、Z 偏置及其相关继承状态的当前参数。

（3）换刀设置：【换刀设置】选项组显示手工换刀和文本状态的当前设置，还显示夹持器号和继承状态。勾选【手工换刀】复选框，将由人工来设置换刀。勾选【文本状态】复选框，可在下方的文本框内输入换刀的文字描述。

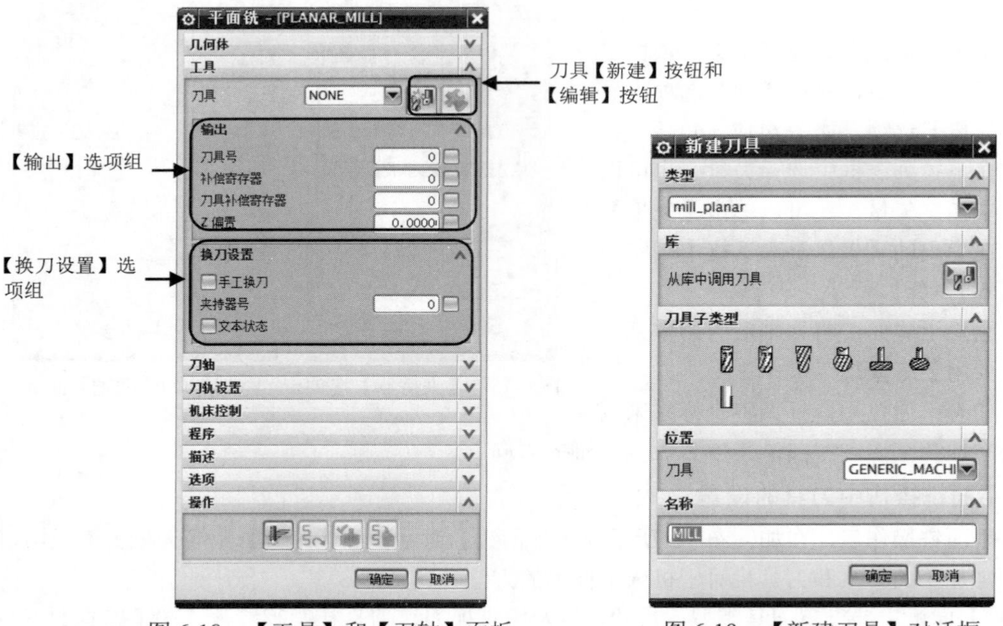

图 6-18　【工具】和【刀轴】面板　　　　图 6-19　【新建刀具】对话框

4．边学边练——创建平面铣刀具

要求：首先创建一把直径为 8mm 的端铣刀，再创建一把直径为 10mm、带有 R1 圆角的圆角端铣刀。具体步骤如下：

步骤 01 启动 UG NX 10.0 软件，单击【新建文件】按钮，输入文件名称，选择文件存放位置，单击【确定】按钮新建模型文件。

步骤 02 选择【文件】|【应用模块】|【加工】命令，进入加工环境，或者通过快捷键【Ctrl+Alt+M】快速进入加工环境。

步骤 03 从弹出的图 6-20 所示的【加工环境】对话框中选择合适的加工方法，本例中选择默认的设置，即铣削加工，单击【确定】按钮进入铣削加工环境。

图 6-20　【加工环境】对话框

步骤 04 进入加工环境之后，单击【主页】下的【创建刀具】按钮，弹出【创建刀具】对话框。选择【铣刀】选项，单击【确定】按钮进入铣刀的参数设置对话框，如图 6-21 所示。

步骤 05 按照要求设置刀具的参数：直径为 8mm，其余的参数可使用默认设置，如图 6-22 所示。在实际加工中要根据实际应用的刀具进行参数的设置，尤其是在多轴加工中，这样便于干涉碰撞等的检查。在设置刀具参数的同时，在 UG 的窗口中会显示出所创建刀具的三维图形。

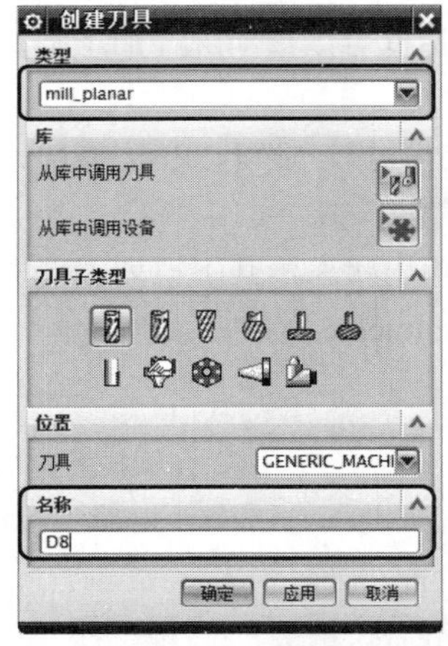

图 6-21　【创建刀具】对话框

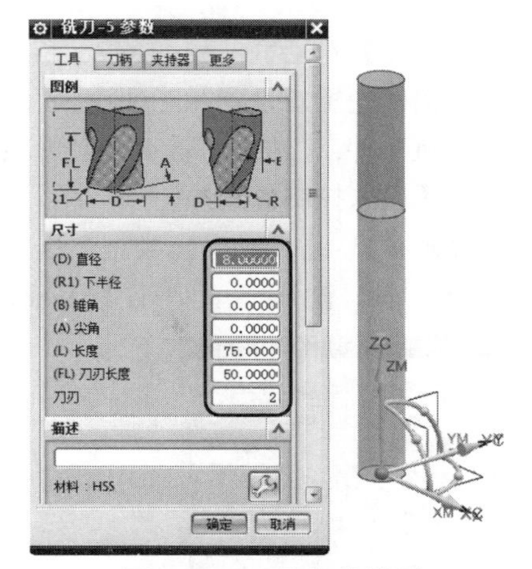

图 6-22　刀具参数设置

步骤 06 再按照上面相同的方法，创建名称为 D10R1 的圆角端铣刀，创建步骤如图 6-23 所示，设置参数的同时刀具的三维形状跟着变化。

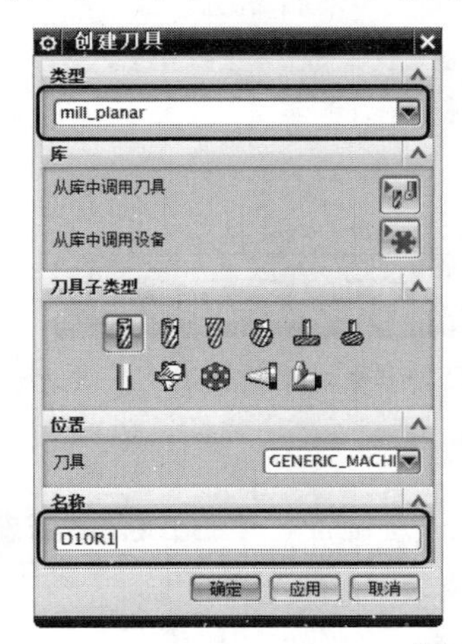

图 6-23　创建 D10R1 刀具

步骤 07 调至“机床视图”下，将显示已创建好的刀具名称，双击刀具名称会返回刀具的参数设置环境，可进行刀具的参数更改，或添加、删除刀具，并显示刀具的三维模型，如图 6-24 所示。

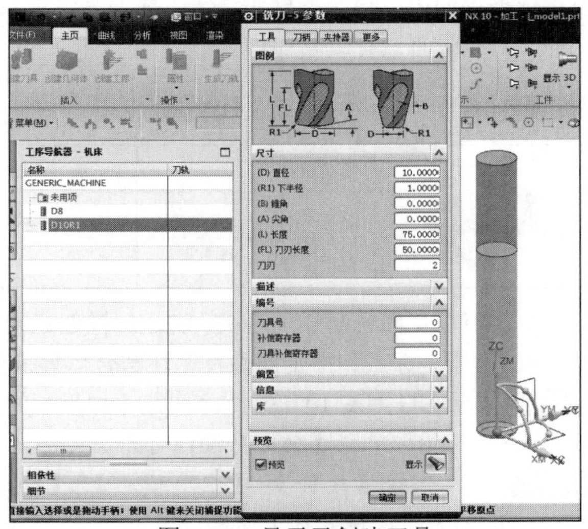

图 6-24　显示已创建刀具

5. 机床控制

【机床控制】面板用于指定机床事件，例如刀具更改、开始和结束事件（为用户定义的），或者特殊的后处理命令，如图 6-25 所示。

（1）开始刀轨事件：【开始刀轨事件】选项可指定机床事件，此选项控制运动输出的类型。单击【复制至】按钮，弹出【后处理命令重新初始化】对话框，如图 6-26 所示。通过该对话框可以重新选择加工类型、子类型及操作方法等，也就是重新设置加工环境。

（2）结束刀轨事件：【结束刀轨事件】选项使用定制边界数据，还可以在边界层、边界成员层以及组层定义【机床控制】选项。

（3）运动输出类型：【运动输出类型】选项控制机床的输出状态，其下拉列表框中包括仅线性、圆弧-垂直于刀轴、圆弧-垂直/平行与刀轴、Nurbs 和 Sinumerik 样条。

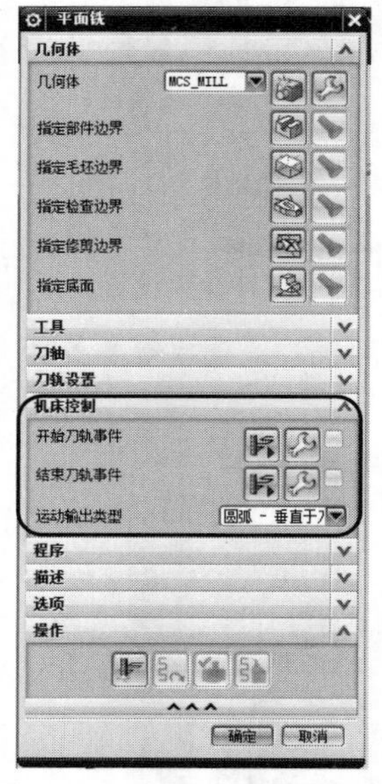

图 6-25 【机床控制】面板

图 6-26 【后处理命令重新初始化】对话框

6.2.4 编辑组设置

通常在创建平面铣削操作时，除了选择加工类型为平面铣削外，还需要在【创建工序】对话框的【位置】面板中分别指定程序、刀具、几何体和方法，如图 6-27 所示。这样在经过后续操作设置后，系统也将依据该面板组设置和操作设置生成刀具轨迹，而生成刀具轨迹后同样可对组设置进行编辑操作。

图 6-27 【位置】面板

6.2.5 实例——平面铣组设置

	开始素材	Prt_start\chapter 6\6.2.5.prt
	结果素材	Prt _result\chapter 6\6.2.5.prt
	视频位置	Movie\chapter 6\6.2.5.avi

本小节以平面铣削加工为例，讲述怎样创建加工环境、创建程序父节点、设置坐标系和指定部件及毛坯结合体等操作。具体步骤如下：

步骤 01 启动 UG NX 10.0 软件，单击【打开文件】按钮，在弹出的对话框中选择本书配套资源文件 6.2.5.prt，单击【确定】按钮打开该文件。

步骤 02 依次选择【文件】|【应用模块】|【加工】命令，进入加工环境，或者通过快捷键【Ctrl+Alt+M】快速进入加工环境。

步骤 03 从弹出的图 6-28 所示的【加工环境】对话框中选择铣削加工，单击【确定】按钮，进入铣削加工环境。

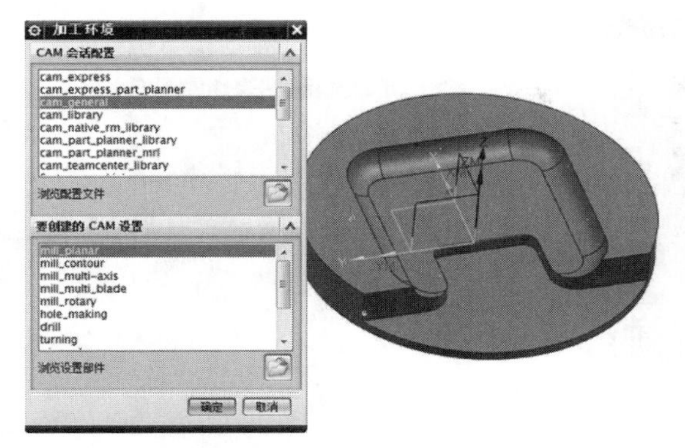

图 6-28 加工环境设置

步骤 04 在【导航器】工具栏中单击【程序顺序视图】按钮，将当前工序导航器切换至程序顺序视图。再单击【主页】下的【创建程序】按钮，弹出【创建程序】对话框。按照图 6-29 所示的步骤创建程序父节点，新创建的节点将位于导航器中。

图 6-29 创建程序父节点

步骤 05 将视图调至【几何视图】，双击工序导航器中的坐标系设置按钮，打开图 6-30 所示的坐标系设置对话框。输入安全距离 10，并单击【确定】按钮。然后在打开的对话框中选择坐标系参考方式为 WCS，如图 6-31 所示。

图 6-30 坐标系设置

图 6-31 参数选择

步骤 06 双击工序导航器下的 WORKPIECE 图标，然后在弹出的图 6-32 所示的对话框中单击【指定部件】按钮，并在新打开的对话框中选择图 6-33 中高亮显示的模型为几何体。

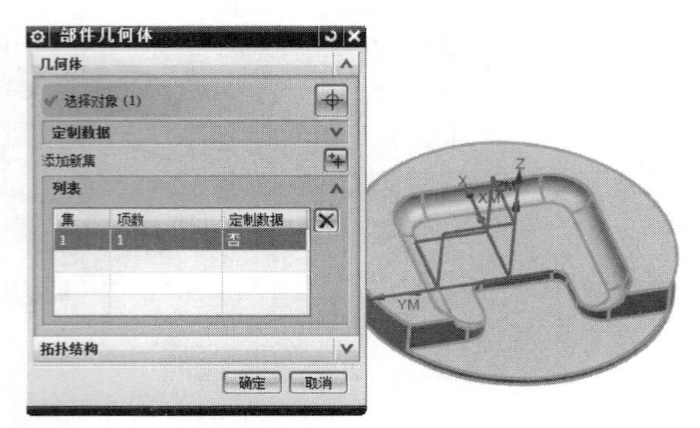

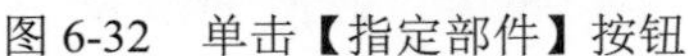

图 6-32　单击【指定部件】按钮　　　　图 6-33　指定部件几何体

步骤 07 选择部件几何体后返回【工件】对话框。此时单击【指定毛坯】按钮，在打开的对话框中选择【包容块】选项并单击【确定】按钮，右侧将显示自动块毛坯模型，如图 6-34 所示，可根据实际需求调节包容块的尺寸。此处使用默认的设置即可。

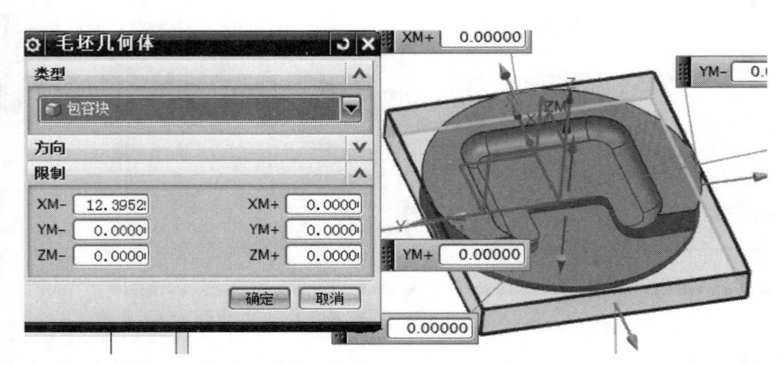

图 6-34　指定毛坯几何体

6.3　平面铣加工几何体的选择

加工几何体包括指定部件（零件）、指定毛坯（加工时的毛坯）和指定检查（使用的夹具）等。平面铣削模板初始化后就带有一组几何体，一般情况下只设置现有的几何体，如果有特殊要求，比如多个零件、检查体或几何体误删等才需要创建。因此，在进行各种平面铣削加工时，只针对加工区域定义这些参数。

在数控加工设计过程中，必须指定各操作的几何父节点组，即指定零件几何和毛坯几何对象，以及定义加工坐标系、安全平面等参数。这些对象操作和参数设置是生成刀具轨迹的主要依据，忽略任何一个细节，都将无法进行后续的刀具显示。【几何体】选项用于指定面铣操作的几何体父组对象，如果用户在创建工序之前没有创建几何体对象或没有指定 CAM 默认几何体父组（MCS_MILL），则可以单击【新建】按钮，在弹出的【创建几何体】对话框中创建几何体父组，如图 6-35 所示。

图 6-35　【创建几何体】对话框

6.3.1 底壁加工几何体

在定义面铣削几何体时，几何体包括加工坐标、部件和毛坯，其中加工坐标属于父级，部件和毛坯属于子级。在定义组参数后，还需要定义要加工的几何对象，其中包括毛坯结合体、零件几何体、检查几何和修改几何等。加工几何体可以在创建工序之前定义，也可以在创建工序过程中分别指定，并且在定义几何体时需要指定部分几何体对象，而不必全部指定。

单击【创建工序】按钮，在弹出的【创建工序】对话框中分别指定加工类型 mill_planar 和子类型【底壁加工】，并单击【确定】按钮，将弹出【底壁加工】对话框，即可在【几何体】面板中指定对应的几何体，如图 6-36 所示。

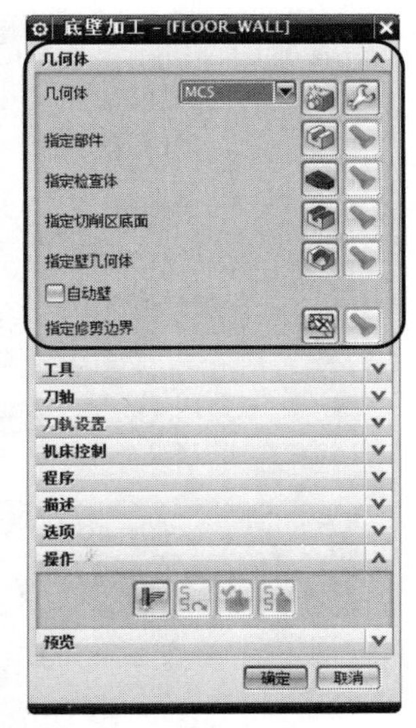

图 6-36 【几何体】面板

1. 指定部件

部件几何体是加工后所保留的材料，也就是产品的 CAD 模型。为使用过切检查，必须指定或继承实体部件几何体。其中在平面铣削和型腔铣削中，部件几何体表示零件加工后得到的形状；在固定轴铣削和变轴铣削中，部件几何体表示零件上要加工的轮廓表面。部件几何体和边界共同定义切削区域，可以选择实体、片体、面、表面、区域等作为部件几何体。

在【几何体】面板中单击【选择或编辑部件几何体】按钮，在弹出的【部件几何体】对话框中指定部件几何体，被选择之后的部件几何体将呈高亮显示，在确认选择的部件几何体之后恢复原颜色并返回【底壁加工】对话框，如图 6-37 所示。

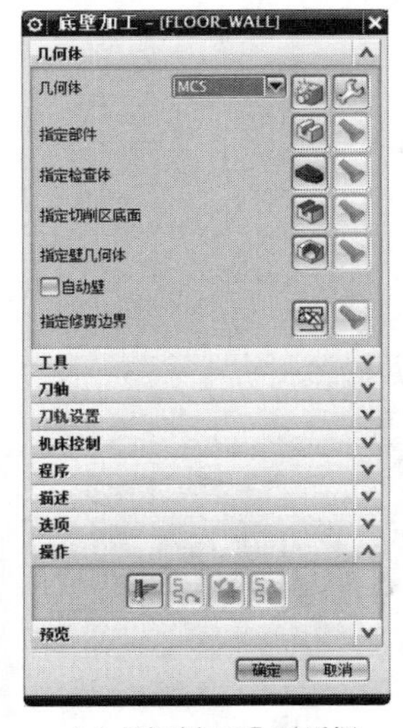

（a）【底壁加工】对话框

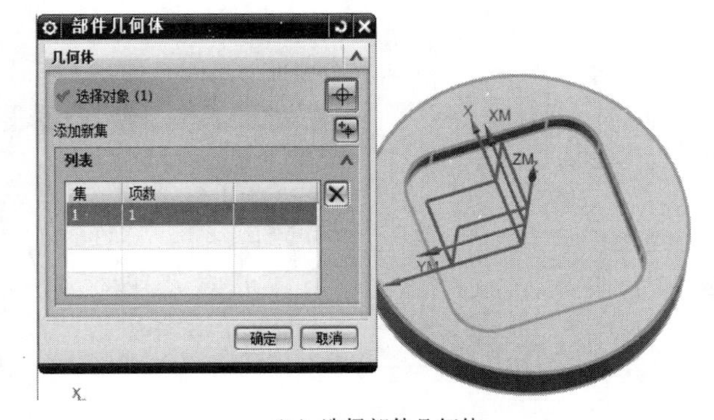

（b）选择部件几何体

图 6-37 指定部件几何体

2. 指定切削区底面

切削区域是指刀具垂直于几何体所要铣削区域的范围。在切削区域时可选择铣削加工面来定义切削区域。

单击【选择或编辑切削区域几何体】按钮，将弹出【切削区域】对话框，可在该对话框中指定切削区域，此处的切削区域选择如图 6-38 所示。

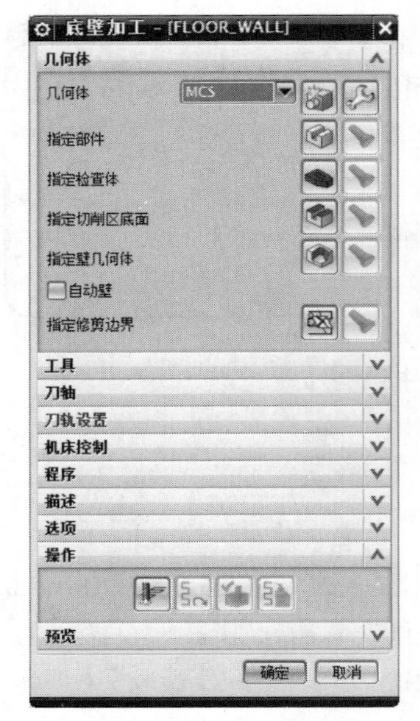

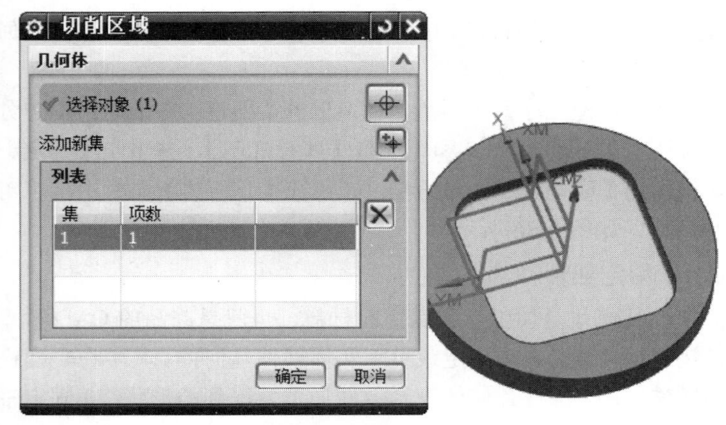

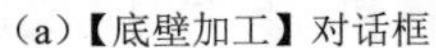

（a）【底壁加工】对话框　　（b）选择切削区域

图 6-38　指定切削区域

3．指定壁几何体

壁几何体是指刀具加工区域终止垂直壁几何体。单击【选择或编辑壁几何体】按钮，将弹出【壁几何体】对话框，可在该对话框中指定壁几何体，如图 6-39 所示。

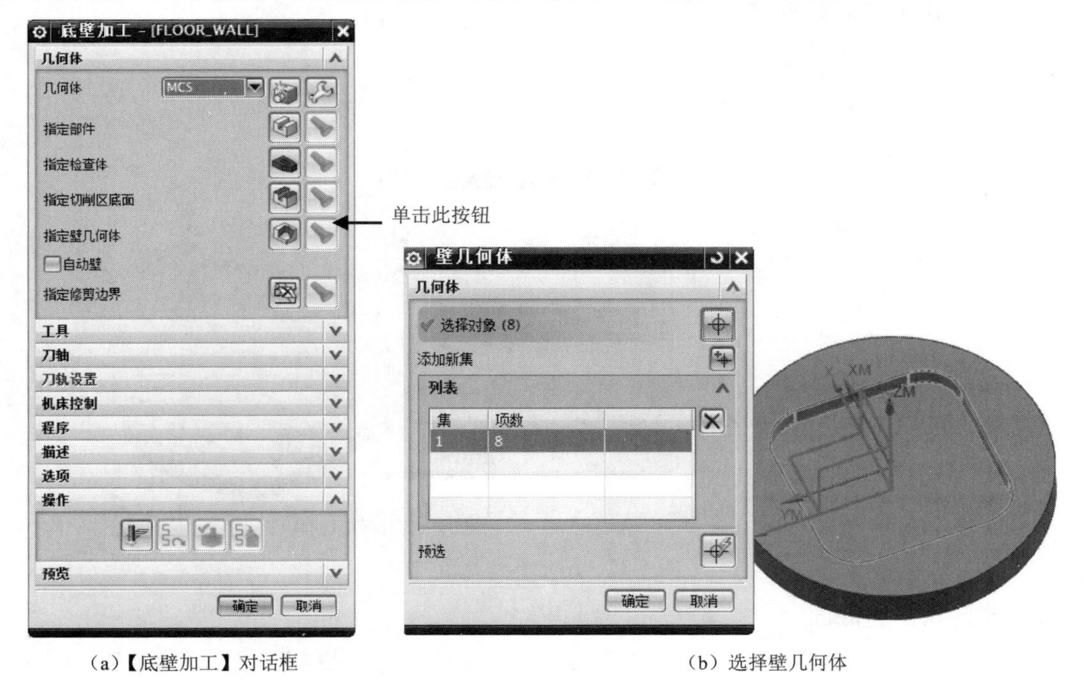

（a）【底壁加工】对话框　　（b）选择壁几何体

图 6-39　指定壁几何体

4．指定检查体

检查几何体边界用来定义不希望与刀具发生碰撞的区域，比如固定零件的夹具。在检查几何体定义的区域不会产生刀具路径，当刀轨遇到检查曲面时，刀具将退出，直至到达下一个安全的切削位置。检查几何体的定义方法与定义零件几何相同。定义在加工过程中要避开的几何对象，防止过切零件。

单击【检查几何】按钮，将弹出【检查几何体】对话框，如图 6-40 所示，可指定几何对象为检查几何体，该对话框中各个选项的使用方法与定义的部件几何体相同，这里不再赘述。图 6-40 所示为表示装夹的实体。

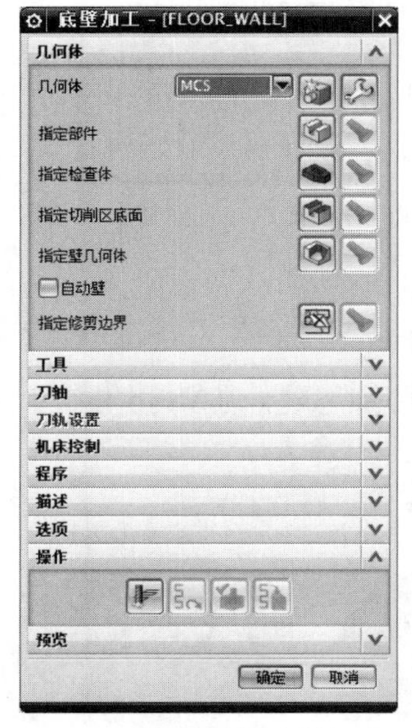

（a）【底壁加工】对话框

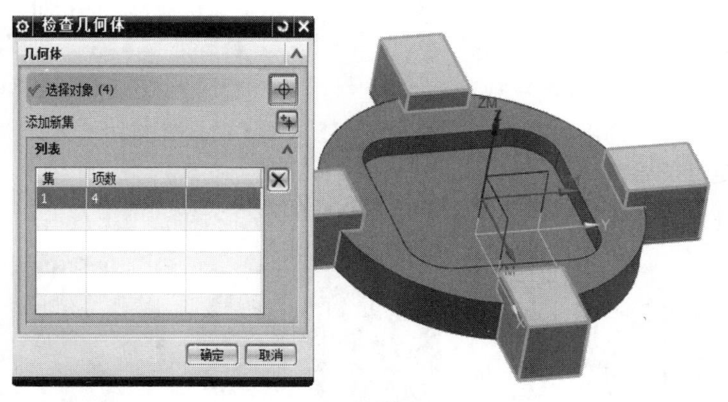

（b）选择检查体

图 6-40　指定检查体

注　意

除了以上介绍定义几何体的方法以外，还可在工具栏中单击【创建几何体】按钮，在弹出的【创建几何体】对话框中选择几何体和输入名称。但这种方法很容易使初学者混淆机床坐标与毛坯的父子关系，而且容易产生多层父子关系，所以建议不要采用这种方法创建几何体。

6.3.2　平面铣削几何体

平面铣与底壁加工有许多类似的地方，但是平面铣的边界比底壁加工的边界要复杂，平面铣的参数设置主要是几何体的创建和切削层的设置。平面铣通过边界来定义任意的切削区域和任意的切削深度，能完成较复杂零件的加工。【平面铣】对话框的内容除【几何体】面板与面铣削的不同之外，其余面板及选项设置都是相同的。

在平面铣中，“切削体积”是指要移除的材料。要移除的材料指定为“毛坯”材料（原料件、锻件、铸件等）减去“零件（部件）”材料。用户可以在“平面铣”中使用边界来定义“毛坯”和“部件”几何体，也可以在“型腔铣”中通过选择面、曲线或实体来定义这些几何体。

1．指定部件边界

部件边界用于描述完成的零件轮廓，它控制刀具运动的范围，可以选择面、点、曲线和永久边界来定义零件边界。部件边界定义部件体积。单击【选择或编辑部件边界】按钮，将弹出【边界几何体】对话框，如图 6-41 所示。

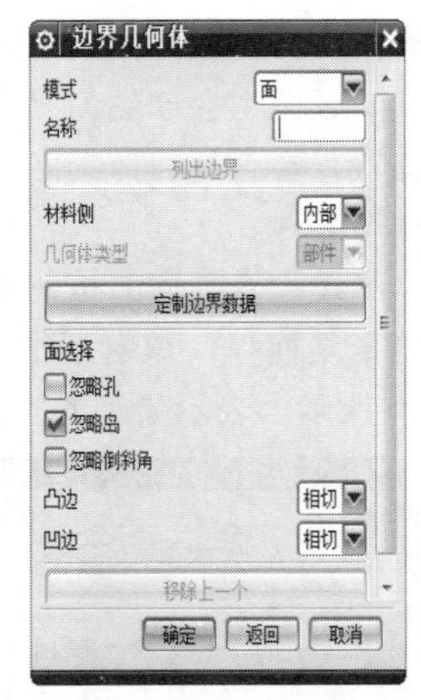

图 6-41 【边界几何体】对话框

（1）模式：选择边界的方法包括 4 种，分别是【曲线/边】、【边界】、【面】和【点】，每一种方法被调用时都会出现相应的【创建边界】对话框。【曲线/边】方式是选择加工区域的边或用户创建的线作为部件边界；【边界】方式是指选择永久边界作为当前部件的边界；【面】方式是选择切削区域的面作为部件边界；【点】方式是通过打开的【创建边界】对话框，以选择点确定直线（边界），如图 6-42 所示。

（2）名称：通过输入表面、永久边界、点的名称来选择这些对象。因为一般不会给这些对象预先指定名称属性，所以通常不使用这种方法选择对象。

“面”模式的选项含义如下：

（1）列出边界：当模式被选为【边界】时，此按钮被激活。单击此按钮，可以列出模型中已定义的永久边界。

（2）几何体类型：显示用户创建的边界类型（部件、毛坯、检查、修剪）。

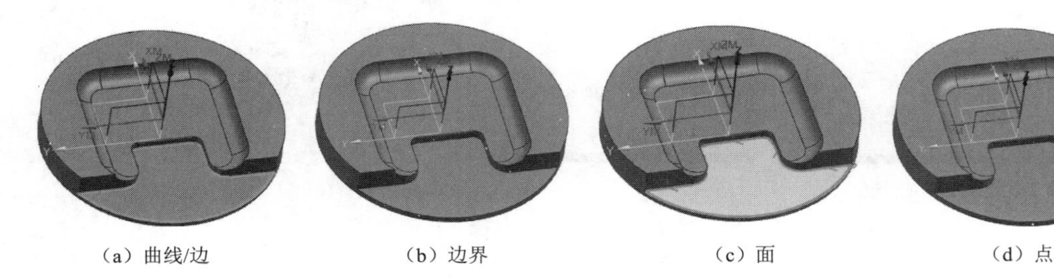

（a）曲线/边　（b）边界　（c）面　（d）点

图 6-42 部件边界的 4 种选择方式

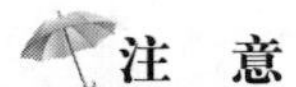

注 意

（1）临时边界

临时边界通过有效的【几何体】对话框创建，作为临时实体显示在屏幕上，当屏幕刷新以后随即消失。当需要显示时，使用显示按钮，临时边界又会重新显示。

临时边界与父几何体的相关性意味着父几何体的任何更改都将导致临时边界的更新。比如增加了一个实体面，边界也会增加；如果删除一个边界面，则边界同样被删除。临时边界的优点在于选择方便，与父几何体有关联性，方便管理边界。

（2）永久边界

永久边界只能通过曲线和边缘来创建。虽然与创建它的父几何体有一定的关系，但是一旦创建就不能编辑，只能随父几何体变化而变化。永久边界的优点是边界使用速度快，可重复使用。

（3）材料侧：不被切削的部分，即要保留材料的部分，包括【内部】和【外部】两个选项。【内部】表示部件边界内部的材料为保留部分（不切削）；【外部】表示部件边界以外的材料为保留部分。

注　意

不同类型的边界材料侧的设置与判断是不同的：部件边界的材料侧为保留部分；毛坯边界的材料侧为切削部分；检查边界的材料侧为保留部分；修剪边界的修剪侧为保留材料的部分。

材料侧的选择

初学者往往对材料侧的定义十分模糊。材料侧的选择与部件边界的封闭或开放有关。

（1）封闭区材料侧的选择：封闭区域的材料侧分“内部”和“外部”。如果以“面”方式来定义部件边界，可以肯定的是，每个面就是该切削区域的底层。就是说到了底层，边界内的材料不再被切削，所以其材料侧应选择为“内部”。若以“曲线/边界”的方式来定义部件边界，就在要切削区域的边上选择，所以边界的材料侧应选择为“外部”。

（2）开放区域材料侧的选择：开放区域的材料侧分“左”和“右”（这是以屏幕方位来分的）。在加工零件中选择一条边界，根据所在方位，判断出保留材料为边界的那一侧。

（4）定制边界数据：为部件边界设置公差、余量、毛坯距离、切削进给等数据。单击【定制边界数据】按钮，会弹出如图 6-43 所示的【边界几何体】对话框。

（5）忽略孔：是使程序忽略用户选择用来定义边界的面上的孔。如果将此选项切换为“关”，则程序会在所选面上围绕每个孔创建边界。

（6）忽略岛：是使程序忽略用户选择用来定义边界的面上的岛。如果将此选项切换为“关”，则系统会在所选面上每个岛的周围创建边界。

（7）忽略倾斜角：指定在通过所选面创建边界时，是否识别相邻的倾斜角、圆角和倒圆。将此选项切换为“关”时，就会在所选面的边上创建边界；当切换为“开”时，创建的边界将包括与选定面相邻的倾斜角、圆角和倒角。

（8）凸边/凹边：对于开放区域来说，凸边是开放侧的边；凹边则通常会有直立的相邻面。使用【凸边】功能可以为沿着所选面的凸边出现的边界成员控制刀具位置。它们包括两个选项：【相切】和【对中】。【相切】是指刀具外轮廓与道路相切；【对中】是指刀具中心点在刀路上。

（9）移除上一个：单击此按钮，可以删除最后定义的边界。

2．指定毛坯边界

毛坯边界定义了毛坯体积。在【几何体】面板中单击【选择或编辑毛坯边界】按钮，将弹出【边界几何体】对话框，与指定部件边界时弹出的对话框是相同的。如果用户选择【曲线/边】方式来定义毛坯边界，则会弹出图 6-44 所示的【创建边界】对话框。其中【类型】下拉列表框中有两个选项，含义如下。

（1）封闭的：指边界为闭合的。

（2）开放的：指边界为开放的。

（3）用户定义：用户自定义部件边界所在的平面位置。选择此选项，将会弹出【刨】对话框，可通过该对话框定义边界平面的位置，如图 6-45 所示。

（4）自动：程序自动将用户选择的曲线/边确定为平面固定位置。

有些时候，毛坯边界可以不定义，可以在指定部件边界操作时，指定一个外部边界来包容内部多个部件边界，即可作为毛坯边界使用。

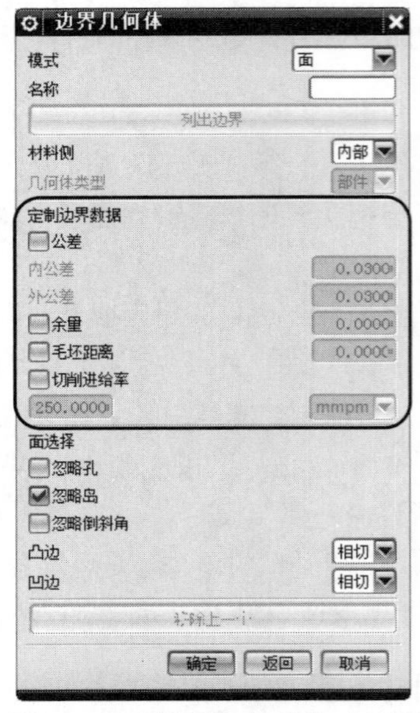

图 6-43 【边界几何体】对话框

图 6-44 【创建边界】对话框

注 意

毛坯边界不是必须定义的，如果定义的零件几何可以形成封闭区域，则可以不定义毛坯边界；如果零件几何边界没有完全覆盖要切削的区域，则需要定义毛坯边界。

3. 指定检查边界

使用检查边界连同指定的部件几何体来定义刀具必须避免的区域。检查边界的指定方法与部件边界相同，检查边界如图 6-46 所示。

图 6-45 【刨】对话框

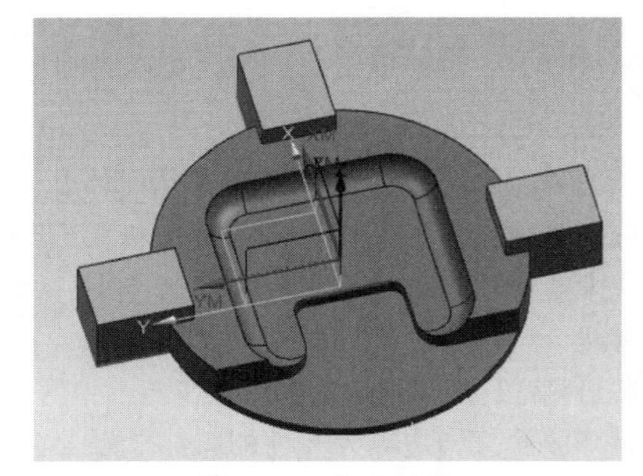

图 6-46 检查边界

4. 指定修剪边界

修剪几何边界用于进一步控制刀具运动范围，通过将裁剪侧指定为内部或外部（对于闭合边界），也可指定为左侧或右侧（对于开放边界），可以定义要从操作中排除的切削区域的面积。在每一个切削层上使用修剪边界来进一步约束切削区域。将修剪边界与指定的部件几何体组合，可以舍弃修剪边界之外的切削区域。修剪边界的指定方法与部件边界也是相同的。使用修剪边界可以进一步控制、优化刀位轨迹，前提是修剪边界必须为封闭边界。

修剪边界的定义方法与零件几何体边界的定义方法基本相同，不同之处在于：修剪边界仅用于指定刀轨被修剪的范围，而不是定义岛屿，因此没有材料侧的概念。

UG NX 10.0 在计算平面铣刀位轨迹时，首先根据零件边界与毛坯边界定义切削范围；其次按用户指定的切削方法计算刀位轨迹。当刀具碰到检查边界时，即沿检查边界产生刀位轨迹（通过设置参数也可以产生退刀轨迹）。如果设置了修剪边界，则通过修剪边界对刀位轨迹进行修剪。检查边界与修剪边界虽然都用于对刀位轨迹的进一步控制，但产生的刀位轨迹差别却很大。

5. 指定底面

底面定义最低（最后的）切削层。所有切削层都与“底面”平行生成。每个操作只能定义一个“底面”，重新定义“底面”将自动替换现有的“底面”。在【几何体】面板中单击【选择或编辑底平面几何体】按钮，将弹出【边界几何体】对话框，如图 6-47 所示。

用户可以利用多种方法来定义底面。指定加工底面的方法与创建基准平面的方法是完全相同的，图 6-48 所示为指定的切削底面。

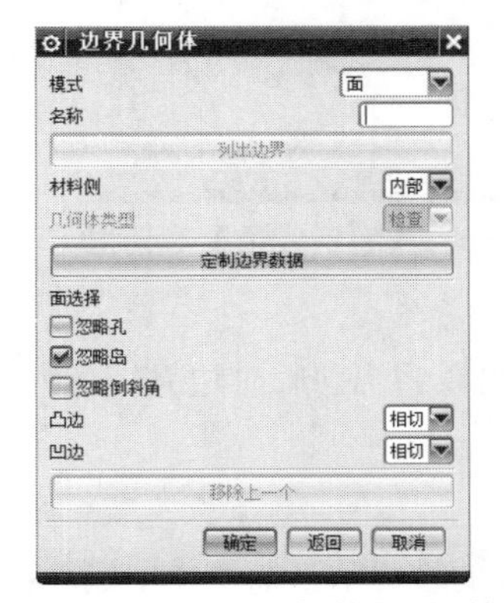

图 6-47　【边界几何体】对话框

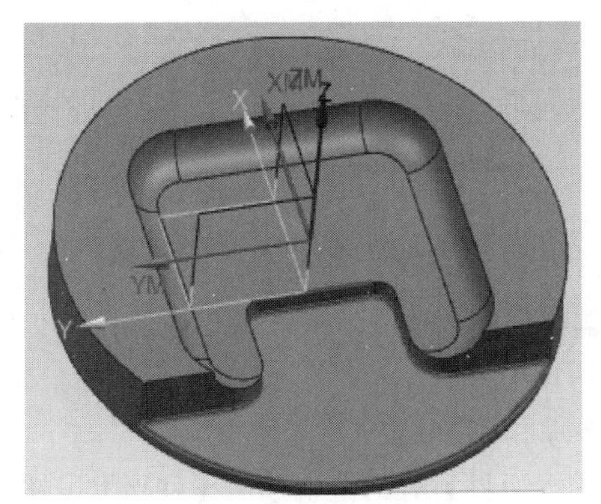

图 6-48　指定切削底面

注　意

如果未指定底平面，则系统将使用机床坐标系的 XY 平面，因为平面铣操作的加工对象由平面和与平面垂直的垂直面构成，所以实际上可以认为模型是由若干基本的柱体（圆柱、矩形截面柱、异形截面柱）组合而成的，因此可将这些柱体称为岛屿。

6.3.3　几何体边界编辑

平面铣操作使用边界几何来创建刀具路径，不同的边界几何组合产生的刀具路径也不一样。如果产生的刀具路径不满足要求，则也可以编辑已经定义好的边界几何来改变切削区域。

如果已经定义了对应的几何体，则单击对应的编辑按钮弹出【编辑边界】对话框，如图 6-49 所示。如果已经定义了对应的几何体，则对应按钮后面的【显示】按钮将处于激活状态，单击该按钮将亮显被指定的对象。

在编辑边界元素时，可对每一条边界的参数进行编辑，每一次只能对当前激活的边界进行编辑，激活的边界在绘图区域高亮显示。可通过对话框中的【上一个】按钮和【下一个】按钮，将要进行编辑的编辑激活；也可以直接在绘图区中选择边界对其参数进行修改。修改参数仅对当前激活的边界有效。

1．编辑

在【编辑边界】对话框中单击【编辑】按钮，将弹出【编辑成员】对话框，如图 6-50 所示。在该对话框中选择【刀具位置】下拉列表框中的选项，用于修改刀具与边界的相对位置关系；单击【定制成员数据】按钮，可修改边界的公差、余量等参数；单击【起点】按钮，可以定义切削起始点；单击【第一个成员】按钮，可将当前边界作为第一条边界；选择【选择方法】下拉列表框中的选项，可以设置选择边界是单个选择还是成链选择。

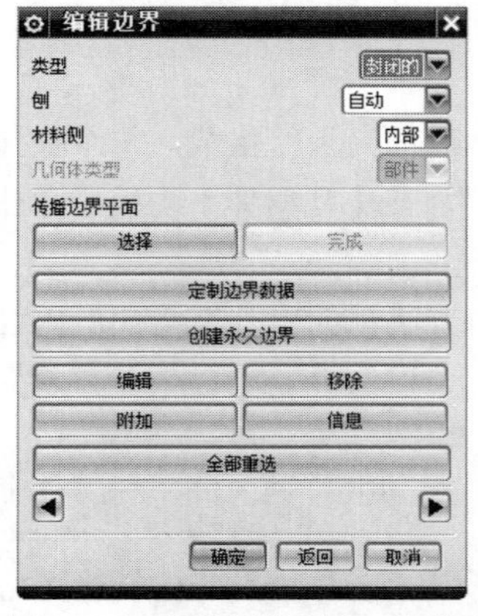

图 6-49　【编辑边界】对话框

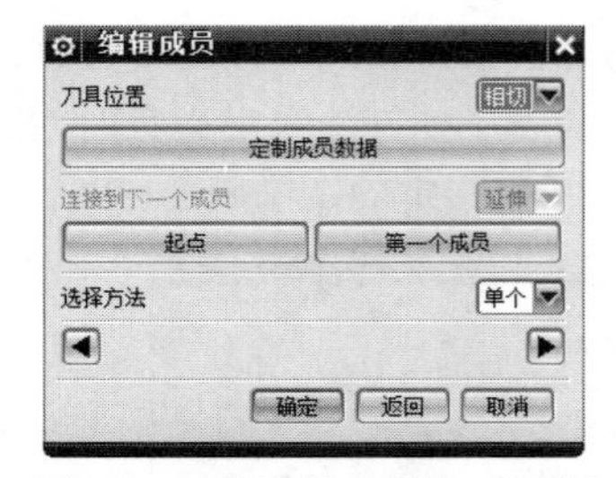

图 6-50　【编辑成员】对话框

2．创建永久边界

在【编辑边界】对话框中单击【创建永久边界】按钮，可以将当前临时边界转换为永久边界，为所有操作使用。

3．移除和附加边界

在【编辑边界】对话框中单击【移除】按钮，将所选择的边界从当前操作中删除；单击【附加】按钮，弹出【边界几何体】对话框，进行新边界的选择。

4．查看边界信息

在【编辑边界】对话框中单击【信息】按钮，将打开【信息】窗口，如图 6-51 所示，在该窗口中列表显示当前所选边界的信息。

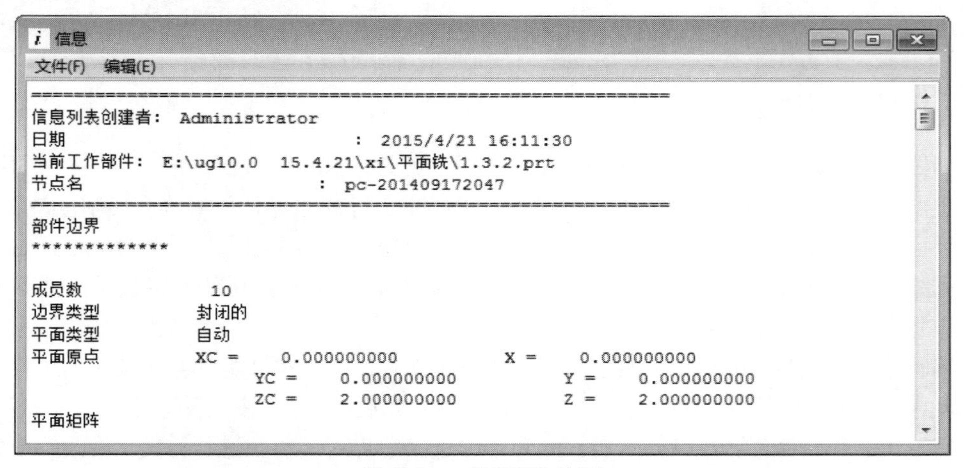

图 6-51　【信息】窗口

6.4　平面铣参数设置

为了完成加工各种形状的零件的操作，底壁加工和平面铣有一些操作参数和功能设置是相同的，为了避免重复叙述，将公用选项的参数和功能集中讲解。此节的参数会涉及其他章节，希望在阅读中采取串读法。

在【创建工序】对话框中选择一种操作面板，例如单击【平面铣】按钮，如图 6-52（a）所示，指定父节点组后单击【确定】按钮，将弹出图 6-52（b）所示的【平面铣】对话框。在操作对话框中指定参数，这些参数都将对刀具路径产生影响。在对话框中需设定几何对象、切削参数、机床控制选项等参数，很多选项需要通过二级对话框进行设置。

（a）【创建工序】对话框

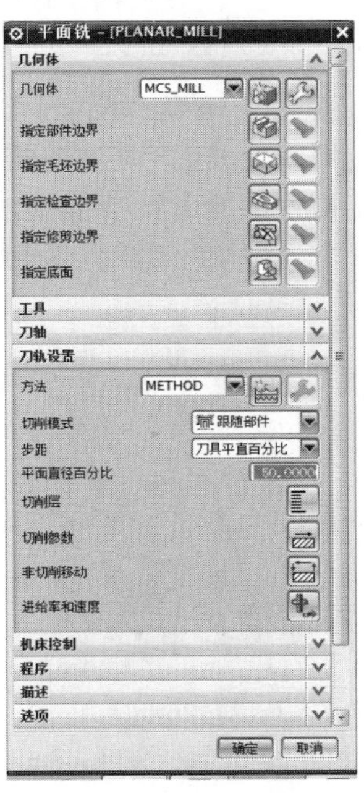

（b）【平面铣】对话框

图 6-52　进入【平面铣】对话框

6.4.1　切削模式和切削步进

1．设置切削模式

用于平面铣削的切削模式（切削方法）有很多种，用于决定刀轨的样式。无论表面区域铣削或平面铣模式，其下拉列表框中均有 9 个选项，前 8 项代表 8 种切削模式，第 9 项是快捷键的显示和隐藏功能键。这两种铣削方式有 7 个相同的切削模式，所不同的是，平面铣削包含标准驱动铣削方式，而底壁加工包含混合铣削方式。

（1）跟随部件

【跟随部件】通过从整个指定的部分几何体中形成相等数量的偏置（如果可能）来创建切削模式，而不管该部件几何体定义的是边缘环、岛或型腔。跟随部件刀轨如图 6-53 所示。

因此，可以说【跟随部件】方式保证刀具沿着整个部件几何体进行切削，从而无须设置“岛清理”刀路，只有在没有定义要从其中偏置的部件几何体时（如在面区域中），跟随部件才会从毛坯几何体偏置。

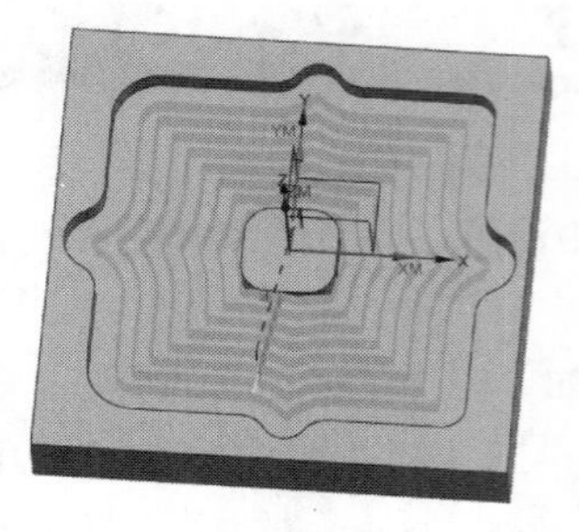

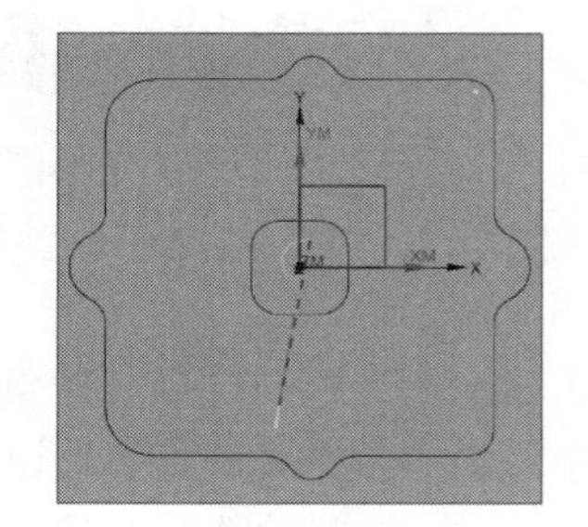

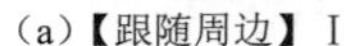

(b)【跟随周边】II

图 6-53 【跟随部件】切削方式

（2）跟随周边

【跟随周边】创建了一种能跟随切削区域的轮廓生成一系列同心刀路的切削模式。通过偏置该区域的边缘环，可以生成这种切削图样。当刀路与该区域的内部形状重叠时，这些刀路将合并成一个刀路，然后再次偏置这个刀路就形成了下一个刀路。可加工区域内的所有刀路都将是封闭形状。与【往复】方式相似，跟随周边通过使刀具在步进过程中不断地进刀，从而使切削运动达到最大限度，如图 6-54 所示。

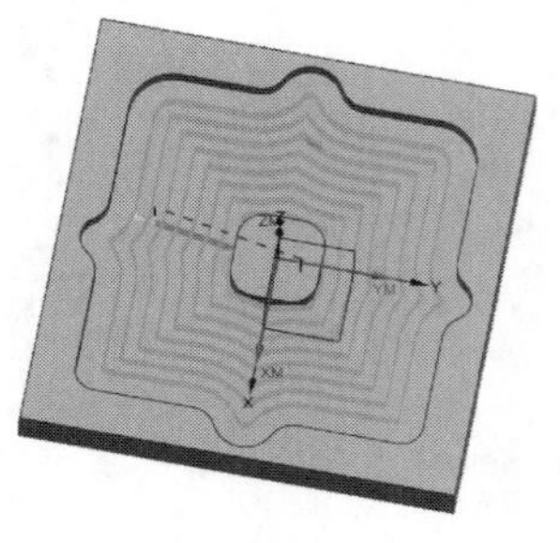

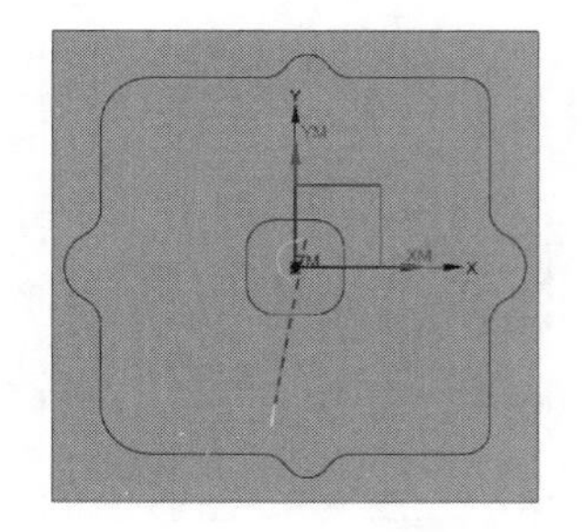

(a)【跟随周边】I (b)【跟随周边】II

图 6-54 【跟随周边】切削方式

当选择【跟随周边】切削模式后，在【切削参数】中除了需指定切削方向（顺铣或逆铣）外，还需对附加的【刀路方向】和【壁】选项进行设置，如图 6-55 所示。【刀路方向】向内、向外的对比如图 6-56 所示；【岛清根】复选框的设置对比如图 6-57 所示；【壁清理】下拉列表框中列出 4 种壁清理的方式，其示意图如图 6-58 所示。

图 6-55 【刀路方向】和【壁】选项

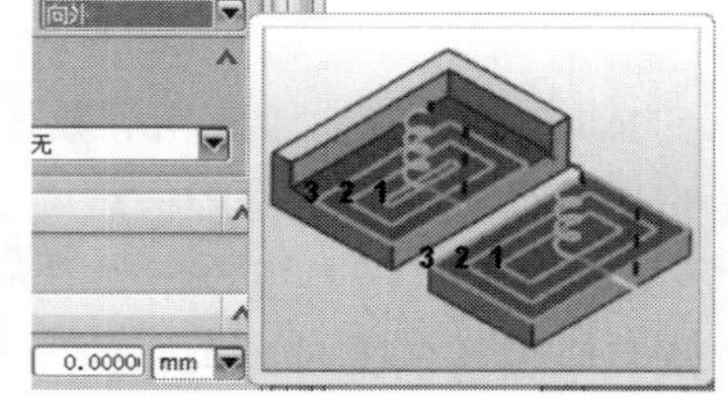

图 6-56 【刀路方向】设置

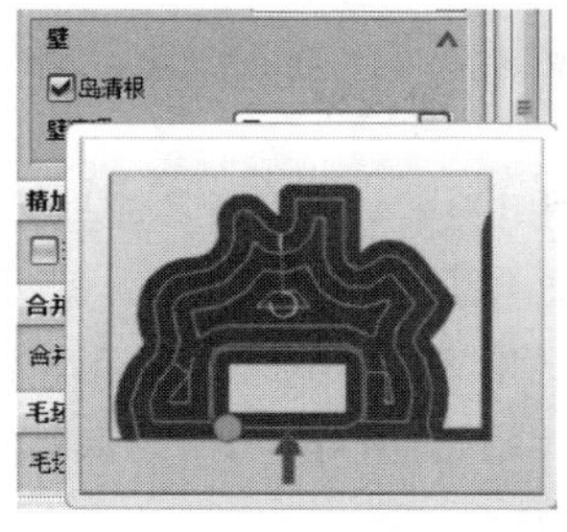

（a）勾选【岛清根】复选框

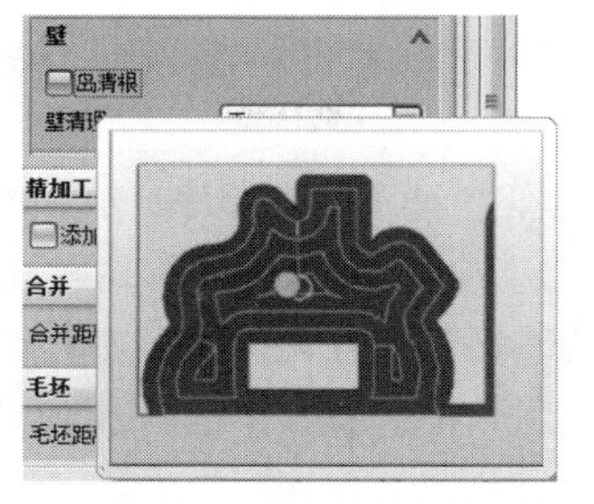

（b）取消勾选【岛清根】复选框

图 6-57　【岛清根】设置

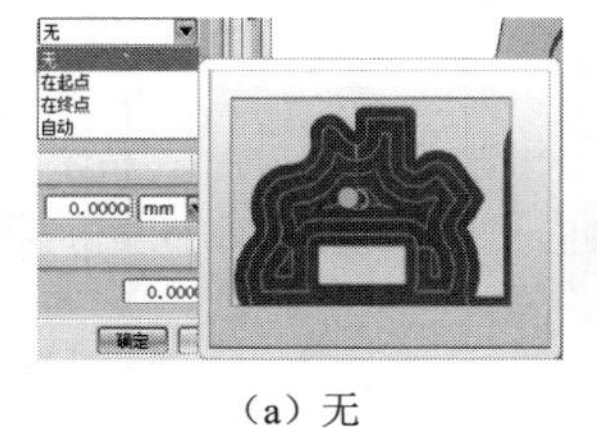

（a）无

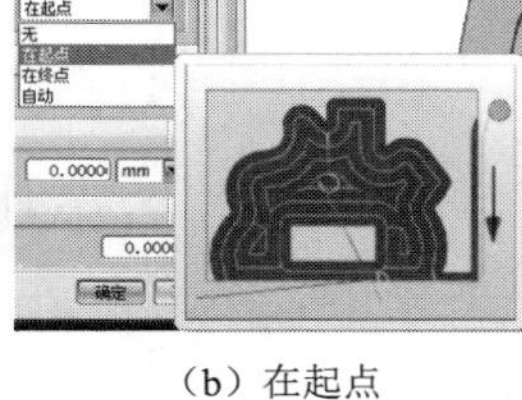

（b）在起点

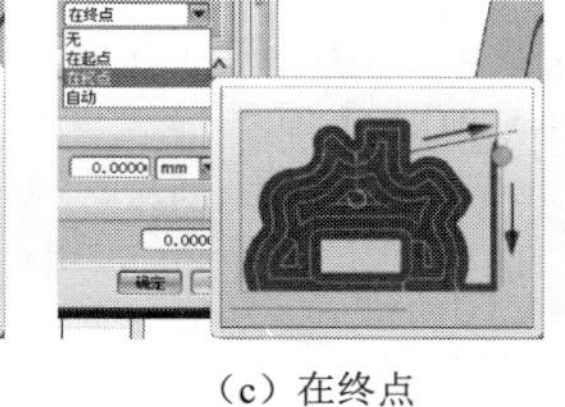

（c）在终点

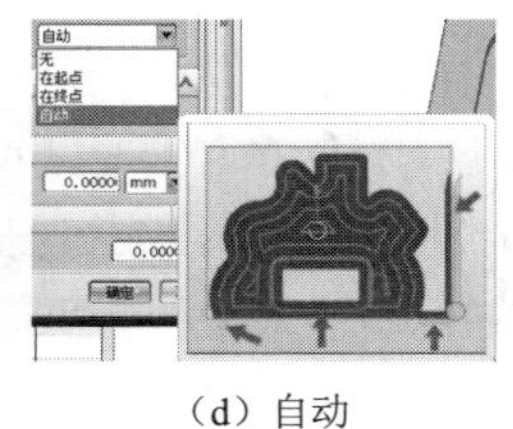

（d）自动

图 6-58　【壁清理】设置

使用【向内】腔体方向时，离切削图样中心最近的刀具一侧将确定顺铣或逆铣。使用【向外】腔体方向时，离切削区域边缘最近的刀具一侧将确定顺铣或逆铣。

（3）轮廓

【轮廓】铣削模式创建一条刀路，或指定一定数量的切削刀路来对部件壁面进行精加工。它可以加工开放区域，也可以加工闭合区域。对于具有封闭形状的可加工区域，轮廓刀路的构建和移动与【跟随部件】方式切削图样相同，如图 6-59 所示。

（4）标准驱动

【标准驱动（仅平面铣）】是一种轮廓切削方式，它允许刀具准确地沿指定边界移动，从而不需要再应用“轮廓”中使用的自动边界裁剪功能。通过选择【自相交】选项，可以使用【标准驱动】方式来确定是否允许刀轨自相交。

（5）摆线

【摆线】切削模式中刀具以圆形回环模式移动，而圆心沿刀轨方向移动。表面上摆线与拉开的弹簧相似，当需要限制过大的步进，以防止刀具在完全嵌入切口时折断，且需要避免过量切削材料时，则使用此功能。摆线刀轨如图 6-60 所示。选择【摆线】切削模式后，会在【切削参数】对话框中附加【摆线设置】面板用来设置摆线宽度，如图 6-61 所示。

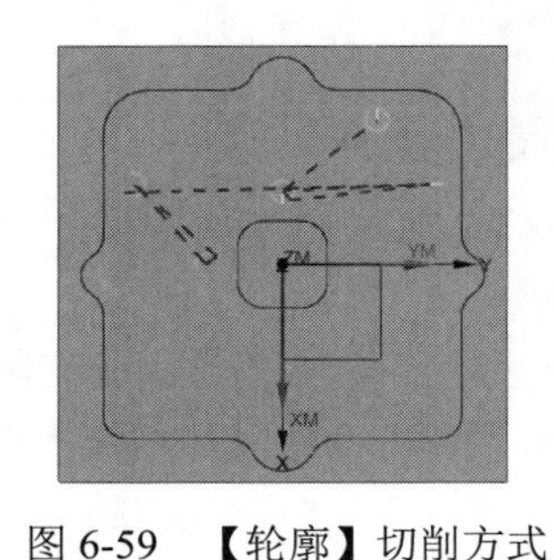

图 6-59　【轮廓】切削方式

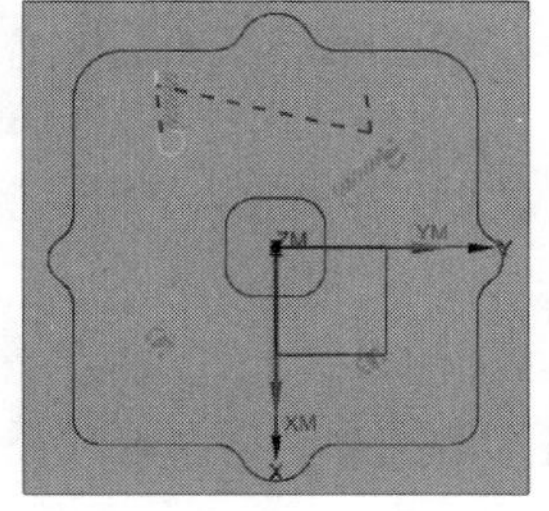

图 6-60　【摆线】切削方式

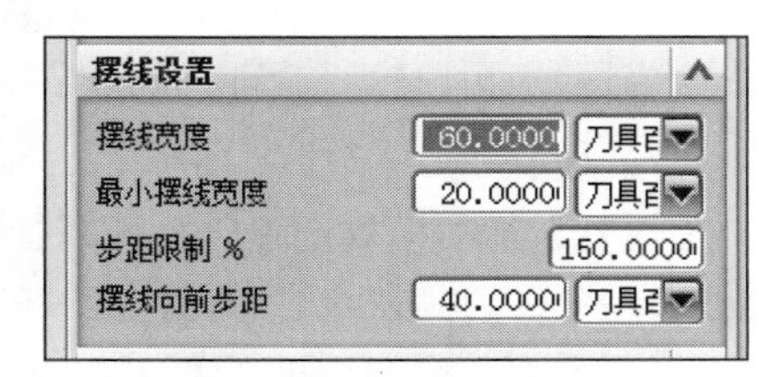

图 6-61　【摆线设置】面板

在进刀过程中的岛和部件之间形成锐角的内拐角以及窄区域中，几乎总是会得到内嵌区域，系统可以从部件创建摆线切削偏置来消除这些区域。也就是说，在刀具以回环切削模式移动的同时，也在旋转。

摆线切削的图样方向（切削顺序）有两种：向外和向内（在切削参数里设置），设置效果同样如图 6-60 所示。当设置为向外时，这种切削模式适合进行高速粗加工。这种模式包括摆线铣削、拐角倒圆和其他拐角及嵌入区域处理，以确保达到指定的步进。它是跟随部件和向内摆线切削模式的组合，可用于型腔铣、平面铣和表面铣操作。相比向内的切削方向，向外的切削方向有如下特点：

① 通过引入摆线刀轨，防止刀具开槽或超出指定的步进限制。

② 对尖角倒圆，使其成为圆滑的转角。

③ 通常从远离部件壁处开始，向部件壁方向行进。

④ 仅在必要时才引入摆线切削。

提供可变摆线宽度，以便加工槽和尖角。指定一个最小宽度，软件根据需要逐步减小实际摆线宽度，以避免过切。

（6）单向切削

【单向】切削方式可创建一系列沿一个方向切削的直线平行刀路，即刀具从切削刀路的起点处进刀，并切削至刀路的终点，然后刀具退刀，移刀至下一刀路的起点，并以相同的方式开始切削，其刀轨如图 6-62 所示。

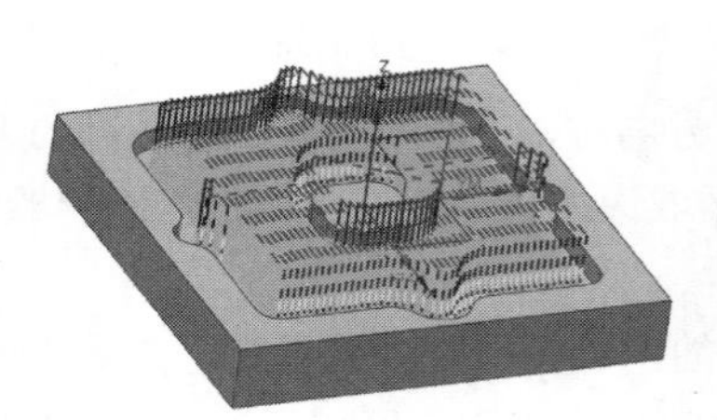

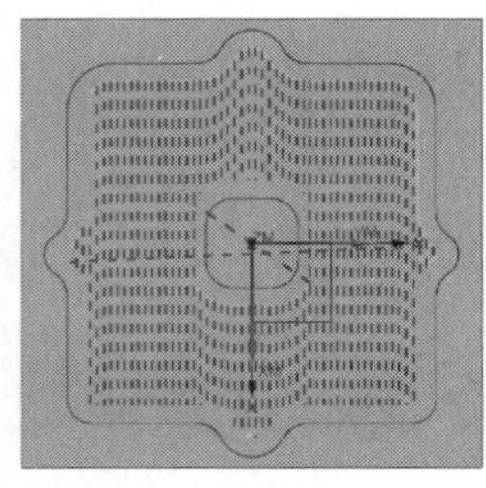

图 6-62 【单向】切削方式

该铣削方式将保持一致的顺铣或逆铣切削，并在连续的刀路间不执行轮廓铣，除非指定的进刀方式要求刀具执行该操作。【单向】切削方式生成的刀路将跟随切削区域的轮廓，但前提是刀路不相交。如果单向刀路相交，则无法跟随切削区域，那么程序将生成一系列较短的刀路，并在子区域间移刀进行切削。如图 6-63 所示，左图说明“逆铣”的单向刀具运动的基本顺序，右图显示子区域中较短的刀路。

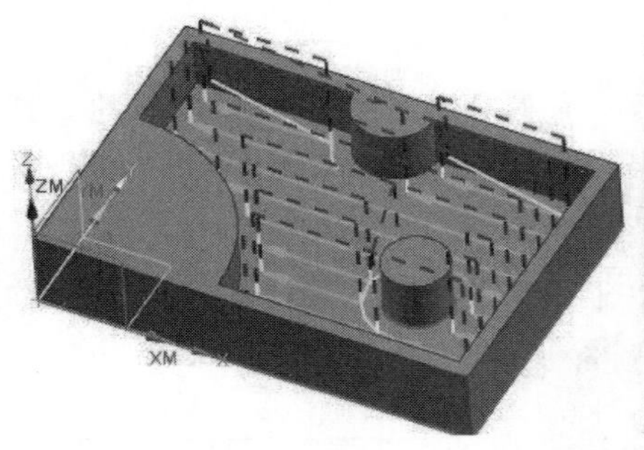

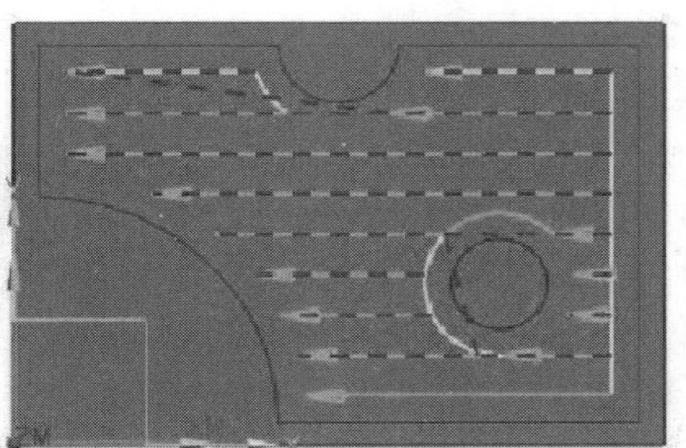

图 6-63 单向刀轨——逆铣和子区域中较短的刀路

（7）往复

【往复】切削模式创建一系列平行直线刀路，彼此切削方向相反，但步进方向一致。此切削类型通过允许刀具在步进时保持连续的进刀状态来使切削移动最大化。切削方向相反的结果是交替出现一系列“顺铣”和“逆铣”切削。指定“顺铣”或“逆铣”方向并不会影响此类型的切削行为，但会影响其中用到的“清壁”操作的方向。往复刀轨如图 6-64 所示。

如果没有指定切削区域起点，那么第一个单向刀路将尽可能地从周边边界的起点处开始切

削。处理器视图保持现行往复切削，但允许刀具在限定的步进内跟随切削区域轮廓，以保持连续的切削运动，如图 6-65 所示。

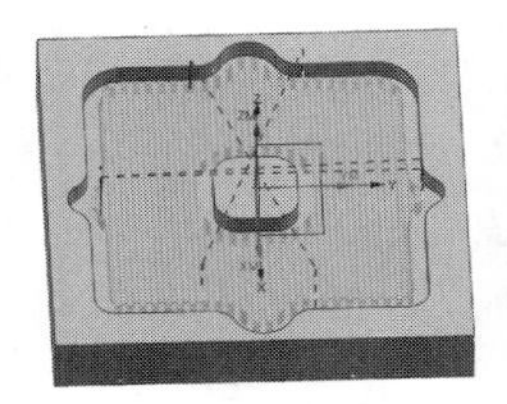
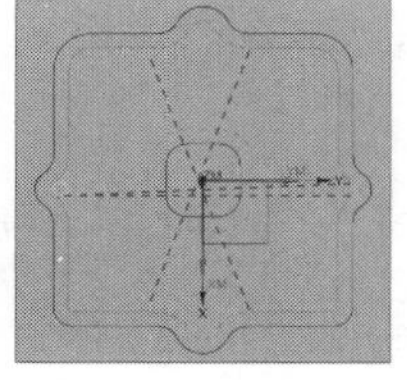

图 6-64 【往复】切削方式

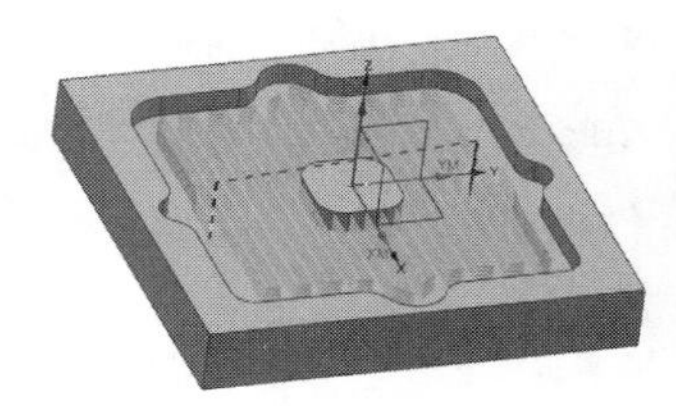
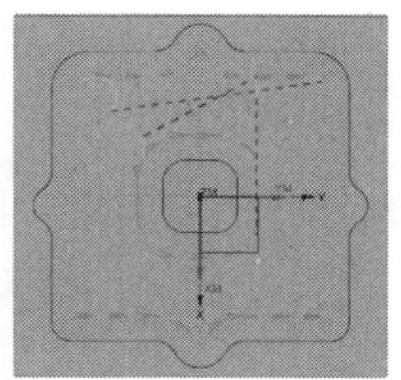

图 6-65 连续的切削运动

如图 6-65 所示，最后一条往复刀路偏离了直线方向，而跟随切削区域的形状，以保持连续的切削刀轨。只要刀路不相交，程序便可允许刀轨沿往复刀路跟随切削区域轮廓。若刀路相交，往复刀路便无法跟随切削区域轮廓，那么程序将生成一系列较短的刀路，并在子区域间移刀进行切削，步进始终跟随切削区域轮廓，如图 6-66 所示。

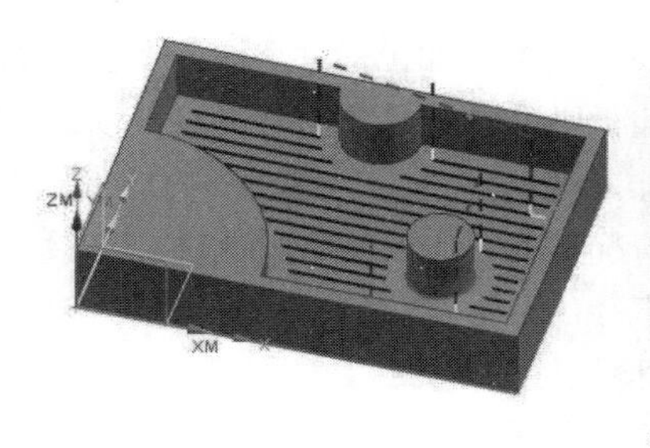

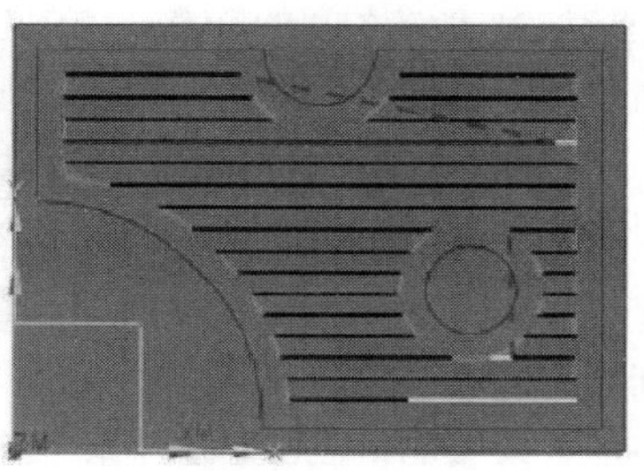

图 6-66 子区域间的往复刀路

（8）单向轮廓

【单向轮廓】创建的单向切削模式将跟随两个连续单向刀路间的切削区域的轮廓，如图 6-67 所示。它将严格保持“顺铣”或“逆铣”。程序根据沿切削区域边缘的第一个单向刀路来定义“顺铣”或“逆铣”刀轨。

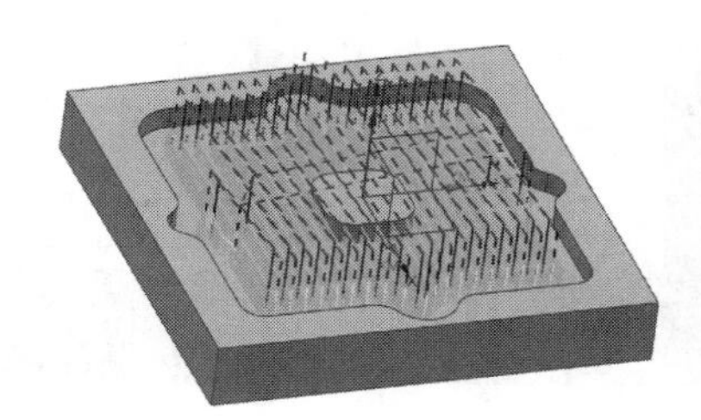
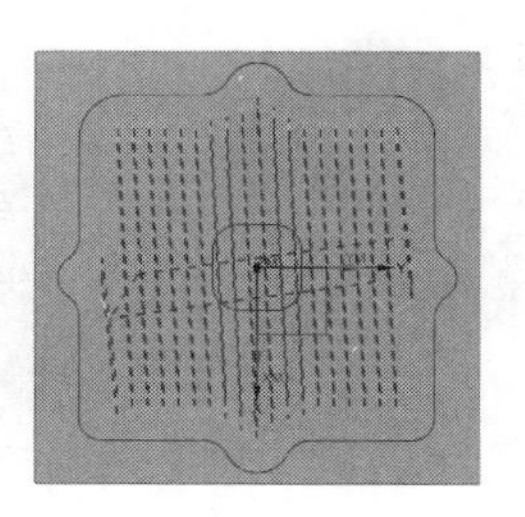

图 6-67 【单向轮廓】切削方式

第一个环有 4 条边，之后的所有环均只有 3 条边，刀具从第一个环底部的端点处进刀。该位置在第一个环的右下角，这使得刀具在进入要移除的材料时，能够避免直接进入型腔的拐角或沿壁面直接进刀，从而使切削更加规则。系统根据刀具从一个环切削至下一个环的大致方向来定义每个环的底侧。刀具移动的大致方向是从每个环的顶部移至底部。

如果存在相交刀路，使得单向刀路无法跟随切削区域的轮廓，则程序将产生一系列较短的刀路，并在子区域间移刀进行切削，如图 6-68 所示。

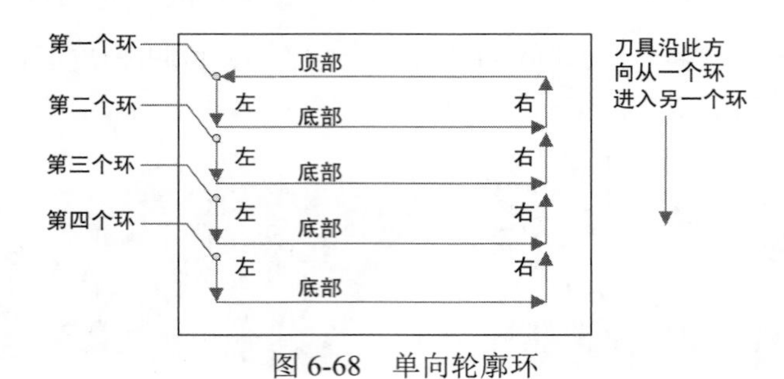

图 6-68　单向轮廓环

注　意

在平面铣削加工过程中，使用【标准驱动】方式创建切削刀路时，定义的刀具轨迹并不会像其他切削方式一样检查过切现象。

2．设置切削步距

切削步距是指切削刀路之间的距离，切削步距关系到加工效率、加工质量和刀具切削负载的重要参数。切削步距越大，走刀数量就越小，加工时间也就越短。但是切削负载增大，加工质量粗糙度也增加。其实这是速度与质量的问题，加工速度太快，一定会影响加工质量；反之，加工质量提高。在实际编制刀轨时，需要考虑具体情况，争取在保证质量的前提下设定较高的加工速度。用户可以直接通过输入一个常数值或刀具直径的百分比来指定该距离，也可以间接地通过输入残余高度，并使程序计算切削刀路间的距离来指定该距离。

打开【平面铣】或【面铣削区域】对话框并展开【刀轨设置】面板，在【步距】下拉列表框中提供了以下 4 个常用的切削步距方式，步距的图解如图 6-69 所示。

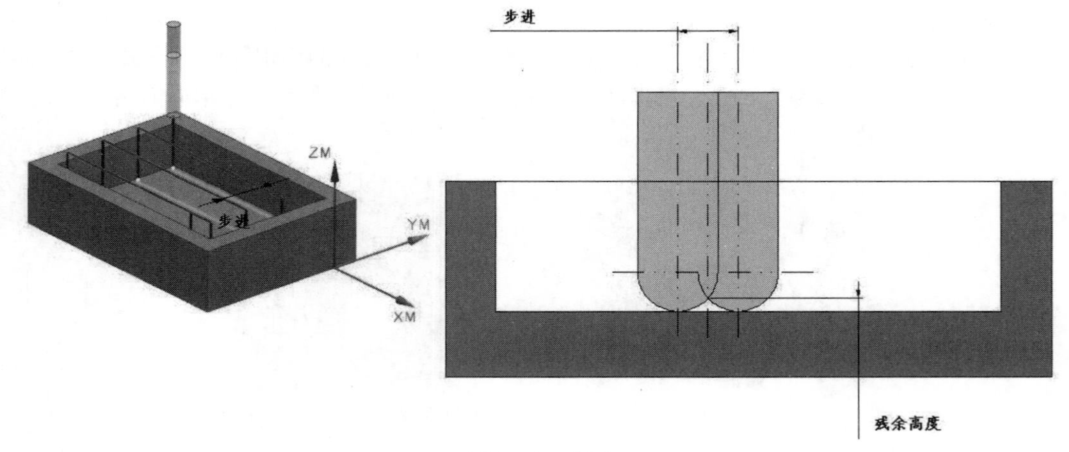

图 6-69　步距

（1）恒定

【恒定】是在连续的切削刀路间指定固定距离，就是按照自定义指定的数据来进行加工走刀。选择【恒定】步距后，可在下方文本框内输入允许的范围值。如果指定的刀路间距不能平均分割所在区域，则系统将减少这一刀路间距以保持恒定步距。例如指定的步距距离是 0.850，但系统将其减小为 0.684，是为了在宽度为 4.5 的切削区域中保持恒定步距。

（2）残余高度

指定残余高度（两个刀路间剩余材料的高度），从而在连续切削刀路间建立起固定距离。系统将计算所需的步距距离，从而使刀路间剩余材料的高度不大于指定的残余高度。由于边界形状不同，所计算出的每次切削的步距距离也不同。为保护刀具在切除材料时负载不至于过重，最大步距距离被限制在刀具直径长度的 2/3 以内。

（3）刀具平直百分比

【刀具平直百分比】是以指定刀具的有效直径的百分比，在连续切削刀路之间建立的固定距离，一般切削步距与刀具直径成正比，与切削深度成反比。如果指定的刀路间距不能平均分割所在区域，则系统将减小这一刀路间距以保持恒定步距，如图 6-70 所示。

例如使用的刀具直径是 30，输入的百分比为 65%，则步距为 30×65%=19.5。对于球头立铣刀，系统将使用整个刀具直径作为有效刀具直径。而对于 R 刀，则有效刀具直径按照 D-2CR 计算。

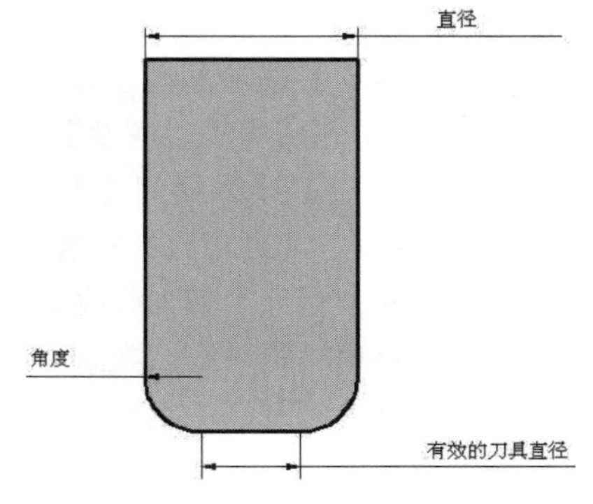

图 6-70　有效刀具直径

（4）多个（变量平均值）

【变量平均值】选项可以为【往复】、【单向】和【单向轮廓】创建步距，该步距能够调整，以保证刀具始终与平行于单向和回转切削的边界相切。

对于往复、单向和单向轮廓切削模式，【多个】选项允许建立一个范围值（最大值和最小值），如图 6-71 所示，程序将使用该值确定步距大小，程序将计算出最小步进数量，这些步进可以将平行于单向和回转刀路的壁面间的距离均匀分割，同时程序还将调整步进，以保证刀具始终沿着壁面进行切削，而不会剩余多余材料。例如，用户指定的【最大步进】是 0.5200，【最小步距】是 0.250，程序计算得出 8 个步进为 0.363 的刀路。这一计算出的步距值可保证刀具在切削时相切于所有平行于单向和回转切削的壁面。

在平面铣操作中要求指定多个切削步进值，以及每个切削步进值的走刀数量，如图 6-72 所示。这样依据可变步进的设定，将显示多个刀轨，并且刀轨间的距离都按照设定的步进大小和刀路数进行排列。

图 6-71　【变量平均值】步进

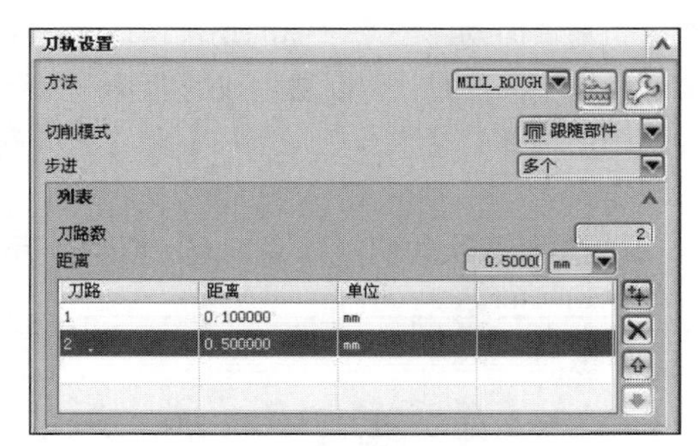

图 6-72　定义多个步进

6.4.2　切削层和切削参数

1．切削层

切削层决定深度操作的过程。切削层也叫切削深度，在定义刀轨切削参数时极有必要定义切削层参数，即定义切削层深度定义方式，以及侧面余量增量参数。只有在刀具轴与底面垂直或者部件边界与底面平行的情况下，才会应用【切削层】参数。

在【平面铣】对话框的【刀轨设置】面板中单击【切削层】按钮，弹出【切削层】对话框，如图 6-73 所示。此时可在【类型】下拉列表框中选择参数类型定义深度，各种类型的定义方法如下。

（1）用户定义

【用户定义】选项是通过输入数值来指定切削深度的，其中包括【每刀深度】、【切削层顶部】、【上一个切削层】、【刀柄间隙】和【临界深度】5 个数值需要设定，可根据实际情况来设置。

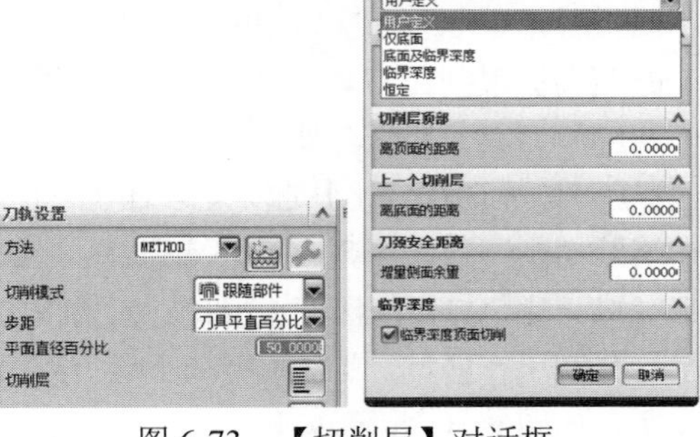

图 6-73 【切削层】对话框

① 公共：指最大切削深度。

② 最小值：指最小切削深度。

③ 离顶面的距离：指第一刀的切削深度。

④ 离地面的距离：指最后一刀的切削深度。

⑤ 增量侧面余量：可给多层粗加工刀具路径中的每个后续层设置侧面余量增量值，设定侧面余量增量可维持刀具和侧壁之间的间隙，并且当刀具切削更深的切削层时，可减轻刀具的压力，适合深腔模具。

临界深度顶面切削：勾选该复选框，系统将会在铣削第二层后返回主岛屿顶面清除，适合粗加工操作。

（2）仅底面

【仅底面】指定方式比【用户定义】方式更简单，仅指定一个切削层。当用户指定到的底面在哪里，它的加工深度就在哪里，即在底平面上生成单个切削层。

（3）底面及临界深度

只在底平面和岛顶面上创建一个切削层，岛顶面的切削层不会超出定义岛的边界，该对话框中所有选项都为不可用状态，适合精加工。

（4）临界深度

只在每个岛顶面创建一个平面的切削层，接着在底平面生成单个切削层。与不会切削岛边界外侧的清理刀轨不同的是，切削层生成的刀轨可完全移除每个平面层内的所有毛坯材料。该对话框中的【切削层顶部】、【上一个切削层】和【刀柄安全距离】的值可根据实际情况设置。

（5）恒定

【恒定】指的是每次的切削深度恒定，但除最后一层可能小于自己定义的切削深度外，对于其他层则都是相等的。

2. 切削参数

切削参数主要是对刀具切削路线更精确的设置。单击【切削参数】按钮，弹出【切削参数】对话框，如图 6-74 所示。该对话框中包含【策略】、【余量】、【拐角】、【连接】、【空间范围】和【更多】选项卡。一般软件会自动设置好参数，编程人员可以选择默认以节省时间和精力。另外，切削参数中部分选项是相关联的，当前一选项设置为指定某一选项时，将出现相关选项。

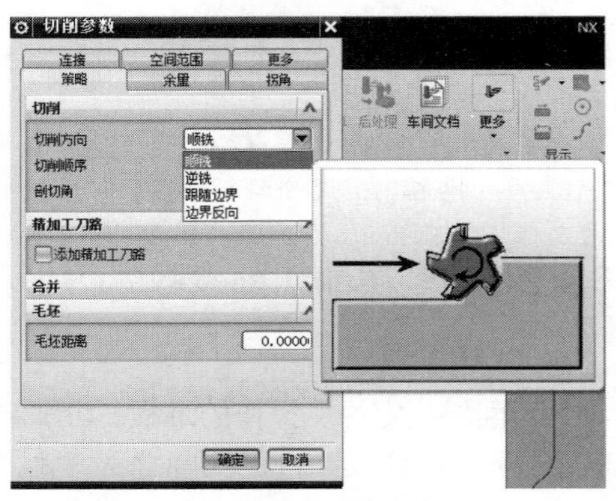

图 6-74 进入【切削参数】对话框

（1）【策略】选项卡

策略指加工路线的大致设置，对加工结果的效果起主导作用。主要是切削角、壁清理和毛坯经常需要设置，其他一般可以默认不变。

① 切削方向：切削方向是平面铣、型腔铣、Z 级切削、面切削操作中都存在的参数，包括顺铣切削和逆铣切削等选项。其中，【顺铣切削】是沿刀轴方向向下看，刀轴的旋转方向与相对进给运动的方向一致；【逆铣切削】刀轴的旋转方向与相对进给运动的方向相反；【跟随边界】是刀具按照选择边界的方向进行切削；【边界反向】是刀具按照选择边界的反方向进行切削。这 4 种切削方向对比如图 6-75 所示。

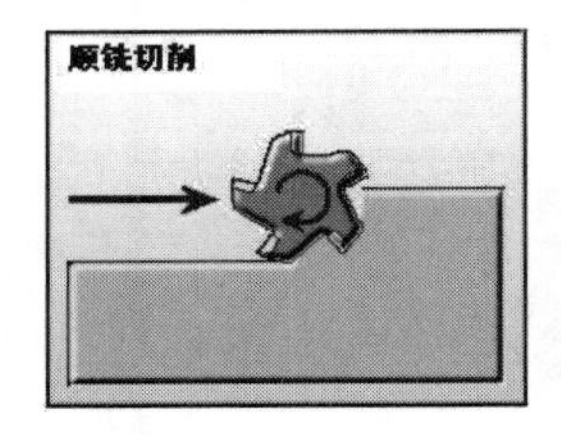

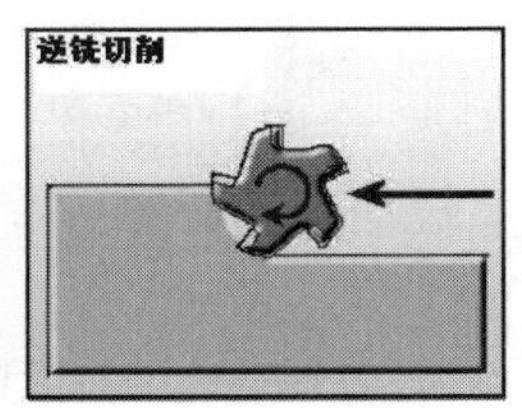

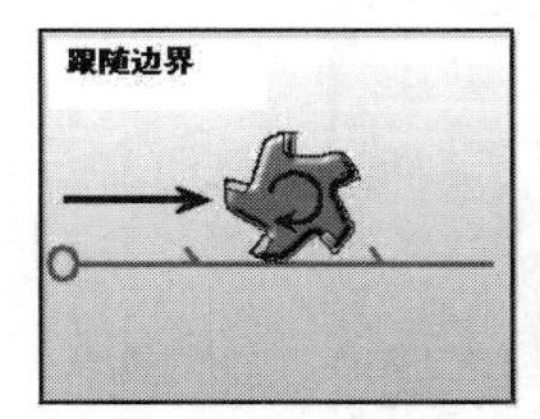

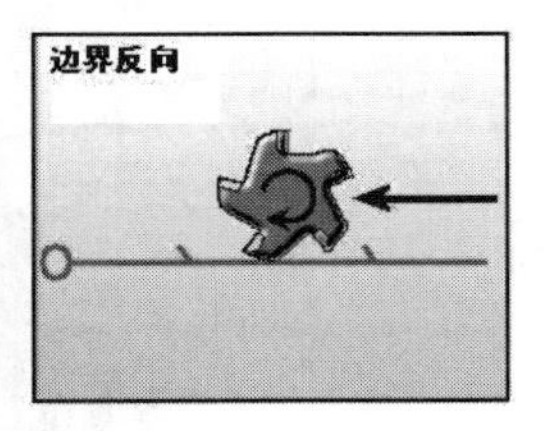

图 6-75　定义切削方向

② 切削顺序：切削顺序可以用来优化刀轨，在其下拉列表框中包括【层优先】和【深度优先】两个选项。其中【层优先】表示每次切削完工件上的同一高度的切削层之后再进入下一层；而【深度优先】是指每次切削完一个区域后再加工另一个区域，可以减少抬刀现象。因此，在加工区域高度不同的零件时最好采用深度优先。这两种顺序定义方式对比如图 6-76 所示。

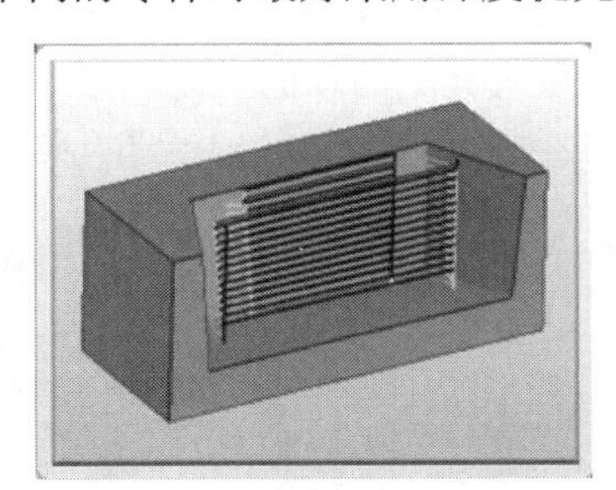

（a）层优选

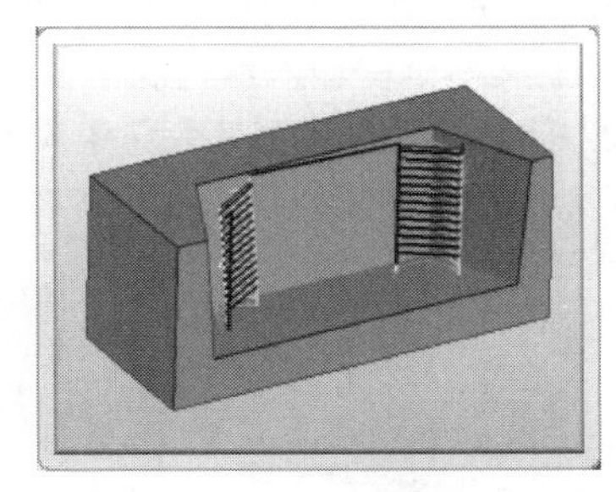

（b）深度优先

图 6-76　切削顺序

③ 精加工刀路：精加工刀路指定在零件轮廓周边的精加工刀轨，勾选【添加精加工刀路】复选框，可以设置精加工刀路数和步进，如图 6-77 所示。

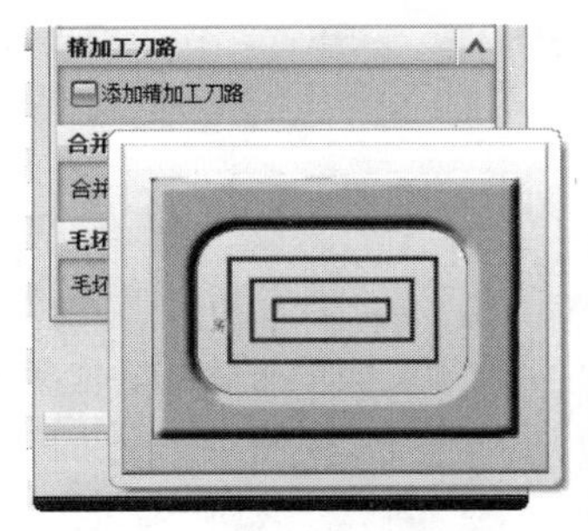

（a）未勾选【添加精加工刀路】复选框

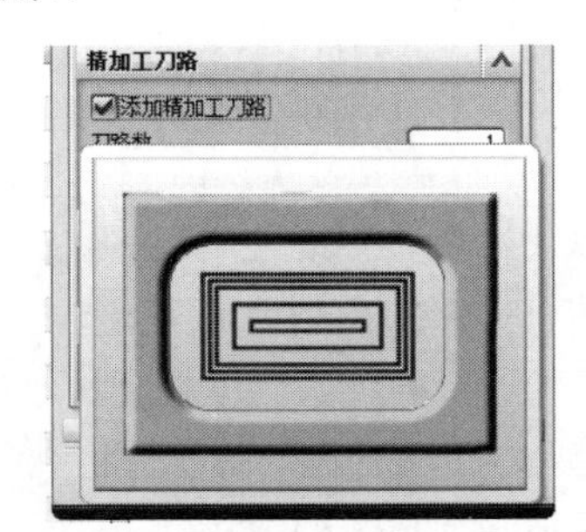

（b）勾选【添加精加工刀路】复选框

图 6-77　精加工刀路

④ 毛坯：毛坯距离设置轮廓边界的偏置距离产生毛坯几何体，即定义了要去除的材料总厚度，设置了毛坯距离，则只生成毛坯距离范围内的刀轨，而不是整个轮廓所设定的区域，如图 6-78 所示。

（2）【余量】选项卡

余量主要用在公差配合里或是为达到某一精度时，要求在操作时留下的加工余量。【余量】选项卡主要包括【余量】和【公差】两个面板，如图 6-79 所示。

图 6-78　【毛坯距离】设置效果

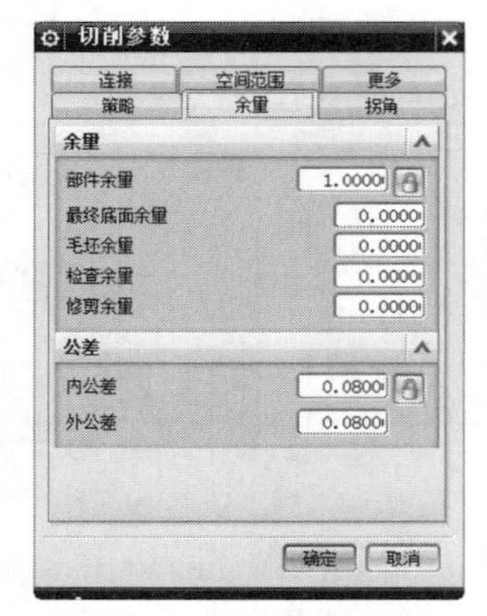

图 6-79　【余量】选项卡

① 余量：在该面板中可定义各种余量参数。其中，在【部件余量】文本框中输入值，表示在工件侧面为后续加工保留的加工余量，即水平方向余量，一般不能大于刀具的底圆角半径；在【最终底面余量】文本框中输入值，表示在工件底面和所有岛屿的顶面上为后续加工保留的加工余量，即垂直方向余量；在【毛坯余量】文本框中输入值，毛坯余量设置毛坯几何体的余量，表示毛坯余量其实并不是加工余量，如图 6-80 所示。

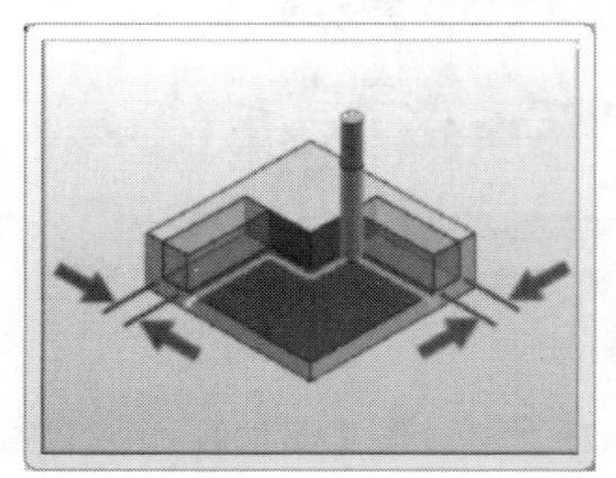

（a）部件余量

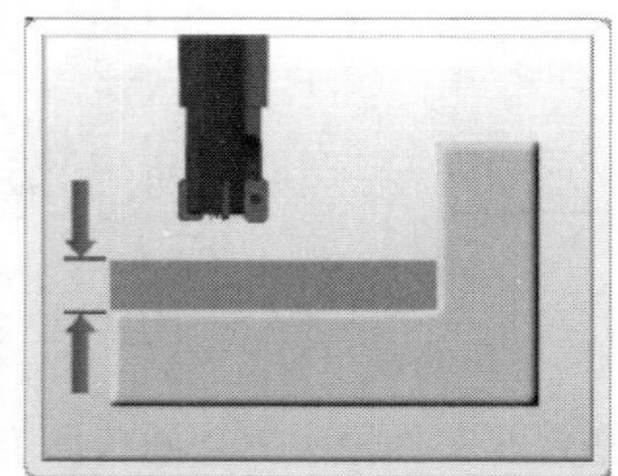

（b）最终底面余量

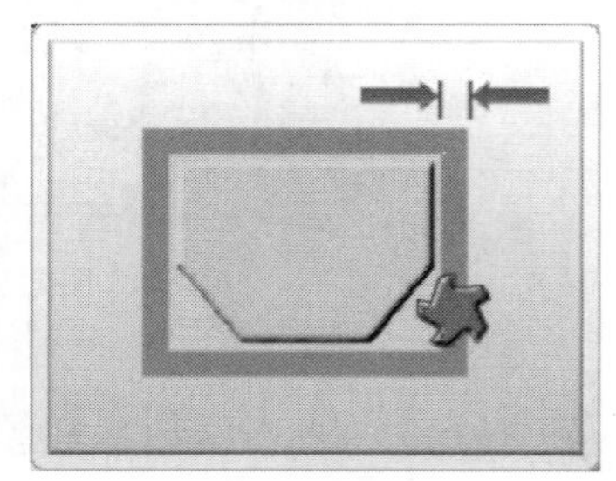

（c）毛坯余量

图 6-80　定义余量

注　意

对于平面铣毛坯边界或使用边界定义的型腔铣的毛坯，毛坯余量的作用是使已定义的毛坯边界朝毛坯的材料侧的反侧偏置，偏置一个毛坯余量值的距离，使毛坯增大一些。而对于型腔铣的实心体毛坯，毛坯余量的作用是使已指定的毛坯几何体表面向外偏置，偏置一个毛坯余量值的距离，使毛坯增大一些。对于临时决定要加大毛坯的时候，使用毛坯余量解决比重新指定毛坯边界或毛坯几何体方便得多。

此外，在【检查余量】文本框中输入值，表示切削时刀具离开检查几何体的距离，把一些重要的加工面或者夹具设置为几何体，加上余量的设置，可防止刀具与这些几何体接触，可保证重

要面或夹具的安全，不可用负值。在【修剪余量】文本框中输入值，表示切削时刀具离开修剪几何体的距离，修剪余量其实并不是加工余量，不可用负值，如图 6-81 所示。

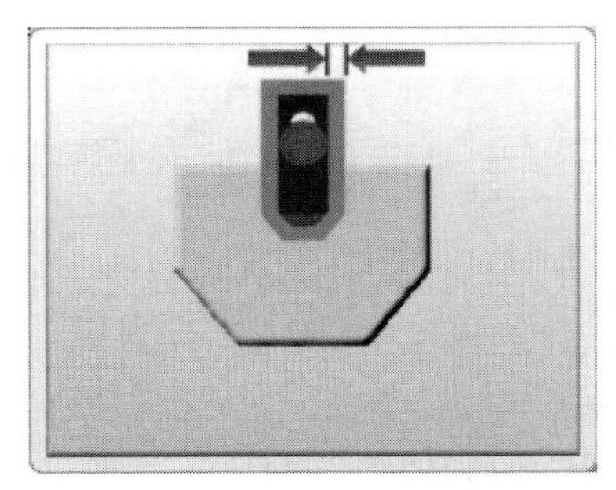
（a）检查余量

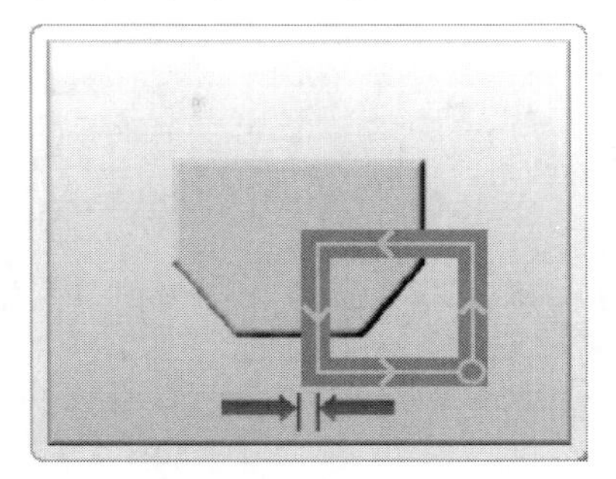
（b）修剪余量

图 6-81　定义检查余量和修剪余量

公差：【内公差】和【外公差】参数决定刀具偏离部件表面的允许距离，公差值越小，切削越准确，产生的轮廓越光顺，但生成刀具路径的时间越长。在忽略表面粗糙度的条件下，也就是实际加工的部件表面与 CAD 模型表面之间允许的误差。内公差是实际部件表面偏向 CAD 模型表面下的允许误差，外公差是实际部件表面偏向 CAD 模型表面上的允许公差，二者不可同时为零，对比如图 6-82 所示。

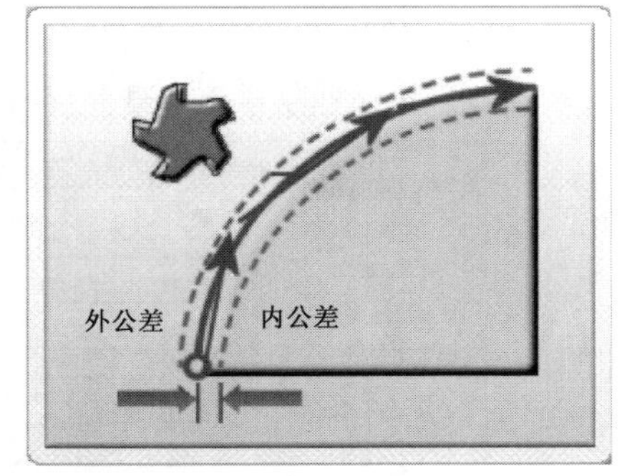

图 6-82　内公差、外公差

（3）【拐角】选项卡

【拐角】选项卡中的参数用于产生在拐角处平滑过渡的刀轨，避免刀具在拐角处产生偏离或过切零件的现象。特别是对于高速铣削加工，拐角控制可以保证加工的切削负荷均匀。利用拐角和进给率控制可以达到以下目的：在凸拐角处实现绕拐角的圆弧刀轨或延伸交相的尖锐刀轨；在凹拐角处实现进给减速，可以消除负荷增加、消除因扎刀引起的过切以及消除表面的不光滑；在凹拐角处添加比刀具半径稍大的圆弧刀轨，与进给减速配合获得光滑的圆角表面质量；为实现高速加工，在步进处形成圆弧轨迹。【拐角】选项卡包括【拐角处的刀轨形状】、【圆弧上进给调整】和【拐角处进给减速】3 个面板，如图 6-83 所示。【拐角】选项卡主要控制与以下操作有关切削运动的光顺过度。跟随部件、跟随周边和摆线模式中的拐角倒圆。跟随部件、跟随周边和摆线模式中的步进运动。单向、往复模式（步进运动光顺）。

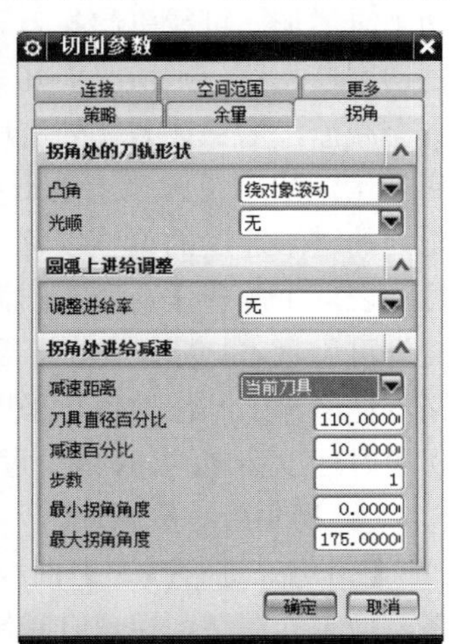

图 6-83　【拐角】选项卡

① 拐角处的刀轨形状

- 凸角：用于设置刀具在切至外凸拐角时的运动方式，有【绕对象滚动】、【延伸并修剪】和【延伸】3 种方式，其对比如图 6-84 所示。
  - ➢ 绕对象滚动：刀具在拐角处以拐角的顶点为圆心、刀具半径为半径绕拐角产生一段圆弧轨迹，使刀具始终与工件拐角保持接触切削。
  - ➢ 延伸并修剪：沿拐角切线方向延伸出尖锐的刀具路径，并将尖锐部位修剪。

➢ 延伸：沿拐角切线方向延伸出尖锐的刀具路径，有利于加工出尖锐的凸角，但不适合高速加工。

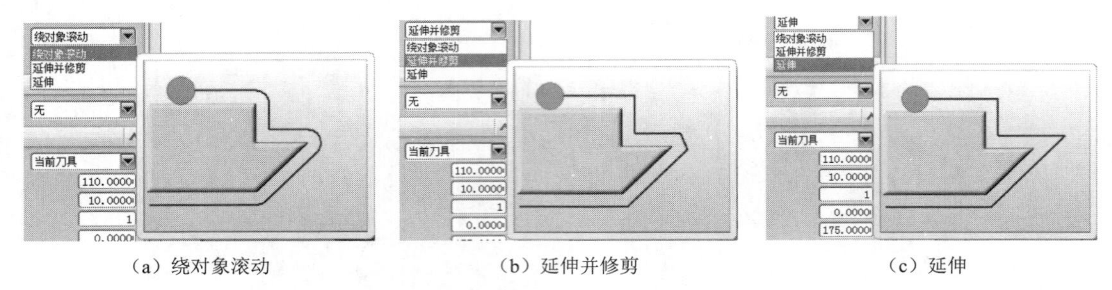

（a）绕对象滚动　（b）延伸并修剪　（c）延伸

图 6-84　【凸角】设置的不同效果

- 光顺：用于控制刀具路径是否进行光顺处理，如图 6-85 所示。
  ➢ 无：在整个刀具路径上不进行光顺处理。
  ➢ 所有刀路：在整个刀具路径上进行光顺处理。光顺的圆弧半径可以直接指定数值（mm），也可以通过设定刀具直径的百分比来指定。

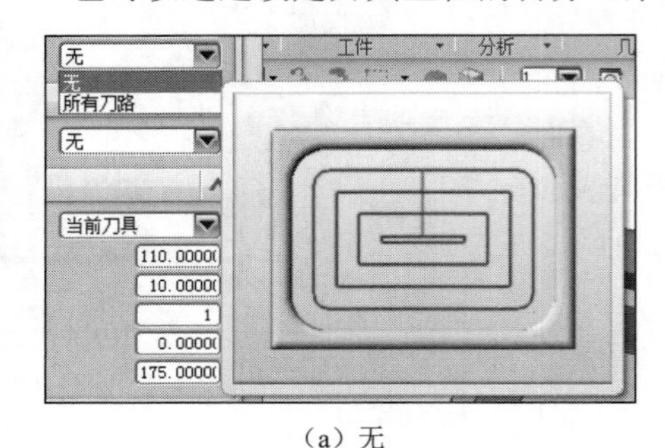

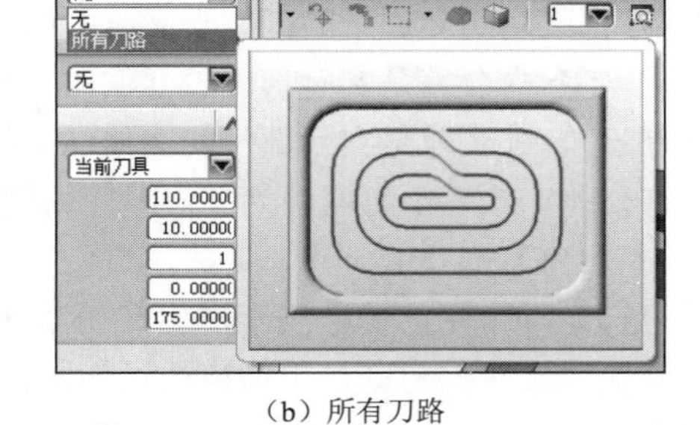

（a）无　（b）所有刀路

图 6-85　【光顺】设置的不同效果

② 圆弧上进给调整

通常，进给率是指刀具中心的进给率。在切削凹拐角形成的圆弧导轨上，刀具圆周上接触材料的切削刃的进给率大于中心的进给率，导致切削负荷比直线切削时增加，可能引起扎刀导致过切零件、表面变粗糙；如果是切削凸拐角，则情况恰好相反。现在的数控机床刀具在拐角处会减速，为保证刀具外侧切削速度不变，可以进行圆弧进给率补偿。启用【圆弧上进给调整】，自动实现对凹拐角和凸拐角处的进给速度的调整以解决上述问题。在【调整进给率】下拉列表框中选择【在所有圆弧上】选项，则【补偿因子】选项变为可用状态，可分别在【最小补偿因子】和【最大补偿因子】文本框中输入补偿数值，采用圆弧进给率补偿后，刀具在切削拐角时速度会更均匀，减少过切或偏离的机会，如图 6-86 所示。

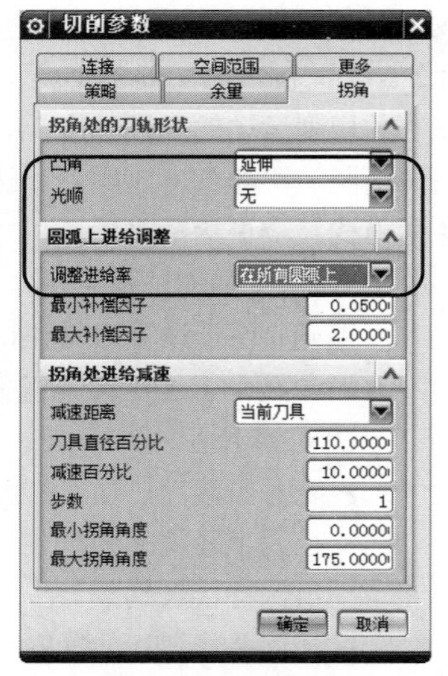

图 6-86　【圆弧上进给调整】面板

③ 拐角处进给减速

【拐角处进给减速】面板通过设置开始位置进给长度和比率，使刀具在切削拐角时减慢进给速度，通过设置其参数来降低进给率，如图 6-87 所示。

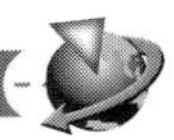

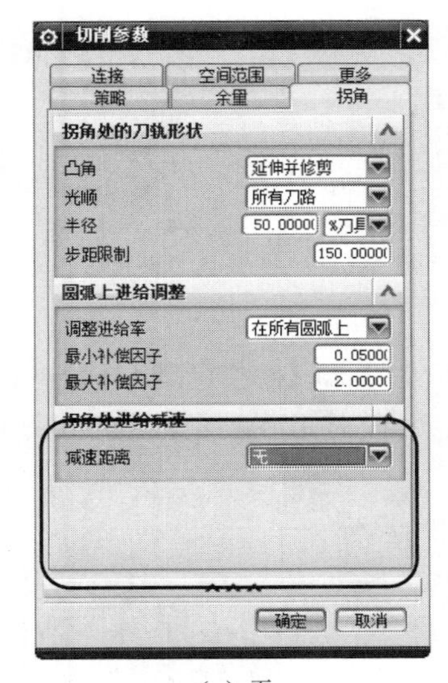

(a) 无

(b) 当前刀具

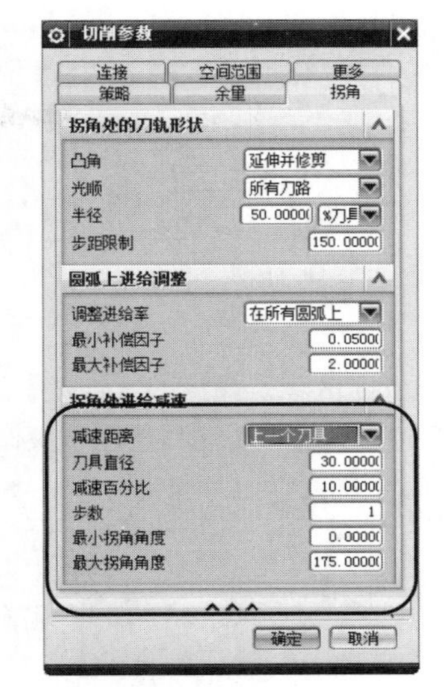

(c) 上一个刀具

图 6-87　【拐角处进给减速】面板

- 减速距离。降低刀具进给率的距离，包括【当前刀具】和【上一个刀具】两种方法。【当前刀具】表示降速运动的长度参考刀具的直径，可在【刀具直径百分比】文本框中输入百分比值；【上一个刀具】表示刀具降速运动的长度参考刀具直径，可在【刀具直径】文本框中输入刀具直径值；【无】标识不启用进给减速功能。
- 减速百分比。最低进给速度占正常切削速度的百分比。
- 步数。指定减速的步数，控制刀具进给率变化快慢的程度。在 NC 程序中是通过生成几个进给功能代码来实现减速的，开始切削拐角时，步数设大些，在拐角结束时，步数减半。
- 最小拐角角度/最大拐角角度。用于设置拐角大小的范围。当拐角大小处于最小拐角角度与最大拐角角度范围内时，在拐角处添加圆弧或进行减速等控制；当拐角大小不在最小拐角角度与最大拐角角度范围内时，系统不认为其为拐角，所有控制选项对其无效。最小拐角角度一般为 0，最大拐角角度默认为 175。

(4)【连接】选项卡

平面铣削操作的【连接】选项卡下仅有【切削顺序】面板，如图 6-88 所示，该面板中定义参数的类型如下。

在【区域排序】下拉列表框中提供了多种用于自动或手动指定切削区域的加工顺序：选择【标准】选项，按照切削区边界的创建顺序决定切削区的切削顺序；选择【优化】选项，按照横越运动的长度最短的原则决定加工顺序：效率最高，是系统的默认；选择【跟随起点】选项，根据切削区指定的起始点顺序来决定切削顺序；选择【跟随预钻点】选项，将根据切削区指定的起始点或预钻进刀点的指定顺序来决定切削顺序。4 种区域切削顺序对比如图 6-89 所示。

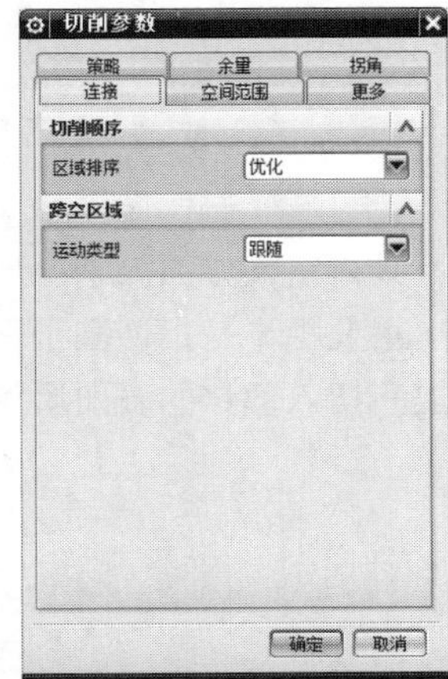

图 6-88　【连接】选项卡

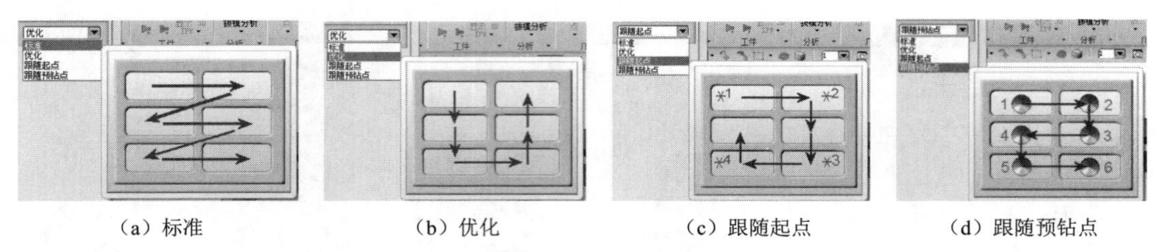

（a）标准　　（b）优化　　（c）跟随起点　　（d）跟随预钻点

图 6-89　区域排序

表面区域铣操作的【连接】选项卡也有两个可选区域：【切削顺序】和【跨空区域】，其中【切削顺序】的选项功能与平面铣操作中的相同。【跨空区域】有 3 个选项，其对比示意图如图 6-90 所示。

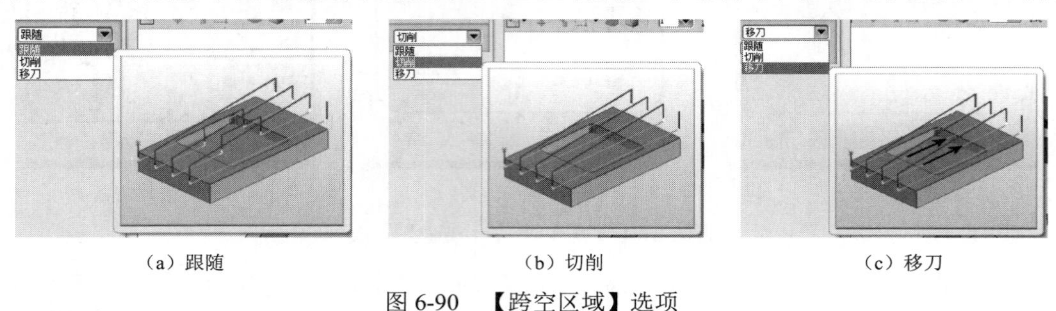

（a）跟随　　（b）切削　　（c）移刀

图 6-90　【跨空区域】选项

（5）【空间范围】选项卡

【空间范围】选项卡主要用来定义重叠距离参数，以及定义是否设置自动保存边界等操作。当在【毛坯】面板的【处理中的工件】下拉列表框中选择不同内容时，对话框差别较大，如图 6-91 所示。

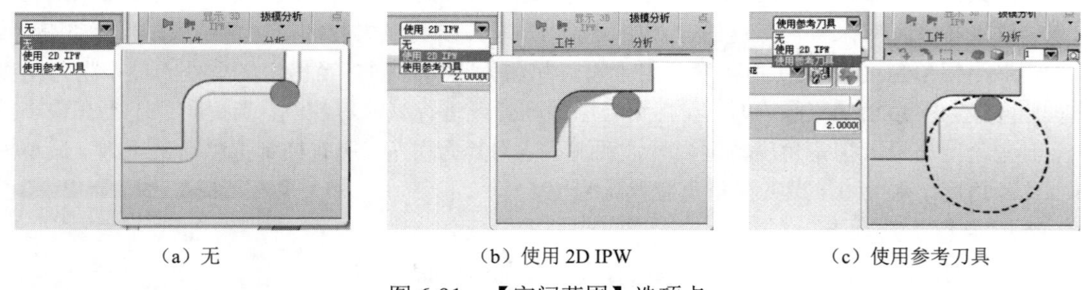

（a）无　　（b）使用 2D IPW　　（c）使用参考刀具

图 6-91　【空间范围】选项卡

具体定义方法如下：

重叠距离是指切削工件侧面的进刀和退刀之间发生重复切削的区间长度，可通过设置该参数以提高切入部位的表面质量，如图 6-92 所示。

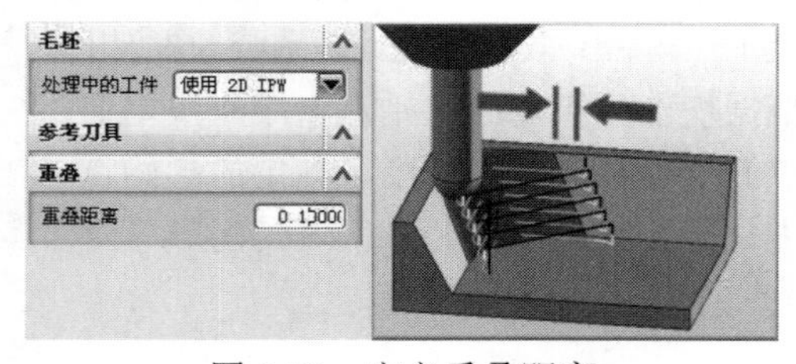

图 6-92　定义重叠距离

底壁加工操作的【空间范围】选项卡是关于是否启用碰撞检测的，如图 6-93 所示。

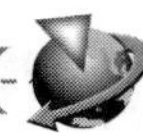

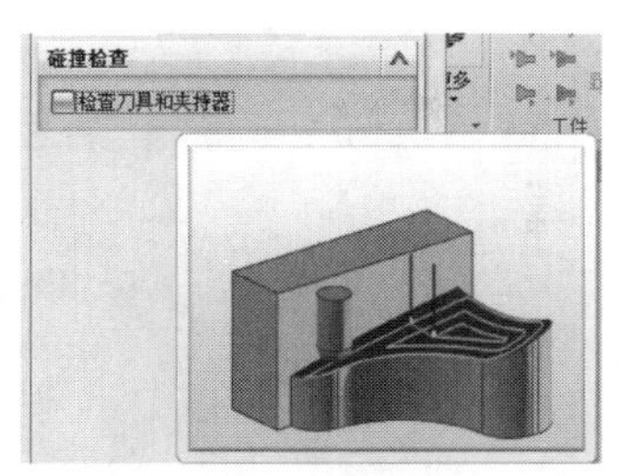

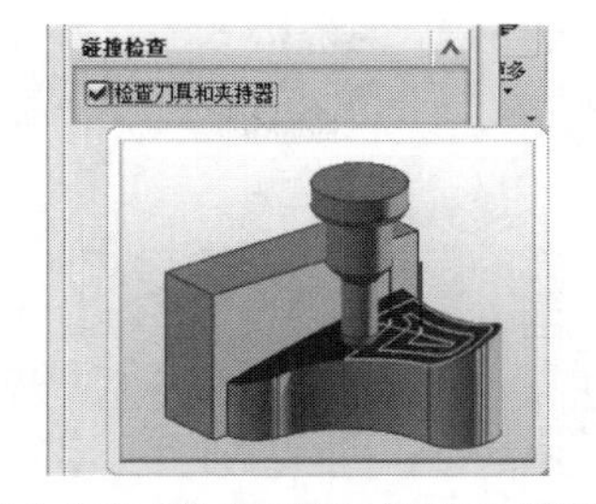

（a）取消勾选【检查刀具和夹持器】复选框　　（b）勾选【检查刀具和夹持器】复选框

图 6-93　碰撞检查

（6）【更多】选项卡

【更多】选项卡主要包括【安全距离】、【底切】和【下限平面】3 个面板，如图 6-94 所示。是否勾选【允许底切】复选框的效果如图 6-95 所示。

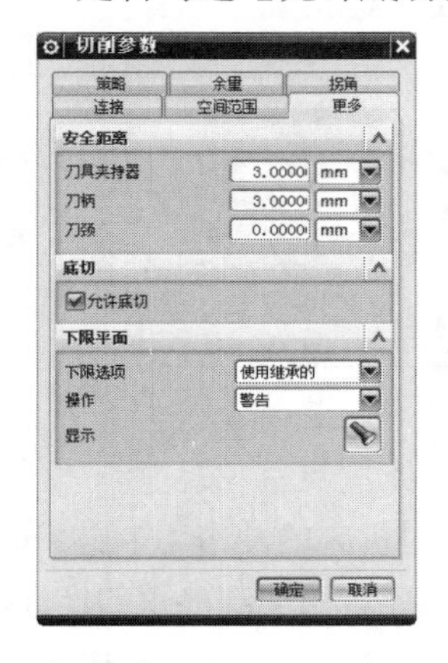

图 6-94　【更多】选项卡

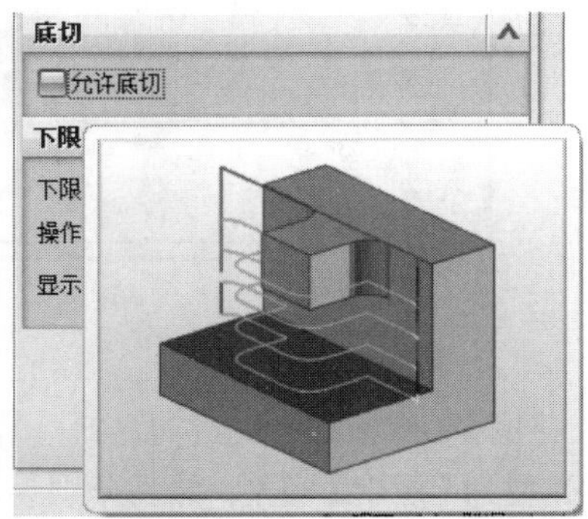

（a）勾选【允许底切】复选框　　（b）取消勾选【允许底切】复选框

图 6-95　底切

6.4.3　其他参数设置

1．非切削移动

非切削移动主要是设置进刀/退刀的方式、抬刀、避让等，它在切削过程起着辅助切削的作用。往往零件产生过切主要是因为它的设置不恰当造成的。进入【非切削移动】对话框的操作如图 6-96 所示。

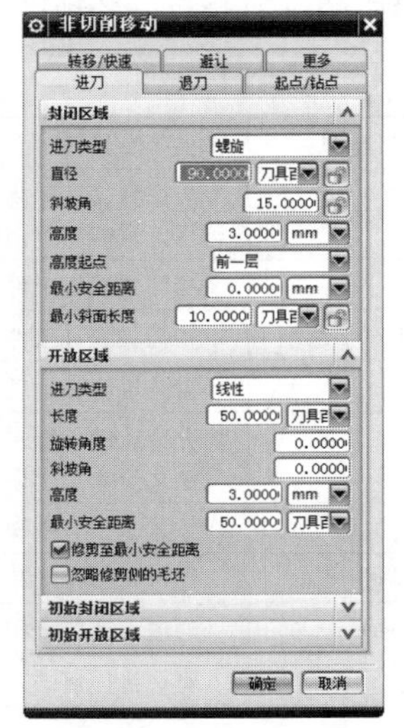

图 6-96　进入【非切削移动】对话框

（1）进刀

刀具切入工件时所走的轨迹样式对零件表面质量和选择刀具有很大的影响。特别是封闭的区域，选择刀具不当会造成刀具的损坏。进刀根据区域分为两类：封闭区域和开放区域。

在【封闭区域】面板的【进刀类型】下拉列表框中可选择的进刀方式共有 5 种：【与开放区域相同】、【螺旋】、【沿形状斜进刀】、【插削】和【无】，各进刀方式的区别如图 6-97 所示。

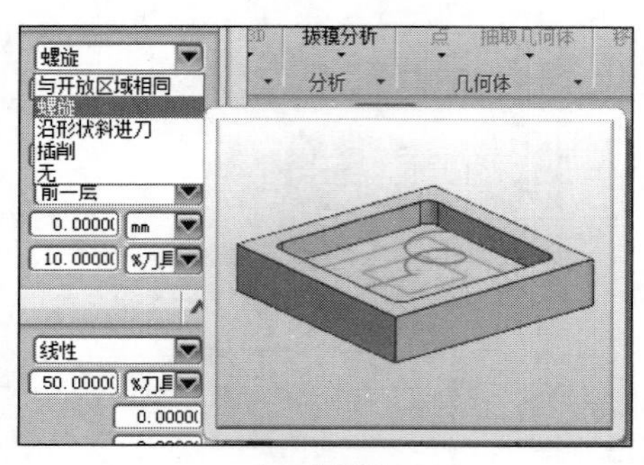

（a）螺旋进刀

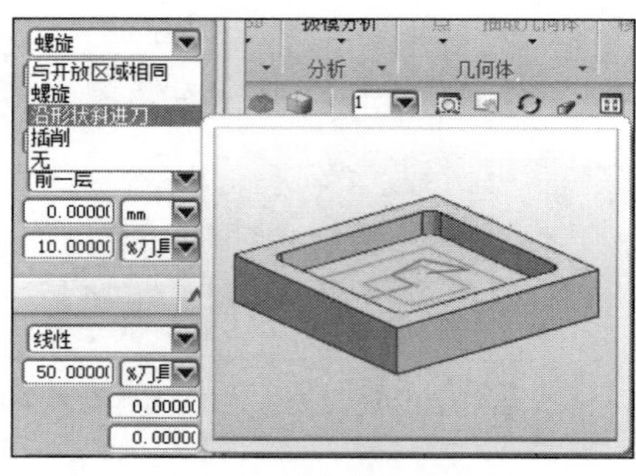

（b）沿形状斜进刀

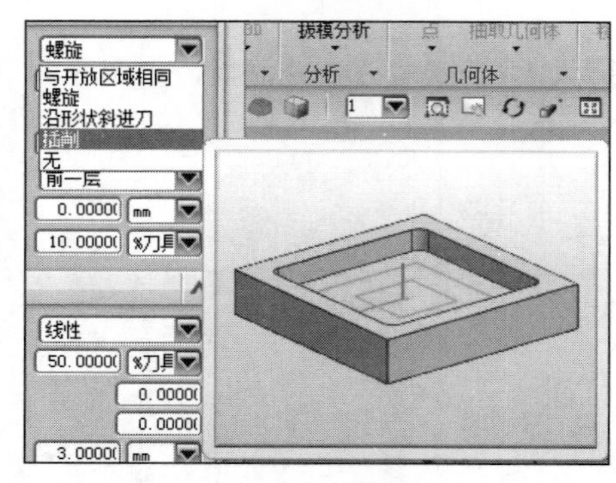

（c）插削

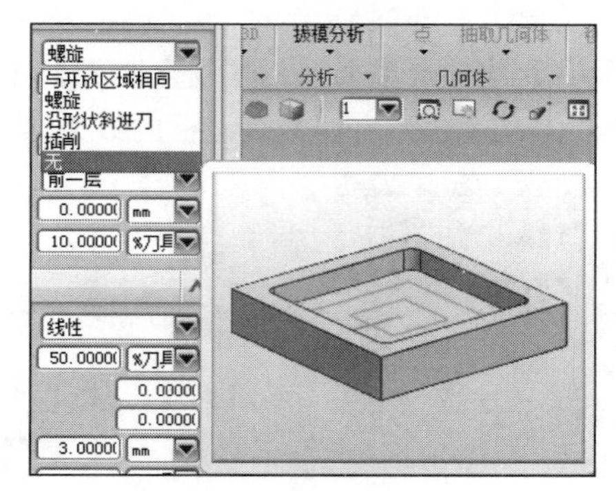

（d）无

图 6-97　进刀方式

选择【螺旋】方式进刀，刀具轨迹呈螺旋线下刀，减少进刀时刀具对机床的冲击力。定义进刀类型为【螺旋】类型，然后分别设置封闭和开放区域进刀参数，即可完成进刀切削参数的定义。

如果选择【沿形状斜进刀】方式，刀具轨迹将呈斜折线下刀，则可减少进刀时刀具对机床的冲击力；如果选择【插削】进刀方式，则将采用直接方式进刀，通常不建议使用该方式进刀；如果选择【无】进刀方式，则不采用任何方式进刀，也不建议使用该方式进刀。

此外，在该选项卡的【开放区域】面板中定义开放区域进刀类型，选择不同的进刀类型，可定义对应的进刀参数。各种进刀类型的含义可参照表 6-2，各进刀参数图解如图 6-98 所示。

表 6-2　开放区域进刀类型含义

进刀类型	说明
与封闭区域相同	当选择【与封闭区域相同】选项时，开放区域就会默认成封闭，即【开放区域】面板中所有选项都不可用，只能对封闭区域定义进刀类型
线性	指刀具逼近工件时通过走直线到达下刀点
线性-相对于切削	指刀具逼近工件的同时与切削路径保持直线到达下刀点
圆弧	刀具以圆弧运动的轨迹切入工件
点	允许运动从指定的点开始进刀，选择该选项之后，可指定进刀点。使用【点构造器】或【自动判断点】方法之一来指示系统将要用于后续移动的点
线性-沿矢量	通过一个矢量与一个距离来指定进刀运动，矢量确定进刀运动的方向，距离值确定长度
角度 角度 平面	通过两个角度和一个平面来指定进刀运动，运动角度可确定进刀运动的方向，平面可确定进刀起始点
矢量平面	通过一个矢量和一个平面来指定进刀运动，矢量确定进刀运动的方向，平面确定进刀起始点
无	不选择任何进刀方式

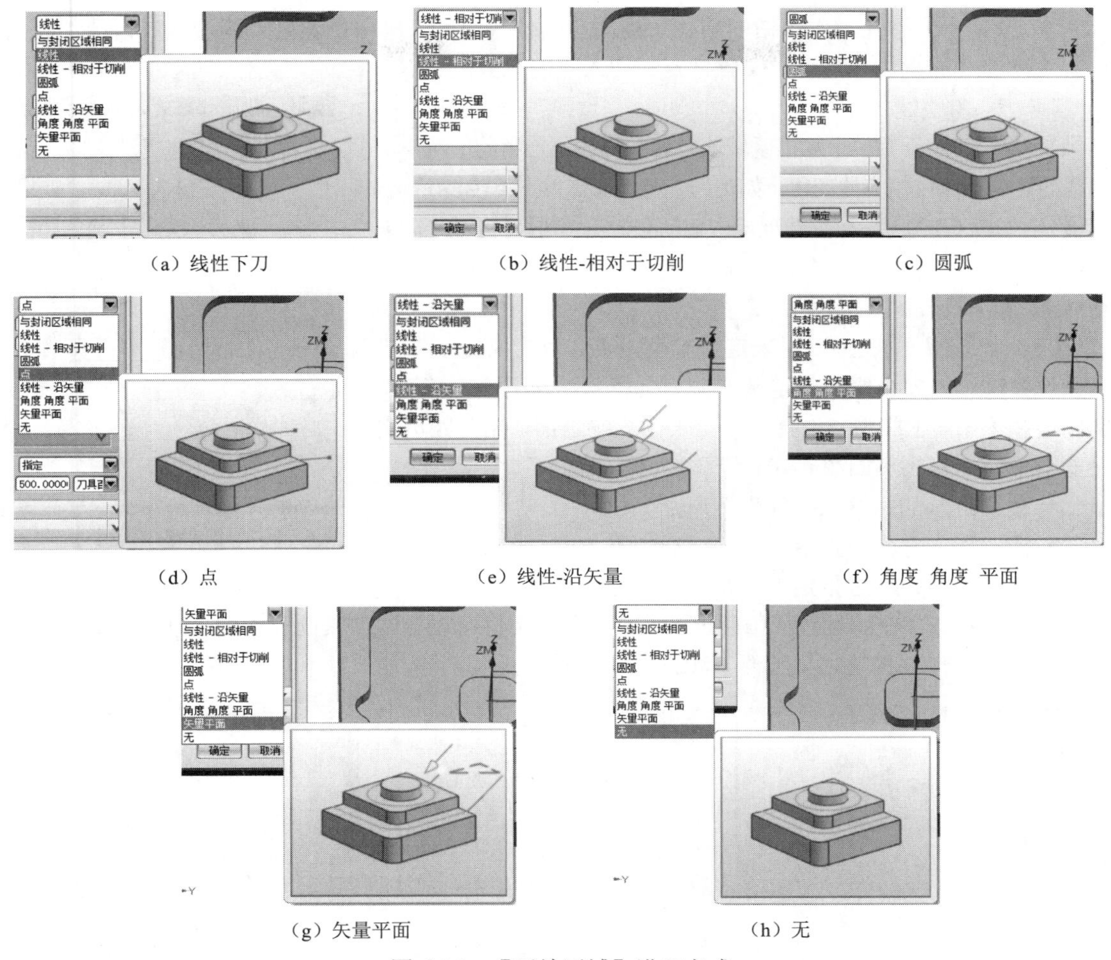

（a）线性下刀　　（b）线性-相对于切削　　（c）圆弧

（d）点　　（e）线性-沿矢量　　（f）角度 角度 平面

（g）矢量平面　　（h）无

图 6-98　【开放区域】进刀方式

（2）退刀

在【退刀】选项卡中可定义退刀非切削参数，即选择退刀类型，然后针对刀具类型设置对应参数，即可获得退刀非切削参数的定义。其退刀类型与开放区域进刀类型基本相同，可参照进刀类型定义退刀参数，这里不再赘述。

（3）起点/钻点

起点/钻点是对进刀/退刀更详细的设置，如进退刀的重叠、切削的起点等。单击【起点/钻点】选项卡，如图 6-99 所示。起点/钻点有 3 种方式：重叠距离、区域起点和预钻点。

① 重叠距离：在切削工件侧面的进刀和退刀之间发生重复切削的区间长度，以提高切入部位的表面质量。

② 区域起点：在该面板中可定义默认起点类型和距离。其中，在【默认区域起点】下拉列表框中选择【中点】选项，刀具在工件中点处指定预钻点；选择【角】选项，在工件周边角落指定预钻点。此外，还可通过点构造器或自动判断点指定后续移动的点，并且可定义预钻点与切入点的有效距离。

图 6-99　【起点/钻点】选项卡

③ 预钻点：钻孔时先预钻中心孔，提高孔的位置精度。同样可通过点构造器或自动判断点指定后续移动的点，并且可定义预钻点与切入点的有效距离。

（4）转移/快速

转移/快速用于有多个加工区域或者切削路线不连续的情况下，刀具的运动轨迹作相应的变化，如抬刀、避让等。单击【转移/快速】选项卡，如图 6-100 所示。该选项卡中包括【安全距离】、【区域之间】、【区域内】和【初始和最终】4 个面板。

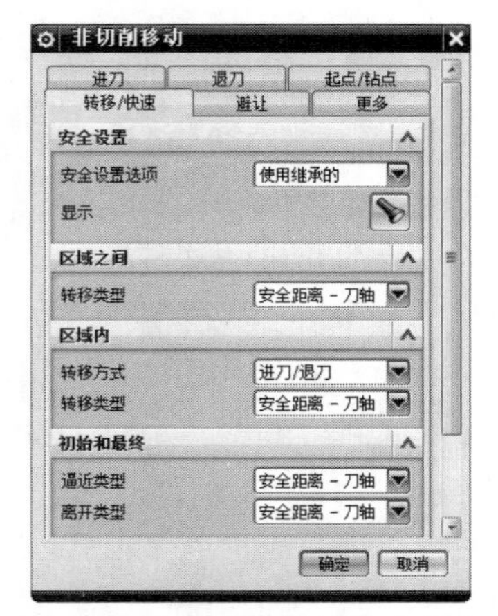

图 6-100 【转移/快速】选项卡

① 安全设置

【安全设置】面板主要用来定义安全距离，其定义方法与坐标系设置过程中安全距离的定义方法完全相同，这里不再赘述。例如选择【平面】类型，选择模型上表面为参考面，指定距离定义安全平面，将显示如图 6-101 所示的安全平面。

- 使用继承的：继承工件坐标原点。
- 无：不作安全设置容易撞刀，通常不允许。
- 自动平面：通过指定安全距离来进行安全设置。
- 平面：刀具在跨越过程中回退的高度位置，不仅可以控制刀具的非切削运动，还可以使刀具在工件上移动时与工件干涉。

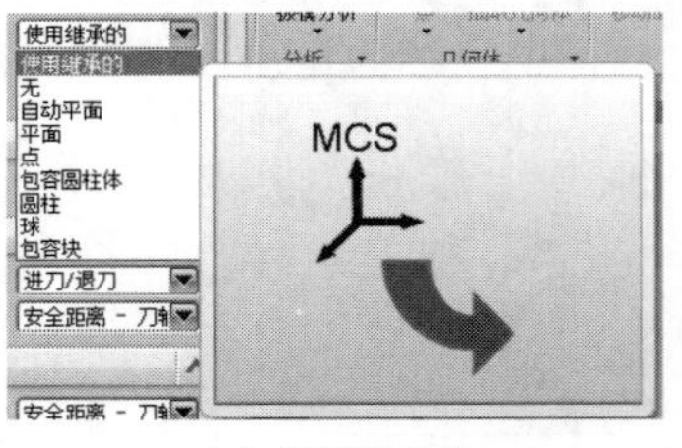

（a）使用继承的

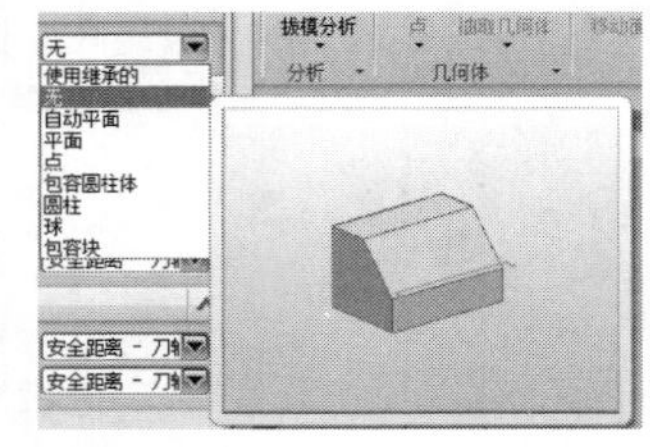

（b）无

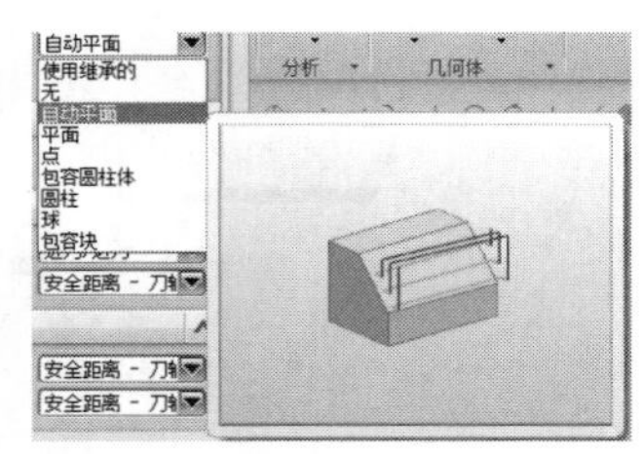

（c）自动平面

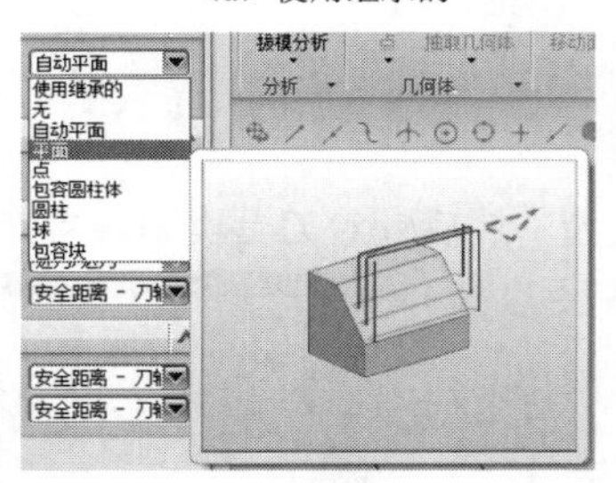

（d）平面

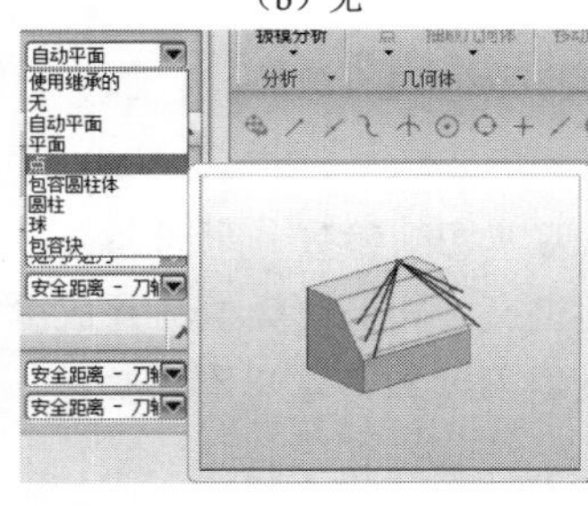

（e）点

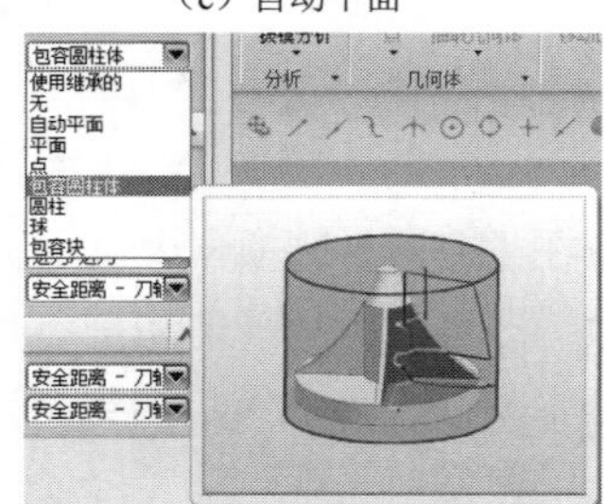

（f）包容圆柱体

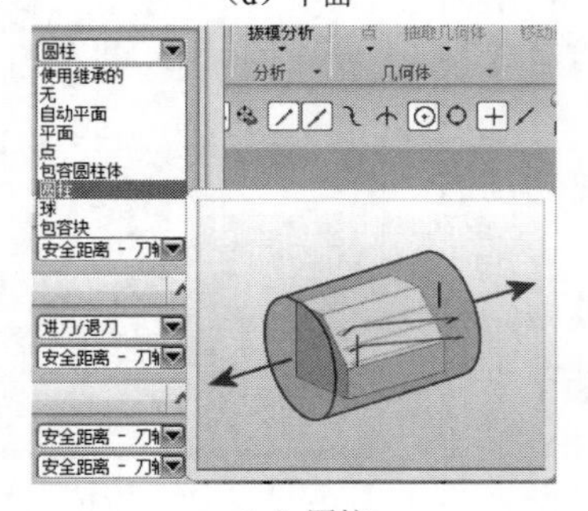

（g）圆柱

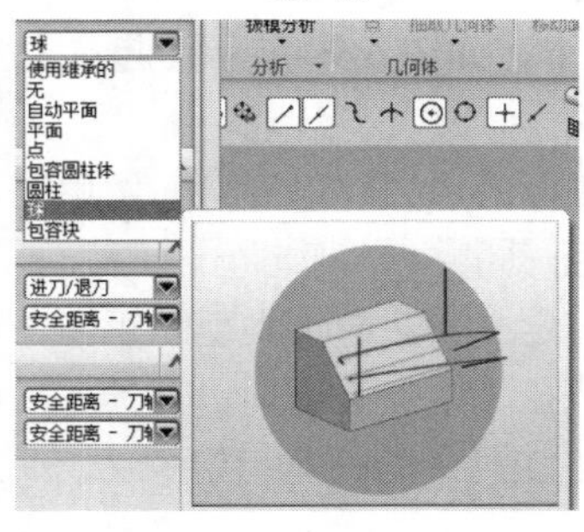

（h）球

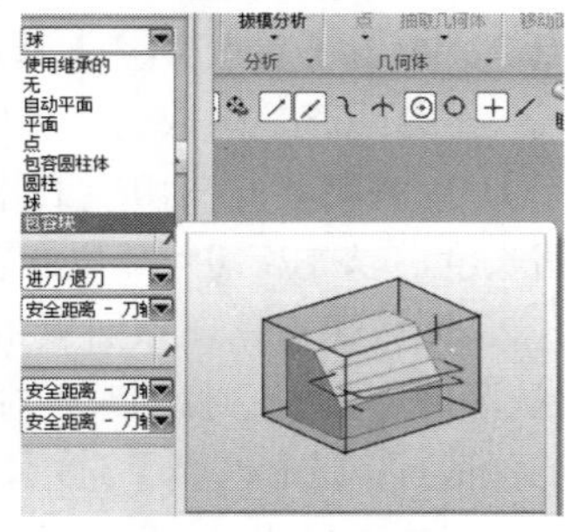

（i）包容块

图 6-101 定义安全平面

② 区域之间

【区域之间】面板用于定义区域之间的抬刀、避让方式。其中，选择【最小安全值 Z】选项，通过在 Z 方向指定一个安全距离值，让刀具每加工完一条刀具路径就移动到该指定位置；选择【毛坯平面】选项，通过安全设置来设定区域间抬刀时的安全平面；选择【前一平面】选项，刀具每加工完一条刀具路径后，移动到与上一层加工平面有一定距离的平面，此平面就是提刀的安全平面；选择【直接】选项，刀具加工完一个刀具路径后，直接抬刀到安全平面。这 4 个选项的效果对比如图 6-102 所示。另有不常用的【安全距离-刀轴】、【安全距离-最短距离】和【安全距离-切割平面】3 个选项，其设置效果对比如图 6-103 所示。

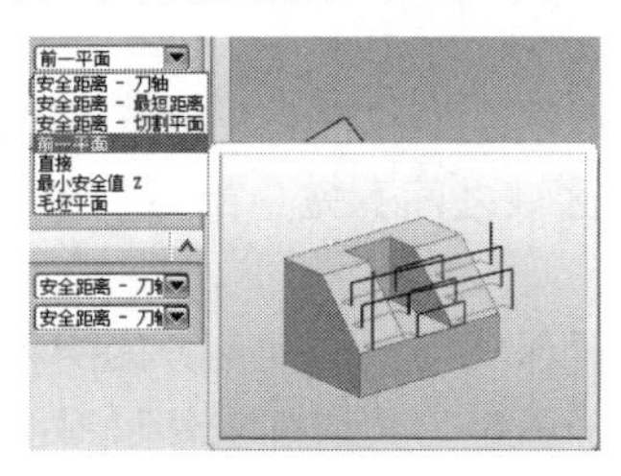

（a）前一平面

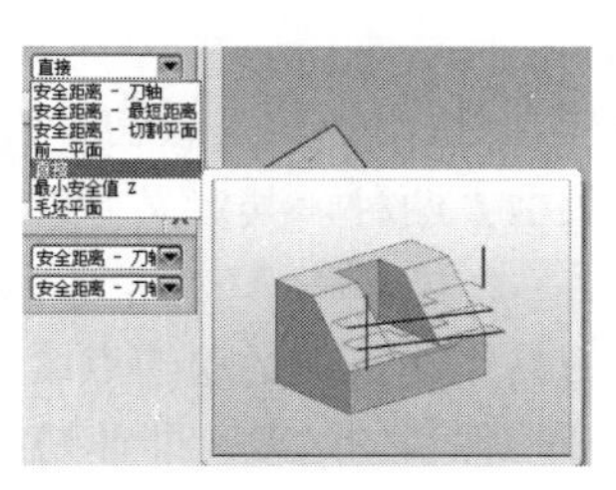

（b）直接

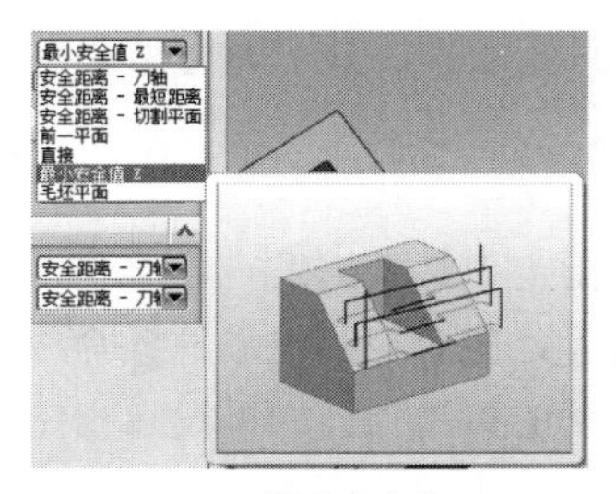

（c）最小安全值 Z

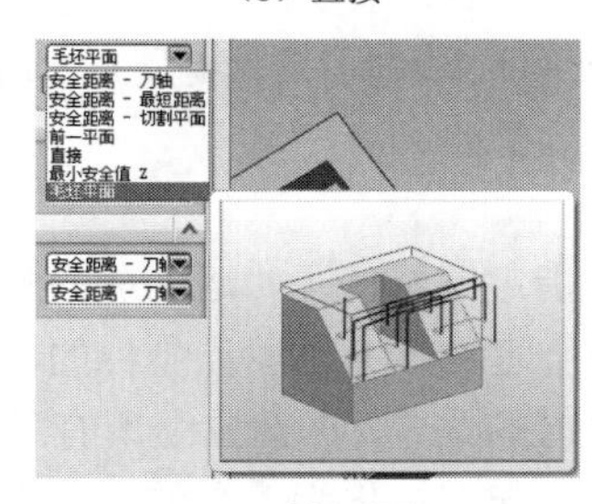

（d）毛坯平面

图 6-102　常用选项对比

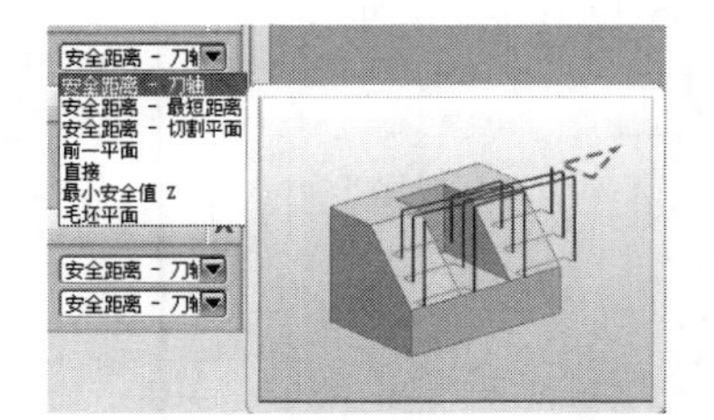

（a）安全距离-刀轴

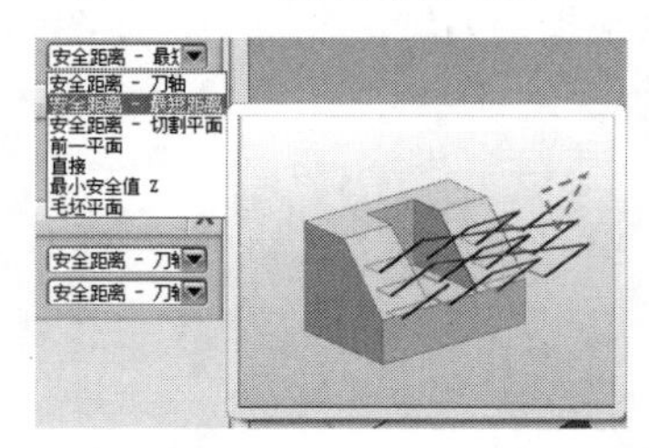

（b）安全距离-最短距离

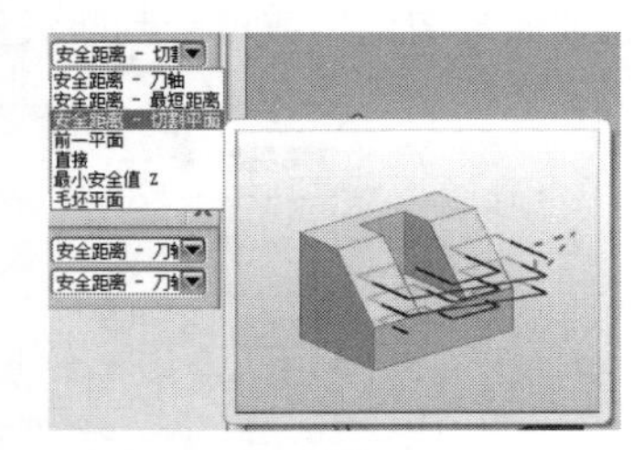

（c）安全距离-切割平面

图 6-103　非常用选项对比

③ 区域内

【区域内】面板用于定义区域内的抬刀、避让方式，其中转移方式有 3 种。选择【进刀/退刀】选项，刀具沿进刀切削路径直接退刀，此时可选择【转移方式】定义进刀/退刀方式，具体定义方法与区域之间【转移方式】完全相同，可参照上述方法进行定义，如图 6-104（a）所示。

【抬刀和插削】用于刀具加工完一条刀具路径后，直接抬到指定高度再移动到下一条刀路。选择该选项，即可在下方的【抬刀/插削高度】文本框中定义刀具加工完成刀具路径后直接抬刀到指定高度的距离，其【转移方式】也与区域之间【转移方式】完全相同，如图 6-104（b）所示。

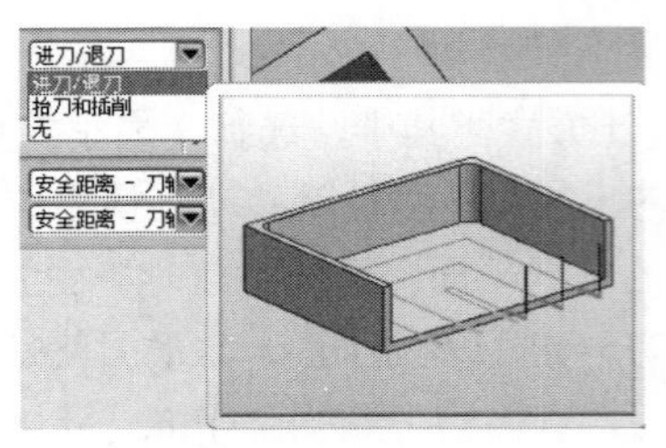

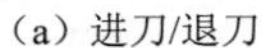

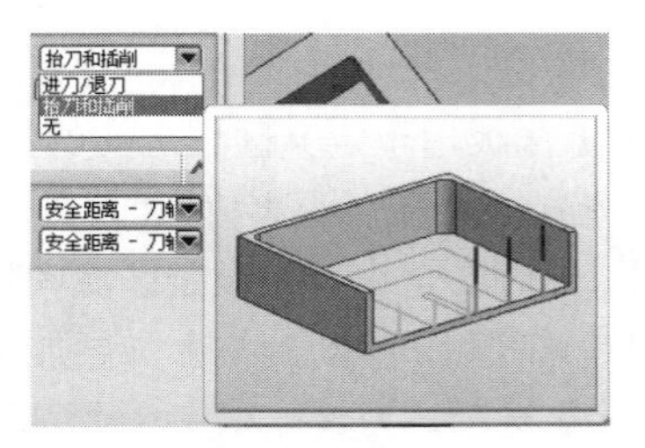

（a）进刀/退刀　　　　（b）抬刀和插削

图 6-104　【转移方式】设置

④ 最初和最终

【最初和最终】面板用于定义最初下刀以及最后离开工件时的安全距离，该面板包括【逼近类型】和【离开类型】两种，其定义方式及含义与【区域之间】完全相同，在此不再赘述。

（5）避让

避让是控制刀具作非切削运动的点或平面。一个操作的刀具运动可分为两种：一种是刀具切入工件之前或离开工件后的运动，即非切削运动；另一种是刀具切削工件材料的运动，即切削运动。刀具在切削运动时，由零件几何体的形状决定刀具路径，而在非切削运动时刀具路径则由避让中指定的点或平面来控制。【避让】选项卡由 4 个面板组成，分别为【出发点】、【起点】、【返回点】及【回零点】。

① 出发点

出发点用于指定刀具在开始运动前的初始位置。指定刀具的出发点不会使刀具运动，但在刀具位置源文件中会增加一条出发点坐标的命令，其他后处理命令都位于这条命令之后。由于出发点是刀具运动之前的位置，因此它是所有后续刀具运动的参考点。如果没有指定出发点，则系统会把第一个运动的起刀点作为刀具的出发点。

在【出发点】面板中，指定点是通过点构造器或自动判断点来指定出发点的，而选择刀轴是通过矢量构造器或自动判断矢量来指定刀轴出发点的，如图 6-105 和图 6-106 所示。

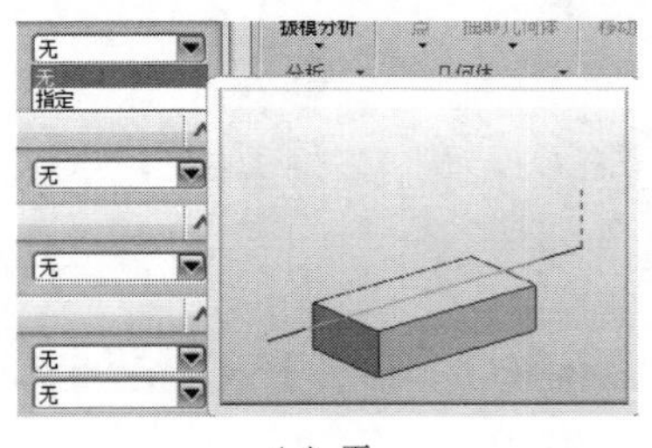

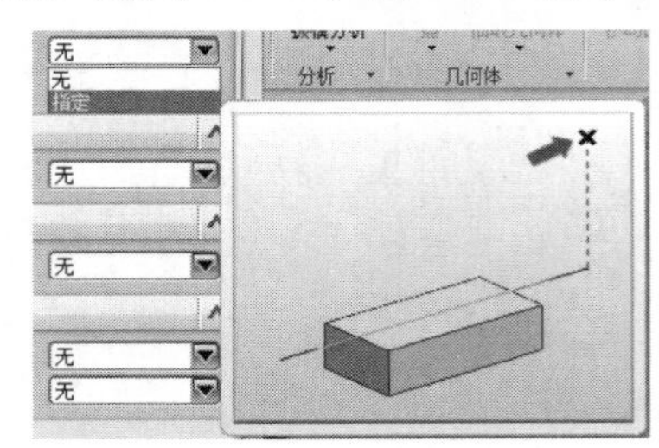

（a）无　　　　（b）指定

图 6-105　【出发点】中点选项设置

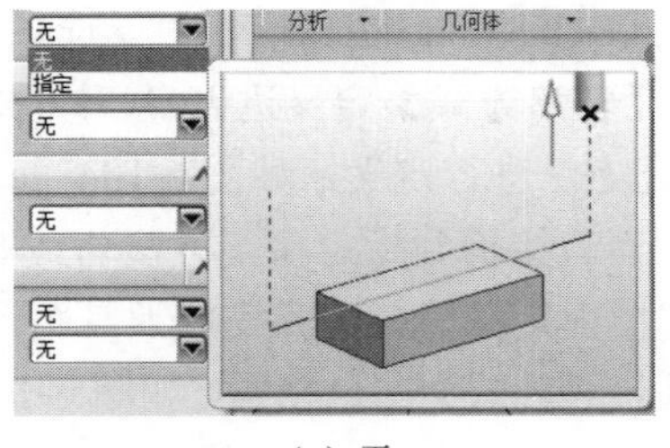

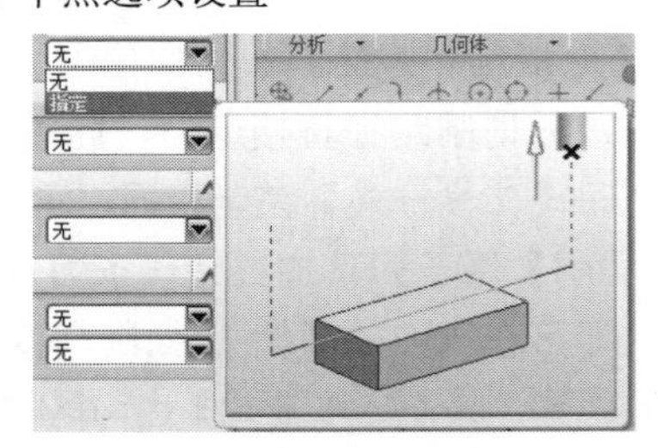

（a）无　　　　（b）指定

图 6-106　【出发点】中刀轴选项设置

② 起点

这里的起点实际是起刀点，是刀具运动的第一点，定义了起刀点后在产生刀具位置源文件中会产生一条相应的 GO TO 指令，【起点】面板如图 6-107 所示。

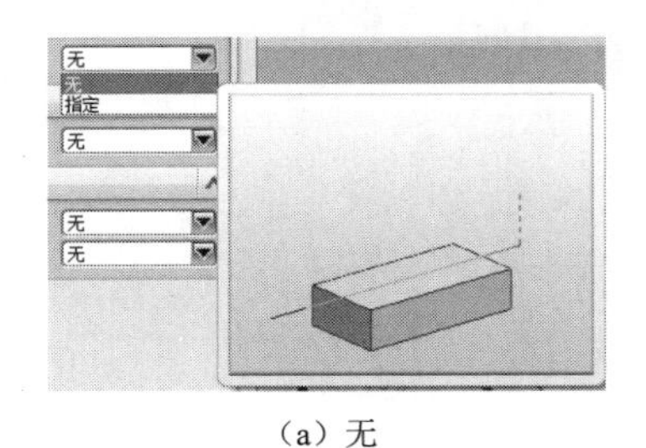

（a）无　　　　（b）指定

图 6-107　【起点】选项设置

其中，指定点仍然是通过点构造器或自动判断点来指定起点。如果定义了出发点和起点，则刀具以直线运动的方式由出发点快速移动到起点；如果还定义了安全平面，则从起点沿刀轴方向向上，在安全平面上取一点，刀具以直线运动方式由出发点快速运动到该点，然后再从该点快速移动到起点。

③ 返回点

返回点是刀具切削完工件离开零件时的运动目标点。完成切削后，刀具以直线运动方式从最后切削点或退刀点快速运动到返回点。返回点的定义方法与上述起点和出发点的定义方法完全相同，这里不再赘述。

如果定义了安全平面，则由最后切削点或退刀点沿刀轴方向向上，在安全平面上取一点，刀具以快速点定位方式从最后切削点或退刀点快速移动到该点，然后由此点以快速点定位方式快速移动到返回点，如图 6-108 所示。

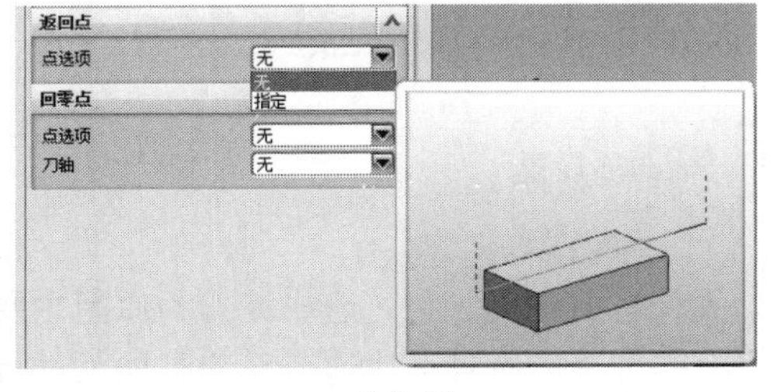

（a）无　　　　（b）指定

图 6-108　【返回点】选项设置

④ 回零点

回零点是刀具加工完工件最后停留的位置，刀具从返回点以快速点定位的方式快速移动到回零点。展开【回零点】面板，首先在【点选项】下拉列表框中选择点定义方式，其中，选择【与起点相同】选项，可定义与起点相同的点作为回零点；选择【回零-没有点】选项，回零点将为任意点；选择【指定】选项，将使用点构造器或自动判断点来指定回零点；若选择【无】选项，则不定义回零点，如图 6-109 所示。此外，选择刀轴是通过矢量构造器或自动判断点来指定刀具轴。

（6）更多

在【更多】面板中可定义是否进行【碰撞检查】和【刀具补偿】设置。通过对这两类参数的设置，可在刀具模拟运行时及时发现撞刀而及时做出必要的调整，同时通过刀具补偿确保铣削加工的准确性和加工质量。

（a）无

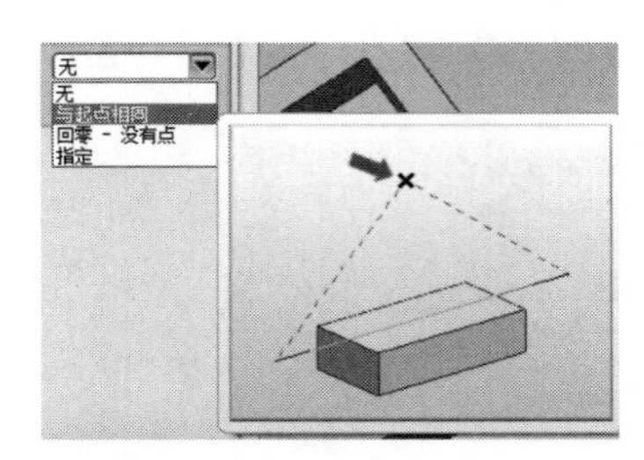

（b）与起点相同

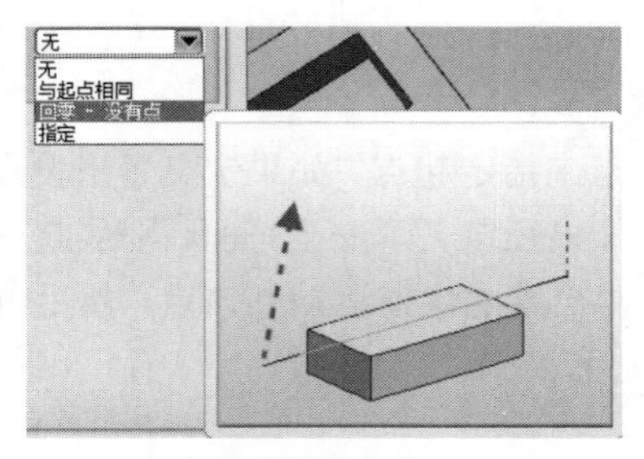

（c）回零-没有点

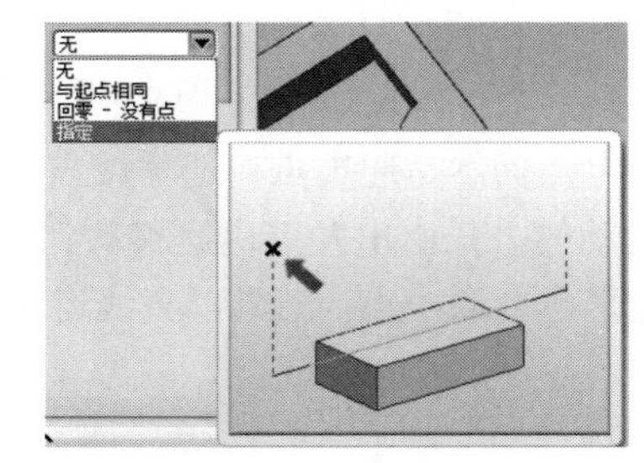

（d）指定

图 6-109　【回零点】中点选项设置

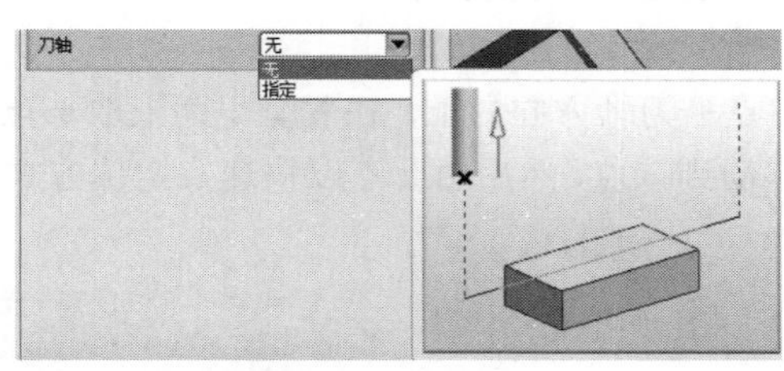

（a）无

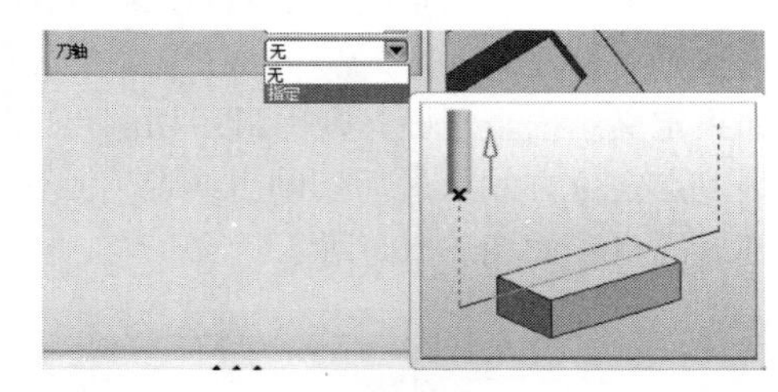

（b）指定

图 6-110　【回零点】刀轴选项设置

① 碰撞检查

碰撞是指刀具的切削量过大，除了切削刀具外，刀杆也将撞到工件。造成撞刀的原因主要是安全高度设置不合理或根本没有设置安全高度等原因。通过碰撞检查可快速查看刀具加工过程中是否撞刀，如果撞刀则立即显示提示信息，如图 6-111 所示。

② 刀具补偿

由于刀具在加工过程中磨损或重磨刀具，会引起刀具尺寸的改变。为了保证部件的加工精度，就需要对刀具尺寸进行补偿。刀具补偿是大多数机床控制系统都具有的功能，用于刀具的实际尺寸和指定尺寸之间的差值。【刀具补偿位置】下拉列表框中包含 3 种补偿情况，如图 6-112 所示。

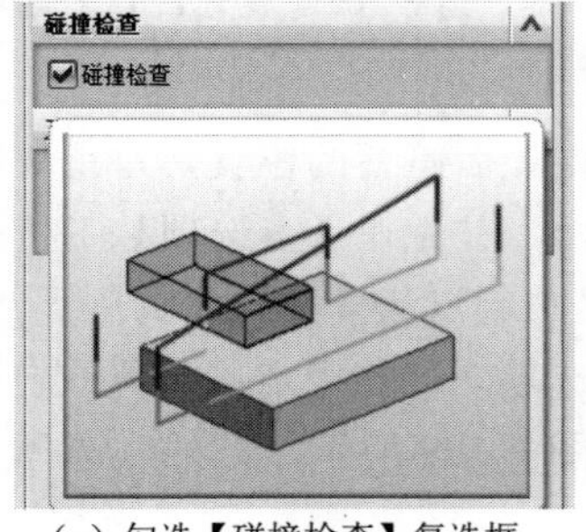

（a）勾选【碰撞检查】复选框

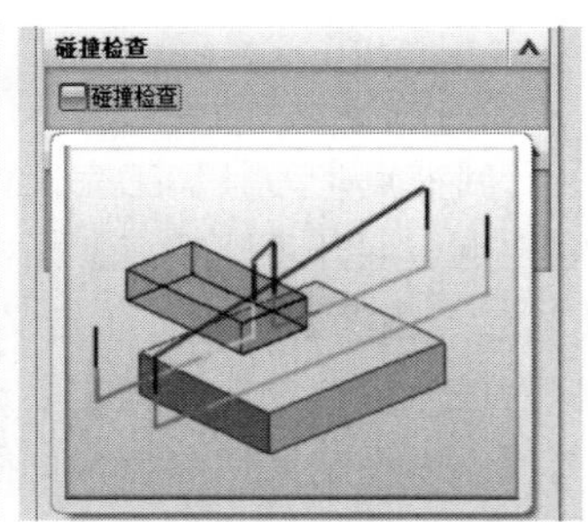

（b）未勾选【碰撞检查】复选框

图 6-111　碰撞检查

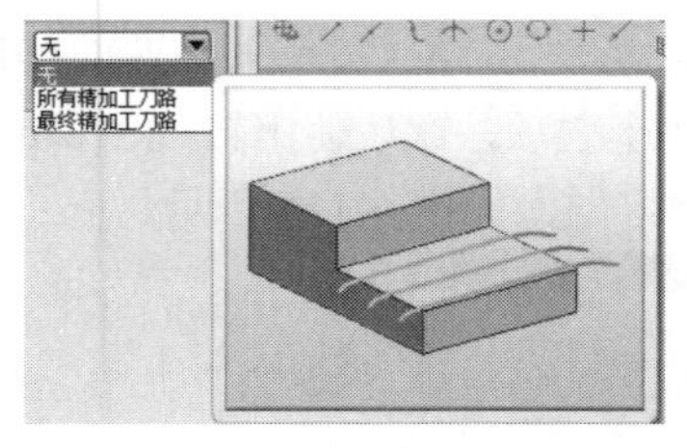

（a）无

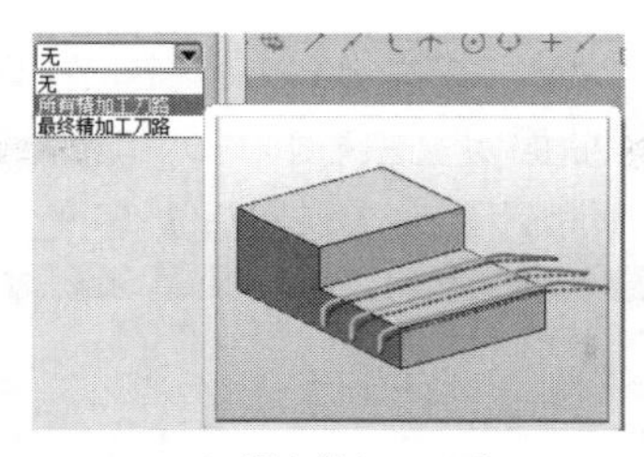

（b）所有精加工刀路

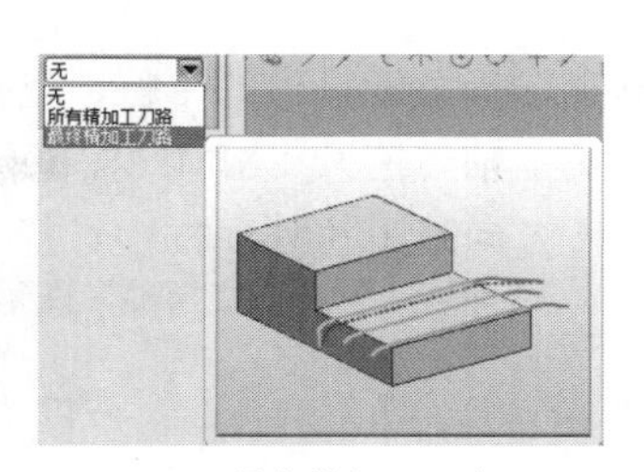

（c）最终精加工刀路

图 6-112　【刀具补偿】面板

- 无：选择该选项，在生成刀具路径时不采用刀具补偿。
- 所有精加工刀路：采用刀具补偿的所有精割刀路通过下方的最小移动和最小角度来定义线性运动。
- 最终精加工刀路：采用刀具补偿的精割刀路作为最后的刀路，通过下方的最小移动和最小角度来定义线性运动。

在定义所有精加工刀路和最终精加工刀路补偿时，最小移动指沿最小角度方向远离圆弧进刀点的一段距离；而最小角度是指圆弧的延长线绕进刀点旋转的角度。此外，还可勾选或未勾选【输出平面】复选框，输出平面控制是否输出平面数据，勾选该复选框会在刀具补偿命令中包含平面；勾选或未勾选【输出接触/跟踪数据】复选框，可改变接触和跟踪数据显示效果，对比如图 6-113 所示。

（a）未勾选复选框

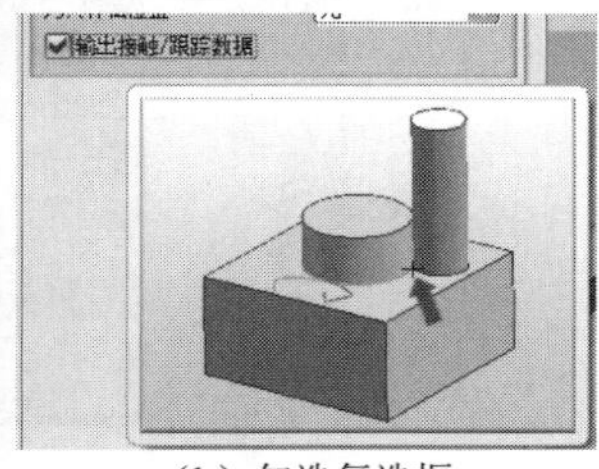

（b）勾选复选框

图 6-113　【输出接触/跟踪数据】复选框

注　意

当刀具斜向切入下一个切削层时，不能使用刀具补偿。

2．进给率和速度

在零件加工的过程中，既需要提高效率，又要保障加工质量，编程人员就要恰当设置机床的切削速度和进给率等。单击【进给率和速度】按钮，将弹出【进给率和速度】对话框，如图 6-114 所示。

（1）自动设置

在【自动设置】面板中输入表面速度与每齿进给量，系统将自动计算得到主轴转速与切削进给率，也可在其下两个面板内分别直接输入主轴速度和切削进给率。

① 设置加工数据：单击此按钮，可从加工数据库中调用匹配用户选择的部件材料的加工数据。

② 表面速度：指定在表面各齿切削边缘测量的刀具切削速度。

③ 每齿进给量：测量每齿移除的材料量（以英寸或毫米为单位）。

④ 从表格中重置：部件材料、刀具材料、切削方法和切削深度参数指定完毕后，单击此按钮，就会使用这些参数推荐从预定义表格中抽取的“表面速度”和“每齿进给”值。根据处理器的不同（“车”“铣”等），这些值将用于计算主轴速度和一些切削进给率。

（2）主轴速度

在【主轴速度】面板中要设置的主要参数有主轴速度和主轴方向。在【输出模式】下拉列表框中选择主轴输出的单位，包括 RPM（按每分钟转数定义主轴转速）、SFM（按每分钟曲面英尺定义主轴转速）、SMM（按每分钟曲面定义主轴转速）和【无】4 个选项，默认使用转/分（r/m）。在【方向】下拉列表框中选择【顺时针】或【逆时针】定义主轴方向，如图 6-115 所示。

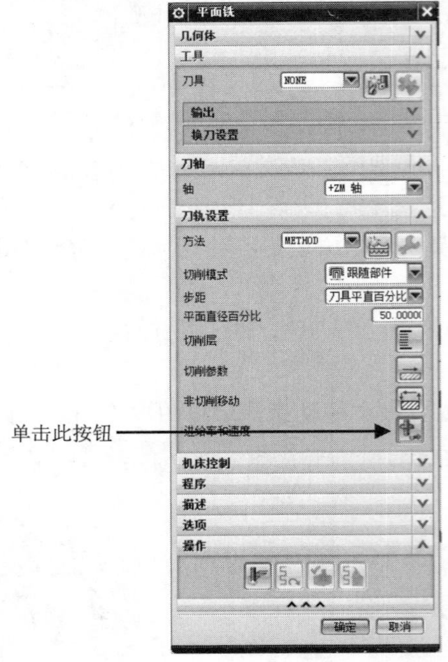

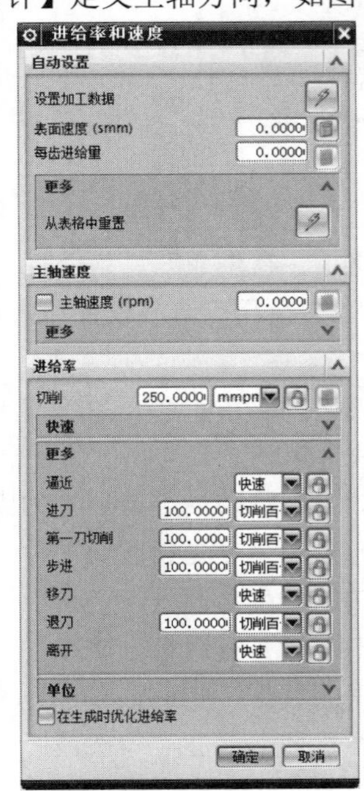

图 6-114　进入【进给率和速度】对话框

① 范围状态：勾选此复选框，激活【范围】文本框。文本框内允许输入主轴速度范围。

② 文本状态：指定 CLS 输出过程中添加到 LOAD 或 TURRET 命令的文本。

（3）进给率

【进给率】面板用于设置刀具在各种运动情况下的速度，进给速度直接关系到加工效率和质量。【进给率】面板如图 6-116 所示。

① 切削：刀具在切削工件过程中的进给率。

② 快速：刀具从起点到下一个前进点的移动速度。【输出】选项设置为 G0-快速模式时，在刀具位置源文件中自动播入快速命令，后置处理时产生 G00 快进代码。

③ 逼近：刀具从起点到进刀点的进给速度。平面铣和型腔铣时，逼近速度控制刀具从一个切削层到下一个切削层的移动速度。表面轮廓铣时，该速度是做进刀运动的进给速度。

④ 进刀：刀具切入零件时的进给速度。

⑤ 第一刀切削：第一刀切削的进给率。

⑥ 步进：刀具进行下一次平行切削时的横向进给量，即通常所说的切削宽度，只适用于 Zig-Zag 切削模式。

⑦ 移刀：刀具从一个加工区域向另一个加工区域做水平非切削运动时的刀具移动速度。

⑧ 退刀：刀具切出零件时的进给速度，是刀具从最终切削位置到退刀点间的刀具移动速度。

⑨ 离开：刀具回到返回点的移动速度。

⑩ 单位：设置进给时进给速度的单位。需分别设置切削运动和非切削运动时的进给速度单位，单位为“英寸 / 分钟”“英寸 / 转”或“无”。

⑪ 在生成时优化进给率：在生成刀轨时生成优化的进给率参数。

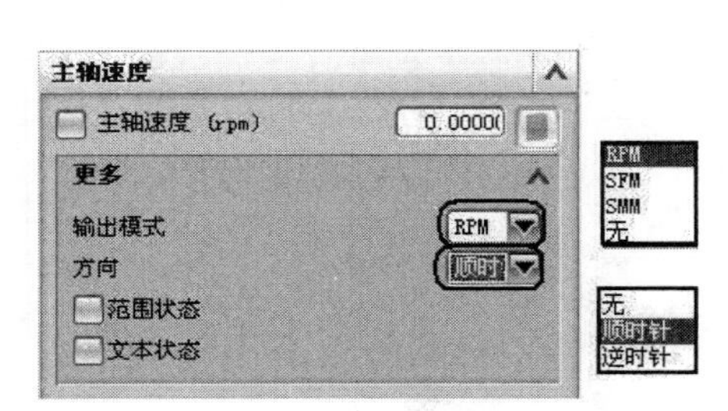

图 6-115　【主轴速度】面板

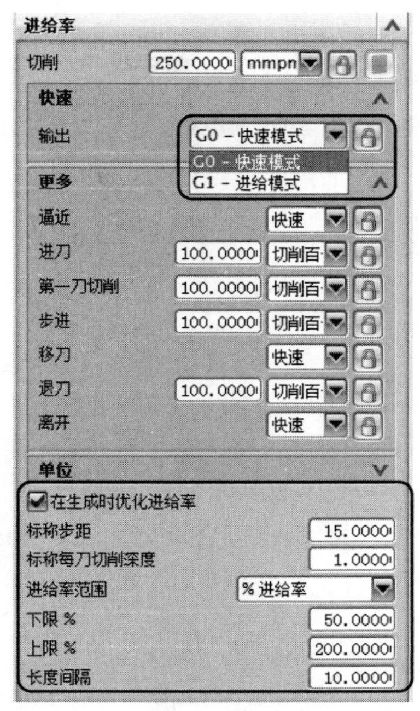

图 6-116　【进给率】面板

6.5　刀路的产生与模拟

在平面铣削各项参数设置完成后，即可进行刀路的生成和仿真模拟了。【平面铣】对话框的【操作】面板中包含了【生成】、【重播】、【确认】和【列表】这些操作的命令，如图 6-117 所示。

图 6-117　【操作】面板

1. 生成与重播

“生成”执行刀路创建的命令。所有的切削参数设置完成后，单击【生成】按钮，程序自动生成刀路，并显示在模型加工面上，如图 6-118 所示。

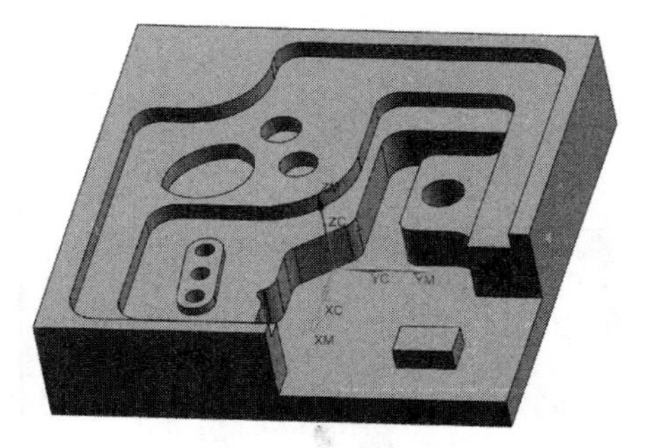

（a）模型文件

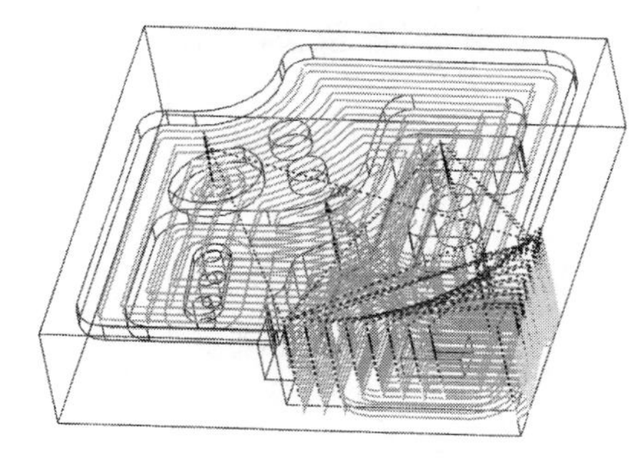

（b）生成的刀路

图 6-118　刀路的生成

“重播”是刷新图形窗口并重新播放刀轨。

2. 确认

正确生成加工刀路后，使用【确认】功能可以动画模拟刀路及加工过程。单击【确认】按钮，弹出【刀轨可视化】对话框，该对话框中有 3 个功能选项卡：重播、3D 动态和 2D 动态，各功能选项卡如图 6-119 所示。

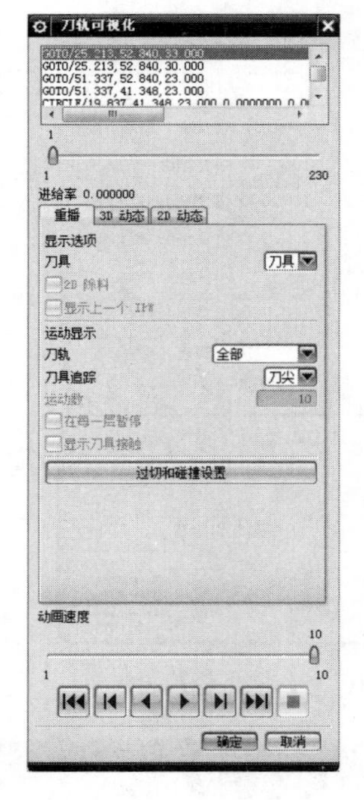

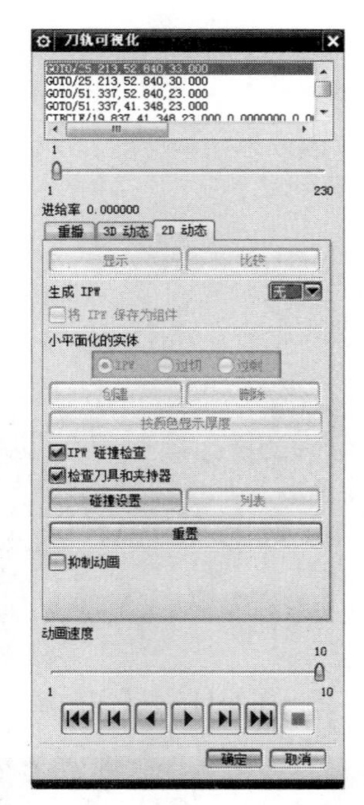

图 6-119 【刀轨可视化】对话框

对话框上部的列表框显示的是加工程序列。对话框下方的动画播放速度滑动条和播放操作按钮是调节动画播放速度即动画播放操作的。

（1）【重播】选项卡

重播刀具路径是沿着刀轨显示刀具的运动过程。在重播时，用户可以完全控制刀具路径的显示，既可查看程序对应的加工位置，也可查看刀位点对应的程序。

当在【程序】列表框选定某段程序时，图形区的刀具则在该加工节点处显示；或者在图形区中选择某一节点路径，则在【刀轨可视化】对话框的【程序】列表框中亮显对应程序，如图 6-120 所示。

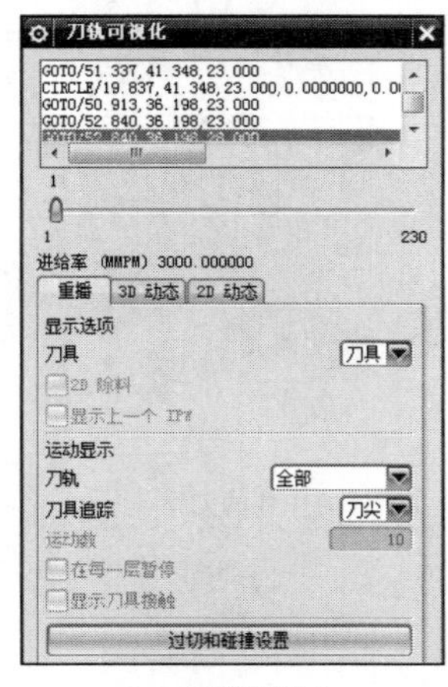

（a）刀轨可视化

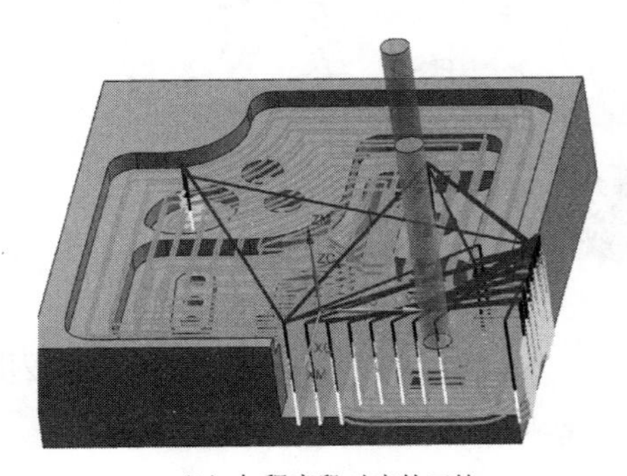

（b）与程序段对应的刀轨

图 6-120 加工路径与程序的对应

（2）【3D 状态】选项卡

3D 状态是指三维实体以 IPW（处理中的工件）的形式来显示刀具切削过程，其模拟过程非常逼真。3D 状态模拟的过程及结果如图 6-121 所示。

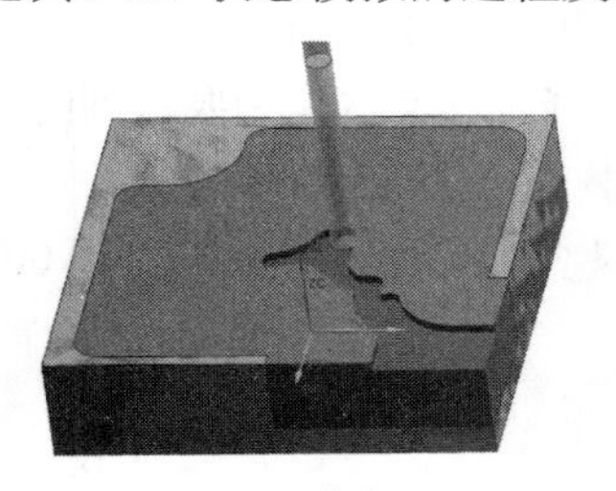
（a）3D 状态 I

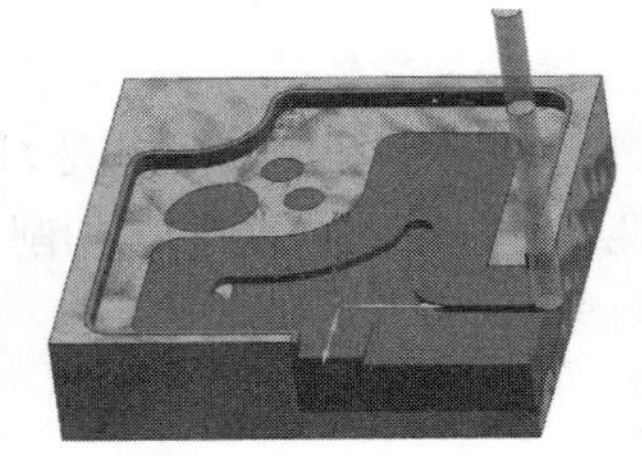
（b）3D 状态 II

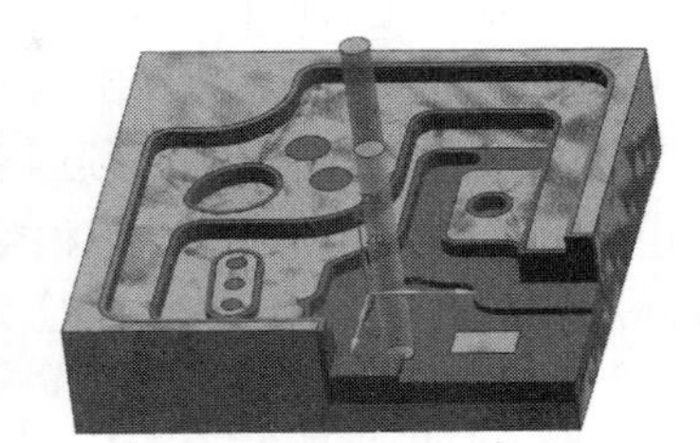
（c）3D 状态III

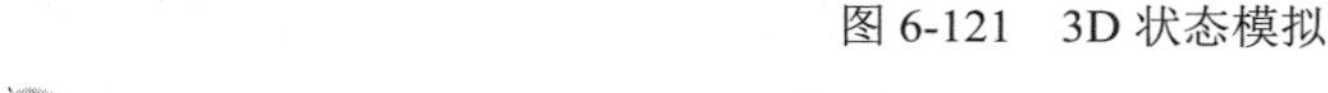
图 6-121　3D 状态模拟

注　意

如果底壁加工参数设置时没有指定毛坯，则模拟刀路时会弹出 NO blank 信息提示框。单击该对话框中的 OK 按钮，用户可从弹出的【临时毛坯】对话框中输入自动块的延伸值，或者在图形区中拖动方向箭头，设定一个临时的毛坯几何体模拟操作时所用。

（3）【2D 状态】选项卡

2D 状态模拟仿真是以三维静态的形式来显示整个过程。3D 状态模拟时，模式可以用鼠标操作，但 2D 状态模拟时，鼠标不能操作，是静态的。

进行 2D 状态的刀路模拟仿真，必须定义毛坯，若先前没有定义，在模拟时会提示定义一个临时毛坯，以供模拟仿真。2D 状态模拟的过程及效果如图 6-122 所示。

（a）2D 状态 I

（b）2D 状态 II

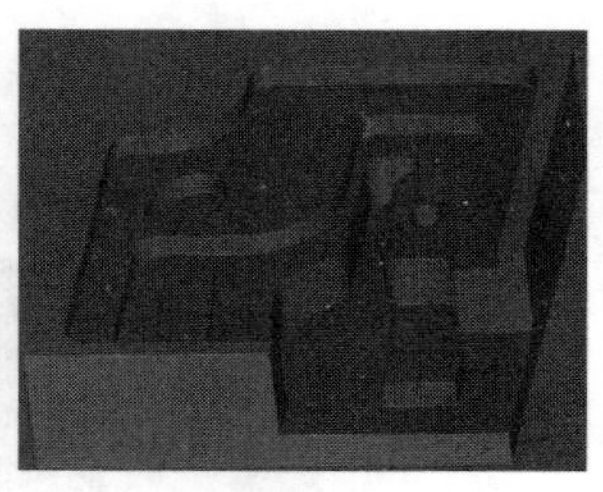
（c）2D 状态III

图 6-122　2D 状态模拟

3. 列表

生成完整刀具路径并模拟完成后，单击【列表】按钮，可打开【信息】窗口。在该窗口中以 ART 程序语言列出加工程序单，如图 6-123 所示。

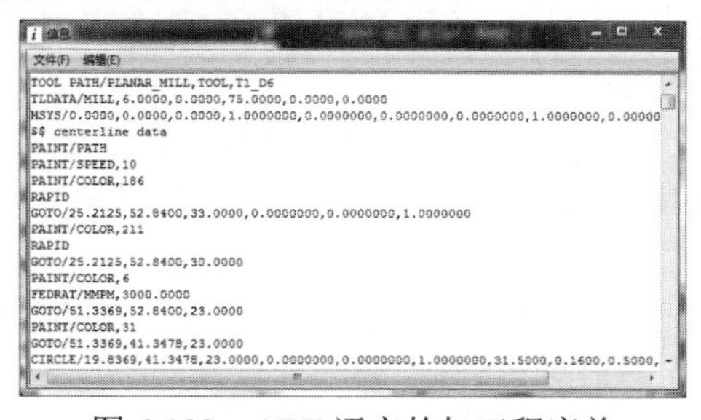

图 6-123　ART 语言的加工程序单

6.6 平面文本加工

很多时候，在一个零件加工完成时，需要在零件上雕刻字体，以此来说明零件号和模具型腔ID编号。字体加工有两种：平面字体和曲面字体。本节仅介绍平面字体部分的内容。

平面文本操作用于在平面上为文本雕刻创建轨迹。用户只能选择制图文本作为要雕刻的几何体，因此在创建此操作之前必须创建制图文本。因为文本就是刀具作切削运动的路线。

由于加工的刀具直径较小，很容易折断，因此文字加工切削量少，需要的转速高达10 000～30 000r/min的高速机床或雕刻机上才能以较短的时间完成。

6.6.1 雕刻加工基础知识

可以用中小型的数控铣床进行雕刻加工，雕刻各式各样的文字、花纹、图案、浮雕等。雕刻加工只不过是铣加工的一个分支，其加工原理与铣加工是完全一致的。

1. 雕刻加工原理及雕刻机

雕刻加工时铣削加工的一个特例，属于铣削加工范围。通常所说的雕刻机就是小型的或功率较小的数控机床。雕刻加工的图形一般是平面上的各种图案和文字，属于二维切削加工。浮雕属于三维切削加工。

挖槽雕刻是用一把较细的铣刀将一个闭合图形的内部或外部挖空，形成凹凸的形状，常用于雕刻凹凸的文字等。机械产品上要有商标，它是制造厂商的一种标志。为了表明企业的实力，有些厂家或商家在自己的厂门或店门上挂起了金子招牌，它们有的由铜制作，有的由铝合金或其他材料制作，最后镀上某种金属。以前制作这样一个招牌，工艺非常复杂，而且价格也非常昂贵。数控加工的出现，使得招牌制作这项工作变得简单、易行。图6-124所示为常见的数控雕刻机。

图6-124 常见的数控雕刻机

2. 雕刻加工刀具

对于雕刻加工所用刀具，曲面文字加工一般采用牛鼻刀（圆角铣刀）；而对于平面文字加工来说，若是粗加工，则可以采用牛鼻刀；但若为精加工，则多采用平底刀。

使用平底刀应注意以下问题：

（1）尽量避免下扎现象。平底刀抵抗下扎的能力比较弱，在下扎时，很容易崩刃。下刀角度要小一些，能使用螺旋下刀就尽量使用螺旋下刀，表面预留必须＞0。在计算失败时，需缩短下刀长度或使用螺旋下刀。

（2）保证一定的主轴转速。由于使用平底刀相应地增加了加工时所需要的加工功率和加工转矩，为了保证电动机的加工状态正常，主轴转速不能过低。

（3）尽量减小刀具伸出长度。这一点对所有刀具加工都是很重要的，对平底刀而言就更加突出。由于使用平底刀加工时，刀具相对来说都比较锋利，容易出现“吃不住”的现象，所以，一定要尽量减小刀具伸出长度。

（4）要注意对刀具的磨合。

6.6.2 创建制图文字

要创建平面字体的刀轨，必须先创建注释文本。因此，文本的创建需要在制图环境中进行。图6-125所示为在制图环境下创建的制图文本。

平面字体加工是以字体作为轨迹进行切削的，而曲线字体是非线性字体。曲线字体的加工需要用平面铣操作或曲面固定轴铣操作才能完成。

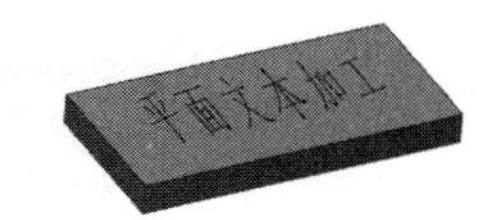

图6-125 在制图环境下创建的制图文本

6.6.3 平面文本几何体

在【创建工序】对话框中选择【PLANAR_TEXT】（平面文字）操作子类型，并单击【确定】按钮，弹出【平面文本】对话框，如图6-126所示。

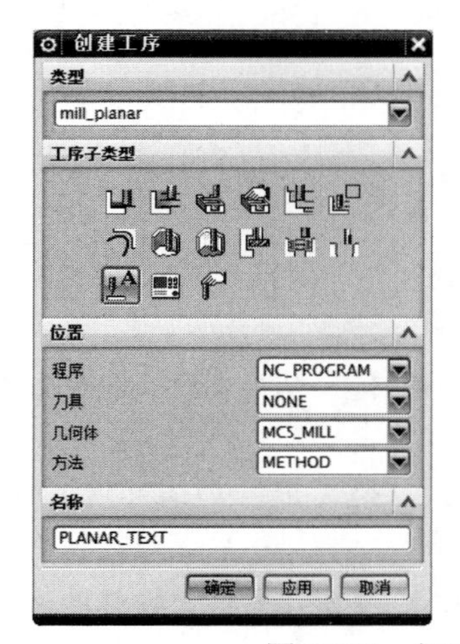

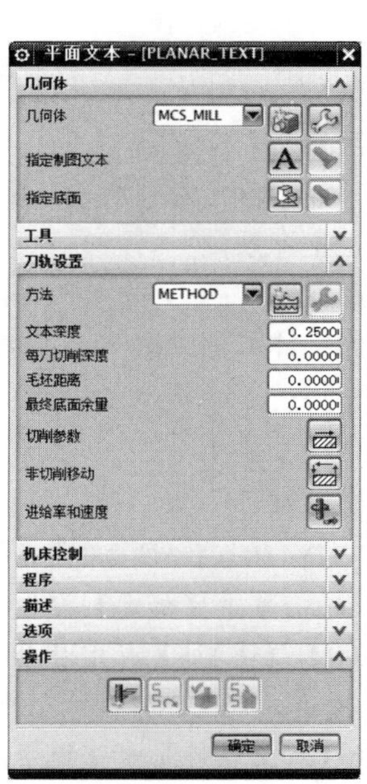

图6-126 打开【平面文本】对话框

【结束刀轨事件】选项要使用定制边界数据，还可以在边界层、边界成员层以及组层定义“机床控制”选项。

1. 指定制图文本

在【几何体】选项区单击【选择或编辑制图文本几何体】按钮，将弹出【文本几何体】对话框，如图6-127所示。对话框中各选项含义如下。

（1）过滤器类型：用以选择要创建文本加工的制图文字。非制图文字是不被选择的。

（2）类选择：如果文本太多，则可以单击此按钮，通过类别来选择字体。

2. 指定底面

用以指定文本加工的底面。单击【选择或编辑制图文本几何体】按钮，将弹出【刨】对话框，如图6-128所示。通过此对话框来指定底平面几何体。

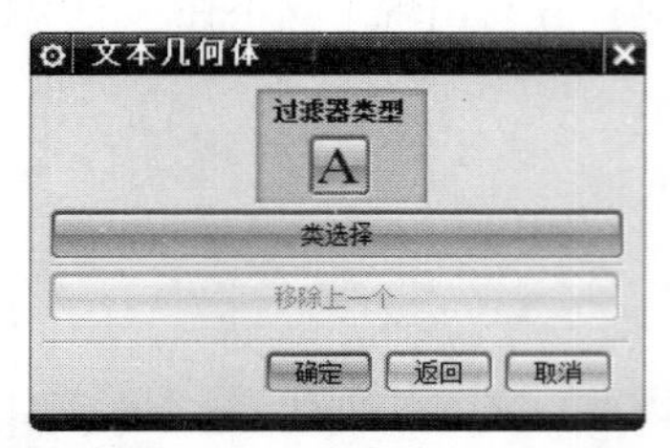

图 6-127 【文本几何体】对话框

图 6-128 【刨】对话框

6.6.4 实例——UG NX 10.0 文本加工

打开 UG NX 10.0 软件，按照下面的“开始素材”路径找到本例名为 6.6.4.prt 的文件，按照下面的讲解进行该例加工程序的编制。也可根据与该例对应的视频进行学习。

	开始素材	Prt_start\chapter 6\6.6.4.prt
	结果素材	Prt _result\chapter 6\6.6.4.prt
	视频位置	Movie\chapter 6\6.6.4.avi

1. 加工工艺分析

本实例创建平面字体精铣削加工，如图 6-129 所示。具体操作主要分为以下几步：

（1）编辑加工坐标系；

（2）创建平底立铣刀；

（3）创建平面字体雕刻操作；

（4）指定几何体；

（5）设置参数。

2. 公共项目设置

步骤 01 启动 UG NX 10.0 软件，单击【打开文件】按钮，然后在打开的对话框中选择本书配套资源文件 6.6.4.prt，单击【确定】按钮打开该文件。

步骤 02 依次选择【文件】|【应用模块】|【加工】命令，进入加工环境，或者通过快捷键【Ctrl+Alt+M】快速进入加工环境。

步骤 03 在弹出的【加工环境】对话框中选择铣削加工，单击【确定】按钮进入铣削加工环境，如图 6-130 所示。

图 6-129 零件上的文字

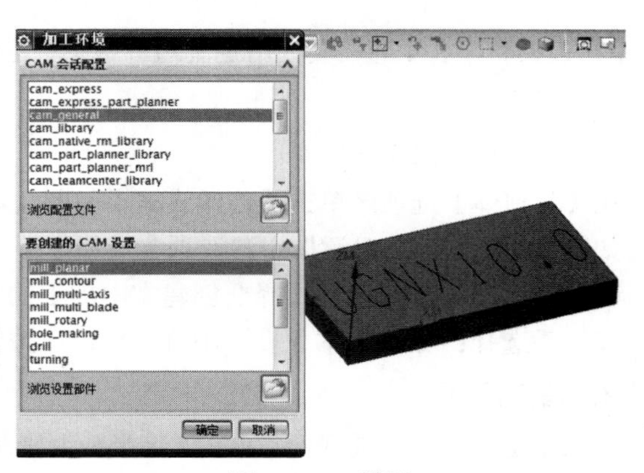

图 6-130 模型

步骤 04 在【导航器】工具栏中单击【程序顺序视图】按钮，将当前工序导航器切换至程序顺序视图。再单击【主页】下的【创建程序】按钮，弹出【创建程序】对话框。按照图 6-131 所示的步骤创建程序父节点，新创建的节点将位于导航器中。

图 6-131　创建程序父节点

步骤 05 将视图调至【几何视图】，双击工序导航器中的坐标系设置按钮，弹出图 6-132 所示的坐标系设置对话框。输入安全距离 10，并单击【指定】按钮。

步骤 06 在【导航器】工具栏中单击【机床视图】按钮，切换导航器中的视图模式。然后在【创建】工具栏中单击【创建刀具】按钮，弹出【创建刀具】对话框。按照图 6-133 所示的步骤新建名称为 T1_D1.5 的端铣刀，并按照实际设置刀具参数。

图 6-132　坐标系设置

（a）【创建刀具】对话框

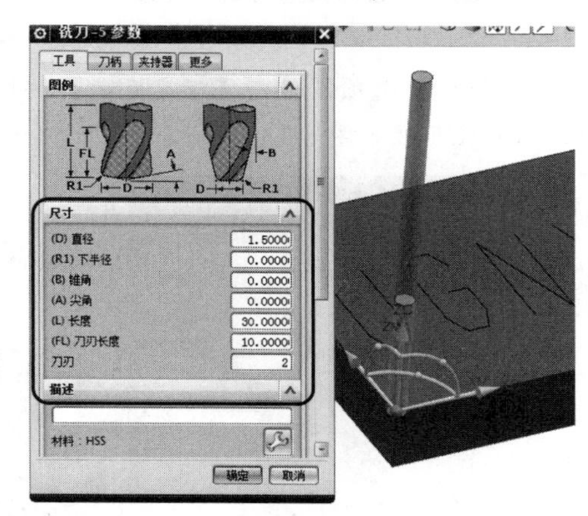

（b）参数设置对话框

图 6-133　创建名为 T1_D1.5 的端铣刀

3. 平面文本加工

步骤 01 单击【主页】下的【创建工序】按钮，弹出【创建工序】对话框，如图 6-134 所示。单击【平面文本】按钮，弹出【平面文本】对话框，如图 6-135 所示。

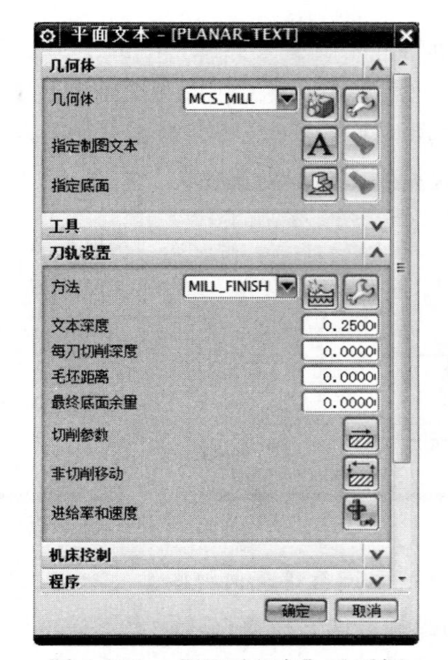

图 6-134 【创建工序】对话框　　　　图 6-135 【平面文本】对话框

步骤 02 在【几何体】选项中单击【指定制图文本】按钮，弹出【文本几何体】对话框，在图形区域选择模型上表面的文字作为加工几何体，如图 6-136 所示，单击【确定】按钮。

图 6-136 选择文本几何体

步骤 03 在【几何体】选项区单击【指定底面】按钮，弹出【刨】对话框，在图形区域选择模型上表面为指定底面，如图 6-137 所示。

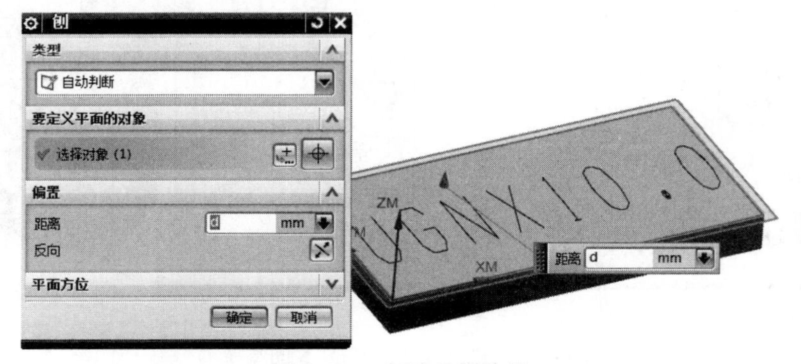

图 6-137 创建毛坯边界

步骤 04 在【刀轨设置】选项中设置文本深度为“0.5”，每刀切削深度为“0.1”，如图 6-138 所示。

步骤 05 单击【刀轨设置】中的【进给率和速度】按钮，在弹出的【进给率和速度】对话框中设置主轴速度为“15000”，进给率为“500”，其余参数保留默认，如图 6-139 所示。

图 6-138　设置切削深度参数

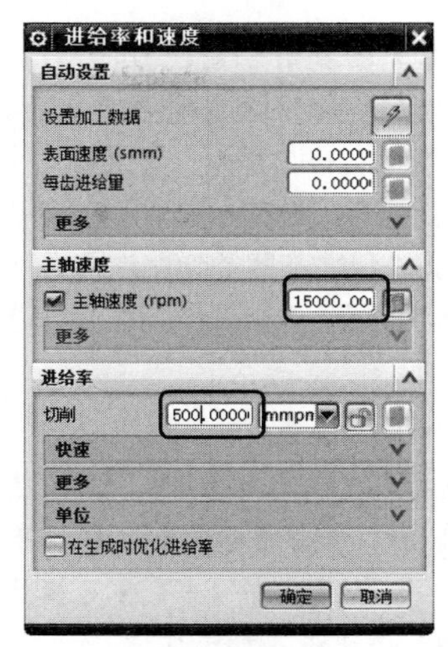

图 6-139　设置进给率和速度参数

步骤 06 在【操作】面板中单击【生成】按钮，系统将自动生成加工刀具路径，效果如图 6-140 所示。

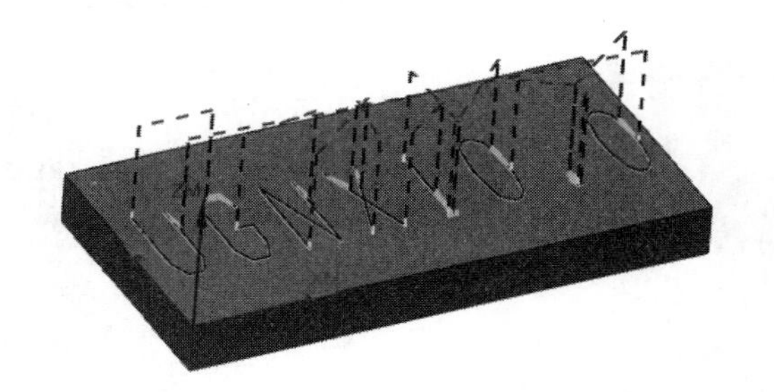

图 6-140　生成文字雕刻加工的刀路

步骤 07 在【平面文本】对话框中单击【确定】按钮，完成文字雕刻加工操作。最后单击【保存】按钮，保存文字雕刻加工的操作结果。

6.7　典型应用

平面铣（Planar Milling）是用于平面轮廓、平面区域或平面孤岛的一种铣削方式。它主要用于粗加工。下面通过 3 个加工案例操作来说明平面铣的加工过程，使读者更加全面地掌握平面铣加工的程序编制方法，并进一步熟悉切削参数和非切削参数的意义，为后续型腔铣打下坚实的基础。

6.7.1　平面铣加工

打开 UG NX 10.0 软件，按照下面的“开始素材”路径找到本例名为 6.7.1.prt 的文件，按照下面的讲解进行该例加工程序的编制。也可根据与该例对应的视频进行学习。

	开始素材	Prt_start\chapter 6\6.7.1.prt
	结果素材	Prt _result\chapter 6\6.7.1.prt
	视频位置	Movie\chapter 6\6.7.1.avi

1．加工工艺分析

本实例创建壳体平面铣削加工，如图 6-141 所示。该模具型腔分几个区域，而每个型腔区域又有小的凹槽与凸台。首先，可以粗加工铣削加工型腔的大区域；其次，精加工每个型腔区域的凹槽和凸台；最后，对整个模具型腔进行精加工去除毛边。在利用 UG 进行加工时，要经常变换铣削的底面，以指定不同的切削深度。另外，在指定铣削边界时，像型腔内有凸台时，应禁用【忽略岛】功能，而型腔内有孔时，应禁用【忽略孔】功能，这样才能指定正确的边界，进而生成正确的刀路轨迹。

2．公共项目设置

步骤 01 启动 UG NX 10.0 软件，单击【打开文件】按钮，在打开的对话框中选择本书配套资源文件 6.7.1.prt，单击【确定】按钮打开该文件。

步骤 02 依次选择【文件】|【应用模块】|【加工】命令，进入加工环境，或者通过快捷键【Ctrl+Alt+M】快速进入加工环境。

步骤 03 在弹出的【加工环境】对话框中选择铣削加工，单击【确定】按钮进入铣削加工环境，如图 6-142 所示。

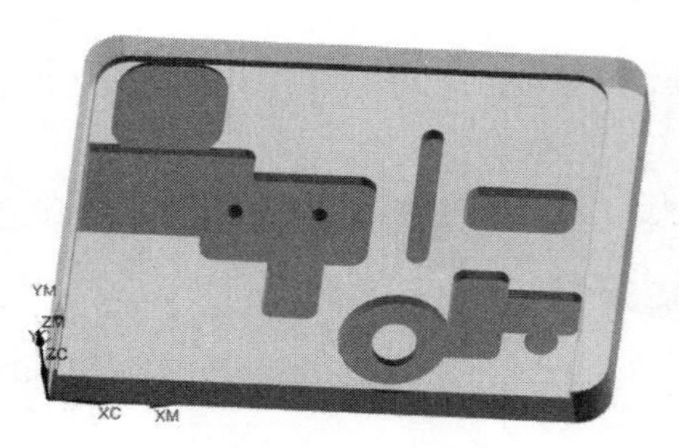

图 6-141　壳体模型

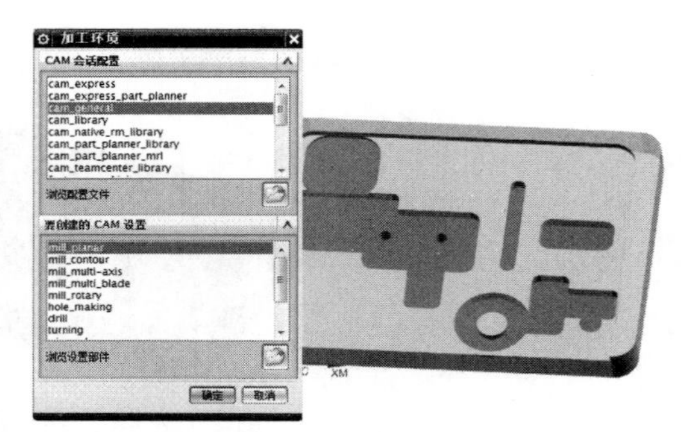

图 6-142　壳体模型

步骤 04 在【导航器】工具栏中单击【程序顺序视图】按钮，将当前工序导航器切换至程序顺序视图。再单击【主页】下的【创建程序】按钮，弹出【创建程序】对话框。按照图 6-143 所示的步骤创建程序父节点，新创建的节点将位于导航器中。

图 6-143　创建程序父节点

步骤 05 将视图调至【几何视图】，双击工序导航器中的坐标系设置按钮，弹出图 6-144 所示的坐标系设置对话框。输入安全距离 10mm，并单击【指定】按钮。接着在打开的对话框中选择坐标系参考方式为 WCS，如图 6-145 所示。

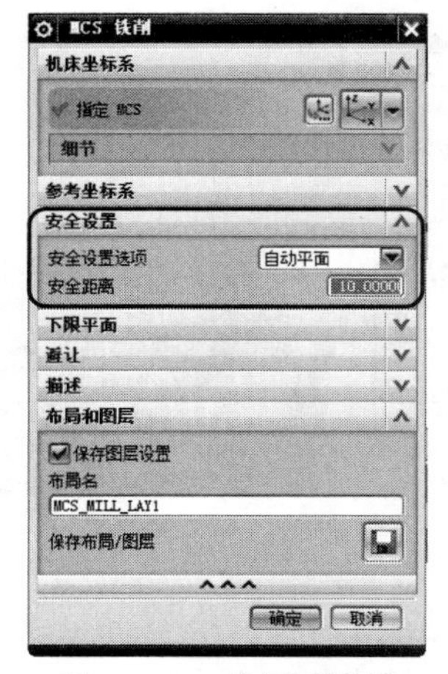
图 6-144　坐标系设置

图 6-145　参数选择

步骤 06 双击工序导航器下的 WORKPIECE 图标，然后在图 6-146 所示的对话框中单击【指定部件】按钮，并在新打开的对话框中选择图 6-147 所示的模型为几何体。

图 6-146　【工件】对话框

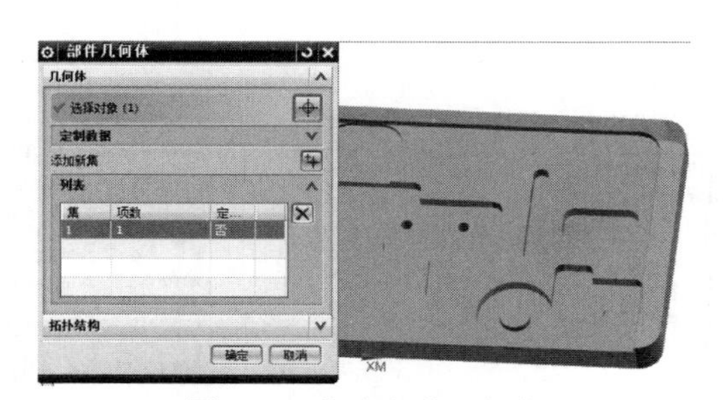
图 6-147 指定部件几何体

步骤 07 选择部件几何体后，返回【工件】对话框。单击【指定毛坯】按钮，在打开的对话框中选择【包容块】选项并单击【确定】按钮，右侧将显示自动块毛坯模型，如图 6-148 所示，可根据实际需求调节包容块的尺寸。此处使用默认的设置即可。

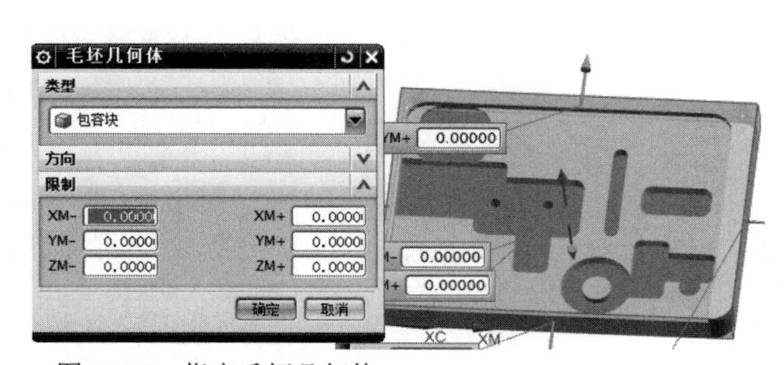
图 6-148　指定毛坯几何体

步骤 08 在【导航器】工具栏中单击【机床视图】按钮，切换导航器中的视图模式。然后在【创建】工具栏中单击【创建刀具】按钮，弹出【创建刀具】对话框。按照图 6-149 所示的步骤新建名称为 T1_D6 的端铣刀，并按照实际设置刀具参数。

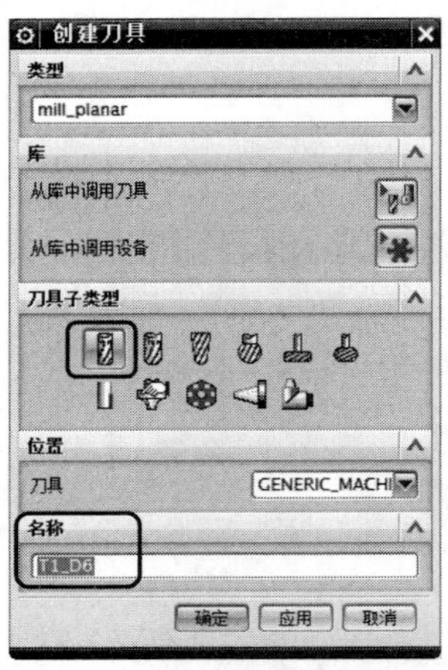

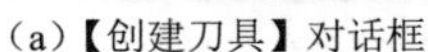

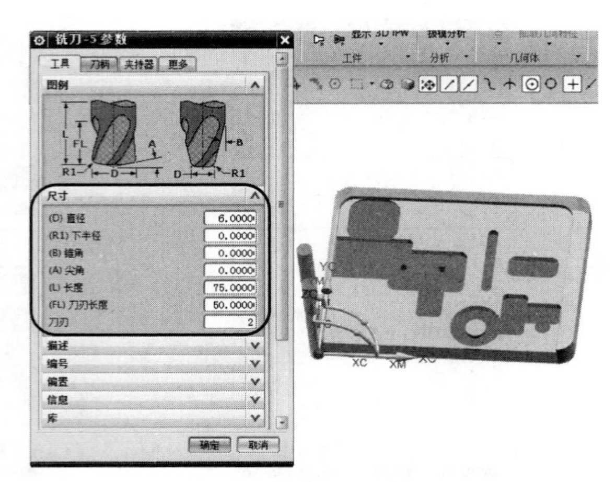

（a）【创建刀具】对话框　　（b）参数设置对话框

图 6-149　创建名为 T1_D6 的端铣刀

步骤 09 在【加工方法视图】下双击导航器中的 MILL_ ROUGH 图标，并在弹出的对话框中按照图 6-150 所示的步骤设置参数值。

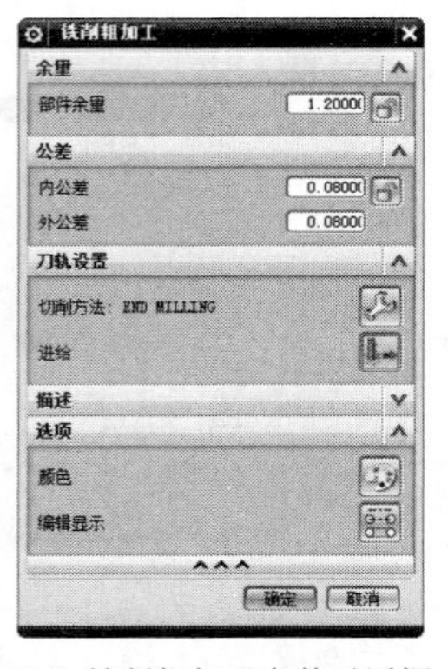

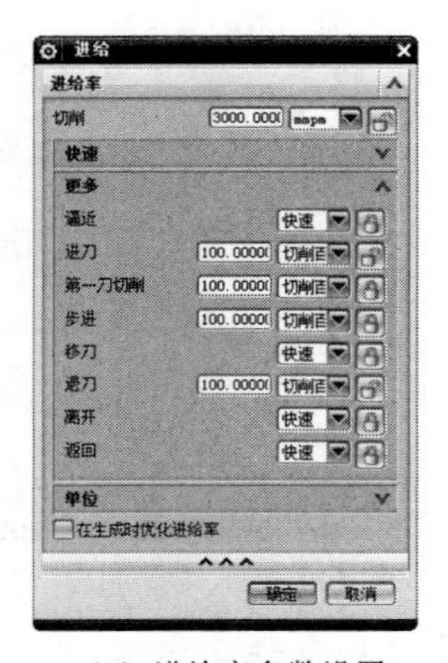

（a）加工方法视图　　（b）铣削粗加工参数对话框　　（c）进给率参数设置

图 6-150　设置粗加工参数

步骤 10 在导航器中双击 MILL_SEMI_FINISH 图标，并在弹出的对话框中按照图 6-151 所示的步骤设置半精加工参数值。

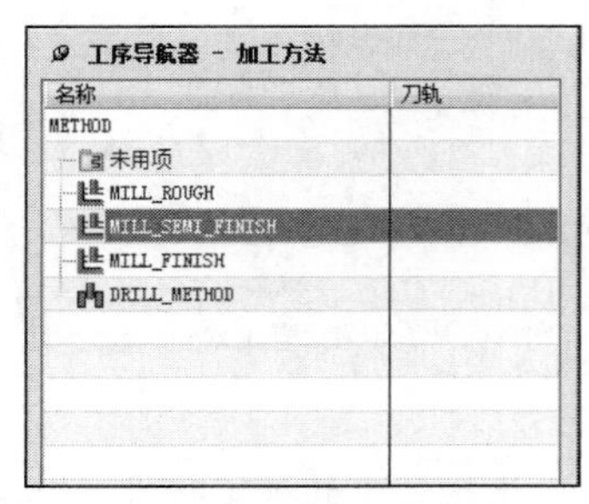

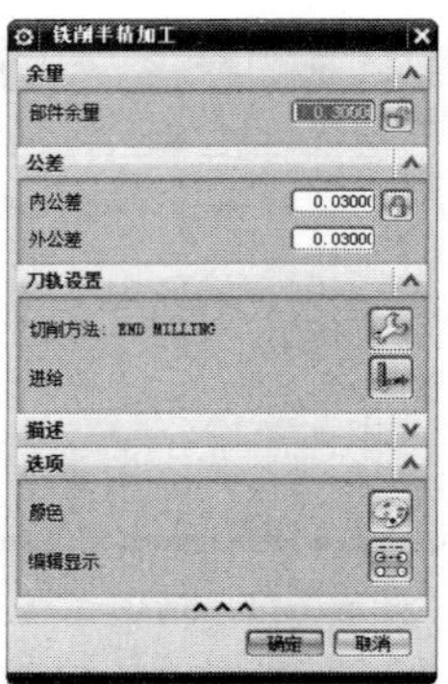

（a）加工方法视图　　（b）【铣削半精加工】对话框　　（c）进给率参数设置

图 6-151　设置半精加工参数

步骤 11 在导航器中双击MILL_FINISH图标，并在弹出的对话框中按照图6-152所示的步骤设置参数值。

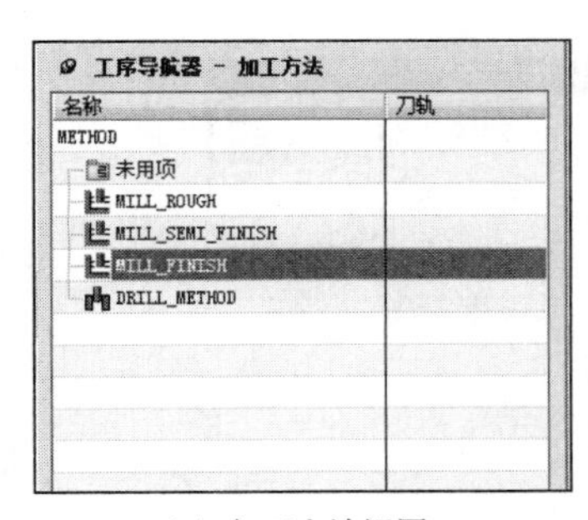
(a) 加工方法视图

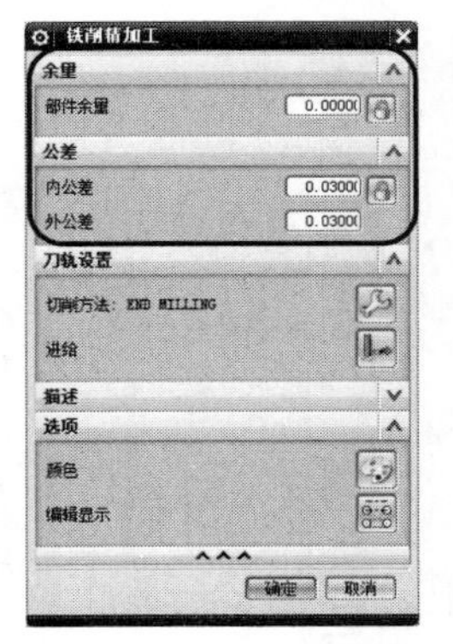
(b)【铣削精加工】对话框

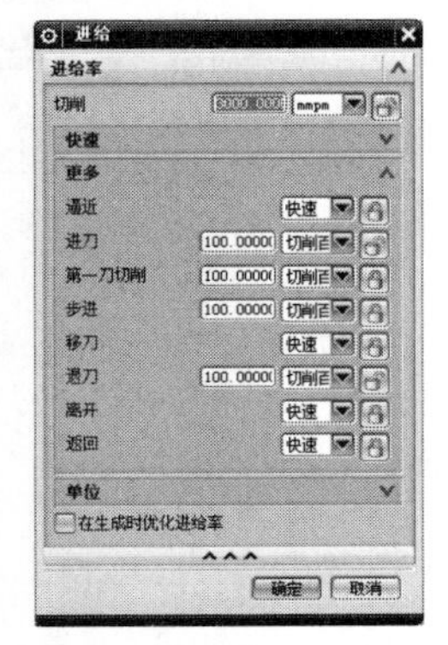
(c) 进给率参数设置

图6-152 设置精加工参数

3. 表面粗加工

步骤 01 单击【主页】下的【创建工序】按钮，弹出【创建工序】对话框，然后按照图6-153所示的步骤设置加工参数。

(a)【创建工序】对话框

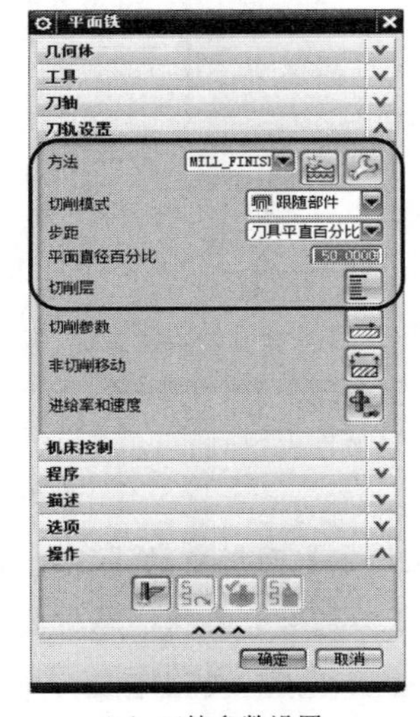
(b) 刀轨参数设置

图6-153 设置加工参数

步骤 02 设置完以上参数后，在该对话框的【几何体】面板中单击【指定部件边界】按钮，弹出【边界几何体】对话框，再选择图6-154所示的面为实体边界，单击【确定】按钮。

步骤 03 单击【几何体】面板中的【指定毛坯边界】按钮，将弹出【边界几何体】对话框。选择其中的【曲线/边】模式，此时将弹出图6-155（c）所示的【创建边界】对话框，

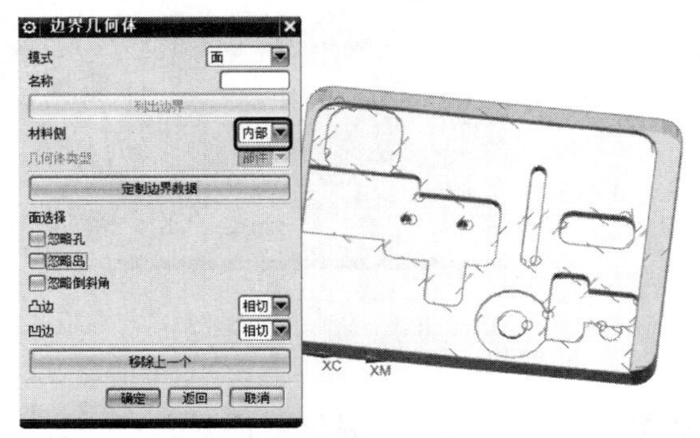
图6-154 指定部件边界

按照顺序选择毛坯的边界，此时会自动形成封闭的毛坯边界，效果如图 6-155 所示。

（a）【平面铣】对话框

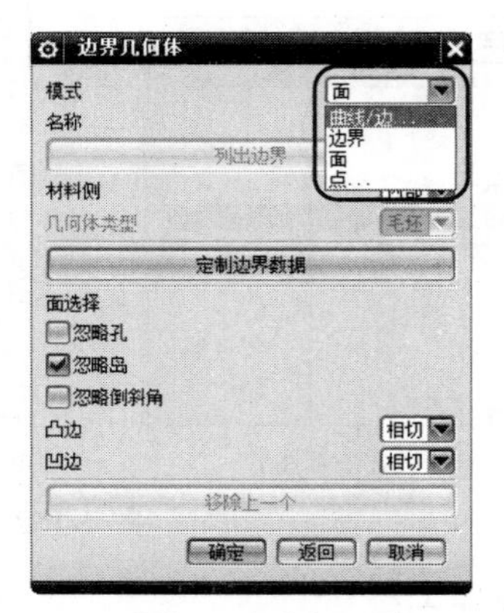

（b）【边界几何体】对话框

（c）【创建边界】对话框

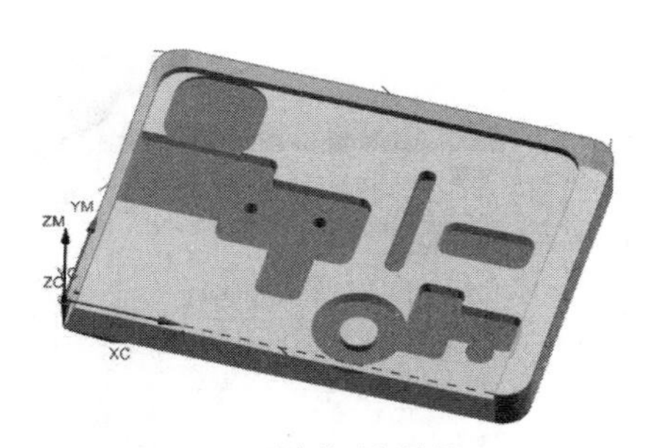

（d）已选的毛坯边界

图 6-155　创建毛坯边界

步骤 04 单击【几何体】面板中的【指定底面】按钮，将弹出【刨】对话框。在【类型】下拉列表框中选择【自动判断】选项，然后选择模型的底面，如图 6-156 所示。

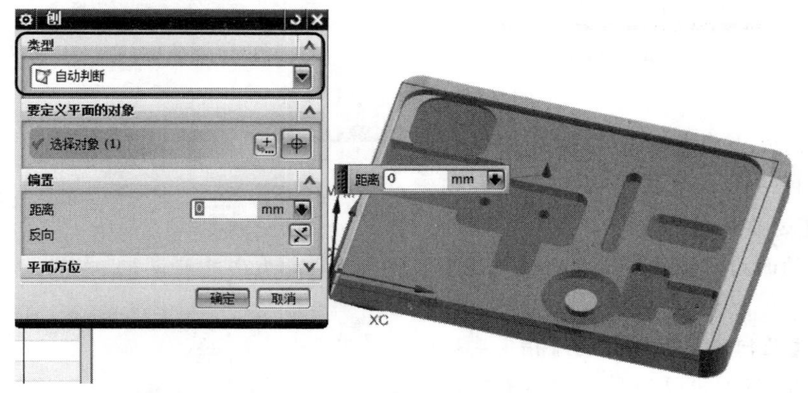

图 6-156　指定底面的选择

步骤 05 对【平面铣】对话框中的【刀轨设置】面板按照图 6-157 所示的参数进行设置。

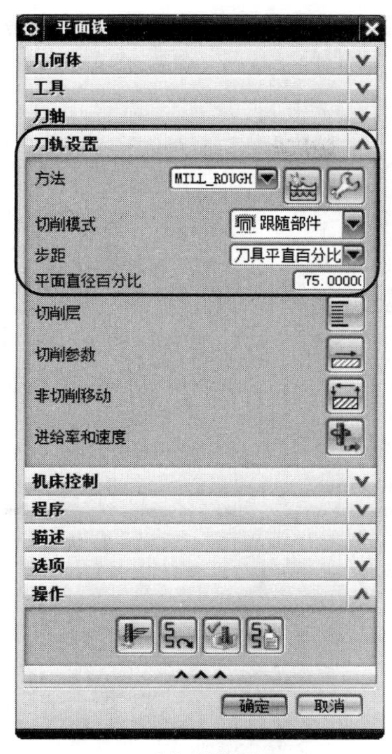

(a) 组设置

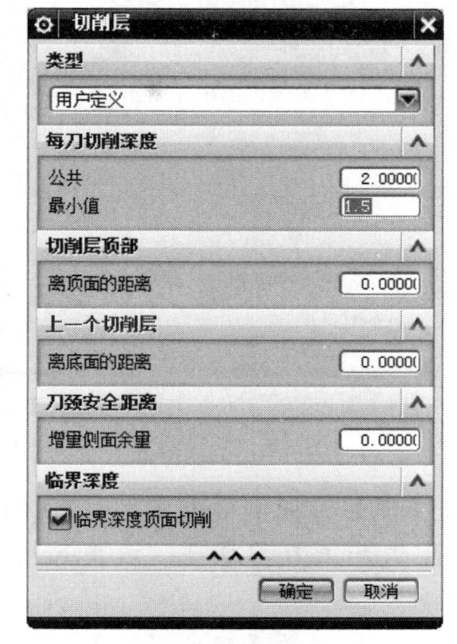

(b) 切削层设置

图 6-157　参数设置

步骤 06 【切削参数】对话框参数设置如图 6-158 所示。

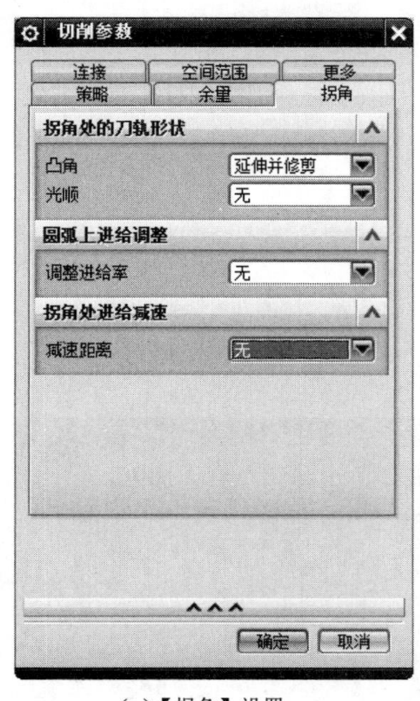

(a)【拐角】设置

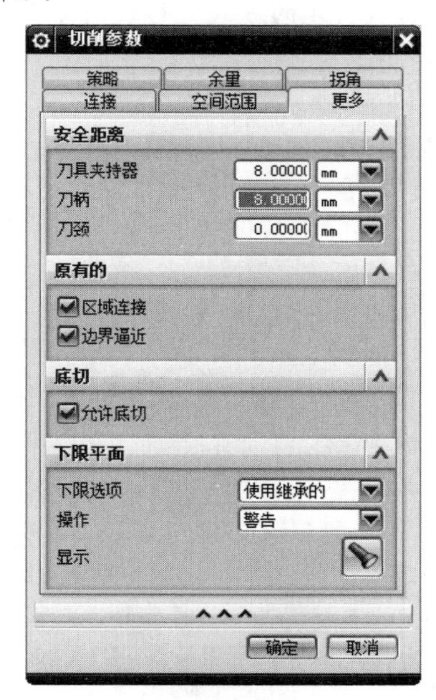

(b)【更多】设置

图 6-158　【切削参数】设置

步骤 07 【非切削移动】对话框参数设置如图 6-159 所示。

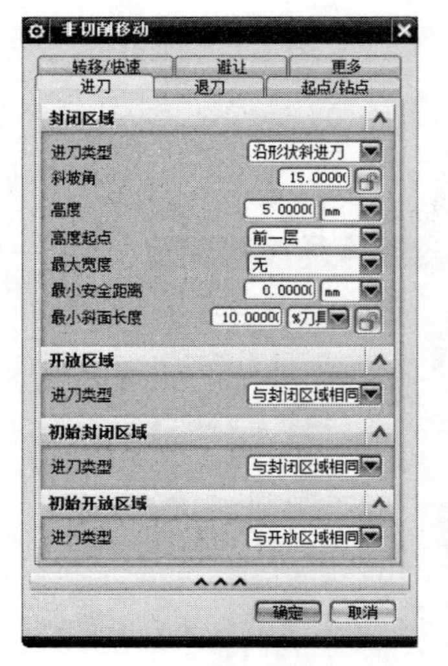
(a)【进刀】设置

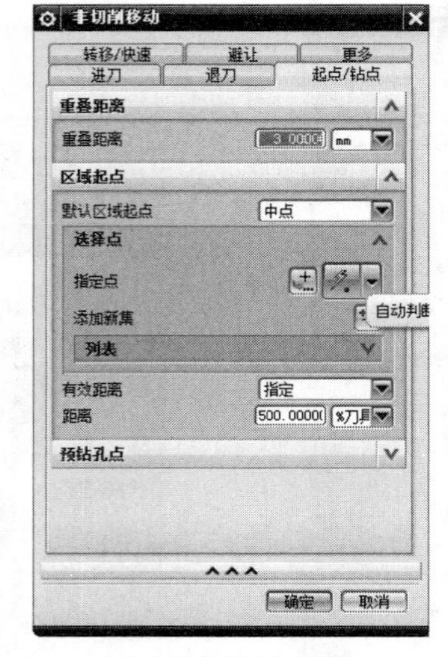
(b)【起点/钻点】设置

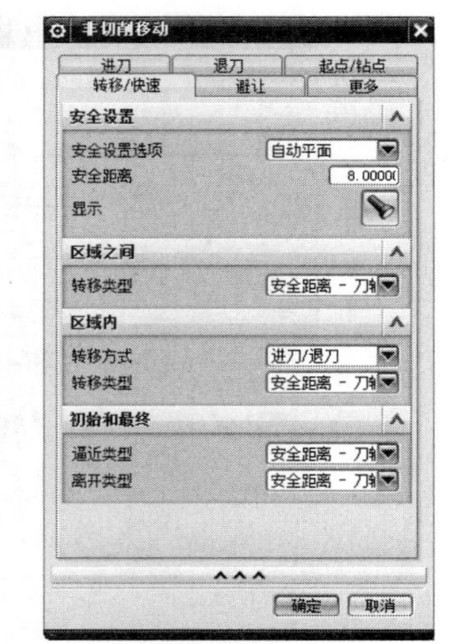
(c)【转移/快速】设置

图 6-159 【非切削移动】参数设置

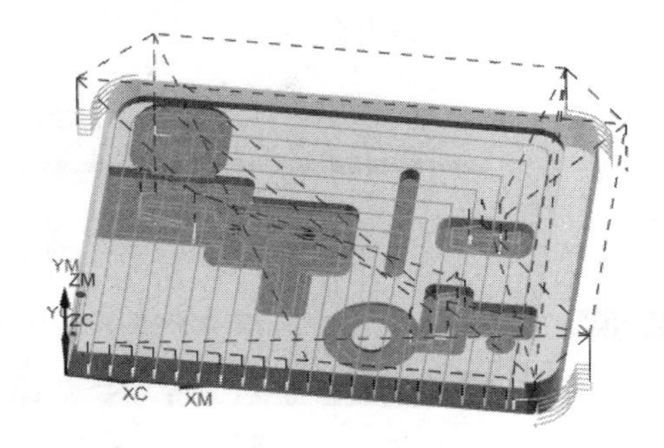

图 6-160 生成刀轨

步骤 08 在【操作】面板中单击【生成】按钮，系统将自动生成加工刀具路径，效果如图 6-160 所示。

步骤 09 单击该面板中的【确认刀轨】按钮，在弹出的【刀轨可视化】对话框中展开【2D 动态】选项卡，并单击【选项】按钮。再单击【播放】按钮，系统将以实体的方式进行切削仿真，效果如图 6-161 所示。

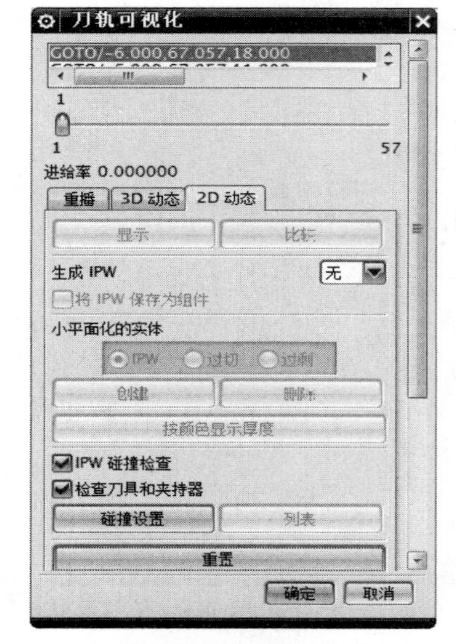
(a)【刀轨可视化】对话框

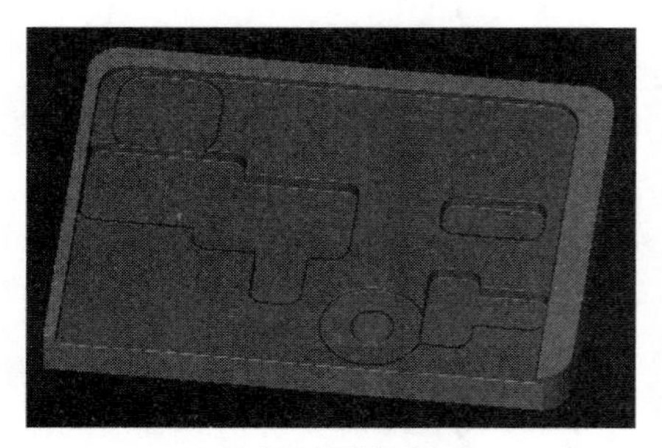
(b) 实体切削仿真

图 6-161 刀轨可视化仿真

4．表面精加工

对模型的精加工，此处选择【边界面铣】对该模具的表面进行精加工。

步骤 01 创建一把直径为 1mm、名称为 T2_D1 的端铣刀用于精加工，如图 6-162 所示。

（a）【创建刀具】对话框

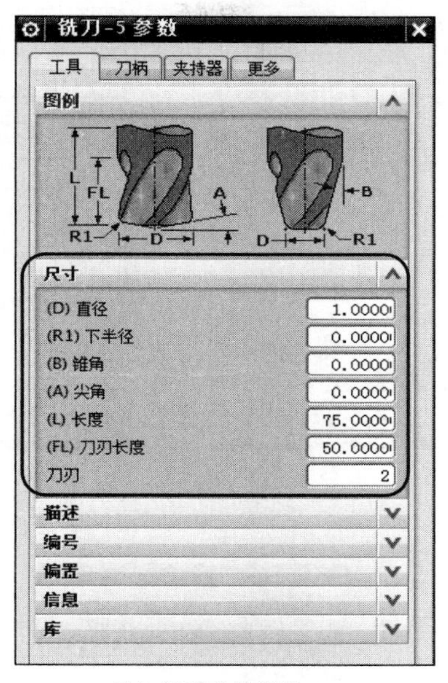

（b）铣刀参数设置

图 6-162　创建 T2_D1 的端铣刀

步骤 02 创建【使用边界面铣削】操作，组参数设置如图 6-163（a）所示，毛坯边界要通过【添加新集】选项将模型的所有将要加工的上表面都添加进来，此处注意有通孔的加工，需添加底面，如图 6-163（b）所示。

（a）组参数设置

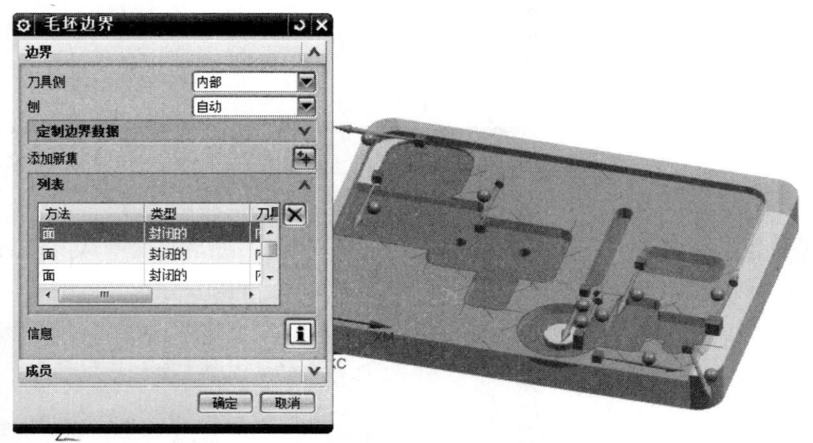

（b）毛坯边界设置

图 6-163　【面铣】参数设置

步骤 03 在【面铣】对话框的【刀轨设置】面板中单击【切削参数】按钮，对刀轨参数及切削参数进行设置，如图 6-164 所示。

步骤 04 在【刀轨设置】面板中单击【非切削移动】按钮，在弹出的【非切削移动】对话框中分别设置【进刀】、【退刀】选项卡中的各项参数，如图 6-165 所示。

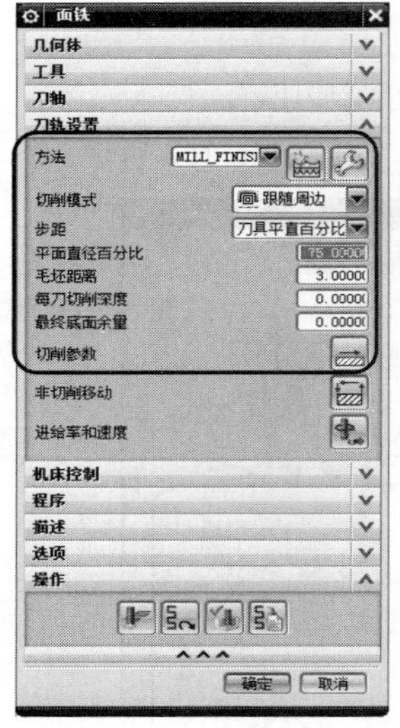

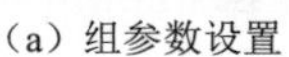
（a）组参数设置

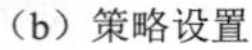
（b）策略设置

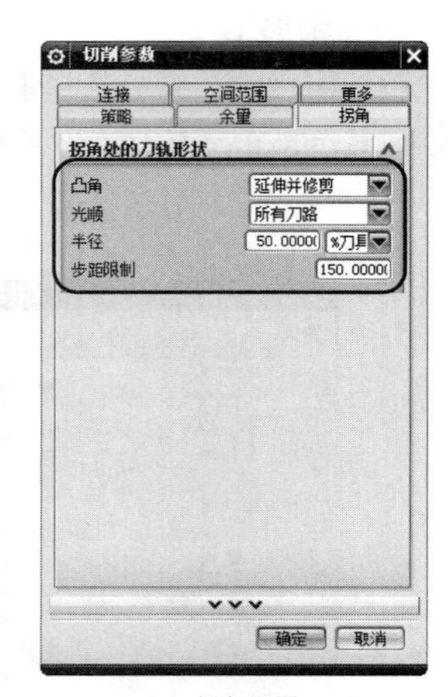

（c）拐角设置

图 6-164　【面铣】切削参数设置

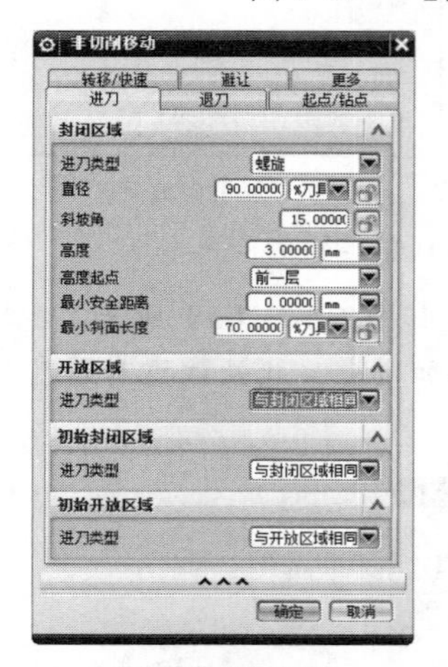

（a）【进刀】设置

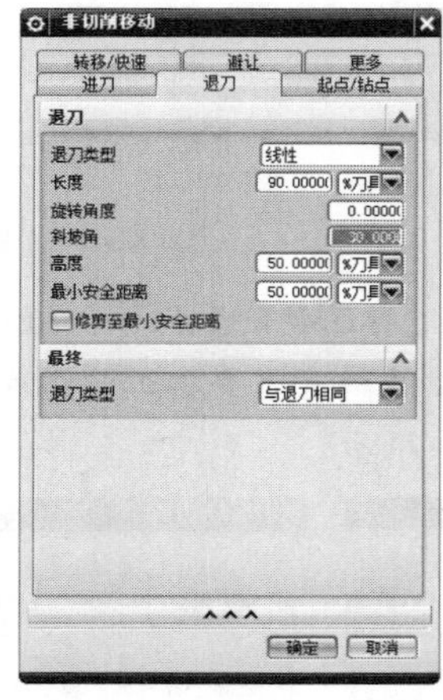

（b）【退刀】设置

图 6-165　设置非切削移动参数

步骤 05 单击【生成】按钮，将生成加工刀轨，并单击【确认刀轨】按钮，以实体的方式进行切削仿真，刀轨及仿真效果如图 6-166 所示。

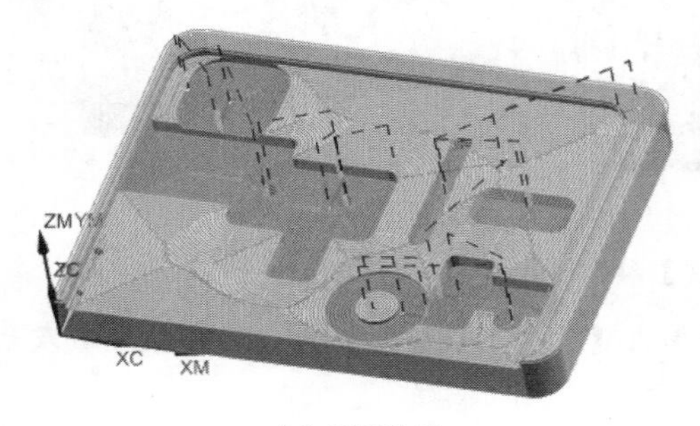

（a）刀路轨迹

（b）刀路三维切削仿真

图 6-166　生成刀轨及仿真操作切削效果

6.7.2　平面轮廓铣加工

打开 UG NX 10.0 软件，按照下面的“开始素材”路径找到本例名为 6.7.2.prt 的文件，按照下面的讲解进行该例加工程序的编制。也可根据与该例对应的视频进行学习。

	开始素材	Prt_start\chapter 6\6.7.2.prt
	结果素材	Prt _result\chapter 6\6.7.2.prt
	视频位置	Movie\chapter 6\6.7.2.avi

1．加工工艺分析

本实例创建模具铣削加工，模型如图 6-167 所示。要实现该模型加工成品效果，需要定义两种加工方式，分别为平面铣和平面轮廓铣削加工。这里使用平面铣完成型腔大区域及孔的粗加工，继续使用平面轮廓铣对型腔中的小凸台和凹槽进行精加工。在指定铣削边界时，要根据需要启用或禁用忽略岛或忽略孔功能，以便指定正确的边界，生成完整的刀路轨迹。

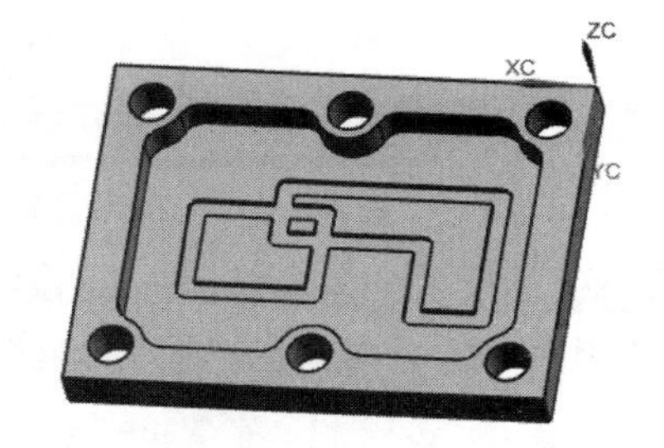

图 6-167　模型

2．公共项目设置

步骤 01 启动 UG NX 10.0 软件，单击【打开文件】按钮，在弹出的对话框中选择本书配套资源文件 6.7.2.prt，单击【确定】按钮打开该文件。

步骤 02 依次选择【文件】|【应用模块】|【加工】命令，进入加工环境，或者通过快捷键【Ctrl+Alt+M】快速进入加工环境。

步骤 03 在弹出的【加工环境】对话框中选择铣削加工，单击【确定】按钮进入铣削加工环境，如图 6-168 所示。

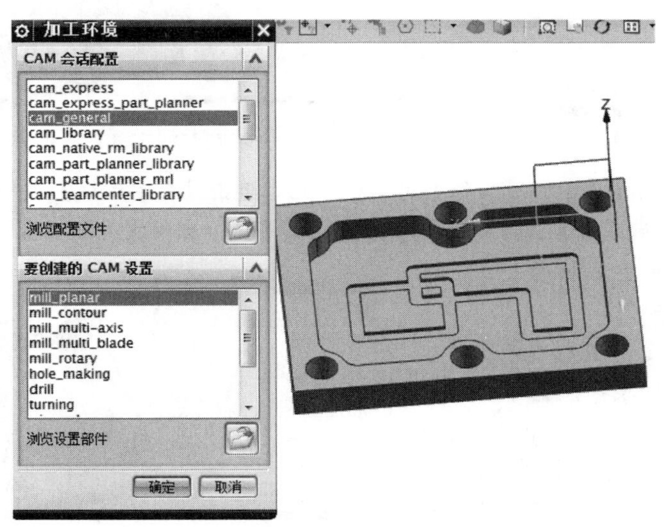

图 6-168　壳体模型

步骤 04 将视图调至【几何视图】，双击工序导航器中的坐标系设置按钮，打开图 6-169 所示的坐标系设置对话框。输入安全距离 10mm，并单击【指定】按钮。然后在弹出的对话框中选择坐标系参考方式为 WCS，如图 6-170 所示。

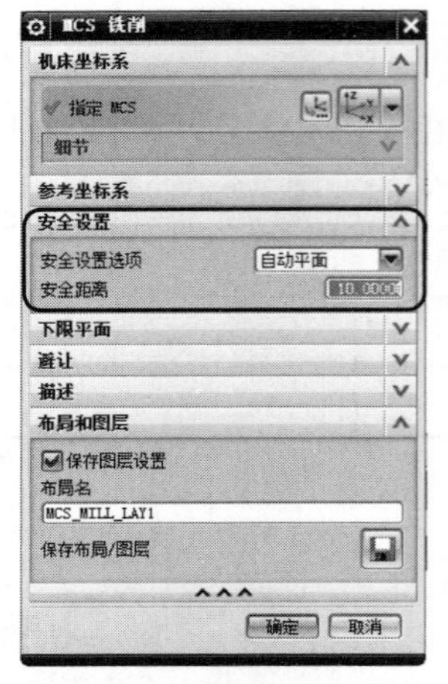

图 6-169　坐标系设置

图 6-170　参数选择

步骤 05 双击工序导航器下的 WORKPIECE 图标，然后在图 6-171 所示的对话框中单击【指定部件】按钮，并在新打开的对话框中选择图 6-172 所示的模型为几何体。

图 6-171　【工件】对话框

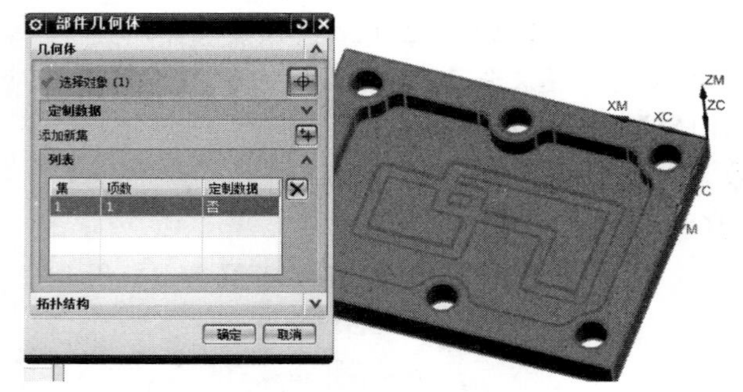

图 6-172　指定部件几何体

步骤 06 选择部件几何体后返回【工件】对话框。此时单击【指定毛坯】按钮，在弹出的对话框中选择【包容块】选项并单击【确定】按钮，右侧将显示自动块毛坯模型，如图 6-173 所示，可根据实际需求调节包容块的尺寸。此处使用默认的设置即可。

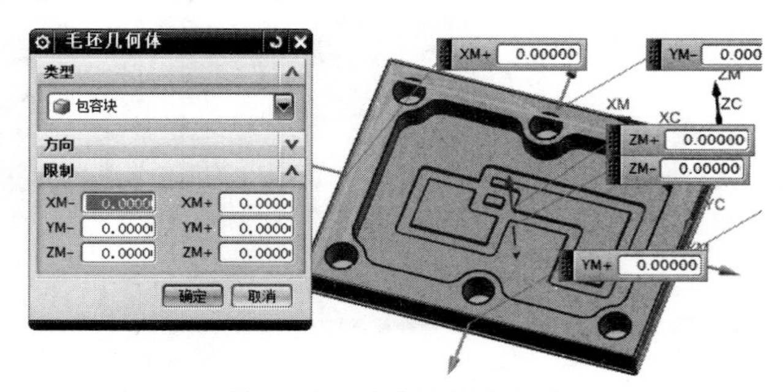

图 6-173　指定毛坯几何体

步骤 07 在【导航器】工具栏中单击【机床视图】按钮，切换导航器中的视图模式。然后在【创建】工具栏中单击【创建刀具】按钮，弹出【创建刀具】对话框。按照图 6-174 所示的步骤新建名称为 T1_D4 的端铣刀，并按照实际设置刀具参数。

步骤 08 在【加工方法视图】下双击导航器中的 MILL_ ROUGH 图标，并在弹出的对话框中按照图 6-175 所示的步骤设置参数值。

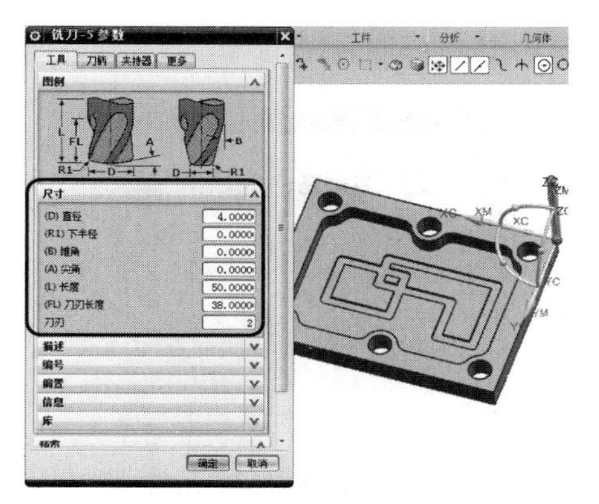

（a）【创建刀具】对话框　　（b）参数设置对话框

图 6-174　创建名为 T1_D4 的端铣刀

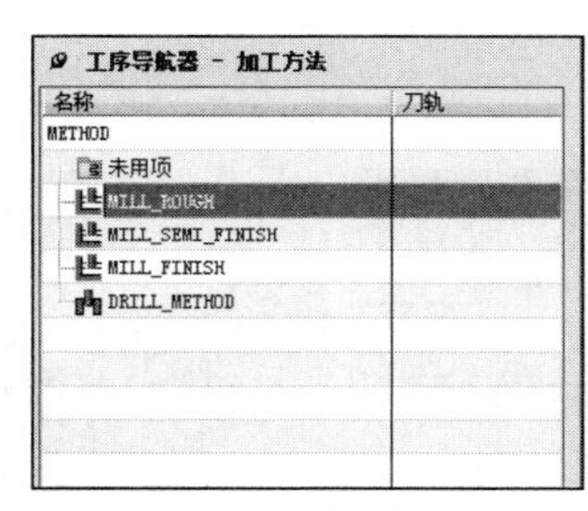

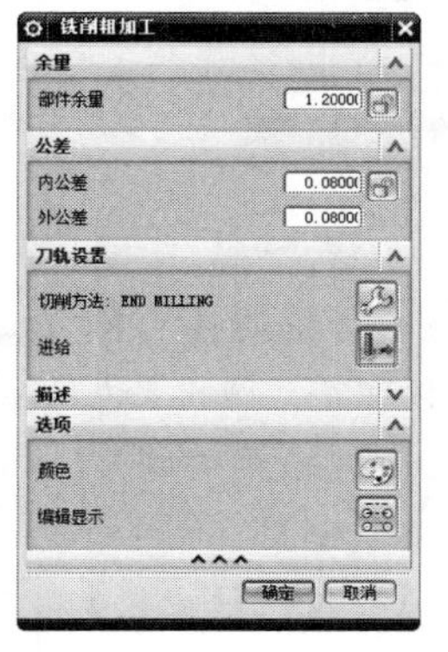

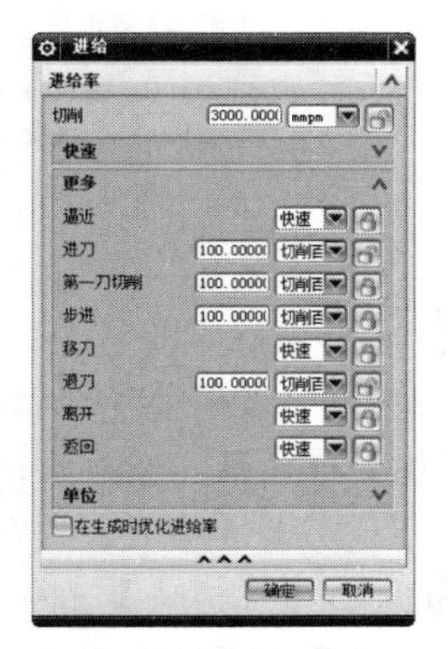

（a）加工方法视图　　（b）铣削粗加工参数对话框　　（c）进给率参数设置

图 6-175　设置粗加工参数

步骤 09 在导航器中双击 MILL_FINISH 图标，并在弹出的对话框中按照图 6-176 所示的步骤设置参数值。

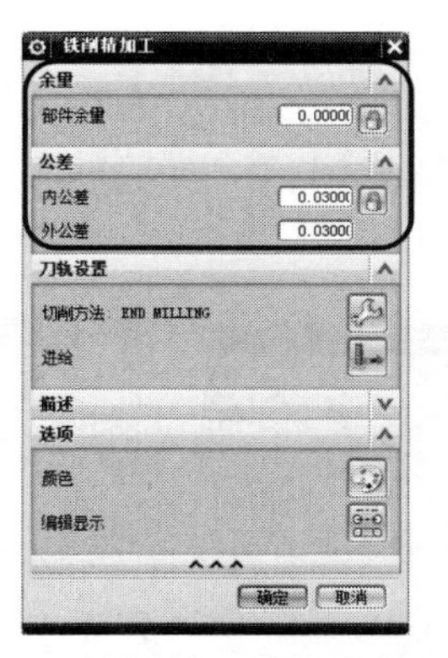

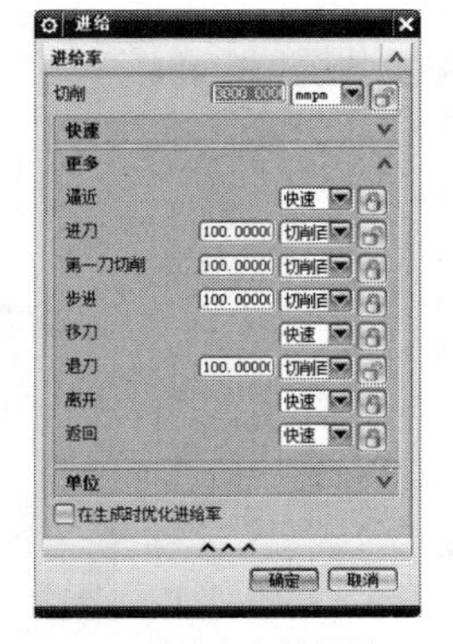

（a）加工方法视图　　（b）铣削精加工参数对话框　　（c）进给率参数设置

图 6-176　设置精加工参数

3．平面铣粗加工

步骤 01 单击【主页】下的【创建工序】按钮，弹出【创建工序】对话框，然后按照图 6-177 所示的步骤设置加工参数。

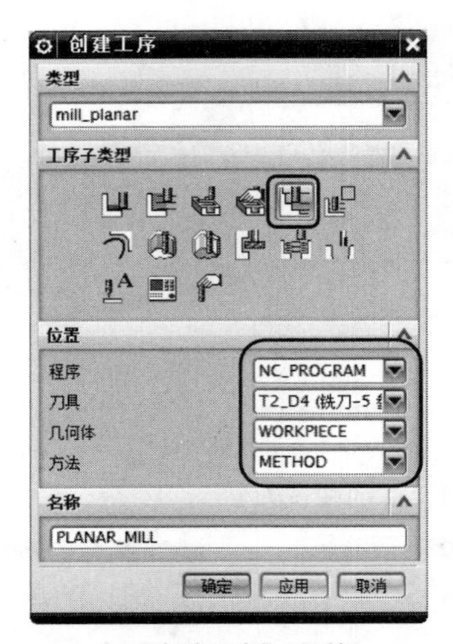

(a)【创建工序】对话框

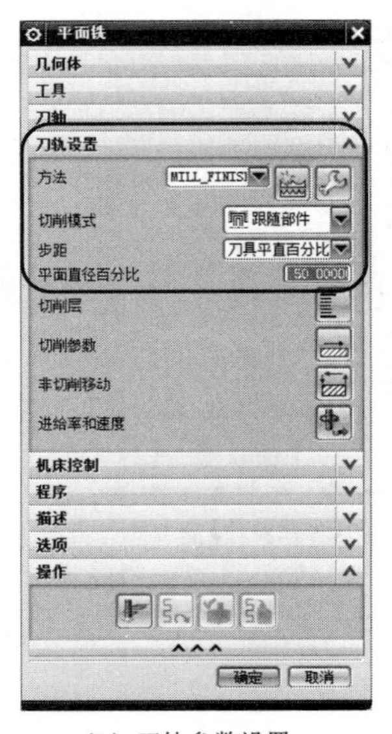

(b) 刀轨参数设置

图 6-177　设置加工参数

步骤 02 设置完以上参数后，在该对话框的【几何体】面板中单击【指定部件边界】按钮，弹出【边界几何体】对话框，然后选择图 6-178 所示的面为实体边界，单击【确定】按钮。

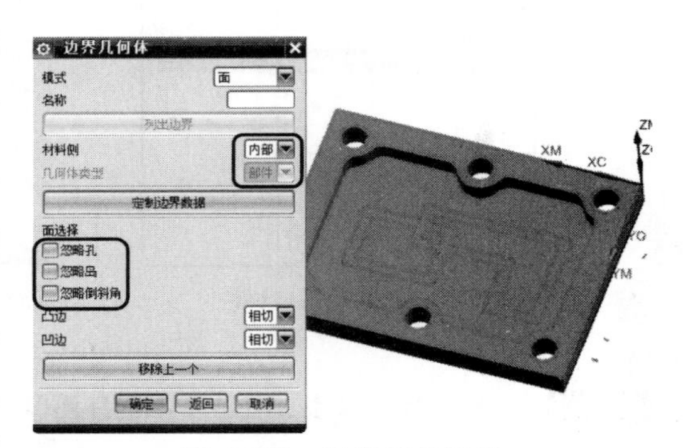

图 6-178　指定部件边界

步骤 03 单击【几何体】面板中的【指定毛坯边界】按钮，将弹出【边界几何体】对话框。选择其中的【曲线/边】模式，此时将弹出图 6-179（c）所示的【创建边界】对话框，按照顺序选择毛坯的边界，此时会自动形成封闭的毛坯边界，详细流程如图 6-179 所示。

(a)【平面铣】对话框

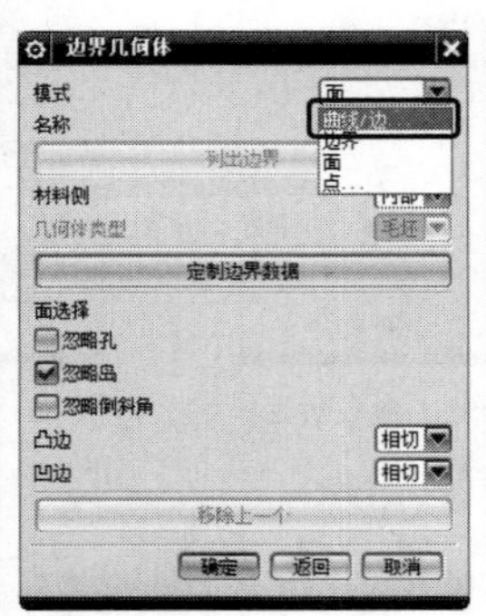

(b)【边界几何体】对话框

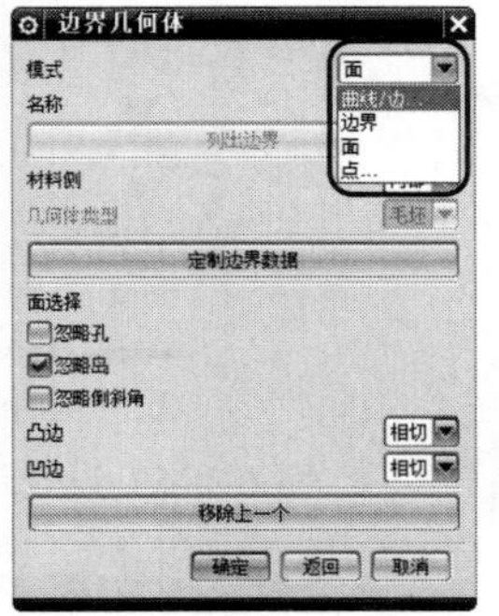

(c)【创建边界】对话框

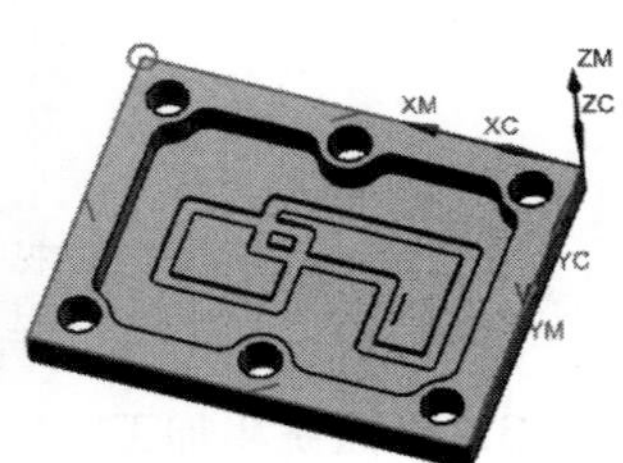

(d) 已选的毛坯边界

图 6-179　创建毛坯边界

步骤 04 单击【几何体】面板中的【指定底面】按钮，将弹出【刨】对话框。选择【自动判断】类型，然后选择模型的底面，如图 6-180 所示。

步骤 05 对【平面铣】对话框下的【刀轨设置】面板按照图 6-181 所示的参数进行设置。

步骤 06 【切削参数】对话框参数设置如图 6-182 所示。

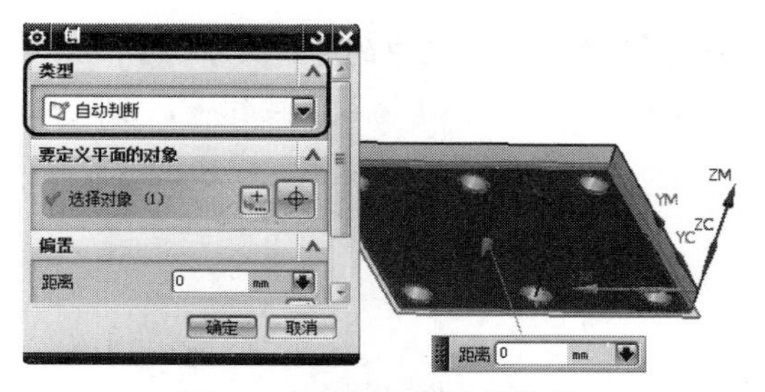

图 6-180　指定底面的选择

步骤 07 【非切削移动】对话框参数设置如图 6-183 所示。

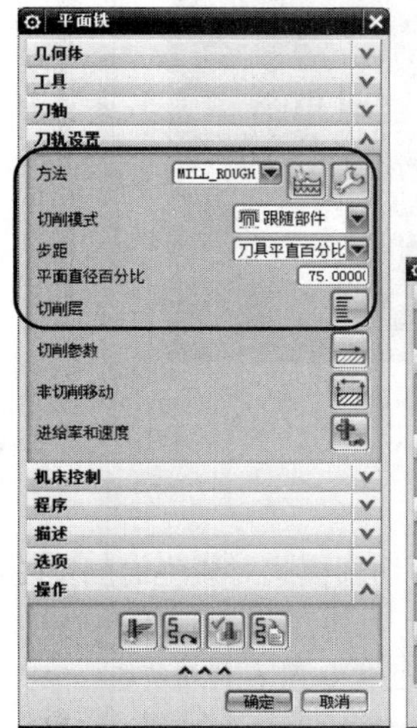

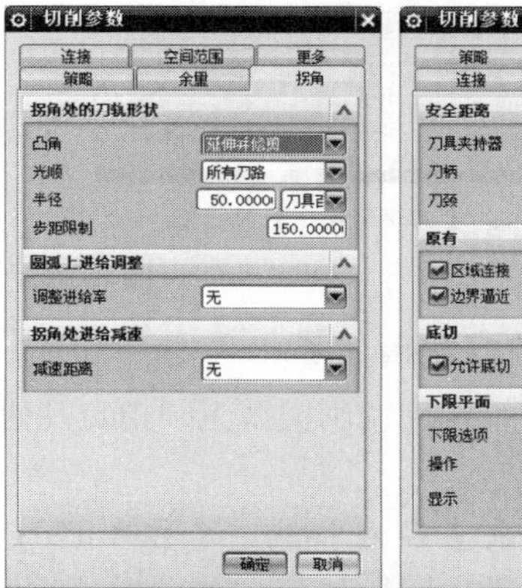

（a）组设置　（b）切削层设置

图 6-181　参数设置

（a）【拐角】设置　（b）【更多】设置

图 6-182　【切削参数】设置

步骤 08 在【操作】面板中单击【生成】按钮，系统将自动生成加工刀具路径，效果如图 6-184 所示。

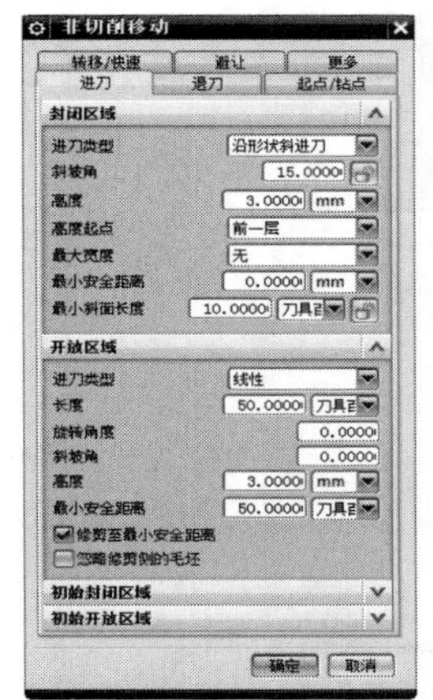

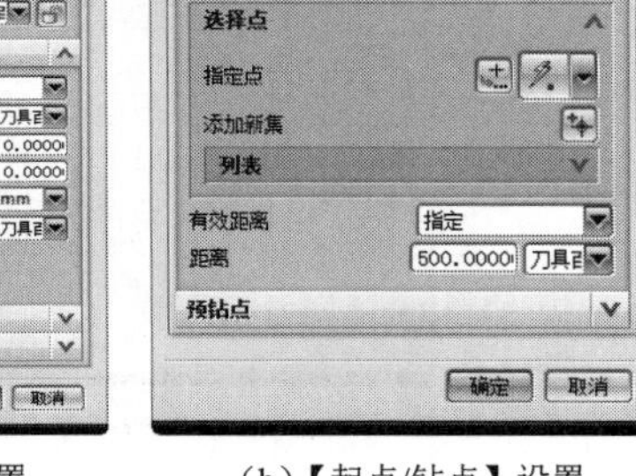

（a）【进刀】设置　（b）【起点/钻点】设置

图 6-183　【非切削移动】参数设置

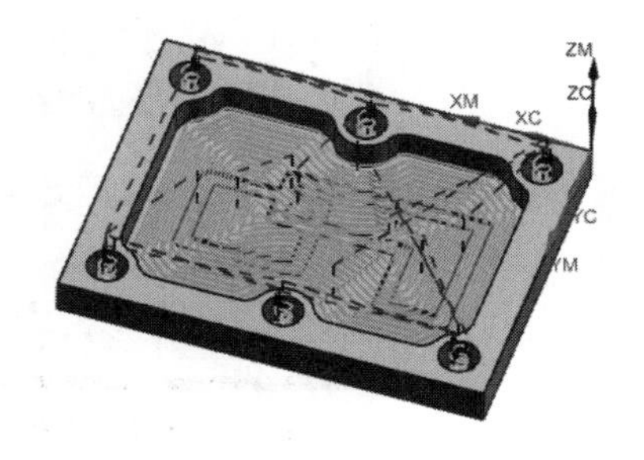

图 6-184　生成刀轨

步骤 09 单击该面板中的【确认刀轨】按钮，在弹出的【刀轨可视化】对话框中展开【2D 动态】选项卡。接着单击【播放】按钮，系统将以实体的方式进行切削仿真，效果如图 6-185 所示。

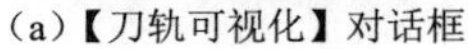
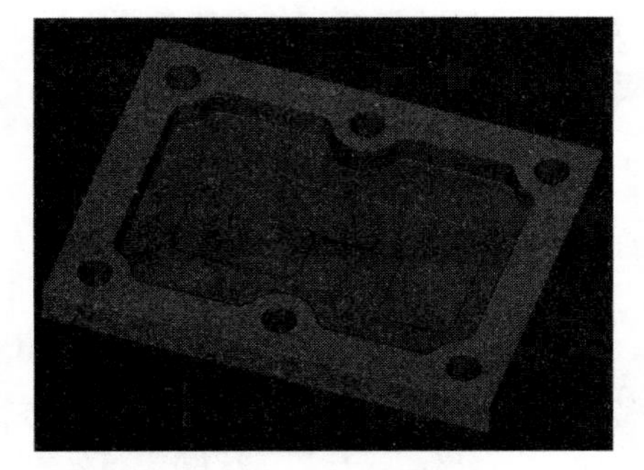

（a）【刀轨可视化】对话框　　（b）实体切削仿真

图 6-185　刀轨可视化仿真

4. 平面轮廓铣精加工

“平面轮廓精铣”切削类型无须指定几何体，仅使用“轮廓加工”切削模式对模型的侧壁轮廓进行精加工。

步骤 01 创建一把直径为 1mm、名称为 T2_D1 的端铣刀用于精加工，过程如图 6-186 所示。

（a）【创建刀具】对话框　　（b）铣刀参数设置

图 6-186　创建 T2_D1 端铣刀

步骤 02 创建【平面轮廓铣】操作，组参数设置如图 6-187 所示，毛坯边界要通过【添加新集】选项将模型的所有将要加工的上表面都添加进来，如图 6-188 所示。

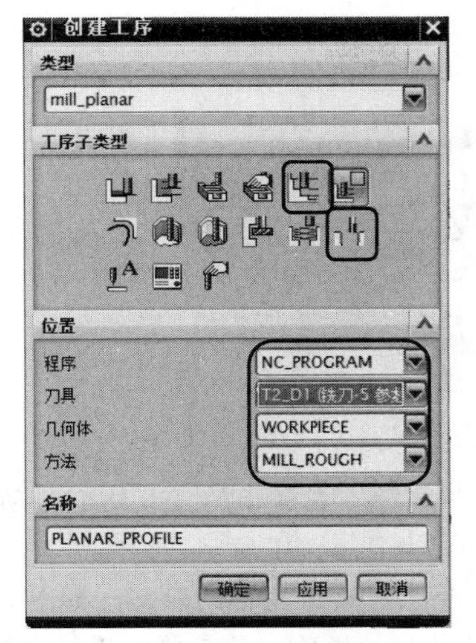

图 6-187　创建【平面轮廓铣】操作

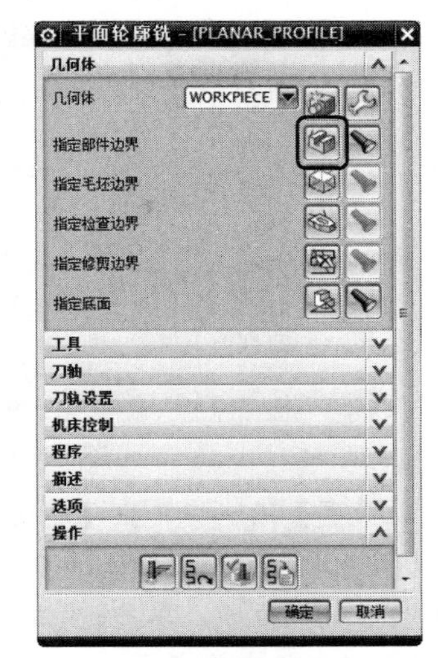

图 6-188　【平面轮廓铣】对话框

步骤 03 在【平面轮廓铣】对话框的【几何体】面板中单击【指定部件边界】按钮，如图 6-188 所示，对部件的边界进行设置，具体流程如图 6-189 所示。

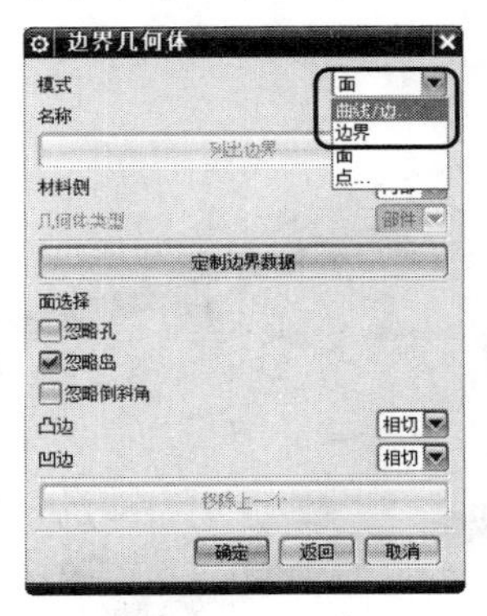

（a）边界几何体

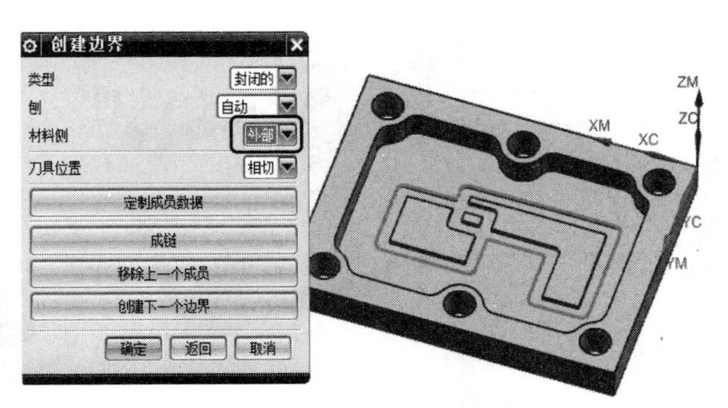

（b）指定边界

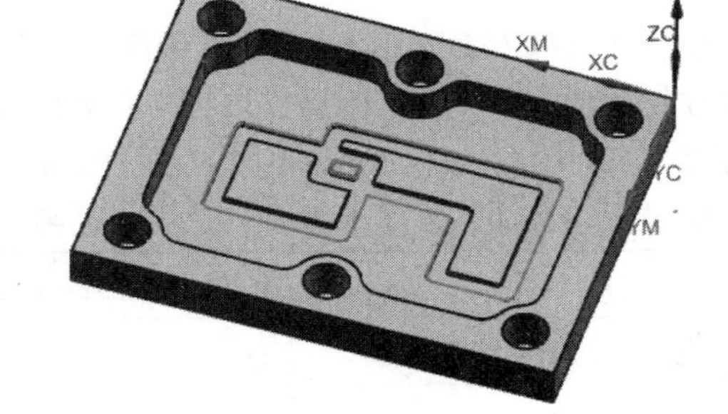

（c）创建下一个边界

图 6-189　【指定部件边界】参数设置

步骤 04 在【平面轮廓铣】对话框的【几何体】面板中单击【指定底面】按钮，如图 6-190 所示。

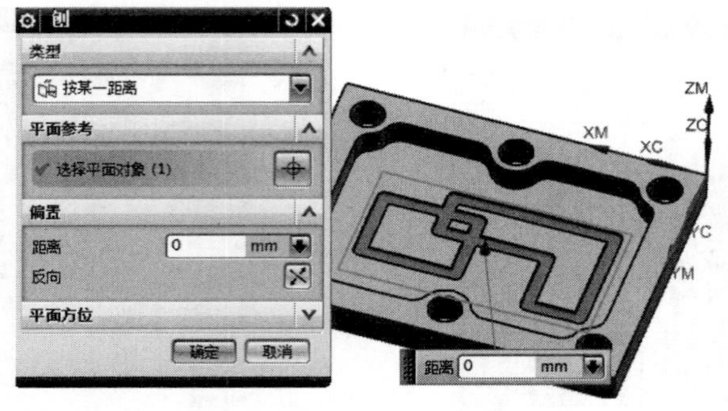

图 6-190　指定底面几何体

步骤 05 在【刀轨设置】面板中单击【非切削移动】按钮，在弹出的【非切削移动】对话框中设置【进刀】选项卡中的各项参数，退刀与进刀相同，如图 6-191 所示。

步骤 06 保留其他参数的设置，单击【生成】按钮，将生成精铣轮廓的刀路，如图 6-192 所示，在【平面轮廓铣】对话框中单击【确定】按钮，完成精加工操作。最后单击【保存】按钮。

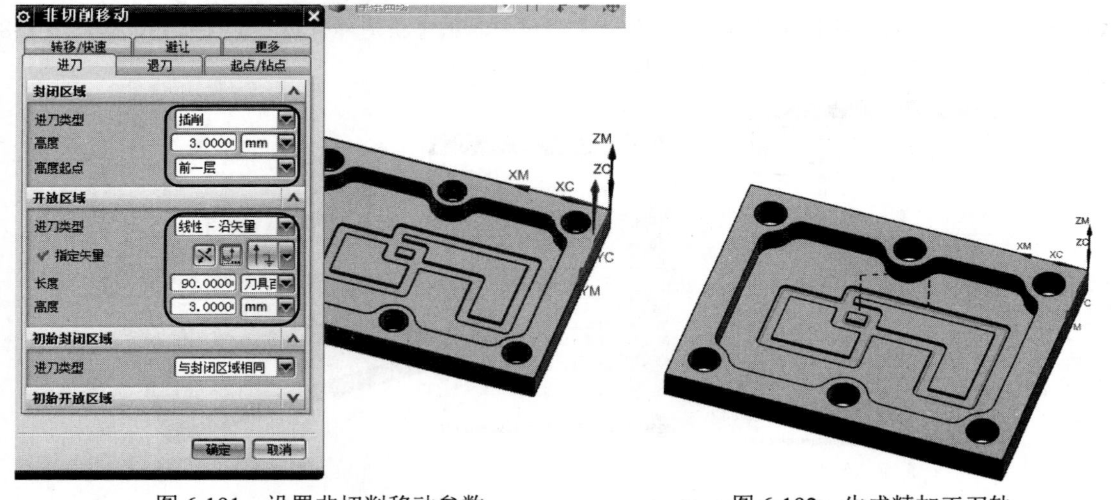

图 6-191　设置非切削移动参数　　图 6-192　生成精加工刀轨

6.7.3　螺纹铣加工

螺纹铣削（THREAD_MILLING）能铣削孔的内螺纹特征和凸台的外螺纹特征。下面以一个内、外螺纹铣削实例来说明铣削操作过程与参数设置方法。

打开 UG NX 10.0 软件，按照下面的“开始素材”路径找到本例名为 6.7.3.prt 的文件，按照下面的讲解进行该例加工程序的编制。也可根据与该例对应的视频进行学习。

	开始素材	Prt_start\chapter 6\6.7.3.prt
	结果素材	Prt _result\chapter 6\6.7.3.prt
	视频位置	Movie\chapter 6\6.7.3avi

1. 加工工艺分析

本实例加工模型如图 6-193 所示。螺纹铣削的加工工艺分析如下：

（1）编辑加工坐标系；

（2）创建用于精加工的螺纹铣削刀具（直径 1mm）；

（3）先加工凸台螺纹（外螺纹）；

（4）再加工孔螺纹（内螺纹）。

2. 公共项目设置

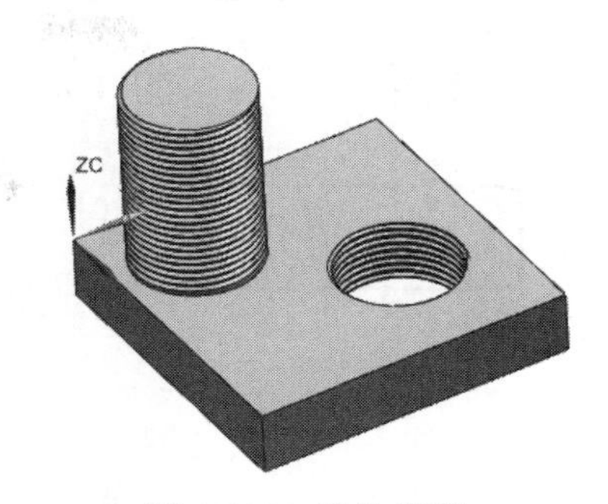

图 6-193 壳体模型

步骤 01 启动 UG NX 10.0 软件，单击【打开文件】按钮，在弹出的对话框中选择本书配套资源文件 6.7.3.prt，单击【确定】按钮打开该文件。

步骤 02 依次选择【文件】|【应用模块】|【加工】命令，进入加工环境，或者通过快捷键【Ctrl+Alt+M】快速进入加工环境。

步骤 03 在弹出的【加工环境】对话框中选择铣削加工，单击【确定】按钮进入铣削加工环境，如图 6-194 所示。

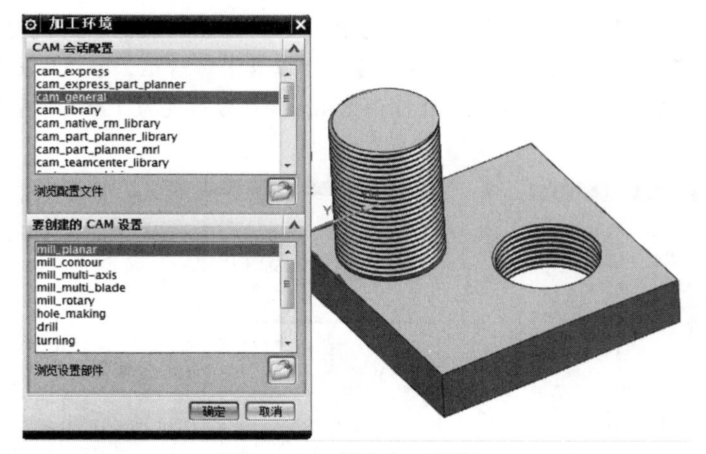

图 6-194 进入加工环境

步骤 04 在【导航器】工具栏中单击【程序顺序视图】按钮，将当前工序导航器切换至程序顺序视图。然后单击【主页】下的【创建程序】按钮，弹出【创建程序】对话框。按照图 6-195 所示的步骤创建程序父节点，新创建的节点将位于导航器中。

图 6-195 创建程序父节点

步骤 05 将视图调至【几何视图】，双击 MCS_MILL 项目，然后将加工坐标系移动至凸台顶部中心点上，如图 6-196 所示。

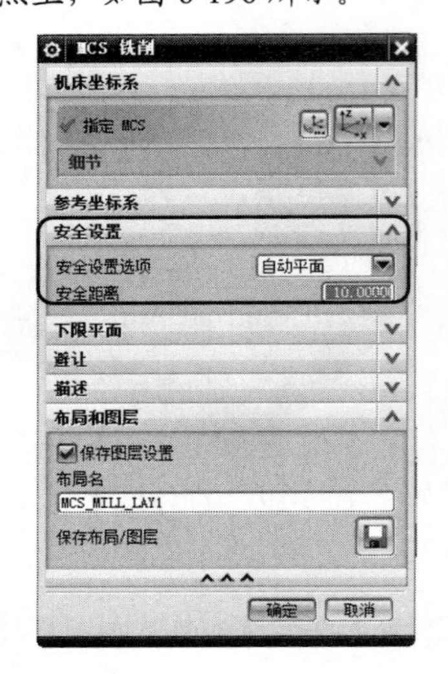

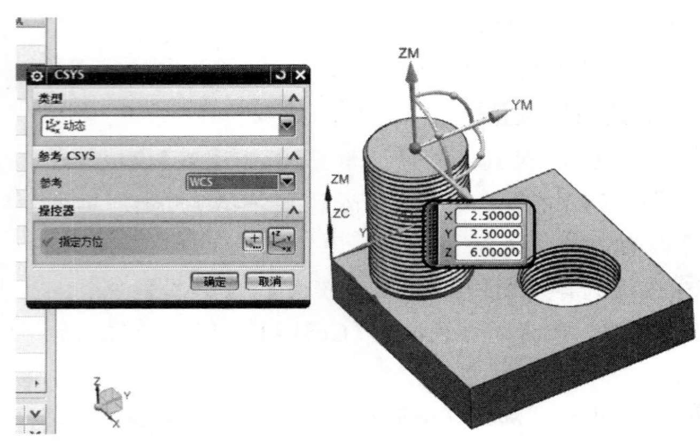

图 6-196　加工坐标系设置

步骤 06 在【导航器】工具栏中单击【机床视图】按钮，切换导航器中的视图模式。然后在【创建】工具栏中单击【创建刀具】按钮，弹出【创建刀具】对话框。按照图 6-197 所示的步骤新建名称为 T1 的、颈部直径为 0.75 mm、长度为 8 mm、刀刃长度为 1 mm、螺距为 0.25 mm 的螺纹铣刀。

（a）【创建刀具】对话框

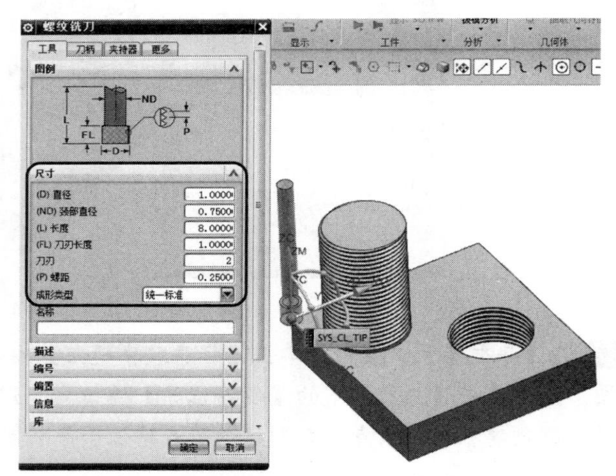

（b）参数设置对话框

图 6-197　创建名为 T1_D6 的螺纹铣刀

3. 加工凸台螺纹

步骤 01 单击【主页】下的【创建工序】按钮，弹出【创建工序】对话框，在弹出的对话框中创建螺纹铣操作，如图 6-198 所示。创建操作后，弹出【螺纹铣】对话框，如图 6-199 所示。

步骤 02 在【几何体】选项区单击【指定特征几何体】按钮，然后按照图 6-200 所示的操作步骤指定凸台几何体。其中选择凸台的圆柱表面作为对象。

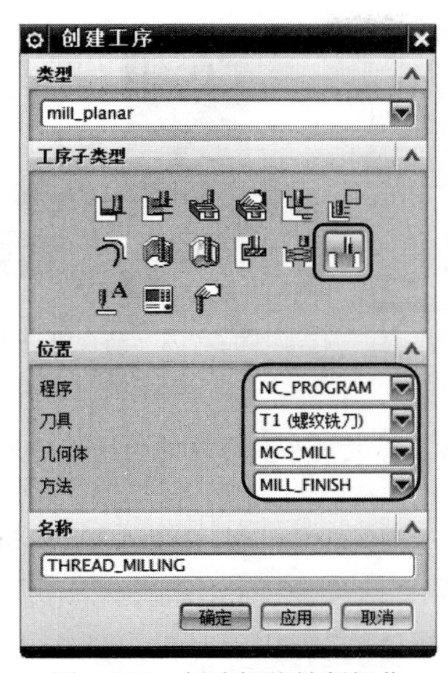

图 6-198 创建螺纹铣削操作

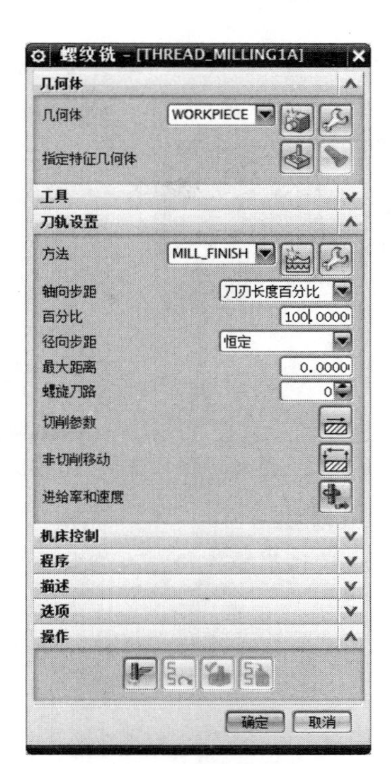

图 6-199 【螺纹铣】对话框

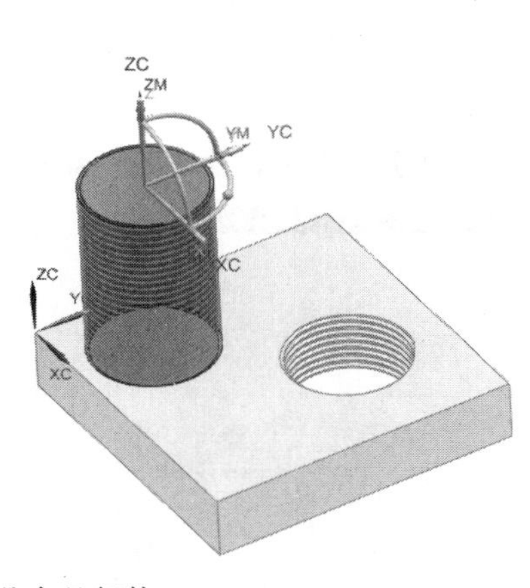

图 6-200 指定凸台几何体

步骤 03 在【刀轨设置】选项区域设置刀路和步距参数，具体参数如图 6-201 所示。

步骤 04 单击【切削参数】按钮，然后在弹出的【切削参数】对话框中，切削方向选择为顺铣，连续切削，顶偏置距离设置为 0.3，如图 6-202 所示。

步骤 05 保留其他参数的设置，单击【生成】按钮，生成精铣轮廓的刀路，如图 6-203 所示。

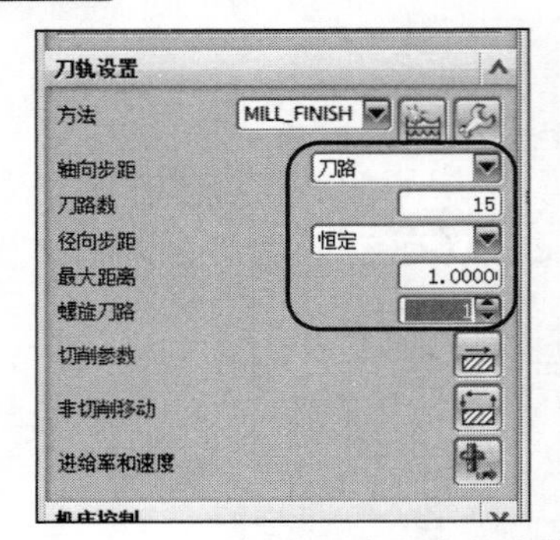

图 6-201　设置螺纹刀路和步距参数

图 6-202　设置切削参数

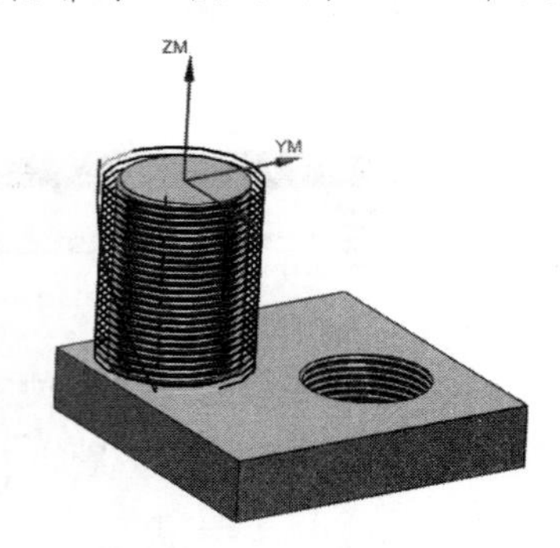

图 6-203　凸台螺纹刀路

4．加工孔螺纹

步骤 01 孔螺纹的切削操作与凸台螺纹是完全相同的，可以复制凸台螺纹铣的操作，如图 6-204 所示。

步骤 02 将加工几何体更改为模型中孔几何体，将螺纹长度改为“2”，如图 6-205 所示。

图 6-204　复制凸台螺纹铣操作

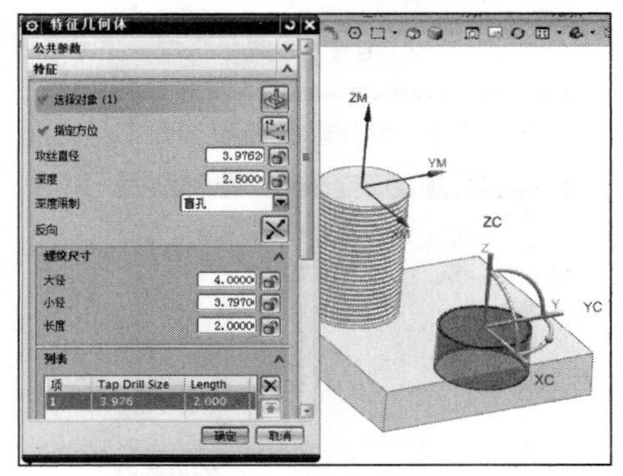

图 6-205　指定孔几何体

步骤 03 在【螺纹铣】对话框中，将步距的刀路数改为“5”，如图 6-206 所示。具体的孔切削加工过程就不介绍了。

步骤 04 单击【生成】按钮，生成精铣轮廓的刀路，如图 6-207 所示。

图 6-206　【螺纹铣】对话框

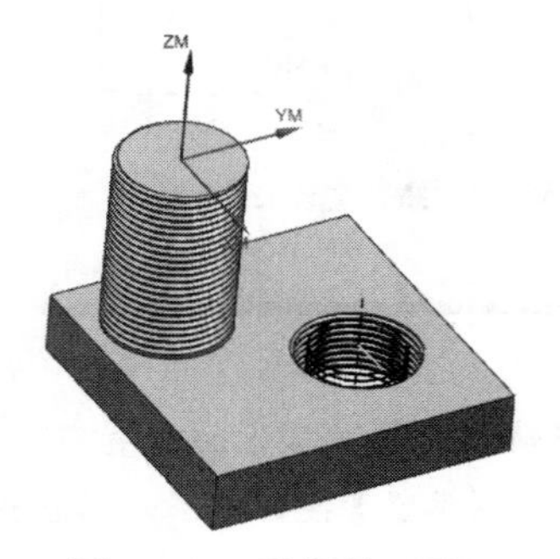

图 6-207　孔螺纹刀路

本章小结

本章主要介绍了平面铣概述、平面铣几何体的选择和平面铣参数选择等铣加工的基础知识。为了让读者温习前面所学的基础知识，本章最后还以平面铣的经典加工案例，详细讲解了 UG 平面铣的操作过程。

平面铣（Planar Milling）是用于平面轮廓、平面区域或平面孤岛的一种铣削方式，它是通过逐层切削工件来创建刀具路径主要用于零件的粗、精加工。本章应掌握以下基本点：

（1）平面铣的几何体。

（2）平面铣的切削参数。

（3）平面铣的分层切削参数。

学习了本章后，希望读者能全面掌握平面铣的基本概念和操作方法，以便打下良好的基础。

第 7 章 型腔铣削加工

型腔是 CNC 铣床、加工中心中常见的铣削加工内结构。铣削型腔时，需要在由边界线确定的一个封闭区域内去除材料，该区域由侧壁和底面围成，其侧壁和底面可以是斜面、凸台、球面及其他形状。型腔内部可以全空或有孤岛。对于形状比较复杂或内部有孤岛的型腔，则需要使用计算机辅助（CAM）编程。

7.1 型腔铣概述

平面铣使用边界来定义“部件”材料，型腔铣则使用边界、面、曲线和体来定义“部件”材料。等高轮廓铣、清根加工、角落粗铣等操作是型腔铣中较为常用的铣削方式。型腔铣操作可移除平面层中的大量材料，由于在铣削后会残留余料，因此轮廓铣最常用于在精加工操作之前对材料进行粗铣。

7.1.1 型腔铣的特点

型腔铣可以进行材料的粗加工以快速地去除余量。该铣削方式根据型腔或型芯的形状，将要切除的部位在 Z 轴方向上分成多个切削层进行切削，每一切削层可以指定不同的深度，可以加工复杂的工件表面，如图 7-1 所示。

图 7-1 型腔铣削加工

型腔铣（CAVITY_MILL）主要用于曲面、直壁或斜度不大的侧壁及轮廓的型腔、型芯加工，用于粗加工以切除大部分毛坯材料，几乎适用于加工任意形状的模型。型腔铣以固定刀轴快速而高效地粗加工平面或曲面类的几何体，平面类的几何体是指零件在垂直或平行于刀轴方向上是平面，曲面类的几何体是指零件上有不规则形状的曲面。和平面铣一样，型腔铣刀具侧面的刀刃也可以实现对垂直面的切削，底面的刀刃切削工件底面的材料。

型腔铣可利用边界几何、实体、表面或曲线定义被加工区域。型腔铣是两轴联动的操作类型，所以经型腔铣加工后的余量是一层一层的。

型腔铣的加工特征是刀具路径在同一高度内完成一层切削，遇到曲面时将绕过，下降一个高度进行下一层的切削。系统按照零件在不同深度的截面形状计算各层的刀路轨迹。

型腔铣可以应用于不同的加工领域，如注塑模具和锻压模具、各种复杂零件及浇铸模具和冷冲模的粗加工。

7.1.2 型腔铣与平面铣的异同点

型腔铣与平面铣的切削原理类似，它是由多个垂直于刀轴矢量的平面与零件表面求出交线，将

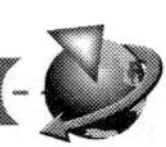

交线偏出刀具半径值得到刀具路径。但这两种铣削方式在定义几何体和铣削参数时也不尽相同。

平面铣和型腔铣对应的操作对话框中的选项与参数基本相同，如图 7-2 所示，因此创建平面铣和型腔铣操作的方法也基本相同。首先定义要加工的零件几何体，然后根据零件的形状指定合适的切削方式，再设置一些必要的加工参数，最后生成刀具路径，并对生成的刀具路径进行模拟验证。

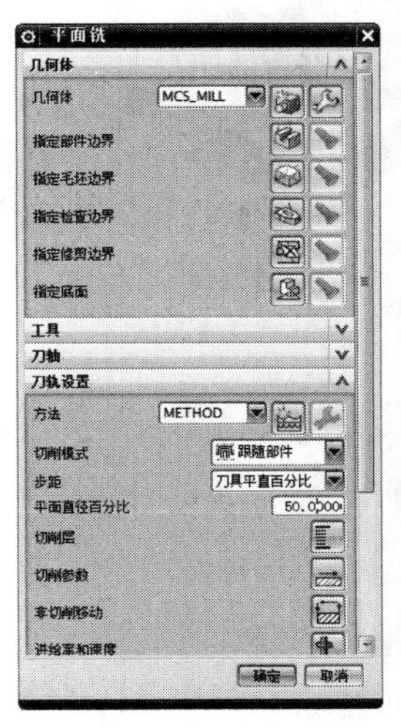

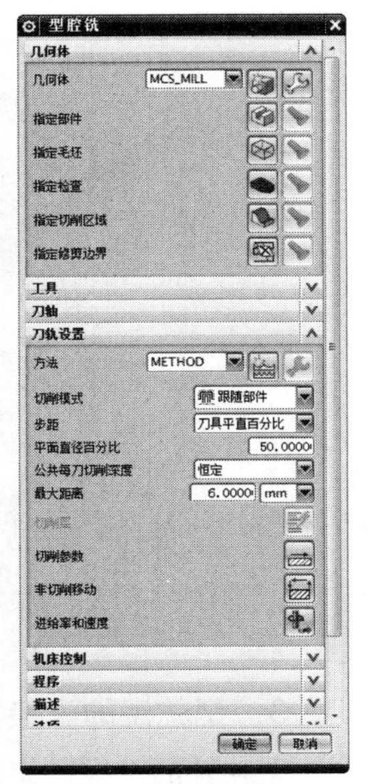

图 7-2　【平面铣】和【型腔铣】对话框

1. 两种铣削方式的相同点

平面铣和型腔铣两种操作有很多相似之处。

两种操作的刀轴都是固定的，并且垂直于切削平面，都可去除垂直于刀轴矢量的切削层中的材料。

两种操作的刀具路径使用的切削方法基本相同。

两种操作的开始点控制选项、进退刀选项完全相同，都提供多种进/退刀方式。其他参数选项，如切削参数选项、拐角控制选项、避让几何选项等也基本相同。

注　意

两种操作对应的程序设置和方法设置完全相同，因此本章不再赘述这两类组节点的定义方法，针对其他参数设置相同的部分，本章也不再赘述，仅介绍不同参数的定义方法。

2. 两种铣削方式的不同点

两种铣削方式的不同之处首先在于操作参数方面，定义部件几何体和毛坯几何体的对象有重大差别，即平面铣和型腔铣定义材料的方法不同。其中平面铣使用边界来定义零件材料，而型腔铣使用边界、面、曲线和实体来定义零件材料，如图 7-3 所示。

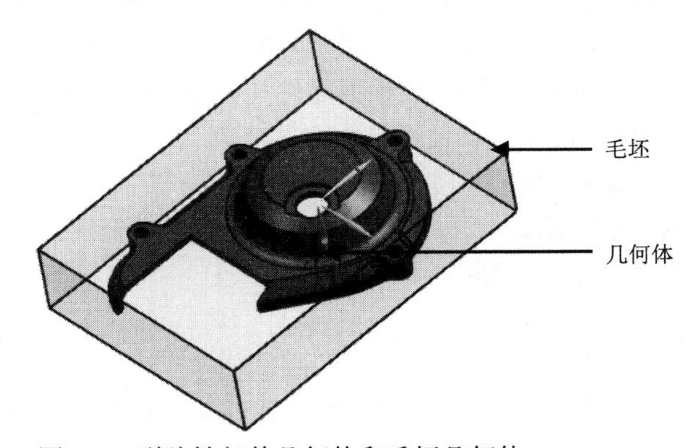

图 7-3　型腔铣部件几何体和毛坯几何体

其次是指定切削深度的方法也不同。平面铣通过指定的边界和底面的高度差来定义切削深度；型腔铣是通过毛坯几何和零件几何来共同定义切削深度，并且允许自定义每个切削层的深度。适合平面铣的零件如图 7-4 所示，适合型腔铣的零件如图 7-5 所示。

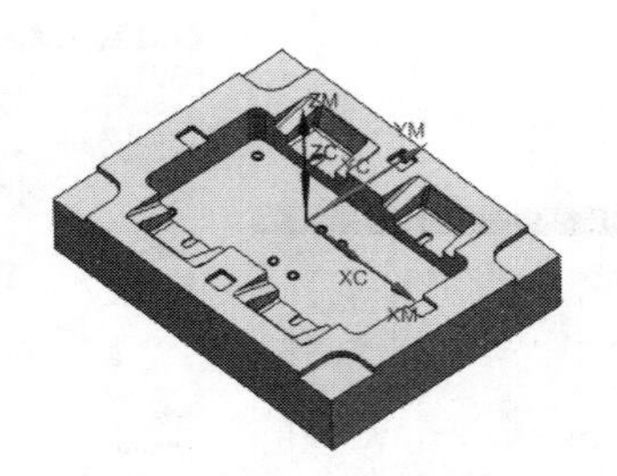

图 7-4　平面铣零件

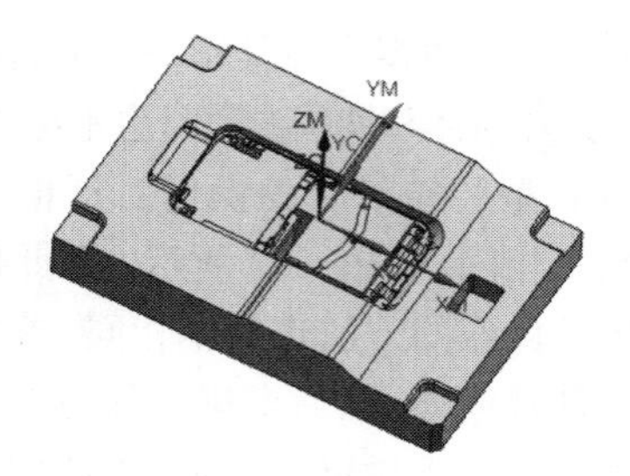

图 7-5　型腔铣零件

注　意

在型腔铣加工过程中，对于复杂曲面结构进行多端面最佳化设置，可防止撞刀。即下刀动作可侦测凸模由外向内、凹模由内向外及采用多种方式自动下刀，也可以通过用户自定义下刀及下刀方式进行下刀。

3．型腔铣的一般操作步骤

型腔铣的一般操作步骤如下：

① 模型准备。

② 初始化加工环境。

③ 编辑和创建父级组。

④ 创建穴型加工操作。

⑤ 指定各种几何体。

对于平面铣操作，零件几何与底平面是必须定义的，根据需要还可以定义毛坯几何、检查几何与修剪几何，除底平面是以小三角平面来定义外，其他所有几何都是通过曲线、边、永久边界或表面边界来定义的。对于型腔铣操作一般需要定义零件几何和毛坯几何，也可以定义检查几何，这些几何用边界、表面、曲线与体来定义。

⑥ 设置切削层参数。

⑦ 指定切削模式和切削步距。

【平面铣】对话框中有 8 种、【型腔铣】对话框中有 7 种切削方法可用，有些方法可以切削整个切削区域，而有些方法只能切削区域轮廓。有些方法只能切削封闭区域，而有些方法既可以切削封闭区域，也可以切削开放区域，应根据零件几何特征选择合适的切削方法。

⑧ 设置切削移动参数。

⑨ 设置非切削移动参数。

⑩ 设置主轴转速和进给。

⑪ 指定刀具号及补偿寄存器。

⑫ 编辑刀轨的显示。

⑬ 刀轨的生成与确认。

设置好所有参数后，就可以生成刀具路径，并对生成的刀具路径进行仿真模拟，以验证刀具路径是否符合要求。若不符合要求，则要修改加工参数，直到达到要求为止。

在【型腔铣】对话框中指定了所有参数后，单击对话框底部的【生成】按钮，即可按照以上参数设置生成刀具路径。单击【确定】按钮保存生成的刀具路径并关闭对话框，即可完成型腔铣操作的创建。

注　意

在【型腔铣】对话框中指定参数，这些参数都将对刀具路径产生影响。在对话框中需设定加工几何对象、切削参数、控制选项等参数，很多选项需要通过二级对话框进行设置。

7.1.3　型腔铣的子类型

多型腔铣削方式就是专门加工平面铣无法加工的曲面区域，与平面铣一样多用于粗加工，通常采用大刀具进行加工，有着加工速度快、效率高的特点。型腔铣方式包括多种加工类型，其中最常用的加工方式为型腔铣和等高轮廓铣，掌握这两种铣削方式是学习型腔铣削的关键所在。

在 UG NX 10.0 中打开要进行加工的零件 CAD 数据，然后将当前环境切换至加工环境。当一个零件首次进入加工模块时，在打开的【加工环境】对话框中选择 mill_contour（型腔铣）选项，即可进入型腔铣削加工环境。

根据需要创建程序、刀具、几何与加工方法父节点组（具体操作可参考第 2 章），然后单击【创建工序】按钮，并在打开的对话框【类型】下拉列表中后选择 mill_contour（型腔铣）选项，如图 7-6 所示。

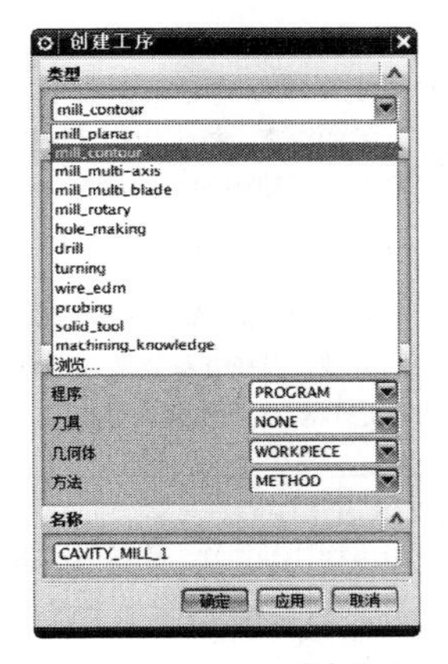

图 7-6　【创建工序】对话框

在该对话框的【工序子类型】面板中，第一行图标选项是型腔铣子类型选项。这几个图标又可以分为两大类：前面 3 个图标主要用于对材料体积进行切削，也就是对大余量进行粗加工；后面 3 个图标是对零件轮廓进行切削，主要用于半精加工或精加工。所有图标的说明如表 7-1 所示。

表 7-1　平面铣削加工子类型模板的含义

图标	子类型	子类型说明	应用要求	应用示例
	型腔铣	通过移除垂直于固定刀轴的平面切削层中的材料对轮廓形状进行加工。 建议用于移除模具型腔与型芯、凹模、铸造件和锻造件上的大量材料	必须定义部件和毛坯几何	
	插铣	通过沿连续插削运动中的刀轴切削来粗加工轮廓形状。 建议用于对需要较长刀具和增强刚度的深层区域中的大量材料进行有效的粗加工	部件和毛坯几何体的定义方式与在型腔铣中的定义方式相同	

续表

图标	子类型	子类型说明	应用要求	应用示例
	拐角粗加工	通过型腔铣来对之前刀具处理不到的拐角中的遗留材料进行粗加工。 建议用于粗加工中由于之前刀具直径和拐角半径的原因而处理不到的材料	必须定义部件和毛坯几何体。将之前粗加工工序中使用的刀具指定为“参考刀具”以确定切削区域	
	剩余铣	使用剩余铣来移除之前工序所遗留下的材料。 建议用于粗加工中由于部件余量、刀具大小或切削层而导致被之前工序遗留的材料	部件和毛坯几何体必须大于WORKPIECE 父级对象，切削区域由基于层的 IPW 定义	
	深度轮廓加工	使用垂直刀轴平面切削对指定层的壁进行轮廓加工。还可以清理各层之间缝隙中遗留的材料。 建议用于半精加工和精加工轮廓形状	指定部件几何体，指定切削区域以确定要进行轮廓加工的面。指定切削层来确定轮廓加工刀路之间的距离	
	深度拐角加工	使用轮廓切削模式精加工指定层中前一个刀具无法触及的拐角。 建议用于移除前一个刀具由于其直径和拐角半径的原因无法触及的材料	必须定义几何体和参考刀具。指定切削层以确定轮廓加工刀路之间的距离。指定切削区域来确定要进行轮廓加工的面	
	固定轮廓铣	用于以各种驱动方法、空间范围和切削模式对部件或切削区域进行轮廓铣。刀轴是+ZM 轴。 建议用于精加工轮廓形状	根据需要指定部件几何体和切削区域。选择并编辑驱动方法来指定驱动几何体和切削模式	
	区域轮廓铣	使用区域铣削驱动方法来加工切削区域中面的固定轴曲面轮廓铣工序。 建议用于精加工轮廓形状	指定部件几何体。选择面以指定切削区域。编辑驱动方法以指定切削模式	
	曲面区域轮廓铣	使用曲面区域驱动方法对选定面定义的驱动几何体进行精加工的固定轴曲面轮廓铣工序。建议用于精加工包含光顺整齐的驱动曲面矩形的单个区域	指定部件几何体。编辑驱动方法以指定切削模式，并在矩形栅格中按行选择面以定义驱动几何体	
	流线	使用流曲线和交叉曲线来引导切削模式并遵照驱动几何体形状的固定轴曲面轮廓铣工序。 建议用于精加工复杂形状，尤其是要控制光顺切削模式的流和方向	指定部件几何体和切削区域。编辑驱动方法来选择一组流曲线和交叉曲线引导包含路径。指定切削模式	
	非陡峭区域轮廓铣	使用区域铣削驱动方法来切削陡峭度大于指定陡峭角的区域的固定轴曲面轮廓铣工序。 与 ZLEVEL_PROFILE 一起使用，以精加工具有不同策略的陡峭和非陡峭区域。切削区域将基于陡角在两个工序间划分	指定部件几何体。选择面以指定切削区域。编辑驱动方法以指定陡角和切削模式	

续表

图标	子类型	子类型说明	应用要求	应用示例
	陡峭区域轮廓铣	使用区域铣削方法来切削陡峭度大于指定陡角的区域的固定轴曲面轮廓铣工序。 在 CONTOUR_AREA 后使用，以通过将陡峭区域中往复切削进行十字交叉来减少残余高度	指定部件几何体。选择面以指定切削区域。编辑驱动方法以指定陡角和切削模式	
	单路径清根	通过清根驱动方法使用单刀路精加工或修整拐角和凹部的固定轴曲面轮廓铣。 建议用于移除精加工前拐角处的余料	指定部件几何体。根据需要指定切削区域	
	多路径清根	通过清根驱动方法使用多刀路精加工或修整拐角和凹部的固定轴曲面轮廓铣。 建议用于移除精加工前后拐角处的余料	指定部件几何体。根据需要指定切削区域和切削模式	
	清根参考刀具	使用清根驱动方法来指定参考刀具确定的切削区域中创建多刀路。 建议用于移除由于之前刀具直径和拐角半径的原因而处理不到的拐角中的材料	指定部件几何体。根据需要选择面以指定切削区域。编辑驱动方法来指定切削模式和参考刀具	
	实体轮廓-3D	沿着指定竖直壁的轮廓边描绘轮廓。 建议用于精加工需要以下 3D 轮廓边（如在修边模上发现的）的竖直壁	指定部件和壁几何体	
	轮廓 3D	使用部件边界描绘 3D 边或曲线的轮廓。 建议用于线框模型	选择 3D 边以指定平面上的部件边界	
	轮廓文本	轮廓曲面上的机床文字。 建议用于加工简单文本，如标识号	指定部件几何体。选择制图文本作为定义刀路的几何体。编辑文本深度来确定切削深度。文本将投影到沿固定刀轴的部件上	

在表 7-1 中虽然前 3 个选项主要用于粗加工操作，其他选项都是用在半精加工和精加工中，而在编程时，一般加工都是按照粗加工、半精加工和精加工的工序。所以，要注意选择操作类型，这样有利于提高自己的编程速度和效率。

7.2　型腔铣操作

在型腔铣（CAVITY_MILL）操作中，用户必须定义的加工几何体包括部件几何体、毛坯几何体和切削区域。

7.2.1　型腔铣操作的创建步骤

型腔铣操作的创建分以下几个步骤。

1．创建型腔铣操作

单击如图 7-7 所示的【插入】工具栏上的【创建工序】按钮，弹出【创建工序】对话框，选择【类型】为 mill_contour，选择【操作子类型】为 CAVITY_MILL 图标，单击【确定】按钮，将弹出如图 7-8 所示的【型腔铣】对话框，在该对话框中从上到下进行设置。

图 7-7　单击【创建工序】按钮

图 7-8　【型腔铣】对话框

2．确定几何体

几何体组如图 7-2 所示，确定几何体可以指定几何体组参数，也可以直接指定部件几何体图标、毛坯几何体图标、检查几何体图标、切削区域几何体图标、修剪边界图标。

3．确定刀具

刀具组如图 7-9（a）所示，在刀具组中可以在【工具】面板的【刀具】下拉列表框中选择已有的刀具，也可以通过单击【新建】按钮创建一把新的刀具作为当前操作使用的刀具。

4．刀轨选项设置

型腔铣操作对话框的刀轨参数设置界面如图 7-9（b）所示，在刀轨设置中可直接指定一部分常用的参数，这些参数将对刀轨产生影响，如切削模式选择、步进的设定、全局每刀深度的设定等。

如有需要可以打开下一级对话框进行切削层、切削参数、非切削移动、进给率和速度等参数的设置。在选项参数中大部分参数可以采用系统默认值，但对于切削层、切削参数中的余量参数、进给率和速度参数通常都需要进行重新设置。

（a）

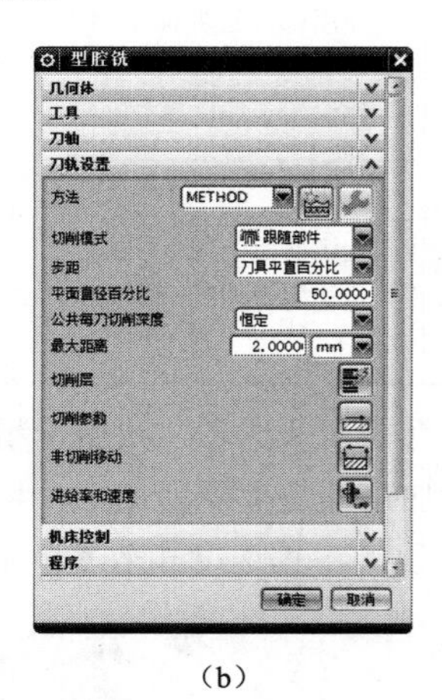

（b）

图 7-9　【型腔铣】对话框

5．生成刀轨

在操作对话框中指定了所有的参数后，单击对话框底部操作组中的【生成】按钮生成刀轨。

6．检验刀轨

对于生成的刀轨，单击对话框底部操作组中的【重播】按钮或【确认】按钮检验刀轨的正确性。确认正确后，单击对话框中的【确定】按钮关闭对话框，完成型腔铣操作的创建。

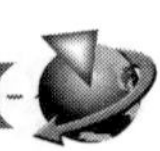

7．后处理

单击图 7-10 所示的【操作】工具栏上的【输出 CLSF】按钮、【后处理】按钮、【车间文档】按钮 可以分别产生 CLSF 文件、NC 程序和车间文档。

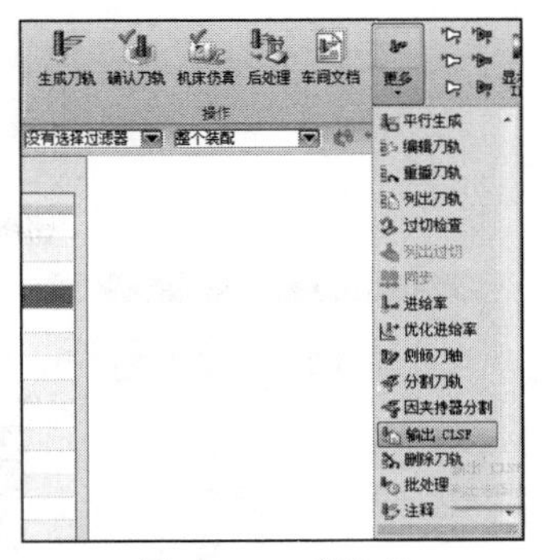

图 7-10　后处理

7.2.2　几何体的选择

为了创建型腔铣操作，必须定义型腔铣操作的加工几何体。在【型腔铣】对话框中可分别定义部件几何体、毛坯几何体、检查几何体、切削区域和修剪几何体。选择这些几何体，可定义和修改型腔铣操作的加工区域。

1．指定部件

在【几何体】面板中单击【选择或编辑部件几何体】按钮，在弹出的【部件几何体】对话框中指定部件几何体，如图 7-11 所示。

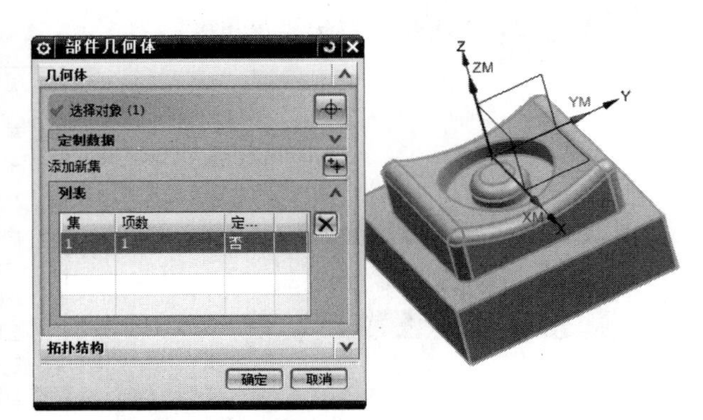

图 7-11　指定部件几何体

2．指定毛坯

毛坯几何体定义了毛坯体积。在【几何体】面板中单击【选择或编辑毛坯边界】按钮，弹出图 7-12 所示的【毛坯几何体】对话框。

3．指定检查

指定检查几何体是定义刀具必须避免的区域。检查几何体的指定方法与部件几何体相同。

4．指定切削区域

切削区域用于创建局部刀具路径，可以选择部件表面的某个面或面域作为切削区域，而不选择整个部件，这样就可以省去先创建整个部件的刀具路径，然后使用修剪功能对刀具路径进行进一步编辑的操作。当切削区域限制在较大部件的较小区城中时，指定切削区域还可以减少系统计算刀具路径的时间。

在【型腔铣】对话框中单击【几何体】面板中的【选择或编辑切削区域几何体】按钮，将弹出图 7-13 所示的【切削区域】对话框，只能选择实体表面或片体来定义切削区域。

当单击实体表面或片体时，弹出图 7-14 所示的【快速拾取】对话框，或右击表面或片体将出现图 7-15 所示的【特征】下拉列表，在对话框或下拉列表中可以对所需要的面或体选项进行筛选，其作用相当于旧版本的过滤器。

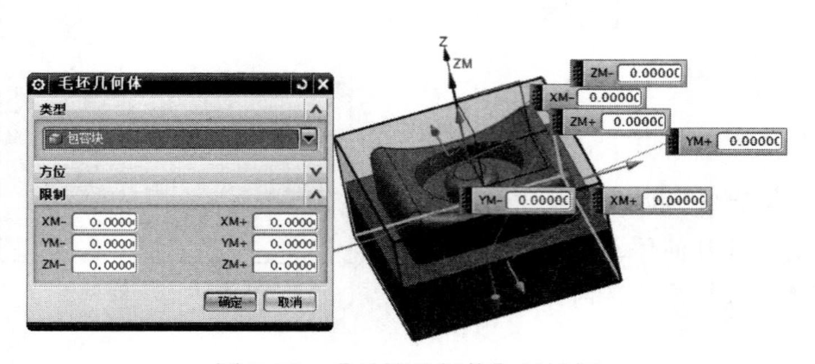

图 7-12　【毛坯几何体】对话框

图 7-13　【切削区域】对话框

提　示

如果使用了工序导航器工具共享的切削区域，那么型腔铣几何体操作对话框中的【选择或编辑修剪边界】按钮将不可用，以免重复定义。

图 7-14　【快速拾取】对话框

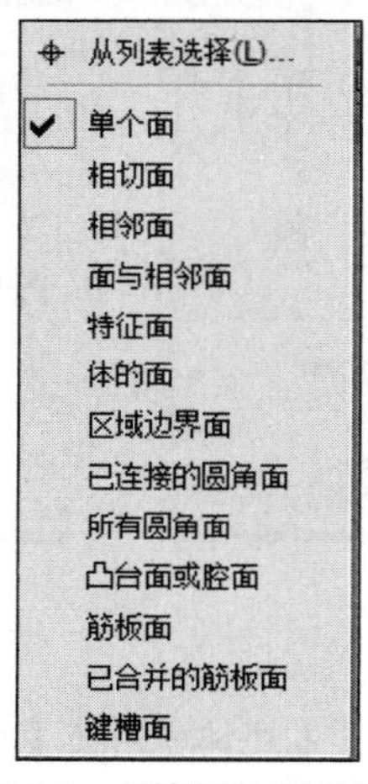

图 7-15　【特征】下拉列表

为使型腔铣操作达到最佳效果，切削区域中需包含明确定义了应去除材料体积的面。通常会遇到以下情况：

如果切削区域没有定义体积，则可能达不到预期的切削结果。

如果切削区域中仅包含竖直面，尽管系统仍将尝试定义要切除的体积，但得到的结果可能会与预期不符，通过选择更多的面、调整延伸距离或更改毛坯，以得到应用于局部区域所需的刀具路径。

如果切削区域中仅包含水平面，那么将无法定义切削深度，此时切削层可能会一直延伸到毛坯顶部。要将切削深度限制在局部区域内，要么选择一些非水平的面来表示深度，要么手动调整切削层。

切削区域常用于模具和冲模加工。许多模具型腔都需要应用分区域加工策略，这时型腔将被分割成独立的可管理区域，随后可以针对不同区域（如较宽的开放区域或较深的复杂区域）应用不同的策略，这一点在进行高速硬铣削加工时显得尤其重要。

注　意

在使用切削区域时，必须首先定义部件几何体，而且指定的切削区域必须是部件几何体的子集。在【型腔铣】对话框中，虽然没有显示边界几何图标，但也可以像平面铣一样使用边界来定义部件几何体、毛坯几何体、检查几何体和修剪几何体。

5．指定切削区域

模型采用型腔铣削方式，生成过程依照型腔铣削操作一般流程进行，在此仅针对本小节“指定切削区域”的内容进行具体介绍，并给出刀轨示意，其他切削参数的设置方法请参考其他章节。

步骤 01 在【型腔铣】对话框的【几何体】面板中单击【选择或编辑切削区域几何体】按钮，如图 7-16 所示。未指定切削区域时，对话框中【指定切削区域】选项区的编辑按钮呈现灰色。

步骤 02 单击【选择或编辑切削区域几何体】按钮后，弹出【切削区域】对话框，此时将鼠标停留在部件几何体范围内会出现高亮区域。

步骤 03 选择完毕后单击【确定】按钮选择，自动返回【型腔铣】对话框，然后可以对其他切削参数进行设置。

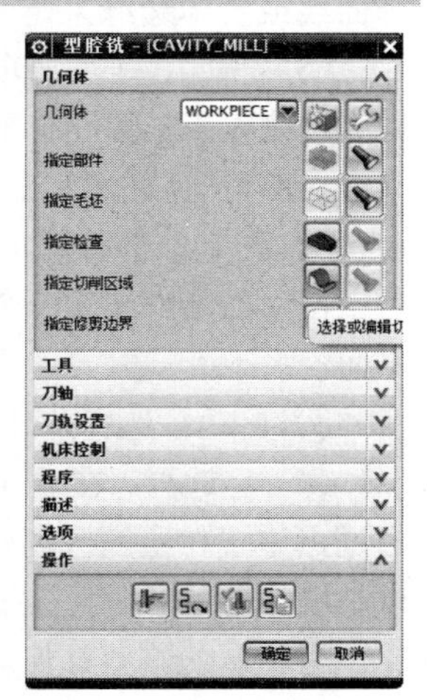

图 7-16　指定切削区域

6．指定修剪边界

修剪几何体可用于将刀具路径包含在特定的区域内，通过将裁剪侧指定为内部或外部（对于闭合边界），或指定为左侧或右侧（对于开放边界），可以定义要从操作中排除的切削区城的面积，如图 7-17 所示。在修剪几何定义时，还可以在【切削参数】对话框中指定一个修剪余量，控制刀具与修剪几何体的距离。

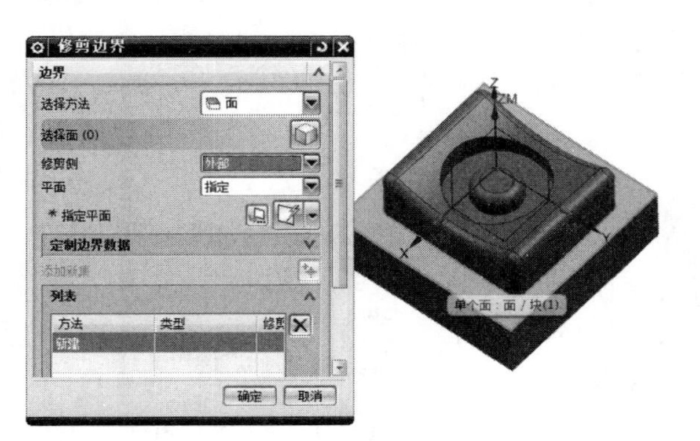

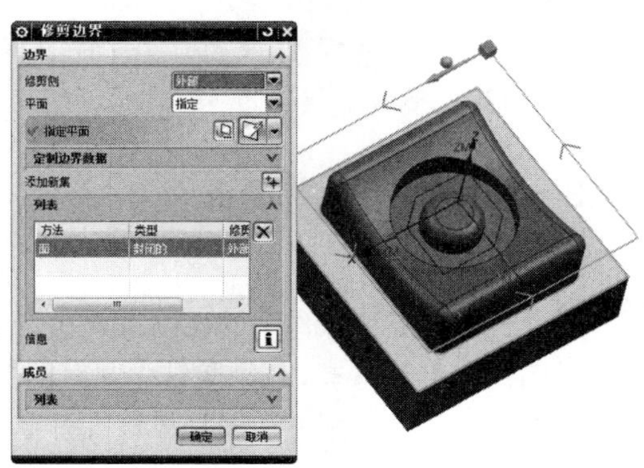

图 7-17　修剪几何体

刀具在运动时总位于修剪几何上，也就是刀具中心沿刀轴方向与修剪边界重合，不能将刀具指定与修剪几何相切。单击【选择或编辑修剪边界】按钮，弹出图 7-18 所示的【修剪边界】对话框，可以选择面边界、曲线边界或通过点边界连成直线来定义修剪区域。

（1）面：在【选择方法】选项组中单击【面】按钮，对话框中与平面定义的相关选项激活，设置相关选项后，可在零件上选择平面，以平面边界来定义修剪区域。

（2）修剪侧：在该选项组中可指定修剪边界哪一侧的刀具路径。选中【内部】选项，则生成修剪边界外部的刀具路径；选中【外部】选项，则生成修剪边界内部的刀具路径。

（3）定制边界数据：设置合适的修剪余量。

（4）曲线：在【选择方法】选项组中单击【曲线】按钮，对话框中与曲线定义的相关选项激活，设置好相关选项后，可在零件上选择曲线或实体边缘来定义修剪区域。

（5）平面：平面选项用于指定将选择的曲线或边缘投影至哪一个平面上产生边界，以此来定义修剪区域。定义平面的方法有以下两种。

① 指定：选择此选项，单击平面构造器对话框，由用户创建一个平面作为边界产生的平面。

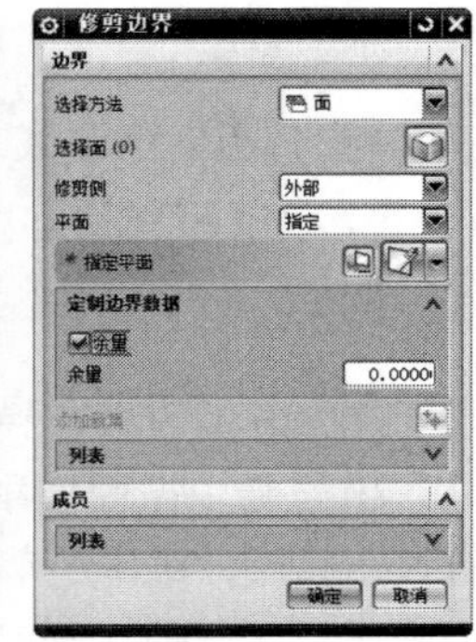

图 7-18　【修剪边界】对话框

② 自动：选择此选项，系统则根据选择的曲线或边缘创建平面来定义修剪区域。

（6）点边界：在【过滤器类型】选项组中单击【点边界】按钮，对话框中点方式选项激活，通过点方式在绘图区创建一些点或选择零件上的点，将这些点以直线的方式连接起来形成边界，以定义修剪边界。点定义区域的方法与第 6 章介绍的点定义方法完全相同，这里不再赘述。

型腔铣的修剪几何边界可以在工序导航器工具中的几何节点中定义，然后共享，也可以通过型腔铣几何体操作对话框中的【选择或编辑修剪边界】按钮为此操作单独定义。同样，如果使用了工序导航器工具共享的修剪几何边界，则型腔铣几何体操作对话框中的【选择或编辑修剪边界】按钮不可用，以免重复定义。

注　意

在【型腔铣】对话框中定义的几何体只用于当前操作，其他操作不能使用。如果在创建操作时指定了父节点组，则父节点组中的几何不能用操作对话框中的图标进行编辑或重新选择，图标都为灰色不可用状态。

7.2.3　公共选项参数设置

1．切削模式

平面铣和型腔铣操作中的切削模式决定了加工切削区域的刀具路径图样和走刀方式。在型腔铣中共有图 7-19 所示的 7 种可用的切削方法。各种切削方法的具体含义可参看第 4 章中的相关内容，在此只作简要说明。

（1）跟随部件

“跟随部件”通过从整个指定的部分几何体中形成相等数量的偏置（如果可能）来创建切削模式，而不管该部件几何体定义的是边缘环、岛或型腔。因此，可以说“跟随部件”方式保证刀具沿着整个部件几何体进行切削，从而无须设置“岛清理”刀路，只有在没有定义要从其中偏置的部件几何体时（如在面区域中），跟随部件才会从毛坯几何体偏置。

（2）跟随周边

图 7-19　型腔铣的切削模式

“跟随周边”创建了一种能跟随切削区域的轮廓生成一系列同

心刀路的切削模式。通过偏置该区域的边缘环，可以生成这种切削图样。当刀路与该区域的内部形状重叠时，这些刀路将合并成一个刀路，然后再次偏置这个刀路就形成了下一个刀路。可加工区域内的所有刀路都将是封闭形状。与“往复”方式相似，跟随周边通过使刀具在步进过程中不断地进刀而使切削运动达到最大限度。

（3）轮廓加工

“轮廓加工”铣削模式创建一条刀路，或指定一定数量的切削刀路来对部件壁面进行精加工。它可以加工开放区域，也可以加工闭合区域。对于具有封闭形状的可加工区域，轮廓刀路的构建和移动与“跟随部件”方式切削图样相同。

（4）摆线

“摆线”切削模式是刀具以圆形回环模式移动，而圆心沿刀轨方向移动的铣削方法。表面上摆线与拉开的弹簧相似，当需要限制过大的步进，以防止刀具在完全嵌入切口时折断，且需要避免过量切削材料时，则使用此功能。

在进刀过程中的岛和部件之间形成锐角的内拐角及窄区域中，几乎总是会得到内嵌区域，系统可以从部件创建摆线切削偏置来消除这些区域。也就是说，在刀具以回环切削模式移动的同时也在旋转。

（5）单向

“单向”切削模式可创建一系列沿一个方向切削的直线平行刀路，即刀具从切削刀路的起点处进刀，并切削至刀路的终点，然后刀具退刀，移刀至下一刀路的起点，并以相同的方式开始切削。

该铣削方式将保持一致的顺铣或逆铣切削，并在连续的刀路间不执行轮廓铣，除非指定的进刀方式要求刀具执行该操作。“单向”切削模式生成的刀路将跟随切削区域的轮廓，但前提是刀路不相交。如果单向刀路相交，则无法跟随切削区域，那么程序将生成一系列较短的刀路，并在子区域间移刀进行切削。

（6）往复

“往复”切削模式创建一系列平行直线刀路，彼此切削方向相反，但步进方向一致。此切削类型通过允许刀具在步进时保持连续的进刀状态来使切削移动最大化。切削方向相反的结果是交替出现一系列“顺铣”和“逆铣”切削。指定“顺铣”或“逆铣”方向并不会影响此类型的切削行为，但会影响其中用到的“清壁”操作的方向。

如果没有指定切削区域起点，那么第一个单向刀路将尽可能地从周边边界的起点处开始切削。处理器视图保持现行往复切削，但允许刀具在限定的步进内跟随切削区域轮廓，以保持连续的切削运动。

（7）单向轮廓

“单向轮廓”创建的单向切削模式将跟随两个连续单向刀路间的切削区域的轮廓，它将严格保持“顺铣”或“逆铣”。程序根据沿切削区域边缘的第一个单向刀路来定义“顺铣”或“逆铣”刀轨。

对比这 7 种切削方式，首先，“往复”走刀、“单向”走刀和“单向轮廓”走刀生成平行直切削刀路的各种变化，也就是常说的“行切”方式；而“跟随周边”走刀和“跟随工件”走刀生成一系列向内或向外偏移的同心切削刀路，这些切削类型用于从零件中切除一定体积的材料，主要用于粗加工。

其次，使用“跟随周边”走刀、“往复”走刀、“单向”走刀切削方法时，可能无法切削到一些较窄的区域，从而会将一些多余的材料留给下一切削层。因此，应在切削参数中打开“清壁”和“岛清理”，保证刀具能够切削到每个部件和岛壁，从而不会留下多余的材料。

最后，“轮廓”走刀和“摆线”走刀将产生沿切削区域轮廓的单一或多条切削刀路。与其他切削类型不同，这两种切削方法不是用于切除大量材料，而是用于对零件的壁面进行精加工。

2. 步距与深度

在图 7-20 所示的【型腔铣】对话框的【刀轨设置】面板中，可以直接设置步进与深度。

图 7-20 【刀轨设置】面板

（1）步距：步距定义两个切削路径之间的水平间隔距离，指两行之间或者两环之间的间距。切削步距是关系到加工效率、加工质量和刀具切削负载的重要参数。每种步距的设置方式都有相应的数值框被激活，4 种设置步距大小的方式简要说明如下。

① 恒定：“恒定”是在连续的切削刀路间指定固定距离，就是按自定义指定的数据来进行加工走刀，如果指定的刀路间距不能平均分割所在区域，系统将减少这一刀路间距以保持恒定步距。

② 刀具平直百分比：“刀具平直百分比”是以指定刀具的有效直径的百分比，在连续切削刀路之间建立的固定距离，一般切削步距与刀具直径成正比，与切削深度成反比。

③ 残余高度：指定残余高度（两个刀路间剩余材料的高度），在连续切削刀路间建立起固定的切削行距。

④ 多个（变量平均值）：“变量平均值”选项可以为“往复”“单向”和“单向轮廓”创建步距，该步距能够调整，以保证刀具始终与平行于单向和回转切削的边界相切。要求指定多个切削步距值，以及每个切削步进值的走刀数量。

（2）公共每刀切削深度：公共每刀切削深度指切削层的最大深度，实际深度将尽可能接近每刀公共深度值，并且不会超过它，如图 7-21 所示。每刀公共深度与切削层中的参数相同，二者以后设置的为准。

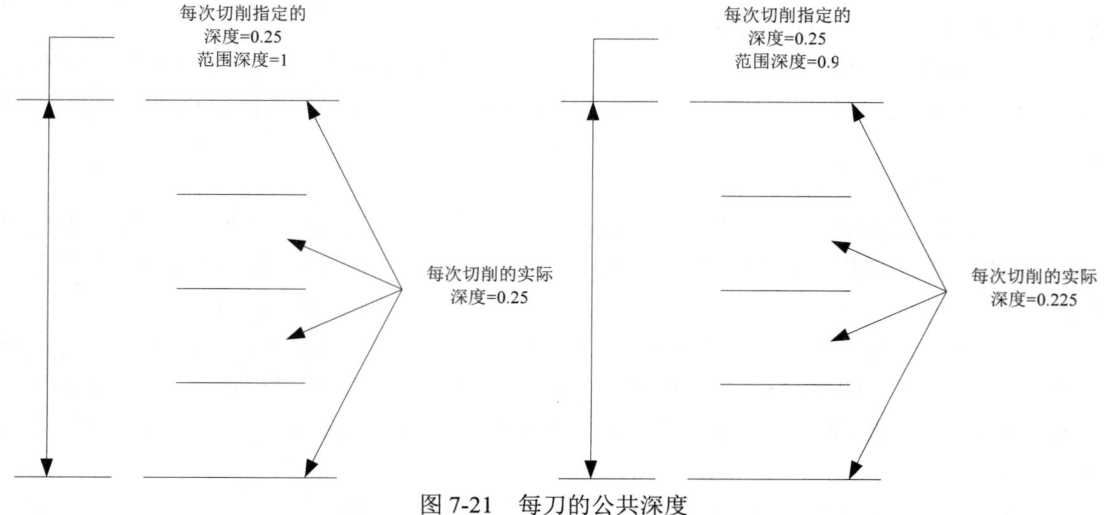

图 7-21 每刀的公共深度

3．切削层

在设置型腔铣参数时，切削层是为型腔铣操作指定切削平面，是铣削加工的关键参数之一，直接决定铣削加工的成败和优劣。切削层由切削深度范围和每层深度来定义，一个范围由两个垂直于刀轴矢量的小平面来定义，同时可以定义多个切削范围。每个切削范围可以根据部件几何体的形状确定切削层的深度，一般部件表面区域如果比较平坦，则设置较小的切削层深度；如果比较陡峭，则设置较大的切削层深度。切削层决定深度操作的过程，切削层也称切削深度，在定义刀轨切削参数时极有必要定义切削层参数，即定义切削层深度定义方式，以及侧面余量增量参数。只有在刀具轴与底面垂直或者部件边界与底面平行的情况下，才会应用“切削层”参数。

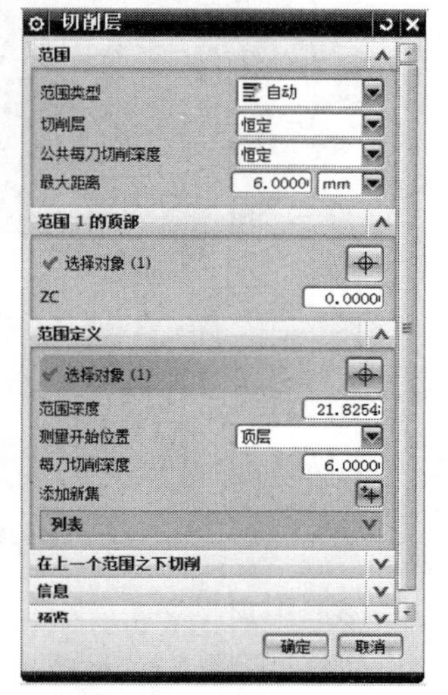

图 7-22　【切削层】对话框

在【型腔铣】对话框的【刀轨设置】面板中单击【切削层】按钮，弹出【切削层】对话框，如图 7-22 所示。此时可在【范围类型】下拉列表框中选择参数类型定义深度，各种类型的定义方法如下。

（1）自动

自动生成将范围设置为与任何水平平面对齐。这些是部件的关键深度，只要没有添加或修改局部范围，切削层将保持与部件的关联性。此外，系统将检测部件上的新的水平表面，并添加关键层与之匹配。

选择这种方式定义切削层时，系统将自动寻找部件中垂直于刀轴矢量的平面。在两平面之间定义一个切削范围，并且在两个平面上生成一种较大的三角形平面和一种较小的三角形平面，每两个较大的三角形平面之间表示一个切削层，每两个小三角形平面之间表示范围内的切削深度。

（2）每刀的公共深度

切削层的深度值在【每刀切削深度】文本框中设置，用于定义在一个切削范围内的最大切削深度。系统自动计算的实际切削层深度一般等于指定的最大深度。如果想修改最大切削深度，则只要在文本框中输入参数值，按回车键即可。设置最大切削深度为 0.25mm 时系统计算的实际切削深度如图 7-23 所示。

（3）仅在范围底部

在【切削层】对话框中，其【范围】面板中的【切削层】选项除了默认的【常数】设置外，下拉列表框中还有【仅在范围底部】选项。当启用【仅在范围底部】选项时，系统只会在零件上垂直于刀轴矢量的平面上创建切削层，切削深度设置变为不可用状态，并且只显示较大的三角形平面来显示切削层，如图 7-24 所示。

（4）测量开始位置

在【切削层】对话框中，其【范围定义】面板中的【测量开始位置】选项一共有 4 种设置，分别是【顶层】、【当前范围顶部】、【当前范围底部】和【WCS 原点】。【测量开始位置】是用来确定如何测量范围参数的，当选择点或面来添加或修改范围时，该选项不影响范围的定义。

① 顶层：从第一个切削范围的顶部开始测量范围深度值。

② 当前范围顶部：从当前突出显示的范围的顶部开始测量范围深度值。

③ 当前范围底部：从当前突出显示的范围的底部开始测量范围深度值，也可使用滑尺来修改范围底部的位置。

④ WCS 原点：从工作坐标系原点处开始测量范围深度值。

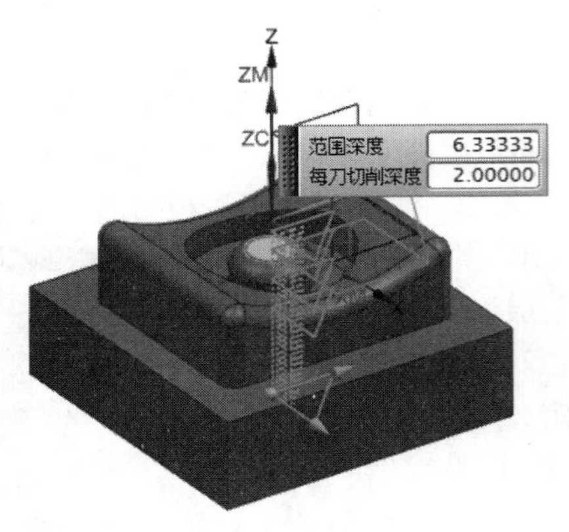

图 7-23　系统自动计算每刀公共深度

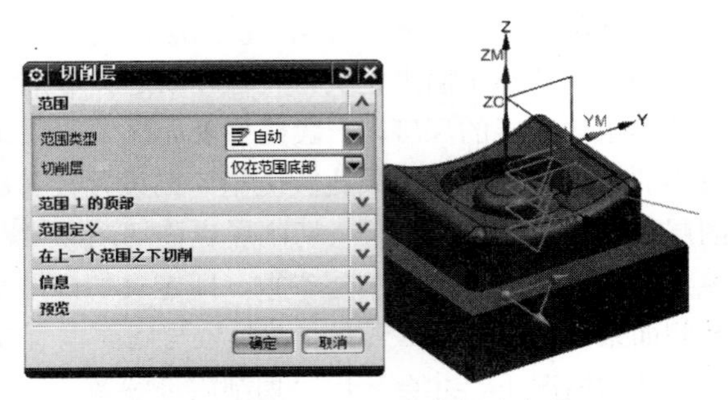

图 7-24　启用【仅在范围底部】

注　意

在定义自动生成切削层参数时，可单击【信息】按钮，在单独的窗口中显示关于该范围的详细说明；还可单击【显示】按钮，可重新显示范围以作为视觉参考。

（5）用户定义

允许用户通过定义每个新范围的底面来创建范围，通过选择面定义的范围将保持与部件的关联性，但不会检测新的水平表面，如图 7-25 所示。

（6）单个

根据部件和毛坯几何件设置一个切削范围，如图 7-26 所示。【临界深度顶面切削】只在【单个】范围类型中可用。使用此选项在完成水平表面下的第一次切削后直接来切削（最后加工）每个关键深度。切削层在图形窗口中显示为一个大三角形平面。

图 7-25　用户定义切削层

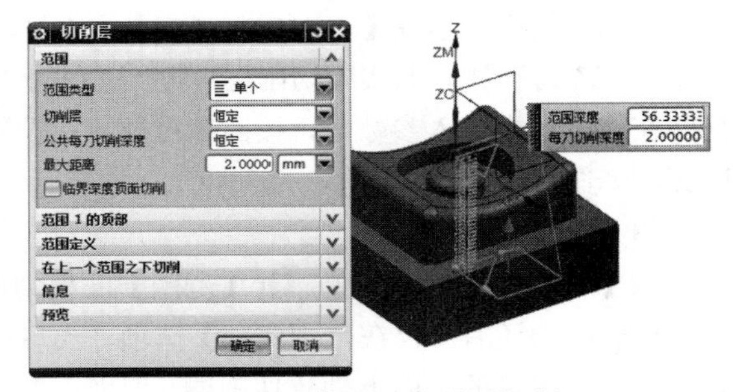

图 7-26　临界深度顶面切削

注　意

在单个切削层中只能修改顶层和底层。如果修改了其中的任何一层，则在下次处理该操作时系统将使用相同的值。如果使用默认值，则它们将保留与部件的关联性。不能将顶层移至底层之下，也不能将底层移至顶层之上。这将导致这两层被移动到新的层上，任何结束层旁都将显示“范围结束”符号（大三角形平面）。只有位于切削顶层和切削底层之间的结束层才会被显示和切削。系统使用【每刀公共深度】值来细分这一单个范围。

4. 切削参数

型腔铣切削参数选项和平面铣切削参数选项有很多相同之处，因此这里只介绍【策略】、【余量】、【更多】和【空间范围】选项卡中对应型腔铣特有的切削参数的设置方法。

（1）策略

策略是指加工路线的大的设置，对加工结果的效果起主导作用。策略主要是切削角、壁清理和毛坯经常需要设置，型腔铣除了这些参数设置以外，还需要进行以下型腔铣特有参数的设置。

① 延伸刀轨：延伸刀轨是指刀路加工时，为了避开刀轨直接切入工件，在此指定一段距离值，使刀轨在到达切入点时进行减速切入，有利于提高机床的寿命，如图 7-27 所示。

② 毛坯距离：毛坯距离是指部件边界到毛坯边界的距离。如图 7-28 所示，将鼠标移至【毛坯距离】文本框中将显示右侧图示窗口。

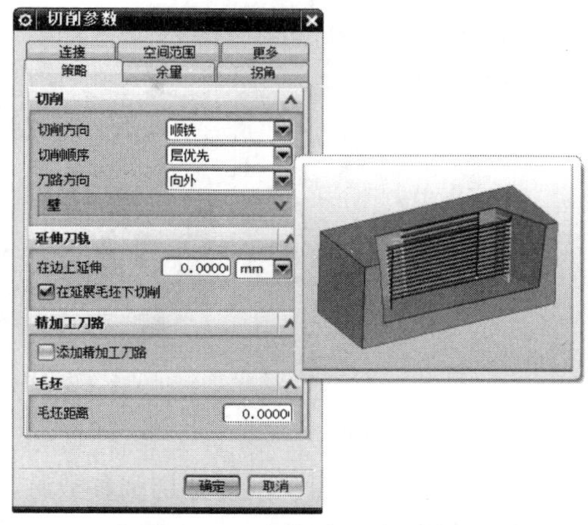

图 7-27　【策略】选项卡

（2）余量

在【余量】选项卡中如果勾选【使底面余量与侧面余量一致】复选框，则表示底面的余量和侧面的余量保持一致，因此在对话框中不会出现【部件底部面余量】选项；如果未勾选该复选框，则表示底面的余量和侧面余量可以自定义输入，如图 7-29 所示。

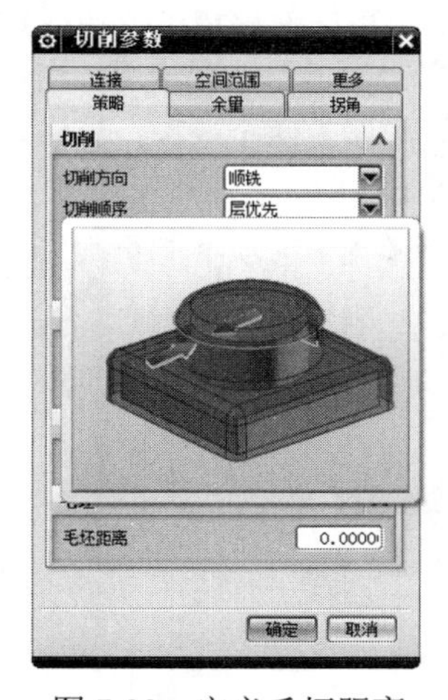

图 7-28　定义毛坯距离

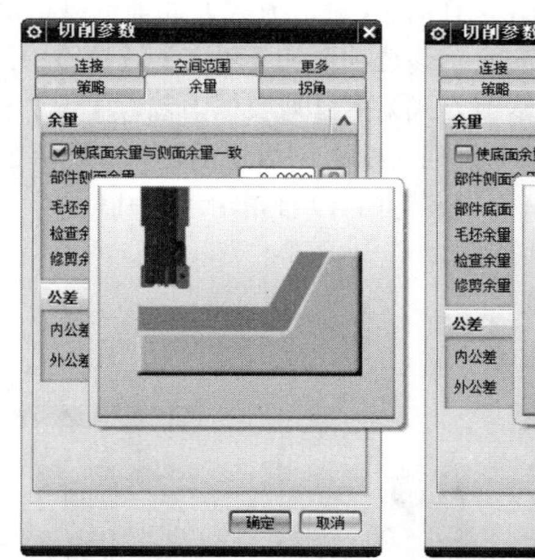

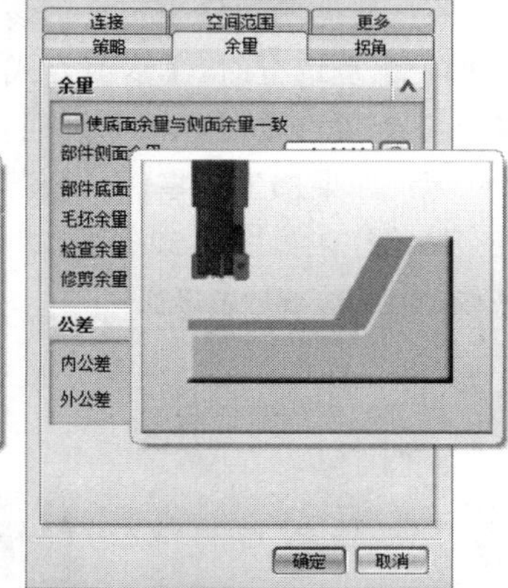

图 7-29　【余量】选项卡

（3）更多

在【更多】选项卡中主要用来定义容错加工方式，以及设置底切方式。其中是否使用容错加工方式直接影响修剪毛坯参数设置的效果，具体设置方法如下。

① 原有的：【容错加工】参数设置是特定于型腔铣的一种切削参数。对于大多数铣削操作，都应勾选该复选框。它是一种可靠的算法，能够找到正确的可加工区域而不过切部件。勾选和未勾选【容错加工】复选框，将直接影响修剪毛坯参数的效果。

② 下限平面：【使用继承的】下限选项，【警告】可防止底切，当刀路超过下限平面时会有警告提示，如图 7-30 所示。

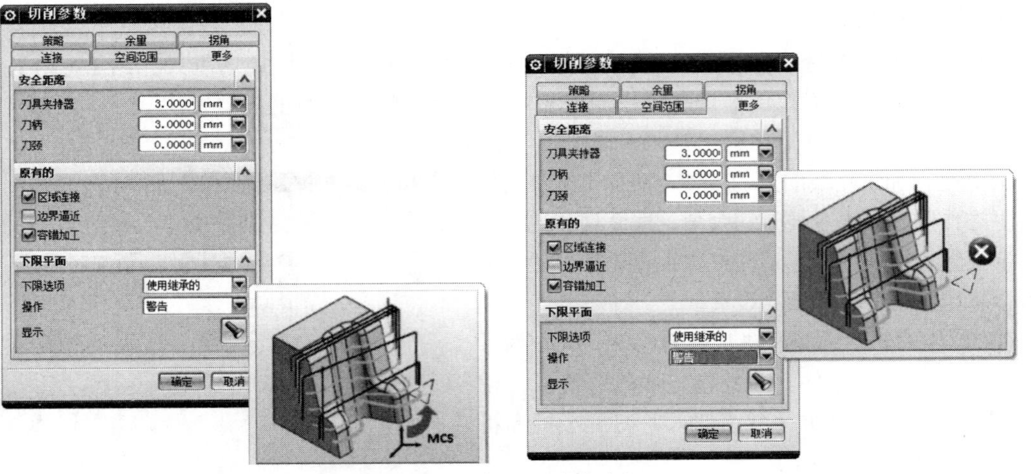

图 7-30　底切和防止底切

（4）空间范围

型腔铣削和平面铣削设置切削参数时，最显著的区别在于【空间范围】选项卡中各选项的参数设置，如图 7-31 所示。该选项卡中各参数的设置如下。

毛坯：在该面板中主要用来设置毛坯修剪参数、处理工件方式，以及设置刀具最小移除材料参数等。

① 修剪方式：在 UG NX 中毛坯不是必须定义的，可以在父节点组中创建毛坯，也可以不创建毛坯。当没有明确创建毛坯时，【修剪方式】选项可以指定用型芯零件外形边缘或边线轮廓作为毛坯几何件的边界来定义。该选项要和【更多】选项卡中的【容错加工】结合使用，当勾选【容错加工】复选框时，【修剪方式】下拉列表框中包含【无】和【轮廓线】两个选项；当未勾选【容错加工】复选框时，该下拉列表框中包括【无】和【外部边】两个选项。

- 无：如果加工的零件是型芯并且没有指定毛坏几何体，则选择【无】选项不能正确生成刀具路径，如图 7-32 所示。

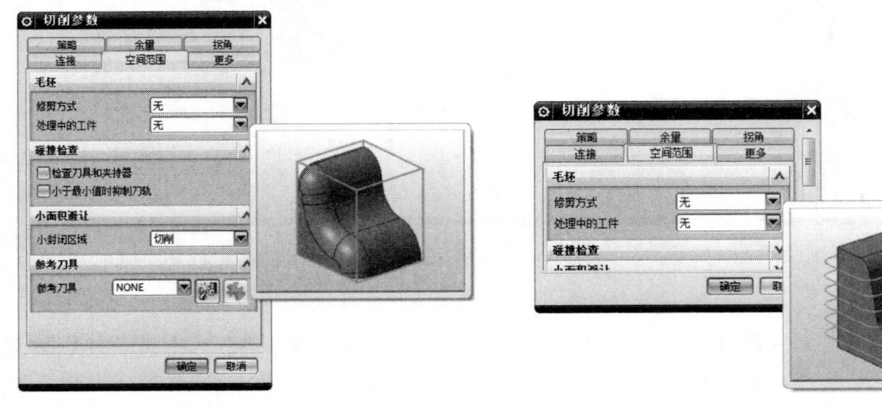

图 7-31　【空间范围】选项卡　　　　图 7-32　不修剪

- 轮廓线：该选项使刀具沿部件几何体的外形轮廓，向外偏置一个刀具半径值创建一条轨迹，由这个轨迹定义毛坯几何体。可以认为是用部件沿刀轴矢量的投影来定义毛坯。此时在父节点组中可以不定义毛坯几何体，如图 7-33 所示。轮廓（勾选【容错加工】复选框）使用部件几何体的轮廓来生成刀轨（这一点与【外部边】方式不同，外部边方式中可包含【实

体几何体】类型)，方法是将刀具沿部件几何的轮廓定位，并将刀具向外偏置，偏置值为刀具的半径。可将轮廓看作部件沿刀具轴投影得到的“阴影”。

注　意

某些时候，可以使用该选项来修剪产生在部件外部的刀具路径，部件几何体轮廓向外偏置一个刀具半径作为修剪边界。

处理中的工件（IPW）：IPW 是 In Process Workpiece 的缩写，是指工序件。该选项主要用于二次开粗，是型腔铣中非常重要的一个选项。处理中的工件（IPW）也就是操作完成后保留的材料，包括以下 3 个选项。

- 无：该选项是指在操作中不使用处理中的工件。也就是直接使用几何父节点组中指定的毛坯几何体作为毛坯来进行切削，不能使用当前操作加工后的剩余材料作为当前操作的毛坯几何体，如图 7-34 所示。在二次开粗中，如果处理中的工件选择【无】选项，则必须将前一操作进行仿真切削后生成处理中的工件，然后在二次开粗中将 IPW 指定为操作的毛坯几何体，这样当前操作才会基于前一操作的材料进行切削，否则将以最初指定的毛坯几何体切削。

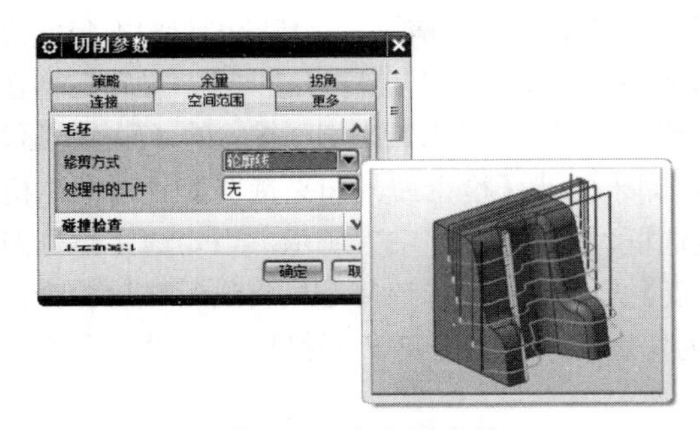

图 7-33　定义轮廓线

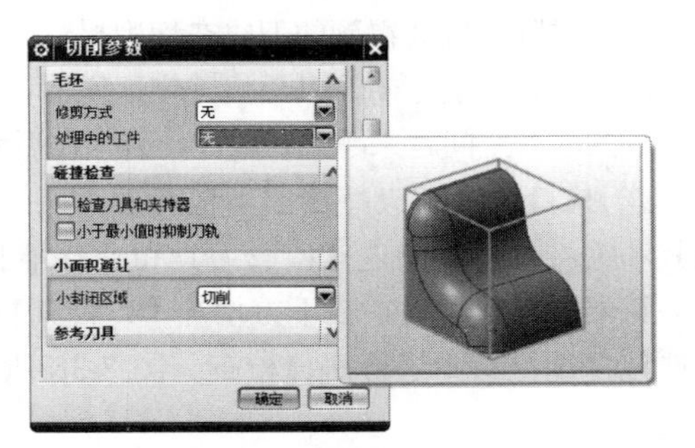

图 7-34　不处理工件

注　意

二次开粗是加工上一把刀无法加工到的切削区域，也就是说，在上一把大刀加工后，再用一把小刀加工上一把刀未加工到的区域。

- 使用 3D：该选项是使用小平面几何体来表示剩余材料。选择该选项，可以将前一操作加工后剩余的材料作为当前操作的毛坯几何体，避免再次切削已经切削过的区域，如图 7-35 所示。在使用该选项时，必须在选择的父节点中已经指定了毛坯几何体，否则在创建刀具路径时将打开警告对话框，提示几何体组中没有定义毛坯几何体，不能生成刀具路径。
- 使用基于层的：该选项和使用 3D 处理工件类似，也是使用先前操作后的剩余材料作为当前操作的毛坯几何体，并且使用先前操作的刀轴矢量，这样操作都必须位于同一几何父节点组内，如图 7-36 所示。使用该选项可以高效地切削先前操作中留下的弯角和阶梯面。

注　意

在二次开粗时，如果当前操作使用的刀具和先前操作使用的刀具不一样，则建议选择【使用 3D】选项；如果当前操作使用的刀具和先前刀具一样，只是更改了步进距离或切削深度，则建议选择【使用基于层的】选项。

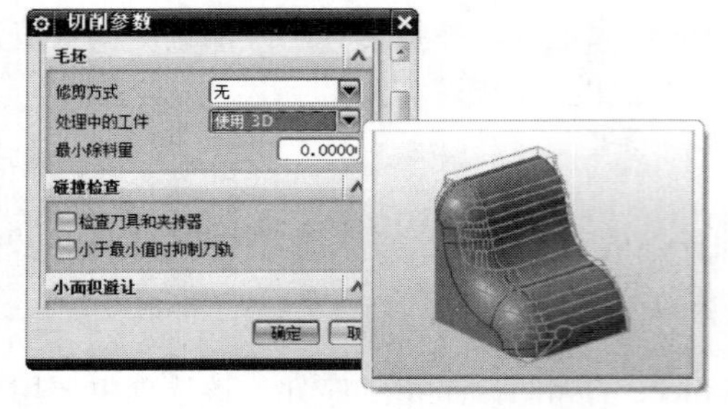

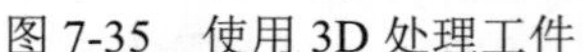

图 7-35　使用 3D 处理工件

图 7-36　使用基于层的处理工件

② 最小除料量：在此文本框中输入最小移除材料厚度值。最小移除材料厚度值是在部件余量上附加的余量，使生成的处理中的工件比实际加大后的工序件稍大一点。比如，当前操作指定的部件余量是 0.4 mm，而最小移除材料厚度值是 0.3 mm，生成的处理中的工件的余量是 0.6 mm。

碰撞检查（使用刀具夹持器，即刀柄）：使用刀柄有助于避免刀柄与工件的碰撞，并在操作中选择尽可能短的刀具。在定义刀柄之前，系统将首先检查刀柄是否会与工序模型（IPW）、毛坯几何体、部件几何体或检查几何体发生碰撞。

系统使用“刀柄形状+最小间隙值”来保证与几何体的安全距离。任何将导致碰撞的区域都将从切削区中排除，因此得到的刀轨在切削材料时不会发生刀轨碰撞的情况。需排除的材料在每完成一个切削层后都将被更新，以最大限度地增加可切削区域，同时由于上层材料已切除，使得刀柄在工件底层的活动空间越来越大。因此，必须在后续操作中使用更长的刀具来切削排除的（碰撞）区域。

③ 检查刀具和夹持器：不检查刀具夹持器，即未勾选【检查刀具和夹持器】复选框；检查刀具和夹持器，即勾选【检查刀具和夹持器】复选框，效果如图 7-37 所示。当勾选【检查刀具和夹持器】复选框时，在下方增加【IPW 碰撞检查】复选框，勾选该复选框将进行碰撞检查，未勾选该复选框将不进行碰撞检查。图 7-38 所示为勾选和未勾选【IPW 碰撞检查】复选框的对比效果。

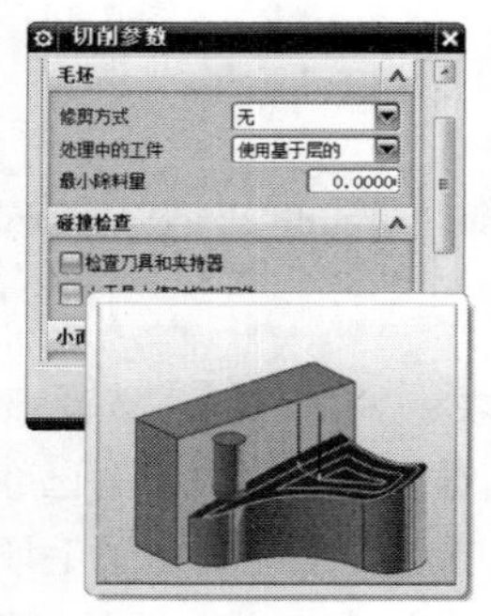

图 7-37　使用与不使用刀具夹持器的对比效果

图 7-38　使用与不使用 IPW 碰撞检查的对比效果

④ 小于最小值时抑制刀轨：勾选【小于最小值时抑制刀轨】复选框，定义了刀柄的型腔铣操作将计算在加工该操作中的所有材料时（毛坯或 IPW），为了不发生刀柄的碰撞，需使用的最短刀具的长度。该结果将显示在此切换按钮下。但如果没有生成或更新刀轨，则结果将显示为未知，如图 7-39 所示。该选项独立于使用刀柄参数设置，并且不会更改操作当前的参数或所生成的刀轨。计算该值的处理时间是刀轨生成时间的两倍。因此，如果没有必要，则不要在操作中设置该值。可在以下两种典型的情况下勾选该复选框。

- 使用的较短刀具由于要避免刀柄的碰撞而无法切削掉全部材料。查看所需的刀具长度后，

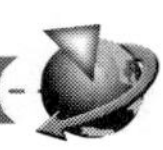

可使用一个较长的刀具更换较短刀具，并完成切削。

- 使用较长的刀具可以切削掉所有材料，而且没有发生刀柄的碰撞。查看所需的刀具长度后，可以使用一个更短、更坚硬的刀具更换该刀具。

⑤ 最小体积百分比：指定最小体积百分比参数，可以定义一步操作必须要将剩余材料的多大体积切下以输出刀轨，如果操作没有达到这一百分比，则它的刀轨将被抑制无法输出也无法影响 IPW。当定义一系列操作时，使用此选项可避免在操作中使用只能切削掉少量材料的刀具。用户可跳过该步操作，而直接使用下一步操作中更长的刀具来切削材料，这样将能够提高效率。

⑥ 参考刀具：当希望在拐角处加工上一个刀具错过的剩余材料时，可以使用参考刀具，剩余材料可能是由于刀具的拐角半径而遗留在壁和底面之间的材料，也可能是由于刀具而遗留在壁之间的材料，此切削类似其他的“型腔铣”操作。但是，它仅限于在拐角区域操作，如图 7-40 所示。

参考刀具通常是用来先对区域进行粗加工的刀具，系统将计算组建参考刀具剩下的材料，然后为当前操作定义切削区域，必须选择一个直径大于当前使用的刀具直径的刀具。

同一底层上的两个拐角都未被切削的情况下，系统通常不会加工右边的拐角，这是因为当系统使用参考刀具来寻找拐角并决定切削区域时，刀具在接触拐角的底面之前接触到拐角的其他部位（小衬垫）。此外，在【重叠距离】文本框中输入参数值，能够沿着相切曲面延伸，由参考刀具直径定义的区域宽。只有在指定了【参考刀具偏置】参数时，【重叠距离】文本框才可用。

图 7-39　小于最小值时抑制刀轨

图 7-40　参考刀具

注　意

> 在参考刀具半径和拐角半径之间的差异较小的情况下，删除的材料的厚度也比较小，可能需要指定一个更小的加工公差，或选择一个更大的“参考刀具”，以达到更好的结果。更小的加工公差可检测到更小的剩余材料的量，但是会有一个性能损失，使用严格公差处理操作时，选择较大的“参考刀具”将是一个更好的选择。

⑦ 陡峭：可以通过指定陡峭角度进一步将切削区域限制在陡峭角部分。如果指定了陡峭角，则系统仅切削指定的陡峭角所包含的壁之间的陡峭区域，也可以通过指定重叠距离来延伸切削区域；如果指定了重叠距离，则系统沿着指定距离的相切方向在壁之间的拐角区域上延伸刀轨。

5. 非切削移动

非切削移动指定切削加工以外的移动方式，如进刀与退刀、切削区域起始位置、避让、刀具补偿、碰撞检查和区域间连接方式等。在【型腔铣】对话框中单击【非切削移动】按钮，将弹出【非切削移动】对话框。【非切削移动】对话框包含 6 个选项卡，分别是【进刀】、【退刀】、【起点/钻点】、【转移/快速】、【避让】和【更多】选项。

（1）进刀：刀具切入工件时所走的轨迹样式对零件表面质量和选择刀具有很大的影响。特别是封闭的区域，选择刀具不当会造成刀具的损坏。进刀根据区域分为两类：封闭区域和开放区域。

（2）退刀：在【退刀】选项卡中可定义退刀非切削参数，即先选择退刀类型，然后针对刀具类型设置对应参数，即可获得退刀非切削参数的定义。退刀类型与开放区域进刀类型基本相同。

（3）起点/钻点：【起点/钻点】是对【进刀/退刀】更详细的设置，如进刀/退刀的重叠、切削的起点等。单击【起点/钻点】选项卡。起点/钻点有 3 种方式：重叠距离、区域起点和预钻孔点。

（4）转移/快速：【转移/快速】用于有多个加工区域或者切削路线不连续的情况下，刀具的运动轨迹做相应的变化，如抬刀、避让等。该选项卡中包括【安全距离】、【区域之间】、【区域内】和【初始和最终】4 个面板。

（5）避让：避让是控制刀具作非切削运动的点或平面。一个操作的刀具运动可分为两种：一种是刀具切入工件之前或离开工件后的运动，即非切削运动；另一种是刀具切削工件材料的运动，即切削运动。刀具在作切削运动时，由零件几何体的形状决定刀具路径，而在作非切削运动时，刀具路径则由避让中指定的点或平面来控制。【避让】选项卡由 4 个面板组成。

（6）更多：在该面板中可定义是否进行【碰撞检查】和【刀具补偿】设置。通过对这两类参数的设置，可在刀具模拟运行时及时发现撞刀而及时做出必要的调整，同时通过刀具补偿确保铣削加工的准确性和加工质量。

碰撞检查：碰撞是指刀具的切削量过大，除了切削刀具外，刀杆也将撞到工件。造成撞刀的原因主要是安全高度设置不合理或根本没有设置安全高度等。通过碰撞检查可快速查看刀具加工过程中是否撞刀，如果撞刀，则将立即显示提示信息，如图 7-41 所示。

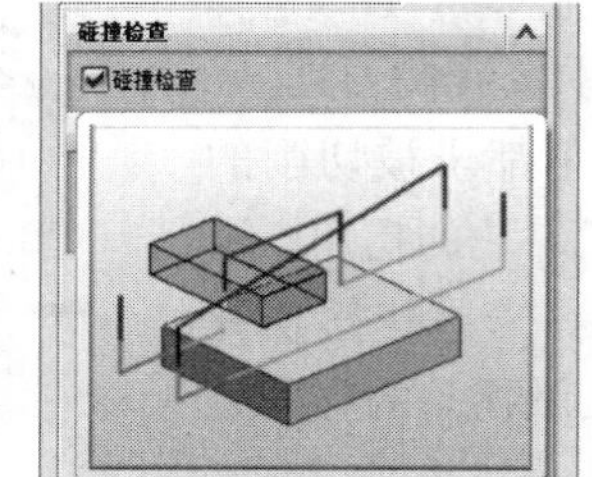

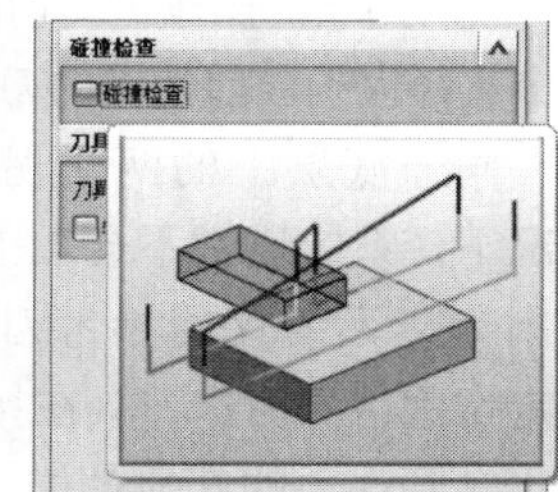

图 7-41　碰撞检查

刀具补偿：由于刀具在加工过程中磨损或重磨刀具，会引起刀具尺寸的改变。为了保证部件的加工精度，就需要对刀具尺寸进行补偿。刀具补偿是大多数机床控制系统都具有的功能，用于设置刀具的实际尺寸和指定尺寸之间的差值。【刀具补偿位置】下拉列表框中包含 3 种补偿情况，如图 7-42 所示。

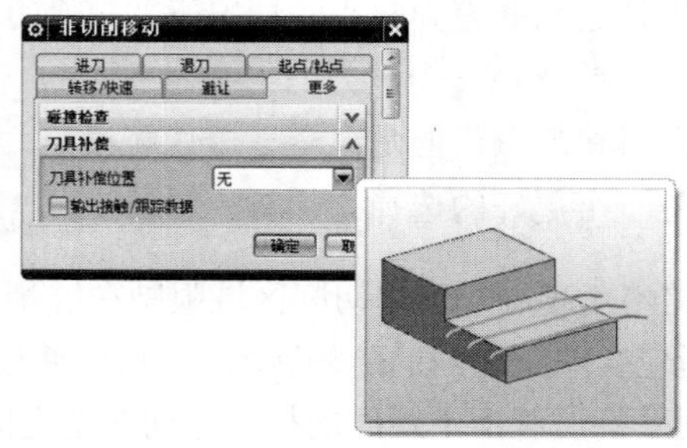

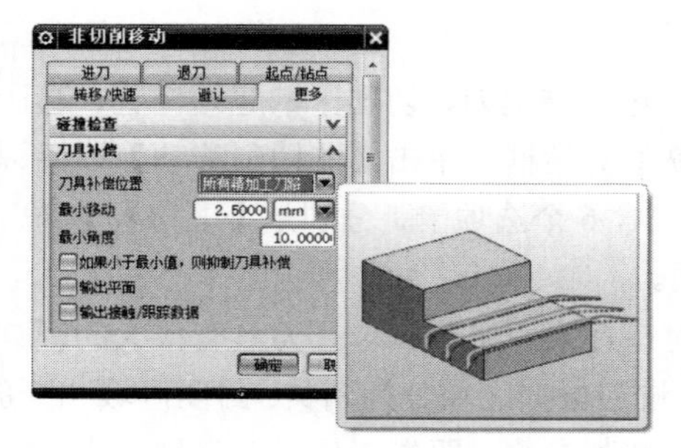

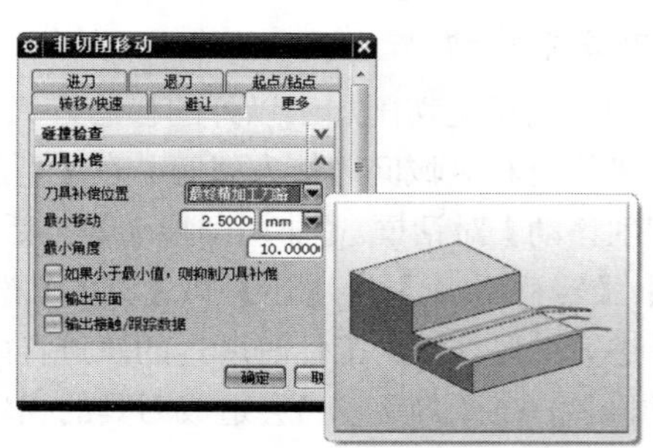

图 7-42　【刀具补偿】面板

6．进给率和速度

在【型腔铣】对话框中单击【进给率和速度】按钮，弹出【进给率和速度】对话框。【进给率和速度】对话框中包含 3 个面板，分别是【自动设置】、【主轴速度】和【进给率】。

（1）自动设置

在【自动设置】面板中输入表面速度与每齿进给量，系统将自动计算得到主轴转速与切削进给率，也可在下面的两个面板内分别直接输入主轴速度和切削进给率。

① 设置加工数据：单击此按钮，可从加工数据库中调用匹配用户选择的部件材料的加工数据。

② 表面速度：指定在表面各齿切削边缘测量的刀具切削速度。

③ 每齿进给量：测量每齿移除的材料量（以英寸或毫米为单位）。

④ 从表格中重值：部件材料、刀具材料、切削方法和切削深度参数指定完毕后，单击此按钮，就会使用这些参数推荐从预定义表格中抽取的“表面速度”和“每齿进给”值。根据处理器的不同（“车”、“铣”等），这些值将用于计算主轴速度和一些切削进给率。

（2）主轴速度

在【主轴速度】面板中要设置的主要参数有主轴速度和主轴方向。在【输出模式】中选择主轴输出的单位，包括 RPM（按每分钟转数定义主轴转速）、SFM（按每分钟曲面英尺定义主轴转速）、SMM（按每分钟曲面米定义主轴转速）和【无】4 个选项，默认使用转/分（RPM）。在【方向】下拉列表框中选择【顺时针】或【逆时针】定义主轴方向。

① 范围状态：勾选此复选框，激活【范围】文本框。该文本框内允许输入主轴速度范围。

② 文本状态：指定 CLS 输出过程中添加到 LOAD 或 TURRET 命令的文本。

（3）进给率

【进给率】用于设置刀具在各种运动情况下的速度，进给速度直接关系到加工效率和质量。

（4）切削

刀具在切削工件过程中的进给率。

（5）快速

刀具从起点到下一个前进点的移动速度。【输出】选项设为 G0-Rapid Mode 时，在刀具位置源文件中自动插入快速命令，后置处理时产生 G00 快进代码。

（6）逼近

刀具从起点到进刀点的进给速度。平面铣和型腔铣时，逼近速度控制刀具从一个切削层到下一个切削层的移动速度。表面轮廓铣时，该速度作为进刀运动的进给速度。

（7）进刀

刀具切入零件时的进给速度。

（8）第一刀切削

第一刀切削的进给率。

（9）步进

刀具进行下一次平行切削时的横向进给量，即通常所说的切削宽度，只适用于 Zig-Zag 切削模式。

（10）移刀

刀具从一个加工区域向另一个加工区域做水平非切削运动时的刀具移动的速度。

（11）退刀

刀具切出零件时的进给速度，是刀具从最终切削位置到退刀点间的刀具移动速度。

（12）离开

刀具回到返回点的移动速度。

（13）单位

设置进给时进给速度的单位。需分别设置切削运动和非切削运动时的进给速度单位，单位为“英寸/分钟”、“英寸/转”或“无”。

（14）在生成刀轨时优化进给率

在生成刀轨时生成优化的进给率参数。

7.3 插铣

插铣加工是一种特殊的铣削加工，该加工方式的原理是：刀具连续地上下运动，快速大量地去除材料。在加工具有较深的立壁腔体零件时，常需要去除大量的材料，此时插铣加工比型腔铣更加有效。当加工难以加工的曲面、切槽或刀具悬深长度较大时，插铣比常规的层铣削方式更为有效。

7.3.1 插铣的优缺点

插铣法（Plunge Milling）又称为 Z 轴铣削法，是实现高切除率金属切削最有效的加工方法之一。它是一种固定轴操作类型，通过刀具轴向运动高效率地进行大切削量的粗加工，并且可以精加工其他加工方法难以处理的垂直侧壁。对于难加工材料的曲面加工、切槽加工及刀具悬伸长度较大的加工，插铣法的加工效率远远高于常规的端面铣削法，其加工原理如图 7-43 所示。事实上，在需要快速切除大量金属材料时，采用插铣法可使加工时间缩短一半以上。此外，插铣加工还具有以下优点。

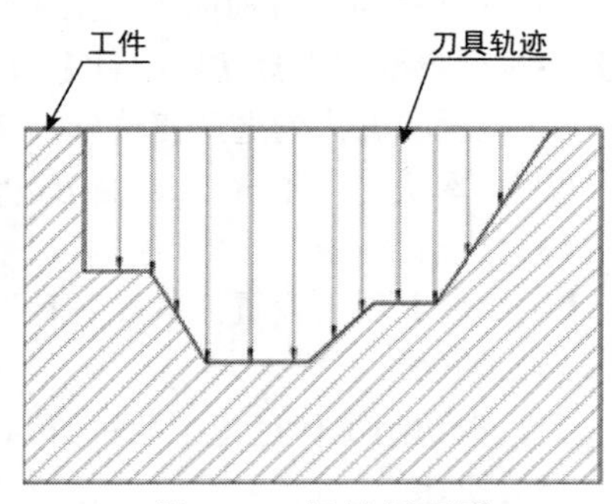

图 7-43　插铣原理图

- 可减小工件变形。
- 可降低作用于铣床的径向切削力，这意味着轴系已磨损的主轴仍可用于插铣加工，而不会影响工件的加工质量。
- 刀具悬伸长度较大，这对于工件凹槽或表面的铣削加工十分有利。

能实现对高强度合金材料的切槽加工。插铣法非常适合对模具型腔的粗加工，并被推荐用于航空零部件的高效加工。其中一个特殊用途就是在三轴或四轴铣床上插铣加工涡轮叶片，这种加工通常需要在专用机床上进行。

7.3.2 参数设置

在【主页】下单击【创建工序】按钮，在【工序子类型】下选择【插铣】，单击【确定】按钮。在插铣操作对话框中，通过单击【指定部件】、【指定毛坯】、【指定检查】、【指定切削区域】和【指定修剪边界】按钮来定义加工几何体，其具体设置和型腔铣操作几何体的设置完全一样，如图 7-44 所示。

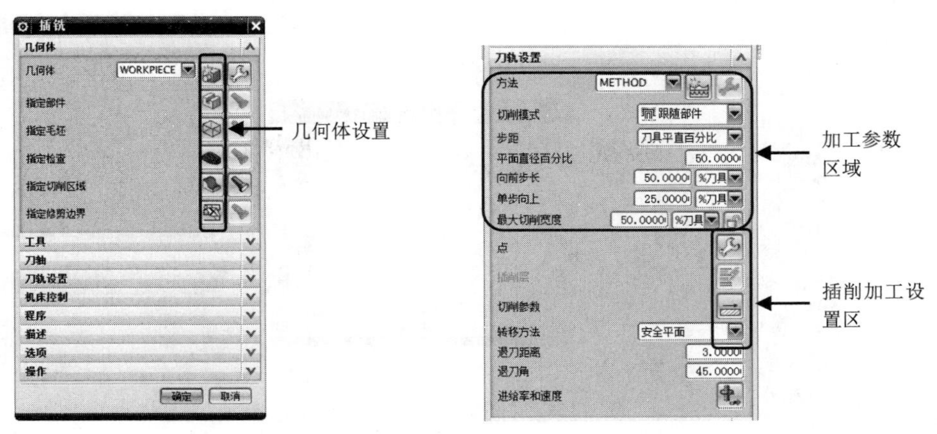

图 7-44　插铣切削参数选项

1．切削参数设置

（1）切削模式：在右侧的下拉列表框中有跟随部件、跟随周边、轮廓加工、单向、往复、单向轮廓等切削模式，如图 7-45 所示。

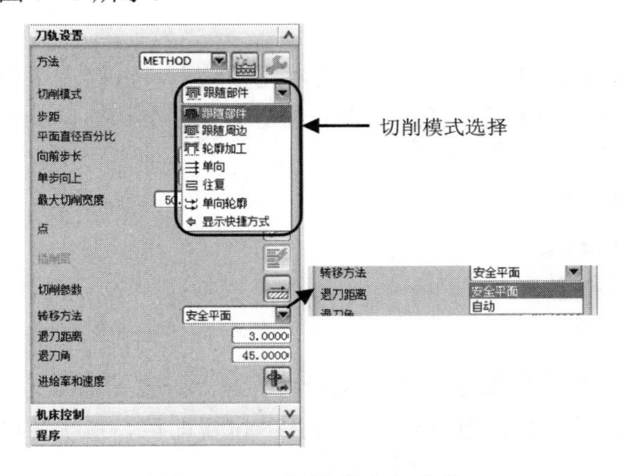

图 7-45　刀轨设置中各参数

（2）向前步长：向前步长是指刀具从一次插入运动到下一次插入运动时向前的步长。可以指定刀具直径的百分比或者直接输入数值进行约束。

（3）最大切削宽度：最大切削宽度是刀具切削时的最大加工宽度。此参数用于限制步进距离和向前步进的距离值。可以指定刀具直径的百分比或者直接输入数值进行约束。

（4）转移方法：插铣支持的转移方法有【安全平面】和【自动】两种。当选择【安全平面】时，系统会以已经定义的安全平面作为退刀的过渡平面；当选择【自动】时，将自动在不发生过切和碰撞的 Z 高度上加上安全间距所确定的最低高度处过渡。

（5）退刀：通过指定【退刀距离】和【退刀角】来控制退刀。沿通过指定的竖直退刀角和水平退刀角形成的 3D 矢量进行退刀运动，它由系统自动生成。

2．设置控制点

控制点有预钻孔进刀点和切削区域起点，用于控制插铣从何处开始切削。在【插铣】对话框中单击【点】按钮，弹出图 7-46 所示的【控制几何体】对话框，通过该对话框可对预钻孔进刀点和切削区域起点进行设置。

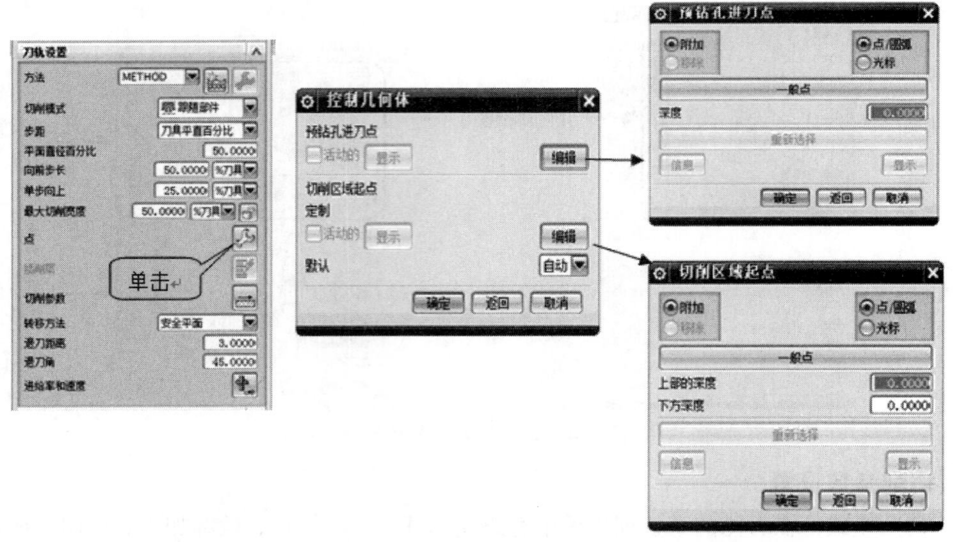

图 7-46　设置控制点操作

3．预钻孔进刀点

在 UG NX 10.0 中可以通过手工和系统自动生成预钻点，可以在【控制几何体】对话框中单击【编辑】按钮，通过弹出的【预钻孔进刀点】对话框来定义。要自动生成预钻点，需要按照以下步骤进行设置。

① 创建和生成插铣操作。

② 创建和生成钻孔操作。

③ 对钻孔操作重新排序。

4．切削区域起点

在切削区域可以指定切削区域起点来定义刀具的进刀位置和步进方向。自定义切削区域起点时，不必精确定义进刀位置，只需要指定一个大致的位置即可，系统会自动根据其他设置条件自动确定一个精确的位置点。

5．插铣层设置

在【插削】对话框中单击【插削层】按钮，弹出图 7-47 所示的【插削层】对话框，该对话框中的参数设置与型腔铣中的【切削层】对话框类似。但是每一个插削操作中的切削层只有两层：顶部层和底部层。在插削操作中，不能将顶层移动和底层交换移动。

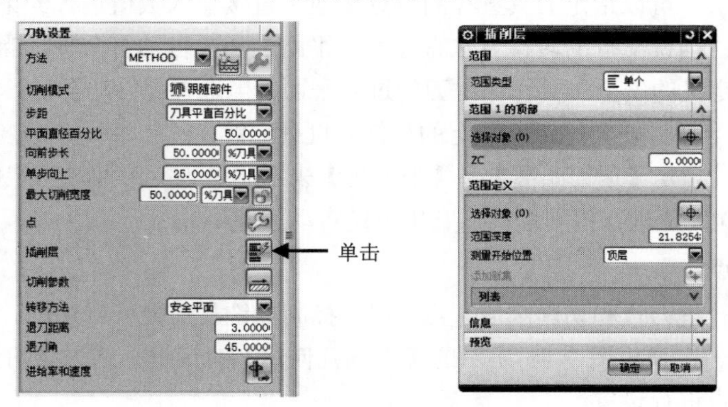

图 7-47　进入【插削层】对话框

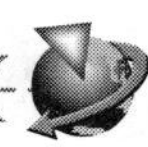

7.3.3　实例——简单凹槽加工

	开始素材	Prt_start\chapter 7\7.3.3.prt
	结果素材	Prt _result\chapter 7\7.3.3.prt
	视频位置	Movie\chapter7\7.3.3.avi

下面以图 7-48 所示的模型为例来讲解插铣的一般步骤。

步骤 01 启动 UG NX 10.0 软件，单击【打开文件】按钮，在弹出的对话框中选择本书配套资源文件 7.3.3.prt，单击【确定】按钮打开该文件。

步骤 02 依次选择【文件】|【应用模块】|【加工】命令，进入加工环境，或者通过快捷键【Ctrl+Alt+M】快速进入加工环境。

步骤 03 在弹出的【加工环境】对话框中选择铣削加工，单击【确定】按钮进入铣削加工环境，如图 7-49 所示。

图 7-48　加工模型

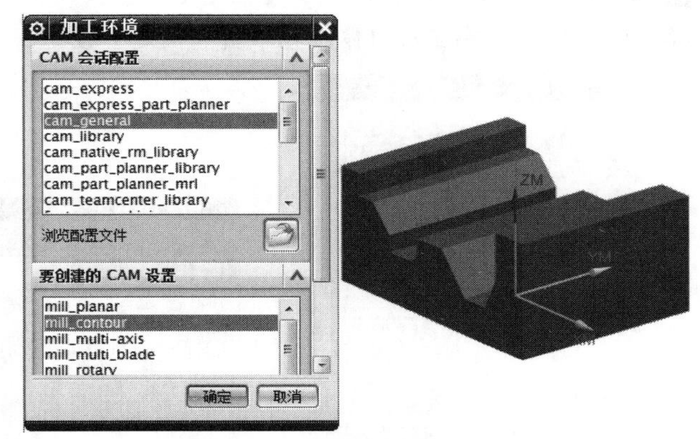

图 7-49　【加工环境】对话框

步骤 04 单击工序导航器中的坐标系设置按钮，弹出【MCS 铣削】对话框，输入安全距离 10mm，单击【指定 MCS】按钮，弹出【CSYS】对话框，并按照图 7-50 所示进行参数设置，最后依次单击【确定】按钮。

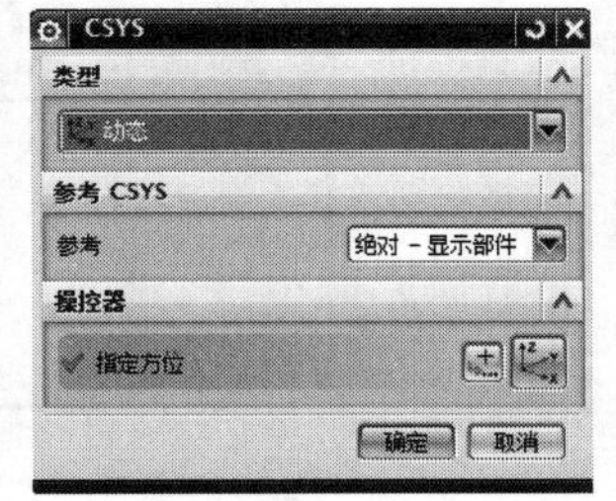

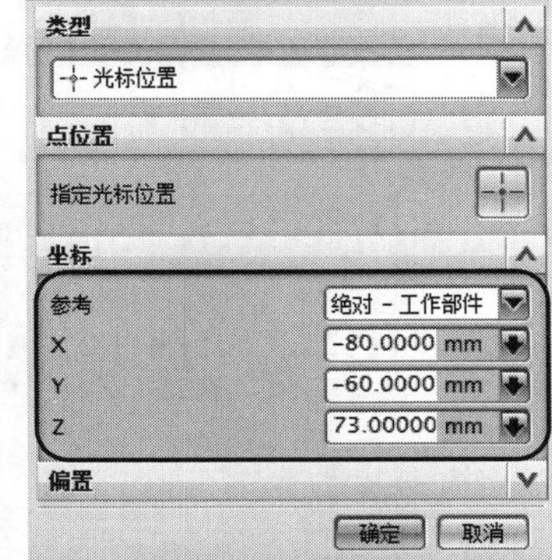

图 7-50　坐标系设置

步骤 05 双击工序导航器下的 WORKPIECE 图标，然后在图 7-51 所示的对话框中单击【指定部件】按钮，并在新打开的对话框中选择图 7-52 所示的模型为几何体。

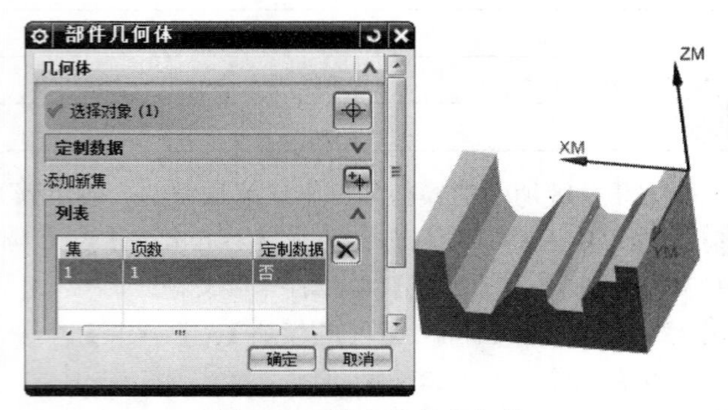

图 7-51 【工件】对话框　　　　图 7-52 指定部件几何体

步骤 06 返回【工件】对话框，单击【指定毛坯】按钮，在弹出的对话框的【类型】下拉列表中选择“包容块”为毛坯几何体，并单击【确定】按钮，如图 7-53 所示。

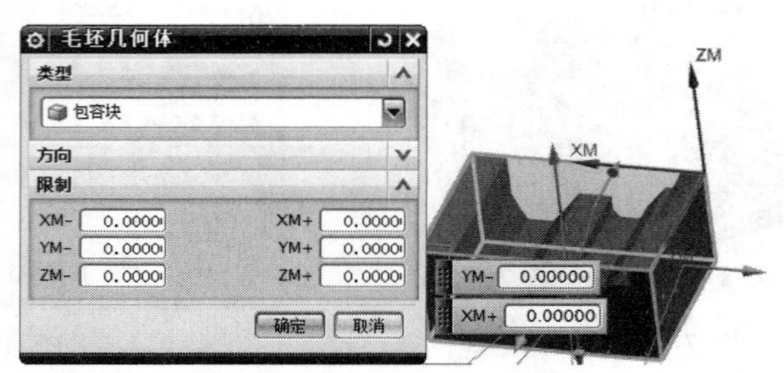

图 7-53 指定毛坯几何体

步骤 07 在【导航器】工具栏中单击【机床视图】按钮，切换导航器中的视图模式。然后在【创建】工具栏中单击【创建刀具】按钮，弹出【创建刀具】对话框。按照图 7-54 所示的步骤新建名称为 T1_D10 的球头刀，并按照实际设置刀具参数。

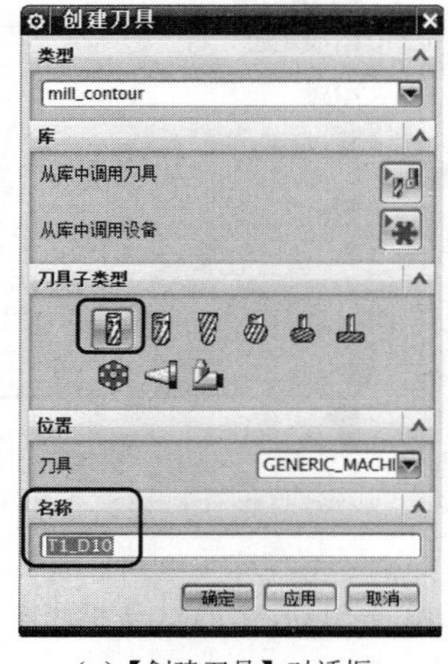

(a)【创建刀具】对话框

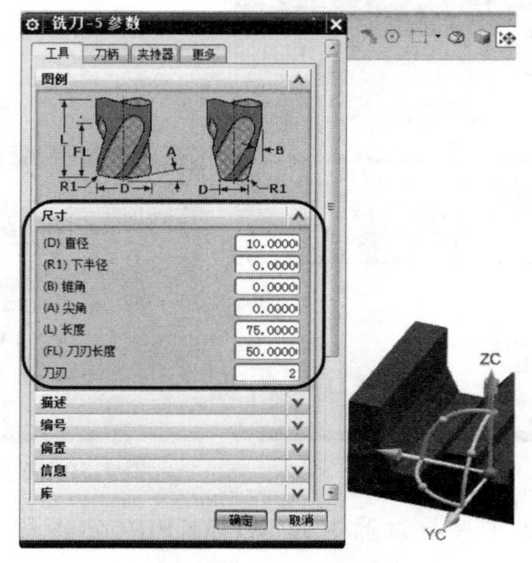

(b) 参数设置对话框

图 7-54 创建名为 T1_D10 的球头刀

步骤 08 单击【主页】下的【创建工序】按钮，弹出【创建工序】对话框，再按照图 7-55 所示的步骤设置加工参数。

(a)【创建工序】对话框

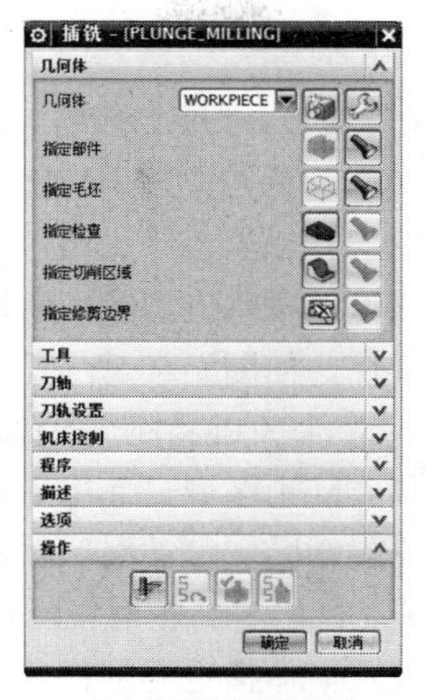
(b)【插铣】对话框

图 7-55　设置加工参数

步骤 09 【插铣】对话框中的【刀轨设置】面板中各个参数按照图 7-56 所示的参数进行设置。

步骤 10 【进给率和速度】对话框参数设置如图 7-57 所示。

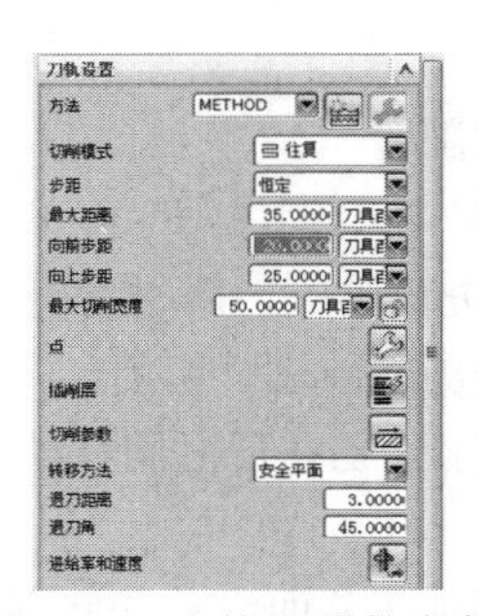
图 7-56　刀轨设置的参数

图 7-57　进给率和速度的参数设置

步骤 11 在【操作】面板中单击【生成】按钮，系统将自动生成加工刀具路径，效果如图 7-58 所示，单击【确认】按钮，选择【2D 动态】选项卡，仿真结果如图 7-59 所示，并单击【保存】按钮，保存文件。

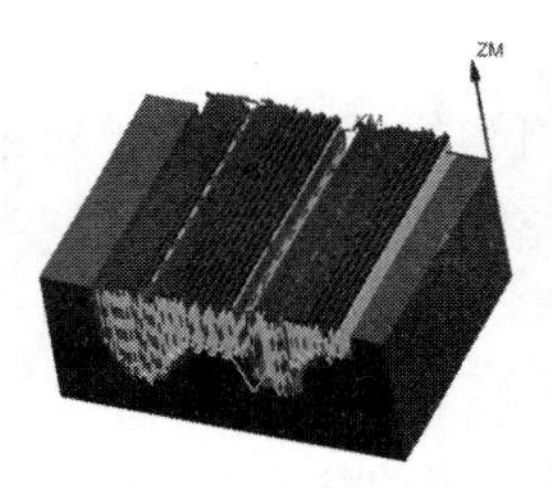
图 7-58　生成刀轨

图 7-59　2D 动态仿真结果

7.4 深度加工轮廓铣

7.4.1 概述

ZLEVEL_PROFILE（深度轮廓铣）也称为等高轮廓铣，是一个固定轴铣削操作，是刀具逐层切削材料的一种加工类型。它适用于零件陡壁的精加工，比如凸台、角落的二轴半加工。因为切削区域的壁可以不垂直刀轴，所以等高轮廓铣削的对象包含曲面形状的零件，如图 7-60 所示。

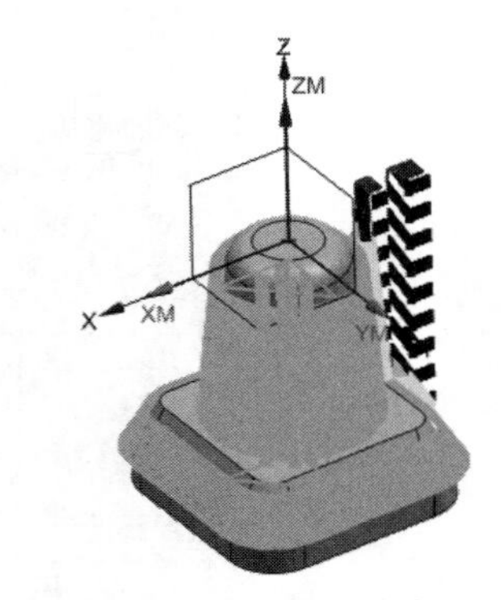

图 7-60 适合于等高轮廓铣削的零件

等高轮廓铣的一个关键特征是通过陡峭角把整个零件几何分成陡峭区域和非陡峭区域，使用等高轮廓铣操作可以先加工陡峭区域，而非陡峭区域可使用后面章节将要学习的固定轴曲面轮廓铣来完成。使用等高轮廓铣操作除了“部件”几何体，还可以将切削区域几何体指定为部件几何体的子集，以限制要切削的区域。如果没有定义任何切削区域几何体，则系统将整个部件几何体当作切削区域，在生成刀轨的过程中处理器将跟踪该几何体。

在某些情况下，使用型腔铣可以生成类似的刀轨。由于等高轮廓铣操作一般用于半精或精加工落差较大的区域，对高速加工尤其有效，因此等高轮廓铣具有以下优点。

（1）等高轮廓铣不需要毛坯几何体。

（2）等高轮廓铣具有陡峭空间范围，可以对陡峭壁进行精加工。可以保持陡峭壁上的残余波峰高度。

（3）等高轮廓铣可以在一个操作中切削多个层，可以在一个操作中切削多个特征（区域），在各个层中可以广泛使用线形、圆形和螺旋形进刀方式。

（4）等高轮廓铣可以对薄壁工件按层（水平）进行切削。

（5）等高轮廓铣可以使刀具与材料保持恒定接触。

（6）当首先进行深度切削时，“等高轮廓铣”按形状进行排序，而“型腔铣”按区域进行排序。这就意味着岛部件形状上的所有层都将在移到下一个岛之前进行切削。

（7）在封闭形状上，等高轮廓铣可以通过直接斜削刀部件上在层之间移动，从而创建螺旋线形刀轨。

（8）在开放形状上，等高轮廓铣可以交替方向进行切削，从而沿着壁向下创建往复运动。

等高轮廓铣的一个重要功能就是能够指定“陡峭角”，以区分陡峭区域与非陡峭区域。将【陡峭角】切换为【开】时，只有陡峭度大于指定陡峭角的区域才执行轮廓铣。将【陡峭角】切换为【关】时，系统将对整个部件执行轮廓铣。

注 意

在使用等高轮廓铣进行铣削加工时，需要检测部件几何体的陡峭区域，对跟踪形状进行排序，识别要加工的切削区域，以及在不过切部件的情况下对所有切削层中的这些区域进行切削。

7.4.2 创建工序方法

许多在等高轮廓铣操作中定义的参数与型腔铣操作中所需的参数相同。在【创建操作】对话

框中选择 ZLEVEL_PROFILE 子类型，然后单击【确定】按钮，将弹出【深度轮廓加工】对话框，如图 7-61 所示。

图 7-61　【深度轮廓加工】对话框

7.4.3　操作参数

1．等高轮廓铣几何体

等高轮廓铣几何体包括部件几何体、检查几何体、切削区域、修剪边界选项。其中部件几何体、检查几何体、修剪边界及其创建与型腔铣相同，本节仅介绍等高轮廓铣的切削区域的定义方法。

切削区域是指几何体上要加工的区域，用于选择、编辑和显示切削面或面域。切削区域的各个成员都必须是部件几何体的子集。例如，如果在切削区域中选择一个面，则此面必须选择作为部件几何体，或必须属于某个已选择为部件几何体的体。如果在切削区域中选择一个片体，则必须选择该体作为部件几何体。

在【几何体】面板中单击【指定切削区域】按钮，将弹出【切削区域】对话框。【切削区域】按钮主要用于选择、编辑和显示切削区域，将光标移动到几何体上，这时几何体会高亮显示，然后右击，弹出快速选择对话框，如图 7-62 所示。

在选择切削区域时，可以随意选择对象，不必按照顺序进行选择。选择的对象必须是部件几何的子集，也就是包含在部件几何中，不能选择部件几何外的对象作为切削区域。

如果不指定切削区域，则系统会将定义的整个部件几何体（刀具不可触及的区域除外）用作切削区域。换言之，系统会将部件的轮廓作为切削区域。

2．等高轮廓铣的基本参数设置

在【深度轮廓加工】对话框中没有【切削模式】参数，其实等高轮廓铣操作默部件轮廓进行切削，所以一般适用于半精加工或精加工，而型腔铣操作一般适用于粗加工。此外，在【深度轮廓加工】对话框的【刀轨设置】面板（如图 7-63 所示）中除了【陡峭空间范围】、【合并距离】与【最小切削长度】等选项外，其余选项基本上与型腔铣操作对话框中对应选项的功能相同，在这里只对与型腔铣不同的选项进行说明。

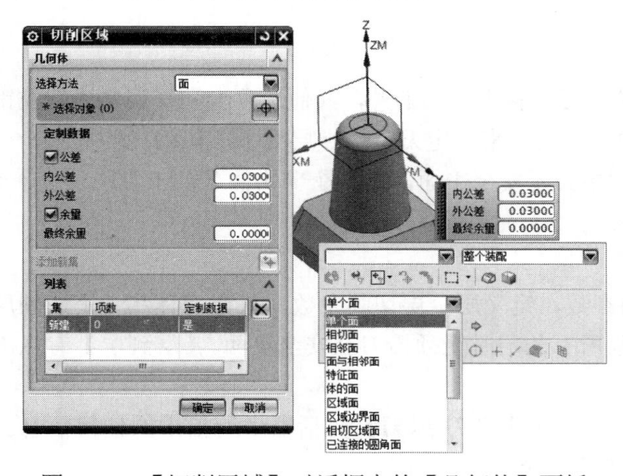

图 7-62　【切削区域】对话框中的【几何体】面板

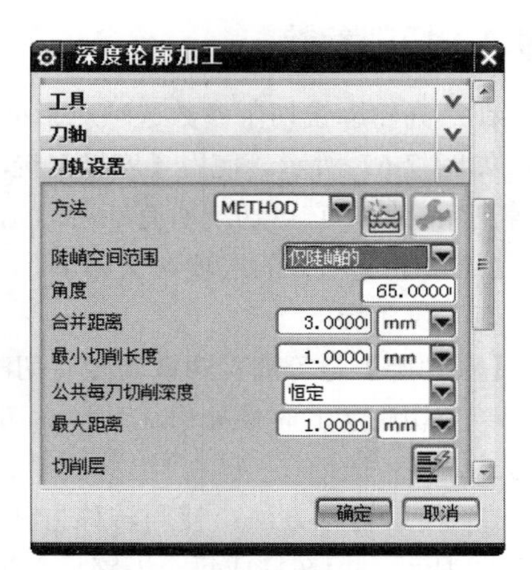

图 7-63　【刀轨设置】面板

（1）陡峭空间范围

【陡峭空间范围】是陡峭区域的空间范围，包括【无】和【仅陡峭的】两个选项。当选择【无】时，程序将对整个部件执行轮廓铣，如图 7-64 所示。当选择【仅陡峭的】选项时，只有陡峭角度大于指定角度的区域才执行轮廓铣，如图 7-65 所示。

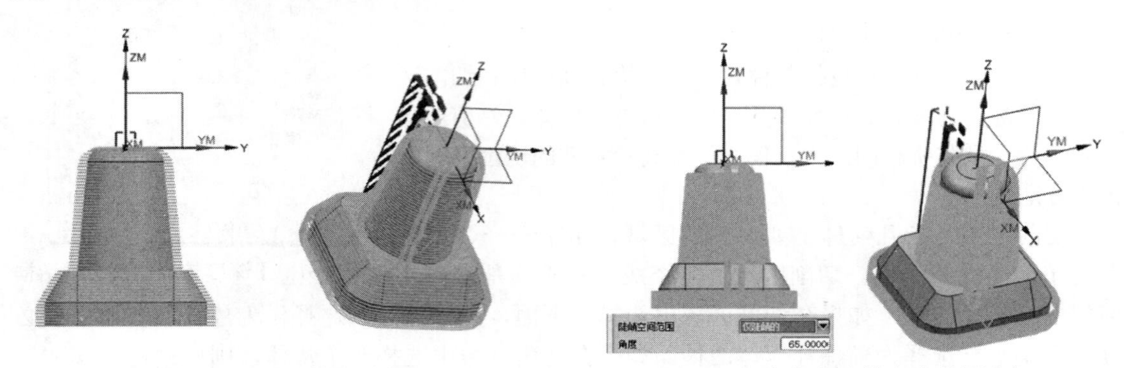

图 7-64　无陡峭角的加工　　图 7-65　在指定陡峭角度范围内加工

陡峭角度是等高轮廓铣区别于其他型腔铣的一个重要参数。工件上任意一点的陡峭角度是刀轴与工件表面该点处法向矢量所形成的夹角。陡峭区域是指工件的陡峭角度大于指定陡峭角度的区域。

（2）合并距离

在【合并距离】文本框中输入参数值，用于指定连接不连贯的切削运动来消除刀具路径中小的不连续性或不希望出现的缝隙，如图 7-66 所示。

这些不连续性发生在刀具从工件表面退刀的位置，有时是由表面间的缝隙引起的，或者当工件表面的陡峭度与指定的陡峭角度非常接近时由工件表面陡峭度的微小变化引起的，输入的值决定了连接切削移动的端点时刀具要跨过的距离。

（3）最小切削长度

在【最小切削长度】文本框中输入参数值，用于输入生成刀具路径时的最小段长度。指定合适的最小切削长度，可消除工件中孤岛区域内的较小段刀具路径，因为当切削运动的距离比指定的最小切削长度值小时，系统不会在该处创建刀具路径。

7.4.4　切削参数

在等高轮廓铣切削参数选项对话框中除【连接】选项卡外，其他选项卡和平面铣、型腔铣相同，如图 7-67 所示。使用【连接】选项卡主要用来确定刀具从一层到下一层的过渡方式，专用于等高轮廓铣，它可切削所有的层而无须抬刀至安全平面，是一个非常高效的工具。

【连接】选项卡的选项含义如下。

（1）层到层

【层到层】是等高轮廓铣的专有切削参数，定义层至层切削参数，决定刀具从一个切削层进入下一个切削层的时候如何运动，而切削所有的层时无须抬刀至安全平面。【层到层】有以下 4 种方式。

① 使用转移方法：使用转移方法将使用在【进刀/退刀】对话框中所指定的任何信息。如图 7-68 所示，刀在完成每个刀路后都抬刀至安全平面。

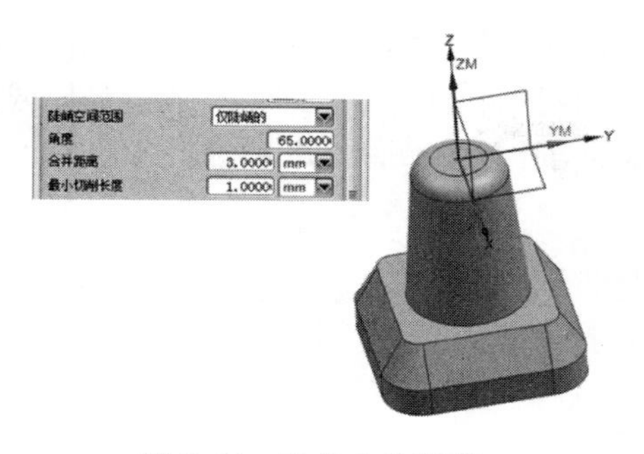

图 7-66　定义合并距离

图 7-67　【切削参数】对话框

② 直接对部件进刀：选择该选项，在进行层间运动时，刀具在完成一切削层后，直接在零件表面运动至下一切削层，刀路间没有抬刀运动，大大减少了刀具空运动的时间，如图 7-69 所示。

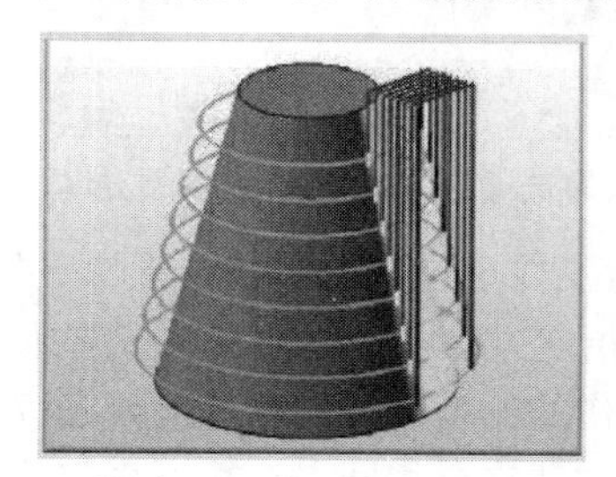

图 7-68　使用转移方法

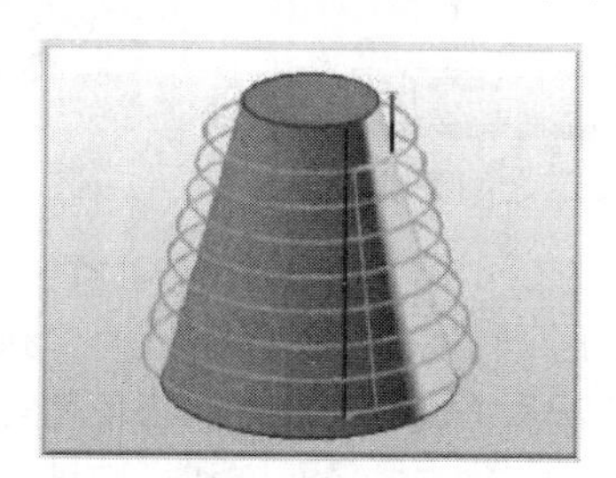

图 7-69　直接对部件进刀

注　意

“直接对部件进刀”与“使用转移方法”并不相同，直接转移是一种快速的直线移动，不执行过切或碰撞检查。

③ 沿部件斜进刀：跟随部件从一个切削层到下一个切削层。切削角度为【进刀/退刀】参数中指定的斜角，如图 7-70 所示。这种切削具有更恒定的切削深度和残余波峰，并且能在部件顶部和底部生成完整刀路，减少了很多不必要的退刀，特别适合高速加工。

④ 沿部件交叉斜进刀：刀具从一个切削层进入下一个切削层的运动是一个斜式运动，与沿部件斜进刀相似，且所有斜式运动首尾相接，同样减少了很多不必要的抬刀，特别适合高速加工，如图 7-71 所示。

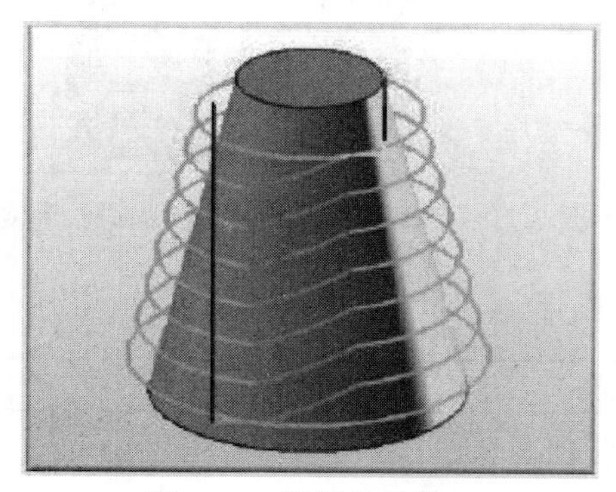

图 7-70　沿部件斜进刀

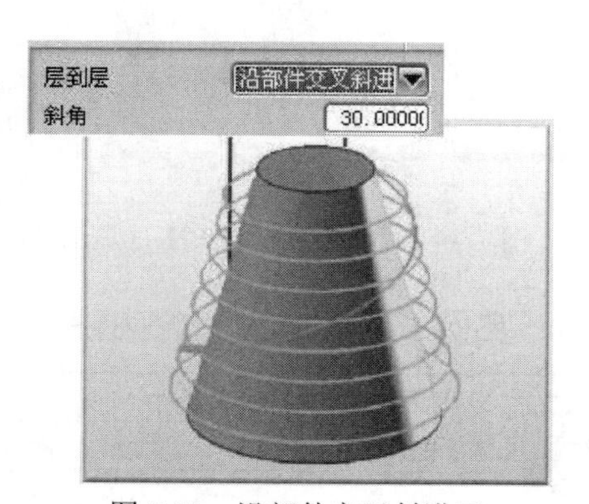

图 7-71　沿部件交叉斜进刀

（2）在层之间切削

勾选【在层之间切削】复选框时，就会出现层之间相关的选项框，如图 7-72 所示。使用该选项就等于同时使用等高轮廓铣和表面铣来加工部件。在平面区域使用平面铣，在陡峭区域使用等高轮廓铣，勾选和未勾选【在层之间切削】复选框的对比效果如图 7-73 所示。

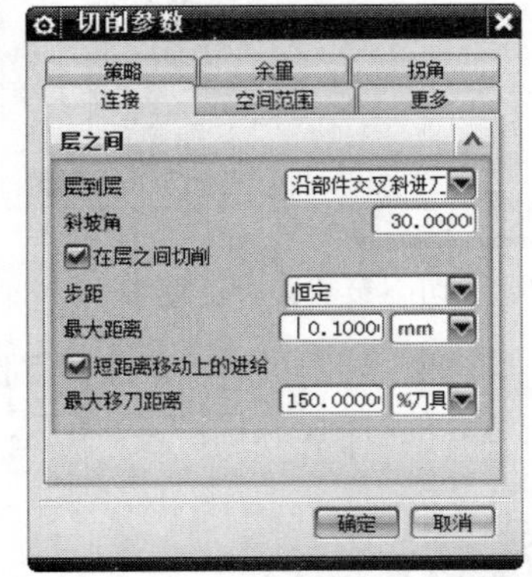

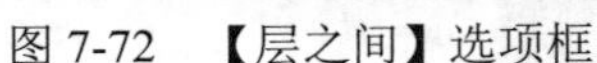
图 7-72 【层之间】选项框

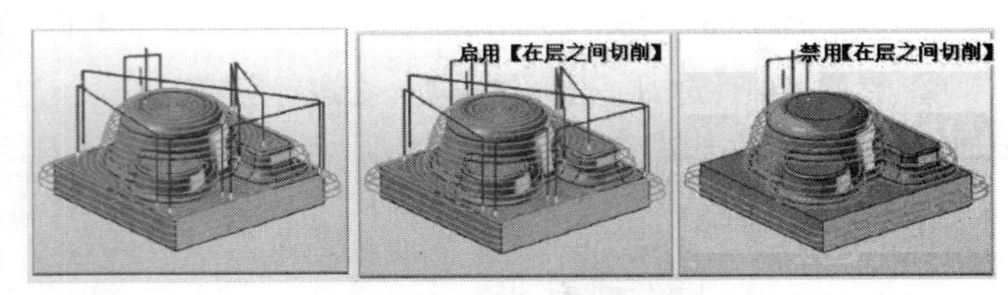

图 7-73 勾选和未勾选【在层之间切削】复选框的对比

勾选【在层之间切削】复选框后，就可以同时创建等高轮廓铣和平面铣。通过下面的【步距】选项，可以对平面区域的步进距离进行单独指定，具体指定方法有 4 种。其中，选择【使用切削深度】选项，平面区域的步进距离将使用等高轮廓铣操作的深度值，其示意图如图 7-74 所示，而其他选项的指定方法与平面铣和型腔铣中指定步距的方法完全相同，这里不再赘述。

勾选【在层之间切削】复选框后，另外产生了【短距离移动上的进给】复选框，勾选该复选框后会激活【最大移刀距离】文本框，可在其中设置数值，如图 7-75 所示。

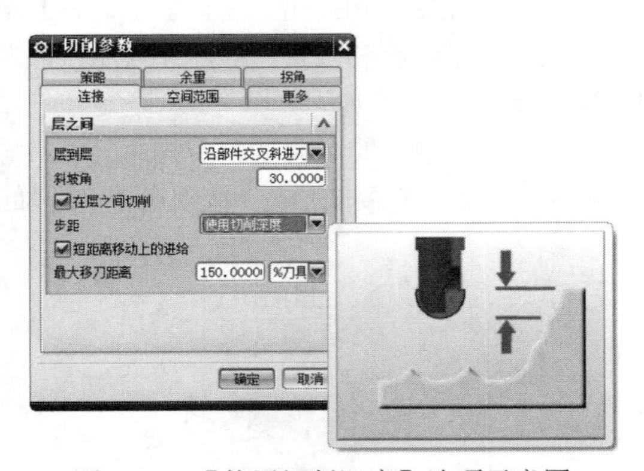

图 7-74 【使用切削深度】选项示意图

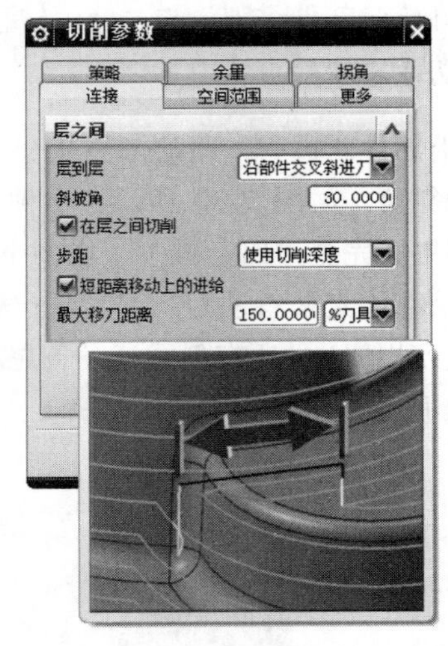

图 7-75 启用【短距离移动上的进给】复选框

7.4.5 实例——深度加工轮廓铣

	开始素材	Prt_start\chapter 7\7.4.5.prt
	结果素材	Prt _result\chapter 7\7.4.5.prt
	视频位置	Movie\chapter 7\7.4.5.avi

1．加工工艺分析

本实例创建凸台模具型腔铣削加工，效果如图 7-76 所示。要实现该模型加工成品效果，首先使用型腔铣削分别完成倒圆角和凸台圆弧部分的粗加工，以铣削出模型大致的轮廓。这步的关键操作就是指定修剪边界，即凸台上表面为修剪边界，这里不做介绍，主要介绍的是在型腔铣基础上使用等高轮廓铣削对模型底部 4 个凸台圆弧部分进行精加工。该步的关键是指定铣削区域，因为定义不同的切削区域将直接决定刀具的轨迹，这里依次选取周围 4 个竖直侧面作为铣削区域，这样才能生成有效的刀具轨迹。

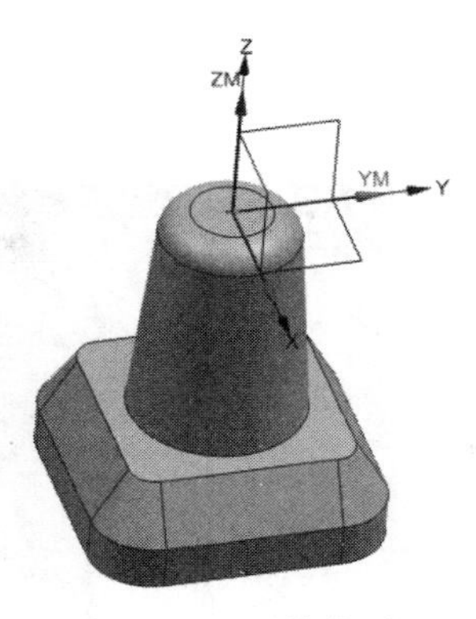

图 7-76　零件模型

2．深度轮廓精加工

步骤 01 启动 UG NX 10.0 软件，单击【打开文件】按钮，在弹出的对话框中选择本书配套资源文件 7.4.5.prt，单击【确定】按钮打开该文件。

步骤 02 在【插入】工具栏中单击【创建工序】按钮，弹出【创建工序】对话框，然后按照图 7-77 所示的步骤设置加工参数。

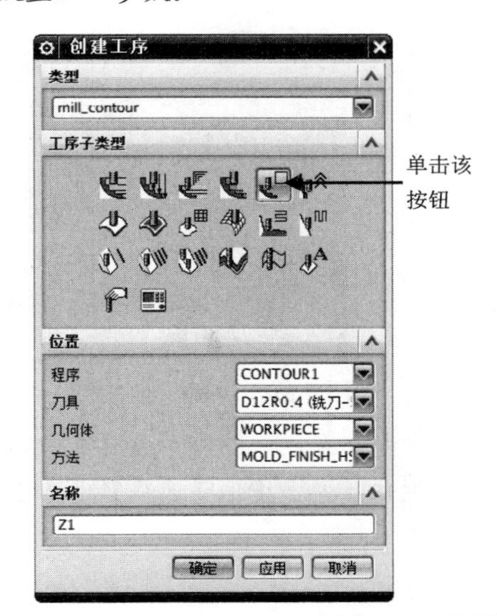

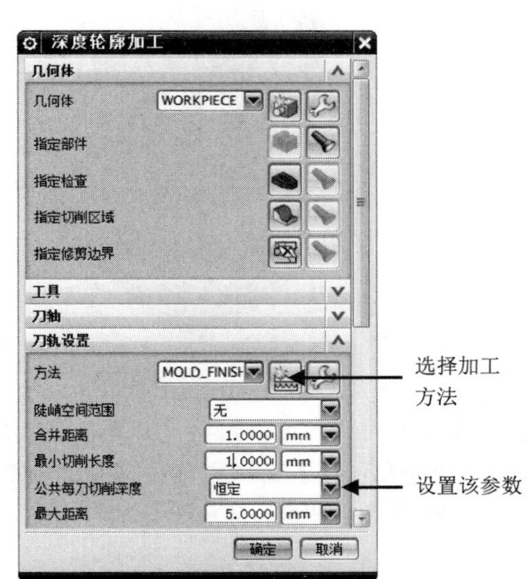

图 7-77　设置加工参数

步骤 03 在该对话框的【刀轨设置】面板中单击【切削参数】按钮 ，在弹出的【切削参数】对话框中对【策略】选项卡中的参数进行设置，如图 7-78 所示。

步骤 04 然后单击【非切削移动】按钮，在弹出的对话框中对【进刀】和【起点/钻点】选项卡中的参数进行设置，如图 7-79 所示。

步骤 05 在【操作】面板中单击【生成】按钮，系统将自动生成加工刀具路径，效果如图 7-80 所示。

步骤 06 单击该面板中的【确认刀轨】按钮，在弹出的【刀轨可视化】对话框中展开【2D 动态】选项卡，并单击【选项】按钮。然后在弹出的【IPW 碰撞检查】对话框中取消勾选各复选框，并单击【确定】按钮确认操作。接着单击【播放】按钮，系统将以实体的方式进行切削仿真，效果如图 7-81 所示。

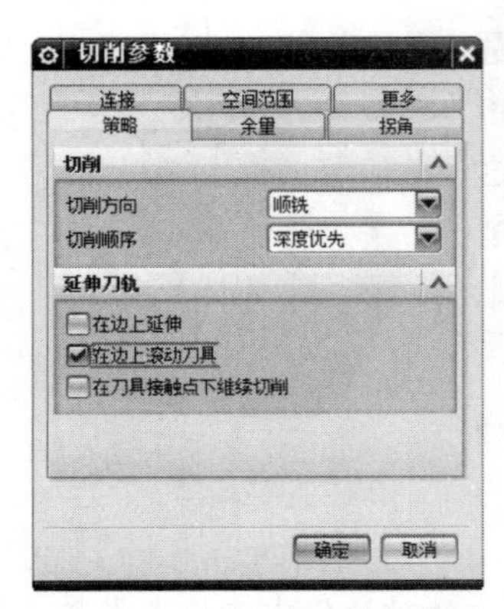

图 7-78　设置切削参数

图 7-79　设置非切削移动参数

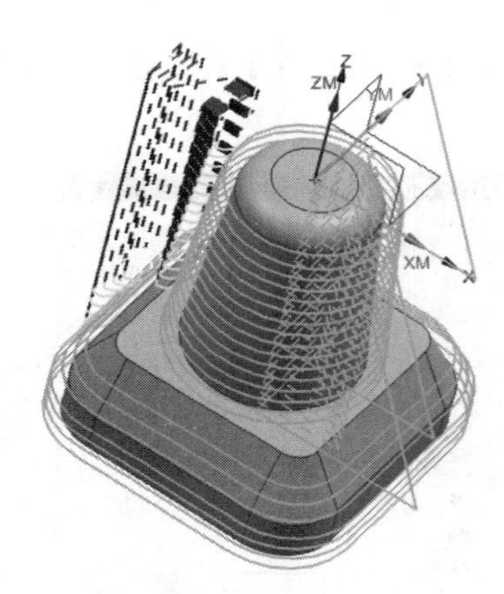

图 7-80　生成刀轨

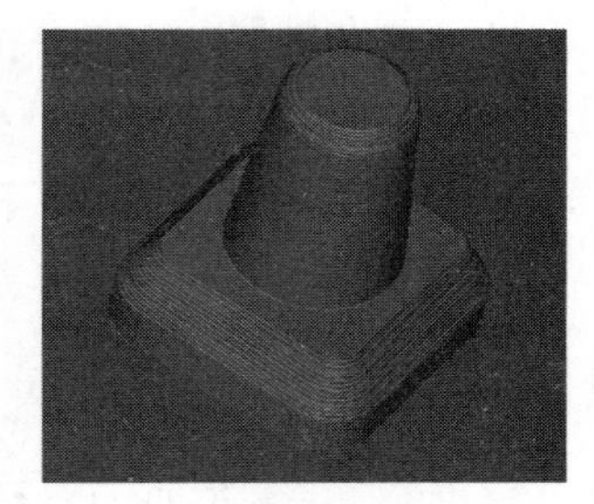

图 7-81　仿真操作切削效果

步骤 07 按照同样的方法，将刀具路径 Z1 复制，并重命名为 Z2。然后双击该新刀路，在弹出的对话框的【几何体】面板中单击【指定切削区域】按钮，弹出【切削区域】对话框，然后选择图 7-82 所示的面围成的区域为切削区域。

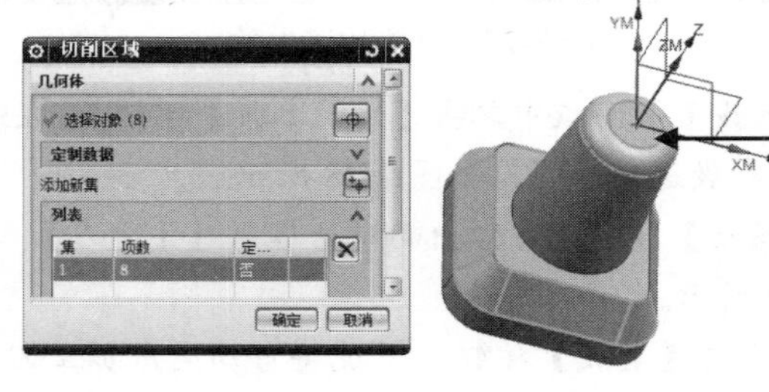

图 7-82　进入【切削区域】对话框

步骤 08 在【操作】面板中单击【生成】按钮，系统将自动生成加工刀具路径，效果如图 7-83 所示。

步骤 09 单击该面板中的【确认刀轨】按钮，在弹出的【刀轨可视化】对话框中展开【2D 动态】选项卡，单击【选项】按钮。然后在弹出的【IPW 碰撞检查】对话框中取消勾选各复选框，并单击【确定】按钮确认操作。再单击【播放】按钮，系统将以实体的方式进行切削仿真，效果如图 7-84 所示。

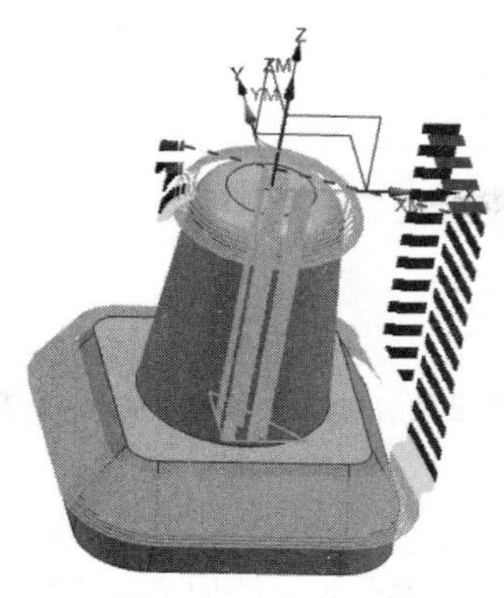

图 7-83　生成刀轨

图 7-84　仿真操作切削效果

步骤 10 按照同样的方法，将刀具路径 Z1 复制，并重命名为 Z3。然后双击该新刀路，在弹出的对话框设置各项参数，如图 7-85 所示。

步骤 11 在【操作】面板中单击【生成】按钮，系统将自动生成加工刀具路径，效果如图 7-86 所示。

步骤 12 单击该面板中的【确认刀轨】按钮，在弹出的【刀轨可视化】对话框中展开【2D 动态】选项卡，单击【选项】按钮。然后在弹出的【IPW 碰撞检查】对话框中取消勾选各复选框，并单击【确定】按钮确认操作。然后单击【播放】按钮，系统将以实体的方式进行切削仿真，效果如图 7-87 所示。

图 7-85　设置参数

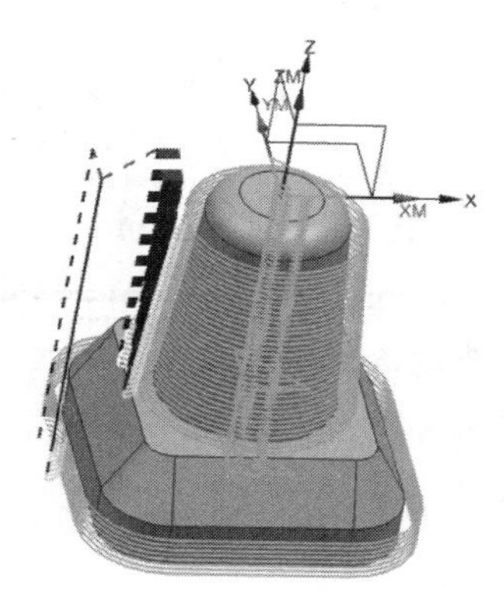

图 7-86　生成刀轨

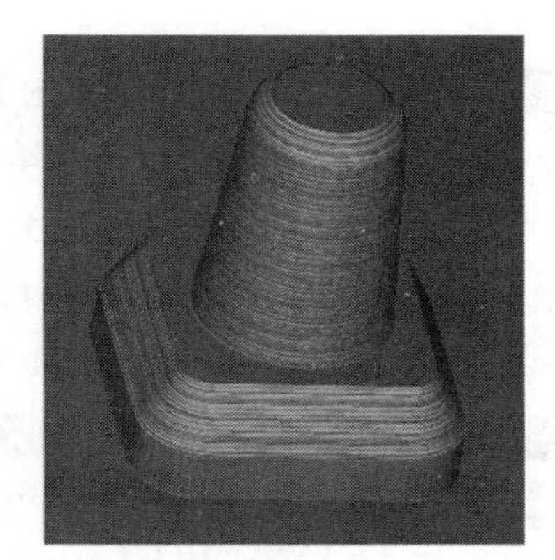

图 7-87　仿真操作切削效果

7.5　典型应用

7.5.1　凹模加工

零件的凹面加工将应用到轮廓铣削的 4 个操作子类型：型腔粗加工、剩余铣、深度加工轮廓铣和深度加工拐角铣。零件模型的凹模如图 7-88 所示。

打开 UG NX 10.0 软件，按照下面的“开始素材”路径找到本例名为 7.5.1.prt 的文件，按照下面的讲解进行该例加工程序的编制。也可根据与该例对应的视频进行学习。

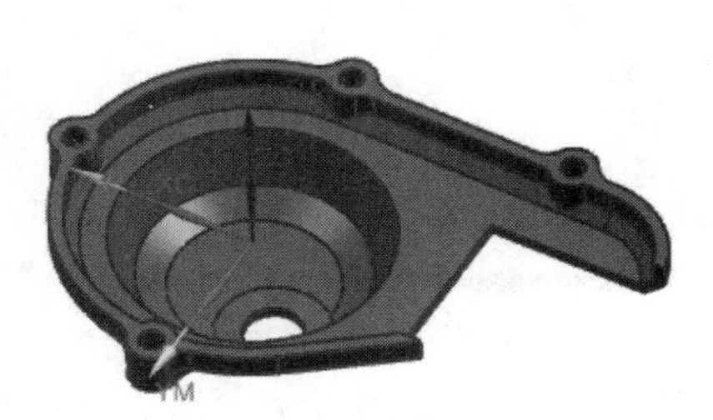

图 7-88　壳体模型

<table>
<tr><td rowspan="3"></td><td>开始素材</td><td>Prt_start\chapter 7\7.5.1.prt</td></tr>
<tr><td>结果素材</td><td>Prt _result\chapter 7\7.5.1.prt</td></tr>
<tr><td>视频位置</td><td>Movie\chapter 7\7.5.1.avi</td></tr>
</table>

1. 加工工艺分析

加工工艺分析如下：

（1）在整个加工过程中，将会应用型腔铣来加工零件凹面的大致形状。由于是粗加工，可以使用较大刀具，以满足大面积切削；

（2）然后应用剩余铣来铣削剩余的残料；

（3）最后应用深度轮廓加工和深度拐角加工来精加工零件外形，精加工时需使用小刀具高速切削，以满足表面光度。

2. 公共项目设置

步骤 01 启动 UG NX 10.0 软件，单击【打开文件】按钮，在弹出的对话框中选择本书配套资源文件 7.5.1.prt，单击【确定】按钮打开该文件。

步骤 02 依次选择【文件】|【应用模块】|【加工】命令，进入加工环境，或者通过快捷键【Ctrl+Alt+M】快速进入加工环境。

步骤 03 从弹出的图 7-89 所示的【加工环境】对话框中选择铣削加工，单击【确定】按钮进入铣削加工环境。

步骤 04 将视图调至【几何视图】，双击工序导航器中的坐标系设置按钮，弹出图 7-90 所示的坐标系设置对话框。输入安全距离 10mm，并单击【指定】按钮。在弹出的对话框中选择坐标系参考方式为 WCS，如图 7-91 所示。

图 7-89 壳体模型

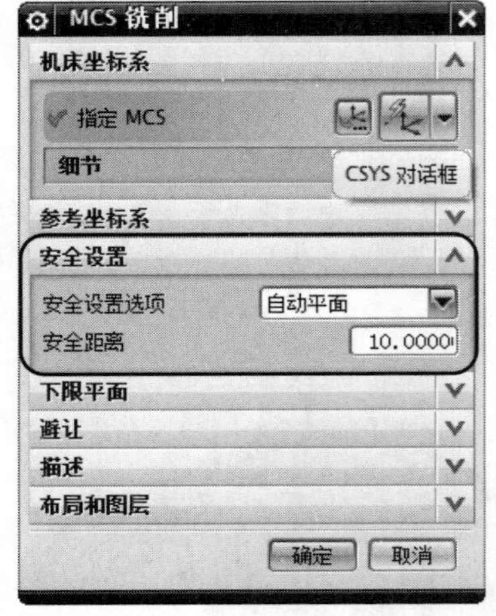

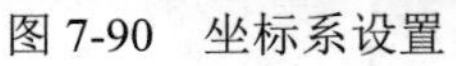
图 7-90 坐标系设置

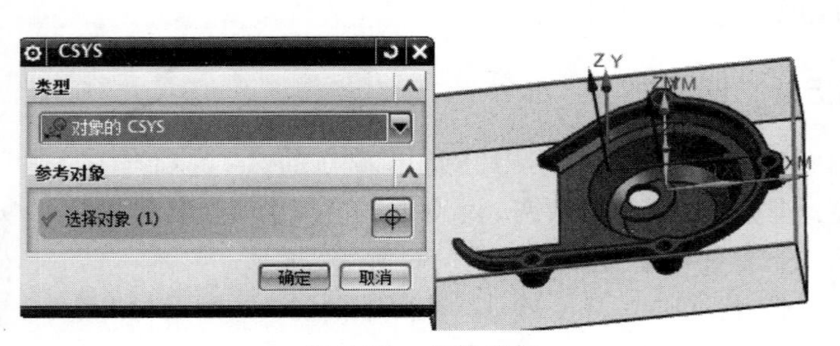

图 7-91 参数选择

步骤 05 双击工序导航器下的 WORKPIECE 图标，然后在图 7-92 所示的对话框中单击【指定部件】按钮，并在新弹出的对话框中选择图 7-93 所示的模型为几何体。

图 7-92　【工件】对话框

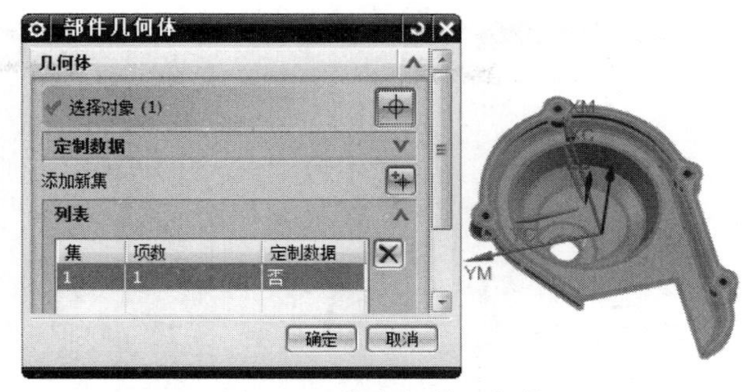

图 7-93　指定部件几何体

步骤 06 选择部件几何体后返回【工件】对话框。此时单击【指定毛坯】按钮，在弹出的对话框【类型】下拉列表中选择【包容块】选项并单击确定按钮，右侧将显示自动块毛坯模型，如图 7-94 所示，可根据实际需求调节包容块的尺寸。此处使用默认的设置即可。

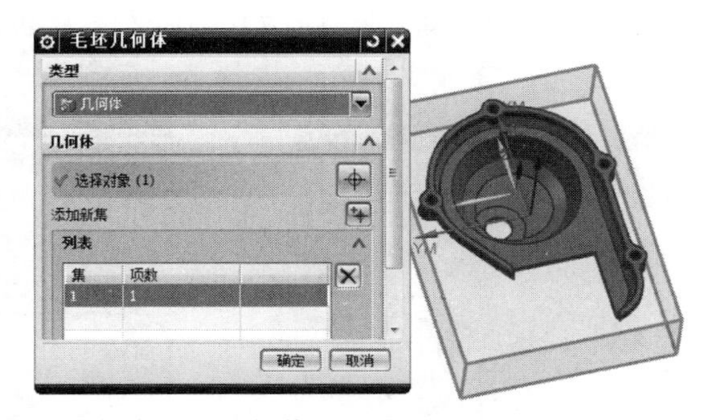

图 7-94　指定毛坯几何体

步骤 07 在【导航器】工具栏中单击【机床视图】按钮，切换导航器中的视图模式。然后在【创建】工具栏中单击【创建刀具】按钮，弹出【创建刀具】对话框。按照图 7-95 所示的步骤新建名称为 T1_D8R1.5 的端铣刀，并按照实际设置刀具参数。

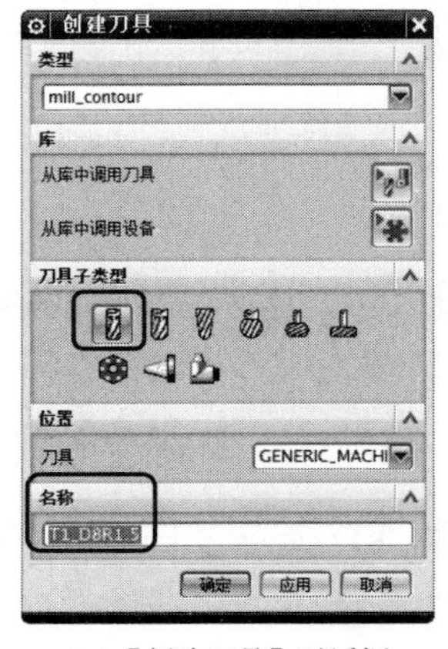

（a）【创建刀具】对话框

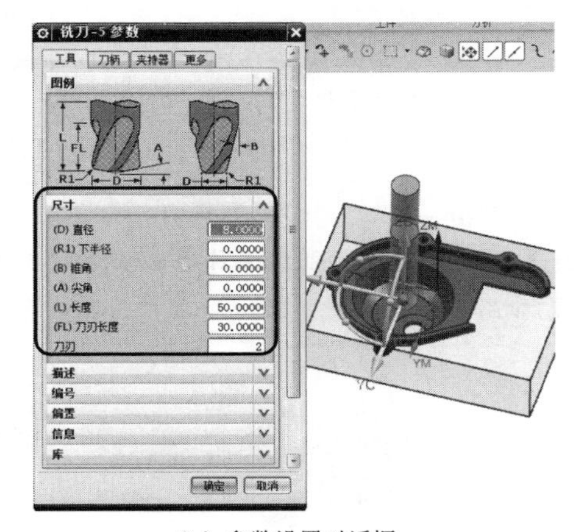

（b）参数设置对话框

图 7-95　创建名为 T1_D8R1.5 的端铣刀

步骤 08 同理，按照图 7-96 所示的步骤新建名称为 T2_D4R0.5 的端铣刀，并按照实际设置刀具参数。

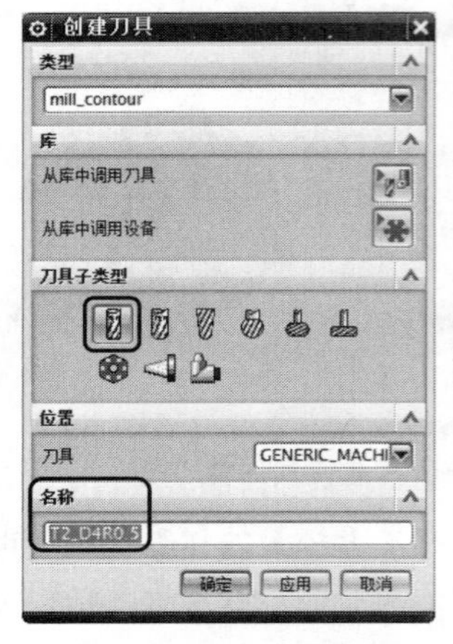

（a）【创建刀具】对话框

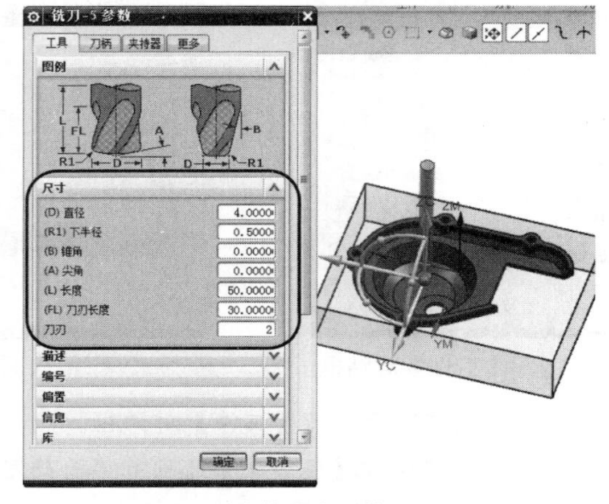

（b）参数设置对话框

图 7-96 创建名为 T2_D4R0.5 的端铣刀

步骤 09 继续创建第三把刀具，按照图 7-97 所示的步骤新建名称为 T3_D2.5 的端铣刀，并按照实际设置刀具参数。

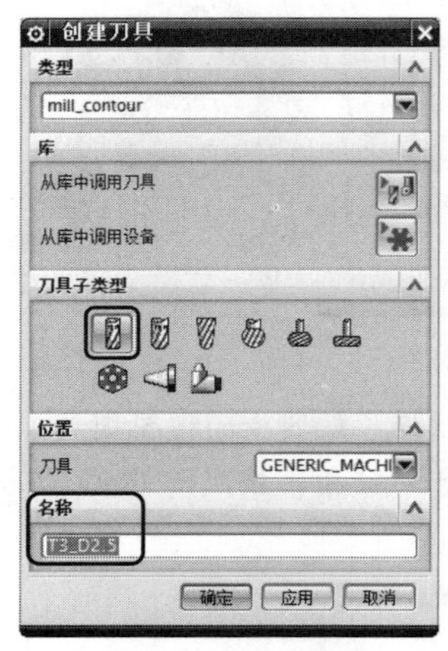

（a）【创建刀具】对话框

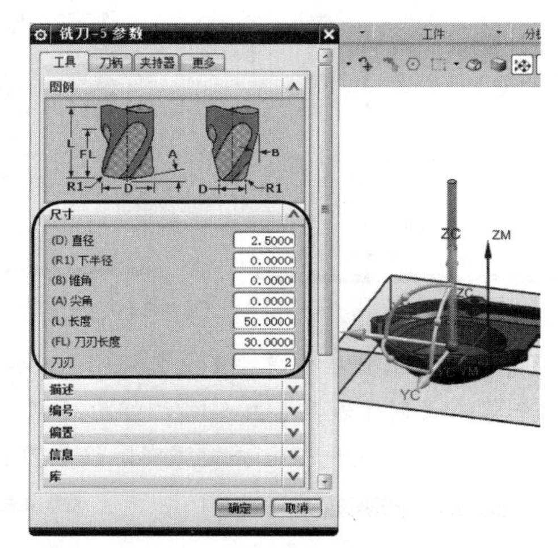

（b）参数设置对话框

图 7-97 创建名为 T3_D2.5 的端铣刀

3. 型腔铣粗加工

步骤 01 单击【主页】下的【创建工序】按钮，弹出【创建工序】对话框，然后按照图 7-98 所示的步骤设置加工参数。

注 意

在【几何体】选项区中无须指定切削区域。因为这里加工的是整个零件（包括切削零件外的毛坯），而不是加工某部分面。

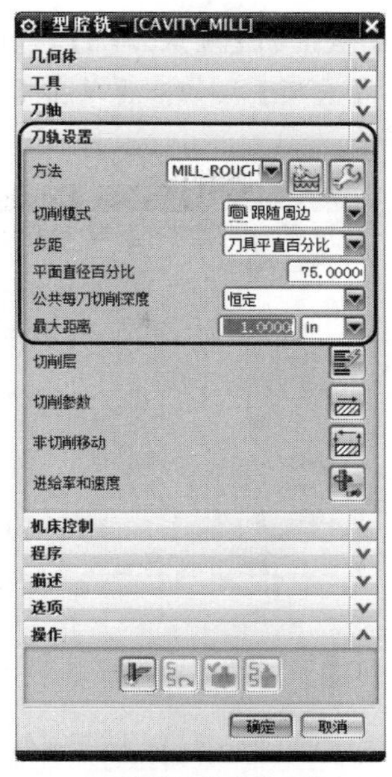

（a）【创建工序】对话框　　（b）【型腔铣】的刀轨参数设置

图 7-98　设置加工参数

步骤 02 【切削参数】对话框参数设置如图 7-99 所示。

步骤 03 【进给率和速度】对话框参数设置如图 7-100 所示。

图 7-99　【切削参数】设置

图 7-100　【进给率和速度】参数设置

步骤 04 在【操作】面板中单击【生成】按钮，系统将自动生成加工刀具路径，效果如图 7-101 所示。

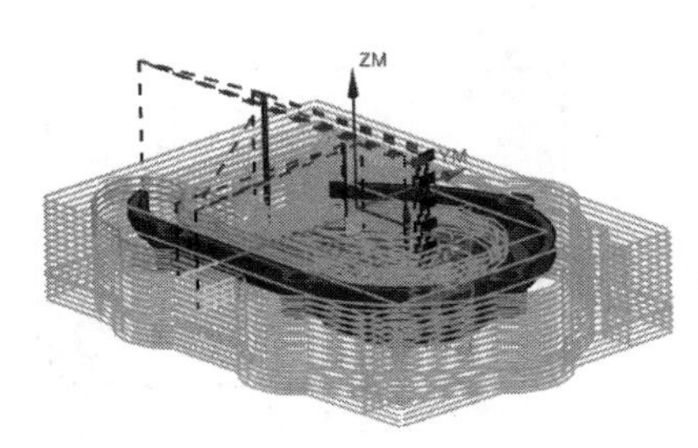

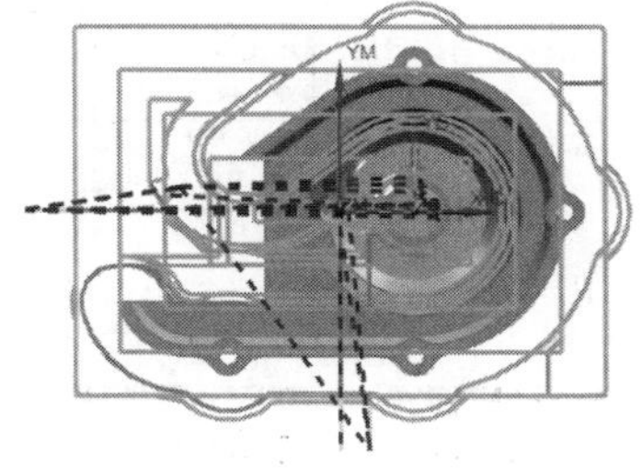

图 7-101　生成刀轨

步骤 05 单击该面板中的【确认刀轨】按钮，在弹出的【刀轨可视化】对话框中展开【2D 动态】选项卡，并单击【选项】按钮。再单击【播放】按钮，系统将以实体的方式进行切削仿真，效果如图 7-102 所示。

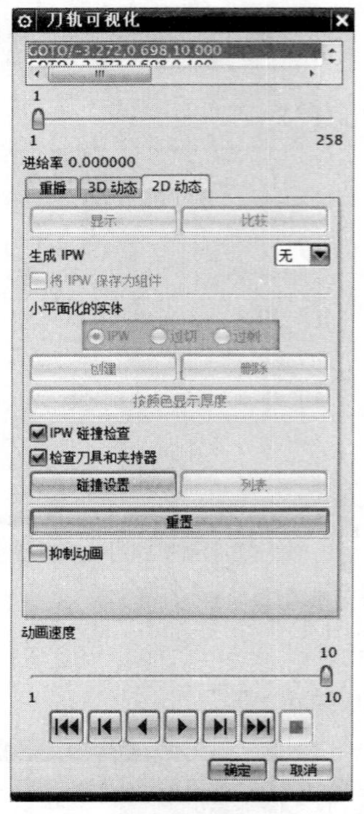

（a）【刀轨可视化】对话框

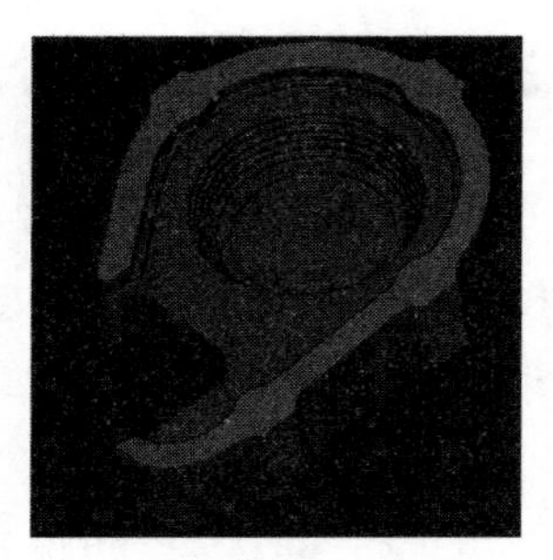

（b）实体切削仿真

图 7-102　刀轨可视化仿真

4．剩余铣半精加工

步骤 01 单击【主页】下的【创建工序】按钮，弹出【创建工序】对话框，然后按照图 7-103 所示的步骤设置加工参数。

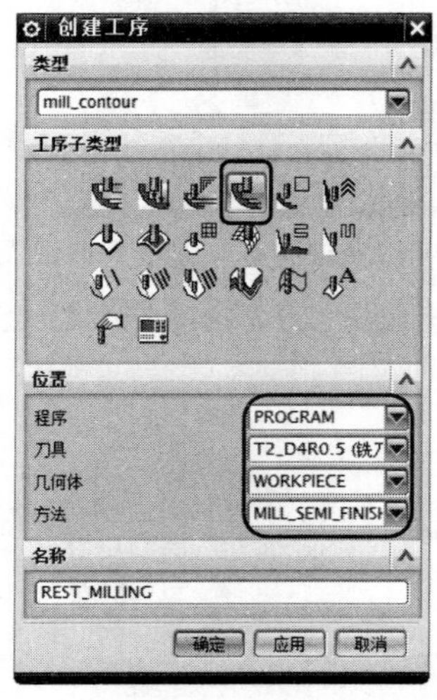

（a）【创建工序】对话框

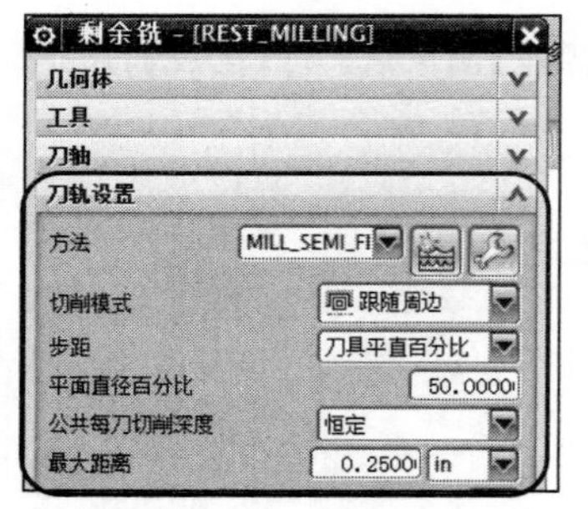

（b）【剩余铣】的刀轨参数设置

图 7-103　设置加工参数

注 意

在【创建操作】对话框的【位置】选项区中“几何体”必须选择“WORKPIECE”，否则将无法加工。

步骤 02 【切削参数】对话框参数设置如图 7-104 所示。

步骤 03 【进给率和速度】对话框参数设置如图 7-105 所示。

步骤 04 在【操作】面板中单击【生成】按钮，系统将自动生成加工刀具路径，效果如图 7-106 所示。

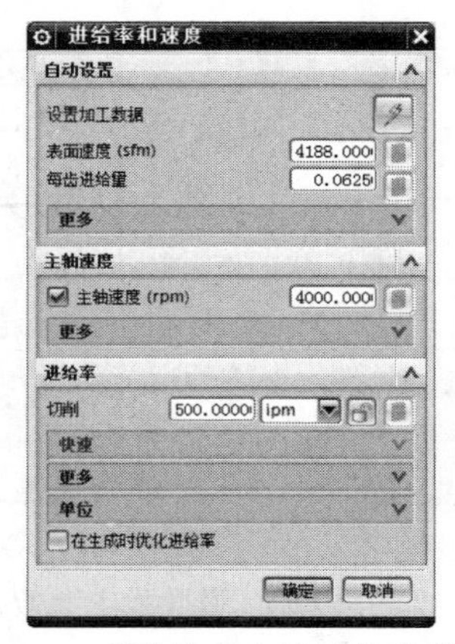

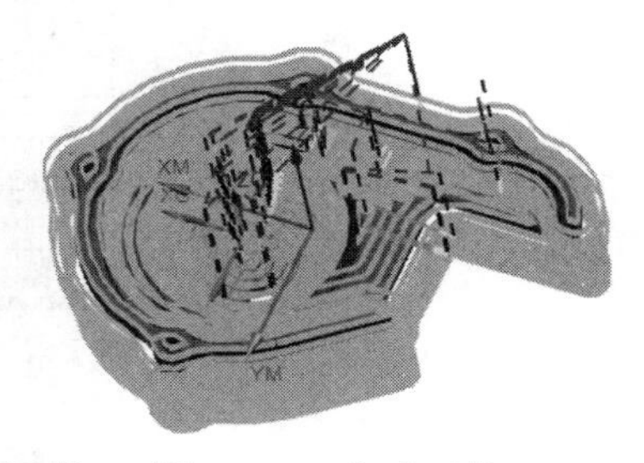

图 7-104 【切削参数】设置 图 7-105 【进给率和速度】参数设置 图 7-106 生成刀轨

步骤 05 单击该面板中的【确认刀轨】按钮，在弹出的【刀轨可视化】对话框中展开【2D 动态】选项卡，并单击【选项】按钮。再单击【播放】按钮，系统将以实体的方式进行切削仿真，效果如图 7-107 所示。

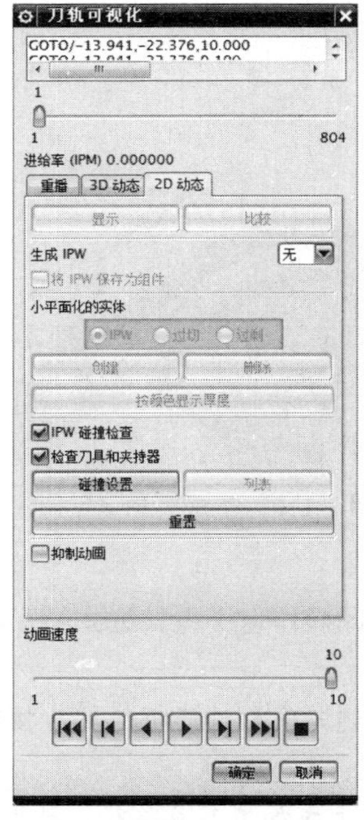

（a）【刀轨可视化】对话框

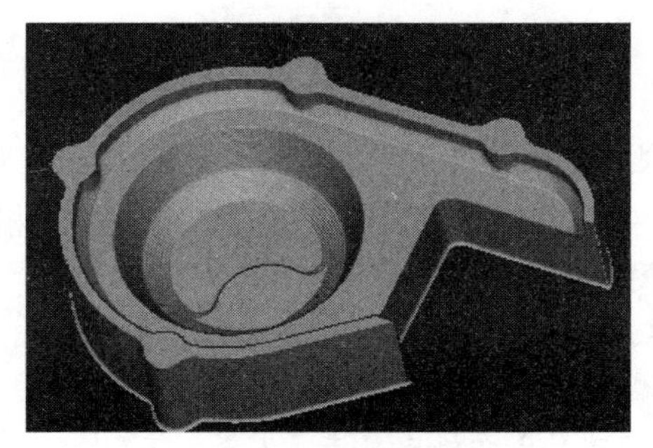

（b）实体切削仿真

图 7-107 刀轨可视化仿真

5. 深度轮廓精加工

步骤 01 单击【主页】下的【创建工序】按钮，弹出【创建工序】对话框，然后按照图 7-108 所示的步骤设置加工参数。

(a)【创建工序】对话框

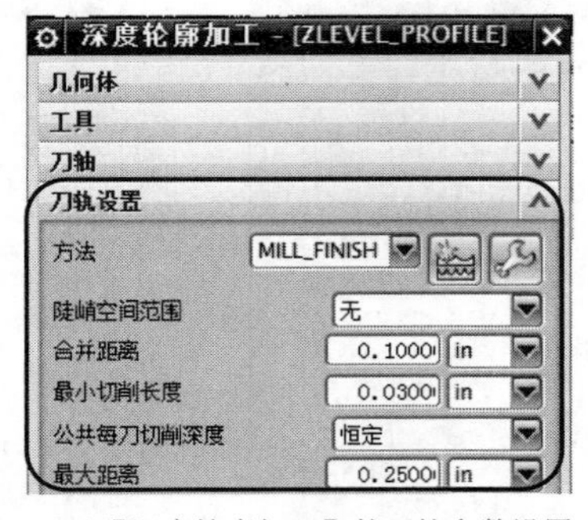

(b)【深度轮廓加工】的刀轨参数设置

图 7-108 设置加工参数

步骤 02 【进给率和速度】对话框参数设置如图 7-109 所示。

步骤 03 其余参数均保持默认，在【操作】面板中单击【生成】按钮，系统将自动生成加工刀具路径，效果如图 7-110 所示。

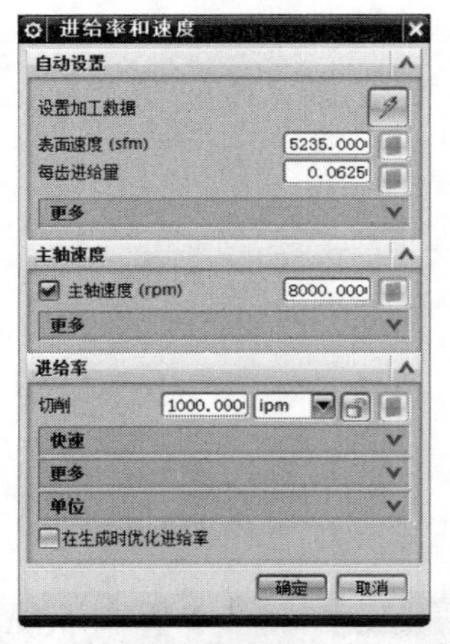

图 7-109 【进给率和速度】参数设置

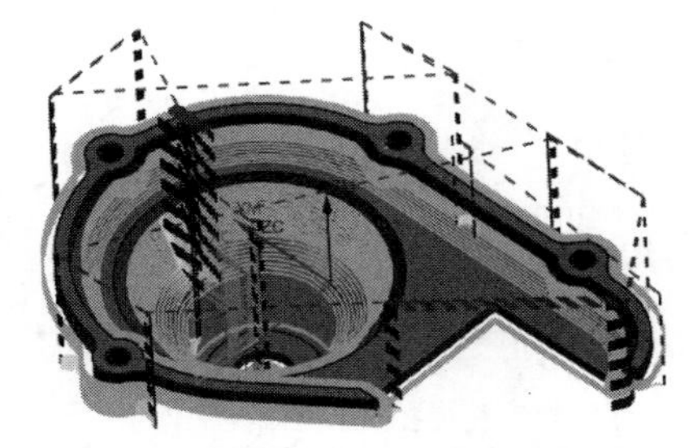

图 7-110 生成刀轨

6. 深度拐角精加工

深度拐角加工与深度轮廓加工的操作方法是相同的，因此操作也不再详细介绍了。具体内容可参照相关视频。

步骤 01 单击【主页】下的【创建工序】按钮，弹出【创建工序】对话框，然后按照图 7-111 所示的步骤设置加工参数。

步骤 02 在【操作】面板中单击【生成】按钮，系统将自动生成加工刀具路径，效果如图 7-112 所示。

图 7-111 【创建工序】对话框

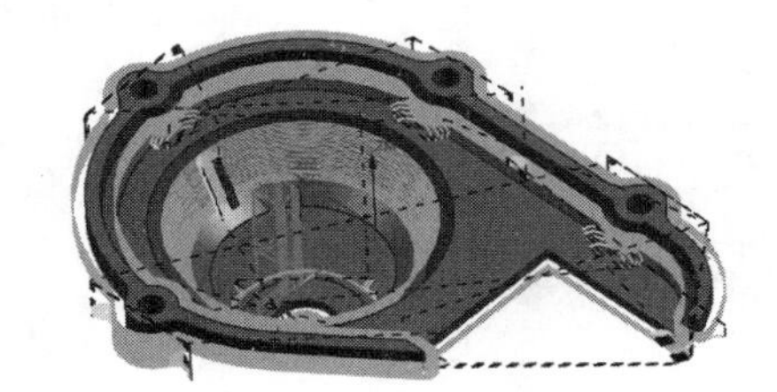

图 7-112 生成刀轨

7.5.2 凸模加工

打开 UG NX 10.0 软件，按照下面的“开始素材”路径找到本例名为 7.5.2.prt 的文件，按照下面的讲解进行该例加工程序的编制。也可根据与该例对应的视频进行学习。

	开始素材	Prt_start\chapter 7\7.5.2.prt
	结果素材	Prt _result\chapter 7\7.5.2.prt
	视频位置	Movie\chapter 7\7.5.2.avi

本实例是一个简单凸模的加工实例，其加工模型如图 7-113 所示。

1. 公共项目设置

步骤 01 启动 UG NX 10.0 软件，单击【打开文件】按钮，在弹出的对话框中选择本书配套资源文件 7.5.2.prt，单击【确定】按钮打开该文件。

步骤 02 依次选择【文件】|【应用模块】|【加工】命令，进入加工环境，或者通过快捷键【Ctrl+Alt+M】快速进入加工环境。

步骤 03 在弹出的【加工环境】对话框中选择铣削加工，单击【确定】按钮进入铣削加工环境，如图 7-114 所示。

图 7-113 加工模型

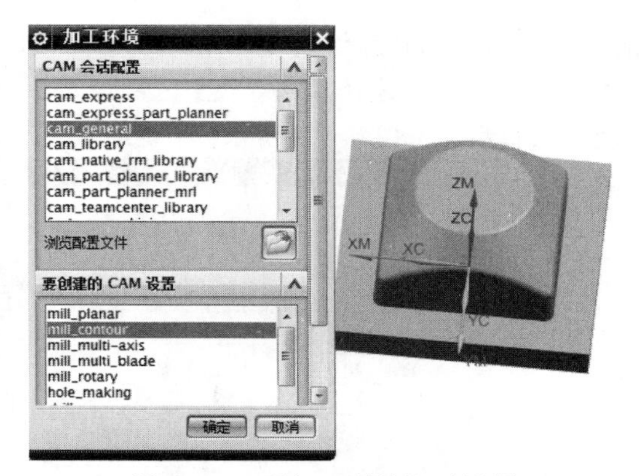

图 7-114 【加工环境】对话框

步骤 04 将视图调至【几何视图】，双击工序导航器中的坐标系设置按钮，打开图 7-115 所示的坐标系设置对话框。输入安全距离 30mm，并单击【指定】按钮。在弹出的对话框中选择坐标系参考方式为 WCS，如图 7-116 所示。

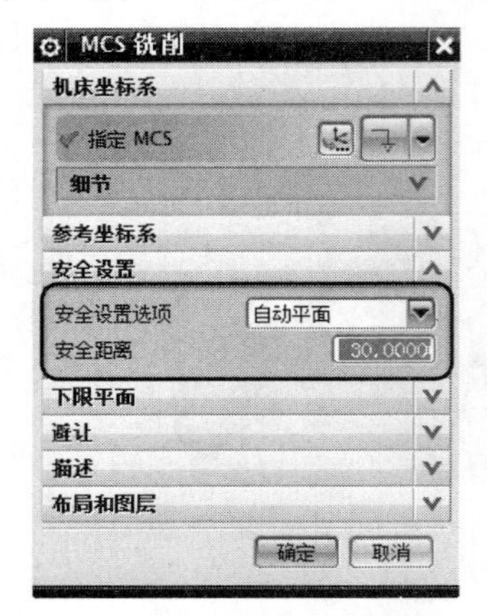

图 7-115　坐标系设置

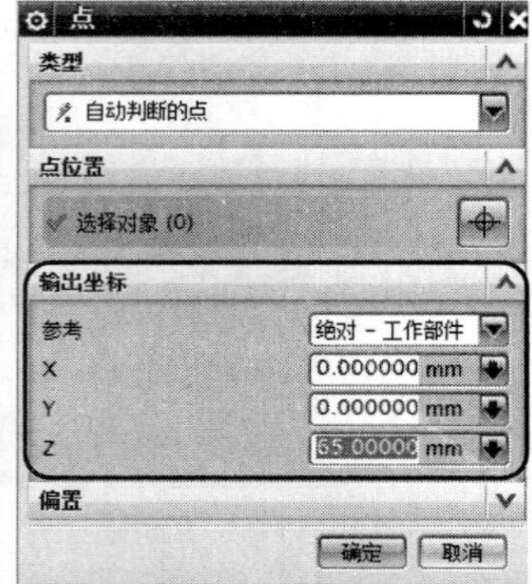

图 7-116　参数选择

步骤 05 双击工序导航器下的 WORKPIECE 图标，然后在图 7-117 所示的对话框中单击【指定部件】按钮，并在新弹出的对话框中选择图 7-118 所示的模型为几何体。

图 7-117　【工件】对话框

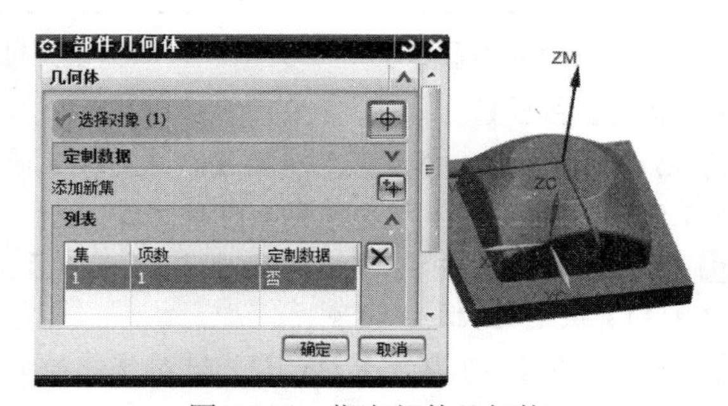

图 7-118　指定部件几何体

步骤 06 选择部件几何体后返回【工件】对话框。此时单击【指定毛坯】按钮，在弹出的对话框【类型】下拉列表中选择【包容块】选项，ZM+值为“5.0”并单击【确定】按钮，右侧将显示自动块毛坯模型，如图 7-119 所示，可根据实际需求调节包容块的尺寸。

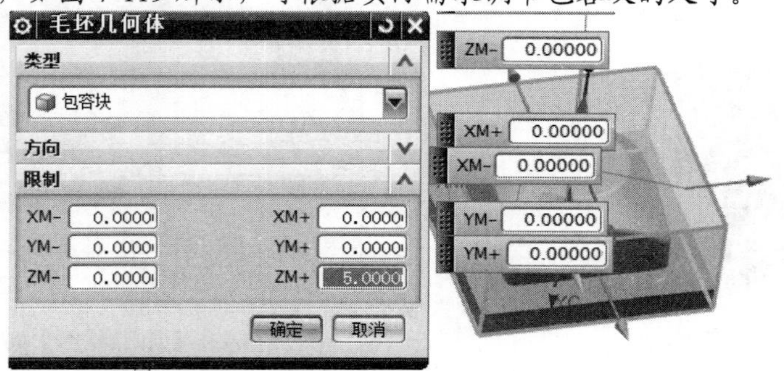

图 7-119　指定毛坯几何体

步骤 07 在【导航器】工具栏中单击【机床视图】按钮，切换导航器中的视图模式。然后在【创建】工具栏中单击【创建刀具】按钮，弹出【创建刀具】对话框。按照图 7-120 所示的步骤新建名称为 T1_D10 的端铣刀，并按照实际设置刀具参数。

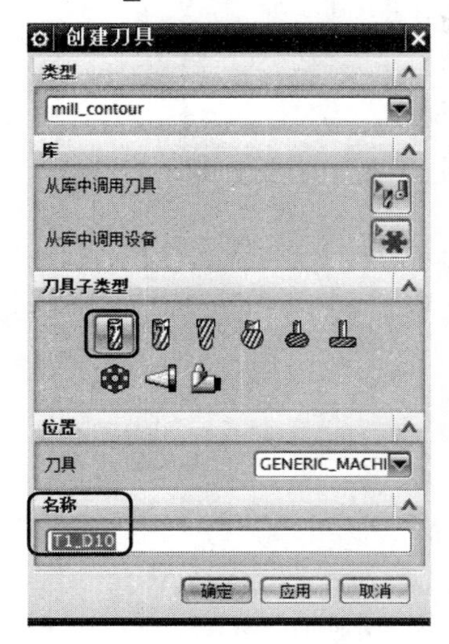

(a)【创建刀具】对话框

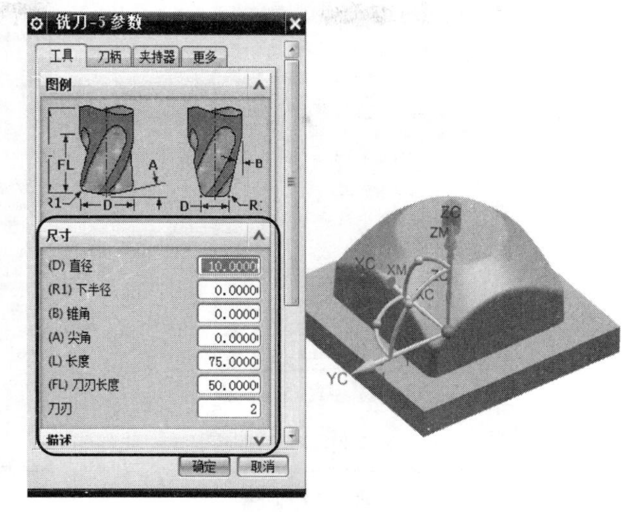

(b) 参数设置对话框

图 7-120　创建名为 T1_D10 的端铣刀

步骤 08 同上一步创建第二把刀具，直径改为“20mm”，名称为 T2_D20 的端铣刀，具体步骤忽略，可参考视频。

步骤 09 继续创建第三把刀具，直径为“10mm”，下半径为“2mm”，新建名称为 T3_D10R2 的端铣刀，并按照实际设置刀具参数，如图 7-121 所示。

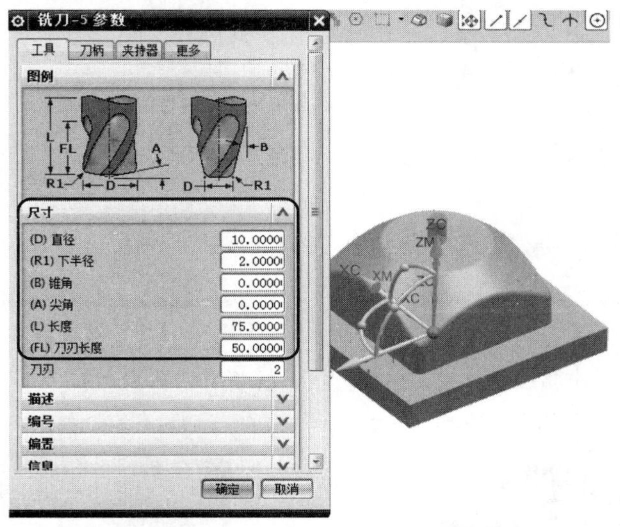

图 7-121　创建名为 T3_D10R2 的端铣刀

2. 型腔铣粗加工

步骤 01 单击【主页】下的【创建工序】按钮，弹出【创建工序】对话框，按照图 7-122 所示的步骤设置加工参数。

步骤 02 【切削参数】对话框参数设置如图 7-123 所示。

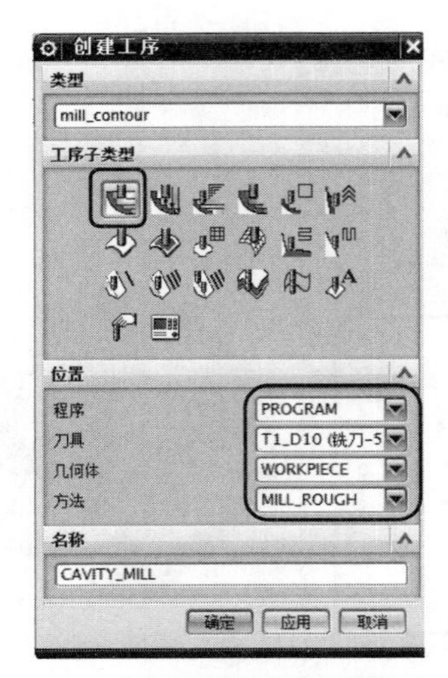

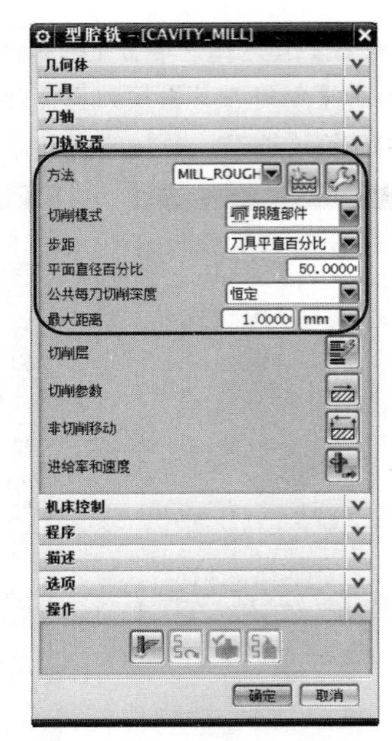

（a）【创建工序】对话框　　（b）【型腔铣】的刀轨参数设置

图 7-122　设置加工参数

步骤 03 【进给率和速度】对话框参数设置如图 7-124 所示。

图 7-123　【切削参数】设置

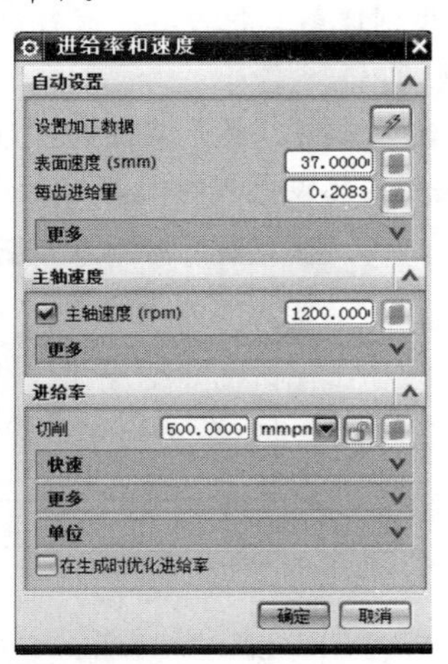

图 7-124　【进给率和速度】参数设置

步骤 04 在【操作】面板中单击【生成】按钮，系统将自动生成加工刀具路径，效果如图 7-125 所示。2D 动态仿真结果如图 7-126 所示。

图 7-125　生成刀轨

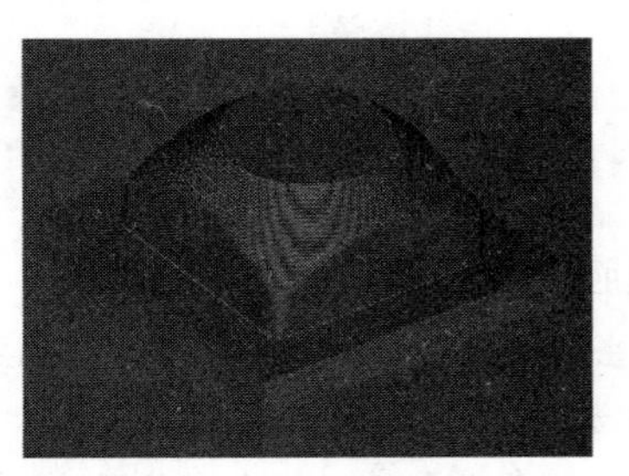

图 7-126　实体切削仿真结果

3．底面壁铣

步骤 01 单击【主页】下的【创建工序】按钮，弹出【创建工序】对话框，在【类型】下拉列表框中选择【mill_planar】选项，然后按照图 7-127 所示创建底壁加工操作，弹出【底壁加工】对话框，如图 7-128 所示。

图 7-127　【创建工序】对话框

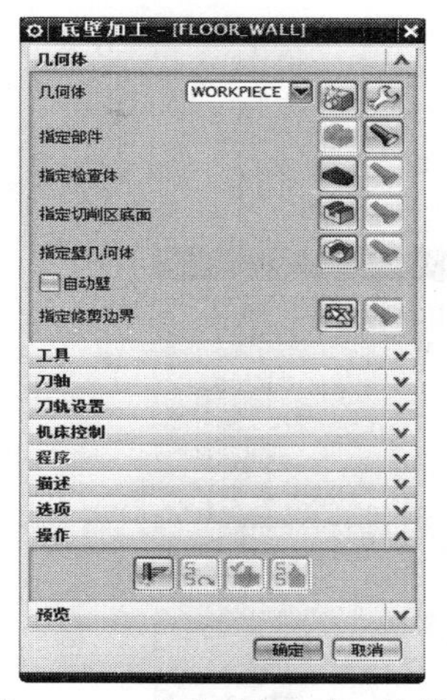

图 7-128　【底壁加工】对话框

步骤 02 单击【几何体】面板中的【指定切削区域】按钮，将弹出【切削区域】对话框，选择图 7-129 所示的面为切削区域，单击【确定】按钮。

步骤 03 返回【底壁加工】对话框，勾选【自动壁】复选框，再单击【指定壁几何体】后的按钮查看壁几何体，如图 7-130 所示，单击【确定】按钮。

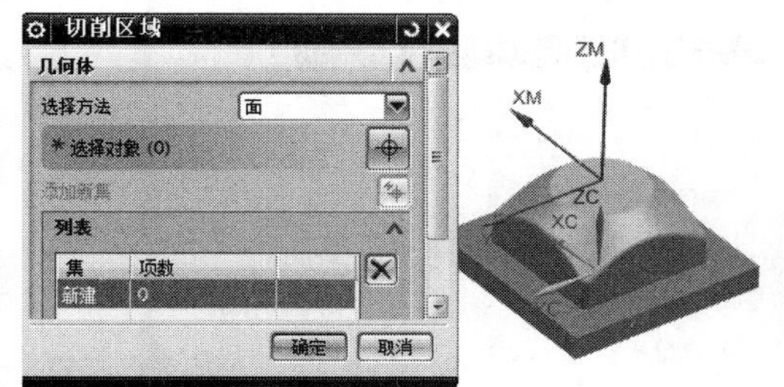

图 7-129　【切削区域】设置

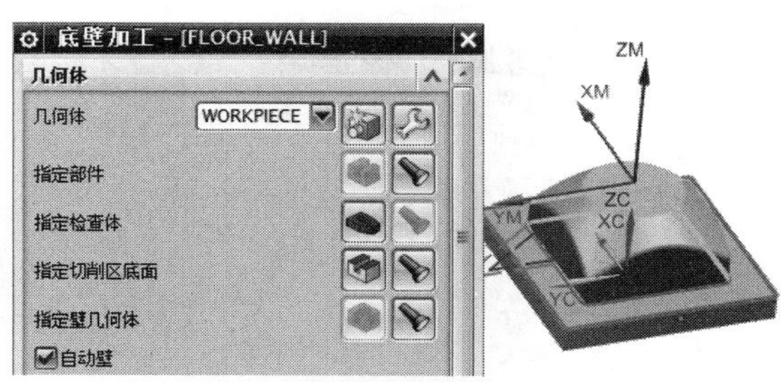

图 7-130　【指定壁几何体】的设置

步骤 04 对【型腔铣】对话框中的【刀轨设置】面板按照图 7-131 所示的参数进行设置。

步骤 05 【切削参数】对话框参数设置如图 7-132 所示。

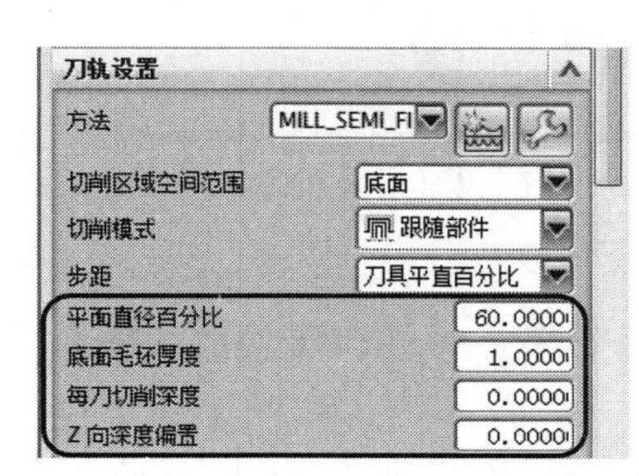

图 7-131　刀轨设置

图 7-132　【切削参数】设置

步骤 06 【非切削移动】对话框参数设置如图 7-133 所示。

步骤 07 【进给率和速度】对话框参数设置如图 7-134 所示，输入数值后按回车键，然后单击按钮，单击【确定】按钮。

步骤 08 在【操作】面板中单击【生成】按钮，系统将自动生成加工刀具路径，效果如图 7-135 所示。

图 7-133 【非切削移动】参数设置

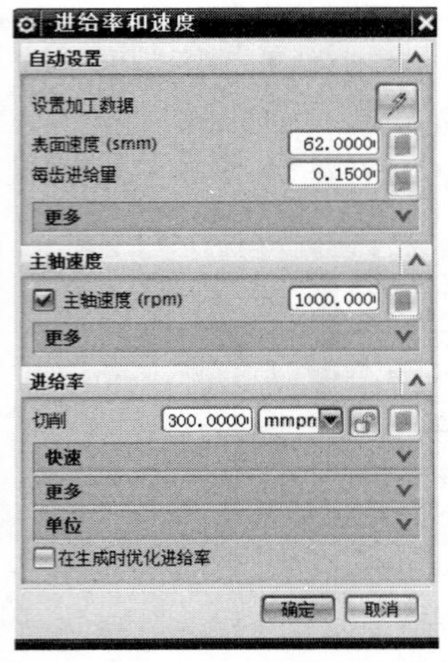

图 7-134 【进给率和速度】参数设置

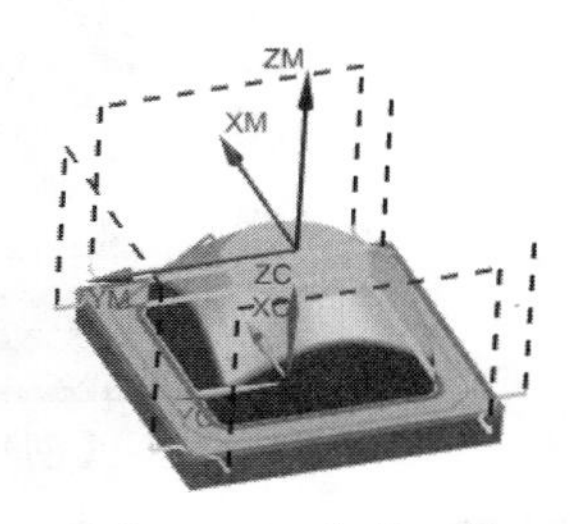

图 7-135 生成刀轨

4．深度轮廓精加工

步骤 01 单击【主页】下的【创建工序】按钮，弹出【创建工序】对话框，然后按照图 7-136 所示的步骤设置加工参数。

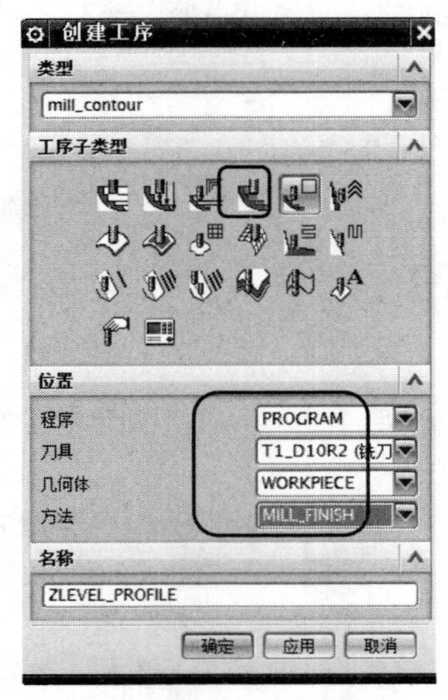

(a)【创建工序】对话框

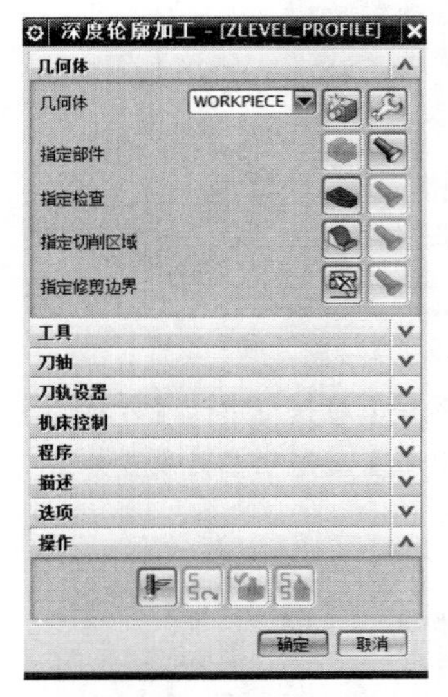

(b)【深度轮廓加工】对话框

图 7-136 设置加工参数

步骤 02 单击【几何体】面板中的【指定切削区域】按钮，将弹出【切削区域】对话框。选择图 7-137 所示的面为切削区域。

步骤 03 对【深度轮廓加工】对话框中的【刀轨设置】面板按照图 7-138 所示的参数进行设置。

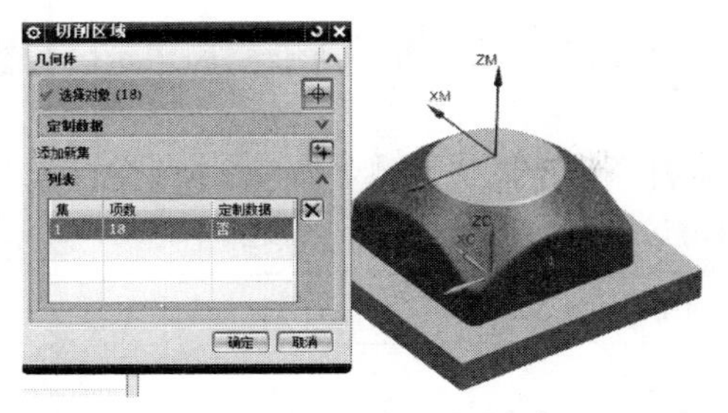

图 7-137　指定切削区域

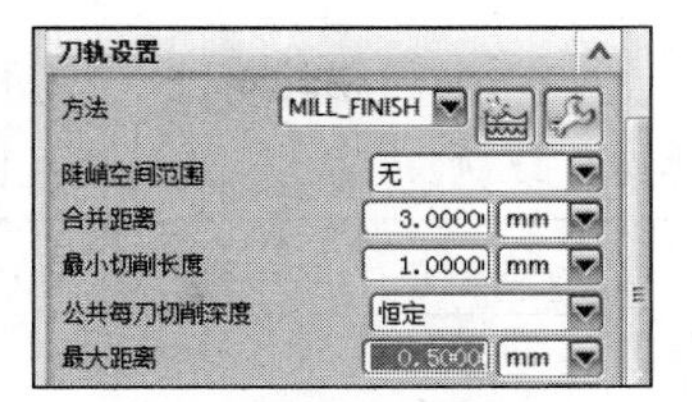

图 7-138　参数设置

步骤 04　【切削参数】对话框参数设置如图 7-139 所示。

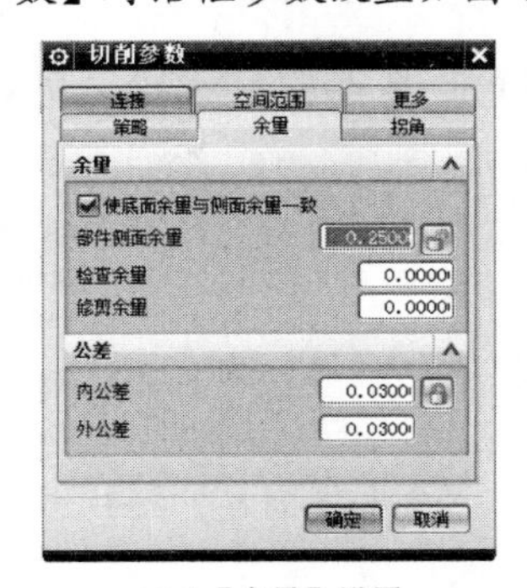

(a)【余量】设置

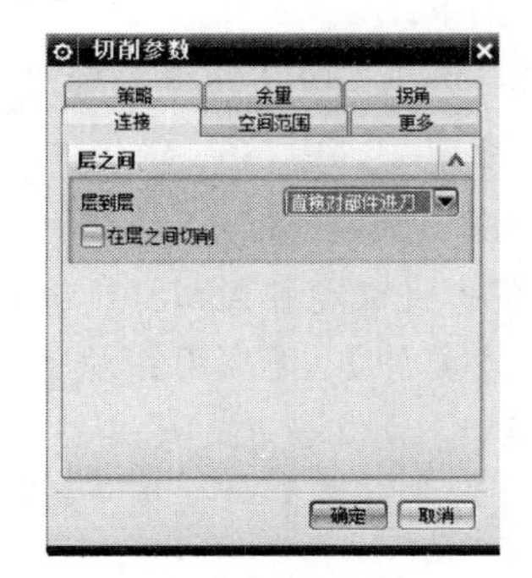

(b)【连接】设置

图 7-139　【切削参数】设置

步骤 05　【进给率与速度】对话框参数设置如图 7-140 所示。

步骤 06　在【操作】面板中单击【生成】按钮，系统将自动生成加工刀具路径，效果如图 7-141 所示。

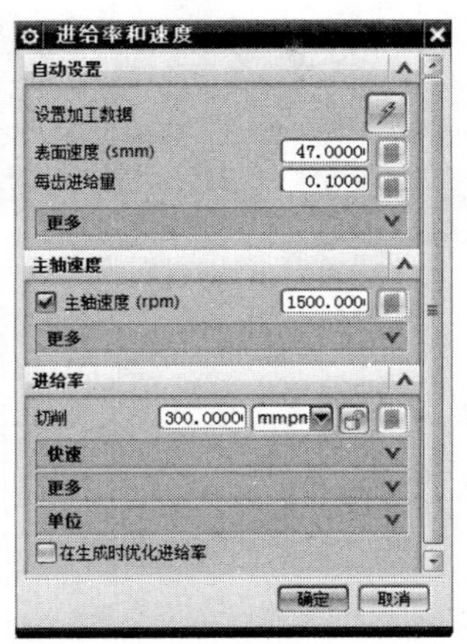

图 7-140　【进给率和速度】参数设置

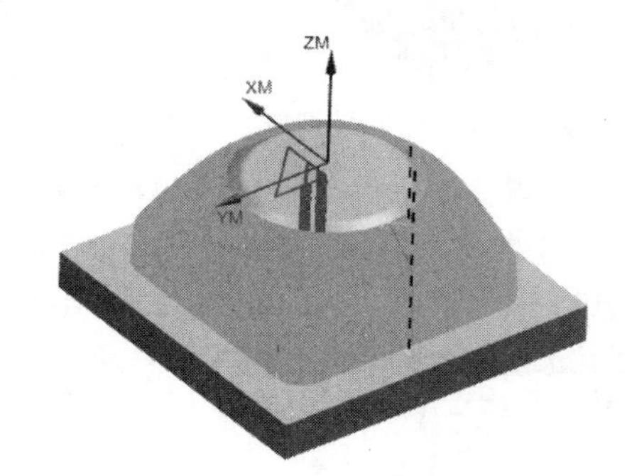

图 7-141　生成刀轨

7.5.3　3D 轮廓铣

3D 轮廓铣主要是用于复杂零件的外形轮廓的加工。3D 轮廓铣是一种精加工操作，包括“轮廓 3D”和“实体轮廓 3D”两种子类型。“实体轮廓 3D”操作子类型与“轮廓 3D”操作子类型的相同点是：都是加工零件的外形轮廓。不同点是：“轮廓 3D”是以零件边界作为切削区域，而“实体轮廓 3D”是以零件壁作为切削区域。

下面用一个实例来详细讲解如何用于“3D 轮廓铣”方法对零件进行精加工，加工模型如图 7-142 所示。

打开 UG NX 10.0 软件，按照下面的“开始素材”路径找到本例名为 7.5.3.prt 的文件，按照下面的讲解进行该例加工程序的编制。也可根据与该例对应的视频进行学习。

	开始素材	Prt_start\chapter 7\7.5.3.prt
	结果素材	Prt _result\chapter 7\7.5.3.prt
	视频位置	Movie\chapter 7\7.5.3avi

加工工艺分析如下：

修边精加工时，选用 D6R3 的球头铣刀。侧面和底面的余量均保留为“0”。

1. 公共项目设置

步骤 01 启动 UG NX 10.0 软件，单击【打开文件】按钮，在弹出的对话框中选择本书配套资源文件 7.5.3.prt，单击【确定】按钮打开该文件。

步骤 02 依次选择【文件】|【应用模块】|【加工】命令，进入加工环境，或者通过快捷键【Ctrl+Alt+M】快速进入加工环境。

步骤 03 在弹出的【加工环境】对话框中选择铣削加工，单击【确定】按钮进入铣削加工环境，如图 7-143 所示。

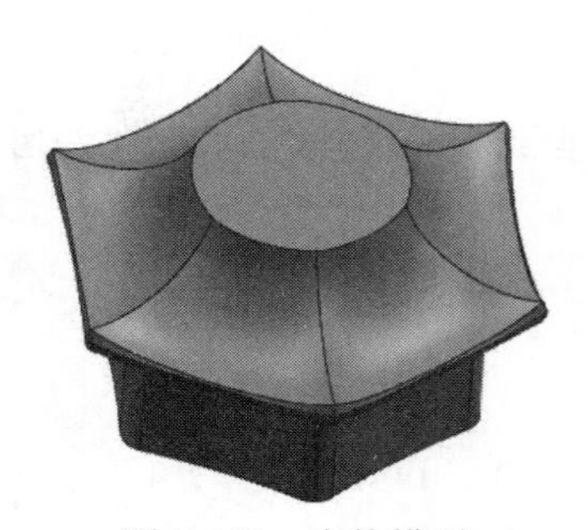

图 7-142　壳体模型

图 7-143　进入加工环境

步骤 04 将视图调至【几何视图】，双击工序导航器中的坐标系设置按钮，弹出的坐标系设置对话框，输入安全距离 20mm，并单击【指定】MCS 按钮，在弹出的对话框的【类型】下拉列表框中选择“对象的 CSYS”，选择图 7-144 所示的面为参考对象。

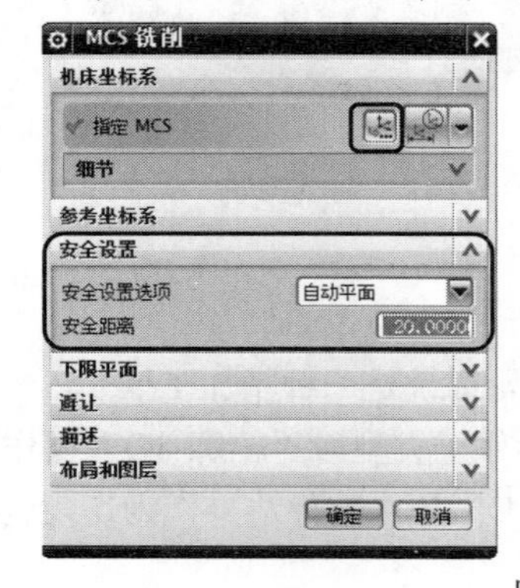

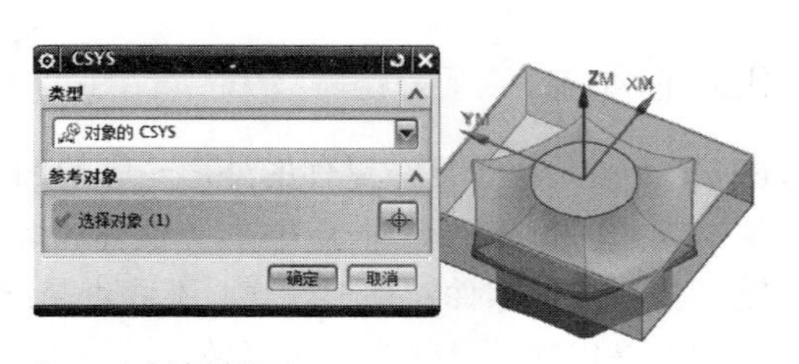

图 7-144　加工坐标系设置

步骤 05 双击工序导航器下的 WORKPIECE 图标，然后在图 7-145 所示的对话框中单击【指定部件】按钮，并在新弹出的对话框中选择图 7-146 所示的模型为几何体。

图 7-145　【工件】对话框

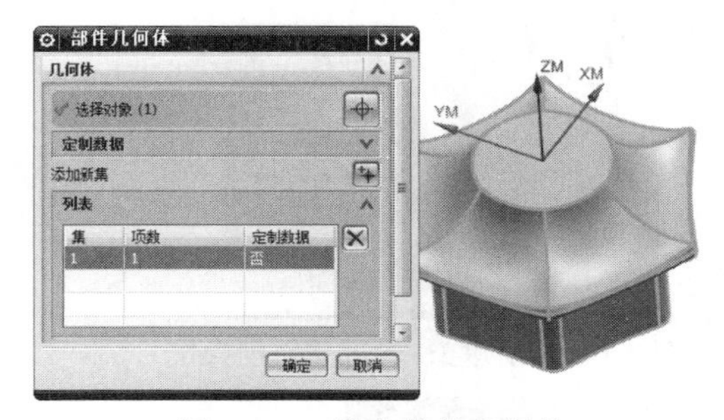

图 7-146　指定部件几何体

步骤 06 在【导航器】工具栏中单击【机床视图】按钮，切换导航器中的视图模式。然后在【创建】工具栏中单击【创建刀具】按钮，弹出【创建刀具】对话框。按照图 7-147 所示的步骤及参数新建名称为 T1_B6R3 的球头刀。

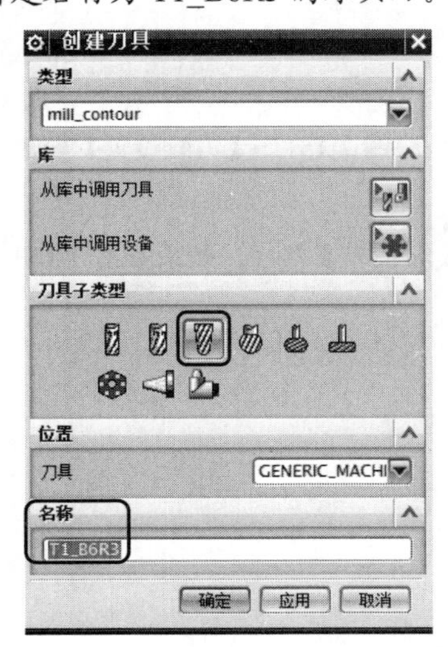

(a)【创建刀具】对话框

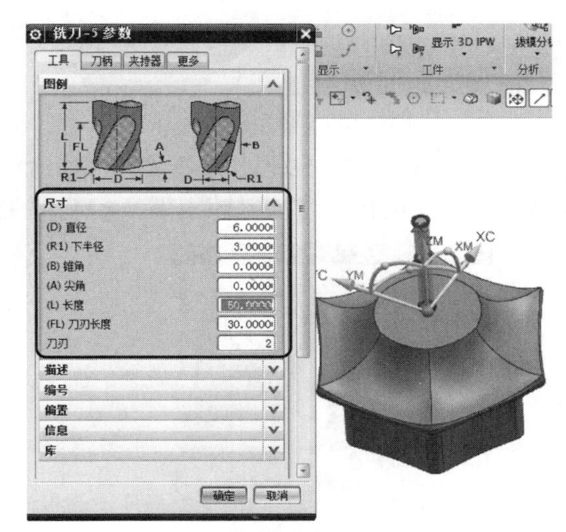

(b) 参数设置对话框

图 7-147　创建名为 T1_B6R3 的球头刀

2. 3D 轮廓铣

步骤 01 单击【主页】下的【创建工序】按钮，弹出【创建工序】对话框，如图 7-148 所示创建 3D 轮廓铣操作，单击【确定】按钮，弹出【轮廓 3D】对话框，如图 7-149 所示。

步骤 02 设置完以上参数后，在该对话框的【几何体】面板中单击【指定部件边界】按钮，弹出【边界几何体】对话框，模式选择为“曲线/边界”，弹出【创建边界】对话框，然后指定图 7-150 所示的边界为实体边界，单击【确定】按钮。

步骤 03 在【刀轨设置】面板中完成刀轨参数设置，具体参数如图 7-151 所示。

图 7-148　创建 3D 轮廓铣铣削操作

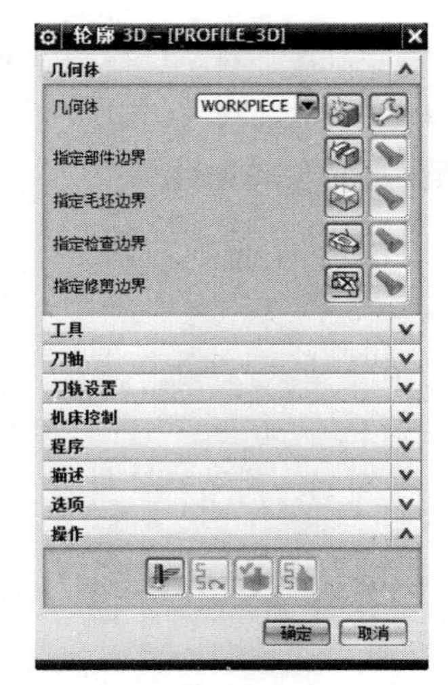
图 7-149　【轮廓 3D】对话框

图 7-150　指定部件边界

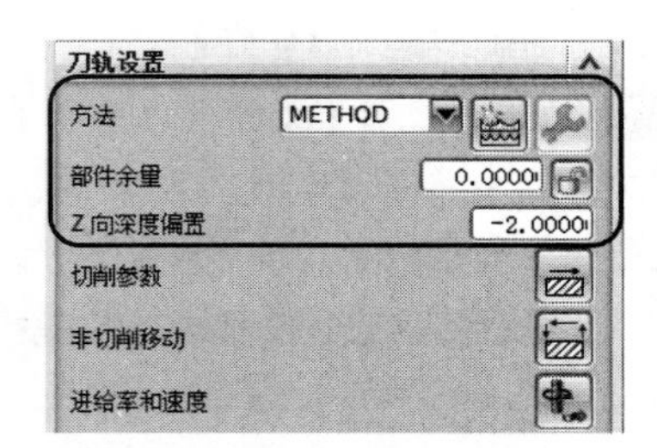
图 7-151　【刀轨设置】参数

步骤 04 【进给率和速度】对话框参数设置如图 7-152 所示。

步骤 05 在【操作】面板中单击【生成】按钮，系统将自动生成加工刀具路径，效果如图 7-153 所示。

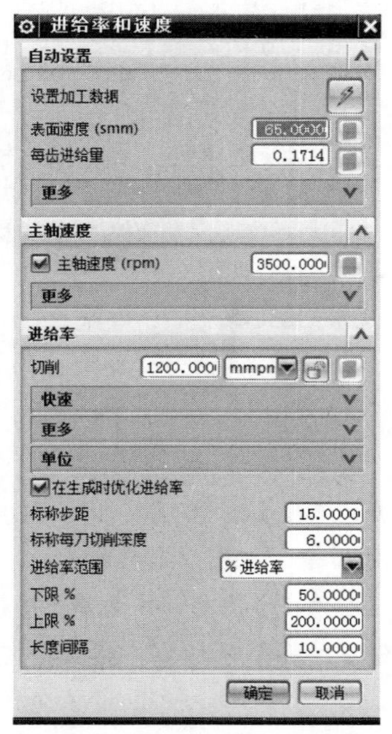
图 7-152　【进给率和速度】参数设置

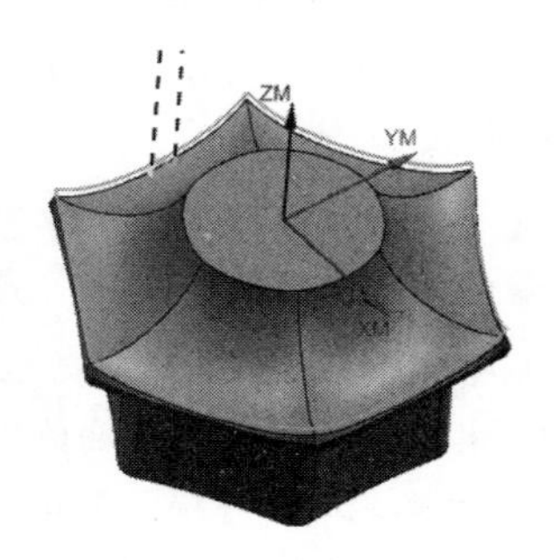
图 7-153　生成刀轨

本章小结

本章主要学习了轮廓铣削类型的操作子类型：型腔铣、插铣和深度加工轮廓铣的基本理论和编程加工制造过程。其内容包括型腔铣概述、操作的参数设置、插铣及深度加工轮廓铣。本章最后还以实例的形式分别说明了轮廓铣削各子类型的操作过程。

模具成型零件 CAM 加工中，轮廓铣削的“型腔铣”子类型应用很广泛，因为大多数模具成型零件形状具有不规则性，通常应用“型腔铣”来粗铣零件，然后根据零件表面形状再决定选择何种切削方式。本章在 UG CAM 加工实践中非常重要，读者需牢记并掌握本章知识。

第 8 章 固定轴曲面铣削

固定轴曲面铣（Fixed Contour）适用于精加工由轮廓曲面形成的区域，并允许通过精确控制和投影矢量，以使刀具沿着复杂的曲面轮廓运动。本章将详细介绍曲面轮廓铣削类型的相关知识。

8.1 固定轴曲面铣概述

被加工工件通常具有复杂的曲面形状，传统机械加工很难加工出令人满意的形状、尺寸精度，所以绝大多数凸凹零件是通过数控机床加工的，利用固定轴面轮廓铣加工方法来实现凹模零件的数控程序编制。

8.1.1 固定轴曲面铣基础知识

1. 作用及加工对象

固定轴曲面铣（Fixed Contour）又称为固定轮廓铣，简称曲面铣。固定轴曲面铣操作可加工的形状为轮廓形表面，刀具可以跟随零件表面的形状进行加工，刀具的移动轨迹为沿刀轴平面内的曲线，刀轴方向固定。一般采用球头刀进行加工。图 8-1 所示为用固定轴曲面铣加工的零件表面形状示例。

固定轴曲面铣通常用于一个或多个复杂加工曲面的半精加工或者精加工，也用于复杂形状曲面的粗加工。根据不同的加工对象，可实现多种方式的精加工。

2. 固定轴曲面铣加工原理

固定轴曲面铣的铣削原理如下：

首先，由驱动几何体产生驱动点，并按投影方向投影到部件几何体上，得到投影点。刀具在该点处与部件几何体接触，故又称为接触点。

其次，程序根据接触点位置的部件表面曲率半径、刀具半径等因素，计算得到刀具定位点。

最后，刀具在部件几何体表面从一个接触点移动到下一个接触点，如此重复，就形成了刀轨。图 8-2 所示为固定轴曲面铣的铣削原理图。

图 8-1　用固定轴曲面铣加工的零件表面形状示例

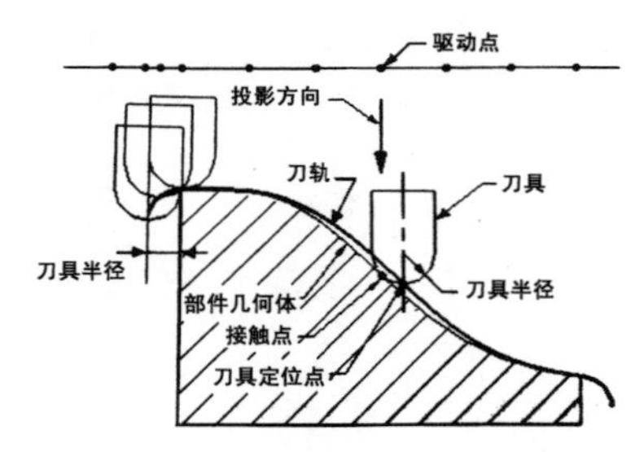

图 8-2　固定轴曲面铣的铣削原理图

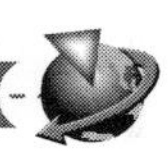

3. 固定轴曲面铣术语

在学习本章之前，需要了解以下一些术语是。

零件几何体（Part Geometry）：用于加工的几何体。

驱动几何体（Drive Geometry）：用于产生驱动点的几何体。

切削区域：需要加工的面区域。应用于“区域铣削驱动方法”和“清根驱动方法”，并且可以通过选择“曲面区域”、“片体”或“面”进行定义。

驱动点(Drive Point)：从驱动几何体上产生的，将投射到零件几何体上的点。

驱动方法(Drive Method)：驱动点产生的方法，某些驱动方法在曲线上产生一系列驱动点。

CAM 出口名：操作系统环境变量的名称。

投射矢量（Project Vector）：用于指引驱动点怎样投射到零件表面。在图 8-3 中，驱动点 P1 以“投影矢量”的相反方向投影到“部件表面”上，以创建 P2。

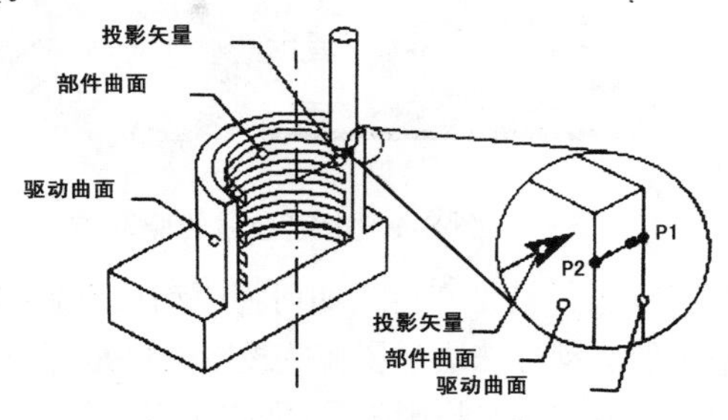

图 8-3 驱动点投影到部件表面

8.1.2 固定轴曲面铣的特点

固定轴曲面轮廓铣是指用于精加工由轮廓曲面形成的区域的加工方式。它允许通过精确控制刀具轴和投影矢量，以使刀具沿着非常复杂的曲面作复杂轮廓运动。

固定轴曲面轮廓的铣刀具路径是通过将驱动点投影至部件几何体上来进行创建的。其中驱动点是从曲线、边界、面或曲面等驱动几何体生成的，并沿着指定的投影矢量投影到部件几何体。然后，刀具定位到部件几何体以生成刀具路径。

总的来说，该铣削方式刀具路径生成分为两个阶段：先在指定的驱动几何上产生驱动点，然后将这些驱动点沿指定的矢量方向投影到零件几何表面形成接触点。

具体到实际固定轴铣加工设计，首先要定义被加工的几何体，其次指定合适的驱动方法、投影矢量与刀轴，再设置必要的加工参数，最后生成刀具路径，并对刀具路径进行模拟加工。

（1）定义需要加工的几何体

对于所有的驱动方法，都可以定义零件几何体与检查几何体；对于【区域铣驱动】方法与【清根驱动】方法，还可以定义切削区域与修剪几何体。所有几何体都可以通过片体、实体、小面体、表面区域或表面来定义。

（2）指定合适的驱动方法

根据加工表面的形状与复杂性，以及刀轴与投影矢量的要求来确定适当的驱动方法。一旦选定了驱动方法，也就决定了可选择的驱动几何类型，以及可用的投影矢量、刀轴与切削方法。如图 8-4 所示，定义驱动方法为区域铣削驱动创建刀具轨迹。

驱动方法允许定义创建刀具路径时所需的驱动点，有些驱动方法允许沿着曲线创建一串驱动点，而其他方式则允许在一个区域内创建驱动点阵列。一旦定义了驱动点，即可用它们来创建刀具路径。如果未选择部件几何体，则直接从驱动点创建刀具路径；否则，可通过将驱动点沿投影矢量投影到零件曲面来创建刀轨。

（3）设置合理的投影矢量

可用投影矢量的类型取决于所指定的驱动方法。将上一步产生的驱动点投影到零件几何表面上产生接触点，刀具将定位到这些接触点。从一个接触点运动到另一个接触点时，可使用刀具尖端的“输出刀具位置点”来创建刀轨，如图 8-5 所示。

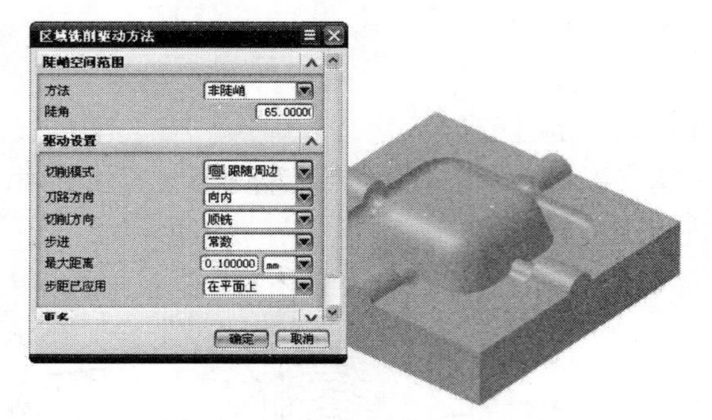

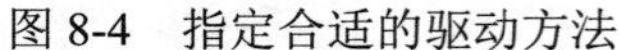

图 8-4　指定合适的驱动方法

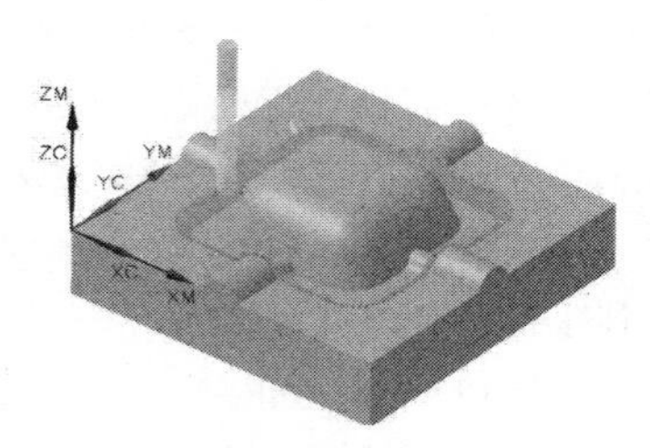

图 8-5　设置合理的投影矢量

投影矢量允许定义如何将驱动点投影到零件曲面，以及定义刀具将接触的零件曲面的侧面。所选的驱动方法决定了哪些投影矢量是可用的，可为除“自动清根”（不使用投影矢量）以外的所有驱动方法定义投影矢量。如果未定义部件几何体，则直接在驱动几何体上加工时不使用投影矢量。

（4）设置加工参数并模拟加工

在指定驱动方法和投影矢量后，需要设置加工所需切削参数、非切削移动参数、进给率、检查几何、机床控制等加工参数。然后进行模拟加工，验证刀具路径是否符合要求。若不符合要求，则可修改以上任意一项设置，直到满意为止。

在固定轴曲面铣中，所有部件几何体都是作为有界实体处理的。相应地，由于曲面轮廓铣实体是有限的，因此刀具只能定位到部件几何体（包括 2D 动态边）上现有的位置。刀具不能定位到部件几何体的延伸部分，但驱动几何体是可延伸的。

注　意

固定轴曲面铣削和平面铣削步骤比较类似，不同的是固定轴曲面铣削时，软件计算出加工区域的平面轨迹后，再将平面轨迹投影于曲面生成刀具轨迹。

8.1.3　固定轴曲面铣的类型

打开要进行加工设置的 CAD 数据文件后，即可按照前面介绍的进入加工环境的方法进入轮廓铣模块（mill_contour）。进入加工模块后，首先定义 4 个父节点组，并在【创建】工具栏中单击【创建工序】按钮，弹出图 8-6 所示的【创建工序】对话框。然后在【类型】下拉列表框中选择【轮廓铣（mill_contour）】，在【工序子类型】面板中选择铣削方法，即可进行对应的铣削加工设置。

图 8-6　【创建工序】对话框

在【工序子类型】面板中可以选择不同的模板图标，以创建不同类型的固定轴曲面铣操作。为了便于查询列表说明，如表 8-1 所示。

除固定轴曲面铣操作之外的其他类型，只是设置了一些默认的参数。在创建这些操作时，对应的参数允许修改，但直接选择某种类型并设置操作参数，可以提高编辑效率。在本章后续章节中只讲述固定轴曲面铣的操作。

表 8-1　固定轴曲面铣加工子类型模板的含义

图标	子类型	子类型说明	应用要求	应用示例
	固定轮廓铣	用于以各种驱动方法、空间范围和切削模式对部件或切削区域进行轮廓铣。刀轴是+ZM 轴。 建议用于精加工轮廓形状	根据需要指定部件几何体和切削区域。选择并编辑驱动方法来指定驱动几何体和切削模式	
	区域轮廓铣	使用区域铣削驱动方法来加工切削区域中面的固定轴曲面轮廓铣工序。 建议用于精加工轮廓形状	指定部件几何体。选择面以指定切削区域。编辑驱动方法以指定切削模式	
	曲面区域轮廓铣	使用曲面区域驱动方法对选定面定义的驱动几何体进行精加工的固定轴曲面轮廓铣工序。建议用于精加工包含光顺整齐的驱动曲面矩形的单个区域	指定部件几何体。编辑驱动方法以指定切削模式，并在矩形栅格中按行选择面以定义驱动几何体	
	流线	使用流曲线和交叉曲线来引导切削模式并遵照驱动几何体形状的固定轴曲面轮廓铣工序。 建议用于精加工复杂形状，尤其是要控制光顺切削模式的流和方向	指定部件几何体和切削区域。编辑驱动方法来选择一组流曲线和交叉曲线来引导包含路径。指定切削模式	
	非陡峭区域轮廓铣	使用区域铣削驱动方法来切削陡峭度大于指定陡峭角的区域的固定轴曲面轮廓铣工序。 与 ZLEVEL_PROFILE 一起使用，以精加工具有不同策略的陡峭和非陡峭区域。切削区域将基于陡角在两个工序间划分	指定部件几何体。选择面以指定切削区域。编辑驱动方法以指定陡角和切削模式	
	陡峭区域轮廓铣	使用区域铣削方法来切削陡峭度大于指定陡角的区域的固定轴曲面轮廓铣工序。 在 CONTOUR_AREA 后使用，以通过将陡峭区域中往复切削进行十字交叉来减少残余高度	指定部件几何体。选择面以指定切削区域。编辑驱动方法以指定陡角和切削模式	
	单路径清根	通过清根驱动方法使用单刀路精加工或修整拐角和凹部的固定轴曲面轮廓铣。 建议用于移除精加工前拐角处的余料	指定部件几何体。根据需要指定切削区域	
	多路径清根	通过清根驱动方法使用多刀路精加工或修整拐角和凹部的固定轴曲面轮廓铣。 建议用于移除精加工前后拐角处的余料	指定部件几何体。根据需要指定切削区域和切削模式	

续表

图标	子类型	子类型说明	应用要求	应用示例
	清根参考刀具	使用清根驱动方法来指定参考刀具确定的切削区域中创建多刀路。 建议用于移除由于之前刀具直径和拐角半径的原因而处理不到的拐角中的材料	指定部件几何体。根据需要选择面以指定切削区域。编辑驱动方法来指定切削模式和参考刀具	
	实体轮廓-3D	沿着指定竖直壁的轮廓边描绘轮廓。 建议用于精加工需要以下 3D 轮廓边的（如在修边模上发现的）竖直壁	指定部件和壁几何体	
	轮廓 3D	使用部件边界描绘 3D 边或曲线的轮廓。 建议用于线框模型	选择 3D 边以指定平面上的部件边界	
	轮廓文本	轮廓曲面上的机床文字。 建议用于加工简单文本，如标识号	指定部件几何体。选择制图文本作为定义刀路的几何体。编辑文本深度来确定切削深度。文本将投影到沿固定刀轴的部件上	

8.2 固定轴曲面铣加工几何体

通过前面两节的介绍可知，创建固定轴曲面铣刀轨，首要的工作就是指定相关的加工几何体，包括部件几何体、驱动几何体、检查几何体、切削区域和修剪几何体等。指定不同的加工几何体，则应选择相应的驱动方法。

对于固定轴曲面铣的所有驱动方法，都可以定义部件几何体和检查几何体。在使用【区域驱动】和【清根】驱动方法时，还可以定义切削区域和修剪边界。通过指定片体、实体、小面体、表面区域或表面来定义这些几何体。关于这些几何体的使用方法已在上述章节中详细讲解，以下将补充介绍这些几何体的指定方法。

1．部件几何体

【部件几何体】选项可以编辑、显示和指定要加工的轮廓曲面。指定的部件几何体将与驱动几何体（通常是边界）结合起来使用，共同定义切削区域，如图 8-7 所示。

通常情况下，最好指定的部件几何体为实体。选择实体时有一些优点：改变处理时更容易，因为整个实体都保持了关联性，它们可随着 3D 动态更新而改变。

在定义部件几何体后，如有必要，还可对几何体进行编辑、显示和指定要加工的轮廓曲面。部件几何体是有边界的，即刀具只能定位在指定的部件几何体已存在的位置上，而不能定位在其扩展的表面上。

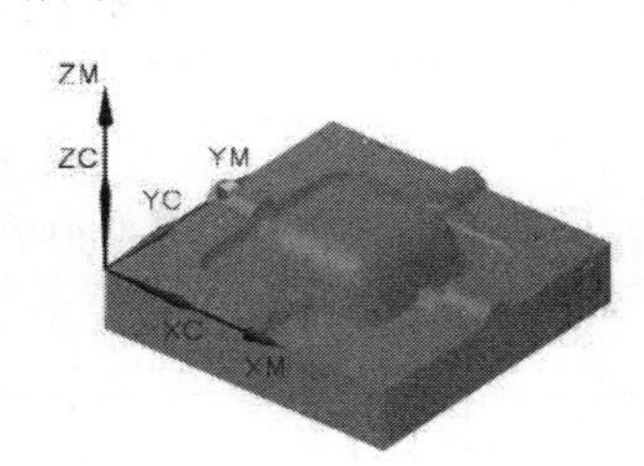

图 8-7　指定部件几何体

2．部件曲面与驱动曲面

在固定轴曲面铣中，整个实体零件或局部的曲面和曲线都可以定义为零件曲面（部件几何体），它主要用于控制刀具在整个零件上的运动深度，如图 8-8 所示。

驱动曲面可以由曲面、曲线和点来定义，它通过所定义的切削方法、步长和公差在驱动面上产生驱动点，这些驱动点沿着指定的矢量投影到零件表面上，产生投影点控制刀具运动的范围。

3. 检查几何

检查几何体是指在加工过程中不可走刀的对象，用于指定刀具路径不能干扰的几何体（如部件壁、岛、夹等）。当刀具路径遇到检查曲面时刀具退出，直接到达下一个安全的切削位置。此时执行【编辑】和【选择/取消选择】所显示的对话框与定义【部件几何体】时使用的对话框十分类似。

在装夹时，选择了夹具作为检查几何体，则刀轨到达夹具后会自动避开检查几何体，然后进到下一个安全切削区域才开始进刀，如图 8-9 所示。

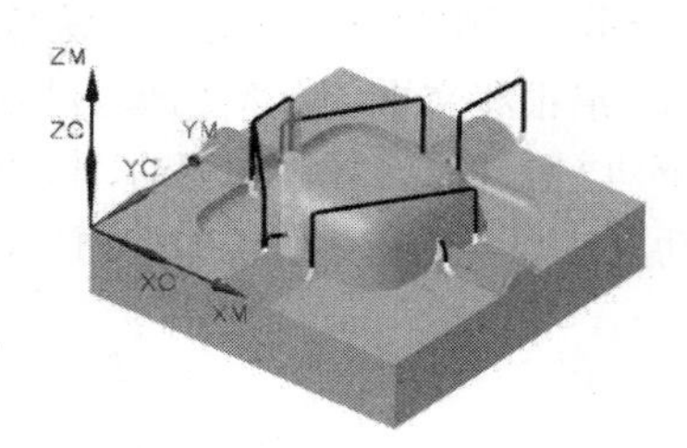

图 8-8　定义零件曲面

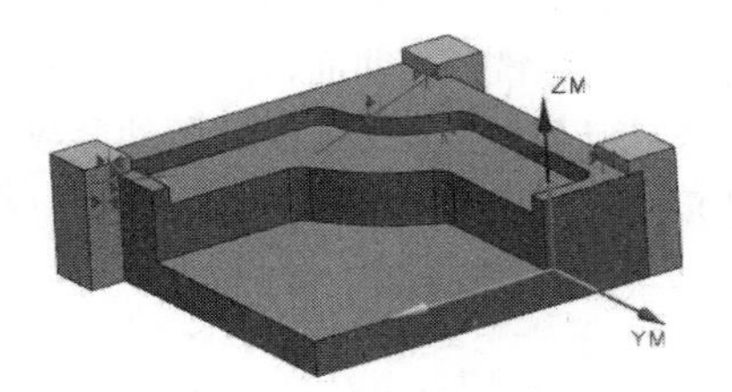

图 8-9　定义检查几何体

4. 切削区域

切削区域适用于【区域铣削驱动】方式和【自动清根驱动】方式，并且可以通过选择【曲面区域】、【片体】或【面】选项卡进行定义。此外，切削区域几何体不需要按照一定的行序或列序进行选择。

如果不指定切削区域，则系统会将定义的整个部件几何体（刀具不可触及的区域除外）用作切削区域。换言之，系统会将零件的轮廓用作切削区域。如果使用了整个部件几何体而未定义切削区域，则不能删除【边界跟踪】。

【自动清根驱动】方式允许以与区域铣驱动方法相同的方式来定义切削区域几何体。可选择【曲面区域】、【片体】或【面】选项卡作为切削区域。系统可识别切削区域中的凹谷，以及由区域部件几何体形成的凹谷。如图 8-10 所示，选择模型凹谷为切削区城，这样系统会排除由区域和检查几何体形成的低谷。

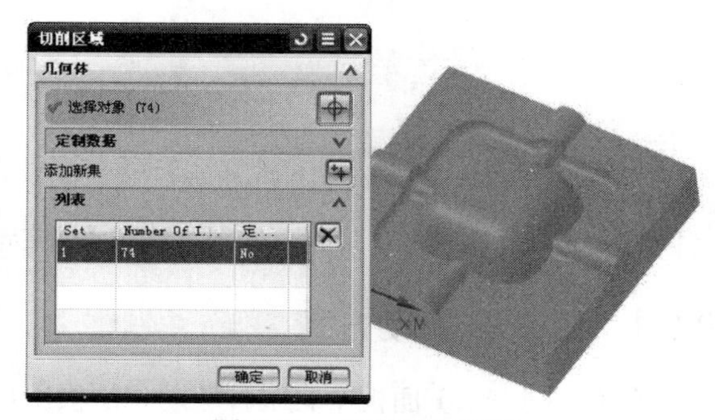

图 8-10　指定切削区域

5. 修剪边界

【区域铣削驱动】方式和【自动清根驱动】方式可使用修剪边界。指定修剪边界可进一步约束切削区域。通过在【材料侧】下拉列表框中选择【内部】或【外部】选项来定义操作中要切削的区城。

修剪边界始终闭合，并且沿刀具轴矢量投影到部件几何体。可以定义多个修剪边界，也可以指定裁剪余量，从而定义刀具位置与裁剪边界和边界内公差/外公差的距离。

8.3　常用驱动方法

固定轴曲面铣削中最重要的一项就是驱动方法。UG NX 提供了多种类型的驱动方法。其中，驱动方法允许沿曲线创建驱动点集，或者在一个区域中创建驱动点阵。驱动方法是决定曲面加工质量好坏和机床运行效率高低的重要设置。如果驱动设置不当，则零件的加工质量就会有影响，严重情况下会造成过切。

驱动方法定义创建刀具路径所需的驱动点。某些驱动方法沿着一条曲线创建一串的驱动点，而其他驱动方法在边界内或在所选曲面上创建驱动点阵列，驱动点一旦定义就可用于创建刀具路径。如果没有选择部件几何体，则刀具路径直接以驱动点创建；否则，刀具路径从投影到零件表面的驱动点创建。

选择合适的驱动方法应该由希望加工的表面的形状和复杂性，以及刀具轴和投影矢量要求决定。所选的驱动方法决定了可以选择驱动几何体的类型，以及可用的投影矢量、刀具轴和切削模式。在【固定轮廓铣】对话框中有多种驱动方法，如图 8-11 所示，其中最常用的驱动方法是曲线/点、螺旋式、边界、区域铣削、曲面、流线、刀轨、径向切削、清根和文本。每次更改驱动方法时都必须重新指定驱动几何体、投影矢量和驱动参数。在多种驱动方法中，区域铣削驱动、清根驱动和文本驱动仅适用于 2.5 或 3 轴的数控机床加工，其余的驱动方法则可以在任何铣床上加工。

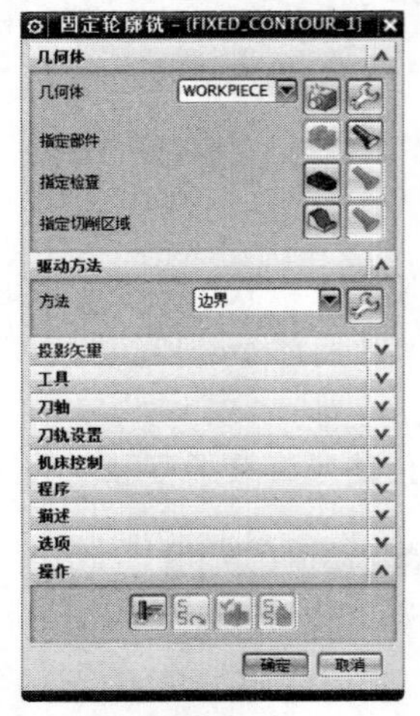

(a)【固定轮廓铣】对话框

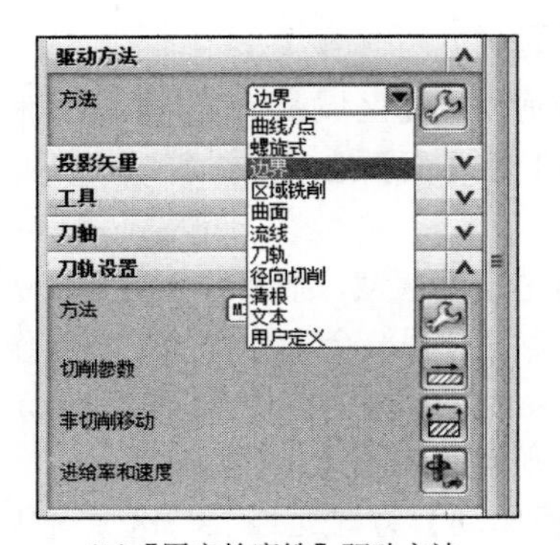

(b)【固定轮廓铣】驱动方法

图 8-11 【固定轮廓铣】对话框

8.3.1 曲线/点驱动方式

在【驱动方法】面板中有多种驱动方法供用户选择。各驱动方法的含义及其应用范围在前面已介绍过，这里就不再赘述了。选择一种驱动方法后，会弹出相应的设置对话框。

“曲线/点”驱动方法是通过指定点和选择曲线或面边缘定义驱动几何体，驱动几何体投影到部件几何体上，然后在此生成刀轨。曲线可以是开放的或封闭的、连续的或非连续的，以及平面的或非平面的。此驱动方法一般用于筋槽的加工和字体的雕刻。

当指定点时，“驱动轨迹”创建为指定点之间的线段。当指定曲线或边时，沿选定曲线或边生成驱动点。

1. 使用“点”驱动几何体

刀具沿着“刀轨”按照指定的顺序从一个点移至下一个点。同一个点可以使用多次，只要它在序列中没有被定义为连续的即可。可以通过将同一个点定义为序列中的第一个点和最后一个点来定义闭合的“驱动路径”，如图 8-12 所示。

注 意

如果用户只指定一个驱动点，或者指定几个驱动点，使得部件几何体上只定义一个位置，则不会生成刀轨且会显示出错信息。

2. 使用“曲线/边”驱动几何体

当由曲线/边定义“驱动几何体”时，刀具沿着“刀轨”按照所选的顺序从一条曲线移到下一条曲线。所选的曲线可以是连续的，也可以是不连续的，如图 8-13 所示。

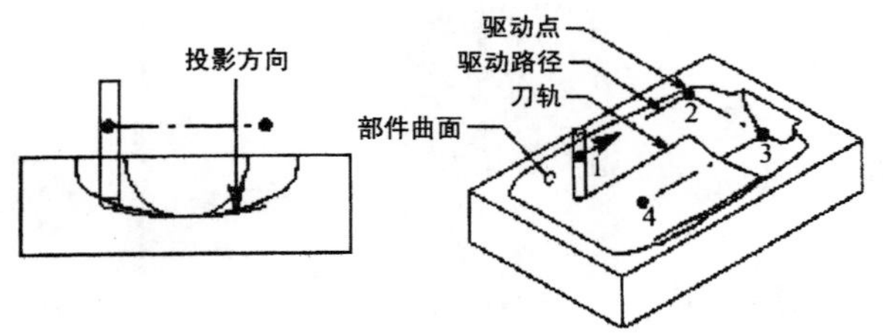

图 8-12　由点定义的驱动几何体　　　　图 8-13　由曲线定义的驱动几何体

3.【曲线/点驱动方法】对话框

在【驱动方法】面板的【方法】下拉列表框中选择【曲线/点】方法，将弹出图 8-14 所示的【驱动方法】信息提示框。如果在后续操作中选择驱动方法时不需要显示此信息对话框，则可以勾选【不要再显示此消息】复选框。

单击【驱动方法】信息提示框中的【确定】按钮，将弹出【曲线/点驱动方法】对话框，如图 8-15 所示。

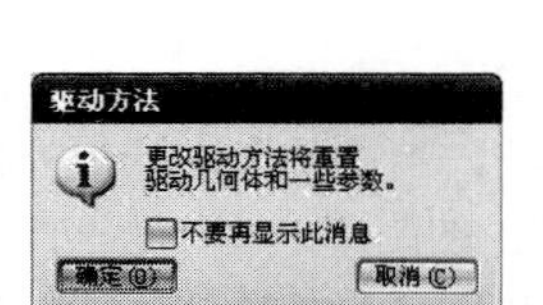

图 8-14　【驱动方法】信息提示框

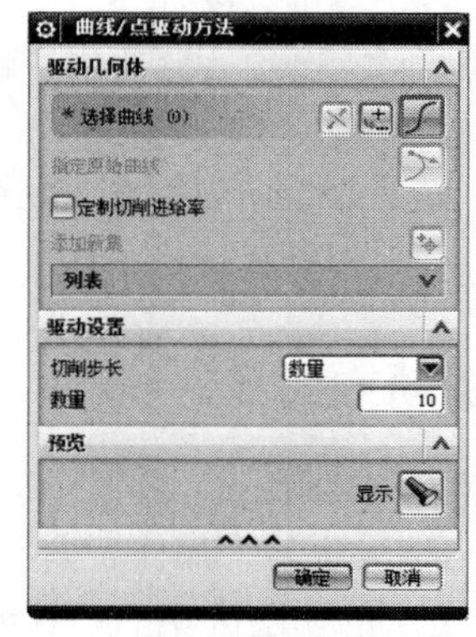

图 8-15　【曲线/点驱动方法】对话框

【曲线/点驱动方法】对话框中各选项的含义如下。

（1）选择曲线：用于通过选择现有曲线、边或点来指定曲线。单击【点构造器】按钮，弹出【点构造器】对话框，可选择现有点或者点的创建。

（2）反向：此按钮在选定曲线或边时处于活动状态。

（3）指定原始曲线：当选择多条形成闭环的曲线或边时，指定原点作为驱动点。

（4）定制切削进给率：将定制的进给率值添加到各曲线集中。

（5）切削步长：可由【数量】和【公差】来确定。【数量】控制放置在各曲线或边上的点的数量，点越多，刀轨越光顺。【公差】是指定驱动曲线之间允许的最大弦偏差和在两个连续驱动点间延伸的直线。

8.3.2 螺旋式驱动方式

螺旋式驱动方法允许用户定义从指定的中心点向外螺旋的“驱动点”。驱动点在垂直于投影矢量并包含中心点的平面上创建，然后“驱动点”沿着投影矢量投影到所选择的部件表面上。

1．螺旋式驱动特点

“中心点”定义螺旋的中心，它是刀具开始切削的位置。如果不指定中心点，则程序将使用绝对坐标系的原点坐标。如果中心点不在部件表面上，则它将沿着已定义的投影矢量移动到部件表面上，如图 8-16 所示。螺旋的方向（顺时针与逆时针）由“顺铣”或“逆铣”方向控制。

和其他需要在方向上具有突变以“步进”到下一个切削刀路的其他“驱动方式”不同，“螺旋驱动方式步进”是一个光顺且恒定的向外转移。因为此驱动方式保持一个恒定的切削速度和光顺移动，它对于高速加工应用程序很有用。

（a）螺旋式驱动 I

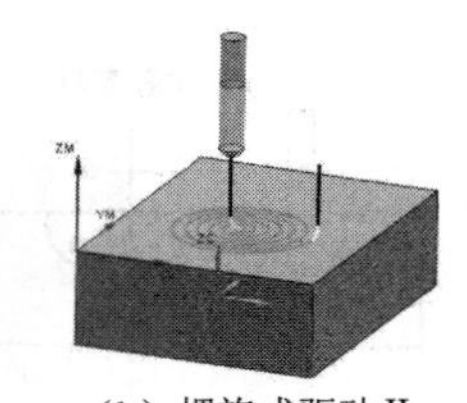
（b）螺旋式驱动 II

图 8-16　螺旋式驱动方法

螺旋式驱动方法有两个特点：

（1）无须指定任何几何体。

（2）一般用于加工圆形工件。

2．【螺旋式驱动方法】对话框

在【驱动方法】面板的【方法】下拉列表框中选择【螺旋式】方法，将弹出如图 8-17 所示的【螺旋式驱动方法】对话框。

该对话框中各选项的含义如下。

（1）指定点：通过点构造器来指定螺旋驱动轨迹的中心点，并通过设置【最大螺旋半径】的值来限制要加工的区域。

（2）步距：指定连续切削刀路之间的距离。

（3）切削方向：定义【驱动轨迹】相对主轴旋转进行切削的方向，包括顺铣和逆铣。

8.3.3 边界驱动方式

边界驱动方法通过指定“边界”和“环”定义切削区域。当“环”必须与外部“部件表面”边缘相对应时，“边界”与“部件表面”的形状和大小无关；切削区域由“边界”“环”或二者的组合定义；将已定义的切削区域的“驱动点”按照指定的“投影矢量”的方向投影到“部件表面”，这样就可以创建“刀轨”，如图 8-18 所示。

图 8-17　【螺旋式驱动方法】对话框

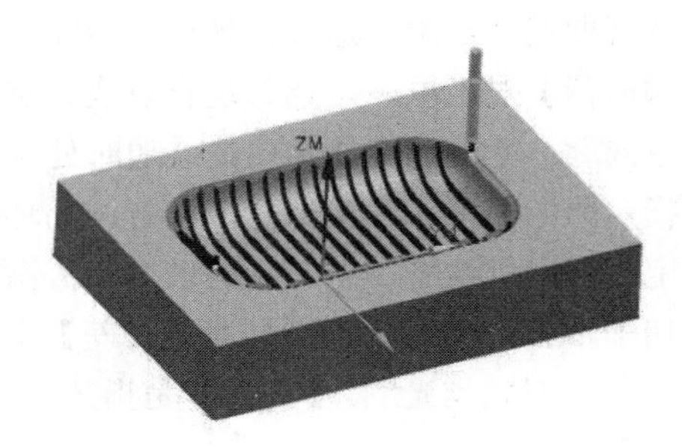

图 8-18　边界驱动方法

1. “边界”驱动方法的范围

边界可以超出“部件表面”的大小范围，也可以在“部件表面”内限制一个更小的区域，还可以与“部件表面”的边重合，如图 8-19 所示。边界超出“部件表面”的大小范围时，如果超出的距离大于刀具直径，则将会发生“边缘追踪”。

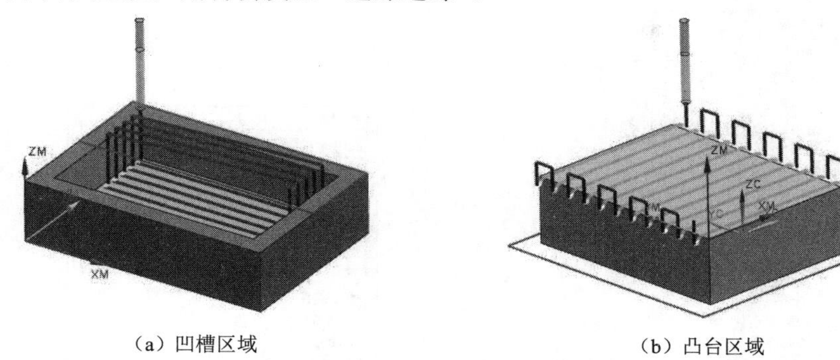

（a）凹槽区域　　（b）凸台区域

图 8-19 超出“部件表面”的边界

与“曲面”驱动方式相同的是，“边界驱动方式”可创建包含在某一区域内的“驱动点”阵列。在边界内定义“驱动点”一般比选择“驱动曲面”更为快捷和方便。但是使用“边界”驱动方式时，不能控制刀具轴或相对于驱动曲面的投影矢量。

例如平面边界不能缠绕复杂的部件表面，从而均匀分布“驱动点”或控制刀具，如图 8-20 所示。

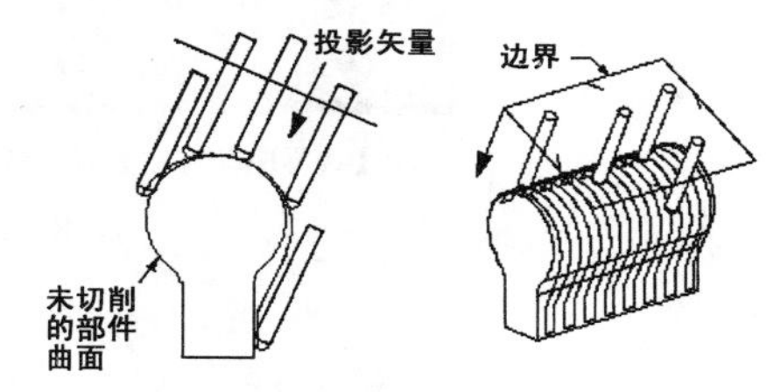

图 8-20 将驱动点投影到部件表面

2.【边界驱动方法】对话框

在【驱动方法】面板的【方法】下拉列表框中选择【边界】选项，将弹出图 8-21（a）所示的【边界驱动方法】对话框。该对话框中各选项的含义如下。

（1）指定驱动几何体：定义和编辑用来定义“驱动几何体”的边界。

（2）边界内公差、外公差：指定边界的内公差值和外公差值，如图 8-22 所示。

（3）边界偏置：通过指定偏置值来控制边界上遗留的材料的量。

（4）部件空间范围：通过沿着所选部件表面和表面区域的外部边缘创建环来定义切削区域。

① 关：不使用零件边界的空间范围选项来定义切削区域。

② 最大的环：使用零件中最大的封闭区域作为环来定义切削区域。选择该选项系统将自动捕捉最大环。

③ 所有环：零件上所有封闭环都可以作为环来定义切削区域。选择该选项系统将自动捕捉所有环。

（5）切削模式：用来定义刀轨的形状。【切削模式】下拉列表框中包括有多种切削模式，如图 8-21（b）所示。

（6）切削方向：定义从一个切削刀路到下一个切削刀路的运动方式，如图 8-23 所示。

（7）切削角：在【平行线】切削模式中指定刀具路径的角度，这个角度是以工作坐标系（WCS）的 X 轴开始按逆时针测量的。有【自动】和【用户定义】两个选项，当选择【自动】选项时，系统自动确定每个切削区域的切削角度；当选择【用户定义】选项时，下方的【度数】文本框变为可用状态，可以在文本框中输入角度值。

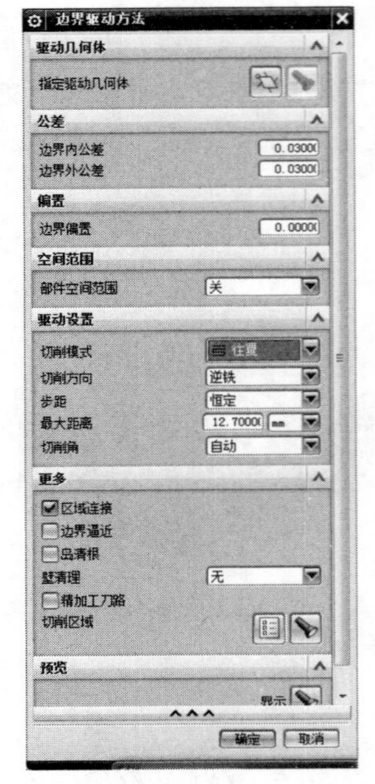

（a）【边界驱动方法】对话框

（b）驱动设置选项

图 8-21　【边界驱动方法】对话框

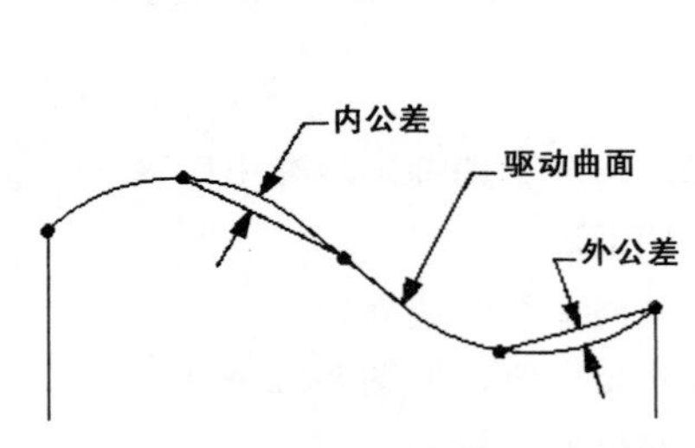

图 8-22　边界内公差、外公差

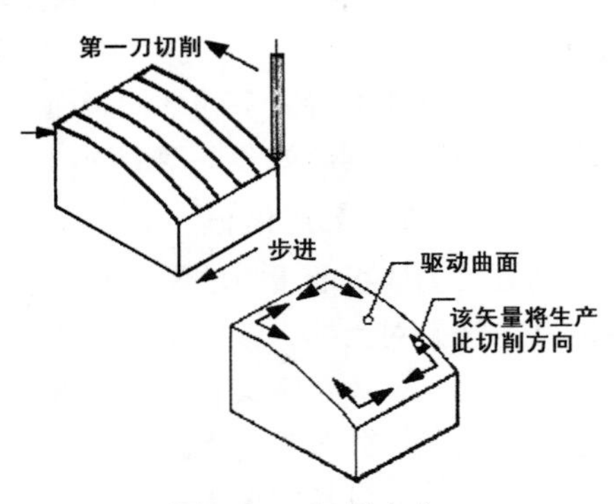

图 8-23　切削方向

3. 典型切削模式刀路模拟

在【驱动设置】面板中最重要的是切削模式的设置，选择不同的切削模式对应的后续参数选项也不尽相同，以下将针对固定轴曲面轮廓铣独有的切削模式作详细说明。

（1）径向：径向切削也称放射状切削，包括【径向单向】、【径向往复】、【径向单向轮廓】和【径向单向步进】4 种，这种切削图样可从用户指定或系统计算的最优中心点延伸，图 8-24 所示为【径向单向】切削模式。在定义切削模式时，允许将加工腔体的方式指定为【向内】或【向外】方式，也允许指定一个对于此切削图样是唯一的角度步距。

（2）同心圆弧：同心圆弧切削是从用户指定的或系统自动计算的最优中心点，并在点逐渐增大或逐渐减小的原型切削图样，包括【同心单向】、【同心往复】、【同心单向轮廓】和【同心单向步进】4 种，图 8-25 所示为【同心单向】切削模式。在定义切削模式时，允许将加工腔体的方式指定为【向内】或【向外】方式，在完整的圆图样无法延伸到的区域，系统在刀具移动到下一个拐角之前会生成同心圆弧，且这些圆弧由指定的切削类型进行连接。

（3）单向：单向是一个单方向的切削类型，它通过退刀从一个切削刀路转换到下一个切削刀路，转向下一个刀路的起始点，然后以同一方向连续切削，如图 8-26 所示。

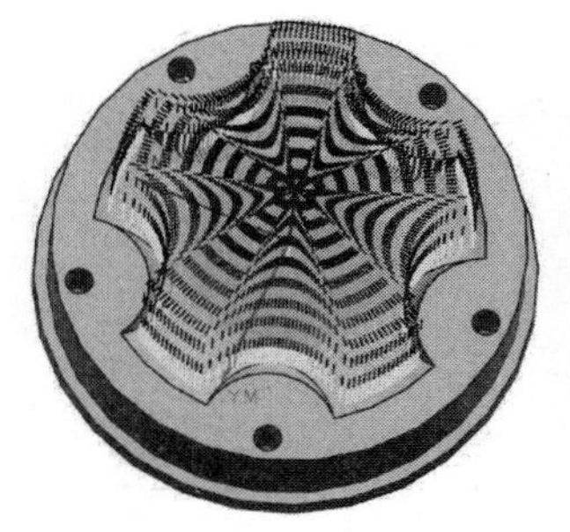

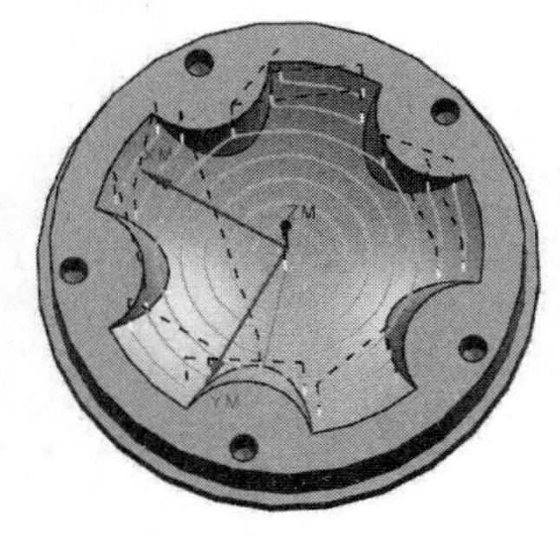

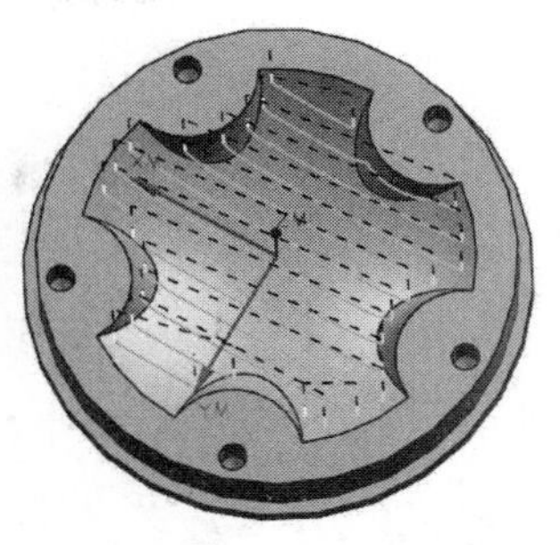

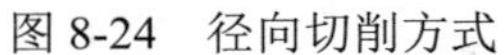

图 8-24　径向切削方式　　图 8-25　同心圆弧切削模式　　图 8-26　单向切削模式

（4）往复：往复可在刀具以一个方向系统弹出部件时创建相反方向的刀路。这种切削类型可以通过允许刀具在步进间保持连续的进刀来最大化切削移动。在相反方向切削的结果是生成一系列的交替顺铣和逆铣，如图 8-27 所示。

（5）单向轮廓：单向轮廓是一个单方向的单向切削类型，切削过程中刀具沿着步进的边界轮廓移动。如图 8-28 所示，使用顺铣单向切削模式创建刀具轨迹。

（6）单向步进：单向步进创建带有切削步距的单向图样，显示了单向步进的切削和非切削运动。如图 8-29 所示，使用顺铣径向单向步进铣切削模式创建刀具轨迹。

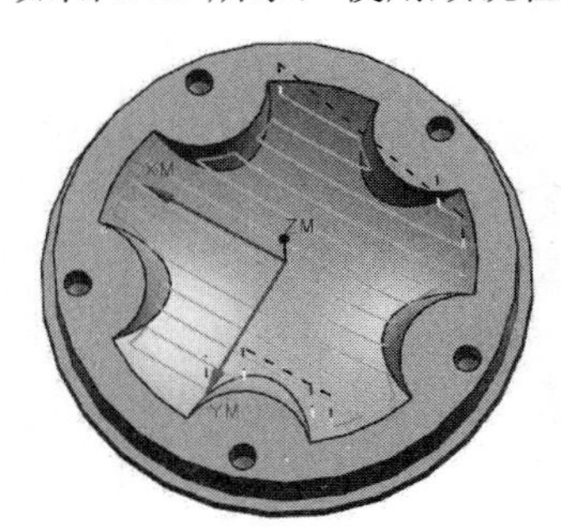

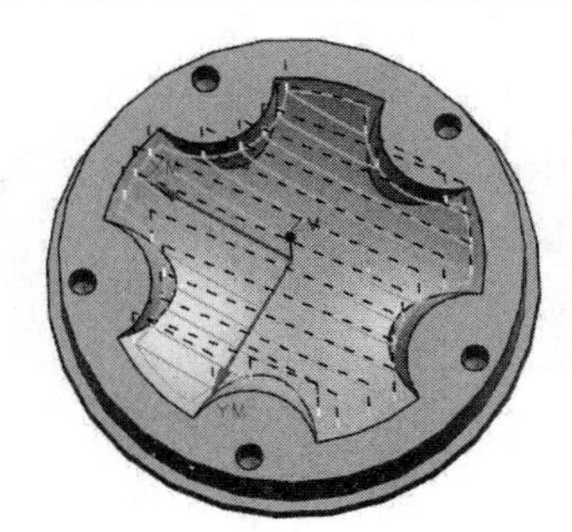

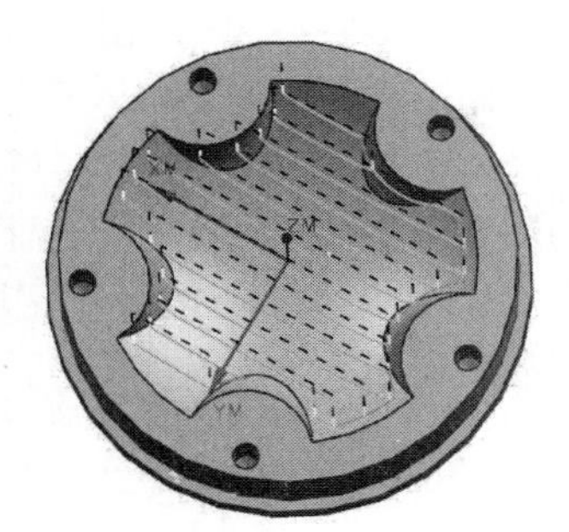

图 8-27　往复切削模式　　图 8-28　单向轮廓切削模式　　图 8-29　单向步进切削模式

8.3.4　区域铣削驱动方式

区域铣削驱动方法能够定义“固定轴曲面铣”操作，在指定切削区域时，可在需要的情况下添加“陡峭空间范围”和“修剪边界”约束。区域铣削驱动方法不需要驱动几何体，而且使用一种稳固的自动免碰撞空间范围计算。仅可用于“固定轴曲面铣”操作。区域铣削驱动方法实例如图 8-30 所示。

在【驱动方法】面板的【方法】下拉列表框中选择【区域切削】选项，将弹出图 8-31 所示的【区域铣削驱动方法】对话框。

【区域铣削驱动方法】对话框中各选项的含义如下。

（1）无：不在刀轨上施加陡峭度限制，而是加工整个切削区域。

（2）非陡峭：只在部件表面角度小于陡角值的切削区域内加工。

（3）定向陡峭：只在部件表面角度大于陡角值的切削区域内加工。

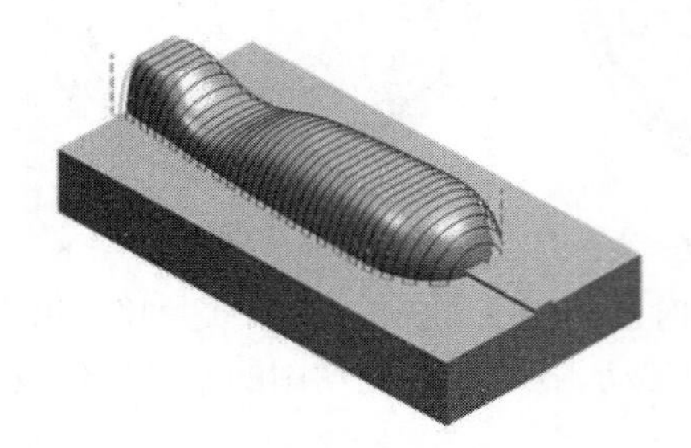

图 8-30　区域铣削驱动方法实例

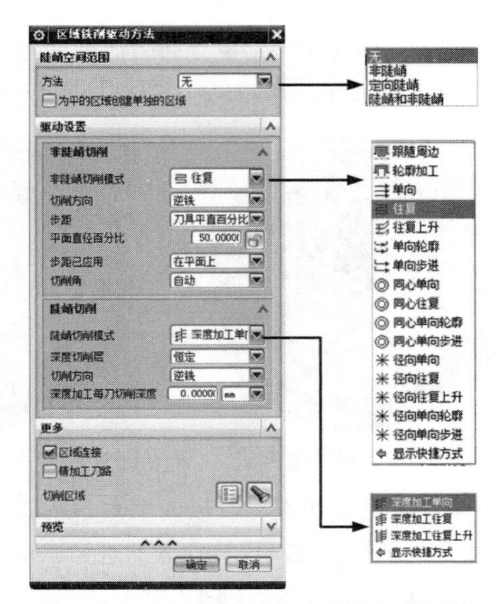

图 8-31　【区域铣削驱动方法】对话框

（4）步距已应用：包括两个子选项：【在平面上】和【在部件上】。【在平面上】表示测量垂直于刀轴的平面上的步距，它最适合非陡峭区域；【在部件上】表示测量沿部件的步距，它最适合陡峭区域，如图 8-32 所示。

（5）区域连接：最小化发生在一个部件的不同切削区域之间的进刀、退刀和移刀运动数。

（6）精加工刀路：在正常切削操作的末端添加精加工切削刀路，以便沿着边界进行追踪。

（7）切削区域：定义切削区域起点，并指定如何以图形显示切削区域，以供参考。

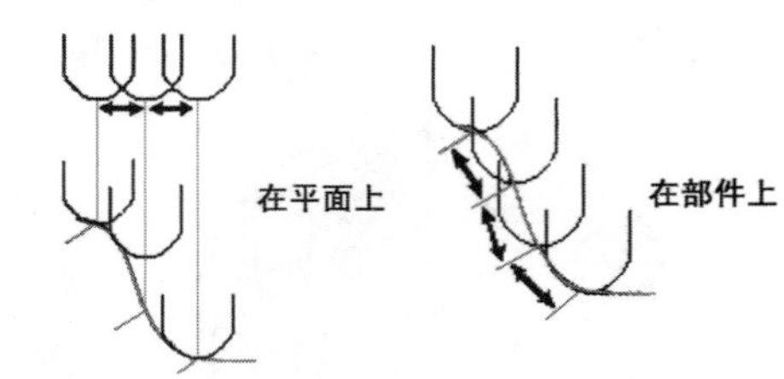

图 8-32　步距已应用

8.3.5　曲面驱动方式

曲面驱动方法主要用于多轴加工。曲面驱动方法可创建一个位于“驱动曲面”栅格内的“驱动点”阵列。将“驱动曲面”上的点按指定的“投影矢量”的方向投影，即可在选定的“部件表面”上创建刀轨。如果未定义“部件表面”，则可以直接在“驱动曲面”上创建刀轨。“驱动曲面”不必是平面，但是其栅格必须按一定的栅格行序或列序进行排列，如图 8-33 所示。

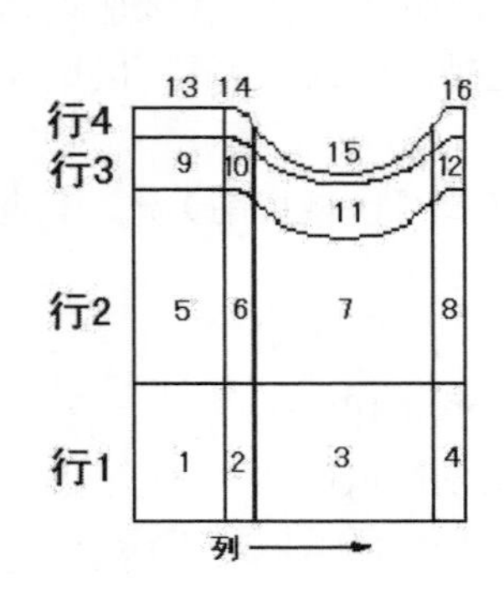

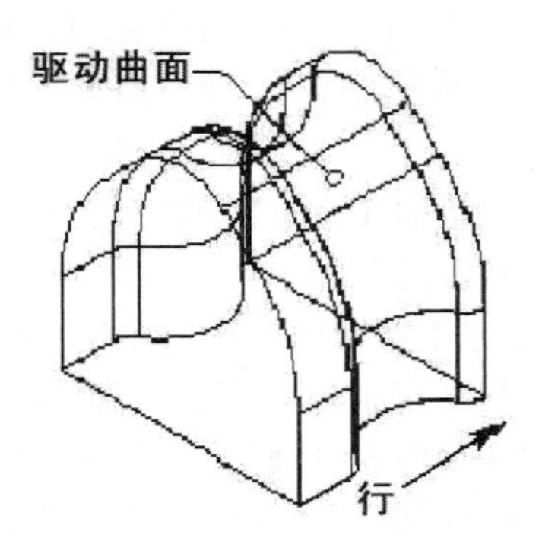

图 8-33　曲面驱动方法

在【驱动方法】面板的【方法】下拉列表框中选择【曲面】选项，将弹出图 8-34 所示的【曲面区域驱动方法】对话框。

该对话框中各选项的含义如下。

（1）指定驱动几何体：指定定义驱动几何体的面。

（2）刀具位置：指定刀具位置，以决定软件如何计算部件表面的接触点，包括对中（开）和相切。

（3）曲面偏置：指定沿曲面法向偏置驱动点的距离。

（4）切削步长：控制沿切削方向驱动点之间的距离，如图 8-35 所示。

（5）过切时：指定在切削运动的过程中，当刀具过切驱动曲面时软件的响应方式，包括无、警告、跳过和退刀等方式。

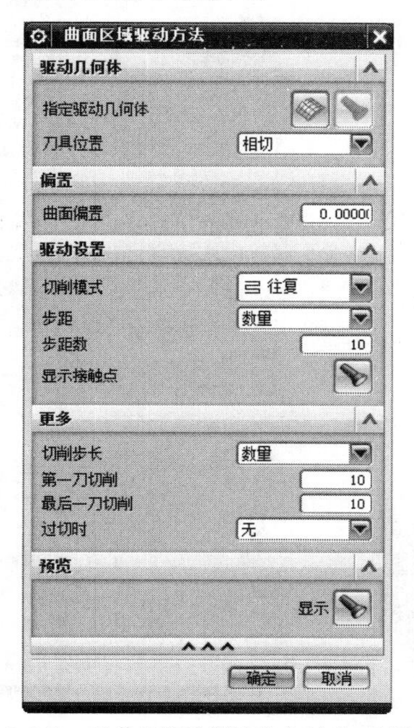

图 8-34　【曲面区域驱动方法】对话框

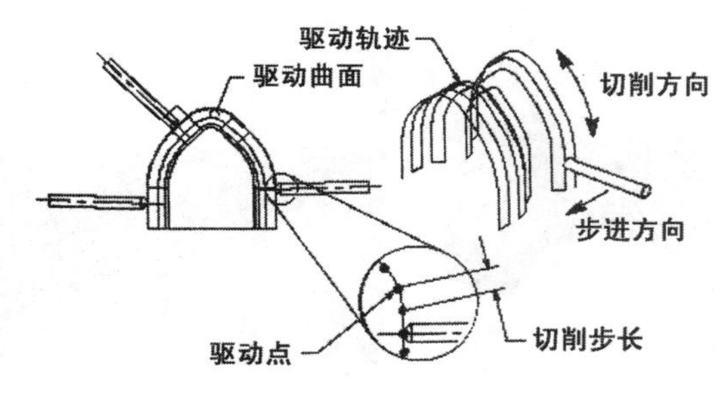

图 8-35　切削步长

①【无】方式：表示请勿更改刀轨，以避免过切，请勿将警告消息发送到刀轨或 CLSF，如图 8-36 所示。

②【警告】方式：表示请勿更改刀轨，以避免过切，但务必将警告消息发送到刀轨和 CLSF。

③【跳过】方式：表示通过仅移除引起过切的刀具位置更改刀轨，结果将是从过切前的最后位置到不再过切时的第一个位置的直线刀具运动，当从驱动曲面直接生成刀轨时，刀具不会触碰凸角处的驱动曲面，并且不会过切凹区域，如图 8-37 所示。

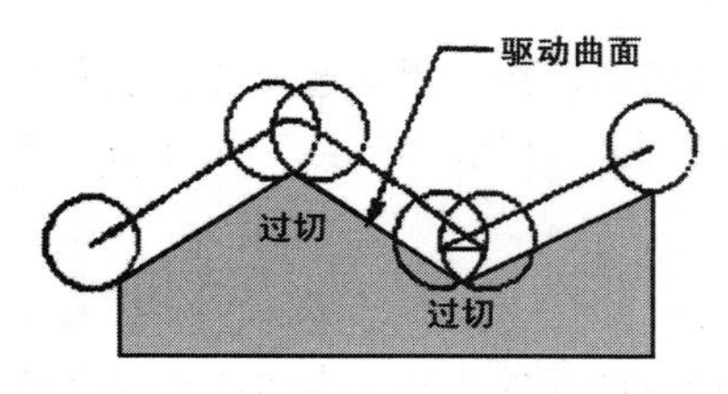

图 8-36　使用“无”生成刀轨

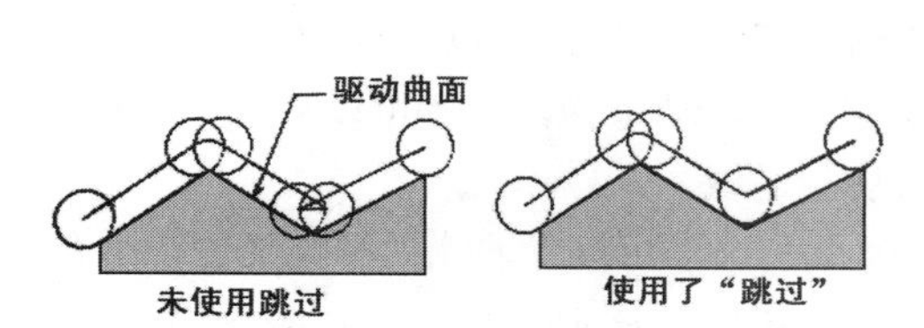

图 8-37　使用“跳过”生成刀轨

④【退刀】方式：表示通过使用【非切削移动】对话框中定义的进刀和退刀参数，避免过切。

8.3.6 流线驱动方法

流线驱动方法根据选中的几何体来构建隐式驱动曲面。此驱动方法可以灵活地创建刀轨，规则面栅格无须进行整齐排列，如图 8-38 所示。

1.【流线驱动方法】对话框

在【驱动方法】面板的【方法】下拉列表框中选择【流线】选项，将弹出图 8-39 所示的【流线驱动方法】对话框。

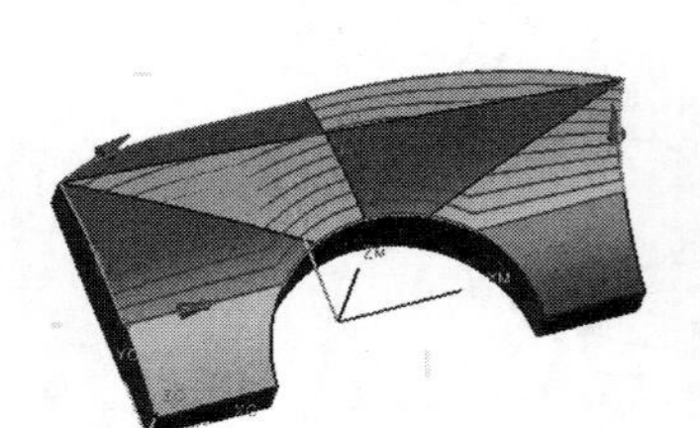

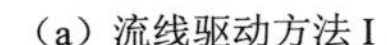

（a）流线驱动方法 I

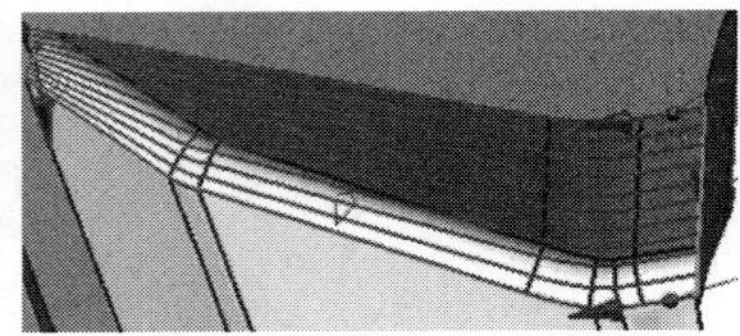

（b）流线驱动方法 II

图 8-38 流线驱动方法

图 8-39 【流线驱动方法】对话框

【流线驱动方法】对话框包含两种驱动曲线选择方法：【自动】和【指定】选项。

注 意

【自动】选择仅标识切削区域的两个外部环。用户可以使用【指定】方式手工选择任意数目的封闭环来创建流曲线集。

2. 流动和交叉曲线

使用“流线”，用户可以先选择部件回去切削区域几何体，然后手工选择流曲线和交叉曲线以替换或扩充自动选择。或者可以从手工选择流动和交叉曲线开始。“流线”不要求具有部件几何体或切削区域。

表 8-2 列出了可接受的流动和交叉曲线组合示例。

当用户指定交叉曲线时，CAM 将创建线性段来连接流曲线的末端。表 8-3 列出了隐式交叉曲线（添加以连接流曲线的末端）示例。在示例中，流曲线为带箭头的实线，由 CAM 添加的隐式交叉曲线为虚线。

表 8-2　可接受的流动和交叉曲线组合示例

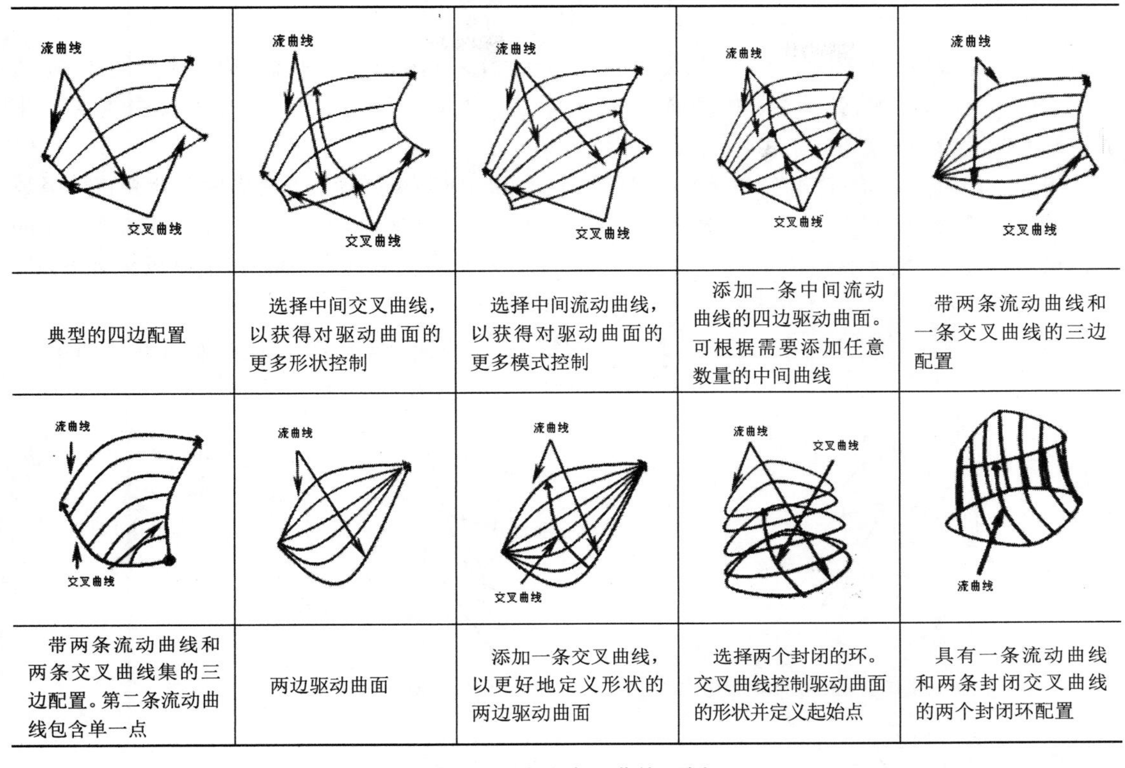

典型的四边配置	选择中间交叉曲线，以获得对驱动曲面的更多形状控制	选择中间流动曲线，以获得对驱动曲面的更多模式控制	添加一条中间流动曲线的四边驱动曲面。可根据需要添加任意数量的中间曲线	带两条流动曲线和一条交叉曲线的三边配置
带两条流动曲线和两条交叉曲线集的三边配置。第二条流动曲线包含单一点	两边驱动曲面	添加一条交叉曲线，以更好地定义形状的两边驱动曲面	选择两个封闭的环。交叉曲线控制驱动曲面的形状并定义起始点	具有一条流动曲线和两条封闭交叉曲线的两个封闭环配置

表 8-3　隐式交叉曲线示例

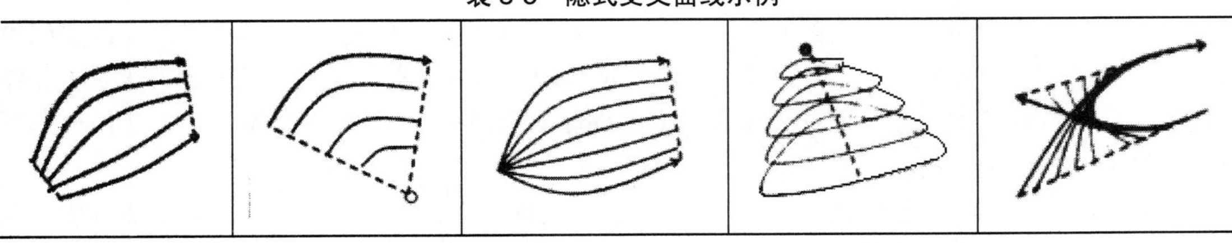

表 8-4 列出了不可接受的流动曲线和交叉曲线组合示例。

表 8-4　不可接受的流动曲线和交叉曲线组合示例

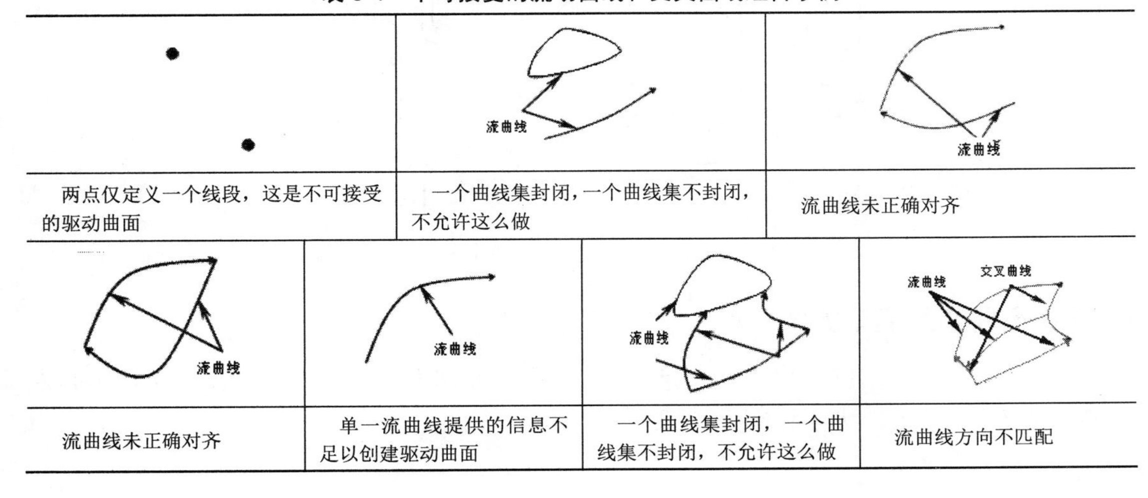

两点仅定义一个线段，这是不可接受的驱动曲面	一个曲线集封闭，一个曲线集不封闭，不允许这么做	流曲线未正确对齐

流曲线未正确对齐	单一流曲线提供的信息不足以创建驱动曲面	一个曲线集封闭，一个曲线集不封闭，不允许这么做	流曲线方向不匹配

3. 其他注意事项

当用户在选择流动曲线和交叉曲线时，还要注意以下事项：

具有两个或更多封闭环（例如截顶圆锥）的流动和交叉组合具有某些局限。在如图 8-40 所示的示例中，默认起始点 1 会在驱动曲面中引起扭曲。在预期位置 2 手工添加交叉曲线 A 可生成较好的驱动曲面。

用户不能移动起始点，但有时这对于防止驱动曲面/驱动曲线扭曲非常重要。用户可能需要手工创建穿过预期起始位置的交叉曲线，或者将起始段移动到预期的位置。系统保留流曲线 1 的起始点，并将其余流曲线的起始点对齐。在大多数情况下，这都可以得到较好的结果，而无须进行手工修正。

如果流曲线比较复杂，则可添加中间交叉曲线，以生成较好的驱动曲面，如图 8-41 所示。

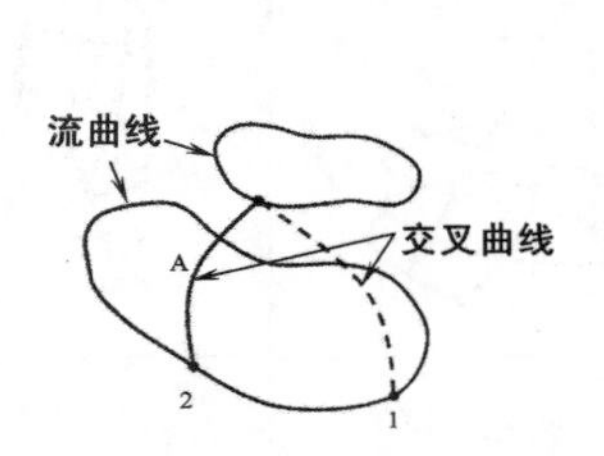

图 8-40　封闭流曲线和交叉曲线的组合

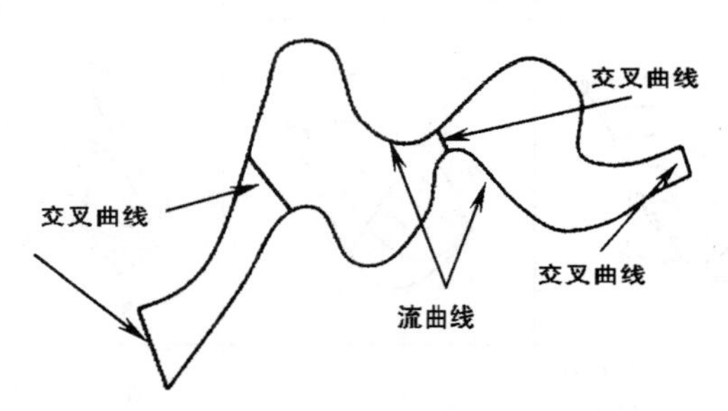

图 8-41　复杂流曲线的组合

8.3.7　刀轨驱动方式

刀轨驱动方法是沿着“刀位置源文件”CLSF 的刀轨来定义“驱动点”，以在当前操作中创建一个类似的“曲面轮廓铣刀轨”。“驱动点”沿着现有的“刀轨”生成，然后投影到所选的“部件表面”上，以创建新的刀轨，新的刀轨是沿着曲面轮廓形成的。“驱动点”投影到“部件表面”上时所遵循的方向由“投影矢量”确定。

如图 8-42 所示，使用“平面铣”和“轮廓铣”切削类型创建“刀轨”。“刀轨驱动方法”操作可以使用此“刀轨”来沿着“部件表面”轮廓生成新“刀轨”。

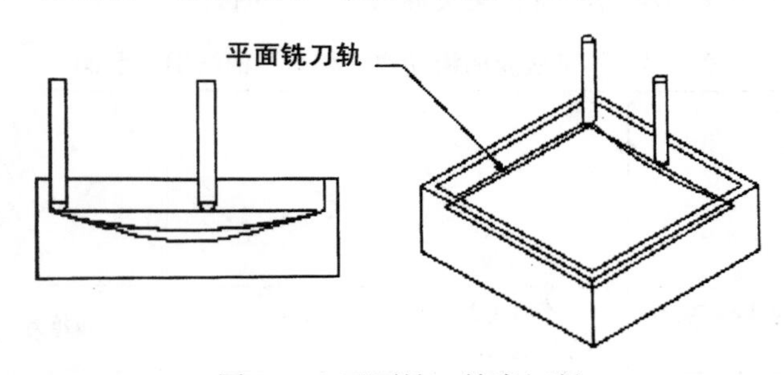

图 8-42　平面铣、轮廓切削

8.3.8　径向切削驱动方式

径向切削驱动方法使用指定的“步距”“带宽”和“切削类型”生成驱动轨迹，如图 8-43 和图 8-44 所示。此驱动方法可用于创建清理操作。

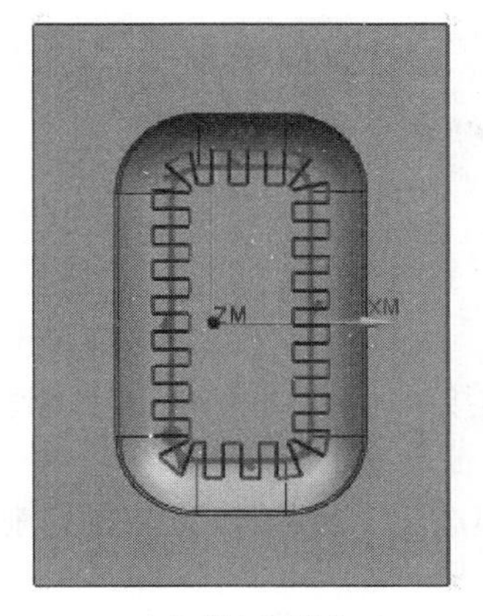

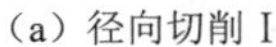
（a）径向切削 I

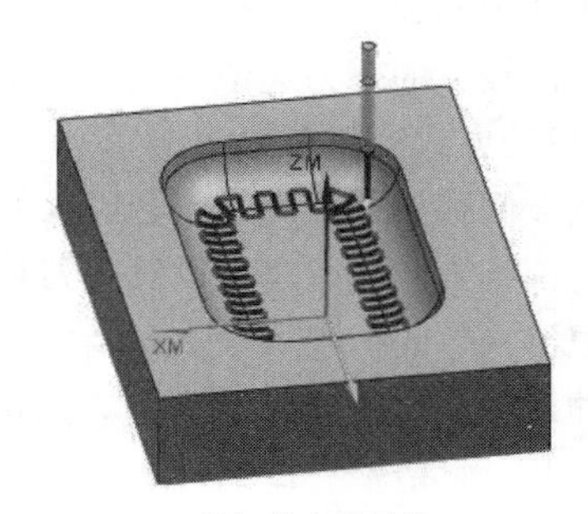

（b）径向切削 II

图 8-43　径向切削驱动方法 I

在【驱动方法】面板的【方法】下拉列表框中选择【径向切削】选项，将弹出【径向切削驱动方法】对话框，如图 8-45 所示。

该对话框中各选项的含义如下。

（1）材料侧的条带：定义材料一侧的边界平面上的加工区域带宽。

（2）另一侧的条带：定义材料另一侧的带宽。

（3）刀轨方向：该选项确定刀具沿着边界移动的方向，包括【跟随边界】和【边界反向】两个子选项。

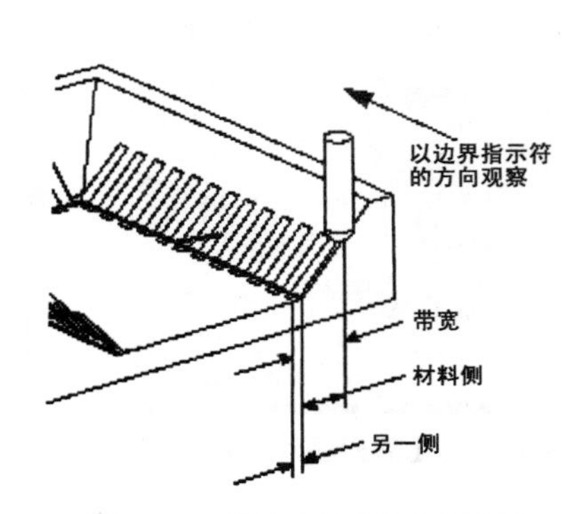

图 8-44　径向切削驱动方法 II

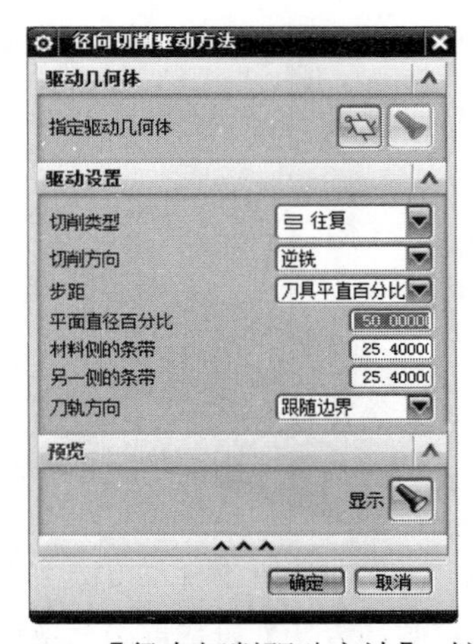

图 8-45　【径向切削驱动方法】对话框

8.3.9　清根驱动方式

清根切削驱动方法是沿着零件表面形成的凹角和凹谷生成刀具路径，只能用于固定轴曲面铣操作。系统根据加工最佳方法的一些规则自动决定自动清根的方向和顺序，生成的刀具路径可以进行优化，方法是使刀具与零件尽可能保持接触并最小化非切削移动。虽然在大多数情况下，自动清根方法确定的切削顺序能够满足要求，但为了方便用户编辑刀具路径，系统仍然提供了手动组合功能。清根驱动方法沿部件表面形成的凹角和凹部一次生成一层刀轨，如图 8-46 所示。

（1）清根驱动方式的用途如下：

① 高速加工。

② 在往复切削模式加工之前，移除拐角剩余的材料。

③ 移除之前较大的球刀遗留下来的未切削的材料。

（2）清根驱动方式的特点如下：

① 当它从一侧移到另一侧时不会嵌入刀具。

② 计算切削的方向和顺序，以优化刀具与部件的接触，并将非切削运动降到最少。

③ 当处理器决定的切削顺序未完全优化时，为其提供选项。

④ 为部件提供多个或 RTO（参考刀具偏置）清根选项，以生成更稳定的切削载荷，以及更少的非切削运动。

在【驱动方法】面板的【方法】下拉列表框中选择【清根】选项，将弹出图 8-47 所示的【清根驱动方法】对话框。

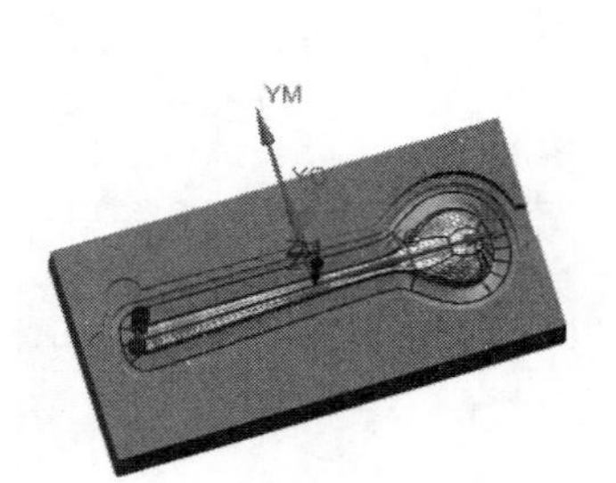

图 8-46　清根驱动方法

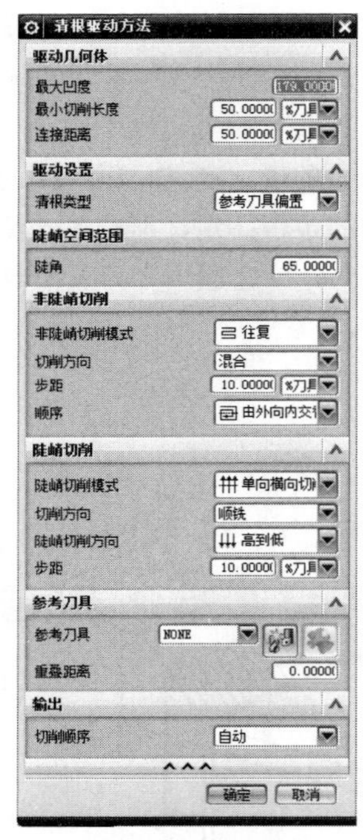

图 8-47　【清根驱动方法】对话框

（3）【清根驱动方法】对话框中各选项的含义如下。

① 陡峭切削方向：指定陡峭部分的切削方向。有 3 个选项，分别是【混合】、【高到低】和【低到高】。混合，刀具路径在由高到低和由低到高之间交替产生，由系统自动计算以使产生的刀具路径最短；高到低，刀具严格从高的一端向低的一端加工刀具路径的陡峭部分；低到高，刀具严格从低的一端向高的一端加工刀具路径的陡峭部分。

② 参考刀具：根据粗加工球刀的直径来指定被加工切削区域的宽度，用于指定一个参考刀具（先前粗加工的刀具），系统根据指定的参考刀具直径计算双切点，然后用这些点来定义精加工操作的切削区域。输入的参考刀具直径必须大于当前操作所使用的刀具直径。

③ 重叠距离：定义沿着相切曲面延伸由参考刀具直径定义的区域宽度。为清根驱动方式选择刀具时，刀具与工件存在双接触点是必要条件。建议选择球形刀具以获得最佳的效果。如果选

择的是外圆刀具或平头刀具，则刀轨可能会出现令人不能满意的结果。

注　意

使用自动清根有多个优点：自动清根可以在加工往复式切削图样之前减缓角度；自动清根可以删除之前较大的球头刀具遗留下来的未切削材料；自动清根刀具路径沿着凹谷和角而不是固定的切削角或 UV 方向；使用自动清根后，当刀具从一侧运动到另一侧时，刀具不会嵌入零件；自动清根可以使刀具在步进间保持连续的进刀来最大化切削移动。

8.3.10　文本驱动方式

文本驱动方法可直接在轮廓表面雕刻制图文本，例如零件号和模具型腔 ID 号，如图 8-48 所示。

在【驱动方法】面板的【方法】下拉列表框中选择【文本】选项，将弹出图 8-49 所示的【文本驱动方法】对话框。

图 8-48　文本驱动方法

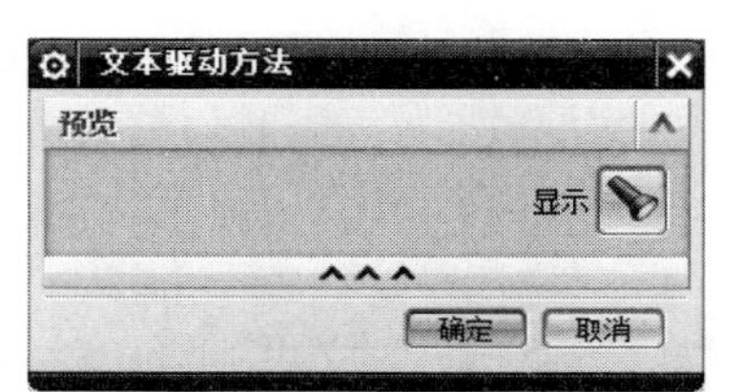

图 8-49　【文本驱动方法】对话框

8.4　投影矢量

8.4.1　投影矢量概述

投影矢量是指曲面加工生成平面刀具轨迹后，投影到曲面上形成刀具轨迹所指定的刀轴矢量，即投影参照矢量。在三轴数控机床里投影矢量默认为机床 Z 轴；在五轴机床里主轴是可以活动的，因此投影矢量可以灵活调整到最佳的效果。

投影矢量定义驱动点投影到部件表面的方式和刀具要接触的部件表面侧。驱动点沿着投影矢量投影到部件表面上。驱动点移动时以投影矢量的相反方向（仍然沿着矢量轴）从驱动曲面投影到部件表面。投影矢量的方向决定刀具要接触的部件表面侧，刀具总是从投影矢量逼近的一侧走位到部件表面上。

8.4.2　指定参数设置

1. 指定矢量或刀轴

在定义投影矢量方向时，可通过指定矢量方向作为投影矢量，也可默认刀轴矢量作为投影矢量。在常规操作中如果没有明确指出投影矢量，则默认以刀轴矢量为投影矢量。

（1）指定矢量

“指定矢量”顾名思义是指定矢量方向作为投影矢量方向。如图 8-50 所示，部件表面上的任意给定点的投影矢量与 ZM 轴平行，驱动点要投影到部件表面上，必须以投影矢量箭头所指的方向从边界平面进行投影。选择【指定矢量】选项，将打开【矢量】对话框，如图 8-51 所示。在该对话框中选择矢量类型即可指定投影矢量。具体指定矢量的方法与建模操作中指定矢量的方法完全相同，这里不再赘述。

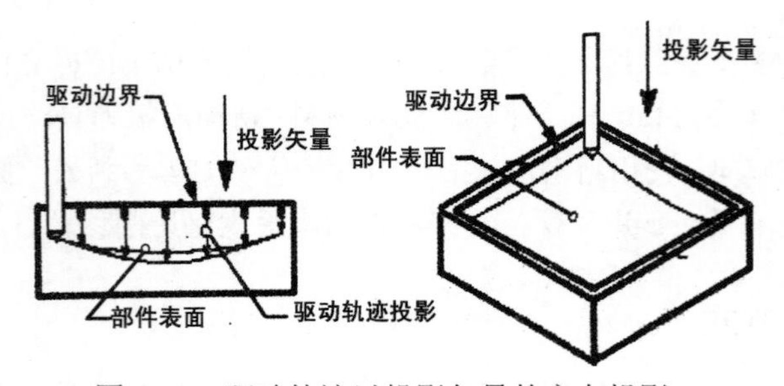

图 8-50　驱动轨迹以投影矢量的方向投影

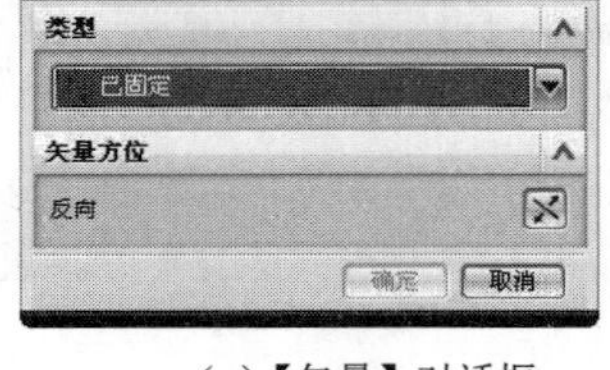

(a)【矢量】对话框

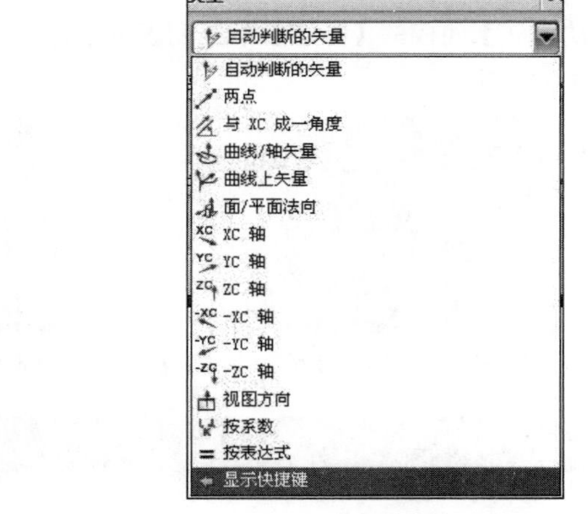

(b) 矢量类型

图 8-51　指定矢量

（2）刀轴

刀轴是根据现有的刀轴定义一个投影矢量。使用刀轴时，投影矢量总是指向刀轴矢量的相反方向，如图 8-52 所示。

注　意

选择投影矢量要小心，避免出现投影矢量平行于刀轴矢量或投影矢量垂直于部件表面法向的情况，可能会引起刀轨的竖直波动。

2. 指定远离点或朝向点

在指定投影矢量时，除了上述两种常用的定义矢量方向之外，还可指定一个焦点，并以该点作为参照点定义远离点投影矢量或朝向点投影矢量。

（1）远离点

远离点创建从指定的焦点向部件表面延伸的投影矢量。此选项可用于加工焦点在球面中心的内侧球形（或类似球形）曲面。驱动点沿着偏离焦点的直线从驱动曲面投影到部件表面。焦点与部件表面之间的最小距离必须大于刀具半径，如图 8-53 所示，定义球面最低点为远离点创建刀具轨迹。

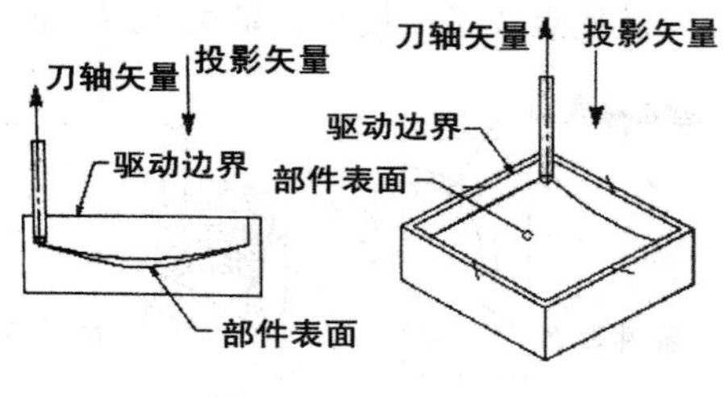

图 8-52　刀轴投影矢量

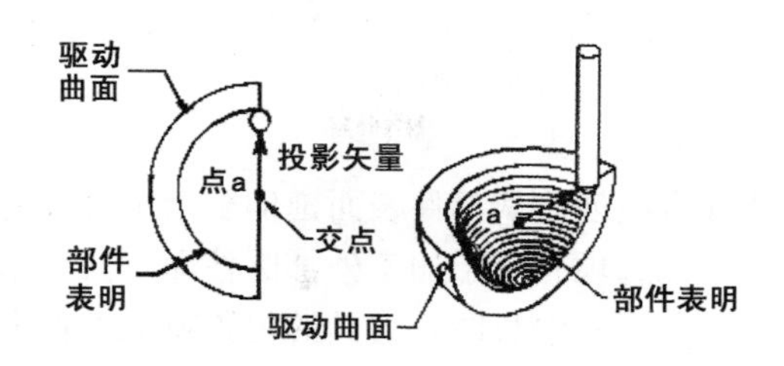

图 8-53　远离点的投影矢量

注　意

使用远离点定义投影时，从焦点向外指向部件几何体的方向。因此该指定矢量方式常应用于加工内凹球形曲面。

（2）朝向点

朝向点创建从部件表面延伸向指定焦点的投影矢量。此选项可用于加工焦点在球面中心的外侧球形（或类似球形）曲面。球面同时用作驱动曲面和部件表面。因此，驱动以零距离从驱动曲面投影到部件表面。投影矢量的方向决定部件表面的刀具侧，使刀具从外侧向焦点定位，如图 8-54 所示。

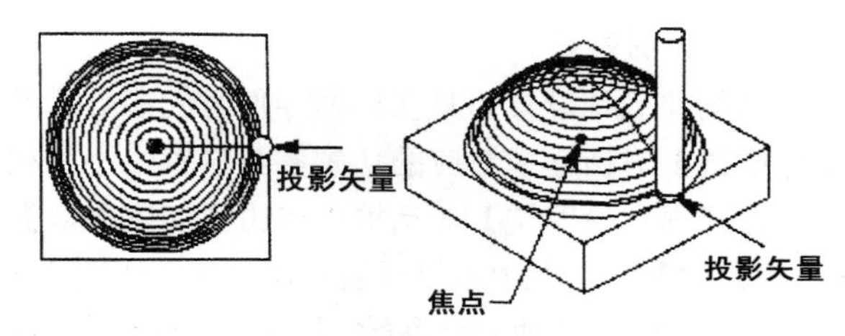

图 8-54　朝向点的投影矢量

3．指定远离直线或朝向直线

除了上述指定点作为参考点定义矢量方向以外，还可定义直线作为矢量方向。设置远离直线或朝向直线的刀具轨迹，指定中心线到部件几何体的距离应大于刀具半径。

（1）远离直线

远离直线创建从指定的直线延伸到部件表面的投影矢量。投影矢量作为从中心线延伸到部件表面的垂直矢量进行计算。此选项有助于加工内部圆柱面。其中指定的直线作为圆柱中心线。刀具的位置将从中心线移到部件表面的内侧。驱动点沿着偏离所选聚焦线的直线从驱动曲面投影到部件表面。

选择【远离直线】选项后，将弹出【直线定义】对话框，在该对话框中有 3 种指定直线的选项可供选择，分别是【两点】、【现有的直线】和【点和矢量】，如图 8-55 所示。例如选择【两点】选项，首先指定凹谷面最低点为参照点，再选择最顶圆柱面为圆心点参照点，这样将定义模型中心线作为远离直线，将显示如图 8-56 所示的刀轨效果。

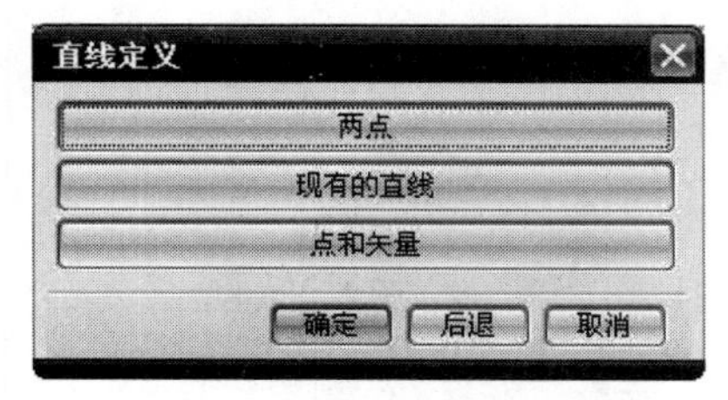

图 8-55　【直线定义】对话框

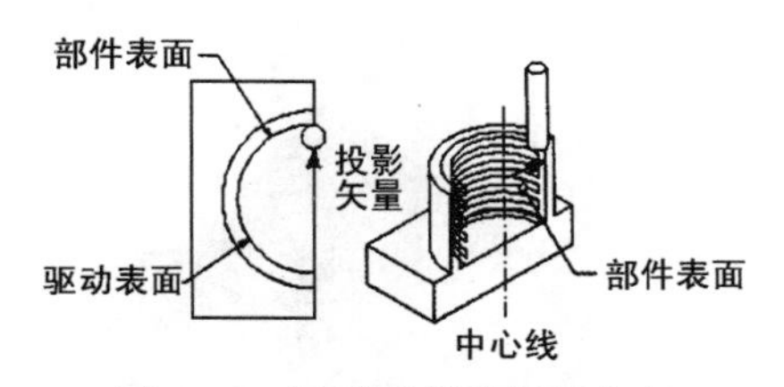

图 8-56　远离直线的投影矢量

使用“远离点”或“远离直线”作为投影矢量时，从部件表面到矢量焦点或聚焦线的最小距离必须大于刀具的半径。必须允许刀具末端定位到投影矢量焦点或者沿投影矢量聚焦线定位到任何位置，且不过切部件表面。

（2）朝向直线

朝向直线创建从部件表面延伸至指定直线的投影矢量。此选项有助于加工外部圆柱面，其中指定的直线作为圆柱中心线。刀具的位置将从部件表面的外侧移到中心线。驱动点沿着向所选聚焦线收敛的直线从驱动曲面投影到部件表面，如图 8-57 所示。

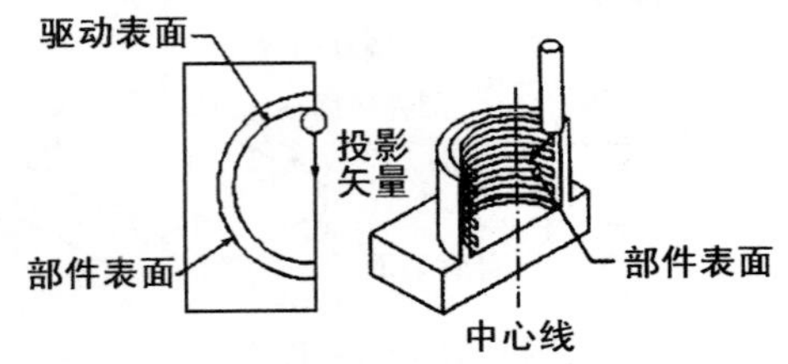

图 8-57　朝向直线的投影矢量

8.5　刀轨参数设置

固定轴曲面铣的【刀轨设置】面板与平面铣和型腔铣的【刀轨设置】面板的区别比较大，仅有【方法】、【切削参数】、【非切削移动】和【进给率和速度】等选项。

1．切削参数

切削参数是设置刀具在切削零件时的参数，每一种驱动方法的切削参数会有所不同，在【固定轮廓铣】对话框中对应的切削参数设置也不尽相同。

在【固定轮廓铣】对话框中单击【切削参数】按钮，在弹出的【切削参数】对话框中可以设置策略、多刀路、余量、拐角、安全设置、空间范围和其他一些参数。【切削参数】对话框中包含了多个选项卡，不同的驱动方法选项卡的个数也不相同；部分参数与平面铣和型腔铣相同，大部分参数都是固定轴曲面铣独有的参数。下面将以区域铣削驱动方法为例对这些参数进行详细说明。其他驱动方法的参数与区域铣削驱动方法类似。

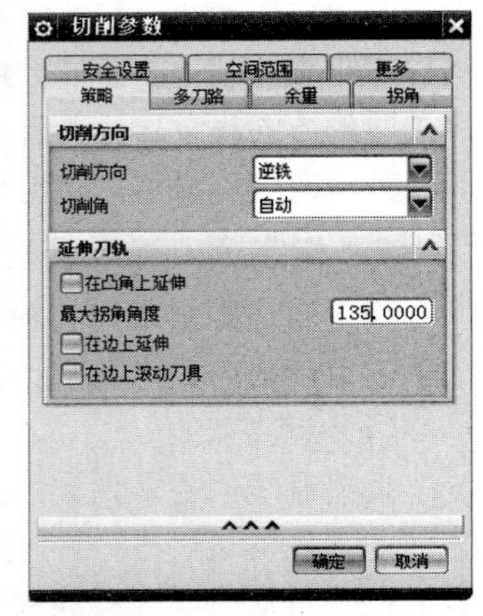

图 8-58　【策略】选项卡

（1）【策略】选项卡

加工策略对加工效果起主导作用。策略主要是切削方向和延伸刀轨设置。固定轴曲面铣除了有与型腔铣或平面铣相同的参数设置以外，还需要进行以下特有参数的设置。【策略】选项卡如图 8-58 所示。

① 在凸角上延伸

可在切削运动通过内凸角边时提供对刀轨的额外控制，以防止刀具驻留在这些边上。当勾选【在凸角上延伸】复选框时，它可将刀轨从部件上抬起少许，而无须执行“退刀/转移退刀”顺序，如图 8-59 所示；当未勾选该复选框时，可指定“最大拐角角度”，若小于该角度，则不会发生抬起。

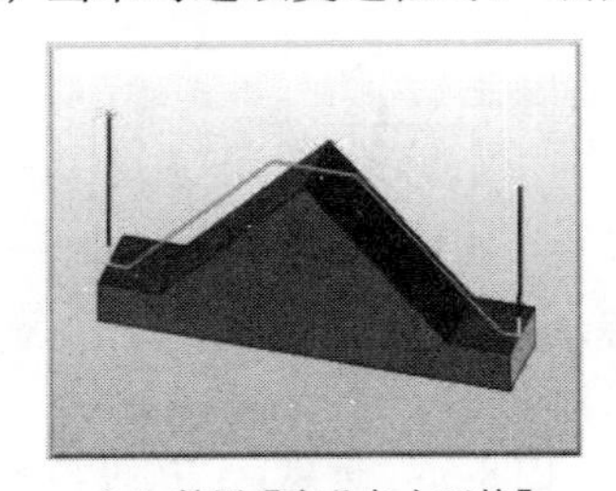
（a）禁用【在凸角上延伸】

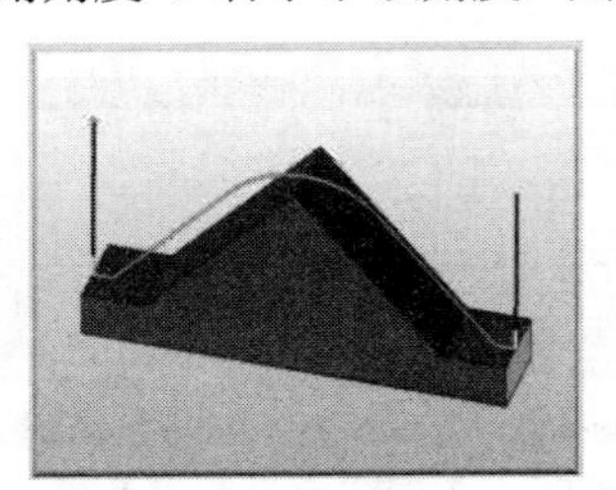
（b）使用【在凸角上延伸】

图 8-59　使用或禁用【在凸角上延伸】

② 在边上延伸

勾选【在边上延伸】复选框可以设置刀具路径在曲面边上向外延伸的距离，如图 8-60 所示，这样可以防止在曲面边界上留下余量。勾选该复选框，可以设置刀具路径向外延伸的距离，有两种方式：【刀具直径】和【指定】。其中，【刀具直径】是通过输入刀具直径的百分比值来计算向外延伸的距离；【指定】是直接在【距离】文本框中输入向外延伸的距离。

③ 在边上滚动刀具

在边上滚动刀具是一种不希望出现的情况，通常是在驱动路径超过零件几何边缘时所发生的不利情况，可能造成过切零件。所以一般情况下尽量勾选该复选框，以在边上滚动刀具。图 8-61 所示为勾选或未勾选【在边上滚动刀具】复选框的效果。

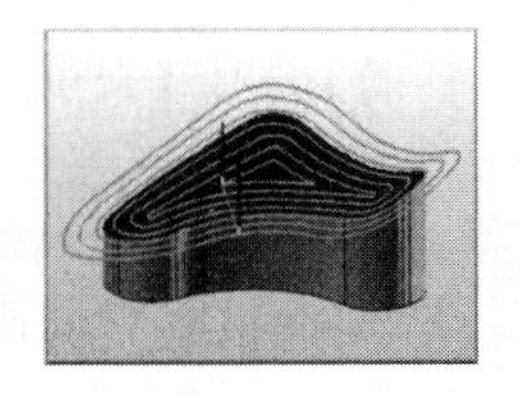

（a）勾选【在边上延伸】

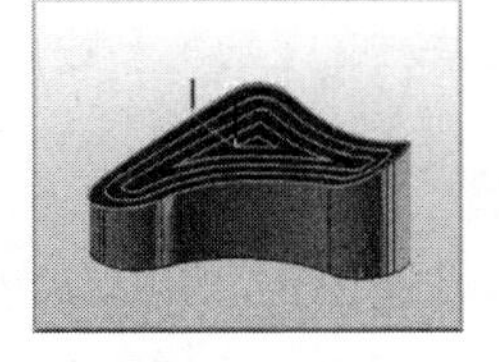

（b）未勾选【在边上延伸】

图 8-60　勾选或未勾选【在边上延伸】复选框的效果

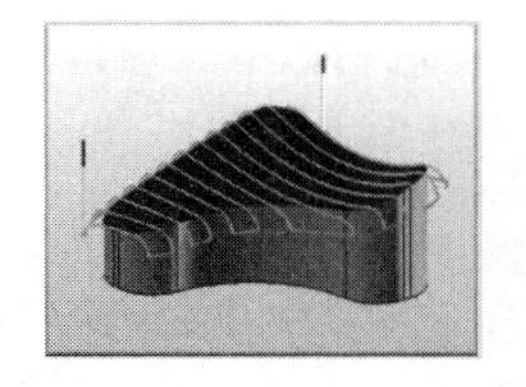

（a）勾选【在边上滚动刀具】

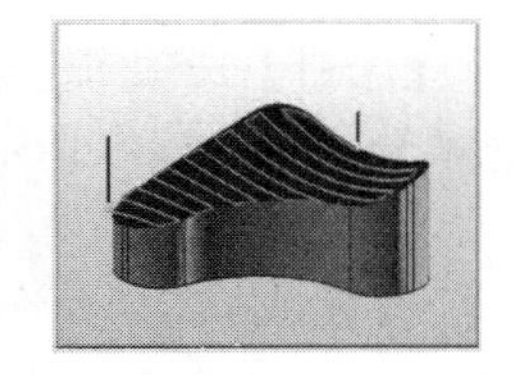

（b）未勾选【在边上滚动刀具】

图 8-61　勾选或未勾选【在边上滚动刀具】的效果

（2）【多刀路】选项卡

一般精加工操作只会在部件表面上生成一层刀具路径，但在某些粗加工后余量比较大的区域，不能通过一层切削达到要求时，可以使用多层切削（多层切削），逐层切除材料。多层切削只能在指定了零件几何时才可用。如果没有定义零件几何，则只能在驱动几何上生成一层刀具路径。在多层切削中，每层切削路径都是通过偏置零件几何表面法向接触点得到的，并不是简单地对第一层进行单方向复制。

在使用多层切削时，将忽略部件几何体表面上指定的余量，直接以零件表面进行计算。最后一层刀具路径的内/外公差使用了毛坯栏中的零件内/外公差值，其余切削层通过将最后一层到零件表面的总距离乘以 10%来计算上一（粗加工）层的内/外公差。在【切削参数】对话框中选择【多刀路】选项卡，如图 8-62 所示。

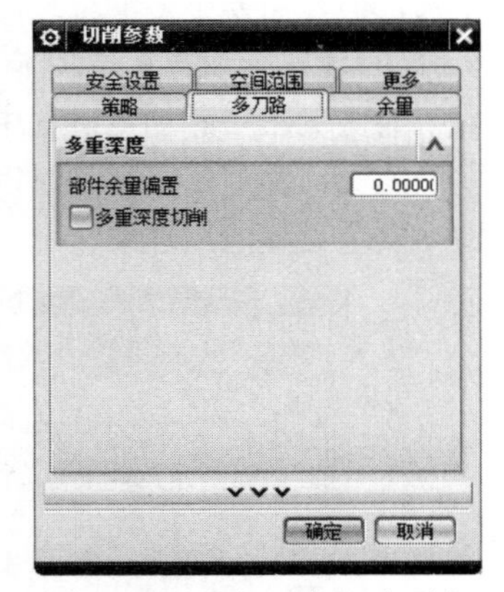

图 8-62　【多刀路】选项卡

① 部件余量偏置

【部件余量偏置】选项用于设置加工之前的余量。部件余量是在操作完成之后在零件表面上剩余的材料量，部件余量偏置是在此基础上再加上指定参数的余量值。计算公式是：加工前的余量=部件余量+部件余量偏置。因此，部件余量偏置是增加到部件余量的额外余量，此值必须大于或等于零。

② 多重深度切削

在指定了部件余量偏置后，勾选【多重深度切削】复选框，即可在零件表面上创建多层切削路径。即可在下方定义步进方式，用于设置层与层之间的距离。勾选与未勾选【多重深度切削】复选框的效果如图 8-63 所示。它有两种方式：【增量】和【刀路】。

选择【增量】选项，下面的【增量】文本框变为可用状态，可直接输入层与层之间的距离。加工前的余量除以增量值就得到切削层数；选择【刀路】选项，下面的【刀路数】文本框变为可用状态，刀路数也就是切削层数，加工前的余量除以刀路数就得到层与层之间的距离，如图 8-64

所示。

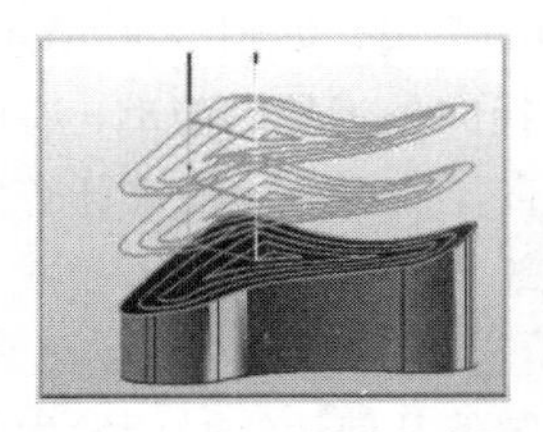

（a）勾选【多重深度切削】

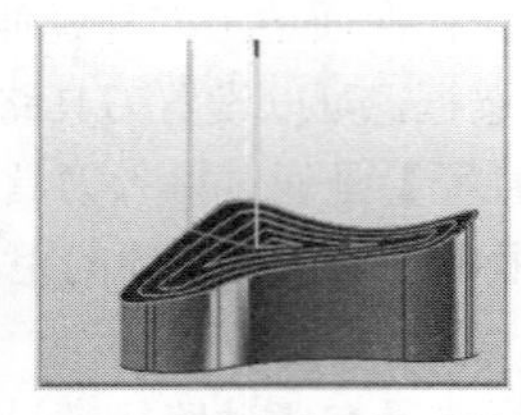

（b）勾选【多重深度切削】

图 8-63　勾选或未勾选【多重深度切削】复选框的效果

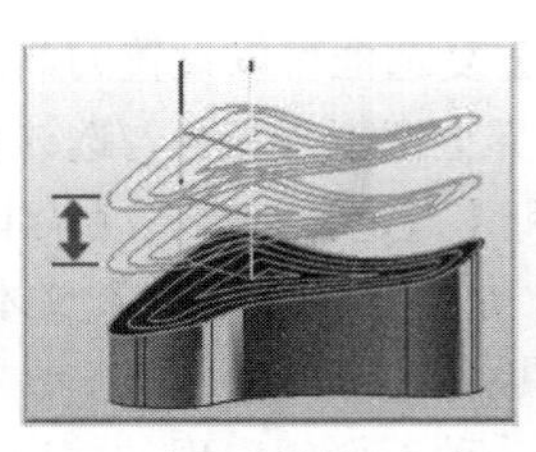

（a）启用【增量】方式

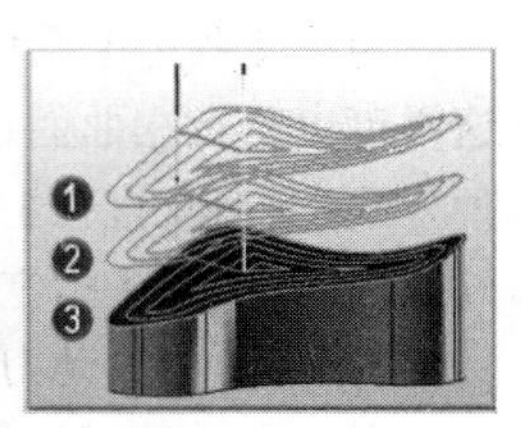

（b）启用【刀路】方式

图 8-64　指定步进方法

（3）【余量】选项卡

【余量】选项卡主要用于设置加工余量与加工公差。在【切削参数】对话框中选择【余量】选项卡，如图 8-65 所示。

① 部件余量

设置在加工后允许在零件表面上余留的材料量。该选项只对没有使用自定义余量的零件几何起作用。此参数默认继承加工方法中设置的零件余量，也可以直接手动输入参数值。手动输入参数值以后，加工方法中的零件余量与此处的部件余量就失去关联性；如果想要恢复关联性，则单击【部件余量】文本框后的按钮，选择【继承的】选项即可恢复关联性。

② 检查余量

指定包围在刀具不会过切的检查几何体周围的材料，可在【检查余量】文本框中输入检查余量的参数值进行余量定义。

③ 公差

定义刀具可以偏离实际部件表面的允许范围。值越小，切削就会越准确，就会产生更光顺的轮廓，但是需要更多的处理时间，因为这会产生更多的切削步骤。

（4）【安全设置】选项卡

为避免在实际加工过程中出现过切撞刀或损坏工件的现象，有必要定义检查安全距离和部件安全距离，并且定义过切时以警告、跳刀或退刀方式进行有效制止或避让。图 8-66 所示为显示定义安全设置的原理图。

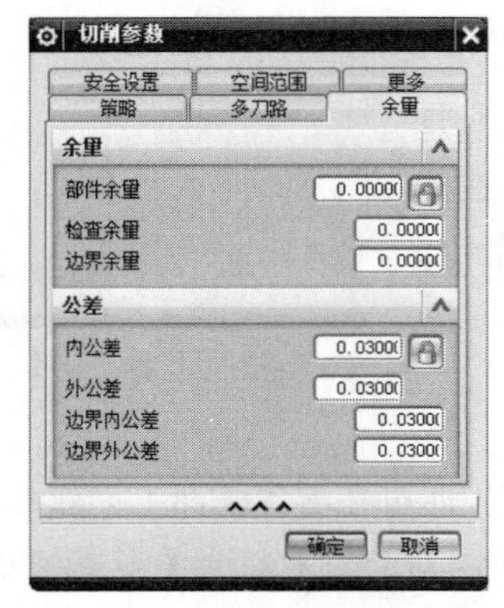

图 8-65　【余量】选项卡

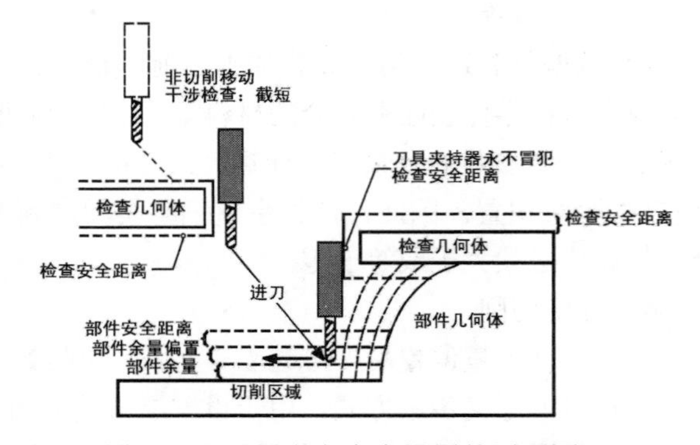

图 8-66　显示定义安全设置的原理图

【安全设置】选项卡用于设置刀具过切时系统如何响应和定义安全间隙。在【切削参数】对话框中选择【安全设置】选项卡，如图 8-67 所示。

① 过切时

刀具过切检查几何体时指定系统将如何响应，有 3 种响应方式：警告、跳过和退刀，解释如下。

● 警告：当选择【警告】选项时，系统会向刀具路径和 CLSF 文件发送一条警告消息，但它并不会改变刀具路径来避免过切检查几何体，如图 8-68 所示。

● 退刀：当选择【退刀】选项时，通过使用在非切削运动中定义的检查进刀和退刀参数使刀具避免过切检查几何体，如图 8-69 所示。

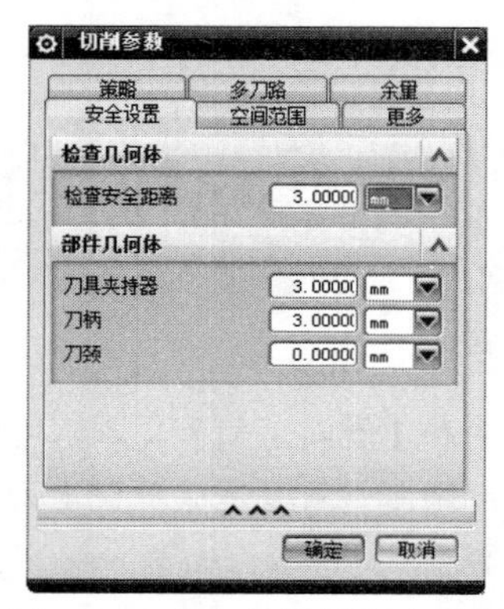

图 8-67　【安全设置】选项卡

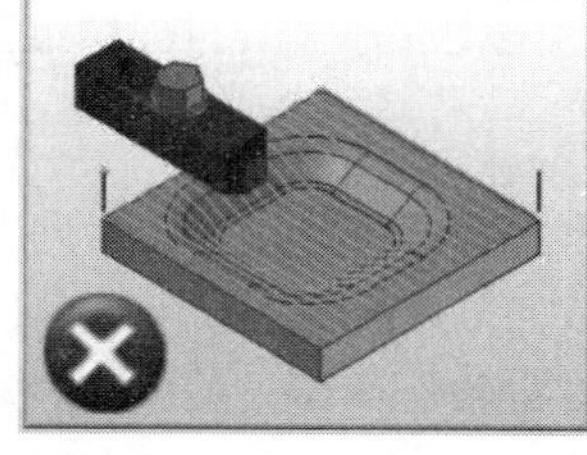

图 8-68　【过切时】-警告

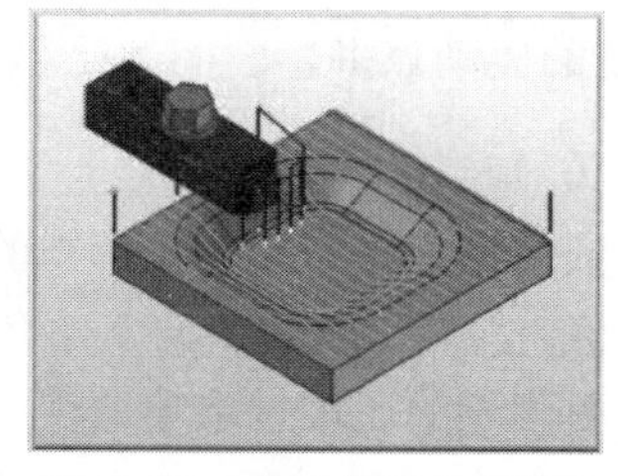

图 8-69　【过切时】-退刀

● 跳过：当选择【跳过】选项时，刀具忽略过切检查几何体的刀具位置，它产生一个直线刀具运动。该运动从过切几何体之前的最后一个刀具位置到不再过切时的第一个刀具位置，如图 8-70 所示。

② 检查安全距离

定义刀具与检查几何之间的距离，主要是为了防止刀具或刀柄与检查几何体干涉。图 8-71 所示为选择过切时跳过方式，然后指定检查安全距离参数。

（5）【更多】选项卡

【更多】选项卡用于设置切削步长及定义刀具倾斜方式。在【切削参数】对话框中选择【更多】选项卡，如图 8-72 所示。

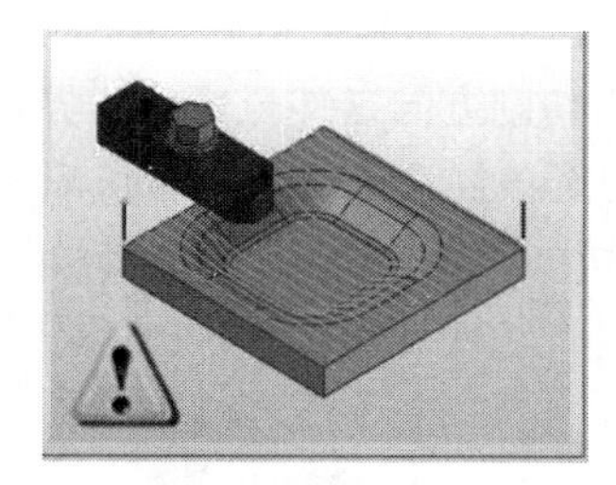

图 8-70　【过切时】-跳过

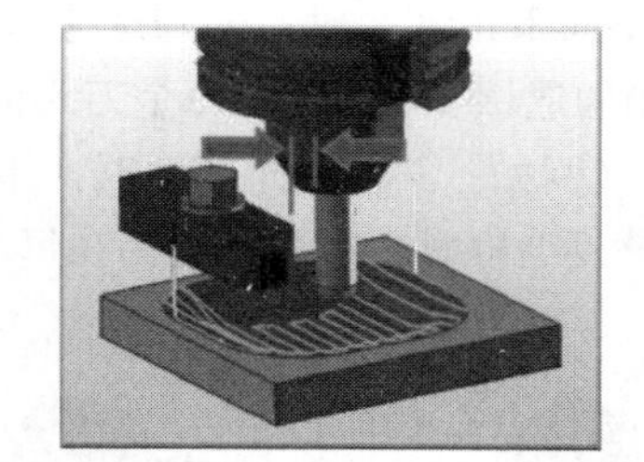

图 8-71　指定检查安全距离参数

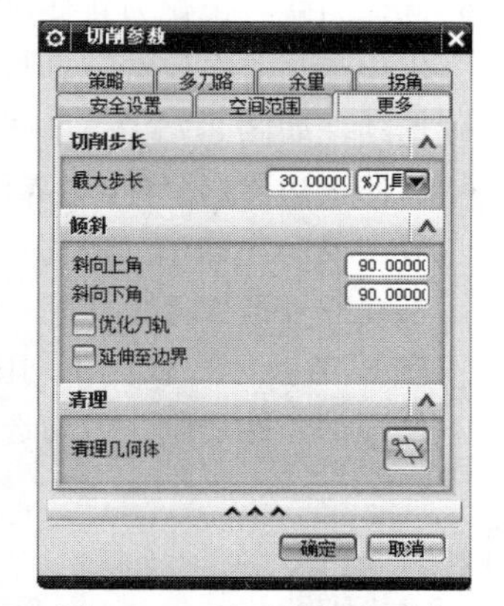

图 8-72　【更多】选项卡

① 切削步长

切削步长用于控制部件几何体上刀位点之间沿切削方向的直线距离，通过刀具百分比或指定某值来定义最大步长。步长值越小，刀具路径沿部件几何体轮廓的运动就越精确。但输入的步长值不能小于指定的零件内/外公差值。

刀具直径百分比：用刀具直径的百分比来定义切削步距，选择【%刀具】选项，即可在前方的文本框中输入百分比参数值。

指定距离：通过指定驱动点间的最大距离来定义切削步距。选择【mm】选项，直接在其文本框中输入步长值。输入的值应大于设置的零件内/外公差值。建议使用刀具直径百分比选项来定义切削步距。

注　意

> 可以通过调整切削步长来避免部件几何体表面上的小特征被忽略。因为切削步长太长，导致产生的驱动点太少，使中间的凸起特征被忽略，从而导致刀具过切部件。减少了切削步长值，产生的驱动点多，中间的凸起特征可以被识别，刀具没有过切部件。

② 倾斜

倾斜角度是专用于轮廓铣的切削参数，可分别在【斜向上角】和【斜向下角】文本框中输入参数值。斜向上角和斜向下角允许指定刀具的向上和向下角度运动限制。角度是从垂直于刀具轴的平面测量的。这些选项适用于“固定轴”操作下的所有驱动方法。

- 斜向上角：斜向上角度必须在 0°～90°之间，如果该值都为 90°，将不使用这个选项。此时刀具运动不受任何限制。图 8-73 所示为设置斜向上角度为 30°时的示意图，在斜向上角大于 30°的区域会产生未切削的材料。
- 斜向下角：斜向下角度值同样必须在 0°～90°之间，如果该值都为 90°，此时刀具运动同样不受任何限制。图 8-74 所示为设置斜向下角度为 30°时的示意图，在斜向下大于 30°的区域会产生未切削的材料。

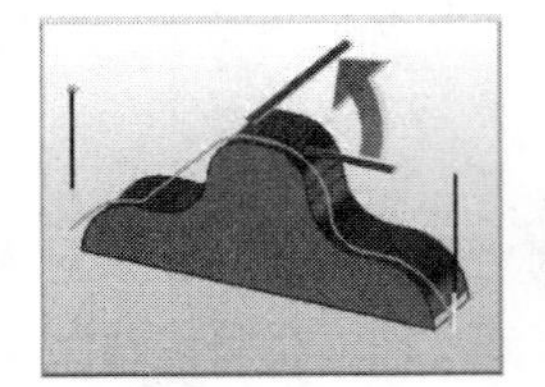

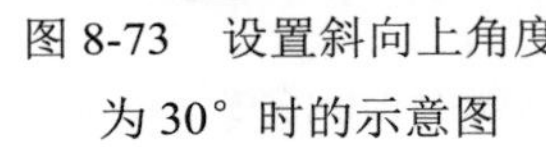

图 8-73　设置斜向上角度为 30°时的示意图

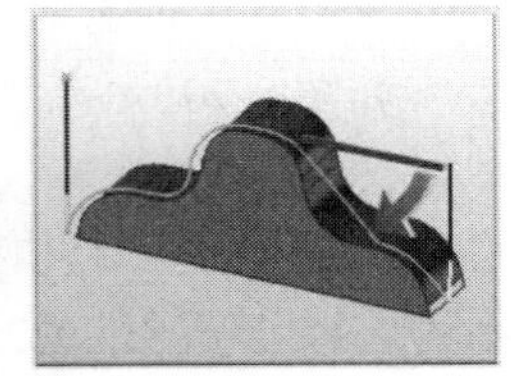

图 8-74　设置斜向下角度为 30°时的示意图

- 优化刀轨：优化刀轨使系统在将斜向上和斜向下角度与单向或往复结合使用时优化刀轨。优化意味着在保持刀具与部件尽可能接触的情况下计算刀轨，并最小化刀路之间的非切削运动，如图 8-75 所示。当启用【优化刀轨】时，【应用于步距】选项被激活。
- 延伸至边界：延伸至边界可在创建仅向上或仅向下切削时将切削刀路的末端延伸至部件边界。仅向上切削（例如：斜向下角=0）时，未勾选【延伸至边界】复选框时，每个刀路都在部件顶部停止切削；当勾选该复选框时，每个刀路都沿切削方向延伸至部件边界，如图 8-76 所示。仅向下切削（例如：斜向上角=0）时，未勾选该复选框，每个刀路都在部件顶部开始切削；当勾选该复选框时，每个刀路都在每次切削的开始处延伸至边界。

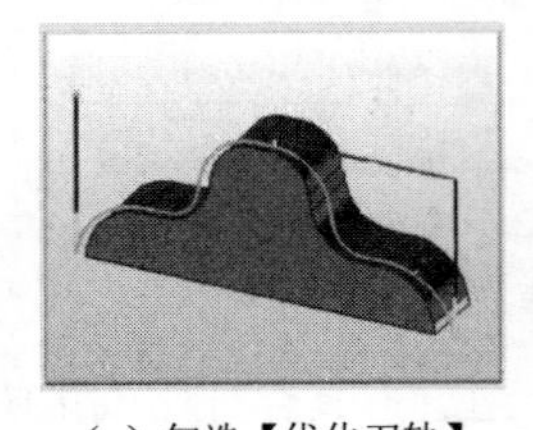

（a）勾选【优化刀轨】

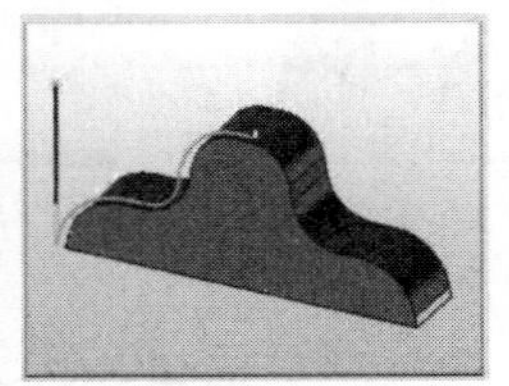

（b）未勾选【优化刀轨】

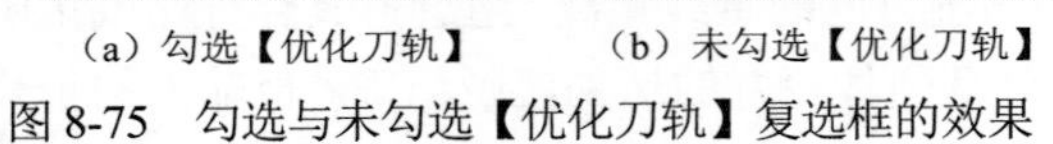

图 8-75　勾选与未勾选【优化刀轨】复选框的效果

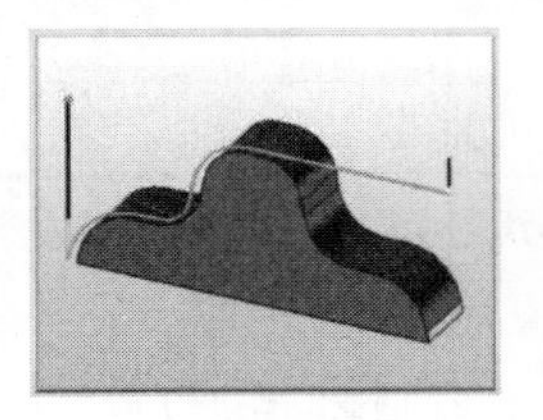

（a）勾选【延伸至边界】

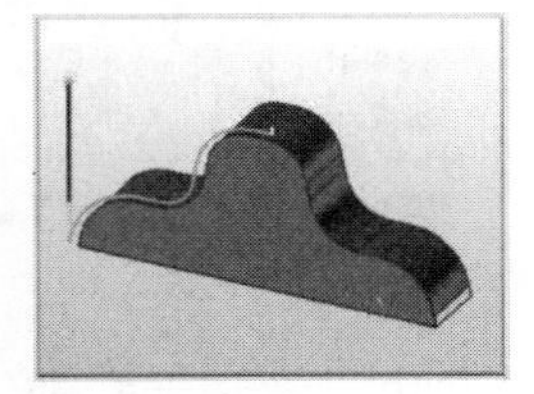

（b）未勾选【延伸至边界】

图 8-76　勾选与未勾选【延伸至边界】复选框的效果

③ 清理

【清理】面板用来定义清理几何体。单由该面板中的【清理几何体】按钮，将弹出【清理几何体】对话框，如图 8-77 所示。该对话框各项参数的设置如下。

- 凹部：凹部可创建表示未切削区域的接触条件封闭边界，它允许系统识别由双接触点导致的残余未切削材料，以及斜向上角度和斜向下角度阻碍刀具去除材料的位置所残留的未切削材料。当使用往复切削模式时，系统有时因切削方向和步距大小无法识别角和低谷，在这些情况下，另外的横向驱动可用于识别所有低谷和斜角。方法是通过创建与往复运动呈 90° 的另外的横向驱动。
- 另外的横向驱动：在边界驱动方法中使用往复切削模式。它可以为低谷生成另外的清理实体。由于步距方向而致使系统无法生成双接触点时，这个选项很有用。此选项可通过创建与切削方向呈 90° 的另外的横向驱动来使系统生成另外的双接触点。另外的横向驱动不保存为刀轨。它仅用于计算双接触点。
- 陡峭区域：陡峭区域允许系统识别超出指定陡角的部件曲面上的未切削材料。不论曲面角度在何处超出用户指定的陡峭角度，它都可创建表示未切削区域的“接触”条件封闭边界。此选项可激活【方向】、【陡角】、【陡峭重叠】和【陡峭合并】文本框。由于选择该选项，因此系统仅将平行于切削方向的部件曲面识别为可能的陡峭区域。
- 定向：当确定用于创建清理几何体的陡峭区域时，方向允许指定系统是识别所有部件曲面，还是仅识别平行于切削方向的部件曲面。当选择定向时，系统仅将平行于切削方向的曲面识别为可能的陡峭区域。当不选择定向时，系统将所有曲面识别为可能的陡峭区域。然后系统会比较所识别曲面的角度与指定的陡角，并在生成刀轨时为超出陡角的所有曲面创建清理几何体。
- 分析：此选项仅对于陡峭区域检测可用，并可排除生成刀轨的必要性，以评估清理几何体输出。单击该按钮将创建边界，并根据陡峭区域、方向和陡角设置进行评估。

清理输出控制：该选项组中的参数项根据【清理设置】选项组中的参数设置设定，只有在同时勾选【凹部】和【陡峭区域】复选框时才会显示并设置以下输出设置参数。

（6）【拐角】选项卡

【拐角】选项卡用于设置切削过程中刀具的切削加工方向改变时刀路的形式，如图 8-78 所示。尤其是在高速切削加工中，刀路方向的突然改变会引起刀具或工件、机床的振动，造成被加工工件的表面振纹严重甚至过切的现象产生，对加工十分不利，应予以优化。

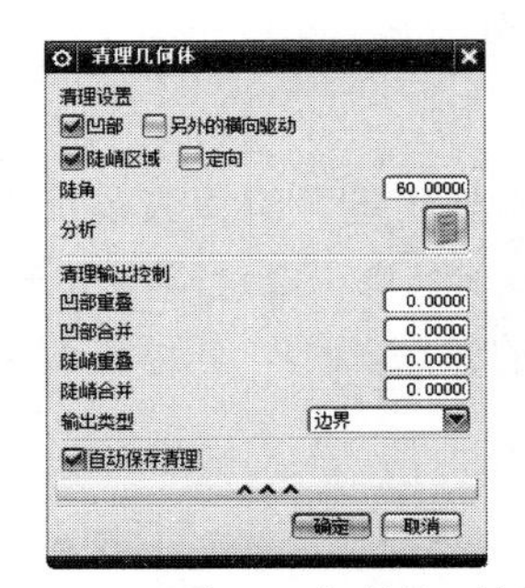

图 8-77　【清理几何体】对话框

图 8-78　【拐角】选项卡

① 拐角处的刀轨形状

在【光顺】下拉列表框中有【无】和【所有刀路】两个选项。

- 无：选择【无】选项，则在刀路的拐角处不会产生光顺的圆弧过渡，如图 8-79（a）所示。
- 所有刀路：选择【所有刀路】选项后，对话框中会显示拐角处光顺半径、位置等参数，用以对光顺度进行控制，如图 8-79（b）所示。

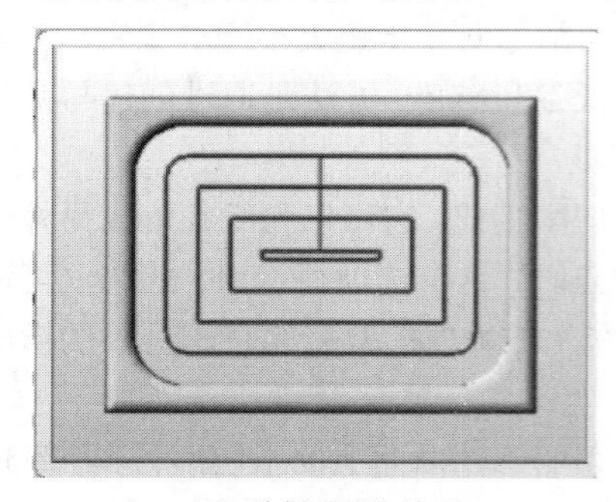

（a）选择【无】选项

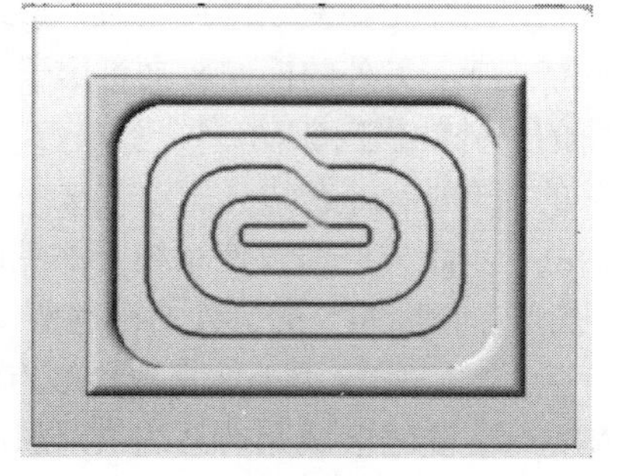

（b）选择【所有刀路】选项

图 8-79　拐角处的几何形状

② 圆弧上进给调整

在【调整进给率】下拉列表框中有【无】和【在所有圆弧上】两个选项。

- 无：选择【无】则在圆弧形状的刀路上不会出现进给率的变化。
- 在所有圆弧上：选择【在所有圆弧上】后，可设置最小、最大补偿因子，用于设置圆弧进给率的调节范围。

③ 拐角处进给减速

在【减速距离】下拉列表框中有【无】、【当前刀具】和【上一个刀具】3 个选项。

- 无：选择【无】则在拐角处不会发生进给率的自动优化。
- 当前刀具：选择【当前刀具】后，可设置拐角的识别范围，并对减速的百分比进行设置，这样在后处理的时候可实现拐角处速度的降低。
- 上一个刀具：选择【上一个刀具】后，将根据上一步的刀具几何参数进行加/减速的实现。

2．非切削运动

非切削运动主要是设置进刀/退刀的方式、抬刀、避让等，它在切削过程中起着辅助切削的作用。往往零件产生过切主要是因为它的设置不恰当造成的。固定轴曲面铣的【非切削移动】对话框如图 8-80 所示，包括【进刀】、【退刀】、【转移/快速】、【光顺】、【避让】和【更多】6 个选项卡。其中大部分的参数在前几章内容中已经提及并且可以使用默认设置，每个选项都带有图解示例，请同时参照前几章的介绍进行学习。

3．进给率和速度

在零件加工的过程中，既需要提高效率，又要保障加工质量。编程人员就要恰当设置机床的切削速度和进给率等。单击【进给率和速度】按钮，将弹出【进给率和速度】对话框，如图 8-81 所示，与平面铣的【进给率和速度】对话框中的参数相同，具体设置方法请参考前文，这里不再赘述。

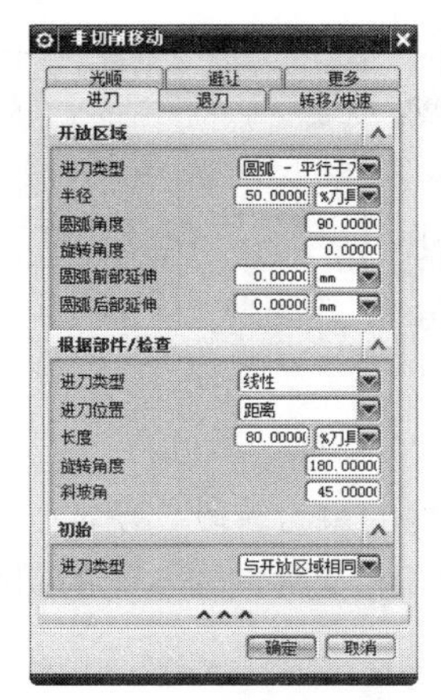

图 8-80　【非切削移动】对话框

图 8-81　【进给率和速度】对话框

8.6　固定轴曲面铣工序

模具由于通常具有复杂的曲面形状，传统机械加工很难加工出令人满意的形状、尺寸精度，所以绝大多数凸、凹核心模具是通过数控机床加工的。

8.7　清根加工

清根加工是刀具沿面之间凹角运动的曲面加工类型，主要针对大的刀具不能进入的部位进行残料加工。因此清根加工的刀具直径小，且使用在精加工之后。

8.7.1　清根加工类型

清根加工的子类型一共有 3 种，包括单路径清根、路径清根和清根参考刀具，具体说明参照表 8-1。

8.7.2　创建清根操作

清根操作中，几何体的指定和深度加工操作完全相同，无须指定毛坯几何体，程序默认将部件几何体指定为毛坯。

在【创建工序】对话框的【工序子类型】选项区中选择"FLOWCUT_SINGLE"类型，再单击【确定】按钮，将弹出【单刀路清根】对话框，如图 8-82 所示。下面仅将清根操作的特有选项进行讲解，其余通用选项可以参考本章前面所讲内容。

图 8-82　【单刀路清根】对话框

8.7.3　清根驱动几何体

在【单刀路清根】对话框中，【驱动几何体】选项区用于设置驱动参数，如"最大凹度""最小切削长度"和"连接距离"，如图 8-83 所示。

1. 最大凹度

使用"最大凹度"可以帮助编程人员确定要切削哪些尖角和陡峭谷。在生成切削运动的过程中，两个部件表面必须形成一个相对角，此角介于 0° ～180° ，但是这两个曲面不必相邻。此相对角被称为“凹角”，它由两个矢量定义，每个矢量均通过一个“接触到”，并且和一个部件表面相切。

只有在凹角小于指定的“最大凹度”的位置处才可以创建刀轨。如果凹角太宽或者超出指定的“最大凹度”角度，则不会创建切削运动。

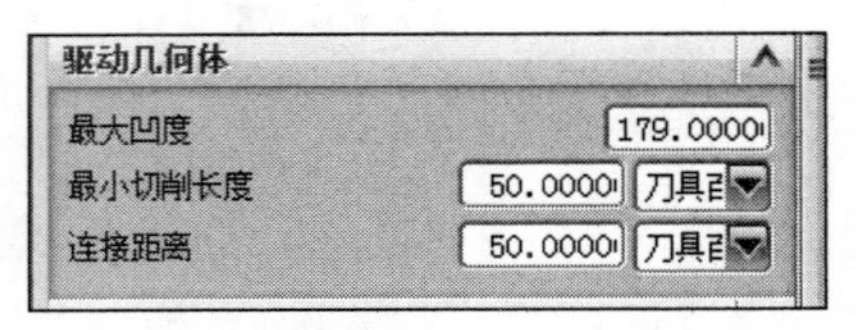

图 8-83 【驱动几何体】选项区域

2. 最小切削长度

“最小切削长度”能够除去可能发生在部件的隔离区内的短刀轨段。设定一个值，程序则不会生成小于此值的切削运动。例如，要除去可能发生的圆角相交处的非常短的切削运动时，此选项尤其有用。

3. 连接距离

“连接距离”能够通过连接不连贯的切削运动，来除去刀轨中小而不连续的或不需要的缝隙。这些不连续缝隙出现在从部件表面退刀的位置，有时也可以由曲面之间的缝隙或超出指定的“最大凹度”的凹角变化引起。

8.7.4 陡峭

【参考刀具】选项区和【陡峭切削】选项区都可以用于设置陡峭切削方式,【陡峭】选项区用于设置陡峭角度,“陡角”值允许的范围是 0° ～90° ，如图 8-84 所示。

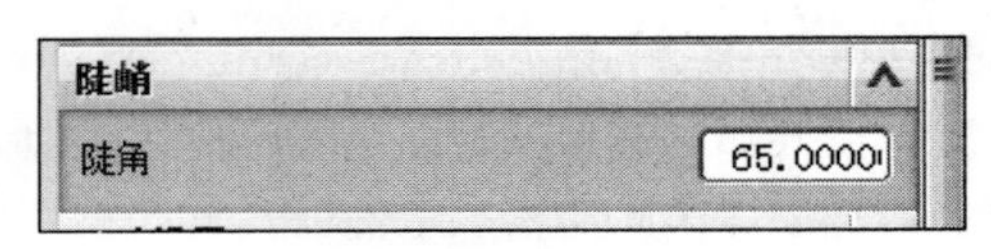

图 8-84 【陡峭】选项区

8.7.5 驱动设置

【驱动设置】选项区用于设置非陡峭的切削模式，包括“无”和“单向”两个模式，切削模式定义刀具从一个刀路移动到下一个切削刀路的方式。

8.7.6 实例——驱动铣削加工

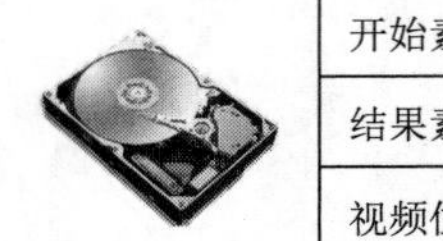	开始素材	Prt_start\chapter 8\8.7.6.prt
	结果素材	Prt _result\chapter 8\8.7.6.prt
	视频位置	Movie\chapter 8\8.7.6.avi

本实例运用“清根”驱动铣削加工的方式对加工模型的拐角进行清角精加工。清根驱动加工模型如图 8-85 所示。在清根加工之前分别进行了型腔铣、边界驱动加工和区域铣削加工，此处对这三种加工不做讲解，具体内容可参考相关视频。“清根”加工步骤如下：

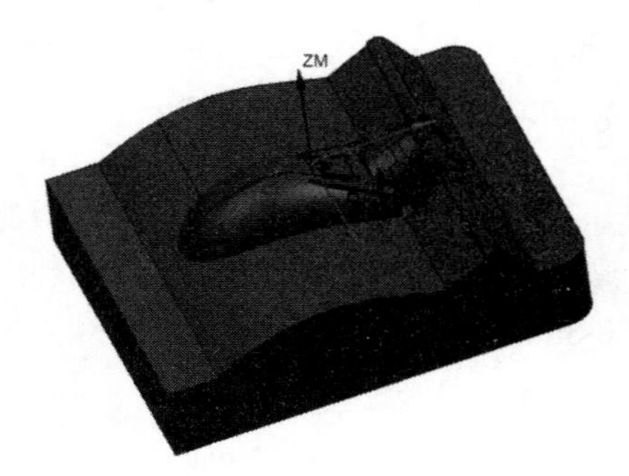

图 8-85 加工模型

步骤 01 启动 UG NX 10.0 软件，单击【打开文件】按钮，在弹出的对话框中选择本书配套资源文件 8.7.6.prt，单击【确定】按钮打开该文件。

步骤 02 复制并粘贴程序“FIXED_CONTOUR2”，重命

名为 FINISH_CORNER3。

步骤 03 然后双击 FINISH_CORNER3 程序，在弹出的对话框中选择新刀具，刀具名称为 D12，并选择驱动方式为【清根】，按照图 8-86 所示设置相关参数。

步骤 04 接着在【驱动方法】面板中单击【编辑】按钮，在弹出的【清根驱动方法】对话框中设置相关参数，如图 8-87 所示。

步骤 05 单击【指定切削区域】按钮，在弹出的【切削区域】对话框中选择【全重选】选项，将已有的边界移除，然后在【操作】面板中单击【生成】按钮，系统将自动生成加工刀具路径，效果如图 8-88 所示。

图 8-86　清根参数设置

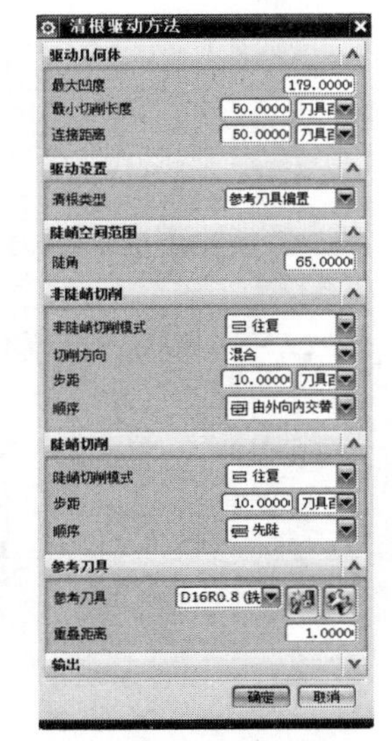

图 8-87　驱动方法参数设置

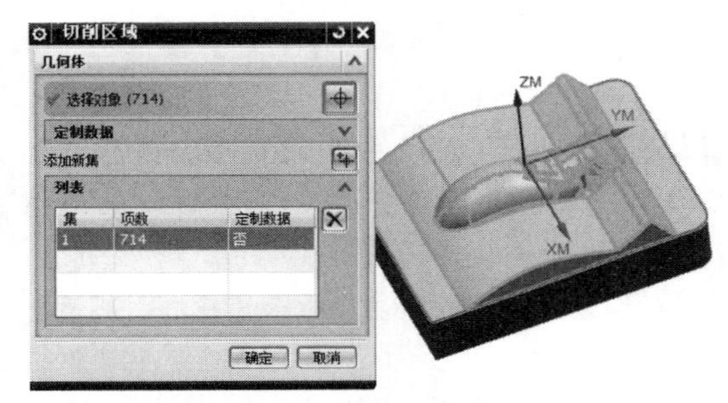

图 8-88　切削区域的设置

步骤 06 单击【指定修剪边界】按钮，在弹出的【切修剪边界】对话框中按照图 8-89 所示的面选择。

步骤 07 单击该面板中的【确认刀轨】按钮，效果如图 8-90 所示，最后单击【保存】按钮保存文件。

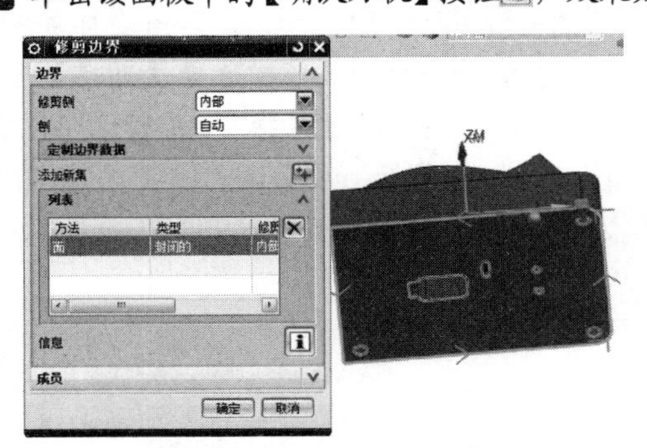

图 8-89　修剪边界的选择

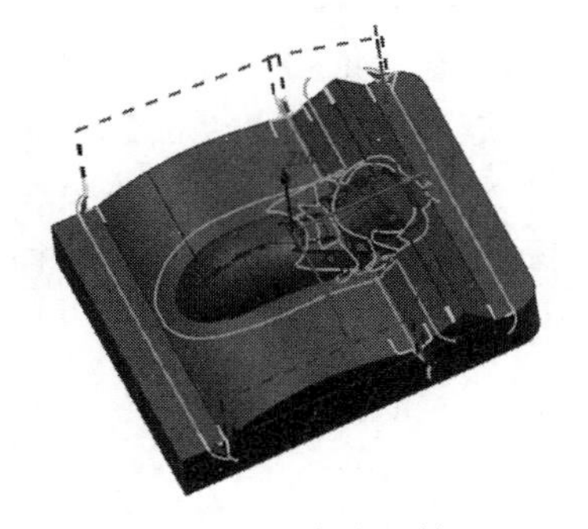

图 8-90　生成刀轨

8.8　典型应用

8.8.1　模具凸模加工

1．加工工艺分析

区域铣削驱动方法是固定轴曲面轮廓铣中常用到的驱动方式，其特点是驱动几何体由切削区域产生，并且可以指定陡峭角度等多种不同的驱动设置，应用十分广泛。下面以图 8-91 所示的模型为例，讲解创建固定轴曲面轮廓铣削的一般步骤。

打开 UG NX 10.0 软件，按照下面的“开始素材”路径找到本例名为 8.8.1.prt 的文件，按照下面的讲解进行该例加工程序的编制。也可根据与该例对应的视频进行学习。

图 8-91　加工模型

	开始素材	Prt_start\chapter 8\8.8.1.prt
	结果素材	Prt _result\chapter 8\8.8.1.prt
	视频位置	Movie\chapter 8\8.8.1.avi

2．公共项目设置

步骤 01 启动 UG NX 10.0 软件，单击【打开文件】按钮，在打开的对话框中选择本书配套资源文件 8.8.1.prt，单击【确定】按钮打开该文件。

步骤 02 依次选择【文件】|【应用模块】|【加工】命令，进入加工环境，或者通过快捷键【Ctrl+Alt+M】快速进入加工环境。

步骤 03 在弹出的图 8-92 所示的【加工环境】对话框中选择铣削加工，单击【确定】按钮进入铣削加工环境。双击工序导航器下的 WORKPIECE 图标，然后在图 8-95 所示的对话框中单击【指定部件】按钮，并在新弹出的对话框中选择图 8-96 所示的模型为几何体。

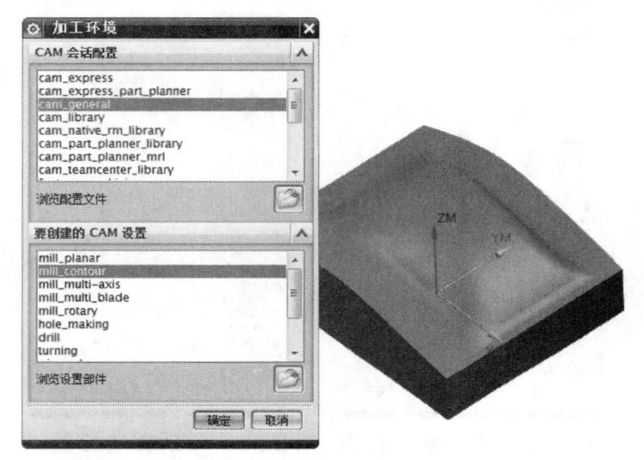

图 8-92　加工模型

步骤 04 将视图调至【几何视图】，双击工序导航器中的坐标系设置按钮，弹出坐标系设置对话框，单击【指定 MCS】按钮，在弹出的对话框【类型】的下拉列表框中选择【动态】选项。在操控器选项区单击【指定方位】按钮，弹出【点】对话框中，参考选择“WCS”，ZC 的值为“80.0”，然后依次单击【指定】按钮，具体参数如图 8-93 所示。安全设置选项选择“刨”，在弹出的对话框的【类型】下拉列表框中选择【XC-YC 平面】选项，距离为“90”，如图 8-94 所示。

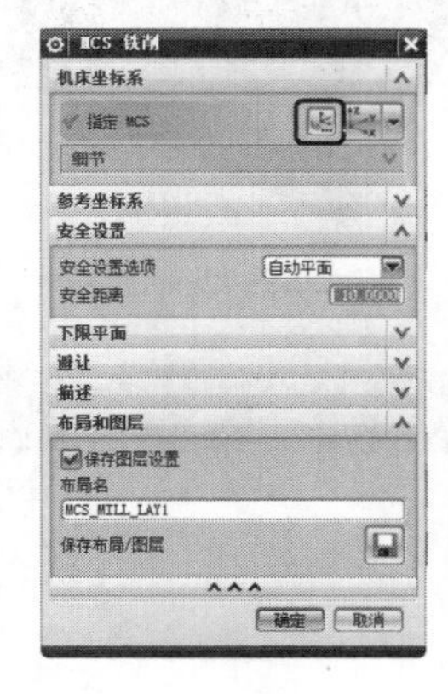

图 8-93　坐标系参数设置

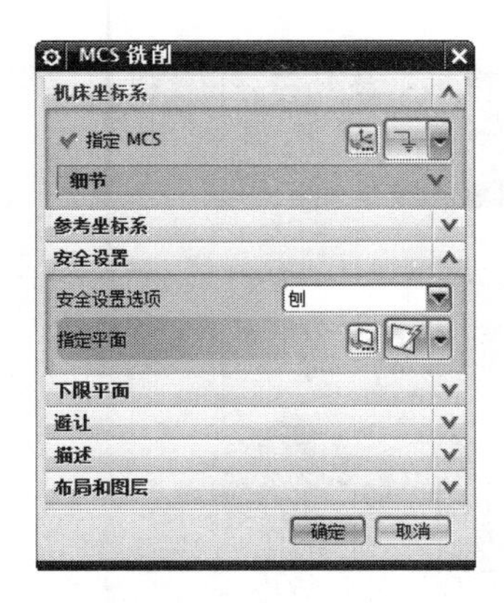

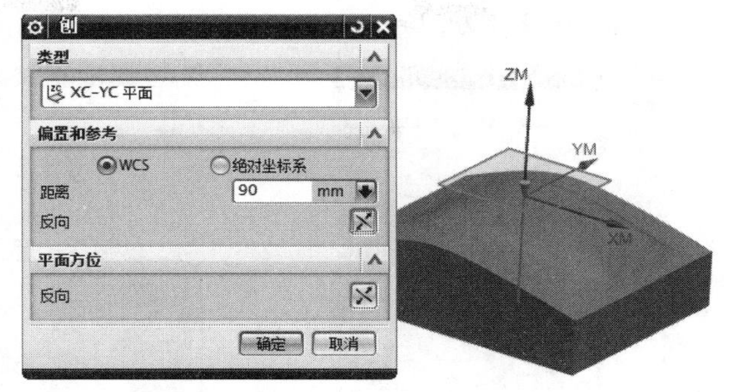

图 8-94　安全平面的设置

步骤 05 双击工序导航器下的 WORKPIECE 图标，在图 8-95 所示的对话框中单击【指定部件】按钮 ，并在新弹出的对话框中选择图 8-96 所示的模型为几何体。

图 8-95　【工件】对话框

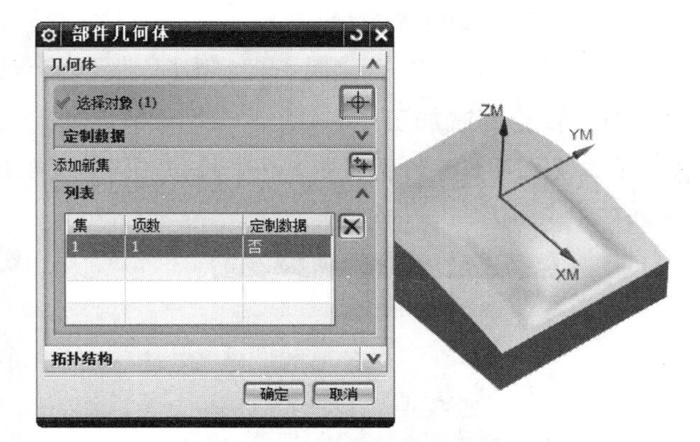

图 8-96　指定部件几何体

步骤 06 选择部件几何体后返回【工件】对话框。此时单击【指定毛坯】按钮，在弹出的对话框中选择【部件的偏置】，偏置值设置为“0.5”，依次单击【确定】按钮，如图 8-97 所示。

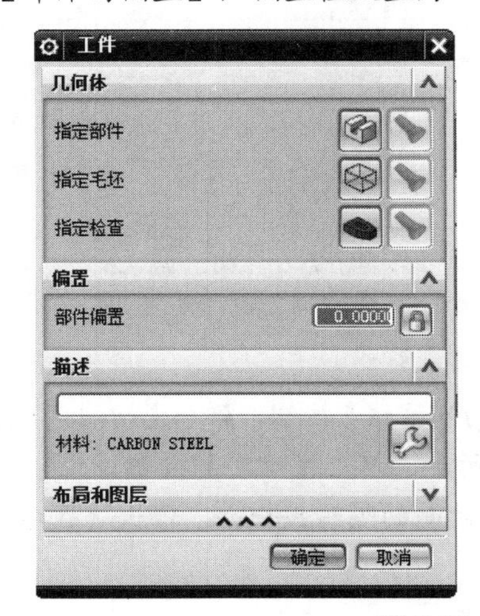

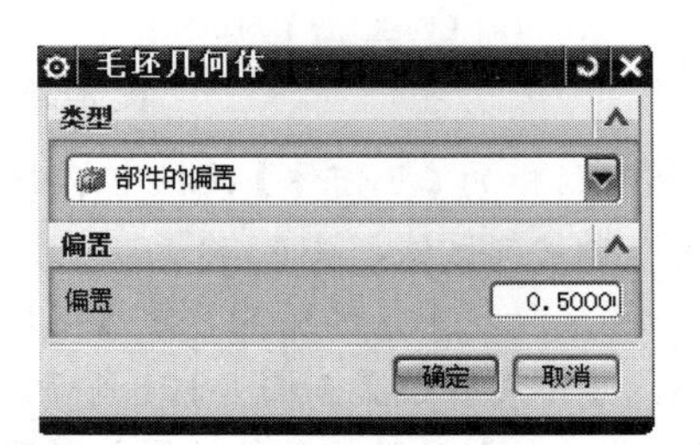

图 8-97　指定毛坯几何体

步骤 07 在【导航器】工具栏中单击【机床视图】按钮，切换导航器中的视图模式。然后在【创建】工具栏中单击【创建刀具】按钮，弹出【创建刀具】对话框。按照图 8-98 所示的步骤新建名称为 T1_B6 的球头刀，并按照实际设置刀具参数。

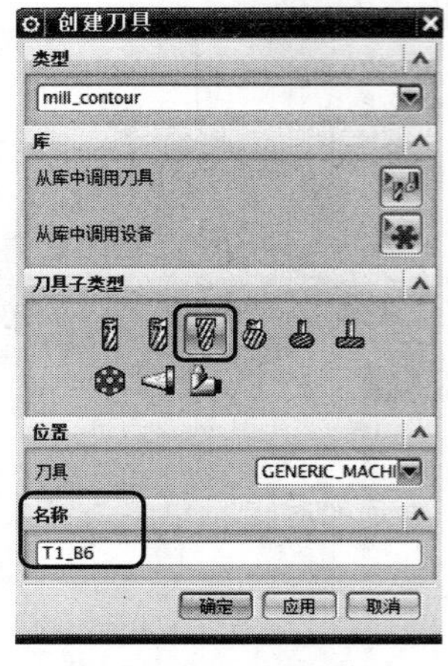

(a)【创建刀具】对话框

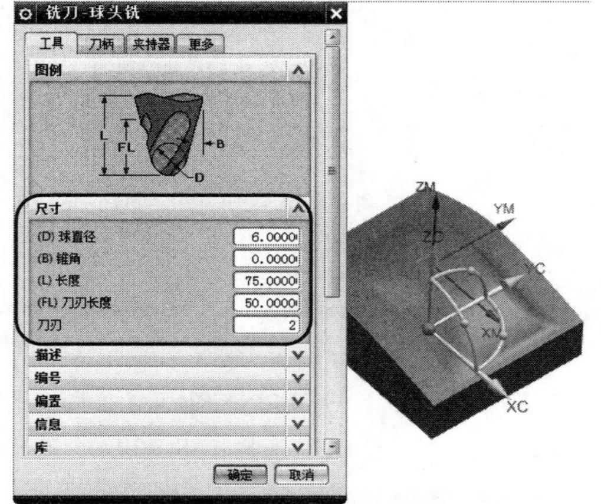

(b) 参数设置对话框

图 8-98　创建名为 T1_B6 的球头刀

3. 固定轴轮廓铣加工

步骤 01 单击【主页】下的【创建工序】按钮，弹出【创建工序】对话框，再按照图 8-99 所示的步骤设置加工参数。

(a)【创建工序】对话框

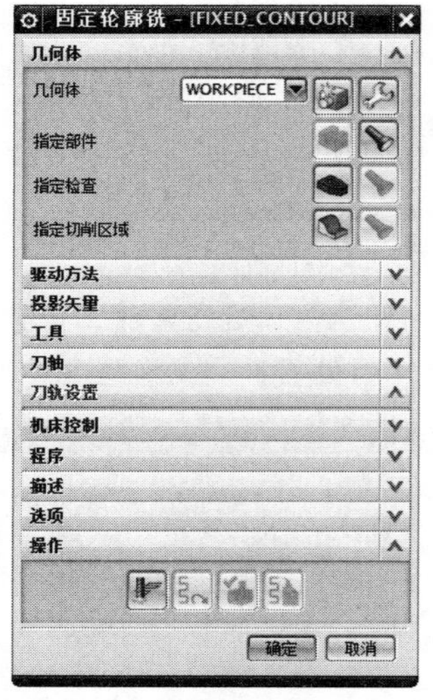

(b)【固定轮廓铣】对话框

图 8-99　设置加工参数

步骤 02 在该对话框的【几何体】面板中单击【指定切削区域】按钮，弹出【切削区域】对话框，用相切面去选择切削区域，共 15 个面，如图 8-100 所示，单击【确定】按钮。

步骤 03 单击固定轴轮廓铣的驱动方法【区域铣削】后面的编辑按钮，弹出【区域铣削驱动方法】对话框，具体参数设置如图 8-101 所示。

步骤 04 【切削参数】对话框参数设置如图 8-102 所示。

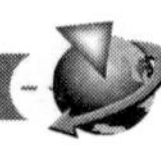

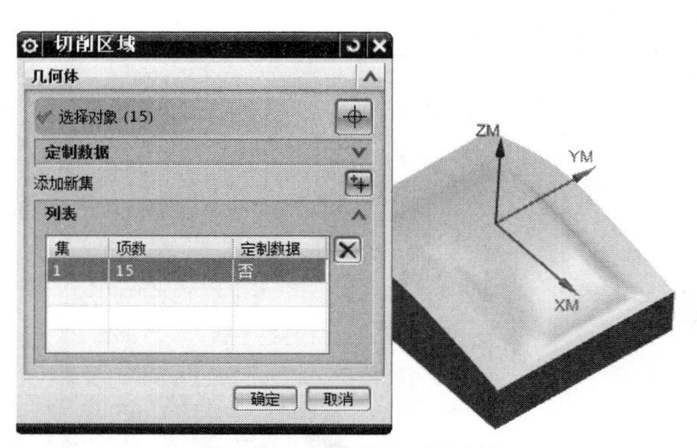

图 8-100 指定切削区域

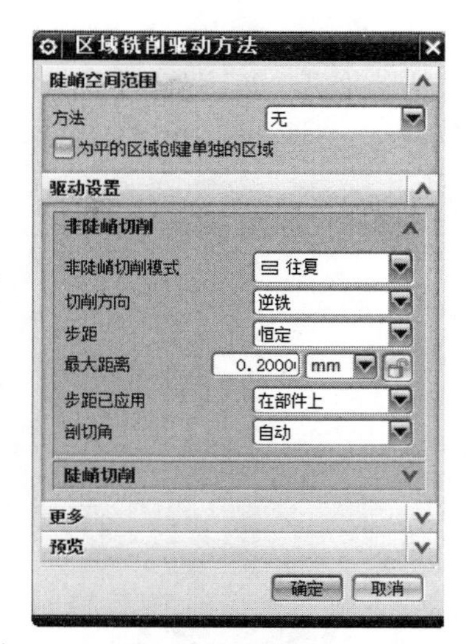

图 8-101 【区域铣削驱动方法】的设置

步骤 05 【进给率和速度】对话框参数设置如图 8-103 所示。

（a）【策略】 （b）【余量】

图 8-102 【切削参数】设置

图 8-103 【进给率和速度】的参数设置

步骤 06 在【操作】面板中单击【生成】按钮，系统将自动生成加工刀具路径，效果如图 8-104 所示。

步骤 07 单击该面板中的【确认刀轨】按钮，在弹出的【刀轨可视化】对话框中展开【2D 动态】选项卡，单击【选项】按钮。再单击【播放】按钮，系统将以实体的方式进行切削仿真，效果如图 8-105 所示。

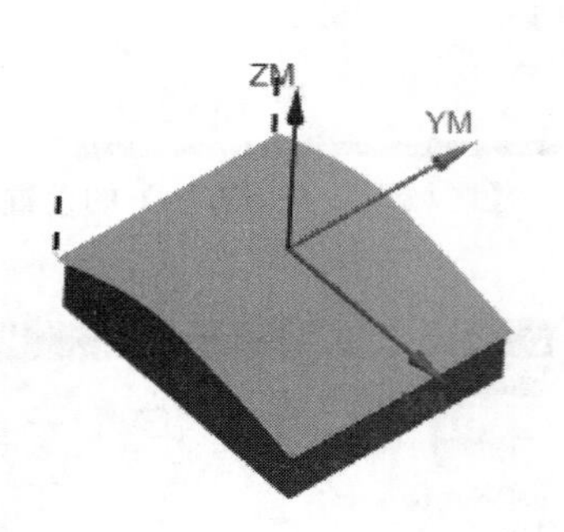

图 8-104　生成刀轨

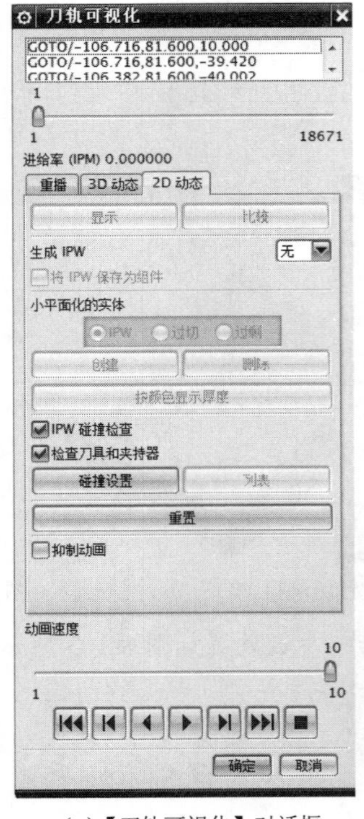

（a）【刀轨可视化】对话框

（b）实体切削仿真

图 8-105　刀轨可视化仿真

8.8.2　流线驱动铣削加工

打开 UG NX 10.0 软件，按照下面的“开始素材”路径找到本例名为 8.8.2.prt 的文件，按照下面的讲解进行该例加工程序的编制。也可根据与该例对应的视频进行学习。

	开始素材	Prt_start\chapter 8\8.8.2.prt
	结果素材	Prt _result\chapter 8\8.8.2.prt
	视频位置	Movie\chapter 8\8.8.2.avi

1. 加工工艺分析

流线驱动铣削也是一种曲面轮廓铣。创建工序时，需要指定流曲线和交叉曲线来形成网格驱动。加工时刀具沿着曲面的 U-V 方向或是曲面的网格方向进行加工，其中流曲线确定刀具的单个行走路径，交叉曲线确定刀具的行走范围。下面以图 8-106 所示的模型为例，讲解创建流线驱动铣削的一般步骤。

2. 公共项目设置

步骤 01 启动 UG NX 10.0 软件，单击【打开文件】按钮，在弹出的对话框中选择本书配套资源文件 6.8.2.prt，单击【确定】按钮打开该文件，进入加工环境。

步骤 02 双击工序导航器下的 WORKPIECE 图标，在图 8-107 所示的对话框中单击【指定部件】按钮，并在新弹出的对话框中选择图 8-108 所示的模型为几何体。

步骤 03 选择部件几何体后返回【工件】对话框。此时单击【指定毛坯】按钮，在弹出的对话框中选择“实体 2”选项并单击【确定】按钮，如图 8-109 所示。

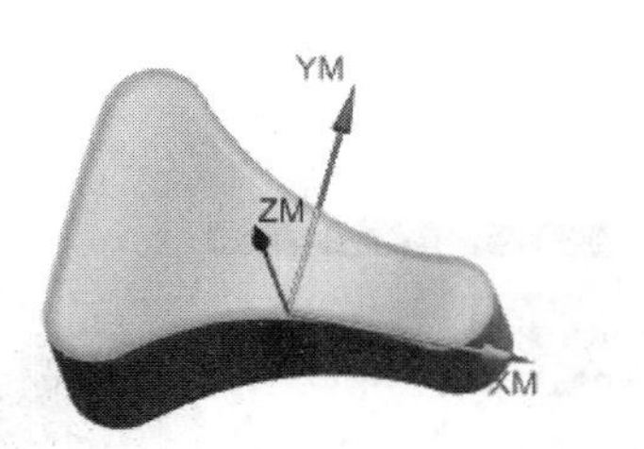

图 8-106　模型

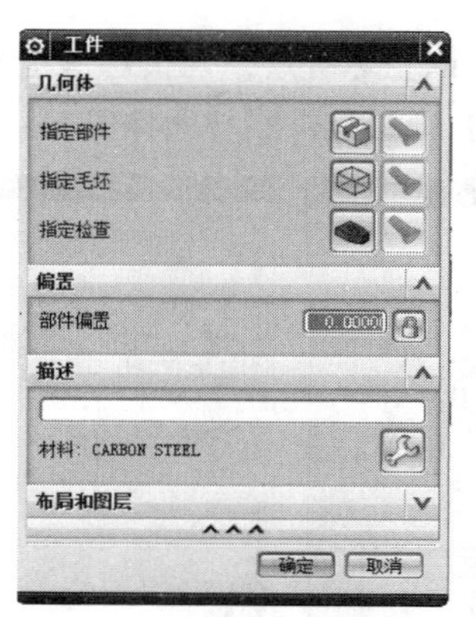

图 8-107　【工件】对话框

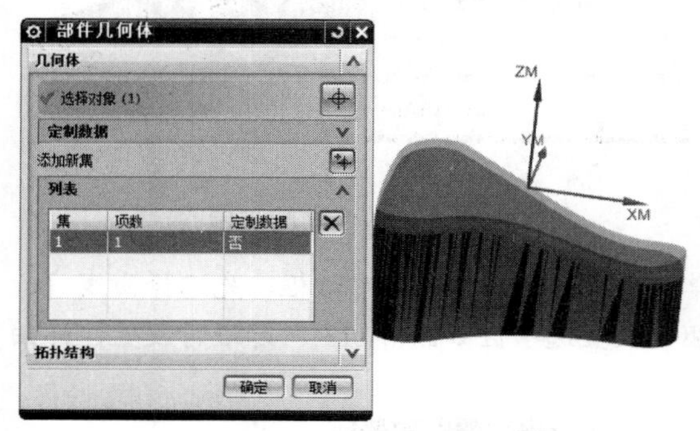

图 8-108　指定部件几何体

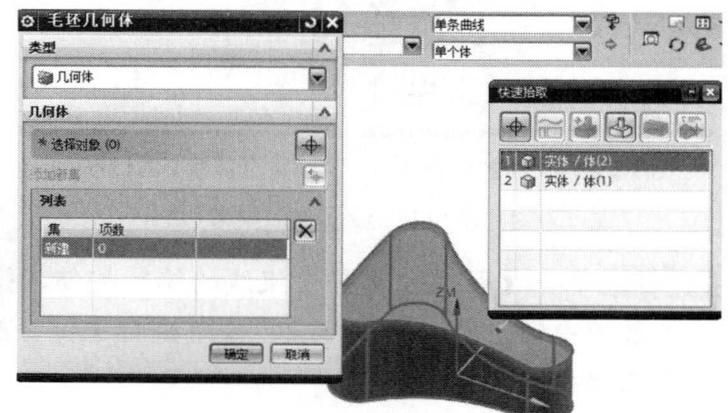

图 8-109　指定毛坯几何体

步骤 04 在【导航器】工具栏中单击【机床视图】按钮，切换导航器中的视图模式。然后在【创建】工具栏中单击【创建刀具】按钮，弹出【创建刀具】对话框。按照图 8-110 所示的步骤新建名称为 T1_B8 的球头刀，并按照实际设置刀具参数。

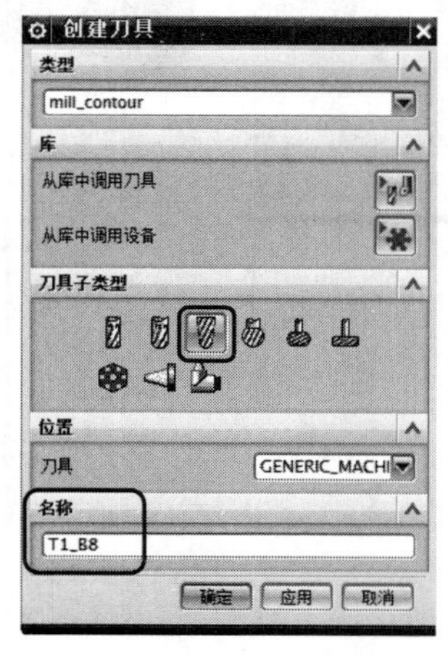

（a）【创建刀具】对话框

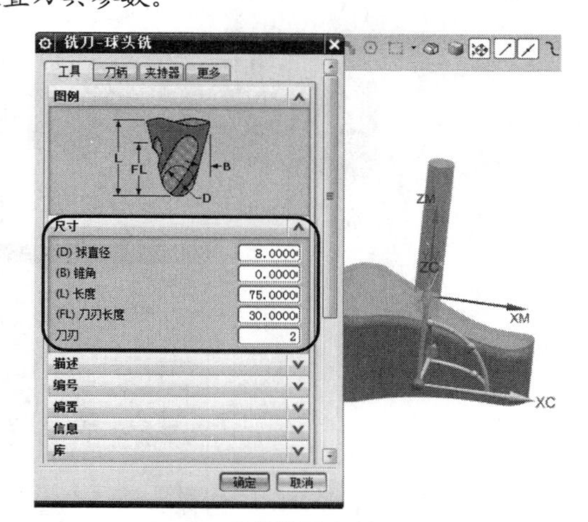

（b）参数设置对话框

图 8-110　创建名为 T1_B8 的球头刀

3．流线驱动铣削精加工

步骤 01 单击【主页】下的【创建工序】按钮，弹出【创建工序】对话框，再按照图 8-111 所示的步骤设置加工参数。

步骤 02 设置完以上参数后，在该对话框的【几何体】面板中单击【指定切削区域】按钮，弹出【切削区域】对话框，然后选择图 8-112 所示的面为切削区域，单击【确定】按钮。

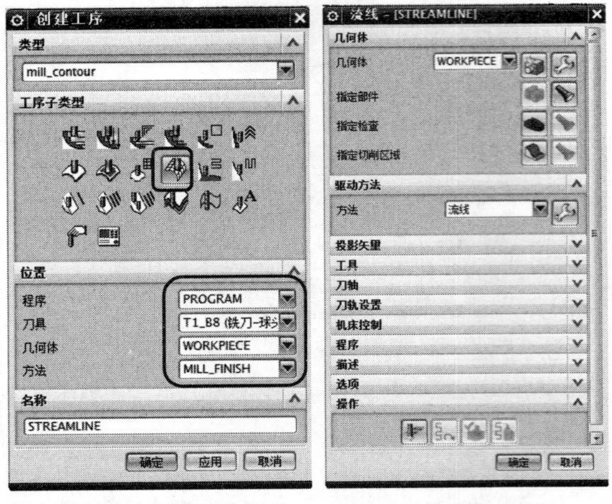

(a)【创建工序】对话框　　(b)【流线】对话框

图 8-111　设置加工参数

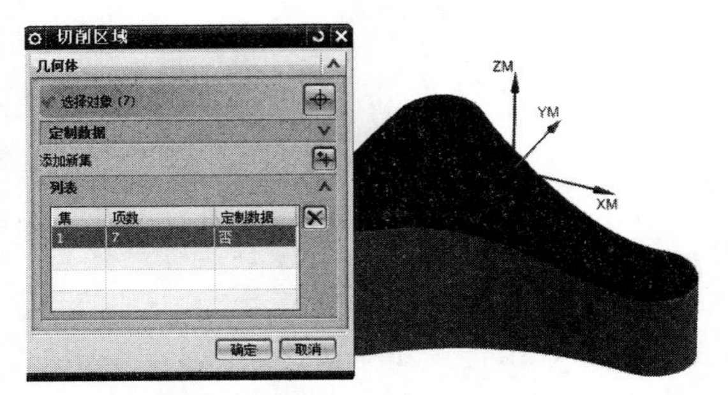

图 8-112　指定切削区域

步骤 03 单击【驱动方法】中流线的编辑按钮，弹出【流线驱动方法】对话框，先选择曲线 1，按下鼠标中键，再选择曲线 2，按下鼠标中键，驱动设置选项区如图 8-113 所示进行设置，详细可参照相关视频。

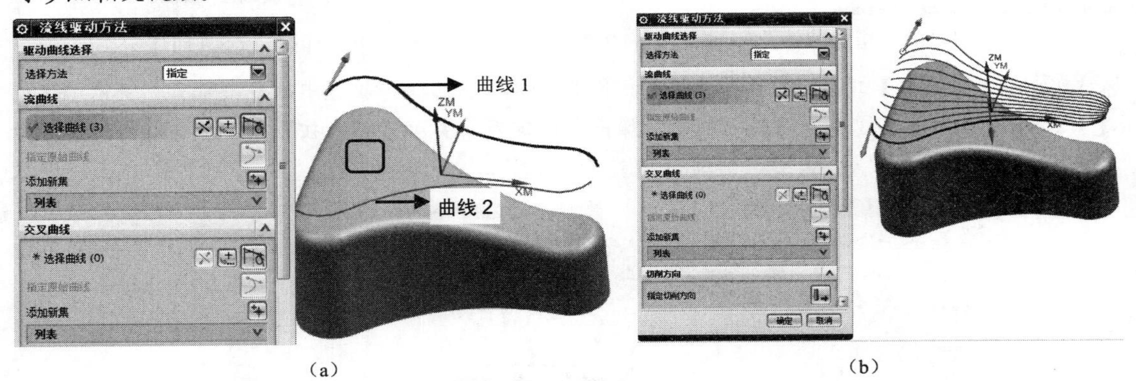

(a)　　(b)

(c)

图 8-113　【流线驱动】的设置

步骤 04 【切削参数】对话框参数设置如图 8-114 所示。

步骤 05 【非切削移动】对话框参数设置如图 8-115 所示。

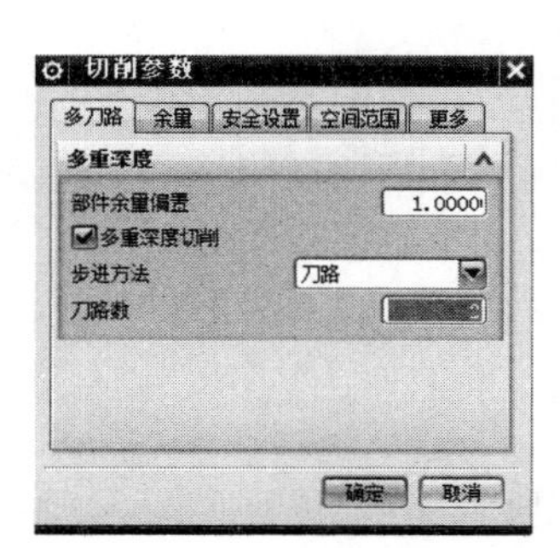

图 8-114　【切削参数】设置

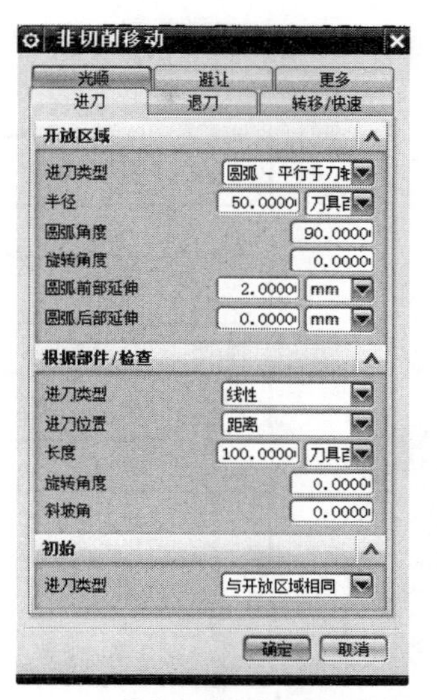

图 8-115　【非切削移动】参数设置

步骤 06 【进给率和速度】的参数设置如图 8-116 所示。

步骤 07 在【操作】面板中单击【生成】按钮，系统将自动生成加工刀具路径，效果如图 8-117 所示。

图 8-116　【进给率和速度】的设置

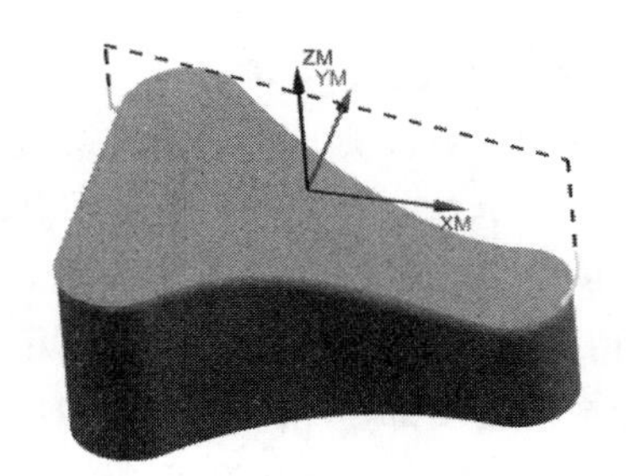

图 8-117　生成刀轨

8.8.3　旋钮加工

1. 加工工艺分析

本实例讲述的是旋钮凹模加工工艺，粗加工，大量地去除毛坯材料；半精加工，留有一定余量的加工，同时为精加工做好准备；精加工，把毛坯件加工成目标件的最后步骤，也是关键的一步，其加工结果直接影响模具的加工质量和加工精度，所以在本例中我们对精加工的要求很高。下面结合加工的各种方法来加工一个旋钮凹模，其模型如图 8-118 所示，加工工艺路线如图 8-119 所示。

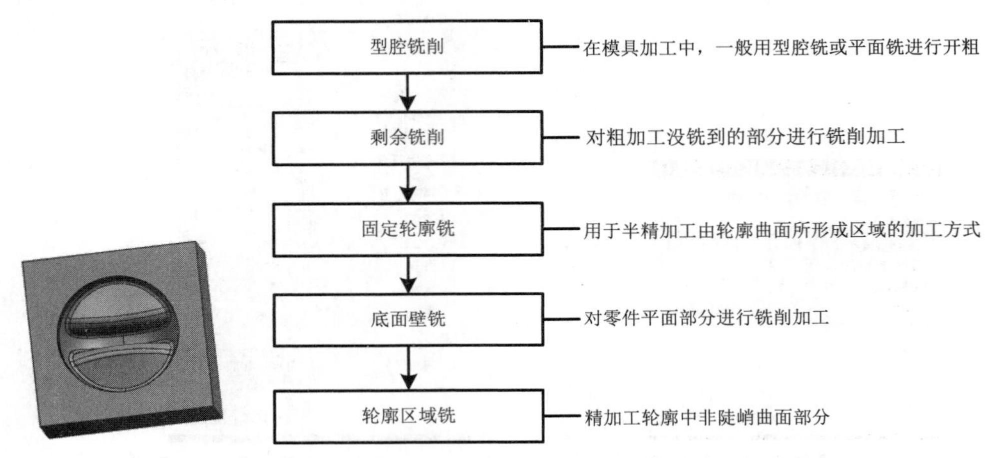

图 8-118　加工模型　　　　图 8-119　加工工艺路线

打开 UG NX 10.0 软件，下面的“开始素材”路径找到本例名为 8.8.3.prt 的文件，按照下面的讲解进行该例加工程序的编制。也可根据与该例对应的视频进行学习。

	开始素材	Prt_start\chapter 8\8.8.3.prt
	结果素材	Prt _result\chapter 8\8.8.3.prt
	视频位置	Movie\chapter 8\8.8.3.avi

2．公共项目设置

步骤 01 启动 UG NX 10.0 软件，单击【打开文件】按钮，在弹出的对话框中选择本书配套资源文件 8.8.3.prt，单击【确定】按钮打开该文件。

步骤 02 依次选择【文件】|【应用模块】|【加工】命令，进入加工环境，或者通过快捷键【Ctrl+Alt+M】快速进入加工环境。

步骤 03 在弹出的图 8-120 所示的【加工环境】对话框中选择铣削加工，单击【确定】按钮进入铣削加工环境。

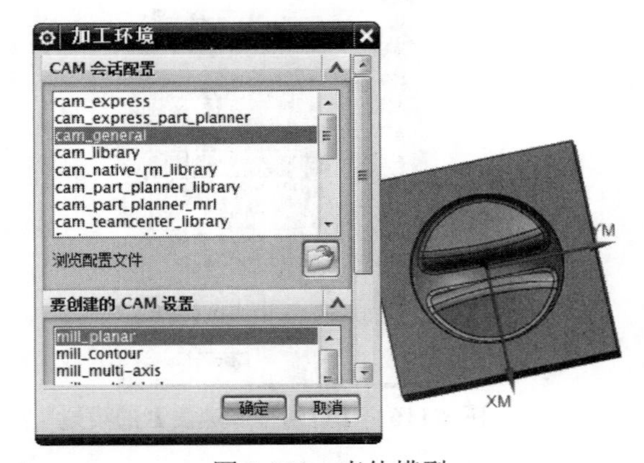

图 8-120　壳体模型

步骤 04 将视图调至【几何视图】，双击工序导航器中的坐标系设置按钮，弹出图 8-121 所示的坐标系设置对话框，安全设置选项选择“刨”，弹出【刨】对话框，图 8-122 所示选择参考平面，偏置距离设置为 20mm，并单击【指定】按钮。

步骤 05 双击工序导航器下的 WORKPIECE 图标，在图 8-123 所示的对话框中单击【指定部件】按钮，并在新弹出的对话框中选择图 8-124 所示的模型为几何体。

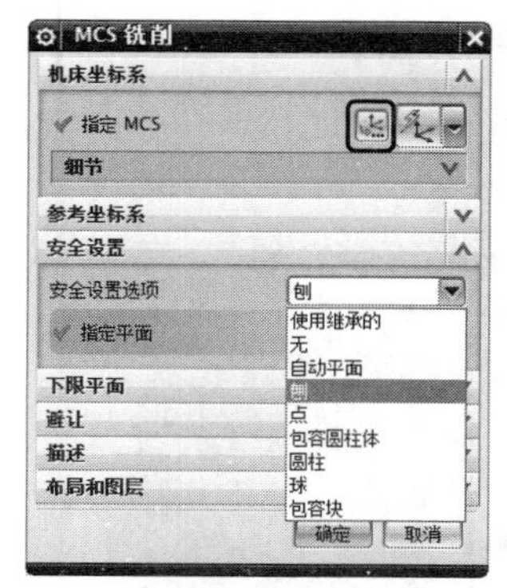

图 8-121　坐标系设置

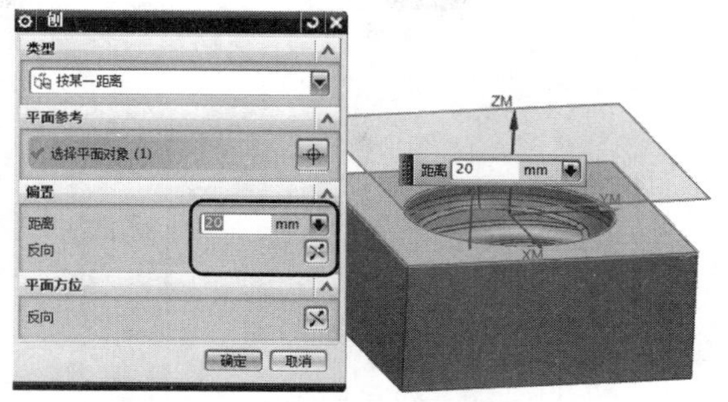

图 8-122　参数设置

图 8-123　【工件】对话框

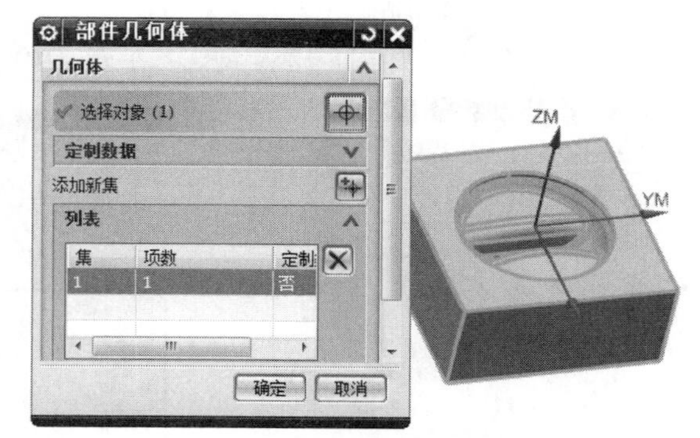

图 8-124　指定部件几何体

步骤 06 选择部件几何体后返回【工件】对话框。此时单击【指定毛坯】按钮，并在弹出的对话框【类型】下拉列表框中选择【包容块】选项并将 ZM+的值改为“5”，单击【确定】按钮，右侧将显示自动块毛坯模型，如图 8-125 所示。

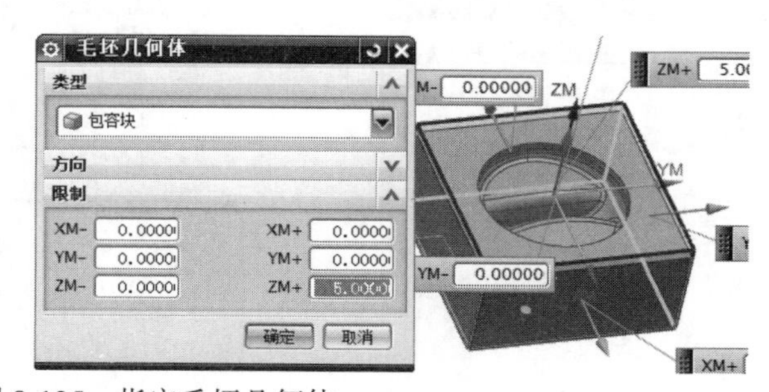

图 8-125　指定毛坯几何体

步骤 07 在【导航器】工具栏中单击【机床视图】按钮，切换导航器中的视图模式。然后在【创建】工具栏中单击【创建刀具】按钮，弹出【创建刀具】对话框。按照图 8-126 所示的步骤新建名称为 T1_D10 的端铣刀，并按照实际设置刀具参数。

步骤 08 同理按照图 8-127 所示的步骤新建名称为 T2_D5R1 的端铣刀，并按照实际设置刀具参数。

步骤 09 同理按照图 8-128 所示的步骤新建名称为 T3_B6 的球头刀，并按照实际设置刀具参数。

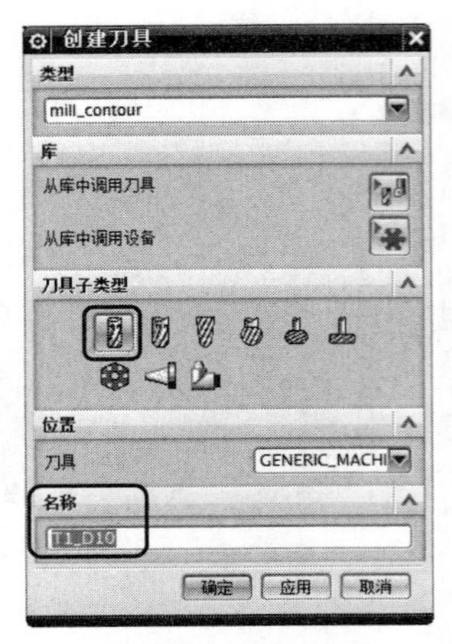

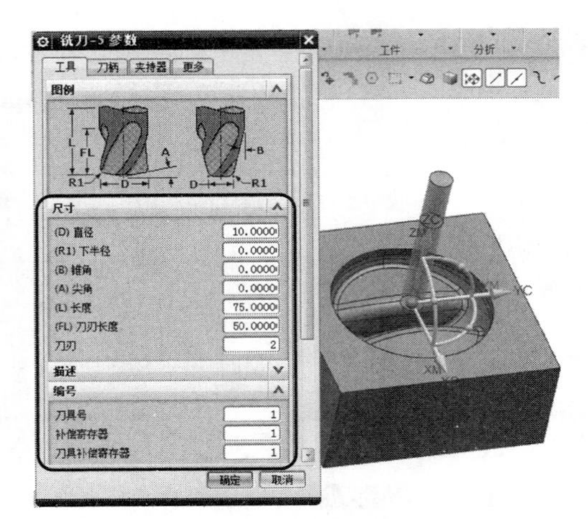

（a）【创建刀具】对话框　　（b）参数设置对话框

图 8-126　创建名为 T1_D10 的端铣刀

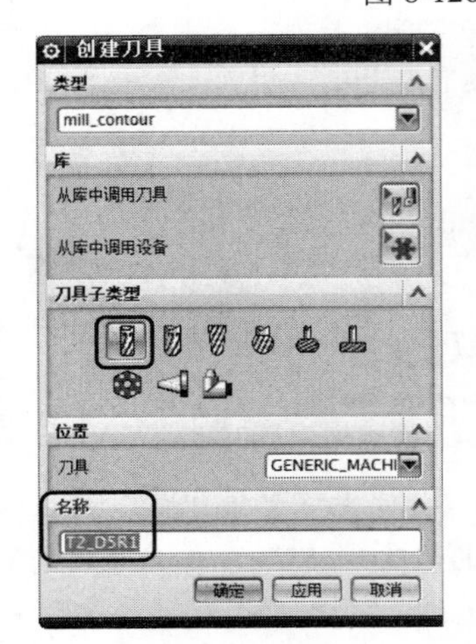

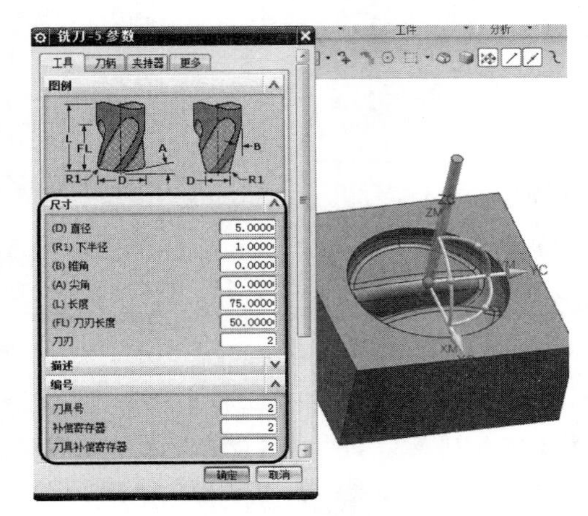

（a）【创建刀具】对话框　　（b）参数设置对话框

图 8-127　创建名为 T2_D5R1 的端铣刀

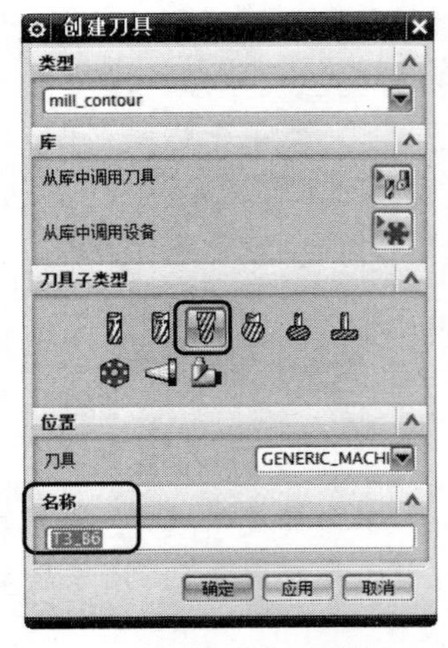

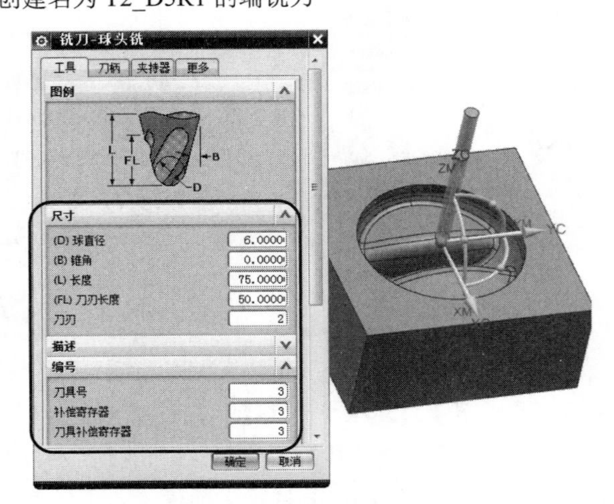

（a）【创建刀具】对话框　　（b）参数设置对话框

图 8-128　创建名为 T3_B6 的球头刀

步骤 10 同理按照图 8-129 所示的步骤新建名称为 T4_B4 的球头刀，并按照实际设置刀具参数。

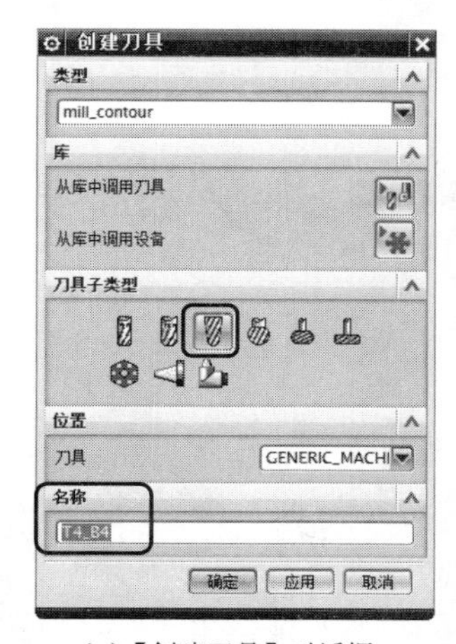

(a)【创建刀具】对话框

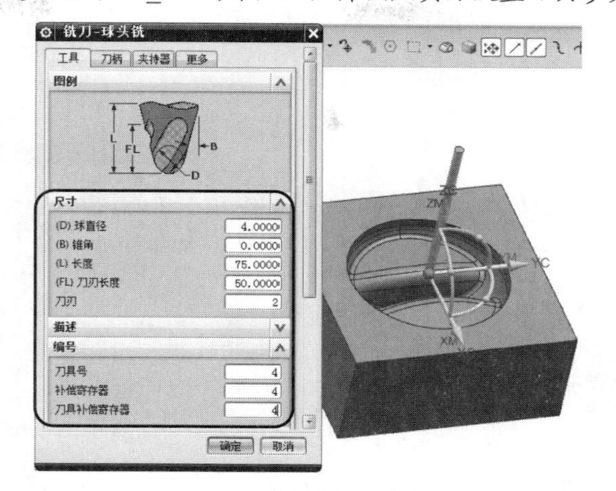

(b) 参数设置对话框

图 8-129 创建名为 T4_B4 的球头刀

3．表面粗加工——型腔铣

步骤 01 单击【主页】下的【创建工序】按钮，弹出【创建工序】对话框，再按照图 8-130 所示的步骤设置加工参数。

步骤 02 【切削参数】对话框参数设置如图 8-131 所示。

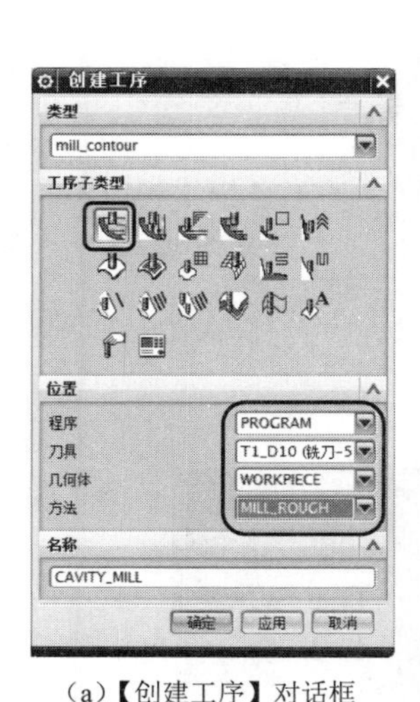

(a)【创建工序】对话框

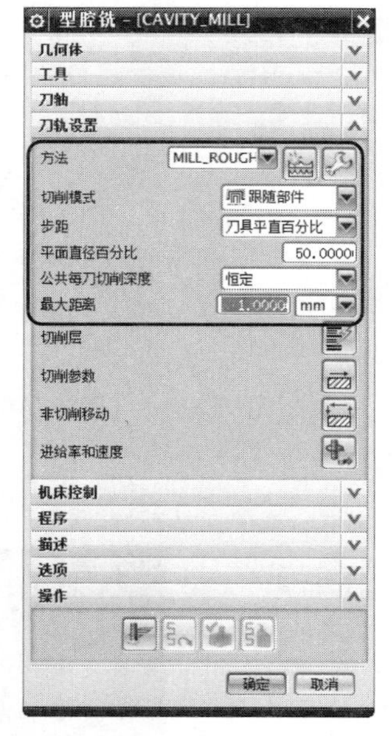

(b) 刀轨参数设置

图 8-130 设置加工参数

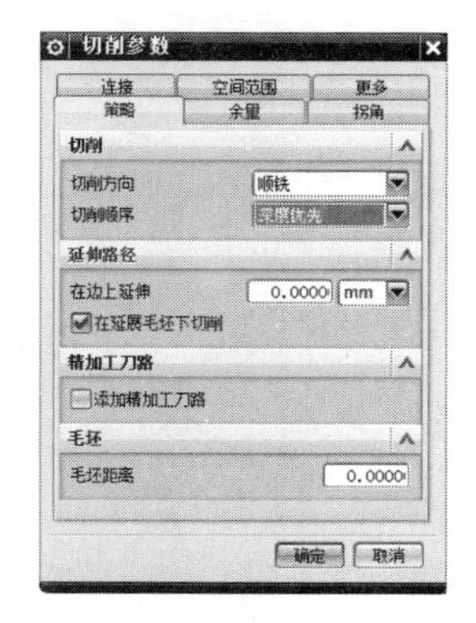

图 8-131 【切削参数】设置

步骤 03 【非切削移动】对话框参数设置如图 8-132 所示。

步骤 04 【进给率和速度】对话框参数设置如图 8-133 所示。

步骤 05 在【操作】面板中单击【生成】按钮，系统将自动生成加工刀具路径，效果如图 8-134 所示。

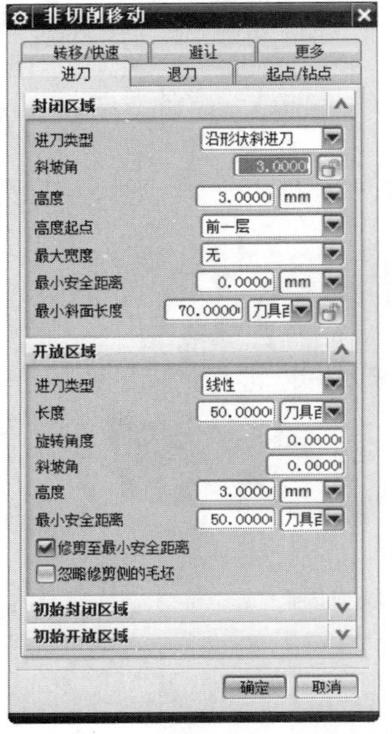

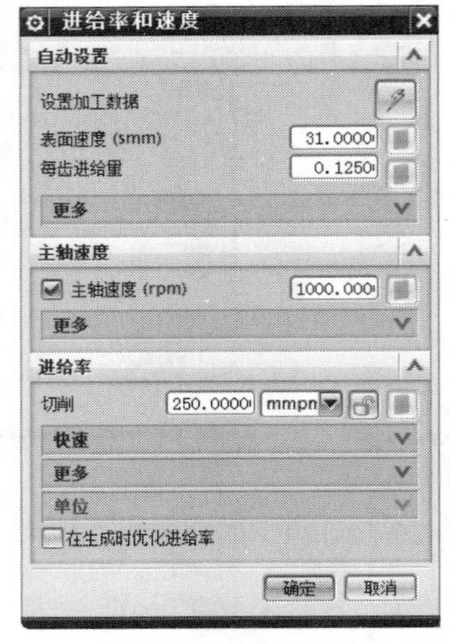

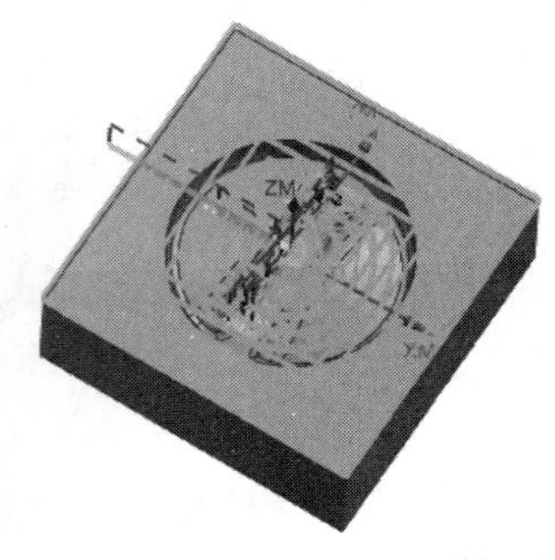

图 8-132 【非切削移动】参数设置　图 8-133 【进给率和速度】的参数设置　图 8-134 生成刀轨

步骤 06 单击该面板中的【确认刀轨】按钮，在弹出的【刀轨可视化】对话框中展开【2D 动态】选项卡。接着单击【播放】按钮，系统将以实体的方式进行切削仿真，效果如图 8-135 所示。

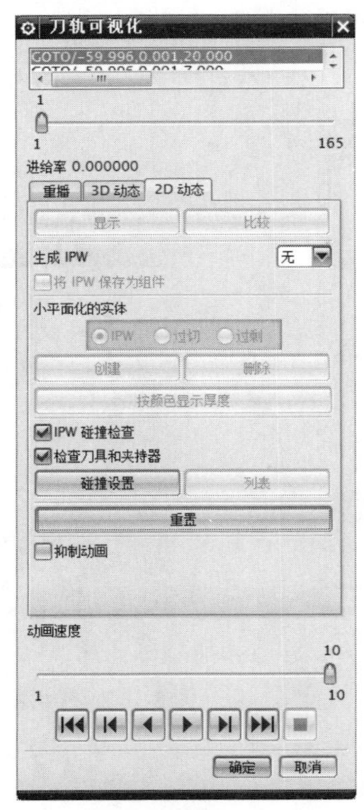

(a)【刀轨可视化】对话框

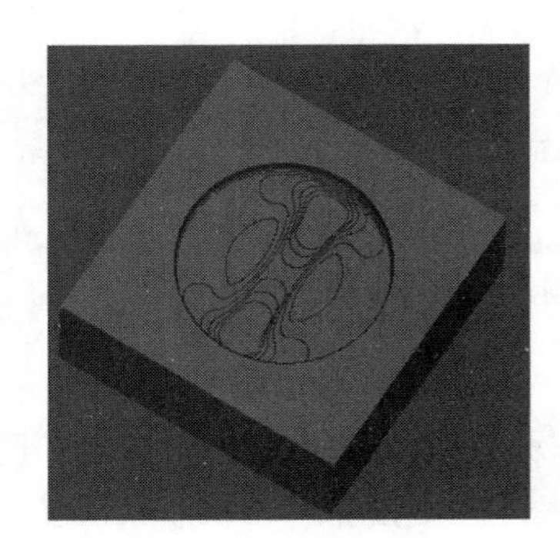

(b) 实体切削仿真

图 8-135 刀轨可视化仿真

4．剩余铣加工

步骤 01 单击【主页】下的【创建工序】按钮，弹出【创建工序】对话框，再按照如图 8-136 所示的步骤设置加工参数。

（a）【创建工序】对话框

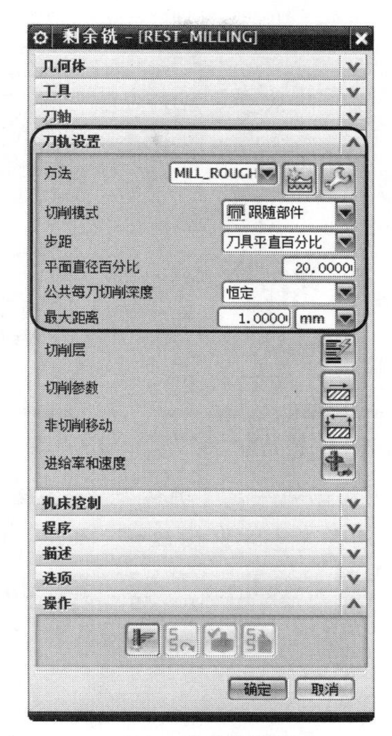

（b）刀轨参数设置

图 8-136　设置加工参数

步骤 02 【切削参数】对话框参数设置如图 8-137 所示。

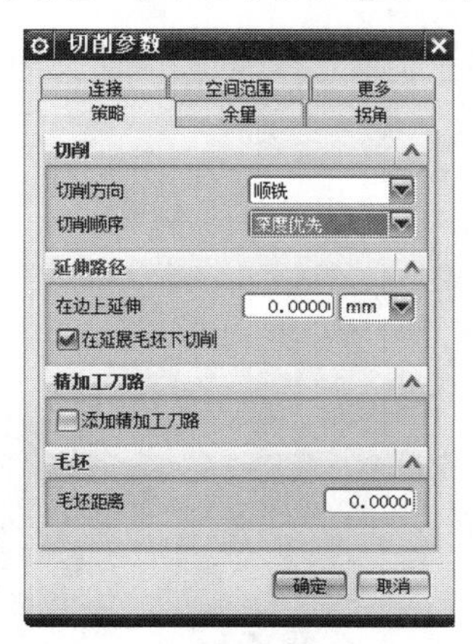

（a）【策略】

（b）【空间范围】

图 8-137　【切削参数】设置

步骤 03 【非切削移动】对话框参数设置如图 8-138 所示。

步骤 04 【进给率和速度】对话框参数设置如图 8-139 所示。

步骤 05 在【操作】面板中单击【生成】按钮，系统将自动生成加工刀具路径，效果如图 8-140 所示。

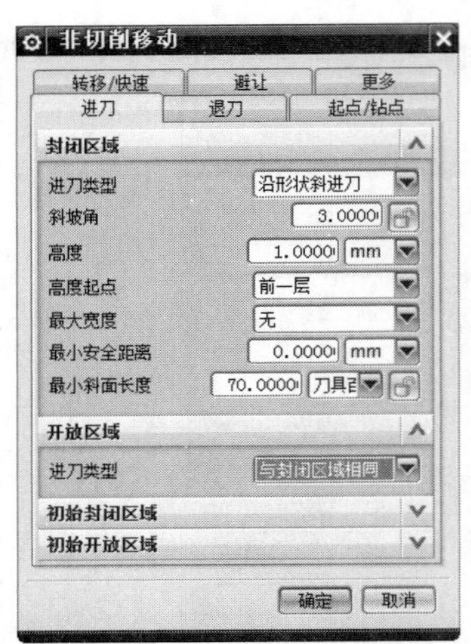

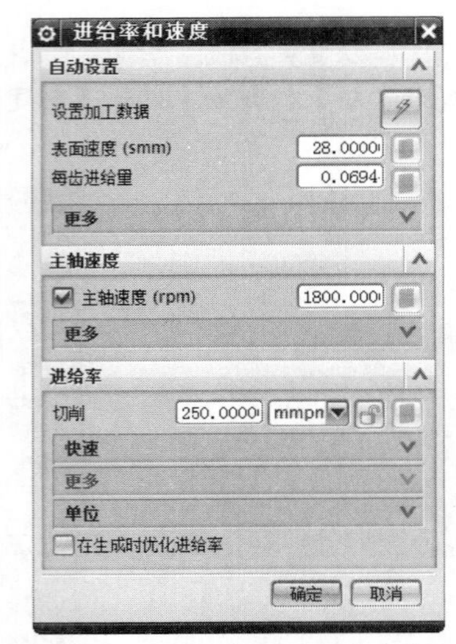

图 8-138 【非切削移动】参数设置　图 8-139 【进给率和速度】的参数设置　图 8-140 生成刀轨

步骤 06 单击该面板中的【确认刀轨】按钮，在弹出的【刀轨可视化】对话框中展开【2D 动态】选项卡。再单击【播放】按钮，系统将以实体的方式进行切削仿真，效果如图 8-141 所示。

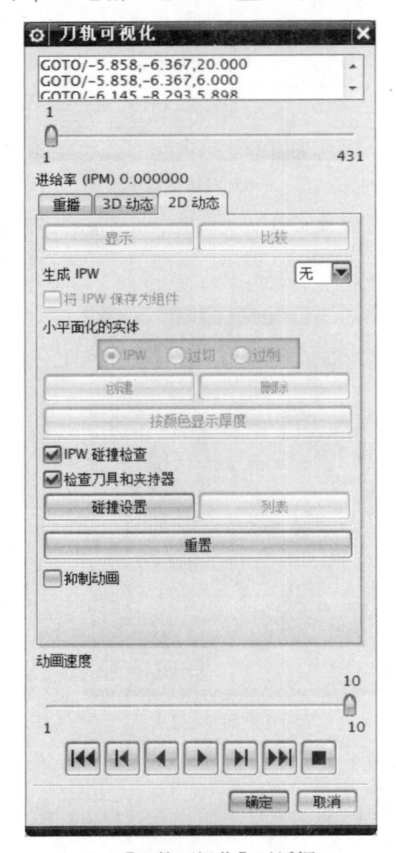

(a)【刀轨可视化】对话框

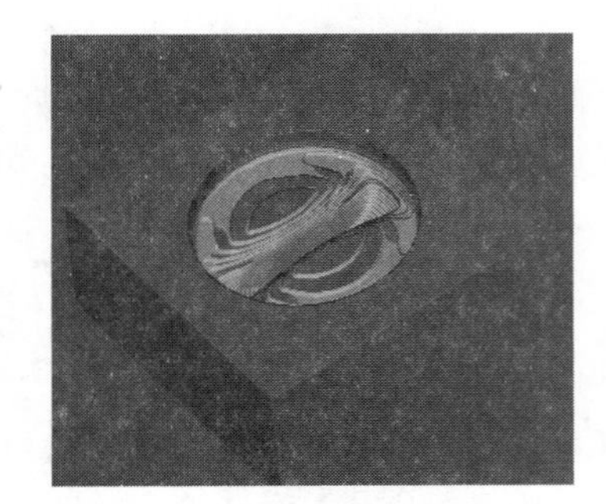

(b) 实体切削仿真

图 8-141 刀轨可视化仿真

5. 固定轮廓铣——半精加工

步骤 01 单击【主页】下的【创建工序】按钮，弹出【创建工序】对话框，再按照图 8-142 所示的步骤设置加工参数。

（a）【创建工序】对话框

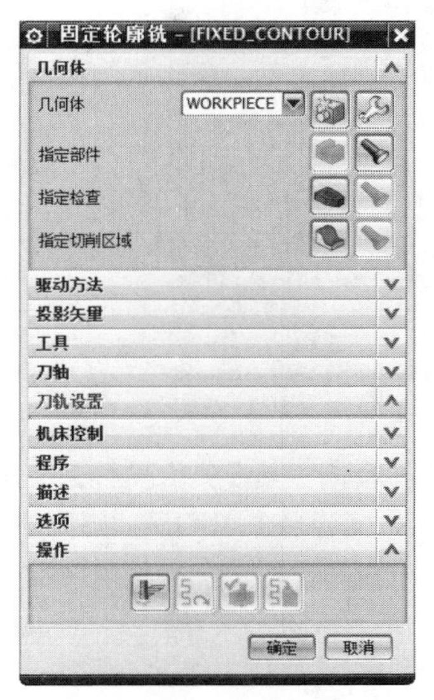

（b）【固定轮廓铣】对话框

图 8-142　设置加工参数

步骤 02 单击固定轴轮廓铣的驱动方法【边界】后面的编辑按钮，弹出【边界驱动方法】对话框，图 8-143 所示，再单击【选择或编辑驱动几何体】按钮，弹出【边界几何体】对话框，在模式的下拉列表框中选择【曲线/边】选项，选择图 8-144 所示的曲线并单击【创建下一个边界】按钮，并单击【确定】按钮。

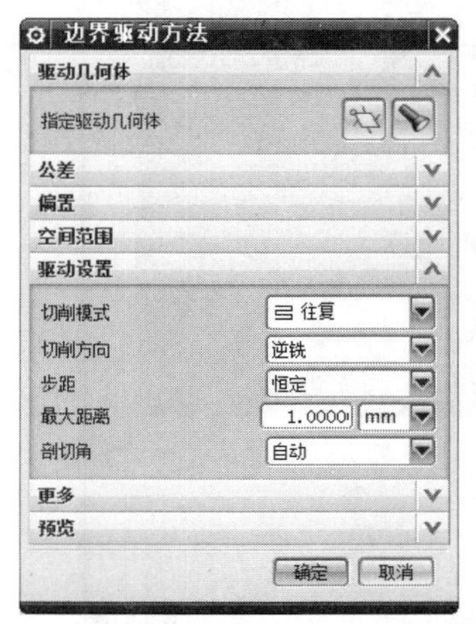

图 8-143　【边界驱动方法】对话框

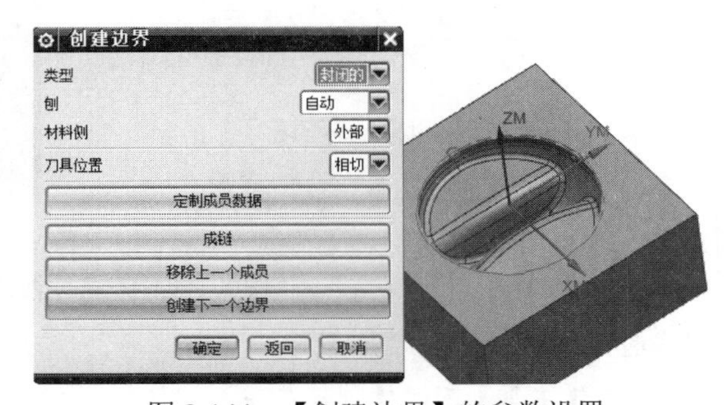

图 8-144　【创建边界】的参数设置

步骤 03 【切削参数】对话框参数设置如图 8-145 所示。

步骤 04 【进给率和速度】对话框参数设置如图 8-146 所示。

步骤 05 在【操作】面板中单击【生成】按钮，系统将自动生成加工刀具路径，效果如图 8-147 所示。

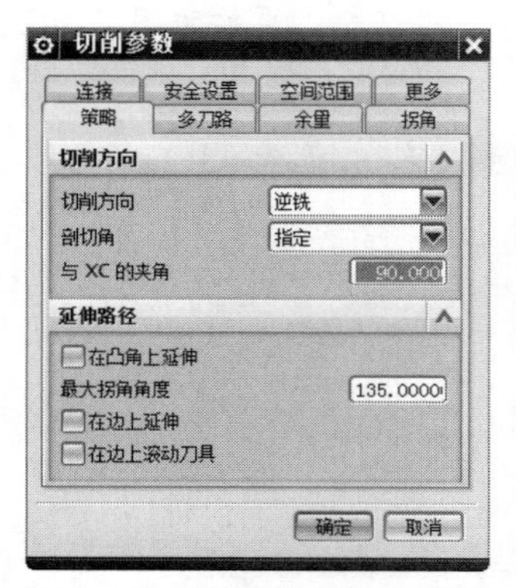

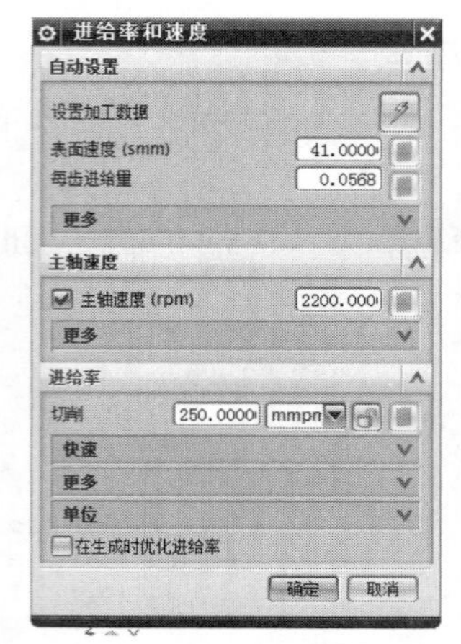

图 8-145　【切削参数】设置　　图 8-146　【进给率和速度】的参数设置　　图 8-147　生成刀轨

步骤 06 单击该面板中的【确认刀轨】按钮，在弹出的【刀轨可视化】对话框中展开【2D 动态】选项卡。再单击【播放】按钮，系统将以实体的方式进行切削仿真，效果如图 8-148 所示。

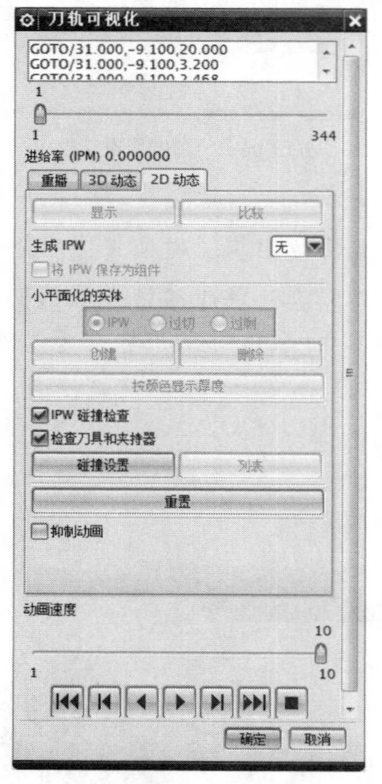

（a）【刀轨可视化】对话框

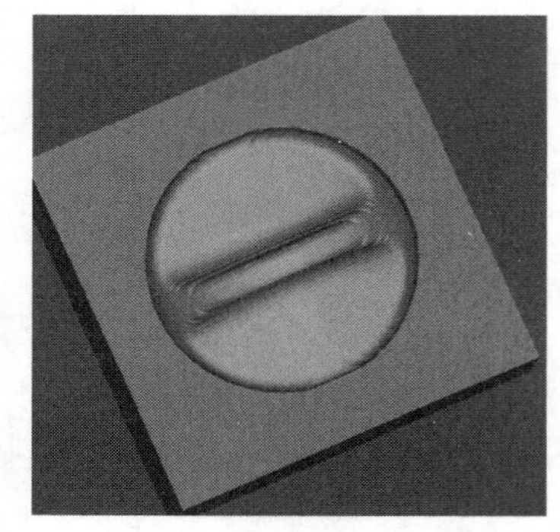

（b）实体切削仿真

图 8-148　刀轨可视化仿真

6. 边界面铣削——精加工

步骤 01 单击【主页】下的【创建工序】按钮，弹出【创建工序】对话框，再按照图 8-149 所示的步骤设置加工参数。

步骤 02 设置完以上参数后，在该对话框的【几何体】面板中单击【指定部件边界】按钮，弹出【毛坯边界】对话框，再选择图 8-150 所示的面为实体边界，单击【确定】按钮。

（a）【创建工序】对话框

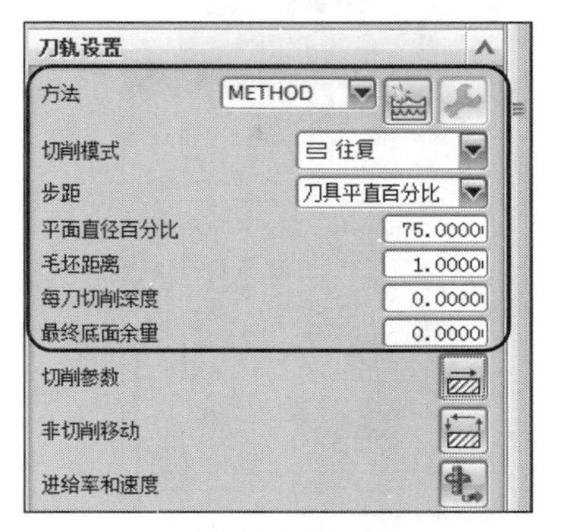

（b）刀轨参数设置

图 8-149　设置加工参数

步骤 03　【切削参数】对话框参数设置如图 8-151 所示。

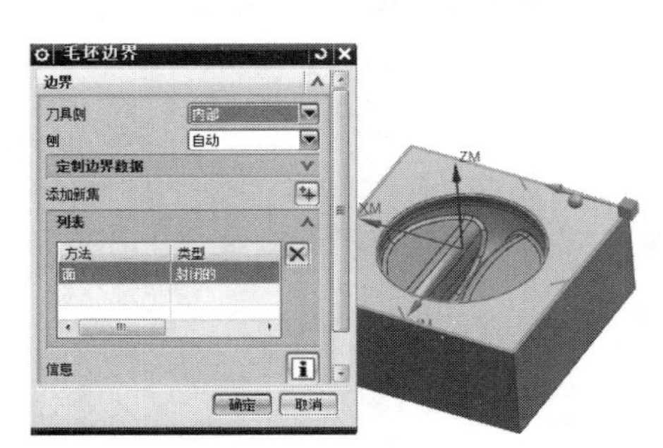

图 8-150　指定部件边界

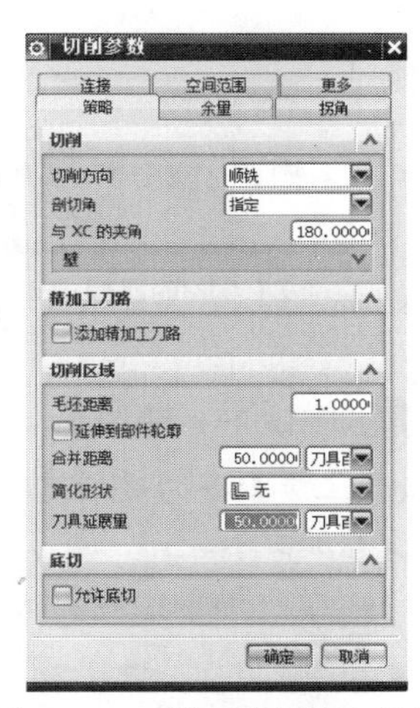

图 8-151　【切削参数】设置

步骤 04　【进给率和速度】对话框参数设置如图 8-152 所示。

步骤 05　在【操作】面板中单击【生成】按钮，系统将自动生成加工刀具路径，效果如图 8-153 所示。

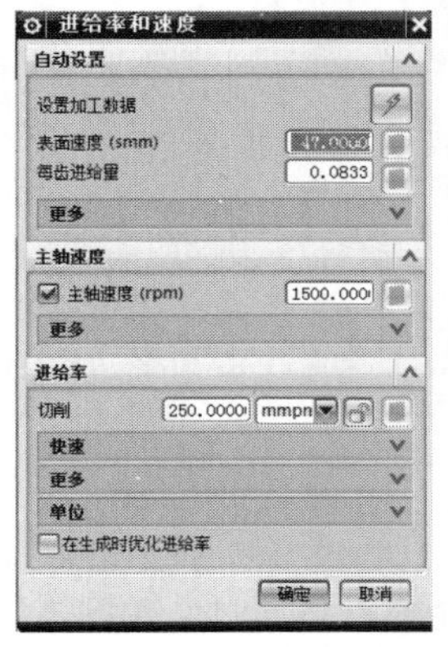

图 8-152　【进给率和速度】参数设置

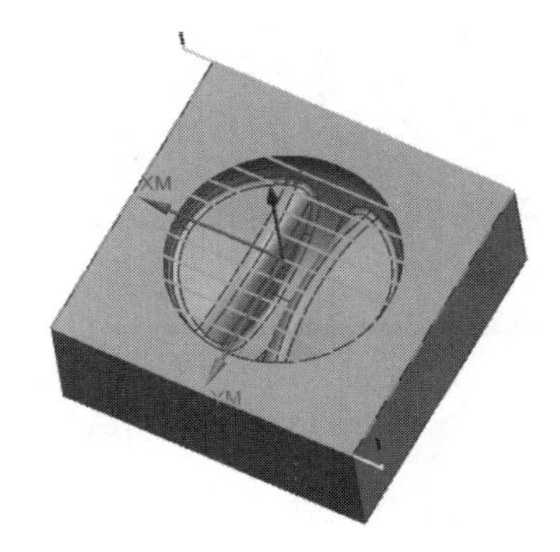

图 8-153　生成刀轨

步骤 06 单击该面板中的【确认刀轨】按钮，在弹出的【刀轨可视化】对话框中展开【2D 动态】选项卡。接着单击【播放】按钮，系统将以实体的方式进行切削仿真，效果如图 8-154 所示。

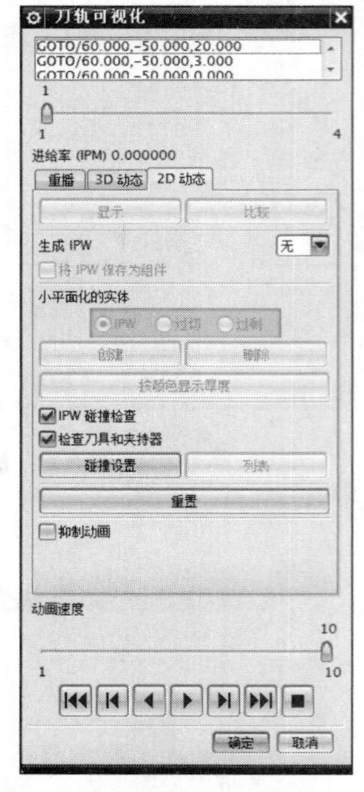

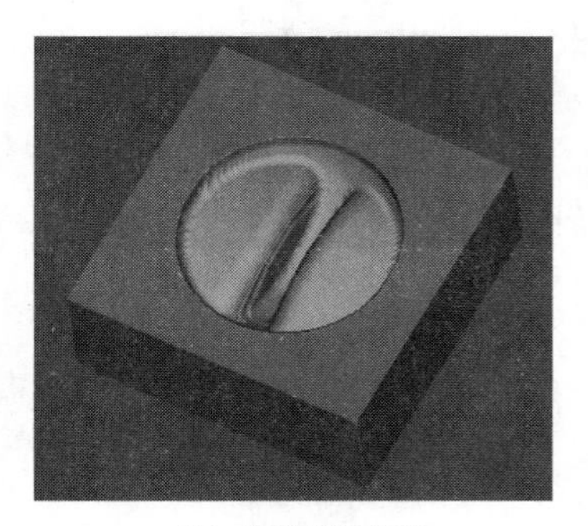

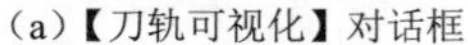

（a）【刀轨可视化】对话框　　（b）实体切削仿真

图 8-154　刀轨可视化仿真

7. 轮廓区域铣——精加工

步骤 01 单击【主页】下的【创建工序】按钮，弹出【创建工序】对话框，再按照如图 8-155 所示的步骤设置加工参数。

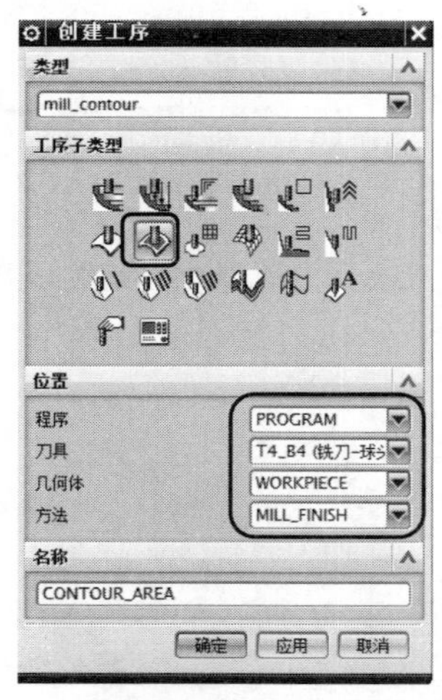

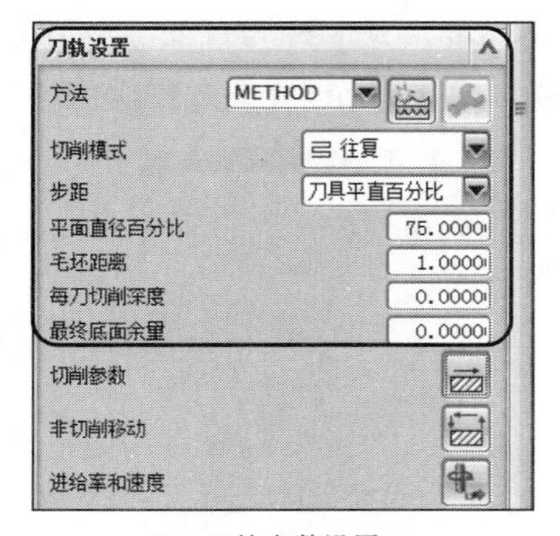

（a）【创建工序】对话框　　（b）刀轨参数设置

图 8-155　设置加工参数切削区域

步骤 02 在该对话框的【几何体】面板中单击【指定切削区域】按钮，弹出【切削区域】对话框，用相切面去选择切削区域，共 36 个面，如图 8-156 所示，单击【确定】按钮。

步骤 03 【驱动方法】面板中选择【区域铣削】并单击后面的编辑按钮，按照图 8-157 所示的参数进行设置，单击【确定】按钮。

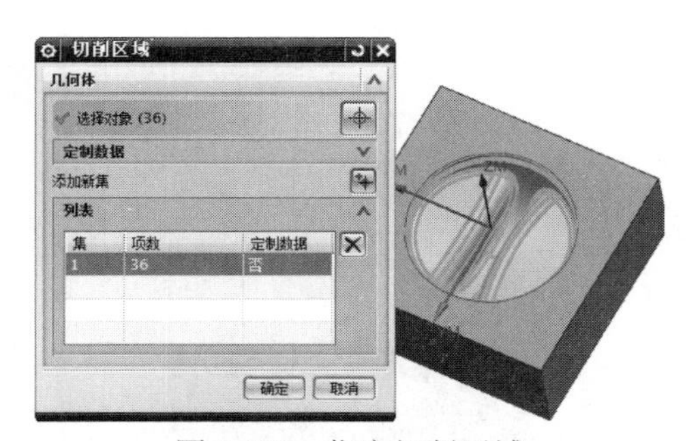

图 8-156　指定切削区域

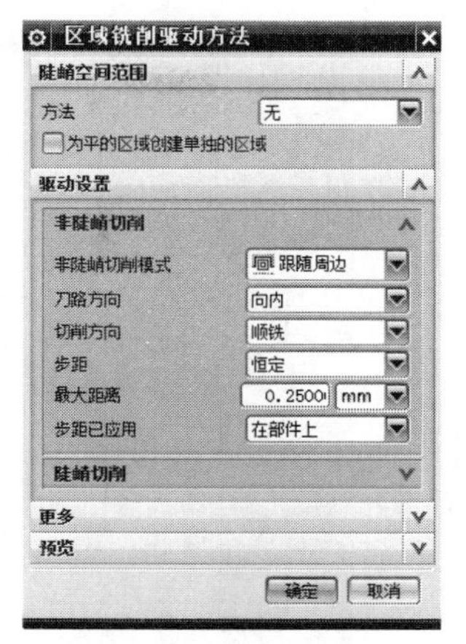

图 8-157　驱动方法的设置

步骤 04 【切削参数】对话框参数设置如图 8-158 所示。

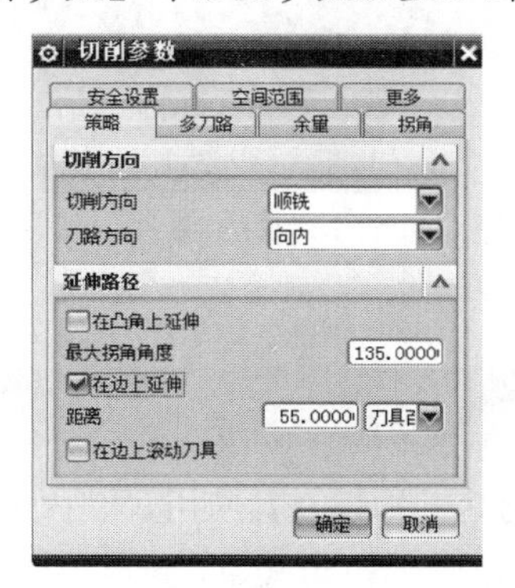

（a）【策略】

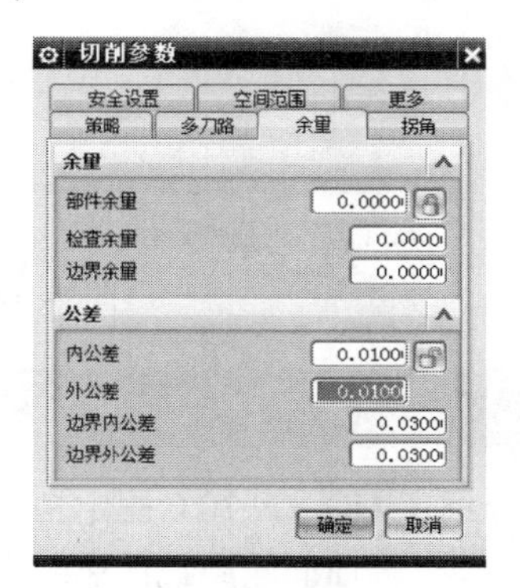

（b）【余量】

图 8-158　【切削参数】设置

步骤 05 【进给率和速度】对话框参数设置如图 8-159 所示。

步骤 06 在【操作】面板中单击【生成】按钮，系统将自动生成加工刀具路径，效果如图 8-160 所示。

图 8-159　【进给率和速度】参数设置

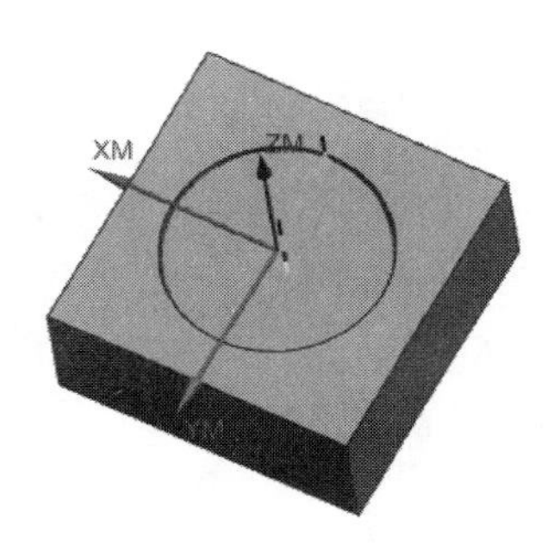

图 8-160　生成刀轨

步骤 07 单击该面板中的【确认刀轨】按钮，在弹出的【刀轨可视化】对话框中展开【2D 动态】选项卡。再单击【播放】按钮，系统将以实体的方式进行切削仿真，效果如图 8-161 所示。

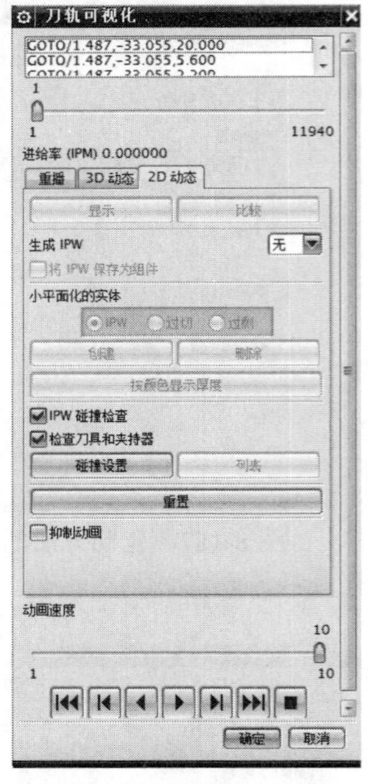

（a）【刀轨可视化】对话框

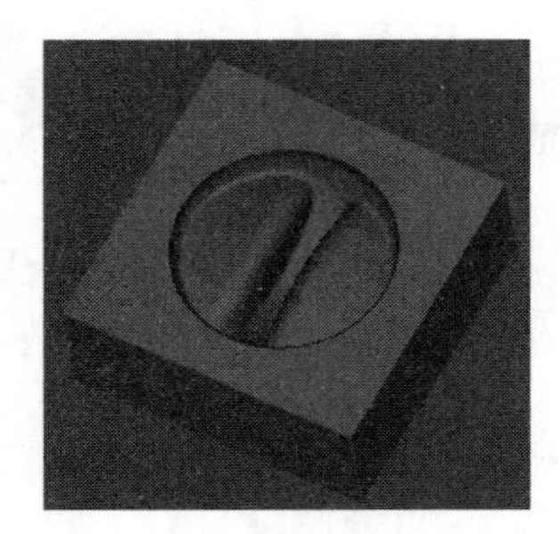

（b）实体切削仿真

图 8-161　刀轨可视化仿真

本章小结

本章主要介绍了 UG NX 10.0 固定轴曲面轮廓铣的基础知识及其应用，其内容包括固定轴曲面轮廓铣概述、固定轴曲面轮廓铣的驱动方法、曲面轮廓铣的投影矢量，固定轴曲面轮廓铣操作、清根加工等。最后通过 3 个实例的操作来巩固所掌握的基本命令和操作步骤。

第 9 章 多轴铣削加工

随着机床等基础制造技术的发展，多轴（三轴及三轴以上）机床在生产制造过程中的使用越来越广泛。尤其是针对某些复杂曲面或者精度非常高的机械产品，加工中心的大面积覆盖将多轴的加工推广得越来越普遍，从而多轴铣削的使用也日渐广泛起来。

现代制造业所面对的经常是具有复杂型腔的高精度模具制造和复杂型面产品的外形加工，其共同特点是以复杂三维型面为结构体，整体结构紧凑，制造精度要求高，加工成型难度极大。适合多轴铣削加工的产品示例如图 9-1 所示。

图 9-1 适用于多轴铣削加工的零件

9.1 多轴铣削概述

数控加工技术作为现代机械制造技术的基础，使得机械制造过程发生了显著的变化。现代数控加工技术与传统加工技术相比，无论是在加工工艺、加工过程控制，还是加工设备与工艺装备等诸多方面均有显著不同。我们熟悉的数控机床有 X、Y、Z 3 个直线坐标轴，多轴指在一台机床上至少具备第 4 轴。通常所说的多轴数控加工是指四轴以上的数控加工，其中具有代表性的是五轴数控加工。多轴数控加工能同时控制 4 个以上坐标轴的联动，将数控铣、数控镗、数控钻等功能组合在一起，工件在一次装夹后，可以对加工面进行铣、镗、钻等多工序加工，有效地避免了由于多次安装造成的定位误差，能缩短生产周期，提高加工精度。随着模具制造技术的迅速发展，对加工中心的加工能力和加工效率提出了更高的要求，因此多轴数控加工技术得到了空前的发展。

9.1.1 多轴加工的基础知识

1．多轴机床

传统的三轴加工机床只有正交的 X、Y、Z 轴，则刀具只能沿着这 3 个轴做线性平移，使得加工工件的几何形状有所限制。因此必须增加机床的轴数来获得加工的自由度，即 A、B 和 C 轴 3 个旋转轴。但是一般情况下只需两个旋转轴便能加工出复杂的型面。

增加机床的轴数来获得加工的自由度，最典型的就是增加两个旋转轴，成为五轴加工机床（增加一个轴便是四轴加工中心，这里针对五轴来说明多轴加工的能力和特点）。五轴加工机床在 X、 Y、Z 正交的三轴驱动系统内，另外加装倾斜的和旋转的双轴旋转系统，其中的 X、Y、Z 轴决定刀具的位置，两个旋转轴决定刀具的方向。此处以五轴数控铣削加工中心为例介绍多轴数控铣削机床的分类。

（1）主轴倾斜类型：两个旋转轴都在主轴头的刀具侧。

（2）工作台倾斜类型：两个旋转轴都在工作物侧。

（3）工作台/主轴倾斜类型：一个旋转轴在主轴头的刀具侧，一个旋转轴在工作物侧。

通过上述轴数的改变，使多轴数控铣削加工能力大大提高，原来三轴数控铣床无法加工的复杂曲面，在数控机床精度足够高、机床刚度足够强等一系列机床参数前提下，都能加工出来，而且加工的产品质量和总体加工效率都得到极大提高。图 9-2 所示为五轴数控机床加工叶轮零件。图 9-3 所示为近年来普遍应用的五轴数控机床。其中，并联机床又称为虚拟轴机床，是近年来逐渐兴起的一种新型结构机床，它能实现五坐标联动，被称为 21 世纪的新型加工设备，被誉为“机床机构的重大革命”。它与传统机床相比，具有结构简单、机械制造成本低、功能灵活性强、结构刚度好、积累误差小、动态性能好、标准化程度高、易于组织生产等一系列优点，与进口的同类机床相比，具有明显的性能价格比优势。

图 9-2　5 轴数控机床加工叶轮零件

图 9-3　近年来普遍应用的 5 轴数控机床

2．多轴铣削的特点

多轴数控加工的特点如下：

（1）加工多个斜角、倒勾时，利用旋转轴直接旋转工件，可降低夹具的数量，并且可以省去校正的时间，如图 9-4 所示。

（2）利用五轴加工方式及刀轴角度的变化，可避免静电摩擦，并延长刀具寿命，如图 9-5 所示。

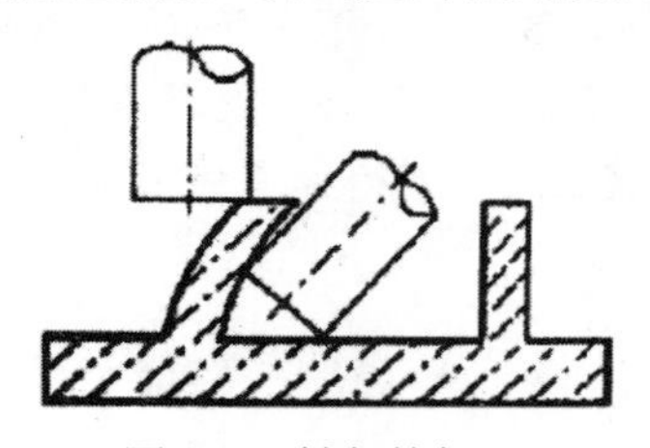

图 9-4　斜角的加工

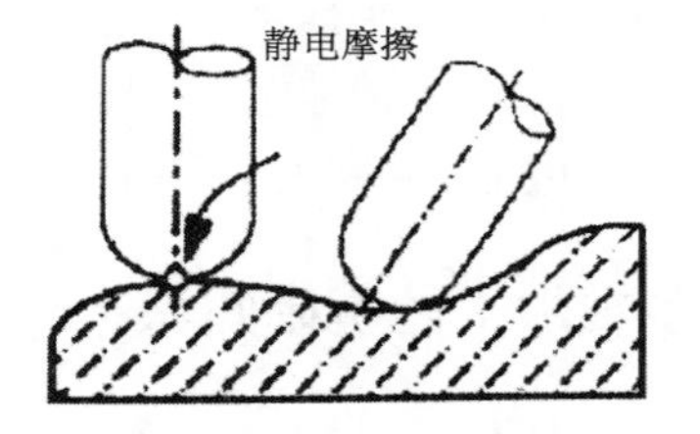

图 9-5　防静电摩擦

（3）使用侧刃切削，减少加工道次，获得最佳质量，提升加工效能，如图 9-6 所示。

（4）当倾斜角很大时，可降低工件的变形量，如图 9-7 所示。

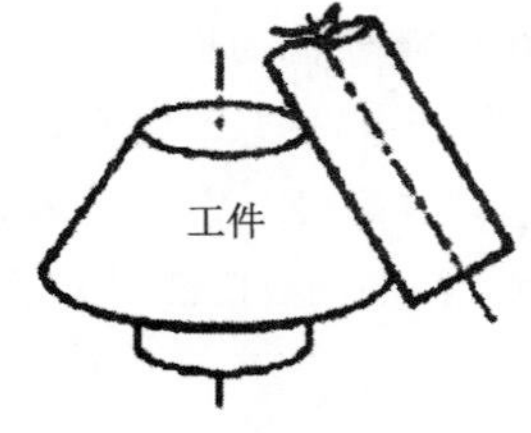

图 9-6　使用侧刃切削

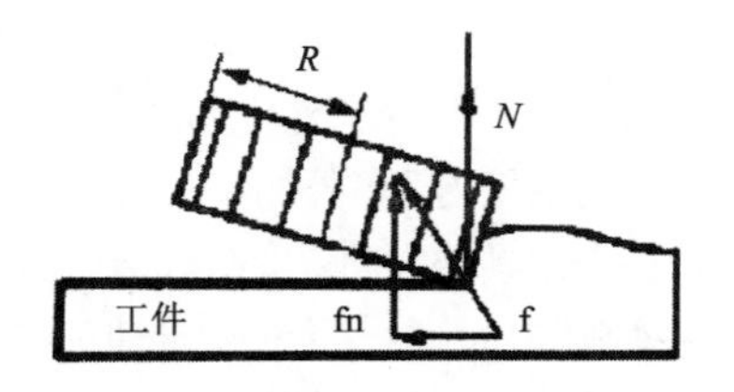

图 9-7　降低工件的变形量

（5）减少使用各类成型刀，通常以一般的刀具完成加工。

（6）通常在进行多轴曲面铣削规划时，以几何加工方面的误差为例，有路径间距、刀具进给量和过切三大主要影响因素。

（7）在参数化加工程序中，通常是凭借刀具接触点的数据来决定刀具位置及刀轴方向，而曲面上刀具接触数据点最好可以在加工的允许误差范围内随曲面曲率做动态调整，也就是路径间距和刀具进给量可以随着曲面的平坦或是陡峭来做不同疏密程度的调整。这些都能在 UG 多轴加工中充分体现。

3. 刀轴矢量控制方式

UG 多轴加工主要通过控制刀轴矢量、投影方向和驱动方法来生成加工轨迹。加工关键就是通过控制刀轴矢量在空间位置的不断变化，或使刀轴矢量与机床原始坐标系构成空间某个角度，利用铣刀的侧刃或底刃切削加工来完成。

刀轴是一个矢量，它的方向从刀尖指向刀柄，如图 9-8 所示。可以定义固定的刀轴，相对的也能定义可变的刀轴。固定的刀轴和指定的矢量始终保持平行。固定轴曲面铣削的刀轴就是固定的，而可变刀轴在切削加工中会发生变化，如图 9-9 所示。

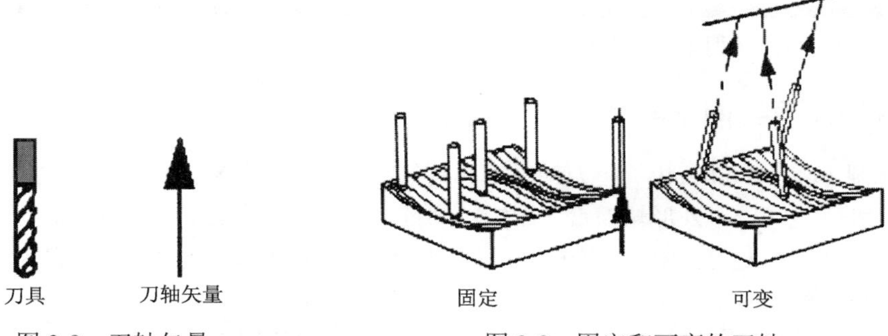

图 9-8　刀轴矢量　　　　图 9-9　固定和可变的刀轴

使用“曲面区域驱动方法”直接在“驱动曲面”上创建刀轨时，应确保正确定义“材料侧矢量”。“材料侧矢量”将决定刀具与“驱动曲面”的哪一侧接触。“材料侧矢量”必须指向要移除的材料（与“刀轴矢量”的方向相同），如图 9-10 所示。

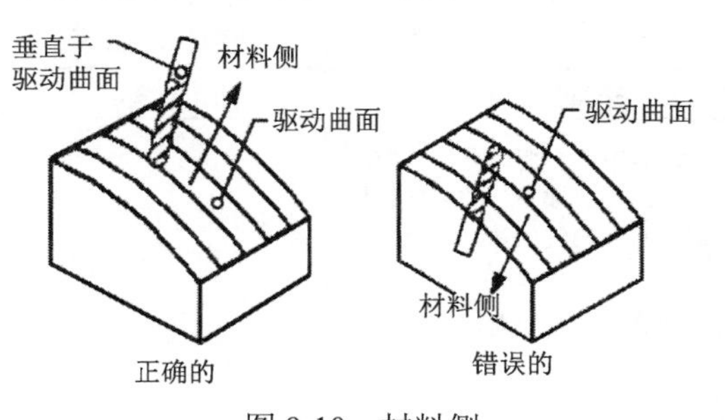

图 9-10　材料侧

9.1.2　创建多轴曲面铣削操作

进入 UG NX 10.0 CAM 模块，弹出图 9-11 所示的【加工环境】对话框，进行加工环境的初始化设置。选择 mill_multi-axis（多轴铣），单击对话框中的【确定】按钮进入加工环境，此时可以创建多轴曲面铣操作。当选择了其他加工配置或模板零件而想进入到多轴铣削加工环境时，也可以通过在创建工序时的【类型】下拉列表框中选择 mill_multi-axis 选项，进入多轴铣的加工环境，调用过程如图 9-12 所示。

图 9-11 【加工环境】对话框

图 9-12 【创建工序】对话框

9.1.3 多轴曲面铣削子类型

多轴铣削（mill_multi-axis）指刀轴沿刀具路径移动时，可不断改变方向的铣削加工，包括可变轮廓铣、可变流线铣、外形轮廓铣、固定轮廓铣、深度加工五轴铣、顺序铣、一般运动、用户定义的铣削及铣削控制。其中，可变轮廓铣和顺序铣是基本类型，也是最常用的两种多轴曲面铣操作，是本章介绍的重点内容。

图 9-13 所示为在 mill_multi_axis（多轴铣削）模板中的多轴铣削加工类型。

多轴铣类型中各操作子类型的命令及其应用说明如表 9-1 所示。

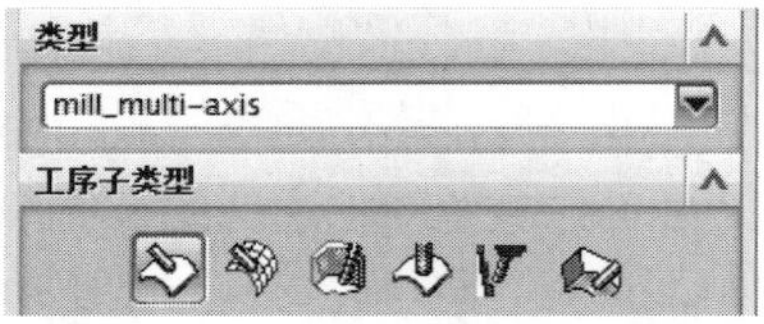

图 9-13 在 mill_multi_axis 模板中多轴铣削的加工类型

表 9-1 多轴铣削加工子类型模板的含义

图标	子类型	子类型说明	应用要求	应用示例
	可变轮廓铣	用于对具有各种驱动方法、空间范围、切削模式和刀轴的部件或切削区域进行轮廓铣的基础可变轴轮廓铣。 建议通常用于轮廓曲面的可变轴精加工	指定部件几何体。指定驱动方法。指定合适的可变刀轴	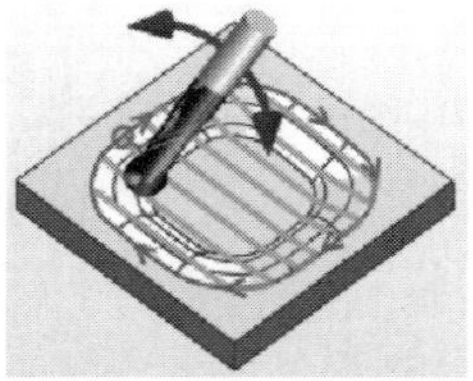
	可变流线铣	使用流曲线和交叉曲线来引导切削模式并遵照驱动几何体形状的可变轮廓铣工序。 建议用于精加工复杂形状，尤其是要控制光顺切削模式的流和方向	指定部件几何体和切削区域。编辑驱动方法来选择一组流曲线和交叉曲线来引导和包含路径。指定切削模式	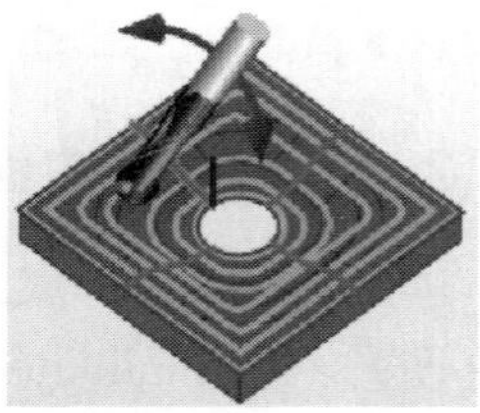

续表

图标	子类型	子类型说明	应用要求	应用示例
	外形轮廓铣	使用外形轮廓铣驱动方法以刀刃侧面对斜壁进行轮廓加工的可变轮廓铣工序。 建议用于精加工诸如机身部件中找到的那些斜壁	指定部件几何体。指定底面几何体。如果需要，编辑驱动方法以指定其他设置	
	固定轮廓铣	用于对具有各种驱动方法、空间范围和切削模式的部件或切削区域进行轮廓铣的基础轴曲面轮廓铣工序。 建议通常用于精加工轮廓形状	根据需要指定部件几何体和切削区域。选择并编辑驱动方法来指定驱动几何体和切削模式	
	深度加工五轴铣	深度铣工序，将侧倾刀轴用以远离部件几何体，避免在使用短球头铣刀时与刀柄/夹持器碰撞。 建议用于半精加工和精加工轮廓的形状，如无底切的注塑模、凹模、铸造和锻造	指定部件几何体。指定切削区域以确定要进行轮廓加工的面。指定切削层以确定轮廓加工刀路的间距。指定刀具侧倾角和方向	
	顺序铣	使用三、四或五轴刀具移动连续加工一系列曲面或曲线。 建议用于在需要高度刀具和刀路控制时进行精加工	选择部件、驱动并检查曲面以确定每个连续的刀具运动	

9.2　刀轴控制

与固定轴曲面轮廓铣比较，在可变轮廓铣加工中刀轴变化的各种控制方法都可以使用。可变刀轴是指刀具随着刀位轨迹的变化持续改变刀具轴线的方向来控制刀具加工工件。在 UG NX 10.0 中，刀具轴线被定义为从刀具中心指向刀柄中心的矢量方向。刀轴可以通过以下方法来定义：输入坐标值、选择几何体、指定刀轴与部件面法向矢量相关或垂直于部件面法向矢量、指定刀轴与驱动面法向矢量相关或垂直于驱动面法向矢量。

9.2.1　远离点与朝向点

1. 远离点

“远离点”控制刀轴的方法是通过指定一个聚焦点来定义可变刀轴矢量，以指定的聚焦点设置为起点并指向刀柄所形成的矢量作为可变刀轴矢量。聚焦点必须位于刀具与部件几何体希望接触表面的另一侧，如图 9-14 所示。选择【远离点】选项，将激活【指定点】选项，在图形区中可以创建或选择一点为聚焦点。

2. 朝向点

“朝向点”控制刀轴的方法是通过指定一个聚焦点来定义可变刀轴矢量，以刀尖与工件表面的接触点为起点并指向指定的聚焦点所形成的矢量作为可变刀轴矢量。要求聚焦点必须与部件几何体在同一侧，如图 9-15 所示。选择【朝向点】选项，将激活【指定点】选项，在图形区中可以创建或选择一点为聚焦点。

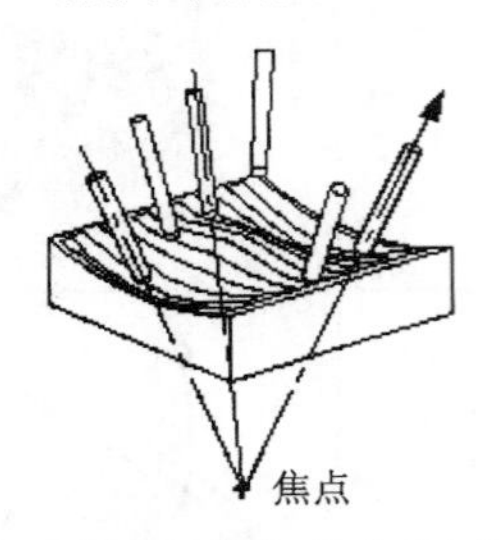

图 9-14 “远离点”定义的刀轴位置

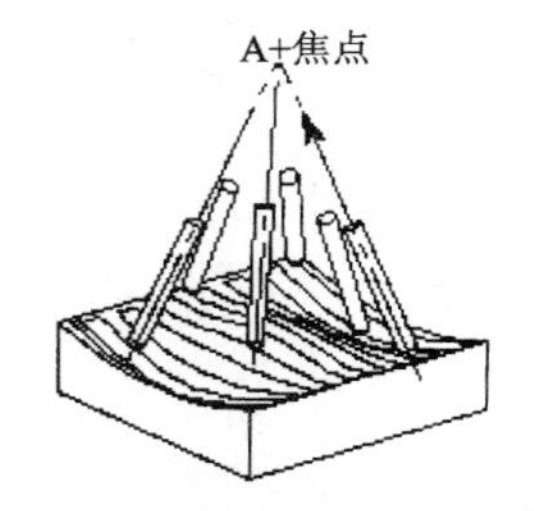

图 9-15 “朝向点”定义的刀轴位置

9.2.2 远离直线、朝向直线、相对于矢量

1. 远离直线

“远离直线”控制刀轴的方法是通过指定一条直线作为“焦点线”来定义可变刀轴矢量，控制刀轴矢量沿着该直线的全长并垂直于直线，刀轴矢量从该“焦点线”指向刀尖。要求“焦点线”必须位于刀具与部件几何体希望接触表面的另一侧，如图 9-16 所示。选择【远离直线】选项，弹出图 9-17 所示的【远离直线】对话框，在图形区中可以创建或选择一条直线作为焦点线。

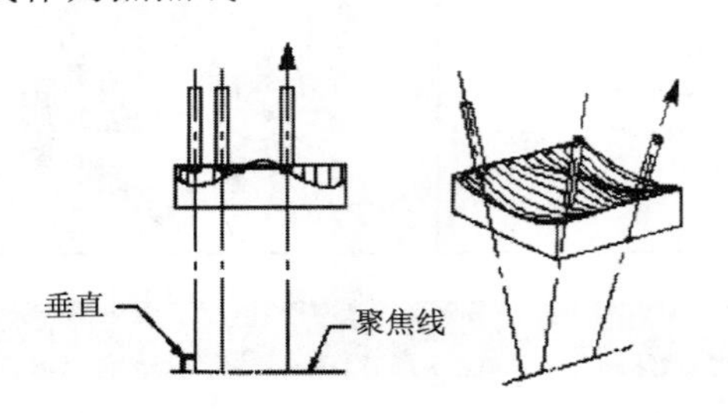

图 9-16 “远离直线”定义的刀轴位置

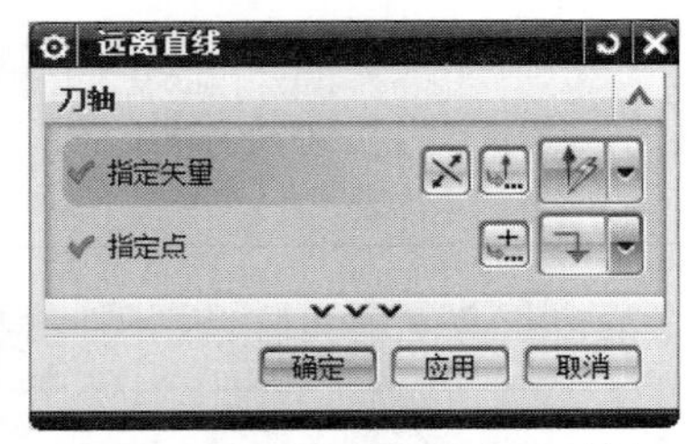

图 9-17 【远离直线】对话框

2. 朝向直线

“朝向直线”控制刀轴的方法是通过指定一条直线作为“焦点线”来定义可变刀轴矢量，控制刀轴矢量沿着该直线的全长并垂直于直线，刀轴矢量从刀尖指向该“焦点线”。要求“焦点线”必须位于刀具与部件几何体希望接触表面的同一侧，如图 9-18 所示。选择【朝向直线】选项，弹出图 9-19 所示的【朝向直线】对话框，在图形区中可以创建或选择一条直线作为焦点线。

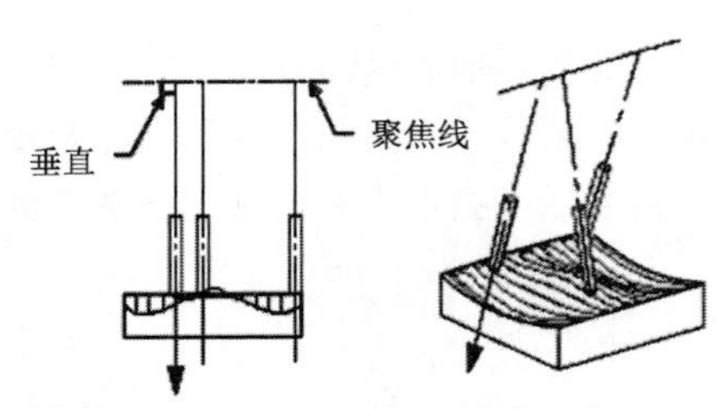

图 9-18 “朝向直线”定义的刀轴位置

图 9-19 【朝向直线】对话框

注　意

使用朝向点（线）或远离点（线）方式定义刀轴时的注意点如下：

- 使用聚焦于一点（“朝向点”和“远离点”）的方式定义的刀轴，用以产生五轴运动。
- 使用聚焦于一条线（“朝向直线”和“远离直线”）的方式定义的刀轴，用以产生四轴运动。
- 选择刀轴控制时要考虑到加工方案，如工装夹具时工作台偏摆等因素。最好使工作台或刀头的偏摆量最小。
- 聚焦点和聚焦线的位置影响刀轴偏摆量，正确地放置聚焦点和聚焦线的位置会极大地降低刀轴偏摆量，有利于降低刀头与工装夹具的干涉，扩大了部件的切削面积。
- 使用朝向点（线）或远离点（线）的方式定义刀轴时也要考虑工件形状等因素。

3. 相对于矢量

使用“相对于矢量”的方法通过指定刀轴矢量与某个矢量相关，并且设置相对于该矢量的偏转角度，通过“前倾角”和“侧倾角”来控制刀轴矢量进行偏转，如图 9-20 所示。选择【相对于矢量】选项，弹出图 9-21 所示的【相对于矢量】对话框，在其中可以定义一个矢量并设置前倾角和侧倾角的大小。

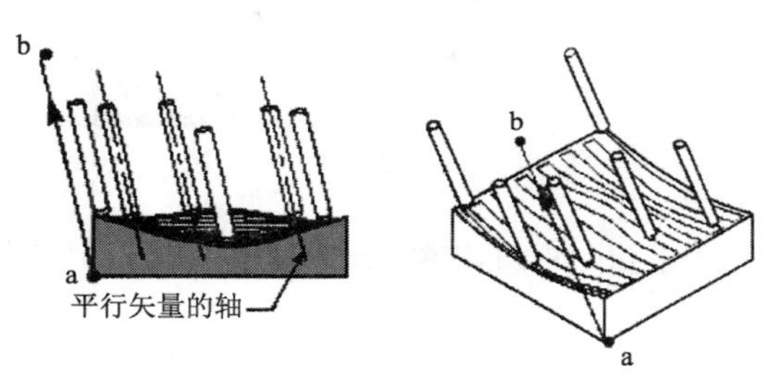

图 9-20　“相对于矢量”定义的刀轴位置

图 9-21　【相对于矢量】对话框

（1）指定矢量：指定与刀轴矢量相关的某个矢量。

（2）前倾角：定义刀具沿着刀具运动方向向前或向后倾斜的角度。前倾角度为正值时，刀具沿着刀具运动方向向前倾斜；前倾角度为负值时，刀具沿着刀具运动方向向后倾斜。前倾角受控于刀具运动方向。

（3）侧倾角：定义刀具相对于刀具路径向外倾斜的角度。沿着刀具路径看，侧倾角度为正值时，使刀具向刀具路径右边倾斜；侧倾角度为负值时，使刀具向刀具路径左边倾斜。与前倾角不同，侧倾角总是固定朝向一个方向，并不受控于刀具运动方向。

9.2.3　垂直于部件、相对于部件

1. 垂直于部件

“垂直于部件”方法能够控制可变刀轴矢量在每一个接触点处垂直于零件几何体表面，该方法要求工件表面曲率变化比较平缓，这样才能得到比较好的加工质量。图 9-22 所示为“垂直于部件”定义的刀轴位置。

2. 相对于部件

“相对于部件”方法能够定义变化的刀轴，控制刀轴相对于部件表面的法向矢量向运动方向向前或向后偏转一个角度（前倾角），沿着刀具路径向左或向右偏转一个角度（侧倾角），该方法与“相对于矢量”方法相似，只是使用了部件几何体表面的法向矢量代替了一个矢量而已，

如图 9-23 所示。选择【相对于部件】选项，弹出图 9-24 所示的【相对于部件】对话框，可在其中设置【前倾角】和【侧倾角】的角度变化范围。

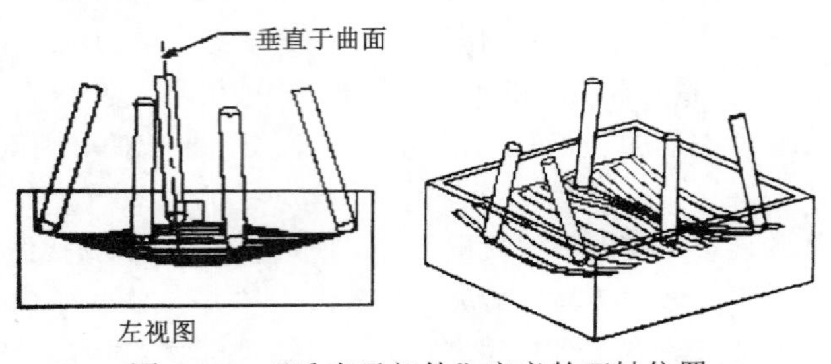

图 9-22 “垂直于部件”定义的刀轴位置

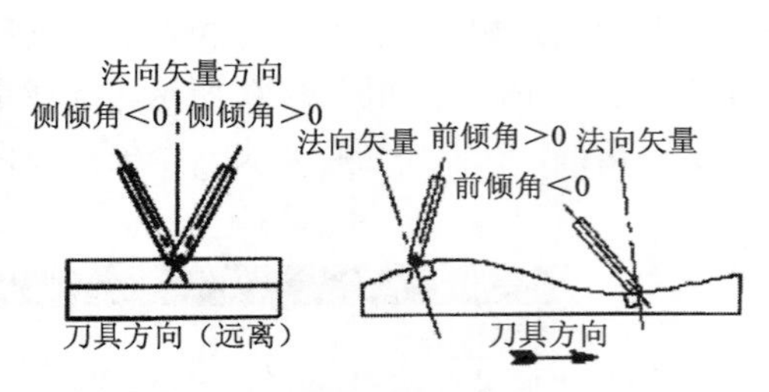

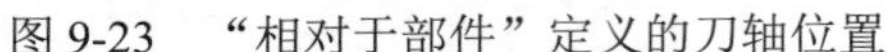

图 9-23 “相对于部件”定义的刀轴位置

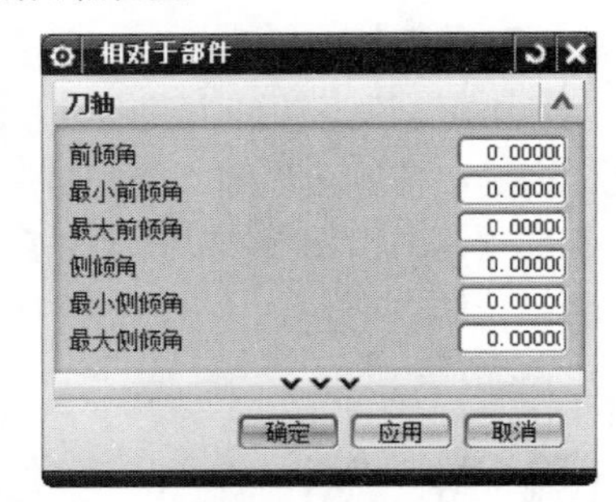

图 9-24 【相对于部件】对话框

9.2.4 4 轴-垂直于部件、相对于部件、双 4 轴-相对于部件

1．垂直于部件

“4 轴，垂直于部件”方式可以用来创建第 4 轴的旋转角度，通过指定旋转轴（第 4 轴）及其旋转角度来定义刀轴矢量，刀轴先从部件几何体表面的法向投影到旋转轴的法向平面，然后再基于刀具运动方向向前或向后倾斜一个旋转角度来最终确定刀轴矢量，如图 9-25 所示。选择该选项，弹出图 9-26 所示的【4 轴，垂直于部件】对话框，在该对话框中指定矢量和旋转角度。

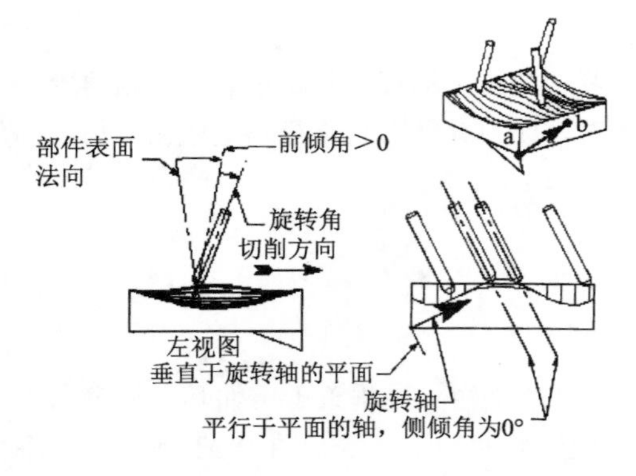

图 9-25 “4 轴，垂直于部件”定义的刀轴位置

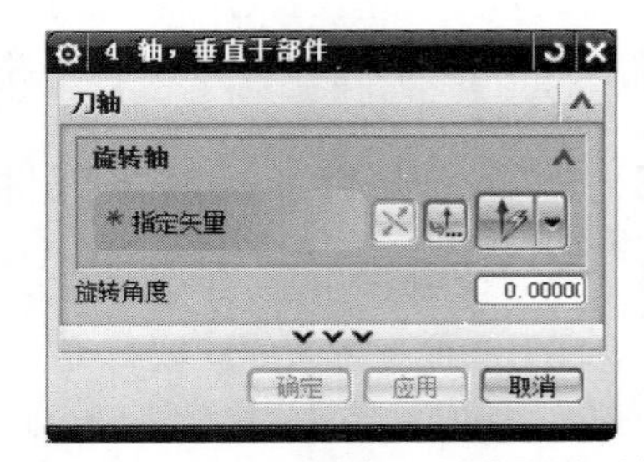

图 9-26 【4 轴，垂直于部件】对话框

（1）旋转轴：通过指定矢量来定义旋转轴（第 4 轴）。

（2）旋转角度：指定刀轴基于刀具运动方向向前或向后倾斜的角度。旋转角度为正时，使刀轴基于刀具路径方向向前倾斜；旋转轴角度为负时，使刀轴基于刀具路径方向向后倾斜。与前倾角不同，它不决定于刀具的运动方向，而总是向部件几何体表面法线的同一侧倾斜。

2．相对于部件

“4 轴，相对于部件”与“4 轴，垂直于部件”方法非常相似，通过指定第 4 轴及其旋转角度、前倾角和侧倾角来定义刀轴矢量，即先将部件表面法向矢量基于刀具运动方向向前或向后旋转前倾角、向左或向右旋转侧倾角，然后再把旋转后的矢量投影到正确的第 4 轴运动平面，最后旋转一个旋转角度得到刀轴矢量，如图 9-27 所示。选择该选项，弹出图 9-28 所示的【4 轴，相对于部件】对话框。该方法通常应用于 4 轴数控铣床的编程中，尤其是第 4 轴为旋转工作台的数控设备，所以这种情况下侧倾角应设置为 0°。

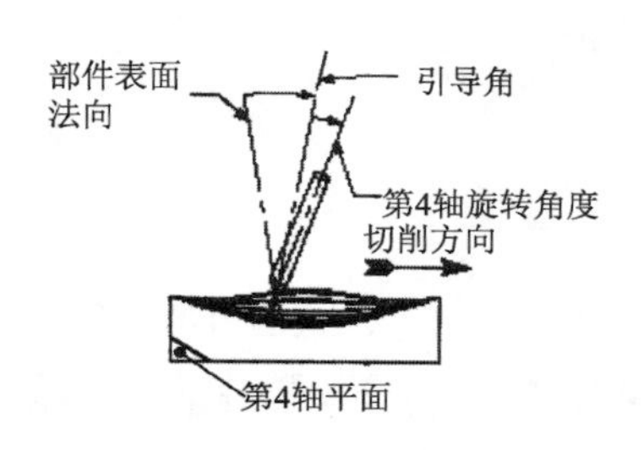

图 9-27　“4 轴，相对于部件”定义的刀轴位置

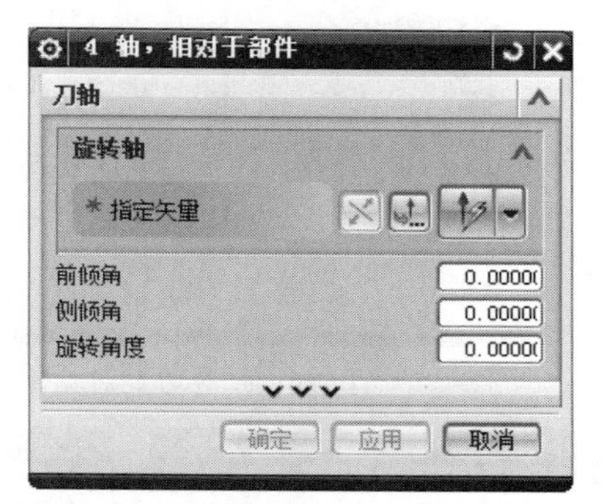

图 9-28　【4 轴，相对于部件】对话框

3．双 4 轴-相对于部件

“双 4 轴，相对于部件”的方法与“4 轴，相对于部件”方法相同，通过设定第 4 轴及其旋转角度、前倾角、侧倾角来定义刀轴矢量。该方法只能用于往复式（Zig-Zag）切削方法，在 Zig 和 Zag 两个方向上建立 4 轴运动，通常用于五轴数控机床行切曲面，分别在行切方向和横向跨越方向建立四轴运动，可以得到比较好的表面质量。旋转轴通常为两个互相垂直的坐标轴，如带 A/B 旋转轴的设备中旋转轴为 XC 和 YC 轴，如图 9-29 所示。选择该选项，弹出图 9-30 所示的【双 4 轴，相对于部件】对话框，在该对话框中可以分别设置“单向切削（Zig）”和“回转切削（Zag）”的前倾角、侧倾角及旋转角度。

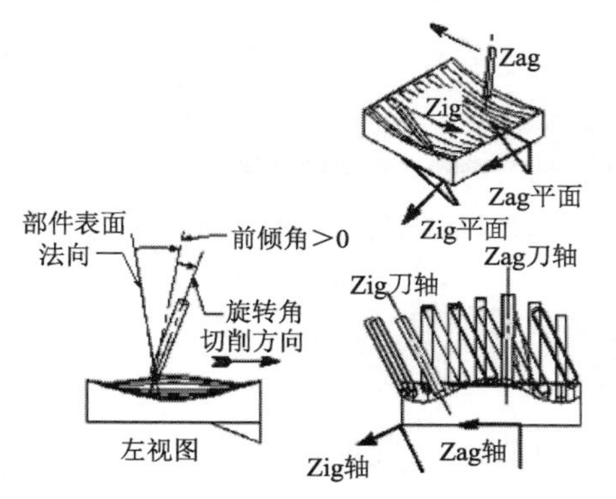

图 9-29　“双 4 轴，相对于部件”定义的刀轴位置

图 9-30　【双 4 轴，相对于部件】对话框

9.2.5　优化后驱动、插补矢量

1．优化后驱动

“优化后驱动”是系统提供一个优化函数而得到的刀轴控制方式。选择该选项，弹出图 9-31 所示的【优化后驱动】对话框。

2．插补矢量

“插补矢量”方法允许用户通过自定义点和矢量来控制刀轴矢量。对于变化复杂的零件曲面，当驱动曲面变化较大时，导致刀轴矢量变化过大。通过在指定点定义矢量来控制刀轴矢量，可以得到比较光顺的加工曲面，如图 9-32 所示。“插补”方法分为“插补矢量”“插补角度至部件”和“插补角度至驱动”3 种，选择任意一种都会弹出相应的图 9-33 所示的对话框，设置方法类似。

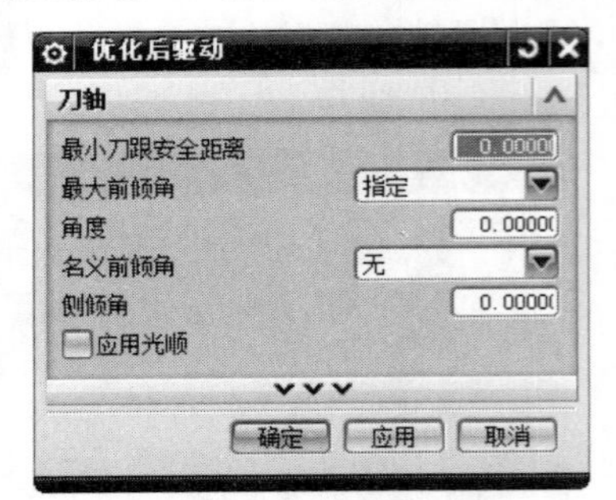

图 9-31 【优化后驱动】对话框

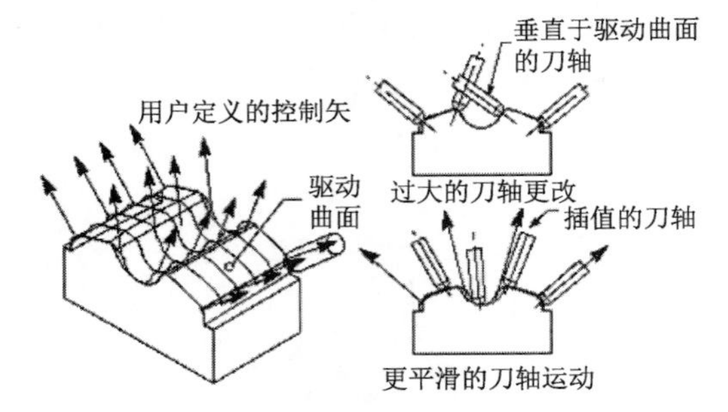

图 9-32 “插补”定义的刀轴位置

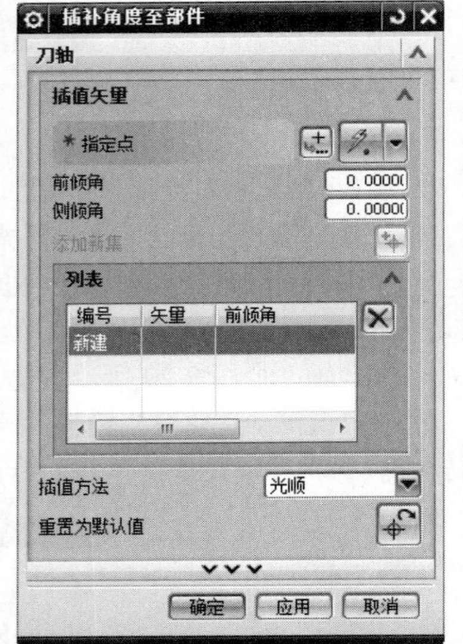

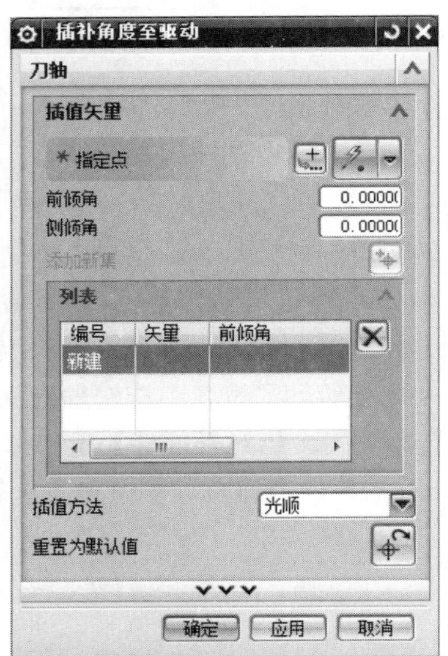

图 9-33 【插补矢量】、【插补角度至部件】和【插补角度至驱动】对话框

9.2.6 垂直于驱动体、相对于驱动体、侧刃驱动体等

1．垂直于驱动体

“垂直于驱动体”方法在每一个接触点处创建垂直于驱动曲面的刀轴矢量，如图 9-34 所示。因为刀轴跟随驱动曲面，而不是部件几何体表面，所以可产生更光顺的往复切削运动。当工件曲面非常复杂时，可以利用比较光顺的驱动曲面控制刀轴，从而得到比较好的加工表面质量。

2．相对于驱动体

“相对于驱动体”方法控制刀轴相对于驱动面的法向矢量运动方向向前或向后偏转一个“前倾角”的角度，沿着刀具路径向左或向右偏转一个“侧倾角”。前倾角设置为 0°、侧倾角设置为 30° 时的刀轴位置如图 9-35 所示。

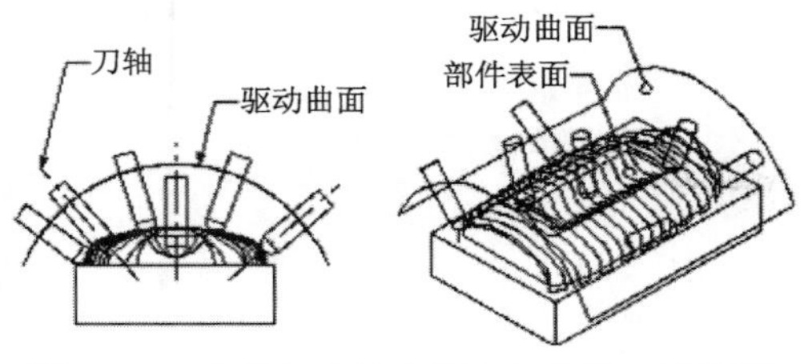

图 9-34　“垂直于驱动体”定义的刀轴位置

前倾角为0°
相对于驱动表面30°侧倾角
驱动表面
驱动表面

图 9-35　“相对于驱动体”定义的刀轴位置

3. 相对于驱动体

“侧刃驱动体”方法利用通过驱动曲面的线来定义刀轴矢量，该刀轴控制方法可以使刀具的侧刃加工驱动面、刀具底刃加工部件面。如果刀具是不带锥度的立铣刀，则刀具的轴线是平行于驱动面的直纹线；如果使用锥铣刀，则刀轴与驱动面的直纹线成一定的角度。当选择多个驱动面时，驱动面必须按照相邻面顺序选择，并且保证相邻面边缘相连，如图 9-36 所示。“侧刃驱动体”就是直纹面驱动刀轴，只适用于直纹面的加工情况。

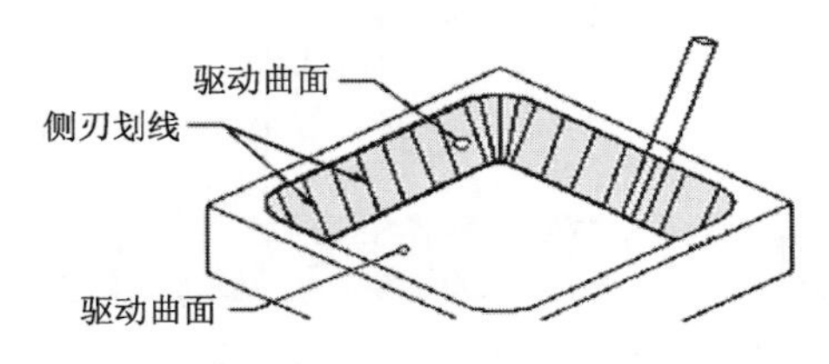

图 9-36　“侧刃驱动体”定义的刀轴位置

4. 其余驱动方式

（1）4 轴，垂直于驱动体

“4 轴，垂直于驱动体”通过指定第 4 轴及其旋转角度来定义刀轴矢量，即刀轴先从驱动曲面法向旋转到旋转轴的法向平面，然后基于刀具运动方向向前或向后倾斜一个旋转角度。选择该选项，弹出图 9-37 所示的【4 轴，垂直于驱动体】对话框，其选项与【4 轴，垂直于部件】对话框相同。

（2）4 轴，相对于驱动体

“4 轴，相对于驱动体”通过指定第 4 轴及其旋转角度、前倾角和侧倾角来定义刀轴矢量，即先指定刀轴从驱动曲面法向、基于刀具运动方向向前或向后倾斜前倾角度和侧倾角度，然后投影到正确的第 4 轴运动平面，最后旋转一个旋转角度。选择该选项，弹出图 9-38 所示的【4 轴，相对于驱动体】对话框，其选项与【4 轴，相对于部件】对话框相同。

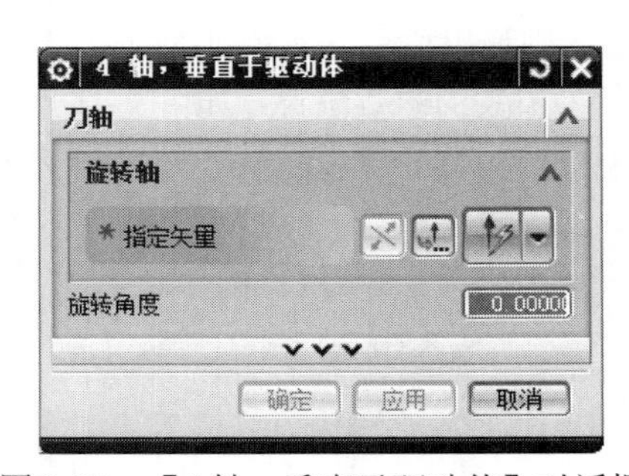

图 9-37　【4 轴，垂直于驱动体】对话框

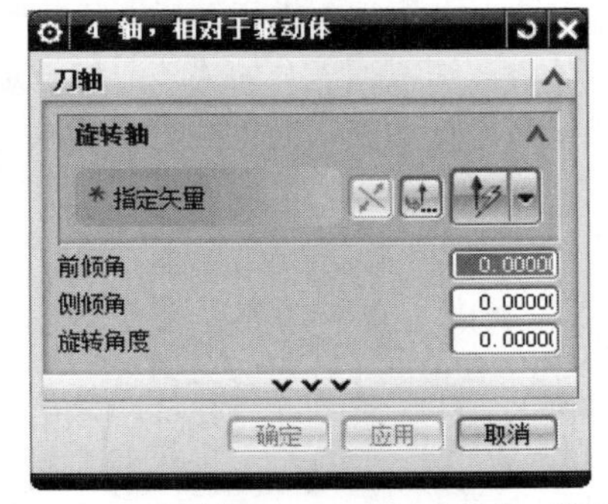

图 9-38　【4 轴，相对于驱动体】对话框

（3）双 4 轴，相对于驱动体

选择该选项时，弹出图 9-39 所示的【双 4 轴，相对于驱动体】对话框，其选项和【双 4 轴，在部件上】相同。

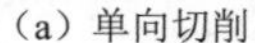
（a）单向切削

（b）回转切削

图 9-39　【双 4 轴，相对于驱动体】对话框

9.3　可变轴曲面轮廓铣

可变轴曲面轮廓铣（VARIABLE_CONTOUR）是相对固定轴加工而言的，指在加工过程中刀轴的轴线方向是可变的，即可随着加工表面的法线方向不同而改变，使得原来用固定轴曲面加工时陡峭的表面变成非陡峭表面而一次加工完成。

9.3.1　可变轴曲面轮廓铣简介

1．作用及加工对象

可变轮廓铣是通过控制刀具轴、投影矢量和驱动方法来实现在加工过程中使刀具轴线方向改变而进行铣削的一种加工方法，也就是刀具轴线方向随着加工表面的法线方向不同而做相应改变，从而改善加工过程中刀具的受力情况，放宽对加工表面复杂性的限制。

在可变轮廓铣操作中，可以改变刀轴矢量的方向和驱动点投影到部件表面上的方向，用于加工形状复杂、需多方向同时加工的零件，如图 9-40 所示。典型的可变轮廓铣加工实例是利用大型的四轴或五轴加工中心加工。

2．加工原理

可变轮廓铣的加工原理与固定轴曲面轮廓铣的加工原理基本相同。从驱动几何体上产生驱动点，再将驱动点沿着一个指定的投影矢量投影到部件几何体上，生成刀位轨迹点，同时检查该刀位轨迹点是否过切或超差。如果该刀位轨迹点满足要求，则输出该点，驱动刀具运动，刀具在接触点对部件面进行加工，而生成刀轨的输出刀具位置却为刀尖的中心位置，如图 9-41 所示。

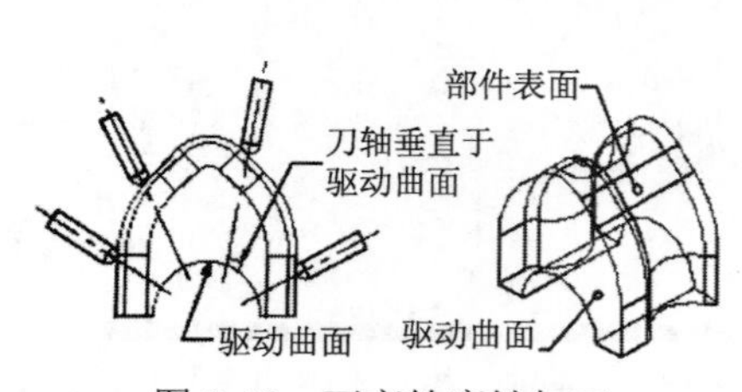

图 9-40　可变轮廓铣加工

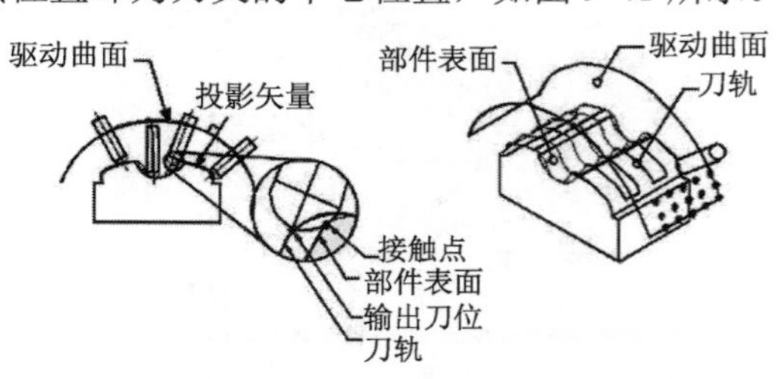

图 9-41　可变轮廓铣加工原理

同样，在没有指定部件几何体的情况下，也可以直接在驱动面上生成刀轨，而不需要投影驱动点。如图 9-42 所示，没有指定部件几何体，而直接利用部件面作为驱动曲面；驱动点生成后，直接变成刀具接触点，也就是实际的输出位置点。

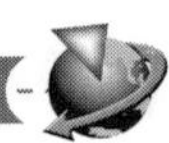

可变轮廓铣也有驱动几何体、驱动点、驱动方式、部件几何体和投影矢量等概念，且定义方式与固定轴曲面轮廓铣相同。两者的对话框相似，不同之处在于可变轮廓铣提供了刀具轴的控制和对驱动刀轨投影方向的控制选项。

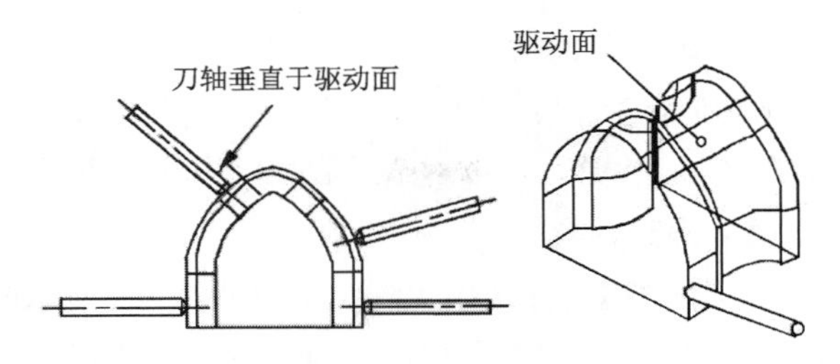

图 9-42　用部件面作为驱动面的可变轮廓铣加工原理

可变轮廓铣的驱动方法包括曲线/点驱动、螺旋线驱动、边界驱动、曲面区域驱动、流线驱动、刀具轨迹驱动、径向切削驱动和外形轮廓铣驱动。这些驱动方式的定义与固定轴曲面铣一致。值得注意的是，可变轮廓铣没有区域驱动与清根切削驱动，而UG NX 10.0将经常使用的曲面区域驱动和边界驱动作为主要驱动方式在菜单中显示。

9.3.2　可变轴曲面轮廓铣创建步骤

1．创建可变轮廓铣操作

单击【插入】工具栏上的【创建工序】按钮，弹出图 9-43 所示的【创建工序】对话框，选择【类型】下拉列表框中 mill_multi-axis 选项，选择【工序子类型】为【可变轮廓铣】，单击【确定】按钮，将弹出图 9-44 所示的【可变轮廓铣】对话框。在该对话框中从上到下进行设置，即可完成可变轮廓铣的数控加工编程。

图 9-43　创建“可变轮廓铣”操作

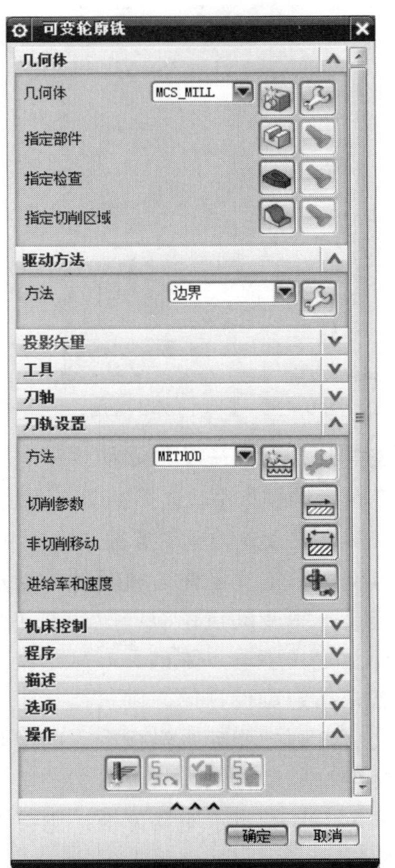

图 9-44　【可变轮廓铣】对话框

2．确定几何体

【几何体】面板如图 9-45 所示，确定几何体可以指定几何体组参数，也可以直接指定部件几何体、检查几何体及切削区域几何体等。

3．确定刀具

在【工具】面板中可以通过单击图 9-46 所示的区域选择已有的刀具，也可以单击【新建】按钮，创建一把新的刀具作为当前操作使用的刀具，并且可以选择后面的【显示】选项来查看创建刀具的三维效果图。

图 9-45　【几何体】面板

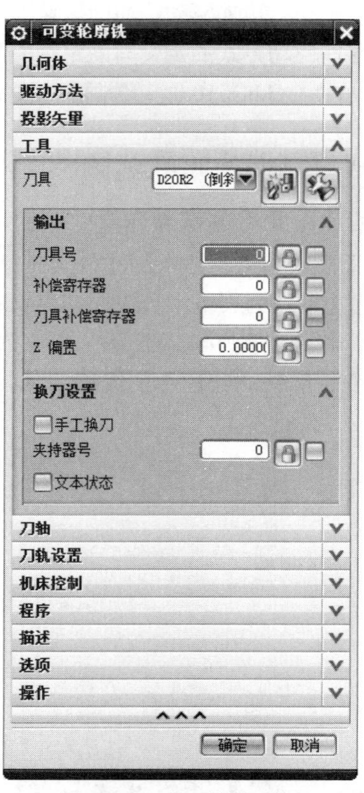

图 9-46　【工具】面板

4．选择驱动方法并设置驱动参数

在可变轮廓铣操作中，选择驱动方法是主要的设置，并且根据不同的铣削方式设置其驱动参数，如图 9-47 所示。

驱动方法用于定义创建刀轨时的驱动点，有些驱动方法沿指定曲线定义一串驱动点，有些驱动方法则在指定的边界内或指定的曲面上定义驱动点阵列。一旦定义了驱动点，就用来创建刀轨。若未指定零件几何，则直接从驱动点创建刀轨；若指定了零件几何，则把驱动点沿投影方向投影到零件几何上创建刀轨。选择何种驱动方法，与要加工的零件表面的形状及其复杂程度有关。一旦指定了驱动方法，则可以选择的驱动几何的类型也被确定。

图 9-47　【驱动方法】面板

5．投影矢量的设置

投影矢量用于确定驱动点投影到零件几何表面上的方向，以及刀具与零件几何表面的哪一侧接触。一般情况下，驱动点沿投影矢量方向投影到零件几何体表面上，有时当驱动点从驱动曲面向零件几何体表面投影时，可能沿投影矢量相反方向投影。刀具总是沿投影矢量与零件几何体表面的一侧接触。可用投影矢量的类型取决于所选择的驱动方法。边界驱动的投影矢量设置选项如图 9-48 所示，曲面驱动的投影矢量设置选项如图 9-49 所示，其他驱动方法所对应的投影矢量选项与二者相同。

图 9-48　边界驱动-【投影矢量】面板

图 9-49　曲面驱动-【投影矢量】面板

6．刀轴的设置

刀轴可用设置的类型取决于所选择的驱动方法。边界驱动的刀轴设置选项如图 9-50 所示，曲面驱动的刀轴设置选项如图 9-51 所示，其他驱动方法对应的刀轴选项与二者相同。

图 9-50　边界驱动-【刀轴】面板

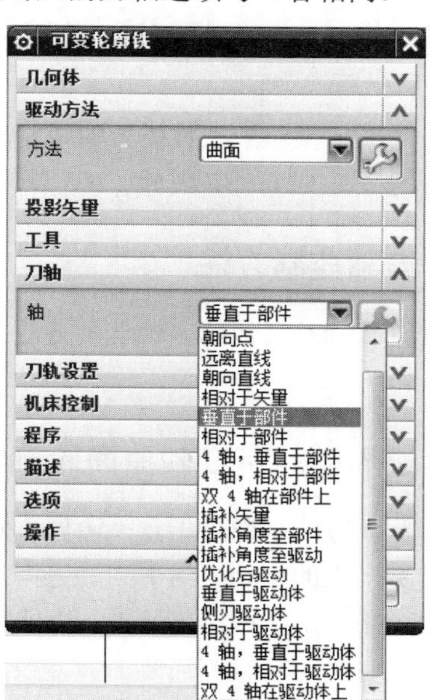

图 9-51　曲面驱动-【刀轴】面板

7. 刀轨设置

如果有需要，则可以打开下一级对话框并进行切削参数、非切削移动、进给率和速度等参数的设置。在选项参数中大部分参数可以按照系统默认值进行运算，但对于切削参数中的【余量】、【进给率】和【主轴转速】参数通常都需要进行设置，如图 9-52 所示。

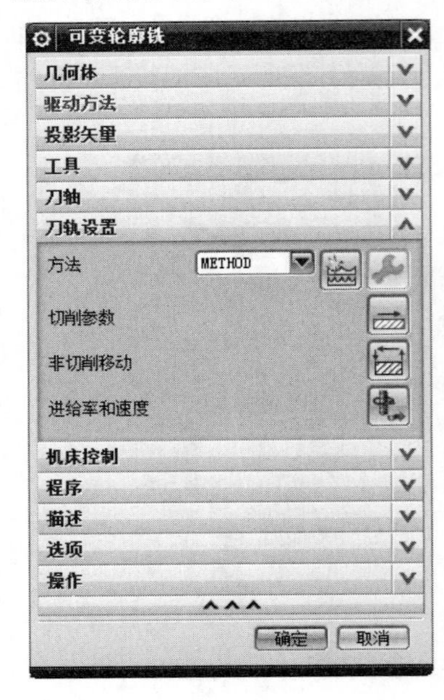

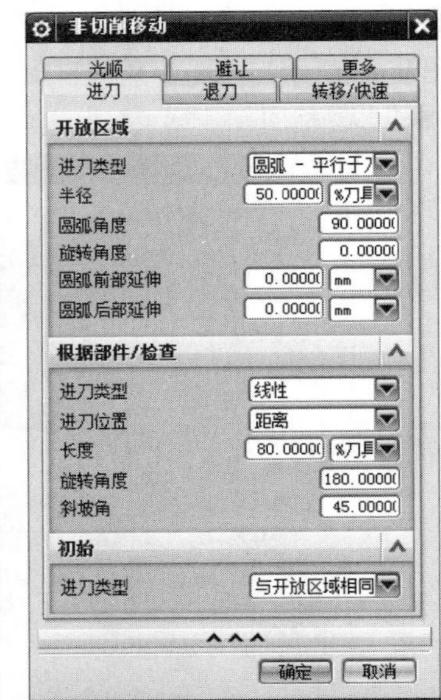

图 9-52 刀轨设置

8. 生成刀轨、检验刀轨

在操作对话框中指定了所有的参数后，单击对话框底部【操作】面板中的【生成】按钮生成刀轨。

对于生成的刀轨，单击【操作】面板中的【重播】按钮或【确认】按钮检验刀轨的正确性。确认正确后，单击【确定】按钮关闭对话框，完成可变轮廓铣操作的创建。

9. 后处理

单击【加工操作】工具栏上的【输出 CLSF】按钮、【后处理】按钮、【车间文档】按钮，可以分别生成 CLSF 文件、NC 程序和车间文档。

9.3.3 刀轴控制方法

可变轮廓铣及其他的多轴铣削方法中的刀轴控制方法与 9.2 节中的介绍相同，在此不再重复赘述。

9.3.4 边界驱动可变轴曲面轮廓铣

边界驱动方法是通过指定“边界”来定义切削区域，“边界”与零件表面的形状和尺寸无关。由边界定义产生的驱动点沿着刀轴方向投影到零件表面，定义出刀具接触点进而生成刀具路径。边界驱动方法多用于精加工操作，边界驱动方式和平面铣加工的工作方式类似，与平面铣加工方式不同的是它的刀具轨迹需要沿着复杂的轮廓曲线生成，以完成曲面的精加工。边界驱动方式是在边界包围的切削区域内产生驱动点网格，与曲面驱动方式相同。

边界驱动方式比曲面驱动方式更快捷、更容易，可以快速地生成边界和刀轨，不像曲面驱动方式需要定义曲面，但是在曲面驱动方式中可以使用的许多刀轴控制选项在边界驱动方式中不能使用。

1．创建边界驱动

在图 9-53 所示的【可变轮廓铣】对话框的【驱动方法】面板中选择【边界】，系统弹出图 9-54 所示的【边界驱动方法】对话框，可在此对话框中进行设置以创建边界。若【边界】选项已被选择，可以单击【编辑】按钮来创建边界驱动。

2．驱动几何体

通俗地说，驱动几何体就是产生刀路的载体，通过驱动几何体根据所定义的切削方法在驱动几何体上产生驱动点，这些驱动点根据投影矢量投影到部件上产生刀路。在图 9-54 所示的【边界驱动方法】对话框中，单击【驱动几何体】下的【指定驱动几何体】按钮，弹出图 9-55 所示的【边界几何体】对话框。

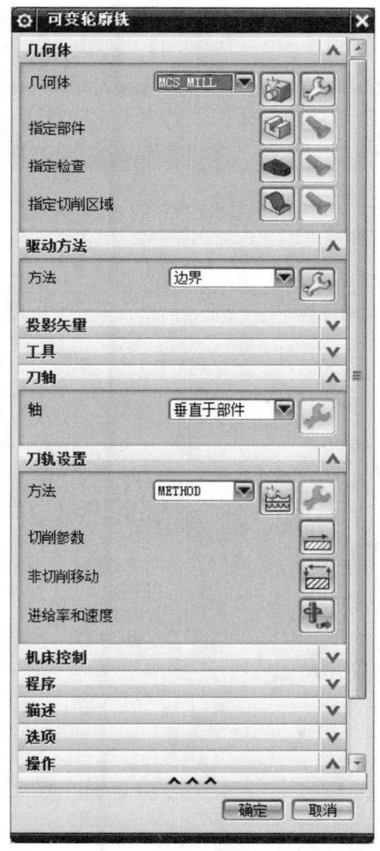

图 9-53 【可变轮廓铣】对话框

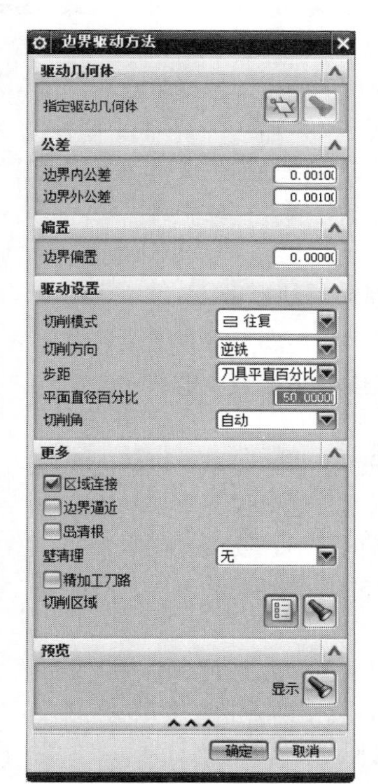

图 9-54 【边界驱动方法】对话框

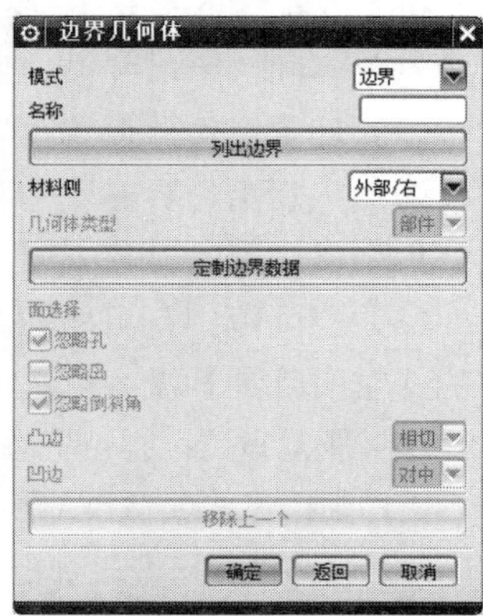

图 9-55 【边界几何体】对话框

3．边界几何体

边界驱动几何体可以是曲线、已存在的永久边界、点或表面构成的几何序列，用来定义切削区域以及岛和腔的外形。默认的边界模式为图 9-56 所示的【边界】模式。驱动模式共有 4 种选项，分别是【曲线/边】、【边界】、【面】和【点】。最常用的选择模式为【曲线/边】选项。选择【曲线/边】模式定义边界时，弹出图 9-57 所示的【创建边界】对话框。针对边界的每一成员，必须定义【刀具位置】选项，共有 3 种情况：【对中】、【相切】、【接触】。加工时刀具的实际接触点随刀具位置的不同而变化，而刀轨则是刀尖的运动轨迹。当单击驱动模式下的【点】模式的时候，会自动弹出图 9-58 所示的对话框，通过点方法进行创建边界。

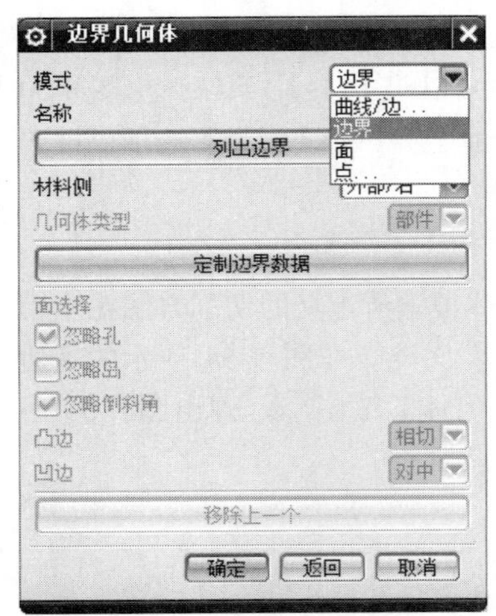

图 9-56　驱动模式选择

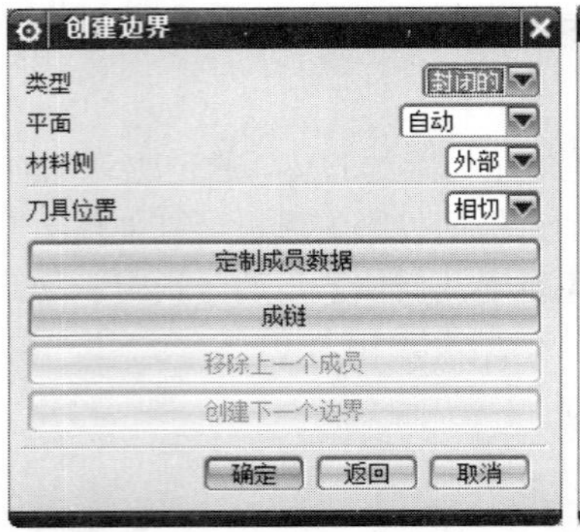

图 9-57　【创建边界】对话框

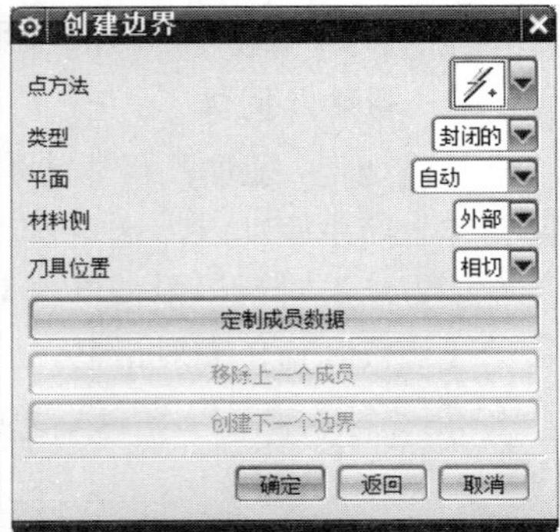

图 9-58　【创建边界】对话框 II

在选择边界时，要注意材料侧的确定。选择驱动几何体的边界时，可以选择的类型有【开放的】和【封闭的】两种，驱动几何体的平面位置将不影响刀具路径的生成。边界的选择方法与平面铣中边界的选择方法相同，在此不再赘述，详细请参阅第 3.4 节。

4．公差、偏置、空间范围和驱动设置

（1）公差：选择好边界几何体后，即可设置【边界内公差】和【边界外公差】，边界公差与切削参数中的部件公差应用的对象不同，所以并不一致。

（2）偏置：边界偏置可以设置余量，可以对边界进行偏移，即加工后沿边界剩下的材料量。边界偏置与切削参数中的部件余量应用的对象不同，所以并不一致。

（3）空间范围：可变轮廓铣的【边界驱动方法】对话框中的【空间范围】没有可选项。

（4）驱动设置：边界驱动方法的【驱动设置】面板如图 9-59 所示。切削模式选项有六大类共 15 个选项，指定走刀方式以及行间的转换方式。可变轮廓铣的【驱动设置】所有选项与第 8 章中固定轴曲面铣的相同，此处不再赘述。

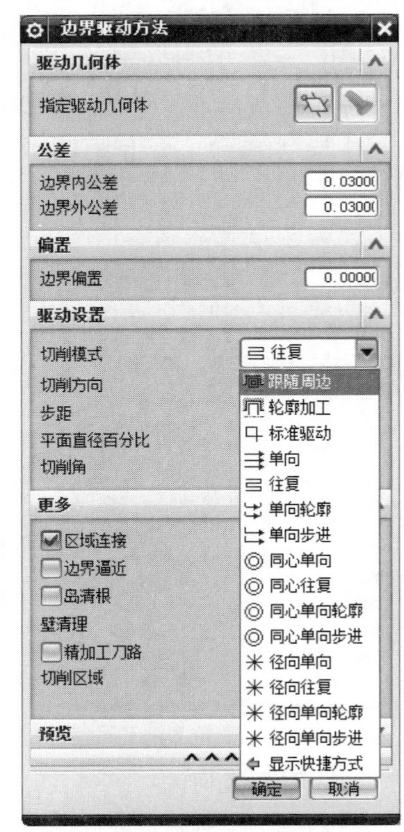

图 9-59　【驱动设置】面板

5．更多

边界驱动方法的【更多】面板如图 9-60 所示。这里可以定义很多形式的选项，用来提高刀轨质量。

（1）区域连接：在多切削区域的加工中，尽量减少从一个切削区域转换到另一个切削区域的退刀、进刀和横越运动。只适用于“跟随周边”和“配置文件”切削模式。

（2）边界逼近：减少将切削路径转换成更长的直线段的时间，以缩短系统处理时间，提高加工效率。

（3）岛清根：环岛清根，环绕岛的周围增加一次走刀，以清除岛周围残留的材料。只适用于“跟随周边”切削模式。

（4）壁清理：清壁可以选择【无】、【在起点】或【在终点】选项。

（5）精加工刀路：光刀，在每一个正常切削操作结束后，沿边界添加一条精加工刀路。

（6）切削区域：单击【切削区域】下的【选项】按钮，弹出图9-61所示的【切削区域选项】对话框，该对话框用于定义切削起始点和切削区域的图形显示方式。定义切削起始点时，可由用户指定一个或多个起始点，或系统自动确定单一起始点。起始点定义了刀具开始切削的近似位置。系统将根据切削类型以及切削区域的形状确定起始点的精确位置。若指定了多个起始点，则将利用最靠近切削区域的那个起始点。

① 刀具末端：在部件表面上跟踪刀尖位置建立临时显示曲线，而不管刀具是否实际在部件表面上。

② 接触点：在部件表面上由刀具的一系列接触位置建立临时显示曲线。

③ 接触法向：在部件表面上由刀具接触位置建立一系列临时显示的法向矢量。

④ 投影上的刀具末端：将刀尖位置建立的临时显示曲线临时建立在边界平面上，或无边界平面时建立在垂直于投影方向并通过坐标系（WCS）原点的平面。

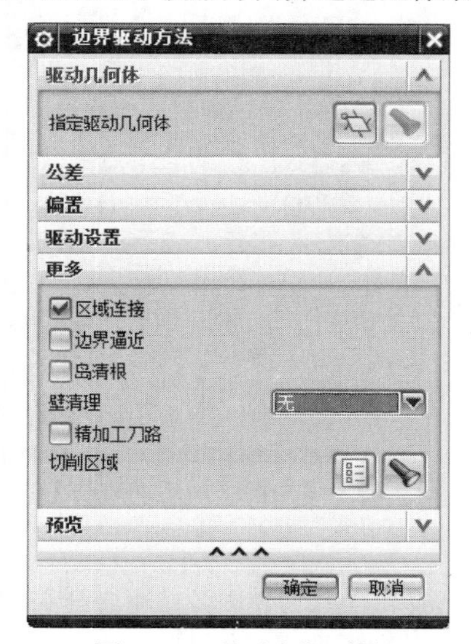

图9-60 【更多】面板

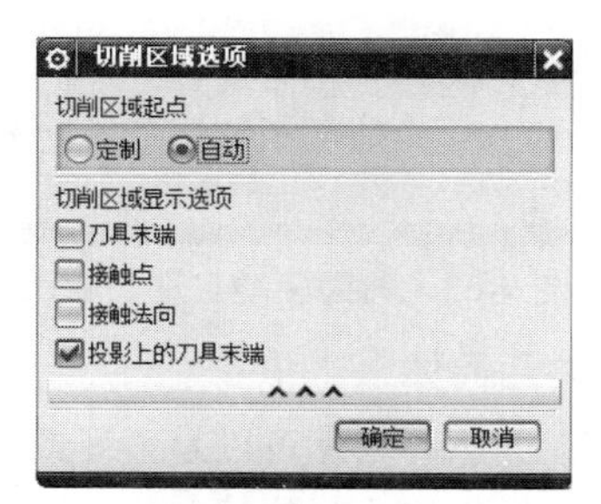

图9-61 【切削区域】对话框

9.3.5 曲面驱动可变轴曲面轮廓铣

曲面驱动方式能够创建各种固定轴轮廓铣和可变轮廓铣加工操作。曲面驱动方式提供了对非常复杂曲面的刀轴控制和投影矢量的控制方法。曲面驱动方式在驱动曲面网格上定义驱动点的阵列，通过控制刀轴和投影矢量，将驱动点投影到零件的加工表面，形成刀轨。相对于边界驱动来说，曲面驱动方式更适用于可变轮廓铣加工，它可以完成对非常复杂零件表面的切削。

单击【插入】工具栏上的【创建工序】按钮，弹出【创建工序】对话框，选择【类型】下拉列表框中mill_multi-axis选项，选择【工序子类型】为【可变轮廓铣】，单击【确定】按钮将弹出【可变轮廓铣】对话框，驱动方式选择图 9-62 所示的【曲面】选项，在操作对话框中从上到下进行设置。在该对话框的【驱动方法】面板中单击【编辑】按钮，将弹出图 9-63 所示的【曲面区域驱动方法】对话框。

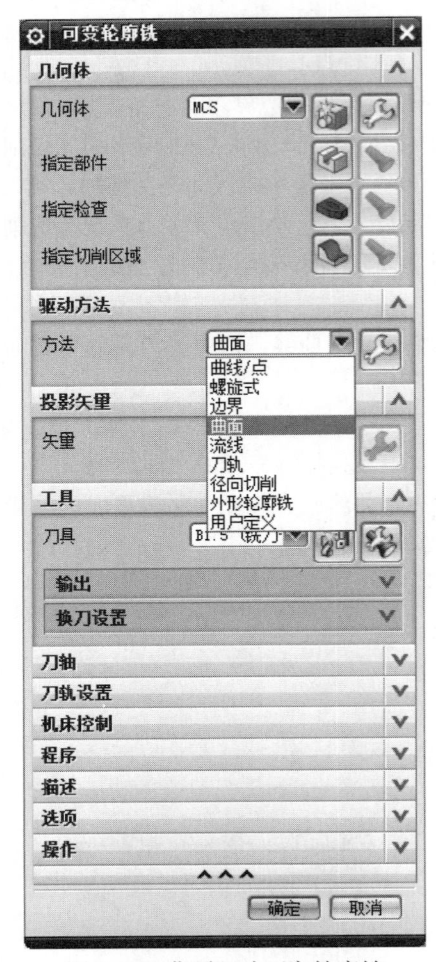

图 9-62　曲面驱动可变轮廓铣

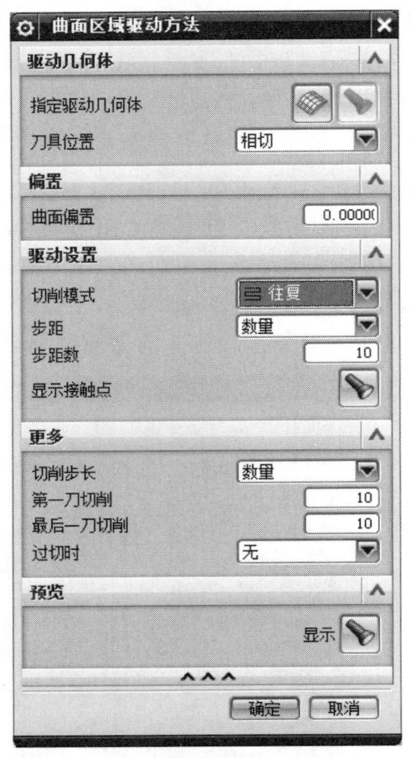

图 9-63　【曲面区域驱动方法】对话框

1. 驱动几何体

曲面驱动的驱动表面可以是平面或曲面，也就是选择驱动几何体时，只能选择实体表面或片体，并要求可以生成均匀的行向与列向驱动点，因此驱动曲面要求足够光顺，如图 9-64 所示。

曲面驱动方式提供了最强大的刀轴控制功能，可变刀轴选项可以定义刀轴相对于驱动曲面的变化。当加工复杂零件表面时，可以使用附加刀轴控制来防止额外的刀具波动。驱动曲面可以是部件的被加工曲面，也可以是独立的曲面，如图 9-65 所示。

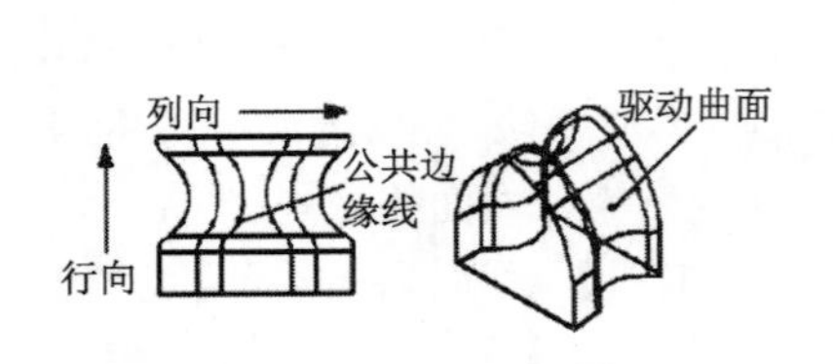

图 9-64　驱动曲面的要求

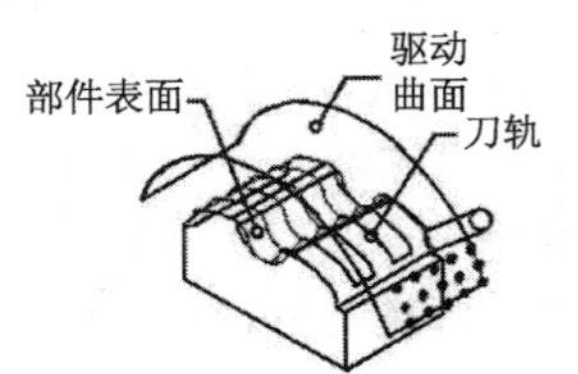

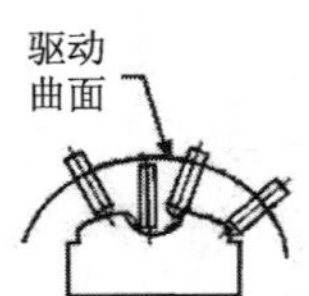

图 9-65　刀轴与部件表面、驱动曲面的关系

当希望从部件几何体上产生驱动点时，可以使用部件几何体作为驱动几何体，而不需要再单独选择部件几何体。它不需要指定驱动几何体，利用部件几何体自动计算出不冲突的容纳环，从而确定切削区域；当希望从其他几何体上产生驱动点时，需要选择部件几何体和驱动几何体，并在驱动几何体上产生驱动点，进而沿着投影矢量方向投影到部件几何体上产生刀轨。无论如何，刀轴都可以跟随驱动几何体。

（1）指定驱动几何体

在【曲面区域驱动方法】对话框的【驱动几何体】面板中单击【选择或编辑驱动几何体】按钮，弹出图 9-66 所示的【驱动几何体】对话框，可在图形区直接进行选择。当存在多个驱动曲面时，相邻曲面间要有公共边缘线。如果在建模时没能建造连续的曲面，则在选择时往往会弹出警告对话框，提示要更改链接公差。

若选择多个曲面网格作为驱动曲面，在选择一行后，应单击【确定】按钮以开始下一行曲面网格的选择，且要求以后各行的网格曲面数目与第一行相同，如图 9-67 所示。

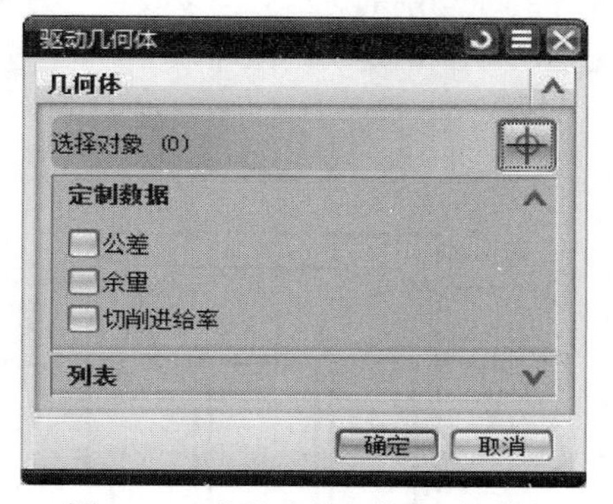

图 9-66　【驱动几何体】对话框

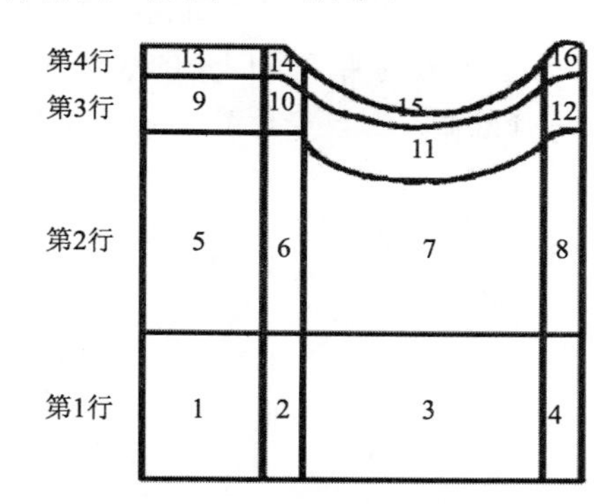

图 9-67　驱动曲面各行的网格曲面数目要相同

（2）切削区域

切削区域用于确定驱动表面总面积的多少用于操作中，系统提供了两种定义切削区域的方式。

① 曲面%：在【切削区域】对话框中选择该选项，弹出图 9-68 所示的【曲面百分比方法】对话框，该对话框中的一组参数用来确定切削区域的起始位置和终止位置。所有的起始参数的参考点都设置为 0%。若设置为负值，则扩展切削区域到表面起始边缘以外；若设置为正值，则缩小切削区域。对于单个驱动表面而言，这里的 100%是指整个表面。对于多个驱动表面而言，100%除以驱动表面数表示整个表面，而不管各表面的大小。

② 对角点：从驱动曲面内选定表面上指定两个对角点来确定切削区域。两个对角点可位于驱动曲面的两个不同表面上（当驱动曲面由多个表面组成时）。

（3）刀具位置

如图 9-69 所示，刀具位置参数用于定义刀尖与部件表面的接触点位置。刀尖沿着驱动点投影矢量方向从驱动点向部件表面行进。相对前面的驱动方式，曲面驱动方式只提供两种刀具位置关系。刀具位置有相切和开两种指定方式。

① 相切：刀具定位在与驱动表面相切，并沿着投影矢量方向投影到与部件表面相切的位置，进而建立接触点。

② 开（On）：刀尖定位到驱动点，并沿着投影矢量方向投影到部件表面上，使刀尖与部件表面接触，进而建立接触点。

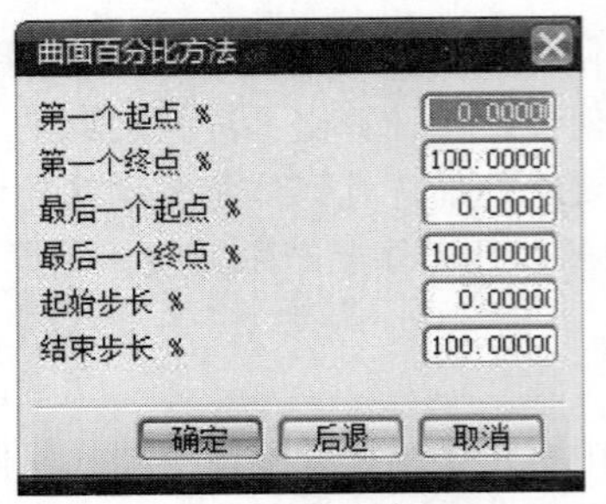

图 9-68 【曲面百分比方法】对话框

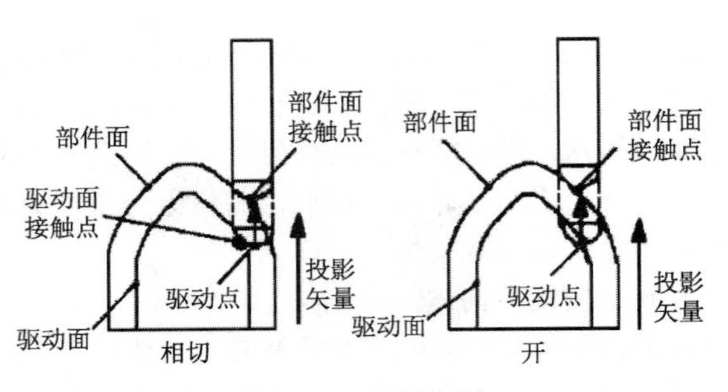

图 9-69 刀具位置

当直接依赖于驱动曲面创建刀位轨迹时，“刀具位置”一定要设置为“相切”，避免由于产生干涉而切伤工件表面，如图 9-70 所示。

（4）切削方向

在【曲面区域驱动方法】对话框中，切削方向用于指定切削的进给方向以及第一刀开始的区域。用户从显示在零件表面四角的成对矢量箭头中选择一个来确定切削方向以及刀具开始切削的位置，选择好后，在该矢量箭头上打上“O”记号，如图 9-71 所示。

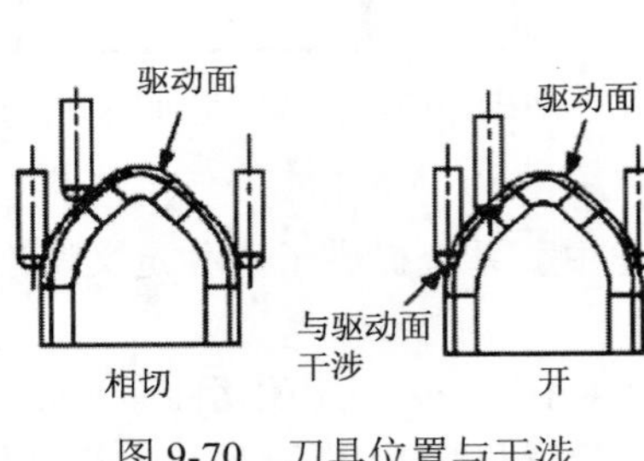

图 9-70 刀具位置与干涉

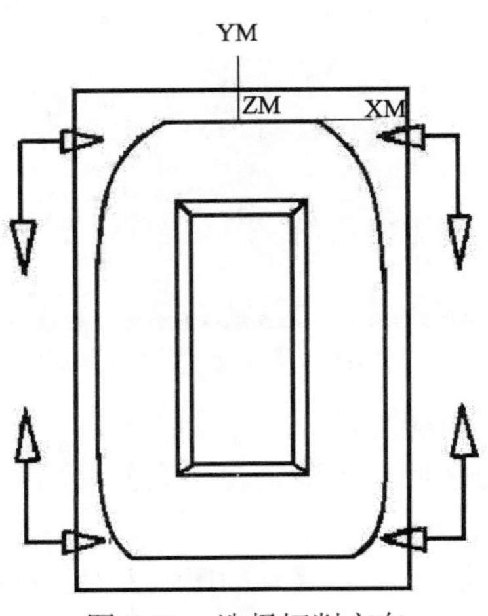

图 9-71 选择切削方向

（5）材料反向

在【曲面区域驱动方法】对话框中，“材料反向”用于将表示材料侧的矢量方向反向，如图 9-72 所示。刀具直接在驱动表面上加工时，材料侧矢量用来确定刀具与驱动曲面的哪一侧接触以加工该表面，材料侧一定是指向材料去除的方向，如图 9-73 所示。若在部件表面加工，则投影矢量就确定了材料侧的方向，不能再改变。

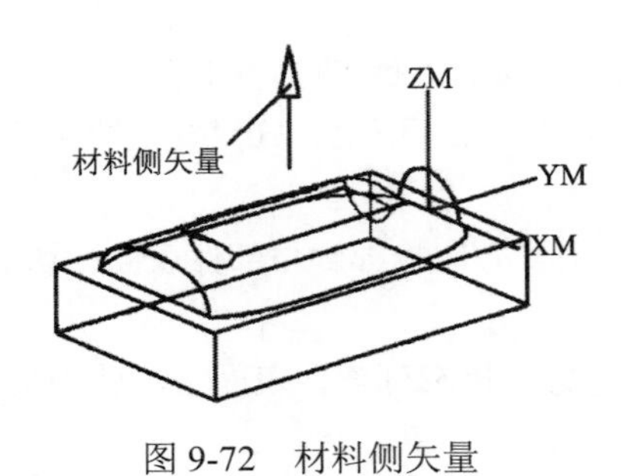

图 9-72 材料侧矢量

垂直于驱动面

材料侧

驱动曲面

图 9-73 材料侧的指定

2．驱动设置

（1）切削模式

如图 9-74 所示，有【跟随周边】、【螺旋】、【单向】、【往复】和【往复上升】5 种切削模式。前面章节已有介绍，此处不再赘述。

（2）步距

系统在【曲面区域驱动方法】对话框中提供了两种设置“步距”的方式。与“边界驱动方式”不同，针对不同情况，系统自动调整各个有效的步距设置方法，这是 UG 的最大优点。

① 残余高度：表面粗糙度，用于指定残余高度值来限制切削步进的大小，系统利用大致小于刀具直径 2/3 的数字作为切削步进值，而不管实际指定的残余高度值的大小。当选择“步距”为“残余高度”时，一些选择被激活，如图 9-75 所示。

② 最大残余高度：表示垂直于驱动表面方向测量的最大允许高度。

③ 竖直限制：表示平行于投影矢量方向测量的最大允许高度。

④ 水平限制：表示垂直于投影矢量方向测量的最大允许高度。

这种定义方式通常用于驱动表面，也可用于部件表面，可保证对加工表面粗糙度的有效控制。若表面上有刀具定位不到的区域，则不能采用此方式来定义切削步距。

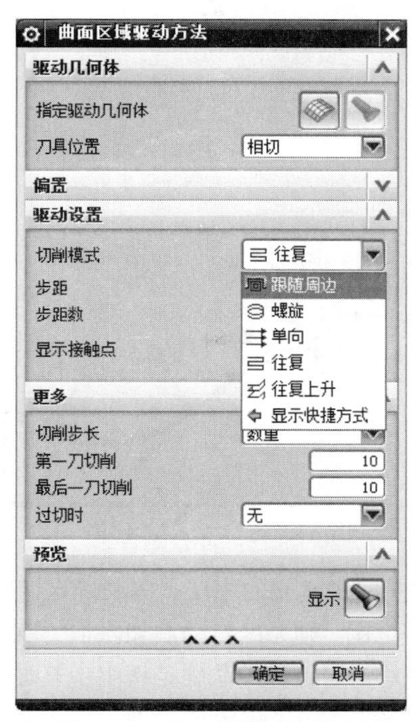

图 9-74　【切削模式】选项

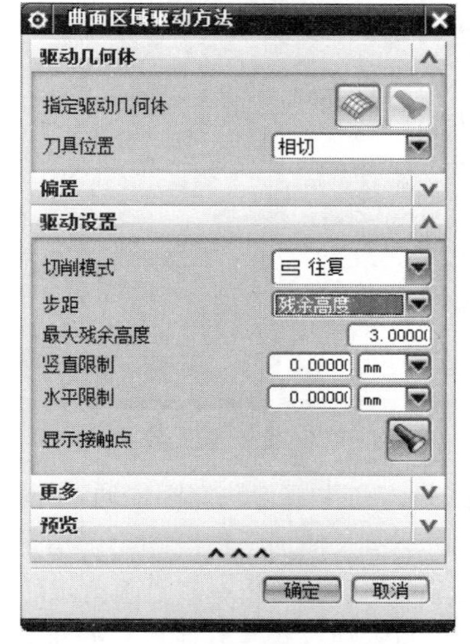

图 9-75　【步距】选择【残余高度】

⑤ 数量：在【步距】下拉列表框中选择【数量】指定切削步距的总数，也就是把要加工的范围平分为指定数量的那么多等分。

注　意

（1）“竖直限制”和“水平限制”主要用于加工陡峭表面时限制步距的垂直高度和水平高度，以免在部件表面上留下比较宽的残留材料。两者可以同时使用，也可以单独使用，甚至可以不使用。

（2）若“切削模式”为“跟随周边”，则要求分别指定“第一方向”（切削方向）的步进数和“第二方向”（步进方向）的步进数。

（3）显示接触点

单击【显示接触点】按钮，显示接触点。

3．更多

（1）切削步长

【切削步长】选项用于控制沿着驱动线参数的驱动点的间距，对于复杂的部件，驱动点的间距越小刀轨越精确。

① 公差：选择该选项，对话框显示如图 9-76 所示。通过指定内外公差值来确定切削步长，使加工精度满足指定的内公差和外公差值，公差越小，则驱动点越多，刀轨越密，刀轴跟随驱动曲面的精度也越高，如图 9-77 所示。

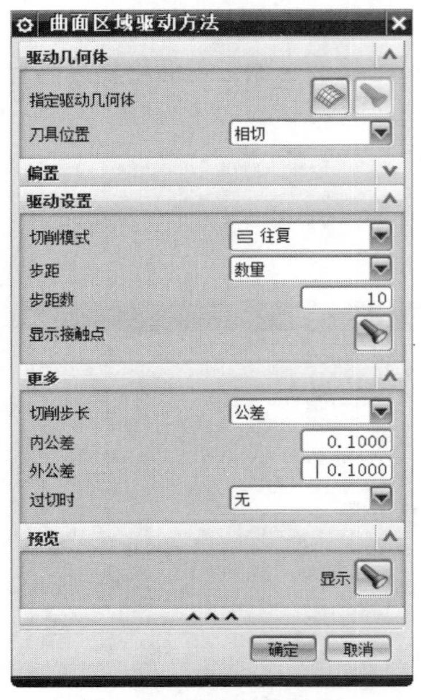

图 9-76 【公差】选项

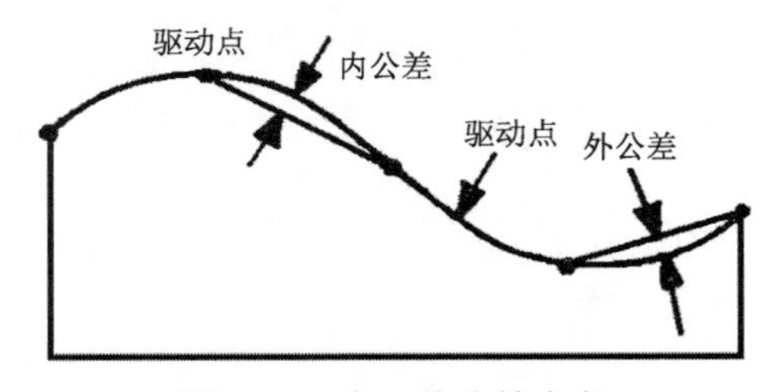

图 9-77 内、外公差含义

② 数量：在生成刀轨期间，通过指定沿着每一切削路径建立的驱动点数来确定切削步长。若指定的切削步长使加工精度超出了指定的内、外公差范围，则系统自动添加附加的驱动点，以使刀具在指定的内、外公差值范围内跟随部件表面的轮廓。用这种方法确定切削步长时，要指定一个足够大的驱动点数，以使刀具能捕捉到驱动几何体的形状，否则可能出现不合理的结构。

注 意

（1）若“切削模式”为“螺旋”“单向”“往复”和“往复上升”，则可以指定第一刀的驱动点数和最后一刀的驱动点数。若设置的两个数字不一样，则在第一刀和最后一刀之间驱动点数均匀变化。

（2）若“切削模式”为“跟随周边”，则可以指定“第一方向”（切削方向）的驱动点数、“第二方向”（步进方向）的驱动点数和“第三方向”（切削方向反向）的驱动点数。

（2）过切时

“过切时”用于指定当刀具对部件表面产生过切时需要系统作出什么响应。当没有指定部件表面而直接切削驱动曲面时，该选项是有效的。

① 无：当操作产生过切时，系统忽略，并不改变刀轨以避免过切，如图 9-78 所示。

② 警告：当操作产生过切时，系统发出警告，但是不对过切刀轨进行处理。

③ 跳过：当操作产生过切时，系统将出现过切的驱动点和刀轨删除，如图 9-78 所示。

④ 退刀：当操作存在过切时，系统调用非切削运动的参数使刀具按合理方式退刀，以避免过切。

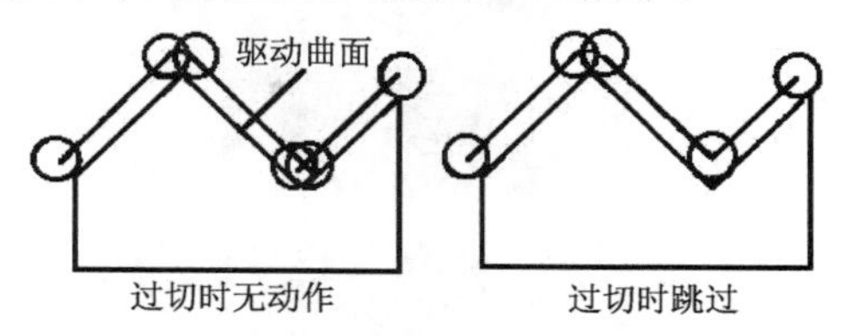

图 9-78 过切时的处理

9.3.6 实例——可变流线铣与可变轴曲面轮廓铣加工

当零件表面由单个或多个异形曲面构成，且用 2、3 轴无法进行加工时，可采用多轴加工。多轴铣削（MILL_Mutl_Axis）是沿刀具路径移动时可不断改变方向的铣削加工。多轴铣一般用于零件的半精加工和精加工。

可变轴曲面轮廓铣可以使原来用固定轴曲面加工时，使陡峭的表面变成非陡峭表面而一次加工完成，使工件表面更光顺。本节将以实例演示来说明可变流线铣与可变轴曲面轮廓铣编程的方法。本例的零件模型如图 9-79 所示。利用可变流线铣与可变轴曲面轮廓铣分别对模型上的 3 个部位进行加工：倒圆角面、小弧形面和凹形面。

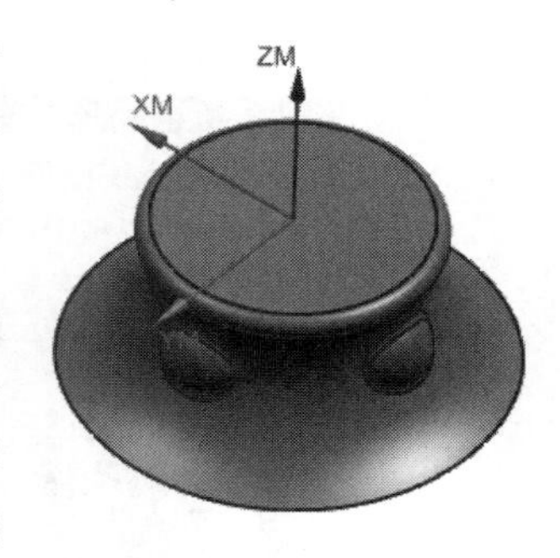

图 9-79 零件模型

	开始素材	Prt_start\chapter 9\9.3.6.prt
	结果素材	Prt _result\chapter 9\9.3.6.prt
	视频位置	Movie\chapter 9\9.3.6.avi

1. 工艺分析

由于零件表面形状构造不同，所选用的驱动方法也会不同。本例零件已经过粗加工处理、部分区域已进行了半精加工和精加工处理。多轴加工的工艺分析如下：

（1）创建“可变流线”操作来进行半精加工和精加工凹形曲面；

（2）利用“径向切削”驱动方法来精加工倒圆角面。

2. 凹形面的半精加工

步骤 01 启动 UG NX 10.0 软件，单击【打开文件】按钮，在弹出的对话框中选择本书配套资源文件 9.3.6.prt，单击【确定】按钮打开该文件。

步骤 02 在【导航器】工具栏中单击【机床视图】按钮，切换导航器中的视图模式。然后在【创建】工具栏中单击【创建刀具】按钮，弹出【创建刀具】对话框。按照图 9-80 所示的步骤新建名称为 T1_B10 的球头刀，并按照实际设置刀具参数。

步骤 03 同理按照图 9-81 所示的步骤新建名称为 T2_B4 的球头刀，并按照实际设置刀具参数。

步骤 04 单击【主页】下的【创建工序】按钮，弹出【创建工序】对话框，然后按照图 9-82 所示的步骤设置加工参数。

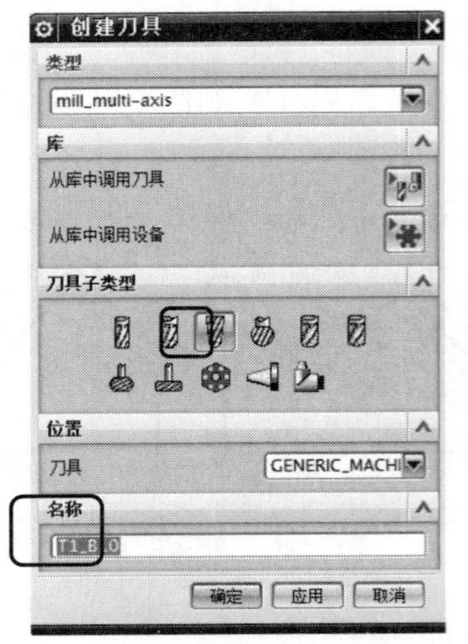

（a）【创建刀具】对话框

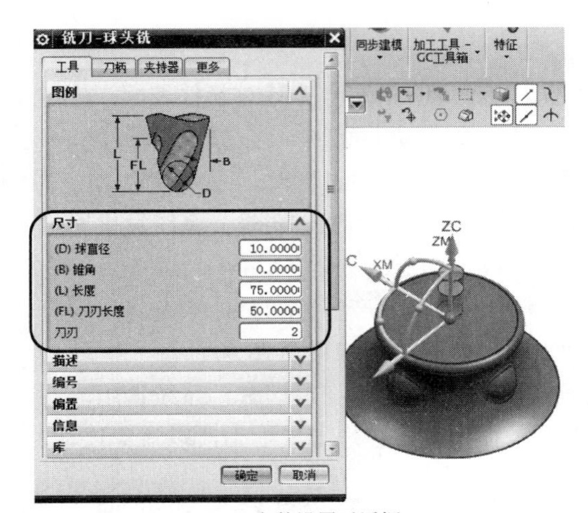

（b）参数设置对话框

图 9-80　创建名为 T1_B10 的端球头刀

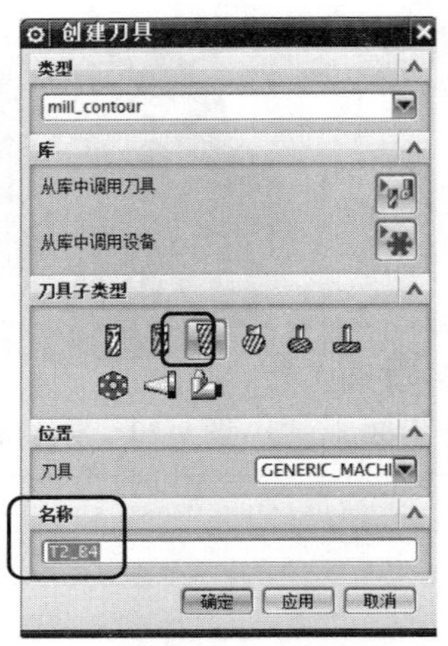

（a）【创建刀具】对话框

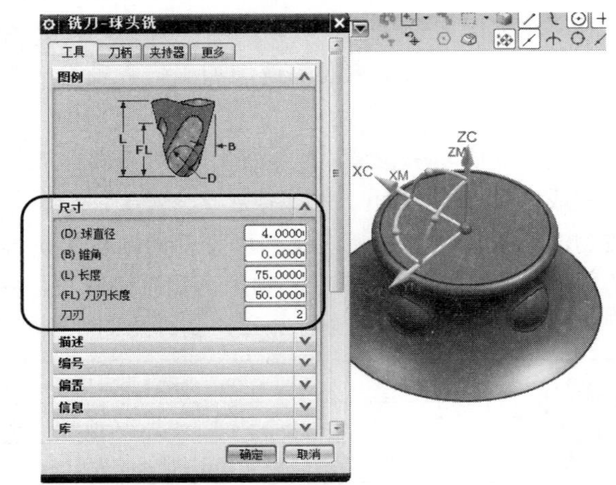

（b）参数设置对话框

图 9-81　创建名为 T2_ B4 的球头刀

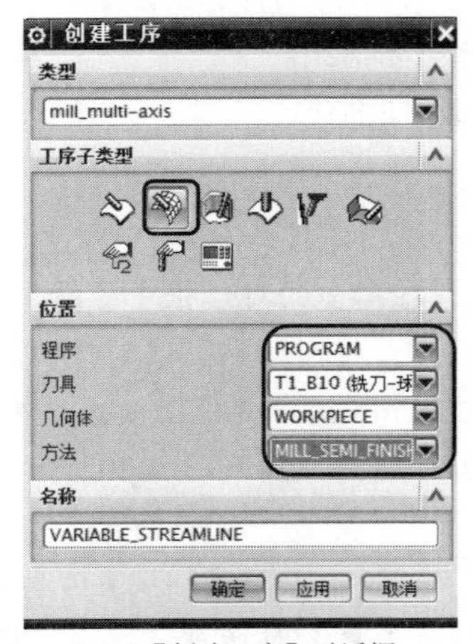

（a）【创建工序】对话框

（b）【可变流线铣】对话框

图 9-82　设置加工参数

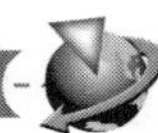

步骤 05 单击【几何体】中的【指定切削区域】按钮，按照图 9-83 所示选择指定切削区域（除上下两面外其余都选）。

步骤 06 单击【驱动方法】中流线后面的【编辑】按钮，弹出【流线驱动方法】对话框，在流曲线的列表中有两条曲线，先选择曲线 1，单击反向按钮，再选择曲线 2 后，单击反向按钮，驱动设置如图 9-84 所示，详细可参照相关视频。

图 9-83 指定切削区域

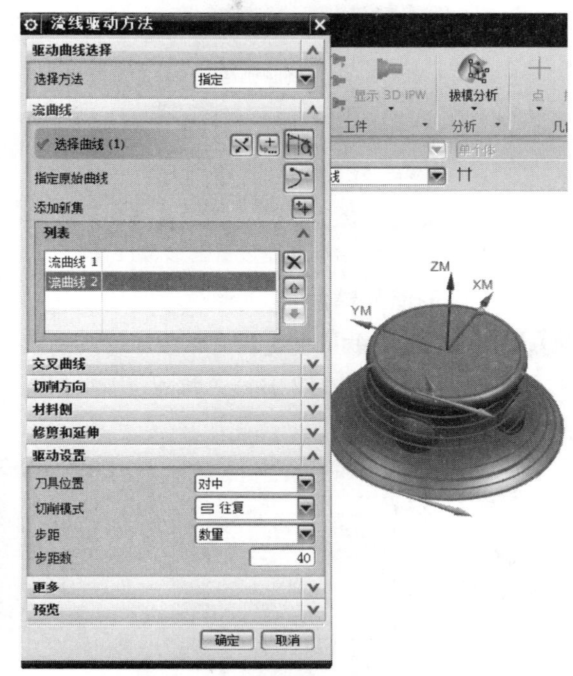

图 9-84 【流线驱动方法】的设置

步骤 07 【刀轴】选项区选择【垂直于驱动体】选项，如图 9-85 所示。

步骤 08 【切削参数】对话框参数设置如图 9-86 所示。

刀轴
轴 垂直于驱动体

图 9-85 【刀轴】设置

图 9-86 【切削参数】设置

步骤 09 【进给率和速度】对话框参数设置如图 9-87 所示。

步骤 10 在【操作】面板中单击【生成】按钮，系统将自动生成加工刀具路径，效果如图 9-88 所示，单击【确定】按钮，并保存文件。

图 9-87 【进给率和速度】的参数设置

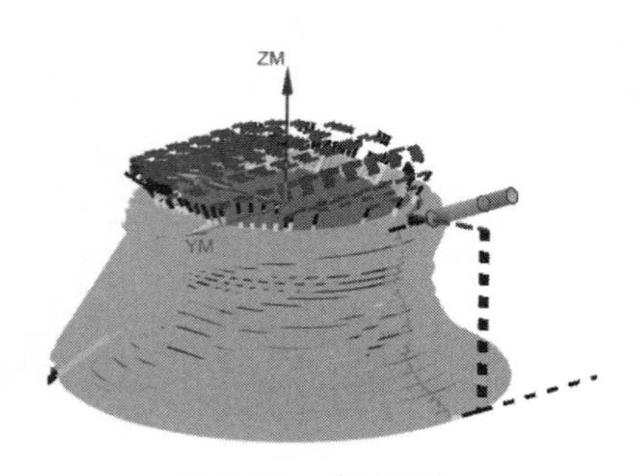

图 9-88 生成刀轨

3. 凹形面的精加工

步骤 01 在操作导航器中复制、粘贴可边流线操作。双击粘贴的操作，然后在弹出的【可变流线】对话框中工具选择“T2_B4”（铣刀）”，如图 9-89 所示。更改切削区域几何体，如图 9-90 所示。

图 9-89 参数更改

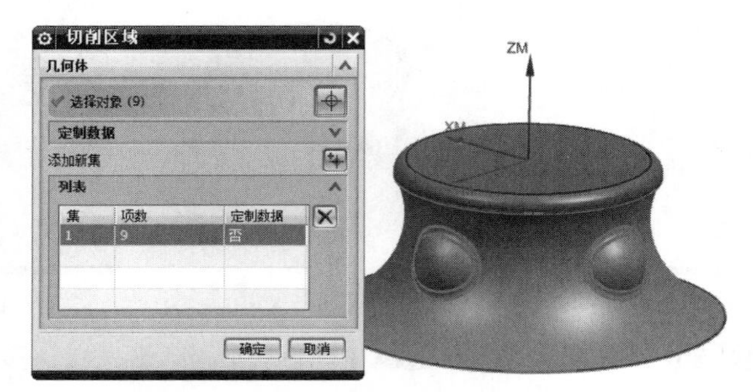

图 9-90 切削区域的选择

步骤 02 【切削参数】对话框参数设置如图 9-91 所示。

步骤 03 【进给率和速度】对话框参数设置如图 9-92 所示。

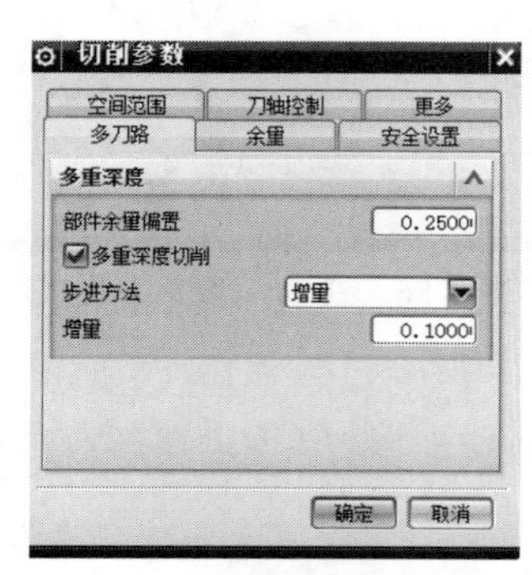

图 9-91 【切削参数】设置

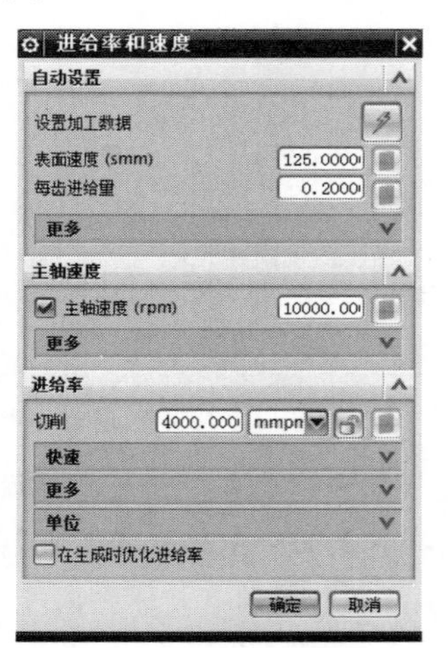

图 9-92 【进给率和速度】设置

步骤 04 在【操作】面板中单击【生成】按钮，系统将自动生成加工刀具路径，效果如图 9-93 所示，单击【确定】按钮，并保存文件。

步骤 05 单击【主页】下的【创建工序】按钮，弹出【创建工序】对话框，按照如图 9-94 所示的步骤设置加工参数，单击【确定】按钮，弹出【可变轮廓铣】对话框，如图 9-95 所示。

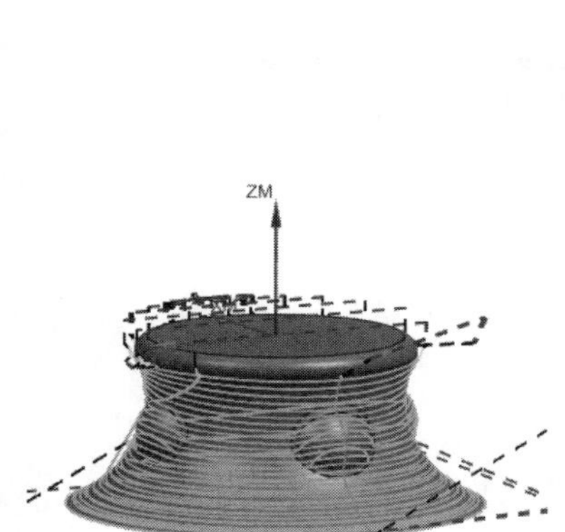

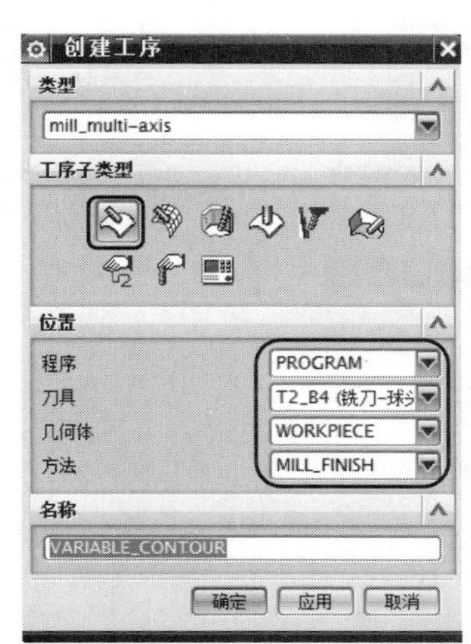

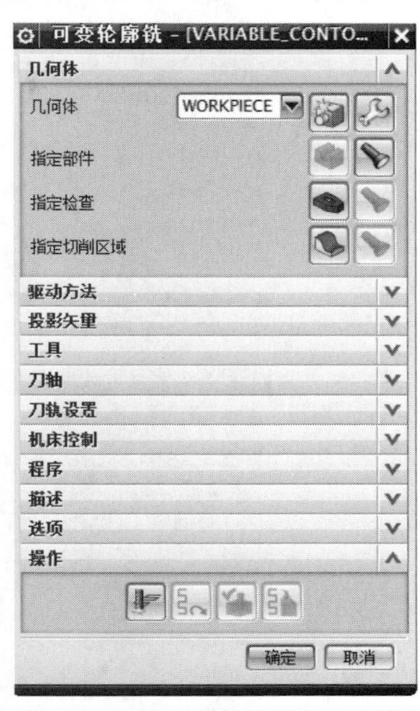

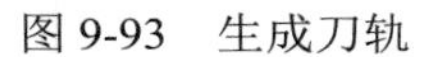
图 9-93　生成刀轨　　图 9-94　【创建工序】对话框　　图 9-95　【可变轮廓铣】对话框

步骤 06 单击【几何体】中的【指定切削区域】按钮，按照图 9-96 所示选择指定切削区域（除上下两面外其余都选）。

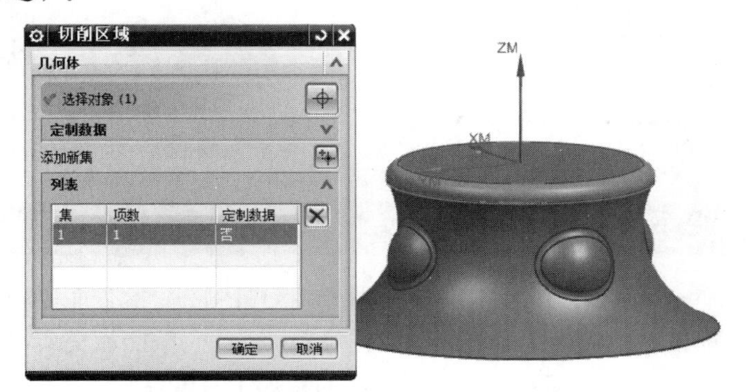

图 9-96　指定切削区域

步骤 07 单击【驱动方法】选项区中的【径向切削】按钮，弹出【径向切削驱动方法】对话框，选择顶面圆边线为驱动几何体，驱动设置如图 9-97 所示，详细可参照相关视频。

步骤 08 在【可变轮廓铣】对话框的【投影矢量】选项区选择“刀轴”，在【刀轴】选项区选择“远离点”，在弹出的【点】对话框中输入远离点的相对坐标值“X=0，Y=0，Z=-50”，如图 9-98 所示。

步骤 09 【进给率和速度】对话框参数设置如图 9-99 所示。

步骤 10 在【操作】面板中单击【生成】按钮，系统将自动生成加工刀具路径，效果如图 9-100 所示，单击【确定】按钮，并保存文件。

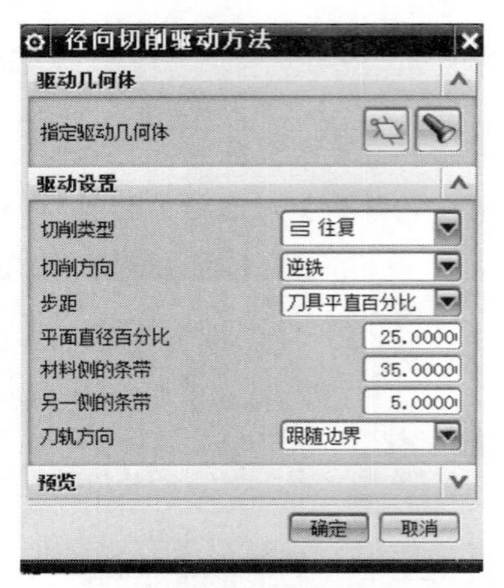

图 9-97 【径向切削驱动】的设置

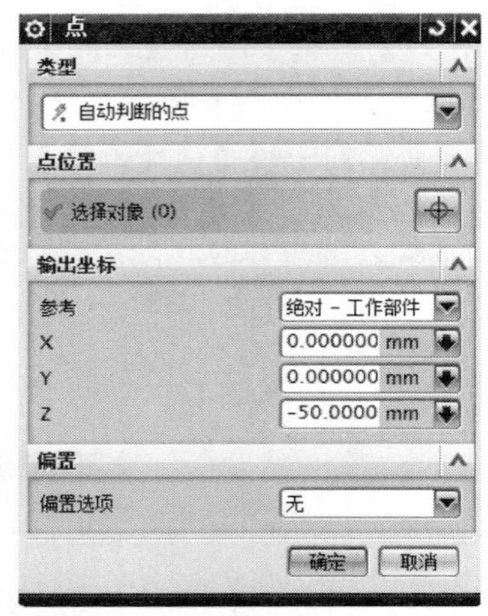

图 9-98 【朝向点】的设置

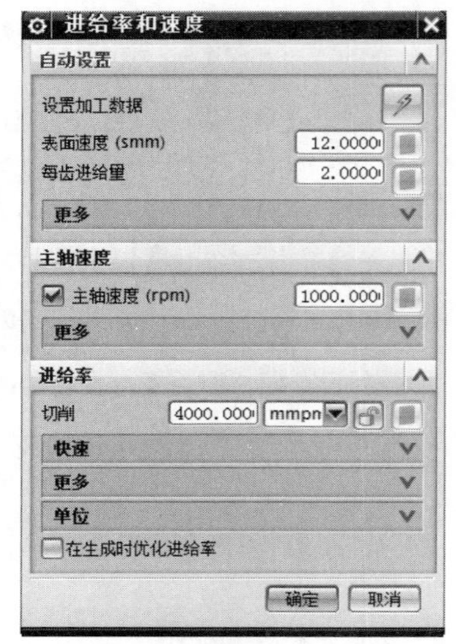

图 9-99 【进给率和速度】的参数设置

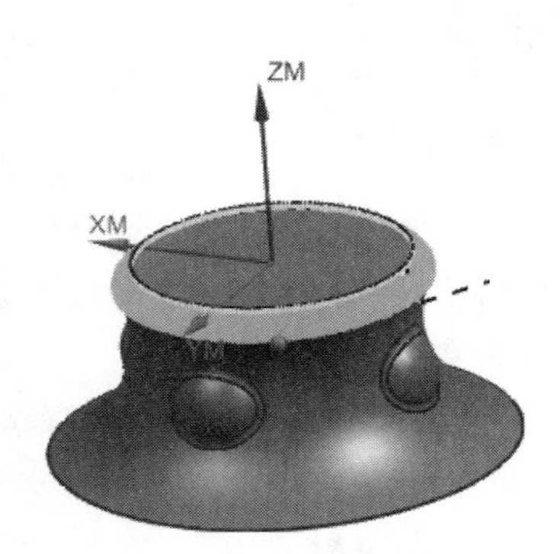

图 9-100 生成刀路轨迹

9.4 顺序铣

顺序铣是利用部件表面控制刀具底部、驱动面控制刀具侧刃、检查面控制刀具停止位置的一种精加工方法，其先前工序一般为平面铣或型腔铣等粗加工。它按照相交或相切面的连接顺序连续加工一系列相接表面，可保证部件相邻表面过渡的精加工精度。

9.4.1 顺序铣概述

1. 简介

刀具在切削过程中，侧刃沿着驱动面运动且保证底部与部件面相切，直至刀具接触到检查面。一个顺序铣操作由 4 种类型的子操作组成：点到点运动、进刀运动、连续轨迹运动和退刀运动。顺序铣加工操作特别适合加工侧壁与底面带有角度的槽腔结构，如图 9-101 所示。

顺序铣能够完成创建 3～5 轴的加工轨迹。当用于 3 轴加工时，效果相当于平面轮廓铣和固定轴轮廓铣加工操作，通常情况下是使用 4 轴或 5 轴的侧铣加工。可以在一个加工操作中同时包

含 3 轴刀具运动和 5 轴刀具运动控制，如图 9-102 所示。

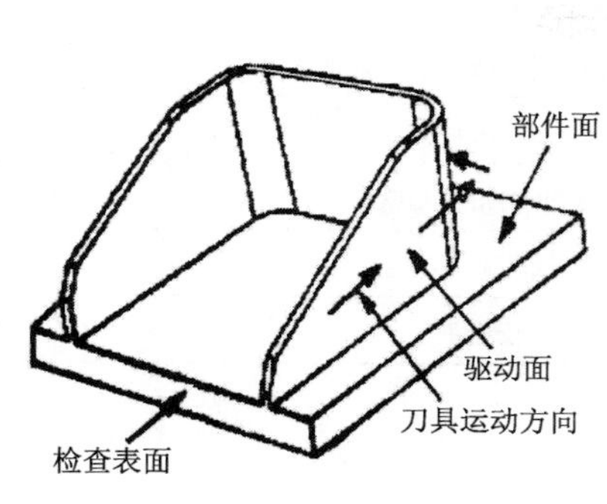

图 9-101　顺序铣示意图

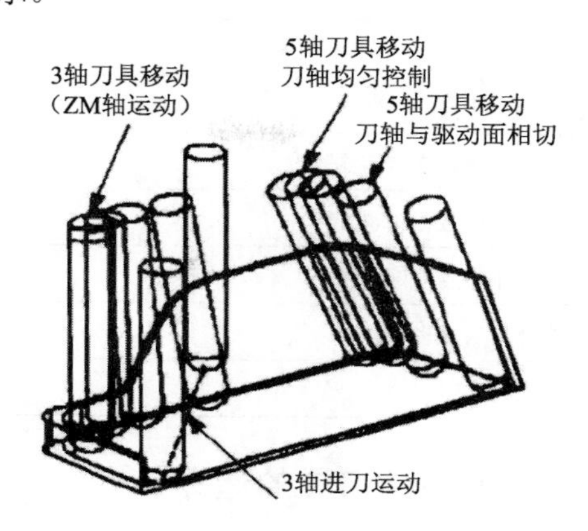

图 9-102　轴和多轴刀轴运动共存

在多轴数控加工时，特别是铣削加工时，为减少接刀痕迹，保证轮廓表面质量，铣刀切入工件时，应避免沿零件外廓的法向切入，而应沿外廓曲线延长线的切向切入，以保证零件曲线平滑过渡。在切离工件时，也应避免在工件轮廓直接退刀，而应沿零件轮廓延长线的切向逐渐切离工件。另外，为提高铣削加工质量，精加工时应尽量采用顺铣。

2. 顺序铣和可变轮廓铣的比较

（1）顺序铣和可变轮廓铣的几何体比较

可变轮廓铣与顺序铣都要指定驱动、部件和检查面。总体来说，驱动几何体引导刀具的侧刃，部件几何体引导刀具的底部，检查几何体阻止刀具的运动。在可变轮廓铣与顺序铣中，指定部件和检查几何体非常类似。它们之间的对比如表 9-2 所示。

表 9-2　顺序铣和可变轮廓铣的几何体比较

	顺序铣	可变轮廓铣
部件几何体	必须指定部件几何体，默认选择是前一个部件几何体	不是必须指定部件几何体。如果不指定，则驱动几何体就是部件几何体
检查几何体	必须选择检查几何体，检查几何体是用来指定刀具下一步子操作的起始位置，并且也能阻止碰撞和过切	不是必须指定检查几何体。如果指定了检查几何体，则其一般是用来阻止碰撞和过切的

（2）顺序铣和可变轮廓铣的功能比较

是选择顺序铣还是可变轮廓铣，主要看哪种方式能够生成最佳的刀轨。这取决于部件的模型。判断部件模型是否具有只能使用顺序铣或者可变轮廓铣的特征，如果两种都可以考虑，则需要根据两者的特点来决定最终使用哪种加工方法能够得到比较完美的刀具路径，最终加工出质量符合要求的零件。它们之间的比较如表 9-3 所示。

表 9-3　顺序铣和可变轮廓铣的功能比较

顺序铣	可变轮廓铣
适用于线性铣削	适用于区域铣削
主要用刀具的侧刃铣削	主要用刀具的底刃铣削
单一的驱动方式	多种驱动方式，包含刀轨
只有循环或者嵌套	对特定应用的多种切削模式

续表

顺序铣	可变轮廓铣
可以用临时平面几何体	可以用片体和曲面区域几何体
在操作中能重新指定刀具轴	在操作中不能重新指定刀具轴
只对部分刀轨进行编辑	可以对整个刀轨进行编辑
最适于切削有角度的侧壁	最适于切削凸拐角的侧壁
一个操作中有很多步骤	创建工序比较简单
不能多层切削	创建多层切削较简单

9.4.2 顺序铣刀具的选择

在顺序铣操作中，若用户事先没有定义加工刀具，可在创建顺序铣的加工操作中来新建刀具。在【创建工序】对话框中选择【SEQUENTIAL_MILL】（顺序铣）操作子类型，单击【确定】按钮，弹出图 9-103 所示的【选择刀具】对话框。

通过该对话框，用户可以重新选择或编辑“方法”“几何体”和“刀具”父组对象。单击【编辑】按钮，用户就可以对选择的对象进行编辑；若单击【选择】按钮，可重新选择对象，事先没有创建父组对象，可以创建父组对象；若单击【显示】按钮将显示编辑或选择的对象。

选择或新建刀具后，弹出【顺序铣】对话框，如图 9-104 所示。

图 9-103 【选择刀具】对话框

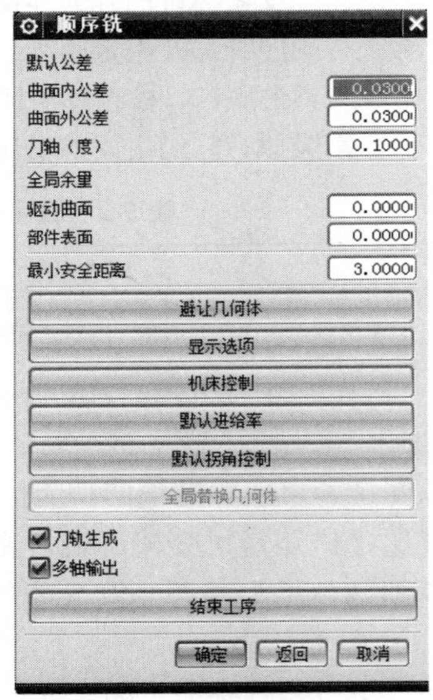

图 9-104 【顺序铣】对话框

9.4.3 创建顺序铣操作

单击【插入】工具栏中的【创建工序】按钮，弹出【创建工序】对话框，选择【类型】下拉列表框中【mill_multi-axis】选项，子操作类型为【顺序铣】，单击【确定】按钮，将弹出【选择刀具】对话框。单击【选择】按钮，弹出下一层【选择刀具】对话框，单击【新建】按钮，可以创建新的刀具，如图 9-105 所示。具体方法与其他铣削方式创建刀具的过程相似，不再赘述。

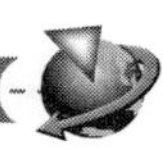

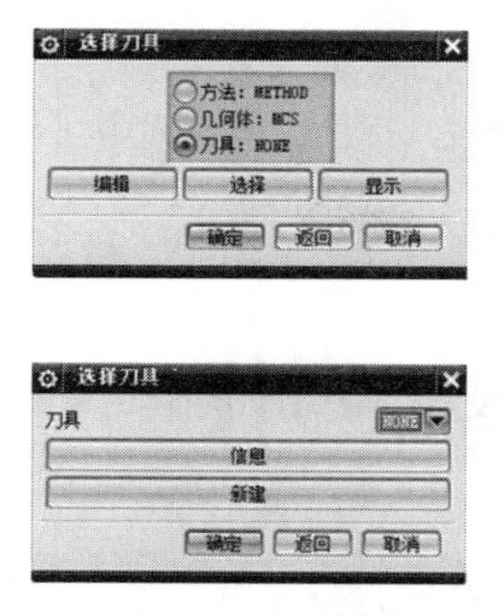

图 9-105　创建刀具

1. 设置顺序铣对话框中的参数

创建好刀具后，系统返回上一层【选择刀具】对话框，此时刀具项显示所创建的刀具名称，单击【确定】按钮，将弹出图 9-106 所示的【顺序铣】对话框。【顺序铣】对话框提供的选项可确定每个操作的刀轨动作、显示设置和公差，这些参数适用于每个子操作。下面将对该对话框的选项设置进行详细介绍。

（1）默认公差

默认公差是为顺序铣操作指定【曲面内公差】、【曲面外公差】和【刀轴（度）】。在以后的子操作中可指定【定制曲面公差】（使用【连续刀轨参数】对话框中的选项按钮）来替换“默认公差”值。

① 曲面内公差：曲面内公差可在进刀或连续刀轨子操作中指定驱动曲面、部件表面和检查曲面的内公差。此公差是刀具所能穿透曲面的最大距离，该值不能设置为负。

② 曲面外公差：曲面外公差可在进刀或连续刀轨子操作中指定驱动曲面、部件表面和检查曲面的外公差。此公差是刀具所不能穿透曲面的最大距离，该值不能设置为负。

③ 刀轴（度）：刀轴（度）可指定多轴运动中刀轴的角度公差（按度测量）。此公差是实际的刀轴在任何输出点可与正确刀轴偏离的最大角度，此值必须设置为正。如图 9-107 所示，理论上的正确刀轴是虚线表示的矢量箭头。然而当刀具方向如图中实箭头所示时，“刀轴公差”足以使处理器停止搜索。默认的“刀轴公差”是 1/10°。

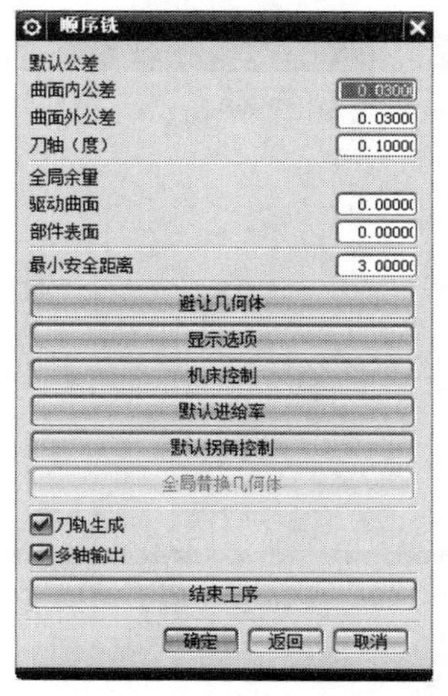

图 9-106　【顺序铣】对话框

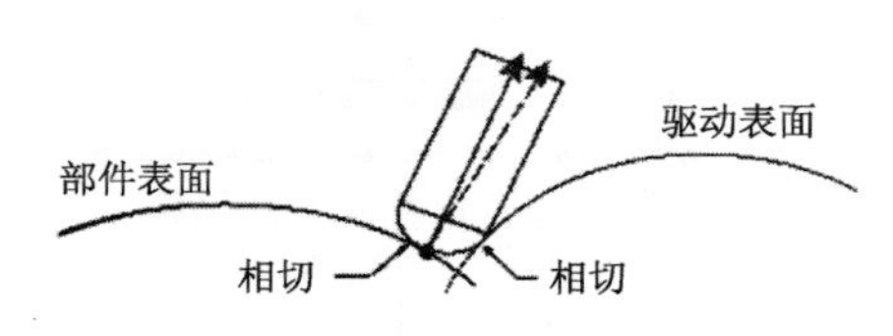

图 9-107　未指定检查曲面的刀轴公差

（2）全局余量

全局余量为操作指定驱动曲面和部件表面上的多余材料量。全局余量可以指定正值、负值或零值。

① 驱动曲面：驱动曲面将引导刀具的侧面。

② 部件表面：部件表面将引导刀具的底部。

（3）最小安全距离

当进刀和退刀子操作中的【安全移动】选项设置为【最小安全距离】时，最小安全距离值将用于这些子操作中。

（4）避让几何体

【避让几何体】选项允许创建一些空间位置，在这些位置中，刀具可安全地清理部件。【出发点】或【起点】仅用在刀轨的起点。【返回点】或【回零点】仅用在刀轨的末端。任何进刀或退刀子操作中都可以使用安全平面。

单击【避让几何体】按钮，弹出图 9-108 所示的【避让控制】对话框。该对话框中各选项的含义如下。

① From 点-无（出发点）：该选项用于指定刀具的出发点。出发点可在一段新的刀轨开始处定义初始刀位置。

② Start Point -无（起点）：该选项用于指定切削起点。起点是指在可用于避让几何体或装夹体组件的刀轨起始序列中的刀具定位位置。

③ Return Point -无（返回点）：该选项用于指定刀具返回点。返回点是指刀具在切削序列结束离开部件时，用于控制刀位置的刀具定位位置。

④ Gohome Point 点-无（回零点）：回零点是最终的刀具位置。

⑤ Clearance Plane -无（安全平面）：“安全平面”一般在创建操作之前创建，是指刀具在抬刀快速移动过程中的虚拟面，为躲避障碍而定义的刀具运动的安全距离。

⑥ Lower Limit Plane -无（下限平面）：下限平面定义切削和非切削刀具运动的下限。

⑦ Redisplay Avoidance Geometry（重新显示避让几何）：显示表示避让几何的点或平面符号。

（5）显示选项

单击【显示选项】按钮，弹出图 9-109 所示的【显示选项】对话框，在该对话框中可以设置【刀具显示】、【刀轨显示】和【速度】等选项。

图 9-108 【避让控制】对话框

图 9-109 【显示选项】对话框

（6）其余选项设置

在【顺序铣】对话框中还包括一些其他选项设置。

① 机床控制：【机床控制】选项仅用于刀轨的起点（启动命令）和刀轨的末端（刀端命令）设置。选择此选项，将弹出【机床控制】对话框，如图 9-110 所示。

② 默认进给率：通过打开【进给率和速度】对话框来指定进给率和主轴速度，如图 9-111 所示。

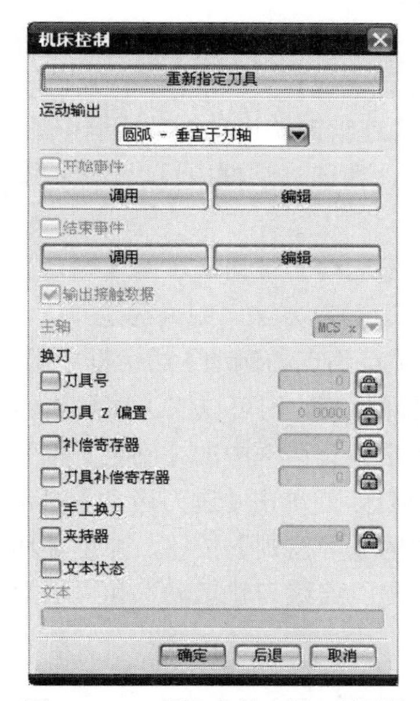

图 9-110 【机床控制】对话框

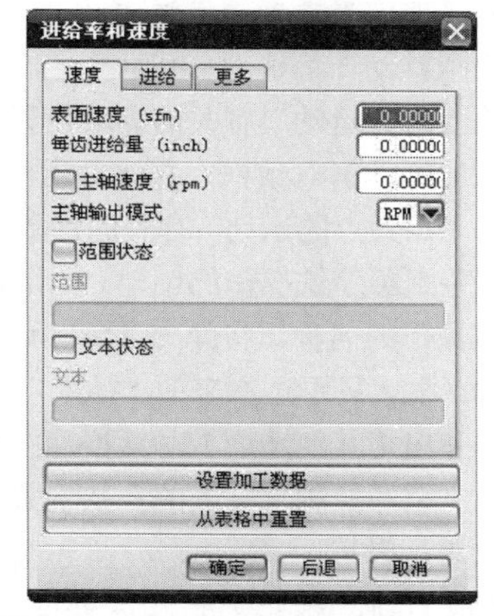

图 9-111 【进给率和速度】对话框

③ 默认拐角控制：通过打开【拐角和进给率控制】对话框来指定“圆弧进给率补偿”和“减速”，如图 9-112 所示。

④ 全局替换几何体：在整个操作（例如，所有子操作，其中的几何体可作为驱动曲面、部件表面或检查曲面中用其他面、曲线和临时平面来替换面、曲线和临时平面）。

⑤ 刀轨生成：在定义了一个子操作后，判断是开始生成子操作的刀具路径，还是等待整个操作定以后生成刀具路径。

⑥ 多轴输出：控制是否输出各刀位点的刀轴矢量。

⑦ 结束工序：设置顺序铣各子操作参数以后，单击该按钮，弹出【结束操作】对话框，如图 9-113 所示。再单击【生成刀轨】按钮，即可生成完整的刀轨，完成顺序铣操作的创建工作。

图 9-112 【拐角和进给率控制】对话框

图 9-113 【结束操作】对话框

2．设置进刀等相关参数

单击【顺序铣】对话框中的【确定】按钮，弹出【进刀运动】对话框，在该对话框中可以设置"进刀方法"、"参考点"的位置、"几何体"和"刀轴"等选项。

完成与"进刀运动"有关的参数设置后，单击【进刀运动】对话框中的【确定】按钮，弹出【连续刀轨运动】对话框，在该对话框中可以设置"方向""驱动曲面""部件表面""检查曲面"和"刀轨"等选项，直至所有需要加工曲面的选择和设置完成。

完成与"连续刀轨运动"有关的参数设置后，单击【连续刀轨运动】对话框中的【连续刀轨】按钮，选择【退刀】选项，将弹出【退刀运动】对话框，在该对话框中可以设置"退刀"方法、距离和"安全移动"等选项。

完成与"退刀运动"有关的参数设置后，单击【退刀运动】对话框中的【确定】按钮，将弹出【点到点的运动】对话框，在该对话框中可以设置"运动"方法、距离等选项。

完成与"点到点的运动"有关的参数设置后，单击【点到点的运动】对话框中的【结束操作】按钮，完成整个顺序铣操作的创建。如果切削层需要循环加工，则可以在工序导航器中双击创建好的顺序铣操作的名称，将弹出【顺序铣】对话框，单击该对话框中的【确定】按钮，弹出【进刀运动】对话框，只不过原来的"插入"变为现在的"修改"。单击【进刀运动】对话框中的【选项】按钮，弹出【其他选项】对话框，单击该对话框中的【环控制】按钮，弹出【环控制】对话框，进行与"循环控制"有关的参数设置。同样可以对与"连续刀轨运动"和"退刀运动"有关的循环参数进行设置。

3．生成刀轨、检验刀轨和后处理

在操作对话框中指定了所有的参数后，单击对话框底部【操作】面板中的【生成】按钮，生成刀轨。对于生成的刀轨，单击对话框底部【操作】面板中的【重播】按钮或【确认】按钮，检验刀轨的正确性。确认正确后，单击对话框中的【确定】按钮关闭对话框，完成顺序铣操作的创建。单击加工【操作】工具栏上的【输出 CLSF】按钮、【后处理】按钮、【车间文档】按钮可以分别产生 CLSF 文件、NC 程序和车间文档。

9.4.4　进刀运动

进刀运动是子操作序列中的第一个运动，需要定义进刀位置和进刀方法。进刀位置定义刀具在何处初次接触部件，进刀方法定义刀具该如何到达进刀位置。【进刀运动】对话框如图 9-114 所示。

下面介绍【进刀运动】对话框中的选项设置。

1．插入

【插入】选项是添加或更改子操作。仅当定义了进刀子操作之后，此选项才可用。该选项的下拉列表框中包括【插入】和【修改】选项。当插入了新的子操作后，【修改】选项随后被激活，此选项允许更改现有的子操作序列。

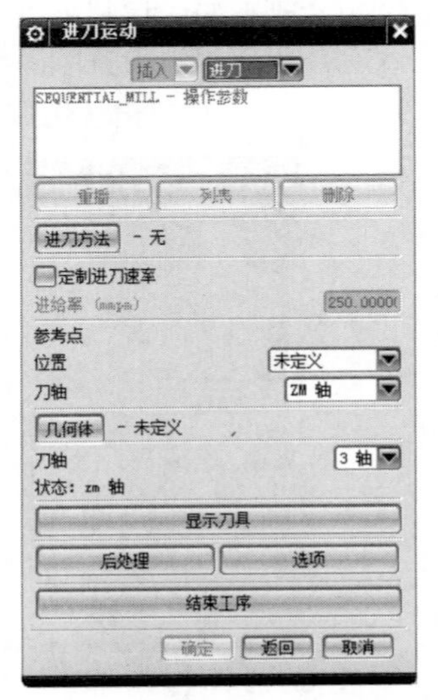

图 9-114　【进刀运动】对话框

注 意

如果在下方的列表中选择了子操作名称，则【插入】选项将在紧随所选的名称之后添加一个新的子操作。如果选择了列表最顶部的操作名称，则【插入】将添加一个新的第一子操作。

2．子操作类型

【子操作类型】下拉列表框中包括 4 个子操作：进刀、连续刀轨、退刀和点到点。选择其中一个子操作将弹出相应的设置对话框，这 4 个对话框允许创建顺序铣所需的所有刀具运动。

（1）进刀：进刀是从避让几何体到部件上初始切削位置的移动。

（2）连续刀轨：创建从一个驱动曲面到下一个驱动曲面的切削运动序列。大多数“顺序铣”子操作都是使用此选项创建的。

（3）退刀：创建从部件返回到避让几何体或到定义的退刀点的非切削移动。

（4）点到点：此选项用于将刀具快速移动到另一区域，以便连续刀轨运动从此区域继续。

（5）子操作列表：此列表可显示当前的操作名称和所有子操作。每个子操作都列出进刀（Eng）、连续刀轨（Cpm）、点到点（ptp）或退刀（Ret）运动。用户还可以通过双击此窗口上显示的子操作名称来编辑该子操作。

（6）重播：当修改子操作时，单击【重播】按钮可显示【信息】窗口中当前高亮显示的所有子操作的刀轨。

（7）列表：单击【列表】按钮，可弹出【信息】窗口，窗口中列出了创建的顺序铣刀轨。

（8）删除：单击【删除】按钮，将从子操作列表中移除选定的子操作或选定的子操作范围。

注 意

（1）当列出单个子操作时，系统不会显示“拐角控制”数据。仅当列出多个子操作或当结束操作后选择列出刀轨时，系统才会显示“拐角控制”数据。

（2）如果删除了循环的起点并且循环中至少还留有两个子操作，则下一未删除的子操作将成为循环的起点。如果删除了循环的终点并且循环中至少还留有两个子操作，则上一未删除的子操作将成为循环的终点。如果循环中剩余的子操作数量小于两个，则循环将不存在。

3．进刀方法

“进刀方法”是指刀具向初始切削位置移动的方法。单击【进刀方法】按钮，将弹出【进刀方法】对话框，如图 9-115 所示。该对话框中各选项的含义如下。

（1）【方法】下拉列表框中：该下拉列表框中的选项用来定义刀具如何从进刀点（由所选的进刀方法确定）移动到最初的切削的位置。

（2）无：表示没有进刀移动，刀具将从定义的避让几何体或进刀点直线移动到最初的切削位置。

（3）仅矢量：表示将从指定的平面到最初的切削位置来测量进刀移动。

（4）矢量，平面：通过指定进刀矢量和进刀平面来确定进刀方向和运动距离，调用【矢量】对话框来定义矢量并调用【平面】对话框来确定进刀平面。

（5）角度，角度，平面：表示根据两个角度和一个平面来指定移动，两角决定进刀矢量方向，平面确定进刀平面至初始切削位置的距离，该距离为进刀矢量长度，如图 9-116 所示。

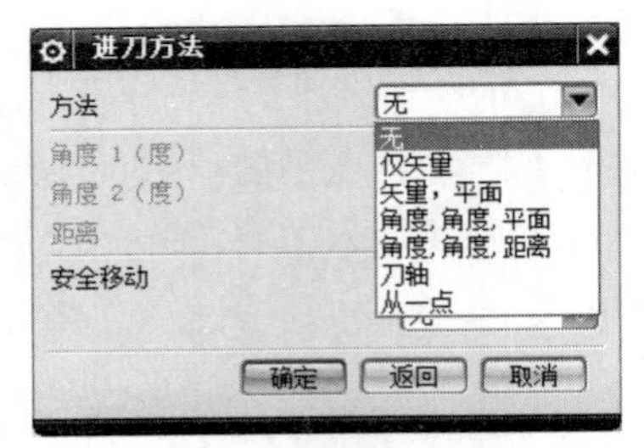

图 9-115　【进刀方法】对话框

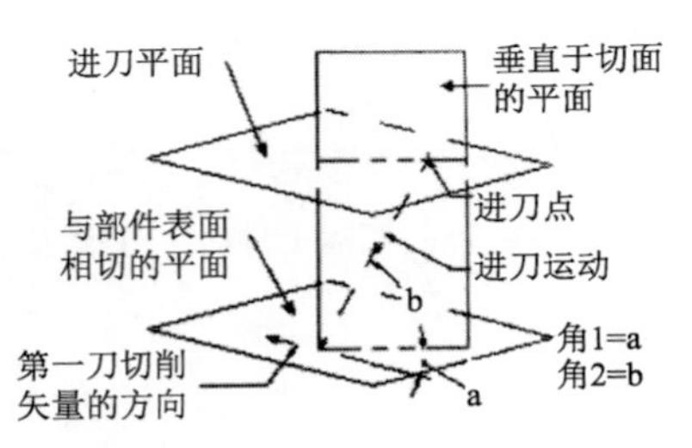

图 9-116　角度，角度，平面

（6）角度，角度，距离：表示根据两个角度和一个距离来指定移动，角度确定进刀运动的方向，距离值确定长度。

（7）刀轴：表示将指定沿刀轴进行进刀移动。

（8）从一点：表示使用点子功能来指定一个点，进刀移动将从该点开始。

（9）角度 1（度）：指图 9-116 中的角度 a。指向第一刀方向的矢量尾部将按“角度 1”（如果设置为正值）在启动位置处与部件几何体相切的平面内从驱动几何体开始旋转。

（10）角度 2（度）：得到的矢量尾部将按“角度 2”（如果设置为正值）在垂直于切面的平面内从部件几何体开始旋转。

（11）距离：距离是进刀运动的长度。

（12）安全移动：安全移动创建额外的刀具移动来逼近起点或进刀点。移动的方向可以垂直于安全平面。安全移动可在【无】、【安全平面】和【最小安全距离】之间进行切换。【无】表示没有安全移动；【安全平面】将使刀具沿垂直于安全平面的矢量从安全平面移动到起点或进刀点；【最小安全距离】将使刀具沿刀轴移动到起点或进刀点，此距离由在【顺序铣】对话框中指定的【最小安全距离】值来定义。

4．定制进刀速率

勾选【定制进刀速率】复选框，【进给率】选项可用，用户可以给当前子操作输入特定的进给率。

5．参考点

参考点位置可定义驱动曲面、部件表面和检查曲面的近侧，如图 9-117 所示。刀具进刀时需要区分每个曲面的近侧和远侧。当使用【几何体】选项来使刀具进刀时，必须指定一个与 3 个曲面都相关的停止位置。可将停止位置定义为所选曲面的【近侧】、【远侧】或【与近侧相切】。【参考点】选项设置含义如下。

（1）位置：刀具进刀时需要的参考点位置。用户可以选择多个点选项来定义参考点位置。

① 未定义：表示还未指定参考点

② 点：可以通过点构造器来定义参考点。

③ 出发点：表示先前在避让几何体中定义的“出发点”为当前的参考点。

④ 起点：表示先前在避让几何体中定义的“起点”为当前的参考点。

⑤ 进刀点：表示先前在“进刀方法”（使用“方法”下的“从一点”方式）中定义的“进刀点”为当前的参考点。

⑥ 从上一刀具末端：表示上一次执行的子操作中所到达的最后刀具位置为当前的参考点。

（2）刀轴：该选项用于指定进刀刀轴矢量。

注　意

由于顺序铣操作使用“参考点”位置和刀轴来确定刀具向材料进刀的点，因此，如果“参考点”选择不当，则处理器可能无法计算所需的点。如果出现这种情况，则用户必须在驱动曲面、部件表面和检查曲面的同一侧，也就是更接近所需启动点的位置重新指定“参考点”。

6. 几何体

单击【几何体】按钮，弹出【进刀几何体】对话框，如图 9-118 所示。进刀运动需要通过选择曲线或曲面来定义进刀几何体，定义几何体后才能进入【连续刀轨运动】对话框。

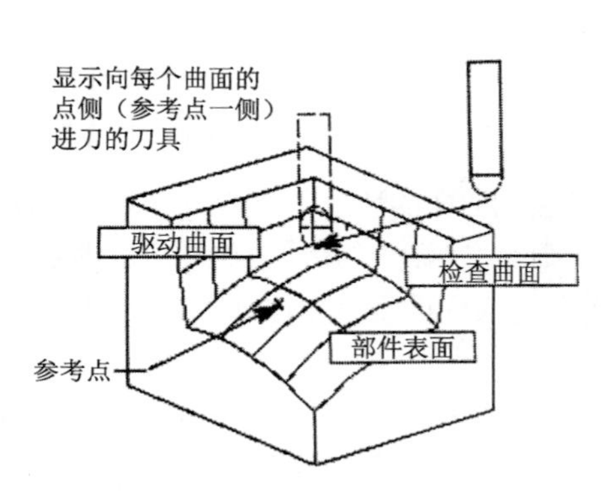

图 9-117　参考点可定义每个曲面的近侧

图 9-118　【进刀几何体】对话框

【进刀几何体】对话框中各选项含义如下。

（1）驱动/部件/检查：此 3 个单选按钮为驱动曲面、部件曲面和检查曲面选项，可相互切换。

（2）准线：准线是一个矢量，它通过使用曲线来生成内部的表格化圆柱，将刀具定位到曲线上时需要表格化圆柱，表格化圆柱通常平行于刀轴。

（3）停止位置：停止位置是指当前子操作相对于驱动曲面、部件表面或检查曲面的最终刀具位置。其下拉列表框中包括【近侧】、【远侧】、【在曲面上】、【驱动曲面-检查表面相切】和【部件曲面-检查表面相切】等选项。在选择驱动曲面、部件表面或检查曲面之前，必须指定“停止位置”。

① 在曲面上：在曲面上可定位刀具，以便刀具末端在指定几何体上直接停止。此选项不受参考点位置的影响。如果曲面的停止位置为“在曲面上”，则该曲面上不会留下余量（全局余量、环余量或单独的表面余量）。

② 驱动曲面-检查表面相切：将刀具定位在驱动曲面与检查曲面的相切处。

③ 部件曲面-检查表面相切：将刀具定位在部件表面与检查曲面的相切处。使用【驱动（或部件）曲面-检查表面相切】这两个选项的条件是部件壁与角半径的相遇，如果该相切条件存在，则必须选择此选项；如果该相切条件不存在，则切勿选择此选项，如图 9-119 所示。

④ 余量：在进刀移动末端的驱动曲面、部件表面和检查曲面上留下的余量。

⑤ 添加的余量：指定是否将为驱动曲面和部件表面指定的全局余量和环余量添加到为检查曲面指定的余量值中。该选项仅适用于检查曲面。包括【无】、【驱动】和【部件】选项。

⑥ 无：表示只有余量值会留在检查曲面上，不会添加额外的全局余量或环余量。当刀具跨过检查曲面的边缘时，此选项有时非常有用，如图 9-120 所示。

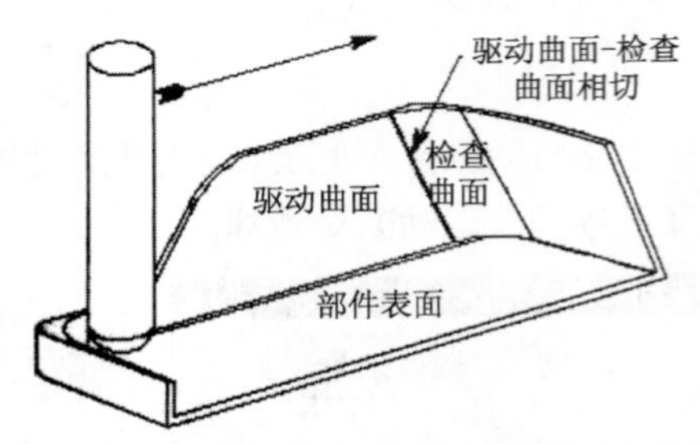

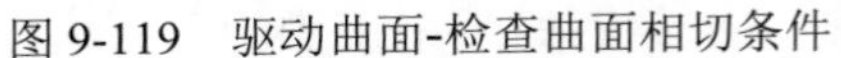
图 9-119　驱动曲面-检查曲面相切条件

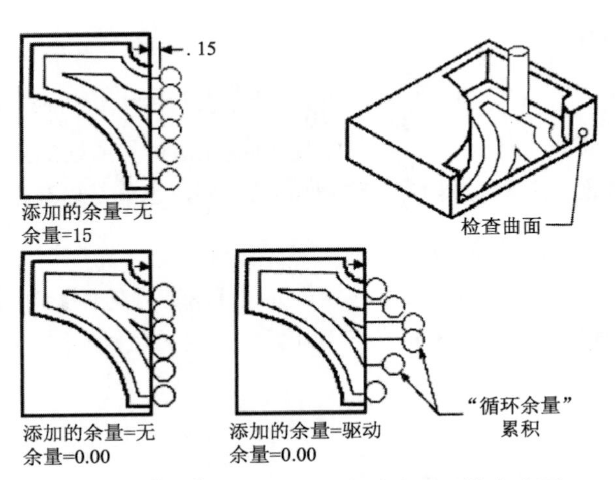

图 9-120　“无”仅将指定的余量应用于检查曲面

⑦ 驱动：表示将为驱动曲面指定的全局余量和当前驱动曲面的环余量添加到检查曲面的余量值中。如果将当前检查曲面作为下一子操作的驱动曲面，则应将【添加的余量】选项设置为【部件】。

⑧ 部件：表示将部件表面指定的全局余量和当前部件表面的环余量添加到检查曲面的余量值中。

⑨ 方向移动：方向移动有助于将刀具定位在部件上。按大致方向上指定点或矢量，刀具将沿此方向移动，以到达最初切削位置。当可能存在一个以上停止位置或当刀具远离部件时，此选项很有用。

⑩ 侧面指示符：当刀具位于曲面上或与曲面重叠时，“侧面指示符”可用于辨清关于驱动曲面、部件表面或检查曲面的近侧和远侧的模糊性。

⑪ 重新选择所有几何体：重新定义进刀几何体。

7. 刀轴

【刀轴】选项根据正在加工的曲面来指定刀具方向。控制刀轴的一般方法有 3 种：3 轴、4 轴和 5 轴。

（1）3 轴：3 轴可使刀轴数据的输出相当于具有固定刀轴。

（2）4 轴：4 轴可通过强制刀轴保持与指定矢量垂直来控制刀轴数据。

（3）5 轴：5 轴可通过强制刀轴保持与指定矢量垂直来控制刀轴数据。

8. 其余选项

在【进刀运动】对话框中还包括【显示刀具】、【后处理】、【选项】和【结束操作】等选项，其含义如下。

（1）显示刀具：单击此按钮，第一个子操作后的所有子操作在刀具的当前位置显示刀具的实体。

（2）后处理：单击此按钮，将启动后处理器命令对话窗口。

（3）选项：单击此按钮，将弹出【其他选项】对话框，用于编辑或定义表面公差、刀轴公差等。

（4）结束操作：完成参数的设置操作。

9.4.5 点到点的运动

“点到点”的运动允许创建直线非切削移动。它用于将刀具快速移动到另一位置，以便连续刀轨运动从此位置继续。

在【进刀运动】对话框的【子操作类型】下拉列表框中选择【点到点】选项，将弹出【点到点的运动】对话框，如图 9-121 所示。该对话框的选项设置与【进刀运动】对话框的选项设置相同，这里不再赘述。

9.4.6　连续刀轨运动

连续运动的次数与顺序切削的零件表面数量有关。

当用户定义了进刀运动或点到点运动之后，将弹出【连续刀轨运动】对话框，如图 9-122 所示。该对话框的选项设置与【进刀运动】对话框的选项设置相同，因此不再赘述。

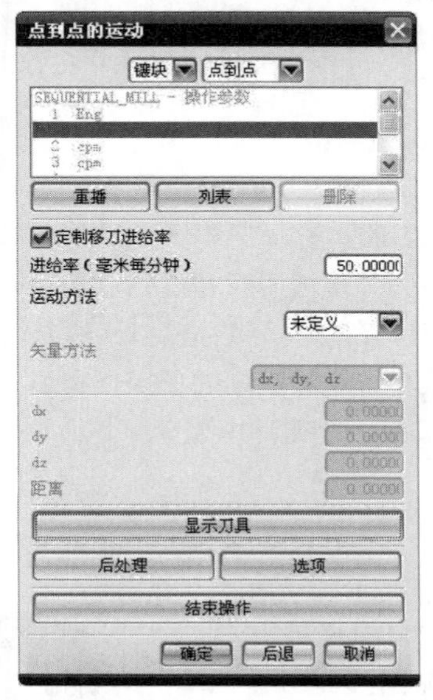

图 9-121　【点到点的运动】对话框

图 9-122　【连续刀轨运动】对话框

9.4.7　退刀运动

当定义了进刀运动和连续刀轨运动后，弹出【退刀运动】对话框，如图 9-123 所示。【退刀运动】对话框允许创建从部件返回到避让几何体或到定义的退刀点的非切削移动。

【退刀运动】对话框中的选项设置与【进刀运动】对话框的选项设置相同，其【退刀方法】选项设置对话框如图 9-124 所示。

图 9-123　【退刀运动】对话框

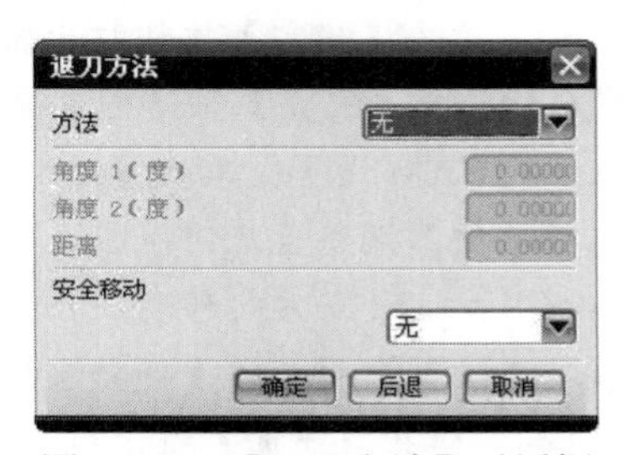

图 9-124　【退刀方法】对话框

9.4.8 顺序铣的循环

图 9-125 所示为【环控制】对话框。创建循环操作需要指定循环控制状态、循环参数控制、步进控制方式、增量控制以及双层循环的嵌套状态。通常一个循环加工过程需要指定一个循环开始子操作（一般是进刀运动）、一个或多个连续自操作（一般是连续刀轨运动和退刀运动）和一个结束子操作（一般是点到点运动）。

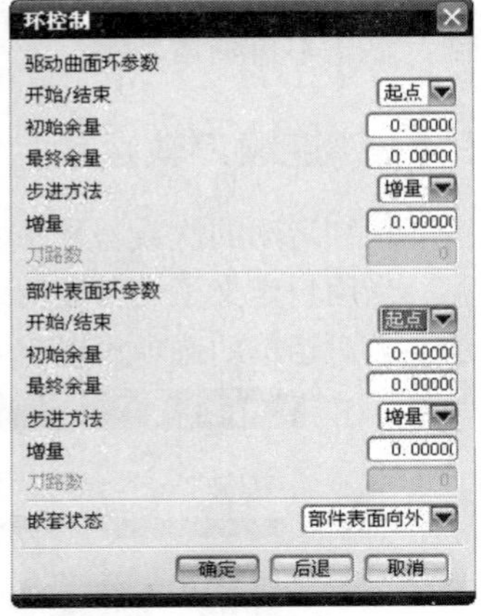

图 9-125 【环控制】对话框

在使用顺序铣加工方法创建加工操作时，由于零件需要加工的余量较大或加工余量不均匀，通常需要分多次加工来完成。顺序铣加工操作提供了循环加工方法，可以通过设置循环加工参数来完成沿驱动曲面和沿部件表面的分层加工，这样就提高了创建加工操作的效率，使得顺序铣加工操作不仅能够完成精加工操作，同时也可以将粗加工和精加工操作在一个加工操作内实现。

循环是原始刀轨的复制。它们是一段刀轨的复制，能够重复去除多余的余量。循环功能在所有的运动（包括进刀、退刀、连续刀轨和点到点运动）对话框中都会有。在创建一个循环之前，刀具应在相应的位置（刀具在那里开始重复）。建立循环顺序铣时，一般在进刀子操作中定义循环开始，然后定义一个或多个连续铣削的子操作和退刀操作，最后在退刀子操作或直线移刀运动子操作中定义循环结束。在一个循环中至少应该有两个子操作，一个定义循环开始，一个定义循环结束。

9.4.9 实例——带有倾斜角度的侧面加工

顺序铣主要加工具有倾斜角度的侧壁。下面以一个斜度侧壁零件的精加工操作实例来演示顺序铣的整个操作过程，如图 9-126 所示。

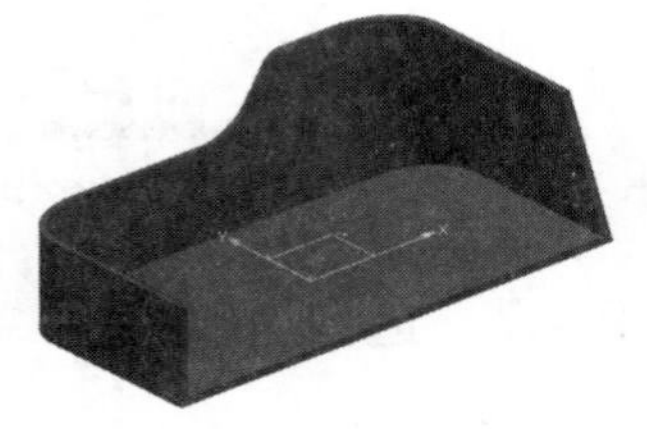
图 9-126 加工模型

打开 UG NX 10.0 软件，按照下面的“开始素材”路径找到本例名为 9.4.9.prt 的文件，按照下面的讲解进行该例加工程序的编制。也可根据与该例对应的视频进行学习。

	开始素材	Prt_start\chapter 9\9.4.9.prt
	结果素材	Prt _result\chapter 9\9.4.9.prt
	视频位置	Movie\chapter 9\9.4.9.avi

1. 公共项目设置

步骤 01 启动 UG NX 10.0 软件，单击【打开文件】按钮，在弹出的对话框中选择本书配套资源文件 9.4.9.prt，单击【确定】按钮打开该文件。

步骤 02 在【CAM 会话配置】对话框中选择 cam_general 选项，在【加工环境】对话框中选择 mill_multi-axis 的 CAM 设置，单击【确定】按钮进入 CAM 加工环境。

步骤 03 将工序导航器调整至几何视图，然后双击 MCS 项目，弹出【MCS】设置对话框。通过该对话框将 MCS 向 ZM 正方向移动 35mm，如图 9-127 所示。

步骤 04 在【安全设置】面板的【安全设置选项】下拉列表框中选择【平面】选项，单击【平面对话框】按钮，弹出【平面】对话框。

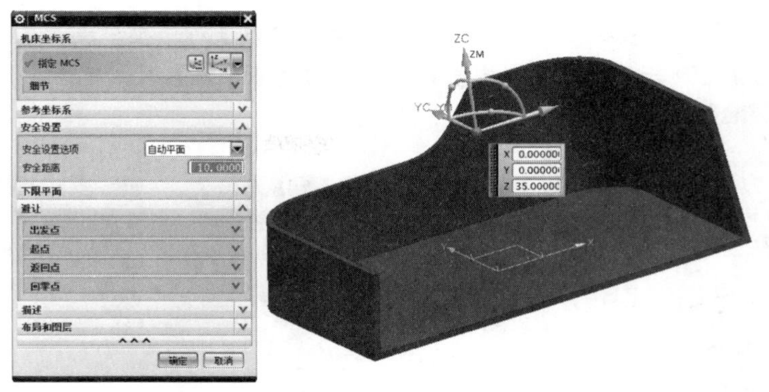

图 9-127　移动 MCS

步骤 05 选择图 9-128 中高亮显示的模型最高上表面为参考平面，在偏置【距离】文本框中输入数值 25，单击【确定】按钮，返回【MCS】设置对话框，完成安全平面的创建。

步骤 06 使用【创建刀具】工具，创建直径设置为“6”、下半径设置为“0.5”、长度设置为“75”、刀刃长度设置为“50”的圆角端铣刀，并命名为 D6R0.5，详细参数如图 9-129 所示。

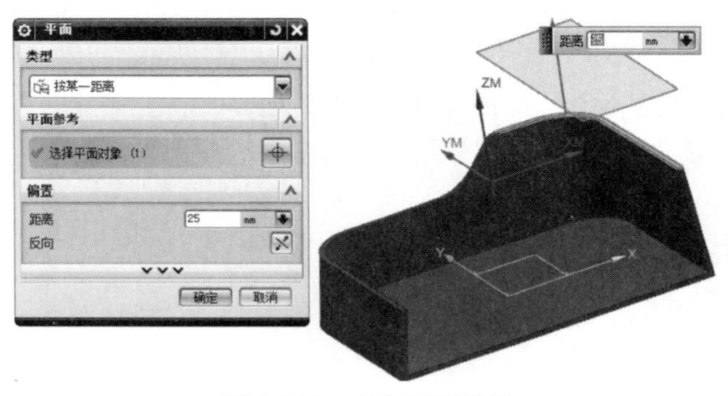

图 9-128　安全平面设置

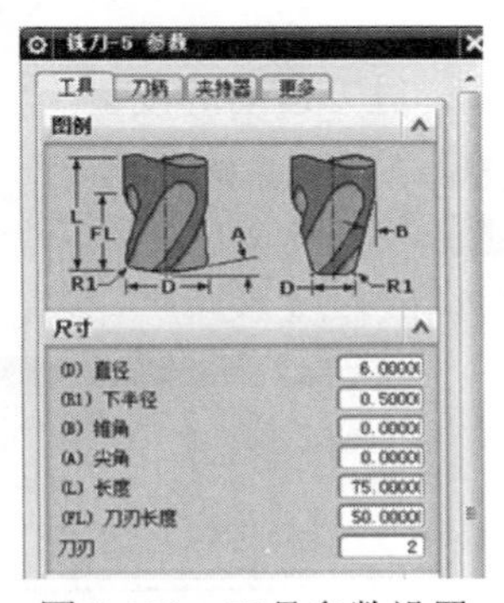

图 9-129　刀具参数设置

2. 顺序铣加工

步骤 01 在【主页】工具栏上单击【创建工序】按钮，弹出【创建工序】对话框。在【创建工序】对话框中创建顺序铣操作的步骤及参数设置如图 9-130 所示。

步骤 02 弹出【顺序铣】对话框，在该对话框中设置最小安全距离，其余参数使用默认设置，如图 9-131 所示。

图 9-130　【创建工序】对话框

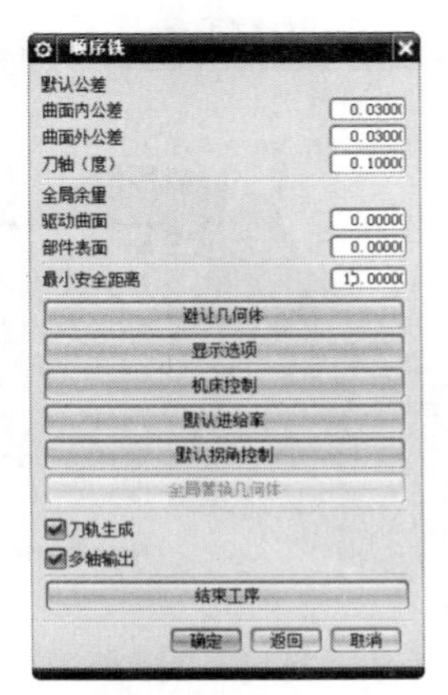

图 9-131　设置最小安全距离

步骤 03 单击【默认进给率】按钮，在弹出的【进给率和速度】对话框中设置【主轴速度】和【切削】进给，如图 9-132 所示，单击【确定】按钮，返回【顺序铣】对话框。

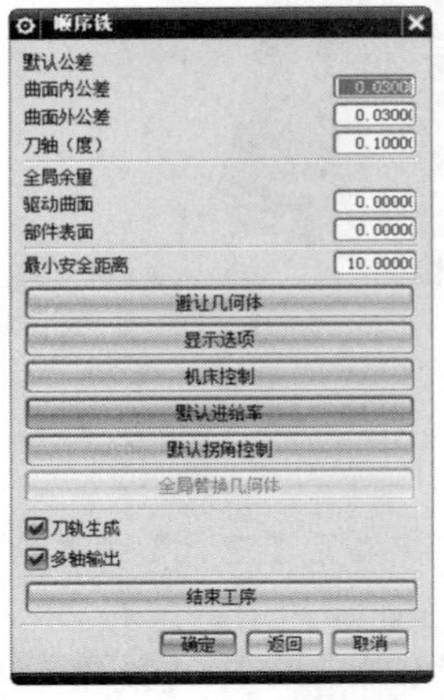

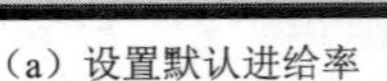

（a）设置默认进给率

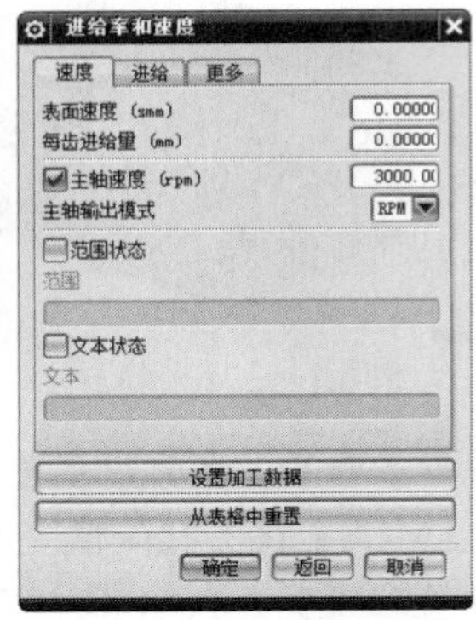

（b）设置主轴转速

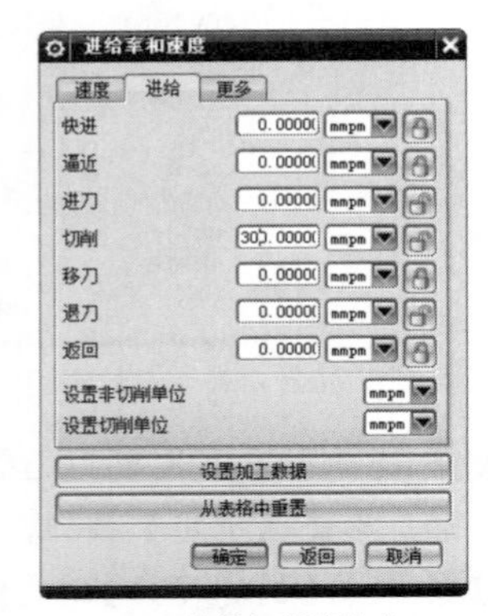

（c）设置切削进给率

图 9-132 设置主轴速度和切削进给率

3. 进刀运动的设置

步骤 01 在【顺序铣】对话框中单击【确定】按钮，弹出【进刀运动】对话框。

步骤 02 按照图 9-133 所示的步骤设置进刀运动的“进刀方法”，完成后单击【确定】按钮，返回【进刀运动】对话框。

（a）设置进刀方法

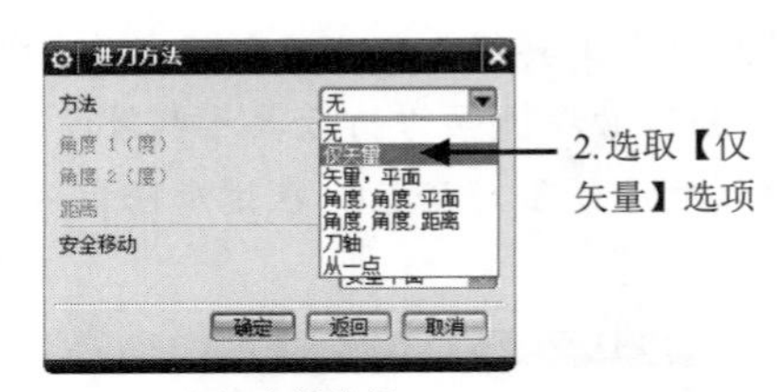

（b）方法选择

（c）矢量选取

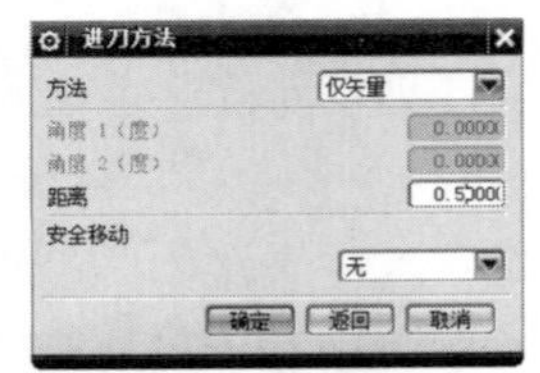

（d）设置进刀距离

图 9-133 设置进刀方法

步骤 03 在【进刀运动】对话框中按照图 9-134（a）所示的参数设置进刀速率，在【位置】下拉列表框中选择【点】选项，在弹出的图 9-134（b）所示的对话框中设置点的坐标，完成后单击【确定】按钮，返回【进刀运动】对话框。

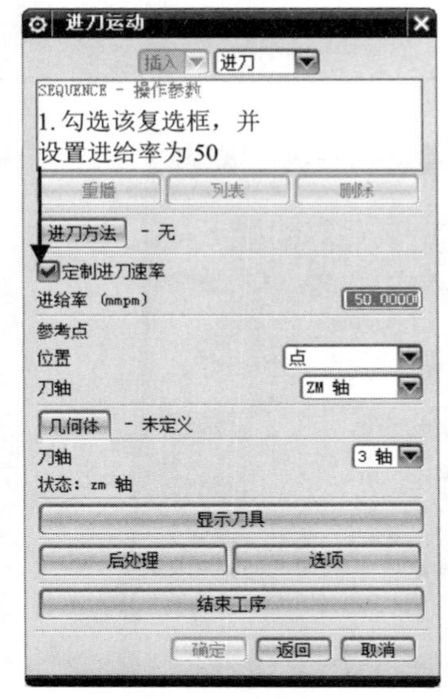

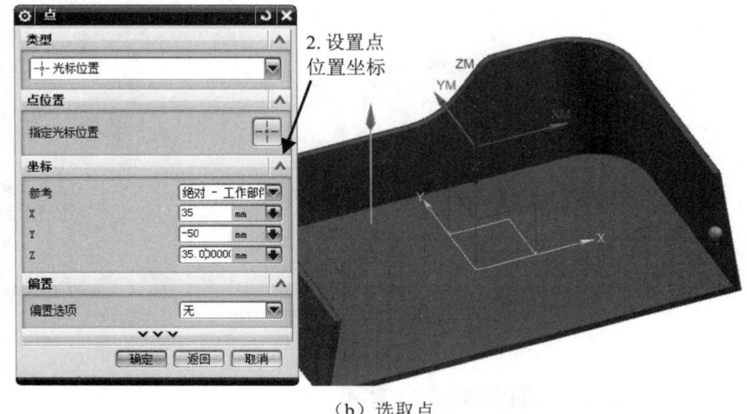

（a）设置进刀速率　　（b）选取点

图 9-134　设置其余进刀运动参数

步骤 04 单击【几何体】按钮，在弹出的【进刀几何体】对话框中，按照信息提示在模型中依次选择驱动曲面、部件表面和检查表面，如图 9-135 所示，选择完成后对话框自动跳转至【进刀运动】对话框。

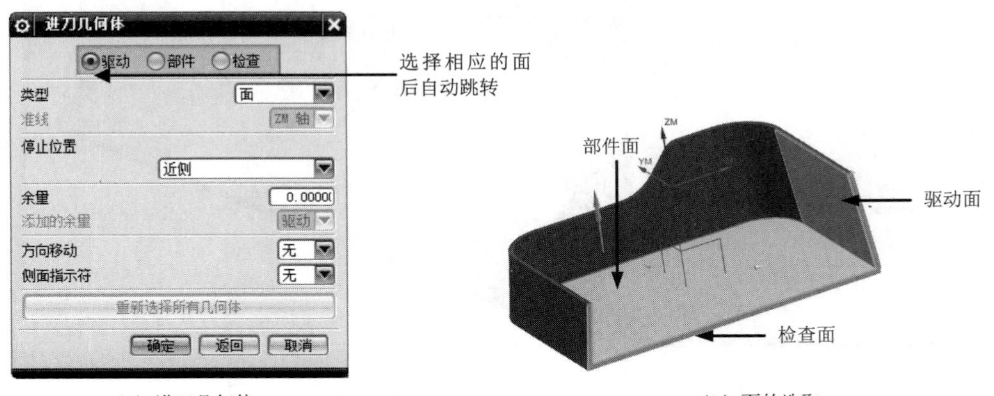

（a）进刀几何体　　（b）面的选取

图 9-135　设置其余进刀运动参数

步骤 05 在【进刀运动】对话框的【刀轴】下拉列表框中选择【5 轴】选项，然后在弹出的【五轴选项】对话框中设置刀轴方法为【平行于驱动曲面】，如图 9-136 所示。

步骤 06 单击【进刀运动】对话框中的【确定】按钮，自动生成进刀运动刀路，单击【显示刀具】按钮可显示出刀具与工件的位置关系，如图 9-137 所示。

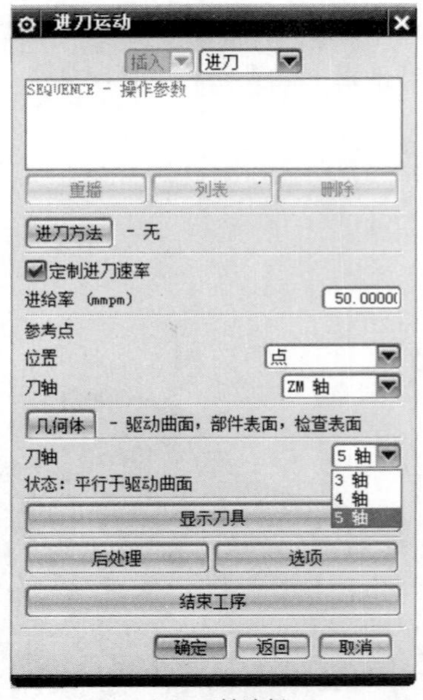

（a）刀轴选择

（b）方法选择

图 9-136　设置选择刀轴方法

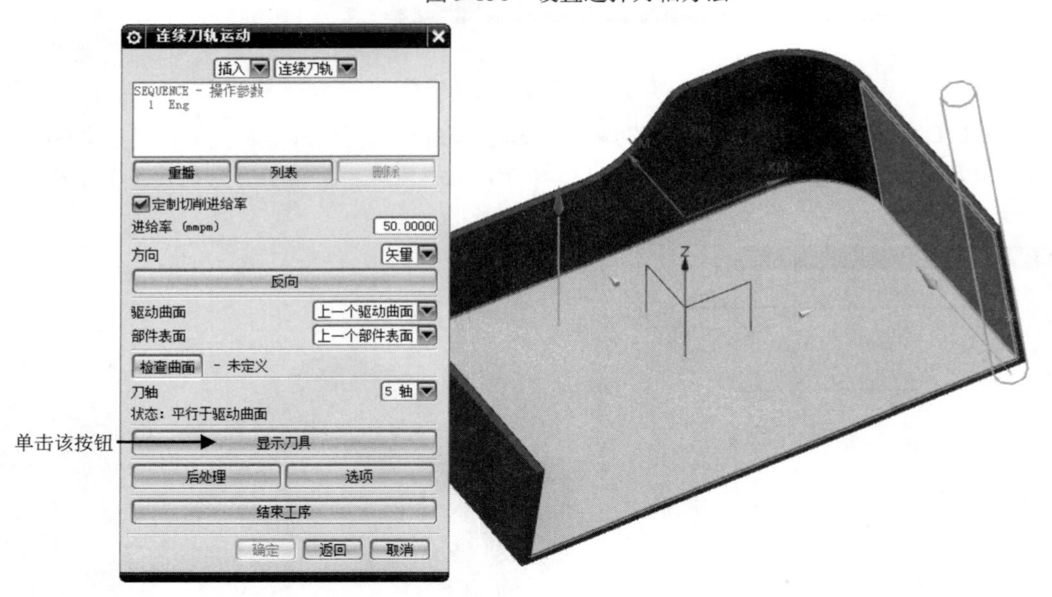

图 9-137　生成进刀运动刀路

4．设置连续运动刀轨

步骤 01 生成进刀运动刀路后，进入【连续刀轨运动】对话框，如图 9-138 所示。

步骤 02 单击【检查曲面】按钮，弹出【检查曲面 1】对话框，在模型上选择图 9-139 所示的面作为第一个连续刀轨运动的检查表面，并选择【驱动曲面-检查曲面相切】选项，这时对话框会自动变成【检查曲面 2】。

步骤 03 单击【连续刀轨运动】对话框中的【确定】按钮，生成第一个连续刀轨运动的刀路，如图 9-140 所示。

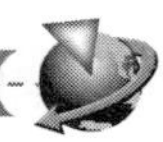

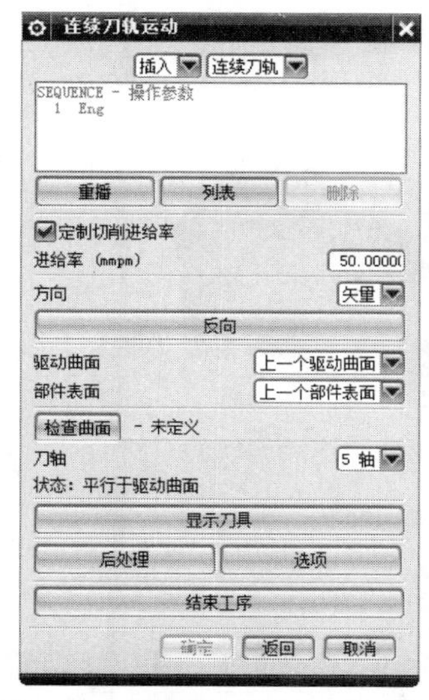

图 9-138　【连续刀轨运动】对话框

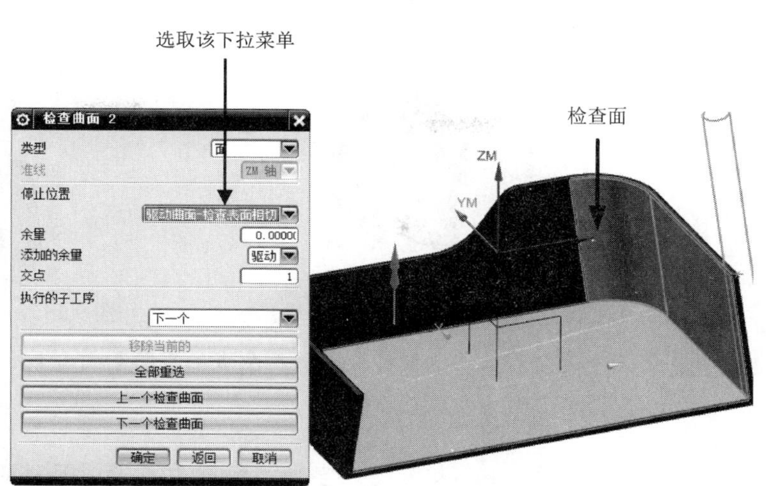

图 9-139　指定第一个连续刀轨运动的检查表面

步骤 04 在进行第二个连续运动刀轨设置时，保留部件表面和驱动表面的默认指定，单击【检查曲面】按钮后，在模型上指定图 9-141 所示的面作为检查表面。

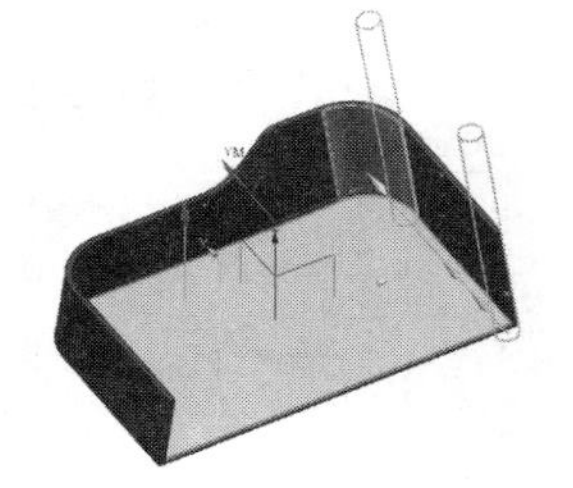

图 9-140　生成第一个连续刀轨运动刀路

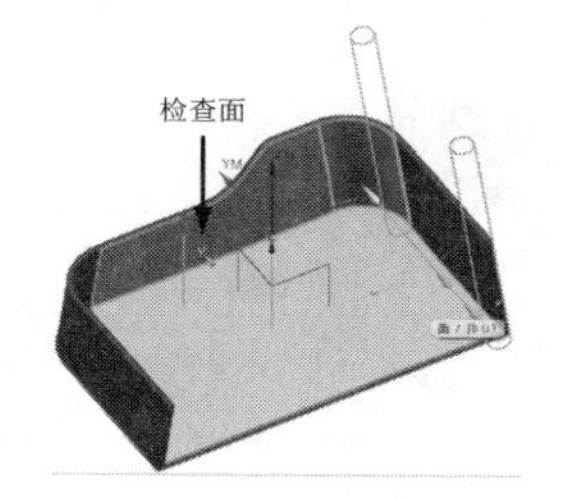

图 9-141　指定检查曲面

注　意

可以单击【连续刀轨运动】对话框中的【反向】按钮，以此来检查刀轨运动方向。单击按钮一次可更改方向，连续单击此按钮，将返回原方向。由于第三个连续刀轨运动的驱动曲面是平行于 ZM 轴的平面，因此也可选择“3 轴”的刀轴来进行加工。

步骤 05 单击【连续刀轨运动】对话框中的【确定】按钮，生成第二个连续刀轨运动的刀路，如图 9-142 所示。

步骤 06 第三个连续刀轨运动的检查曲面（见图 9-143）及生成的刀路如图 9-144 所示。

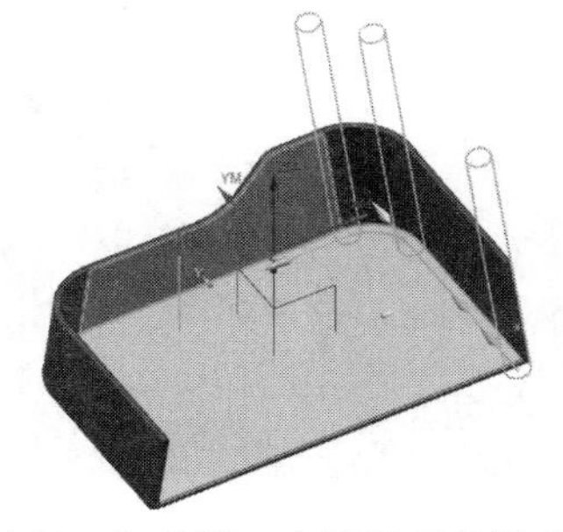

图 9-142　生成第二个连续刀轨运动刀路

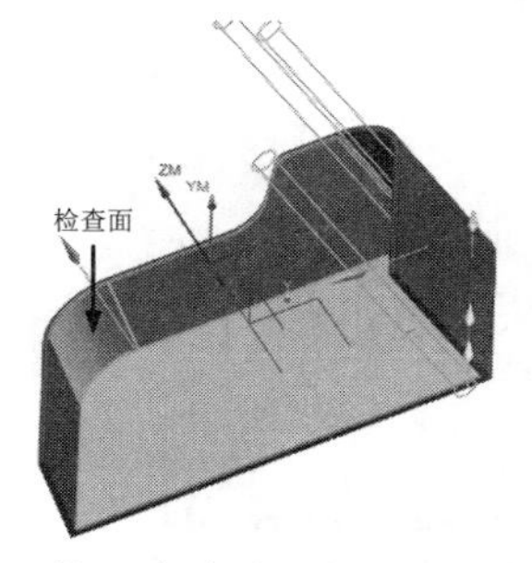

图 9-143　第三个连续刀轨运动的检查曲面

步骤 07 按同样方法对第四个连续刀轨运动进行设置，生成的刀路如图 9-145 所示。

图 9-144　第三个连续刀轨的刀路

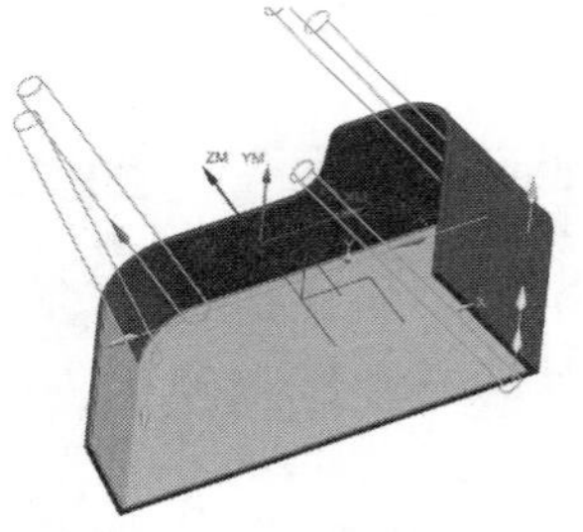

图 9-145　第四个连续刀轨的刀路

步骤 08 第五个连续刀轨运动的检查曲面及生成的刀路如图 9-146 所示。

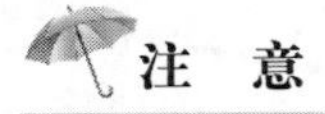

注　意

进刀运动的检查曲面和第五个连续运动刀轨的检查表面为同一曲面，因此确定【停止位置】时，应选择【近侧】选项。驱动曲面和检查曲面不再相切。

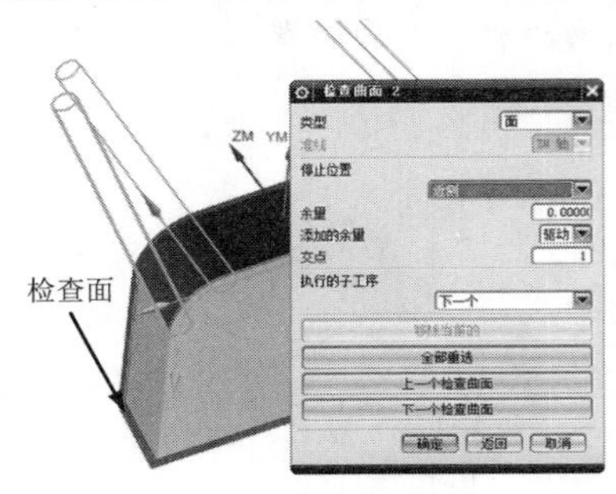

（a）检查面设置

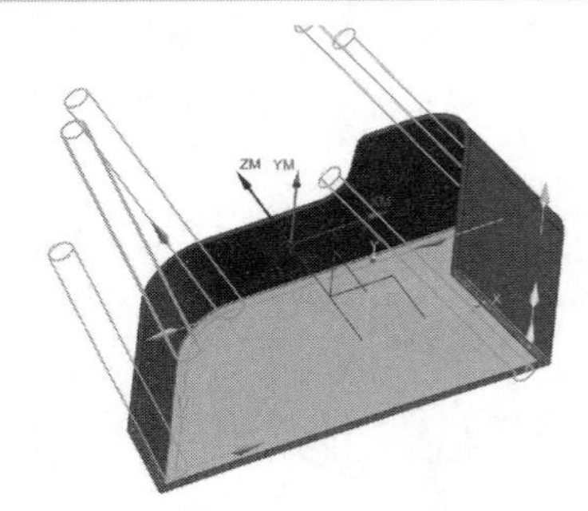

（b）生成的刀路

图 9-146　第五个连续刀轨运动的检查曲面和刀路

5．退刀运动

步骤 01 在【连续刀轨运动】对话框的【子操作类型】下拉列表框中选择【退刀】选项，弹出【退刀运动】对话框，如图 9-147 所示。

步骤 02 单击【退刀方法】按钮，弹出【退刀方法】对话框，在该对话框的【方法】下拉列表框中选择【仅矢量】选项，再次弹出【矢量】对话框，然后在图形区的矢量轴上选择图 9-148 所示的矢量轴，再单击【反向】按钮，最后单击【确定】按钮关闭该对话框。

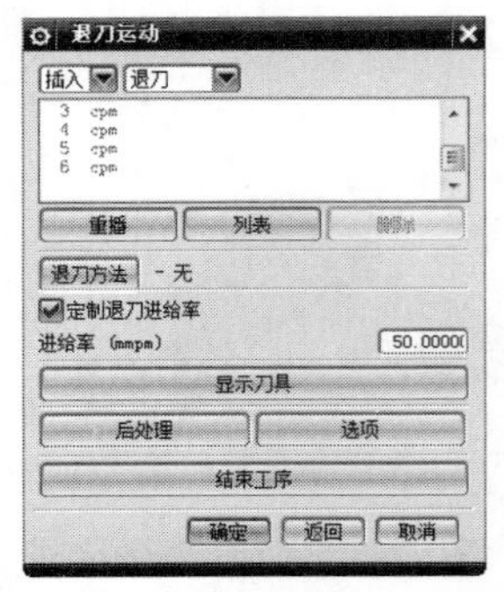

图 9-147　【退刀运动】对话框

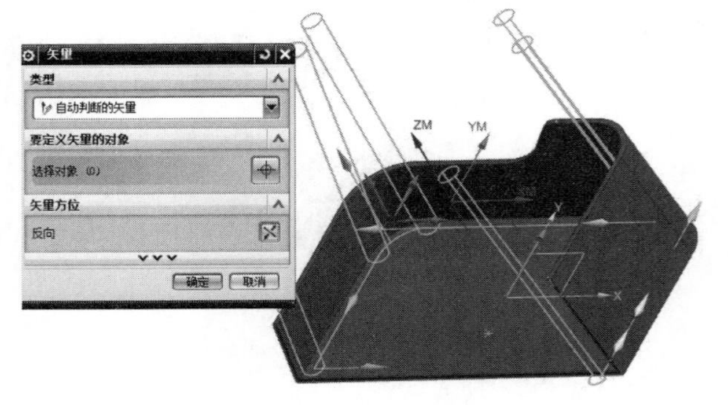

图 9-148　选择矢量轴

步骤 03 在【退刀运动】对话框中输入退刀距离值，然后单击【确定】按钮关闭该对话框，如图 9-149 所示。

步骤 04 在【退刀运动】对话框中输入退刀进给率的值，如图 9-150 所示。

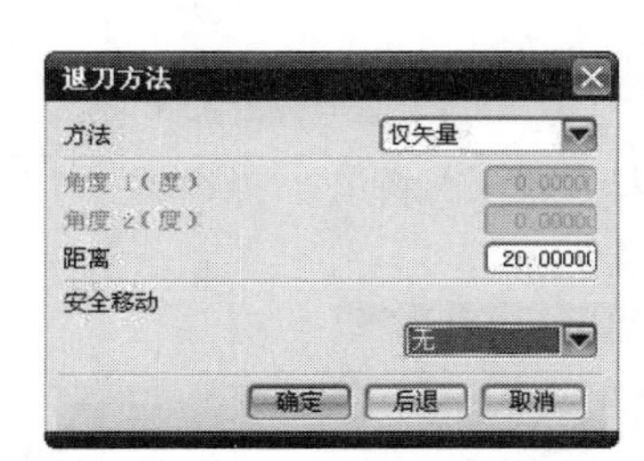

图 9-149　设置退刀距离

图 9-150　设置退刀进给率

步骤 05 最后单击【退刀运动】对话框中的【确定】按钮，生成退刀运动刀路，如图 9-151 所示。

步骤 06 在弹出的【点到点的运动】对话框中单击【结束工序】按钮，弹出【结束工序】对话框，单击【确定】按钮，结束顺序铣加工操作，如图 9-152 所示。最后保存文件。

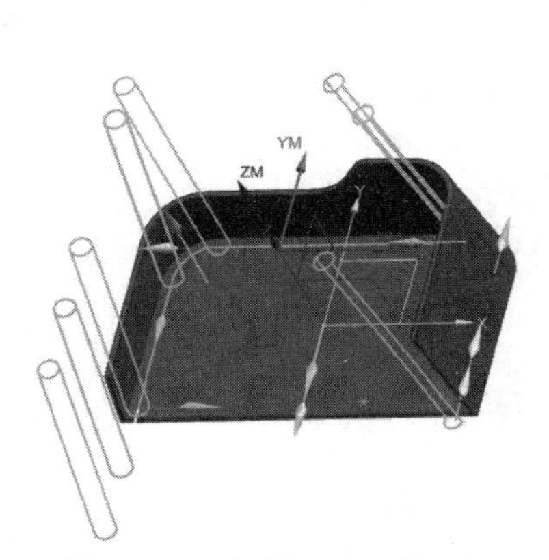

图 9-151　生成退刀运动刀路

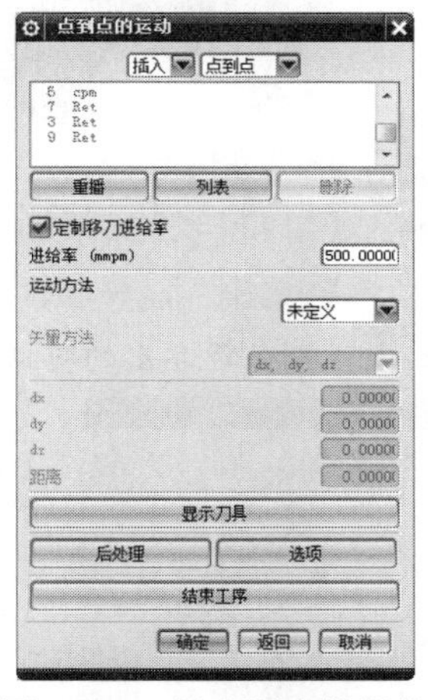

图 9-152　结束顺序铣操作

9.5 典型应用

9.5.1 可变轮廓铣加工

打开 UG NX 10.0 软件，按照下面的“开始素材”路径找到本例名为 9.5.1.prt 的文件，按照下面的讲解进行该例加工程序的编制。也可根据与该例对应的视频进行学习。

	开始素材	Prt_start\chapter 9\9.5.1.prt
	结果素材	Prt _result\chapter 9\9.5.1.prt
	视频位置	Movie\chapter 9\9.5.1.avi

1. 加工工艺分析

本实例采用可变轴曲面轮廓铣对凸轮进行加工，加工模型如图 9-153 所示。

2. 公共项目设置

图 9-153 加工模型

步骤 01 启动 UG NX 10.0 软件，单击【打开文件】按钮，在打开的对话框中选择本书配套资源文件 9.5.1.prt，单击【确定】按钮打开该文件。

步骤 02 依次选择【文件】|【应用模块】|【加工】命令，进入加工环境，或者通过快捷键【Ctrl+Alt+M】快速进入加工环境。

步骤 03 从弹出的图 9-154 所示的【加工环境】对话框中选择铣削加工，单击【确定】按钮进入可变轴加工环境。

步骤 04 将视图调至【几何视图】，双击工序导航器中的坐标系设置按钮，弹出图 9-155 所示的坐标系设置对话框。输入安全距离 20mm，并单击【指定】按钮。

图 9-154 【加工环境】对话框

图 9-155 坐标系设置

步骤 05 双击工序导航器下的 WORKPIECE 图标，然后在弹出图 9-156 所示的对话框中单击【指定部件】按钮，并在新弹出的对话框中选择图 9-157 所示的模型为几何体。

图 9-156 【工件】对话框

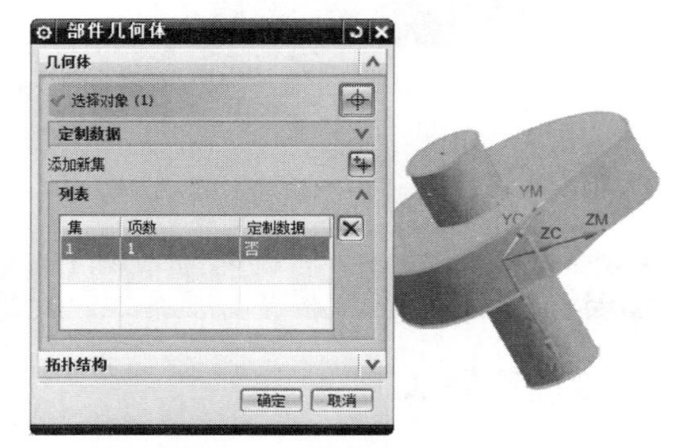

图 9-157 指定部件几何体

步骤 06 选择部件几何体后返回【工件】对话框。此时按快捷键【Ctrl+L】，弹出【图层设置】对话框，勾选“4”复选框，如图 9-158 所示，单击【关闭】按钮，返回【工件】对话框，单击【指定毛坯】按钮，在弹出的对话框中选择刚刚显示的“实体 25”为毛坯几何体，单击【确定】按钮，如图 9-159 所示，最后将【图层设置】之前的设置恢复原样。

步骤 07 在【导航器】工具栏中单击【机床视图】按钮，切换导航器中的视图模式。然后在【创建】工具栏中单击【创建刀具】按钮，弹出【创建刀具】对话框。按照图 9-160 所示的步骤新建名称为 T1_B10 的球头刀，并按照实际设置刀具参数。

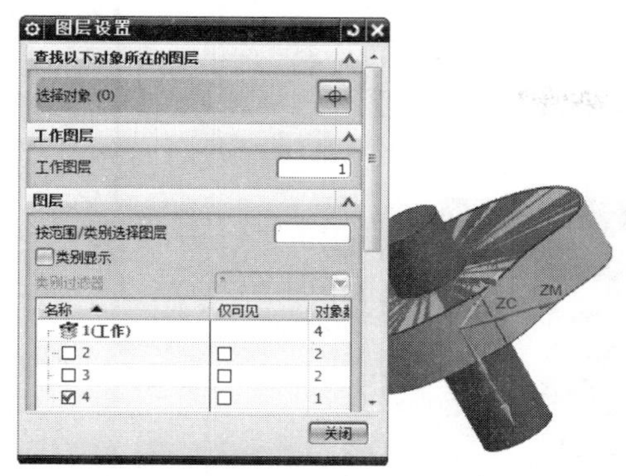

图 9-158　【图层设置】对话框

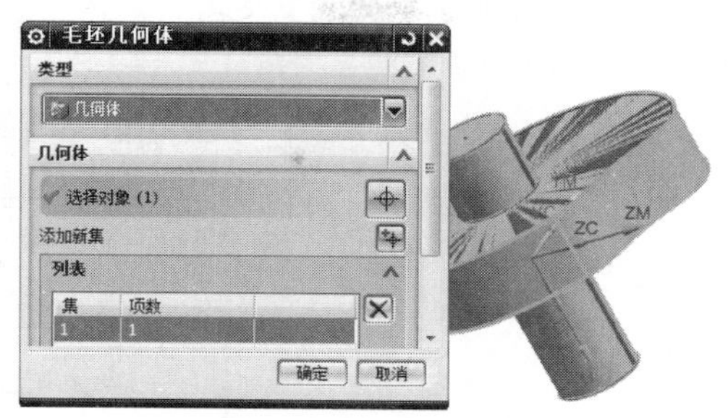

图 9-159　指定毛坯几何体

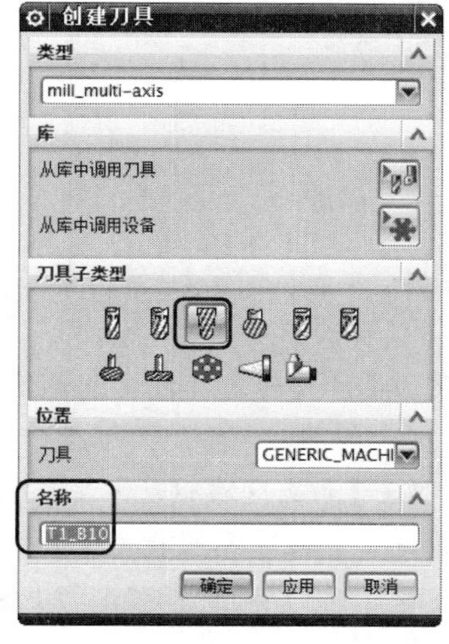

（a）【创建刀具】对话框

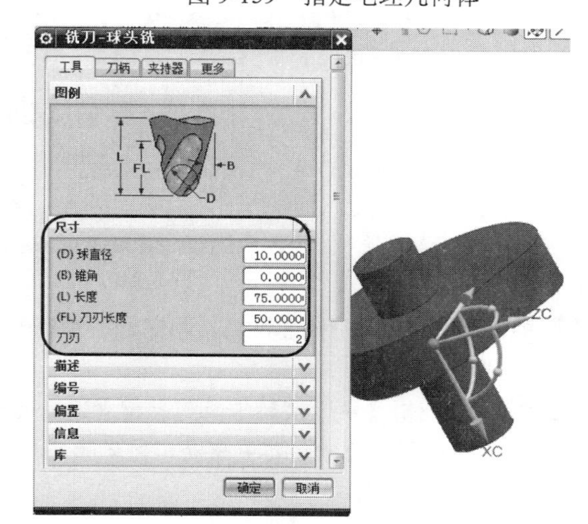

（b）参数设置对话框

图 9-160　创建名为 T1_B10 的球头刀

步骤 08 创建方法，在加工创建工具栏中单击【创建方法】按钮，弹出【创建方法】对话框，如图 9-161 所示，在名称栏输入“R0.2”，单击【确定】按钮，弹出【铣削方法】对话框，部件余量改为“0.2”，如图 9-162 所示，单击【确定】按钮。

图 9-161　【创建方法】对话框

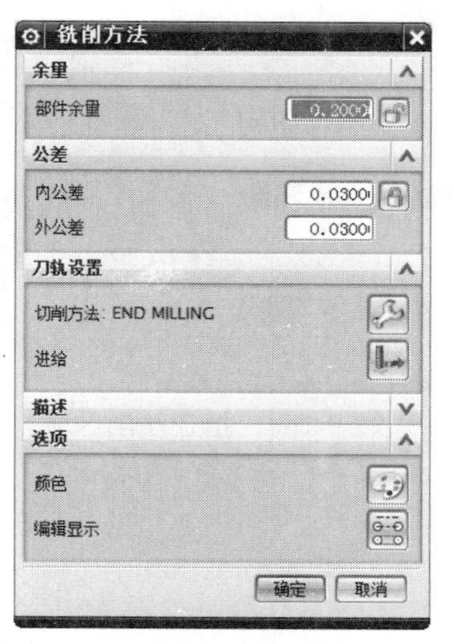

图 9-162　【铣削方法】对话框

3. 可变轴轮廓铣加工

步骤 01 单击【主页】下的【创建工序】按钮，弹出【创建工序】对话框，再按照图 9-163 所示的步骤设置加工参数。

图 9-163 设置加工参数

步骤 02 单击【几何体】中的【指定切削区域】按钮，按照图 9-164 所示选择指定切削区域（除上下两面外其余都选）。

步骤 03 在【驱动方法】中方法的下拉列表框中选择曲面选项，弹出【曲面区域驱动方法】对话框，图 9-165 所示进行参数设置，其中驱动几何体的选择图 9-166 所示，详细可参照相关视频。

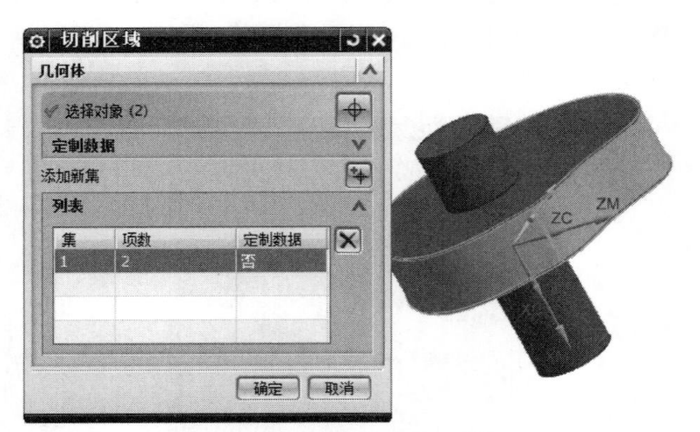

图 9-164 指定切削区域

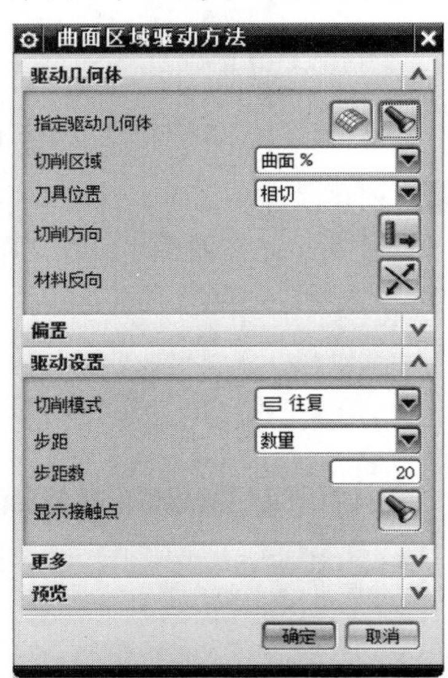

图 9-165 【曲面区域驱动方法】的设置

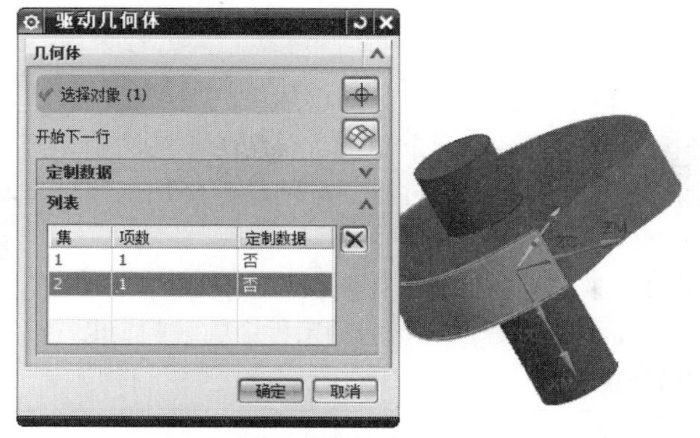

图 9-166　驱动几何体的选择

步骤 04　【投影矢量】选择“刀轴”，在【刀轴】选项区选择【远离直线】选项，弹出【远离直线】对话框，切换到静态线框按照图 9-167 所示设置。

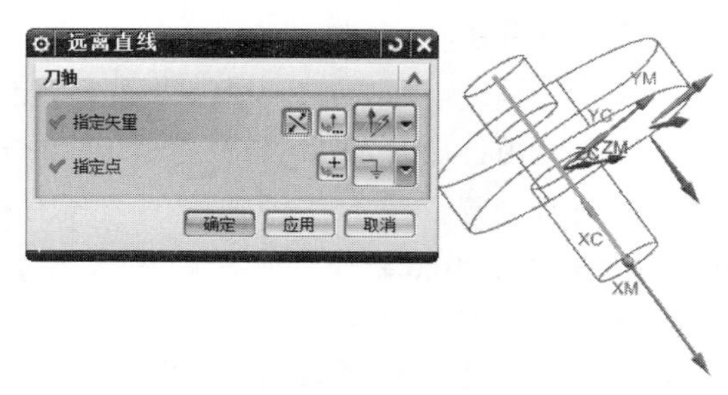

图 9-167　【投影矢量】与【刀轴】的参数设置

步骤 05　【进给率和速度】对话框参数设置如图 9-168 所示。

步骤 06　在【操作】面板中单击【生成】按钮，系统将自动生成加工刀具路径，效果如图 9-169 所示，单击【确定】按钮，选择【2D 动态】选项卡，仿真结果如图 9-170 所示，单击【确定】按钮并保存文件。

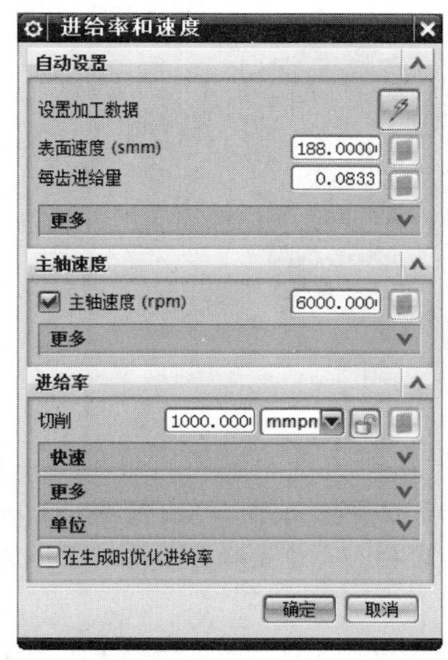

图 9-168　【进给率和速度】的参数设置

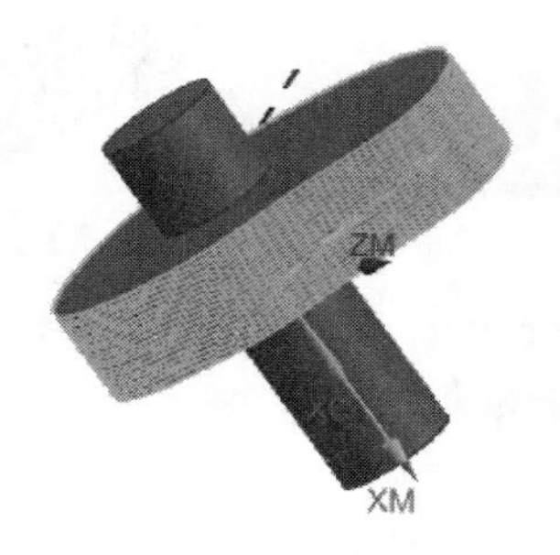

图 9-169　生成刀轨图

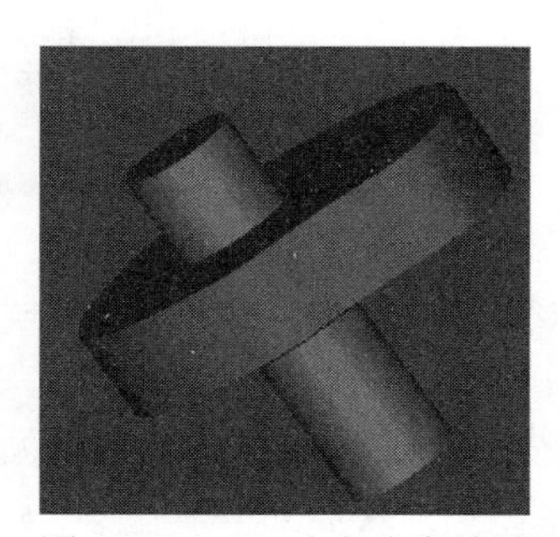
图 9-170　2D 动态仿真结果

9.5.2 顺序铣加工

图 9-171 加工模型

顺序铣能驱动刀具准确地沿着曲面轮廓运动，并且在加工过程中，可单独编辑每个子操作。下面将以一个侧壁带斜度的零件的精加工操作为例，来演示顺序铣的整个操作过程。本例顺序铣加工模型如图 9-171 所示。

打开 UG NX 10.0 软件，按照下面的“开始素材”路径找到本例名为 9.5.2.prt 的文件，按照下面的讲解进行该例加工程序的编制。也可根据与该例对应的视频进行学习。

	开始素材	Prt_start\chapter 9\9.5.2.prt
	结果素材	Prt _result\chapter 9\9.5.2.prt
	视频位置	Movie\chapter 9\9.5.2.avi

1. 加工工艺分析

本加工模型已经过粗加工处理。由于零件外表面是带斜度的壁，所以选用顺序铣进行精加工操作。加工刀具选用直径为“6”，长度为“50”的平底刀。

2. 公共项目设置

步骤 01 启动 UG NX 10.0 软件，单击【打开文件】按钮，在弹出的对话框中选择本书配套资源文件 9.5.2.prt，单击【确定】按钮打开该文件。

步骤 02 依次选择【文件】|【应用模块】|【加工】命令，进入加工环境，或者通过快捷键【Ctrl+Alt+M】快速进入加工环境。在弹出的【加工环境】对话框中选择可变轴加工，单击【确定】按钮进入多轴铣削加工环境，如图 9-172 所示。

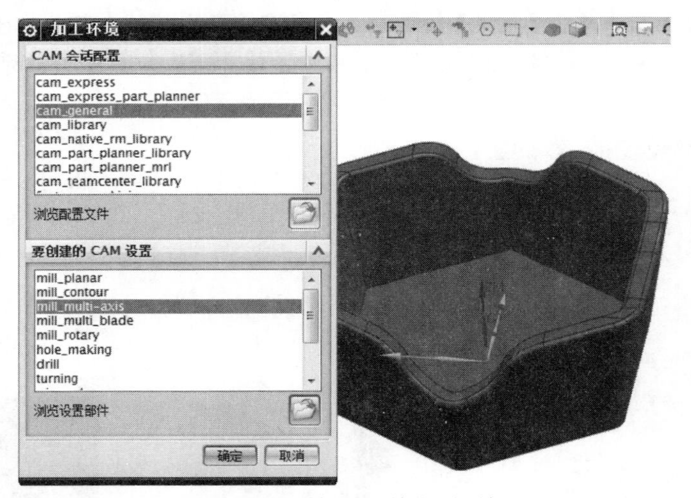

图 9-172 【加工环境】对话框

步骤 03 将视图调至【几何视图】，双击工序导航器中的坐标系设置按钮，弹出图 9-173 所示的坐标系设置对话框。输入安全距离 10mm，并单击【指定】按钮。再单击操作器中的【指定方位】按钮，设置点如图 9-174 所示。

步骤 04 双击工序导航器下的 WORKPIECE 图标，然后在弹出图 9-175 所示的对话框中单击【指定部件】按钮，并在新弹出的对话框中选择图 9-176 所示的模型为几何体。

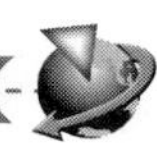

图 9-173　坐标系设置

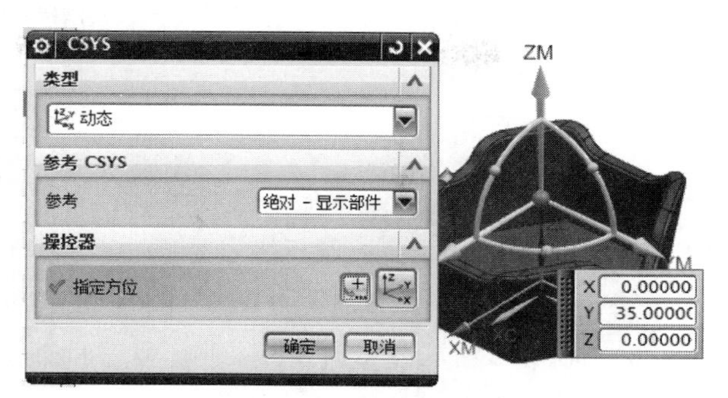

图 9-174　参数选择

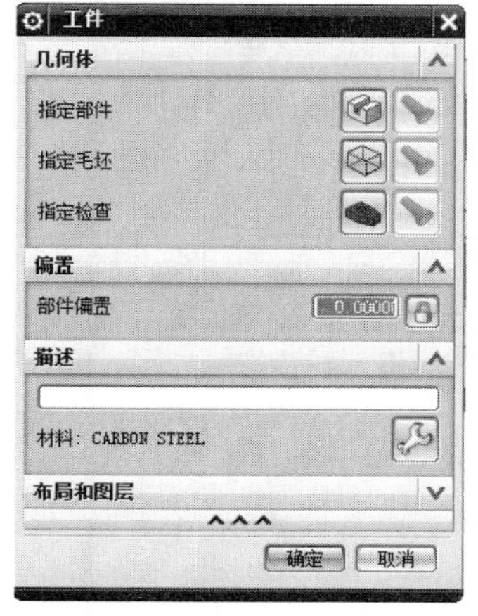

图 9-175　【工件】对话框

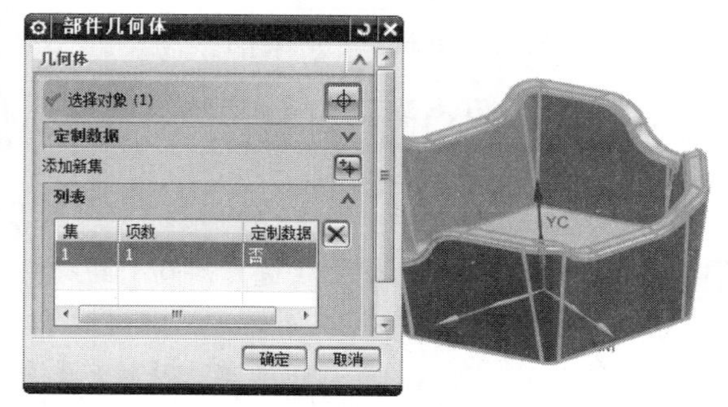

图 9-176　指定部件几何体

步骤 05 在【导航器】工具栏中单击【机床视图】按钮，切换导航器中的视图模式。然后在【创建】工具栏中单击【创建刀具】按钮，弹出【创建刀具】对话框。按照图 9-177 所示的步骤新建名称为 T1_D6 的端铣刀，并按照实际设置刀具参数。

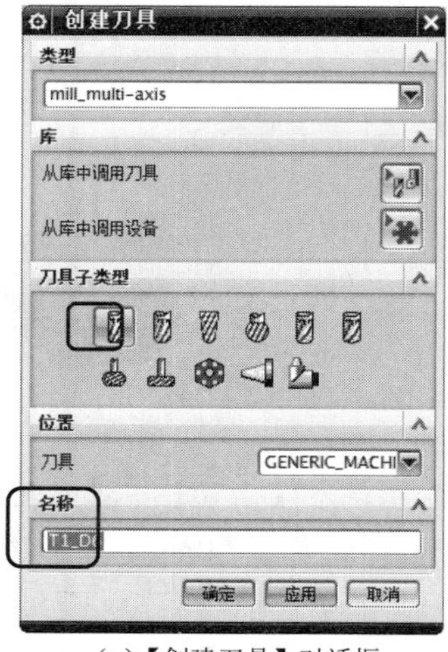

（a）【创建刀具】对话框

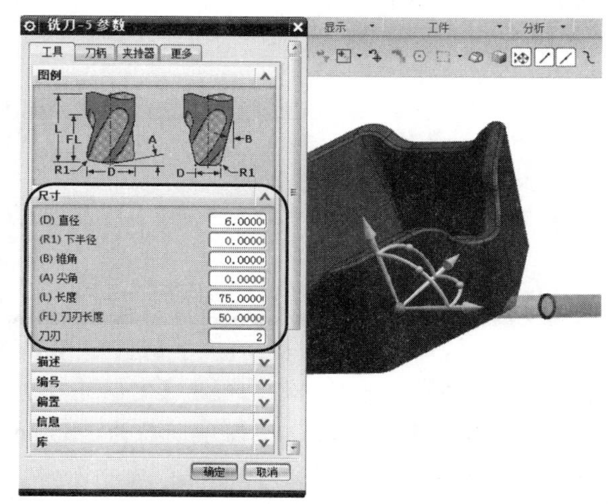

（b）参数设置对话框

图 9-177　创建名为 T1_D6 的端铣刀

3. 顺序铣加工

步骤 01 单击【主页】下的【创建工序】按钮，弹出【创建工序】对话框，再按照图 9-178（a）所示的步骤设置加工参数，弹出【顺序铣】对话框，如图 9-178（b）所示。

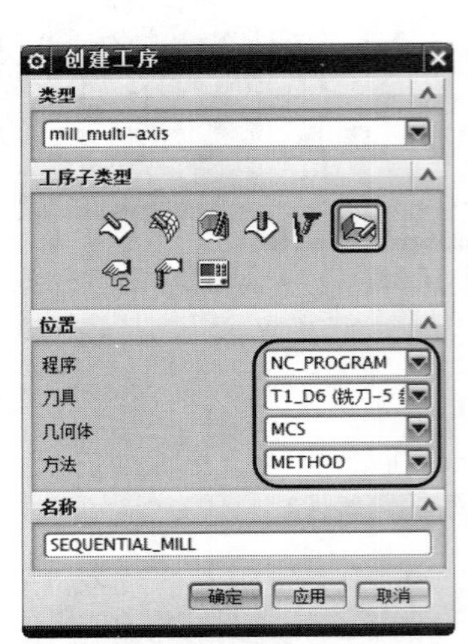

（a）【创建工序】对话框

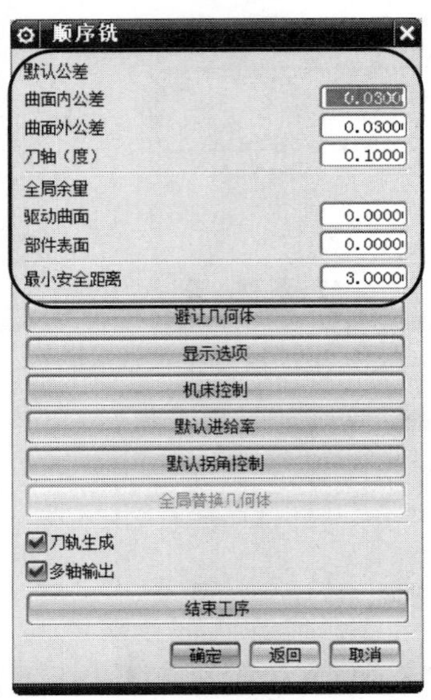

（b）【顺序铣】对话框

图 9-178 设置加工参数

步骤 02 单击【确定】按钮，弹出【进刀运动】的对话框，单击【进刀方法】按钮，弹出【进刀方法】对话框，在【方法】下拉列表框中选择【仅矢量】选项，距离设置为“0.5”，选择+ZM 轴为矢量，如图 9-179 所示，最后依次单击【确定】按钮。

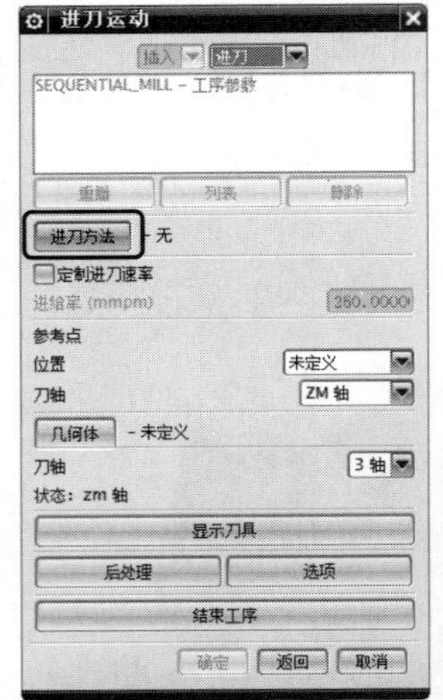

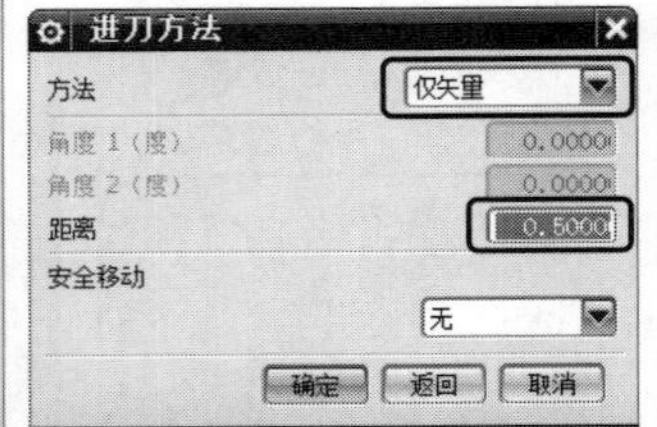

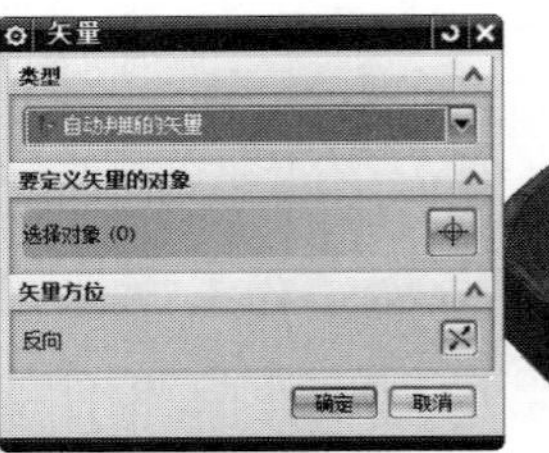

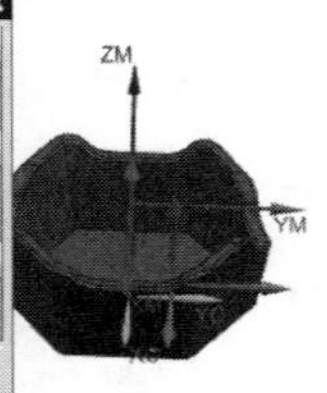

图 9-179 【进刀运动】的参数设置

步骤 03 返回【进刀运动】对话框，勾选【定制进刀速率】复选框，在【位置】下拉列表框中选择【点】选项，弹出【点】对话框，Y 坐标改为“35mm”其余坐标设置为“0mm”，如图 9-180 所示，单击【确定】按钮。

步骤 04 返回【进刀运动】对话框，刀轴选择【5 轴】选项，按照图 9-181 设置五轴选项的参数，单击【确定】按钮。

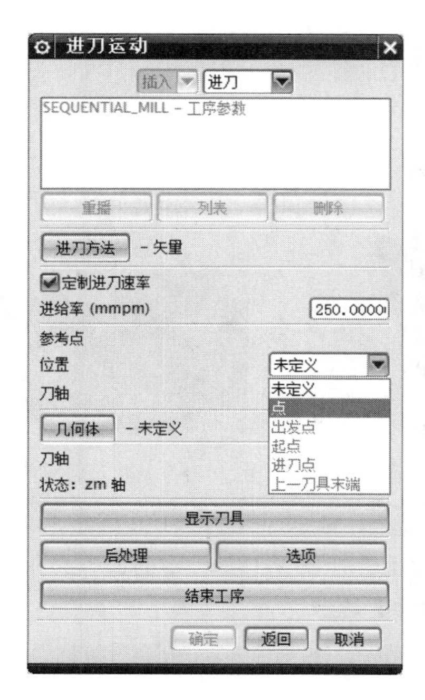

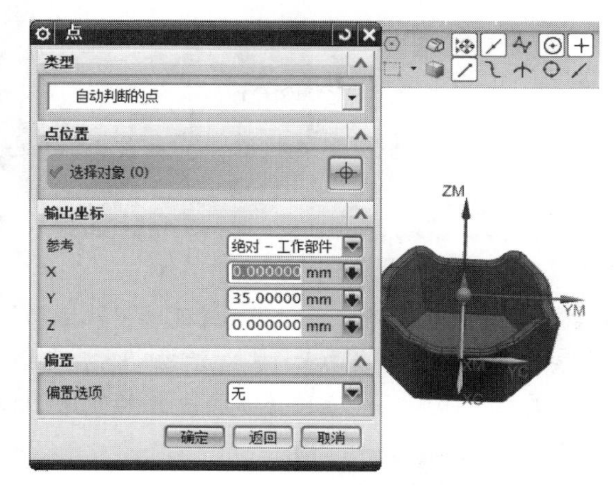

图 9-180　【进刀运动】的参数设置

步骤 05 返回【进刀运动】对话框，单击【几何体】按钮，弹出【进刀几何体】对话框，按照图 9-182 ~ 图 9-184 所示的参数依次设置驱动几何体、部件几何体和检查几何体，单击【确定】按钮。

图 9-181　【五轴选项】的参数设置

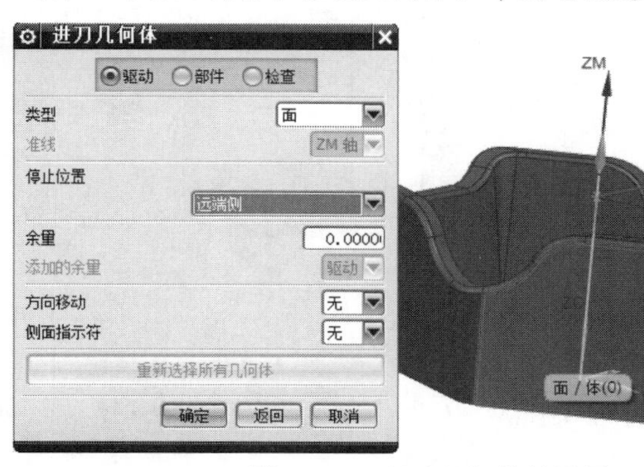

图 9-182　驱动几何体的设置

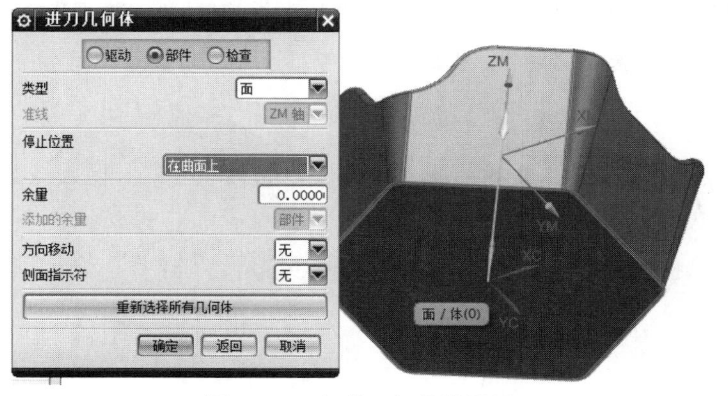

图 9-183　部件几何体的设置

步骤 06 返回【进刀运动】对话框，单击【确定】按钮，系统自动生成进刀运动刀路，如图 9-185 所示。

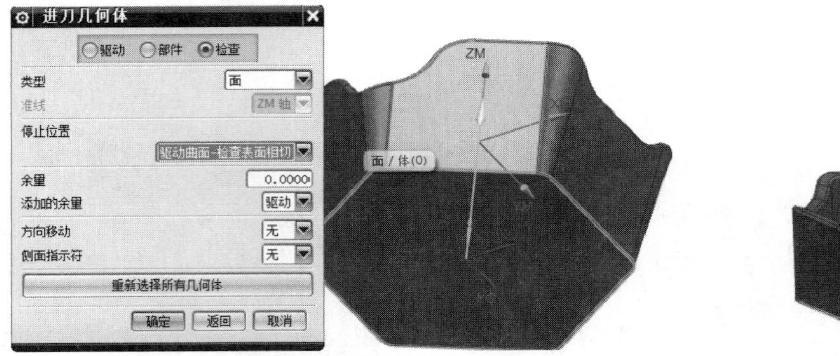

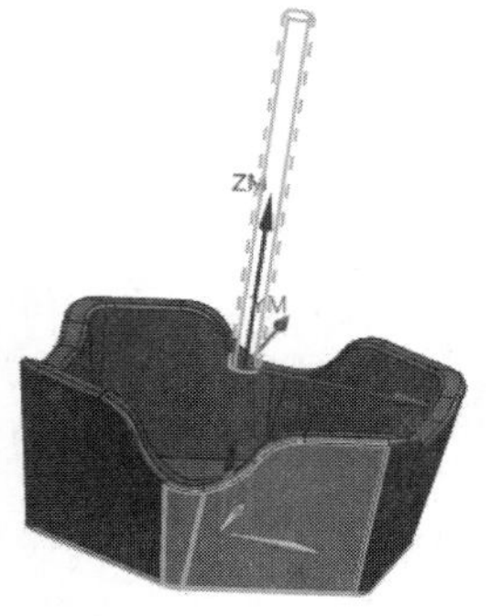

图 9-184 检查体的选择

图 9-185 进刀运动刀路

步骤 07 生成进刀运动刀路之后，进入【连续刀轨运动】设置对话框，如图 9-186 所示，单击【检查曲面】按钮，弹出【检查曲面 1】对话框，然后在模型上选择图 9-187 所示的面作为第一个连续刀轨运动的检查曲面，并选择【驱动曲面-检查曲面相切】选项。

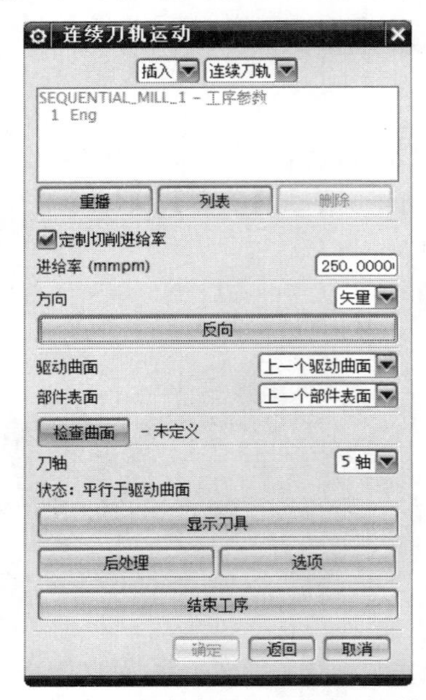

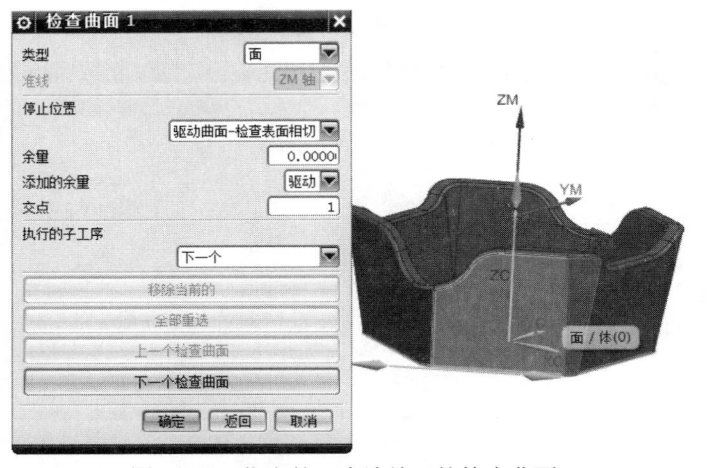

图 9-186 【连续刀轨运动】对话框

图 9-187 指定第一个连续刀轨检查曲面 1

步骤 08 所有的检查曲面选择完毕后，生成曲面的刀路，如图 9-188 所示。

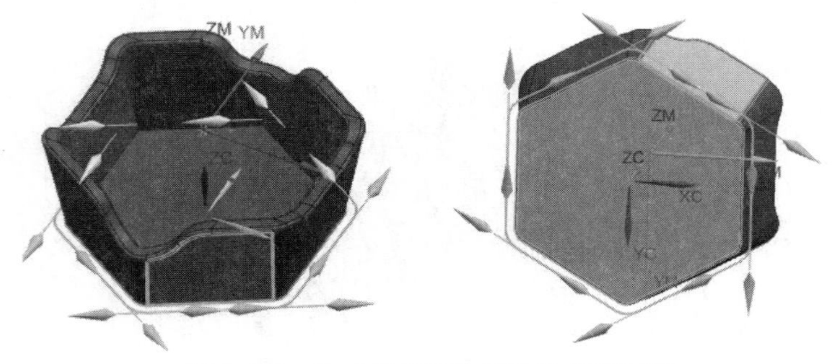

图 9-188 生成连续刀轨运动的全部刀路

步骤 09 在【连续刀轨运动】对话框的子操作类型下拉列表框中选择【退刀】选项，如图 9-189 所示，弹出【退刀运动】对话框，设置进给率参数为“1000”，如图 9-190 所示。

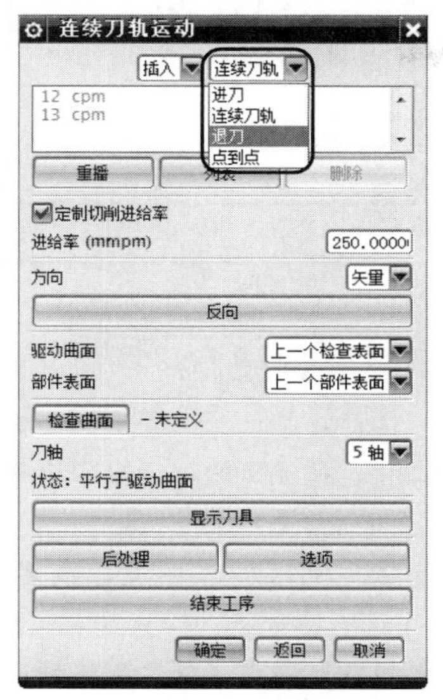

图 9-189　退刀的选择

图 9-190　【退刀运动】对话框

步骤 10 单击【退刀方法】按钮，弹出【退刀方法】对话框，【距离】设置为“20”，在【方法】下拉列表框中选择【仅矢量】选项，弹出【矢量】对话框，在图形区的矢量轴上选择 Y 轴，再单击【反向】按钮，最后关闭该对话框，如图 9-191 所示。

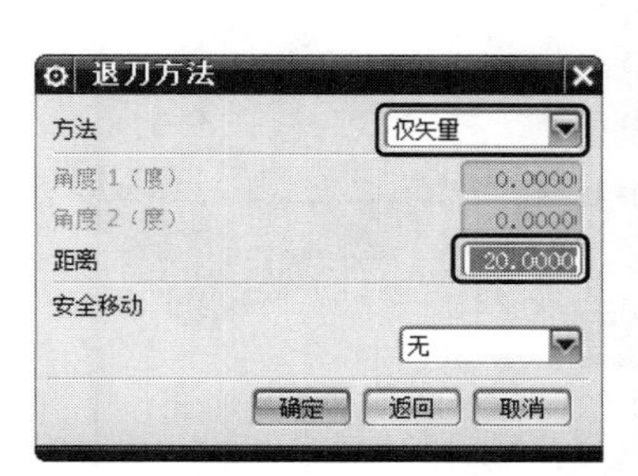

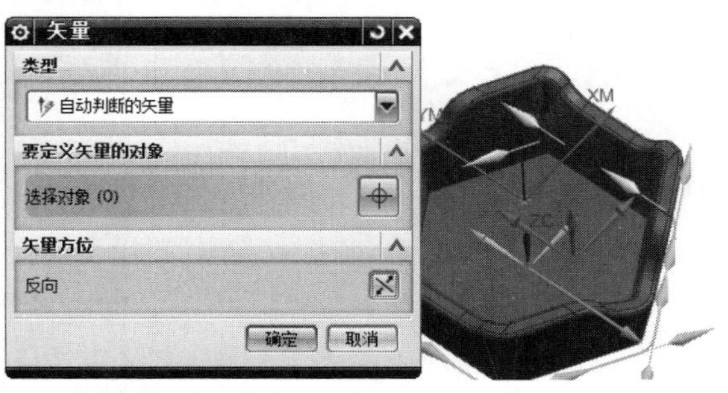

图 9-191　【退刀方法】的参数设置

步骤 11 单击【退刀运动】对话框中的【确定】按钮，生成退刀运动的刀路，如图 9-192 所示。

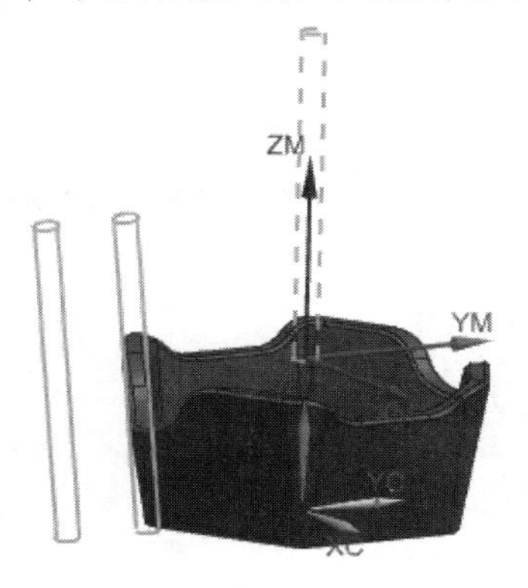

图 9-192　生成退刀运动刀路

9.5.3 可变轮廓铣加工

打开 UG NX 10.0 软件，按照下面的“开始素材”路径找到本例名为 9.5.3.prt 的文件，按照下面的讲解进行该例加工程序的编制。也可根据与该例对应的视频进行学习。

	开始素材	Prt_start\chapter 9\9.5.3.prt
	结果素材	Prt _result\chapter 9\9.5.3.prt
	视频位置	Movie\chapter 9\9.5.3.avi

1. 加工工艺分析

本实例采用可变轴曲面轮廓铣对凸轮进行加工，加工模型如图 9-193 所示。

2. 公共项目设置

步骤 01 启动 UG NX 10.0 软件，单击【打开文件】按钮，在弹出的对话框中选择本书配套资源文件 9.5.3.prt，单击【确定】按钮打开该文件。

步骤 02 依次选择【文件】|【应用模块】|【加工】命令，进入加工环境，或者通过快捷键【Ctrl+Alt+M】快速进入加工环境。

步骤 03 在弹出的【加工环境】对话框中选择可变轴铣削加工，单击【确定】按钮进入可变轴加工环境，如图 9-194 所示。

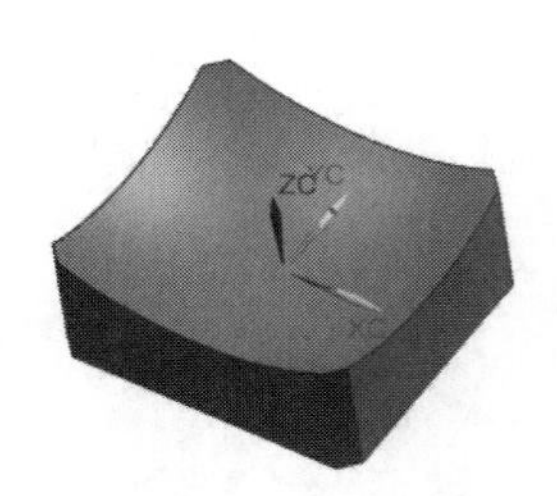

图 9-193 加工模型

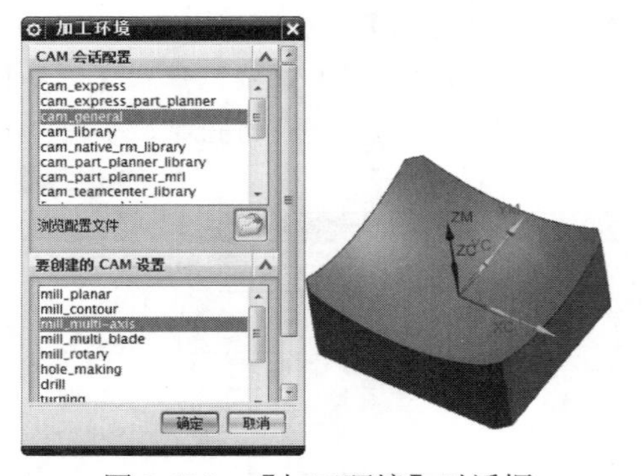

图 9-194 【加工环境】对话框

步骤 04 将视图调至【几何视图】，双击工序导航器中的坐标系设置按钮，弹出坐标系设置对话框，输入安全距离 20，单击【指定 MCS】按钮，弹出【CSYS】对话框，进行操控器设置，指定方位中的点的“Z 坐标”值改为“50”，如图 9-195 所示，最后单击【确定】按钮。

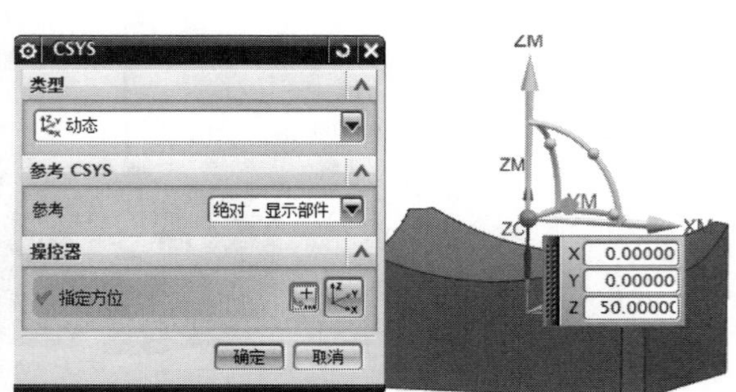

图 9-195 坐标系设置

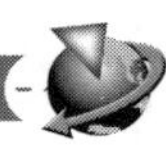

步骤 05 双击工序导航器下的 WORKPIECE 图标，然后在图 9-196 所示的对话框中单击【指定部件】按钮，并在新弹出的对话框中选择图 9-197 所示的模型为几何体。

图 9-196　【工件】对话框

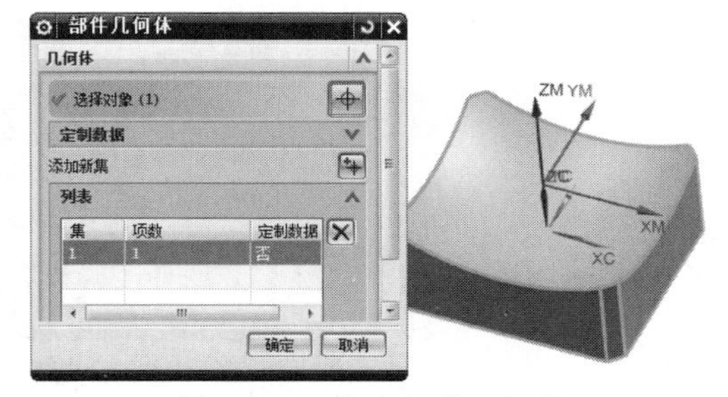

图 9-197　指定部件几何体

步骤 06 在【导航器】工具栏中单击【机床视图】按钮，切换导航器中的视图模式。然后在【创建】工具栏中单击【创建刀具】按钮，弹出【创建刀具】对话框。按照图 9-198 所示的步骤新建名称为 T1_B6 的球头刀，并按照实际设置刀具参数。

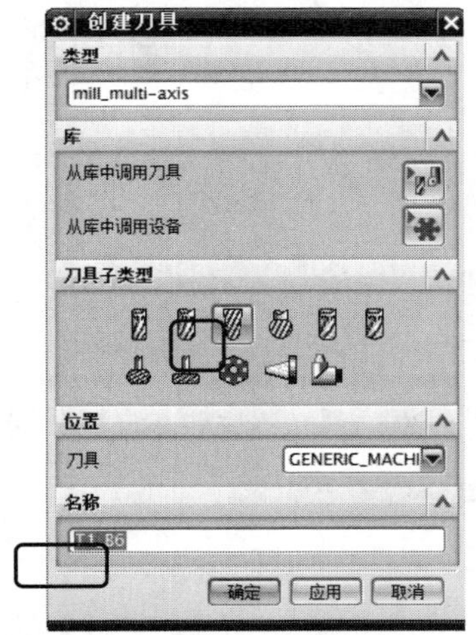

（a）【创建刀具】对话框

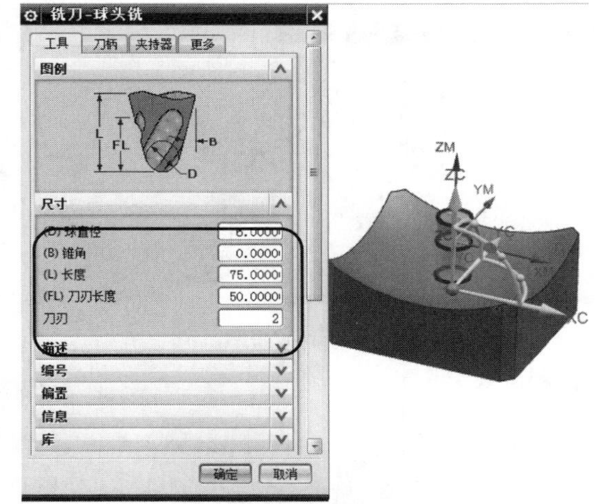

（b）参数设置对话框

图 9-198　创建名为 T1_B6 的球头刀

3. 可变轴轮廓铣加工

步骤 01 单击【主页】下的【创建工序】按钮，弹出【创建工序】对话框，按照图 9-199 所示的步骤设置加工参数。

步骤 02 单击【几何体】中的【指定切削区域】按钮，按照图 9-200 所示选择指定切削区域（除上下两面外其余都选）。

步骤 03 在【驱动方法】的下拉列表中选择【边界】选项，单击后面的编辑按钮，弹出【边界驱动方法】对话框，图 9-201 所示进行参数设置，单击【指定驱动几何体】按钮，在弹出对话框的模式下选择【曲线/边】选项，再按照图 9-202 所示设置驱动几何体，详细内容可参照相关视频。

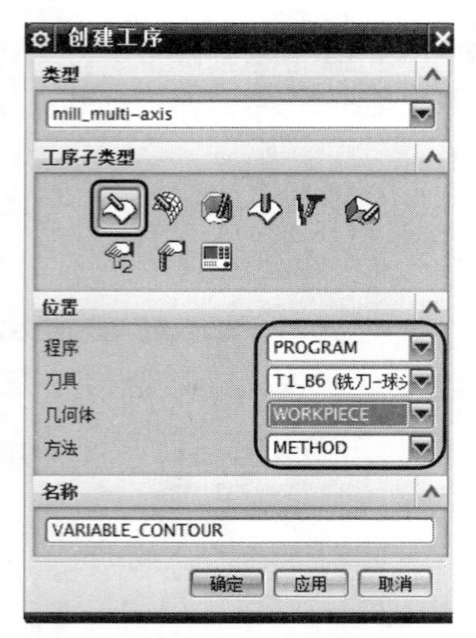

图 9-199　设置加工参数

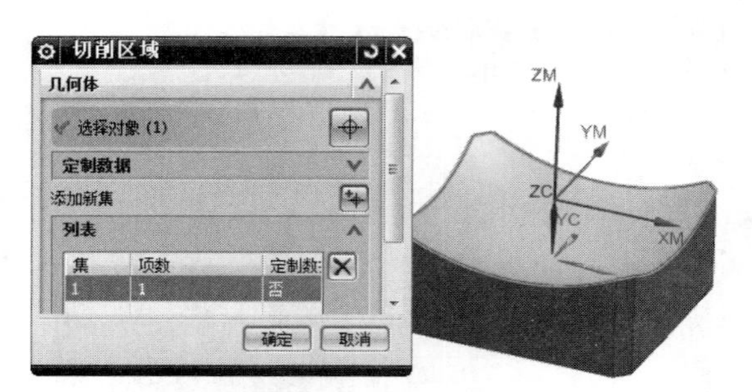

图 9-200　指定切削区域

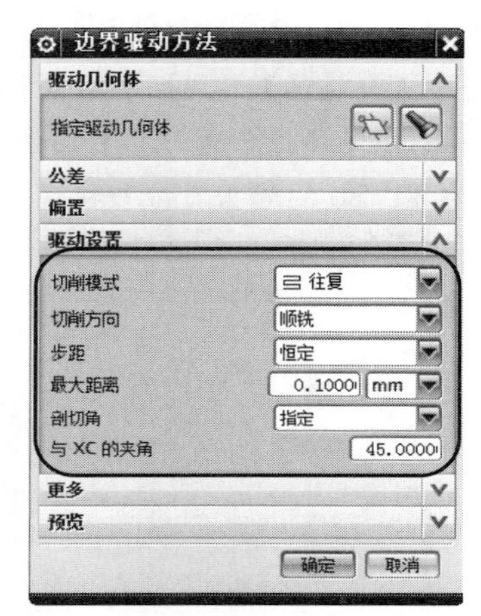

图 9-201　【边界驱动方法】的设置

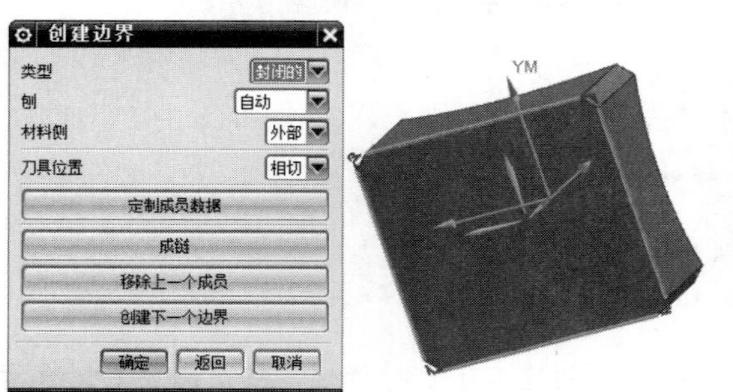

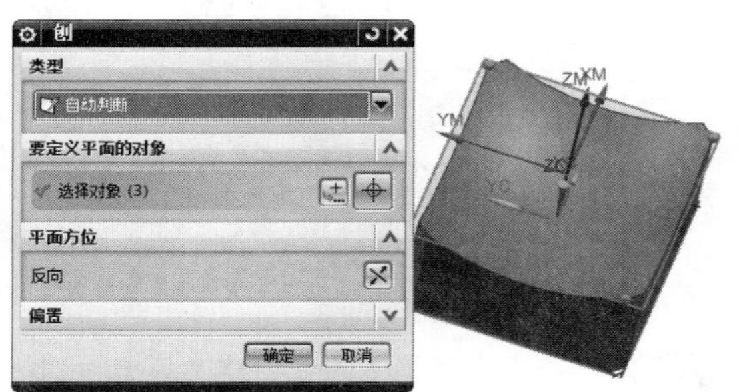

图 9-202　驱动几何体的选择

步骤 04 【投影矢量】选择“远离直线”，其中出发点坐标设置为“X=0，Y=0，Z=50”，目标点坐标设置为“X=-20，Y=0，Z=50”。在【刀轴】选项区选择【垂直于部件】选项，如图 9-203 所示。

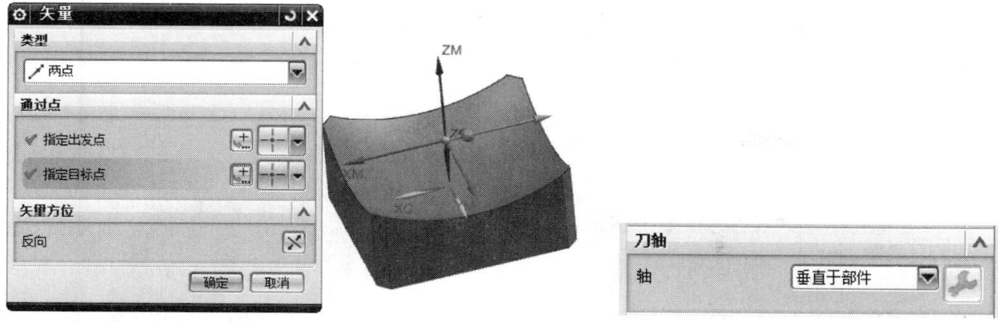

图 9-203　【投影矢量】与【刀轴】的参数设置

步骤 05 【切削参数】对话框参数设置如图 9-204 所示。

步骤 06 【非切削参数】对话框参数设置如图 9-205 所示。

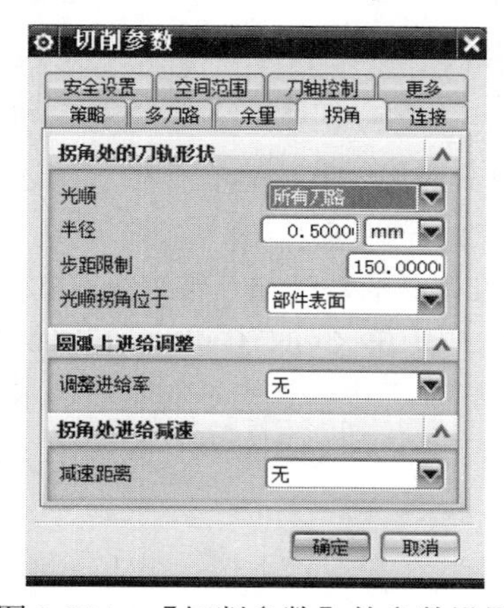

图 9-204　【切削参数】的参数设置

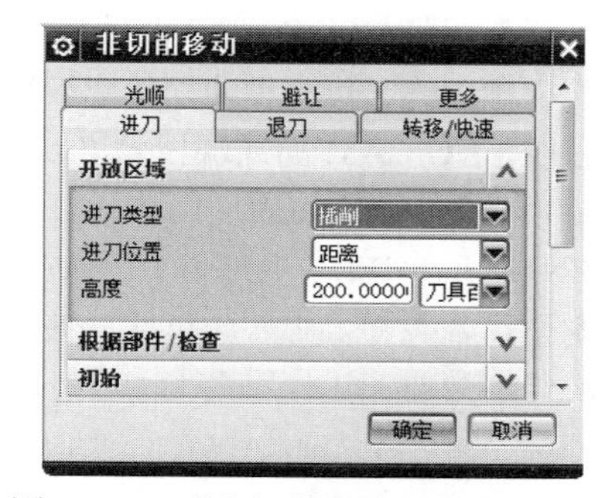

图 9-205　【非切削移动】的参数设置

步骤 07 【进给率和速度】对话框参数设置如图 9-206 所示。

步骤 08 在【操作】面板中单击【生成】按钮，系统将自动生成加工刀具路径，效果如图 9-207 所示，单击【确认】按钮。

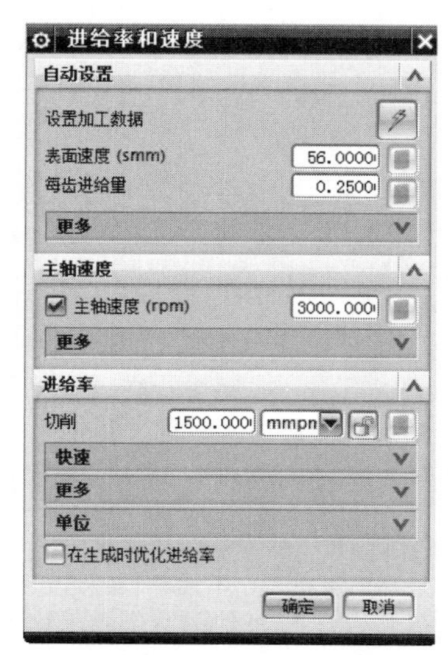

图 9-206　【进给率和速度】的参数设置

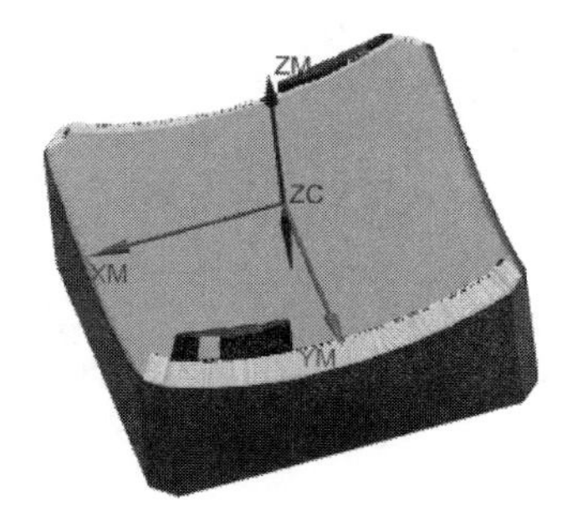

图 9-207　生成刀轨图

步骤 09 在【操作】面板中单击【确认】按钮，将弹出【刀轨可视化】对话框，其中毛坯的几何体设置如图 9-208 所示，选择【3D 动态】选项卡，仿真过程如图 9-209 所示，单击【确定】按钮并保存文件。

图 9-208　毛坯几何体

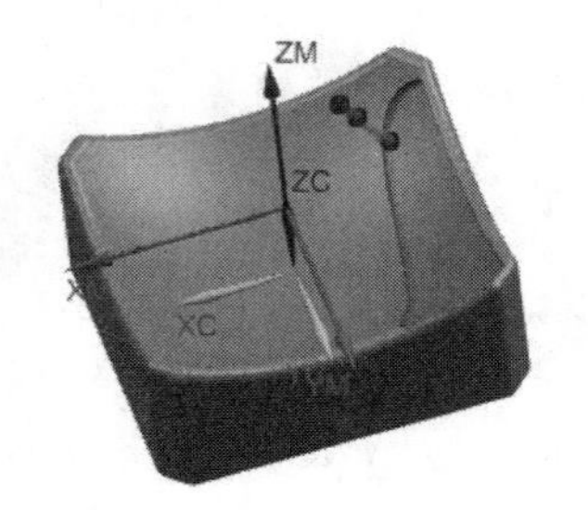

图 9-209　3D 动态仿真过程

本章小结

本章主要介绍了 UG NX 10.0 多轴铣加工制造技术及其应用，其内容有多轴铣概述、可变轴曲面轮廓铣、顺序铣、可变轴曲面轮廓编程实例和顺序铣编程实例。

实践证明，UG/CAM 的高端技术可以为产品复杂三维型面的数控加工带来极高的加工效率、加工质量，并给企业带来可观的经济效益。将先进的 VARIABLE_CONTOUR（可变轴曲面轮廓）和 SEQUENTIAL_MILL（顺序铣）等加工模块应用于数控加工中，让先进的制造技术为企业的产品开发制造及各类加工中心（包括三轴、四轴、五轴加工中心）的高效利用发挥巨大作用，创造出更大的经济效益。

第 10 章 后处理

无论哪种 CAM 软件，其主要用途都是生成在机床上加工零件的刀具轨迹（简称刀轨）。一般来说，不能直接传输 CAM 软件内部产生的刀轨到机床上进行加工，因为各种类型的机床在物理结构和控制系统方面可能不同，由此而对 NC 程序中指令和格式的要求也可能不同。因此刀轨数据必须经过处理，以适应每种机床及其控制系统的特定要求。

10.1 后处理概述

刀轨数据只有经过处理才能适应机床及其控制系统的特定要求，这种处理在大多数 CAM 软件中称作“后处理”。后处理的结果是使刀轨数据变成机床能够识别的刀轨数据，即 NC 代码。

10.1.1 后处理简介

UG 后处理就是将 UG 加工生成的刀路 CLSF 文件转换为机床能读取的程序文件。UG/Post 就是 UG 后置处理器，它是一个创建后处理机床文件的编辑器，是 UG NX 10.0 自带的后台运行程序。图 10-1 所示为 UG/Post 后置处理器的工作流程示意图。

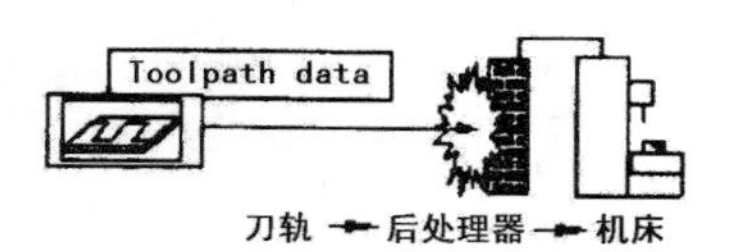

图 10-1 UG/Post 后处理器的工作流程示意图

可见后处理必须具备两个要素：“刀轨”（CAM 内部产生的刀轨）和“后处理器”（一个包含机床及其控制系统信息的处理程序）。UG 系统提供了一般性的后处理器程序——UG/Post，它使用 UG 内部刀轨数据作为输入，经后处理后输出机床能够识别的 NC 代码。UG/Post 有很强的用户化能力，它能适应从非常简单到任意复杂的机床及其控制系统的后处理。

UG 后处理构造器（Post Builder）可以通过图形交互的方式创建 2～5 轴的后处理器，并能灵活定义 NC 程序的格式、输出内容、程序头尾、操作头尾及换刀等每个事件的后处理方式。利用后处理构造器建立后处理文件的过程如图 10-2 所示。

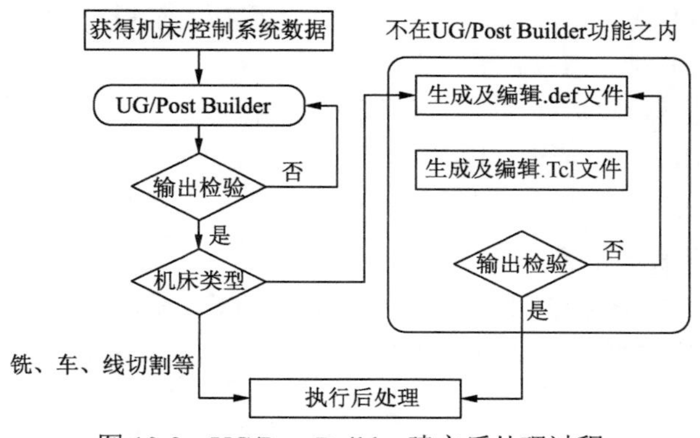

图 10-2 UG/Post Builder 建立后处理过程

10.1.2 后处理术语

（1）UG 后处理（UG/Post）：在 UG CAM 模块中对生成的零件刀轨进行后处理，生成机床可接收的 NC 数控程序。

（2）UG 后置处理器（UG/Post Builder）：创建后处理所使用的机床定义文件的编辑器。

（3）事件处理器：是指定义机床配置的两个文件之一，它包含机床控制器定义的一系列事件处理指令。该文件的扩展名为.tcl。这些指令是用 UG 内部的 TCL 语言编写的程序，用户可以直接修改 TCL 语言自定义该文件，也可以通过后处理构造器自动生成。

（4）事件定义文件：定义机床配置的两个文件之一，它包含特定机床的静态信息（如输出格式、有效字符等）。该文件的扩展名为.def。可以通过后处理构造器自动生成。

（5）操作（Operation）：UG/CAM 中的一个工序。一个数控程序可以包含多个操作。

（6）事件（Event）：UG CAM 中控制机床的一个动作，如直线运动、换刀、主轴正转等。

（7）字地址（Address）：数控系统中的字地址，如 X, Y, Z, F, S 等。

（8）程序行（Block）：NC 程序中的一行程序，是数控机床的一条执行语句。

（9）格式（Format）：NC 程序的格式，多指语句中字地址的数据格式，如小数位数、整数位数、小数点是否输出等。

10.1.3 后处理步骤

UG/Post 后处理步骤如下：

（1）在 UG/CAM 模块中生成刀具路径。

（2）通过后处理构造器生成事件处理文件和事件定义文件，并将生成的文件添加到后处理模板中。

（3）运用 UG/Post 后置处理器进行后处理，生成可供机床使用的数控程序。

10.2 后处理构造器

10.2.1 创建后处理

后处理构造器的操作涉及 3 个文件：

（1）事件处理文件，扩展名是.tcl，用于定义每一个事件的处理方式；

（2）事件定义文件，扩展名是.def，用于定义机床/控制的功能和程序格式；

（3）后处理构造器参数文件，扩展名是.pui，包含了在后处理构造器中设置的所有数据信息，可以用后处理构造器打开进行修改和用户化。

在运用后处理构造器编辑后处理时最好对系统默认的文件进行备份，防止文件破坏。系统默认文件在安装目录的 Mach/resource 文件夹下，用户把该文件夹下的文件全部复制到 Mach/Custom 文件夹下，并修改文件夹的读/写权限为只读即可。

1. 后处理构造器工作环境

在操作系统中，选择【开始】|【所有程序】|Siemens UG NX 10.0|【加工】|【后处理构造器】命令，即可进入后处理构造器的起始对话框中。该对话框包括 4 个下拉菜单、两个工具栏和一个提示行，如图 10-3 所示。

（1）下拉菜单

下拉菜单包括 File（文件）、Options（选项）、Utilities（应用）和 Help（帮助），如图 10-4 所示。

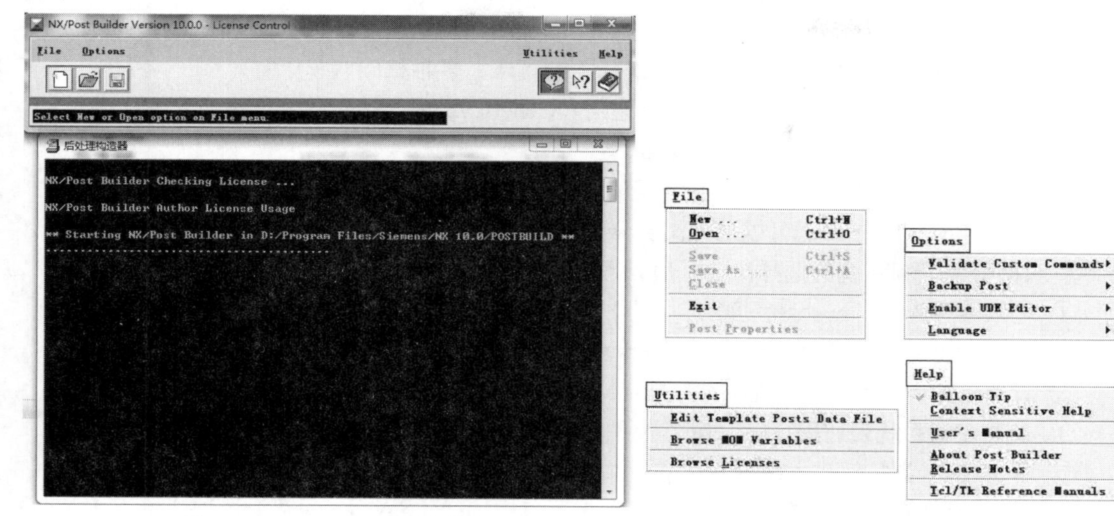

图 10-3 Post Builder 对话框　　图 10-4 对话框的下拉菜单项

文件（File）下拉菜单：新建、打开、保存、关闭、退出后处理构造器，以及打开最近打开过的文件。

选项（Options）下拉菜单：检查用户定义的语法、字地址、程序行和格式是否正确，以及文件备份选项。

应用（Utilities）下拉菜单：编辑模板文件和浏览机床文件。

帮助（Help）下拉菜单：图标提示、上下文提示和后处理构造器的使用手册。

（2）【文件】工具栏

【文件】工具栏包括新建、单击和保存后处理按钮，如图 10-5 所示。

（3）【帮助】工具栏

【帮助】工具栏包括光标提示、条目说明和用户手册，如图 10-6 所示。

图 10-5 【文件】工具栏　　图 10-6 【帮助】工具栏

（1）光标提示：选择该命令，光标放在图标上时即会显示出图标的名称。

（2）条目说明：选择该命令，选择菜单时会显示出该菜单的功能说明。

（3）用户手册：选择该命令，会显示后处理构造器的使用手册。

（4）提示行

提示行显示当前操作说明和下一步操作提示。

2. 用后处理构造器创建一个新的后处理

用户可以新建一个后处理，也可以打开一个已存在的后处理文件进行编辑。在【文件】下拉菜单中选择【新建（New）】选项或单击【文件】工具栏中的【新建】按钮，弹出图 10-7 所示的对话框，从中可以自定义名称、注解、输出单位、机床类型和控制系统等类型。

（1）名称（Post Name）：新建后处理的名称，不能有空格。

（2）注解（Description）：可以加入字符说明，以表示该后处理器，但不能有中文。

（3）输出单位（Post Output Unit）：可以选择新建后处理为公制（Millimeters）或英制（Inches）。

（4）机床类型（Machine Tool）：可以选择 3 轴机床、多轴机床和车床等。

（5）控制系统（Controller）：可以选择通用（Generic）、库（Library）或用户定义（User's）。

① 通用（Generic）：一个默认的 Fanuc 控制系统。

② 库（Library）：UG 提供了一些常用的控制系统，用户可以从中选择需要的控制系统。

③ 用户定义（User's）：可以通过浏览器选择现有的后处理文件。

机床类型和控制系统的选择决定了后处理中事件变量、指令等主要内容。

① 输入名称为 my_post 和注解。

② 选择输出单位为“公制（Millimeters）”。

③ 设置机床类型为“3 轴铣床（3-Axis Mill）”。

④ 设置控制系统为通用（Generic）类型。

⑤ 单击【OK】按钮进入编辑主菜单，如图 10-8 所示。

设置好所有参数后，在【File】（文件）下拉菜单中选择【Save】（保存）选项或单击【保存】按钮，选择用户目录。在这里选择“安装目录\MACH\resource\postprocessor”作为放置目录，输入文件名（my_post）即可保存文件。后处理构造器会保存 3 个不同扩展名的文件：.pui、.tcl、.def。

① .pui 文件：后处理构造器用来打开后读取或修改参数的文件。

② .tcl 文件：UG/Post 用来定义输出格式的文件。

③ .def 文件：UG/Post 用来处理机床动作事件的文件。

注　意

如果在后处理构造器外编辑.tcl 和.def 文件，会打断它们与后处理构造器的联系。

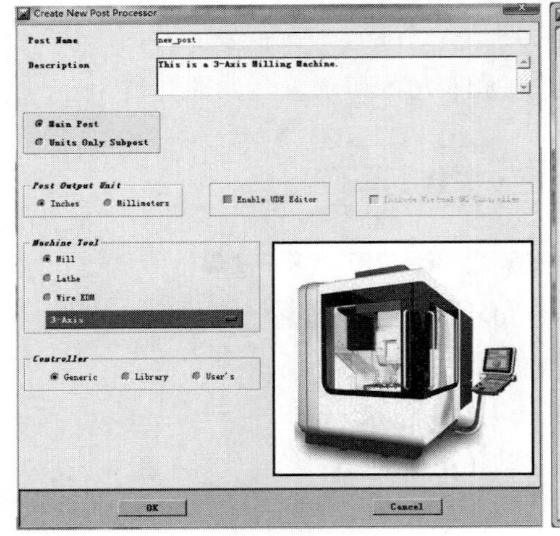

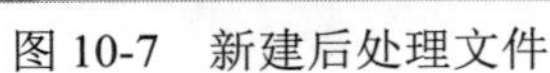

图 10-7　新建后处理文件

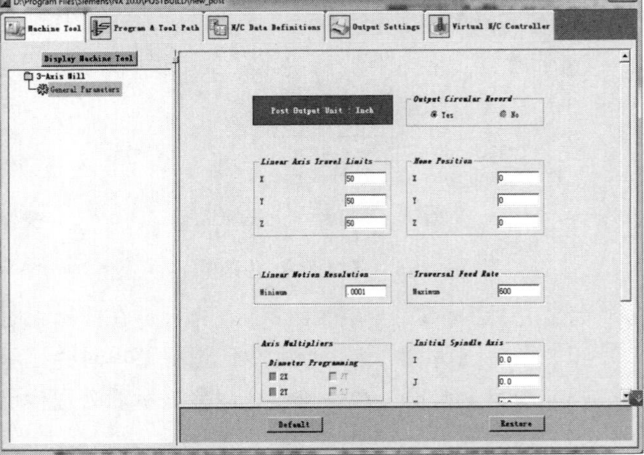

图 10-8　编辑主菜单

3．添加后处理至模板文件

新建的后处理文件不会自动添加到后处理器中，为了在 UG 后处理器中找到新建的文件，必须把新产生的文件加入到模板文件（template_post.dat）中。

选择【Utilities】（应用）下拉菜单中的【Edit Template Posts Data File】（编辑模板文件）选项，会弹出如图 10-9 所示的【编辑模板文件】对话框。单击【New】按钮，弹出【打开】对话框。选择前面保存的 my_post.pui 后处理文件，单击【打开】按钮回到图 10-9 所示的对话框，在对话框的顶部就会显示 my_post，${UGII_ CAM_POST_DIR} my_post.tcl，${UGII CAM_POST_DIR} my_post.def 字符串，如图 10-9 所示。

也可以在图 10-9 中单击【编辑】按钮，弹出图 10-10 所示的对话框，在文本框中输入 my_post，${UGII_CAM_ POST_DIR}my_post.tcl，${UGII_CAM_ POST_ DIR}my_post.def 字符串。

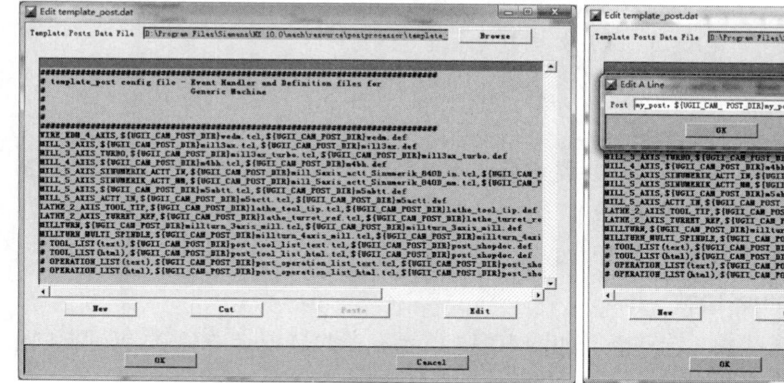

图 10-9 编辑模板文件　　图 10-10 编辑文本

单击图 10-9 所示对话框中的【OK】按钮，弹出图 10-11 所示的【另存为】对话框，系统保存在安装目录 MACH\resource\postprocessor 下，并且默认文件名为 template_post.dat。单击【保存】按钮，弹出图 10-12 所示的警告对话框，提示该文件已经存在，是否替换原文件，单击【是】按钮完成后处理文件模板定义。

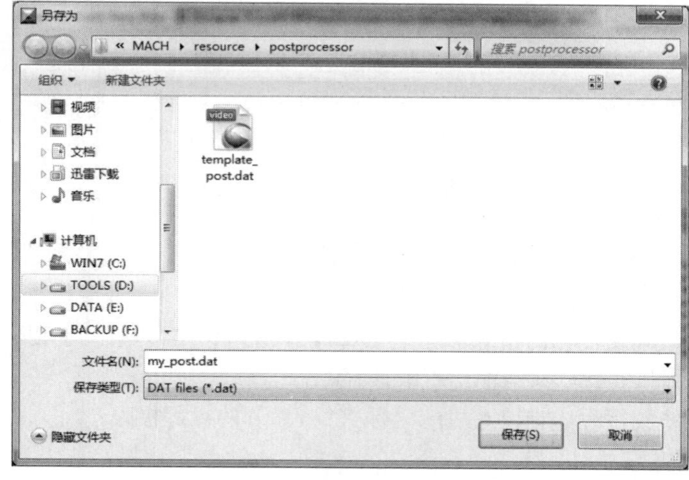

图 10-11 【另存为】对话框　　图 10-12 替换提示

4．检验新建的后处理是否添加到 UG 后处理器中

在 UG NX 加工模块中，选择一个正确生成刀具路径的操作，单击【加工操作】工具栏中的【后处理】按钮，弹出图 10-13 所示的【后处理】对话框，在可用机床列表中可以看到新创建的机床定义文件 my_post。

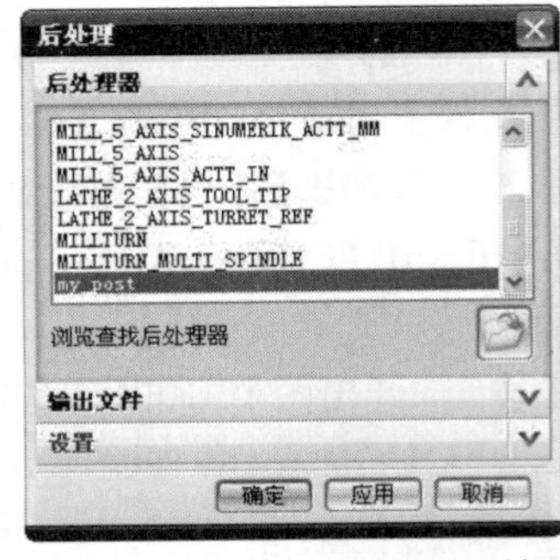

图 10-13 【后处理】对话框

10.2.2 公共参数设置

后处理构造器主菜单有 5 个选项卡：机床参数（Machine Tool）、程序和刀具路径（Program & Tool Path）、NC 数据格式（N/C Data Definitions）、输出设置（Output Settings）、虚拟 N/C 控制器（Virtual N/C Controller）。

1. 设置机床参数（Machine Tool）

选择【Machine Tool】（机床参数）选项卡，如图 10-14 所示。在此选项卡中可以定义圆弧输出格式、回零位置、直线插补精度等参数。

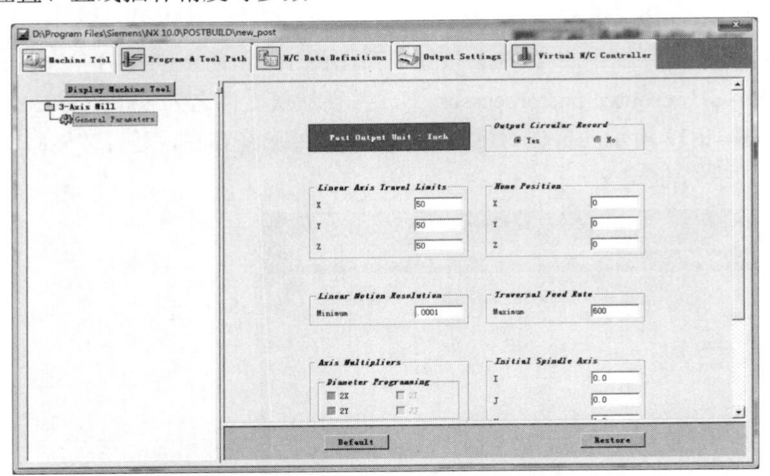

图 10-14 Machine Tool 选项卡

（1）Output Circular Record：圆弧刀具路径输出格式，选中【Yes】单选按钮可以输出圆弧插补；选中【No】单选按钮则不能输出圆弧插补，只能输出直线插补。

（2）Linear Axis Travel Limits：直线轴行程，也就是机床坐标 X、Y、Z 的行程极限。

（3）Home Position：机床回零位置。

（4）Linear Motion Resolution：直线插补最小分辨率，控制系统的最小长度。一般为 0.01。

（5）Traversal Feed Rate：机床快速移动速度，也就是 G00 的速度。

（6）Initial Spindle Axis：初始主轴方向。I、J、K 对应于 X、Y、Z。

（7）Default：默认值，此选项卡中所有参数设置为上次保存时的值。

（8）Restore：恢复值，此选项卡中所有参数设置为进入该选项卡时的值。

（9）Display Machine Tool：单击此按钮可以显示机床结构简图，如图 10-15 所示。

2. 设置程序和刀具路径（Program & Tool Path）

选择【程序和刀具路径】选项卡，如图 10-16 所示。在此选项卡中可以定义、修改和自定义所有机床动作事件和处理方式，包括程序（Program）、G 代码（G Codes）、M 代码（M Codes）、字地址定义（Word Summary）、字地址顺序（Word Sequencing）、自定义（Custom Command）和链接后处理（Linked Posts）7 个子选项卡。

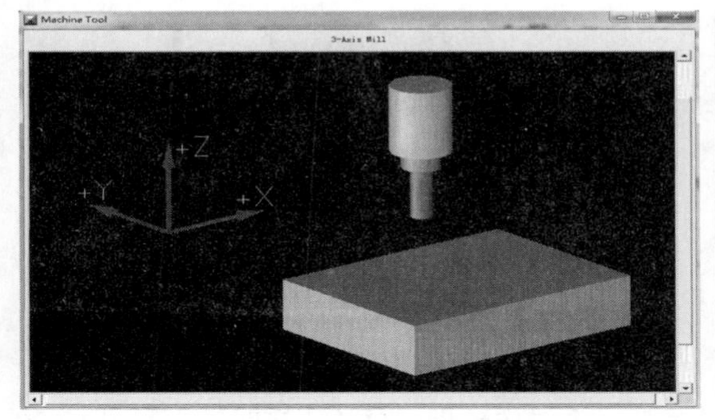

图 10-15 机床结构图

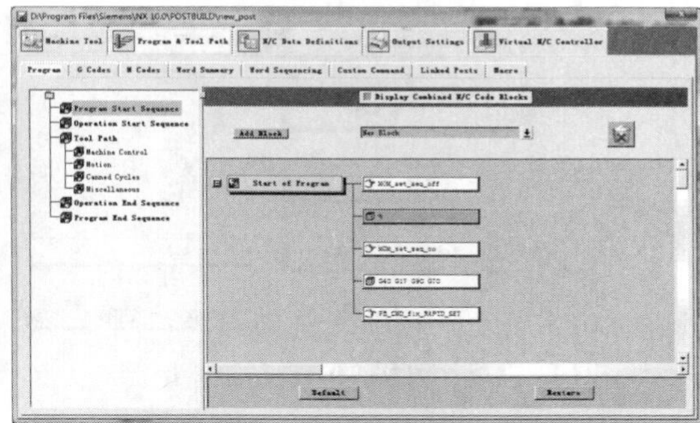

图 10-16 Program & Tool Path 选项卡

（1）程序（Program）

定义、修改和用户化程序头（Program Start Sequence）、操作头（Operation Start Sequence）、刀具路径事件（Tool Path）、操作尾（Operation End Sequence）和程序尾（Program End Sequence），如图 10-16 所示。

一个 NC 程序由程序头、程序尾和中间的一些机床事件组成。在【程序】选项卡中可以看到有两个不同的窗口，左边是组成结构，右边是相关参数。在左边的结构树中选择某个对象，右边就会显示出该对象的相关参数。这些参数细化成 marker（标记）和 block（程序行）。在左边的各种标记可以加入 3 种程序行，分别用 3 种图标表示，如图 10-17 所示。

① 标准程序行用立方形图标表示。

② 用户命令或 MOM 命令用手形图标表示。

③ 操作信息用书页图标表示。

当程序行和背景是浅蓝色时，表示这个程序行在多处被使用，在一处修改，其他地方也相应地改变。当背景是白色时，表示没有被其他标记使用，修改此标记不会影响到其他地方。黄色标记为程序结构。

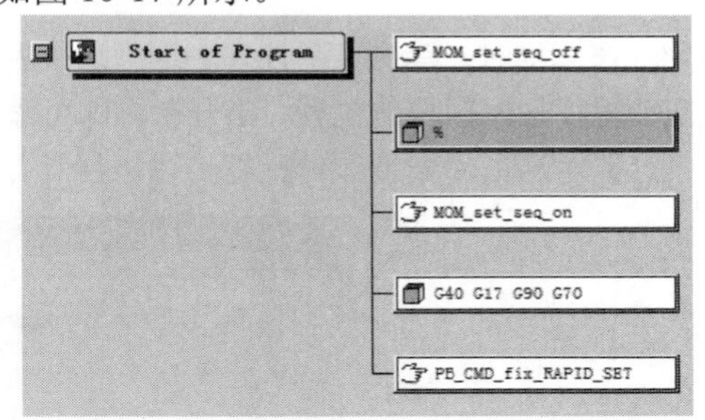

图 10-17 程序行图标

在 UG 后处理中，NC 程序由 5 个序列和其中的操作组成。

① 程序头（Program Start Sequence）：定义 NC 程序头输出哪些语句，程序头事件在其他所有事件之前，用户都可以根据机床的类型自定义程序头。

② 操作头（Operation Start Sequence）：定义从操作开始到第一个切削运动之间的所有事件，如刀轨开始、自动换刀、手动换刀、初始运动等事件，如图 10-18 所示。

③ 刀具路径事件（Tool Path）：定义机床控制、运动和循环加工等事件。

- 机床控制（Machine Control）：控制换刀方式、长度补偿、主轴旋转、冷却液开关等事件，用户也可以自定义这些事件。
- 运动（Motion）：定义后处理中如何处理刀具路径中的运动，有直线运动（Linear Move）、圆弧运动（Circle Move）、快速运动（Rapid Move）。

- 循环加工（Canned Cycles）：定义所有孔加工循环的输出，可以修改孔加工循环代码和其他参数集程序行的输出。

④ 操作尾（Operation End Sequence）：定义从最后退刀到操作尾的所有事件，包括返回机床零点、主轴停等，如图 10-19 所示。

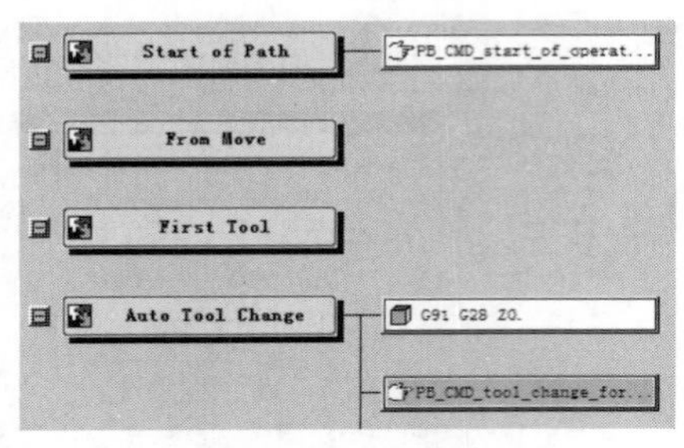

图 10-18　操作头

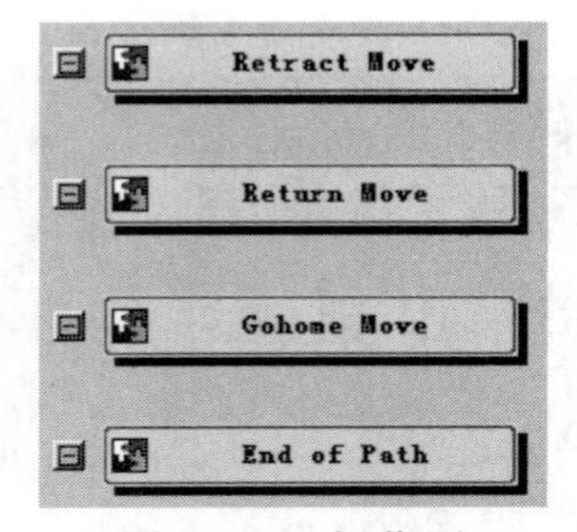

图 10-19　操作尾

⑤ 程序尾（Program End Sequence）：定义从最后一个操作到程序尾的所有时间，如图 10-20 所示。

单击【Add Block】按钮可以添加程序行到存在的程序行上面、下面或后面，拖放的位置不同，放置的位置也不同。能添加的程序行显示在后面的下拉列表框中，如图 10-21 所示。

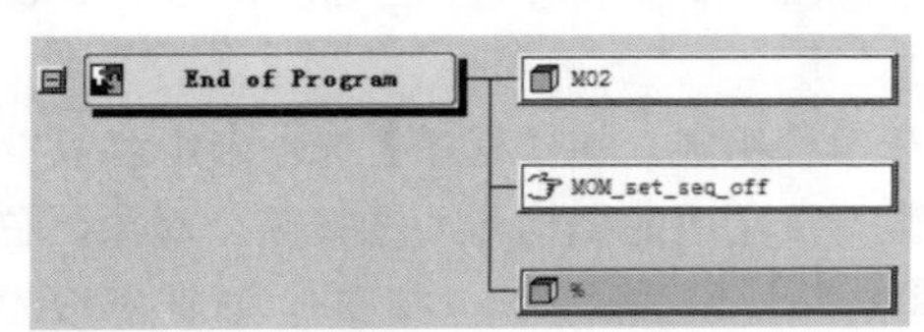

图 10-20　程序尾

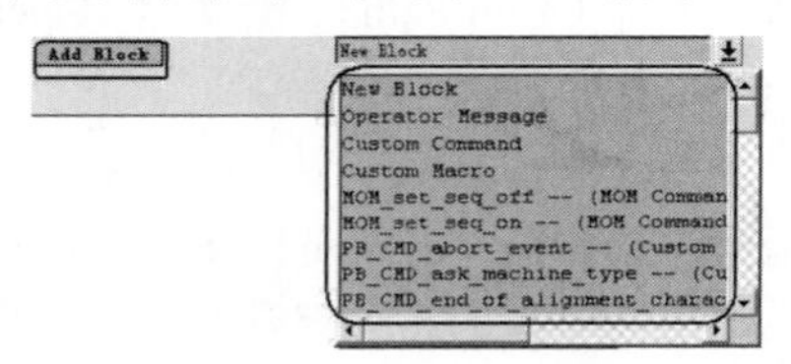

图 10-21　添加程序行

在添加时，首先在下拉列表框中选择要添加程序行的类型，其次单击【Add Block】按钮不放，拖动程序行到想要的位置，松开鼠标即可添加程序行。松开鼠标后会弹出图 10-22 所示的【编辑程序行】对话框，通过该对话框可以添加具体的命令。添加方法与前面添加程序行的方法相同。

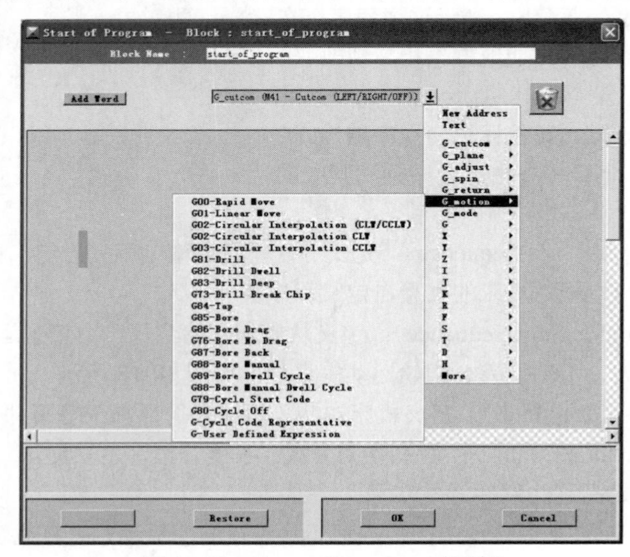

图 10-22　Start of Program 对话框

要删除程序行或具体命令，只要用鼠标拖住要删除的对象移动到垃圾箱即可；也可以在要删除的对象上右击，从弹出的图 10-23 所示的快捷菜单中选择【Delete】（删除）命令即可删除选中的程序行或命令。

勾选【Display Combined N/C Code Blocks】复选框，将以 NC 代码的形式显示所有程序。图 10-24 所示为关闭该选项时显示的状态，图 10-25 所示为打开该选项时显示的状态。

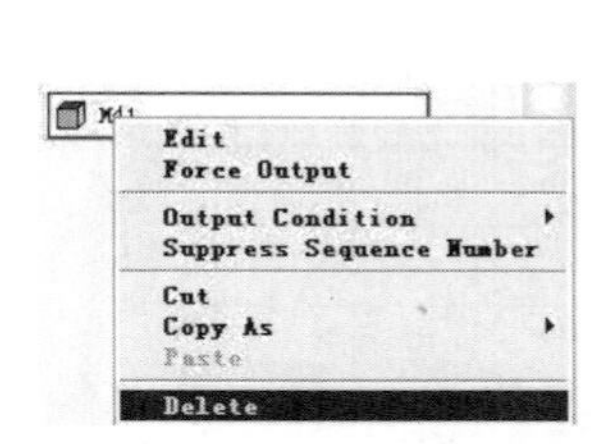

图 10-23　删除程序行或具体命令

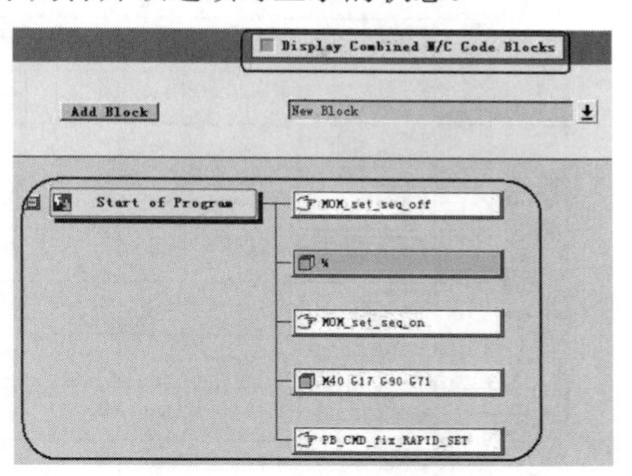

图 10-24　关闭该选项时显示的状态

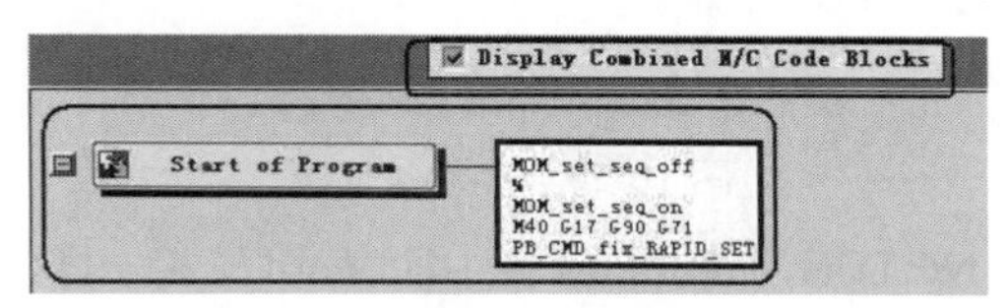

图 10-25　打开该选项时显示的状态

（2）G 代码（G Codes）

显示目前默认准备功能指令 G 代码，如图 10-26 所示。这些 G 代码与国际标准符合，一般不需要修改。如果用户使用的准备功能指令 G 代码与默认代码符号不同，则可以在后面的文本框中进行修改。

（3）M 代码（M Codes）

显示目前默认辅助功能指令 M 代码，如图 10-27 所示。这些 M 代码与国际标准符合，一般不需要修改。如果用户使用的辅助功能指令 M 代码与默认代码符号不同，则可以在后面的文本框中进行修改。

Motion Rapid	00	Cycle Drill Break Chip	73
Motion Linear	01	Cycle Tap	84
Circular Interperlation CLW	02	Cycle Bore	85
Circular Interperlation CCLW	03	Cycle Bore Drag	86
Delay (Sec)	04	Cycle Bore No Drag	76
Delay (Rev)	04	Cycle Bore Dwell	89
Plane XY	17	Cycle Bore Manual	88
Plane ZX	18	Cycle Bore Back	87
Plane YZ	19	Cycle Bore Manual Dwell	88
Cutcom Off	40	Absolute Mode	90
Cutcom Left	41	Incremental Mode	91
Cutcom Right	42	Cycle Retract (AUTO)	98
Tool Length Adjust Plus	43	Cycle Retract (MANUAL)	99
Tool Length Adjust Minus	44	Reset	92
Tool Length Adjust Off	49	Feedrate Mode IPM	94

图 10-26　G 代码

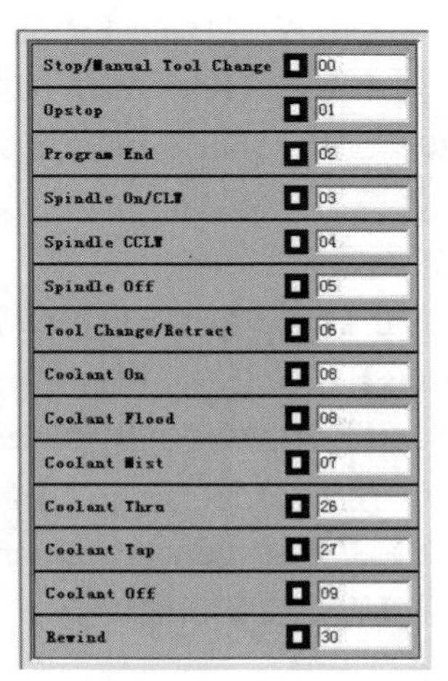

图 10-27　M 代码

（4）字地址定义（Word Summary）

定义后处理中用到的所有字地址，如图 10-28 所示。可以修改格式相同的一组字地址或其格式。如果修改一组里某个字地址的格式，则需要到 NC Data Definitions 栏的 Format 子栏中定义。在字地址下列参数中可以定义。

Word	Leader/Code	Data Type	Plus (+)	Lead Zero	Integer	Decimal ( )	Fraction	Trail Zero
G_cutcom	M 41	Numeric Text	☐	☑	2	☐	0	☑
G_plane	G 41	Numeric Text	☐	☑	2	☐	0	☑
G_adjust	G 41	Numeric Text	☐	☑	2	☐	0	☑
G_feed	G 41	Numeric Text	☐	☑	2	☐	0	☑
G_spin	G 41	Numeric Text	☐	☑	2	☐	0	☑
G_return	G 41	Numeric Text	☐	☑	2	☐	0	☑
G_motion	G 41	Numeric Text	☐	☑	2	☐	0	☑
G_mode	G 41	Numeric Text	☐	☑	2	☐	0	☑
G	G 41	Numeric Text	☐	☑	2	☐	0	☑

Other Data Elements

图 10-28　字地址定义

① 字地址（Word）：与 NC Data Definitions 栏中的 Word 子栏一样，显示所有事件的代表字符。

② 头码（Leader/Code）：可以修改字地址的头码。头码是字地址中数字前面的字母，可以输入新的字母或右击，在弹出的图 10-29 所示的快捷菜单中选择字母。

③ 数据类型（Data Type）：可以定义为数字或字母。选择不同选项，后面其他选项会做出相应调整。

④ Plus（+）：定义正数前面是否显示“+”号。勾选时为显示。负数前面总是会有“-”号显示。

⑤ 前零（Lead Zero）：定义整数前面的零是否输出，勾选时为输出。

⑥ 整数位（Integer）：定义整数的位数，如果超过整数位，则会弹出错误提示。

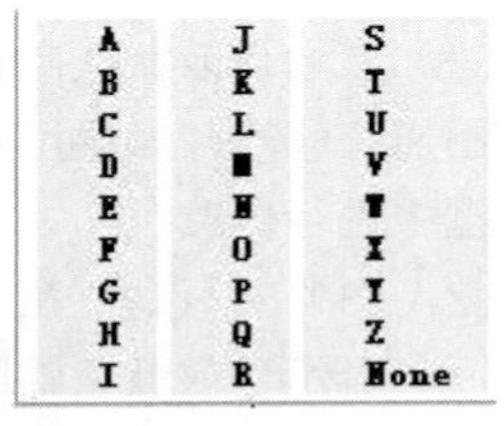

图 10-29　头码

⑦ 小数点（Decimal）：定义小数点是否输出。小数点不输出时前零和后零都必须输出。

⑧ 小数位（Fraction）：定义小数的位数。

⑨ 后零（Trail Zero）：定义后零是否输出。勾选时为输出。

⑩ 模态（Modal）：定义该命令是否为模态，选中【Yes】单选按钮为模态，选中【No】单选按钮为非模态。

单击【Other Data Elements】按钮，弹出与选择【NC Data Definitions】栏中子栏【Other Data Elements】相同的对话框，如图 10-30 所示，该对话框用于定义程序号和注释的显示。

（5）字地址顺序（Word Sequencing）

用于定义命令在程序行中显示的顺序，如图 10-31 所示。可以通过鼠标拖动来改变顺序。

（6）自定义（Custom Command）

在【自定义】子选项卡中 UG 已经定义了一些事件，用户可以使用这些事件，也可以使用 TCL 语言来编写一些事件，通过单击【Import】按钮输入自定义的事件，如图 10-32 所示。

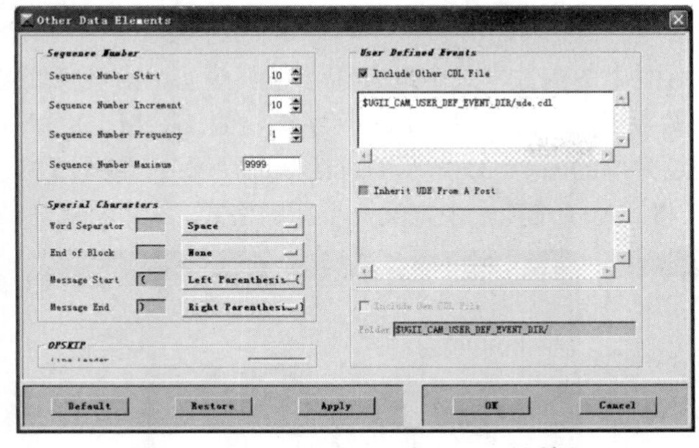

图 10-30　Other Data Elements 对话框

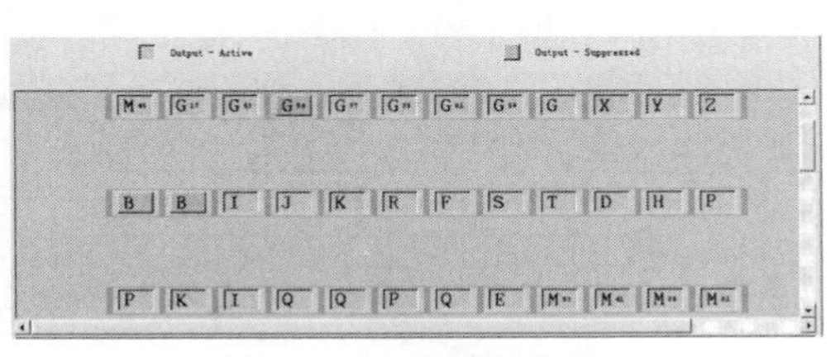

图 10-31　字地址顺序

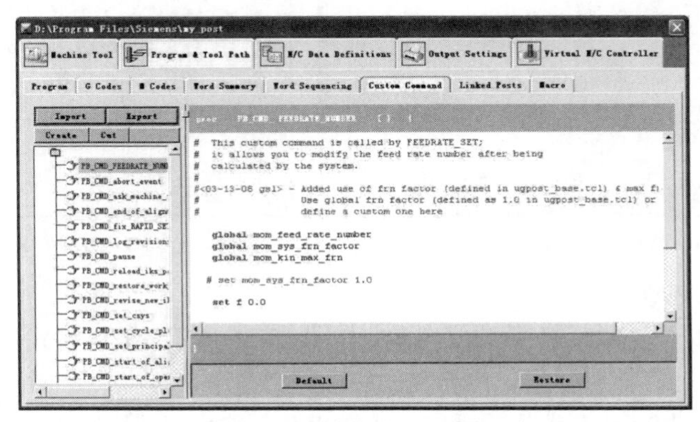

图 10-32　【自定义】子选项卡

3．N/C 数据格式（N/C Data Definitions）

选择【N/C 数据格式】选项卡，如图 10-33 所示，可以定义 NC 输出格式。其中又有 4 个子选项卡：程序行（BLOCK）、指令（WORD）、格式（FORMAT）和其他数据（Other Data Elements）。

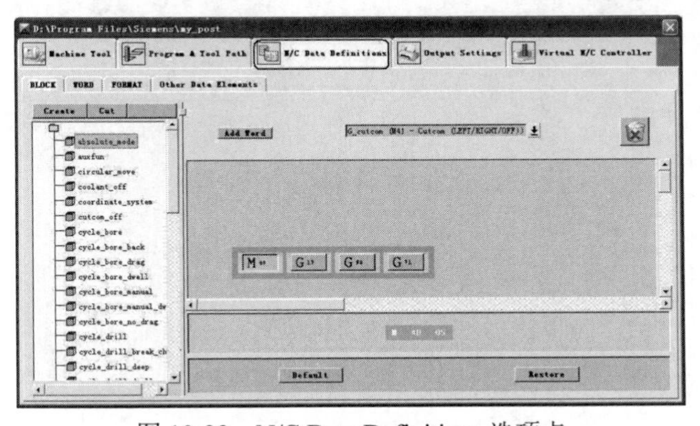

图 10-33　N/C Data Definitions 选项卡

（1）程序行（BLOCK）

定义每个程序行中输出哪些指令和指令的输出顺序，如图 10-33 所示。程序行由指令组成，指令由字加数组成。建立行有两种方法：一种是在【Program & Tool Path】选项卡中拖一个空行到序列或事件里，或在序列、事件里编辑一个存在的行；另一种是在该处定义、编辑或建立行的数据。

（2）指令（WORD）

定义指令的输出格式，包括指令代码、后面 1 的参数格式、最大/最小值、模态、前缀/后缀字符，如图 10-34 所示。指令一般由代码加数字组成，代码可以是任何字母，如 G、M、X、Y 等。定义格式可以直接单击【Edit】按钮，通过弹出的图 10-35 所示的对话框进行修改，或从【格式】下拉列表框中选择，或在【FORMAT】（格式）子选项卡中定义一个新的格式。

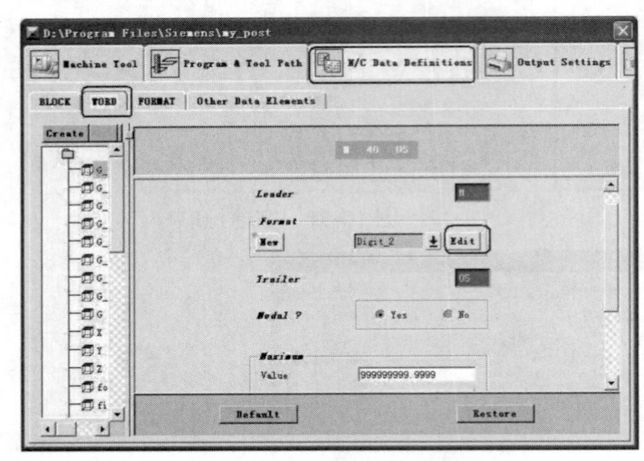

图 10-34　WORD 子选项卡

图 10-35　FORMAT 对话框

（3）格式（FORMAT）

定义指令数据输出是实数、整数或字符串，如图 10-36 所示。数据格式定义取决于指令类型。一般坐标值用实数，寄存器用整数，注释和一些特殊类型用字符串。

① Output Decimal Point 复选框用于定义小数点是否输出。选中时为输出。

② Output Leading Plus Sign（+）复选框用于定义正整数前面是否输出“+”号。

③ Output Leading Zeros 复选框用于定义前零是否输出。

④ Output Trailing Zeros 复选框用于定义后零是否输出。

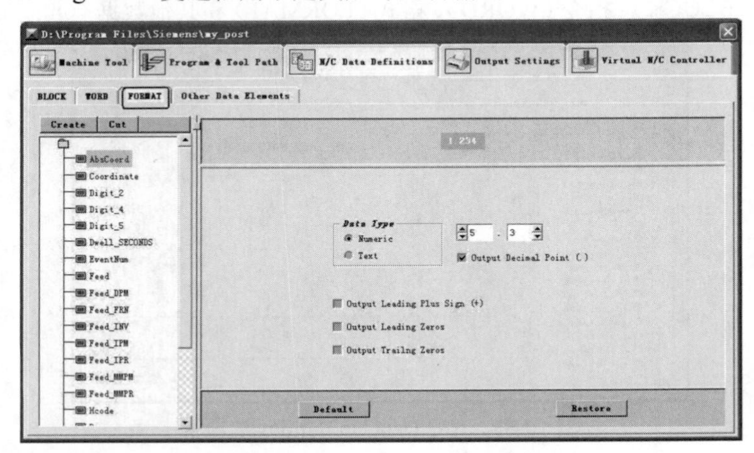

图 10-36　FORMAT 子选项卡

（4）其他数据（Other Data Elements）

定义 N/C 程序序号的显示、跳过程序行前的符号、程序行中信息的显示。

① Sequence Number Start：定义程序序号开始数字。

② Sequence Number Increment：定义程序序号增量值。

③ Sequence Number Frequency：定义程序序号显示的频率。

④ Sequence Number Maximum：定义程序序号的最大值，超过最大值后序号又从最小值开始显示。

⑤ Line Leader：指定以文本框中字符串开始的程序行不执行。

⑥ Word Separator：指定程序行中指令间的间隔符号，默认是空格，可以设置为其他符号，如小数点、逗号、分号等，如图 10-37（a）所示。

⑦ End of Block：指定程序行结束符号，默认为空格符，可以设置为其他符号，如小数点、逗号、分号等，如图 10-37（b）所示。

⑧ Message Start：定义信息开始符，可以设置为括号、星号、分号等，如图 10-37（c）所示。

⑨ Message End：定义信息结束符，可以设置为括号、星号、分号等，如图 10-37（c）所示。

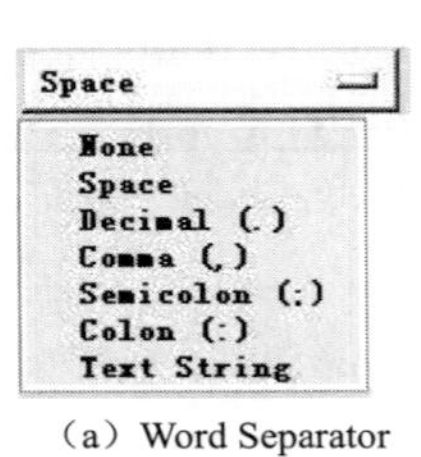

（a）Word Separator

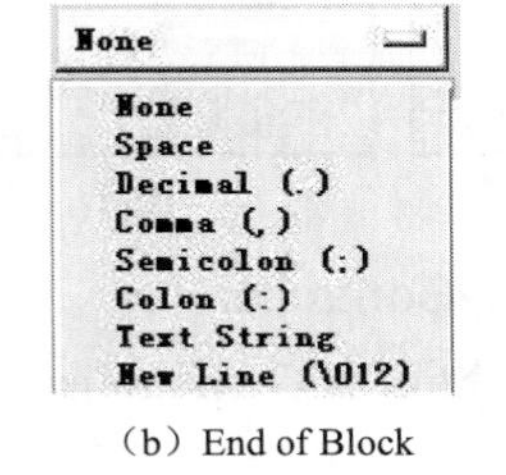

（b）End of Block

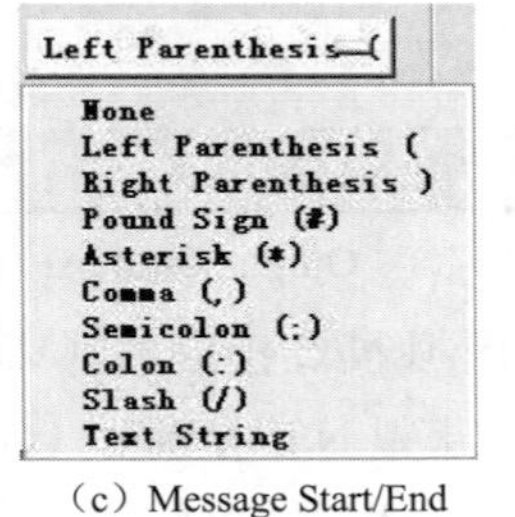

（c）Message Start/End

图 10-37　下拉列表框

4．输出设置（Output Settings）

输出设置控制文件是否输出和输入内容。输出的项目有 X、Y、Z 坐标值，第四、五轴角度值，转速、进给率等。有 3 个子选项卡：列表文件（Listing File）、其他选项（Other Options）和后处理文件预览（Post Files Preview），如图 10-38 所示。

（1）生成列表文件（Generate Listing File）：该复选框用于指定列表文件是否输出，列表文件用于显示 X、Y、Z 坐标值，在文件最后还可以查看加工时间。该文件只是一个查看文件，并不是真正的 NC 程序文件，NC 程序文件将在【其他选项（Other Options）】子选项卡中定义。

（2）列表文件后缀（Listing File Extension）：用于指定列表文件的扩展名，默认为.lpt，用户可以在后面的文本框中输入字符串重新指定列表文件的扩展名。

（3）组件（Components）：显示在列表文件中显示的项目，包括 X、Y、Z 坐标值，第四、五轴角度值，进给量和主轴转速。通过前面的复选框可以决定该选项在列表文件中是否显示。

（4）N/C 程序文件后缀（N/C Output File Extension）：指定 N/C 程序文件扩展名，默认为 PTP。用户可以重新指定扩展名，如 NC。

（5）操作分组输出（Generate Group Output）：可以将操作进行分组输出，生成多个 NC 程序。默认该选项是关闭的，说明在后处理时，所有选择的操作输出成一个文件；打开该选项后，如果选择多个程序组，则将生成多个 NC 程序，一个程序包含一个组，程序名是文件名加组名。但是不能把一个组里的操作和其他组里的操作一起输出。

（6）输出警告信息（Output Warning Messages）：产生错误信息 Log 文件。

（7）显示详细错误信息（Display Verbose Error Messages）：在后处理过程中，显示详细错误信息。

（8）显示系统工具（Activate Review Tool）：勾选该复选框，将显示 3 个信息窗口，用于显示所有处理过的事件和输出的 NC 语句。

（9）用户自定义语言（Source User's Tcl file）：选择一个自定义的 TCL 源文件进行后处理。

（10）后处理文件预览（Post Files Preview）：可以在文件保存之前浏览机床定义文件（.def）和事件处理文件（.tcl）。最新改动的内容在上面窗口，旧的内容在下面窗口，如图 10-39 所示。

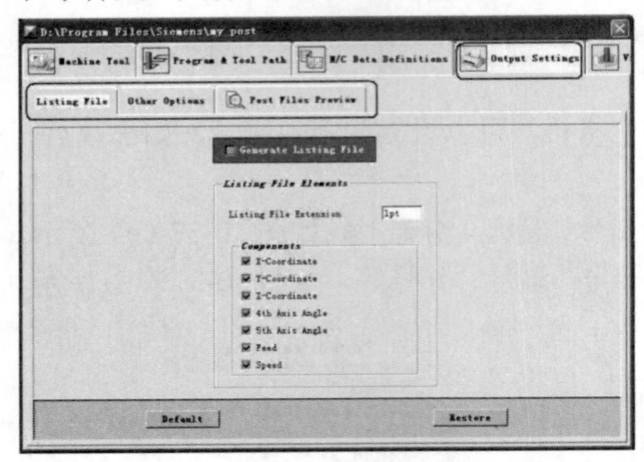

图 10-38　Output Settings 子选项卡

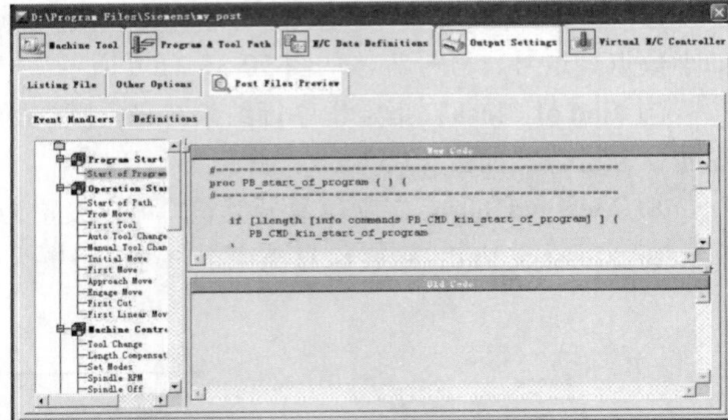

图 10-39　Post Files Preview 子选项卡

5．虚拟 N/C 控制器（Virtual N/C Controller）

【生成虚拟 N/C 控制器（Generate Virtual N/C Controller）】复选框在默认状态下是关闭状态，在关闭状态下的 Virtual N/C Controller（VNC）选项卡是处于冻结状态的，无参数可以设置。在进行后处理创建时，应勾选【生成虚拟 N/C 控制器（Generate Virtual N/C Controller）】复选框，使得整个选项卡激活，如图 10-40 所示，其中参数保持默认设置即可。

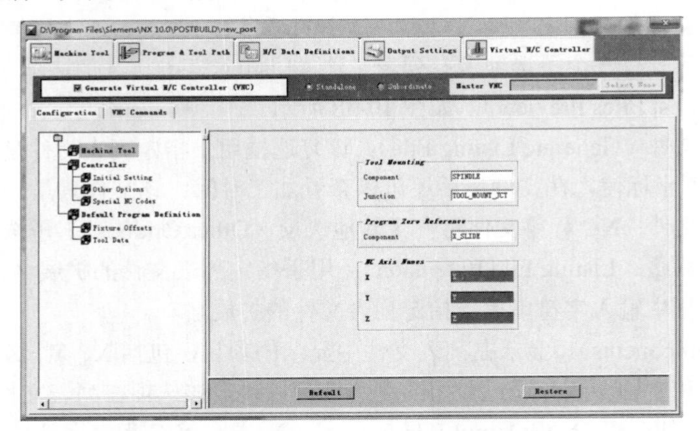

图 10-40　Virtual N/C Controller 选项卡

10.3　车间文档

车间文档是从操作中提取一些主要信息，作为机床操作人员加工零件时的参考资料。在刀具路径生成后，可以产生零件几何、零件材料、加工参数、控制参数、加工顺序、后处理命令、刀具参数等信息并输出为文件以供机床人员使用。

10.3.1　简介

车间文档有两种格式：一种是纯文本格式，另一种是超文本格式（也就是网页 HTML 格式）。超文本格式需要使用 Web 浏览器来打开，如 IE 浏览器。超文本格式包含图形信息，更形象、生动。如果条件允许，则尽可能使用超文本格式输出车间文档。下面举例说明生成车间文档的步骤。

10.3.2 实例——生成车间文档

在这个例子中，可以打开配套资源中的任意完成文件（文件夹 Prt_result 下的文件即可），以下面介绍的步骤为所有创建的操作生成车间文档。

开始素材	Prt_start\chapter 10/10.3.2.prt
结果素材	Prt _result\chapter 10/10.3.2.prt
视频位置	Movie\chapter 10/10.3.2.avi

步骤 01 启动 UG NX 10.0 软件，单击【主页】工具栏中的【打开】按钮，或选择【文件】|【打开】命令，弹出【打开】对话框。选择本节的素材并打开，或选择配套资源中 Prt_result 文件夹下的任意文件，单击【确定】按钮打开，此时系统自动进入加工模块。

步骤 02 在加工模块中，确认刀轨后，单击【主页】下的【车间文档】按钮，弹出图 10-41 所示的【车间文档】对话框。

步骤 03 对话框上部列出了车间文档输出的可用模板，如操作模板、刀具模板等。

步骤 04 在选择输出文件时，首先在图 10-41 所示对话框上部的列表框中选择一个模板，如 Operation List Select（HTML/Excel），再根据需要在【文件名】文本框中指定输出文件的名称和放置路径，或者单击【浏览】按钮指定一个目录作为车间文档的放置位置，在这里采用默认的路径和名称。

步骤 05 如果希望在生成后查看结果，则应勾选【显示输出】复选框。

步骤 06 单击【确定】或【应用】按钮即可输出车间文档，生成的车间文档如图 10-42 所示。

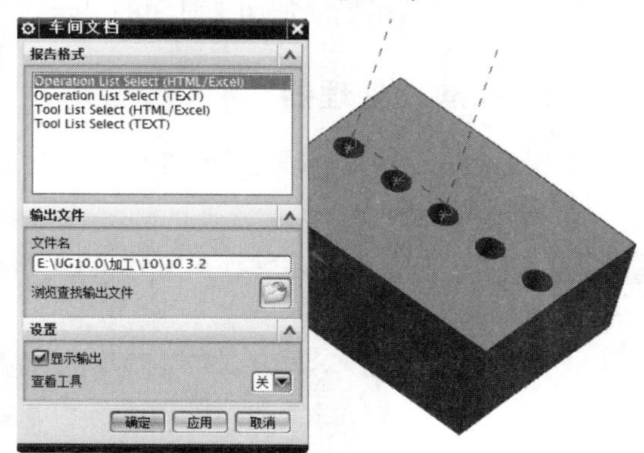

图 10-41 【车间文档】对话框

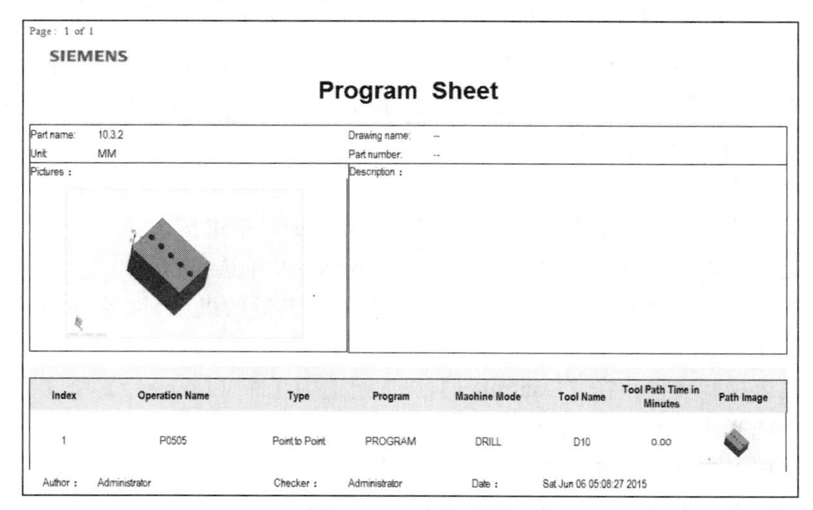

Page : 1 of 1

SIEMENS

Program Sheet

Part name:	10.3.2	Drawing name:	--
Unit:	MM	Part number:	--
Pictures :		Description :	

Index	Operation Name	Type	Program	Machine Mode	Tool Name	Tool Path Time in Minutes	Path Image
1	P0505	Point to Point	PROGRAM	DRILL	D10	0.00	

Author : Administrator　Checker : Administrator　Date : Sat Jun 06 05:08:27 2015

图 10-42 车间文档

注　意

本例中的车间文档是以网页形式被打开的，这与所选用的模板相关，绝大多数模板都是以网页或Excel形式打开的。

10.4　典型应用

为了使读者能熟练掌握使用 UG/Post Builder（后处理构造器）来创建适用于各种数控系统的后处理文件，下面以一个创建 FANUC 的 3 轴数控铣床后处理器的典型案例来进行讲解。

10.4.1　相关参数要求

在后处理器创建过程中，需要按照如下要求来进行相关的参数设置：

（1）NC 程序自动换刀，并给出刀具基本信息；

（2）在每一单条程序结尾处将机床主轴 Z 方向回零，主轴停转，冷却关闭；

（3）在每一单条程序前加上相关程序名称，便于机床操作员检查；

（4）在程序结尾处增加加工时间的显示。

10.4.2　新建后处理器

创建 FANUC 的后处理器操作中包括新建后处理文件、参数设置、添加后处理文件等内容。

1．新建后处理文件

步骤 01 按照前面介绍的方法打开图 10-43 所示的【NX/Post Builder Version 10.0.0-License Control】对话框。

图 10-43　【NX/Post Builder Version 10.0.0-License Control】对话框

步骤 02 单击【New】按钮，随后弹出【Create New Post Processor】对话框，再按照图 10-44 所示的图片模块来设置处理器名称（Post Name）、单位（Post Output Unit）、机床（Machine Tool）及控制器（Controller）等属性参数。

（1）处理器名称：FANUC。

（2）定义处理器类型：选中【主后处理器】（Main Post）单选按钮。

（3）定义处理器输入单位：选中【毫米】（Millimeters）单选按钮。

（4）定义机床类型：选中【铣削】（Mill）单选按钮，并在其后的机床下拉列表框中选择【3-Axis】选项，即 3 轴机床。

（5）定义机床控制类型：在【Controller】选项组选中【库（Library）】单选按钮，并在其后的下拉列表框中选择【FANUC-Fanuc_3i】机床。

步骤 03 单击【OK】按钮，系统将进行初始化设置。

2．设置后处理器参数

步骤 01 设置后处理器的属性参数后，弹出新处理器的设置对话框。在该对话框的【Machine

Tool】选项卡中，设置【线性轴行程限制（Linear Axis Travel Limits）】，根据前面的要求，此处的 X、Y、Z 3 个方向设置的参数如图 10-45 所示。

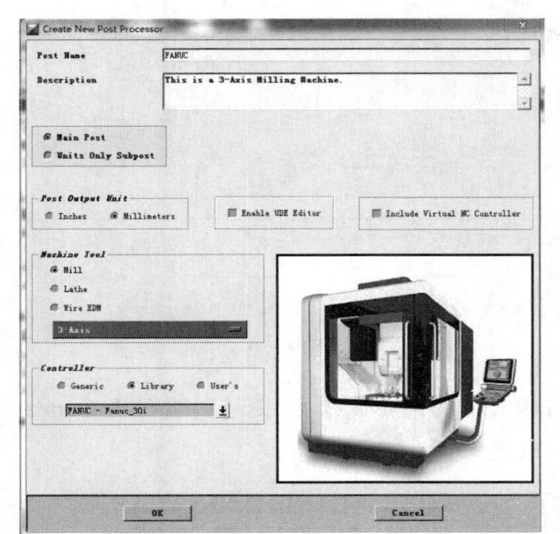

图 10-44　设置后处理器参数

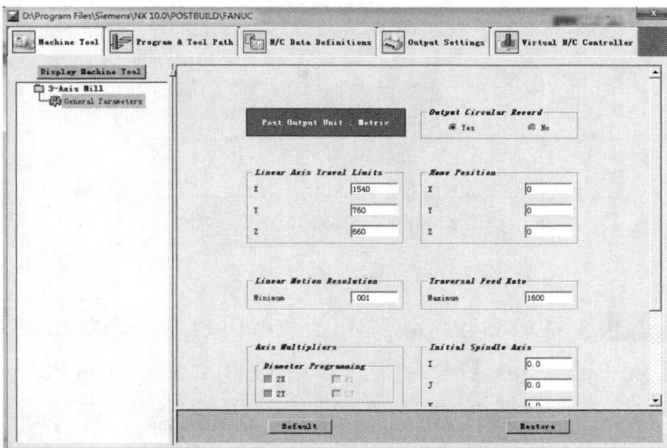

图 10-45　设置机床参数

步骤 02 在【程序和刀轨（Program & Tool Path）】选项卡下选择左侧结构树中的【程序起始序列（Program Start Sequence）】选项，然后在右侧的编辑选项区中选择【MOM_set_seq_off】选项，并在弹出的快捷菜单中选择【Delete】命令，如图 10-46 所示。

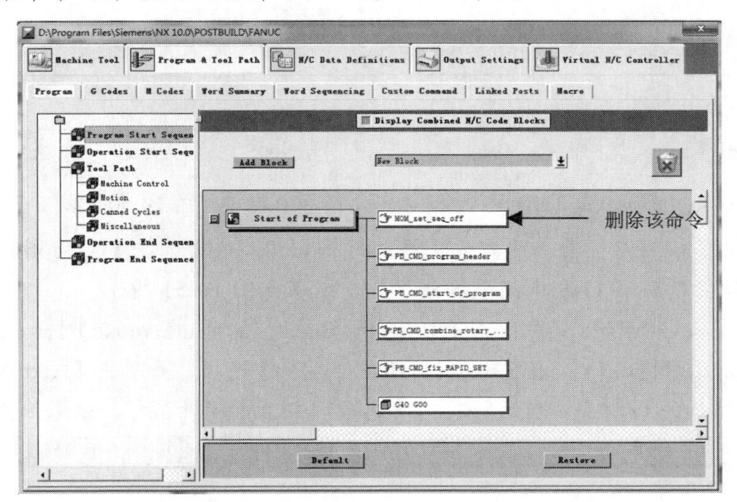

图 10-46　删除【MOM_set_seq_off】选项

步骤 03 在块编辑选项区中选择【G40 G00--------（absolute_mode）】选项，再双击 G40 G00 按钮，将弹出【Start of Program- Block：absolute_mode】对话框。

步骤 04 删除 G00。按照前面的删除方法，将 G00 命令从命令行中删除，如图 10-47 所示。

步骤 05 添加 G17。单击图 10-47 中的 ⬇ 按钮，在下拉列表框中依次选择【G_plant】|【G17-Arc Plant Code（XX/ZX/YZ）】命令，再单击【Add Word】按钮不放，拖动到 G40 旁边，然后松开鼠标左键，这时系统将自动在 G40 旁边产生代码 G17，如图 10-48 所示。

步骤 06 添加 G90。按照与上面相同的方法添加代码 G90：依次选择【G_mode】|【G90-Absolute/Incremental Mode】命令，然后在 G17 右侧添加该代码，效果如图 10-49 所示。

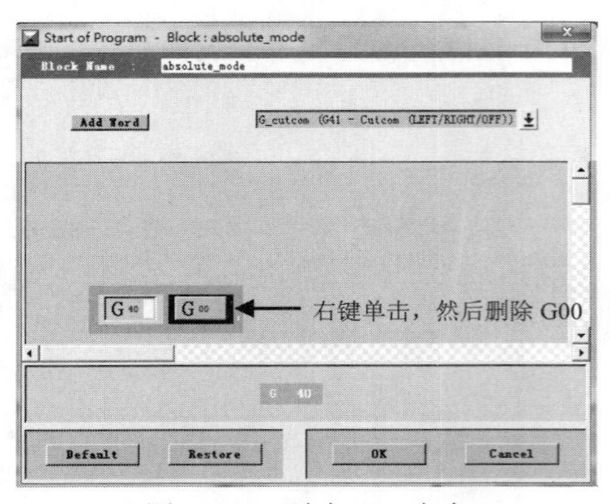

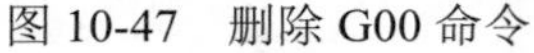
图 10-47　删除 G00 命令

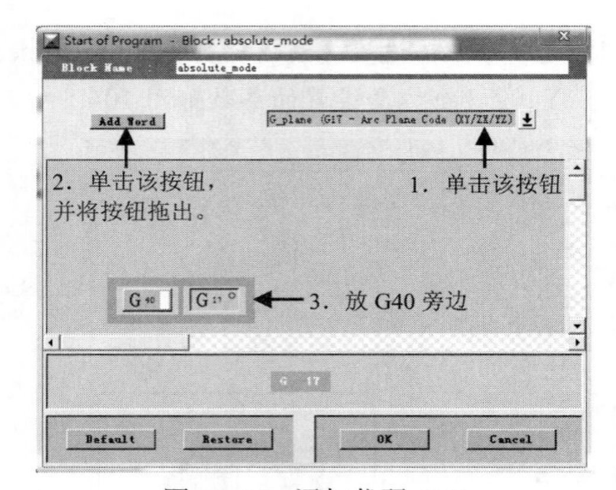

图 10-48　添加代码 G17

步骤 07 添加 G49。按照与上面相同的方法添加代码 G49：依次选择【G_adjust】|【G90-Cancel Tool Len Asjust】命令，然后在 G90 右侧添加该代码，效果如图 10-50 所示。

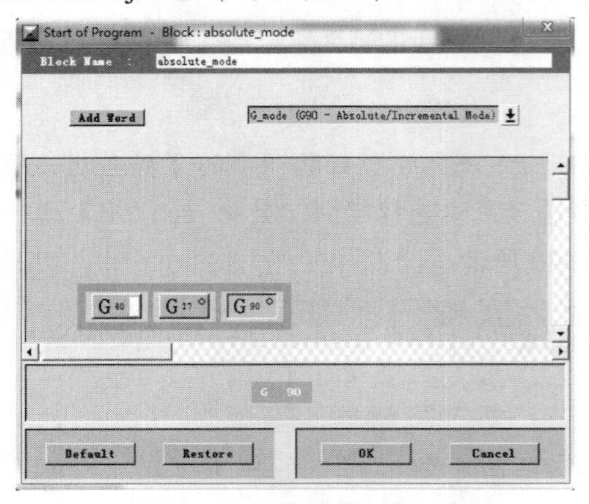

图 10-49　添加代码 G90

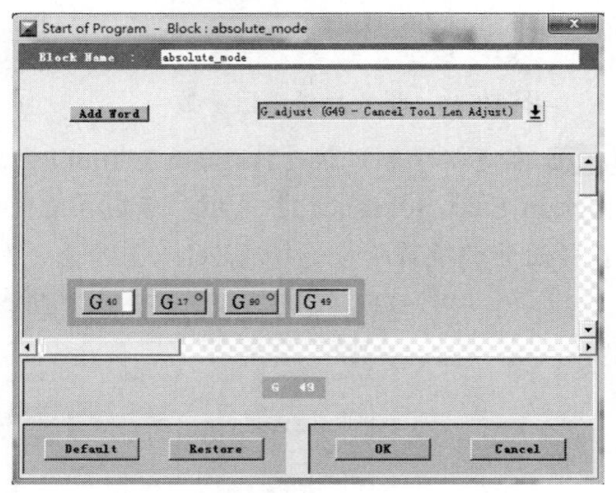

图 10-50　添加 G49

步骤 08 添加 G80。按照与上面相同的方法添加代码 G80：依次选择【G_Motion】|【G80-Cycle Off】命令，然后在 G90 和 G49 中间添加该代码，效果如图 10-51 所示。

步骤 09 添加 G 代码 G_MCS。在【Start of Program-Block: absolute_mode】对话框中单击 按钮，在下拉菜单中依次选择【G | G-MCS Fixture Offset(54-59)】选项，再单击【Add Word】按钮不放，此时会显示出先添加的 G 程序，然后将其拖动到 G49 的后面松开鼠标，效果如图 10-52 所示。

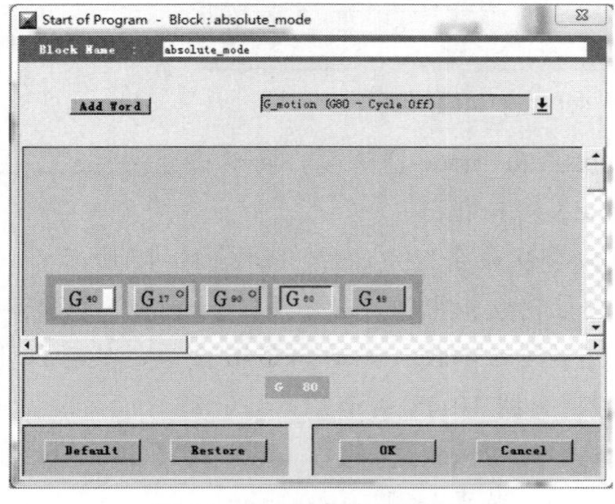

图 10-51　添加代码 G80

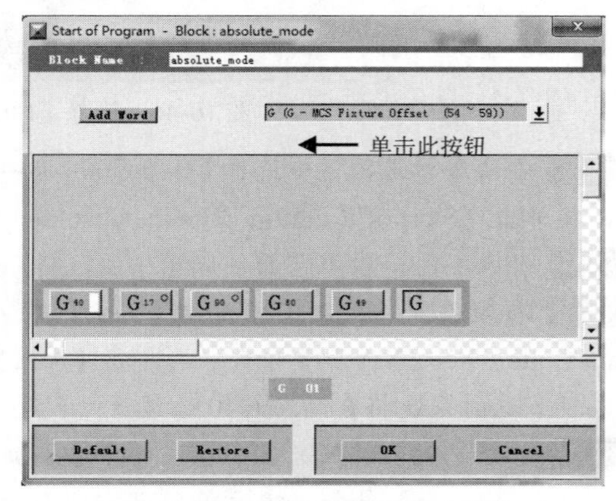

图 10-52　添加 G 代码 G_MCS

步骤 10 然后在【Start of Program-Block: absolute_mode】对话框中单击【OK】按钮，返回到【Program & Tool Path】选项卡中。

3. 添加加工操作结束命令

步骤 01 选择【Operation End Sequence】命令，进入【操作结束序列】界面，如图 10-53 所示。

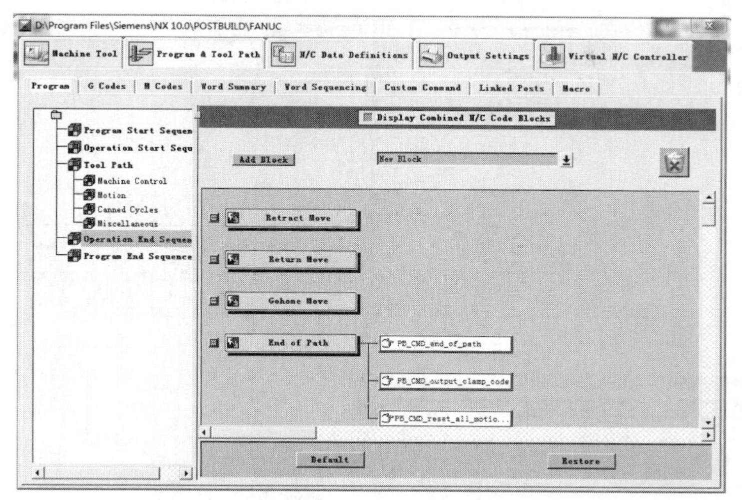

图 10-53　Operation End Sequence 节点

步骤 02 添加新块，单击【Add Block】按钮，并拖到 PB_CMD_end_of_path 下方，弹出新块编辑对话框，单击图标下的【M_coolant（M09-Coolant Off）】选项，再单击【OK】按钮，如图 10-54 所示。

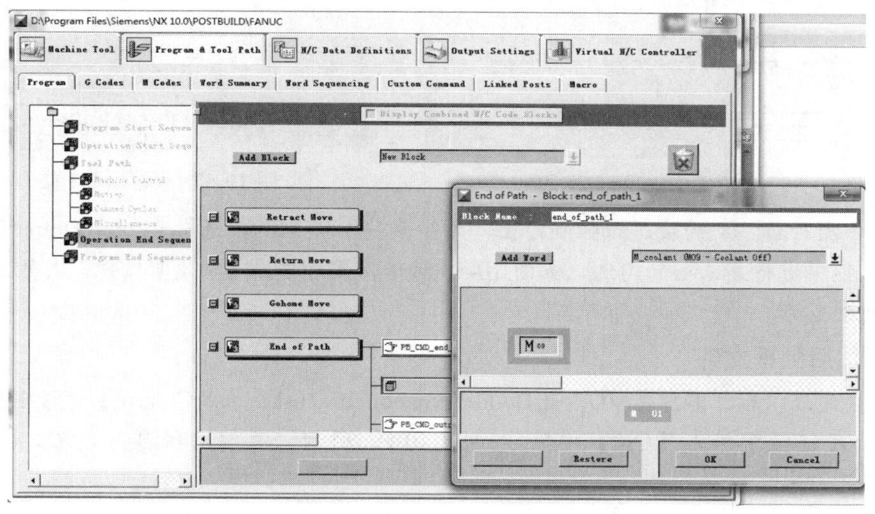

图 10-54　添加 M09 指令

步骤 03 同理，在 M09 新块下方接着添加新块 M05。单击图标下的 M05 ------------- (spindle_off) 选项，然后将其拖动至 End of Path 图标后。添加完成之后的效果如图 10-55 所示。

步骤 04 同理，在 M05 新块下方接着添加新块 G91 G28 Z0。单击图标下的依次添加相应命令，如图 10-56 所示。

步骤 05 同理，在新块 G91 G28 Z0 新块下方接着添加 M01 命令。单击图标下的添加 M01 命令。添加完成之后的效果如图 10-57 所示。

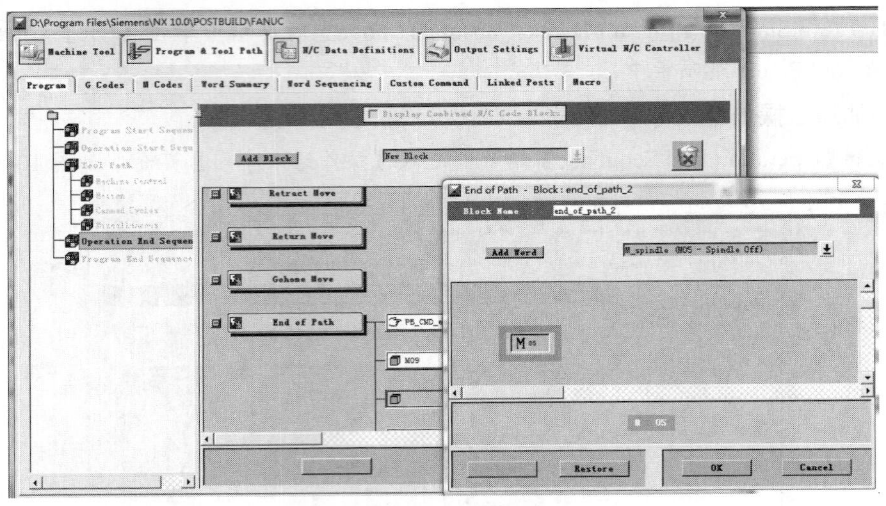

图 10-55　添加 M05 指令

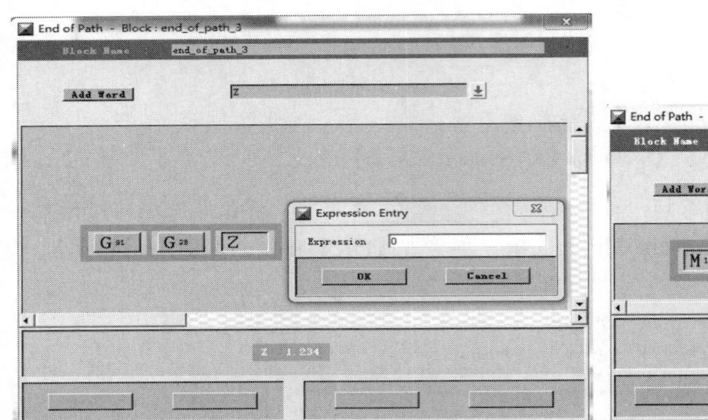

图 10-56　添加新块 G91 G28 Z0

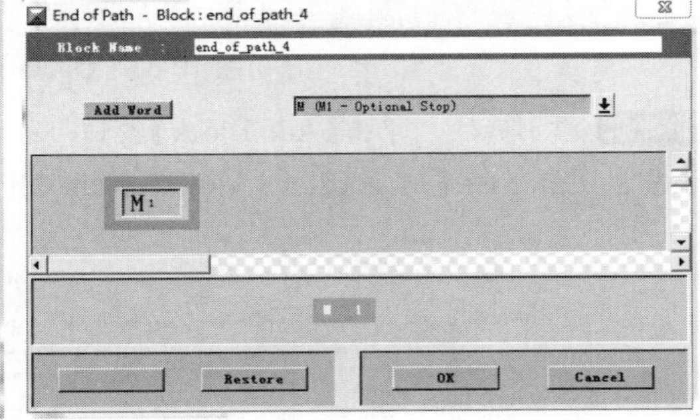

图 10-57　添加 M01 指令

步骤 06 再依次对新添加的块进行强制输出，右击第一个块 M09，选择【Force Output】选项，在弹出的对话框中进行复选框的勾选，如图 10-58 所示，最后单击【确定】按钮。其他三个新块方法一致，此处忽略。

4. 添加后处理文件

步骤 01 设置完成以后，单击【NX/Post Builder Version 10.0.0-License Control】对话框中的保存按钮，在弹出对话框中单击【OK】按钮，如图 10-59 所示，存储路径自行定义，文件名称为 FANUC.pui。

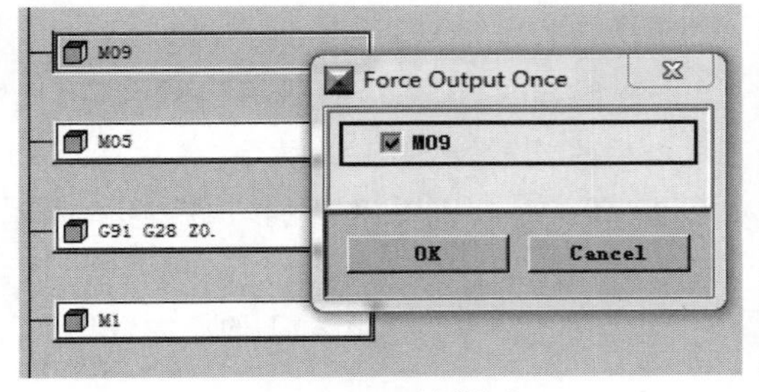

图 10-58　强制输出

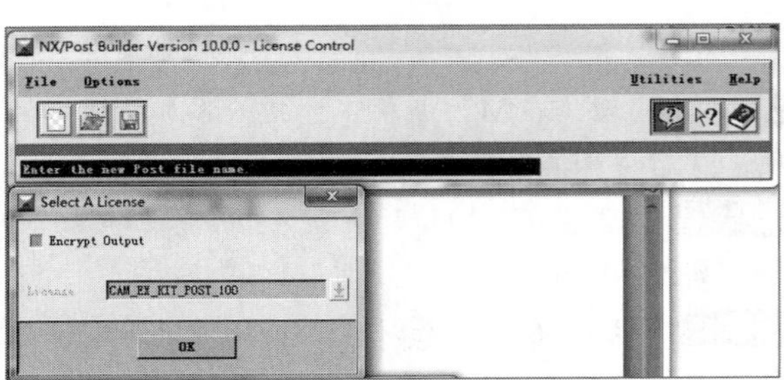

图 10-59　保存文件

步骤 02 接着单击初始化对话框右侧的【Utilities】按钮，选择下拉菜单中的【Edit template_post.dat】，弹出后处理器的安装窗口，如图 10-60 所示，选择对话一行程序，然后单击【New】按钮，在弹出的对话框中找到之前保存的【FANUC.pui】文件，再单击【打开】按钮。

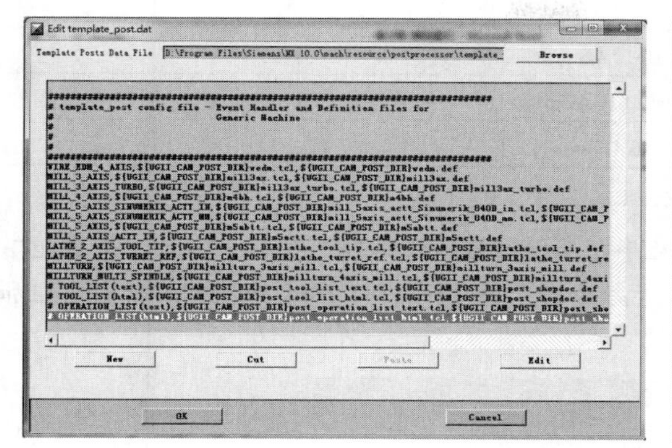
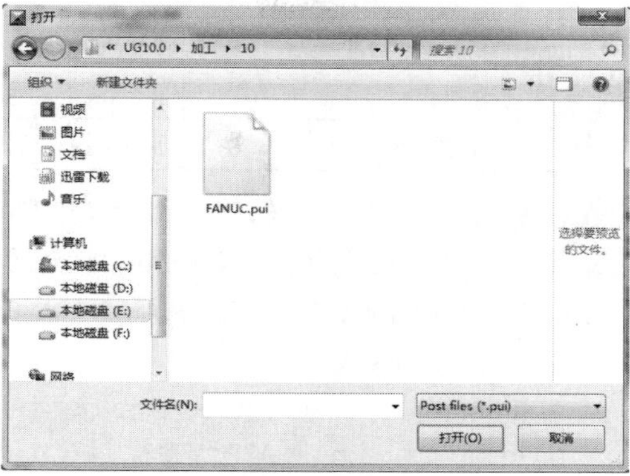

图 10-60　后处理文件

步骤 03 返回后处理器的安装窗口，刚才添加的文件是高亮颜色，接着单击右侧的【Edit】按钮，在弹出对话框中可设置用户自动保存的目录，如图 10-61 所示。

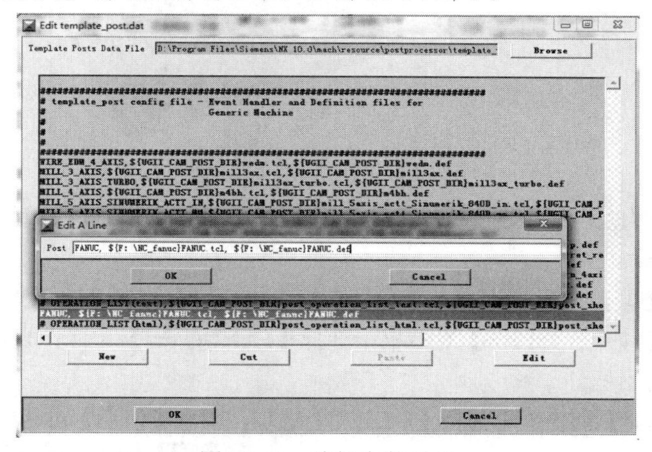

图 10-61　编辑安装目录

步骤 04 单击【OK】按钮，弹出【另存为】对话框，选择替换原有文件，并单击【保存】按钮如图 10-62 所示，然后退出后处理器。

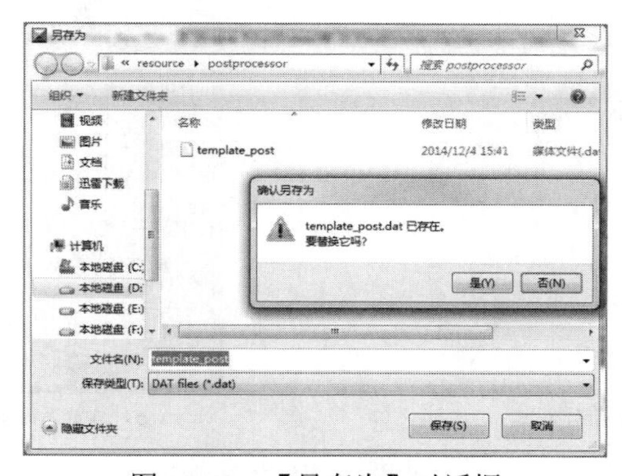

图 10-62　【另存为】对话框

10.4.3 后处理

后置处理器构建完成后，可以在 UG CAM 加工环境中通过后处理输出来检验加工程序的正确性。用户也可在 UG 外部环境中进行检验。

	开始素材	Prt_start\chapter 10\10.4.3.prt
	结果素材	Prt _result\chapter 10\10.4.3.prt
	视频位置	Movie\chapter 10\10.4.3.avi

步骤 01 启动 UG NX 10.0 软件，打开本书配套资源文件 10.4.1.prt。

步骤 02 在工序导航器中将显示视图切换为【程序顺序视图】，选择 NC_PROGRAM 父节点组下的【PLANAR_MILL】加工程序选项，并执行右击菜单【生成】命令，命令该操作重新生成粗加工刀路，如图 10-63 所示。

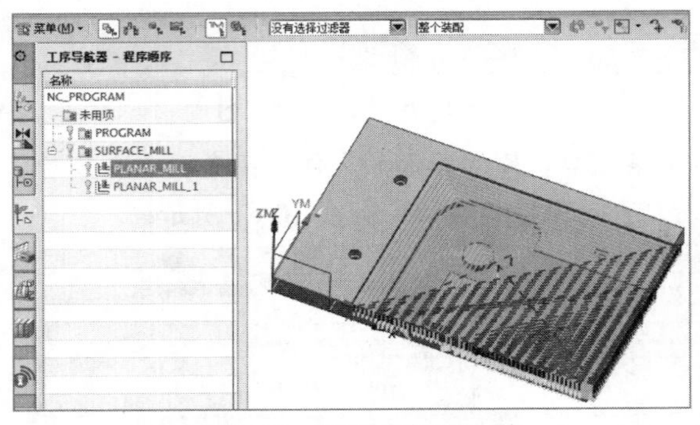

图 10-63 重生成加工刀路

步骤 03 重生成加工刀路后，按照图 10-64 所示的操作步骤找出后处理器文件，并自动生成适用于 FANUC 系统的加工程序。

（1）打开【后处理】对话框，单击【浏览查找后处理器】按钮。

（2）在弹出的【打开后处理器】对话框中选择【FANUC.pui】文件作为后处理器，确定选择后返回【后处理】对话框。

（3）在【后处理器】列表框中选择【FANUC】选项，弹出【信息】对话框，输出后处理文件。

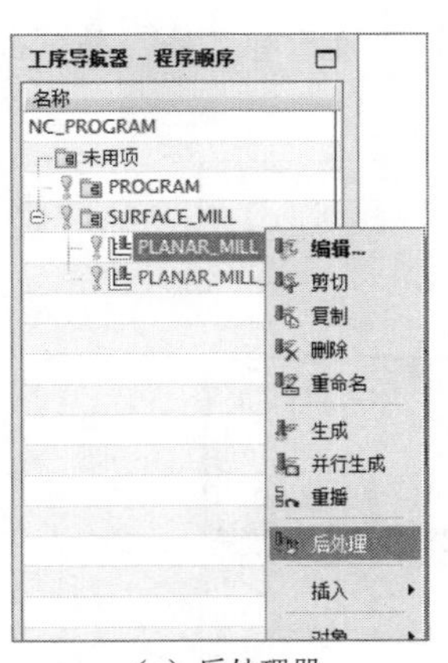

（a）后处理器

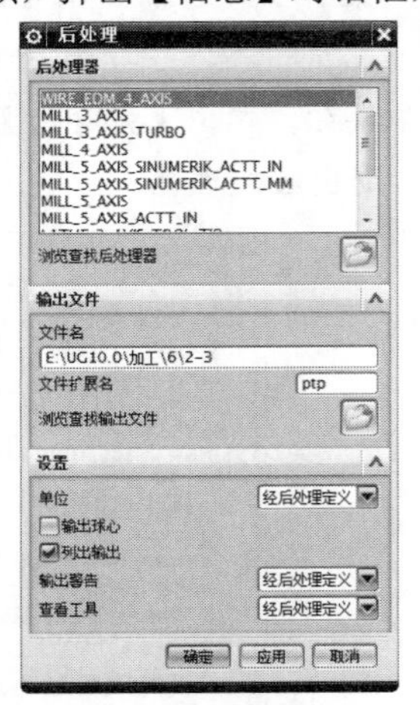

（b）浏览后处理器

图 10-64 后处理器调用

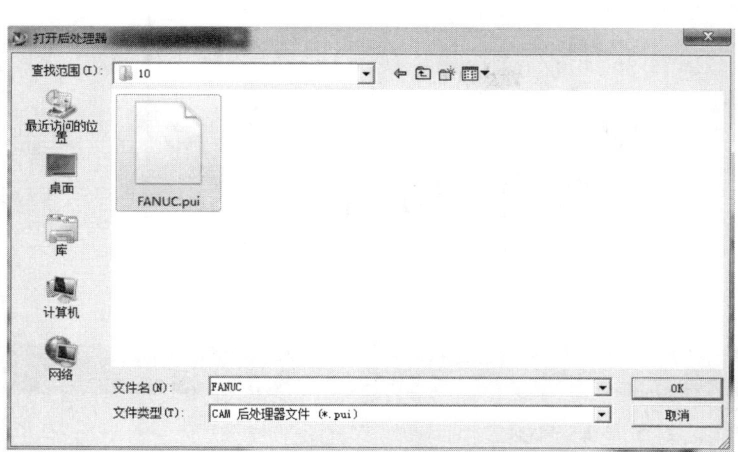

（c）后处理器选择

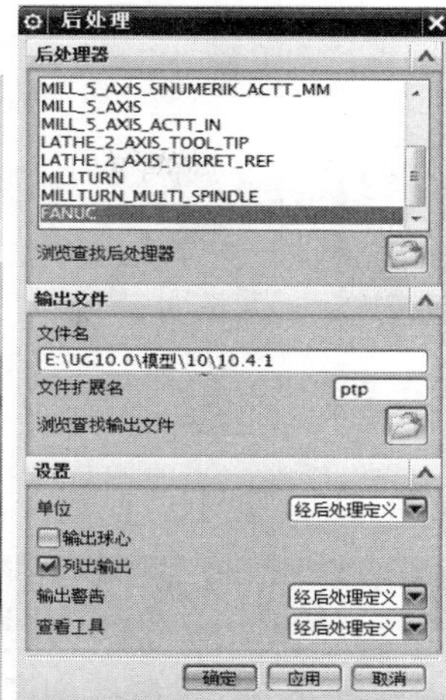

（d）选择后处理器

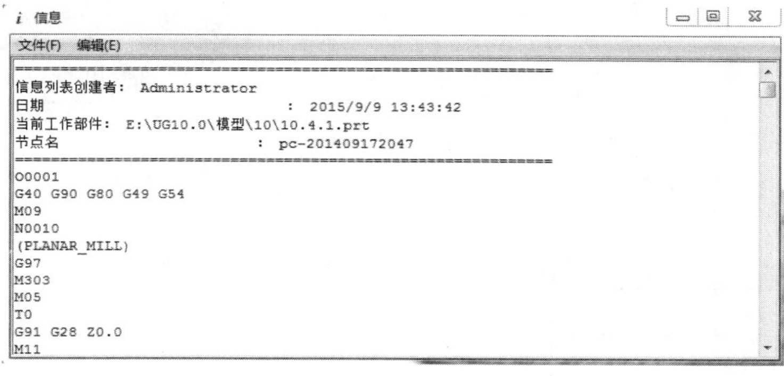

（e）生成的 NC 代码

图 10-64　后处理器调用（续）

第 11 章 咖啡勺加工

11.1 案例工艺分析

图 11-1 所示为一个咖啡勺产品，材质是 45 号钢。这里需要加工一个手办样品。手办样品的加工跟一般零件有些区别，加工时需要上下两面翻转，这就需要预先做好翻转的定位孔。

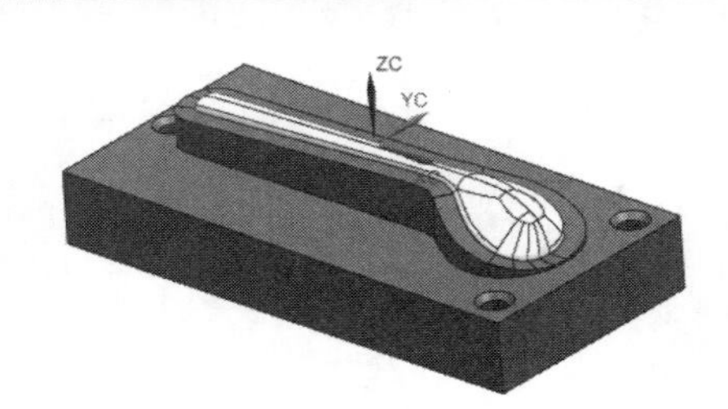

图 11-1　一个咖啡勺产品

在编程加工时，首先运用型腔铣的加工方法进行粗加工，以便分层去除大量材料。接着采用固定轴轮廓铣进行精加工。最后使用 D4 的平铣刀清根进行精加工。

加工工艺路线为：粗加工—精加工—清根。

	开始素材	Prt_start\chapter11\ 11.1.prt
	结果素材	Prt _result\chapter11\ 11.1.prt
	视频位置	Movie\chapter 11\ 11.avi

11.2 设定父节点组

首先用型腔铣的加工方法对咖啡勺进行粗加工，以便去除大量的材料。

步骤 01 启动 UG NX 10.0 软件，单击【打开文件】按钮，在弹出的对话框中选择本书配套资源文件 11.1prt，单击【确定】按钮打开该文件。

步骤 02 依次选择【文件】|【应用模块】|【加工】命令，进入加工环境，或者通过快捷键【Ctrl+Alt+M】快速进入加工环境。

步骤 03 从弹出的图 11-2 所示的【加工环境】对话框中选择铣削加工，单击【确定】按钮进入铣削加工环境。

步骤 04 将视图调至【几何视图】，双击工序导航器中的坐标系设置按钮，弹出图 11-3 所示的坐标系设置对话框。输入安全距离 10mm，并单击【指定 MCS】按钮。在弹出的对话框中选择坐标系参考方式为 WCS，如图 11-4 所示。

步骤 05 双击工序导航器下的 WORKPIECE 图标，然后在图 11-5 所示的对话框中单击【指定部件】按钮，并在新弹出的对话框中选取图 11-6 所示的模型为几何体。

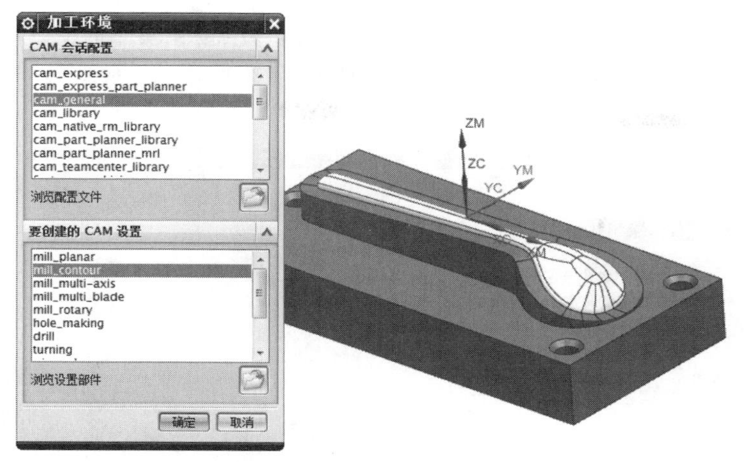

图 11-2　【加工环境】对话框

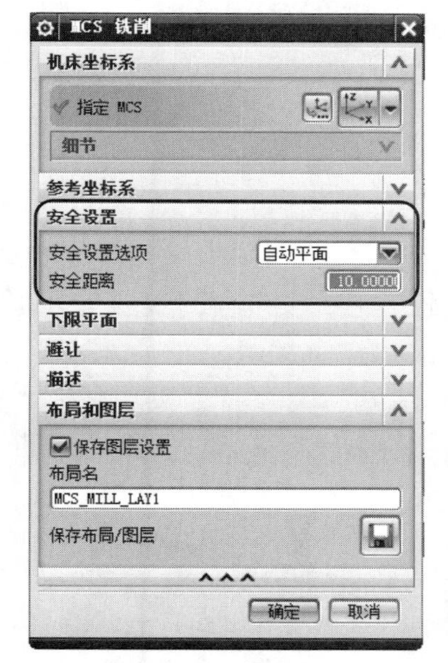

图 11-3　坐标系设置　　图 11-4　参数选择　　图 11-5　【工件】对话框

步骤 06 选择部件几何体后返回【工件】对话框。此时单击【指定毛坯】按钮，并在弹出的对话框中选择【IPW-处理中的工件】选项，并单击【确定】按钮，如图 11-7 所示。

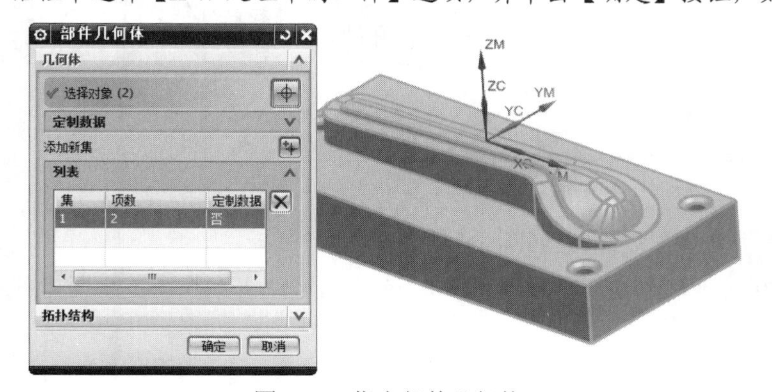

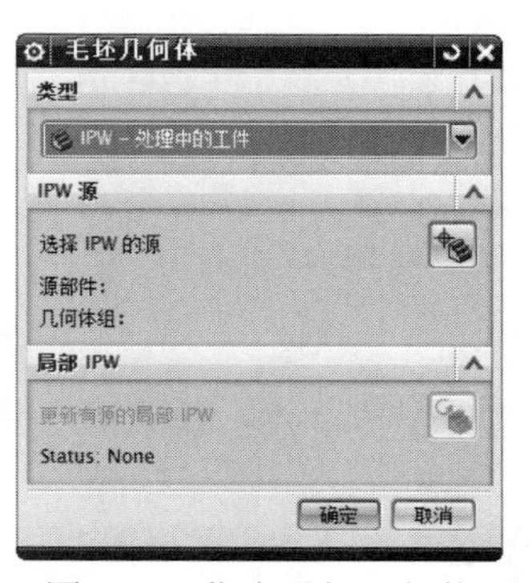

图 11-6　指定部件几何体　　图 11-7　指定毛坯几何体

步骤 07 在【导航器】工具栏中单击【机床视图】按钮，切换导航器中的视图模式。然后在【创建】工具栏中单击【创建刀具】按钮，弹出【创建刀具】对话框。按照图 11-8 所示的步骤新建名称为 T1_D12 的端铣刀，并按照实际设置刀具参数。

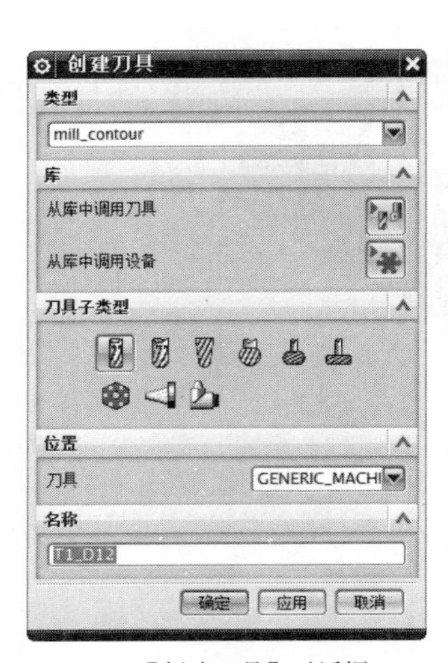

(a)【创建刀具】对话框

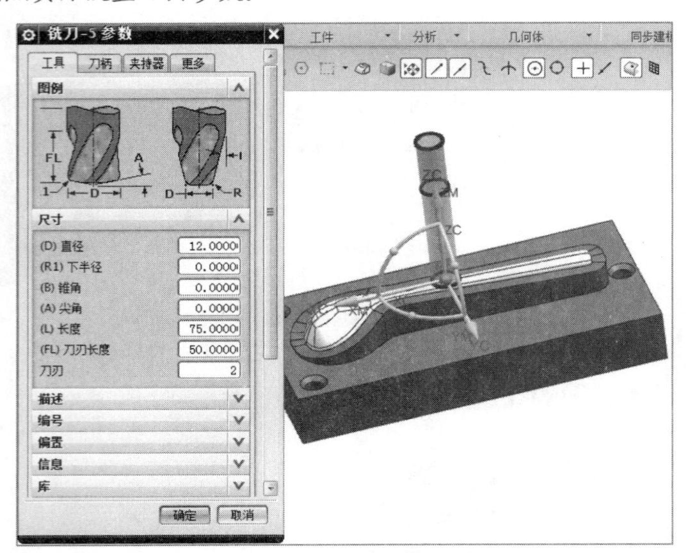

(b) 参数设置对话框

图 11-8　创建 T1_D12 的端铣刀

步骤 08 同上步，按照图 11-9 所示的新建名称为 T2_D6R0.5 的端铣刀，并按照实际设置刀具参数。

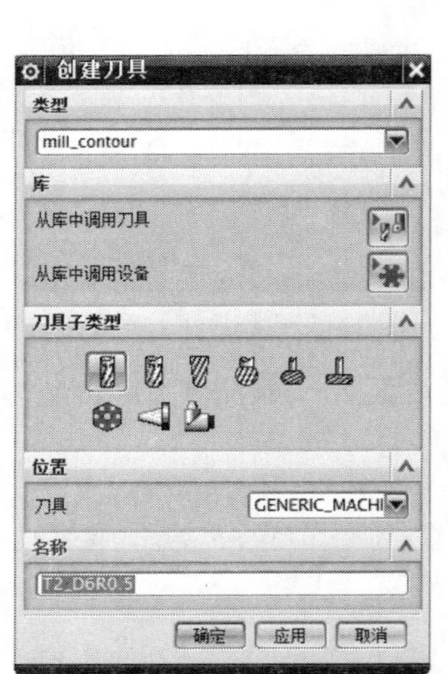

(a)【创建刀具】对话框

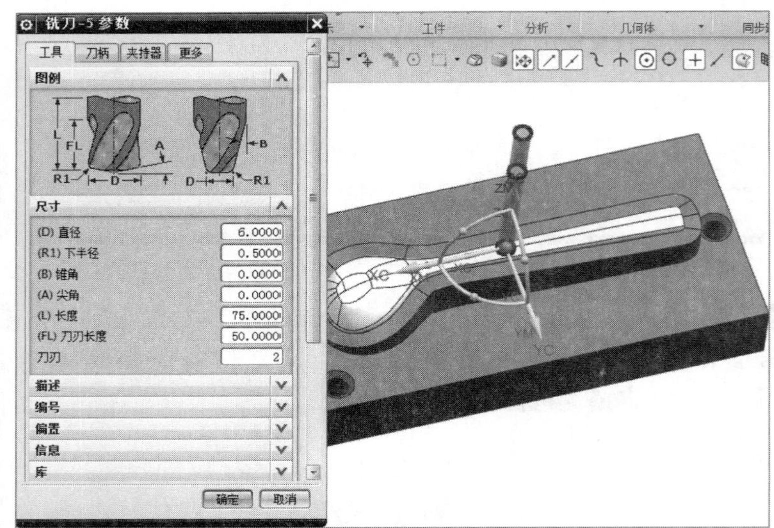

(b) 参数设置对话框

图 11-9　创建 T2_D6R0.5 的端铣刀

步骤 09 同上步，按照图 11-10 所示的新建名称为 T3_D6R3 的球头刀，并按照实际设置刀具参数。

步骤 10 同上步，按照图 11-11 所示的新建名称为 T4_D4 的端铣刀，并按照实际设置刀具参数。

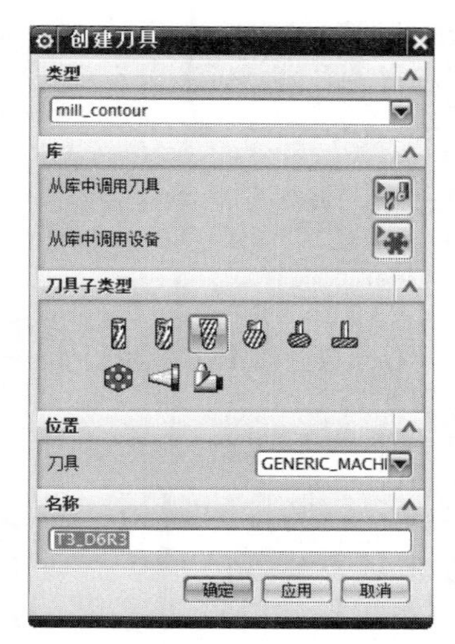

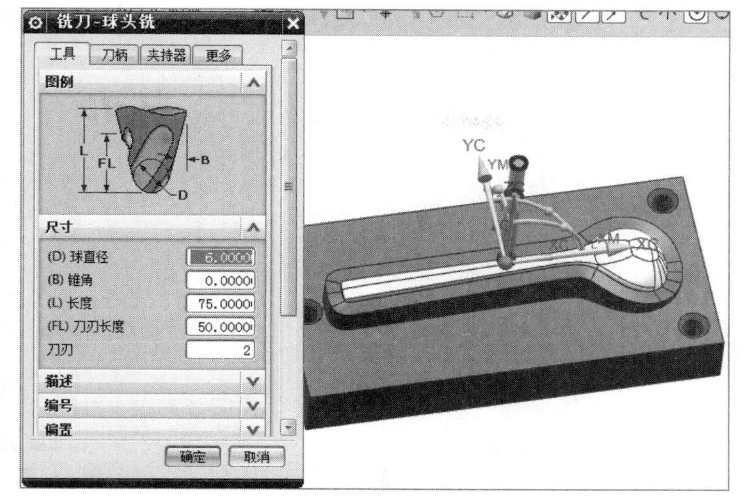

（a）【创建刀具】对话框　　（b）参数设置对话框

图 11-10　创建 T3_D6R3 的球头刀

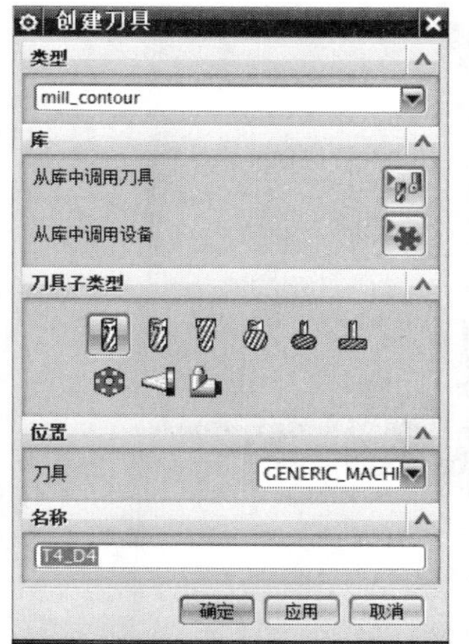

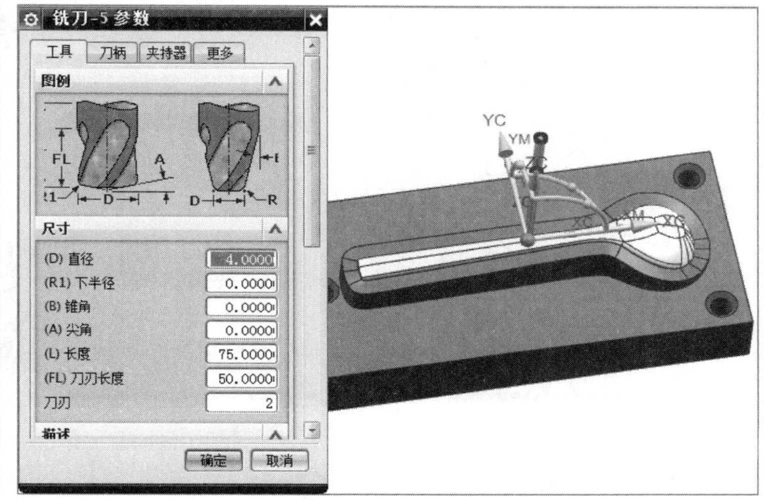

（a）【创建刀具】对话框　　（b）参数设置对话框

图 11-11　创建 T4_D4 的端铣刀

11.3　型腔粗加工

步骤 01 单击【主页】下的【创建工序】按钮，弹出【创建工序】对话框，再按照图 11-12 所示创建型腔铣操作，弹出【型腔铣】对话框，如图 11-13 所示。

步骤 02 在【型腔铣】对话框的【几何体】面板中单击【指定切削区域】按钮，弹出【切削区域】对话框，选择图 11-14 所示的面为切削区域，单击【确定】按钮。

步骤 03 单击【几何体】面板中的【指定修剪边界】按钮，将弹出【修剪边界】对话框。在【修剪边界】对话框中选择方法为【曲线】模式，按照顺序选择修剪的边界，此时会自动形成封闭的修剪边界，此时修剪侧选择【外部】，如图 11-15 所示。

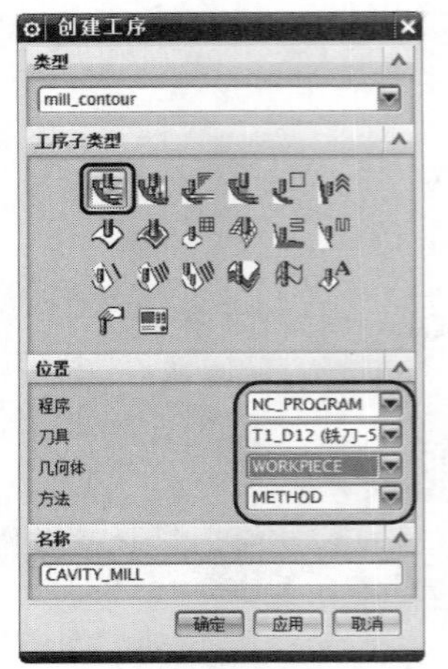

图 11-12 【创建工序】对话框

图 11-13 【型腔铣】对话框

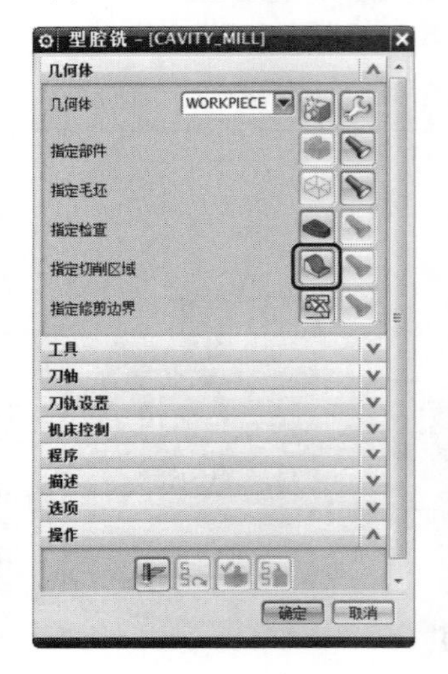

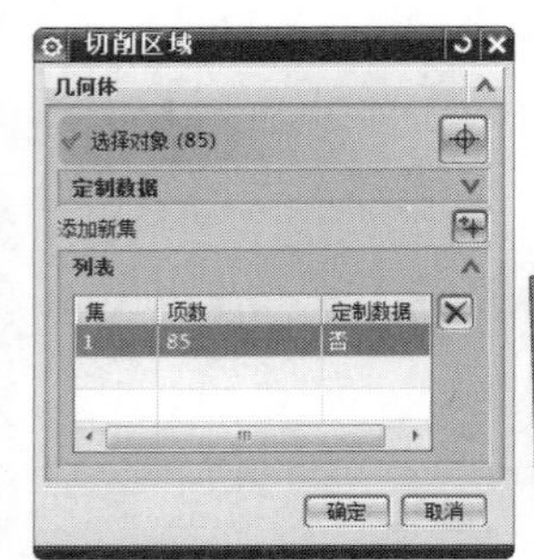

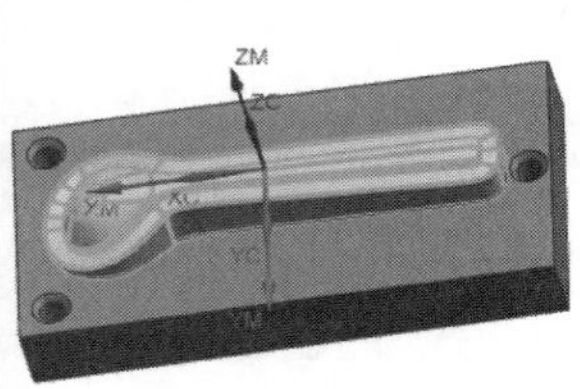

图 11-14 【切削区域】选择

(a)【型腔铣】对话框

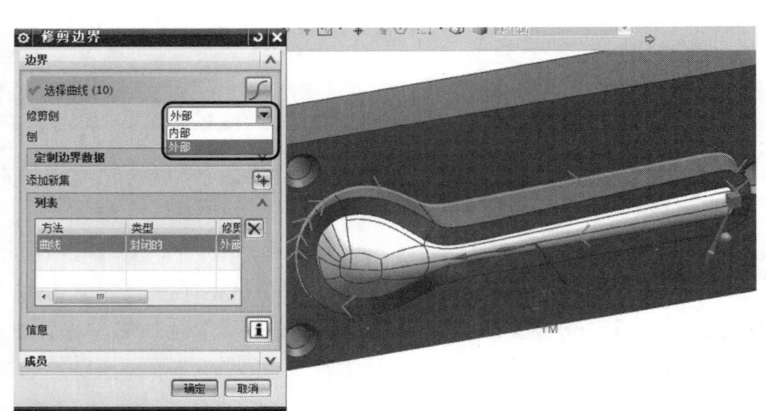

(b)【修剪边界】对话框

图 11-15 指定修剪边界

步骤 04 对【型腔铣】对话框中的【刀轨设置】面板按图 11-16 所示进行参数设置。

步骤 05 【切削参数】对话框参数设置如图 11-17 所示。

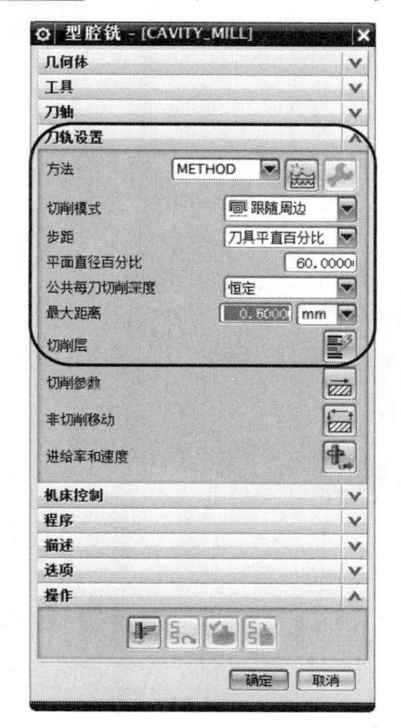

图 11-16　刀轨参数设置

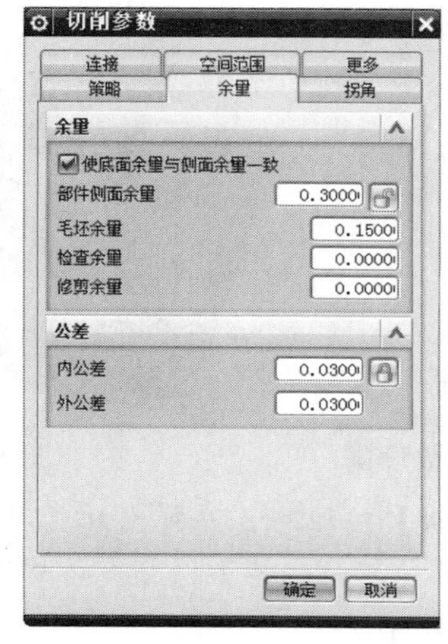

（a）【余量】设置

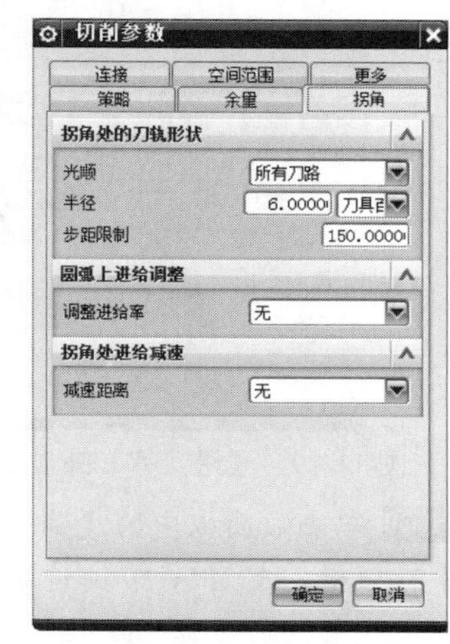

（b）【拐角】设置

图 11-17　【切削参数】设置

步骤 06 【非切削移动】对话框参数设置如图 11-18 所示。

（a）【进刀】设置

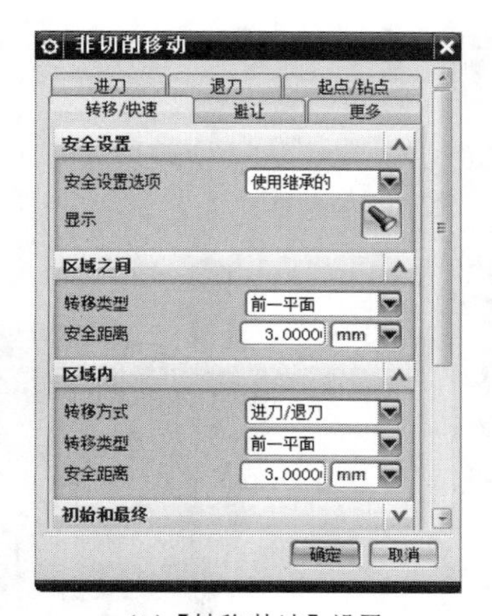

（b）【转移/快速】设置

（c）【起点/钻点】设置

图 11-18　【非切削移动】参数设置

步骤 07 【进给率和速度】对话框参数设置如图 11-19 所示，生成优化后单击【确定】按钮。

步骤 08 在【操作】面板中单击【生成】按钮，系统将自动生成加工刀具路径，效果如图 11-20 所示。

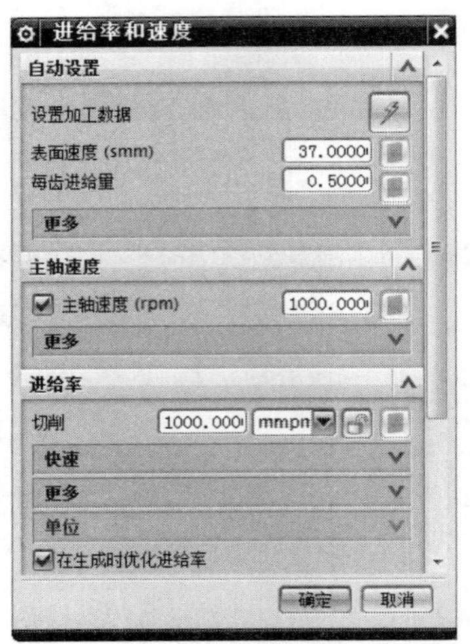

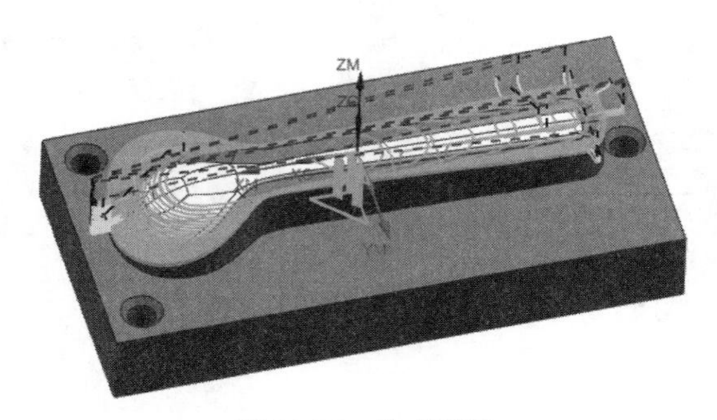

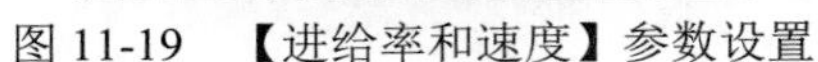
图 11-19 【进给率和速度】参数设置

图 11-20 生成刀轨

步骤 09 单击该面板中的【确认刀轨】按钮，在弹出的【刀轨可视化】对话框中展开【3D 动态】选项卡，在 IPW 下拉列表框中选择【保存】选项，再单击【播放】按钮，系统将以实体的方式进行切削仿真，效果如图 11-21 所示。

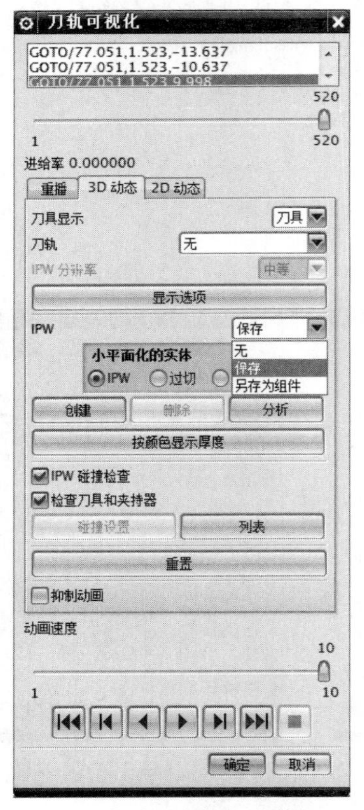

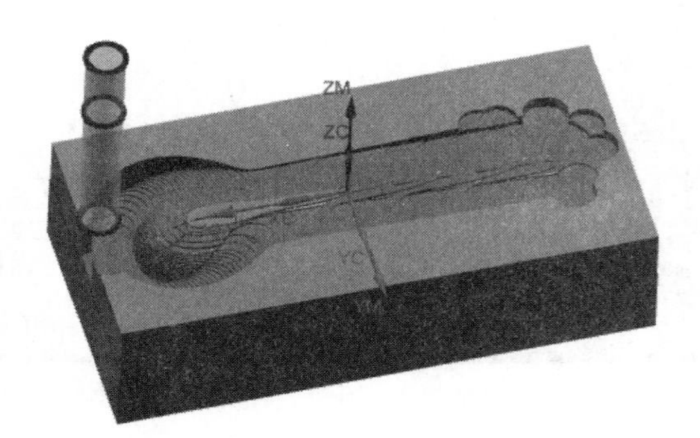

(a)【刀轨可视化】对话框

(b) 3D 切削仿真结果

图 11-21 刀轨可视化仿真

11.4　固定轴曲面轮廓铣精加工

步骤 01 单击【主页】下的【创建工序】按钮，弹出【创建工序】对话框，按照图 11-22 所示创建固定轴轮廓铣操作，弹出【固定轮廓铣】对话框如图 11-23 所示。

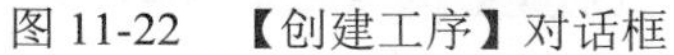

图 11-22　【创建工序】对话框

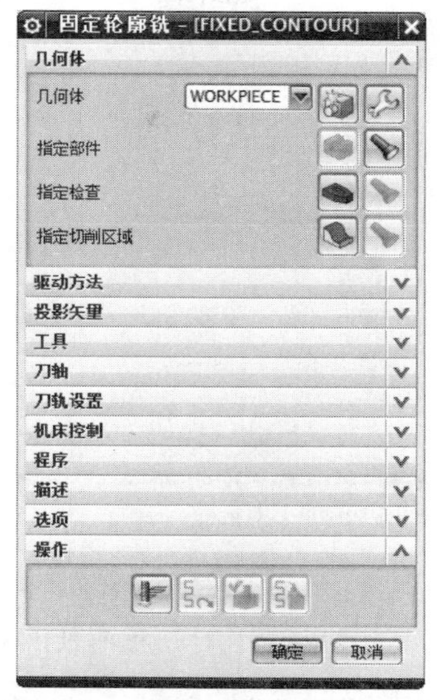

图 11-23　【固定轮廓铣】对话框

步骤 02 在【固定轮廓铣】对话框的【几何体】面板中单击【指定切削区域】按钮，弹出【切削区域】对话框，再选择图 11-24 所示的面为切削区域，单击【确定】按钮。

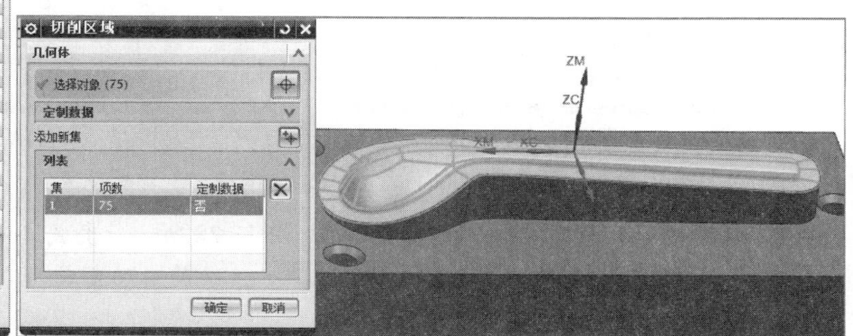

图 11-24　指定切削区域

步骤 03 在【驱动方法】面板中选择【区域铣削】选项，将弹出【区域铣削驱动方法】对话框，在对话框中按照图 11-25（b）所示设置参数。

步骤 04 【切削参数】对话框参数设置如图 11-26 所示。

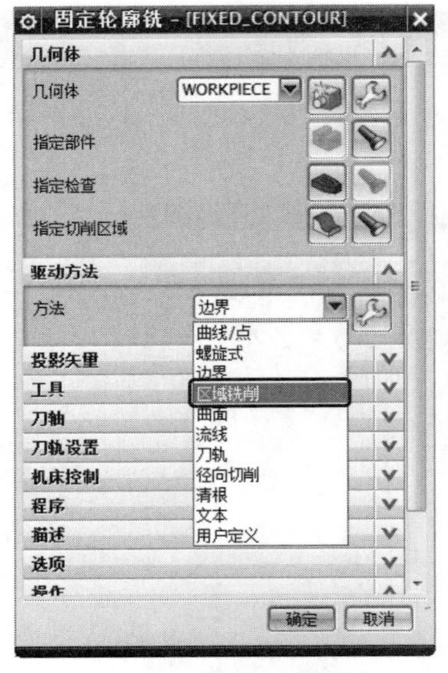

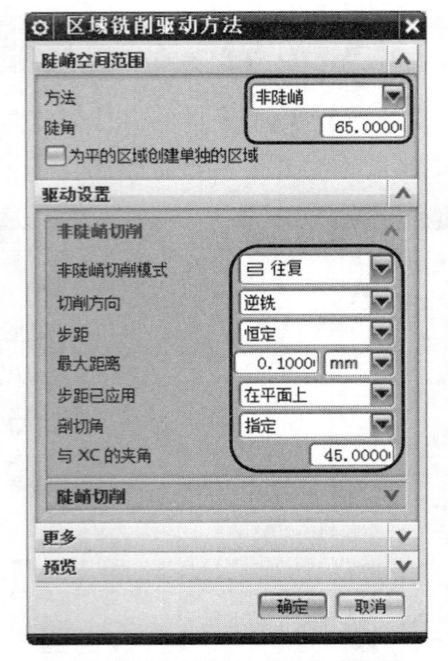

（a）【固定轮廓铣】对话框　　（b）【区域铣削驱动方法】对话框

图 11-25　【驱动方法】设置

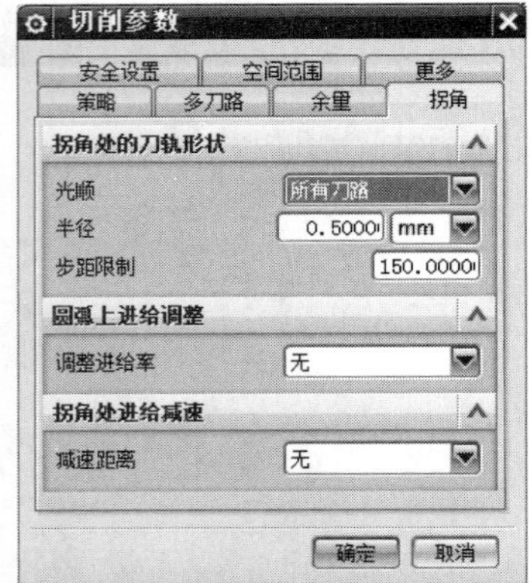

图 11-26　【拐角】设置

步骤 05 【非切削移动】对话框参数设置如图 11-27 所示。

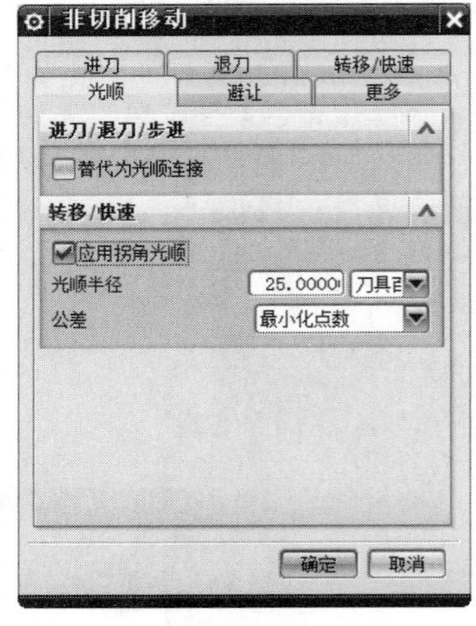

（a）【进刀】设置　　（b）【光顺】设置

图 11-27　【非切削移动】参数设置

步骤 06 【进给率和速度】对话框参数设置如图 11-28 所示，生成优化后单击【确定】按钮。

步骤 07 在【操作】面板中单击【生成】按钮，系统将自动生成加工刀具路径，效果如图 11-29 所示。

步骤 08 单击该面板中的【确认刀轨】按钮，在弹出的【刀轨可视化】对话框中展开【3D 动态】选项卡，在 IPW 下拉列表框中选择【保存】选项，再单击【播放】按钮，系统将以实体的方式进行切削仿真，效果如图 11-30 所示。

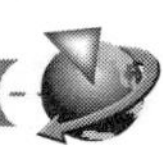

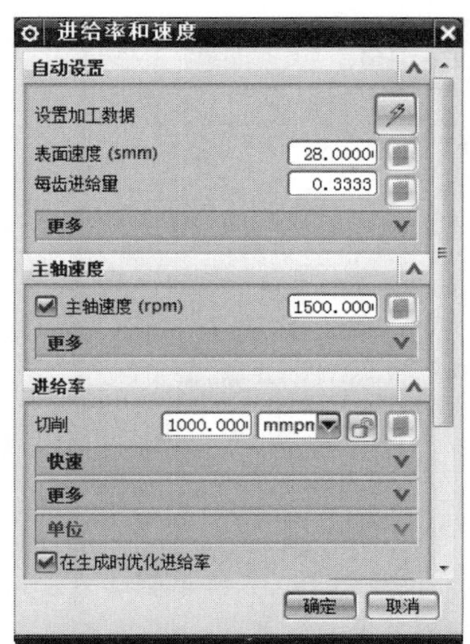

图 11-28　【进给率和速度】参数设置

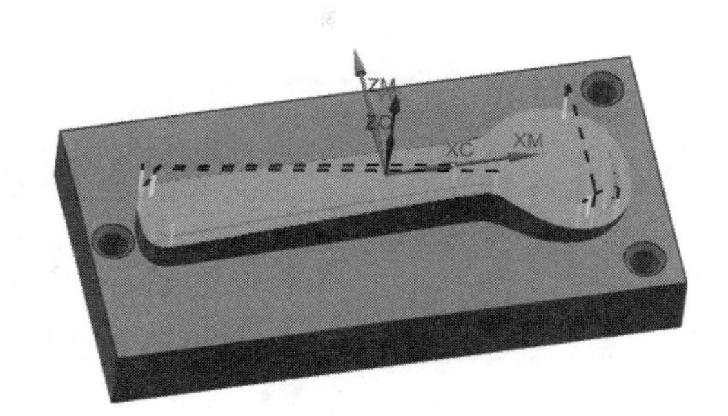

图 11-29　生成刀轨

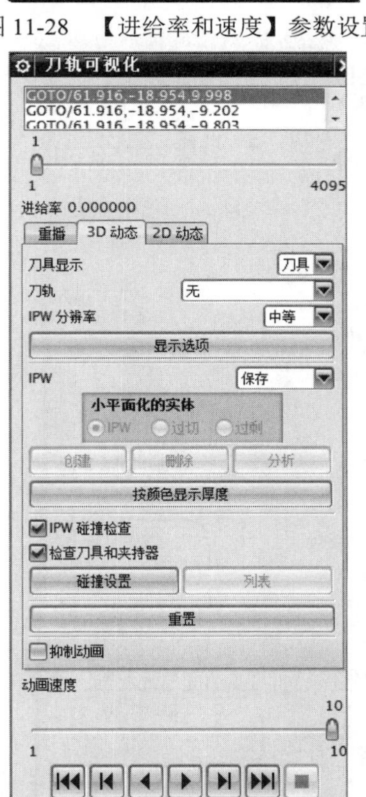

（a）【刀轨可视化】对话框

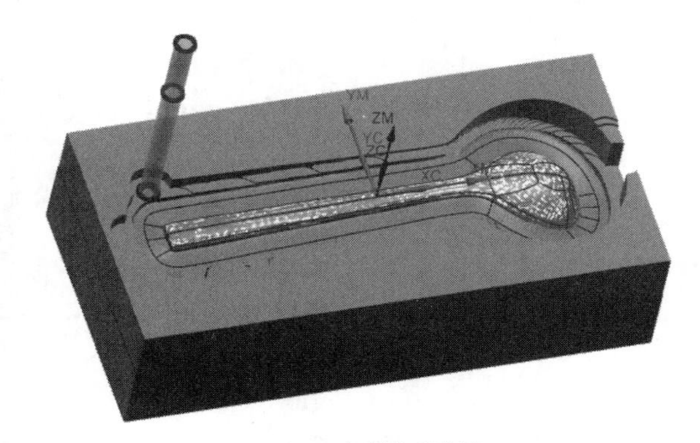

（b）3D 切削仿真结果

图 11-30　刀轨可视化仿真

11.5　清根加工

运用固定轴轮廓铣，选择“参考刀具”的加工方法对咖啡勺的小圆角区域进行精加工。

步骤 01 将视图调至【几何视图】，复制上一道工序【固定轴轮廓铣】，如图 11-31 所示。

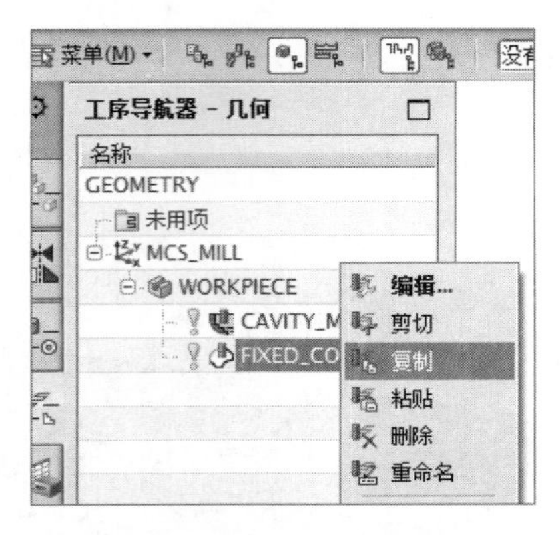

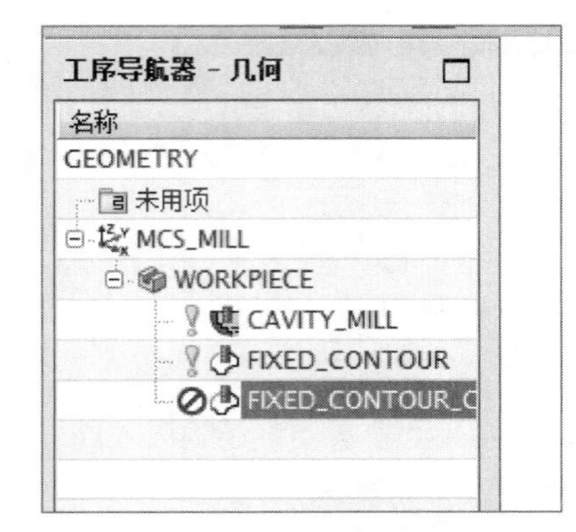

图 11-31　复制工序

步骤 02 双击【固定轮廓铣】按钮，工具选择 T4_D4 的刀具，按照图 11-32 所示驱动方法选择【清根】，将弹出【清根驱动方法】对话框，按照图 11-33 所示设置参数。

图 11-32　【固定轮廓铣】设置

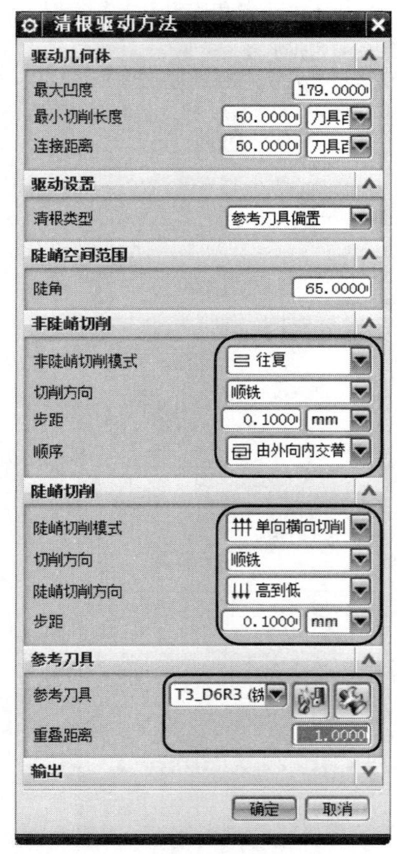

图 11-33　【清根驱动方法】设置

步骤 03 【进给率和速度】对话框参数设置如图 11-34 所示，生成优化后单击【确定】按钮。

步骤 04 在【操作】面板中单击【生成】按钮，系统将自动生成加工刀具路径，效果如图 11-35 所示。

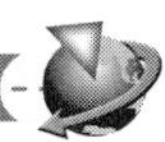

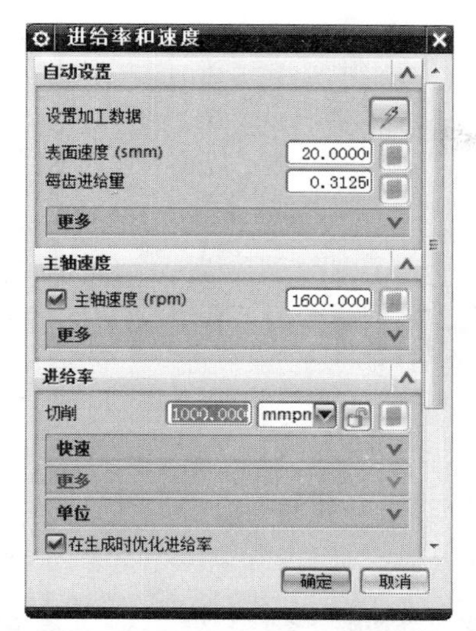

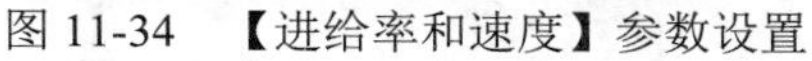

图 11-34　【进给率和速度】参数设置

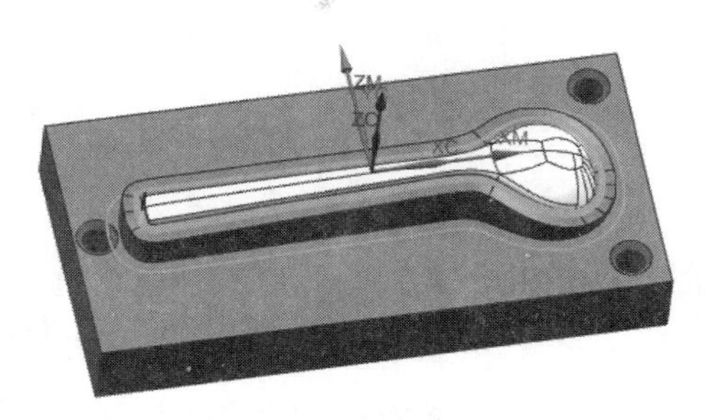

图 11-35　生成刀轨

步骤 05 单击该面板中的【确认刀轨】按钮，在弹出的【刀轨可视化】对话框中展开【2D 动态】选项卡，并单击【显示选项】按钮。再单击【播放】按钮，系统将以实体的方式进行切削仿真，效果如图 11-36 所示。

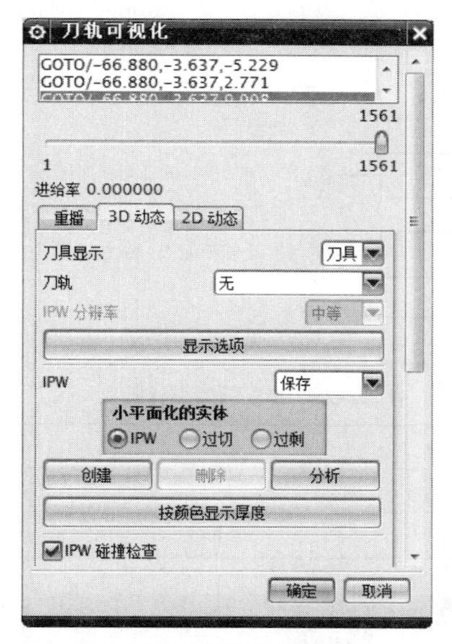

（a）【刀轨可视化】对话框

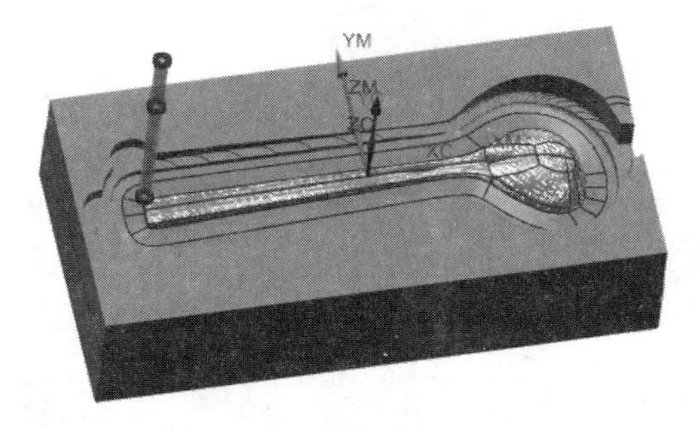

（b）3D 切削仿真结果

图 11-36　刀轨可视化仿真

咖啡勺反面的编程加工工艺与正面相同，只是方向相反。此处省略，可用于练习。

第 12 章 餐盘加工

在机械加工中，零件加工一般都要经历多道工序。工序安排得是否合理，对加工后零件的质量有较大的影响，因此在加工之前需要根据零件的特征去制定加工工艺。

12.1 工艺路线分析

下面以一个餐盘产品为例介绍多工序铣削的加工方法，模型如图 12-1 所示加工该零件应注意多型腔的加工方法，其加工工艺路线如图 12-2 所示。

图 12-1 餐盘模型

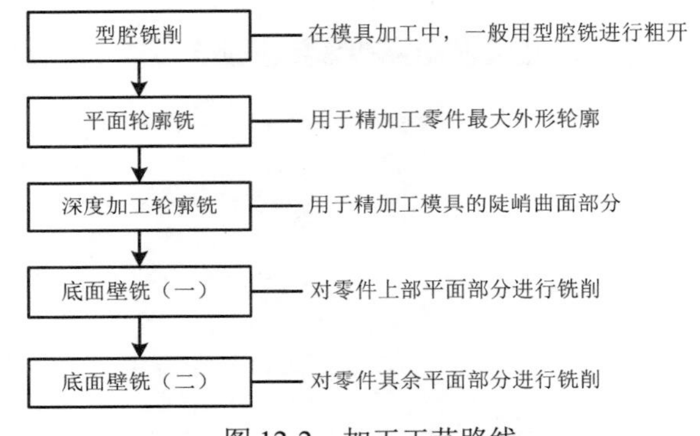

图 12-2 加工工艺路线

	开始素材	Prt_start\chapter12\ 12.1.prt
	结果素材	Prt _result\chapter12\ 12.1.prt
	视频位置	Movie\chapter 12\ 12.avi

12.2 设定父节点组

步骤 01 启动 UG NX 10.0，单击【打开文件】按钮，然后在弹出的对话框中选择本书配套资源文件 12.1prt，单击【确定】按钮打开该文件。

步骤 02 依次选择【文件】|【应用模块】|【加工】命令，进入加工环境，或者通过快捷键【Ctrl+Alt+M】快速进入加工环境。

步骤 03 在弹出的【加工环境】对话框中选择铣削加工，单击【确定】按钮进入铣削加工环境，如图 12-3 所示。

步骤 04 将视图调至【几何视图】，双击工序导航器中的坐标系设置按钮，弹出图 12-4 所示的坐标系设置对话框。输入安全距离 20mm，并单击【确定】按钮。

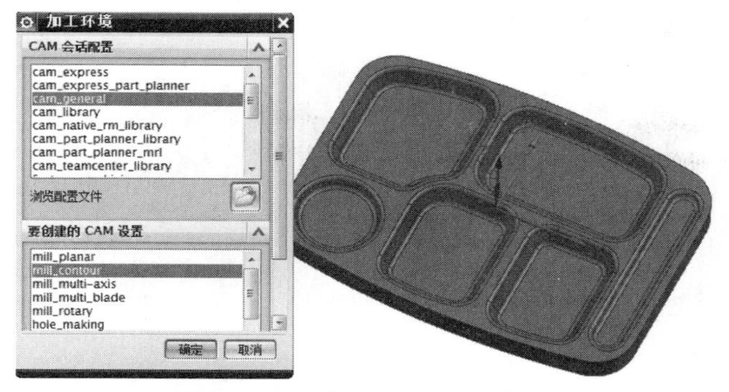

图 12-3　【加工环境】对话框

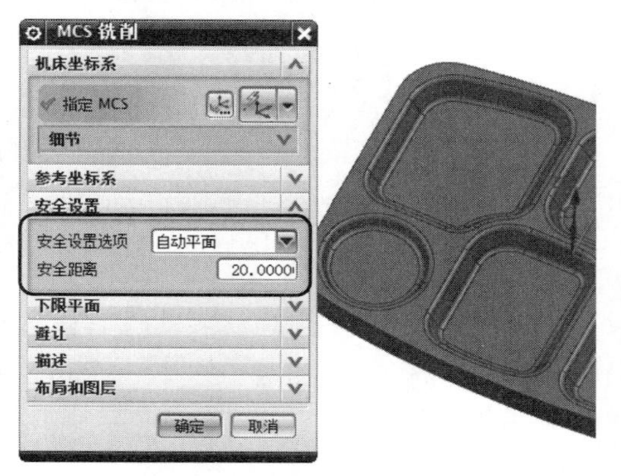

图 12-4　坐标系设置

步骤 05 双击工序导航器下的 WORKPIECE 图标，然后在图 12-5 所示的对话框中单击【指定部件】按钮，并在新弹出的对话框中选择图 12-6 所示的模型为几何体。

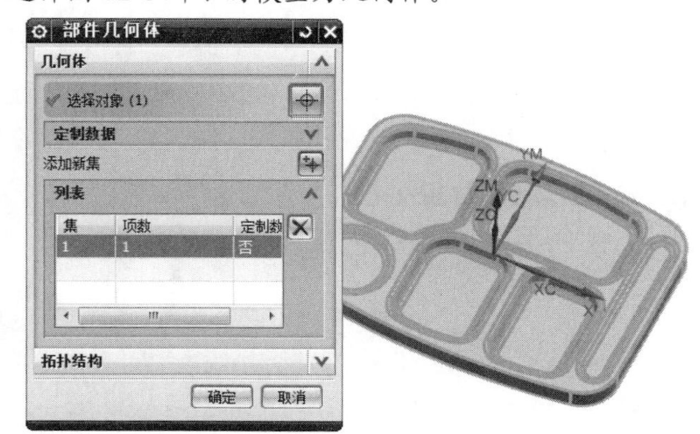

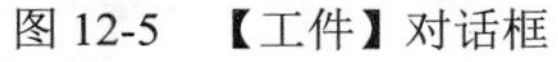

图 12-5　【工件】对话框　　　　图 12-6　指定部件几何体

步骤 06 选择部件几何体后返回【工件】对话框。此时单击【指定毛坯】按钮，并在弹出的对话框【类型】下拉列表框中选择【包容块】选项，此处除-ZM 轴外，其余轴的数值都改为“5”，并单击【确定】按钮，如图 12-7 所示。

步骤 07 在【导航器】工具栏中单击【机床视图】按钮，切换导航器中的视图模式。然后在【创建】工具栏中单击【创建刀具】按钮，弹出【创建刀具】对话框，在【类型】下拉列表框中选择【mill_contour】选项。按照图 12-8 所示的步骤新建名称为 T1_D16R1 的端铣刀，并按照实际设置刀具参数。

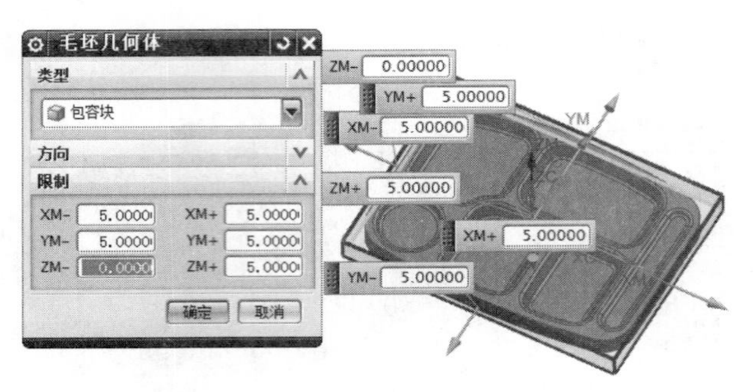

图 12-7 指定毛坯几何体

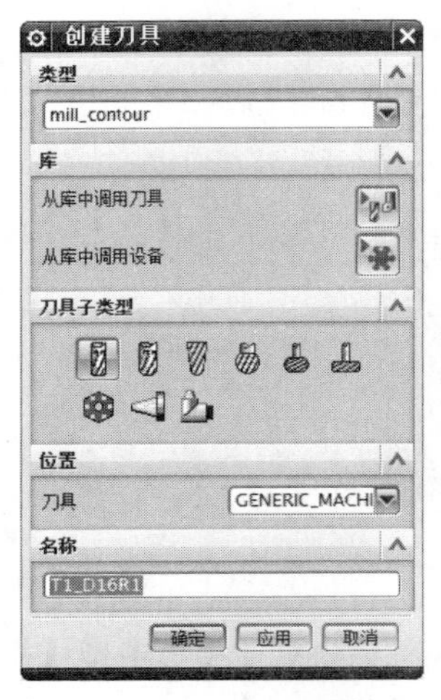

(a)【创建刀具】对话框

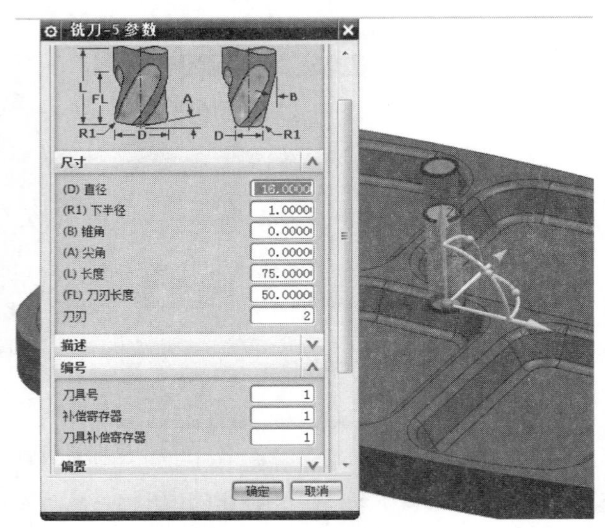

(b)参数设置对话框

图 12-8 创建 T1_ D16R1 的端铣刀

步骤 08 同上步，按照图 12-9 所示的新建名称为 T2_D12 的端铣刀，并按照实际设置刀具参数。

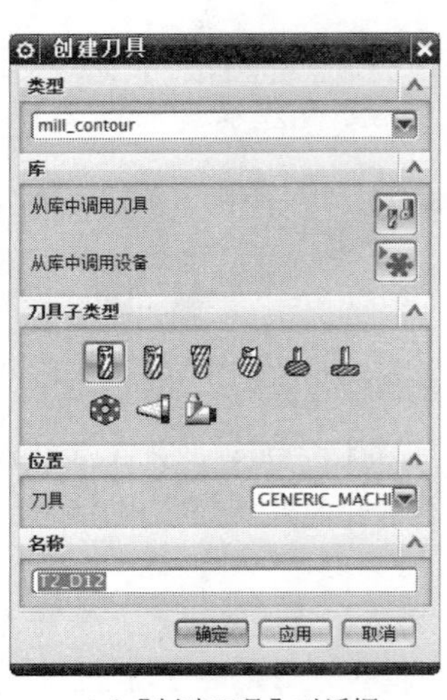

(a)【创建刀具】对话框

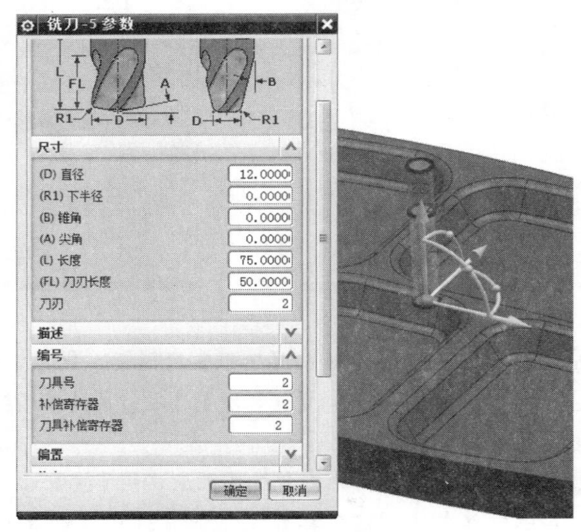

(b)参数设置对话框

图 12-9 创建 T2_D12 的端铣刀

步骤 09 继续创建刀具，但此处在【类型】下拉列表框中选择【mill_planar】选项，按照图 12-10 所示的新建名称为 T3_D8 的端铣刀，并按照实际设置刀具参数。

（a）【创建刀具】对话框

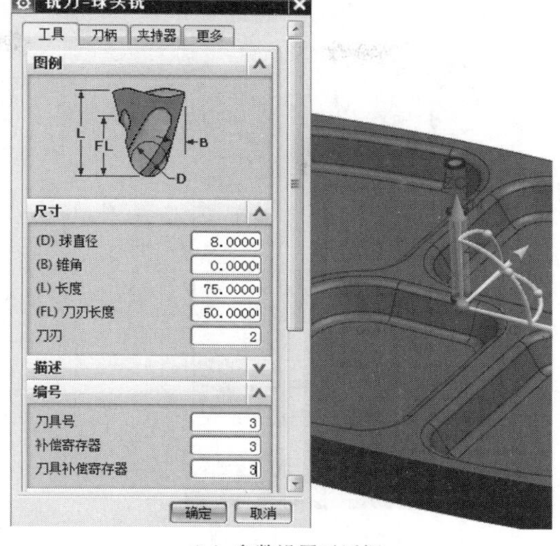

（b）参数设置对话框

图 12-10 创建 T3_D8 的端铣刀

步骤 10 同上步，按照图 12-11 所示的新建名称为 T4_D8R2 的端铣刀，并按照实际设置刀具参数。

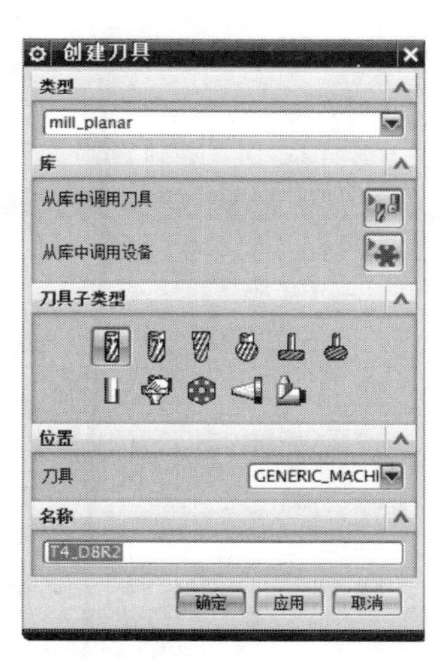

（a）【创建刀具】对话框

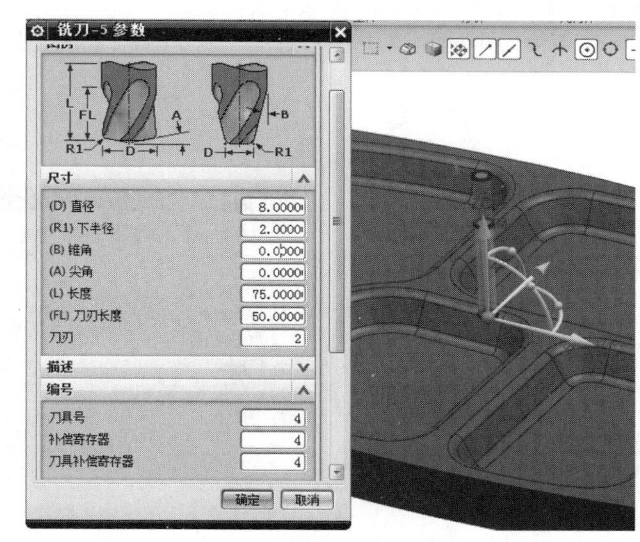

（b）参数设置对话框

图 12-11 创建 T3_D4 的端铣刀

12.3 型腔粗铣加工

步骤 01 单击【主页】下的【创建工序】按钮，弹出【创建工序】对话框，按照图 12-12 所示创建型腔铣操作，弹出【型腔铣】对话框，如图 12-13 所示。

图 12-12　【创建工序】对话框

图 12-13　【型腔铣】对话框

步骤 02 对【型腔铣】对话框的【刀轨设置】面板按照图 12-14 所示进行参数设置。

步骤 03 【切削参数】对话框参数设置如图 12-15 所示。

步骤 04 【进给率和速度】对话框参数设置图 12-16 所示，输入数值后按回车键，单击 按钮，然后单击【确定】按钮。

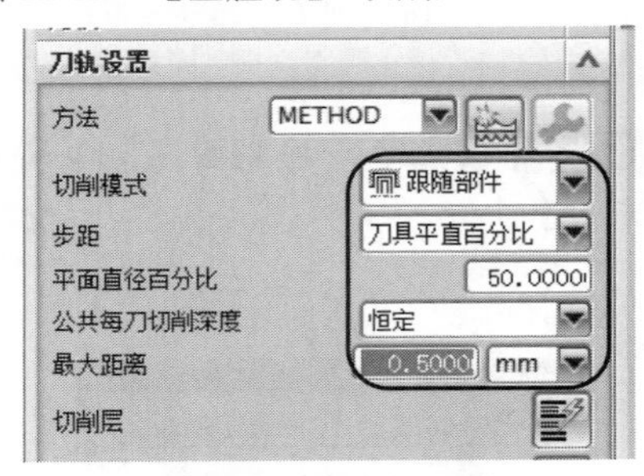

图 12-14　刀轨设置

(a)【策略】设置

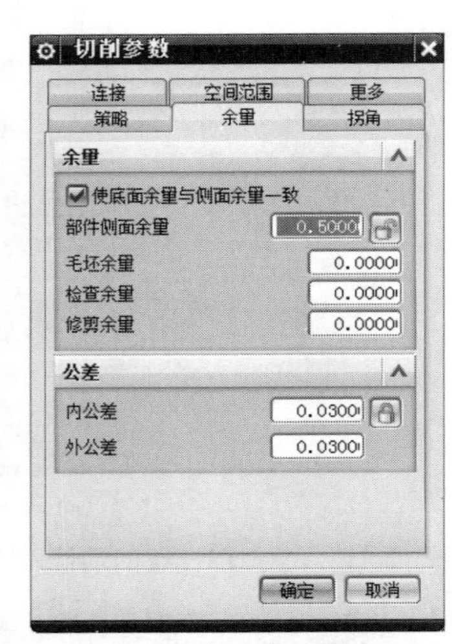

(b)【余量】设置

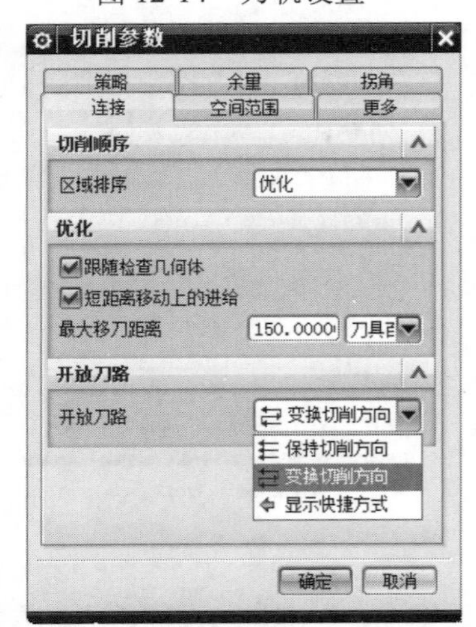

(c)【连接】设置

图 12-15　【切削参数】设置

步骤 05 在【操作】面板中单击【生成】按钮，系统将自动生成加工刀具路径，效果如图 12-17 所示。

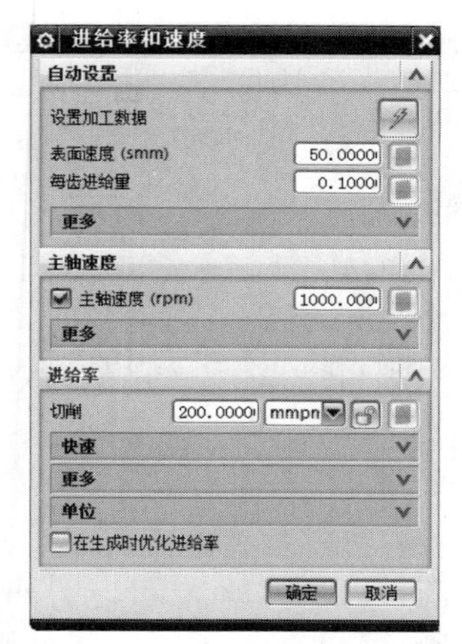

图 12-16　【进给率和速度】参数设置

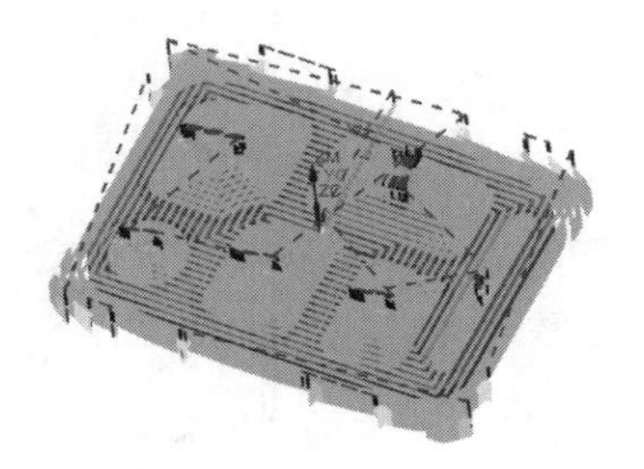

图 12-17　生成刀轨

步骤 06 单击该面板中的【确认刀轨】按钮，在弹出的【刀轨可视化】对话框中展开【2D 动态】选项卡，再单击【播放】按钮，系统将以实体的方式进行切削仿真，效果如图 12-18 所示。

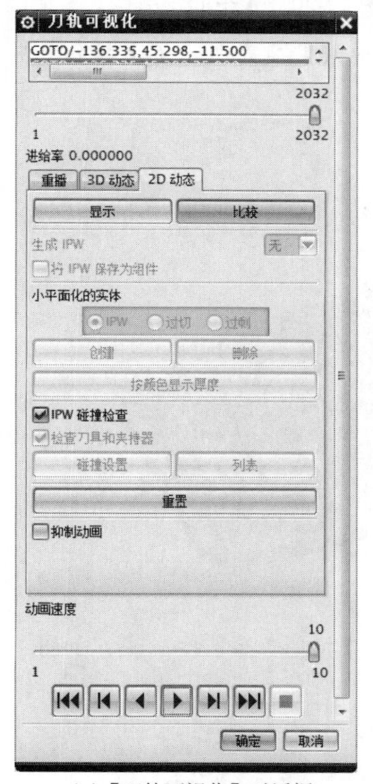

（a）【刀轨可视化】对话框

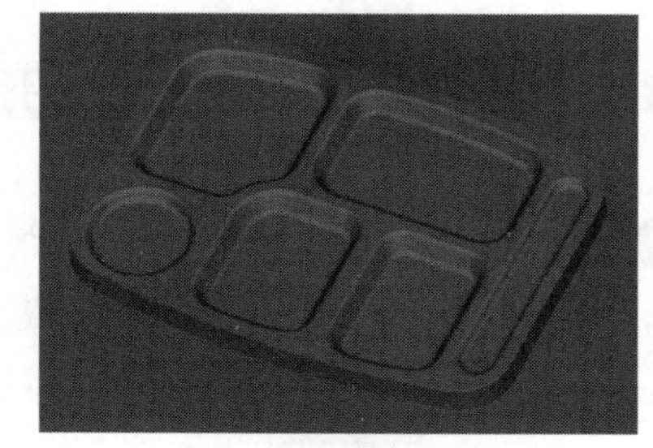

（b）2D 切削仿真结果

图 12-18　刀轨可视化仿真

12.4　平面轮廓铣精加工

步骤 01 单击【主页】中的【创建工序】按钮，弹出【创建工序】对话框，选择【类型】下拉列表框中【mill_planar】选项，再按照图 12-19 所示创建平面轮廓铣操作，弹出【平面轮廓铣】对话框，如图 12-20 所示。

图 12-19　【创建工序】对话框

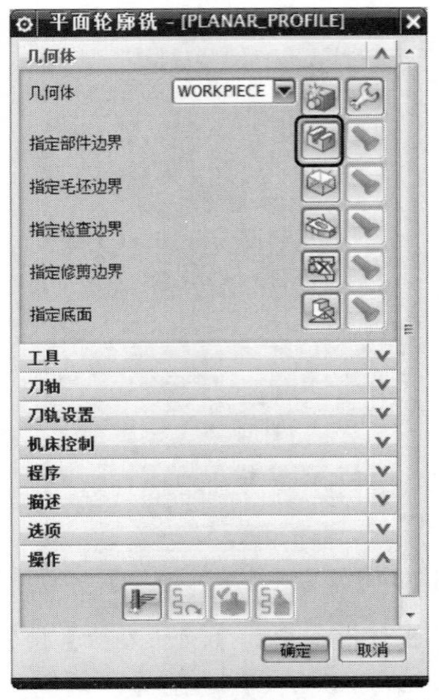

图 12-20　【平面轮廓铣】对话框

步骤 02 在【平面轮廓铣】对话框的【几何体】面板中单击【指定部件边界】按钮，对部件的边界进行设置，具体流程如图 12-21 所示。

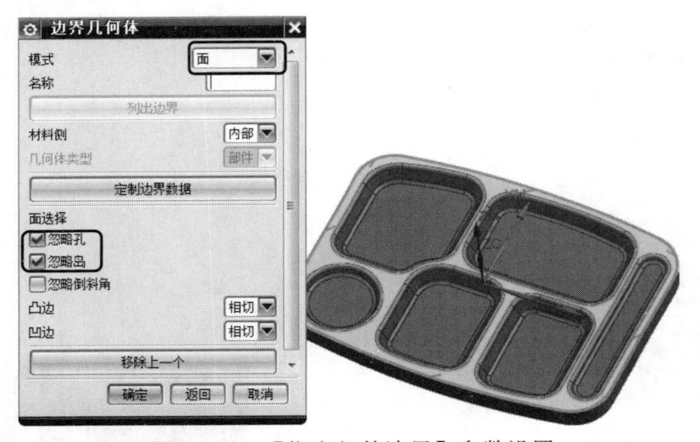

图 12-21　【指定部件边界】参数设置

步骤 03 在【平面轮廓铣】对话框的【几何体】面板中单击【指定底面】按钮，如图 12-22 所示。

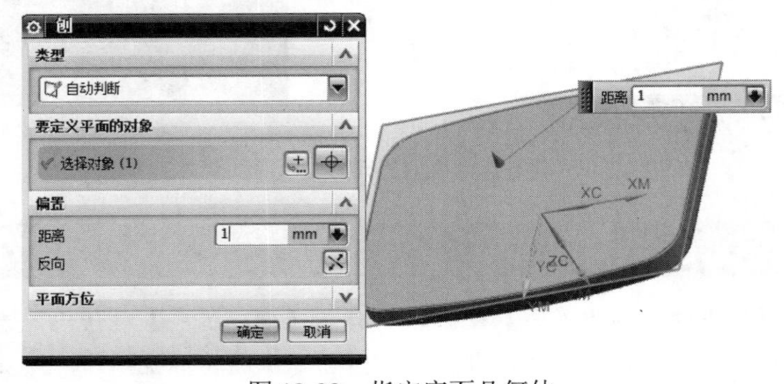

图 12-22　指定底面几何体

步骤 04 【刀轨设置】面板中的切削进给设置为“500mmpn”，如图 12-23 所示。

步骤 05 【非切削移动】对话框参数设置如图 12-24 所示。

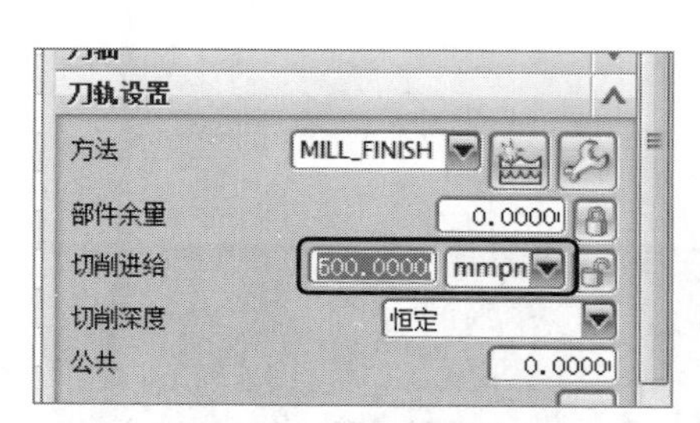

图 12-23　创建毛坯边界

图 12-24　【非切削移动】参数设置

步骤 06【进给率和速度】对话框参数设置如图 12-25 所示，输入数值后按回车键，然后单击按钮，再单击【确定】按钮。

步骤 07 在【操作】面板中单击【生成】按钮，系统将自动生成加工刀具路径，效果如图 12-26 所示。

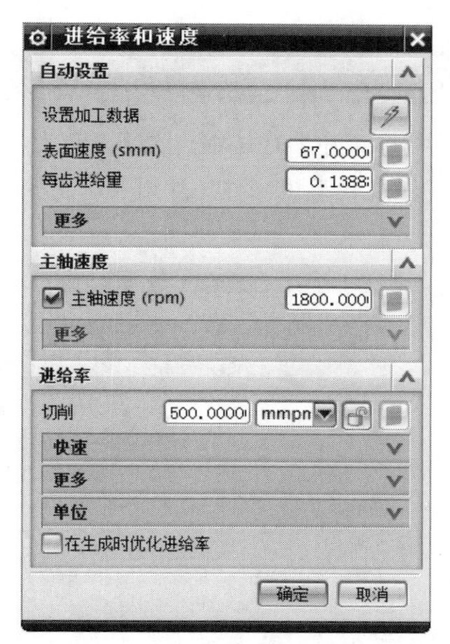

图 12-25　【进给率和速度】参数设置

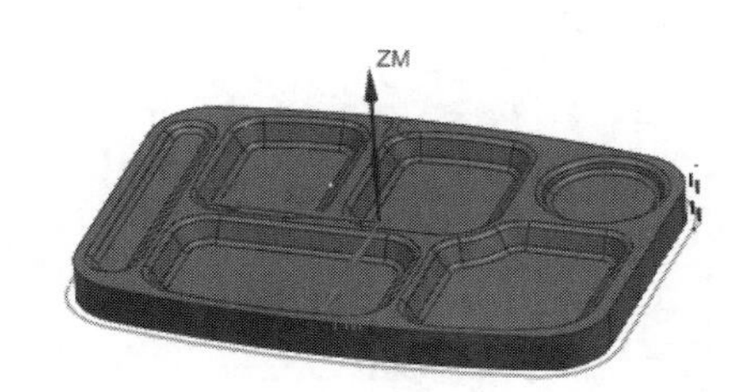

图 12-26　生成刀轨

步骤 08 单击该面板中的【确认刀轨】按钮，在弹出的【刀轨可视化】对话框中展开【3D 动态】选项卡，在 IPW 下拉列表框中选择【保存】选项，再单击【播放】按钮，系统将以实体的方式进行切削仿真，效果如图 12-27 所示。

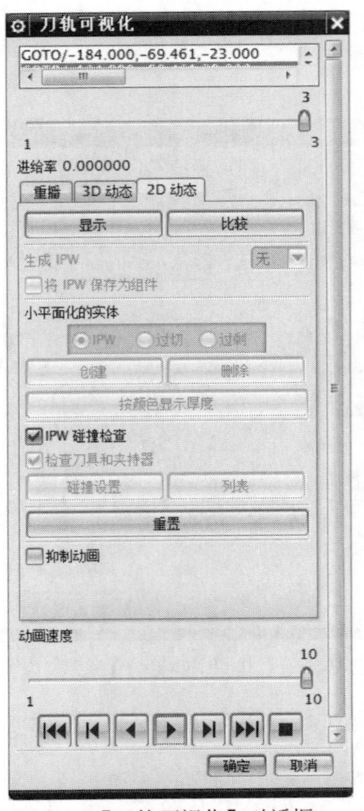

（a）【刀轨可视化】对话框

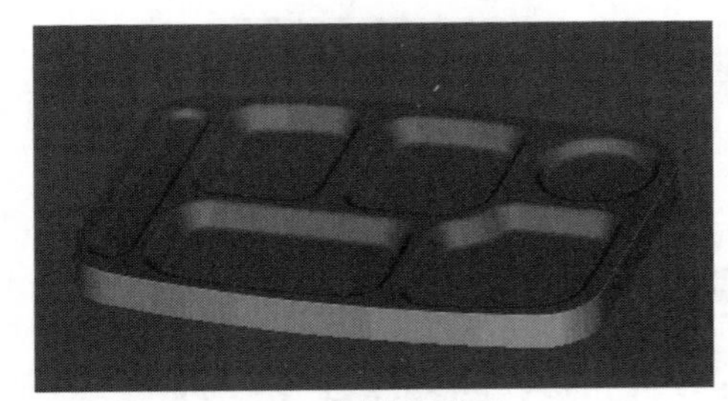

（b）实体切削仿真

图 12-27　刀轨可视化仿真

12.5　深度加工轮廓铣精加工

步骤 01 单击【主页】中的【创建工序】按钮，弹出【创建工序】对话框，在【类型】下拉列表框中选择【mill_contour】选项，再按照图 12-28 所示创建深度轮廓铣操作，弹出【深度轮廓加工】对话框，如图 12-29 所示。

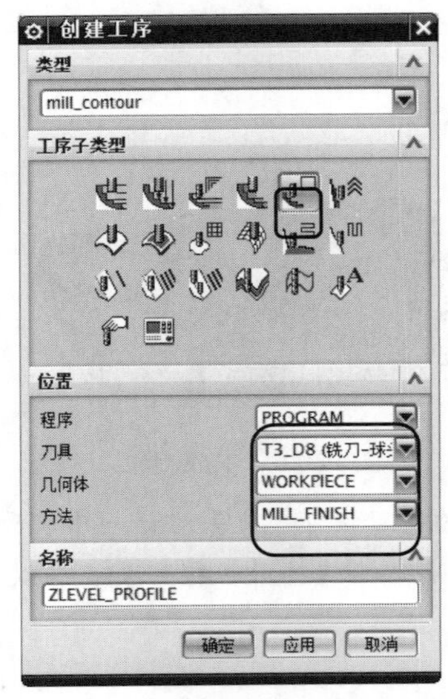

图 12-28　【创建工序】对话框

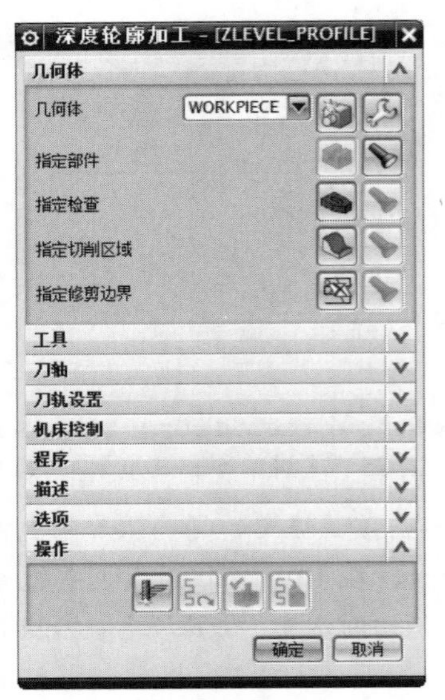

图 12-29　【深度轮廓加工】对话框

步骤 02 单击【几何体】面板中的【指定修剪边界】按钮，将弹出【修剪边界】对话框。在【修剪边界】对话框中选择修剪侧为【外部】模式，再选择图 12-30（a）所示的面，并单击【确定】按钮。

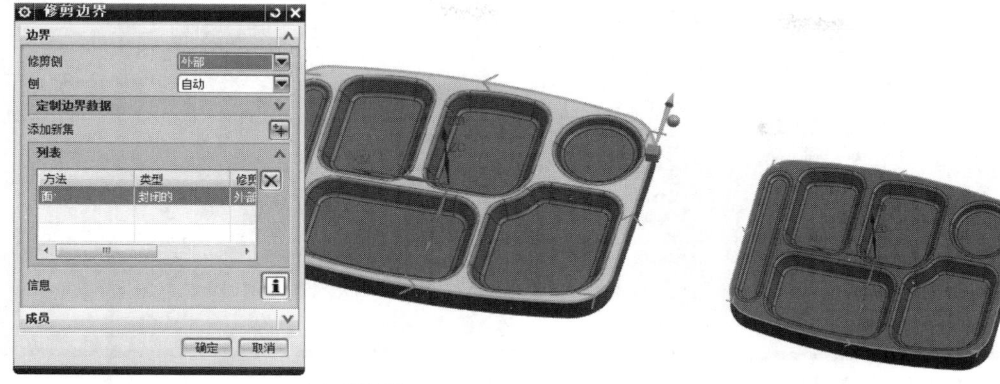

（a）选取面　　（b）部件边界

图 12-30　【修剪边界】设置

步骤 03 对【深度轮廓铣】对话框的【刀轨设置】面板中按照图 12-31 所示进行参数设置。

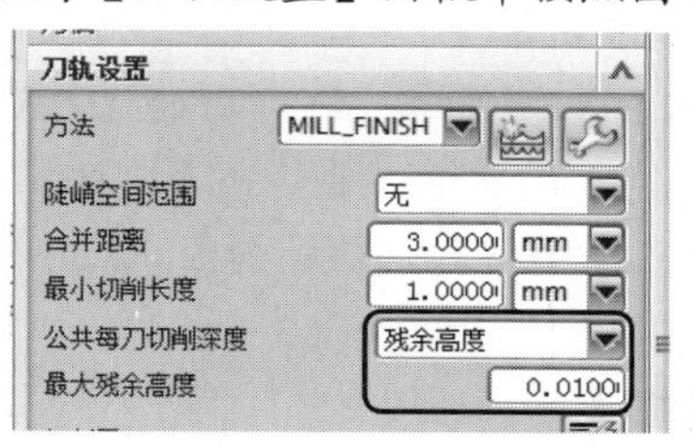

图 12-31　刀轨设置

步骤 04 【切削参数】对话框参数设置如图 12-32 所示。

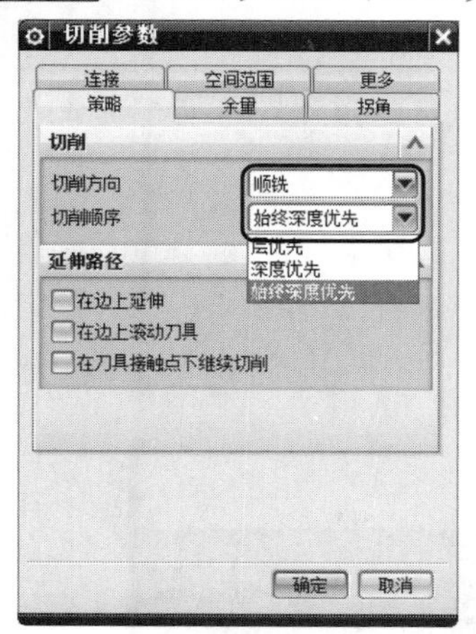

（a）【策略】设置

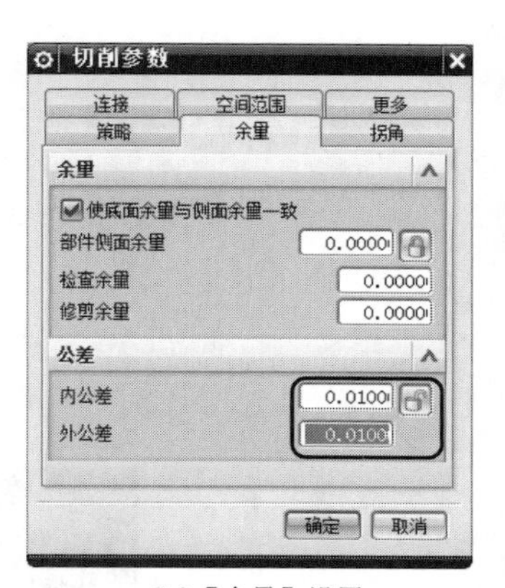

（b）【余量】设置

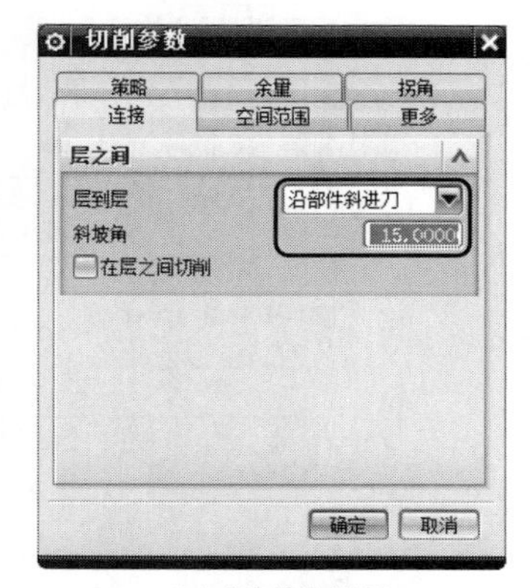

（c）【连接】设置

图 12-32　【切削参数】设置

步骤 05 【非切削移动】对话框参数设置如图 12-33 所示。

步骤 06 【进给率和速度】对话框参数设置如图 12-34 所示，输入数值后按回车键，然后单击按钮，再单击【确定】按钮。

(a)【转移/快速】设置

(b)【起点/钻点】设置

图 12-33 【非切削移动】参数设置

图 12-34 【进给率和速度】参数设置

步骤 07 在【操作】面板中单击【生成】按钮，系统将自动生成加工刀具路径，效果如图 12-35 所示。

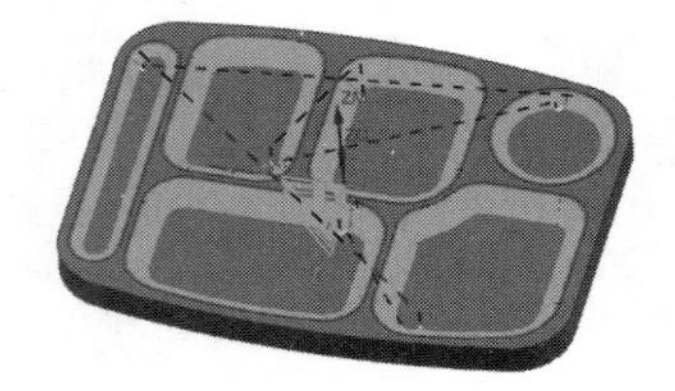

图 12-35 生成刀轨

步骤 08 单击该面板中的【确认刀轨】按钮，在弹出的【刀轨可视化】对话框中展开【2D 动态】选项卡，再单击【播放】按钮，系统将以实体的方式进行切削仿真，效果如图 12-36 所示。

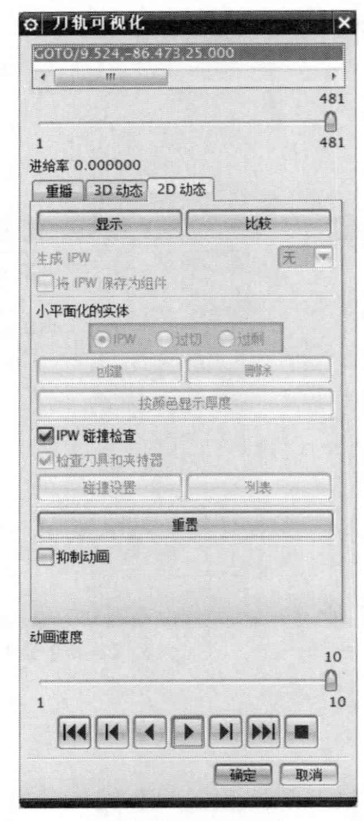

(a) 【刀轨可视化】对话框

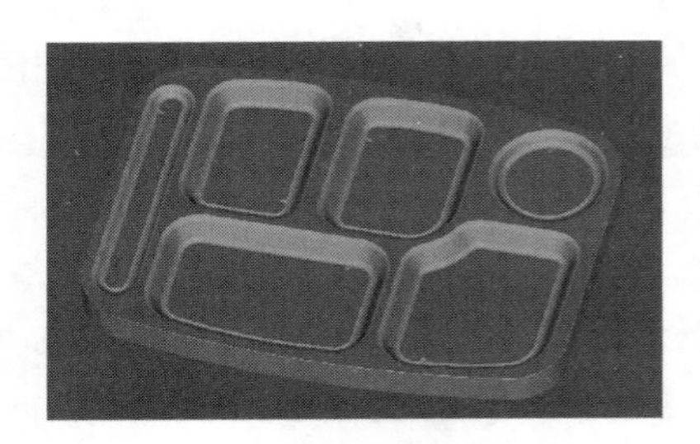

(b) 2D 切削仿真结果

图 12-36 刀轨可视化仿真

12.6　底面壁铣（一）

步骤 01 单击【主页】下的【创建工序】按钮，弹出【创建工序】对话框，在【类型】下拉列表框中选择【mill_planar】选项，然后按照图 12-37 所示创建底壁加工操作，弹出【底壁加工】对话框，如图 12-38 所示。

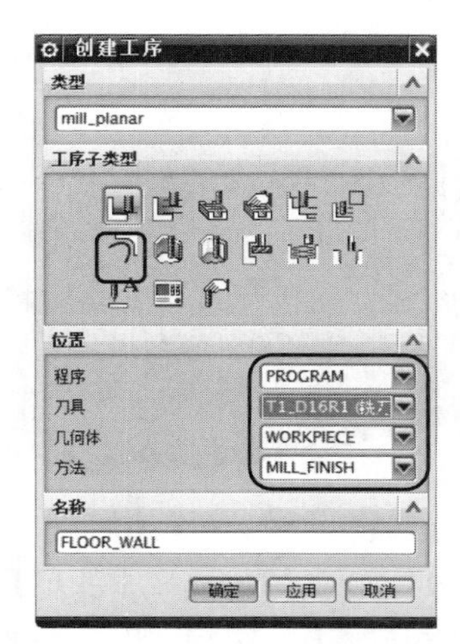

图 12-37　【创建工序】对话框

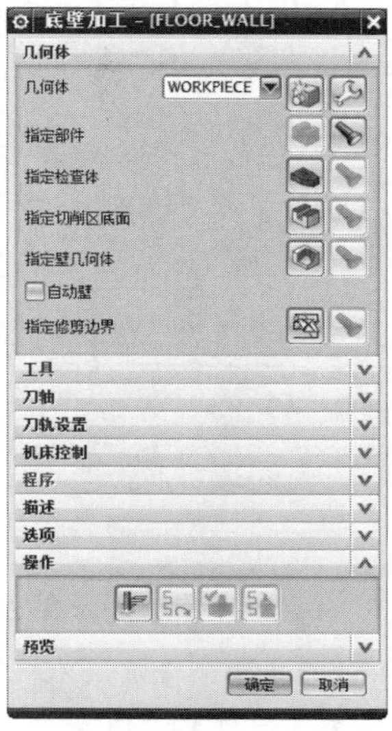

图 12-38　【底壁加工】对话框

步骤 02 单击【几何体】面板中的【指定切削区域】按钮，弹出【切削区域】对话框，选择图 12-39 所示的面为切削区域，并单击【确定】按钮。

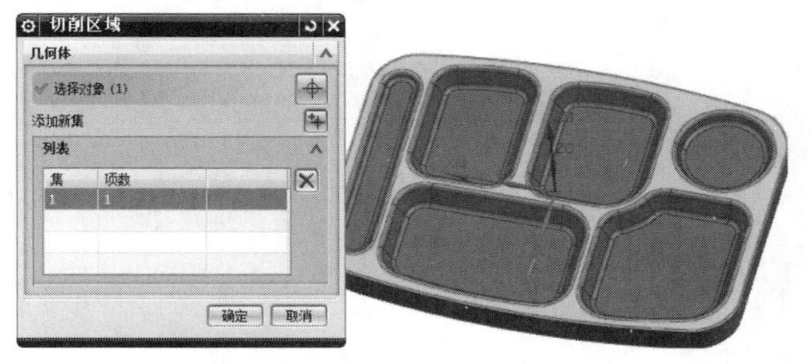

图 12-39　【切削区域】设置

步骤 03 对【底壁加工】对话框的【刀轨设置】面板按照图 12-40 所示进行参数设置。

步骤 04 【切削参数】对话框参数设置如图 12-41 所示。

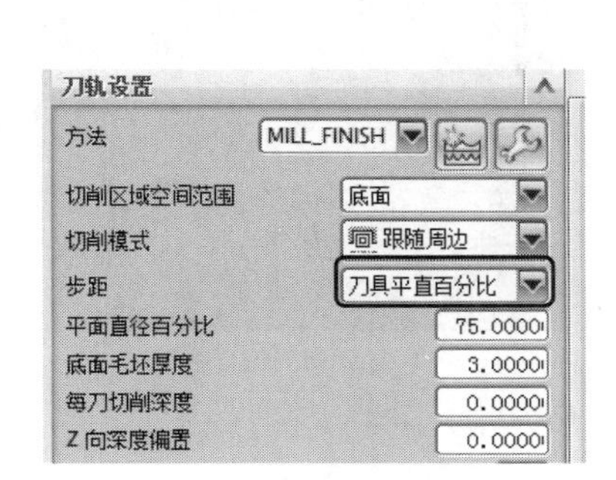

图 12-40　刀轨设置

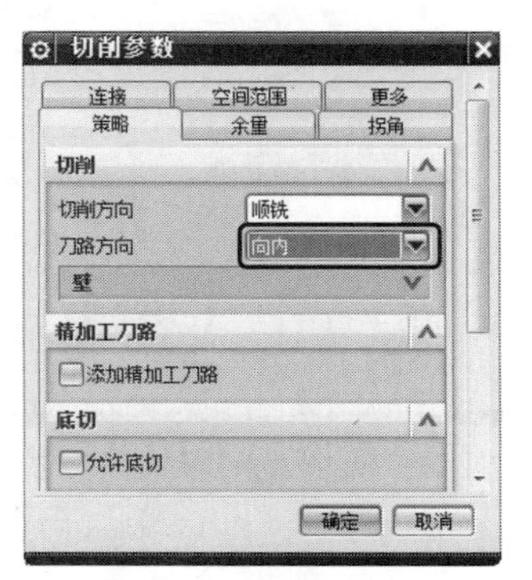

图 12-41　【切削参数】设置

步骤 05 【进给率和速度】对话框参数设置如图 12-42 所示，输入数值后按回车键，然后单击按钮，再单击【确定】按钮。

步骤 06 在【操作】面板中单击【生成】按钮，系统将自动生成加工刀具路径，效果如图 12-43 所示。

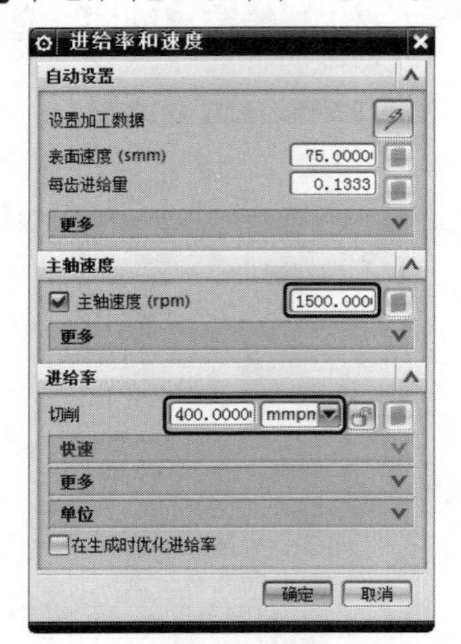

图 12-42 【进给率和速度】参数设置

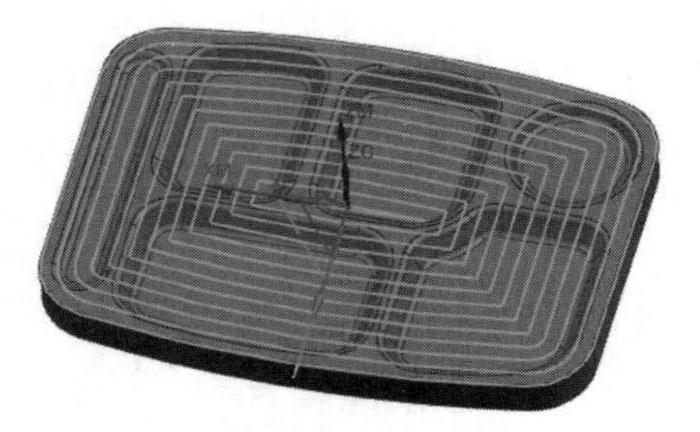

图 12-43 生成刀轨

步骤 07 单击该面板中的【确认刀轨】按钮，在弹出的【刀轨可视化】对话框中展开【2D 动态】选项卡，再单击【播放】按钮，系统将以实体的方式进行切削仿真，效果如图 12-44 所示。

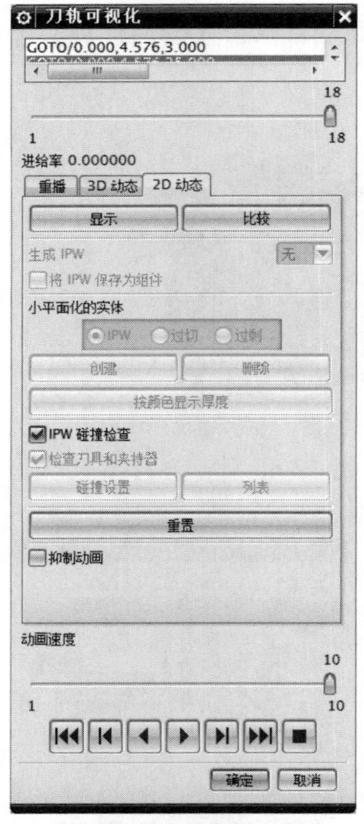

(a)【刀轨可视化】对话框

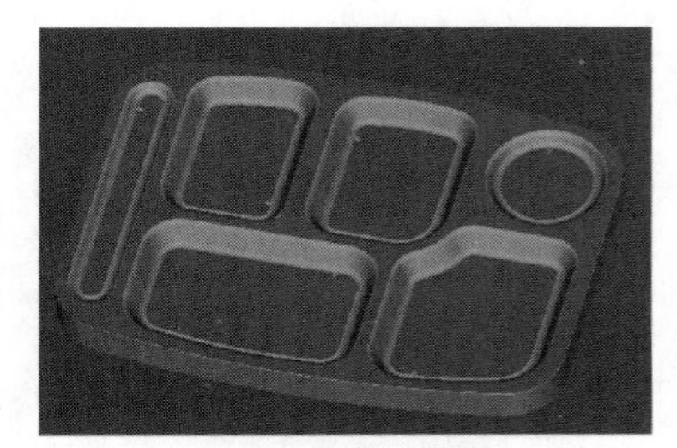

(b) 2D 切削仿真结果

图 12-44 刀轨可视化仿真

12.7　底面壁铣（二）

步骤 01 将视图调至【几何视图】，复制上一道工序【固定轴轮廓铣】，如图 12-45 所示。双击【工序】图标，在弹出的对话框中将工具设置为“T4_D8R2”，如图 12-46 所示。

图 12-45　复制工序

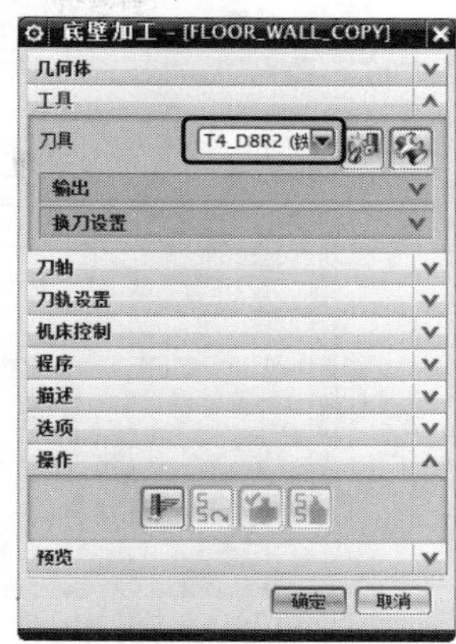

图 12-46　【刀具】设置

步骤 02 单击【几何体】面板中的【指定切削区域】按钮，弹出【切削区域】对话框，将之前选择的对象移除，单击移除按钮，如图 12-47（a）所示，然后选择图（b）所示的面为切削区域，再单击【确定】按钮。

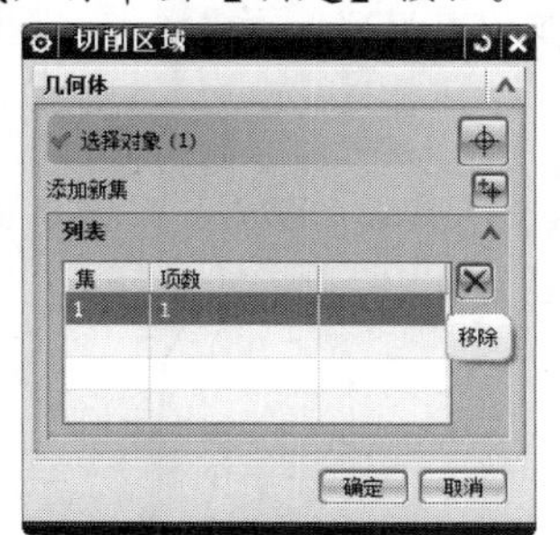

（a）移除对象

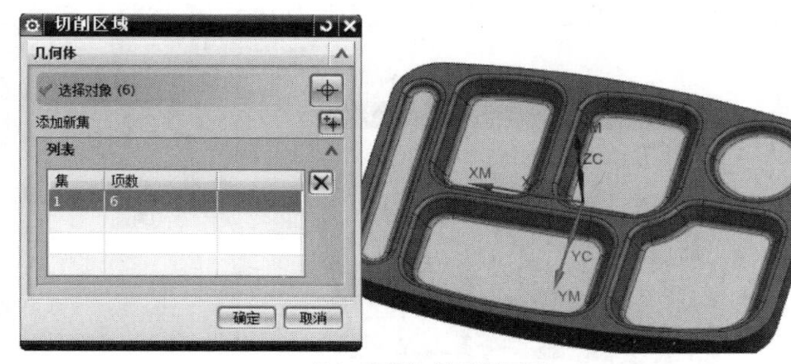

（b）重新选择切削区域

图 12-47　【切削区域】设置

步骤 03 选择【几何体】对话框中的【自动壁】，如图 12-48 所示。

步骤 04 对【底壁加工】对话框下的【刀轨设置】面板按照图 12-49 所示进行参数设置。

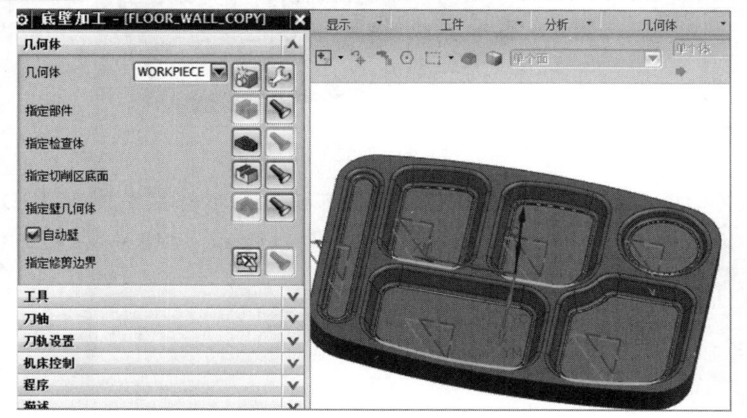

图 12-48　【自动壁】设置

图 12-49　刀轨设置

步骤 05 【非切削参数】对话框参数设置如图 12-50 所示。

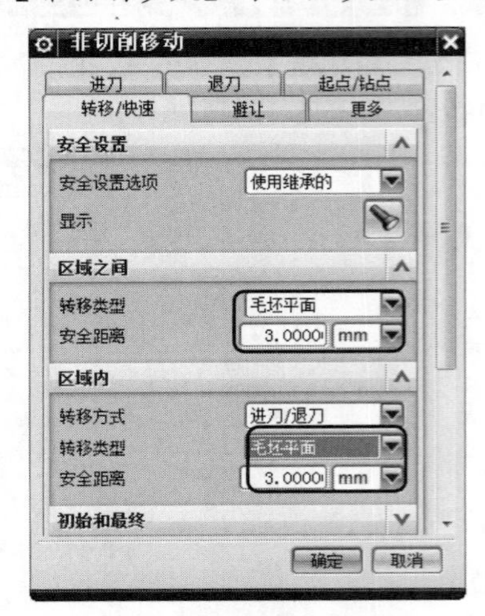

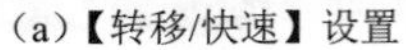
(a)【转移/快速】设置

(b)【起点/钻点】设置

图 12-50 【非切削参数】设置

步骤 06【进给率和速度】对话框参数设置如图 12-51 所示，输入数值后按回车键，单击按钮，再单击【确定】按钮。

步骤 07 在【操作】面板中单击【生成】按钮，系统将自动生成加工刀具路径，效果如图 12-52 所示。

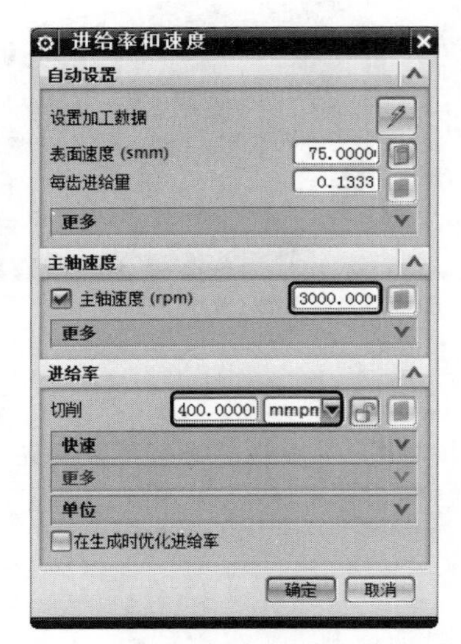

图 12-51 【进给率和速度】参数设置

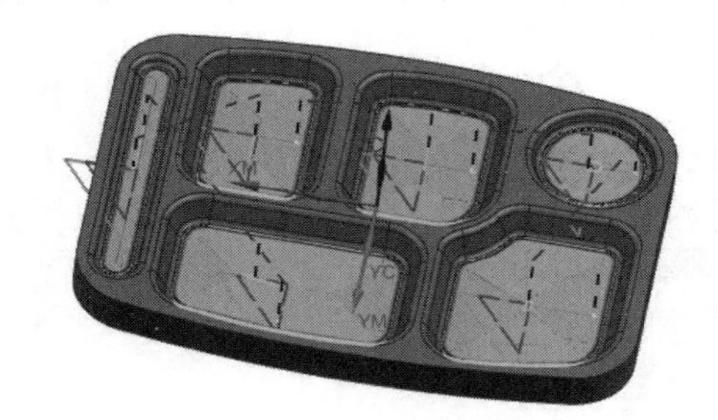

图 12-52 生成刀轨

步骤 08 单击该面板中的【确认刀轨】按钮，在弹出的【刀轨可视化】对话框中展开【2D 动态】选项卡，再单击【播放】按钮，系统将以实体的方式进行切削仿真，效果如图 12-53 所示。

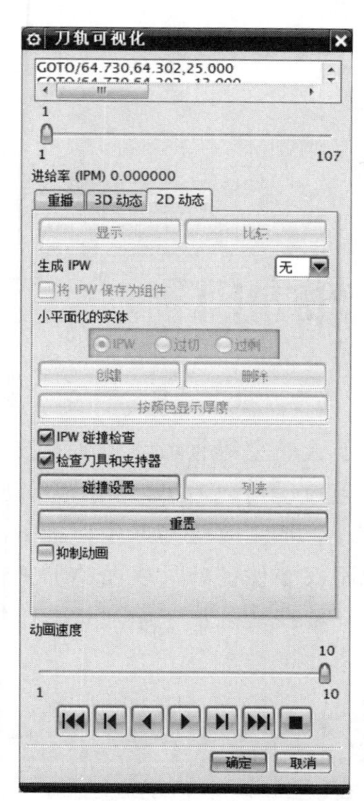

（a）【刀轨可视化】对话框

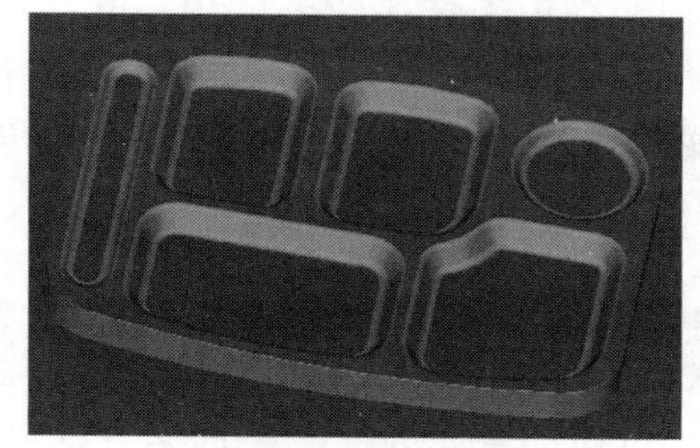

（b）2D 切削仿真结果

图 12-53　刀轨可视化仿真

第 13 章 叶轮五轴加工

整体式叶轮作为动力机械的关键部件，广泛应用于航天航空等领域，其加工技术一直是制造业中的一个重要课题。从整体式叶轮的几何结构和工艺过程可以看出，加工整体式叶轮时加工轨迹规划的约束条件比较多，相邻的叶片之间空间较小，加工时极易产生碰撞干涉，自动生成无干涉加工轨迹比较困难。因此在加工叶轮的过程中不仅要保证叶片表面的加工轨迹能够满足几何准确性的要求，而且由于叶片的厚度有所限制，还要在实际加工中注意轨迹规划以保持加工的质量。

13.1 整体叶轮数控加工工艺流程规划

本实例讲述的是一个叶轮零件的多轴加工操作，在学完本节后，希望能增加读者对多轴加工的认识，进而掌握 UG NX 10.0 中多轴加工的各种方法。在本实例中，需要对整体叶轮的流道、叶片和圆角主要曲面进行加工。打开配套资源中的素材模型，加工效果图如图 13-1 所示。

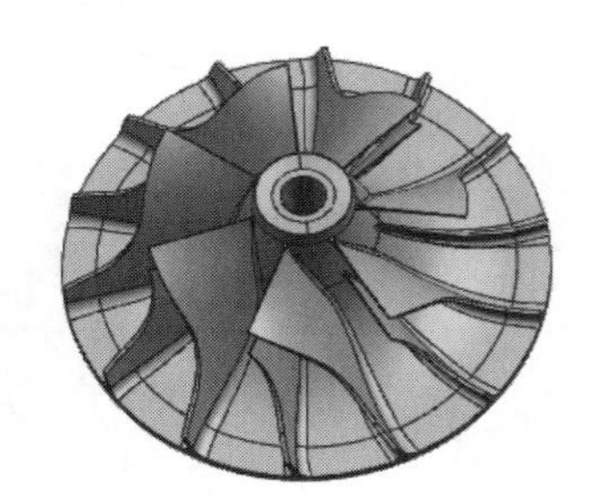

图 13-1　多轴加工模型——叶轮

整体铣削叶轮加工是指毛坯采用锻压件，然后车削成为叶轮回转体的基本形状，在 5 轴数控加工中心上使轮毂与叶片在一个毛坯上一次加工完成，它可以满足压气机叶轮产品的强度要求，曲面误差小，动平衡时去除量较少，因此是较理想的加工方法。5 轴数控加工技术的成熟使这种原来需要手工制造的零件可以通过整体加工制造出来。采用数控加工方法加工整体叶轮的 CAD/CAM 系统加工过程流程图如图 13-2 所示。

叶轮整体加工采用轮毂与叶片在一个毛坯上进行成型加工，而不采用叶片加工成型后焊接在轮毂上的工艺方法。其加工工艺方案如下。

（1）毛坯一般采用锻压件

为了提高整体叶轮的强度，毛坯一般采用锻压件，然后进行基准面的车削加工，加工出叶轮回转体的基本形状。压气机转子的毛坯如图 13-3 所示。

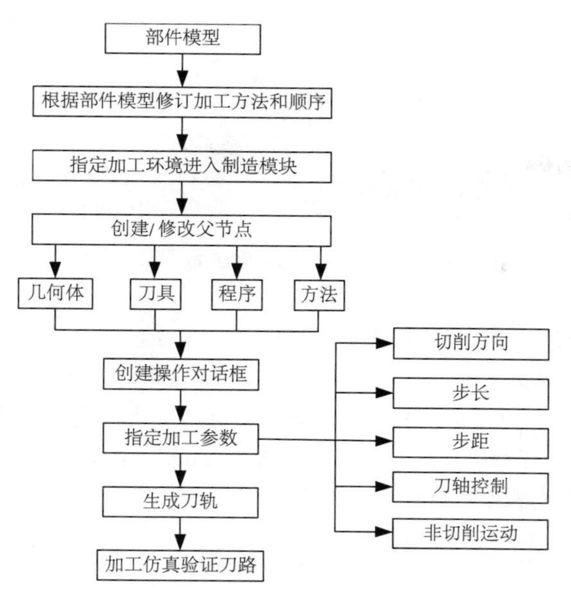

图 13-2 加工过程流程图

（2）叶轮气流通渠通道的开槽加工

开槽加工槽的位置宜选在气流通道的中间位置，采用平底锥柄棒铣刀平行于气流通道走刀，并保证槽底与轮毂表面留有一定的加工余量，如图 13-4 所示。

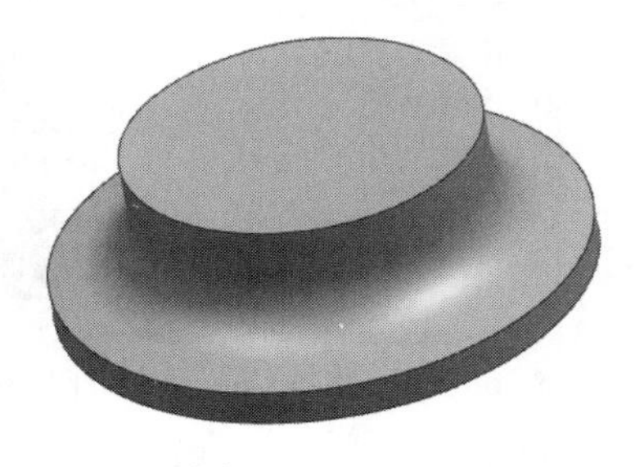

图 13-3 毛坯

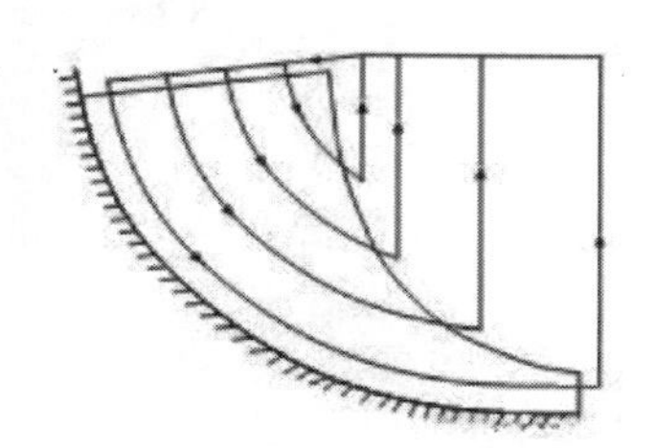

图 13-4 开槽加工

（3）叶轮气流通道的扩槽加工及叶片的粗加工

扩槽加工采用球形锥柄棒铣刀，从开槽位置开始，从中心向外缘往两边叶片扩槽，扩槽加工要保证叶型留有一定的精加工余量。通常情况下，扩槽加工与精铣轮毂表面一次加工完成。由于此叶轮槽道窄、叶片高、扭曲严重，且 UG 数控加工编程需要根据驱动面来决定切削区域，因此扩槽加工需要分两部分来加工。

第一部分：选择驱动面为轮毂面，进行扩槽。此时不能加工到轮毂表面，还需进一步扩槽加工。

第二部分：进一步扩槽及叶片粗加工。选择驱动面为叶片表面的偏置面，在叶片粗加工的同时进一步扩槽。

（4）叶片、轮毂的精加工

在均匀余量下进行的精加工，采用球头铣刀保证良好的表面加工质量，因此要选用刚性较强的刀具以防止产生振纹等不良现象。

以上程序都要经过分度、旋转，加工完成后轮毂或叶片再执行下一个程序，保证应力均匀，减少加工变形误差。

	开始素材	Prt_start\chapter 13\13.1.prt
	结果素材	Prt _result\chapter 13\13.1.prt
	视频位置	Movie\chapter 13\13.avi

13.2 设定父节点组

首先在建模环境下检查模型文件是否有问题，并检查是否已经创建了模型的毛坯，如无问题，可依次进行下面的操作。

步骤 01 在已经启动的UG NX 10.0软件界面环境下，通过导入功能将模型文件导入软件中，效果图如图13-5所示，该模型文件已经包含工件、毛坯、轮毂、护罩等部分。

步骤 02 可选择菜单选项下的【加工】命令进入加工环境，也可通过快捷键【Ctrl+Alt+M】快速进入加工环境，在弹出的【加工环境】对话框中选择【mill_multi_blade】选项并单击【确定】按钮，如图13-6所示。此时操作界面将默认显示加工方法视图。

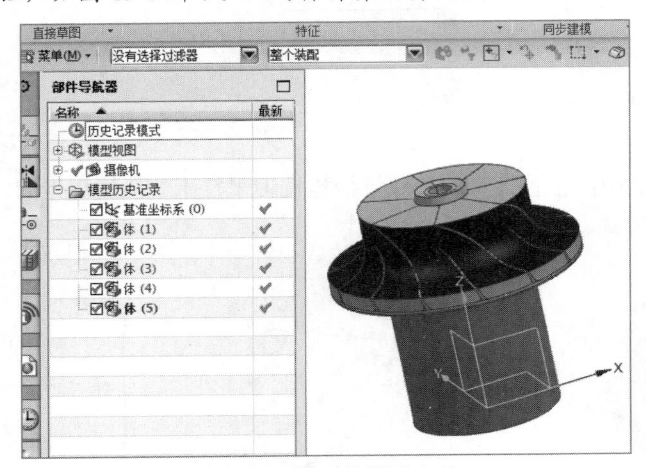

图 13-5 导入的模型文件

图 13-6 选择加工环境

步骤 03 将工序导航器切换至【几何视图】，如图13-7所示。双击 MCS图标，弹出【MCS】设置对话框，此处使用默认的坐标系。将【细节】子选项卡打开，设置【用途】为“主要”，【装夹偏置】为“1mm”，并根据实际情况进行安全设置，此处【安全设置选项】设置为“包容圆柱体”，【安全距离】设置为“12mm”，如图13-8所示。

图 13-7 几何视图

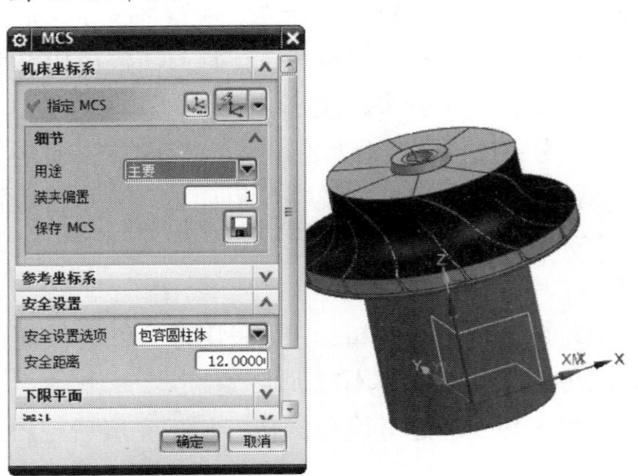

图 13-8 MCS 参数设置

步骤 04 双击 WORKPIECE 图标，将弹出图 13-9 所示的【工件】设置对话框，按照图 13-10 所示的参数对几何体进行设置，具体操作可参考视频。

图 13-9 【工件】设置对话框

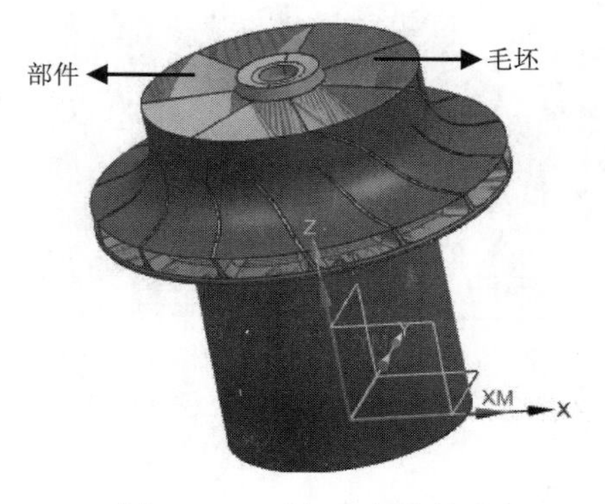

图 13-10 毛坯及部件的选择

步骤 05 双击 MULTI_BLADE_GEOM 图标，将弹出图 13-11 所示的【多叶片几何体】设置对话框，按照图 13-12 所示的参数对几何体进行设置，并设置【叶片总数】为 7。

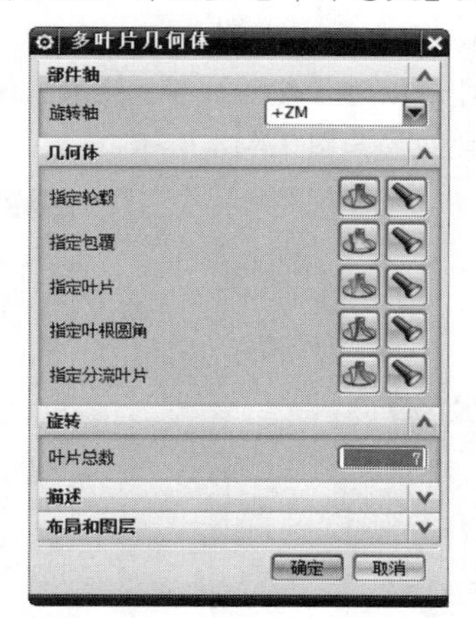

图 13-11 【多叶片几何体】对话框

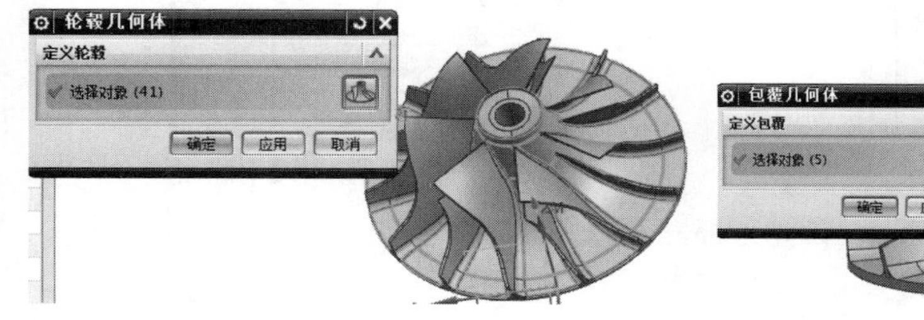

（a）轮毂的选择

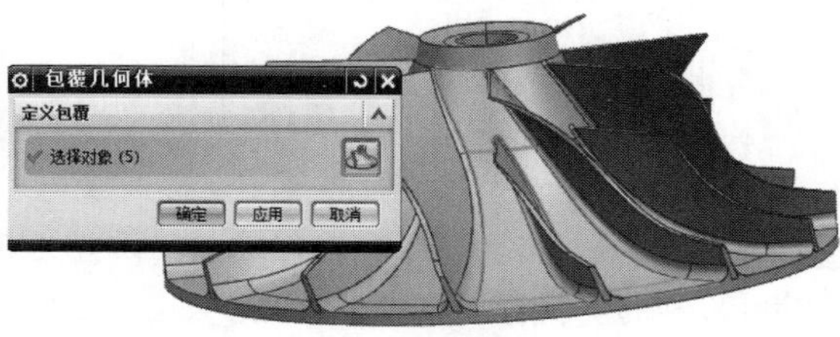

（b）包覆的选择

图 13-12 几何体的选择

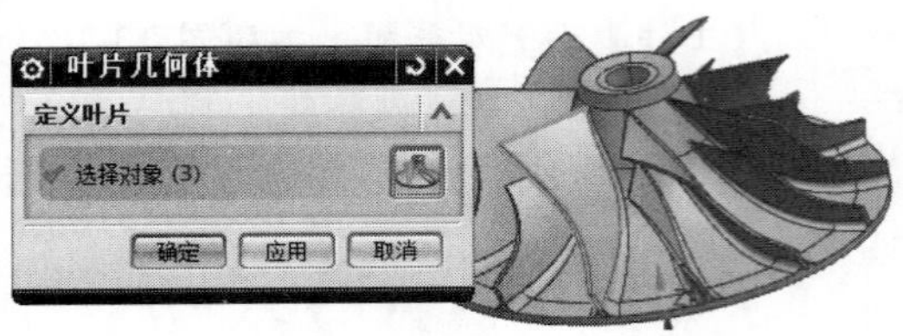

(c) 叶片的选择

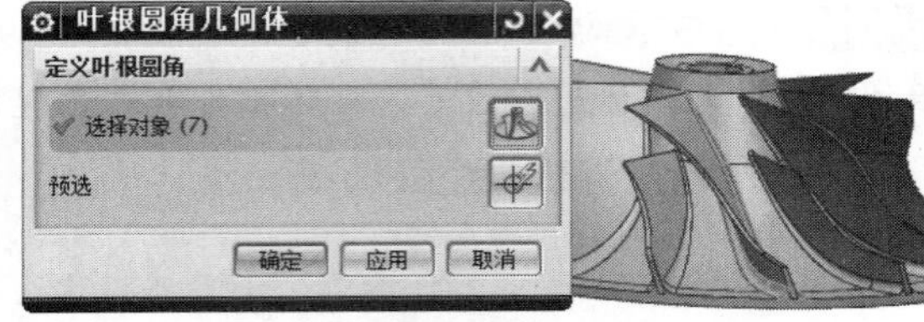

(d) 叶根圆角的选择

(e) 分流叶片的选择

图 13-12 几何体的选择（续）

注 意

这里的叶片数是指大叶片，不包含分流叶片，软件将根据设置的叶片数自动进行叶片的识别以进行编程，否则刀路可能会不准确。

步骤 06 将工序导航器切换至【机床】视图，如图 13-13 所示。单击【主页】下的【创建刀具】图标，在弹出的【创建刀具】对话框的【类型】下拉列表中选择【mill_multi_blade】选项，对它进行重命名，再单击【确定】按钮，如图 13-14 所示。

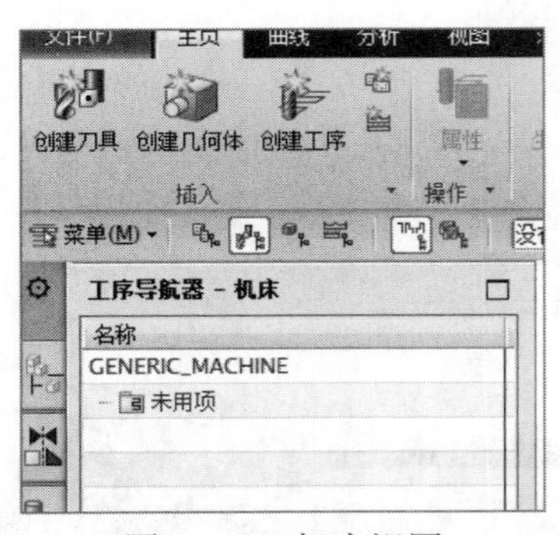

图 13-13 机床视图

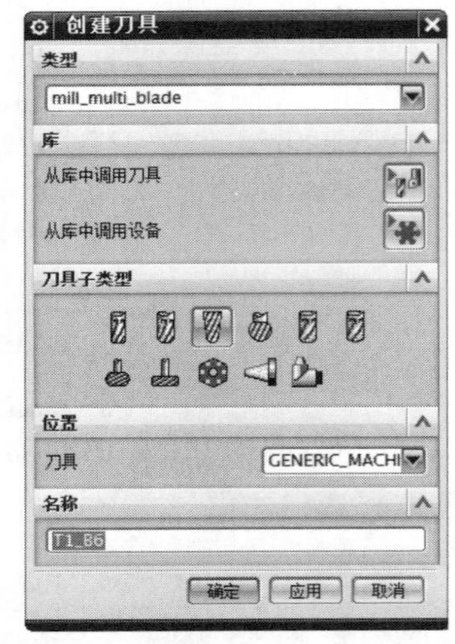

图 13-14 【创建刀具】对话框

步骤 07 创建一把名为 T1_B6，即球直径设置为 6mm 的球头刀，具体参数设置如图 13-15 所示，同时对刀具的夹持器进行参数设置，如图 13-16 所示。

步骤 08 再按照该方法分别创建名为 T2_B4、T3_B3 的两把球头铣刀，并创建刀具夹持器。创建完成的刀具显示如图 13-17 所示。最后保存文件。

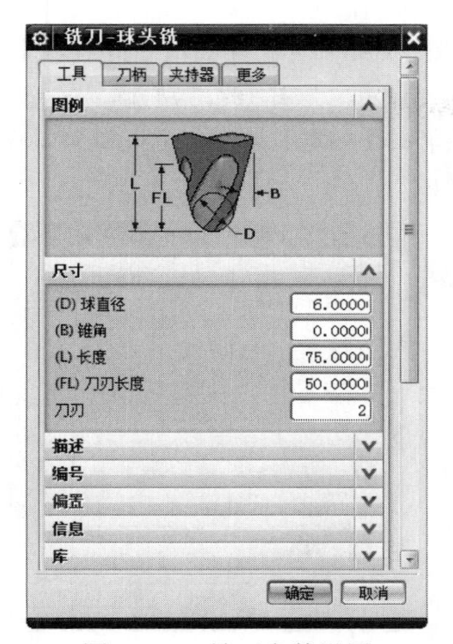

图 13-15　铣刀参数设置

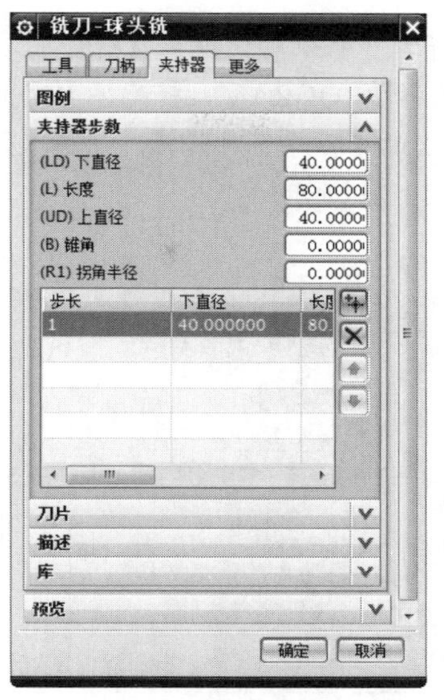

图 13-16　【夹持器】参数设置

步骤 09 将工序导航器切换至【加工方法】视图，如图 13-18 所示。

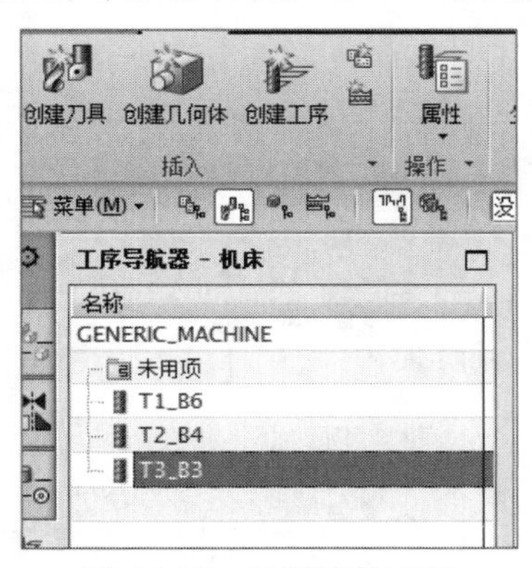

图 13-17　已创建的刀具

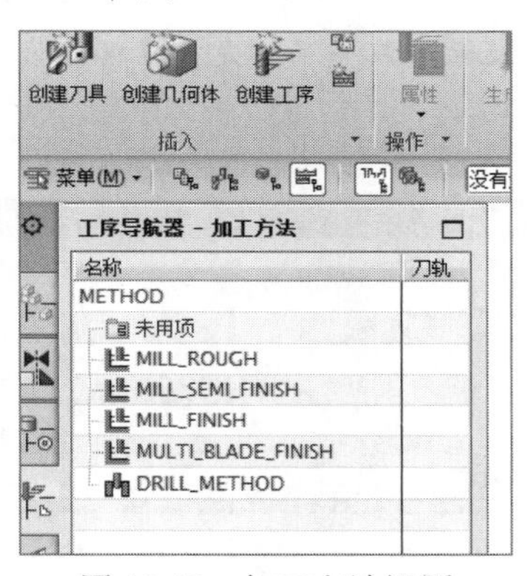

图 13-18　加工方法视图

步骤 10 双击 MILL_ROUGH 图标，对其中的余量、公差等参数进行设置，即部件余量设置为 0.3mm，内公差设置为 0.03mm，外公差设置为 0.12mm，并单击【确定】按钮，如图 13-19 所示。

步骤 11 双击 MILL_FINISH 和 MULTI_BLADE_FINISH 图标，对其中的余量、公差等参数进行设置，即部件余量设置为 0 mm，内公差设置为 0.03mm，外公差设置为 0.03mm，如图 13-20 所示。

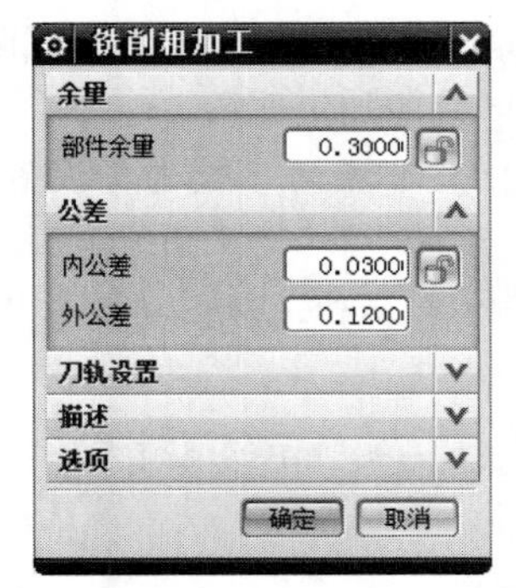

图 13-19　铣削粗加工参数设置

图 13-20　铣削精加工参数设置

步骤 12 将工序导航器切换至【程序顺序】视图，如图 13-21 所示。单击【创建程序】按钮，【程序】选择 PROGRAM，将程序命名为 PROGRAM_rough，如图 13-22 所示，再单击【确定】按钮，弹出的【程序】对话框，保持默认参数，直接单击【确定】按钮，完成粗加工程序组的创建，如图 13-23 所示。

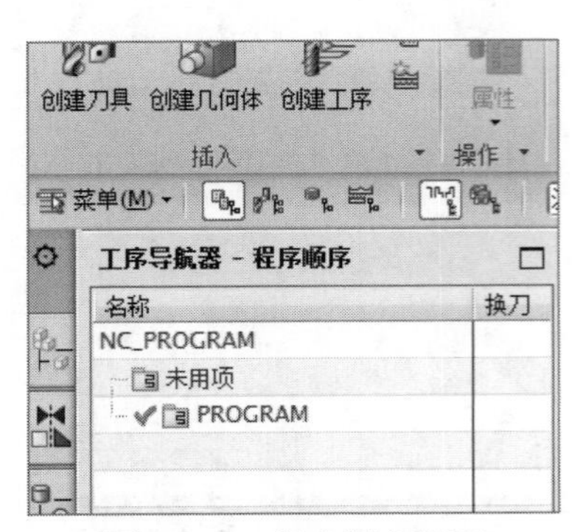

图 13-21 程序顺序视图

图 13-22 【创建程序】对话框

步骤 13 采用同样的方法，创建【PROGRAM_FINISH】程序组，并放在【PROGRAM】程序组下面，创建完成的程序组如图 13-24 所示。

图 13-23 【程序】对话框

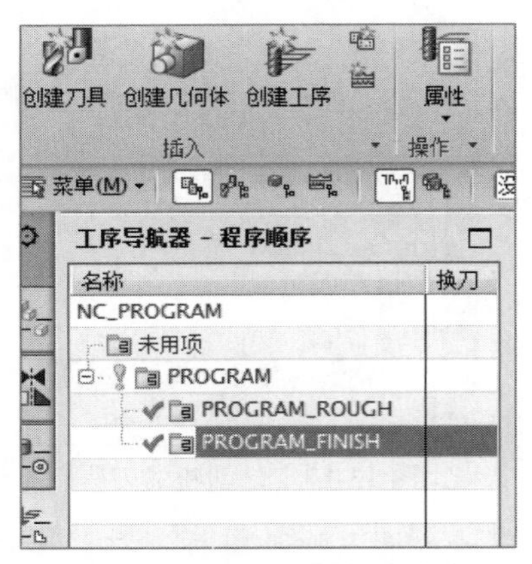

图 13-24 创建完成的程序组

13.3 流道开粗加工

流道是叶轮两相邻叶片之间的区域，因叶片数量较多且型面是自由曲面，故流道在加工过程中往往会产生欠切的现象，并且流道开粗效果的好坏直接影响到叶片的加工质量。

步骤 01 单击【创建工序】按钮，在弹出的对话框中进行相应父节点的参数选择设置，如图 13-25 所示。

步骤 02 将程序命名为【MULTT－BLADE_ROUGH】，单击【确定】按钮，弹出【多叶片粗加工】对话框，如图 13-26 所示。

步骤 03 在【驱动方法】面板中单击【叶片粗加工】按钮，弹出图 13-27 所示的【叶片粗加工驱动方法】对话框，对【前缘】和【后缘】等参数按照实际需求进行设置，本例中使用默认的参数设置，单击【确定】按钮，返回【多叶片粗加工】对话框。

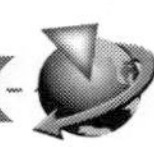

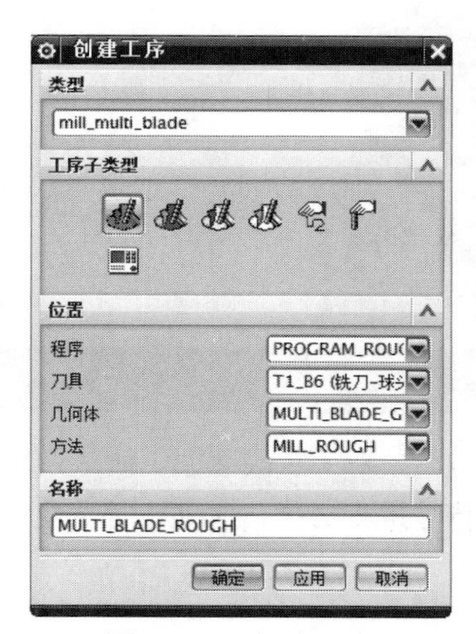

图 13-25　创建工序

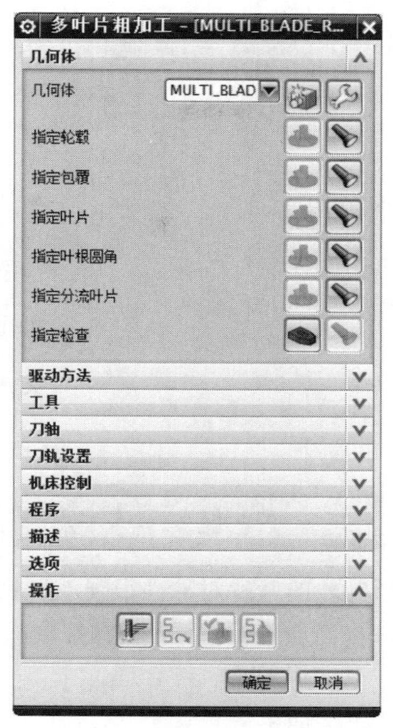

图 13-26　【多叶片粗加工】对话框

步骤 04 对【刀轨设置】面板下的【切削层】参数（深度模式、每刀切削深度、距离、范围深度等）进行设置，如图 13-28 所示。

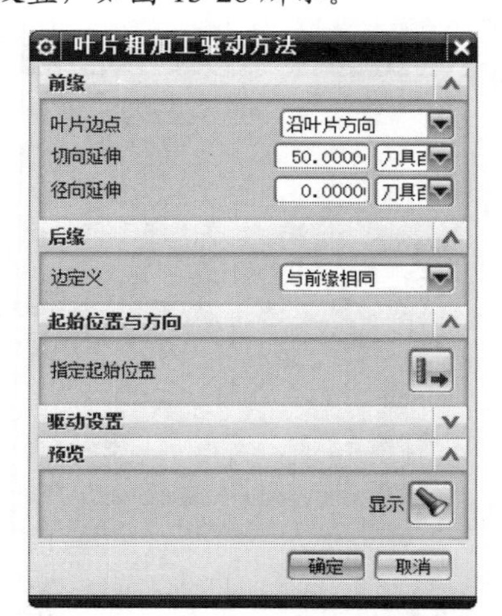

图 13-27　【叶片粗加工驱动方法】对话框

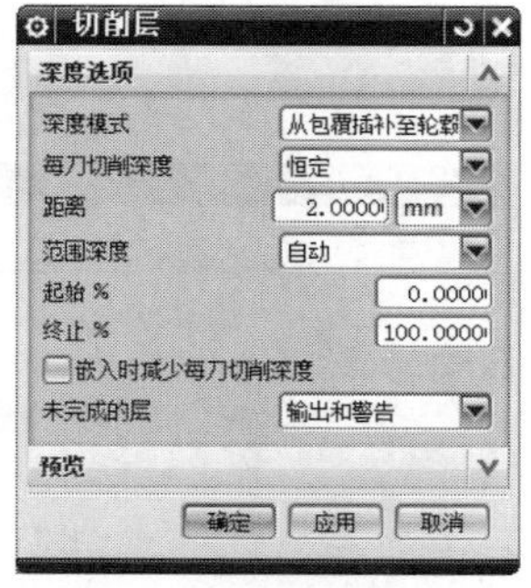

图 13-28　切削层参数设置

步骤 05 对【切削参数】和【非切削移动】对话框中的相应参数根据实际情况进行设置，本处仍采用默认的设置。

步骤 06 设置完成后单击【操作】面板中的【生成】按钮，完成刀具的计算，完成后的刀路如图 13-29 所示。

注　意

由于叶轮刀路计算速度很慢，在可以确定加工参数设置无误后也可以不进行刀路计算，而是通过 UG 自带的“平行生成”进行刀路的后台计算，同时进行其他操作，从而提高加工效率。

图 13-29　叶轮刀路的生产

13.4　叶轮精加工

尽管该叶轮的叶片对称性很强，但是其空间局限性很大，为了在保证加工质量及精度的前提下尽可能地提高加工效率，我们往往会按照零件的几何特征进行分类，再有针对性地进行刀路轨迹的规划，以使得刀路轨迹合理。

1. 叶片精加工

步骤 01 单击【创建工序】按钮，弹出【创建工序】对话框，对相应父节点的参数进行设置，如图 13-30 所示，工序名称为“BLADE_FINISH”，并单击【确定】按钮，进入【叶片精加工】对话框中，如图 13-31 所示。

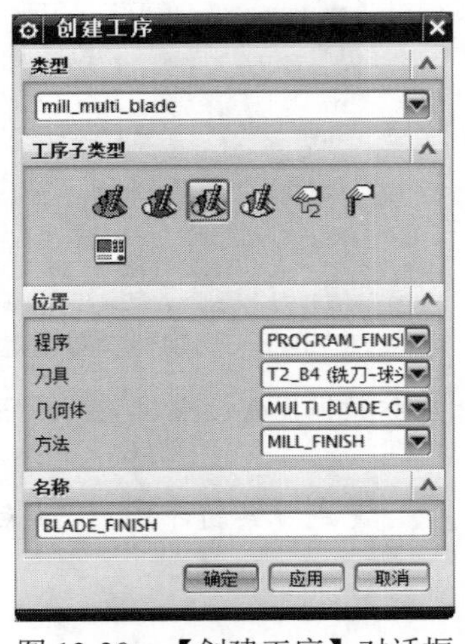

图 13-30　【创建工序】对话框

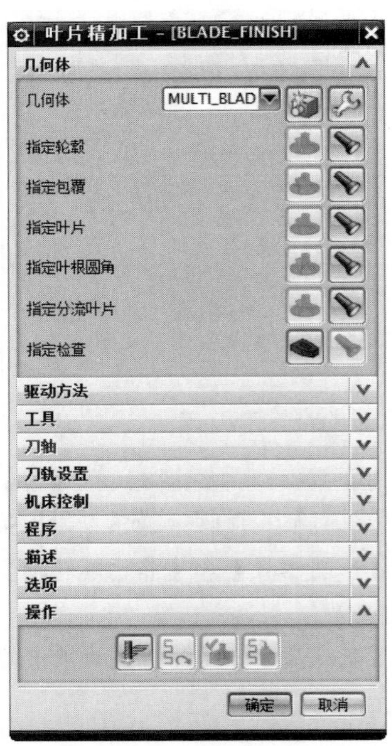

图 13-31　【叶片精加工】对话框

步骤 02 单击【驱动方法】面板中的【叶片精加工】按钮，弹出【叶片精加工驱动方法】对话框，并对其中的参数按照图 13-32 所示进行设置，并单击【确定】按钮。

步骤 03 单击【刀轨设置】面板中的【切削层】按钮，在弹出的【切削层】对话框中进行参数设置，如图 13-33 所示。

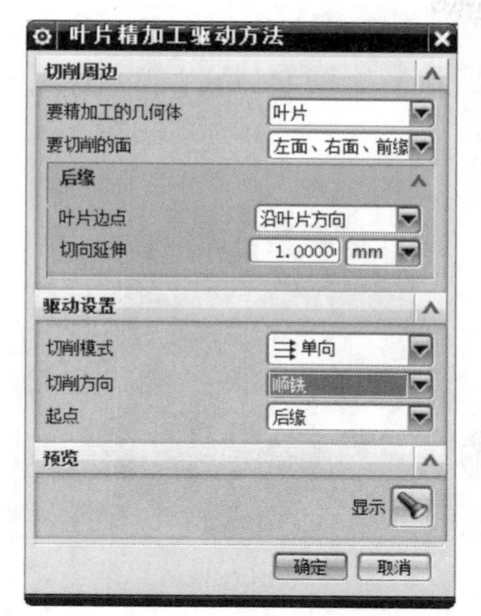

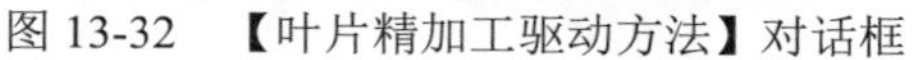
图 13-32　【叶片精加工驱动方法】对话框

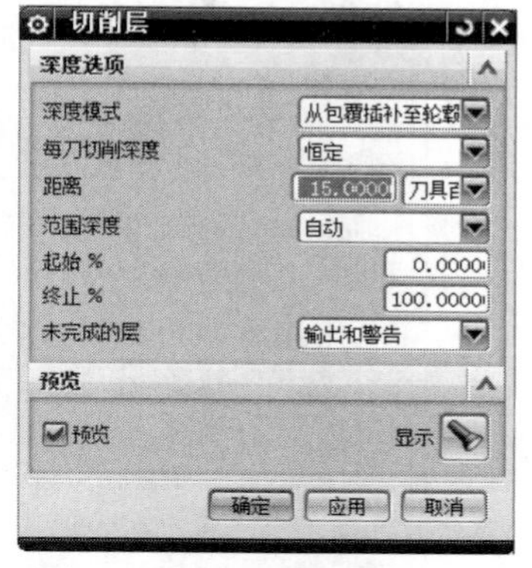

图 13-33　【切削层】对话框

步骤 04 接着对刀轴、切削参数、非切削移动、切削范围等参数按实际需求进行设置，本例在此处使用默认的设置即可。

步骤 05 设置完成后，单击【操作】面板中的【生成】按钮，完成操作，生成的刀路如图 13-34 所示。

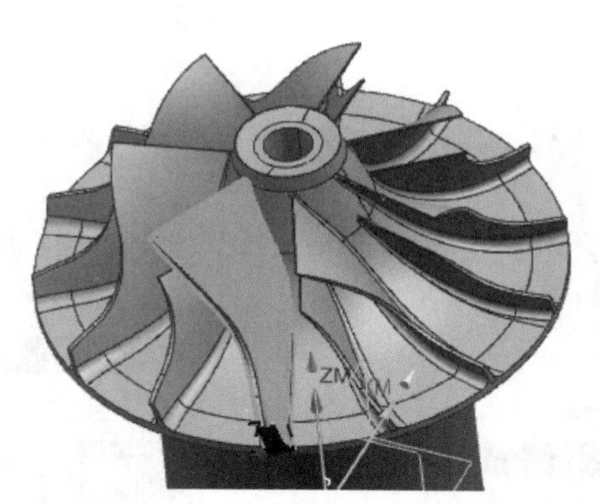

图 13-34　叶片精加工刀路仿真

注　意

叶轮的编程方法多种多样，现在有大批的院校及企业对叶轮加工中的刀路进行优化设计，这里的优化设计主要是对【刀轴】选项进行优化，根据刀轴的摆动方式不同进行算法的优化设计，并有大批的人员基于 UG 的二次开发实现算法编程的自动化。

步骤 06 单击【操作】面板中的【确认】按钮，确认生成的刀路，同时进入【刀轨可视化】对话框中，如图 13-35 所示，可以对生成的刀路进行碰撞检测、轨迹仿真等，以防止发生刀轴转动过大或碰撞等现象。

步骤 07 检测无问题后单击【确定】按钮，并可对生成的刀路进行三维实体切削仿真，可以更真实地对切削加工中的刀路进行查看。

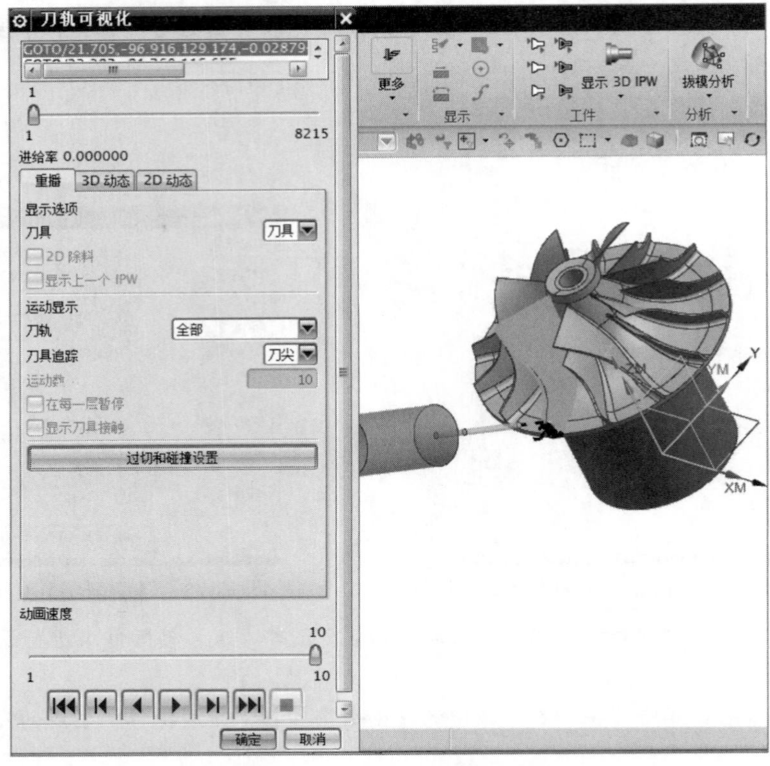

图 13-35 【刀轨可视化】对话框

2. 分流叶片精加工

步骤 01 单击【创建工序】按钮，在弹出的对话框中对相应父节点的参数进行设置，如图 13-36 所示。

步骤 02 重命名为“BLADE_FINISH_1”，并单击【确定】按钮，进入【叶片精加工驱动方法】对话框中，进行参数设置，如图 13-37 所示。

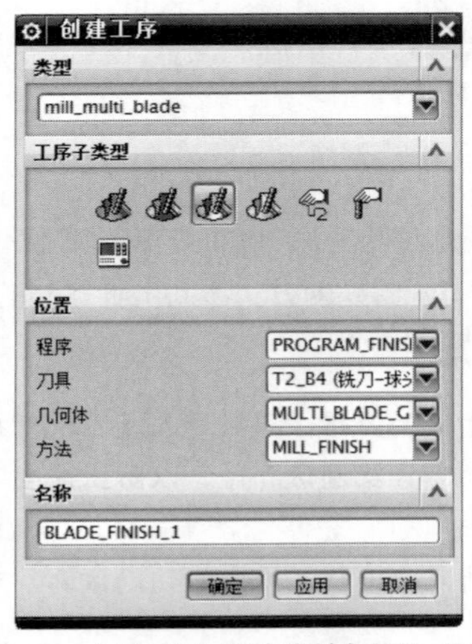

图 13-36 创建“分流叶片精加工”父节点

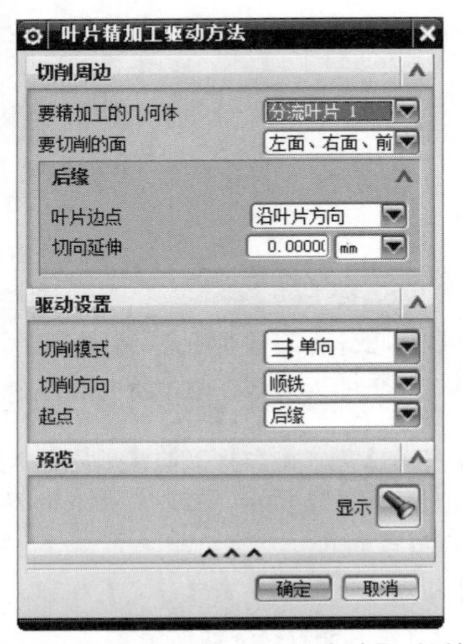

图 13-37 【叶片精加工驱动方法】对话框

步骤 03 接着对刀轴、切削参数、非切削移动、切削范围等参数按照实际需求进行设置，本例在此处使用默认的设置即可。

步骤 04 设置完成后，单击【操作】面板中的【生成】按钮，完成操作，生成的刀路如图 13-38 所示。

步骤 05 单击【操作】面板中的【确认】按钮，确认生成的刀路，同时进入【刀轨可视化】对话框中，可调至【2D 动态】进行动态的仿真及碰撞检测，如图 13-39 所示。

图 13-38　叶片精加工刀路仿真

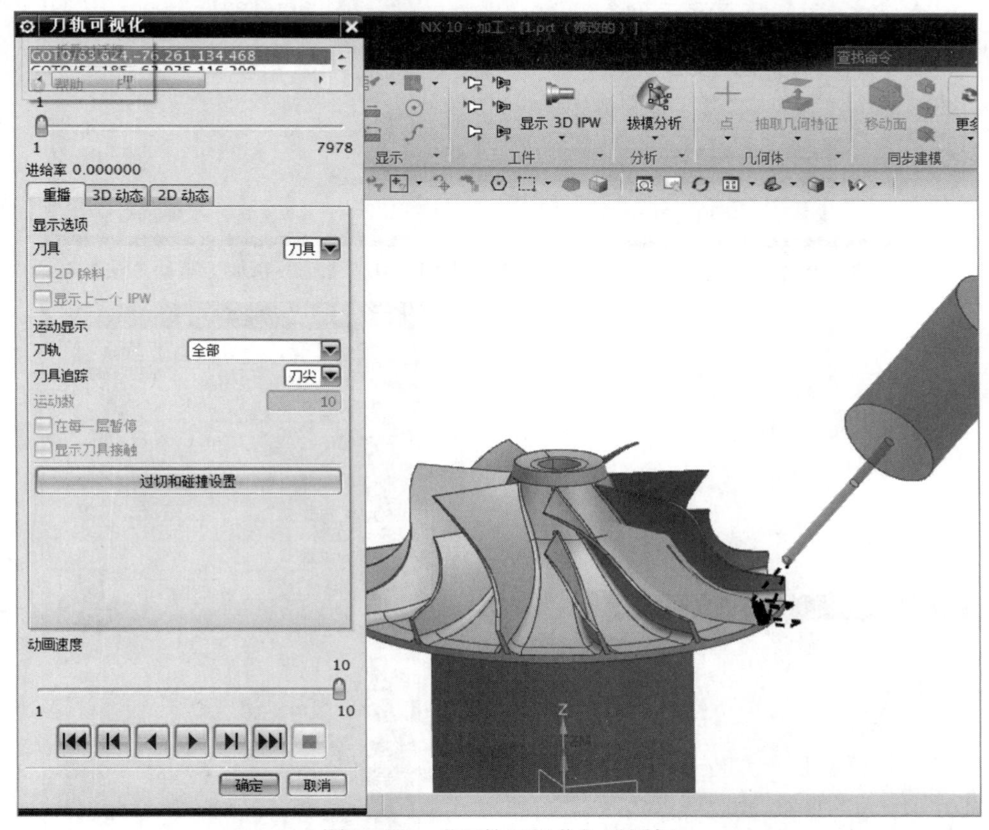

图 13-39　【刀轨可视化】对话框

步骤 06 检测无问题后单击【确定】按钮，并可对生成的刀路进行三维实体切削仿真，可以更真实地对切削加工中的刀路进行查看。

3．叶片流道精加工

步骤 01 单击【创建工序】按钮，在弹出的对话框中对相应父节点的参数进行设置，如图 13-40 所示。

步骤 02 该加工名称为“HUB_FINISH”，并单击【确定】按钮，进入【轮毂精加工驱动方法】对话框中，进行参数设置，如图 13-41 所示。

步骤 03 对【轮毂精加工】对话框中的刀轴、切削参数、进给率、非切削移动等进行参数设置，按实际的加工需求及机床的限制进行设置即可。本例中对【切削参数】对话框中的【刀轴控制】选项卡、【非切削移动】对话框中的【转移/快速】选项卡进行设置，如图 13-42 和图 13-43 所示。

图 13-40　创建“叶片流道精加工”父节点

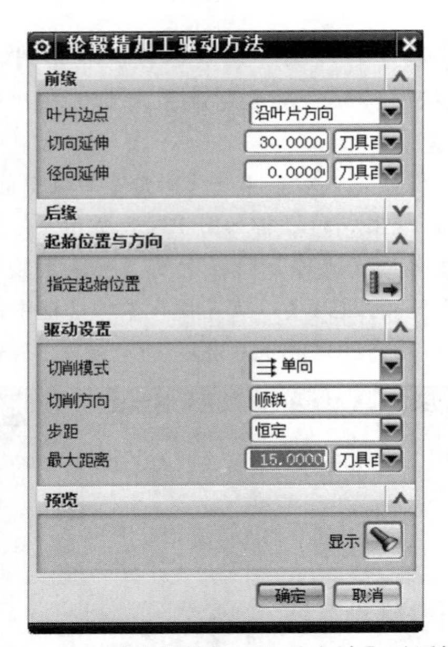

图 13-41　【轮毂精加工驱动方法】对话框

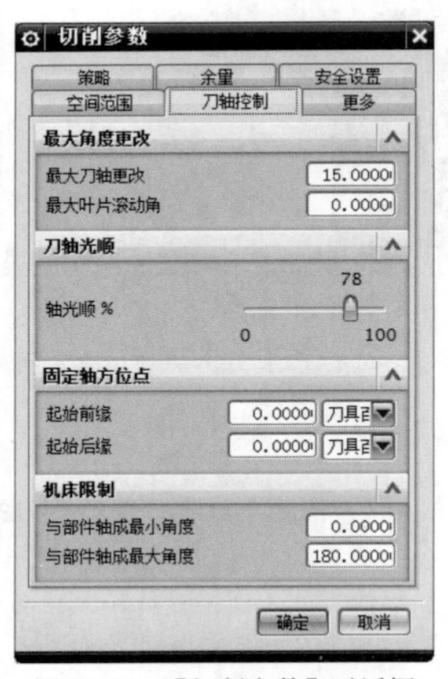

图 13-42　【切削参数】对话框

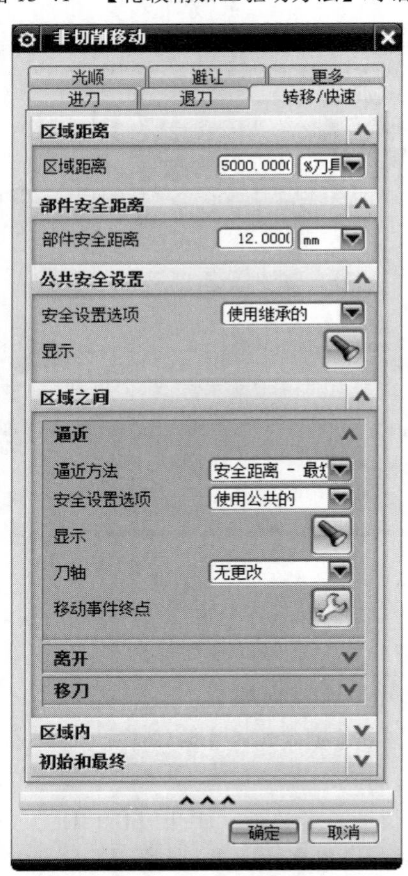

图 13-43　【非切削移动】对话框

步骤 04 按照实际需求对对话框中的其余参数进行设置，本例在此处使用默认的设置即可。

步骤 05 设置完成后，单击【操作】面板中的【生成】按钮，完成操作，生成的刀路如图 13-44 所示。

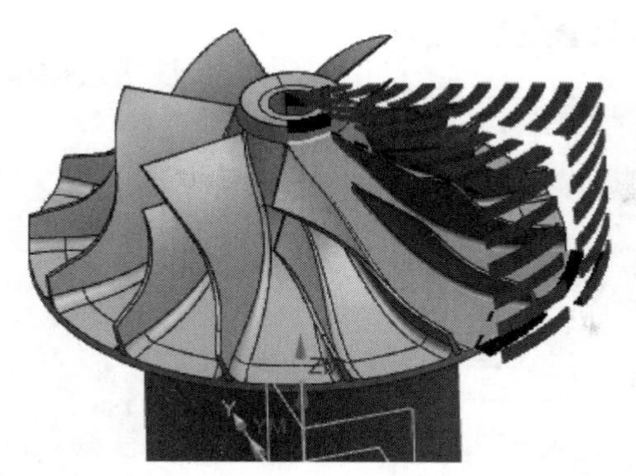

图 13-44　流道精加工刀路

4．叶片倒角部分清根

步骤 01 单击【创建工序】按钮，在弹出的对话框中对相应父节点的参数进行设置，如图 13-45 所示。

步骤 02 将该加工命名为 “BLEND_FINISH” ，并单击【确定】按钮，进入图 13-46 所示的【圆角精加工】对话框中。

图 13-45　创建【圆角精加工】工序

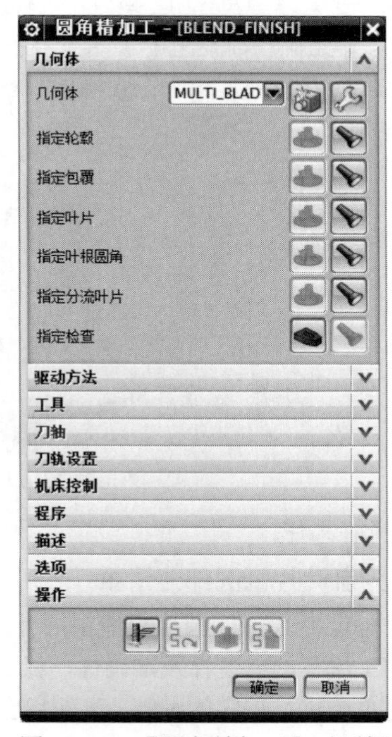

图 13-46　【圆角精加工】对话框

步骤 03 单击【圆角精加工】按钮，在弹出的【圆角精加工驱动方法】对话框中进行参数设置，如图 13-47 所示。

步骤 04 对【刀轨设置】面板中的【切削参数】选项进行图 13-48 所示的参数设置。

注　意

叶轮在加工的时候有时会出现刀轴摆角的瞬时突变，出现这种情况的原因就是【最大角度更改】选项设置得不合理，更改刀轴角度即可避免该情况的发生。

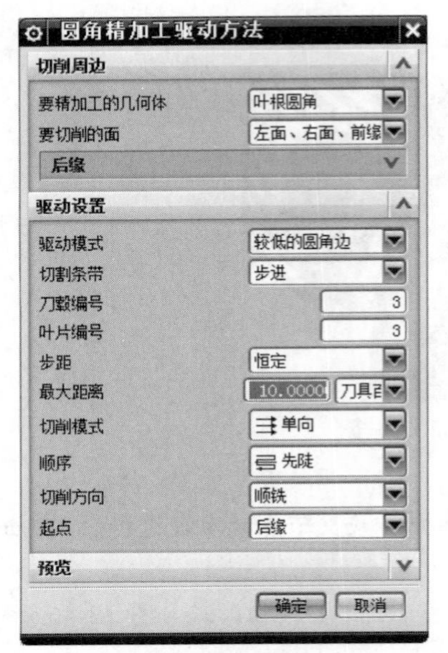

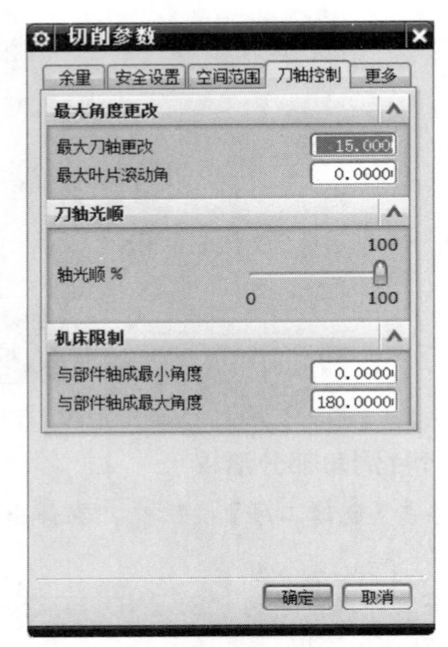

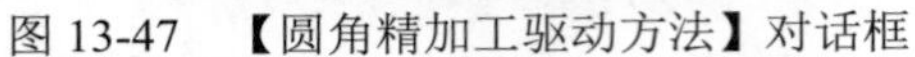
图 13-47 【圆角精加工驱动方法】对话框

图 13-48 【切削参数】对话框

步骤 05 设置其他切削加工需要的参数，设置完成后，单击【操作】面板中的【生成】按钮，完成操作，生成的刀路如图 13-49 所示。单击【确定】按钮，完成叶片倒角部分精加工。

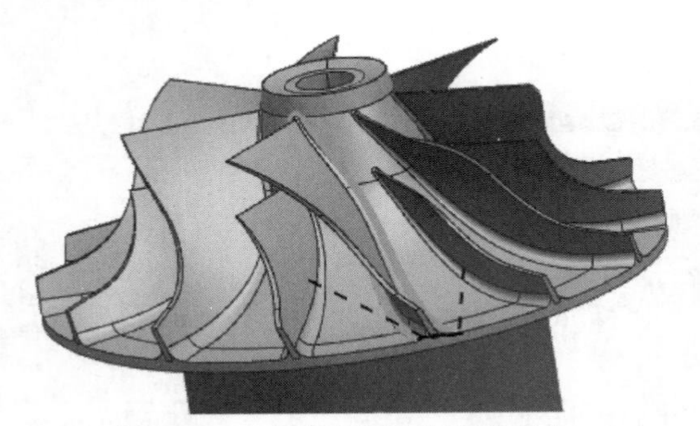

图 13-49 叶片倒角部分清根刀路

步骤 06 保存文件。

5. 分流叶片倒圆部分清根

由于分流叶片的倒圆部分清根同叶片的倒角部分清根所使用的加工策略及加工参数基本相同，为加工编程的方便性及准确性，我们直接复制叶片倒角部分清根的程序，并做适当的更改，而不是再重新进行程序的编制。下面将应用程序的复制、更改方法来进行分流叶片倒圆部分清根的操作。

步骤 01 将视图调至【程序顺序】视图，如图 13-50 所示，右击名为“BLEND_FINISH”的操作，在弹出的快捷菜单中选择【复制】命令。

步骤 02 右击名为“BLEND_FINISH”的操作，在弹出的快捷菜单中选择【粘贴】命令，此时工序导航器中将出现一个如图 13-51 所示的名为“BLEND_FINISH_COPY”的操作，我们可以将它进行重命名操作，以防止弄混并便于记忆，此处将其重命名为“BLEND_FINISH_FL”。

步骤 03 双击名为“BLEND_FINISH_FL”的操作，将进入【圆角精加工驱动方法】对话框中，进行参数更改，然后单击【确定】按钮，如图 13-52 所示。

图 13-50　复制程序

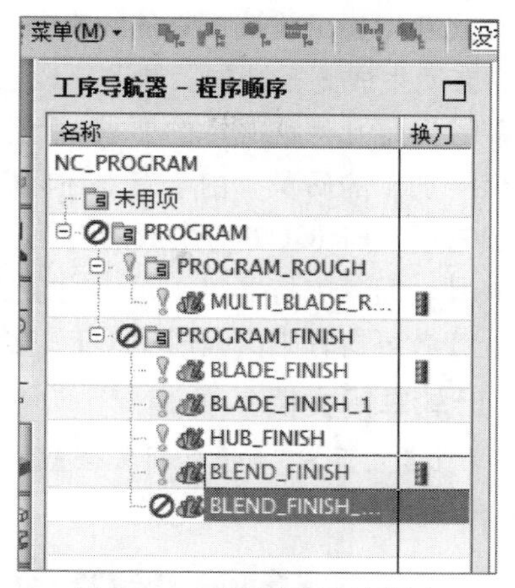

图 13-51　复制粘贴的程序

步骤 04 其他参数暂不需要更改，如有实际需求可自行更改。单击【操作】面板中的【生成】按钮，完成操作，生成的刀路如图 13-53 所示。单击【确定】按钮，完成分流叶片倒圆部分精加工。

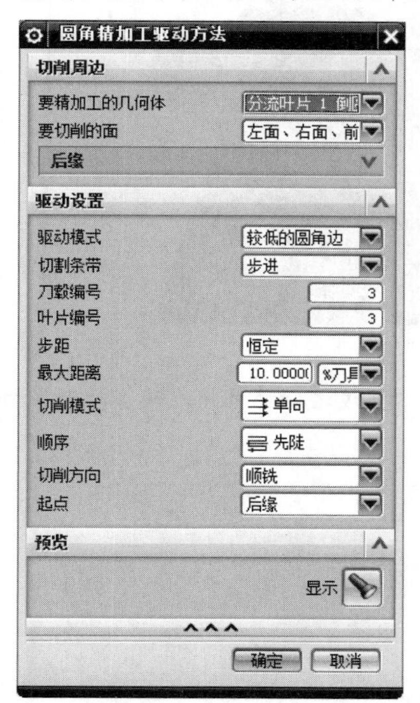

图 13-52　【圆角精加工驱动方法】设置

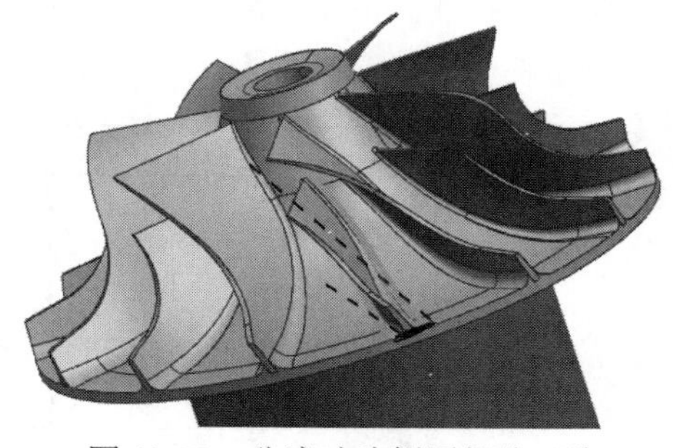

图 13-53　分流叶片倒圆部分刀路

步骤 05 保存文件。

13.5　叶片刀轨确认、后处理、车间文档

对于编程要求来说，到此就已经完成了整体叶轮的数控加工编程。但为了确认编制的刀路轨迹是否存在不合理的地方，我们要对已编制的刀路轨迹进行仿真查看，对不合理的地方进行适当修改。当查看没有问题之后，即可进行刀轨确认、后处理及车间文档的生成。

1. 叶片刀轨确认

整体式叶轮加工轨迹规划的约束条件比较多，相邻的叶片之间空间较小，加工时极易产生碰撞干涉，自动生成无干涉加工轨迹比较困难。因此在加工叶轮的过程中不仅要保证叶片表面的加工轨迹能够满足几何准确性的要求，而且由于叶片的厚度有所限制，还要在实际加工中注意轨迹规划以保持加工的质量。由于有上述问题的存在，在叶轮编程之后一定要进行刀路的仿真分析。

一般常用 VERICUT 对生成的刀路文件进行分析，仿真分析是在待加工机床上进行的，并且包含了夹具、刀具夹持器等，可以完全仿真出实际加工中可能出现的问题。

此处读者可自行查阅 VERICUT 书籍对该例进行仿真分析。

2. 叶轮车间文档

步骤 01 单击【主页】下的【车间文档】按钮，在弹出的【车间文档】对话框中设置参数，如图 13-54 所示。

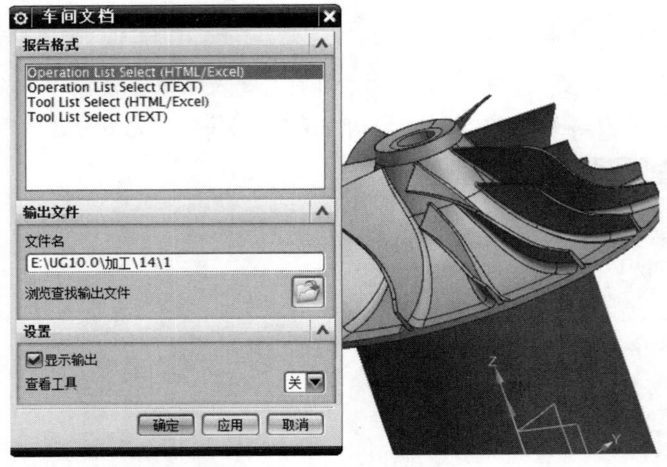

图 13-54 参数设置

步骤 02 单击【应用】按钮，系统自动生成车间文档，生成之后将自动以网页的形式打开，如图 13-55 所示。

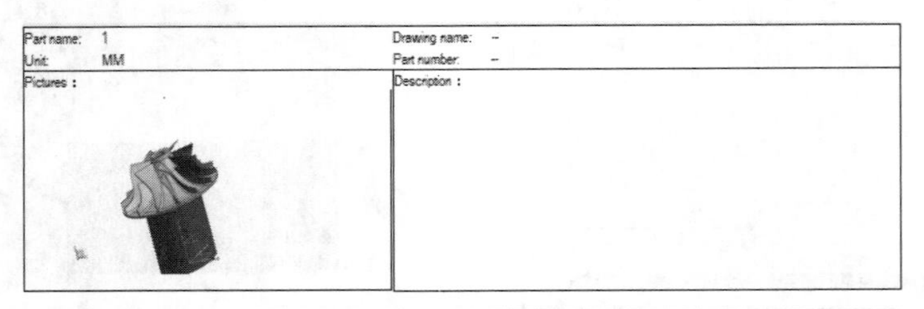

Part name: 1　　Drawing name: –

Unit: MM　　Part number: –

Pictures :　　Description :

Index	Operation Name	Type	Program	Machine Mode	Tool Name	Tool Path Time in Minutes	Path Image
1	MULTI_BLADE_ROUGH	Variable-axis Surface Contouring	PROGRAM_ROUGH	MILL	T1_B6	211.94	
2	BLADE_FINISH	Variable-axis Surface Contouring	PROGRAM_FINISH	MILL	T2_B4	46.07	
3	BLADE_FINISH_1	Variable-axis Surface Contouring	PROGRAM_FINISH	MILL	T2_B4	40.85	
4	HUB_FINISH	Variable-axis Surface Contouring	PROGRAM_FINISH	MILL	T2_B4	38.64	

图 13-55 车间文档

3. 叶轮后处理

步骤 01 单击【主页】下的【后处理】按钮，并在弹出的【后处理】对话框中选择“MILL_5_AXIS_SINUMERIK_MM”后处理器，如图 13-56 所示。

图 13-56　选择后处理器

步骤 02 单击【确定】按钮，系统将自动对选中的操作进行后处理，处理之后将自动打开.txt 格式的可加工代码，如图 13-57 所示。

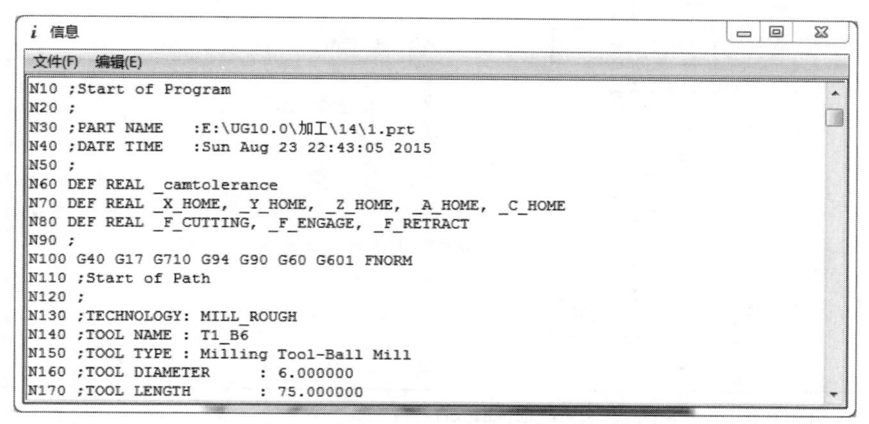

图 13-57　可加工代码

第 14 章 鞋跟凸模加工

14.1 加工工艺规划

下面以鞋跟凸模加工为例，来介绍多工序铣削的加工方法，粗加工，大量地去除毛坯材料；精加工，把毛坯件加工成目标件的最后步骤，也是关键的一步，其加工结果直接影响模具的加工质量和精度。该零件的模型如图 14-1 所示，其加工工艺路线如图 14-2 所示。

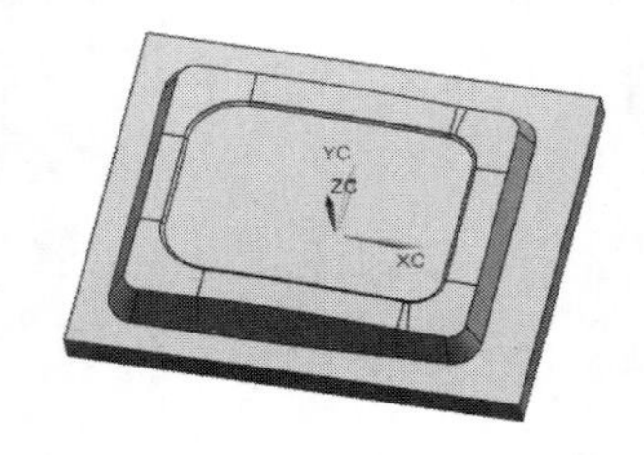

图 14-1 鞋跟凸模模型

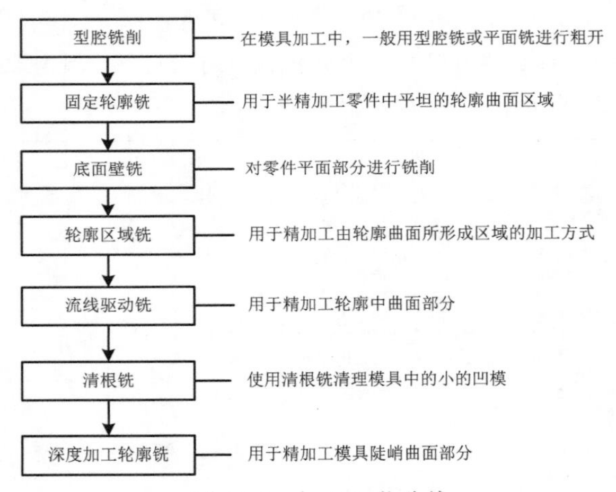

图 14-2 加工工艺路线

	开始素材	Prt_start\chapter14\ 14.1.prt
	结果素材	Prt _result\chapter14\ 14.1.prt
	视频位置	Movie\chapter 14\ 14.1.avi

14.2 设定父节点组

步骤 01 启动 UG NX 10.0 软件，单击【打开文件】按钮，在弹出的对话框中选择本书配套资源文件 14.1prt，单击【确定】按钮打开该文件。

步骤 02 依次选择【文件】|【应用模块】|【加工】命令，进入加工环境，或者通过快捷键

【Ctrl+Alt+M】快速进入加工环境。

步骤 03 在弹出的【加工环境】对话框中选择铣削加工，单击【确定】按钮进入铣削加工环境，如图 14-3 所示。

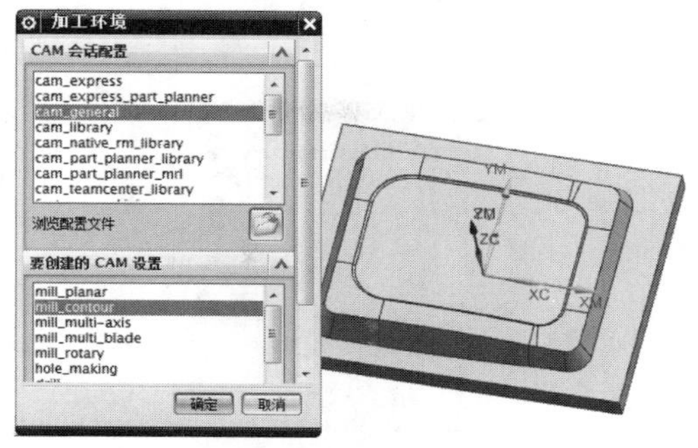

图 14-3　【加工环境】

步骤 04 将视图调至【几何视图】，双击工序导航器中的坐标系设置按钮，弹出图 14-4 所示的坐标系设置对话框，输入安全距离 10mm，然后单击【CSYS】按钮，弹出【CSYS】对话框，单击【操作器】按钮，弹出【点】对话框，在【Z】文本框中输入“30mm”，单击【确定】按钮。

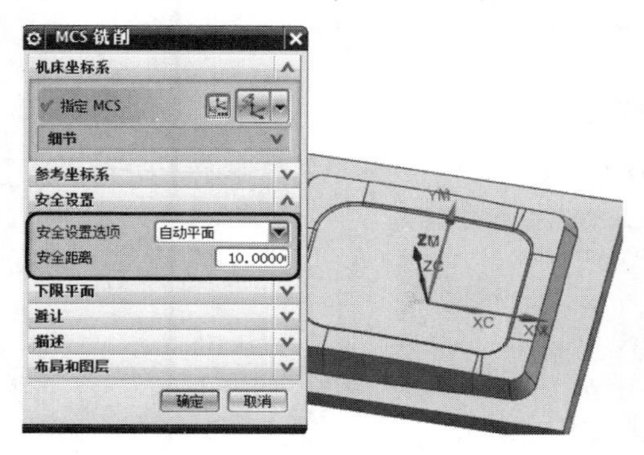

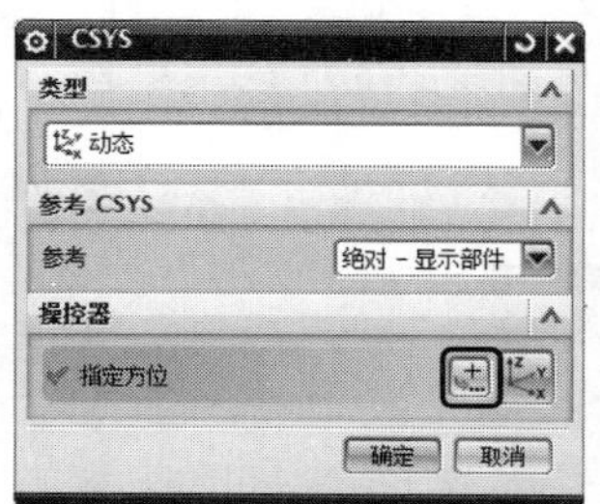

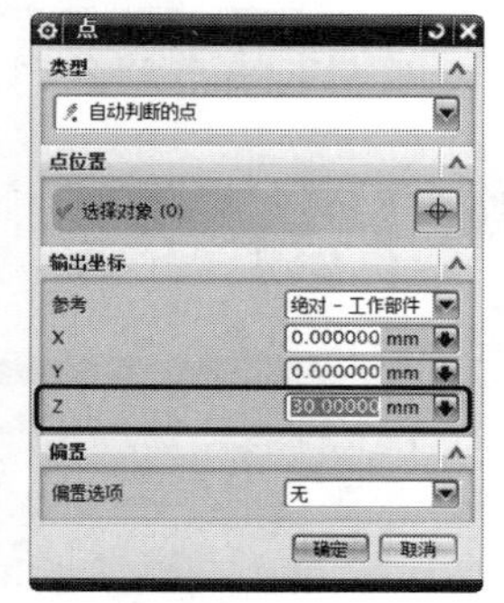

图 14-4　坐标系设置

步骤 05 双击工序导航器下的 WORKPIECE 图标，然后在图 14-5 所示的对话框中单击【指定部件】按钮，并在新弹出的对话框中选择图 14-6 所示的模型为几何体。

图 14-5　【工件】对话框

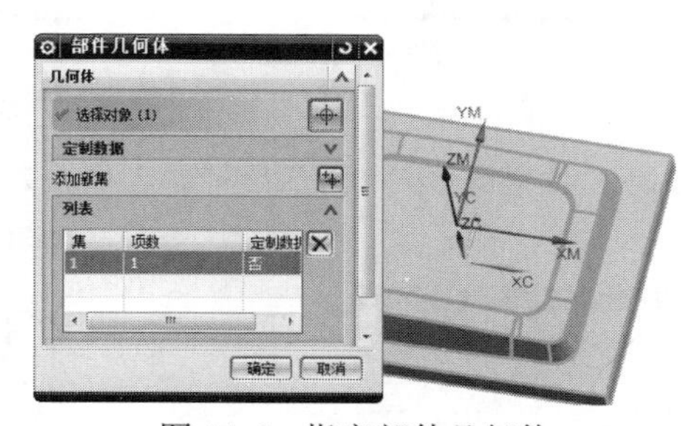

图 14-6　指定部件几何体

步骤 06 选择部件几何体后返回【工件】对话框。此时单击【指定毛坯】按钮，在弹出的对话框【类型】下拉列表框中选择【包容块】选项，此处在【ZM+】文本框中输入值为“8.0000”，单击【确定】按钮，如图 14-7 所示。

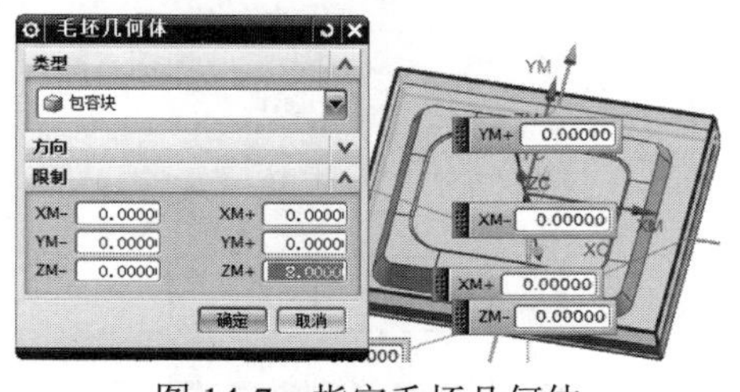

图 14-7　指定毛坯几何体

步骤 07 在【导航器】工具栏中单击【机床视图】按钮，切换导航器中的视图模式。然后在【创建】工具栏中单击【创建刀具】按钮，弹出【创建刀具】对话框，在【类型】下拉列表框中选择【mill_contour】选项。按照图 14-8 所示的步骤新建名称为 T1_D16R1 的端铣刀，并按照实际设置刀具参数。

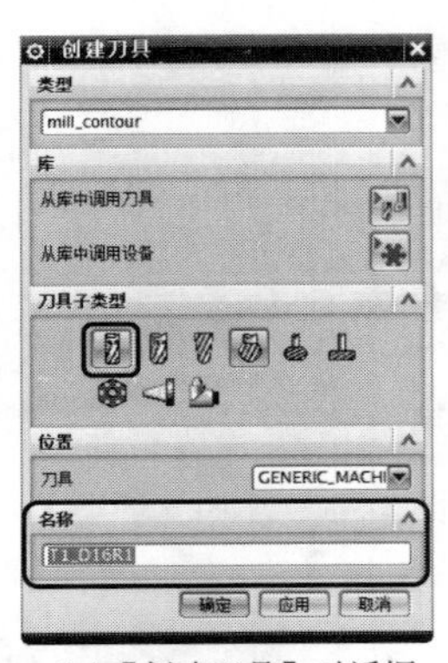

(a)【创建刀具】对话框

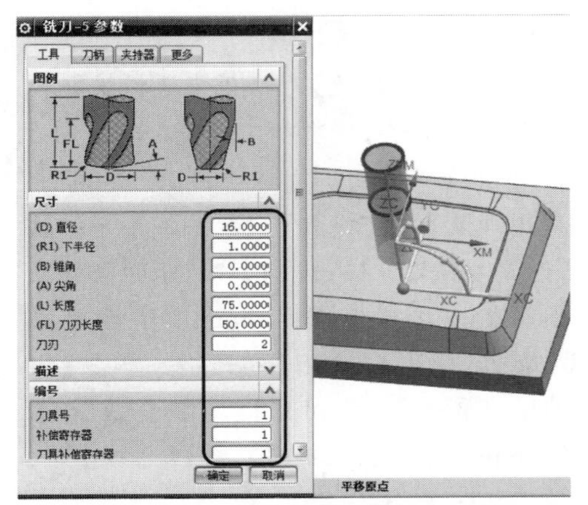

(b)参数设置对话框

图 14-8　创建 T1_ D16R1 的端铣刀

步骤 08 同上步，按照图 14-9 所示的新建名称为 T2_B10 的球头刀，并按照实际设置刀具参数。

(a)【创建刀具】对话框

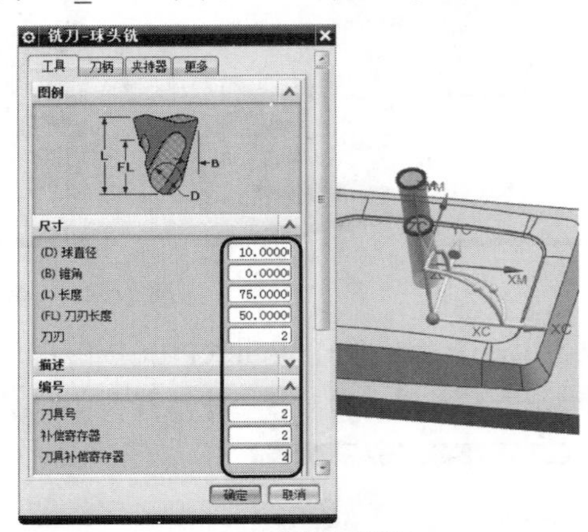

(b)参数设置对话框

图 14-9　创建 T2_B10 的球头刀

步骤 09 同上步，按照图 14-10 所示的新建名称为 T3_D8 的端铣刀，并按照实际设置刀具参数。

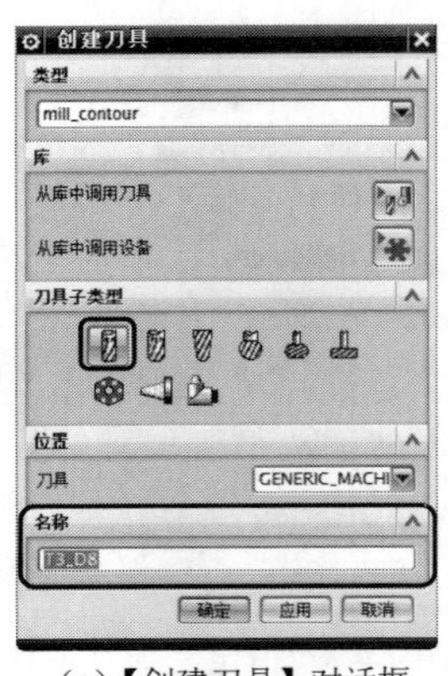

(a)【创建刀具】对话框

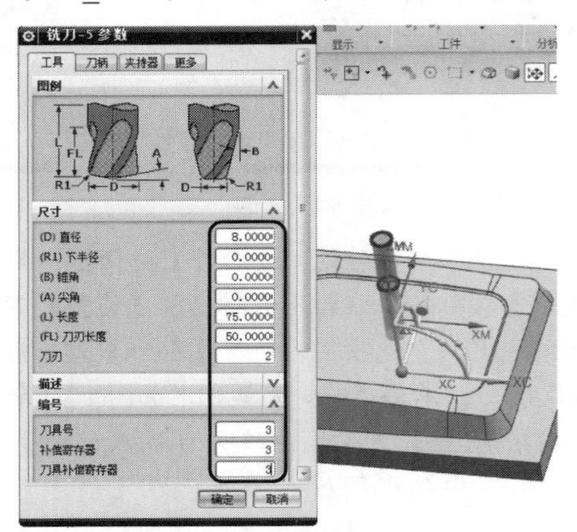

(b)参数设置对话框

图 14-10　创建 T3_D8 的端铣刀

步骤 10 同上步，按照图 14-11 所示的新建名称为 T4_B8 的球头刀，并按照实际设置刀具参数。

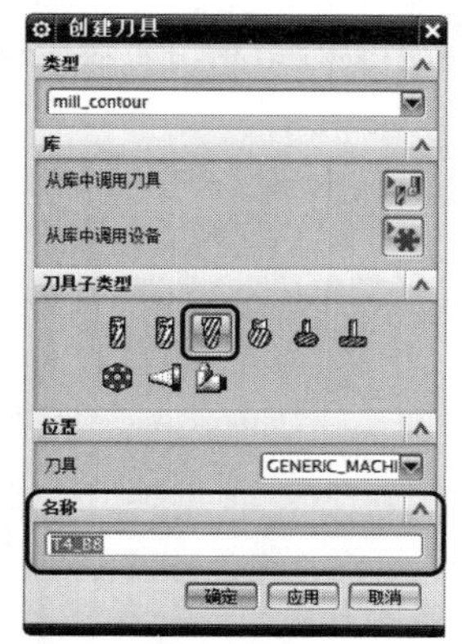

(a)【创建刀具】对话框

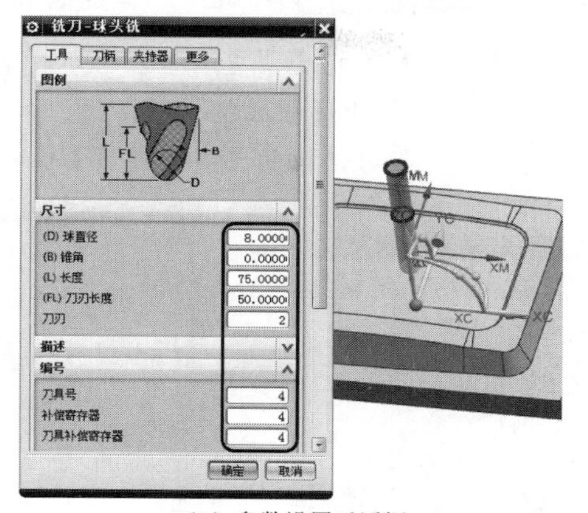

(b) 参数设置对话框

图 14-11　创建 T4_B8 的球头刀

步骤 11 同上步，按照图 14-12 所示的新建名称为 T5_D8R2 的平面铣刀，并按照实际设置刀具参数。

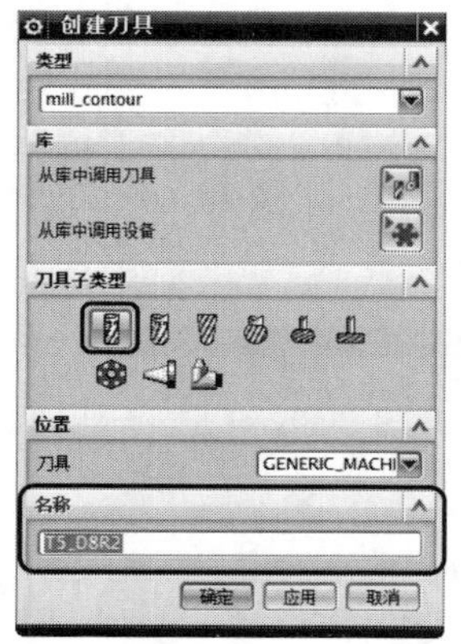

(a)【创建刀具】对话框

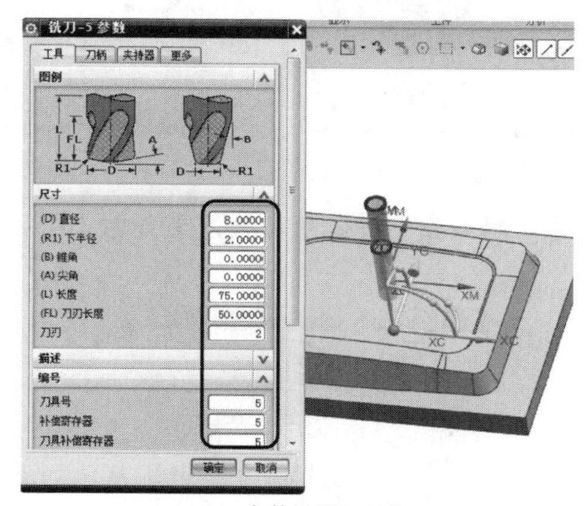

(b) 参数设置对话框

图 14-12　创建 T5_D8R2 的端铣刀

步骤 12 同上步，按照图 14-13 所示的新建名称为 T6_B2 的球头刀，并按照实际设置刀具参数。

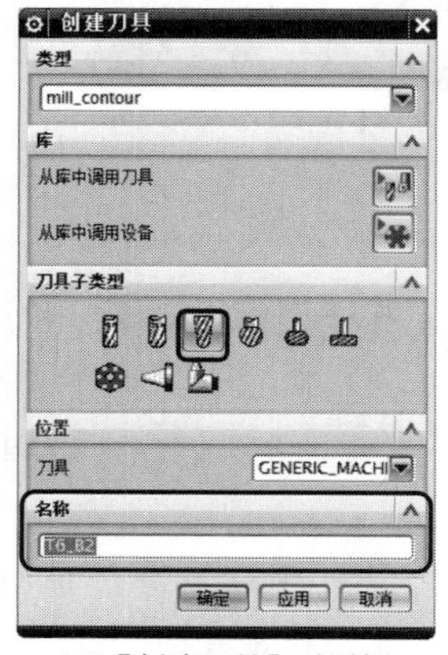

(a)【创建刀具】对话框

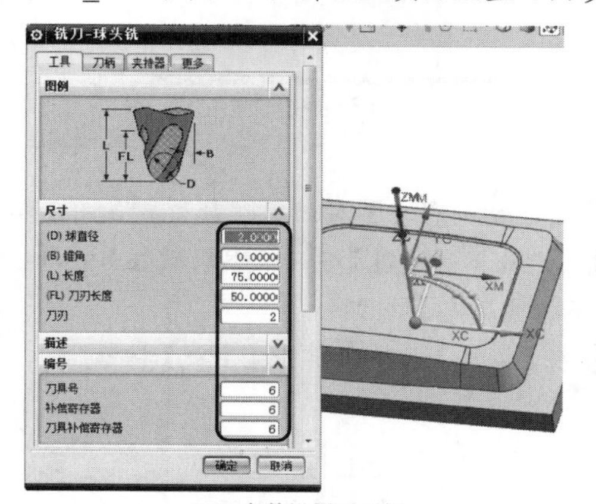

(b) 参数设置对话框

图 14-13　创建 T6_B2 的球头刀

14.3 型腔粗加工

步骤 01 单击【主页】下的【创建工序】按钮，弹出【创建工序】对话框，再按照图 14-14 所示创建型腔铣操作，弹出【型腔铣】对话框，如图 14-15 所示。

步骤 02 在【型腔铣】对话框的【刀轨设置】面板中进行设置参数，如图 14-16 所示。

图 14-14 【创建工序】对话框

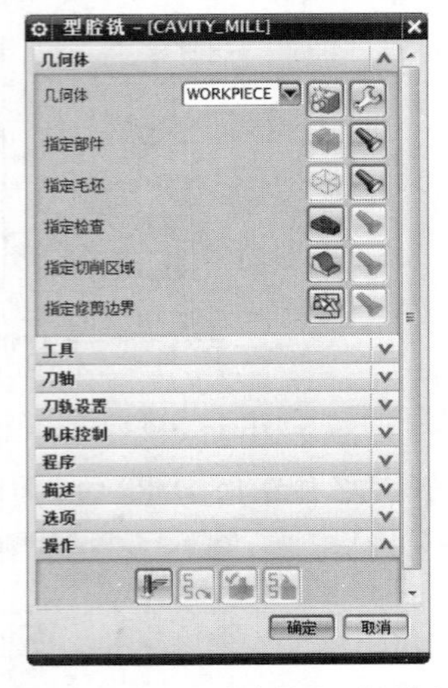

图 14-15 【型腔铣】对话框

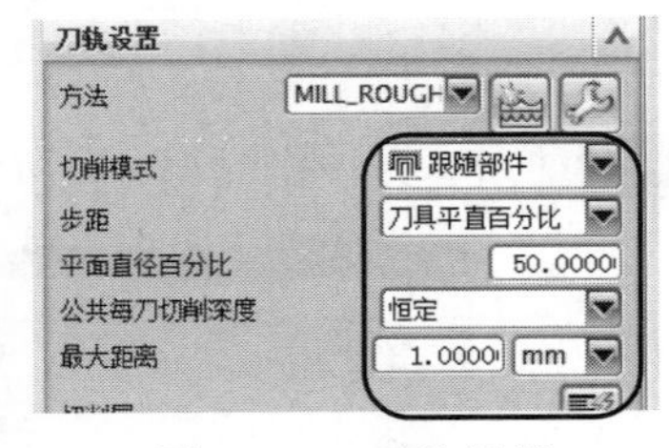

图 14-16 刀轨设置

步骤 03 【切削参数】对话框参数设置如图 14-17 所示。

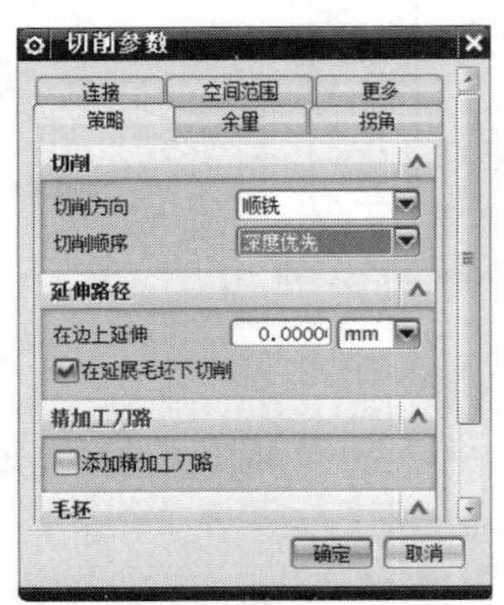

(a)【策略】设置

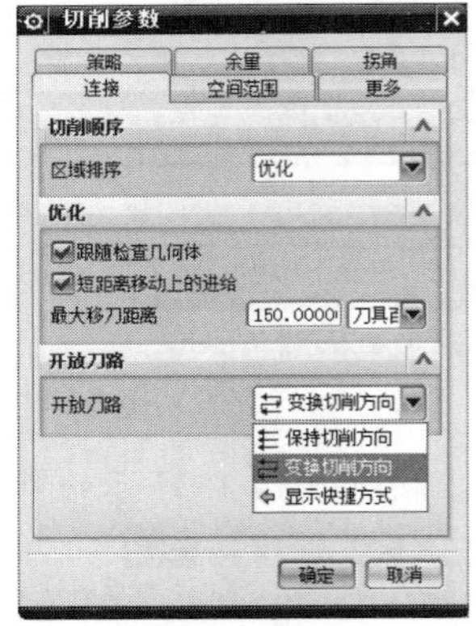

(b)【连接】设置

图 14-17 【切削参数】设置

步骤 04 【非切削移动】对话框参数设置如图 14-18 所示。

步骤 05 【进给率和速度】对话框参数设置如图 14-19 所示，输入数值后按回车键，然后单击按钮，再单击【确定】按钮。

步骤 06 在【操作】面板中单击【生成】按钮，系统将自动生成加工刀具路径，效果如图 14-20 所示。

步骤 07 单击该面板中的【确认刀轨】按钮，在弹出的【刀轨可视化】对话框中展开【2D 动态】选项卡，再单击【播放】按钮，系统将以实体的方式进行切削仿真，效果如图 14-21 所示。

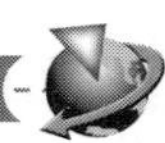

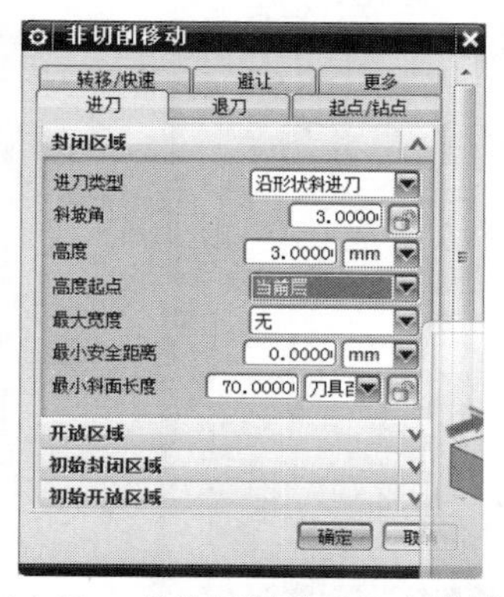

图 14-18　【非切削移动】参数设置

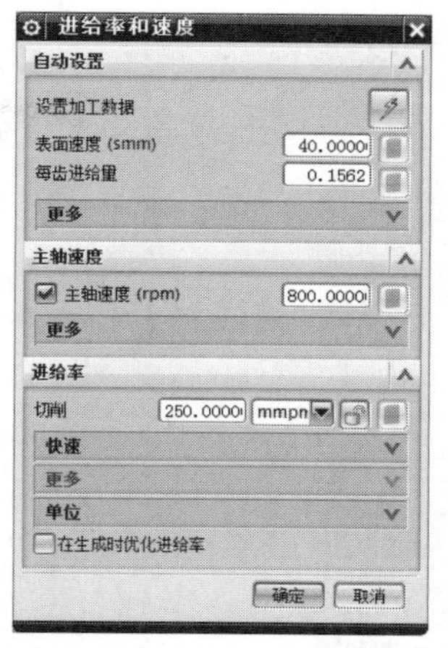

图 14-19　【进给率和速度】参数设置

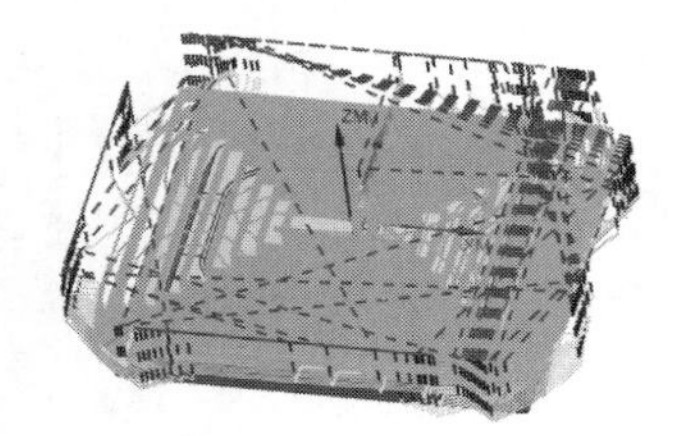

图 14-20　生成刀轨

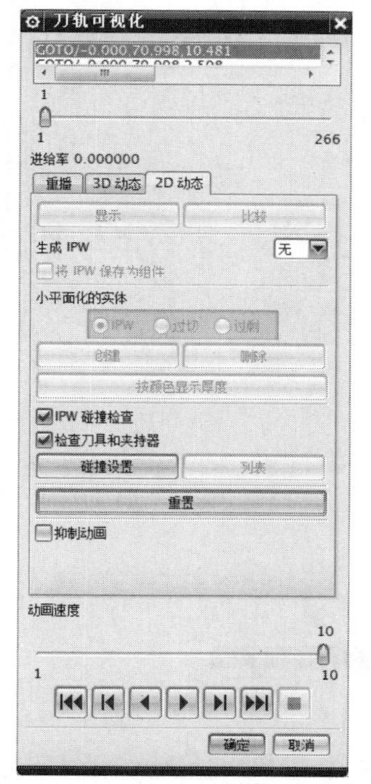

（a）【刀轨可视化】对话框

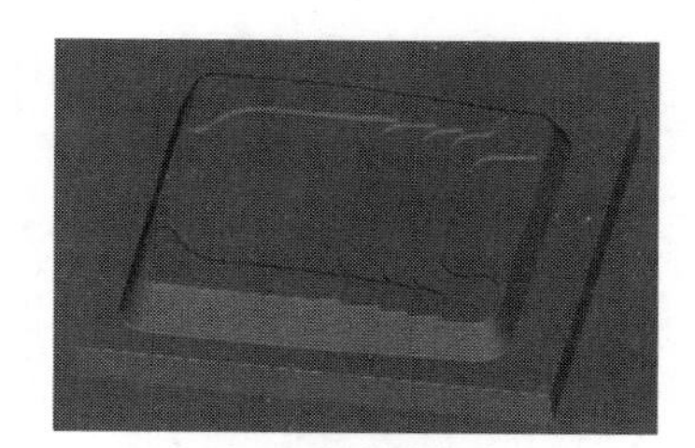

（b）2D 切削仿真结果

图 14-21　刀轨可视化仿真

14.4　固定轴轮廓铣半精加工

步骤 01 单击【主页】下的【创建工序】按钮，弹出【创建工序】对话框，按照图 14-22 所示创建固定轴轮廓铣操作，弹出【固定轮廓铣】对话框，如图 14-23 所示。

步骤 02 在【驱动方法】面板中选择【边界】选项，单击【编辑】按钮。弹出【边界驱动方法】对话框，在【驱动几何体】中单击【选择或编辑驱动几何体】按钮，按照图 14-24 所示设置参数。

图 14-22　【创建工序】对话框

图 14-23　【固定轮廓铣】对话框

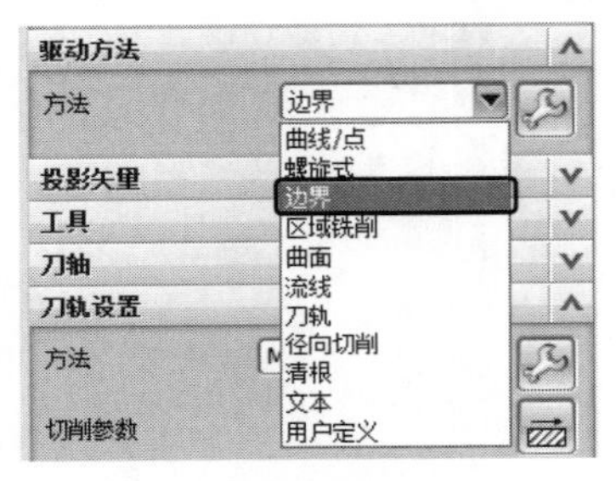

（a）驱动方法选择

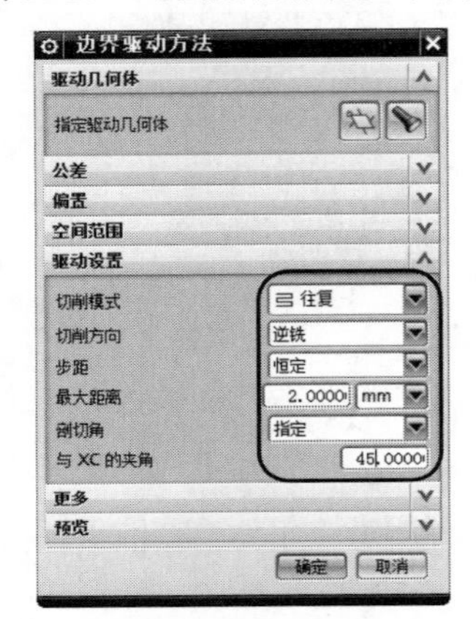

（b）【边界驱动方法】对话框

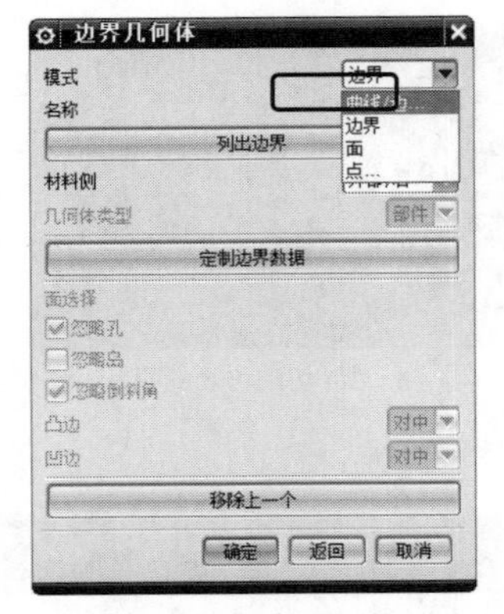

（c）【边界几何体】对话框

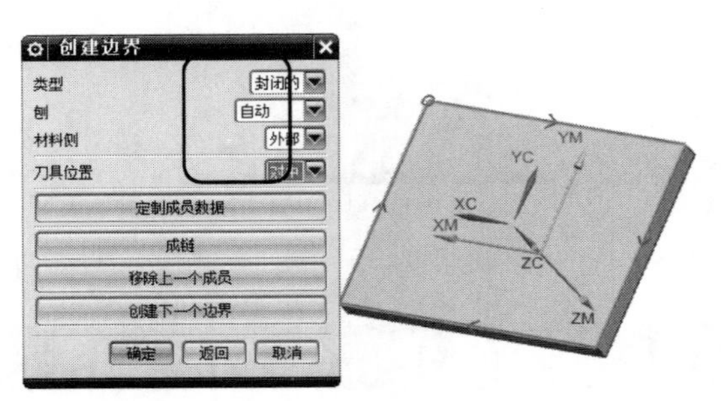

（d）创建边界

图 14-24　【驱动方法】的设置

步骤 03　【切削参数】对话框参数设置如图 14-25 所示。

步骤 04　【进给率和速度】对话框参数设置图 14-26 所示，生成优化后单击【确定】按钮。

步骤 05　在【操作】面板中单击【生成】按钮，系统将自动生成加工刀具路径，效果如图 14-27 所示。

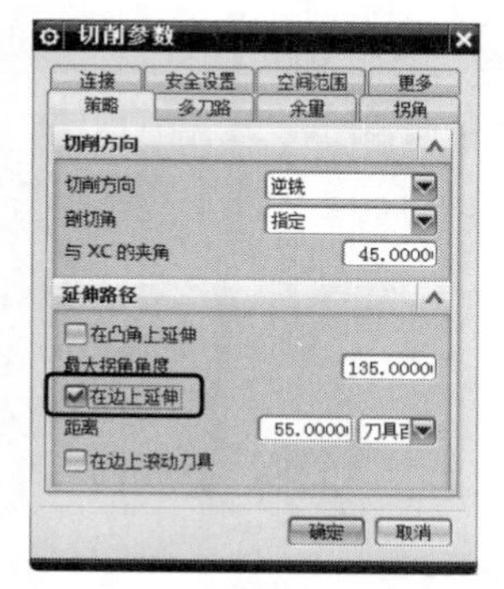

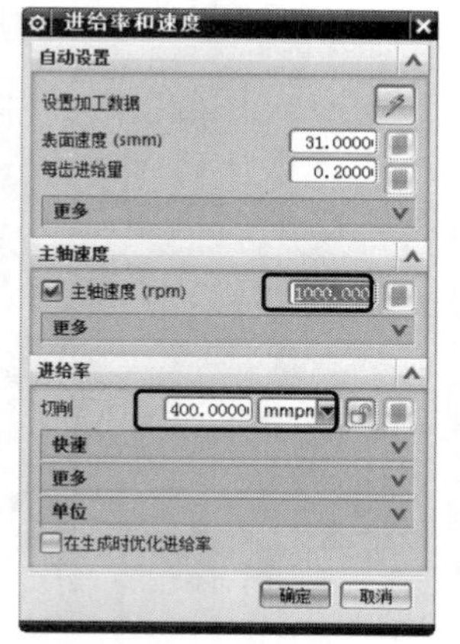

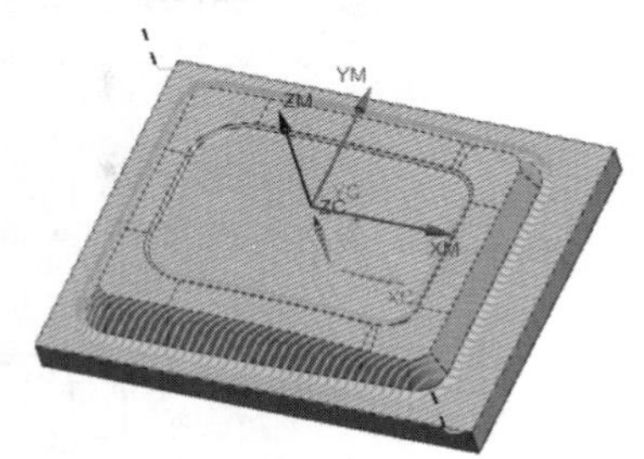

图 14-25　【切削参数】设置　图 14-26　【进给率和速度】参数设置　　图 14-27　生成刀轨

步骤 06 单击该面板中的【确认刀轨】按钮，在弹出的【刀轨可视化】对话框中展开【3D 动态】选项卡，在 IPW 下拉列表框中选择【保存】选项，再单击【播放】按钮，系统将以实体的方式进行切削仿真，效果如图 14-28 所示。

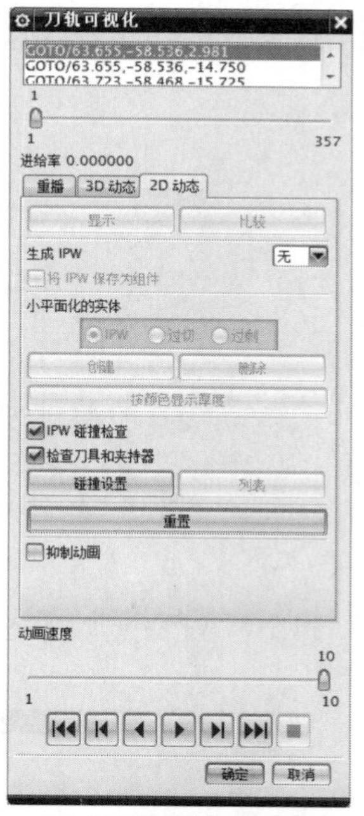

（a）【刀轨可视化】对话框

（b）2D 切削仿真结果

图 14-28　刀轨可视化仿真

14.5　底壁精加工

步骤 01 单击【主页】下的【创建工序】按钮，弹出【创建工序】对话框，在【类型】下拉列表框中选择【mill_planar】选项，再按照图 14-29 所示创建底壁加工操作，弹出【底壁加工】对话框，如图 14-30 所示。

步骤 02 单击【几何体】面板中的【指定切削区域】按钮，将弹出【切削区域】对话框，选择图 14-31 所示的面为切削区域，并单击【确定】按钮。

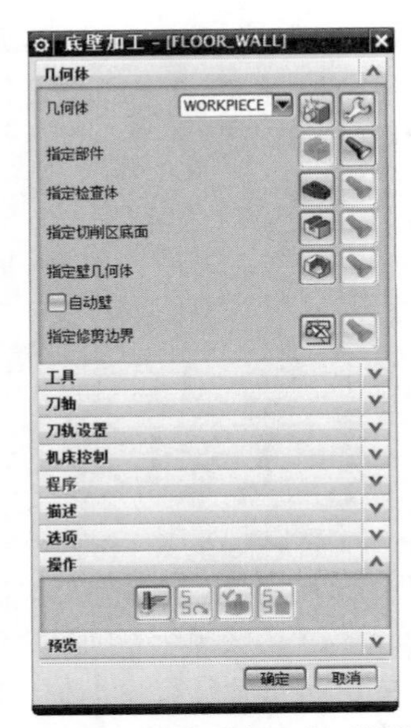

图 14-29　【创建工序】对话框　　　　图 14-30　【底壁加工】对话框

步骤 03 对【几何体】面板中勾选复选框 自动壁，再进行刀轨设置，【刀轨设置】面板按照图 14-32 所示的参数进行设置。

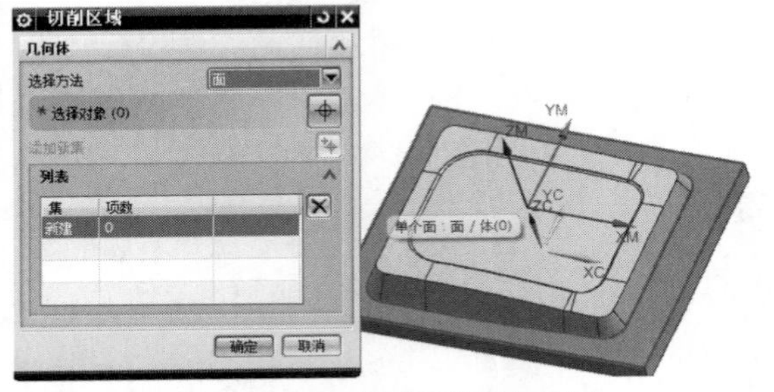

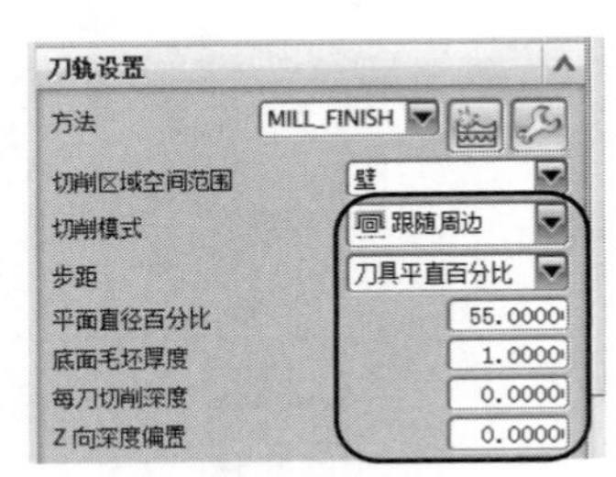

图 14-31　【切削区域】设置　　　　图 14-32　刀轨设置

步骤 04 【切削参数】对话框参数设置如图 14-33 所示。

步骤 05 【进给率和速度】对话框参数设置图 14-34 所示，输入数值后按回车键，然后单击按钮，再单击【确定】按钮。

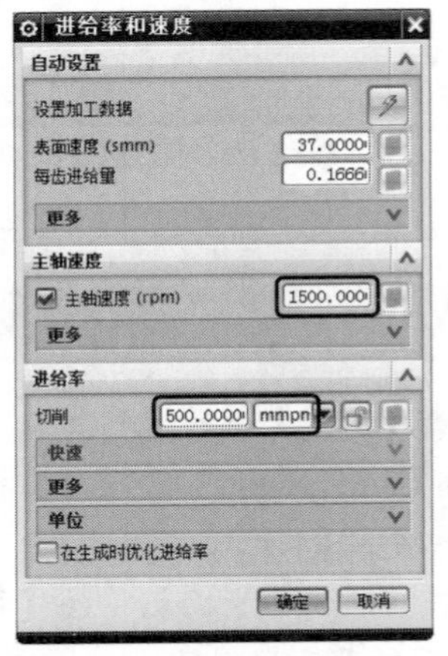

图 14-33　【切削参数】设置　　　　图 14-34　【进给率和速度】参数设置

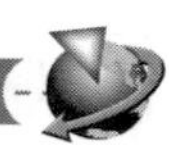

步骤 06 在【操作】面板中单击【生成】按钮，系统将自动生成加工刀具路径，效果如图 14-35 所示。

步骤 07 单击该面板中的【确认刀轨】按钮，在弹出的【刀轨可视化】对话框中展开【2D 动态】选项卡，再单击【播放】按钮，系统将以实体的方式进行切削仿真，效果如图 14-36 所示。

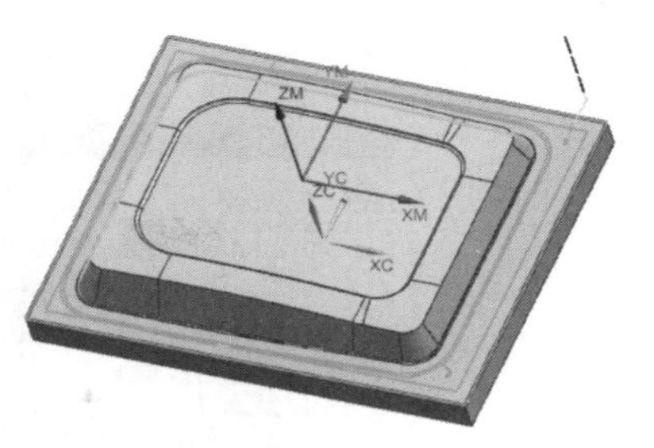

图 14-35　生成刀轨

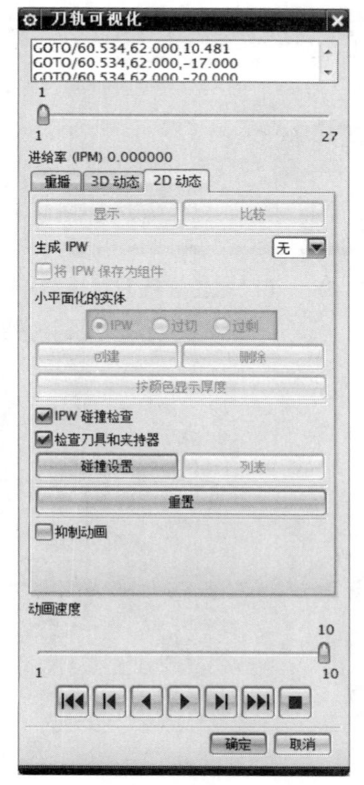

（a）【刀轨可视化】对话框

（b）2D 切削仿真结果

图 14-36　刀轨可视化仿真

14.6　轮廓区域铣精加工

步骤 01 单击【主页】下的【创建工序】按钮，弹出【创建工序】对话框，再按照图 14-37 所示创建区域轮廓铣操作，弹出【区域轮廓铣】对话框，如图 14-38 所示。

步骤 02 在【几何体】面板中选择【指定切削区域】选项，单击【指定切削区域】按钮，将弹出【切削区域】对话框，按照图 14-39 所示设置切削区域。

步骤 03 在【驱动方法】面板中选择【区域铣削】选项，单击【编辑】按钮。将弹出【区域铣削驱动方法】对话框，按照图 14-40 所示设置参数。

步骤 04 【切削参数】对话框参数设置如图 14-41 所示。

图 14-37 【创建工序】对话框

图 14-38 【区域轮廓铣】对话框

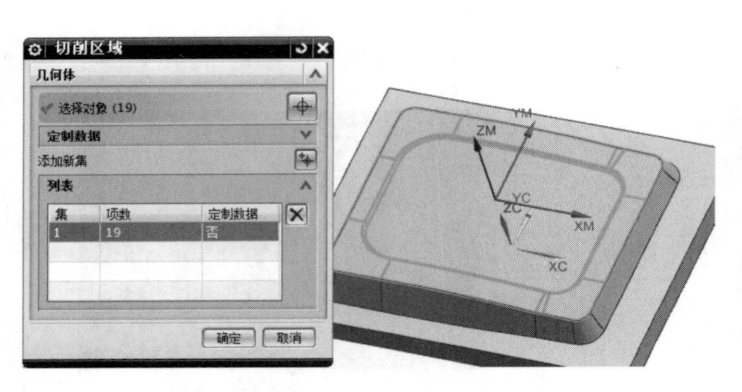

图 14-39 【切削区域】的设置

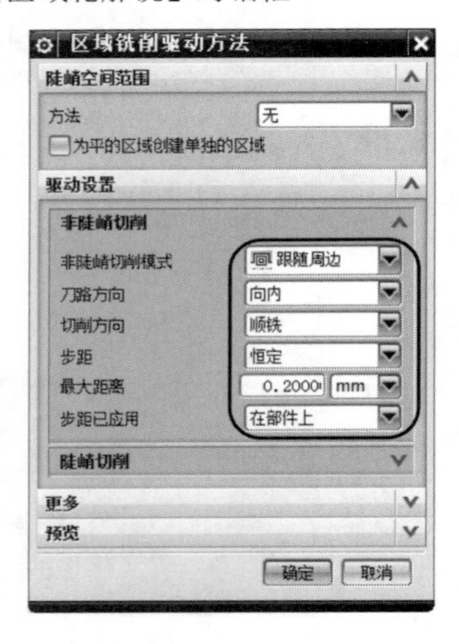

图 14-40 【驱动设置】的参数

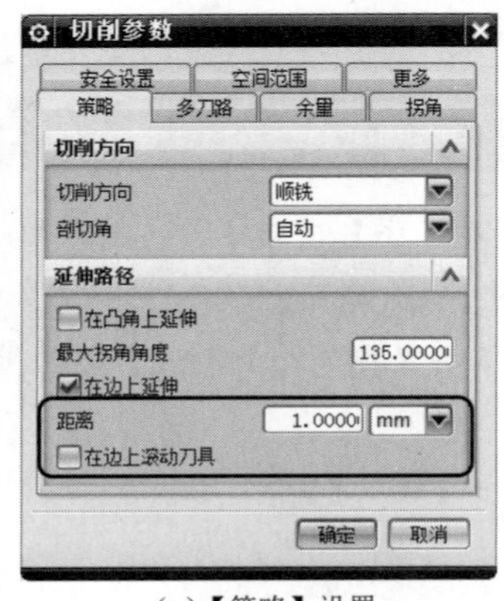

(a)【策略】设置

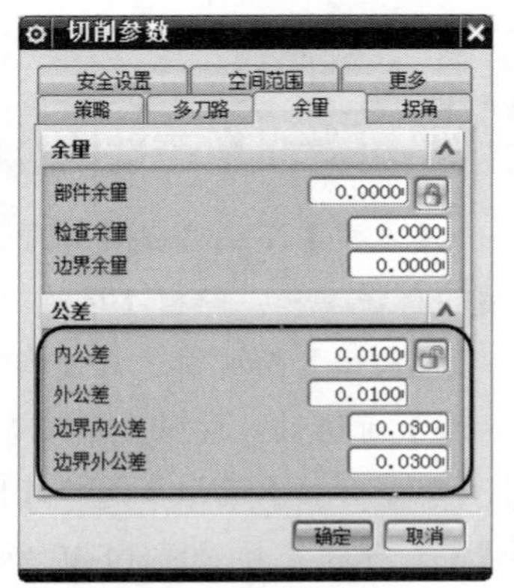

(b)【余量】设置

图 14-41 【切削参数】设置

步骤 05 【进给率和速度】对话框参数设置图 14-42 所示，生成优化后单击【确定】按钮。

步骤 06 在【操作】面板中单击【生成】按钮，系统将自动生成加工刀具路径，效果如图 14-43 所示。

图 14-42　【进给率和速度】参数设置

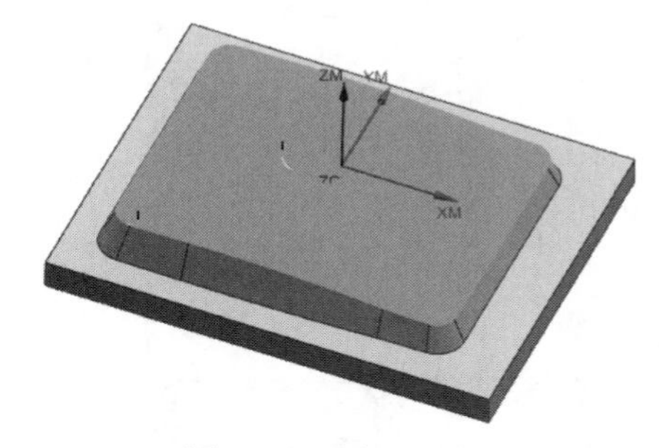

图 14-43　生成刀轨

步骤 07 单击该面板中的【确认刀轨】按钮，在弹出的【刀轨可视化】对话框中展开【2D 动态】选项卡，单击【播放】按钮，系统将以实体的方式进行切削仿真，效果如图 14-44 所示。

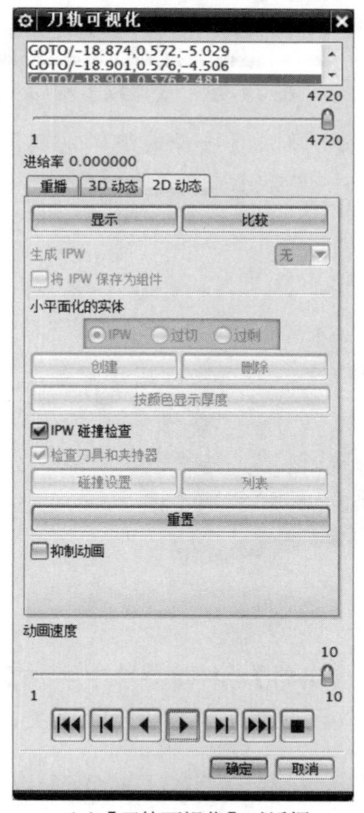

（a）【刀轨可视化】对话框

（b）2D 切削仿真结果

图 14-44　刀轨可视化仿真

14.7 流线驱动铣精加工

步骤 01 单击【主页】下的【创建工序】按钮，弹出【创建工序】对话框，再按照图 14-45 所示创建流线铣操作，弹出【流线】对话框，如图 14-46 所示。

图 14-45 【创建工序】对话框

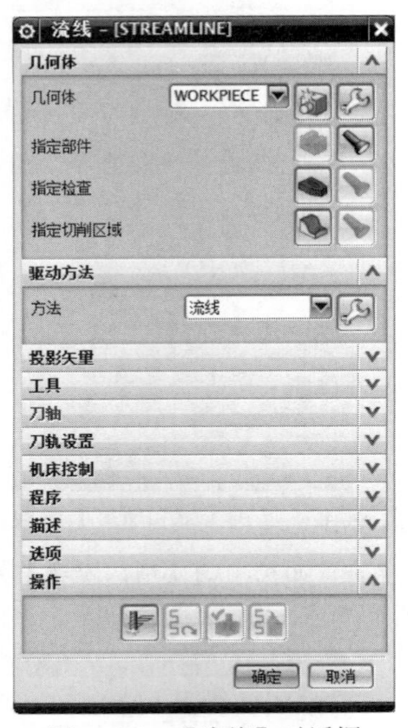

图 14-46 【流线】对话框

步骤 02 在【几何体】面板中选择【指定切削区域】选项，单击【选择或编辑切削区域几何体】按钮，将弹出【切削区域】对话框，按照图 14-47 所示设置切削区域。

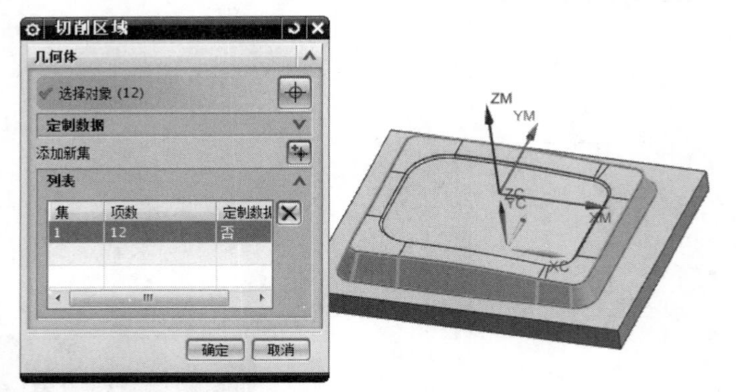

图 14-47 【切削区域】的设置

步骤 03 【驱动方法】面板中选择【流线】选项，单击【编辑】按钮。将弹出【流线驱动方法】对话框，在【交叉曲线】中单击【曲线】按钮，按照图 14-48 所示设置交叉曲线 1。

步骤 04 【切削参数】对话框参数设置如图 14-49 所示。

步骤 05 【进给率和速度】对话框参数设置如图 14-50 所示，生成优化后单击【确定】按钮。

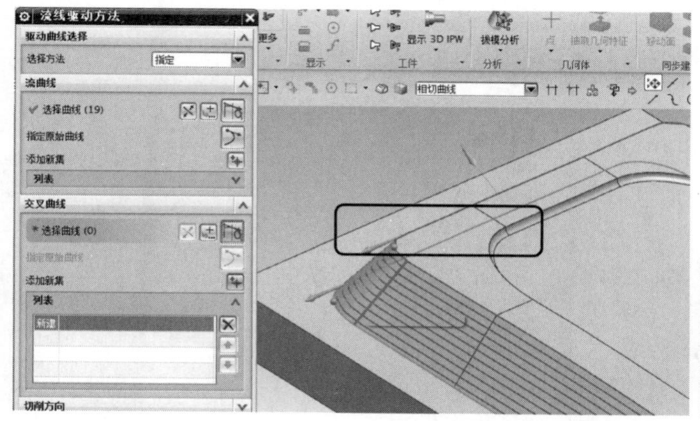

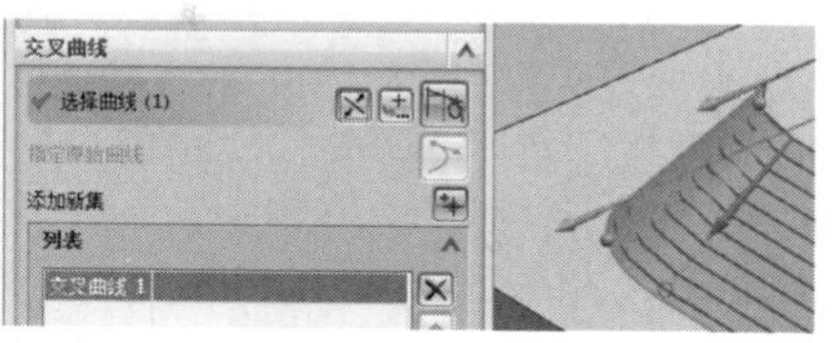

（a）【交叉曲线】设置

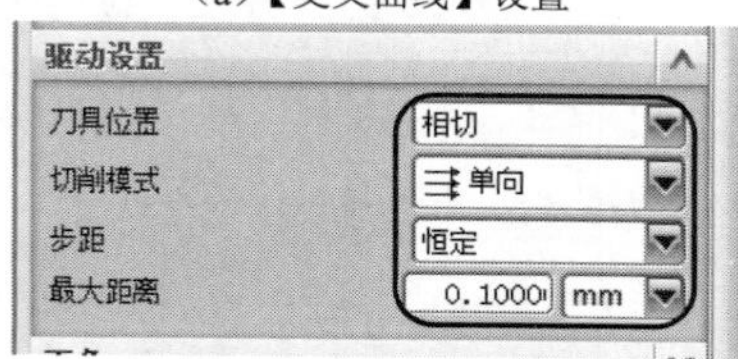

（b）【驱动设置】的参数

图 14-48　【流线驱动方法】的设置

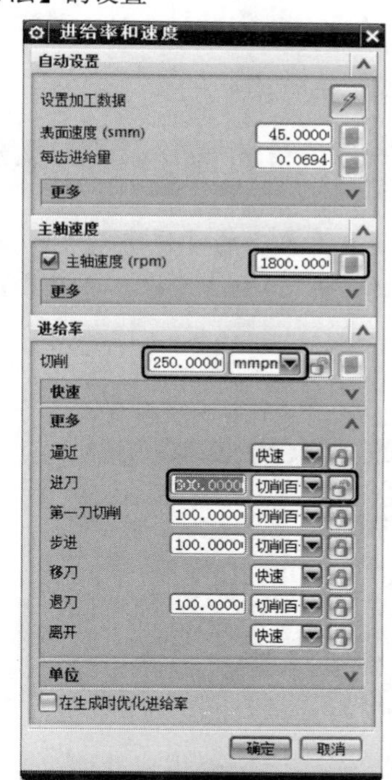

切削参数
多刀路　余量　安全设置　空间范围　更多
余量
部件余量　0.0000
检查余量　0.0000
公差
内公差　0.0100
外公差　0.0100
确定　取消

图 14-49　【切削参数】设置　　　图 14-50　【进给率和速度】参数设置

步骤 06 在【操作】面板中单击【生成】按钮，系统将自动生成加工刀具路径，效果如图 14-51 所示。

步骤 07 单击该面板中的【确认刀轨】按钮，在弹出的【刀轨可视化】对话框中展开【2D 动态】选项卡，单击【播放】按钮，系统将以实体的方式进行切削仿真，效果如图 14-52 所示。

图 14-51　生成刀轨

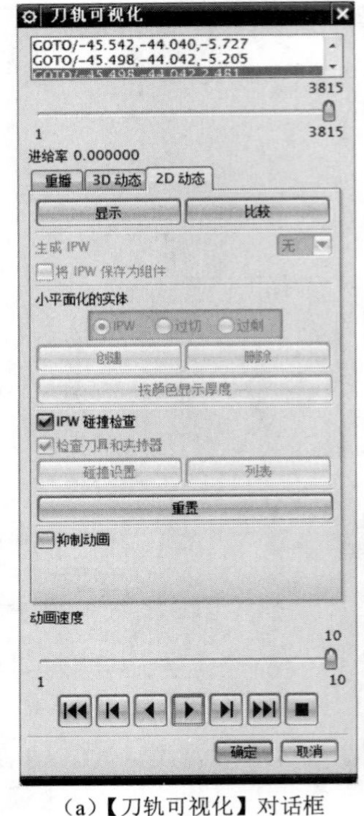

（a）【刀轨可视化】对话框

（b）2D 切削仿真结果

图 14-52　刀轨可视化仿真

14.8　清根铣精加工

步骤 01 单击【主页】下的【创建工序】按钮，弹出【创建工序】对话框，然后按照图 14-53 所示创建清根操作，弹出【清根参考刀具】对话框如图 14-54 所示。

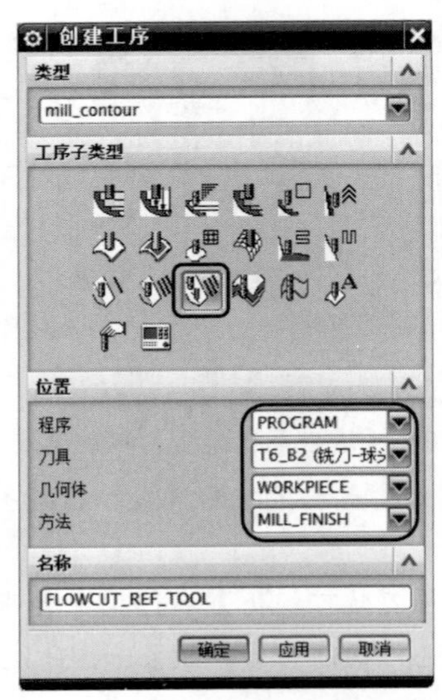

图 14-53　【创建工序】对话框

图 14-54　【清根参考刀具】对话框

步骤 02 在【几何体】面板中选择【指定切削区域】选项，单击【选择或编辑切削区域几何体】按钮，将弹出【切削区域】对话框，按照图 14-55 所示设置切削区域。

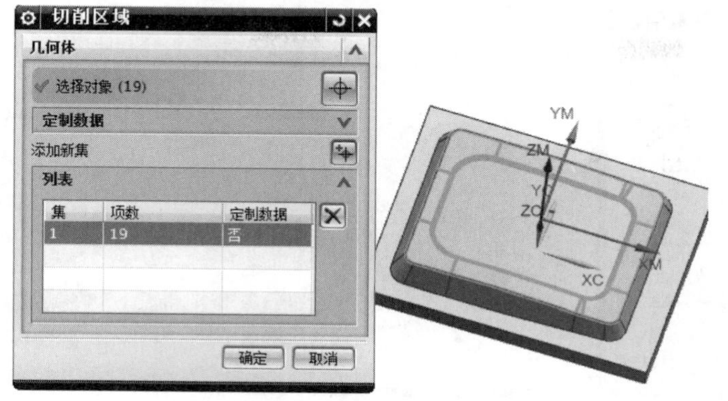

图 14-55　【切削区域】的设置

步骤 03 在【驱动方法】面板中选择【清根】选项，单击【编辑】按钮，弹出【清根驱动方法】对话框，按照图 14-56 所示设置参数。此处需建立一把 D4R1 的端铣刀，如图 15-57 所示，具体建立方法参照前面内容，此处忽略。

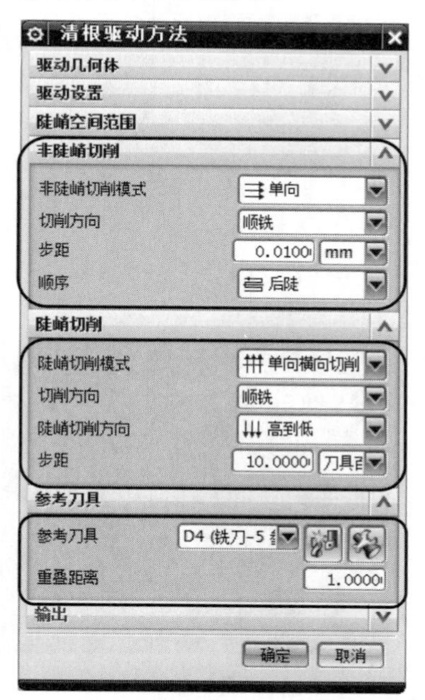

图 14-56　【清根驱动方法】的设置

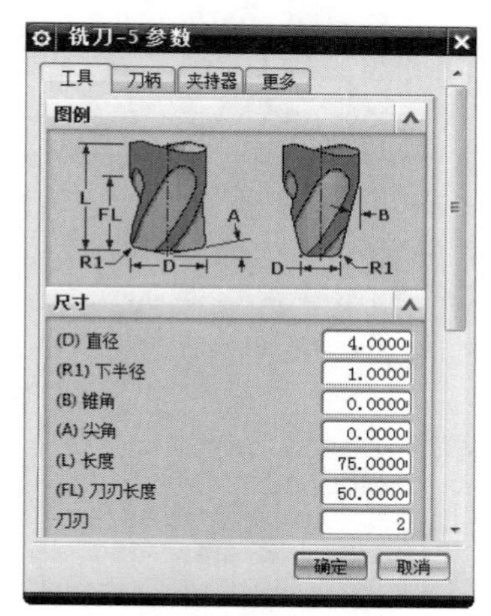

图 14-57　D4R1 的端铣刀

步骤 04 【切削参数】对话框参数设置如图 14-58 所示。

步骤 05 【进给率和速度】对话框参数设置如图 14-59 所示，生成优化后单击【确定】按钮。

步骤 06 在【操作】面板中单击【生成】按钮，系统将自动生成加工刀具路径，效果如图 14-60 所示。

步骤 07 单击该面板中的【确认刀轨】按钮，在弹出的【刀轨可视化】对话框中展开【2D 动态】选项卡，单击【播放】按钮，系统将以实体的方式进行切削仿真，效果如图 14-61 所示。

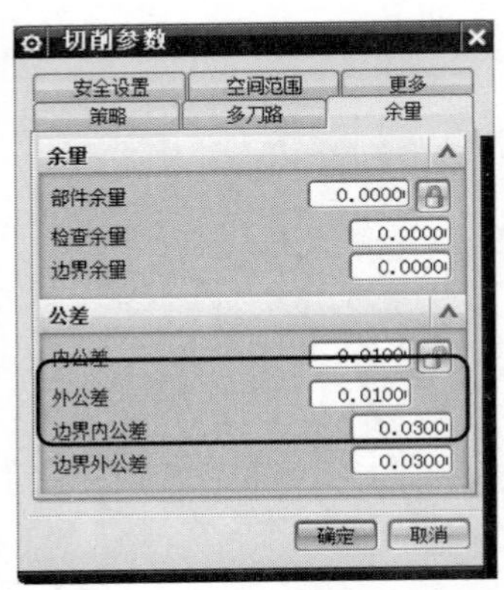

图 14-58 【切削参数】设置

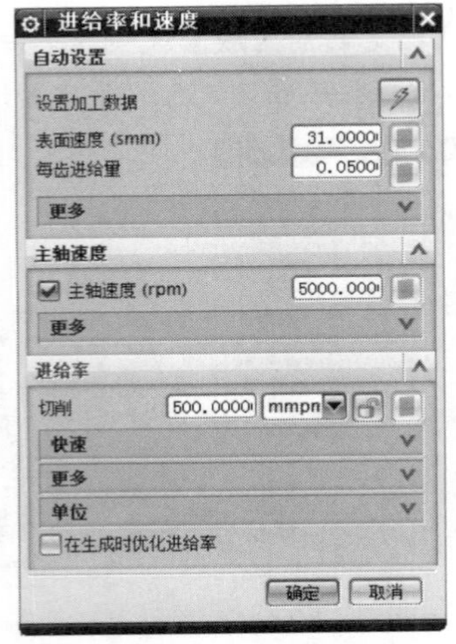

图 14-59 【进给率和速度】参数设置

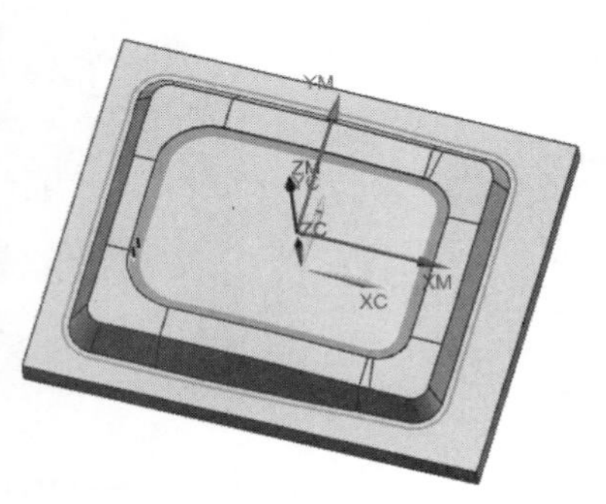

图 14-60 生成刀轨

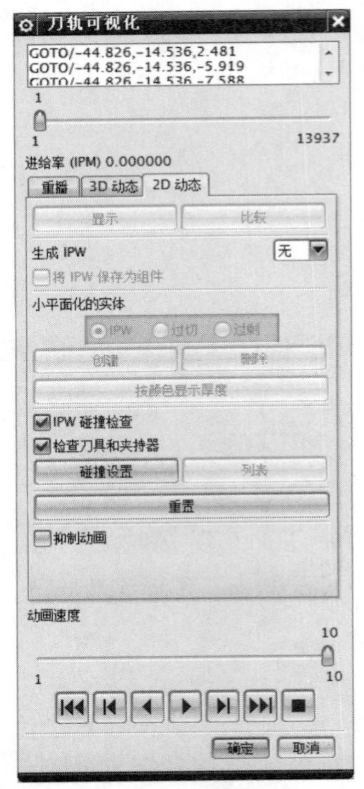

（a）【刀轨可视化】对话框

（b）2D 切削仿真结果

图 14-61 刀轨可视化仿真

14.9 深度加工轮廓铣精加工

步骤 01 单击【主页】下的【创建工序】按钮，弹出【创建工序】对话框，在【类型】下拉列表框中选择【mill_contour】选项，再按照图 14-62 所示创建深度轮廓加工操作，弹出【深度轮廓加工】对话框，如图 14-63 所示。

步骤 02 在【几何体】面板中选择【指定切削区域】选项，单击【指定切削区域】按钮，将弹出【切削区域】对话框，按照图 14-64 所示设置切削区域。

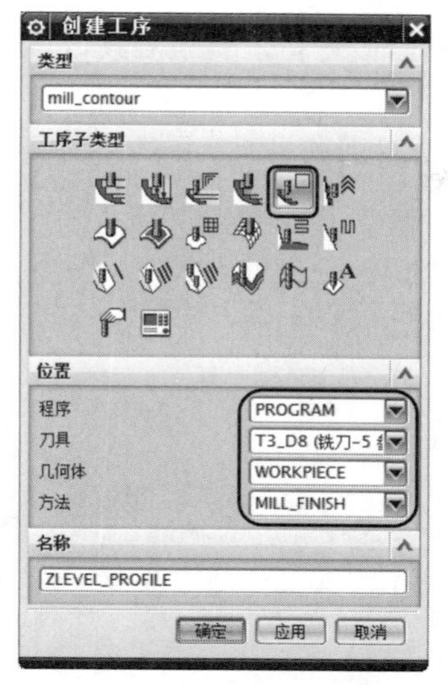

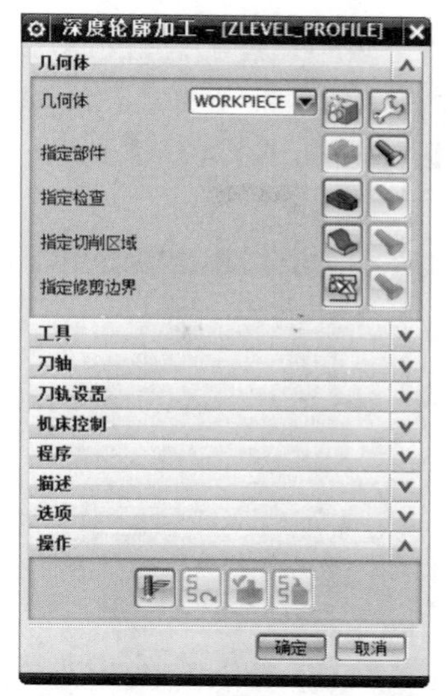

图 14-62　【创建工序】对话框　　图 14-63　【深度轮廓加工】对话框

步骤 03 对【深度轮廓加工】对话框下的【刀轨设置】面板按照图 14-65 所示进行参数设置。

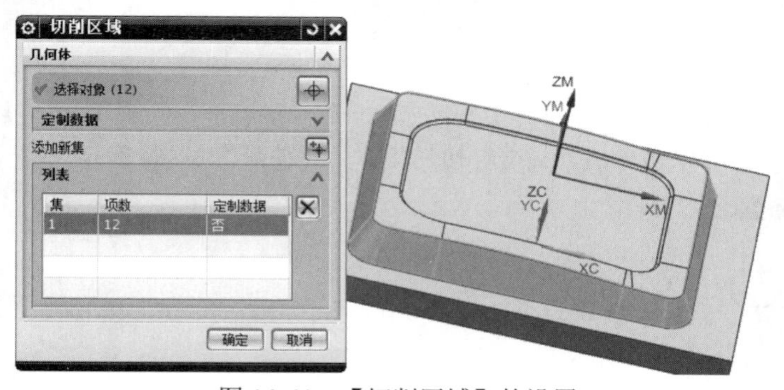

图 14-64　【切削区域】的设置

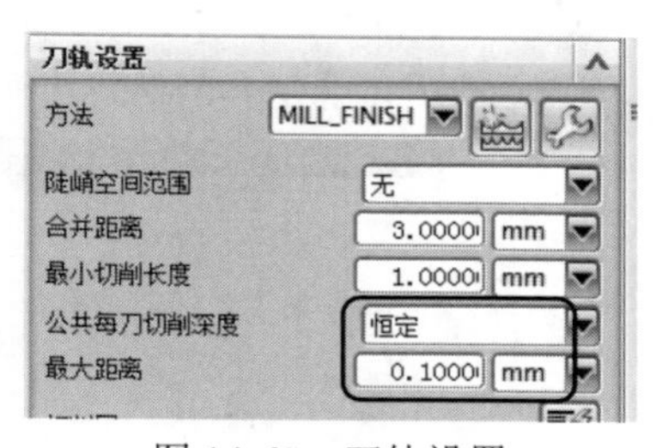

图 14-65　刀轨设置

步骤 04 单击【深度轮廓加工】对话框中的【切削层】按钮，然后单击【范围定义】中的【选择对象】按钮，按照图 14-66 所示的面选择对象，并设置【范围定义】中的其他参数。

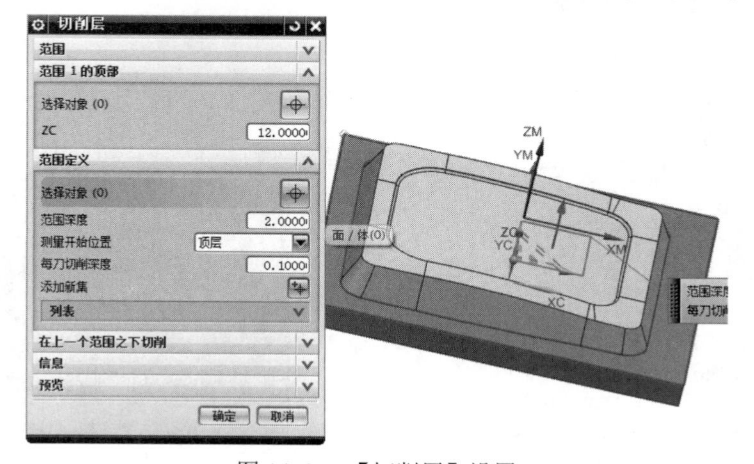

图 14-66　【切削层】设置

步骤 05 【进给率和速度】对话框参数设置图 14-67 所示，先输入数值后按回车键，然后单击后面按钮，再单击【确定】按钮。

步骤 06 在【操作】面板中单击【生成】按钮，系统将自动生成加工刀具路径，效果如图 14-68 所示。

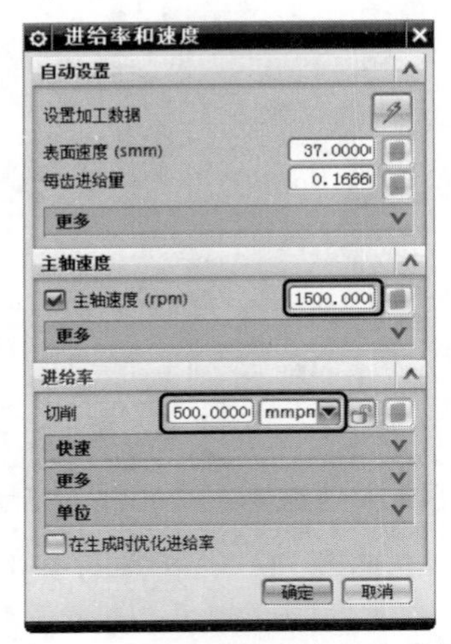

图 14-67 【进给率和速度】参数设置

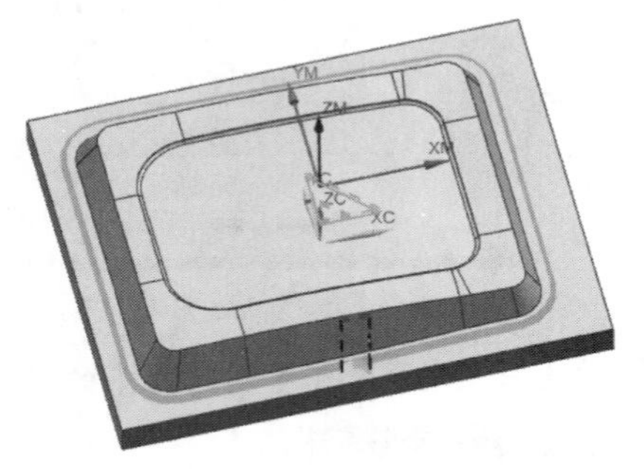

图 14-68 生成刀轨

步骤 07 单击该面板中的【确认刀轨】按钮，在弹出的【刀轨可视化】对话框中展开【2D 动态】选项卡，再单击【播放】按钮，系统将以实体的方式进行切削仿真，效果如图 14-69 所示。

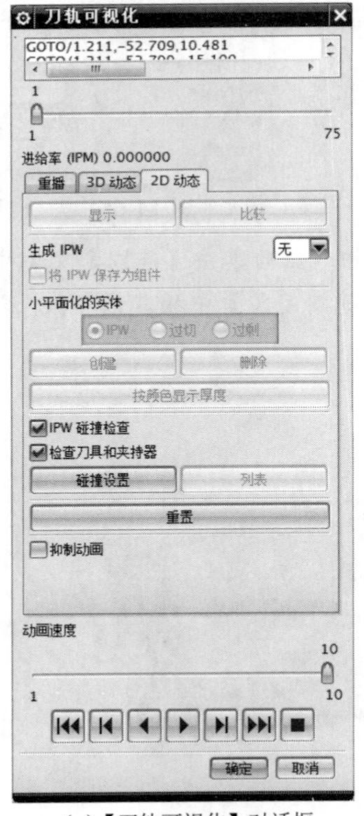

（a）【刀轨可视化】对话框

（b）2D 切削仿真结果

图 14-69 刀轨可视化仿真

第 15 章 凸模加工

15.1 编程刀具的选用

UG CAM 加工中，刀具是必须设置的参数之一，刀具的选用合理与否对加工的质量的好坏有很大的影响，因此，合理选用刀具就显得比较重要。刀具的种类比较多，根据加工材料、加工刀路的不同，加工刀具的材料和形状也有所不同。下面主要讲解一些常用刀具的选用。

1．刀具形状的选用

刀具形状主要如下。

（1）平刀：也称为平底刀、平头锣刀、端铣刀或棒刀。开粗和光刀都可使用。主要用于平面开粗和平面光刀、外形光刀、清角、清根等。

（2）圆鼻刀：也称为圆角刀、牛鼻刀、牛头刀、刀把。主要用于坯料开粗或平面光刀，曲面开粗加工中比较常用。常用来加工硬度较高的材料。常用的圆鼻刀刀角半径为 0.2~6mm。

（3）球刀：也称为球头锣刀、R 刀。主要用于曲面光刀。

以上三种刀具在加工中最为常用，其他刀具使用较少，在此就不一一讲解。

2．刀具材料的选用

刀具材料的种类也是非常繁多，较常用的有高速钢、硬质合金钢等。

（1）高速钢刀具：如白钢刀。刀具容易磨损，但价格及其便宜，常用于加工硬度较低的工件，如铜料、45 号钢等。

（2）硬质合金刀具：如钨钢刀。硬质合金刀等。刀具的硬度极高，耐高温，主要用于加工硬度较高的工件，如一些模具钢。淬火钢等。硬质合金钢要求高转速，速度过低不利于刀具，易崩刃。

3．刀具材料的选用

此处的刀具结构主要针对的是硬质合金钢刀具，常用的结构有整体式和镶嵌式两种。

（1）整体式：整个刀具是一个整体，全部由硬质合金材料制成。加工效果好，价格昂贵。一般为平刀或球刀，常用于光刀。

（2）镶嵌式：由于硬质合金材料比较贵，所以刀具前端采用镶嵌的刀片即舍弃式刀粒，刀片采用螺旋固定，表面涂层。刀粒形状有三种，有圆形、三角形、菱形、方形等。可以转位，刀片改换角度即可以重新使用，损坏了也可以更换。刀杆采用一般的钢材。因此，镶嵌式硬质合金使用寿命长、成本低。

4. 刀具材料的选用

满足使用的前提下，一般尽可能选用大直径刀具，大直径刀具刚性足，加工速度高，效率也高，精光刀具一般参考曲面的最小曲率半径或参考折角的最小折角半径。通常情况下是选用大直径刀具开粗，再用小直径刀具精光，最后换更小直径的刀具清除残料。

选用小直径刀具注意过切。小直径刀具一般小于 $\phi6$ 通常是带锥度的，即通常情况下，刀柄比刀尖部分的直径大，切削比较深、比较窄的区域时就不易采用，否则就会出现干涉。

15.2 编程思维技巧

UG CAM 加工刀轨类型比较多，可以相互结合使用。根据加工过程主要分为三个阶段，即开粗、精光和清角三个阶段。需根据三个阶段的不同目的来选择刀轨。

1. 开粗

粗加工阶段的主要目的是去除毛坯残料，尽可能快地将大部分残料清除干净，而不需要在乎精度高低或表面光洁度的问题。

主要从两方面来衡量粗加工，一是加工时间；二是加工效率。一般给低的主轴转速，大吃刀量进行切削。

从以上两个方面考虑，粗加工型腔铣时首选刀轨，型腔加工的效率非常高，加工时间也短，电极开粗时外形余量已经均匀时就可以采用剩余铣进行二次 IPW 开粗。

粗加工除要时间和效率外，就是要保证粗加工完成后，局部残料不能过厚即可，因为局部残料过厚，精加工阶段容易断刀或弹刀。因此，在保证效率和时间的同时，要保证残料的均匀。

2. 精光

精加工阶段的主要目的是精度，尽可能满足加工精度要求和光洁度要求，因此，会牺牲时间和效率。此阶段不能太快，要精雕细琢，才能达到精度要求。

对于平坦的或斜度不大的曲面，一般采用固定轴轮廓铣进行加工，此刀路在精加工中应用广泛，刀路切削负荷平稳，加工精度高，通常作为重要曲面加工，如模具分型面位置。

对于比较陡的曲面，通常等高轮廓铣来光刀，对于曲面中的平面位置，通常采用面铣或平面铣等加工，效率和质量都非常高。

合理选择刀轨来进行精光非常重要，如固定轴轮廓铣来加工平面效率就比较低，还没有平面铣加工好。

3. 清角

通过粗加工阶段和精加工阶段，零件上的残料基本上已经清除，只有少数或局部存在一些无法清除的残料，此时就需要采用专门的刀路来加工。

特别是当两曲面相交，在相交处，由于球刀无法进入，因此，前面的曲面精加工就无法达到要求。此时一般采用清角刀路，也可以采用等高轮廓铣来清角。

UG CAM 提供了多种清角刀轨供用户选择，在清角时可以配合切削层来控制刀具加工深度。

15.3 案例——凸模加工

下面以一个壳体分模后的公模仁加工为例，来介绍多工序铣削的加工方法，粗加工，大量地去除毛坯材料；精加工，把毛坯件加工成目标件的最后步骤，也是关键的一步，其加工结果直接

影响模具的加工质量和精度。该零件的模型如图 15-1 所示，其加工工艺路线如图 15-2 所示。

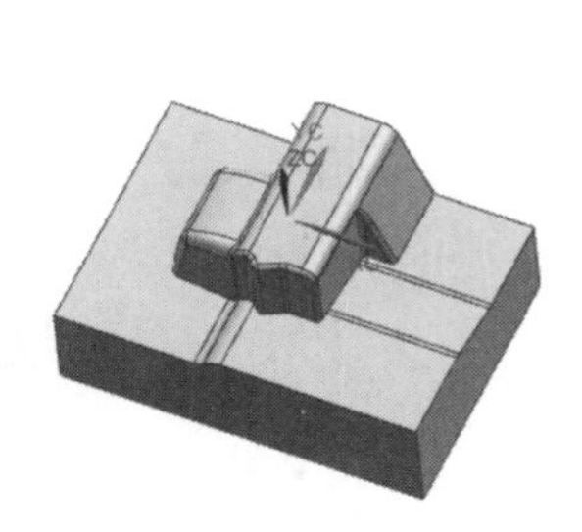

图 15-1　凸模模型

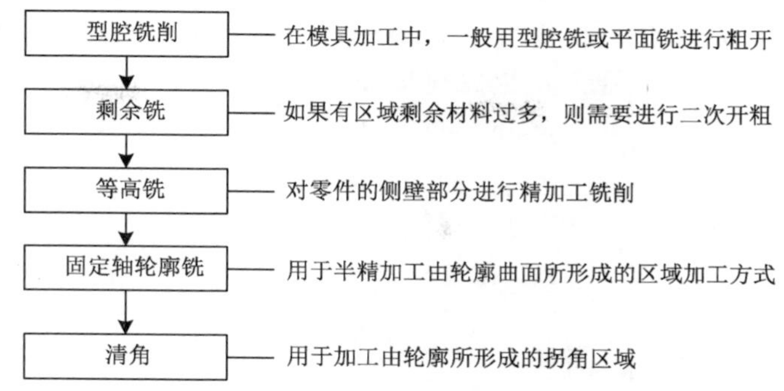

图 15-2　加工工艺路线

	开始素材	Prt_start\chapter15\ 15.1.prt
	结果素材	Prt _result\chapter15\ 15.1.prt
	视频位置	Movie\chapter 15\ 15.1.avi

15.4　设定父节点组

步骤 01 启动 UG NX 10.0 软件，单击【打开文件】按钮，在弹出的对话框中选择本书配套资源文件 15.1prt，单击【确定】按钮打开该文件。

步骤 02 依次选择【文件】|【应用模块】|【加工】命令，进入加工环境，或者通过快捷键【Ctrl+Alt+M】快速进入加工环境。

步骤 03 在弹出的【加工环境】对话框中选择铣削加工，单击【确定】按钮进入铣削加工环境，如图 15-3 所示。

步骤 04 将视图调至【几何视图】，双击工序导航器中的坐标系设置按钮，弹出图 15-4 所示的坐标系设置对话框，输入安全距离 20mm，然后单击【确定】按钮。

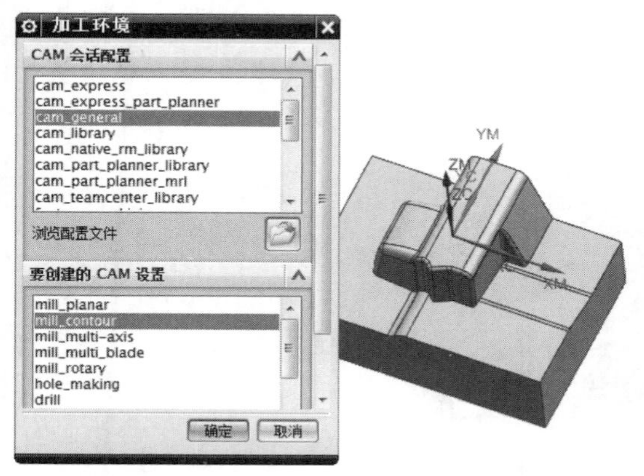

图 15-3　【加工环境】对话框

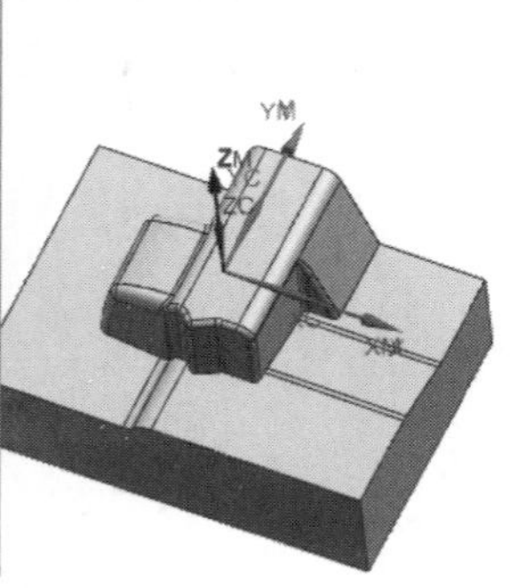

图 15-4　坐标系设置

步骤 05 在加工创建工具栏中单击【创建方法】按钮，弹出【创建方法】对话框，如图 15-5 所示，名称为“R_0.5”，然后设置部件余量，如图 15-6 所示。采用同样的方法创建“R_0.2”，部件余量设置为“0.2mm”，具体步骤此处忽略。

图 15-5　【创建方法】对话框

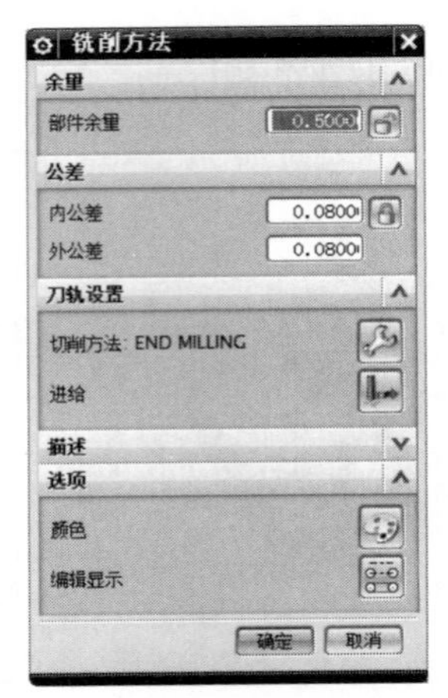

图 15-6　部件【余量】设置

步骤 06 双击工序导航器下的 WORKPIECE 图标，然后在图 15-7 所示的对话框中单击【指定部件】按钮，并在新弹出的对话框中选择图 15-8 所示的模型为几何体。

图 15-7　【工件】对话框

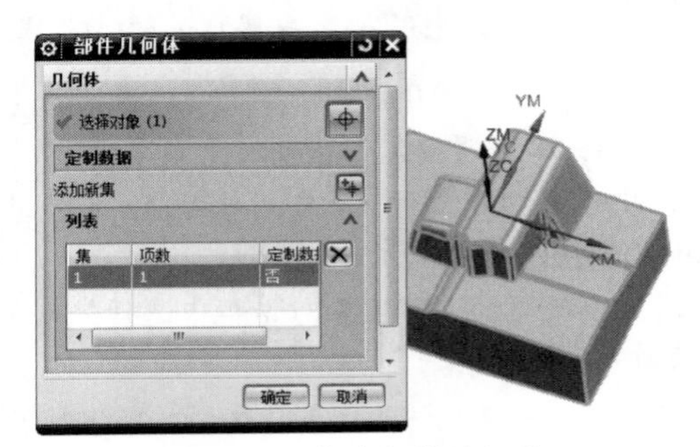

图 15-8　指定部件几何体

步骤 07 选取部件几何体后返回【工件】对话框。此时单击【指定毛坯】按钮，在弹出的对话框【类型】下拉列表框中选择【包容块】选项，此处将【ZM+】文本框中输入值设置为“5mm”，单击【确定】按钮，如图 15-9 所示。

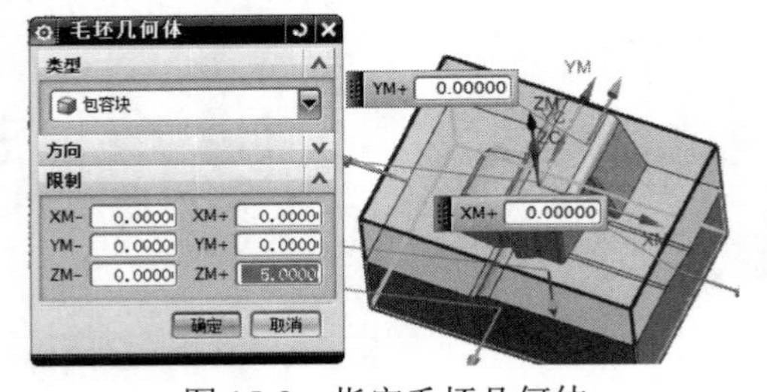

图 15-9　指定毛坯几何体

步骤 08 在【导航器】工具栏中单击【机床视图】按钮，切换导航器中的视图模式。然后在【创建】工具栏中单击【创建刀具】按钮，弹出【创建刀具】对话框，在【类型】下拉列表框中选择【mill_contour】选项。按照图 15-10 所示的步骤新建名称为 T1_D20R1 的端铣刀，并按照实际设置刀具参数。

步骤 09 同上步，按照图 15-11 所示的新建名称为 T2_D10R1 的端铣刀，并按照实际设置刀具参数。

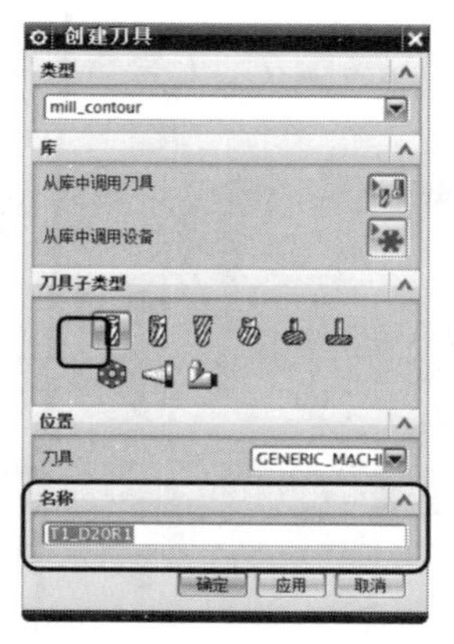

（a）【创建刀具】对话框

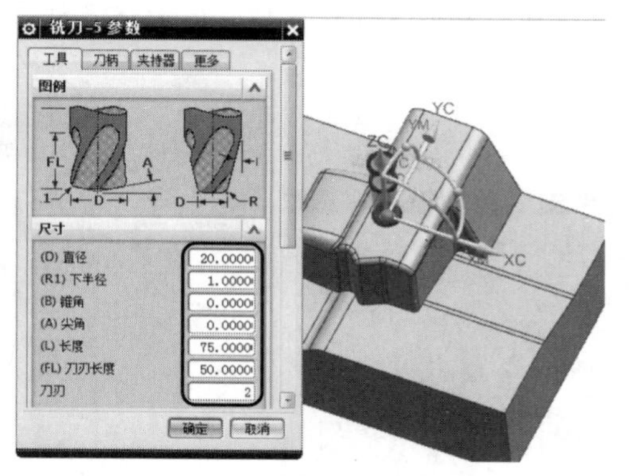

（b）参数设置对话框

图 15-10　创建 T1_ D20R1 的端铣刀

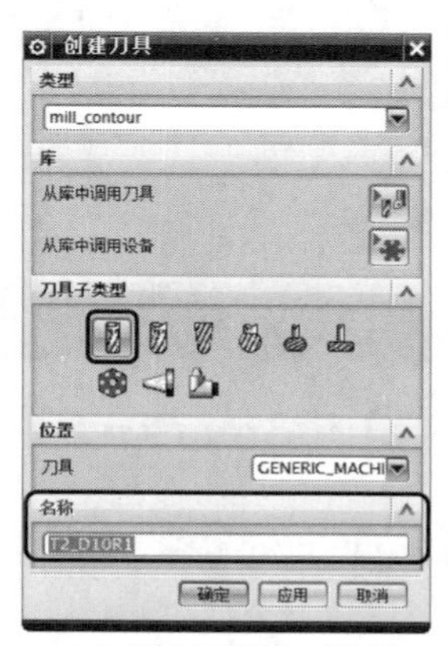

（a）【创建刀具】对话框

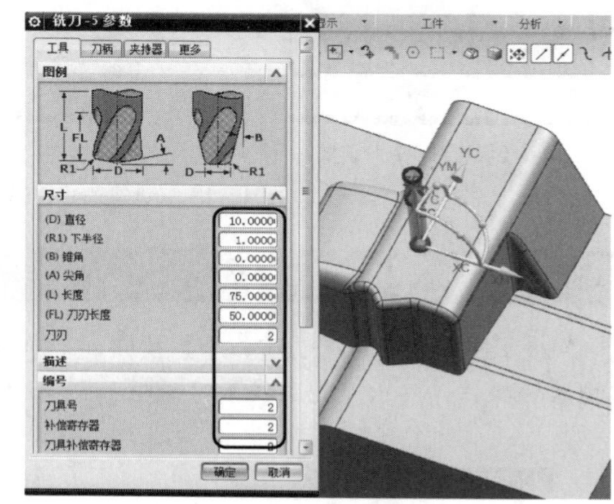

（b）参数设置对话框

图 15-11　创建 T2_D10R1 的端铣刀

步骤 10 同上步，按照图 15-12 所示的新建名称为 T3_B8 的端铣刀，并按照实际设置刀具参数。

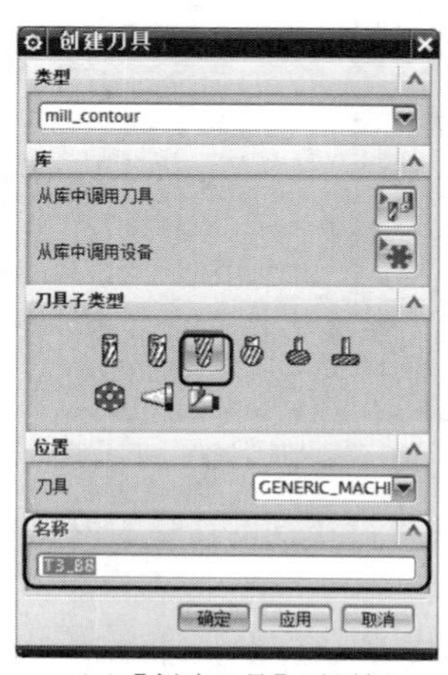

（a）【创建刀具】对话框

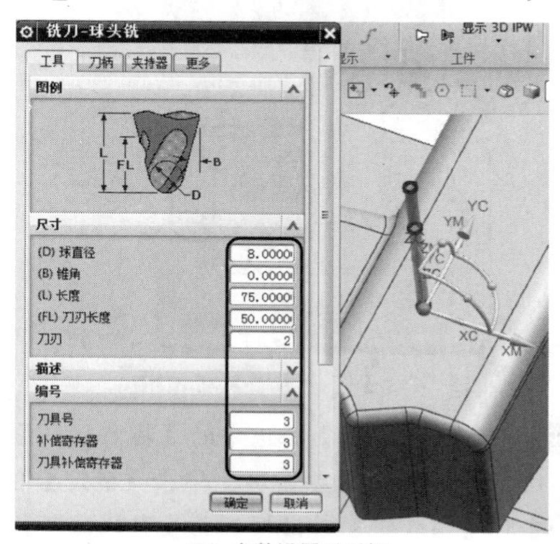

（b）参数设置对话框

图 15-12　创建 T3_B8 的端铣刀

步骤 11 同上步，按照图 15-13 所示的新建名称为 T4_D3R0.5 的端铣刀，并按照实际设置刀具参数。

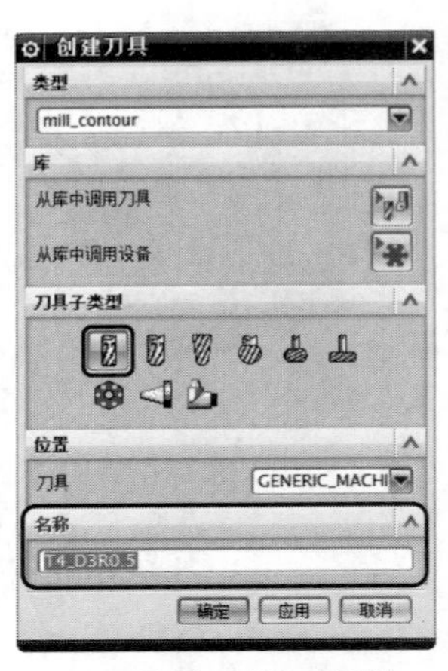
(a)【创建刀具】对话框

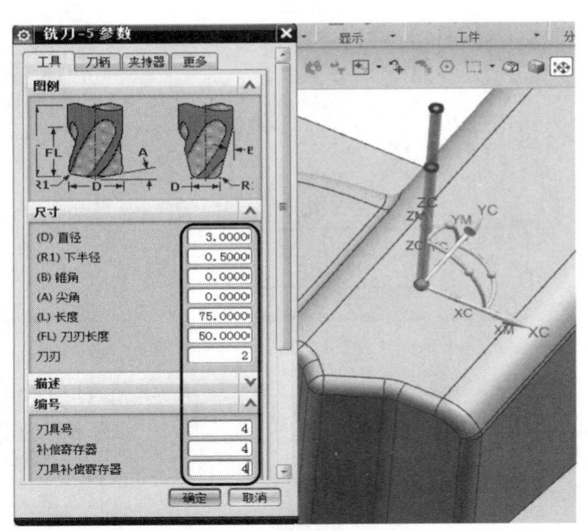
(b) 参数设置对话框

图 15-13 创建 T4_D3R0.5 的端铣刀

15.5 型腔铣粗加工

步骤 01 单击【主页】下的【创建工序】按钮，弹出【创建工序】对话框，再按照图 15-14 所示创建型腔铣操作，弹出【型腔铣】对话框如图 15-15 所示。

图 15-14 【创建工序】对话框

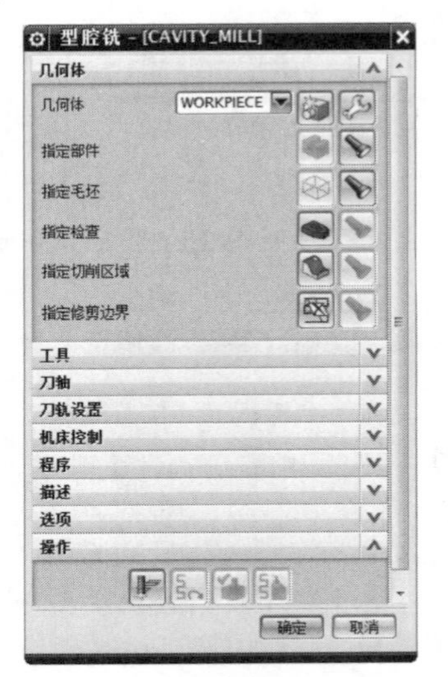
图 15-15 【型腔铣】对话框

步骤 02 单击【几何体】面板中的【指定切削区域】按钮，将弹出【切削区域】对话框，选择图 15-16 所示的面为切削区域，单击【确定】按钮。

步骤 03 对【型腔铣】对话框下的【刀轨设置】面板按照图 15-17 所示的参数进行设置。

步骤 04【进给率和速度】对话框参数设置如图 15-18 所示，输入数值后按回车键，然后单击按钮，再单击【确定】按钮。

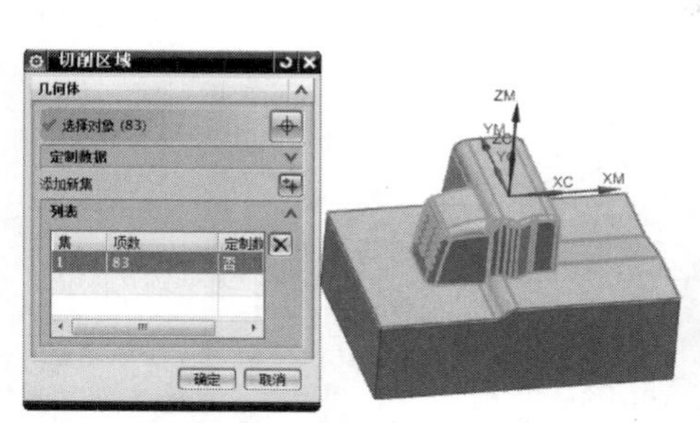

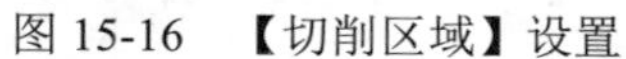
图 15-16　【切削区域】设置

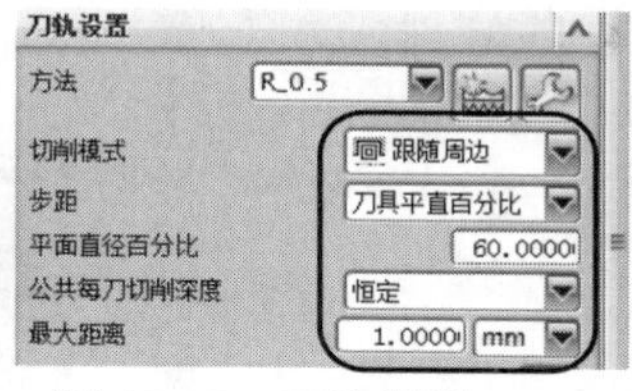

图 15-17　刀轨设置

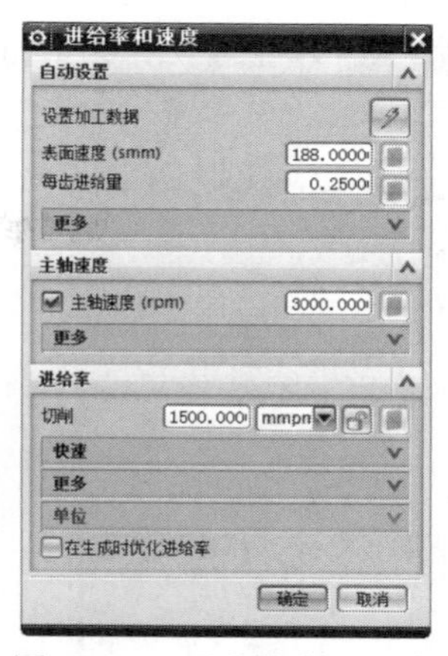

图 15-18　【进给率和速度】参数设置

步骤 05 在【操作】面板中单击【生成】按钮，系统将自动生成加工刀具路径，效果如图 15-19 所示。

步骤 06 单击该面板中的【确认刀轨】按钮，在弹出的【刀轨可视化】对话框中展开【2D 动态】选项卡，再单击【播放】按钮，系统将以实体的方式进行切削仿真，效果如图 15-20 所示。

图 15-19　生成刀轨

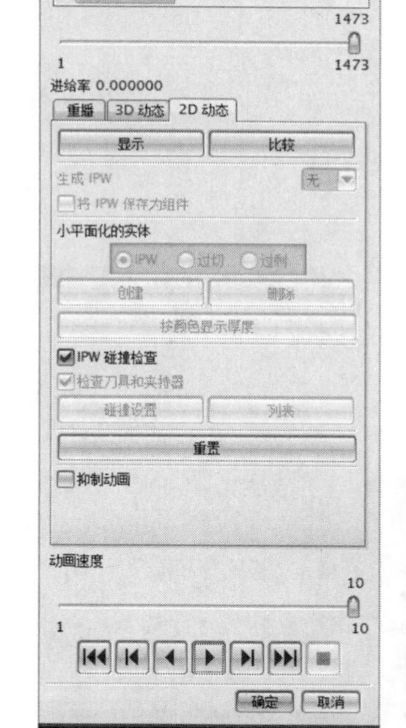

（a）【刀轨可视化】对话框

（b）2D 切削仿真结果

图 15-20　刀轨可视化仿真

15.6　剩余铣二次粗加工

步骤 01 单击【主页】下的【创建工序】按钮，弹出【创建工序】对话框，再按照图 15-21 所示创建剩余铣操作，弹出【剩余铣】对话框，如图 15-22 所示。

步骤 02 单击【几何体】面板中的【指定切削区域】按钮，将弹出【切削区域】对话框，选择图 15-23 所示的面为切削区域，单击【确定】按钮。

图 15-21 【创建工序】对话框

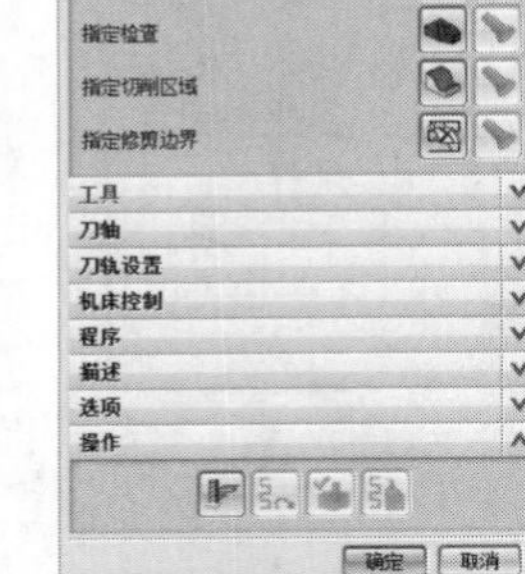

图 15-22 【剩余铣】对话框

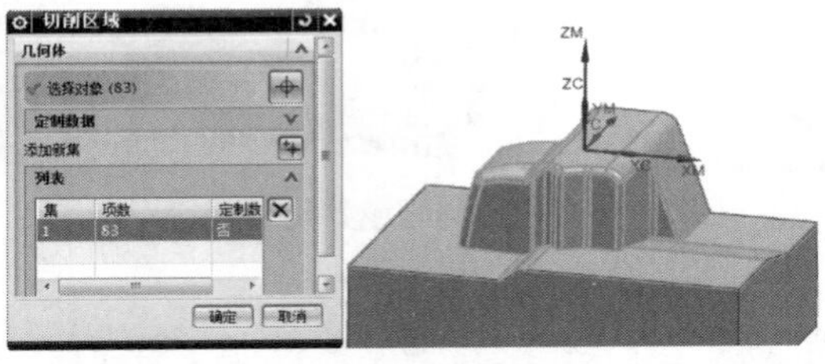

图 15-23 【切削区域】设置

步骤 03 对【剩余铣】对话框下的【刀轨设置】面板按照图 15-24 所示的参数进行设置。

步骤 04 【切削参数】对话框参数设置如图 15-25 所示。

步骤 05 【进给率和速度】对话框参数设置如图 15-26 所示，生成优化后单击【确定】按钮。

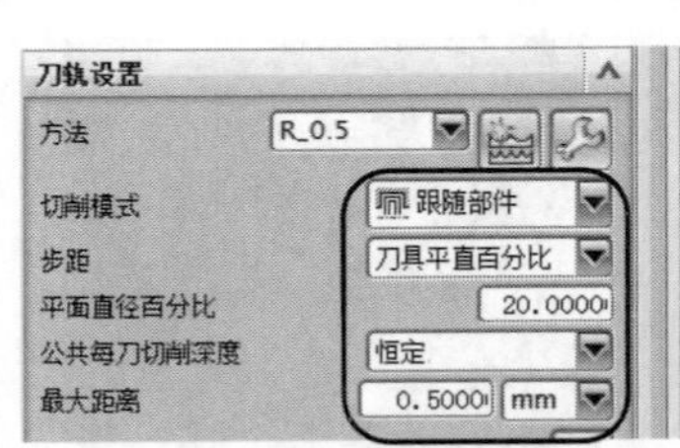

图 15-24 刀轨设置

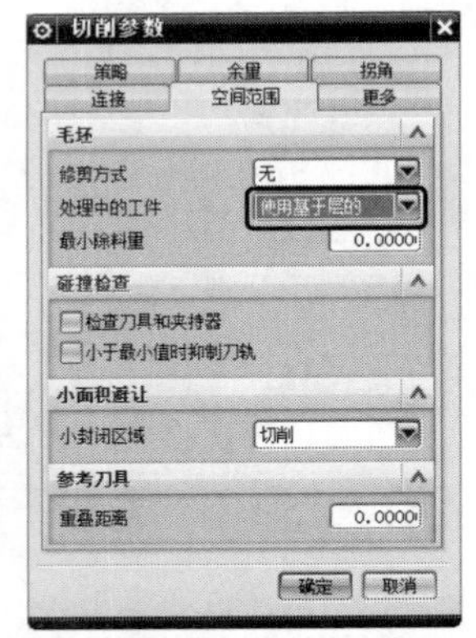

图 15-25 【切削参数】设置

图 15-26 【进给率和速度】参数设置

步骤 06 在【操作】面板中单击【生成】按钮，系统将自动生成加工刀具路径，效果如图 15-27 所示。

步骤 07 单击该面板中的【确认刀轨】按钮，在弹出的【刀轨可视化】对话框中展开【2D 动态】选项卡，单击【播放】按钮，系统将以实体的方式进行切削仿真，效果如图 15-28 所示。

图 15-27 生成刀轨

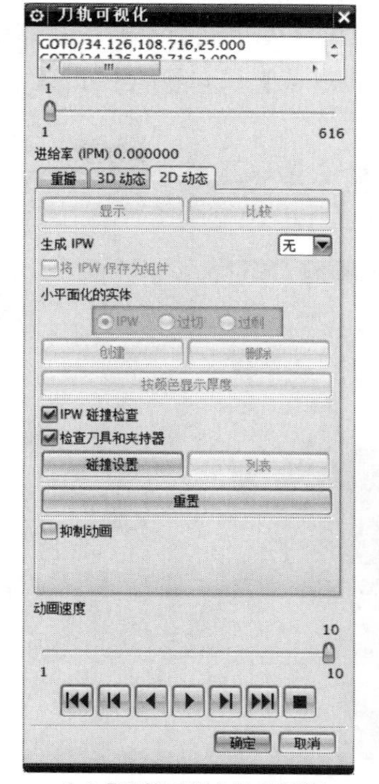

（a）【刀轨可视化】对话框

（b）2D 切削仿真结果

图 15-28 刀轨可视化仿真

15.7 深度轮廓加工半精加工

步骤 01 单击【主页】下的【创建工序】按钮，弹出【创建工序】对话框，在【类型】下拉列表框中选择【mill_planar】选项，然后按照图 15-29 所示创建深度轮廓加工操作，弹出【深度轮廓加工】对话框，如图 15-30 所示。

步骤 02 单击【几何体】面板中的【指定切削区域】按钮，将弹出【切削区域】对话框，选择图 15-31 所示的面为切削区域，并单击【确定】按钮。

图 15-29 【创建工序】对话框

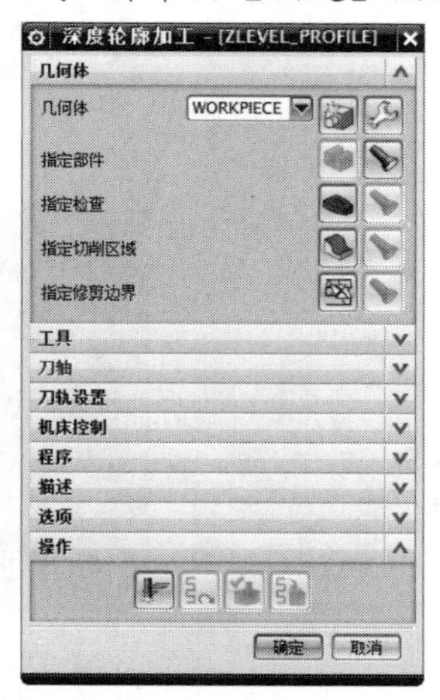

图 15-30 【深度轮廓加工】对话框

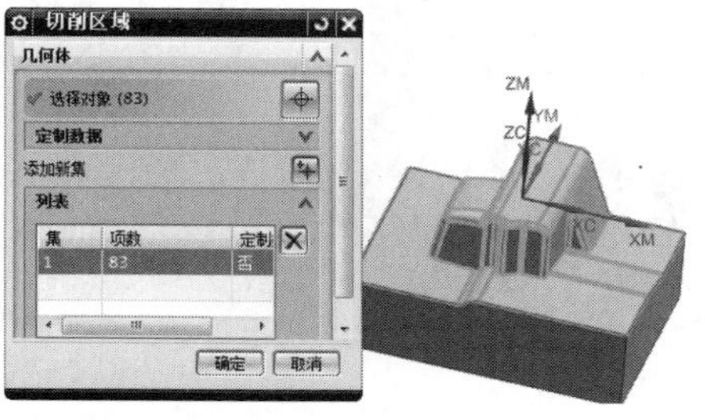

图 15-31 【切削区域】设置

步骤 03 对【深度轮廓加工】对话框中【刀轨设置】面板按照图 15-32 所示的参数进行设置。

步骤 04 在【刀轨设置】中单击【切削层】按钮，弹出【切削层】对话框，按照图 15-33 所示设置切削层参数。

步骤 05【进给率和速度】对话框参数设置如图 15-34 所示，输入数值后按回车键，然后单击按钮，再单击【确定】按钮。

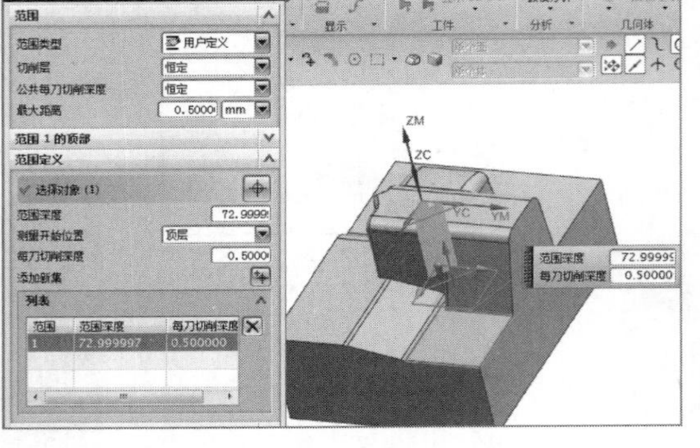

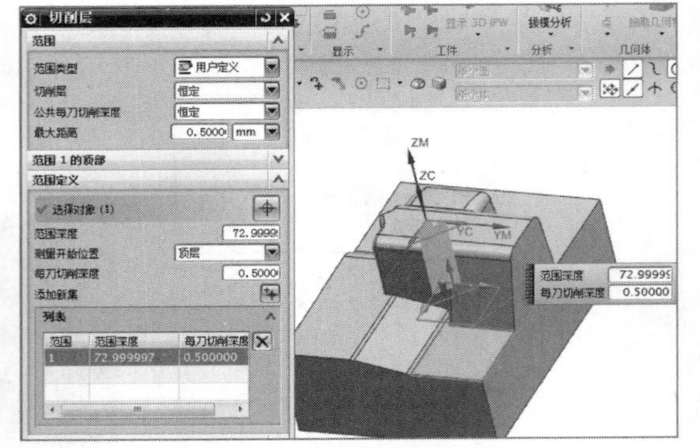

刀轨设置
方法 R_0.2
陡峭空间范围 仅陡峭的
角度 65.0000
合并距离 3.0000 mm
最小切削长度 1.0000 mm
公共每刀切削深度 恒定
最大距离 0.5000 mm

进给率和速度
自动设置
设置加工数据
表面速度 (smm) 125.0000
每齿进给量 0.2500
更多
主轴速度
主轴速度 (rpm) 4000.000
更多
进给率
切削 2000.000 mmpm
快速
更多
单位
在生成时优化进给率
确定 取消

图 15-32　刀轨设置　　图 15-33　刀轨设置　　图 15-34 【进给率和速度】参数设置

步骤 06 在【操作】面板中单击【生成】按钮，系统将自动生成加工刀具路径，效果如图 15-35 所示。

步骤 07 单击该面板中的【确认刀轨】按钮，在弹出的【刀轨可视化】对话框中展开【2D 动态】选项卡，再单击【播放】按钮，系统将以实体的方式进行切削仿真，效果如图 15-36 所示。

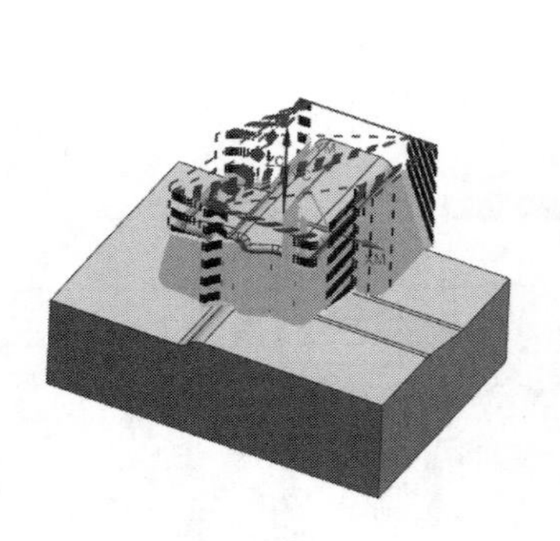

图 15-35　生成刀轨

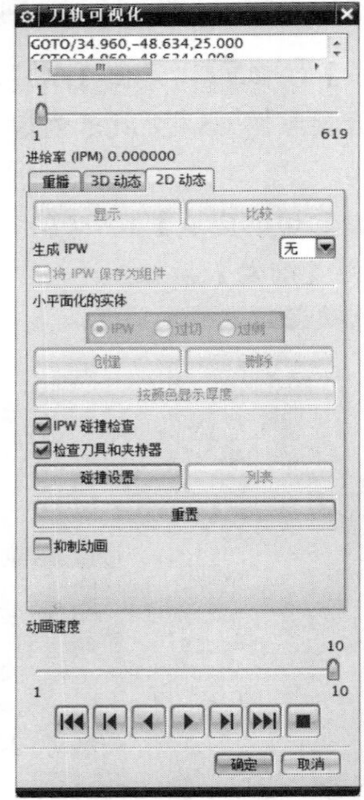

（a）【刀轨可视化】对话框

（b）2D 切削仿真结果

图 15-36　刀轨可视化仿真

15.8　固定轴轮廓域铣精加工

步骤 01 单击【主页】下的【创建工序】按钮，弹出【创建工序】对话框，再按照图 15-37 所示创建固定轴轮廓铣操作，弹出【固定轮廓铣】对话框，如图 15-38 所示。

步骤 02 单击【几何体】面板中的【指定切削区域】按钮，将弹出【切削区域】对话框，选择图 15-39 所示的面为切削区域，并单击【确定】按钮。

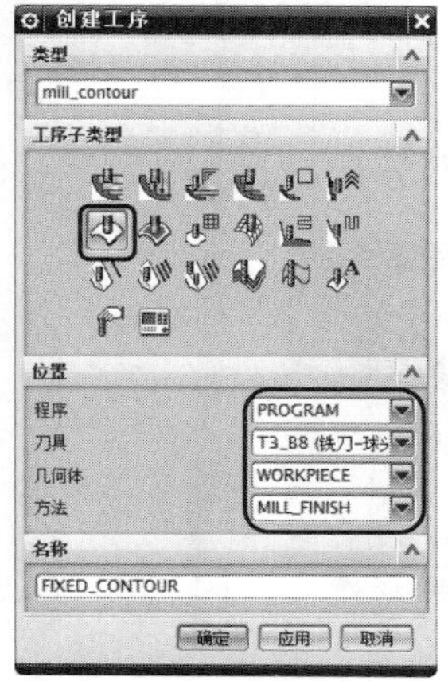

图 15-37　【创建工序】对话框

图 15-38　【固定轮廓铣】对话框

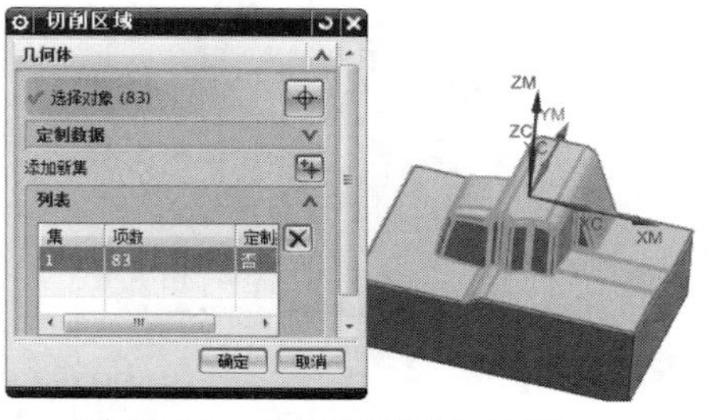

图 15-39　【切削区域】设置

步骤 03 在【驱动方法】面板中选择【区域铣削】选项，单击【编辑】按钮。将弹出【区域铣削驱动方法】对话框，按照图 15-40 所示设置参数。

步骤 04 【进给率和速度】对话框参数设置如图 15-41 所示，生成优化后单击【确定】按钮。

步骤 05 在【操作】面板中单击【生成】按钮，系统将自动生成加工刀具路径，效果如图 15-42 所示。

图 15-40　【区域铣削驱动方法】的设置

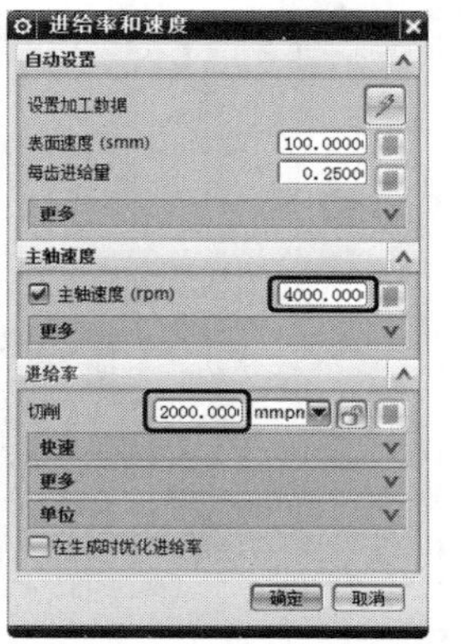

图 15-41　【进给率和速度】参数设置

图 15-42　生成刀轨

步骤 06 单击该面板中的【确认刀轨】按钮，在弹出的【刀轨可视化】对话框中展开【2D 动态】选项卡，单击【播放】按钮，系统将以实体的方式进行切削仿真，效果如图 15-43 所示。

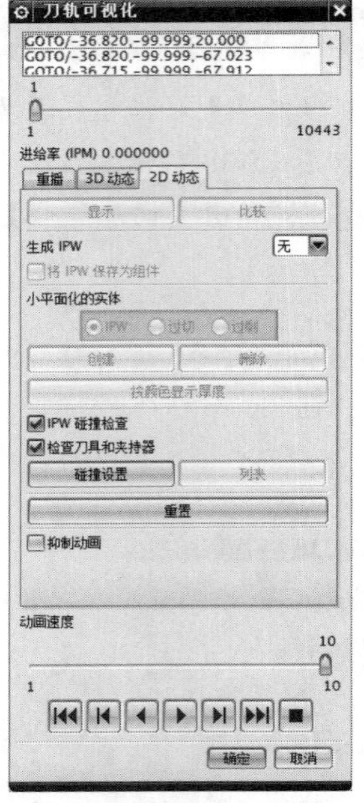

（a）【刀轨可视化】对话框

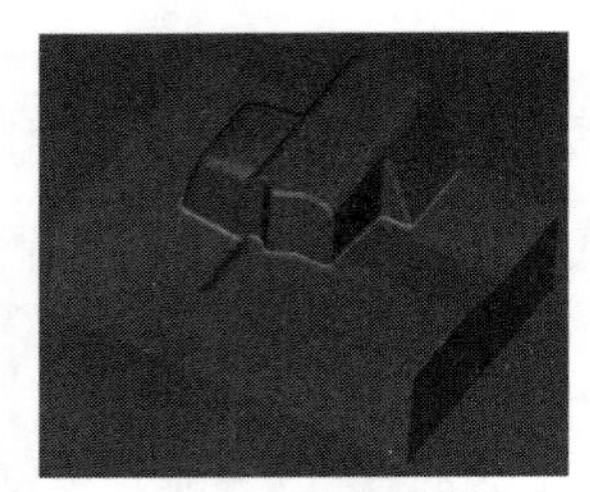

（b）2D 切削仿真结果

图 15-43　刀轨可视化仿真

15.9　清角加工

步骤 01 单击【主页】下的【创建工序】按钮，弹出【创建工序】对话框，再按照图 15-44 所示创建多刀路清根操作，弹出【多刀路清根】对话框，如图 15-45 所示。

步骤 02 在【几何体】面板中单击【指定切削区域】按钮，将弹出【切削区域】对话框，按照图 15-46 所示设置切削区域。

图 15-44　【创建工序】对话框

图 15-45　【多刀路清根】对话框

图 15-46　【切削区域】的设置

步骤 03 在【多刀路清根】对话框的【驱动设置】面板中按照图 15-47 所示的参数进行设置。

步骤 04 【进给率和速度】对话框参数设置如图 15-48 所示，生成优化后单击【确定】按钮。

步骤 05 在【操作】面板中单击【生成】按钮，系统将自动生成加工刀具路径，效果如图 15-49 所示。

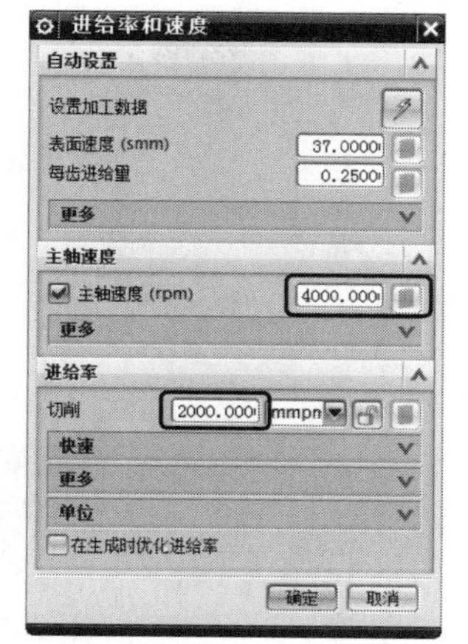

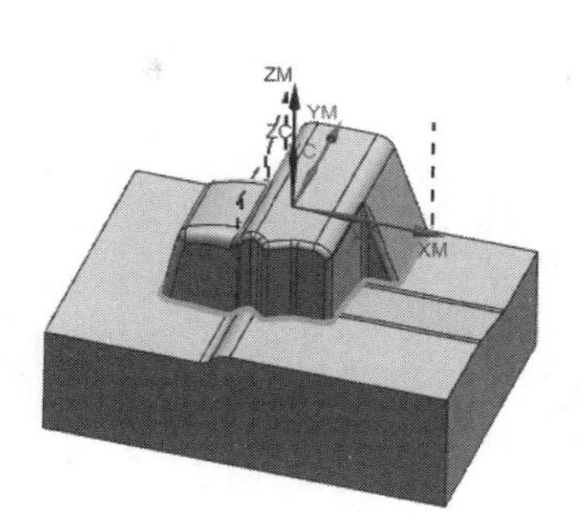

图 15-47　【驱动设置】的参数

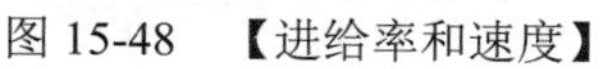
图 15-48　【进给率和速度】参数设置

图 15-49　生成刀轨

步骤 06 单击该面板中的【确认刀轨】按钮，在弹出的【刀轨可视化】对话框中展开【2D 动态】选项卡，单击【播放】按钮，系统将以实体的方式进行切削仿真，效果如图 15-50 所示。

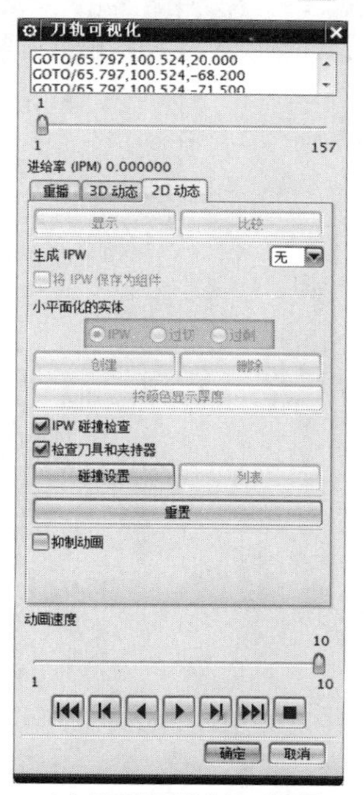

（a）【刀轨可视化】对话框

（b）2D 切削仿真结果

图 15-50　刀轨可视化仿真

15.10　模拟仿真

步骤 01 在【操作导航器】中 WORKPIECE 节点上右击，在弹出的菜单中选择【刀轨】|【确认】命令，如图 15-51 所示。

步骤 02 在弹出的【刀轨可视化】对话框中，如图 15-52 所示，单击【2D 动态】选项卡，再单击【播放】按钮▶，系统将以实体的方式进行切削仿真，效果如图 15-53 所示。

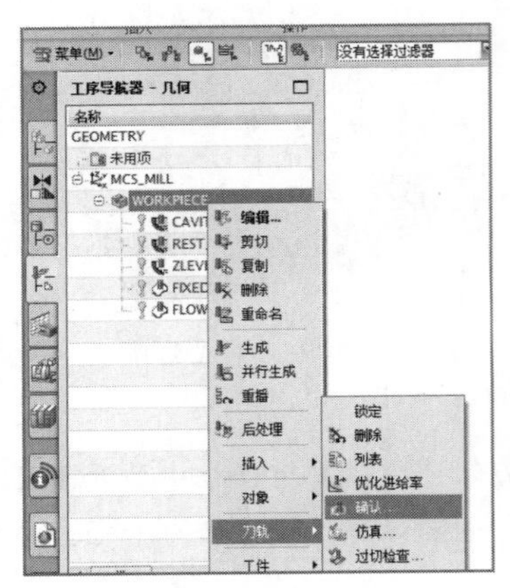

图 15-51　刀轨确认

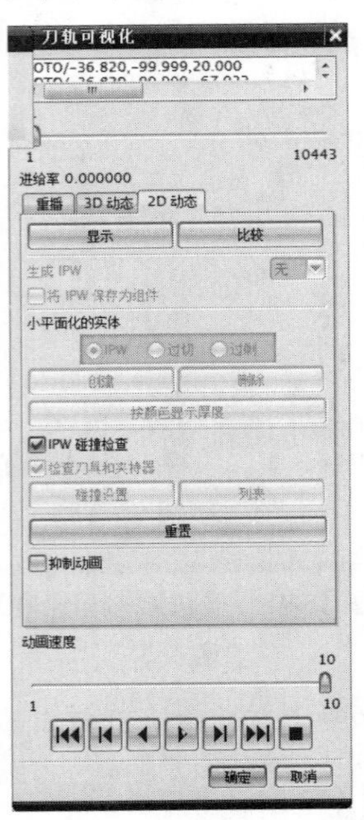

图 15-52　刀轨可视化仿真

图 15-53　模拟仿真结果

第 16 章 塑料凳后模加工

16.1 加工工艺规划

本实例讲述的是塑料凳后模加工，对于复杂的模具加工来说，除了要安排合理的工序外，同时应该特别注意模具的材料和加工精度以及粗精加工工序的安排，以免影响零件的精度。该零件的模型如图 16-1 所示，其加工工艺路线如图 16-2 所示。

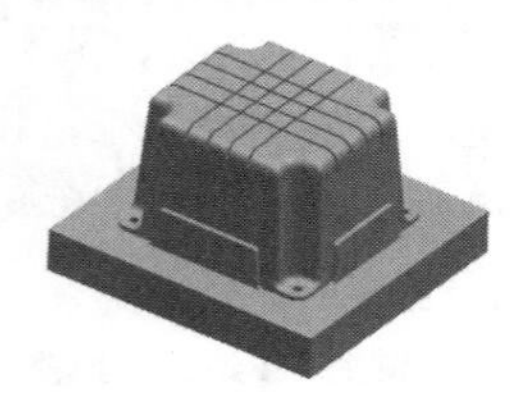

图 16-1 塑料凳模型

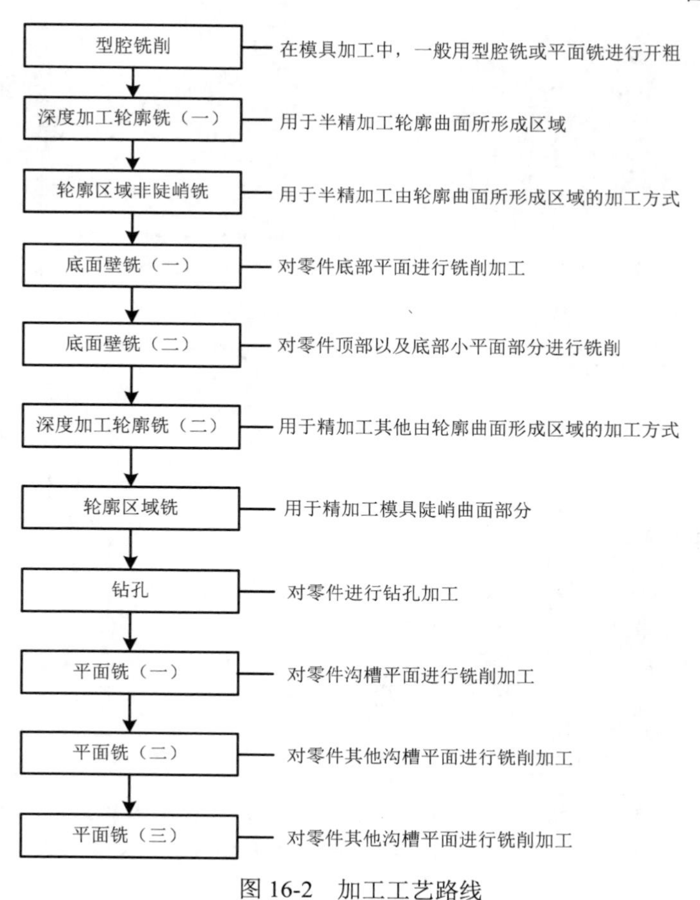

图 16-2 加工工艺路线

	开始素材	Prt_start\chapter16\ 16.1.prt
	结果素材	Prt _result\chapter16\ 16.1.prt
	视频位置	Movie\chapter 16\ 16.1.avi

16.2 设定父节点组

步骤 01 启动 UG NX 10.0 软件，单击【打开文件】按钮，在弹出的对话框中选择本书配套资源文件 16.1prt，单击【确定】按钮打开该文件。

步骤 02 依次选择【文件】|【应用模块】|【加工】命令，进入加工环境，或者通过快捷键【Ctrl+Alt+M】快速进入加工环境。

步骤 03 在弹出的【加工环境】对话框中选择铣削加工，单击【确定】按钮进入铣削加工环境，如图 16-3 所示。

步骤 04 将视图调至【几何视图】，双击工序导航器中的坐标系设置按钮，弹出图 16-4 所示的坐标系设置对话框，输入安全距离 10mm，然后单击【CSYS】按钮，在弹出的【CSYS】对话框的【类型】下拉列表框中选择【对象的 CSYS】选项，并选择图 16-5 所示的面为选择对象，单击【确定】按钮。

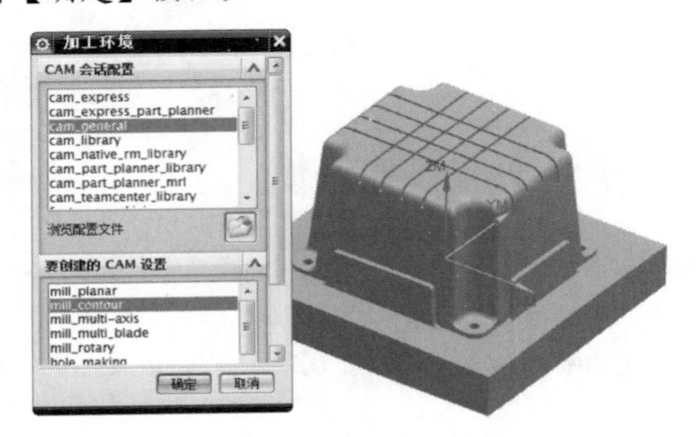

图 16-3 【加工环境】

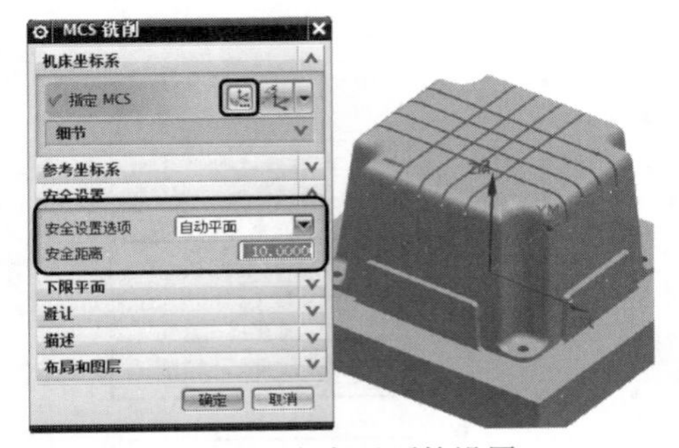

图 16-4 安全平面的设置

步骤 05 双击工序导航器下的 WORKPIECE 图标，然后在图 16-6 所示的对话框中单击【指定部件】按钮，并在新弹出的对话框中选择图 16-7 所示的模型为几何体。

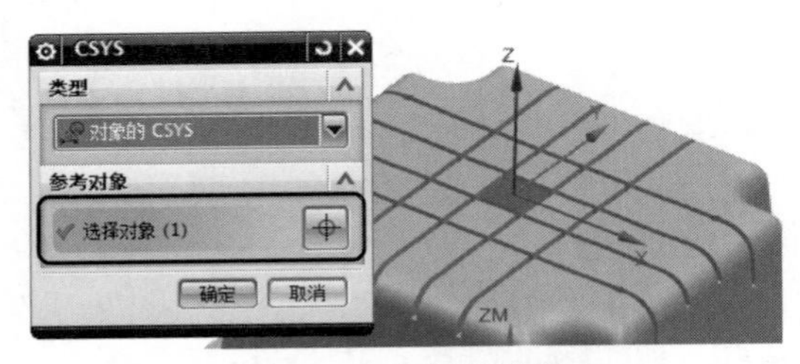

图 16-5 坐标系设置

图 16-6 【工件】对话框

步骤 06 选择部件几何体后返回【工件】对话框。此时单击【指定毛坯】按钮，并在弹出的对话框【类型】下拉列表框中选择【包容块】选项，此处在【ZM+】文本框中输入值为“10mm”，并单击【确定】按钮，如图 16-8 所示。

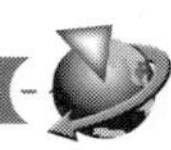

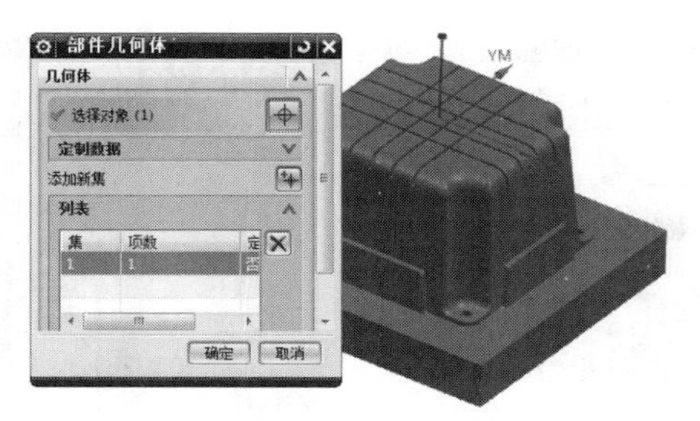

图 16-7　指定部件几何体

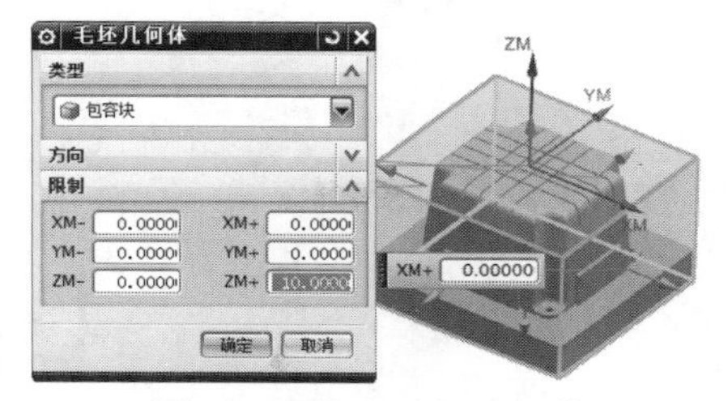

图 16-8　指定毛坯几何体

步骤 07 在【导航器】工具栏中单击【机床视图】按钮，切换导航器中的视图模式。然后在【创建】工具栏中单击【创建刀具】按钮，弹出【创建刀具】对话框，在【类型】下拉列表框中选择【mill_contour】选项。按照图 16-9 所示的步骤新建名称为 T1_D30 的端铣刀，并按照实际设置刀具参数。

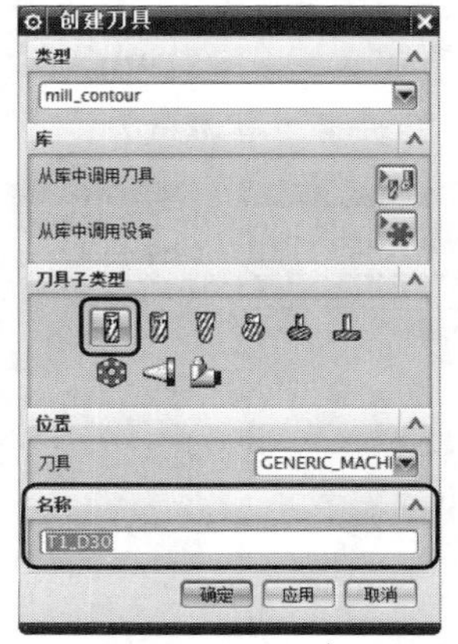

（a）【创建刀具】对话框

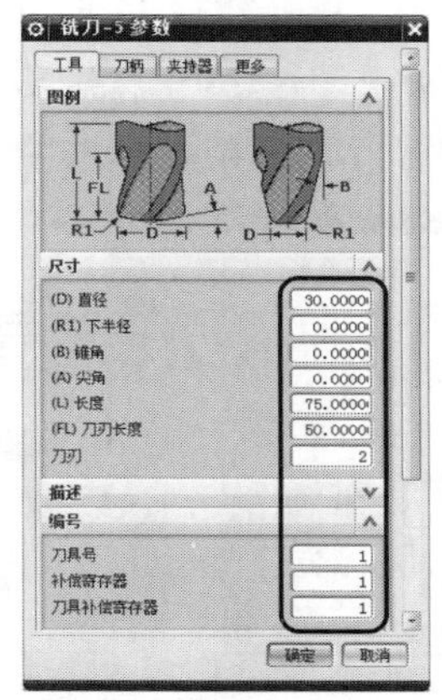

（b）参数设置对话框

图 16-9　创建 T1_ D30 的端铣刀

步骤 08 同上步，按照图 16-10 所示的新建名称为 T2_B20 的球头刀，并按照实际设置刀具参数。

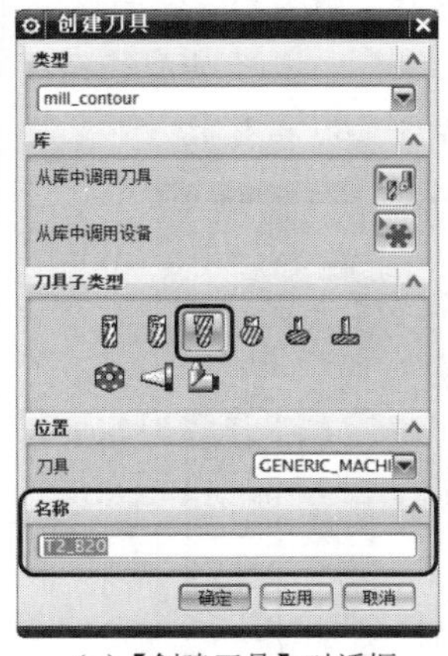

（a）【创建刀具】对话框

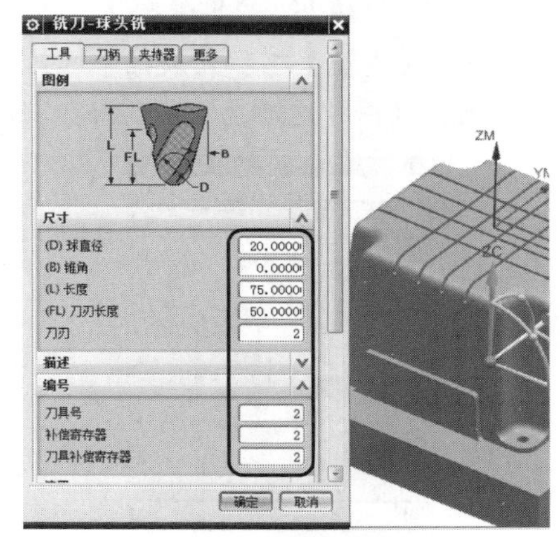

（b）参数设置对话框

图 16-10　创建 T2_B20 的球头刀

步骤 09 同上步，按照图 16-11 所示的新建名称为 T3_D12 的端铣刀，并按照实际设置刀具参数。

步骤 10 同上步，按照图 16-12 所示的新建名称为 T4_D10R2 的端铣刀，并按照实际设置刀具参数。

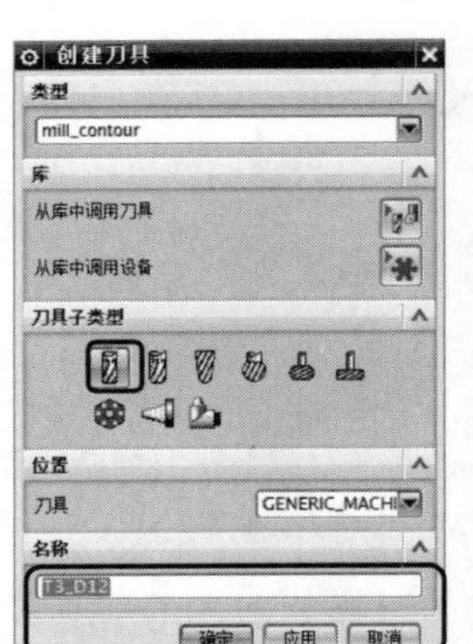

（a）【创建刀具】对话框

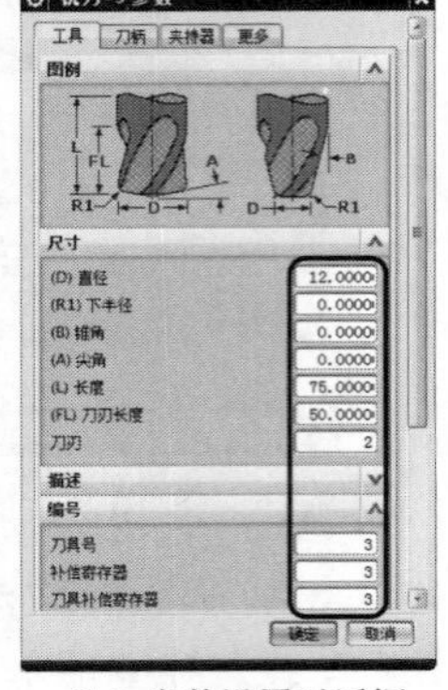

（b）参数设置对话框

图 16-11　创建 T3_D12 的端铣刀

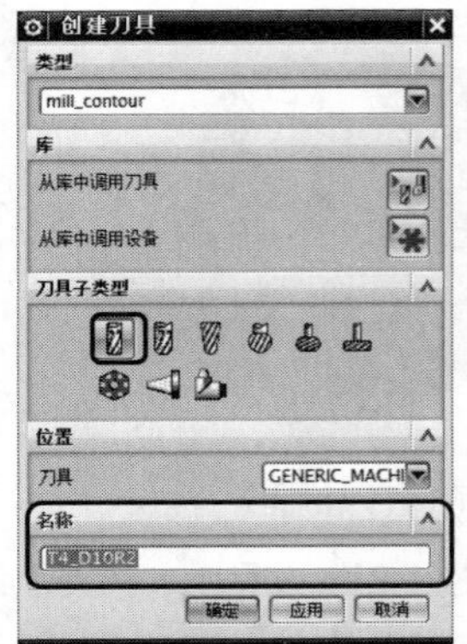

（a）【创建刀具】对话框

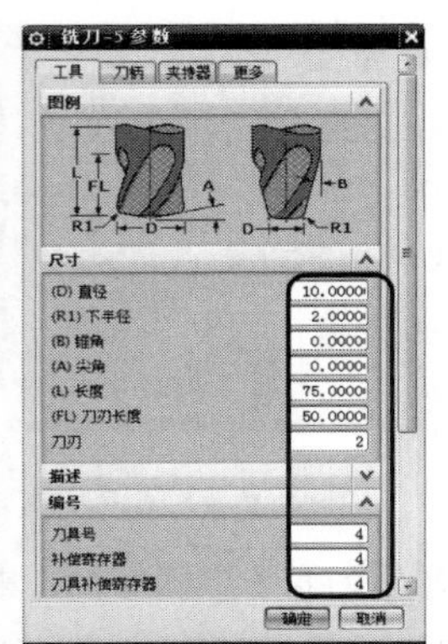

（b）参数设置对话框

图 16-12　创建 T4_ D10R2 的球头刀

步骤 11 同上步，按照图 16-13 所示的新建名称为 T5_B8 的球头刀，并按照实际设置刀具参数。

步骤 12 设置刀具【类型】下拉列表框中选择【drill】选项，刀具子类型选择【DRILLING_TOOL】，按照图 16-14 所示的新建名称为 T6_D5 的钻孔刀，并按照实际设置刀具参数。

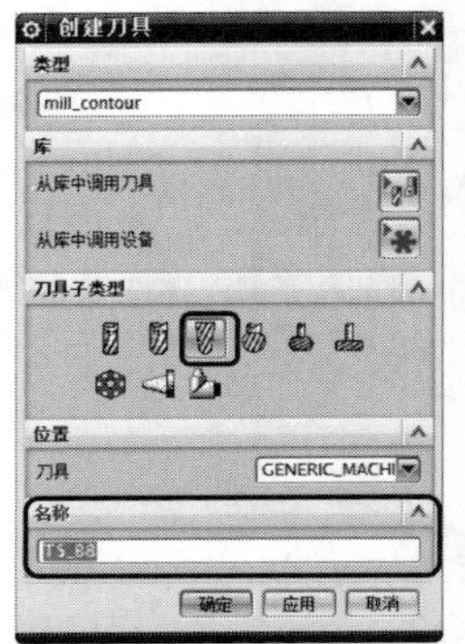

（a）【创建刀具】对话框

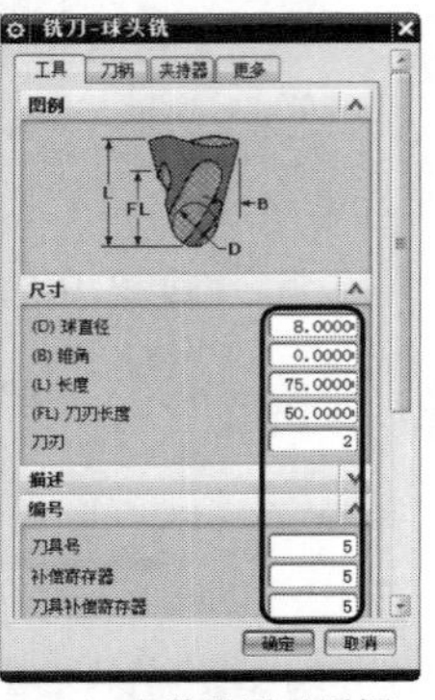

（b）参数设置对话框

图 16-13　创建 T5_B8 的球头刀

（a）【创建刀具】对话框

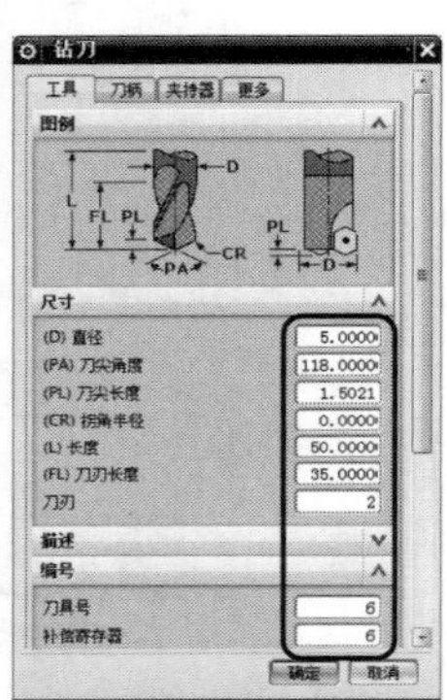

（b）参数设置对话框

图 16-14　创建 T6_D5 的钻孔刀

步骤 13 设置刀具【类型】下拉列表框中选择【mill_planar】选项，刀具子类型选择【MILL】，按照图 16-15 所示的新建名称为 T7_D3 的端铣刀，并按照实际设置刀具参数。

（a）【创建刀具】对话框

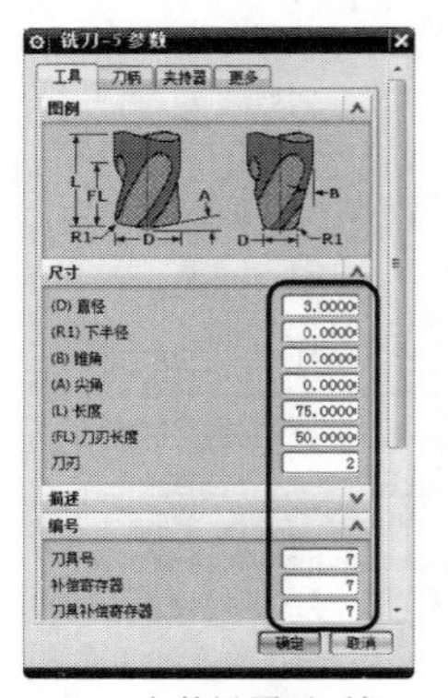

（b）参数设置对话框

图 16-15　创建 T7_D3 的端铣刀

16.3　型腔粗加工

步骤 01 单击【主页】下的【创建工序】按钮，弹出【创建工序】对话框，按照图 16-16 所示创建型腔铣操作，弹出【型腔铣】对话框，如图 16-17 所示。

步骤 02 对【型腔铣】对话框下的【刀轨设置】面板按照图 16-18 所示的参数进行设置。

步骤 03 【切削参数】对话框参数设置如图 16-19 所示。

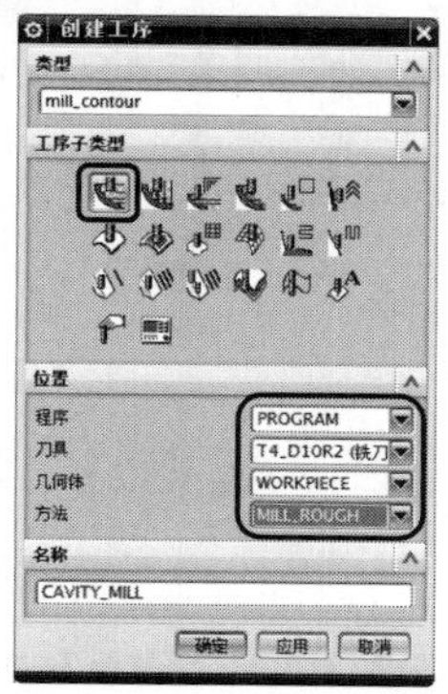

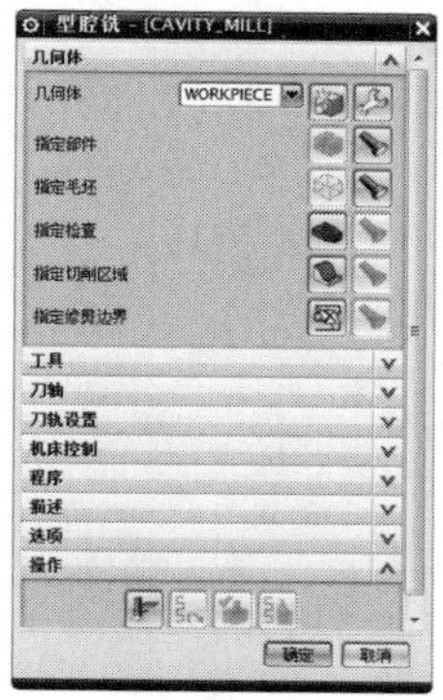

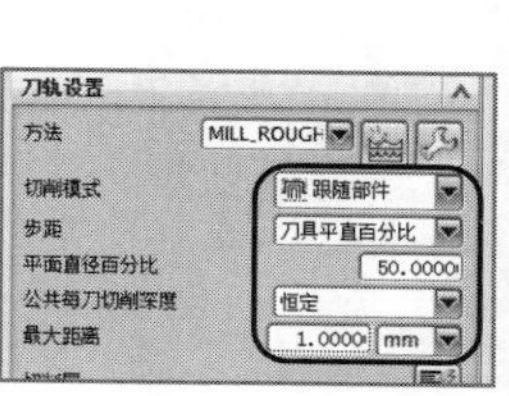

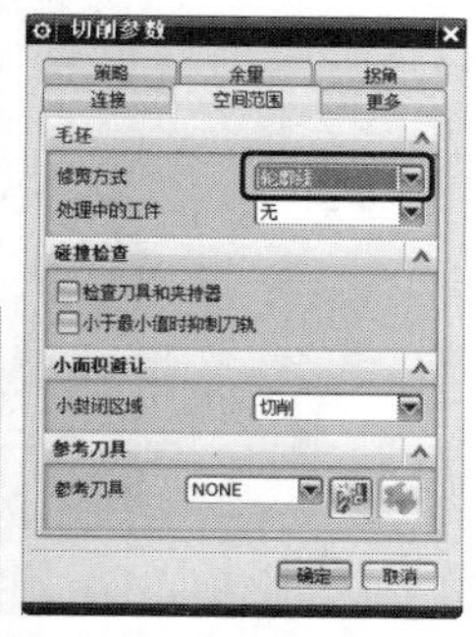

图 16-16　【创建工序】对话框　图 16-17　【型腔铣】对话框　图 16-18　刀轨设置　图 16-19　【切削参数】设置

步骤 04 【进给率和速度】对话框参数设置图 16-20 所示，输入数值后按回车键，单击按钮，再单击【确定】按钮。

步骤 05 在【操作】面板中单击【生成】按钮，系统将自动生成加工刀具路径，效果如图 16-21 所示。

步骤 06 单击该面板中的【确认刀轨】按钮，在弹出的【刀轨可视化】对话框中展开【2D 动态】选项卡，再单击【播放】按钮，系统将以实体的方式进行切削仿真，效果如图 16-22 所示。

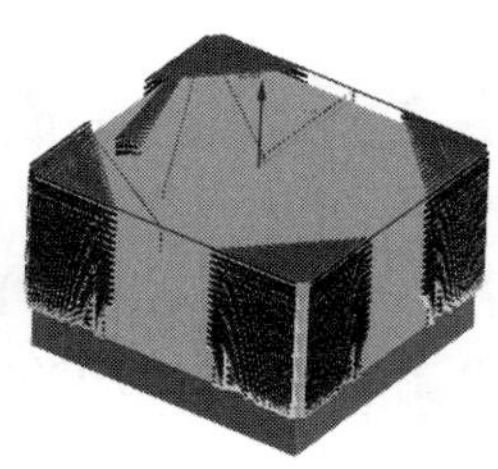

（a）【刀轨可视化】对话框　（b）2D 切削仿真结果

图 16-20　【进给率和速度】参数设置　图 16-21　生成刀轨　图 16-22　刀轨可视化仿真

16.4 深度加工轮廓铣（一）半精加工

步骤 01 单击【主页】下的【创建工序】按钮，弹出【创建工序】对话框，再按照图 16-23 所示创建深度轮廓加工操作，弹出【深度轮廓加工】对话框，如图 16-24 所示。

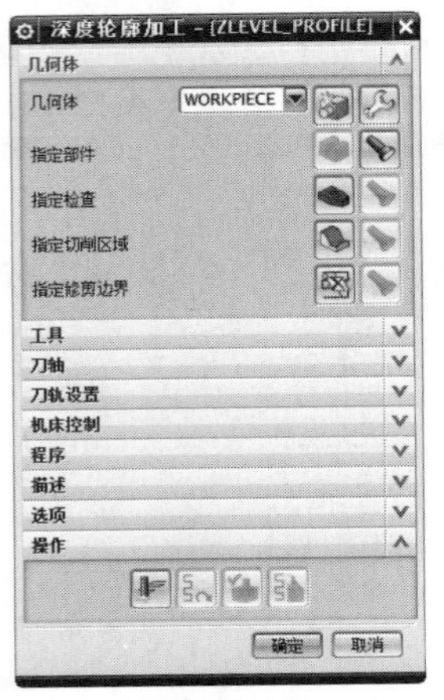

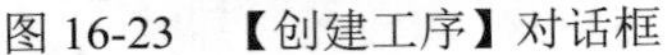

图 16-23 【创建工序】对话框　　　　图 16-24 【深度轮廓加工】对话框

步骤 02 在【几何体】面板中选择【指定切削区域】选项，单击【指定切削区域】按钮，将弹出【切削区域】对话框，按照图 16-25 所示设置切削区域，注意选择对象中包括所有孔的面。

步骤 03 对【深度轮廓加工】对话框下的【刀轨设置】面板按照图 16-26 所示的参数进行设置。

步骤 04 【切削参数】对话框参数设置如图 16-27 所示。

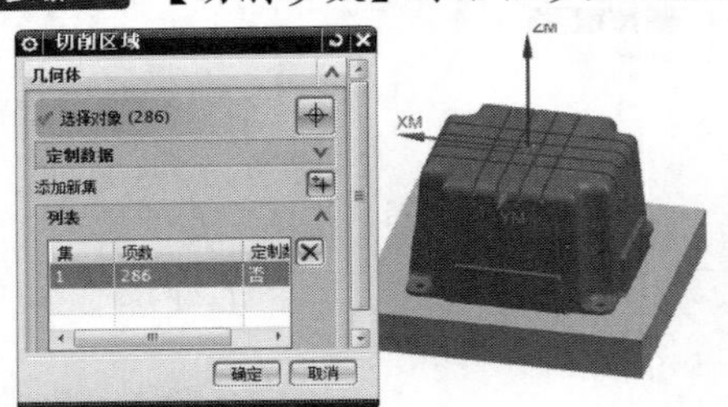

图 16-25 【切削区域】设置

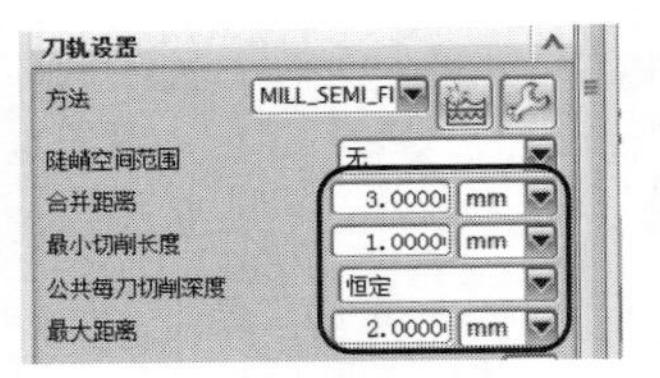

图 16-26 刀轨设置

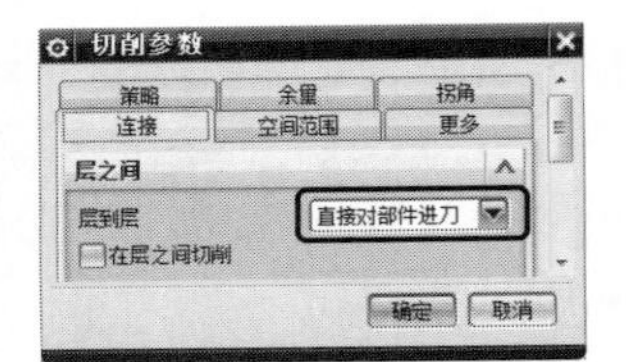

图 16-27 【切削参数】设置

步骤 05 【进给率和速度】对话框参数设置如图 16-28 所示，先输入数值后按回车键，然后单击后面按钮，再单击【确定】按钮。

步骤 06 在【操作】面板中单击【生成】按钮，系统将自动生成加工刀具路径，效果如图 16-29 所示。

步骤 07 单击该面板中的【确认刀轨】按钮，在弹出的【刀轨可视化】对话框中展开【2D 动态】选项卡，单击【播放】按钮，系统将以实体的方式进行切削仿真，效果如图 16-30 所示。

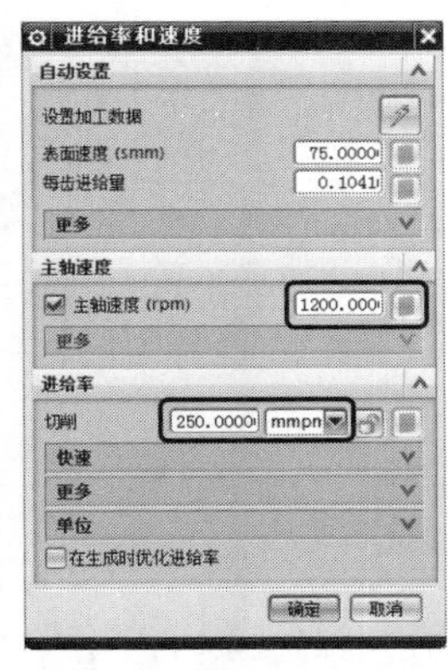

图 16-28　【进给率和速度】参数设置

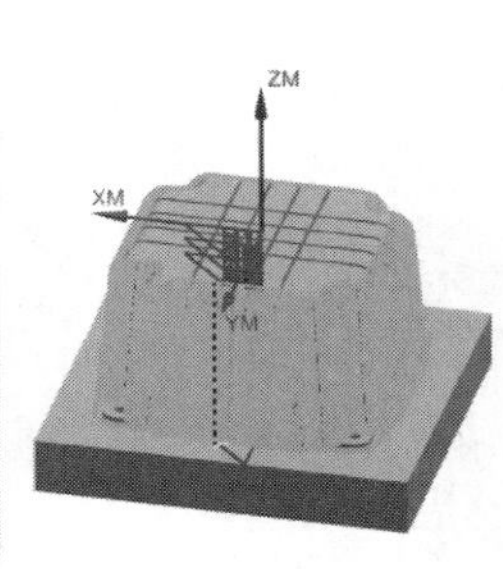

图 16-29　生成刀轨

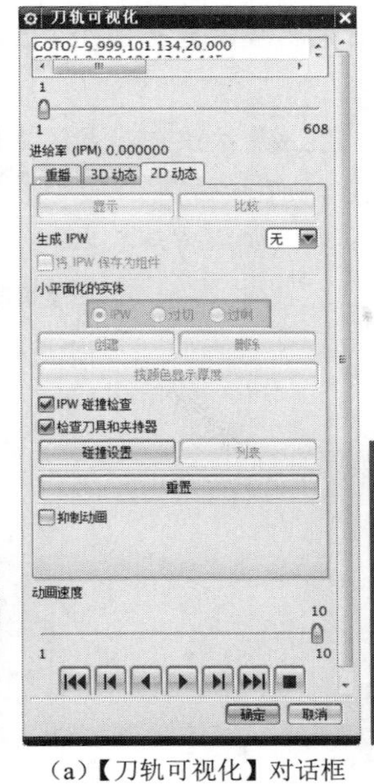

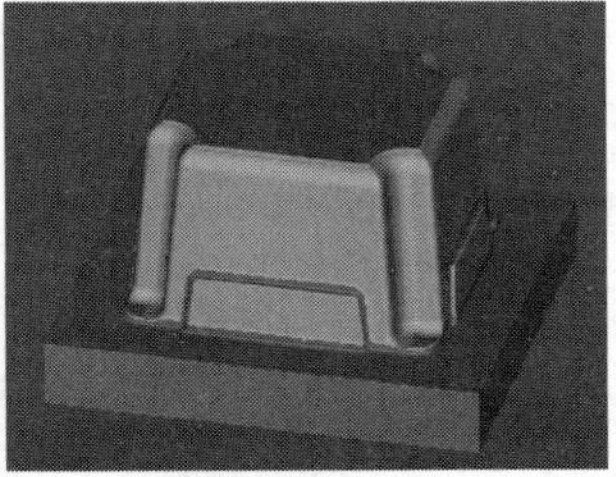

（a）【刀轨可视化】对话框　　（b）2D 切削仿真结果

图 16-30　刀轨可视化仿真

16.5　非陡峭区域轮廓铣半精加工

步骤 01 单击【主页】下的【创建工序】按钮，弹出【创建工序】对话框，在【类型】下拉列表框中选择【mill_contour】选项，再按照图 16-31 所示创建非陡峭区域轮廓铣操作，弹出【非陡峭区域轮廓铣】对话框，如图 16-32 所示。

步骤 02 单击【几何体】面板中的【指定切削区域】按钮，将弹出【切削区域】对话框，选择图 16-33 所示的面为切削区域，单击【确定】按钮。

步骤 03 在【驱动方法】面板中选择【区域铣削】选项，单击【编辑】按钮。将弹出【区域铣削驱动方法】对话框，按照图 16-34 所示设置参数。

图 16-31　【创建工序】对话框

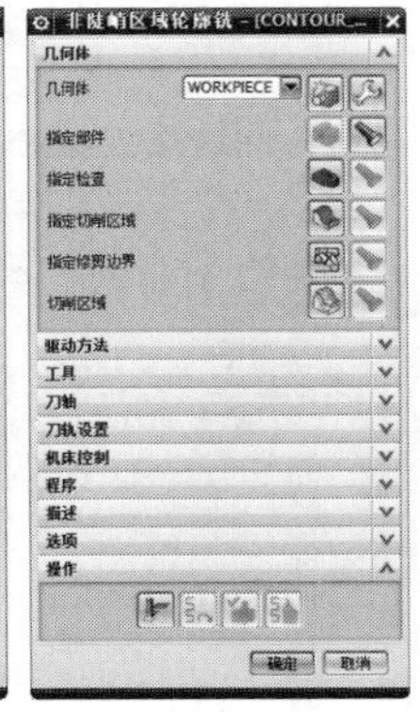
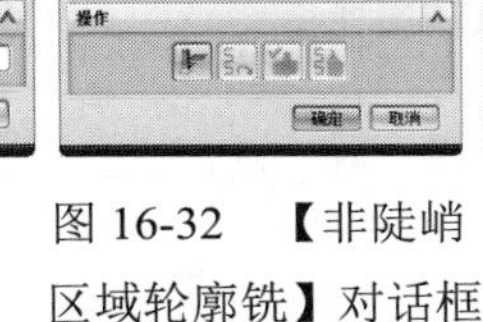

图 16-32　【非陡峭区域轮廓铣】对话框

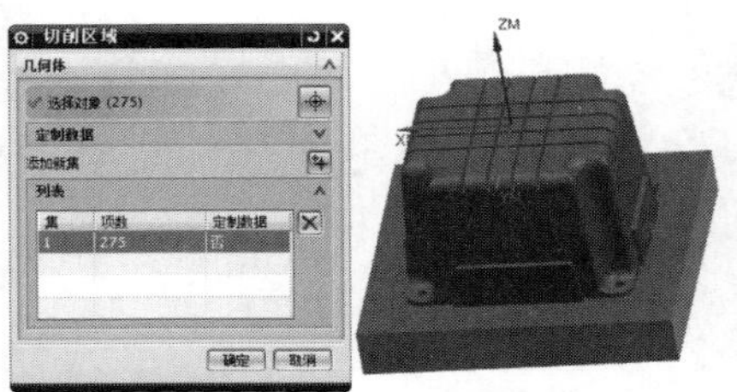

图 16-33　【切削区域】设置

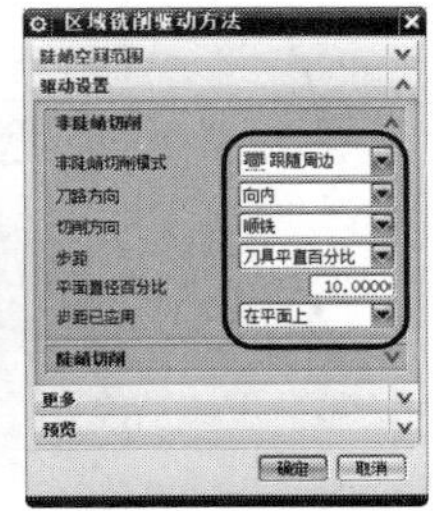

图 16-34　【区域铣削驱动方法】的设置

步骤 04 【进给率和速度】对话框参数设置如图 16-35 所示，输入数值后按回车键，单击按钮，再单击【确定】按钮。

步骤 05 在【操作】面板中单击【生成】按钮，系统将自动生成加工刀具路径，效果如图 16-36 所示。

步骤 06 单击该面板中的【确认刀轨】按钮，在弹出的【刀轨可视化】对话框中展开【2D 动态】选项卡，单击【播放】按钮，系统将以实体的方式进行切削仿真，效果如图 16-37 所示。

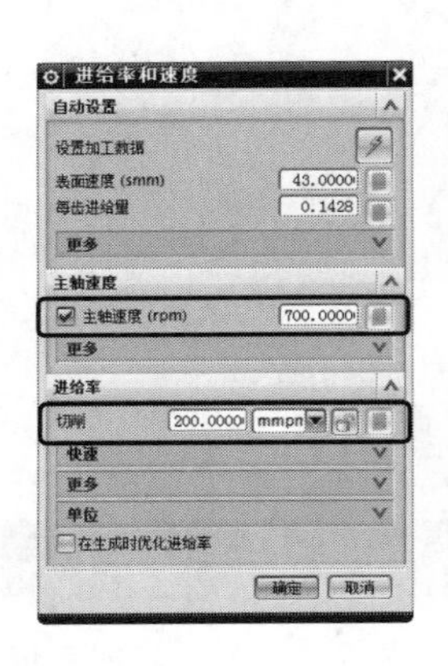

图 16-35 【进给率和速度】参数设置

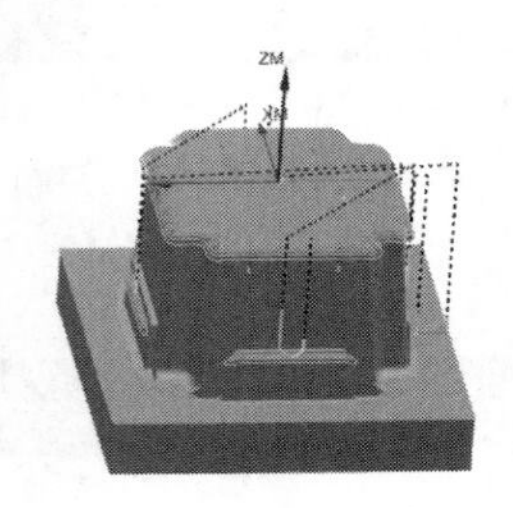

图 16-36 生成刀轨

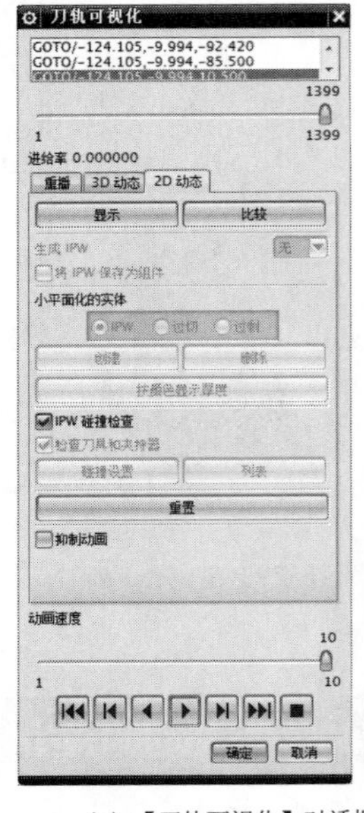

（a）【刀轨可视化】对话框

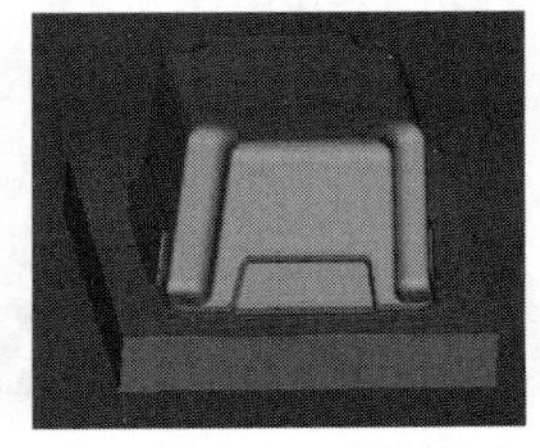

（b）2D 切削仿真结果

图 16-37 刀轨可视化仿真

16.6 底面壁铣（一）

步骤 01 单击【主页】下的【创建工序】按钮，弹出【创建工序】对话框，在【类型】下拉列表框中选择【mill_planar】选项，再按照图 16-38 所示创建底壁加工操作，弹出【底壁加工】对话框，如图 16-39 所示。

图 16-38 【创建工序】对话框

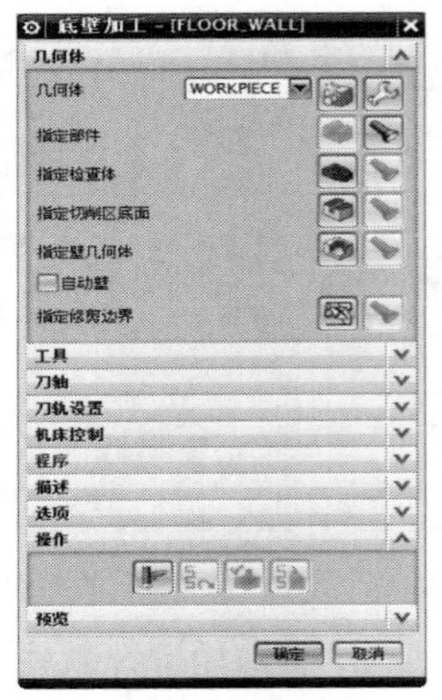

图 16-39 【底壁加工】对话框

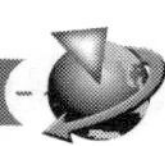

步骤 02 单击【几何体】面板中的【指定切削区域面】按钮，将弹出【切削区域】对话框，选择图 16-40 所示的面为切削区域，并单击【确定】按钮。

步骤 03 在【几何体】面板中勾选自动壁复选框，单击【指定壁几何体】右侧的显示按钮，效果如图 16-41 所示。

步骤 04 对【底壁加工】对话框下的【刀轨设置】面板按照图 16-42 所示的参数进行设置。

步骤 05 【切削参数】对话框参数设置如图 16-43 所示。

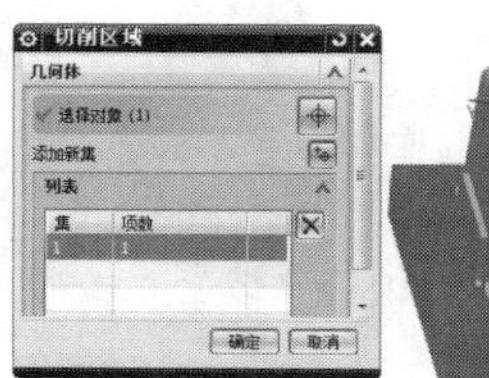

图 16-40　【切削区域】设置

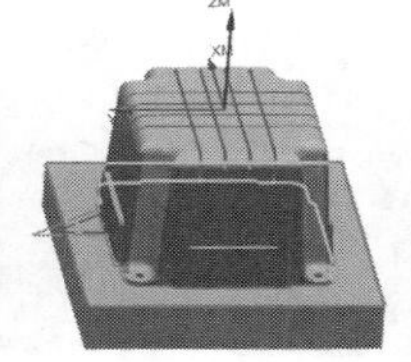

图 16-41　指定壁几何体

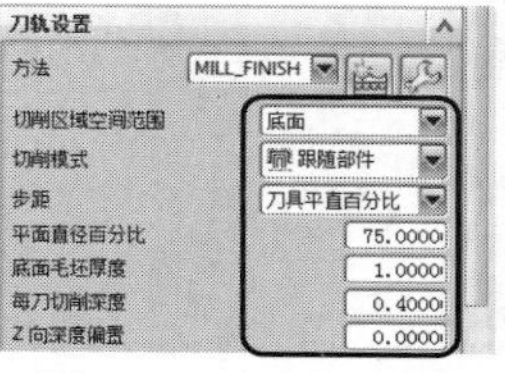

图 16-42　刀轨设置

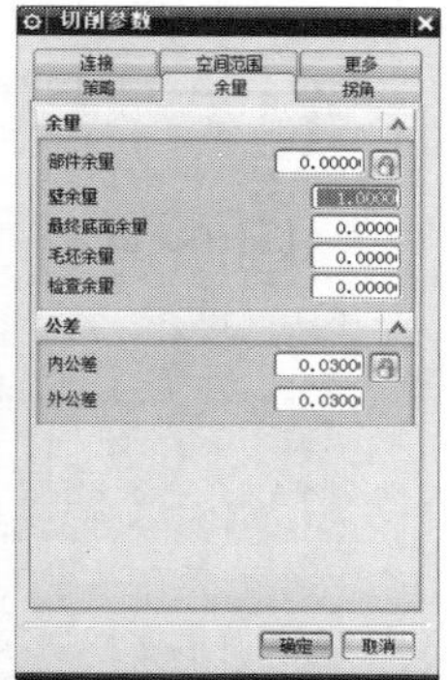

图 16-43　【切削参数】设置

步骤 06 【进给率和速度】对话框参数设置图 16-44 所示，输入数值后按回车键，然后单击按钮，单击再【确定】按钮。

步骤 07 在【操作】面板中单击【生成】按钮，系统将自动生成加工刀具路径，效果如图 16-45 所示。

步骤 08 单击该面板中的【确认刀轨】按钮，在弹出的【刀轨可视化】对话框中展开【2D 动态】选项卡，单击【播放】按钮，系统将以实体的方式进行切削仿真，效果如图 16-46 所示。

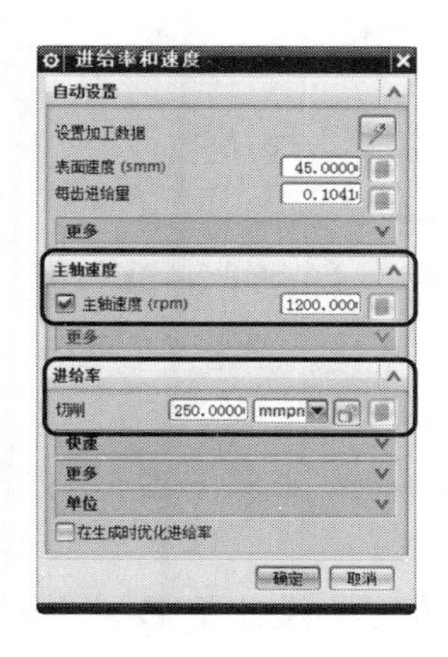

图 16-44　【进给率和速度】参数设置

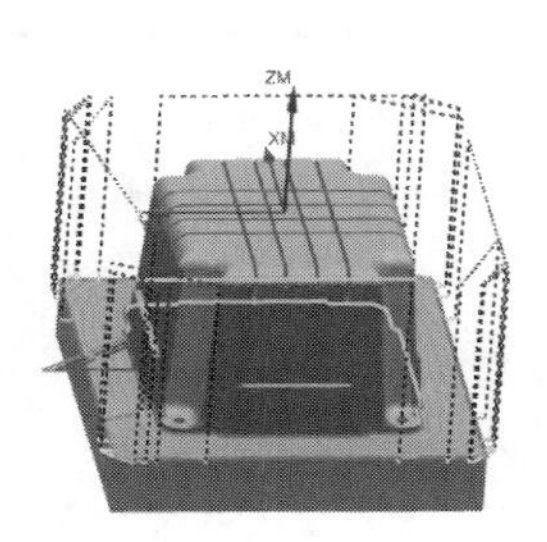

图 16-45　生成刀轨

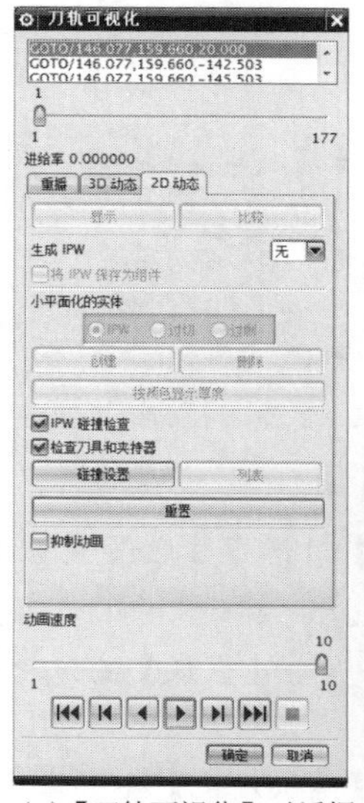

（a）【刀轨可视化】对话框

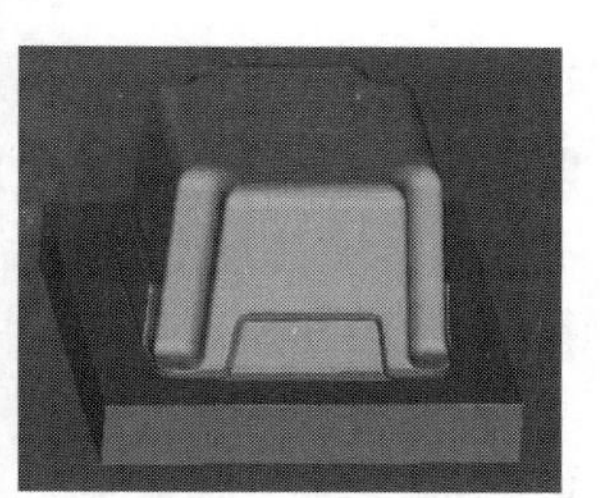

b）2D 切削仿真结果

图 16-46　刀轨可视化仿真

16.7　底面壁铣（二）

步骤 01 单击【主页】下的【创建工序】按钮，弹出【创建工序】对话框，在【类型】下拉列表框中选择【mill_planar】选项，再按照图 16-47 所示创建底壁加工操作，弹出【底壁加工】对话框，如图 16-48 所示。

图 16-47 【创建工序】对话框

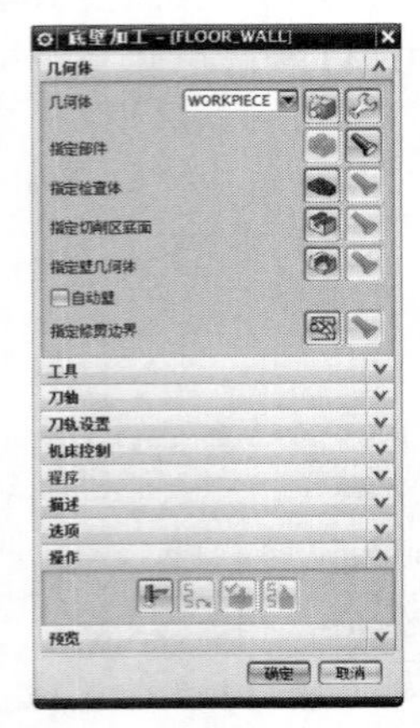

图 16-48 【底壁加工】对话框

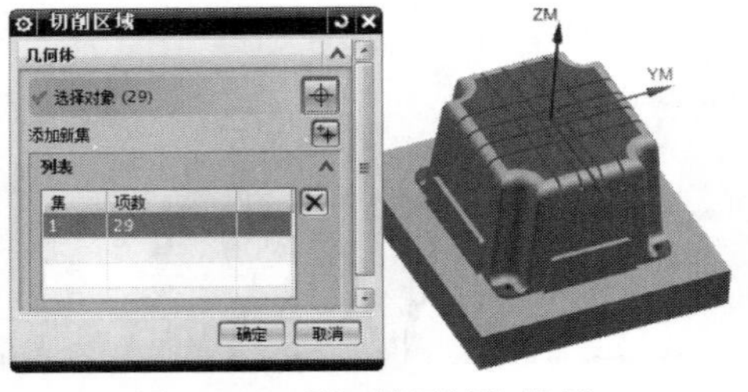

图 16-49 【切削区域】设置

步骤 02 单击【几何体】面板中单击【指定切削区域】按钮，将弹出【切削区域】对话框，选择图 16-49 所示的面为切削区域，并单击【确定】按钮。

步骤 03 在【几何体】面板中勾选自动壁复选框，单击【指定壁几何体】右侧的显示按钮，效果如图 16-50 所示。

步骤 04 【底壁加工】对话框中的【刀轨设置】面板按照图 16-51 所示的参数进行设置。

步骤 05 【切削参数】对话框参数设置如图 16-52 所示。

步骤 06 【非切削移动】对话框参数设置如图 16-53 所示。

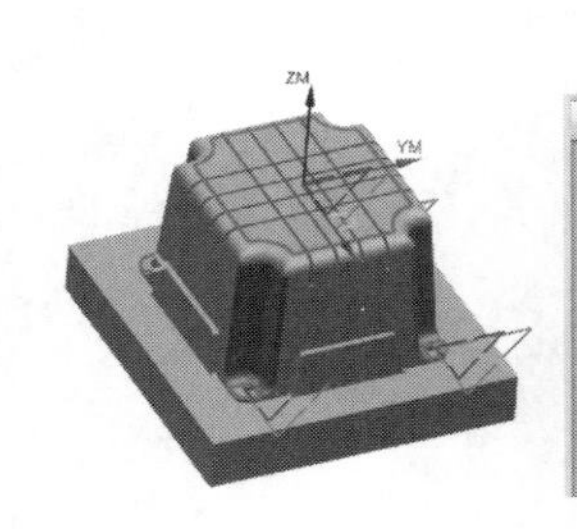

图 16-50　指定壁几何体

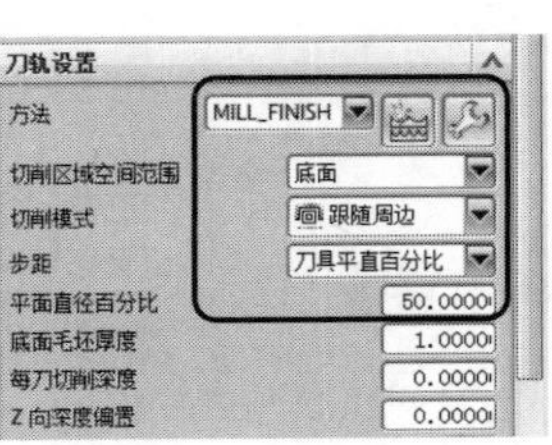

图 16-51　刀轨设置

图 16-52 【切削参数】设置

图 16-53 【非切削参数】设置

步骤 07 【进给率和速度】对话框参数设置图 16-54 所示，输入数值后按回车键，然后单击按钮，再单击【确定】按钮。

步骤 08 在【操作】面板中单击【生成】按钮，系统将自动生成加工刀具路径，效果如图 16-55 所示。

步骤 09 单击该面板中的【确认刀轨】按钮，在弹出的【刀轨可视化】对话框中展开【2D 动态】选项卡，再单击【播放】按钮，系统将以实体的方式进行切削仿真，效果如图 16-56 所示。

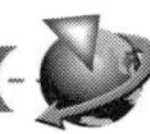

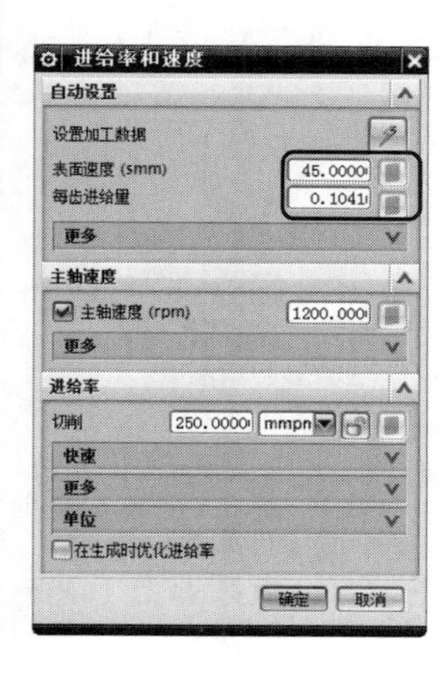

图 16-54　【进给率和速度】参数设置

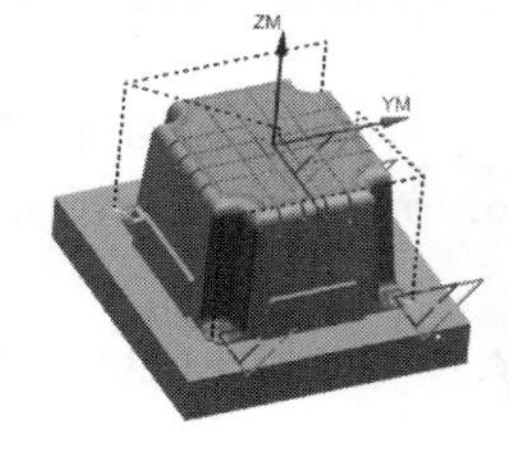

图 16-55　生成刀轨

(a)【刀轨可视化】对话框

(b) 2D 切削仿真结果

图 16-56　刀轨可视化仿真

16.8　深度加工轮廓（二）精加工

步骤 01 单击【主页】下的【创建工序】按钮，弹出【创建工序】对话框，再按照图 16-57 所示创建深度轮廓加工操作，弹出【深度轮廓加工】对话框，如图 16-58 所示。

步骤 02 在【几何体】面板中选择【指定切削区域】选项，单击【指定切削区域】按钮，将弹出【切削区域】对话框，按照图 16-59 所示设置切削区域，注意选择对象中包括所有孔的面。

图 16-57　【创建工序】对话框

图 16-58　【深度轮廓加工】对话框

图 16-59　【切削区域】的设置

步骤 03 对【深度轮廓加工】对话框下的【刀轨设置】面板按照图 16-60 所示的参数进行设置。

步骤 04 【切削参数】对话框参数设置如图 16-61 所示。

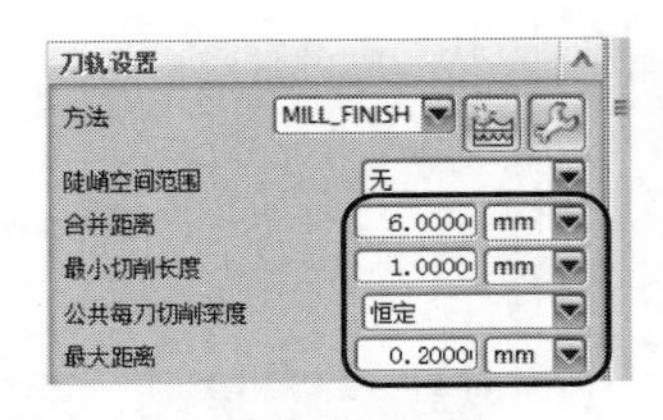

图 16-60 刀轨设置

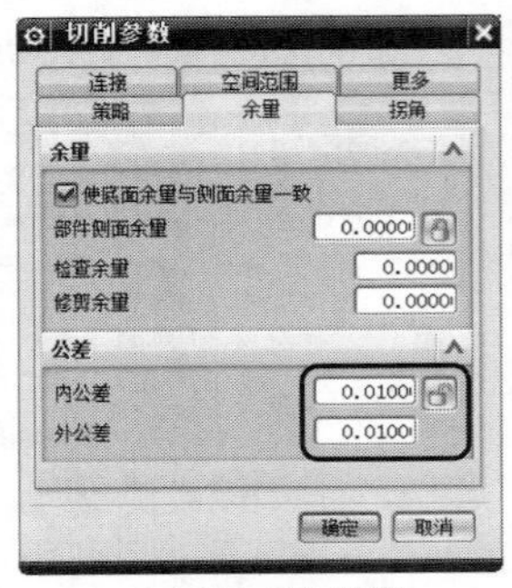

(a)【余量】设置

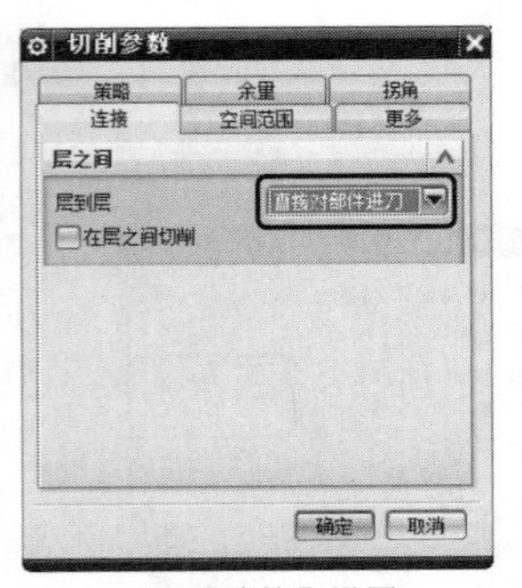

(b)【连接】设置

图 16-61 【切削参数】的设置

步骤 05 【进给率和速度】对话框参数设置图 16-62 所示，先输入数值后按回车键，然后单击后面按钮，再单击【确定】按钮。

步骤 06 在【操作】面板中单击【生成】按钮，系统将自动生成加工刀具路径，效果如图 16-63 所示。

步骤 07 单击该面板中的【确认刀轨】按钮，在弹出的【刀轨可视化】对话框中展开【2D 动态】选项卡，单击【播放】按钮，系统将以实体的方式进行切削仿真，效果如图 16-64 所示。

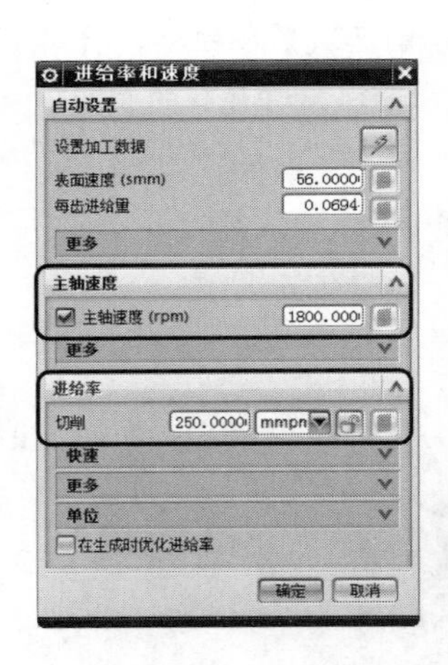

图 16-62 【进给率和速度】参数设置

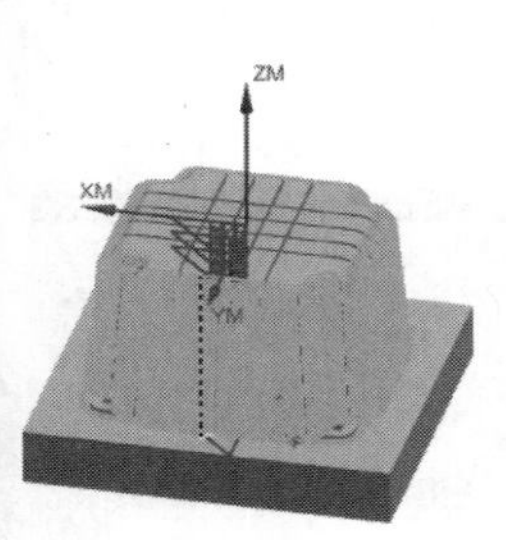

图 16-63 生成刀轨

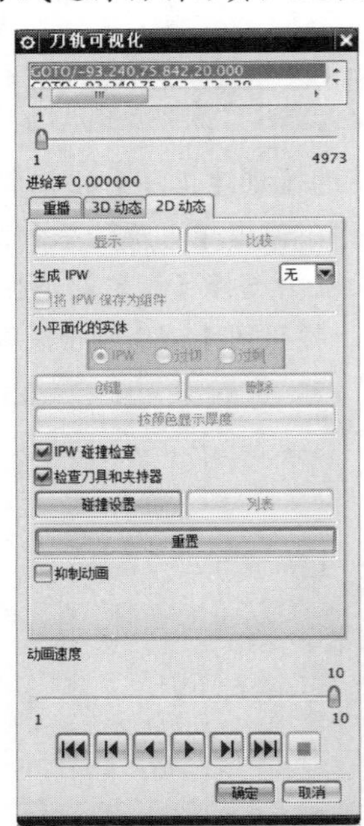

(a)【刀轨可视化】对话框

(b) 2D 切削仿真结果

图 16-64 刀轨可视化仿真

16.9　轮廓区域铣精加工

步骤 01 单击【主页】下的【创建工序】按钮，弹出【创建工序】对话框，在【类型】下拉列表框中选择【mill_contour】选项，再按照图 16-65 所示创建区域轮廓铣操作，弹出【区域轮廓铣】对话框，如图 16-66 所示。

步骤 02 在【几何体】面板中选择【指定切削区域】选项，单击【选择或编辑切削区域几何体】按钮，将弹出【切削区域】对话框，按照图 16-67 所示设置切削区域。

图 16-65　【创建工序】对话框

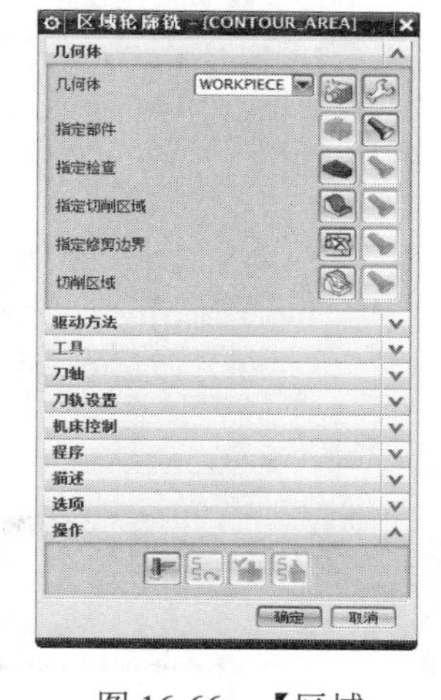

图 16-66　【区域轮廓铣】对话框

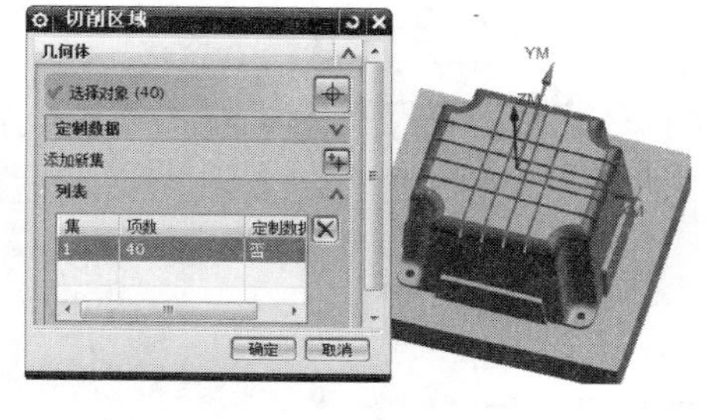

图 16-67　【切削区域】的设置

步骤 03 在【驱动方法】面板中选择【区域铣削】选项，单击【编辑】按钮。将弹出【区域铣削驱动方法】对话框，按照图 16-68 所示设置参数。

步骤 04 【切削参数】对话框参数设置如图 16-69 所示。

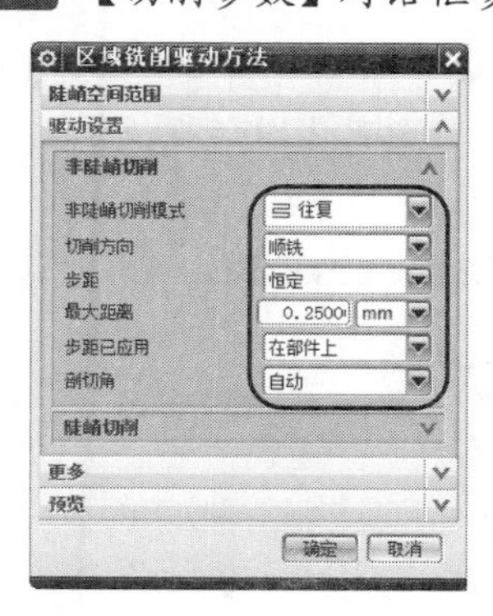

图 16-68　【区域铣削驱动方法】的设置

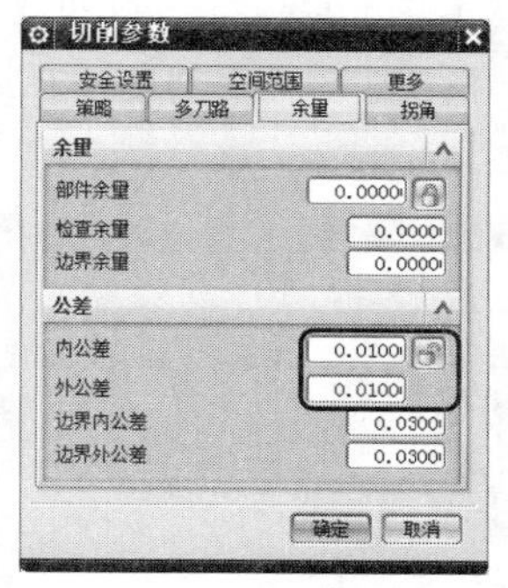

（a）【余量】设置

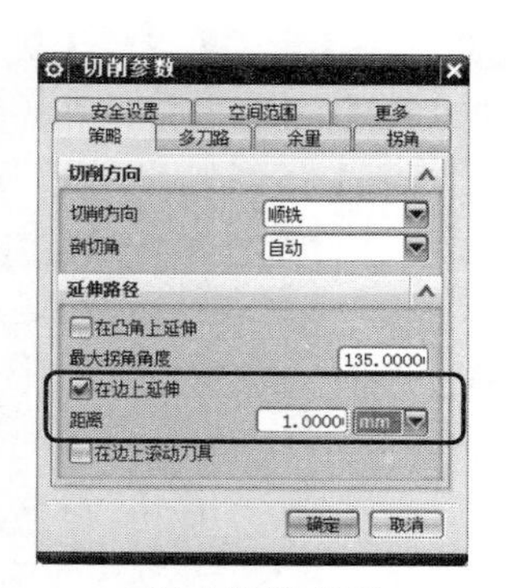

（b）【策略】设置

图 16-69　【切削参数】的设置

步骤 05 【进给率和速度】对话框参数设置图 16-70 所示，先输入数值后按回车键，然后单击后面按钮，再单击【确定】按钮。

步骤 06 在【操作】面板中单击【生成】按钮，系统将自动生成加工刀具路径，效果如图 16-71 所示。

步骤 07 单击该面板中的【确认刀轨】按钮，在弹出的【刀轨可视化】对话框中展开【2D 动态】选项卡，再单击【播放】按钮，系统将以实体的方式进行切削仿真，效果如图 16-72 所示。

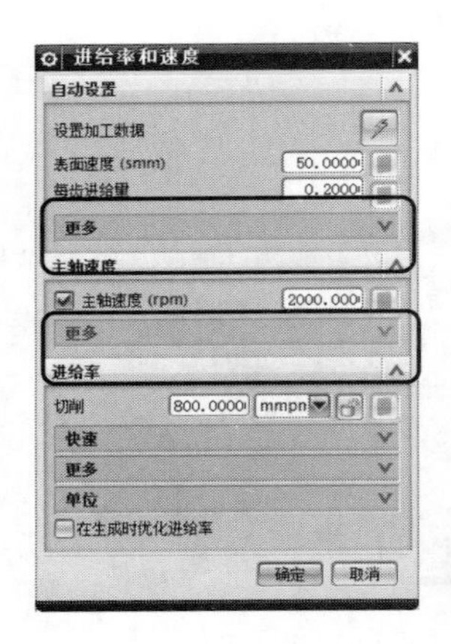

图 16-70 【进给率和速度】参数设置

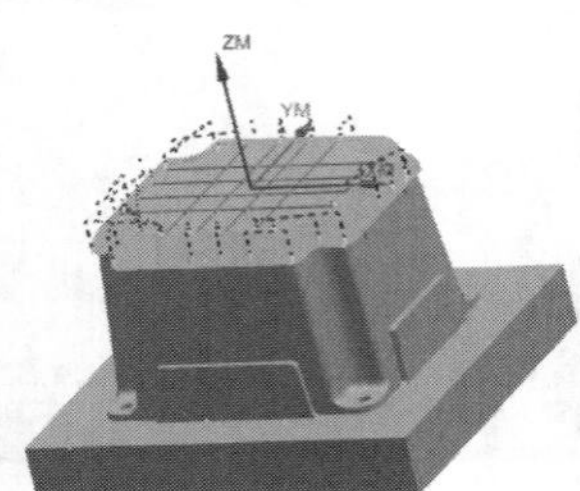

图 16-71 生成刀轨

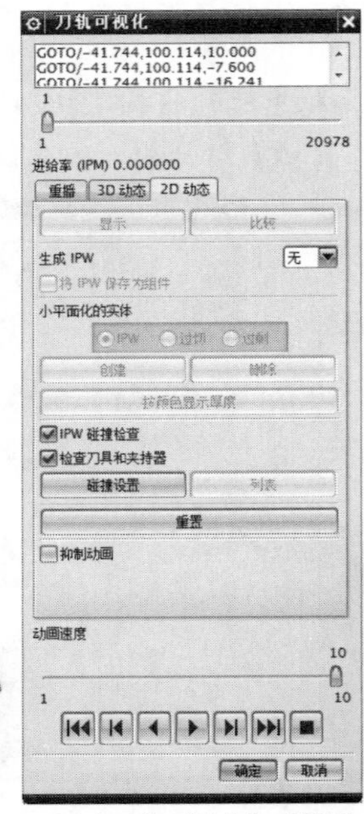

（a）【刀轨可视化】对话框

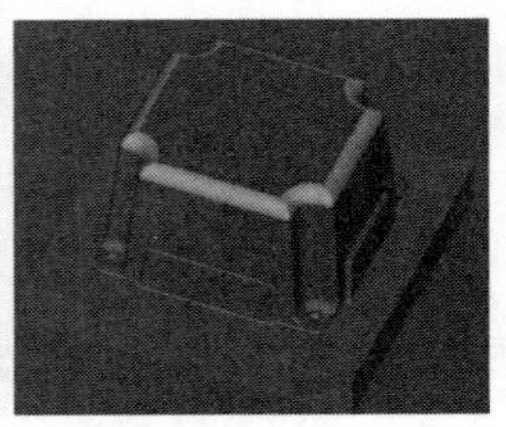

（b）2D 切削仿真结果

图 16-72 刀轨可视化仿真

16.10 钻孔

步骤 01 单击【主页】下的【创建工序】按钮，弹出【创建工序】对话框，在【类型】下拉列表框中选择【drill】选项，再按照图 16-73 所示创建钻孔操作，弹出【钻孔】对话框，如图 16-74 所示。

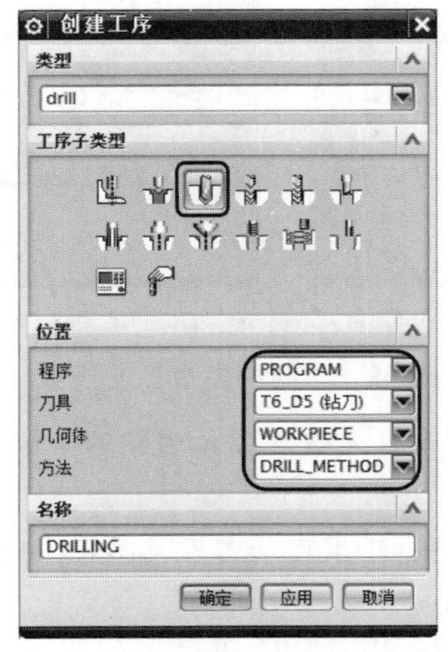

图 16-73 【创建工序】对话框

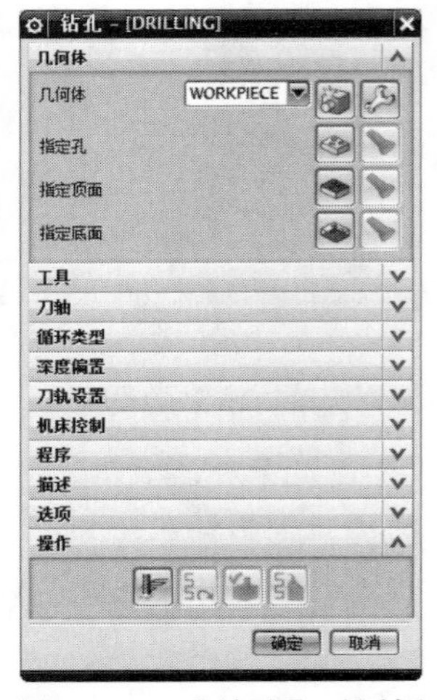

图 16-74 【钻孔】对话框

步骤 02 在【几何体】面板中选择【指定孔】选项，单击【选择或编辑孔几何体】按钮，将弹出【点到点几何体】对话框，如图 16-75 所示，再单击【选择】按钮，按照图 16-76 所示指定 8 个孔的边线，再依次单击【确定】按钮。

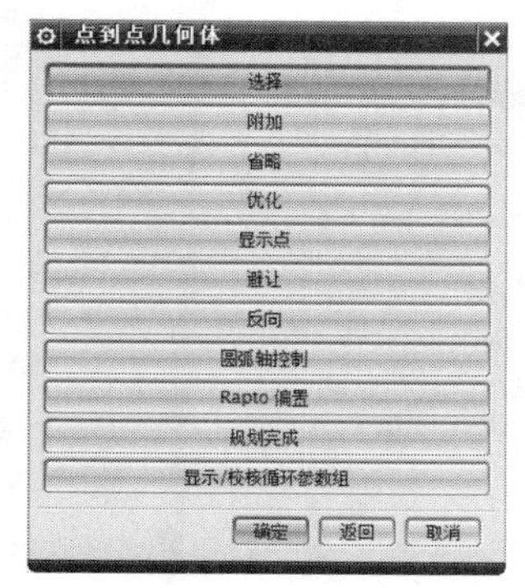

图 16-75　【点到点几何体】对话框

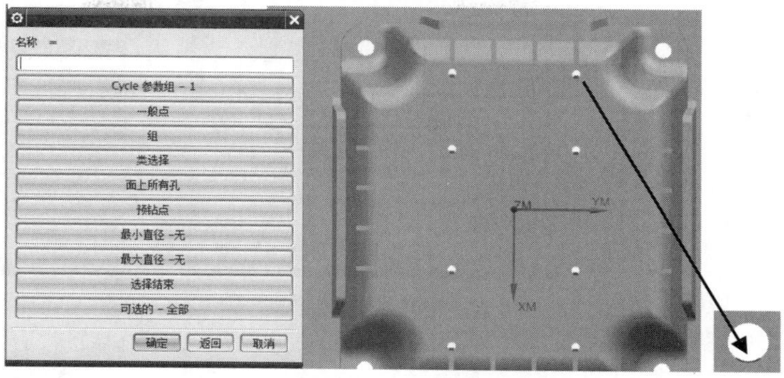

图 16-76　【指定孔】的设置

步骤 03 在【几何体】面板中选择【指定顶面】选项，单击【选择或编辑部件表面几何体】按钮，将弹出【顶面】对话框，在【顶面选项】下拉列表框中选择【面】选项，按照图 16-77 所示选择顶面，然后单击【确定】按钮。

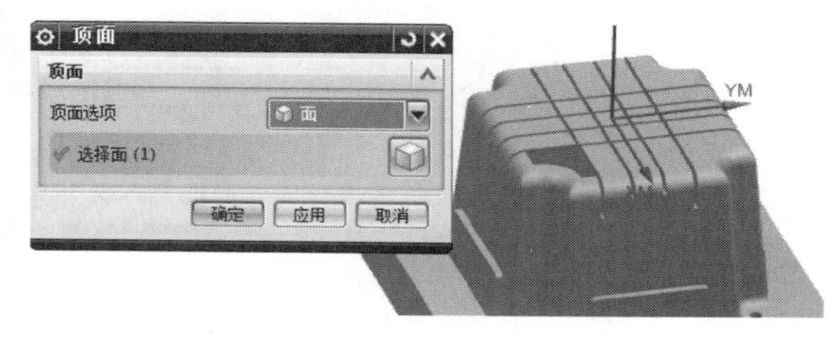

图 16-77　【指定顶面】的设置

步骤 04 【钻孔】对话框中的【刀轴】采用默认的+ZM 轴的参数进行设置。在【循环类型】下拉列表框中选择【标准钻】选项，并单击【编辑参数】按钮，按照图 16-78 所示的顺序设置参数，再依次单击【确定】按钮。

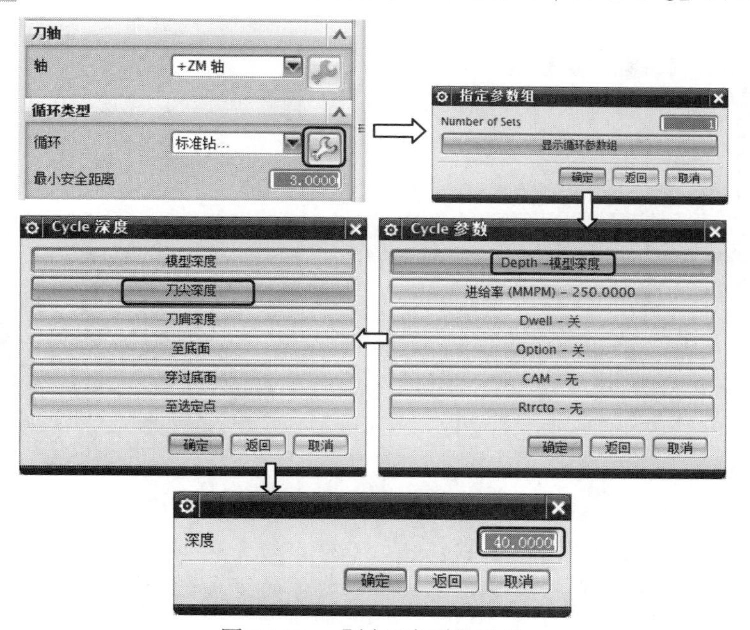

图 16-78　【循环类型】设置

步骤 05 单击【刀轨设置】面板中的【避让】按钮，依次按照图 16-79 所示的顺序设置参数，最后依次单击【确定】按钮。

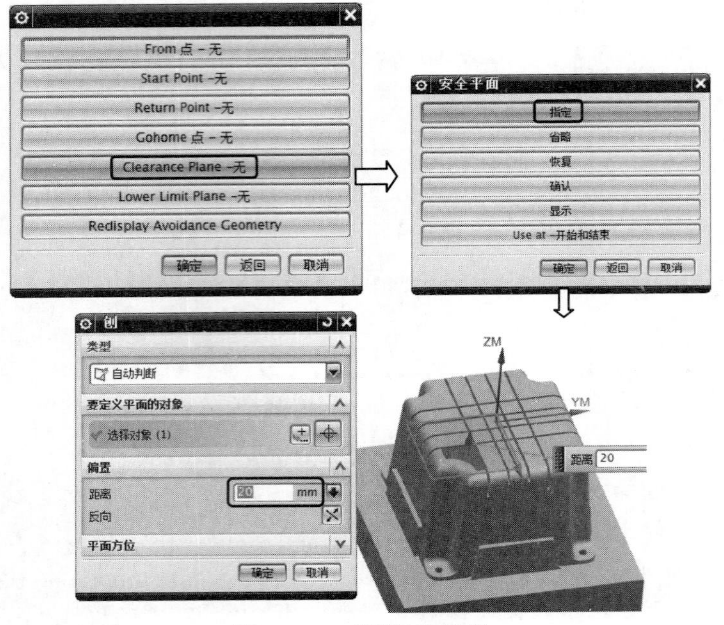

图 16-79 【避让】设置

步骤 06 【进给率和速度】对话框参数设置如图 16-80 所示，先输入数值后按回车键，然后单击后面按钮，再单击【确定】按钮。

步骤 07 在【操作】面板中单击【生成】按钮，系统将自动生成加工刀具路径，效果如图 16-81 所示。

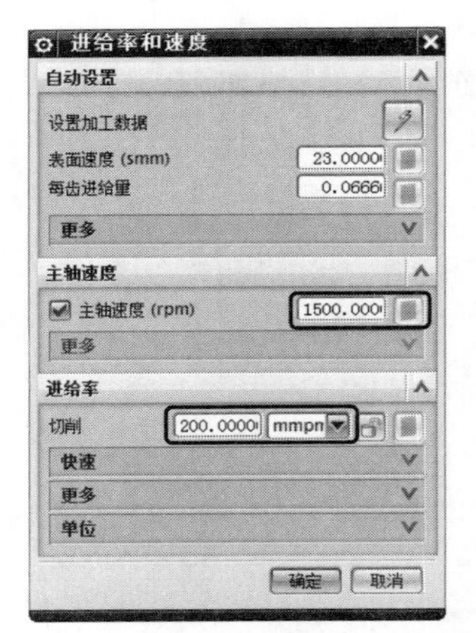

图 16-80 【进给率和速度】参数设置

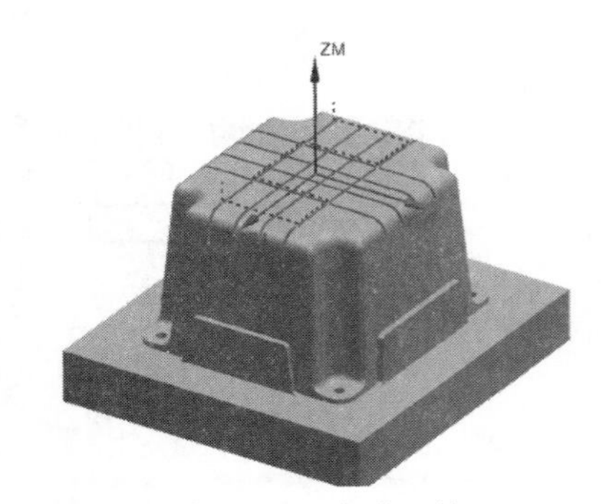

图 16-81 生成刀轨

步骤 08 单击该面板中的【确认刀轨】按钮，在弹出的【刀轨可视化】对话框中展开【2D 动态】选项卡，再单击【播放】按钮，系统将以实体的方式进行切削仿真，效果如图 16-82 所示。

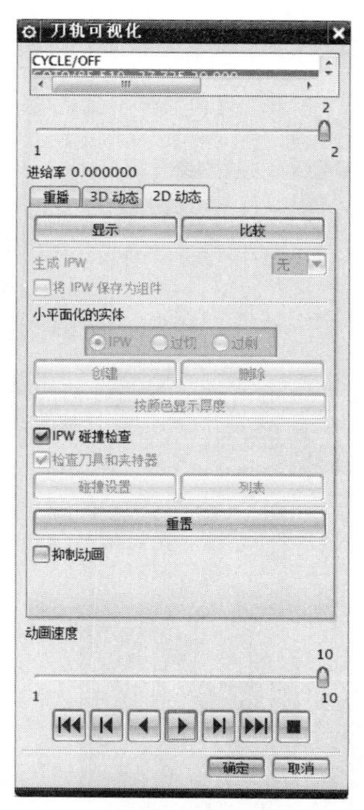

（a）【刀轨可视化】对话框

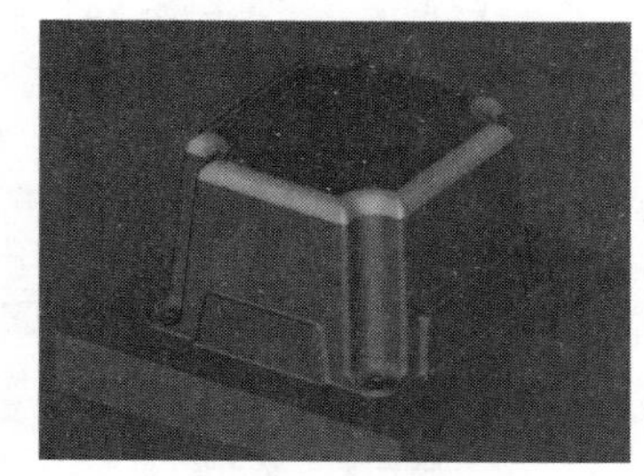

（b）2D 切削仿真结果

图 16-82　刀轨可视化仿真

16.11　平面铣（一）

步骤 01 单击【主页】下的【创建工序】按钮，弹出【创建工序】对话框，在【类型】下拉列表框中选择【mill_planar】选项，再按照图 16-83 所示创建平面铣操作，弹出【平面铣】对话框，如图 16-84 所示。

步骤 02 在该对话框的【几何体】面板中单击【指定部件边界】按钮，在【边界几何体】对话框中【模式】下拉列表框中选择【曲线/边】选项，弹出【创建边界】对话框，在【刨】的下拉列表框中选择【用户定义】，按照图 16-85 所示的面进行【选择对象】的设置，单击【确定】按钮；在【材料侧】下拉列表框中选择【外部】选项。具体边界线的选择步骤如下：①在【刀具位置】下拉列表框中选择【对中】选项，然后选择图 16-86 所示的线（注意坐标轴的方向），②在【刀具位置】下拉列表框中选择【相切】选项，再选择图 16-87 中被黑色线圈点的线（注意坐标轴的方向），③在【刀具位置】下拉列表框中选择【对中】选项，然后选择图 16-88 所示的线（注意坐标轴的方向），④在【刀具位置】下拉列表框中选择【相切】选项，再选择图 16-89 中被黑色线圈点的线（注意坐标轴的方向），然后单击【创建下一个边界】按钮，最终会形成图 16-90 所示的边线，模型中具有相同特征的其他三条特征也按照此方法进行边界的选择，此处省略，具体可参考相应视频，四个特征的边线都定义完成后依次单击【确定】按钮，返回【平面铣】对话框。

图 16-83 【创建工序】对话框

图 16-84 【平面铣】对话框

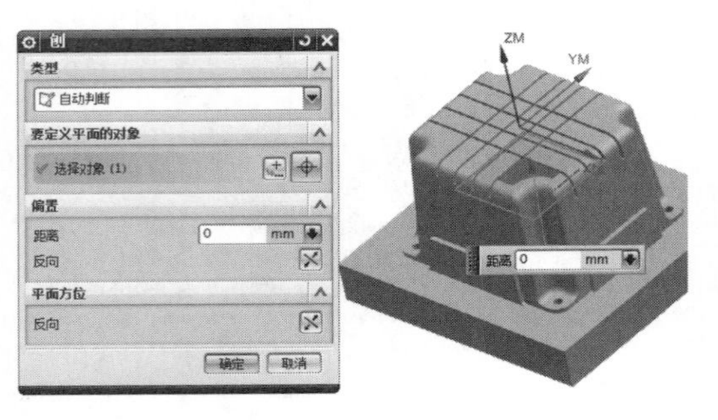

图 16-85 定义平面

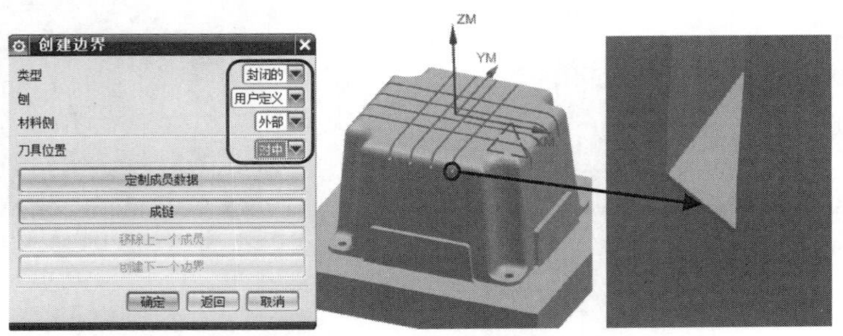

图 16-86 定义边线 I

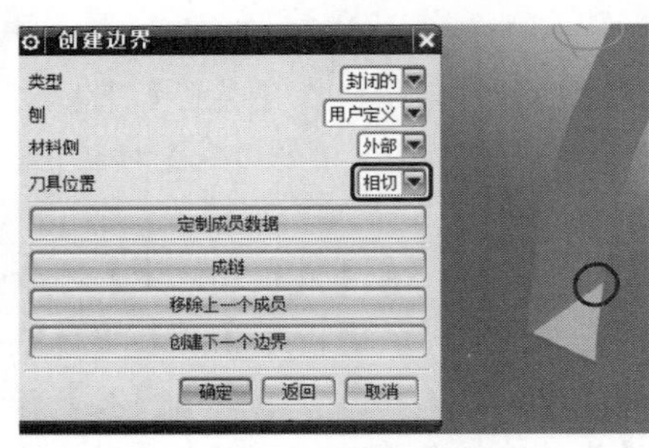

图 16-87 定义边线 II

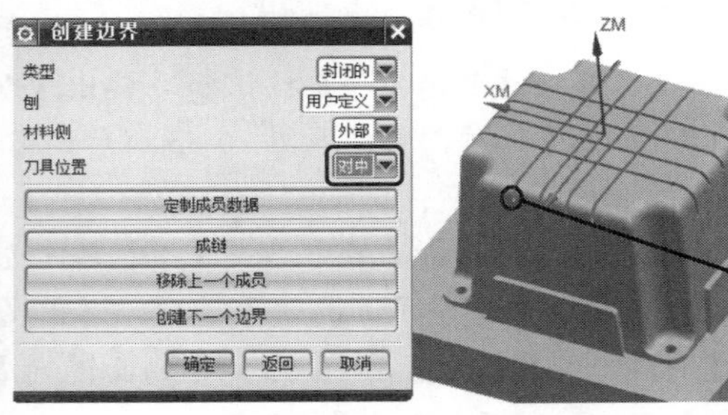

图 16-88 定义边线III

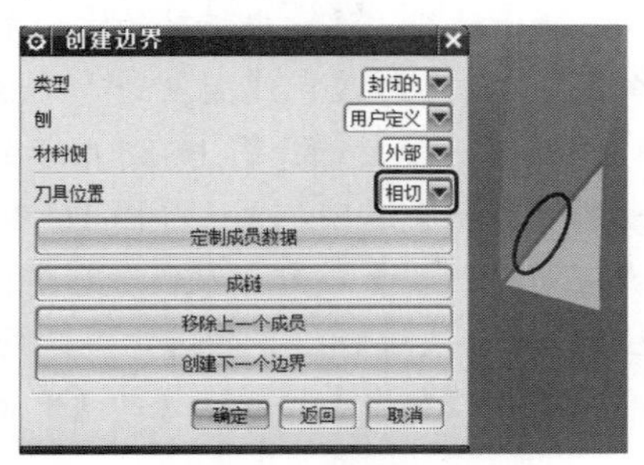

图 16-89 定义边线IV

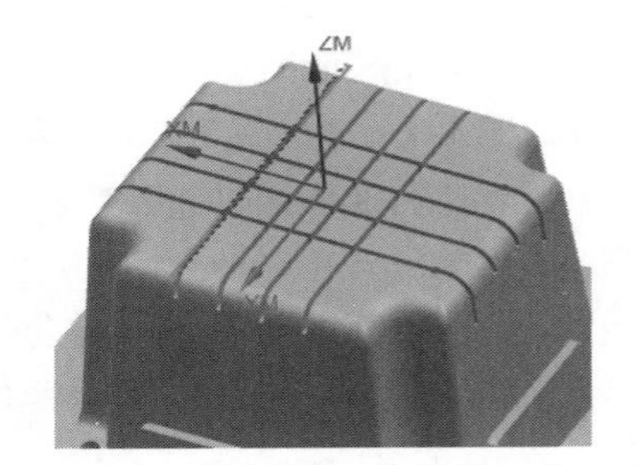

图 16-90 【创建下一条边界】的结果

步骤 03 单击【几何体】面板中的【指定底面】按钮，将弹出【平面】对话框。在【类型】下拉列表框中选择【自动判断】选项，再选择模型的底面，如图 16-91 所示。

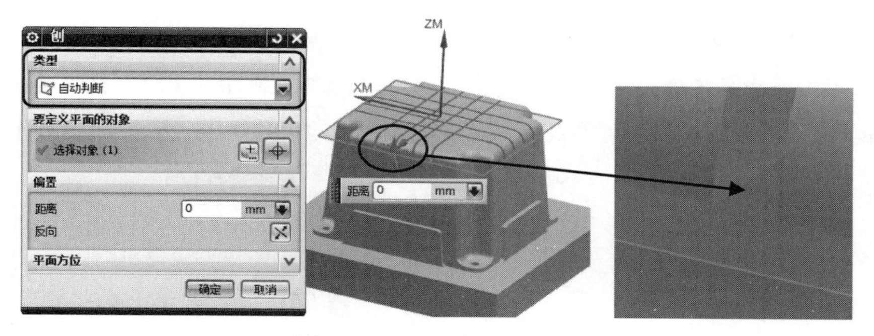

图 16-91　指定底面的选择

步骤 04 对【平面铣】对话框下的【刀轨设置】面板按照图 16-92 所示的参数进行设置。

（a）组设置

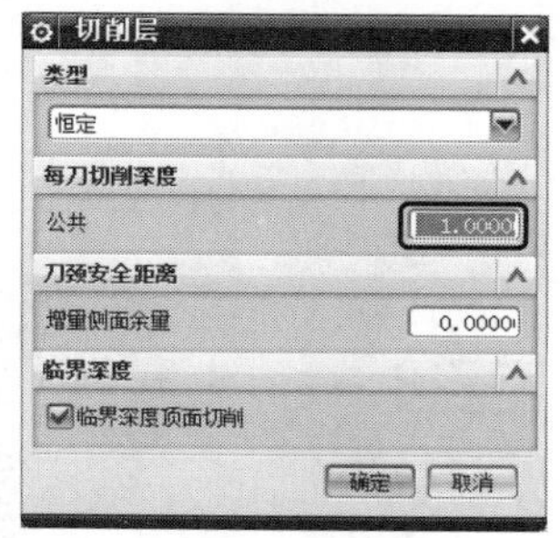

（b）切削层设置

图 16-92　参数设置

步骤 05 【切削参数】对话框参数设置如图 16-93 所示。

步骤 06 【非切削移动】对话框参数设置如图 16-94 所示。

图 16-93　【切削参数】设置

（a）【进刀】设置

（b）【起点/钻点】设置

图 16-94　【非切削移动】参数设置

步骤 07 【进给率和速度】对话框参数设置如图 16-95 所示，先输入数值后按回车键，然后单击后面按钮，再单击【确定】按钮。

步骤 08 在【操作】面板中单击【生成】按钮，系统将自动生成加工刀具路径，效果如图 16-96 所示。

步骤 09 单击该面板中的【确认刀轨】按钮，在弹出的【刀轨可视化】对话框中展开【2D 动态】选项卡，再单击【播放】按钮，系统将以实体的方式进行切削仿真，效果如图 16-97 所示。

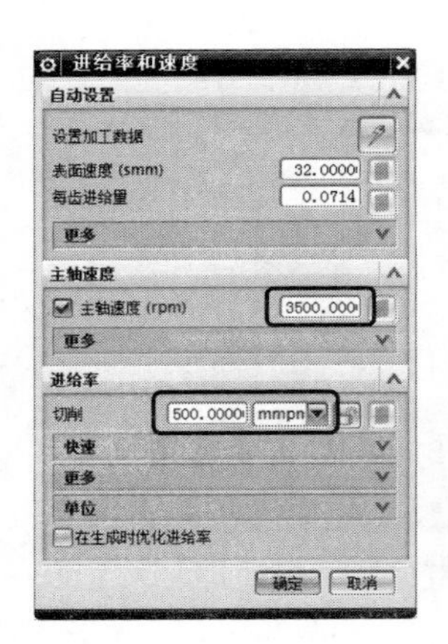

图 16-95 【进给率和速度】参数设置

图 16-96 生成刀轨

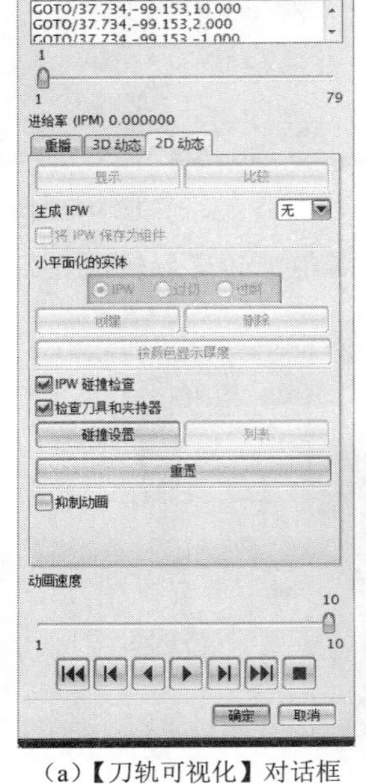

（a）【刀轨可视化】对话框

（b）2D 切削仿真结果

图 16-97 刀轨可视化仿真

16.12 平面铣（二）

步骤 01 单击【主页】下的【创建工序】按钮，弹出【创建工序】对话框，在【类型】下拉列表框中选择【mill_planar】选项，再按照图 16-98 所示创建平面铣操作，弹出【平面铣】对话框，如图 16-99 所示。

图 16-98 【创建工序】对话框

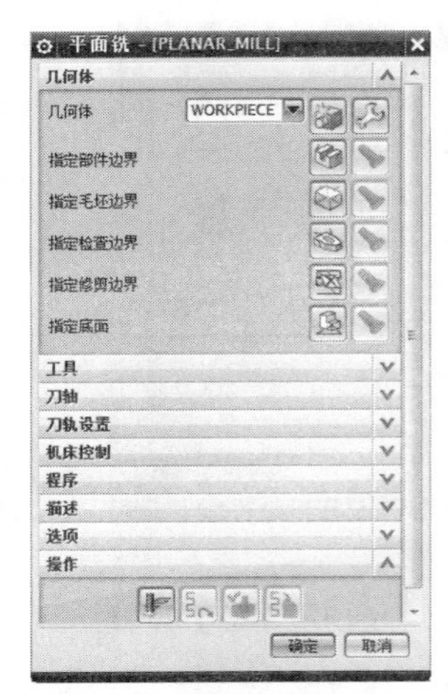

图 16-99 【平面铣】对话框

步骤 02 在该对话框的【几何体】面板中单击【指定部件边界】按钮，在【边界几何体】对话框中【模式】下拉列表框中选择【曲线/边】选项，会弹出【创建边界】对话框，在【材料侧】下拉列表框中选择【外部】选项。具体边界线的选择步骤如下：①在【刀具位置】下拉列表框中选择【相切】选项，然后选择图 16-100 所示的线（注意坐标轴的方向）；②在【刀具位置】下拉列表框中选择【对中】选项，再选择图 16-101 中被黑色线圈点的线（注意坐标轴的方向）；③在【刀具位置】下拉列表框中选择【相切】选项，然后选择图 16-102 所示的线（注意坐标轴的方向）；④在【刀具位置】下拉列表框中选择【对中】选项，再选择图 16-103 中被黑色线圈点的线（注意坐标轴的方向），然后单击【创建下一个边界】按钮，最终会形成图 16-104 所示的边线，模型中具有相同特征的其他三条特征也按照此方法进行边界的选择，此处就省略，具体可参考相应视频，四个特征的边线都定义完成后依次单击【确定】按钮，返回【平面铣】对话框。

图 16-100　定义边线 I

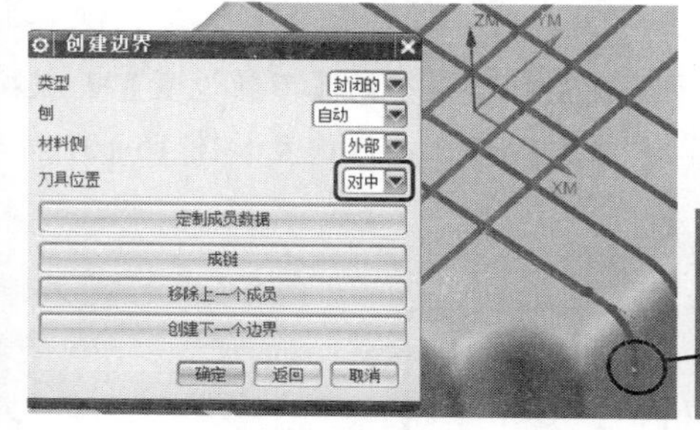

图 16-101　定义边线 II

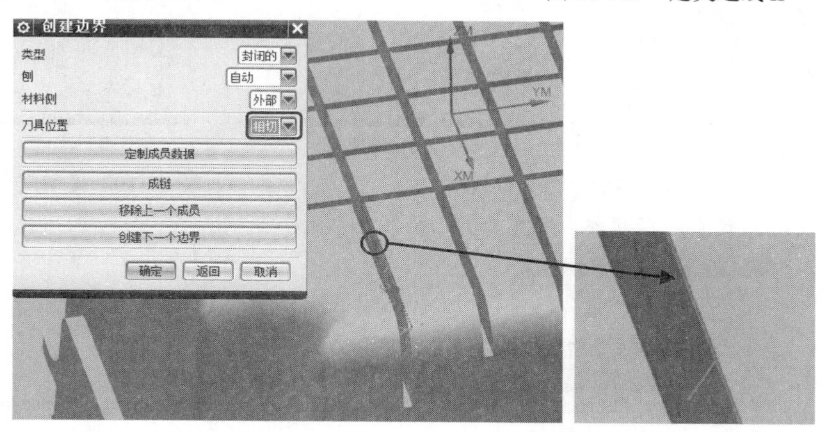

图 16-102　定义边线 III

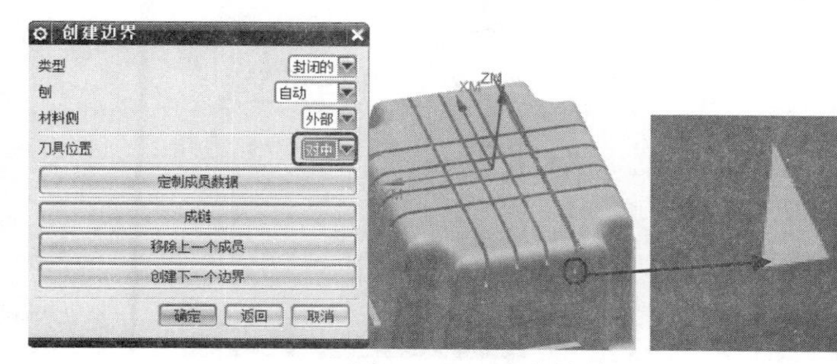

图 16-103　定义边线 IV

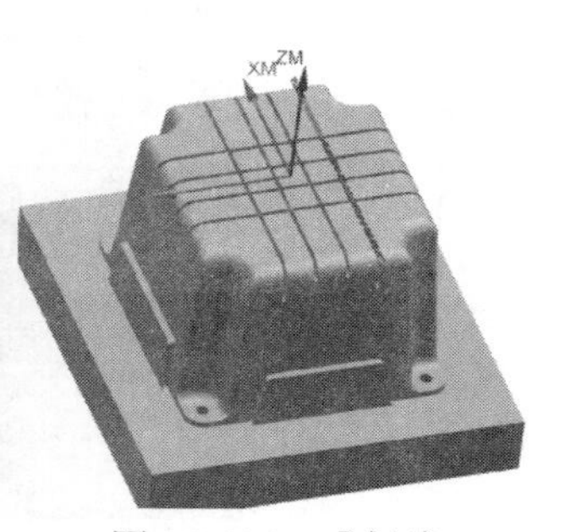

图 16-104　【创建下一个边界】的结果

步骤 03 单击【几何体】面板中的【指定底面】按钮，将弹出【平面】对话框。在【类型】下拉列表框中选择【自动判断】选项，再选择模型的底面，如图 16-105 所示。

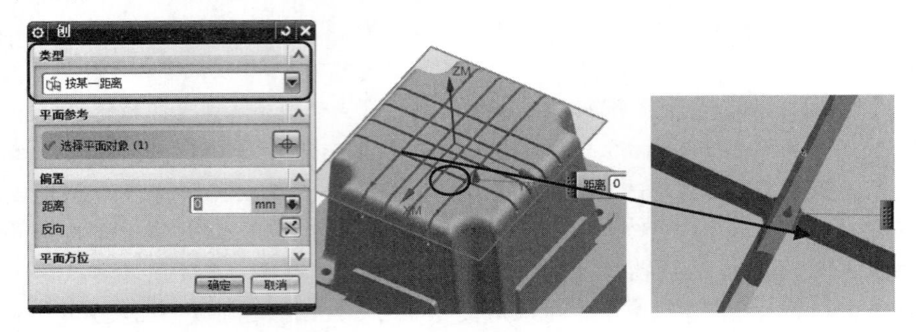

图 16-105　指定底面的选择

步骤 04 对【平面铣】对话框下的【刀轨设置】面板按照图 16-106 所示的参数进行设置。

步骤 05 【切削参数】对话框参数设置如图 16-107 所示。

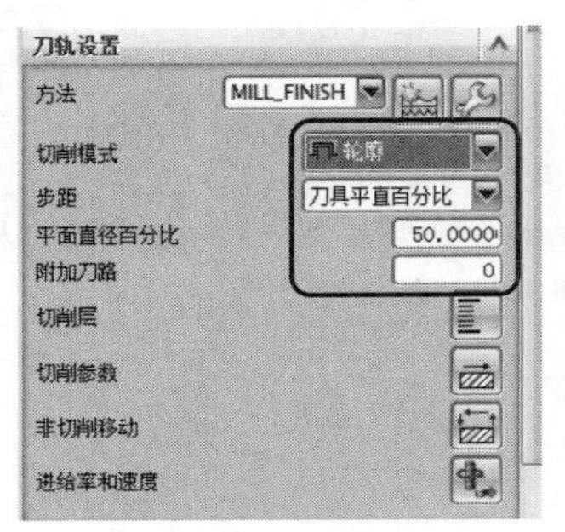

（a）组设置

（b）切削层设置

图 16-106　参数设置

图 16-107 【切削参数】设置

步骤 06 【非切削移动】对话框参数设置如图 16-108 所示。

（a）【进刀】设置

（b）【起点/钻点】设置

图 16-108 【非切削移动】参数设置

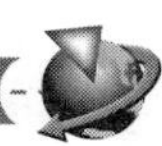

步骤 07 【进给率和速度】对话框参数设置图 16-109 所示，先输入数值后按回车键，然后单击后面按钮，再单击【确定】按钮。

步骤 08 在【操作】面板中单击【生成】按钮，系统将自动生成加工刀具路径，效果如图 16-110 所示。

图 16-109　【进给率和速度】参数设置

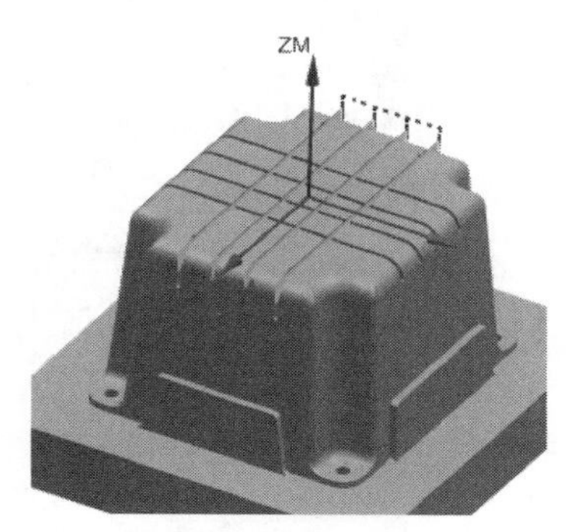

图 16-110　生成刀轨

步骤 09 单击该面板中的【确认刀轨】按钮，在弹出的【刀轨可视化】对话框中展开【2D 动态】选项卡，再单击【播放】按钮，系统将以实体的方式进行切削仿真，效果如图 16-111 所示。

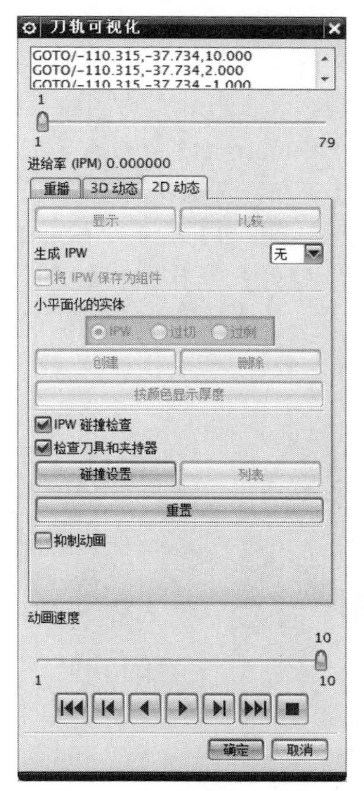

（a）【刀轨可视化】对话框

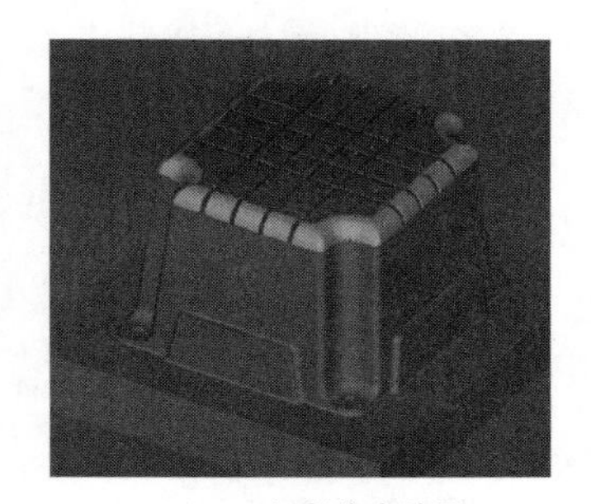

（b）2D 切削仿真结果

图 16-111　刀轨可视化仿真

16.13 平面铣（三）

步骤 01 单击【主页】下的【创建工序】按钮，弹出【创建工序】对话框，在【类型】下拉列表框中选择【mill_planar】选项，再按照图 16-112 所示创建平面铣操作，弹出【平面铣】对话框，如图 16-113 所示。

图 16-112 【创建工序】对话框

图 16-113 【平面铣】对话框

步骤 02 在对话框的【几何体】面板中单击【指定部件边界】按钮，在【边界几何体】对话框中【模式】下拉列表框中选择【曲线/边】选项，会弹出【创建边界】对话框，在【创】的下拉列表框中选择【用户定义】选项，按照图 16-114 所示的面进行定义，单击【确定】按钮。在【材料侧】下拉列表框中选择【外部】选项。具体边界线的选择步骤如下：①在【刀具位置】下拉列表框中选择【相切】选项，然后选择图 16-115 所示的线（注意坐标轴的方向）；②在【刀具位置】下拉列表框中选择【对中】选项，再选择图 16-116 中的线（注意坐标轴的方向）；③在【刀具位置】下拉列表框中选择【相切】选项，然后选择图 16-117 所示的线（注意坐标轴的方向）；④在【刀具位置】下拉列表框中选择【对中】选项，再选择图 16-118 中被黑色线圈点的线（注意坐标轴的方向），然后单击【创建下一个边界】按钮，依次单击【确定】按钮，返回【平面铣】对话框。

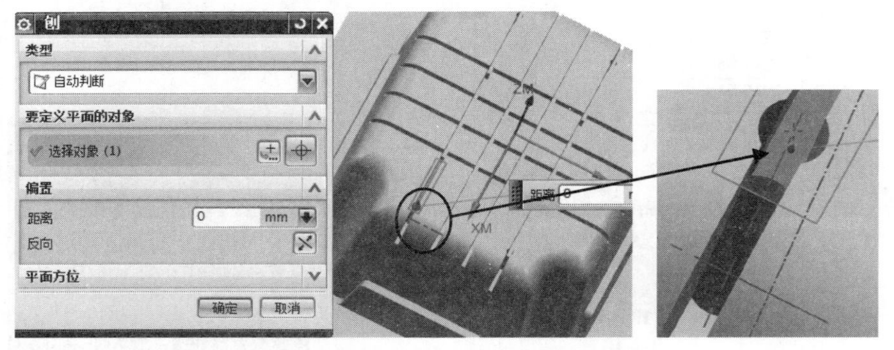

图 16-114 定义平面

步骤 03 单击【几何体】面板中的【指定底面】按钮，将弹出【平面】对话框。在【类型】下拉列表框中选择【自动判断】选项，再选择模型的底面，如图 16-119 所示。

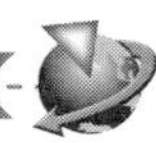

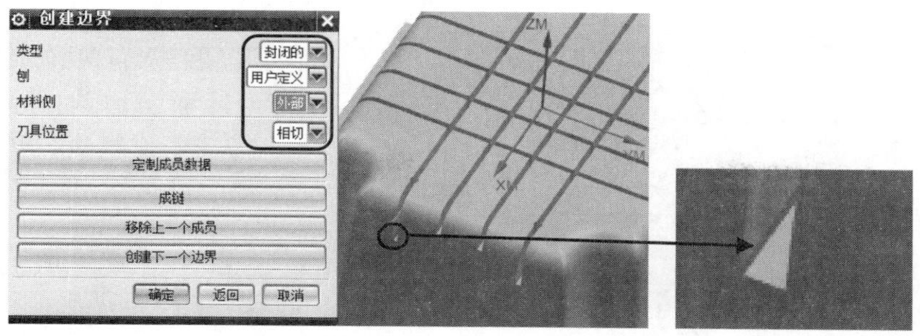

图 16-115　定义边线 I

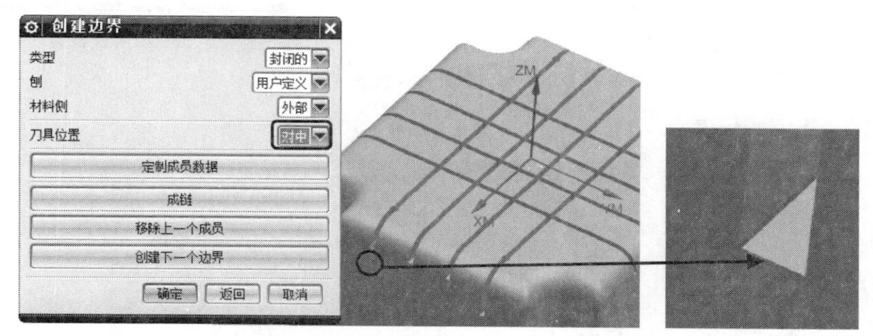

图 16-116　定义边线 II

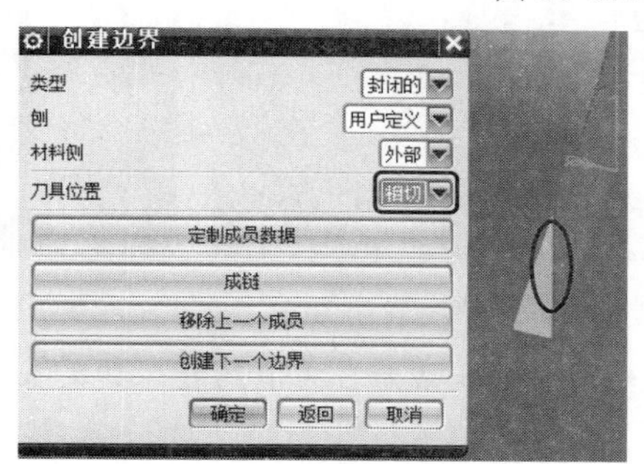

图 16-117　定义边线III

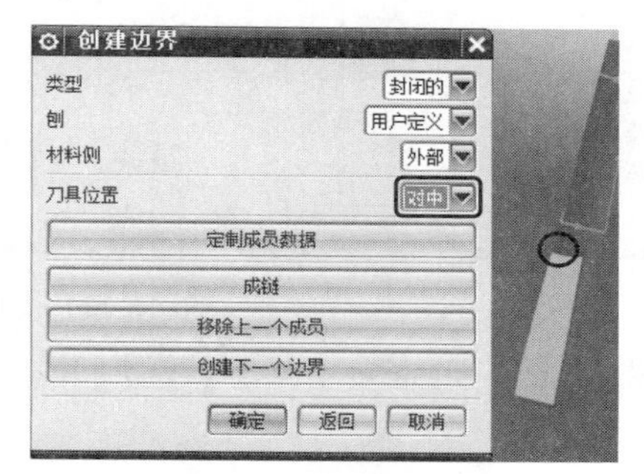

图 16-118　定义边线IV

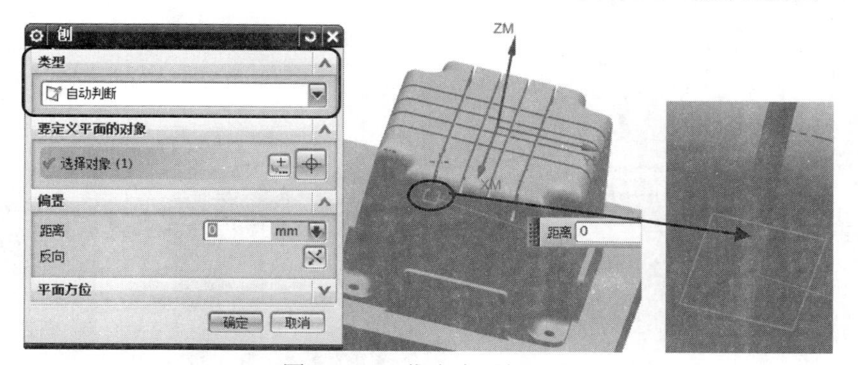

图 16-119　指定底面的选择

步骤 04 对【平面铣】对话框下的【刀轨设置】面板按照图 16-120 所示的参数进行设置。

步骤 05 【非切削移动】对话框参数设置如图 16-121 所示。

步骤 06 【进给率和速度】对话框参数设置如图 16-122 所示，先输入数值后按回车键，然后单击后面的按钮，再单击【确定】按钮。

（a）组设置

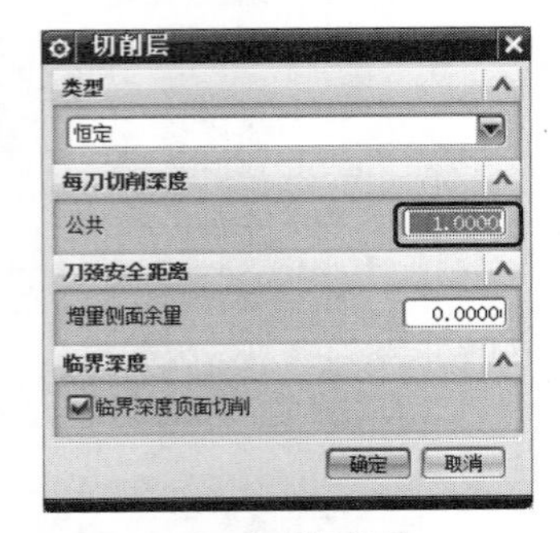

（b）切削层设置

图 16-120　参数设置

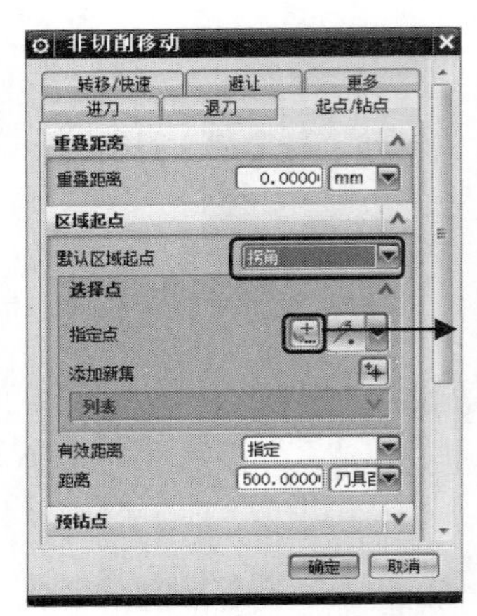

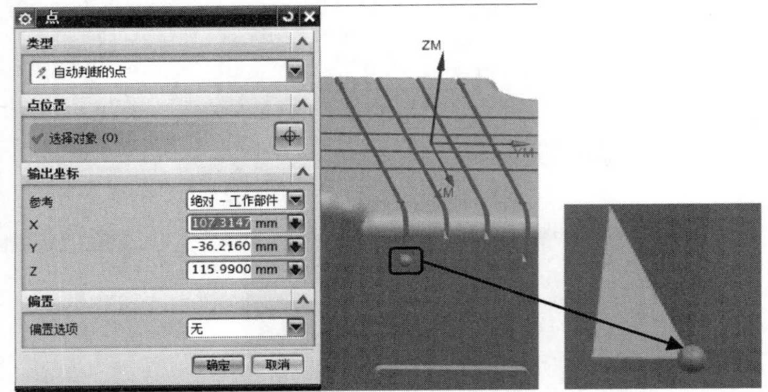

图 16-121　【非切削移动】参数设置

步骤 07 在【操作】面板中单击【生成】按钮，系统将自动生成加工刀具路径，效果如图 16-123 所示。

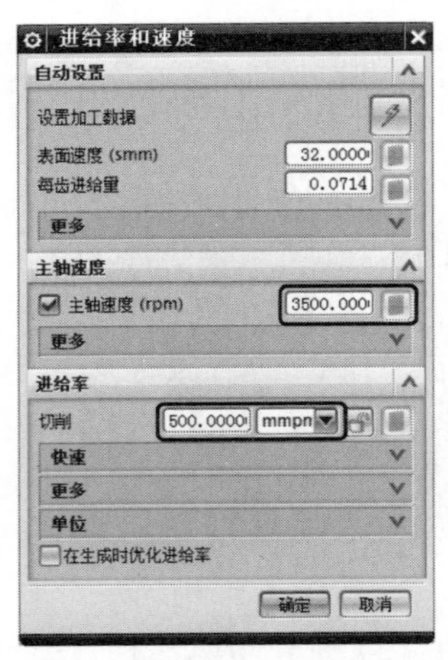

图 16-122　【进给率和速度】参数设置

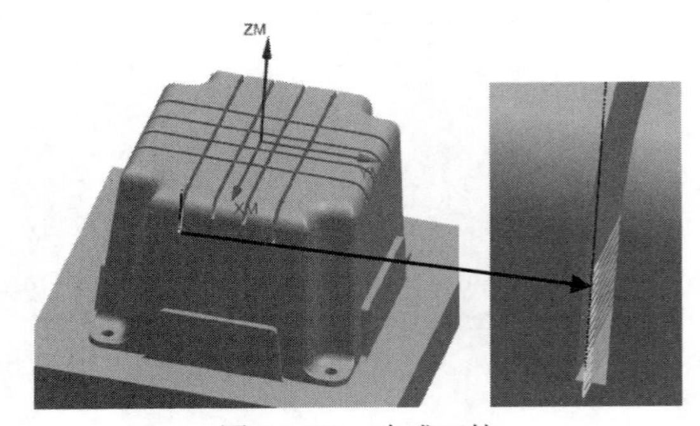

图 16-123　生成刀轨

步骤 08 单击该面板中的【确认刀轨】按钮，在弹出的【刀轨可视化】对话框中展开【2D 动态】选项卡，再单击【播放】按钮，系统将以实体的方式进行切削仿真，效果如图 16-124 所示。

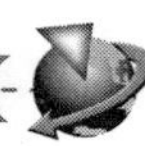

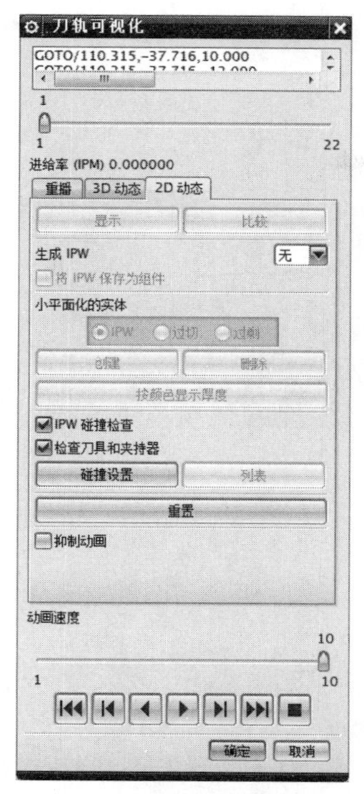

（a）【刀轨可视化】对话框

（b）2D 切削仿真结果

图 16-124　刀轨可视化仿真

步骤 09 【变换操作一】：在工序导航器中右击 PLANAR_MILL_2，然后选择【对象】|【变换】命令，图 16-125 所示，弹出【变换】对话框，在【类型】下拉列表框中选择【平移】选项，如图 16-126 所示指定参考点，如图 16-127 所示指定目标点，选中【实例】单选按钮，单击【确定】按钮，变换结果如图 16-128 所示。

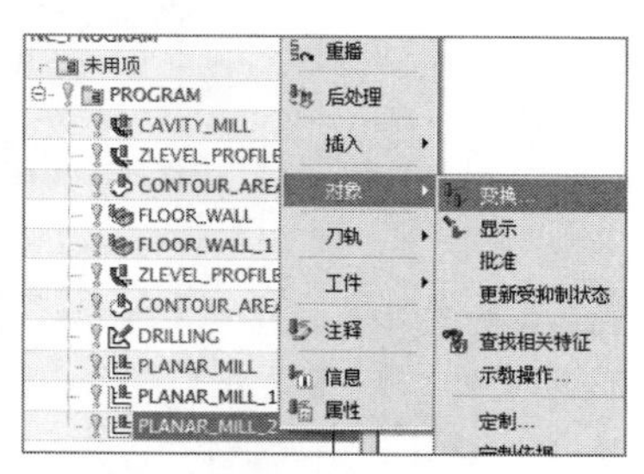

图 16-125　创建【变换】操作

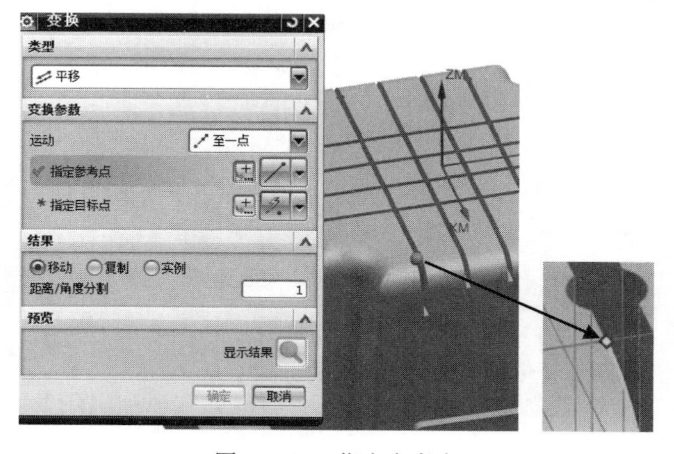

图 16-126　指定参考点

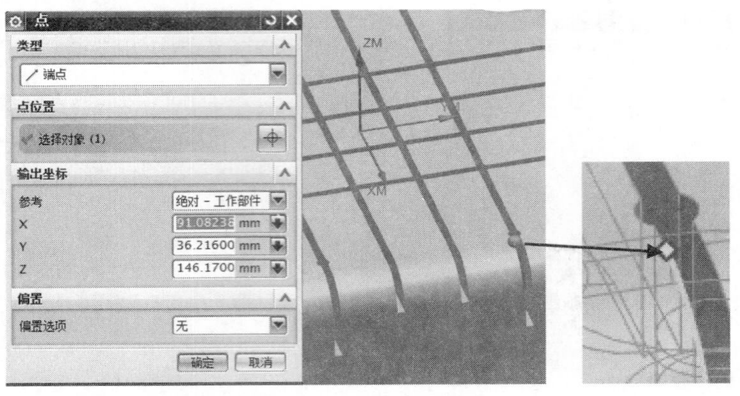

图 16-127　指定目标点

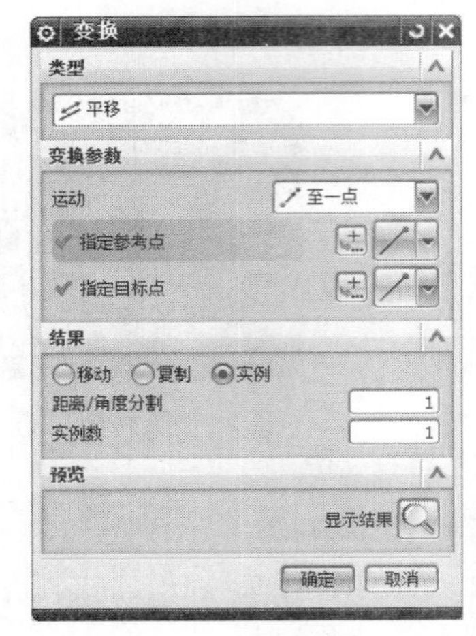

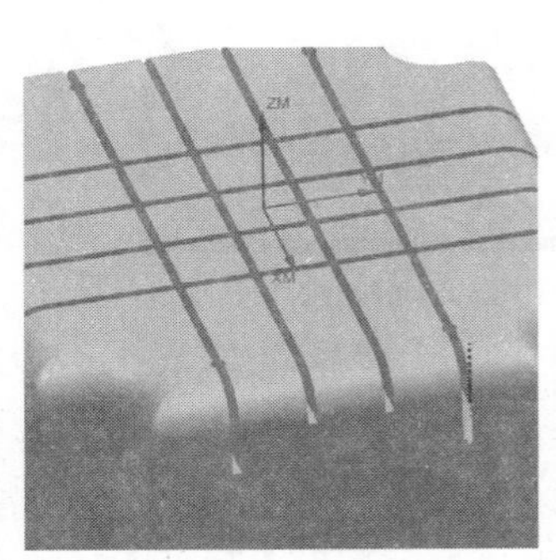

图 16-128　变换结果

步骤 10【变换操作二】：在工序导航器中同时选中 PLANAR_MILL_2 和 PLANAR_MILL_2_IN... 并在其上右击，选择【对象】|【变换】命令，如图 16-129 所示，弹出【变换】对话框，在【类型】下拉列表框中选择“通过一平面镜像”选项，具体参数如图 16-130 所示进行设置，选中【实例】单选按钮，单击【确定】按钮，变换结果如图 16-131 所示，最后单击【保存】按钮。

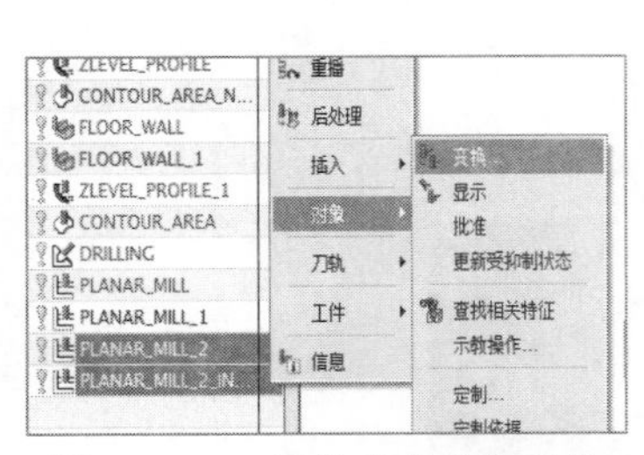

图 16-129　创建【变换】操作

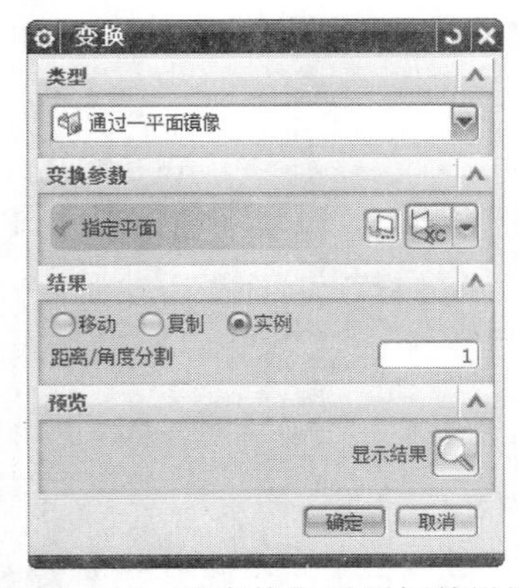

图 16-130　【变换】对话框的设置

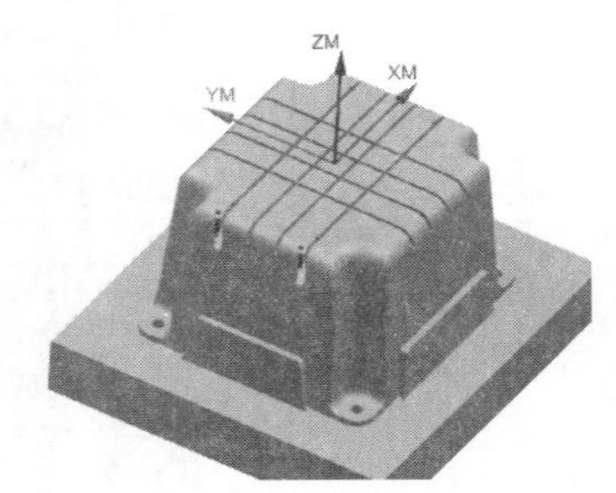

图 16-131　变换结果图